KB192758

한국의 산꽃

한국의 산꽃
—우리 산에 사는 꽃들의 모든 것

Herbaceous Plants of Korea Peninsula II
- Plants in Mountain Areas

김진석·이강협·김상희 지음

2025년 2월 28일 초판 1쇄 발행

펴낸이 한철희 | **펴낸곳** 돌베개 | **등록** 1979년 8월 25일 제406−2003−000018호
주소 (10881) 경기도 파주시 회동길 77−20 (문발동)
전화 (031) 955−5020 | **팩스** (031) 955−5050
홈페이지 www.dolbegae.co.kr | **전자우편** book@dolbegae.co.kr
블로그 blog.naver.com/imdol79 | **트위터** @dolbegae79 | **페이스북** /dolbegae

편집 김태현
표지디자인 김동신·김민해 | **디자인** 김동신·이은정·이연경
마케팅 고운성·김영수 | **제작·관리** 윤국중·이수민·한누리 | **인쇄·제본** 상지사 P&B

ISBN 979-11-94442-11-0 04480
        978-89-7199-907-3 (세트)

책값은 뒤표지에 있습니다.

한국의 산꽃

우리 산에 사는 꽃들의 모든 것

김진석
이강협
김상희

돌베개

책머리에

『한국의 들꽃』을 출간하고 벌써 6년이 흘렀다. 그간 선뜻『한국의 산 꽃』의 출간 작업을 위한 테이블에 앉지 못한 이유는 사진 자료가 부 족했기 때문이었다. 산꽃에는 들꽃에 비해 희귀한 식물들이 훨씬 많 다.『한국의 산꽃』에 수록해야 할 식물 중 보지 못한 꽃들과 사진 자 료가 부족한 풀들이 너무 많아서 원고 집필을 계속 미룰 수밖에 없었 다. 부족한 자료를 채우는 작업은 생각보다 힘들고 더디게 진행되었 다. 도감 제작에 필요한 한 장의 사진을 구하기 위해『한국의 들꽃』을 준비했을 때보다 더 멀리, 더 높은 곳으로 찾아가야 했고, 더 깊은 곳 을 헤매다녀야 했으며, 더 많은 땀을 흘려야 했다. 분류학적으로 정리 되지 않은 분류군들도 너무 많았다. 등골나물속(*Eupatorium*), 잔대속 (*Adenophora*), 기린초속(*Phedimus*) 등은 전공자가 아닌 저자들에게 는 끝내 답을 찾지 못할 것만 같았던 미궁 속의 분류군들이었다. 지난 5년간의 시간은 부족한 사진을 하나하나씩 채우고, 분류학적 난제를 품은 분류군들을 조금씩 이해해 가는 과정이었다.

그간 주변의 많은 분들이『한국의 산꽃』은 언제 발간되는지 궁 금해했고 출간을 고대하였다. 지인뿐만 아니라 처음 뵙는『한국의 나 무』나『한국의 들꽃』의 독자들께서 건네는 인사말 중 하나가 "『한국 의 산꽃』은 언제 나오나요?"였다. 이러한 기대와 응원은 저자들이 음 침한 숲속이나 갑갑한 컴퓨터 앞에서의 고된 작업을 즐겁게 할 수 있 게 하는 원동력이 되어 주었다.

아마 오래전부터 식물 공부를 하신 분들의 대부분은 외국 도감, 특히 일본의 식물도감을 신뢰하며 동정에 참고하였을 것이다. 저자 들도 마찬가지였다. 지금도 가장 가까운 자리에 꽂아둔 책이 일본의 식물도감류들이다. 100년 전의 일본인 식물학자에 의해 만들어진 우 리나라 식물도감이 최고의 도감이라고 여겨지는 현실이 안타까워서 시작한 무모한 일이 이제는 직업이자 취미가 되었다. 저자들은 믿고 볼 수 있는, 그리고 쉽게 공부할 수 있는 최고의 한국 식물도감을 만들겠다는 큰 포부를 가지고 20~30년간 필드에서 식물들을 관찰했고, 국내외 문헌을 참고하여 자료를 정리해 왔다. 『한국의 산꽃』의 발간으로 그 꿈이 어느 정도는 실현되었다고 생각한다. 독립운동처럼 목숨 바쳐서 하는 일은 아니지만, 이 도감은 저자들의 능력과 위치에서 최선을 다해 만든, 나름의 독립정신이 스며 있는 '우리나라에게 주는 작은 선물'과 같은 책이다. 한 땀 한 땀 정성을 다해서 명품을 만드는 장인의 마음가짐으로 도감 작업을 수행했다. 어려워서 하기 싫고 귀찮은 일들을 건너뛰지 않았고, 반복되는 작업에도 꾀를 부리거나 게을리하지 않았다.

　도감 작업을 하면서 이러지도 저러지도 못해 망설이고 긴 시간 동안 가장 고뇌했던 일 중의 하나는 학명과 국명의 선택이었다. 학명의 선택은 자신이 수집한 데이터를 바탕으로 종개념이라는 주관과 객관 사이의 어디쯤에 위치한 판단기준을 작용해 결정하는 일이어서 학자들에 따라 정답이 달라질 수 있다. 국명과 학명을 달리 쓰는 것은 누구를 비난하거나 잘못된 점을 들춰내려는 것이 아니다. 이는 정답과 오답으로 양분되어 채점되어야 하는 일도 아니다. 그저 생각과 기준이 다를 뿐이다.

　『한국의 산꽃』에 적용된 학명은 최근에 발표된 국내외의 계통분류학적 연구결과가 최대한 반영된 것이며, 명명법상의 학명(이명) 중에서는 저자들의 종개념에 가장 부합하는 것이 선택되었다. 일부 분류군의 경우 국가생물종목록(환경부), 국가표준식물목록(산림청), 한국식물지(한국식물지 편찬위원회)에서 사용하는 국명이 상이하다. 이 경우 보편성을 기준으로 국명을 채택하여 독자들의 혼란을 최대한 줄이고자 하였다. 다만 최근, 학명이 변경되었다는 이유로 새로 부여된 국명은 보편성과는 무관하게 원칙적으로 사용하지 않았다. 명명규약에 따라 정해지는 학명과는 달리 국명은 과거 선조들, 식물학자들에 의해 불려 왔던 실체와 연결된 고유명사이다. 주민등록번호가 잘못되었다고 우리의 이름이 변경되지 않듯이 잘못 적용됐던 학명이 수정되었다고 국명도 함께 변경되어서는 안 된다. 가령 소나무의 분류학적 연구결과, 우리나라의 소나무가 *Pinus densiflora*가 아닌 신종 또는 신변종으로 밝혀져 새로운 학명을 부여하는 일이 생긴다면, 소나무의 국명이 한국소나무가 되어야 하는가? 예로부터 조상들이 불러 왔던 민들레, 비비추가 학명상 일본 고유종이 되어 버리고, 솔송나무가 울릉솔송나무, 실꽃풀이 제주실꽃풀, 쑥부지깽이가 가는쑥부지깽이로 변경된 것처럼 기준명에 해당하는 식물이 외래종이 되어 버리는 일들이 반복되어서는 안 된다.

『한국의 들꽃』과 마찬가지로, 저자들이 『한국의 산꽃』이라는 멋진 도감을 만날 수 있게 된 것은 많은 분들의 도움이 있었기 때문이다. 먼저 국내 자생식물에 대한 지식을 나누어 주신 경북대학교 박재홍 교수님, 전남대학교 임형탁 교수님, 국립수목원 정재민 박사님, 창원대학교 최혁재 교수님, 원주에 계신 심상득 선생님께 진심으로 감사드린다. 또한 저자들이 확보하지 못한 귀한 사진 자료를 아낌없이 제공해주신 경남생태지킴이 강문수 선생님, 김용문 선생님, 국립세종수목원 권용진 본부장님, 한국야생식물연구소 김중현 소장님, 이루다인 김지훈 박사님, 자연그림터 꽃나루 김혜경 작가님, 한반도식물연구회 변경렬 선생님, 대전대학교 서화정 선생님, 양치식물연구회 이만규 선생님, 이성원 선생님, 이지열 선생님, 임영희 선생님, 한성만 선생님, 한국식물생태연구소 이봉식 선생님, 정현도 선생님, 한국세밀화협회 이승현 작가님, 경북대학교 이웅 박사님, 한길숲연구소 이호영 박사님, 원주환경운동연합 숲사람들 전숙희 선생님, 국립수목원 조용찬 박사님, 윤석민 선생님, 국립백두대간수목원 허태임 박사님께 감사한 마음을 전한다. 이분들의 사진이 수록되지 않았다면『한국의 산꽃』이 지금처럼 빛나지 못했을 것이다. 백두산식물을 마음껏 관찰할 수 있는 기회를 주신 백두산식물탐사대 이도근 대장님께도 진심으로 감사드린다. 그리고 비뚤배뚤하고 엉성한 저자들의 원고와 사진을 바르고 촘촘하게 정리하여 아름다운『한국의 산꽃』이라는 작품으로 엮어 주신 돌베개 출판사의 한철희 사장님께도 깊이 감사드린다. 마지막으로 기나긴 시간 동안 저자들이 꿈을 이루어내는 과정을 옆에서 지켜보며 항상 응원해 준 가족들에게 말로 표현할 수 없는 미안함과 고마움을 전한다.

지난 3년간 무더운 8월이면 저자들은 한 번도 보지 못한 식물을 찾으러 제주도의 곶자왈지대를 헤매고 다녔다. 자생지에 대한 정확한 위치정보를 알고 있었는데도 불구하고 결국 만나지 못했다. 비뚤어진 보전의식을 가진 사람에 의해 사라지게 된 것이다. 욕심이 섞여 있거나 사려 깊지 않은 선행적 행동은 악행이 될 수 있다. 우리 산야에는 수차례, 수년간의 노력으로도 꽃과 열매를 볼 수 없을 만큼 희귀해져 버린 자생식물들이 너무 많다. 국내 자생지가 1~2곳인 희귀식물들을 나열하면 대략 100종 이상이 될 것이다. 저자들은 이러한 희귀식물들이 자생지에서 사라져가는 과정을 가슴 아프게 목도했다. 개현삼, 양반풀과 물억새아재비 등이 그것이다. 갯활량나물, 꽃장포, 제주방울란, 피뿌리풀도 마찬가지다. 소멸 직전에 도달한 듯하다. 심각하게 반성하고 적극적으로 보호하지 않으면 머지않아 우리나라의 산야에서 사라질 것이 확실하다. 가슴 아픈 일이다. 직업적이든 취미

생활이든 식물들을 만나러 다니는 사람들은 자연의 흐름을 최대한 간섭하지 않고 항상 그 자리에서 건강하게 예쁜 꽃을 피울 수 있게 배려하는 마음을 가졌으면 한다. 자연의 역사가 고스란히 담긴 고귀하고 소중한 식물들이 우리 땅에서 소멸하지 않고 우리 후배와 후손들과도 공유될 수 있길 소망한다.

2025년 2월

사진을 제공해준 분

강문수(경남생태지킴이), 권용진(국립세종수목원), 김용문(경남생태지킴이), 김중현(한국야생식물연구소), 김지훈(이루다인), 김혜경(자연그림터 꽃나루), 변경렬(한반도식물연구회), 서화정(대전대학교), 윤석민(국립수목원), 이만규(교사식물연구회), 이봉식(한국식물생태연구소), 이성원(양치식물연구회), 이승현(한국세밀화협회), 이웅(경북대학교), 이지열(양치식물연구회), 이호영(한길숲연구소), 임영희(양치식물연구회), 임형탁(전남대학교), 전숙희(원주환경운동연합 숲사람들), 정현도(한국식물생태연구소), 조용찬(국립수목원), 최혁재(창원대학교), 한성만(양치식물연구회), 허태임(국립백두대간수목원)

차례

책머리에   5
한반도 관속식물의 현황 및 자생지   13
일러두기   25

핵심 피자식물 MESANGIOSPERMS

독립계통 INDEPENDENT LINEAGE
홑아비꽃대과 CHLORANTHACEAE   28

목련군 MAGNOLIIDS
쥐방울덩굴과 ARISTOLOCHIACEAE   29

단자엽식물류 MONOCOTS
천남성과 ARACEAE   33
꽃장포과 TOFIELDIACEAE   40
쥐꼬리풀과 NARTHECIACEAE   43
버어먼초과 BURMANNIACEAE   44
마과 DIOSCOREACEAE   45
영주풀과 TRIURIDACEAE   47
애기나리과 COLCHICACEAE   48
여로과 MELANTHIACEAE   50
청미래덩굴과 SMILACACEAE   56
백합과 LILIACEAE   57
난초과 ORCHIDACEAE   69
노란별수선과 HYPOXIDACEAE   118
붓꽃과 IRIDACEAE   118
원추리과 ASPHODELACEAE   123
수선화과 AMARYLLIDACEAE   129
비짜루과 ASPARAGACEAE   144
닭의장풀과 COMMELINACEAE   166
골풀과 JUNCACEAE   167
사초과 CYPERACEAE   172

벼과 POACEAE   220

진정쌍자엽류 EUDICOTS

미나리아재비목 RANUNCULALES
양귀비과 PAPAVERACEAE   274
매자나무과 BERBERIDACEAE   292
미나리아재비과 RANUNCULACEAE   295

초장미군 SUPERROSIDS
범의귀목 SAXIFRAGALES
작약과 PAEONIACEAE   348
범의귀과 SAXIFRAGACEAE   351
돌나물과 CRASSULACEAE   371

장미군 ROSIDS
콩과 FABACEAE   390
원지과 POLYGALACEAE   407
장미과 ROSACEAE   410
쐐기풀과 URTICACEAE   431
박과 CUCURBITACEAE   440
노박덩굴과 CELASTRACEAE   442
괭이밥과 OXALIDACEAE   442
물레나물과 CLUSIACEAE   443
제비꽃과 VIOLACEAE   446
아마과 LINACEAE   479
대극과 EUPHORBIACEAE   479
쥐손이풀과 GERANIACEAE   484
바늘꽃과 ONAGRACEAE   487
운향과 RUTACEAE   493
팥꽃나무과 THYMELAEACEAE   493
배추과 BRASSICACEAE   495

초국화군 SUPERASTERIDS

석죽목 CARYOPHYLLACES

마디풀과 POLYGONACEAE 508

석죽과 CARYOPHYLLACEAE 520

국화군 ASTERIDS

수국과 HYDRANGEACEAE 540

봉선화과 BALSAMINACEAE 540

꽃고비과 POLEMONIACEAE 543

앵초과 PRIMULACEAE 544

진달래과 ERICACEAE 554

꼭두서니과 RUBIACEAE 560

용담과 GENTIANACEAE 571

협죽도과 APOCYNACEAE 580

지치과 BORAGINACEAE 584

가지과 SOLANACEAE 591

현삼과 SCROPHULARIACEAE 593

쥐꼬리망초과 ACANTHACEAE 602

꿀풀과 LAMIACEAE 603

주름잎과 MAZACEAE 630

파리풀과 PHRYMACEAE 630

열당과 OROBANCHACEAE 631

초롱꽃과 CAMPANULACEAE 643

국화과 ASTERACEAE 656

연복초과 ADOXACEAE 738

인동과 CAPRIFOLIACEAE 738

두릅나무과 ARALIACEAE 745

산형과 APIACEAE 746

용어 설명 786

참고문헌 791

찾아보기 | 학명 800

찾아보기 | 국명 818

한반도 관속식물의 현황 및 자생지

1. 관속식물의 현황

국가식물종목록(국립생물자원관) 기준으로, 한반도에 분포하는 관속식물은 총 230과 1,204속 3,980종 56아종 411변종 51품종 54교잡종으로, 총 4,552분류군이다. 이 중 한반도 고유종은 총 64과 172속 297종 4아종 51변종 8교잡종의 360분류군이다. 한반도는 단위 면적에 비해 식물종다양성이 비교적 높은 지역으로 평가되며, 식물종의 분포역이 복잡하고 지질시대에 살았던 잔존종(relict species)과 고유종이 다수 분포하는 것이 특징이다. 이러한 식물상 특징은 기후, 지형, 지질 그리고 지리적 위치 등의 무생물적 환경과 과거 기후 변천에 따른 식생 이동 과정에서 나타난 식물종들의 생태적 특징 등이 상호작용한 결과이다. 과거 기후의 변천 과정에서 자생 식물종들과 식생대는 한반도를 거쳐 남북으로 이동하였으며, 이동과 소멸 과정에서 지리산, 설악산 등의 해발고도가 높은 산지와 퇴적암지대(경상누층군, 석회암지대), 풍혈지, 서남해도서, 습지 등의 다양한 피난처(refugia)가 북방계 식물에게 안정적인 생육지를 제공하였다.

2. 주요 자생지

백두대간의 산지

백두대간은 우리나라에서 전통적으로 인식하던 산지 체계 중 북쪽 끝의 백두산에서 한반도의 남쪽 끝 큰 산인 지리산까지 이어지는 해발고도가 높고 연속적인 산줄기를 가리킨다(두산백과). 백두대간 보호에 관한 법률에 의하면 백두산에서 시작하여 두류산, 금강산, 설악산, 태백산, 소백산을 거쳐 지리산으로 이어지는 큰 산줄기를 의미한다. 백두대간은 일반적으로 동쪽 사면은 경사가 급하고 사면 길이가 짧으며 서쪽 사면은 비교적 경사가 완만하고 내륙으로 크고 작은 산들이 이어지는 형세를 보인다. 한반도의 동쪽을 따라 내려오는 백두대간에 의해 중부 이북에서는 우리나라의 특징적인 지형구조인 동고서저 구조가 뚜렷하게 나타난다(이, 2019).

최근 백두대간보호지역를 중심으로 한 관속식물상 연구에서 116과 894종 16아종 74변종 4품종으로 총 988분류군이 분포하는 것으로 조사되었다(이, 2019). 전체 관속식물은 양치식물 54분류군(5.46%), 나자식물 10분류군(1.01%), 피자식물 중 쌍자엽식물 706분류군(71.36%), 단자엽식물 219분류군(22.17%)으로 구성된다.

지리산(세석평전)

설악산

고산지대와 아고산지대

고산지대(alpine area)는 교목한계선에서 설선까지의 지대이며, 이 지대는 식생이 없거나 관목류나 초본류, 지의류 등 툰드라 식생이 우점하는 교목한계선 이상의 지역이다. 백두산의 경우 툰드라 식생은 해발고도 2,100m 이상에 형성되어 있는데, 이 지역에서는 노랑만병초, 들쭉나무, 좀참꽃 등의 관목과 구름송이풀, 나도개미자리, 두메자운,

은양지꽃 등의 고산성 초본식물이 우점하고 있다. 남한지역에 고산지대는 분포하지 않으며, 고산지대와 아고산지대의 정의와 범주를 적용하였을 때 제주도 한라산의 정상부만이 기후적인 아고산지대에 해당한다. 그 외 지리산이나 설악산 등 해발고도 1,300m 이상의 백두대간에 형성되어 있는 초지대는 지형이나 바람 또는 인간의 간섭에 의해 형성된 경관적인 아고산지대로 판단된다.

아고산지대(subalpine area)는 산림한계선(또는 용재한계선)과 교목한계선의 사이에 있는 전이지대이며, 교목 식생은 노출된 기반암, 설원, 초본 및 관목의 군락에 의해 단절되어 있다. 이 지대의 산림은 잔설(殘雪), 건조한 바람, 극한 기온 변화, 토양 수분 및 증발산 스트레스, 짧은 성장기 등과 같은 환경요인에 영향을 받으며, 표고가 높아짐에 따라 수목의 높이와 밀도가 점진적으로 감소하고, 다수의 관목과 편형수(krummholz), 왜성변형수, 수목섬이 나타나는 것이 일반적인 특징이다. 아고산지대는 산림지대와 고산지대 사이의 넓고 불분명한 경계면으로 학자에 따라서는 교목한계선 추이대(treeline ecotone) 또는 산림한계선 추이대(timberline ecotone)라고 표현하기도 한다. 아고산지대의 수직분포는 지역적인 기후대, 위도, 지형에 따라 달라지는데, 서부 히말라야산맥(인도)의 경우 아고산지대 식생이 해발고도 3,600~3,900m, 미국 서부지역의 경우 해발고도 2,450~3,660m, 알프스산맥의 경우 해발고도 1,800~2,300m, 일본 혼슈 중부지방의 경우 해발고도 1,500~2,600m에서 나타난다. 백두산(장백산)의 경우 가문비나무, 잎갈나무, 분비나무와 같은 아고산성 침엽수림은 해발고도 1,500~1,800m에 분포되어 있으며, 사스래나무는 해발고도 1,800~2,100m에서 우점하고 있다. 식생대로 미루어 보면 백두산지역의 아고산지대는 사스래나무림와 고산 초지 사이에 형성되어 있는 것으로 추정된다.

백두산(서파) 고산 초지

한라산 백록담

석회암지대

석회암은 중량의 50% 이상이 탄산염 광물로 이루어진 퇴적암을 가리키며, 크게 석회암(limestone)과 돌로스톤(dolostone)으로 분류된다. 석회암지대의 토양은 다량의 칼슘과 탄산이온을 함유하고 있어 pH가 높고, 단립구조가 발달하여 배수가 잘되기 때문에 다른 토양에 비해 쉽게 건조해지는 등의 물리적, 화학적 특징을 보이며, 이로 인해 비석회암지대와는 다른 생태계 구조를 가지는 것으로 알려져 있다. 국내의 석회암지대는 대부분 강원도 남부와 충청북도 북부에 걸쳐서 연속적으로 분포하며, 경북의 울진, 문경, 안동과 충북의 괴산, 영동 그리고 전북의 진안, 전남의 장성, 화순 등에도 소규모로 산재되어 있다.

　　한반도를 포함하여 동남아시아, 중국, 뉴질랜드, 유럽 등지의 석회암지대는 비석회암지대에 비해 생물종다양성이 높은 지역으로 알려져 있으며, 특히 고유종 및 희귀식물의 구성비율이 높은 것으로 평가하고 있다. 동남아시아 말레이반도의 석회암지대에는 말레이시아 전체 식물상의 약 14%가 분포하며, 석회암과 관련된 식물 중에 말레이반도 고유종이 21%이고 이 석회암지대에서만 발견되는 고유종이 11%를 차지한다. 중국 구이저우성의 석회암지대는 우리나라의 면적과 비슷한 105,230㎢에 불과하지만, 이 지역에 분포하는 식물은 총 7,505분류군이며, 그 가운데 고유종이 171분류군에 달해 생물다양성이 높은 지역으로 꼽힌다.

　　최근 강원도 중심의 석회암지대의 관속식물상 연구에 따르면 한반도 석회암지대에 분포하는 관속식물은 133과 530속 1,096종 18아종 84변종 2품종 2교잡종, 총 1,202분류군인 것으로 조사되었다. 이는 우리나라 관속식물의 26.4%에 해당된다. 국내 석회암지대에서 확인된 고유종은 무늬족도리풀, 홀아비바람꽃, 덕우기름나물, 푸른마 등 총 55분류군이고, 이중 석회암지대 지표종은 동강할미꽃, 반들대사초, 자병취 등 등 11분류군이다. 멸종위기 II급 및 적색목록 멸종우려에 해당되는 식물은 개병풍, 넓은잎제비꽃, 백부자, 연잎꿩의다리, 큰바늘꽃 등 40분류군이다. 나도여로, 낭독, 암공작고사리 등 30분류군은 국내에서는 석회암지대에만 관찰되는 북방계식물들이다.

석회암지대(영월군 선돌)　　　　　　　석회암지대(정선군)

경상누층군(고생대 백악기 퇴적암지대)

고생대 백악기 퇴적암지대는 약 1억~8,000만 년 전으로 공룡이 번성한 중생대 백악기에 형성된 퇴적암지대를 말하며, 경상도에 넓게 분포하기 때문에 학술적으로는 경상누층군으로 부른다. 국내에서는 공룡 화석이 출토되는 경남 고성, 창녕과 경북 의성, 영천, 청송 그리고 전남 화순 등이 대표적인 지역이다.

경상누층군 지대에서 조사된 식물은 총 728분류군이며, 망개나무, 산개나리, 향나무 등의 희귀식물이 다수 포함되어 있다. 식물지리학적으로 특이하게 이들 지역에서는 북방계식물과 남방계식물이 공존하는 경우가 많다. 평균 해발고도가 400m 정도로 낮은 산지임에도 불구하고 다북떡쑥, 선이질풀, 왜미나리아재비 등 다수의 북방계식물이 분포하며 덕우기름나물, 장군대사초 등 석회암지대 지표종으로 분류되었던 희귀식물들도 자란다. 또한 경북 영천 일대의 퇴적암지대에서는 해변싸리와 층꽃나무가 큰 집단을 이루며 자라기도 한다.

안동 측백나무 자생지

풍혈지

풍혈지는 봄부터 가을까지 애추사면의 암괴 틈에서 찬 공기가 분출되어 결빙, 결로 등의 국소적인 저온 다습한 환경을 형성하는 지역으로서, 국내에서는 얼음골, 빙혈, 풍혈또는 하계 동결 현상지로 불리고 있다. 국내에 알려져 있는 주요 풍혈지는 금수산 얼음골, 밀양 얼음골, 의성 빙혈, 진안 풍혈·냉천, 청송 얼음골 등 10~20여 곳에 이른다. 풍혈지는 플라이스토세 빙기의 주빙하환경에서 지형 발달 과정을 거쳐 사면에 암설이 퇴적되어 만들어진 애추, 암괴원, 암괴류 등지에서 발달하며, 주로 일사량이 적은 북사면에 위치한다. 풍혈지는 미국(약 400곳), 일본(80곳 이상)과 유럽에도 보고되어 있으며, 주로 북반구의 북위 35°~45°에 위치하는 것이 특징이다.

풍혈지의 식생은 고산식물이 격리 분포를 보이는 원인과 유사한 빙하기 이후의 국소적인 기후지대에 살아남은 잔존 식생으로 알려져 있다. 풍혈지는 최후빙하기에 북쪽의 추위를 피해 남하했던 북방계 식물들이 간빙기에 식생 천이와 이주 과정에서 풍혈지의 한랭 건조한 국소적 기후환경에 적응, 고립되어 있는 피난처이다. 국내에 분포하는 풍혈지에서 관찰되는 대표적인 희귀 북방계식물은 꼬리까치밥

평창 신기리 풍혈

의성 빙계리 빙혈

나무, 두메고사리, 뚝지치, 월귤, 좀미역고사리, 한들고사리 등이다.
또한 수직적 분포에서 주로 해발고도가 높은 산지에서 자라는 마가
목, 산새풀, 애기괭이밥, 퍼진고사리 등이 해발고도 350m 이하에서
나타나는 특이한 현상을 보이고 있다. 이러한 수직적, 수평적 특이 분
포 양상은 전 세계의 풍혈지에서 나타나는 공동된 현상이다.

제주도

제주도는 화산섬으로서 순상화산의 지형 특성을 보이며 150~200만
년 전인 신생대 제3기말과 제4기초에 형성된 것으로 알려져 있다. 제
주도의 중앙부에는 국내(남한)에서 가장 높은 산인 한라산(해발고도
1,950m)이 위치한다. 한라산은 해발고도가 낮은 지대에는 상록활엽
수와 같은 남방계식물들이, 중산간지대에는 온대식물들이 우점하며,
해발고도 1,400m 이상의 지대에는 구상나무, 사스래나무, 주목 등의
냉온대성 또는 아한대성 식생들이 군락을 이루는 독특한 수직분포를
보인다. 한라산의 해발고도 1,400m 이상 지대에는 경관적인 아고산
지대가 형성되어 있으며, 기후적인 아고산지대에는 정상부 주변부가
해당된다. 이러한 아고산지대 환경은 큰 규모의 빙하기에 남하한 다
수의 북방계식물들이 간빙기에도 생존을 이어갈 수 있는 서식지를
제공하였다. 대표적인 북방계식물은 눈향나무, 들쭉나무, 시로미, 암
매 등이다. 특이하게도 제주도의 해발고도가 낮은 오름지대 또는 해
안가 초지대에도 북방계식물들이 다수 분포한다. 노랑개자리, 큰절
굿대, 피뿌리풀 등이며 이들 대부분은 국내 자생지가 극소수인 희귀
식물에 해당한다.

한라산에는 167과 770속 1,990분류군의 관속식물이 분포하는
것으로 보고되어 있으며, 이중 50분류군 정도가 제주도 고유종이다.

고유종 중에는 가시딸기, 깔끔좁쌀풀, 제주고사리삼과 같이 속이나 종 수준의 분류군들도 있지만 다수가 교잡기원의 분류군이거나 변종 수준의 분류군들이다. 변종(또는 지역적 변이) 수준의 고유종은 두메대극, 좀향유, 한라개승마, 한라솜다리, 한라참나물 등으로 제주도 고유종의 대략 50% 정도를 차지한다. 이들의 대부분은 빙하기에 남하한 북방계식물이나 온대식물들이 제주도의 환경에 적응하여 변화된 또는 변화 중인 분류군들로서 기본종에 비해 왜소형화된 공통적인 경향성을 보이는 것이 특징이다. 이러한 왜소형화된 제주도의 개체군에 대한 분류학적 처리에 대해서는 학자들 간 이견이 많다. 넓은 의미의 종개념을 적용하여 기본종과 동일종으로 처리하기도 하지만 좁은 의미의 종개념을 적용하여 별개의 종으로 처리하기도 한다. 제주도는 북방계식물의 피난처로서 식물지리학적으로 매우 흥미로운 장소일 뿐만 아니라 특수한 환경에 고립된 종들의 진화 과정을 관찰할 수 있는 분류학적으로도 매우 의미 있는 장소이다.

한라산 정상부

산양리 곶자왈

울릉도

울릉도는 제주도와 비슷한 시기인 200만 년 전쯤 동해의 심해에서 분출된 화산 활동에 의해 형성된 화산섬이다. 큰 규모의 빙하기에 육지와 연결되는 제주도와는 달리 형성된 이후 단 한 번도 육지와 연결되지 않은 대양섬으로서 울릉도의 식물들은 긴 시간에 걸쳐 러시아와 일본, 한반도에서 조류(새), 바람, 해류 등의 장거리 산포에 의해 울릉도로 유입되었다. 참나무류나 싸리류, 석죽과 식물과 같이 단거리 산포법에 의해 이동하는 식물의 비율이 낮은 것 역시 울릉도가 대양섬이기 때문이다.

최근 울릉도에 대한 관속식물상 연구에서 총 93과 313속 494분류군이 확인되었는데, 이 중 울릉도 고유종은 섬고사리, 섬바디, 섬시호, 섬현호색 등 35분류군이다. 고유종의 다수는 내륙의 유연관계가 가까운 유사 분류군에 비해 대형화되는 방향으로 진화한 것이 공통적인 특징이다. 대표적인 식물이 우산고로쇠(고로쇠나무의 대형화), 섬단풍나무(당단풍나무의 대형화), 울릉제비꽃(뫼제비꽃의 대형화), 섬국수나무(인가목조팝나무의 대형화), 섬시호(개시호의 대형화) 등이다. 울릉도의 고유종들은 내륙의 개체들과는 유전적 교류가

나리분지

너도밤나무 숲

단절된 채 울릉도의 독특한 기후환경에 적응하거나 울릉도에 유입된 다른 종과의 교잡을 통해 내륙의 개체들과는 다른 방향으로 진화하였다.

서남해도서

우리나라에는 약 3,000여 개의 섬들이 있다. 특히 서해와 남해는 섬의 밀도가 높아서 다도해라는 별칭으로 부르기도 한다. 최후빙하기의 최성기에는 지금보다 해수면이 120~140m 정도 낮았기 때문에 서남해도서는 많은 섬이 모여 있는 지금의 모습이 아닌 산악지대였다. 빙하기가 끝나고 온난해진 기후로 인해 빙하가 녹아내리고 해수면이 차츰 상승하면서 육지와 분리되어 지금의 섬이 된 것이다.

서남해도서에는 대략 1,500~2,000분류군 정도의 관속식물이 분포할 것으로 추정하며, 이중 서남해도서에만 분포하는 고유종은 거제딸기, 긴꽃며느리밥풀, 홍도서덜취, 홍도원추리 등 총 13분류군이다. 이들 고유종은 서남해도서에 고립된 후 새로운 종으로 분화된 종이거나 다른 지역의 개체들은 소멸하고 도서지역에서만 살아남은 잔존종에 해당된다. 서남해도서가 바닷물에 의해 육지와 분리된 시기는 대략 12,000~8,000년 전으로 특별한 분류군 또는 특수한 환경이 아니고서는 고립된 식물이 다른 종으로 분화하기에는 매우 짧은 시간이다. 고립된 후 진화한 것으로 추정되는 거제딸기(잡종기원)와 긴꽃며느리밥풀(공진화 경향을 보이는 1년초)을 제외한 다른 고유종들은 대부분 잔존종에 해당하는 것으로 판단된다.

서남해도서 지역은 기후최적기에 북상한 남방계식물들이 높아지는 해수면과 소빙하기의 한랭 건조한 기후에서도 살아남을 수 있는 피난처 역할을 했다. 난류의 영향으로 동일한 위도의 내륙에 비해 남방계식물들의 비율이 비교적 높은 편이다. 보리밥나무, 동백나무가 대청도, 소청도, 백령도까지 자라며 붉가시나무는 외연도(보령), 납섬(옹진)에 잔존되어 있다. 최근 서해도서 지역에서 발견되는 다수의 미기록식물들 역시 기후최적기에 북상한 식생의 흔적들이다. 대표적인 식물이 구멍사초, 분홍꽃조개나물, 서산돌나물, 속단아재비, 잎꽃돌나물, 주걱잎갯비름 등이다.

거문도

가거도

일러두기

수록 종

『한국의 산꽃』은 우리나라의 산지에서 볼 수 있는 1,210분류군의 초본식물이 수록된
도감이다. 식별과 동정의 편의성을 고려하여 들에서 자라는 초본식물도 일부 선별적으로
수록하였다.

분류체계

분자계통학 연구에 기반한 APGⅣ 분류체계를 기준으로 하였으며, 과내 속이나 종의 순서는
알파벳순으로 정리하되, 일부 속이나 종은 서로 비교가 용이하게 인접 배열하였다.

학명과 국명

원칙적으로는 『국가 생물종 목록집 〈관속식물〉』(국립생물자원관, 2019)을 기준으로
하였으나, 중국식물지(FOC), 일본식물지, 최근에 발표된 분류학적 문헌 등과 수록 종의
학명이 다를 경우 저자들의 분류학적인 관점을 반영하여 일부를 수정하였다. 한국식물지,
『한국속식물지』(한국식물지 편집위원회, 2018), 국가생물종목록(환경부),
국가표준식물목록(산림청)에서 사용하는 국명이 상이할 경우, 가장 보편적으로 사용되는
국명을 채택하였다. 다만 최근, 학명이 변경되었다는 이유로 새로 부여된 국명은
보편성과는 무관하게 원칙적으로 사용하지 않았다.

국내 분포 및 자생지

국내 문헌, 국립생물자원관의 표본정보, 저자들이 필드에서 관찰한 경험 등의 정보를
종합하여 간략하게 기록하였다.

기재문

저자들이 20~30여 년간 필드에서 관찰하고 기록한 자료를 근간으로 작성하였으며, 수록된
식물의 원기재문 및 분류학적 논문, 중국과 일본의 식물지를 참고하여 수정 및 추가
기록하였다. 기재문에 사용된 용어는 가급적이면 『알기 쉽게 정리한
식물용어』(국립수목원, 2010)를 따르는 것을 원칙으로 하였으나, 우리말 표현으로 풀어 쓸
경우 표현이 모호해지거나 생소해질 소지가 있는 경우는 한자식으로 표현하였다.

사진

수록된 사진의 대부분은 자생지에서 저자들이 직접 촬영하였으며, 분포와 개화 시기 등의
정보를 제공하기 위하여 촬영일자와 장소를 구체적으로 병기하였다. 저자들이 촬영하지
않은 사진은 저작권자를 명시하였다.

핵심
피자식물

MESANGIOSPERMS

독립계통
INDEPENDENT LINEAGE

홀아비꽃대과 CHLORANTHACEAE

목련군
MAGNOLIIDS

쥐방울덩굴과 ARISTOLOCHIACEAE

단자엽식물류
MONOCOTS

천남성과 ARACEAE
꽃장포과 TOFIELDIACEAE
쥐꼬리풀과 NARTHECIACEAE
버어먼초과 BURMANNIACEAE
마과 DIOSCOREACEAE
영주풀과 TRIURIDACEAE
애기나리과 COLCHICACEAE
여로과 MELANTHIACEAE
청미래덩굴과 SMILACACEAE
백합과 LILIACEAE
난초과 ORCHIDACEAE
노란별수선과 HYPOXIDACEAE
붓꽃과 IRIDACEAE
원추리과 ASPHODELACEAE
수선화과 AMARYLLIDACEAE
비짜루과 ASPARAGACEAE
닭의장풀과 COMMELINACEAE
골풀과 JUNCACEAE
사초과 CYPERACEAE
벼과 POACEAE

옥녀꽃대

Chloranthus fortunei (A.Gray) Sloms

홀아비꽃대과

국내분포/자생지 주로 남부지방(서해안의 경우 강화도 이남)의 산지

형태 다년초. 줄기는 높이 15~40cm이다. 잎은 마주나고 보통 4개이며 줄기의 끝부분에서 모여난다. 길이 5~11cm의 타원형−넓은 타원형 또는 도란형이며 가장자리에 뾰족한 톱니가 많다. 잎자루는 길이 1~2.5cm이다. 꽃은 4~5월에 백색으로 피며 길이 2~4cm의 수상꽃차례에 모여 달린다. 열매(핵과)는 길이 3mm 정도의 구형이고 연한 황록색으로 익는다.

참고 홀아비꽃대에 비해 수술이 더 길며(1~2cm), 중간 수술에도 꽃밥(2개)이 달리는 것이 특징이다.

❶2022. 4. 17. 경남 의령군 ❷꽃. 수술은 길이 1~2cm이며 3개이고 밑부분이 합쳐져 씨방의 뒷면에 붙어 있다. 포는 길이 1.5mm 정도의 도란형이고 2~3개로 갈라진다. ❸수술. 꽃밥은 수술의 밑부분에 붙으며 중앙 수술에는 2개씩 달리고 양쪽 측면의 수술에는 1개씩 달린다. ❹열매 비교. 홀아비꽃대(우)에 비해 포에 의해 열매의 밑부분이 뚜렷하게 싸여 있다.

홀아비꽃대

Chloranthus quadrifolius (A.Gray) H.Ohba & S.Akiyama

홀아비꽃대과

국내분포/자생지 전국의 산지

형태 다년초. 줄기는 높이 20~40cm이다. 잎은 마주나고 보통 4개이며 줄기의 끝부분에서 돌려나듯이 모여난다. 길이 7~14cm의 타원형−넓은 타원형 또는 도란형이며 가장자리에 뾰족한 톱니가 많다. 잎자루는 길이 1~2cm이다. 꽃은 4~5월에 백색으로 피며 길이 2~3cm의 수상꽃차례에 모여 달린다. 수술은 길이 5mm 정도이고 3개이며 밑부분이 합쳐져 씨방의 뒷면에 붙어 있다. 열매(핵과)는 길이 2.5~3mm의 구형이며 연녹색으로 익는다.

참고 옥녀꽃대에 비해 수술의 길이가 짧으며 중간 수술에 꽃밥이 없는 것이 다른 점이다.

❶2004. 4. 24. 경기 연천군 ❷꽃. 포는 삼각형 또는 거의 원형이며 흔히 가장자리가 밋밋하다. ❸수술. 꽃밥은 양쪽 측면의 수술 밑부분에 1개씩 달리고 중앙의 수술에는 꽃밥이 없다. ❹열매. 자루 부분만 포에 싸여 있다.

무늬족도리풀

Asarum chungbuensis (C.S.Yook & J.G.Kim) B.U.Oh

쥐방울덩굴과

국내분포/자생지 경남, 전북 이북의 숲속 및 계곡가 바위지대, 한반도 고유종

형태 다년초. 땅속줄기는 옆으로 뻗고 마디가 많다. 잎은 2개씩 난다. 길이 4~12cm의 거의 신장형-난상 심장형이다. 양면 맥 위에 털이 약간 있다. 꽃은 4~5월에 연한 자갈색으로 피며 꽃줄기는 길이 2~3.5cm이다. 꽃받침은 3개로 갈라지며 열편은 길이 6~9mm의 삼각상 난형이다. 암술은 6개이며, 수술은 12개이고 2열로 배열한다.

참고 전체적(특히 꽃)으로 작은 편이며 잎의 표면에 흔히 백색의 무늬가 있는 것이 특징이다.

❶2004. 4. 18. 경기 연천군 ❷꽃. 꽃받침 통부는 지름 1~1.2cm로 작은 편이다. 꽃받침열편에 흔히 백색-황갈색의 반점이 있다. ❸꽃 내부. 수술은 2열로 배열되며 꽃밥은 황색이고 수술대는 자갈색이다. ❹잎. 흔히 뚜렷한 무늬가 있으나 희미하거나 없는 개체도 간혹 있다. 뒷면 맥 위에 털이 약간 있다.

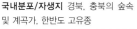

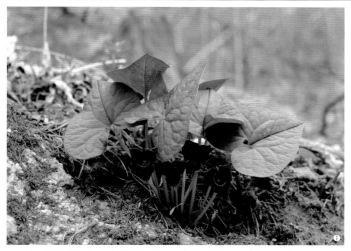

자주족도리풀

Asarum koreanum J.Kim & C.Yook ex B.U.Ohe

쥐방울덩굴과

국내분포/자생지 경북, 충북의 숲속 및 계곡가, 한반도 고유종

형태 다년초. 잎은 2개씩 난다. 길이 6~15cm의 거의 신장형-난상 심장형이다. 양면 맥 위에 털이 약간 있다. 잎자루는 길이 7~15(~20)cm이고 털이 약간 있다. 꽃은 4~5월에 진한 자갈색으로 피며 꽃줄기는 길이 1.5~4cm이다. 꽃받침은 3개로 갈라지며 열편은 길이 6~12mm의 삼각형이다. 암술은 6개이며, 수술은 12개이고 2열로 배열한다.

참고 족도리풀과 유사하지만 잎이 자줏빛을 띠고 꽃받침열편이 짙은 자갈색인 것이 특징이다. 족도리풀의 종내 분류군(변종)으로 처리하는 것이 타당하다.

❶2020. 4. 15. 충북 제천시 ❷꽃. 꽃받침열편은 짙은 자갈색이며 끝부분은 길게 뾰족하고 가장자리는 흔히 약간 물결모양이다. ❸꽃 내부. 족도리풀과 유사하다. ❹잎. 개화기에는 자줏빛이 도는 녹색 또는 진한 자갈색이지만 차츰 녹색으로 변한다.

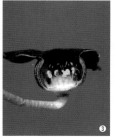

족도리풀

Asarum sieboldii Miq.

쥐방울덩굴과

국내분포/자생지 제주를 제외한 전국의 산지

형태 다년초. 땅속줄기는 지름 3~4mm이고 옆으로 뻗는다. 잎은 2개씩 나며 꽃이 피지 않는 줄기에서는 1개씩 나기도 한다. 길이 6~20cm의 거의 신장형-난상 심장형이며 가장자리는 밋밋하다. 표면은 녹색이고 광택이 없으며 털이 약간 있다. 뒷면은 연녹색이고 맥 위에 털이 약간 있다. 잎자루는 길이 5~16cm이고 녹색 또는 진한 자색이며 털이 없다. 꽃은 4~5월에 연한 자색-짙은 자색(간혹 연녹색)으로 피며 꽃줄기는 길이 1~5cm이다. 꽃받침은 3개로 갈라지며 열편은 길이 7~15mm의 삼각상 난형이고 수평으로 퍼지거나 앞으로 비스듬히 선다. 암술은 6개이며 암술대는 길이 1.6~2.3mm이고 자갈색이다. 암술대 돌기는 길이 0.5~1.7mm의 뿔모양이다. 수술은 12개이고 2열로 배열하며 꽃밥은 황색-황갈색이고 수술대는 황색-자갈색이다. 열매(삭과)는 꽃모양과 비슷하며 6~8월에 익는다. 씨는 갈색이고 날개가 없다.

참고 족도리풀에 비해 꽃받침열편의 끝이 뿔모양으로 길게 뾰족한 것을 **뿔족도리풀**(var. *cornutum* Y.N.Lee)로 구분하기도 하며 주로 강원 산지에 분포한다. 털족도리풀에 비해 전체(특히 잎뒷면과 잎자루)에 털이 거의 없거나 적으며 꽃받침열편이 뒤로 젖혀지지 않는 점과 꽃받침통부의 입구 주변이 자갈색-짙은 자갈색인 점이 특징이다.

❶2006. 4. 30. 전남 장성군 ❷❸꽃. 꽃받침열편은 뒤로 젖혀지지 않으며 가장자리는 약간 물결모양으로 뒤틀린다. 꽃받침통부의 안쪽 윗부분과 꽃받침열편의 밑부분은 흔히 자갈색-짙은 자갈색이다. ❹열매. 땅으로 쓰러지거나 비스듬히 처진다. 꽃모양과 유사하지만 꽃받침통부가 더 부푼다. ❺잎. 털이 거의 없거나 가장자리와 맥 위에 짧은 털이 약간 있다. ❻-❽뿔족도리풀 타입 ❻꽃. 화피편의 끝이 길게 뾰족하다. ❼꽃 내부. 족도리풀과 유사하다. 암술은 6개, 수술은 12개이고 2열로 배열한다. ❽2006. 4. 22. 강원 태백시 덕항산

개족도리풀
Asarum maculatum Nakai

쥐방울덩굴과

국내분포/자생지 변산반도(전북) 이남 (특히 제주도 및 서남해 도서)의 산지. 한반도 고유종

형태 다년초. 땅속줄기는 옆으로 뻗는다. 잎은 길이 4~12cm의 거의 신장형-난상 심장형이다. 잎자루는 길이 3~15cm이고 털은 없다. 꽃은 4~5월에 짙은 자갈색으로 피며 꽃줄기는 길이 1.2~4cm이다. 꽃받침은 3개로 갈라지며 열편은 길이 7~13mm의 삼각상 난형이다.

참고 형태적으로 족도리풀과 매우 유사하여 족도리풀의 품종으로 처리하기도 한다. 족도리풀에 비해 작고 잎이 약간 더 두터우며 표면에 백색의 무늬가 있는 것이 특징이다.

❶2018. 5. 20. 제주 제주시 한라산 ❷꽃. 꽃받침열편은 짙은 자색이며 끝부분은 뾰족하거나 길게 뾰족하다. ❸꽃 내부. 족도리풀과 유사하다. 암술은 6개이며, 수술은 12개이고 2열로 배열한다. ❹잎. 표면에 백색의 반점이 있고 광택이 약간 있는 편이다. 뒷면에는 털이 없거나 약간 있다.

털족도리풀
Asarum heterotropoides var. *mandshuricum* (Maxim.) Kitag.

쥐방울덩굴과

국내분포/자생지 전국의 산지

형태 다년초. 잎은 길이 5~15cm의 거의 신장형-난상 심장형이다. 잎자루는 길이 8~16(~20)cm이고 털은 많거나 적다. 꽃은 4~5월에 연한 자갈색-진한 자갈색으로 피며 꽃줄기는 길이 3~8cm이다. 꽃받침은 3개로 갈라지며 열편은 길이 10~14mm의 삼각상 난형이고 뒤로 젖혀진다. 암술은 6개이며, 수술은 12개이고 2열로 배열한다.

참고 일본, 중국에서는 원변종(var. *heterotropoides*)에 통합·처리하거나 품종으로 분류한다. 원변종은 잎 뒷면에 털이 없으며 꽃받침열편이 뒤로 완전히 젖혀지고 밑부분이 흑자색이다.

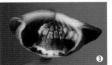

❶2020. 4. 25. 경기 연천군 ❷❸꽃 내부. 꽃받침열편은 뒤로 젖혀지며 밑부분(꽃받침통부의 입구)은 백색-분홍색-연녹색이다. 수술은 개화 초기에는 꽃받침통부의 아래쪽으로 구부러져 있다. ❹열매(삭과). 6~8월에 익는다. ❺잎. 양면(특히 뒷면)에 털이 많은 편이다.

각시족도리풀

Asarum misandrum B.U.Oh &
J.G.Kim

쥐방울덩굴과

국내분포/자생지 제주 및 서남해안
(특히 서해 도서) 일대의 산지, 한반도
준고유종

형태 다년초. 땅속줄기는 옆으로 뻗
는다. 잎은 길이 2.5~6.5cm의 거의
신장형~난상 심장형이며 가장자리는
밋밋하다. 잎자루는 길이 6~13cm이
고 털이 없다. 꽃은 4~5월에 연한 자
갈색~자갈색으로 피며 꽃줄기는 길
이 4~6.5cm이다. 꽃받침은 3개로 갈
라지며 열편은 길이 6~9mm의 삼각
상 난형이고 뒤로 강하게 젖혀진다.
암술은 6개이며 수술은 12개이고 2
열로 배열한다. 열매(삭과)는 7~9월에
익는다.

참고 털족도리풀과 유사하지만 전체
에 털이 거의 없고 꽃받침열편이 뒤
로 강하게 젖혀지는 것이 특징이다.

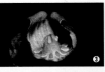

❶2022. 4. 10. 전남 영광군 ❷꽃. 꽃받침열
편은 통부에 붙을 정도로 뒤로 강하게 젖혀
진다. ❸❹꽃 내부. 수술대와 암술대 돌기는
연한 황색이다. ❺잎. 뒷면에 털이 거의 없다.

금오족도리풀

Asarum patens (Yamaki) Y.N.Lee ex
B.U.Oh, D.G.Jo, K.S.Kim & C.G.Jang

쥐방울덩굴과

국내분포/자생지 충남, 충북 및 경북
이남의 산지, 한반도 고유종

형태 다년초. 잎은 길이 5~12cm의
거의 신장형~난상 심장형이며 양면
에 짧은 털이 있다. 잎자루는 길이 5
~20cm이고 털이 거의 없다. 꽃은 4~
5월에 황갈색~자갈색으로 피며 꽃줄
기는 길이 2~7cm이다. 꽃받침은 3개
로 갈라지며 열편은 길이 7~15mm의
삼각상 난형이고 수평으로 퍼진다.
암술은 6개이며 수술은 12개이고 2열
로 배열한다. 꽃밥은 황색~황갈색이
고 수술대는 자갈색이다. 열매(삭과)는
6~8월에 익는다.

참고 양면(특히 뒷면)에 털이 많다. 꽃
받침열편이 황갈색~자갈색이고 수평
으로 퍼지며 암술대 돌기가 긴(길이
2.7~3mm) 것이 특징이다.

❶2006. 4. 15. 경남 산청군 ❷꽃. 꽃받침
열편은 수평으로 퍼진다. ❸꽃 내부. 암술대
돌기가 길고 끝이 갈라지는 것이 특징이다.
❹잎 뒷면. 전체(특히 맥 위)에 짧은 털이 밀
생한다.

천남성
(둥근잎천남성)

Arisaema amurense Maxim.
Arisaema amurense var. *robustum*
Engler; *A. amurense* f. *serratum*
(Nakai) Kitag.

천남성과

국내분포/자생지 전국의 산지

형태 다년초. 덩이줄기는 지름 4~
7cm의 편구형이며 식물체는 높이 15
~30cm이다. 잎은 흔히 1(~2)개이며 3
출겹잎 또는 5개의 작은잎으로 구성
된 겹잎이다. 작은잎은 길이 7~11cm
의 좁은 장타원형–도란형이며 끝은
뾰족하고 가장자리는 밋밋하거나 뾰
족한 톱니가 있다. 최종 중앙 작은잎
의 잎자루는 길이 5~25mm이다. 암
수딴그루이다. 꽃은 4~6월에 육수꽃
차례의 밑부분에 모여 달리며 꽃줄기
는 잎자루보다 짧다. 불염포는 녹색
또는 연한 자색이며 흔히 자색의 줄
무늬가 있다. 통부는 길이 5cm 정도
의 원통형이고 현부(판연)는 길이 3~
4cm의 피침상 장타원형–피침상 난
형이고 끝이 길게 뾰족하다. 수꽃이
달리는 부분은 길이 2cm 정도, 너비
2~3mm의 원뿔형이고 암꽃이 달리는
부분은 지름 1~1.5cm의 원뿔형이다.
부속체는 길이 3~5.5cm의 곤봉상 원
통형이고 곧추서며 끝이 둥글다. 열
매(장과)는 난상 구형 또는 도란상 구
형이며 주황색–적색으로 익는다.

참고 점박이천남성에 비해 줄기부(위
경)가 잎자루보다 짧으며 흔히 잎이
1(~2)장씩 달리고 작은잎이 3~5개인
것이 특징이다. 잎가장자리에 뾰족한
톱니가 있는 것을 천남성(f. *serratum*)
으로, 톱니가 없이 밋밋한 것을 둥근
잎천남성(f. *amurense*)으로 세분하기도
하지만 넓은 의미에서 모두 천남성으
로 통합·처리하는 것이 타당하다.

❶2017. 5. 8. 경기 연천군 ❷수꽃차례. 수술
은 2~5개씩 합생되어 있다. 개체의 영양 상
태에 따라 성별이 변환되는 것으로 알려져
있으며(paradioecious) 어린 개체의 경우 수
꽃이 피는 경우가 많다. ❸암꽃차례 ❹열매.
장과이고 적색으로 익는다. ❺~❼변이 개체.
과거에는 세분화하였으나 통합·처리하는 것
이 타당하다. ❺잎에 반점이 있는 개체들도
드물게 혼생한다. ❻잎이 2장씩 달리는 개체
들도 드물게 혼생한다. ❼둥근잎천남성 타입.
잎가장자리가 밋밋한 것을 둥근잎천남성으
로 구분하였으나 최근 통합·처리하는 추세
이다. 잎가장자리에 뾰족한 톱니가 발달하는
개체(천남성 타입)보다 더 흔하다.

점박이천남성

Arisaema serratum (Thunb.) Schott
Arisaema peninsulae Nakai

천남성과

국내분포/자생지 전국의 산지

형태 다년초. 덩이줄기는 지름 3~
7cm의 편구형이다. 식물체는 높이
40~90cm이다. 잎은 흔히 2개이며
작은잎은 5~19개로 구성된 겹잎이
다. 작은잎은 좁은 타원형-난상 장타
원형이고 가장자리가 흔히 밋밋하다.
최종 중앙의 작은잎은 길이 9~18cm
로 가장 크며 자루는 길이 1~4cm이
다. 암수딴그루이다. 꽃은 4~6월에
육수꽃차례의 밑부분에 모여 달리며
꽃줄기는 길이 5~25cm이고 잎자루
와 길이가 비슷하거나 더 길다. 불염
포는 녹색 또는 자색-짙은 자색이며
백색의 줄무늬가 있다. 통부는 길이
5~8cm의 원통형이며 현부는 길이 5
~7cm의 피침상 장타원형-난형이고
끝이 길게 뾰족하다. 암꽃의 암술대
는 짧고 암술머리는 원반형이며 수꽃
의 꽃밥은 2~3개이다. 부속체는 길이
3.5~5cm의 원통형이며 자루는 길이
4~5mm이고 밑부분은 편평하고 끝이
둥글다. 열매(장과)는 지름 7~8mm의
난상 구형이며 주황색-적색으로 익
는다.

참고 천남성에 비해 줄기부(잎집의 집
합체, 위경)가 잎자루보다 길며 흔히
잎이 2장씩 달리고 작은잎이 5~19개
인 것이 특징이다. 줄기부와 잎자루
에 흔히 자색-자갈색의 얼룩 무늬가
있다.

❶2004. 5. 1. 경기 포천시. 내륙의 개체(*A.
peninsulae* 타입)는 불염포의 통부가 원통형
이고 개구부(開口部)가 약간 넓게 벌어지거
나 넓게 벌어지지 않는다. ❷수꽃차례. 꽃차
례의 부속체는 가는 원통형이다. ❸열매. 장
과이고 주황색-적색으로 익는다. ❹덩이줄
기. 편구형이다. 암그루(좌)의 덩이줄기가 수
그루(우)에 비해 대형이다. ❺~❼제주도 개
체. 학자에 따라서는 제주도에 분포하는 것
을 *A. serratum*, 내륙에 분포하는 것을 *A.
peninsulae*로 구분하기도 한다. ❺2021. 4.
19. 제주 제주시 한라산 ❻꽃차례. 내륙 개체
에 비해 불염포의 통부는 위로 갈수록 뚜렷
하게 넓어지고 개구부가 넓게 벌어지는 경향
이 있다. 불염포의 현부도 내륙의 개체에 비
해 넓은 편이다. ❼암꽃차례. 꽃차례의 부속
체는 원통형, 곤봉형, 머리모양 등 변이가 심
하며 내륙의 개체에 비해 굵은 편이다.

섬남성

Arisaema takesimense Nakai

천남성과

국내분포/자생지 경북(울릉도)의 산지, 한반도 고유종

형태 다년초. 덩이줄기는 지름 3~8cm의 편구형이다. 식물체는 높이 30~80cm이다. 잎은 흔히 2개이며 작은 잎은 5~19개로 구성된 겹잎이다. 작은잎은 피침형–타원형 또는 마름모형이고 가장자리는 밋밋하며 표면의 중앙부에 백색의 무늬가 있다. 암수딴그루이다. 꽃은 5~6월에 육수꽃차례의 밑부분에 모여 달린다. 불염포는 녹색 또는 자색–짙은 자색이며 백색–연한 녹색의 줄무늬가 있다. 통부는 길이 5~10cm의 원통형이며 현부는 피침상 장타원형–난형이고 끝이 길게 뾰족하다. 부속체는 곤봉모양의 원통형이고 끝이 곤봉형–머리모양으로 둥글다. 열매(장과)는 주황색–적색으로 익는다.

참고 점박이천남성에 비해 흔히 잎의 표면에 무늬가 있는 것이 특징이다. 학자에 따라서는 *A. serratum*(일본, 제주에 분포) 또는 *A. japonicum*(일본 고유종)과 동일종으로 보기도 한다. 넓은 의미에서는 섬남성, 점박이천남성, *A. japonicum*를 모두 *A. serratum*로 통합·처리하기도 한다.

❶2016. 5. 10. 경북 울릉군 울릉도. 줄기부(위경)에 녹색 바탕에 뚜렷한 자색–진한 자색의 반점이 있다. ❷암꽃차례. 꽃차례의 부속체는 곤봉형–머리모양이고 점박이천남성에 비해 굵은 편이다. ❸수꽃차례. 수술은 2~5개씩 합생한다. ❹열매. 주황색–적색으로 익는다. ❺잎. 작은잎 5~19개로 이루어진 겹잎이다. 흔히 표면의 중앙부에 백색의 큰 무늬가 있다.

큰천남성

Arisaema ringens (Thunb.) Schott

천남성과

국내분포/자생지 서남해 도서 및 남부지방의 산지

형태 다년초. 잎은 2개이며 3출겹잎이다. 작은잎은 길이 15~20cm의 피침상 장타원형—난형이고 가장자리는 밋밋하다. 암수딴그루이다. 꽃은 4~6월에 육수꽃차례의 밑부분에 모여 달린다. 불염포는 백록색—녹색 또는 짙은 자색이며 백색 또는 황록색의 줄무늬가 있다. 부속체는 백색이며 길이 4~9cm의 곤봉모양의 원통형이고 끝은 둥글다. 열매(장과)는 지름 7~9mm의 난상 구형이며 주황색—적색으로 익는다.

참고 천남성에 비해 잎은 흔히 2장이고 끝이 꼬리처럼 길게 뾰족하며 불염포의 현부가 두건상 투구모양인 것이 특징이다.

❶2023. 5. 14. 전남 신안군 홍도 ❷꽃차례. 불염포의 현부는 주머니모양으로 안쪽으로 구부러지고 끝은 꼬리처럼 길게 뾰족하다. ❸암꽃차례 내부. 꽃차례 부속체는 원통형—곤봉형이고 윗부분이 불염포 통부의 바깥쪽으로 굽는다. ❹열매. 주황색—적색으로 익는다.

두루미천남성

Arisaema heterophyllum Blume

천남성과

국내분포/자생지 중부(특히 서해 도서) 이남의 산지

형태 다년초. 식물체는 높이 60~120cm이다. 잎은 1개이며 작은잎 13~21개로 이루어진 겹잎이다. 암수딴그루(간혹 암수한그루)이다. 꽃은 5~6월에 육수꽃차례의 밑부분에 모여 달린다. 불염포는 흔히 연녹색—녹색이며 현부는 길이 3~10cm의 난형이고 앞쪽으로 구부러진다. 부속체는 길이 20~30cm의 채찍모양이고 불염포 밖으로 길게 나오며 자루는 없다. 열매(장과)는 지름 5~7mm의 난상 타원형—원통형이다.

참고 무늬천남성에 비해 키가 크고 꽃줄기가 잎자루보다 훨씬 긴 것이 특징이다.

❶2016. 6. 2. 인천 옹진군 대청도 ❷꽃차례. 부속체는 채찍모양으로 불염포 통부 밖으로 길게 나출된다. 사진의 개체는 암꽃(밑부분)과 수꽃(윗부분)이 같은 꽃차례에 달려 있다. ❸열매. 주황색—적색으로 익는다. ❹잎. 중앙부(잎자루 위에 바로 붙은)의 작은잎은 인접한 작은잎보다 훨씬 작다.

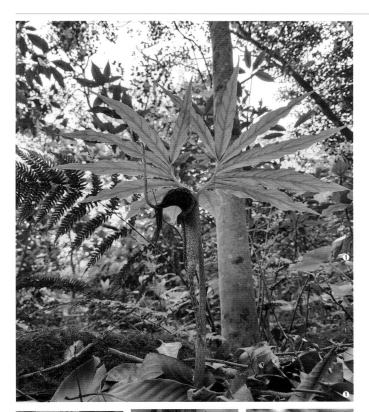

무늬천남성

Arisaema thunbergii Blume subsp. *thunbergii*

천남성과

국내분포/자생지 서남해 도서의 산지
형태 다년초. 덩이줄기는 지름 3~
6cm의 편구형이다. 식물체는 높이
30~60cm이다. 잎은 1개이며 작은잎
9~19개로 이루어진 겹잎이고 잎자루
는 길이 25~60cm이다. 작은잎은 선
형~장타원형이고 흔히 중앙부에 길
게 백색의 무늬가 있으며 끝은 길게
뾰족하고 가장자리는 밋밋하다. 암수
딴그루이다. 꽃은 4~5월에 육수꽃차
례의 밑부분에 모여 달리며 꽃줄기는
길이 8~30cm로 잎자루보다 짧다. 불
염포의 통부는 길이 9~12cm이고 윗
부분(개구부)의 가장자리는 귀모양으
로 넓어진다. 현부는 길이 7~10cm의
삼각상 난형~넓은 난형이고 끝은 뾰
족하거나 길게 뾰족하다. 부속체는
길이 30~60cm의 채찍모양이고 불염
포 밖으로 길게 나온다. 열매(장과)는
주황색~적색으로 익는다.
참고 두루미천남성에 비해 키가 작
고 줄기부는 잎자루보다 짧으며 불
염포가 흔히 연한 자색~자색인 것
이 특징이다. 거문천남성(subsp.
geomundoense S.C.Ko)은 무늬천남성
에 비해 잎이 1~2장이며 꽃차례 부속
체의 밑부분이 적자색 또는 진한 자
색인 것이 특징이다. 전남 여수시 거
문도에서 자란다. 넓은 의미에서는
무늬천남성에 포함시키거나 일본에
분포하는 subsp. *urashima* (H.Hara)
H.Ohashi & J.Murata에 통합·처
리하기도 한다. 섬천남성(A. *negishii*
Makino)은 잎이 2장이며 부속체의 밑
부분에 돌기(퇴화된 꽃)가 있으며 덩
이줄기(구경) 윗부분에 주아가 줄지어
나 있는 것이 특징이다. 국내 분포는
불분명하다.

❶2023. 5. 14. 전남 신안군 가거도 ❷수꽃
차례 내부. 부속체는 자루가 없고 밑부분이
통통하게 비후되며 가장 밑부분에는 여러 개
의 세로맥(줄)이 있다. ❸수꽃. 3~5개의 수
술이 모여 달리며 수술의 밑부분은 합생되어
있다. ❹암꽃. 화피는 퇴화되어 없으며 암술
은 1개이다. ❺암꽃차례 내부. 부속체는 채
찍모양으로 불염포 밖으로 길게 나온다. 부
속체의 끝부분은 실모양으로 매우 가늘다.
❻열매. 주황색~적색으로 익는다. ❼잎. 흔
히 1장이다. 중앙의 작은잎이 인접한 작은
잎보다 크다. 잎에 뚜렷한 백색 무늬가 있는
경우도 있지만 없는 개체도 비교적 흔하다.
❽어린잎. 작은잎은 폭이 좁은 선형이다.

대반하

Pinellia tripartita (Blume) Schott

천남성과

국내분포/자생지 경북, 충남 이남의 산지

형태 다년초. 잎은 1~4개이며 3개로 깊게 갈라진다. 열편은 길이 8~20cm의 장타원상 난형-넓은 난형이며 끝은 길게 뾰족하고 가장자리는 밋밋하거나 물결모양으로 약간 주름진다. 잎자루는 길이 25~35cm이다. 암수한그루이다. 꽃은 6~8월에 피며 육수꽃차례의 불염포는 길이 6~10cm이고 녹색이거나 녹색 바탕에 약간 자색을 띤다. 현부는 장타원상 난형-난형이고 끝이 둔하다. 열매(장과)는 난형이며 연한 녹백색-연녹색으로 익는다.

참고 반하(*P. ternata*)에 비해 잎이 대형이고 3개로 깊게 갈라지며 주아가 달리지 않는 것이 특징이다.

❶ 2020. 7. 17. 경남 통영시 장사도 ❷ 꽃차례. 부속체는 길이 15~25cm의 채찍모양이며 불염포 밖으로 길게 나온다. ❸ 꽃차례 내부. 밑부분에 암꽃이, 윗부분에 수꽃이 모여 달린다. ❹ 열매. 녹색으로 익으며 씨는 1개씩 들어 있다.

한국앉은부채

Symplocarpus koreanus J.S.Lee, S.H.Kim & S.C.Kim

천남성과

국내분포/자생지 전북(회문산) 이북의 산지, 한반도 고유종

형태 다년초. 잎은 길이 10~35cm의 장타원상 난형-거의 원형이다. 꽃은 3~4월에 잎이 나오기 전에 핀다. 육수꽃차례는 1~2(~3)개씩 나오며 꽃줄기는 길이 7~20cm이다. 불염포는 길이 8~18cm의 보트모양이고 두꺼운 가죽질이다. 육수꽃차례는 길이 2~3cm이고 타원형-거의 구형이다. 열매(장과)는 숙존하는 화피편에 싸여 있다.

참고 애기앉은부채에 비해 잎이 크고 장타원상 난형-거의 원형이며 꽃이 이른 봄에 잎보다 먼저 피고 열매는 그해 여름에 익는 것이 특징이다.

❶ 2003. 3. 30. 경기 수원시 광교산. 불염포는 적자색-짙은 자색의 반점이 있다(완전 연한 황색인 개체도 있음). ❷ 꽃차례. 꽃은 지름 3~3.5mm이며 화피편은 황갈색-자갈색이다. 수술은 4개이다. ❸ 열매. 7~8월에 익는다. ❹ 잎. 장타원상 난형-거의 원형이고 밑부분은 흔히 심장형이다.

애기앉은부채

Symplocarpus nipponicus Makino

천남성과

국내분포/자생지 경남, 전북 이북 산지

형태 다년초. 땅속줄기는 지름 2~5cm이다. 잎은 검은색으로 모여나며 길이 10~25cm의 장타원상 난형-난형이다. 중앙맥은 굵고 뚜렷하며 측맥은 5~6쌍이다. 끝은 뾰족하고 밑부분은 흔히 심장형이지만 드물게 둔하거나 편평하며 가장자리는 밋밋하거나 물결모양으로 약간 주름진다. 잎자루는 길이 8~20cm이다. 꽃은 잎이 시드는 8~9월에 핀다. 육수꽃차례는 1~2(~3)개씩 나온다. 불염포는 길이 4~7cm의 보트모양이며 끝이 길게 뾰족하고 흔히 위를 향한다. 두꺼운 가죽질이고 자갈색-짙은 자갈색이다. 육수꽃차례는 길이 1.5~2.5cm이고 타원형이다. 열매(장과)는 숙존하는 화피편에 싸여 있으며 밑부분은 스펀지 같은 꽃차례의 축에 묻혀 있고 끝부분에는 암술대가 남아 있다.

참고 한국앉은부채에 비해 잎이 난상 장타원형-긴 난형상 심장형이며 꽃은 잎이 나온 후 여름에 피고 열매는 이듬해 봄-여름에 익는 것이 특징이다.

❶2005. 9. 19. 강원 태백시 대덕산 ❷수꽃기의 꽃차례. 수술은 4개이고 수술대는 편평하다. ❸암꽃기의 꽃차례. 암술대는 능각지며 암술머리는 약간 오목한 원반모양이다. ❹열매. 꽃이 핀 이듬해 5~7월에 익는다. ❺잎. 한국앉은부채에 비해 작고 좁은(너비 7~12cm) 편이다. ❻2004. 5. 9. 강원 평창군 발왕산. 강원도 일대에서는 큰 군락을 이루며 자라기도 한다. ❼불염포가 황색인 개체. 2016. 9. 13. 경남 양산시

숙은꽃장포

Tofieldia coccinea Richardson var. *coccinea*

꽃장포과

국내분포/자생지 북부지방의 높은 산지

형태 다년초. 잎은 길이 2.5~7cm의 구부러진 선형이며 끝은 길게 뾰족하다. 꽃은 7~8월에 백색 또는 연한 적자색으로 핀다. 꽃줄기(꽃차례 포함)는 높이 5~15cm이고 1~2개의 짧은 잎이 있다. 총상꽃차례는 길이 7~30mm이고 다수의 꽃이 조밀하게 모여 달린다. 화피편은 길이 2~3mm의 도피침상 장타원형이다. 수술은 화피편보다 약간 길다. 열매(삭과)는 지름 2~3mm의 거의 구형이고 윗부분은 3개로 얕게 갈라진다.

참고 꽃장포에 비해 꽃줄기와 꽃자루가 짧고 꽃이 머리모양으로 조밀하게 모여 달리는 것이 특징이다.

❶ 2007. 6. 25. 중국 지린성 백두산 ❷꽃. 조밀하게 모여 달리고 꽃자루는 길이 0.5~2mm로 짧다. ❸열매. 연한 갈색–흑갈색으로 익는다. ❹잎. 낫모양으로 약간 굽은 선형이고 가장자리에 잔돌기가 있다.

한라꽃장포

Tofieldia coccinea var. *kondoi* (Miyabe & Kudô) H.Hara

꽃장포과

국내분포/자생지 제주(한라산) 및 경남(가야산)의 높은 산지

형태 다년초. 잎은 길이 2~8cm의 구부러진 선형이다. 꽃은 7~8월에 백색 또는 연한 적자색으로 핀다. 꽃줄기(꽃차례 포함)는 높이 5~13.5cm이고 1~2개의 짧은 잎이 있다. 꽃자루는 수평하게 또는 비스듬히 퍼져서 달린다. 화피편은 길이 2~3mm의 도피침상 장타원형이다. 수술은 화피편보다 약간 길고 꽃밥은 적자색–짙은 적자색이다. 열매(삭과)는 지름 2~3mm의 거의 구형이고 연한 갈색–적갈색이다. 씨는 길이 1mm 정도의 선상 방추형 또는 장타원상이며 백색이고 세로 줄무늬가 있다.

참고 숙은꽃장포에 비해 꽃이 성기게 달리고 꽃자루가 비교적 길다.

❶ 2021. 7. 29. 제주 서귀포시 한라산 ❷꽃. 숙은꽃장포에 비해 성기게 달린다. 꽃자루가 길이 2~5mm로 숙은꽃장포에 비해 길다. ❸열매. 윗부분은 3개로 얕게 갈라진다. ❹잎. 가장자리에 잔돌기가 있다.

울릉꽃장포

Tofieldia ulleungensis H.Jo

꽃장포과

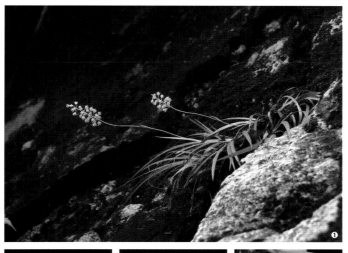

국내분포/자생지 경북(울릉도)의 해발고도가 비교적 높은 산지의 음습한 바위지대, 한반도 고유종

형태 다년초. 잎은 길이 7~15cm의 약간 구부러진 선형이며 끝은 길게 뾰족하고 가장자리에는 잔돌기가 있다. 꽃은 7~8월에 백색으로 핀다. 꽃줄기(꽃차례 포함)는 높이 10~17cm이고 1~2개의 짧은 잎이 있다. 총상꽃차례는 길이 3~6cm이고 다수의 꽃이 약간 조밀하게 모여 달린다. 꽃자루는 길이 2~3mm(개화시)이고 수평하게 또는 비스듬히 퍼져서 달린다. 포는 피침형이다. 화피편은 6개이며 길이 3~3.5mm의 좁은 도피침상 장타원형이다. 수술은 6개이고 화피편과 길이가 비슷하다. 꽃밥은 길이 0.7mm 정도이다. 씨방은 백색이고 길이 1.5~2mm의 장타원상 난형이다. 암술대는 3개이고 길이 0.5~0.7mm이다. 열매(삭과)는 지름 2~3mm의 난상 구형–거의 구형이고 연한 갈색으로 익는다. 윗부분은 3개로 얕게 갈라지며 끝에 길이 0.5~1mm의 암술대가 남아 있다. 씨는 길이 1~1.2mm의 선상 방추형 또는 장타원상이며 갈색이다.

참고 꽃장포에 비해 잎의 너비가 넓고(5mm 이상) 꽃자루가 길이 2~3mm로 짧은 것이 특징이다.

❶2023. 8. 13. 경북 울릉군 울릉도 ❷꽃차례. 꽃장포에 비해 꽃자루가 짧아서 꽃이 더 조밀하게 달리는 것처럼 보인다. ❸꽃. 수술은 화피와 길이가 비슷하다. 꽃밥은 연한 황색–연한 황갈색 바탕에 적자색의 반점이 있다. ❹열매. 난상 구형–거의 구형이다. ❺씨. 선상 장타원형이고 표면에 얕은 세로 줄모양의 홈이 있다. ❻잎. 낫모양으로 약간 굽은 선형이고 가장자리에 잔돌기가 있다. ❼2023. 8. 13. 경북 울릉군 울릉도

꽃장포

Tofieldia yoshiiana var. *koreana*
(Ohwi) M.N.Tamura, Fuse & N.S.Lee
Tofieldia yoshiiana var. *kanwonensis*
(T.Yamaz.) M.N.Tamura, Fuse &
N.S.Lee

꽃장포과

국내분포/자생지 강원, 경기의 바위
지대(특히 하천가), 한반도 고유변종
형태 다년초. 잎은 길이 5~15cm의
약간 구부러진 선형이며 끝은 길게
뾰족하고 가장자리에는 잔돌기가 밀
생한다. 꽃은 7~8월에 백색으로 핀
다. 꽃줄기(꽃차례 포함)는 높이 10~
17cm이고 1~2개의 짧은 잎이 있다.
총상꽃차례는 길이 3~7cm이고 다
수의 꽃이 약간 조밀하게 모여 달린
다. 꽃자루는 길이 5~9mm(개화시)이
고 비스듬히 퍼져서 달린다. 포는 피
침형이다. 화피편은 6개이며 길이 2~
3mm의 좁은 도피침상 장타원형이다.
수술은 6개이고 화피편과 길이가 비
슷하거나 약간 길다. 꽃밥은 연한 황
색이다. 씨방은 백색이며 암술대는 3
개이고 길이 1mm 정도이다. 열매(삭
과)는 지름 3~4mm의 도란상 장타원
형–타원상 난형이고 황갈색–연한 갈
색으로 익는다. 윗부분은 3개로 얕게
갈라지며 끝에 길이 1~1.2mm의 암술
대가 남아 있다. 씨는 선상 방추형 또
는 선상 장타원상이며 갈색이다.
참고 꽃자루가 길며(6~8mm) 잎은 비
교적 좁고(1.5~4mm) 잎가장자리에 잔
돌기가 밀생하는 것이 특징이다. 기
준표본 채집지는 강원도 화천군 사창
리이다. 과거부터 지속적으로 남획되
어 최근에는 자생하는 개체를 찾아보
기 어렵다.

❶2004. 8. 7. 경기 포천시 ❷꽃차례. 꽃자
루가 뚜렷하게 길다. ❸꽃. 수술은 화피와 길
이가 비슷하거나 약간 길다. 꽃밥은 연한 황
색이다. ❹열매. 도란상 장타원형–타원상 난
형이다. ❺잎. 너비 1.5~4mm로 좁은 편이며
가장자리에 잔돌기가 밀생한다. ❻2004. 8.
7. 경기 포천시

여우꼬리풀
(끈적쥐꼬리풀)

Aletris foliata (Maxim.) Bureau & Franch.
Aletris fauriei H.Lév. & Vaniot

쥐꼬리풀과

국내분포/자생지 가야산, 설악산, 지리산의 능선이나 정상부의 풀밭

형태 다년초. 잎은 길이 8~20cm의 선상 피침형 또는 피침형-도피침형이다. 꽃은 6~7월에 황록색-주황색으로 핀다. 꽃줄기는 높이 20~40cm이며 꽃자루는 매우 짧다. 화피는 항아리모양이고 끝이 6개로 갈라진다. 열매(삭과)는 길이 4~6mm의 타원형-타원상 난형이다.

참고 중국, 타이완 등에 분포하는 *A. glabra*는 화피가 길이 3~6mm로 더 짧고, 꽃차례와 화피에 점액성 샘털이 없어서 끈적거리지 않는 것이 특징이다. 국내에는 분포하지 않는다.

❶2020. 7. 16. 경남 함양군 지리산(ⓒ한성만) ❷꽃(ⓒ변경렬). 화피는 길이 6~8mm이다. 꽃자루, 꽃차례와 함께 점액성 샘털이 있어 끈적하다. ❸열매(ⓒ한성만) ❹잎(ⓒ변경렬). 뿌리 부근에서 모여난다.

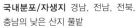

쥐꼬리풀

Aletris spicata (Thunb.) Franch.

쥐꼬리풀과

국내분포/자생지 경남, 전남, 전북, 충남의 낮은 산지 풀밭

형태 다년초. 뿌리잎은 조밀하게 모여나며 길이 5~20cm의 선형이고 가장자리는 밋밋하다. 꽃은 5~6월에 백색으로 피며 길이 15~20cm의 총상꽃차례에 약간 성기게 모여 달린다. 꽃줄기(꽃차례 포함)는 높이 30~50cm이고 축에 굽은 샘털이 밀생한다. 꽃자루는 길이 0~1.5mm이고 포는 길이 4~8mm의 선상 피침형이다. 화피는 길이 5~6mm이고 6개로 깊게 갈라지며 열편은 길이 2~3mm의 선상 피침형이다. 암술대는 가늘고 곧추선다. 열매(삭과)는 길이 3~4mm의 도란형이고 뚜렷하게 각진다.

참고 뿌리잎이 선형이고 잎맥이 3개인 것이 특징이다.

❶2020. 5. 25. 전남 진도군 ❷꽃. 꽃자루와 화피의 바깥면에 샘털이 밀생한다. 화피는 백색이다. ❸꽃 내부. 수술은 6개이며 화피보다 짧고 꽃밥은 주황색이다. ❹열매. 뚜렷하게 각진 도란형이며 화피에 싸여 있다.

칠보치마

Metanarthecium luteoviride Maxim.

쥐꼬리풀과

국내분포/자생지 경남(남해군), 부산의 산지 풀밭 및 절개지

형태 다년초. 뿌리잎은 조밀하게 모여나며 길이 8~20cm의 도피침형 또는 피침형이고 가장자리는 밋밋하다. 꽃은 6~7월에 연한 백록색-황록색으로 피며 길이 10~25cm의 총상꽃차례에 모여 달린다. 꽃줄기(꽃차례 포함)는 높이 20~50cm이고 잎이 달리지 않는다. 꽃자루는 길이 2~4mm이고 포는 선형이다. 화피는 6개로 깊게 갈라지며 화피편은 길이 6~7mm의 선상 피침형이다. 수술은 6개이고 화피보다 짧다. 열매(삭과)는 타원형-타원상 난형이고 화피보다 짧다.

참고 씨방이 상위(자방상위)이며 화피가 거의 밑부분까지 깊게 갈라지는 것이 특징이다.

❶ 2022. 6. 27. 경남 남해군 ❷ 꽃. 화피는 거의 밑부분까지 깊게 갈라지며 화피편은 개화시 수평으로 퍼지거나 뒤로 젖혀진다. ❸ 열매. 타원형-타원상 난형이고 화피보다 짧다. ❹ 자생 모습. 2023. 9. 9. 경남 남해군

버어먼초

Burmannia cryptopetala Makino

버어먼초과

국내분포/자생지 제주의 음습한 산지 숲속

형태 부생성 다년초. 줄기는 높이 5~15cm이고 백색이다. 잎은 어긋나며 길이 3~4mm의 장타원형-장타원상 난형이고 비늘모양이다. 꽃은 7~8월에 피며 줄기 끝부분의 취산상 꽃차례에서 1개-여러 개씩 모여 달린다. 화피 통부는 길이 3~5mm이고 날개가 발달한다. 외화피편은 길이 1.5~3mm의 삼각상 난형이고 안쪽면은 밝은 황색이다. 수술은 3개이고 수술대가 없으며 씨방은 길이 3~4mm의 난형이다. 열매(삭과)는 난형-거의 구형이다.

참고 애기버어먼초(*B. championii* Thwaites)는 버어먼초에 비해 꽃이 머리모양으로 모여 달리고 화피 통부에 날개가 없는 것이 특징이다.

❶ 2021. 8. 10. 제주 서귀포시 ❷ 꽃. 화피 통부에 너비 1.5mm 정도의 넓은 날개가 발달한다. ❸ 열매. 화피에 완전히 싸여 있다. ❹ 애기버어먼초. 2021. 7. 29. 제주 서귀포시

푸른마

Dioscorea coreana (Prain & Burkill)
R.Knuth

마과

국내분포/자생지 강원, 경기, 경남, 경북, 충남, 충북의 산지, 한반도 고유종

형태 다년초. 줄기는 덩굴성이며 길이 1m 이상 자란다. 잎은 어긋나거나 마주나며 길이 5~10cm의 난상 심장형이다. 끝은 길게 뾰족하고 밑부분은 심장형이며 가장자리는 밋밋하고 갈라지지 않는다. 잎자루는 길이 5~10cm이다. 암수딴그루이다. 꽃은 5~6월에 피며 줄기와 가지 윗부분의 잎겨드랑이에서 나온 수상꽃차례에 모여 달린다. 수꽃은 길이 1.5~2.3mm이고 꽃자루가 없다. 외화피편은 녹색이며 길이 2~2.5mm의 난형이고 끝부분은 둥글다. 내화피편은 외화피편과 크기와 모양이 비슷하다. 수술은 6개이고 화피의 밑부분에 달린다. 암꽃은 길이 2~2.8mm이고 꽃자루가 없다. 외화피편은 녹색이며 길이 1.5~2mm이고 끝부분은 둥글다. 가수술은 6개이고 암술대보다 짧다. 암술대는 3개이고 암술머리는 2개로 갈라진다. 열매(삭과)는 8~9월에 익는다. 길이 2~2.5cm이고 편평한 3개의 날개가 합쳐진 모양이다. 씨는 길이 3~6mm의 넓은 타원형이고 가장자리에 막질의 넓은 날개가 있다.

참고 최근까지 도꼬로마(*D. tokoro* Makino, 일본, 중국에 분포)로 오동정했던 분류군이다. 도꼬로마에 비해 수꽃에 꽃자루가 없으며 씨(종자)의 3면에 넓은 날개가 있는 것이 특징이다.

❶수그루. 2004. 5. 31. 충북 단양군 ❷❸수꽃. 연녹색~녹색이고 꽃자루가 없다. ❹❺암꽃. 꽃자루가 없다. 암술대는 3개이고 암술머리는 2개로 갈라진다. ❻열매. 날개는 타원형~넓은 타원형이며 열매의 전체(외곽) 모양은 도란상 구형~거의 구형이고 양쪽 끝부분은 약간 오목하다. ❼씨. 밑부분에는 좁은 날개가 있고 그 외 가장자리에는 넓은 날개가 발달한다. ❽수그루. 2020. 6. 18. 강원 인제군

각시마

Dioscorea tenuipes Franch. & Sav.

마과

국내분포/자생지 전남, 전북의 산지
(특히 숲가장자리)

형태 다년초. 땅속줄기는 굵고 옆으
로 뻗는다. 줄기는 덩굴성이며 길이
1m 이상 자라고 털이 없다. 잎은 길
이 5~12cm의 피침상 삼각형–삼각
상 난형이다. 끝은 길게 또는 꼬리처
럼 길게 뾰족하고 밑부분은 심장형이
며 가장자리는 밋밋하거나 약간 물결
모양이고 갈라지지 않는다. 잎자루는
길이 2~8cm이고 밑부분의 양쪽 측면
에 뿔모양의 돌기가 있다. 암수딴그
루이다. 꽃은 6~10월에 피며 줄기와
가지의 잎겨드랑이에서 나온 수상꽃
차례에 모여 달린다. 수꽃은 길이 1.5
~2.5mm이고 꽃자루는 길이 3~4mm
이다. 화피편은 밝은 황록색–연녹색
이며 길이 1~1.8mm의 장타원형이고
끝부분은 둥글다. 수술은 6개이고 화
피 밖으로 나출된다. 암꽃은 길이 2~
3mm이며 꽃자루가 짧고 굵은 편이
다. 외화피편은 황백색이며 길이 1.5~
2mm의 선형–선상 피침형이고 끝부
분은 둥글다. 가수술은 6개이고 매우
작다. 암술대는 3개이고 암술머리는
갈라지지 않는다. 열매(삭과)는 9~11월
에 익는다. 길이 1.4~1.7cm, 너비 1.8
~2.2cm이고 편평한 3개의 날개가 합
쳐진 모양이다. 씨는 길이 4~6mm의
넓은 타원형–거의 원형이고 가장자
리에 막질의 넓은 날개가 있다.

참고 잎가장자리가 결각상으로 갈라
지지 않으며 잎끝이 흔히 꼬리처럼
길게 뾰족하고 잎자루의 밑부분에 돌
기가 있는 점과, 화피편이 선형–타원
형으로 좁은 편이고 개화시 뒤로 젖
혀지는 것이 특징이다.

❶암그루. 2014. 7. 23. 전남 화순군 ❷❸수
꽃. 연한 황록색–연녹색이다. 꽃자루가 3~
4mm로 긴 편이다. 화피편은 개화시 뒤로 젖
혀진다. ❹❺암꽃. 연한 황백색이다. 화피
편은 선형–선상 피침형으로 좁다. 암술대는
굵은 편이고 암술머리는 갈라지지 않는다.
❻잎 뒷면. 양면에 털이 없다. 잎의 밑부분
가장자리는 흔히 귀모양으로 넓어진다. ❼잎
자루. 밑부분 양쪽 측면에 뿔모양의 돌기가
있다. ❽열매. 날개는 넓은 타원형이며 열매
의 전체(외곽) 모양은 도란상 구형–거의 구
형이다. 위쪽 끝부분은 오목하고 밑부분은
둥글다. ❾씨. 넓은 타원형–거의 원형이고
가장자리에 넓은 막질의 날개가 있다. ❿수
그루. 2014. 7. 23. 전남 화순군

영주풀

Sciaphila nana Blume

영주풀과

국내분포/자생지 제주 서귀포시의 산지

형태 부생성 다년초. 줄기는 높이 3~11cm, 지름 0.3~0.5mm이고 적자색이며 흔히 가지가 갈라진다. 잎은 비늘모양이며 길이 1.5mm 정도의 피침상 난형이다. 암수한그루이다. 꽃은 7~9월에 피며 가지와 줄기 끝부분의 길이 5~20mm의 총상꽃차례에서 4~15개씩 모여 달린다. 포는 선상 피침형-피침상 난형이고 끝이 뾰족하다. 꽃자루는 길이 3mm 정도이고 실모양으로 가늘다. 수꽃은 꽃차례의 윗부분에 달리고 암꽃은 꽃차례의 밑부분에 달린다. 수꽃은 지름 2mm 정도이며 화피는 6개로 깊게 갈라지고 적자색이다. 화피편은 6개이며 끝이 길게 뾰족하고 끝부분에 타원형-구형의 부속체가 있다. 수술은 3개이고 큰 화피편과 마주나며 수술대는 짧다. 암꽃은 지름 1.5mm 정도이고 화피는 6개로 깊게 갈라진다. 심피는 다수이고 이생하며 둥글게 모여 달린다. 암술대는 길이 0.7mm 정도의 실모양 또는 송곳모양이다. 열매(집합과)는 지름 1~2mm의 거의 구형이다.

참고 긴영주풀(*S. secundiflora* Thwaites ex Benth.)은 영주풀에 비해 수꽃이 지름 6~7mm로 크며 수꽃의 화피편은 서로 모양과 크기가 비슷하고 끝부분에 부속체가 없다. 또한 암술대가 곤봉모양이고 끝부분에 유두상 돌기가 있는 것이 특징이다.

❶ 2022. 8. 6. 제주 서귀포시 ❷수꽃. 지름 2mm 정도이다. 화피편은 6개이다. 3개는 피침상 난형이고 크며 3개는 약간 더 작다. 작은 화피편의 끝부분에는 타원형의 부속체가 있다. 부속체는 일찍 떨어진다. ❸암꽃. 암술대는 길이 0.5~1mm이고 실모양 또는 송곳모양이며 끝부분에 털이 없다. ❹열매 ❺~❼긴영주풀(ⓒ김지훈) ❺ 2022. 7. 17. 제주 서귀포시. 잎은 길이 2~4mm의 난상 피침형이고 비늘모양이다. ❻수꽃. 지름 6~7mm이며 수술은 3개이다. 화피편은 6개이고 서로 길이가 비슷하며 끝부분에 돌기가 없다. ❼암꽃. 암술대는 곤봉모양이고 끝부분에 유두상 돌기가 많다.

윤판나물아재비

Disporum sessile D.Don ex Schult. & Schult.f.

애기나리과

국내분포/자생지 경북(울릉도), 제주 및 서남해 도서(가거도, 홍도 등)의 산지
형태 다년초. 땅속줄기는 길게 옆으로 뻗는다. 잎은 길이 5~15cm의 피침형-넓은 난형이다. 꽃은 4~5월에 피고 줄기의 끝부분에 1~3개씩 모여 달린다. 꽃줄기는 거의 없거나 매우 짧으며 꽃자루는 길이 1~3cm이다. 화피편은 길이 2~3cm의 도피침형-주걱형이고 윗부분은 황록색-연녹색을 띤다. 수술대는 길이 1.5~2cm이며 암술대는 길이 1.2~2.3cm이고 3개로 깊게 갈라진다. 열매(장과)는 길이 9~13mm의 넓은 타원형-거의 구형이다.
참고 윤판나물에 비해 꽃이 백색-연한 백록색이고 화피편의 끝부분이 흔히 뾰족한 것이 특징이다.

❶ 2022. 4. 28. 경북 울릉군 울릉도 ❷ 꽃. 원통상 종모양이며 끝부분이 약간 벌어진다. ❸ 꽃 내부. 수술대는 꽃밥 길이의 3배 이상으로 길다. 수술대, 암술대와 화피편 안쪽 면의 밑부분에 유두상 돌기가 흩어져 있다. ❹ 열매. 흑벽색(짙은 남청색)으로 익는다.

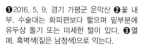

윤판나물

Disporum uniflorum Baker

애기나리과

국내분포/자생지 제주를 제외한 강원 이남의 산지
형태 다년초. 땅속줄기는 옆으로 뻗는다. 잎은 길이 4~15cm의 타원형-넓은 난형이다. 꽃은 4~6월에 피고 줄기의 끝부분에 1~3개씩 모여 달린다. 꽃줄기는 거의 없거나 매우 짧으며 꽃자루는 길이 5~20mm이다. 화피편은 길이 2~3cm의 도피침형-주걱형이다. 수술대는 길이 1.5~2cm이며 암술대는 길이 1.5~2.3cm이고 3개로 깊게 갈라진다. 열매(장과)는 길이 8~11mm의 넓은 타원형-거의 구형이며 9~10월에 익는다.
참고 윤판나물아재비에 비해 꽃이 황색이고 화피편의 끝부분이 흔히 둔하거나 둥근 것이 특징이다.

❶ 2016. 5. 9. 경기 가평군 운악산 ❷ 꽃 내부. 수술대는 화피편보다 짧으며 밑부분에 유두상 돌기 또는 미세한 털이 있다. ❸ 열매. 흑벽색(짙은 남청색)으로 익는다.

애기나리

Disporum smilacinum A.Gray

애기나리과

국내분포/자생지 전국의 산지

형태 다년초. 땅속줄기는 길게 옆으로 뻗는다. 줄기는 높이 8~40cm이고 능각이 있다. 잎은 길이 3~8cm의 장타원형-난형이며 밑부분은 둥글다. 꽃은 4~5월에 피고 줄기의 끝부분에 1(~2)개씩 달린다. 꽃자루는 길이 7~22mm이다. 화피편은 길이 1~1.7cm의 피침형-넓은 피침형이고 끝부분은 길게 뾰족하다. 수술대는 길이 5~6cm이고 꽃밥은 길이 2~3mm이다. 암술대는 길이 5~7mm이고 3개로 갈라진다. 열매(장과)는 길이 8~10mm의 넓은 타원형-구형이다.

참고 큰애기나리에 비해 작으며 줄기는 거의 갈라지지 않는다.

❶2004. 5. 25. 강원 백덕산 ❷꽃. 수술대는 꽃밥에 비해 2~2.5배 더 길다. 암술대는 씨방의 2배 정도 길이이며 흔히 얕게 3개로 갈라진다. ❸열매. 흑벽색(짙은 남청색)으로 익는다. ❹잎. 양면에 털이 없으며 가장자리에 반원형의 돌기가 있다.

큰애기나리

Disporum viridescens (Maxim.) Nakai

애기나리과

국내분포/자생지 전국의 산지

형태 다년초. 땅속줄기는 길게 옆으로 뻗는다. 줄기는 높이 20~70cm이고 능각은 희미하다. 잎은 길이 4~12cm의 장타원형-장타원상 난형이며 밑부분은 둥글다. 꽃은 4~6월에 피고 줄기의 끝부분에 1~2개씩 달린다. 꽃자루는 길이 1~2.5cm이다. 화피편은 길이 1~2cm의 피침형-장타원상 피침형이고 끝부분은 길게 뾰족하다. 수술대는 길이 3~5cm이고 꽃밥은 길이 2~4mm이다. 암술대는 길이 3~4mm이고 3개로 깊게 갈라진다. 열매(장과)는 길이 1cm 정도의 넓은 타원형-구형이다.

참고 애기나리에 비해 대형이며 흔히 줄기 윗부분에서 가지가 갈라진다.

❶2004. 5. 15. 경기 포천시 국립수목원 ❷꽃. 수술대는 꽃밥과 길이가 서로 비슷하거나 약간(1.5배) 길다. 암술대는 씨방과 길이가 비슷하며 흔히 깊게 3개로 갈라진다. ❸열매. 애기나리에 비해 약간 크다. ❹잎. 애기나리에 비해 크다.

처녀치마

Heloniopsis koreana S.Fuse, N.S.Lee & M.N.Tamura

여로과

국내분포/자생지 제주를 제외한 거의 전국의 산지, 한반도 고유종

형태 다년초. 잎은 로제트상으로 모여나며 길이 8~20cm의 (도피침형−)주걱형이다. 꽃은 4~5월에 분홍색−적자색−자색으로 피고 꽃줄기의 끝부분에 3~10개씩 모여 달린다. 화피편은 6개이며 길이 1~1.5cm의 도피침형−주걱형이고 끝부분은 둔하거나 둥글다. 수술은 6개이고 화피 밖으로 길게 나온다. 열매(삭과)는 너비 1.2~1.5cm이고 3개로 갈라진다.

참고 숙은처녀치마에 비해 잎이 흔히 주걱형이며 화피가 넓게 벌어지고 화피편의 밑부분은 편평하거나 약간 주머니모양이다.

❶ 2002. 4. 29. 강원 평창군 ❷꽃. 화피는 밑부분에서부터 뚜렷하게 벌어진다. ❸열매. 별모양으로 3열한다. 녹색−황록색으로 변한 화피편이 남아 있다. ❹잎. 흔히 주걱형이고 가장자리는 약한 물결모양이다.

숙은처녀치마

Heloniopsis tubiflora S.Fuse, N.S.Lee & M.N.Tamura

여로과

국내분포/자생지 제주를 제외한 거의 전국의 산지(주로 높은 산지), 한반도 고유종

형태 다년초. 잎은 로제트상으로 모여나며 길이 8~20cm의 도피침형(또는 피침형)이다. 끝은 뾰족하거나 드물게 무성아가 발달하기도 한다. 꽃은 4~5월에 적자색−짙은 자색으로 피고 꽃줄기의 끝부분에 3~10개씩 모여 달린다. 화피편은 6개이며 길이 1.2~1.5cm의 도피침형−주걱형이다. 수술은 6개이고 화피 밖으로 나온다. 열매(삭과)는 너비 1.2~1.5cm이고 3개로 갈라진다.

참고 처녀치마에 비해 꽃이 비스듬히 옆으로 또는 완전히 아래를 향해 달리는 것이 특징이다.

❶ 2009. 5. 10. 전북 무주군 덕유산 ❷꽃. 화피는 원통상이고 흔히 활짝 벌어지지 않는다. 화피편의 밑부분은 뚜렷한 주머니모양이다. ❸열매. 녹색−황록색으로 변한 화피편이 남아 있다. ❹잎. 흔히 도피침형 또는 피침형이고 가장자리는 밋밋하다.

실꽃풀

Chamaelirium japonicum subsp.
yakusimense var. *koreanum*
(F.T.Wang & Tang) N.Tanaka

여로과

국내분포/자생지 제주 및 서남해 도서의 산지, 한반도 고유변종

형태 다년초. 줄기는 높이 10~25cm이다. 잎은 로제트상으로 모여나며 길이 3~8cm의 도피침형–장타원형이다. 꽃은 5~6월에 백색으로 핀다. 수술은 6개이며 암술대는 3개이다.

참고 기본종[subsp. *japonicum*(Willd.) N. Tanaka]에 비해 전체적으로 작으며 꽃이 비교적 성기게 달리고 화피편이 짧은 것이 특징이다. subsp. *yakusimense* 내 변종 처리하기보다는 *C. japonicum*의 아종(또는 변종)으로 처리하는 것이 타당하다.

❶2012. 7. 20. 제주 서귀포시 ❷꽃. 꽃차례 밑부분의 꽃부터 핀다. 화피편은 6개이다. 윗부분의 3(~4)개는 수술보다 길며 밑부분의 (2~)3개는 짧고 납작하다. ❸열매(삭과). 길이 3~4mm의 타원형이다. ❹잎. 흔히 잎끝이 둔하거나 둥글지만 드물게 뾰족한 개체도 있다.

나도여로

Anticlea sibirica (L.) Kunth
Zigadenus sibiricus (L.) A.Gray

여로과

국내분포/자생지 강원 이북 산지의 풀밭이나 바위지대

형태 다년초. 줄기는 높이 20~40cm이다. 잎은 대부분 뿌리 부근에서 나오며 길이 10~25cm의 선형이다. 꽃은 7~8월에 녹백색으로 피고 꽃줄기의 윗부분에 4~15개씩 성기게 모여 달린다. 화피편은 6개이며 길이 7~9mm의 장타원상 난형–타원상 난형이다. 수술은 6개이다. 열매(삭과)는 길이 1.5cm 정도의 원뿔형이다.

참고 여로속의 식물들에 비해 지하부에 비늘줄기가 발달하며 화피편의 밑부분 약간 위에 선체(腺體)가 있는 것이 특징이다.

❶2023. 7. 19. 강원 강릉시 ❷❸꽃. 안쪽면의 밑부분에 하트모양의 황록색 선체가 있다. 수술대는 윗부분이 구부러지며 암술대는 3개이고 짧다. 개화 후 수술대는 곧추서고 화피 밖으로 약간 나출된다. ❹잎. 중앙부에 뚜렷한 홈이 있다.

여로

Veratrum maackii Regel
Veratrum maackii Regel var.
japonicum (Baker) Shimizu; *V.
maackii* var. *parviflorum* (Maxim. ex
Miq.) H. Hara

여로과

국내분포/자생지 전국의 산지

형태 다년초. 줄기는 높이 40~
100cm이고 밑부분에 오래된 잎집이
섬유질모양으로 남아 있다. 잎은 길
이 15~30cm, 너비 1~4(~10)cm의 피
침형-피침상 장타원형이고 밑부분은
점차 좁아져 칼집모양으로 줄기를 감
싼다. 끝은 길게 뾰족하고 가장자리
는 밋밋하며 양면에 털이 없다. 수꽃
양성화한그루이다. 꽃은 7~8월에 진
한 자색(-황록색 또는 거의 백색)으로 피
고 길이 15~40cm의 원뿔꽃차례에 모
여 달린다. 꽃차례 축에는 굽은 털이
밀생하며 꽃자루는 길이 1~2cm이다.
화피편은 6개이며 길이 5~7mm의 장
타원형-도란상 장타원형이고 안쪽면
의 하반부 전체에 선체가 있다. 수술
은 6개이고 길이 3~4mm이다. 암술
대는 3개이고 개화 후 차츰 길어진
다. 열매(삭과)는 길이 1.5~2cm의 타
원형이고 털이 없다.

참고 꽃이 황록색(연두색)인 것을 파
란여로(var. *parviflorum*)로 구분하는 경
우도 있으나 드물지 않게 여로와 혼
생하며 꽃색에서도 연속적인 변이를
보이고 있어 별도의 분류군(변종)으로
구분하는 것은 적절치 않다고 판단된
다. 최근 긴잎여로, 파란여로 등을 여
로에 통합·처리하는 추세이다.

❶ 2003. 8. 9. 경남 산청군 지리산 ❷ 꽃차
례. 대부분의 문헌에 수꽃양성화한그루(수꽃
과 양성화가 한그루에 혼생)로 기록되어 있
다. 양성화와 수꽃의 형태적인 차이에 대한
면밀한 관찰이 필요하다. ❸ 꽃. 화피편 안쪽
면의 하반부 전체에 선체가 있다. ❹ 꽃(푸
른여로 타입). 꽃색 외에는 모든 형질이 동
일하다. ❺ 열매. 타원형이고 하늘로 곧추선
다. ❻ 잎. 흔히 피침형으로 너비 1~4cm이
다. ❼ 2022. 7. 21. 강원 평창군 대관령. 꽃이
진한 자색인 여로와 꽃이 백록색-황록색인
파란여로(또는 흰여로)가 종종 혼생해서 자
란다.

흰여로

Veratrum versicolor Nakai

여로과

국내분포/자생지 전국의 산지

형태 다년초. 줄기는 높이 40~ 100cm이고 밑부분에 오래된 잎집이 섬유질모양으로 남아 있다. 잎은 길이 20~30cm, 너비 2~4(~10)cm의 피침형–피침상 장타원형이다. 수꽃양성화한그루이다. 꽃은 7~8월에 백색–황백색으로 핀다. 꽃차례 축에는 굽은 털이 밀생하며 꽃자루는 길이 7~20mm이고 털이 있다. 수술은 6개이며 암술대는 3개이다. 열매(삭과)는 길이 1.5~2cm의 타원형이다.

참고 여로에 비해 꽃이 백색이고 꽃차례에 약간 더 밀집해서 달리며 잎이 약간 넓은 편이다. 넓은 의미에서 여로에 통합·처리하기도 한다. 흰여로에 합리적인 학명을 적용하기 위해서는 추가 연구가 필요하다.

❶2022. 7. 20. 전남 완도군 상왕봉 ❷❸꽃. 흔히 백색이며 형태는 여로와 동일하다. 꽃자루는 여로에 비해 짧은 경우가 많다. ❹열매. 여로와 동일하다.

참여로

Veratrum nigrum L.

여로과

국내분포/자생지 제주 및 경북, 전북 이북의 산지

형태 다년초. 줄기는 높이 70~120cm이고 밑부분에 오래된 잎집이 섬유질모양으로 남아 있다. 잎은 길이 20~30cm, 너비 5~10(~18)cm의 장타원형–넓은 타원형이다. 수꽃양성화한그루이다. 꽃은 7~8월에 진한 자색–진한 갈색으로 피며 원뿔꽃차례에 조밀하게 모여 달린다. 화피편은 6개이며 길이 5~8mm의 장타원형–타원상 난형이다. 수술은 6개이고 길이 2.5~4mm이며 암술대는 3개이다. 열매(삭과)는 길이 1.5~2.5cm이고 털이 없다.

참고 여로에 비해 잎이 넓고 크며 꽃자루가 짧고 꽃에 빽빽이 모여 달리는 것이 특징이다.

❶2020. 8. 18. 강원 정선군 ❷꽃. 꽃자루가 길이 3~6mm로 짧은 편이고 꽃차례 축과 함께 백색의 누운 털이 밀생한다. 화피편 안쪽면의 하반부는 선체가 있어 번들거린다. ❸열매. 장타원상 난형–난형이고 빽빽이 모여 달린다. ❹잎. 박새와 닮았다.

박새

Veratrum oxysepalum Turcz.

여로과

국내분포/자생지 제주(한라산) 및 지리산 이북의 산지

형태 다년초. 줄기는 높이 60~120cm이고 밑부분에 오래된 잎집이 세로맥만으로 구성된 섬유질모양으로 남아있다. 잎은 길이 15~30cm, 너비 10~20cm의 장타원형-넓은 타원형이다. 수꽃양성화한그루이다. 꽃은 7~8월에 녹백색(-연녹색)으로 피며 큰 원뿔꽃차례에 모여 달린다. 화피편은 6개이며 길이 7~11mm의 장타원형-도란상 장타원형이다. 수술은 6개이며 암술대는 3개이다. 열매(삭과)는 길이 2cm 정도의 장타원상 난형-난형이다.

참고 관모박새[*V. dahuricum* (Turcz.) O.Loes.]는 박새와 유사하지만 잎 뒷면에 백색-은백색의 털이 밀생한다.

❶2020. 6. 19. 강원 평창군 오대산 ❷양성화. 암술대는 3개이고 뒤로 약간 젖혀진다. ❸수꽃. 수술은 6개이다. ❹열매. 표면 전체에 돌기모양의 털이 있다. ❺자생 모습. 2017. 4. 25. 강원 화천군 광덕산

삿갓나물

Paris verticillata M.Bieb.

여로과

국내분포/자생지 지리산 이북의 산지

형태 다년초. 줄기는 높이 25~50cm이다. 잎은 길이 7~12cm의 피침형 또는 도피침형-도란상 장타원형이다. 꽃은 7~8월에 녹색으로 피며 줄기의 끝에 1개씩 달린다. 화피편은 8개이며 외화피편은 길이 2.5~4.5cm의 피침상 장타원형-난상 장타원형이다. 수술은 8(~10)개이며 꽃밥은 길이 4~8mm의 선형이고 꽃밥부리(약격)는 길게 돌출한다. 암술대는 4개이고 뒤로 약간 젖혀진다. 열매(장과)는 지름 1cm 정도의 거의 구형이다.

참고 외화피편과 내화피편은 4개씩이며 모양과 크기가 다르다. 내화피편이 선형으로 매우 좁은 것이 특징이다.

❶2004. 5. 30. 경기 가평군 화악산 ❷꽃. 외화피편은 장타원상 피침형이고 녹색이며 내화피편은 선형이고 외화피편보다 짧다. ❸열매. 흑자색으로 익는다. 수술대는 결실기까지 남는다. ❹어린 개체의 잎. 잎은 흔히 6~8개씩 돌려난다.

연영초

Trillium camschatcense Ker Gawl.

여로과

국내분포/자생지 소백산 이북의 산지
형태 다년초. 잎은 3개씩 돌려나며
길이 10~20cm의 넓은 마름모상 원
형 또는 도란형-도란상 원형이다. 꽃
은 5~6월에 백색으로 피며 줄기의 끝
에 1개씩 달린다. 외화피편은 3개이
고 녹색이며 길이 3~3.5cm의 피침상
장타원형-장타원상 난형이다. 내화피
편은 3개이고 백색이며 길이 3~4cm
의 타원상 도란형-도란형이다. 수술
은 6개이며 수술대는 길이 3~4mm이
고 꽃밥은 길이 7~10mm이다. 열매
(장과)는 지름 1.8~2.8cm의 원뿔상 난
형이며 7~8월에 익는다.
참고 큰연영초에 비해 씨방(열매 포함)
이 흔히 연한 황백색이고 꽃밥이 수
술대보다 훨씬 긴 것이 특징이다.

❶2001. 5. 24. 강원 인제군 설악산 ❷꽃. 지
름 4~6cm로 큰연영초에 비해 크다. ❸열매.
연한 녹백색-황백색으로 익는다.

큰연영초

Trillium tschonoskii Maxim.

여로과

국내분포/자생지 경북(울릉도) 및 북
부지방의 산지
형태 다년초. 잎은 3개씩 돌려나며
길이 10~25cm의 넓은 마름모상 원형
또는 도란형-도란상 원형이다. 꽃은
4~6월에 백색으로 피며 줄기의 끝에
1개씩 달린다. 외화피편은 3개이며
길이 1.8~2.5cm의 장타원상 난형-
난형이다. 내화피편은 3개이고 백색
이며 길이 1.5~2.7cm의 타원상 도란
형-도란형이다. 수술은 6개이고 수술
대는 길이 4~5mm이며 꽃밥은 길이
3~4mm이다. 열매(장과)는 지름 1.5~
2cm의 원뿔상 난형이며 6~8월에 익
는다.
참고 연영초에 비해 씨방(열매 포함)
이 자갈색-진한 자색이고 꽃밥이 수
술대보다 짧거나 길이가 비슷한 것이
특징이다.

❶2005. 5. 7. 경북 울릉군 울릉도 ❷꽃. 지
름 2.5~4cm로 연영초에 비해 작다. ❸열매.
진한 자색-흑자색으로 익는다.

선밀나물

Smilax nipponica Miq.

청미래덩굴과

국내분포/자생지 전국의 산지

형태 다년초. 줄기는 높이 30~100cm
이며 흔히 곧추 자란다. 잎은 어긋나
며 길이 5~18cm의 장타원형-난상
원형이다. 암수딴그루이다. 꽃은 5~
6월에 연녹색-황록색으로 피며 산형
꽃차례에 모여 달린다. 수꽃의 경우
화피편은 길이 4mm 정도의 도피침
상 장타원형 또는 장타원형이다. 수
술은 6개이고 길이 2.5~3.5mm이며
꽃밥은 길이 0.7mm 정도의 장타원형
이다. 암꽃의 경우 씨방은 난상 구형
이고 암술머리는 3개로 완전히 갈라
진다. 열매(장과)는 지름 6~8mm의 편
구형-거의 구형이다.

참고 밀나물에 비해 줄기가 둥글고
흔히 직립하며 잎 표면에 광택이 나
며 뒷면이 분백색인 것이 특징이다.

❶수그루. 2022. 5. 5. 인천 옹진군 연평도
❷수꽃. 화피편은 수평으로 퍼지거나 뒤로
약간 젖혀진다. ❸암꽃. 밀나물에 비해 봄철
(5~6월)에 꽃이 핀다. ❹열매. 거의 흑색으
로 8~10월에 익는다.

밀나물

Smilax riparia A.DC.

청미래덩굴과

국내분포/자생지 전국의 산지

형태 다년초. 줄기는 덩굴성이고 가
지가 많이 갈라진다. 잎은 어긋나며
길이 5~15cm의 장타원형-난형이다.
암수딴그루이다. 꽃은 7~8월에 연
녹색-황록색으로 피며 산형꽃차례
에 모여 달린다. 수꽃의 경우 화피편
은 길이 4~5mm의 선상 피침형이고
뒤로 심하게 젖혀진다. 수술은 6개
이고 길이 4~5mm이며 꽃밥은 길이
1.5mm 정도이다. 암꽃의 경우 화피편
은 길이 2~3mm의 장타원형이며 암
술머리는 3개로 완전히 갈라진다. 열
매(장과)는 지름 8~12mm의 편구형-
거의 구형이다.

참고 선밀나물에 비해 줄기가 능각지
고 덩굴성(덩굴손이 발달)이며 잎 뒷면
이 연녹색인 것이 특징이다.

❶암그루. 2019. 7. 17. 전남 구례군 지리
산 ❷수꽃. 화피편은 뒤로 심하게 젖혀진
다. ❸열매. 9~11월에 거의 흑색으로 익는다.
❹잎. 표면은 약간 광택이 난다. 잎자루는 능
각부에 좁고 주름진 날개가 있으며 밑부분에
는 턱잎이 변한 덩굴손이 발달한다.

나도옥잠화

Clintonia udensis Trautv. & C.A.Mey.

국내분포/자생지 지리산 이북, 주로 해발고도가 높은 산지

형태 다년초. 잎은 길이 15~30cm의 도란상 장타원형이다. 꽃은 5~7월에 백색으로 피며 꽃줄기 끝부분의 총상꽃차례에 모여 달린다. 꽃차례에 잔털이 밀생하며 꽃자루는 길이 6~15mm(결실기에는 2~6cm)이다. 포는 피침형이고 꽃이 필 무렵 떨어진다. 화피편은 6개이며 길이 8~15mm의 장타원형이다. 수술은 6개이며 길이 4~6mm이고 화피편보다 짧다. 암술대는 길이 3~5mm이고 끝부분은 3개로 얕게 갈라진다. 열매(장과)는 길이 7~12mm의 타원형-거의 구형이다.

참고 잎이 뿌리 부근에 모여나며 열매가 장과이고 벽색으로 익는 것이 특징이다.

❶2001. 5. 25. 강원 인제군 설악산 ❷꽃. 꽃줄기의 끝부분에 총상으로 모여 달린다. ❸열매. 벽색(남색)으로 익는다. ❹잎. 뿌리잎은 2~5개씩 모여난다. 어린잎에는 잔털이 있으나 차츰 없어진다.

얼레지

Erythronium japonicum Decme.

국내분포/자생지 제주를 제외한 전국의 산지

형태 다년초. 잎은 줄기 중앙부에 2개씩 달리며 길이 6~15cm의 장타원형-타원상 난형이다. 꽃은 3~5월에 적자색으로 핀다. 화피편은 6개이며 길이 3.5~5cm의 피침형이고 밑부분에 W자모양의 짙은 자색 무늬가 있다. 수술은 6개이며 화피편보다 짧고 길이는 서로 다르다. 꽃밥은 길이 5~7mm의 선형-장타원형이다. 암술대는 수술보다 길며 끝부분으로 갈수록 약간 두터워지고 3개로 얕게 갈라진다. 열매(삭과)는 길이 2~2.5cm의 세모진 장타원형-거의 구형 또는 도란형이다.

참고 잎이 2개이며 꽃이 크고 화피편이 뒤로 강하게 젖혀지는 것이 특징이다.

❶2003. 4. 27. 강원 인제군 점봉산 ❷꽃. 땅을 향해 달리며 화피편은 뒤로 강하게 젖혀진다. ❸열매. 삼릉형이다. ❹잎. 흔히 갈색-진한 자색의 얼룩 무늬가 있다.

57

애기중의무릇

Gagea terraccianoana Pascher
Gagea japonica Pascher

백합과

국내분포/자생지 경남(거제도) 이북의 산지

형태 다년초. 줄기는 높이 4~15cm 이고 흔히 비스듬히 또는 땅 위에 누워 자란다. 뿌리잎은 1개씩 달리며 길이 8~25cm, 너비 1~2mm의 좁은 선형(실모양)이다. 꽃은 3~5월에 황색색으로 피며 줄기의 끝부분에 2~5개씩 모여 달린다. 화피편은 길이 6~10mm의 선상 장타원형-장타원상 피침형이다. 수술은 6개이고 길이 3~8mm이다. 열매(삭과)는 길이 5mm 정도의 세모진 도란형 또는 구형이다.

참고 중의무릇에 비해 전체적으로 작으며 잎이 좁고(너비 1~2mm) 비늘줄기에 다수의 작은 비늘줄기(bulbel)를 형성하는 것이 특징이다.

❶2001. 4. 9. 대구 팔공산 ❷꽃. 화피편은 길이 6~10mm이다. ❸꽃 내부. 암술대는 씨방보다 약간 길다. ❹비늘줄기. 바깥 껍질의 안쪽에 다수의 작은 비늘줄기가 있다.

중의무릇

Gagea nakaiana Kitag.

백합과

국내분포/자생지 전국의 산지

형태 다년초. 뿌리잎은 1개씩 달리며 길이 15~30cm, 너비 5~10mm의 선형이다. 꽃은 3~5월에 황색으로 피며 줄기의 끝부분에 3~10개씩 모여 달린다. 포엽은 2개이고 너비 4~6mm의 피침형이며 꽃차례와 길이가 비슷하다. 화피편은 길이 1.2~1.5cm의 선상 장타원형-장타원상 피침형이다. 수술은 6개이고 길이 6~8mm이며 암술대는 씨방보다 1.5~2배 정도 길다. 열매(삭과)는 길이 7mm 정도의 세모진 도란형 또는 구형이다.

참고 중의무릇에 비해 전체적으로 크며 잎이 넓고(너비 5~10mm) 비늘줄기에 작은 비늘줄기(bulbel)를 형성하지 않는 것이 특징이다.

❶2002. 4. 7. 경북 청송군 ❷꽃. 화피편은 길이 1.2~1.5cm이다. ❸화피편. 바깥면은 황록색-녹색을 띤다. ❹열매. 세모진 도란형 또는 구형이며 숙존하는 화피편보다 짧다.

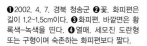

개감채

Lloydia serotina (L.) Rchb.

백합과

국내분포/자생지 제주(한라산) 및 북부지방의 높은 산지 풀밭

형태 다년초. 줄기는 높이 4~20cm이다. 뿌리잎은 (1~)2개씩 달리며 너비 1mm 정도의 좁은 선형(실모양)이다. 꽃은 6~7월에 백색으로 피며 줄기의 끝부분에 1개씩 달린다. 화피편은 길이 5~15mm의 도란상 장타원형이다. 수술은 6개이고 화피편보다 짧다. 암술대는 길이 3~4mm이다. 열매(삭과)는 길이 3~7mm의 날개모양으로 세모진 도란형-난형이다.

참고 나도개감채에 비해 꽃이 줄기에 1개씩 달리며 화피편이 백색-연한 황백색이고 안쪽면의 밑부분에 황색-주황색의 선체가 있는 것이 특징이다.

❶2007. 6. 25. 중국 지린성 백두산 ❷❹(ⓒ이만규) ❷꽃. 백색 바탕에 황록색-적자색의 맥이 있으며 화피편 안쪽면 밑부분에 황색-주황색의 선체가 있다. ❸열매. 세모진 도란형-난형이며 끝부분에 암술대가 남아 있다. ❹잎. 뿌리잎은 2개씩 나며 줄기잎은 2~4개이고 어긋나서 달린다.

나도개감채

Lloydia triflora (Ledeb.) Baker

백합과

국내분포/자생지 제주(한라산) 및 지리산 이북의 산지

형태 다년초. 줄기는 높이 15~30cm이다. 뿌리잎은 1개씩 달리며 너비 1.5~2.5mm의 좁은 선형(실모양)이다. 줄기잎은 1~3개이다. 꽃은 4~5월에 백색으로 피며 줄기의 끝부분에 1~5개씩 모여 달린다. 화피편은 길이 1~1.4cm의 피침상 장타원형-도피침상 장타원형이다. 수술은 6개이고 화피편보다 짧다. 암술대는 길이 3~4mm이고 암술머리는 머리모양이다. 열매(삭과)는 길이 4~6mm의 날개모양으로 세모진 도란형이며 끝부분에 암술대가 남아 있다.

참고 개감채에 비해 꽃이 1~5개씩 달리며 화피편은 백색 바탕에 녹색의 맥이 있는 것이 특징이다.

❶2016. 4. 28. 경기 연천군 ❷꽃. 백색 바탕에 녹색의 무늬와 맥이 있다. 화피편에 선체가 없다. ❸열매. 세모진 도란형이고 화피편보다 훨씬 짧다. ❹뿌리잎. 흔히 1개씩 나며 중앙부에 뚜렷한 홈이 있다.

패모

Fritillaria usuriensis Maxim.

백합과

국내분포/자생지 북부지방(압록강 및 두만강 유역)의 산지

형태 다년초. 줄기는 높이 50~60(~80)cm이다. 줄기 하반부의 잎은 흔히 3개씩 돌려나며 줄기 윗부분의 잎은 마주나거나 어긋난다. 길이 7~14cm의 선형–선상 피침형이다. 꽃은 5~6월에 진한 자색–적갈색으로 피며 줄기 윗부분의 잎겨드랑이에서 1(~3)개씩 달린다. 꽃자루는 길이 2.5~3.5cm이고 털이 없다. 화피편은 길이 3~3.5cm의 장타원형–도란상 장타원형이다. 열매(삭과)는 길이 2.3~2.5cm의 6개로 능각진 원통형이고 날개가 없다.

참고 부전패모(*F. maximowiczii* Freyn)는 패모에 비해 1(~2)개의 마디에서 잎이 3~6개 돌려나며 잎끝이 덩굴지지 않는 것이 특징이다.

❶2024. 5. 12. 중국 지린성 ❷꽃. 종형이며 화피편은 진한 자색–적갈색이다. ❸꽃 내부. 수술은 6개이고 암술대는 3개로 깊게 갈라진다. ❹줄기잎. 잎끝은 덩굴손처럼 굽거나 말린다.

털중나리

Lilium amabile Palib.

백합과

국내분포/자생지 제주를 제외한 전국의 산지, 한반도 준고유종

형태 다년초. 줄기는 높이 30~80cm이다. 잎은 어긋나며 길이 2~11cm의 선형–피침형이다. 꽃은 5~6월에 주황색–짙은 주황색으로 피며 줄기의 끝부분에 1~6개씩 모여 달린다. 화피편은 6개이고 길이 4~7cm의 피침형이며 안쪽면의 하반부에 자색 또는 흑색의 반점이 흩어져 있다. 수술은 6개이고 화피 밖으로 길게 나출된다. 씨방은 길이 1~1.3cm의 각진 기둥모양이며 암술대는 수술대와 길이가 비슷하다. 열매(삭과)는 타원형–도란상 타원형–넓은 타원형이고 끝부분은 약간 오목하다.

참고 잎이 선형 또는 피침형이고 잎과 줄기에 회색빛이 도는 짧은 털이 밀생하는 것이 특징이다.

❶2002. 6. 18. 강원 정선군 ❷꽃. 짙은 주황색이며 화피편은 뒤로 강하게 젖혀진다. ❸열매. 모양과 크기는 변이가 심한 편이다. ❹줄기와 잎. 짧은 털이 밀생한다.

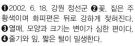

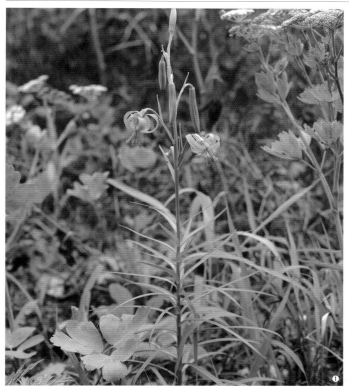

땅나리

Lilium callosum Siebold & Zucc.

백합과

국내분포/자생지 중부지방 이남의 산지

형태 다년초. 비늘줄기는 지름 2~4cm의 난상 구형–거의 구형이다. 줄기는 높이 40~100cm이며 밋밋하고 털이 없다. 잎은 촘촘하게 어긋나며 길이 5~12cm의 선형이고 양면에 털이 없다. 끝이 뾰족하거나 길게 뾰족하며 가장자리는 밋밋하고 흔히 잔돌기가 있다. 꽃은 7~8월에 짙은 주황색–밝은 적색(간혹 밝은 황색)으로 피며 줄기의 끝부분에 1~9개씩 모여 달린다. 화피편은 6개이고 길이 3~4cm의 피침형이며 상반부는 뒤로 강하게 젖혀진다. 안쪽면의 밑부분에 불명확한 반점이 흩어져 있으며 구부러진 잔털이 있다. 수술은 6개이며 길이 2~3cm이고 화피 밖으로 길게 나출된다. 꽃밥은 주황색이고 길이 6~8mm이다. 씨방은 길이 1.5~2.2cm, 너비 2~3mm의 원통형이며 윗부분으로 갈수록 약간 굵어진다. 암술대는 씨방과 길이가 비슷하거나 약간 짧다. 열매(삭과)는 길이 2~4cm의 장타원형–난상 장타원형이며 익으며 윗부분이 3개로 갈라진다.

참고 꽃이 짙은 주황색이며 화피편이 뒤로 강하게 말리고 안쪽면에 희미한 반점이 있는 점과, 잎과 포가 선형이고 포의 끝부분이 뭉뚝한 것이 특징이다. 꽃이 밝은 황색으로 피는 것을 노랑땅나리(var. *flaviflorum* Makino)라고 구분하기도 하며, 드물게 땅나리와 혼생하며 자란다. 분류 계급(학명)을 변종이 아닌 품종으로 처리하는 것이 타당하다.

❶ 2019. 7. 20. 인천 국립생물자원관(식재) ❷ 꽃. 화피편은 뒤로 한바퀴 정도 말리며 안쪽면에 반점이 불명확하다. 암술대는 씨방과 길이가 비슷하거나 짧다. ❸ 열매. 장타원형–난상 장타원형이고 익으며 윗부분이 갈라져서 씨가 나온다. ❹ 잎. 선형이고 짧은 간격으로 어긋난다. ❺❻ 노랑땅나리 ❺ 꽃. 연한 황색으로 피는 개체가 드물게 자란다. ❻ 2016. 7. 20. 전남 신안군

솔나리

Lilium cernuum Kom.

백합과

국내분포/자생지 경남(가야산, 신불산 등) 이북의 산지

형태 다년초. 줄기는 높이 30~70cm 이다. 잎은 촘촘하게 어긋나며 길이 4~18cm의 좁은 선형이다. 꽃은 6~7월에 연한 적자색으로 피며 줄기의 끝부분에 1~6개씩 모여 달린다. 화 피편은 6개이고 길이 3~5cm의 피침 형이며 뒤로 강하게 젖혀진다. 안쪽 면의 하반부에 짙은 적자색~자색의 반점이 흩어져 있다. 수술은 6개이 고 화피 밖으로 길게 나출된다. 수술 대는 길이 2cm 정도이며 꽃밥은 길 이 1.3~1.5cm이다. 씨방은 길이 8~10mm의 원통형이고 암술대는 길이 1.6~2cm이다.

참고 잎이 좁은 선형이고 꽃이 분홍색 (연한 적자색)으로 피는 것이 특징이다.

❶2001. 7. 17. 경남 합천군 가야산 ❷꽃. 드 물게 백색 꽃이 피는 개체가 혼생한다. ❸열 매. 도란형~구형이다. ❹잎. 좁은 선형이고 촘촘하게 달린다.

큰솔나리

Lilium pumilum Redouté

백합과

국내분포/자생지 북부지방 산지의 건조한 풀밭이나 암석지

형태 다년초. 줄기는 높이 30~70cm 이다. 잎은 촘촘하게 어긋나며 길이 3~12cm의 좁은 선형이다. 꽃은 6~7 월에 짙은 주황색~밝은 적색으로 피 며 줄기의 끝부분에 1~15개씩 모여 달린다. 화피편은 6개이고 길이 4~4.5cm의 피침형이며 뒤로 강하게 젖 혀진다. 수술은 6개이고 화피 밖으로 길게 나출된다. 수술대는 길이 1.5~2.5cm이며 꽃밥은 길이 1cm 정도이 다. 씨방은 길이 8~10mm의 원통형이 고 암술대는 길이 1.2~2cm이다.

참고 솔나리에 비해 꽃이 짙은 주황 색~밝은 적색이며 화피편 안쪽면에 반점이 없거나 적은 것이 특징이다.

❶2016. 6. 14. 중국 지린성 두만강 유역(ⓒ 김지훈) ❷꽃. 짙은 주황색~밝은 적색이고 화피편의 안쪽면에 반점이 흔히 없거나 밑부 분에 약간 있다. ❸열매. 장타원형~타원형이 다. ❹잎. 좁은 선형이고 촘촘하게 달린다.

하늘나리

Lilium concolor Salisb. var. *concolor*
Lilium concolor var. *pulchellum*
(Fisch.) Baker

백합과

국내분포/자생지 지리산 이북의 산지에 드물게 자람

형태 다년초. 비늘줄기는 지름 2~4cm의 난상 구형-거의 구형이다. 줄기는 높이 30~80cm이며 미세한 돌기가 밀생한다. 잎은 비교적 촘촘하게 어긋나며 길이 3~8cm, 너비 3~6mm의 선형이고 양면에 털이 없다. 끝이 뾰족하며 가장자리는 밋밋하고 흔히 반원형의 잔돌기가 있다. 잎자루는 없다. 꽃은 6~7월에 짙은 주황색-적색으로 피며 줄기의 끝부분에 1~7개씩 모여 달린다. 화피편은 6개이고 길이 3~4cm의 피침형이며 옆으로 퍼지거나 뒤로 약간 젖혀진다. 안쪽면의 하반부에 짙은 적자색-자색의 반점이 흩어져 있다. 수술은 6개이고 화피 밖으로 약간 나출된다. 수술대는 길이 1.8~2cm이고 털이 없으며 꽃밥은 길이 6~8mm이다. 씨방은 길이 1~1.3cm, 너비 2~3mm의 원통형이며 윗부분으로 갈수록 약간 굵어진다. 암술대는 길이 8~10mm로 씨방보다 약간 짧다. 열매(삭과)는 길이 2~3.5cm의 장타원형 또는 도란상 장타원형이며 익으며 윗부분이 3개로 갈라진다.

참고 잎이 선형이고 꽃이 짙은 주황색-적색이며 하늘을 향해 피는 점과 암술대가 씨방보다 짧은 것이 특징이다. 하늘나리와 비슷하지만 꽃(화피편 길이 4~5.2cm), 잎(길이 5~9cm, 너비 5~10mm)이 전체적으로 큰 것을 **큰하늘나리**(var. *megalanthum* F.T.Wang & T.Tang)라고 한다.

❶ 2023. 6. 29. 강원 평창군 대관령 ❷ 꽃. 짙은 주황색-밝은 적색이고 하늘을 향해 달린다. 꽃밥은 암술머리 쪽으로 기울어져 달린다. ❸ 열매. 장타원형 또는 도란상 장타원형이며 표면에 돌기가 흩어져 있다. ❹ 잎. 선형-선상 피침형이며 촘촘하게 달리는 편이다. ❺~❼ 큰하늘나리 ❺ 꽃. 화피편의 길이가 4~5.2cm로 하늘나리에 비해 꽃이 크다. ❻ 잎. 길이 5~9cm, 너비 5~10mm로 하늘나리에 비해 길고 넓다. ❼ 2014. 7. 24. 부산 금정산

섬말나리

Lilium hansonii Leichtlin ex
D.D.T.Moore

백합과

국내분포/자생지 경북(울릉도)의 산
지, 한반도 고유종

형태 다년초. 비늘줄기는 지름 3~
7cm의 난상 구형–거의 구형이다. 줄
기는 높이 60~100cm이며 녹색–진
한 자색이며 털이 없다. 잎은 1~4개
의 층을 이루며 4~16개씩 돌려나며
길이 10~22cm의 도피침형–도란상
장타원형 또는 피침형–장타원형이
다. 끝은 뾰족하고 밑으로 갈수록 점
차 좁아지며 가장자리는 밋밋하거나
약간 주름진다. 꽃은 5월말~6월말에
밝은 황색(~연한 주황색)으로 피며 줄
기의 끝부분에 1~20개씩 모여 달린
다. 포는 잎모양이고 길이 1~6cm이
다. 꽃자루는 윗부분이 아래로 구부
러지며 길이 2~8cm이다. 화피편은 6
개이며 길이 3~4.5cm의 도피침형–
장타원상 도피침형이고 뒤로 약간 또
는 강하게 젖혀진다. 흔히 안쪽면에
짙은 적자색–자색의 반점이 흩어져
있지만 드물게 매우 적거나 없는 경
우도 있다. 수술은 6개이고 길이 2~
2.5cm이다. 꽃밥은 길이 8~18mm이
고 연한 주황색–적자색이다. 씨방은
길이 1~1.8cm의 원통형이고 날개모
양의 능각이 있다. 암술대는 길이 1.8
~2.4cm이고 위쪽으로 휘거나 구부
러진다. 열매(삭과)는 길이 2~3.5cm
의 도란상 구형–거의 구형이며 6개
의 좁은 날개가 발달한다. 씨는 납작
하며 길이 8~12mm의 비뚤어진 사각
상 반원형이고 가장자리에 좁은 날개
가 있다.

참고 비늘줄기의 비늘조각이 난형이
고 분절이 없으며 잎이 층을 이루며
돌려나고 꽃이 밝은 황색–연한 주황
색인 것이 특징이다.

❶2022. 6. 3. 경북 울릉군 ❷꽃. 황색 계열
이며 옆이나 땅을 향해 달린다. ❸잎. 오래된
개체는 3~4층을 이루며 돌려난다. 전체에 털
이 없다. ❹열매. 도란형–구형이며 좁은 날
개가 발달한다.

말나리
Lilium distichum Nakai ex Kamib.

백합과

국내분포/자생지 지리산 이북의 비교적 높은 산지

형태 다년초. 줄기는 높이 60~100cm이다. 잎은 길이 8~18cm의 도피침형-장타원상 도피침형이다. 꽃은 6~7월에 주황색-짙은 주황색으로 피며 줄기의 끝부분에 1~8개씩 모여 달린다. 화피편은 6개이고 길이 3~4.5cm의 피침형이며 뒤로 젖혀진다. 수술은 6개이고 화피 밖으로 길게 나출된다. 수술대는 길이 2~2.5cm이며 꽃밥은 길이 1cm 정도이다. 씨방은 길이 8~9mm의 각진 원통형이고 암술대는 씨방 길이의 2배 정도이다. 열매(삭과)는 길이 1.8~2.8cm의 도란상 구형이고 끝부분은 오목하다.

참고 하늘말나리에 비해 꽃이 좌우대칭이며 옆을 향해 달리고 화피편이 뒤로 젖혀지는 것이 특징이다.

❶2023. 7. 20. 강원 정선군 석병산 ❷꽃. 주황색이며 측면을 향해 달린다. ❸열매. 도란상 구형이며 6개의 날개가 있다. ❹잎. 돌려난다.

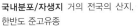

하늘말나리
Lilium tsingtauense Gilg

백합과

국내분포/자생지 거의 전국의 산지, 한반도 준고유종

형태 다년초. 줄기는 높이 50~100cm이다. 잎은 길이 5~15cm의 도피침형-장타원상 도피침형이다. 꽃은 6~7월에 주황색-짙은 주황색으로 핀다. 화피편은 6개이고 길이 4~5cm의 피침형-피침상 장타원형 또는 도피침형이며 옆으로 퍼지거나 약간 뒤로 젖혀진다. 수술은 6개이고 화피 밖으로 길게 나출된다. 수술대는 길이 3cm 정도이다. 씨방은 길이 8~12mm의 각진 원통형이고 암술대는 씨방 길이의 2배 정도이다.

참고 말나리에 비해 꽃이 방사대칭이며 하늘을 향해 달리고 화피편이 옆으로 퍼지거나 약간 뒤로 젖혀지는 것이 특징이다.

❶2002. 7. 21. 경북 김천시 우두령 ❷꽃. 방사대칭이고 하늘을 향해 달린다. 제주도에 분포하는 하늘말나리의 경우 대부분 좌우대칭이다. ❸열매. 도란상 구형이며 6개의 날개가 발달한다. ❹잎. 돌려난다.

날개하늘나리

Lilium pensylvanicum Ker Gawl.
Lilium dauricum Ker Gawl.

백합과

국내분포/자생지 전남(지리산) 이북의 해발고도가 비교적 높은 산지

형태 다년초. 비늘줄기는 지름 2~4cm의 난상 구형–거의 구형이다. 줄기는 높이 60~100cm이고 능각지며 좁은 날개가 발달한다. 잎은 촘촘하게 어긋나거나 4~5개씩 돌려나며 길이 4~6cm의 선형–선상 피침형이다. 끝은 뾰족하고 가장자리에는 돌기가 있다. 꽃은 6~7월에 짙은 주황색 또는 밝은 적색으로 피며 줄기의 끝부분에 1~6개씩 모여 달린다. 화피편은 6개이고 길이 7~9cm의 도피침형–도란상 장타원형 또는 피침형이며 비스듬히 서서 달린다. 안쪽면에는 짙은 적자색–진한 자색의 반점이 흩어져 있다. 수술은 6개이며 수술대는 길이 4~5.5cm이다. 꽃밥은 길이 1cm 정도이고 짙은 주황색–적자색이다. 씨방은 길이 1.5~2cm의 각진 원통형이고 암술대는 길이 3~4cm이다. 열매(삭과)는 길이 3~5cm의 장타원형이다.

참고 줄기에 날개가 발달하며 꽃봉오리, 꽃자루, 줄기 상부의 잎(특히 가장자리 또는 밑부분) 등에 백색의 솜털이 밀생(또는 산생)하는 것이 특징이다.

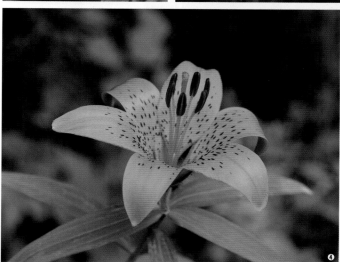

❶2007. 6. 29. 중국 지린성 ❷꽃차례. 꽃자루와 화피편의 바깥면에 긴 솜털이 밀생 또는 산생한다. ❸줄기. 능각지며 능각에는 날개가 발달한다. ❹꽃. 짙은 주황색 또는 밝은 적색이며 깔때기모양이고 하늘을 향해 달린다. 자생 나리속 식물 중 꽃이 가장 크다.

산자고

Amana edulis (Miq.) Honda
Tulipa edulis (Miq.) Baker

백합과

국내분포/자생지 전국의 산야
형태 다년초. 줄기는 길이 10~25cm
이고 비스듬히 또는 땅 위에 누워서
자란다. 잎은 흔히 2개이며 길이 15~
25cm의 선형이고 회청색이다. 포는
2(~3)개이고 마주나며 길이 1.5~3cm
의 좁은 선형이다. 꽃은 3~4월에 백
색으로 피며 줄기의 끝부분에 1개씩
달린다. 화피편은 피침형-장타원상
피침형이고 백색 바탕에 연한 적자색
의 줄무늬가 있으며 밑부분에는 황록
색의 큰 무늬가 있다. 수술은 6개이
며 수술대는 길이 6~8mm이고 꽃밥
은 길이 1.2~1.6mm이다. 열매(삭과)는
길이 1~1.5cm이다.
참고 꽃이 1개씩 달리며 화피편이 길
이 2~3cm이고 개화 후 떨어지는 것
이 특징이다.

❶2016. 3. 31. 전북 군산시 선유도 ❷꽃. 옆
또는 하늘 방향으로 꽃이 달리며 암술대는
매우 짧다. ❸열매. 날개모양으로 세모진 난
형-난상 구형이고 녹색으로 익는다.

뻐꾹나리

Tricyrtis macropoda Miq.

백합과

국내분포/자생지 경기 이남의 산지
형태 다년초. 줄기는 높이 30~90cm
이다. 잎은 길이 5~15cm의 장타원
형-타원형이고 양면에 털이 있다. 꽃
은 7~9월에 백색으로 피며 산방꽃
차례에 모여 달린다. 외화피편은 길
이 2cm 정도의 넓은 피침형이며 내
화피편은 외화피편보다 약간 짧고 피
침형이다. 수술은 6개이고 길이 1.2
~2cm이다. 수술대는 하반부가 합생
하며 밑부분에 아래쪽으로 향해 퍼진
털이다. 암술대는 3개로 깊게 갈라지
고 암술머리도 2개로 깊게 갈라진다.
열매(삭과)는 길이 2.5~3cm의 세모진
선상 원통형이다.
참고 줄기에 털이 없거나 비스듬히
아래를 향한 털이 있으며 화피편이
뒤로 강하게 젖혀지는 것이 특징이다.

❶2002. 8. 18. 경북 김천시 우두령 ❷꽃.
수술대는 상반부가 뒤로 젖혀진다. 암술대와
암술머리의 외면에는 적자색의 무늬가 있다.
❸꽃 측면. 외화피편의 밑부분은 주머니모
양이다. 화피편의 바깥면과 꽃자루에 샘털이
흩어져 있다. ❹열매. 샘털이 흩어져 있다.

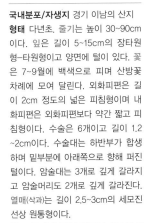

죽대아재비

Streptopus koreanus (Kom.) Ohwi

백합과

국내분포/자생지 경남(지리산) 및 강원(설악산) 이북의 산지

형태 다년초. 땅속줄기는 옆으로 뻗는다. 줄기는 높이 20~40cm이고 털이 약간 있다. 잎은 길이 3~10cm의 피침상 장타원형−타원형 난형이다. 꽃은 6~7월에 황록색으로 핀다. 꽃자루는 길이 1.5~2.5cm이다. 화피편은 길이 2~3mm의 장타원상 난형이고 안쪽면에 돌기모양의 털이 있으며 밑부분에 짙은 자색의 무늬가 있다. 수술은 6개이며 수술대는 매우 짧다. 열매(장과)는 지름 6~10mm의 일그러진 구형−거의 구형이다.

참고 *S. amplexifolius* (L.) DC.는 잎의 밑부분이 줄기를 감싸고 꽃자루에 관절이 있으며 암술대가 원통형인 것이 특징이다. 국내 분포는 불명확하다.

❶2016. 6. 13. 중국 지린성 백두산 ❷❸꽃. 잎겨드랑이에서 1(~2)개씩 아래로 늘어져 달린다. ❹열매. 적색으로 익는다. 꽃자루에는 관절이 없다. ❺잎. 밑부분은 줄기를 감싸지 않는다.

금강애기나리

Streptopus ovalis (Owhi) F.T.Wang & Y.C.Tang

백합과

국내분포/자생지 제주(한라산) 및 지리산 이북의 비교적 높은 산지, 한반도 준고유종

형태 다년초. 줄기는 높이 20~45cm이다. 잎은 길이 4~8cm의 장타원형−타원상 난형이다. 꽃은 5~6월에 연한 황백색−황록색으로 핀다. 꽃자루는 길이 2cm 정도이고 털이 있다. 화피편은 길이 8~9mm의 장타원상 난형이다. 안쪽면에는 자색의 반점이 흩어져 있다. 수술은 6개이다. 암술대는 길이 3.5~4mm이고 3개로 깊게 갈라진다. 열매(장과)는 지름 6~8mm의 거의 구형이다.

참고 꽃이 줄기의 끝부분에서 1~3개씩 산형상으로 달리며 화피편의 끝부분이 꼬리처럼 길게 뾰족한 것이 특징이다.

❶2004. 5. 30. 경기 가평군 화악산 ❷꽃. 화피편은 윗부분이 뒤로 젖혀지고 끝부분은 실모양으로 매우 가늘다. ❸열매. 적색으로 익는다. ❹잎. 줄기를 감싼다.

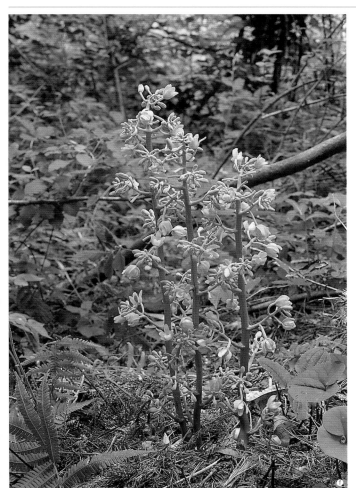

으름난초

Cyrtosia septentrionalis (Rchb. f.) Garay

난초과

국내분포/자생지 충남(태안군), 경북 (김천시) 이남의 산지 숲속

형태 부생성 다년초. 땅속줄기는 굵고 옆으로 뻗으며 비늘모양의 잎이 달린다. 꽃줄기는 갈색-적갈색이고 높이 30~90cm이며 상반부에 짧은 털이 있고 가지가 갈라진다. 가지는 길이 3~10cm이다. 꽃은 6~7월에 연한 갈색-황갈색으로 피며 복총상꽃차례(지상부 전체)에 모여 달린다. 포는 비늘모양이며 길이 1.5~2.5cm의 난형이고 막질이다. 씨방(꽃자루 모양)은 길이 1.5~2cm이고 짧은 털이 있다. 등꽃받침은 길이 1.5~2cm의 장타원형이고 뒷면에 갈색의 털이 있다. 옆쪽꽃받침은 길이 1.5~2cm의 장타원형-난상 타원형이고 끝이 둔하며 뒷면에 갈색의 털이 있다. 옆쪽꽃잎은 길이 1.5~2m의 장타원형-난상 타원형이고 끝이 둥글거나 둔하며 꽃받침보다 약간 짧다. 입술꽃잎은 길이 1.5~2cm의 넓은 난형이고 보트모양이며 밝은 황색이다. 안쪽면에 긴 돌기들이 빽빽하게 나 있다. 거는 없다. 꽃술대는 길이 5~8mm이고 구부러진다. 열매(장과)는 육질이며 크기와 모양이 다양하다. 흔히 길이 6~13cm, 지름 2~3.5cm의 장타원형-고구마모양이다.

참고 부생식물로 전체가 갈색-적갈색이며 열매가 크고 적색으로 익는 것이 특징이다.

❶ 2006. 6. 29. 충남 태안군 안면도 ❷ 꽃. 입술꽃잎은 주머니모양 또는 보트모양이며 안쪽면은 밝은 황색이다. ❸ 결실기 모습. 적색으로 익는다. ❹ 열매. 2020. 10. 7. 충남 태안군 안면도

무엽란

Lecanorchis japonica Blume

난초과

국내분포/자생지 제주 및 서남해 도
서(가거도, 보길도, 홍도 등 일부)의 숲속
형태 부생성 다년초. 땅속줄기는 옆
으로 뻗고 비늘잎이 달린다. 줄기는
높이 30~40cm이고 잎모양의 포
엽이 3~5개 달린다. 포엽은 길이 5~
10mm이고 막질이며 줄기를 감싼다.
꽃은 5~6월에 황갈색(-변이가 심함)으
로 피며 등꽃받침과 옆쪽꽃받침은 길
이 1.7~2.5cm의 도피침형이다. 옆쪽
꽃잎은 도란상 피침형이고 꽃받침
과 길이가 비슷하며 입술꽃잎은 길이
1.5~2cm의 도피침형-도란형이고 끝
이 얕게 3개로 갈라지거나 거의 갈라
지지 않으며 밑부분은 꽃술대와 합생
한다. 입술꽃잎의 가장자리는 통처럼
약간 말리며 중앙부에 황색의 긴 털
이 밀생한다. 꽃술대는 길이 8~13mm
로 입술꽃잎 길이의 2/3 정도이다.
열매(삭과)는 길이 3~4cm의 선상 원
통형이며 비스듬히 또는 곧추 달린
다.
참고 학자에 따라서는 무엽란을 식물
체의 크기, 꽃잎의 벌어지는 정도, 꽃
의 크기와 색, 꽃술대의 날개모양 등
의 형태적 특징을 근거로 돌기무엽
란(var. *hokurijuensis*, 꽃잎은 자줏빛을 띠
고 약간 벌어지며 씨방과 열매의 표면에
돌기가 뚜렷하고 꽃술대 날개가 삼각형이
고 결각이 있는 타입), 황금무엽란(var.
kiiensis, 꽃잎은 밝은 황색이고 약간 벌어
지며 씨방과 열매의 표면에 돌기가 뚜렷하
지 않은 타입)으로 구분하기도 한다.

❶2023. 6. 13. 제주 서귀포시 ❷꽃. 개화시
꽃잎과 꽃받침은 활짝 벌어지거나 약간 벌어
진다. 꽃잎과 꽃받침의 벌어지는 정도와 꽃
의 색, 크기 등의 형태 변이가 심한 편이다.
❸분해된 꽃. 입술꽃잎이 가장 짧다. 흔히 옆
쪽꽃잎이 꽃받침에 비해 약간 길고 넓은 편
이다. ❹(등꽃받침, 옆쪽꽃받침, 측꽃잎이 제
거된) 꽃 내부 측면. 꽃술대의 날개는 밋밋하
고 결각이 없다. ❺옆쪽꽃잎과 꽃받침이 황
갈색이고 활짝 벌어지지 않는 타입. 2023.
6. 11. 제주 서귀포시 ❻꽃잎이 활짝 벌어지
는 타입(좌)과 약간 벌어지는 타입(우) ❼꽃
비교. 옆쪽꽃잎과 꽃받침이 약간 벌어지는
타입(상), 옆쪽꽃잎과 꽃잎이 활짝 벌어지는
타입(중), 제주무엽란(하). 제주무엽란에 비
해 무엽란의 꽃이 크다. ❽입술꽃잎과 꽃술
대 비교. 옆쪽꽃잎과 꽃받침이 활짝 벌어지
는 타입(좌), 옆쪽꽃잎과 꽃받침이 약간 벌어
지는 타입(우)

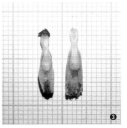

제주무엽란

Lecanorchis kiusiana Tuyama

난초과

국내분포/자생지 제주 및 전남의 숲속
형태 부생성 다년초. 땅속줄기는 옆
으로 뻗는다. 줄기는 높이 10~25cm
이고 잎집모양의 포엽이 3~5개 달린
다. 포엽은 길이 5~10mm이고 막질이
며 줄기를 감싼다. 꽃은 5~6월에 푸
른빛이나 자줏빛이 도는 연갈색(-변
이가 심함)으로 피며 줄기 끝부분의 총
상꽃차례에 3~5개씩 모여 달린다. 꽃
받침과 옆쪽꽃잎은 길이 1.2~1.5cm의
도피침형이다. 입술꽃잎은 길이 1.2~
1.4cm의 도란형이고 3개로 갈라지며
하반부는 꽃술대와 합생한다. 입술꽃
잎의 가장자리는 통처럼 말리며 중앙
부에 자색의 긴 털이 밀생한다. 꽃술
대는 길이 7~8mm이다. 열매(삭과)는
길이 2~3cm의 선상 원통형이고 흑색
으로 익는다.
참고 무엽란에 비해 식물체가 작으며
(높이 25cm 이하) 씨방(꽃자루모양)이 줄
기와 좁은 각도로 벌어져 달린다. **노
랑제주무엽란[L. suginoana** (Tuyama)
Seriz.]은 제주무엽란에 비해 꽃이 황
갈색이고 입술꽃잎의 중앙부에 황색
의 털이 밀생하는 것이 특징이다.

❶ 2022. 6. 16. 제주 서귀포시. 씨방(꽃자
루모양)이 줄기와 좁은 각도로 벌어져 달린
다. ❷꽃. 옆쪽꽃잎과 꽃받침은 연한 갈색 바
탕에 자줏빛이 돌며 활짝 벌어지지 않는다.
❸입술꽃잎 비교. 제주무엽란(좌)은 입술꽃
잎의 중앙부에 자색의 털이 밀생하며, 노랑
제주무엽란(우)은 입술꽃잎 중앙부에 황색의
털이 밀생한다. ❹열매. 결실기에는 식물체
전체가 흑색으로 변한다. 열매는 곧추 달린
다. ❺-❽노랑제주무엽란 ❺2022. 6. 16. 제
주 서귀포시(ⓒ이지열) ❻꽃(ⓒ이지열). 꽃잎
은 황갈색이고 약간 벌어진다. 꽃잎과 꽃받
침의 뒷면은 자줏빛이 돌기도 한다. ❼꽃 측
면. 꽃받침과 옆쪽꽃잎은 길이가 비슷하다.
❽꽃 비교. 노랑제주무엽란(하)은 제주무엽
란(상)에 비해 꽃이 약간 큰 편이다.

털복주머니란

Cypripedium guttatum Sw.

난초과

국내분포/자생지 강원 이북의 산지
형태 다년초. 땅속줄기는 가늘고 옆
으로 길게 뻗는다. 줄기는 높이 15~
30cm이고 긴 털과 샘털이 밀생한다.
잎은 길이 5~14cm의 타원형–난형이
다. 밑부분은 점차 좁아져 줄기를 감
싸며 가장자리와 뒷면 맥 위에 털이
약간 있다. 꽃은 5월말–7월초에 피며
백색(입술꽃잎은 거의 자색) 바탕에 자색
의 무늬가 있고 줄기의 끝부분에서 1
개씩 달린다. 포는 잎모양이며 길이
1.5~3cm의 피침상 장타원형–장타원
상 난형이고 샘털이 있다. 씨방(꽃자루
모양) 길이는 1~1.5cm이고 샘털이 밀
생한다. 등꽃받침은 길이 1.5~2.2cm
의 타원상 난형–넓은 난형이고 백색
(안쪽면은 자색 무늬가 많음–거의 자색)이
며 바깥면과 가장자리에 샘털이 있
다. 옆쪽꽃받침(synsepal)은 길이 1.3
~2cm의 장타원형이고 끝부분은 얕
게 2개로 갈라진다. 옆쪽꽃잎은 백색
바탕에 적자색의 큰 반점들이 흩어져
있다. 길이 1.3~1.8cm의 거꾸러진 주
걱형이며 끝부분은 약간 넓어지고 둥
글다. 입술꽃잎은 길이 1.5~2cm의 주
머니모양이고 하늘 방향에 넓은 입구
가 있다. 꽃술대는 백색이고 자루모
양이며 끝부분에 길이 4~5mm의 가
수술이 달려 있다. 암술머리는 난형
이고 털이 있다. 열매(삭과)는 길이 2~
3cm의 장타원상 또는 타원상 원통형
이고 털이 밀생한다.
참고 잎이 2(~3)장이며 줄기(꽃줄기 포
함), 꽃, 열매 등 전체에 털(샘털)이 많
은 것이 특징이다.

❶2016. 6. 11. 중국 지린성 ❷꽃 정면. 등
꽃받침은 넓은 난형이고 백색(자색 무늬가
있음)이며 바깥면과 가장자리에 털이 있다.
❸꽃 측면. 옆쪽꽃잎은 백색 바탕에 적자색
의 큰 반점들이 흩어져 있으며 거꾸러진 주
걱형(바이올린모양)이고 가장자리는 비틀어
지거나 뒤로 젖혀진다. ❹꽃 내부. 연한 황
색의 타원상 덩어리는 가수술(a)이며 아래쪽
백색의 난형상 덩어리는 암술머리(b)이다.
수술은 꽃술대 윗부분 양쪽에 1개씩 달린다.
수술에 달린 연한 황색의 둥근 것(c)이 꽃밥
이다. ❺열매. 처음에는 털(샘털)이 밀생하지
만 차츰 떨어져서 감소한다. ❻군락. 2016.
6. 11. 중국 지린성

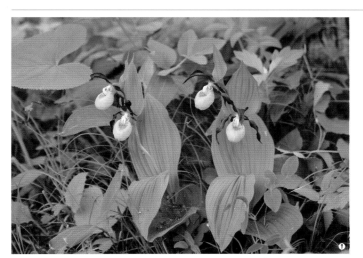

노랑복주머니란

Cypripedium calceolus L.

난초과

국내분포/자생지 북부지방의 산지

형태 다년초. 줄기는 높이 30~50cm
이다. 잎은 길이 6~16cm의 타원형-
난상 타원형이다. 꽃은 5월말~6월에
피며 줄기의 끝부분에서 1~2개씩 달
린다. 등꽃받침은 길이 3~5cm의 피
침상 장타원형-장타원상 난형이고
끝은 꼬리처럼 길게 뾰족하다. 옆쪽꽃
받침은 등꽃받침과 유사하며 끝부분
은 얕게 2개로 갈라진다. 옆쪽꽃잎은
1~3바퀴 정도 꼬이며 길이 3~5cm의
선형-선상 피침형이고 안쪽면의 밑
부분에 긴 털이 밀생한다. 입술꽃잎은
길이 3~4cm의 주머니모양이다. 열매
(삭과)는 좁은 장타원상 원통형이다.

참고 흔히 꽃이 1~2개씩 달리며 꽃받
침과 옆쪽꽃잎은 밤색이고 입술꽃잎
은 밝은 황색인 것이 특징이다.

❶2016. 6. 11. 중국 지린성 ❷꽃 정면. 옆쪽
꽃잎은 선형-선상 피침형이고 흔히 비틀어
지거나 꼬이며 안쪽 밑부분에 긴 털이 밀생
한다. ❸꽃 측면(a. 입술꽃잎, b. 가수술, c.
꽃밥, d. 암술, e. 꽃술대). 가수술은 자루가
있다.

광릉요강꽃

Cypripedium japonicum Thunb.

난초과

국내분포/자생지 강원(화천군), 경기
(죽엽산 등), 전북(덕유산) 등의 산지

형태 다년초. 줄기는 높이 25~50cm
이고 털이 밀생한다. 잎은 길이 10
~20cm의 난상 원형이다. 꽃은 4월
말~5월에 연한 황록색으로 핀다. 등
꽃받침은 길이 4~5cm의 피침상 장타
원형-장타원상 난형이다. 옆쪽꽃받침
은 넓은 타원형-타원상 난형이며 끝
은 2개로 얕게 갈라진다. 옆쪽꽃잎은
길이 4~6cm의 피침형이며 안쪽면의
밑부분에 긴 털이 밀생한다. 입술꽃
잎은 주머니모양이고 옆쪽 방향에 입
구가 있다. 열매(삭과)는 길이 4~5cm
의 장타원상 원통형이고 털이 있다.

참고 잎은 2(~3)장이고 부채모양이며
거의 마주나는 것이 특징이다.

❶2000. 5. 10. 경기 가평군 ❷꽃 정면. 꽃
은 지름 10cm 정도로 크다. 자생 복주머니
란류와는 달리 입술꽃잎은 양측면 가장자
리가 안쪽으로 말려서 주머니모양이 된다.
❸꽃 측면. 수술은 꽃술대 양쪽 측면에 1개
씩 달린다. ❹잎. 2장이며 부챗살모양으로
뻗은 다수의 평행맥이 있어 주름져 보인다.

복주머니란

Cypripedium macranthos Sw.

난초과

국내분포/자생지 제주를 제외한 거의 전국의 산지

형태 다년초. 땅속줄기는 굵고 옆으로 짧게 뻗는다. 줄기는 높이 25~40cm이고 털이 밀생한다. 잎은 3~5개이고 어긋나며 길이 5~18cm의 장타원형-장타원상 난형이고 가장자리와 맥 위에 털이 있다. 꽃은 5월~6월에 분홍색-연한 적자색으로 피며 줄기의 끝에서 1(~2)개씩 달린다. 포는 잎모양이며 길이 7~9cm의 장타원형-타원형이다. 씨방(꽃자루 모양)은 길이 3~3.5cm이고 털이 있다. 등꽃받침은 길이 4~5cm의 타원상 난형-난형이다. 옆쪽꽃받침은 길이 4~7cm의 장타원형 난형-난형이고 끝이 얕게 2개로 갈라진다. 옆쪽꽃잎은 길이 4.5~6cm의 피침형이며 안쪽면의 밑부분에 긴 털이 밀생하고 가장자리에 털이 약간 있다. 입술꽃잎은 3.5~5cm의 주머니모양이고 하늘 방향에 입구가 있다. 꽃술대는 길이 5mm 정도의 자루모양이며 끝부분에 길이 1~1.4cm의 타원상 난형인 가수술이 달려 있다. 암술머리는 마름모형이다. 열매(삭과)는 길이 3.5~5cm의 좁은 장타원상 원통형이다.

참고 잎이 3~5개씩 달리며 꽃이 흔히 분홍색이며 옆쪽꽃잎이 꼬이지 않는 것이 특징이다. **얼치기복주머니란**(*C. × ventricosum* Sw.)은 복주머니란과 노랑복주머니란의 자연 교잡종이며 두 종이 혼생하는 지역에서는 드물지 않게 발견된다. 꽃의 색과 형태는 변이가 심한 편이다. 미색복주머니란, 레분복주머니란, 분홍복주머리란, 왕복주머니란으로 부르던 것들이 모두 얼치기복주머니란에 해당된다.

❶2024. 5. 17. 경남 산청군 ❷꽃. 지름 3~5cm이고 분홍색이다. 옆쪽꽃잎은 피침형이고 꼬이지 않는다. ❸열매와 씨(ⓒ이봉식). 열매는 장타원상 원통형이며 씨는 구부러진 실모양이다. ❹2016. 6. 12. 중국 지린성. 꽃이 순백색인 변이 개체도 간혹 발견된다. ❺❻얼치기복주머니란 ❺꽃. 꽃색은 매우 다양하며 노랑복주머니란의 영향을 받아 옆쪽꽃잎이 좁고 길며 꼬이는 것이 특징이다. ❻2017. 5. 28. 중국 지린성

애기천마

Chamaegastrodia shikokiana Makino & F.Maek.

난초과

국내분포/자생지 제주 및 전남(백암산), 전북(내장산)의 산지

형태 부생성 다년초. 줄기는 높이 8~18cm이다. 잎은 비늘조각모양이며 3~10개이고 어긋난다. 꽃은 7~8월에 핀다. 등꽃받침은 길이 2.5~3.5mm의 장타원형이다. 옆쪽꽃받침은 길이 3~4mm의 비스듬한 난형이다. 옆쪽꽃잎은 길이 3mm 정도의 비스듬한 선형이다. 입술꽃잎은 길이 4.5~6mm의 거꾸러진 T자모양이며 튀어나온 윗부분은 길이 1.5~2mm, 너비 5~6mm이고 측면 가장자리에 불규칙한 톱니가 있다. 열매(삭과)는 길이 1cm 정도의 장타원형-타원형이다.

참고 부생성 식물로 전체가 황색-황갈색(-적갈색)을 띠며 땅속줄기가 굵고 옆으로 뻗는 것이 특징이다.

❶2021. 7. 28. 제주 서귀포시 ❷꽃. 꽃잎이 활짝 벌어지지 않아서 종모양이며 꽃자루모양의 씨방은 비후되어 굵은 편이다. ❸열매. 8~9월에 황색-황갈색으로 익는다. ❹개화 직전의 개체. 2021. 7. 20. 제주 서귀포시

붉은사철란

Goodyera biflora (Lindl.) Hook.f.

난초과

국내분포/자생지 제주 및 서남해 도서(가거도, 완도, 홍도, 흑산도 등)의 산지

형태 상록성 다년초. 줄기는 높이 5~10cm이다. 잎은 어긋나며 길이 2~4cm의 난형이다. 꽃은 7~8월에 피며 줄기의 끝부분에 2(~3)개씩 모여 달린다. 포는 길이 1.5~2cm의 넓은 선형이다. 꽃받침은 길이 2.5~3cm의 선상 피침형-피침형이고 끝이 둔하다. 옆쪽꽃잎은 길이 1.5~2.5cm의 선상 피침형이고 끝이 둔하다. 입술꽃잎은 길이 1.7~2.2cm의 선상 피침형-피침형이며 밑부분은 보트모양-주머니모양이다. 열매(삭과)는 길이 1.5~1.8cm의 장타원형이고 털이 있다.

참고 꽃이 크고 적게 달리며 잎의 그물맥이 뚜렷한 것이 특징이다.

❶2020. 7. 17. 전남 완도군 완도 ❷꽃. 식물체 크기에 비해 꽃이 크고(길이 2.5~3cm) 꽃받침과 꽃잎의 바깥면에 긴 털이 밀생한다. ❸열매. 약간 납작한 장타원형이고 긴 털이 흩어져 있다. ❹잎. 중앙맥 및 그물맥이 뚜렷하다.

다도사철란

Goodyera crassifolia H.J.Suh,
S.W.Seo, S.H.Oh & T.Yukawa

난초과

국내분포/자생지 서남해 도서(홍도, 흑산도)의 산지

형태 상록성 다년초. 줄기는 높이 15 ~25cm이다. 잎은 길이 3~7cm의 타원형-난형이다. 표면의 중앙맥 부분과 그물맥(측맥)은 연녹색이다. 꽃은 9~10월에 피며 총상꽃차례에 6~12개씩 모여 달린다. 꽃받침은 3개이고 크기와 모양이 비슷하며 길이 1~1.3cm의 피침상 장타원형이고 끝이 뾰족하다. 옆쪽꽃잎은 길이 1~1.2cm이고 넓은 도피침형이다. 입술꽃잎은 길이 8~11mm의 난상 혀모양이며 밑부분은 얕은 주머니모양이다.

참고 사철란에 비해 전체적으로 약간 크며 꽃이 활짝 벌어지지 않고 등꽃받침이 더 긴(길이 1~1.3cm) 것이 특징이다.

❶2014. 10. 1. 전남 신안군 홍도 ❷꽃. 사철란에 비해 약간 크며 꽃잎이 활짝 벌어지지 않는다. 옆쪽꽃받침이 곧추서는 것이 특징이다. ❸잎. 사철란에 비해 크고 두터운 편이다.

섬사철란

Goodyera henryi Rolfe

Goodyera foliosa var. *laevis* Finet; *G. maximowicziana* Makino

난초과

국내분포/자생지 경북(울릉도), 제주 및 서남해 도서(가거도, 홍도)의 산지

형태 상록성 다년초. 줄기는 높이 5~12cm이다. 잎은 길이 2~4cm의 장타원형-난형이다. 꽃은 8~9월에 백색-연한 적자색으로 피며 총상꽃차례에 3~8개씩 모여 달린다. 등꽃받침은 길이 8~13mm의 장타원형이다. 옆쪽꽃받침은 길이 9~13mm의 장타원상 난형이고 끝이 둔하다. 옆쪽꽃잎은 길이 8~11mm의 마름모형이다. 입술꽃잎은 길이 8~10mm의 난형이며 밑부분은 주머니모양 또는 보트모양으로 오목하다. 열매(삭과)는 길이 1.5~1.8cm의 장타원형-장타원상 난형이다.

참고 꽃차례가 짧고 꽃이 적게 달리는 편이며 잎맥이 평행맥인 것이 특징이다.

❶2018. 8. 28. 제주 서귀포시 한라산 ❷꽃. 꽃잎이 활짝 벌어지지 않는다. ❸열매 ❹잎. 평행맥이 밝은 녹색으로 뚜렷하게 보이며 가장자리는 흔히 물결모양으로 주름진다.

애기사철란

Goodyera repens (L.) R.Br.

난초과

국내분포/자생지 제주(한라산) 및 지리산 이북의 해발고도가 높은 산지

형태 상록성 다년초. 줄기는 높이 8~20cm이다. 잎은 길이 1~2.5cm의 타원상 난형~난형이다. 꽃은 7~8월에 백색~연한 적자색으로 피며 총상꽃차례에 5~15개씩 모여 달린다. 등꽃받침은 길이 3~4mm의 장타원상 난형이다. 옆쪽꽃받침은 길이 3~4mm의 난형이고 끝이 둔하다. 옆쪽꽃잎은 길이 3~4mm의 도피침형~주걱형이다. 입술꽃잎은 길이 3~4mm의 난형이며 윗부분은 아래로 구부러지고 밑부분은 주머니모양 또는 보트모양으로 오목하다. 열매(삭과)는 넓은 타원형~타원상 난형이다.

참고 전체적으로 작고 입술꽃잎의 안쪽면에 털이 없는 것이 특징이다.

❶2019. 7. 24. 중국 지린성 백두산 ❷꽃. 꽃받침의 바깥면 전체에 털(또는 샘털)이 밀생한다. 꽃차례 축, 포, 씨방에도 털이 있다. ❸열매. 털이 흩어져 있다. ❹잎. 3~6개씩 모여나며 윗면에 백색~연녹색의 무늬가 있다.

로젯사철란

Goodyera brachystegia Hand.-Mazz.
Goodyera rosulacea Y.N.Lee

난초과

국내분포/자생지 강원, 경기, 경북, 전북, 충북의 산지

형태 상록성 다년초. 줄기는 높이 20~30cm이다. 잎은 길이 2~3cm의 타원형~난형이다. 꽃은 6~7월에 백색~적자색(또는 적갈색) 빛이 도는 백색으로 핀다. 등꽃받침은 길이 3~3.5mm의 장타원상 난형이다. 옆쪽꽃받침은 길이 3~4mm의 장타원형이고 끝이 둔하다. 옆쪽꽃잎은 길이 3mm 정도의 넓은 주걱형이다. 입술꽃잎은 길이 3~4mm의 난형이며 윗부분은 아래로 구부러지고 밑부분은 주머니모양 또는 보트모양으로 오목하다.

참고 애기사철란에 비해 키와 잎이 큰 편이며 꽃차례가 훨씬 길고 꽃이 많이 달린다.

❶2004. 7. 1. 경기 포천시 국립수목원 ❷꽃. 10~25개 정도가 총상꽃차례에 모여 달린다. ❸꽃 측면. 꽃받침의 바깥면에 털이 없거나 하반부에 털(샘털)이 있다. ❹열매. 타원형~도란상 타원형이며 샘털이 흩어져 있다. ❺잎. 애기사철란에 비해 빳빳한 느낌이다.

사철란

Goodyera schlechtendaliana Rchb.f.

난초과

국내분포/자생지 중부 이남(주로 제주
도, 울릉도 및 서남해 도서)의 산지
형태 상록성 다년초. 줄기는 높이 8~
25cm이며 밑부분은 땅 위를 기며 자
라고 마디에서 뿌리를 내린다. 잎은
4~6개이고 길이 2~4.5cm의 타원형-
난형이다. 끝은 둔하고 밑부분은 둥
글거나 쐐기형이다. 꽃은 8~9월에 백
색으로 피며 총상꽃차례에 3~16개씩
모여 달린다. 포는 길이 5~10mm의
피침형-피침상 장타원형이며 끝이
뾰족하거나 길게 뾰족하다. 등꽃받침
은 길이 7~10mm의 타원상 피침형이
다. 옆쪽꽃받침은 길이 7~9mm의 장
타원상 난형이고 끝이 둔하다. 옆쪽
꽃잎은 길이 7~10mm의 넓은 도피침
형이며 등꽃받침과 접해 있다. 입술
꽃잎은 길이 6~9mm의 난형이고 윗
부분은 아래로 약간 구부러지며 밑부
분은 주머니모양 또는 보트모양으로
오목하고 안쪽면의 밑부분에 털이 있
다. 꽃술대는 길이 2.8~3mm이고 약
간 구부러지며 끝이 뾰족하다. 꽃밥
은 난형이고 끝이 길게 뾰족하다. 꽃
가루덩어리는 황색이고 길이 3mm
정도의 도란형이며 2개가 각각 2개로
깊게 갈라진다. 열매(삭과)는 길이 9
~12mm의 타원형-넓은 타원형 또는
도란상 타원형이며 털이 밀생한다.
참고 애기사철란에 비해 키와 잎이
큰 편이며 입술꽃잎의 안쪽면 밑부분
에 털이 있는 것이 특징이다.

❶~❹울릉도 개체 ❶2023. 8. 12. 경북 울릉
군 울릉도 ❷꽃. 옆쪽꽃잎은 등꽃받침과 합
쳐져서 덮개를 이룬다. ❸꽃 측면. 꽃차례 축
과 자방에 털이 밀생하고 꽃받침의 바깥면에
털이 흩어져 있다. ❹잎. 제주도 개체에 비해
약간 더 크다. ❺~❽제주도 개체 ❺꽃. 옆쪽
꽃받침은 옆으로 활짝 벌어진다. 울릉도 개
체에 비해 꽃이 약간 작은 편이다. ❻열매.
잔털과 샘털이 밀생한다. ❼잎. 중앙맥, 그물
맥과 그 주변은 백색이다. ❽2018. 8. 28. 제
주 서귀포시 한라산

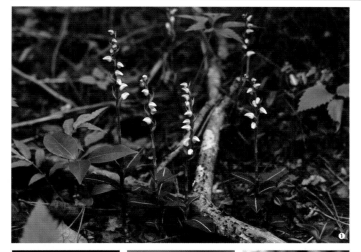

털사철란

Goodyera velutina Maxim. ex Regel

난초과

국내분포/자생지 제주의 산지

형태 상록성 다년초. 잎은 길이 2~
4cm의 장타원형–장타원상 난형이다.
꽃은 7월말~9월에 피며 총상꽃차례
에 4~12개씩 모여 달린다. 등꽃받침
은 길이 7~8.5mm의 난상 타원형이
며 끝은 둔하고 바깥면에 잔털이 있
다. 옆쪽꽃받침은 길이 7~12mm의 타
원상 난형이다. 옆쪽꽃잎은 길이 7~
12mm의 넓은 도피침형이다. 입술꽃
잎은 길이 6.5~9mm의 난형이며 윗
부분은 아래로 구부러지고 밑부분은
주머니모양 또는 보트모양으로 오목
하다. 열매(삭과)는 길이 8~12mm의
타원형–장타원상 난형이다.

참고 잎의 표면이 짙은 녹색–녹갈색
이며 그물맥(측맥)은 희미하고 중앙맥
만 뚜렷한 것이 특징이다.

❶2023. 8. 8. 제주 서귀포시 한라산 **❷**꽃
(©이지열). 붉은빛이나 갈색빛이 많이 돈다.
❸열매. 장타원상 난형이며 표면에 털이 있
다. **❹**잎. 측맥은 희미하고 중앙맥은 백색–
연한 적갈색 또는 녹갈색의 무늬가 있어 뚜
렷하다.

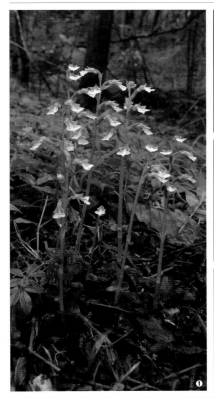

백운란

Odontochilus nakaianus (F.Maek.)
T.Yukawa

난초과

국내분포/자생지 제주 및 경북(울릉
도), 전남, 전북(내장산)의 산지

형태 상록성 다년초. 줄기는 높이 5~
13cm이다. 잎은 길이 5~1.5cm의 난
형–난상 원형이다. 꽃은 7~8월에 백
색으로 피며 총상꽃차례에 2~7개
씩 모여 달린다. 등꽃받침은 길이 3
~4mm의 타원상 난형이고 바깥면
에 털이 있다. 옆쪽꽃받침은 길이 4
~6mm의 비스듬한 타원형이며 등꽃
받침보다 길다. 옆쪽꽃잎은 길이 3~
4mm이다. 입술꽃잎의 밑부분은 원통
형이고 밑부분에 짧은 반구형의 거가
있다. 열매(삭과)는 길이 8~10mm의
피침상 장타원형–난상 타원형이다.

참고 잎이 매우 작고 입술꽃잎이 T자
모양으로 갈라지는 것이 특징이다.

❶2012. 7. 20. 제주 서귀포시 한라산 **❷**꽃.
입술꽃잎이 유독 크며(길이 5~7mm) T자형
이고 열편은 끝부분이 약간 오목하다. **❸**꽃
측면. 꽃받침은 연녹색–녹색이며 바깥면에
긴 털이 흩어져 있다. **❹**열매. 표면에 구부러
진 털이 흩어져 있다.

개제비란
(포태제비란)

Dactylorhiza viridis (L.)
R.M.Bateman, Pridgeon &
M.W.Chase
Dactylorhiza viride var. *coreanum*
(Nakai) N.S.Lee

난초과

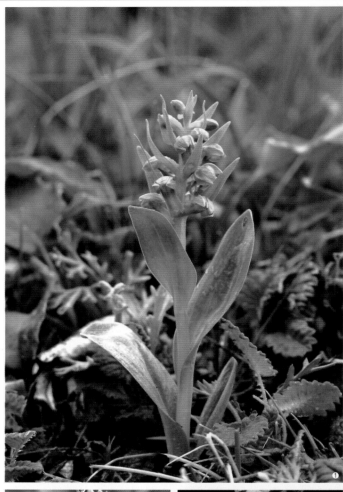

국내분포/자생지 북부지방의 산지

형태 다년초. 줄기는 높이 20~40cm
이고 곧추선다. 잎은 3~5개이며 어긋
나고 길이 4~12cm의 장타원상 피침
형-장타원형-타원형이다. 끝은 뾰족
하거나 둔하며 밑부분은 차츰 좁아져
서 잎집모양으로 줄기를 감싼다. 꽃
은 6~7월에 녹색-자갈색으로 피며
총상꽃차례에 조밀하게 모여 달린다.
포는 길이 1~3cm의 선형-선상 피침
형-피침형이며 끝은 둔하다. 씨방(잎
자루모양)은 길이 7~10mm의 장타원
형-난상 장타원형이다. 등꽃받침은
길이 3~5mm의 난형이고 약간 오목
하다. 옆쪽꽃받침은 길이 4~7mm의
비스듬한 난상 장타원형이고 등꽃받
침보다 약간 길다. 흔히 등꽃받침과
맞닿아 있거나 약간 벌어진다. 옆쪽
꽃잎은 길이 2~3mm의 선형-선상 피
침형이고 등꽃받침보다 짧다. 입술꽃
잎은 약간 휘어져 땅을 향하며 길이
6~9mm의 도피침형-도란상 타원형
이고 끝이 얕게 3개로 갈라진다. 중
앙열편은 가장 짧으며 약간 뒤로 젖
혀지기도 한다. 거는 길이 3mm 정도
의 주머니모양이며 짧고 굵다. 꽃술
대는 길이 2mm 정도이고 구부러진
다. 가수술은 2개이고 타원형이다. 열
매(삭과)는 길이 6~12mm의 타원형-
난상 장타원형이며 털이 없다.

참고 꽃이 연녹색-자갈색이며 꽃받
침이 장타원상 난형이고 거가 길이
3mm 정도로 짧은 것이 특징이다. 입
술꽃잎의 중앙열편이 측열편과 길
이가 비슷한 것을 포태제비란(var.
coreanum)으로 구분하기도 한다.

❶ 2007. 6. 25. 중국 지린성 백두산 ❷ 꽃.
녹색 또는 녹색 바탕에 자갈색 무늬가 있거
나 거의 자갈색이며 입술꽃잎의 끝부분은 얕
게 3개로 갈라진다. 하반부의 포들은 꽃보다
훨씬 길다. ❸ 잎. 3~5개이며 장타원상 피침
형-타원형이다. ❹ 열매. 타원형-난상 장타
원형이며 털이 없다.

주름제비란

Galearis camtschatica (Cham.)
X.H.Jin, Schuit. & W.T.Jin
Neolindleya camtschatica (Cham.)
Nevski

난초과

국내분포/자생지 강원(태백산), 경북
(울릉도) 및 자강(낭림산)의 산지

형태 다년초. 줄기는 높이 30~60cm
이고 곧추서며 털이 없다. 잎은 5~10
개이고 어긋나며 길이 7~15cm의 장
타원형-타원형이다. 끝은 뾰족하고
밑부분은 차츰 좁아져서 줄기를 감
싸며 가장자리는 흔히 물결모양으
로 주름진다. 꽃은 4월말~5월에 (백
색-)연한 적자색으로 피며 총상꽃차
례에 조밀하게 모여 달린다. 포는 길
이 1~4cm의 선형-피침형이고 끝은
뾰족하다. 씨방(꽃자루모양)은 길이 5
~15mm이고 털이 없다. 등꽃받침은
길이 4~7mm의 난형이고 끝이 둥글
거나 둔하다. 옆쪽꽃받침은 길이 5~
9mm의 비스듬한 장타원형이고 등꽃
받침보다 약간 길다. 옆쪽꽃잎은 길
이 4~8mm의 난형이고 흔히 입술꽃
잎 쪽의 가장자리에는 날개모양의 결
각이 있다. 입술꽃잎은 길이 6~10mm
의 거꾸러진 삼각형-도란상 삼각형
이며 끝부분이 3개로 갈라진다. 중앙
열편은 길이 1.5~2.5mm로 가장 짧
다. 거는 구부러지며 길이 3~5mm이
고 끝은 둔하다. 꽃술대는 자루모양
이고 짧으며 가수술은 2개이고 타원
형이다. 꽃밥은 백색이고 꽃가루덩어
리는 거의 백색이다. 열매(삭과)는 길
이 1~2cm의 피침상 장타원형이며 능
각은 날개모양으로 뚜렷하다.

참고 나도제비란에 비해 줄기가 30~
60cm이고 잎이 5~10개씩 달리는 것
이 특징이다. 형태적인 차이에도 불
구하고 최근 분자계통학적 유연관계
를 근거로 나도제비란속(*Galearis*)에
포함시키는 추세이다.

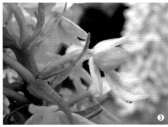

❶ 2005. 5. 5. 경북 울릉군 울릉도 ❷ 꽃. 거
의 (백색-)연한 적자색으로 핀다. 입술꽃잎
은 끝부분이 3갈래로 갈라지며 중앙열편이
가장 짧다. 2개의 옆쪽꽃잎은 포개져 있어
등꽃받침과 함께 덮개를 이룬다. ❸ 꽃 측면.
옆쪽꽃잎은 난형이고 등꽃받침보다 짧다.
❹ 열매. 피침상 장타원형이며 능각이 뚜렷하
다. ❺ 2005. 5. 6. 경북 울릉군 울릉도

나도제비란

Galearis cyclochila (Franch. & Sav.) Soó

난초과

국내분포/자생지 제주(한라산) 및 지리산 이북의 산지 계곡부나 습지 주변

형태 다년초. 줄기는 높이 5~18cm이다. 잎은 길이 4~7cm이다. 꽃은 5~6월에 연한 적자색으로 핀다. 등꽃받침은 길이 6~9mm의 장타원상 난형이고 오목하다. 옆쪽꽃받침은 길이 7~9mm의 비스듬한 장타원상 난형이다. 옆쪽꽃잎은 길이 5~8mm의 피침형이다. 입술꽃잎은 길이 8~11mm의 타원상 도란형–도란형이며 꽃받침보다 뚜렷하게 길다. 3갈래로 얕게 갈라지고 가장자리는 물결모양으로 약간 주름진다.

참고 잎이 1개이고 넓은 타원형–넓은 난형–거의 원형이며 꽃이 흔히 2개씩 달리는 것이 특징이다.

❶ 2006. 5. 20. 강원 인제군 방태산 ❷ 꽃. 입술꽃잎이 타원상 도란형–도란형이며 전체에 적자색–자색의 반점이 있다. ❸ 꽃 측면. 거는 길이 7~10mm이다. ❹ 잎. 1개씩 달린다.

손바닥난초

Gymnadenia conopsea (L.) R.Br.

난초과

국내분포/자생지 제주(한라산), 지리산 및 북부지방의 산지

형태 다년초. 줄기는 높이 20~60cm이고 털이 없다. 잎은 길이 6~20cm의 선형–선상 장타원형이다. 꽃은 7~8월에 연한 적자색–적자색으로 피며 총상꽃차례에 조밀하게 모여 달린다. 등꽃받침은 길이 3.5~5.5mm의 난형이다. 옆쪽꽃받침은 길이 4~6mm의 비스듬한 장타원상 난형이고 옆으로 퍼진다. 옆쪽꽃잎은 길이 3~5mm의 난형이며 등꽃받침과 밀접하게 모여서 덮개를 이룬다. 입술꽃잎은 길이 5~8mm의 도란형–넓은 도란형이며 3개로 갈라진다. 열매(삭과)는 길이 1~1.5cm의 타원형이다.

참고 잎이 선형이며 거가 씨방(꽃자루모양)에 비해 훨씬 긴 것이 특징이다.

❶ 2017. 7. 14. 중국 지린성 백두산(ⓒ김지훈) ❷ 꽃차례. 거는 길이 1~2cm로 씨방에 비해 훨씬 길며 약간 휘어진다. ❸ 꽃. 입술꽃잎은 3개로 갈라진다. ❹ 덩이뿌리(ⓒ김지훈). 손바닥모양으로 비후한다.

제주방울란

Habenaria crassilabia Kraenzl.

난초과

국내분포/자생지 제주 서귀포시의 산지(주로 곶자왈지대) 개활된 곳

형태 다년초. 줄기는 높이 10~20cm 이다. 잎은 길이 4~10cm의 장타원상 도피침형–도란상 장타원형이다. 꽃은 8~9월에 황록색–연녹색으로 핀다. 등꽃받침은 길이 2.5~3mm의 난형이다. 옆쪽꽃받침은 길이 3~4mm의 비스듬한 타원형–도란상 장타원형이다. 옆쪽꽃잎은 길이 3~4mm의 넓은 타원형이다. 입술꽃잎은 길이 3~3.5mm이고 측열편은 옆으로 퍼진다. 거는 길이 3~4mm이고 씨방보다 짧다.

참고 입술꽃잎은 거꾸러진 T자모양으로 갈라지며 중앙열편이 위로 심하게 구부러져서 등꽃받침에 거의 맞닿는 것이 특징이다.

❶2020. 8. 30. 제주 서귀포시(ⓒ김지훈) **❷**~**❹**(ⓒ이지열) **❷**꽃차례. 총상꽃차례에 약간 성기게 모여 달린다. **❸❹**꽃. 입술꽃잎은 심하게 위로 구부러져 등꽃받침의 안쪽면에 닿는다. **❺**잎(ⓒ김지훈). 3~5개가 줄기 아래쪽에 좁은 간격으로 모여 달린다.

애기방울난초

Peristylus iyoensis Ohwi
Habenaria iyoensis (Ohwi) Ohwi

난초과

국내분포/자생지 제주 서귀포시의 산지 개활된 곳 또는 풀밭

형태 다년초. 줄기는 높이 10~25cm 이다. 잎은 5~9개이다. 꽃은 8~10월에 황록색–연녹색으로 핀다. 등꽃받침은 길이 3~5mm의 넓은 난형이고 오목하다. 옆쪽꽃받침은 길이 3~5mm의 비스듬한 장타원상 난형이고 옆으로 퍼진다. 옆쪽꽃잎은 길이 2.5~4mm의 장타원상 피침형이다. 입술꽃잎은 길이 3.5~3.8mm이며 3갈래로 깊게 갈라진다. 중앙열편은 길이 3.5mm 정도의 넓은 선형이며 측열편은 길이 4~5mm의 선형이고 상반부가 불규칙하게 구부러진다.

참고 방울난초에 비해 잎이 모두 뿌리 부근에서 나며 거가 선상 원통형으로 가늘고 긴 것이 특징이다.

❶~**❸**(ⓒ김봉식) **❶**2020. 9. 14. 제주 서귀포시 **❷**꽃. 거는 선상 원통형이며 꽃받침에 비해 2~3배 길다. **❸**잎. 뿌리 부근에서 로제트모양으로 모여난다.

방울난초

Peristylus densus (Lindl.) Santapau & Kapadia
Habenaria flagellifera Makino

난초과

국내분포/자생지 제주의 산지

형태 다년초. 줄기는 높이 25~50cm
이다. 잎은 길이 4~10cm의 피침형–
장타원상 피침형이다. 꽃은 9~10월에
핀다. 등꽃받침은 길이 3~4mm의 장
타원상 난형–난형이다. 옆쪽꽃받침은
길이 3~4mm의 장타원형이다. 옆쪽꽃
잎은 등꽃받침과 함께 덮개를 이룬다.
입술꽃잎은 길이 4~4.5mm이고 거꾸
러진 T자모양으로 갈라진다. 중앙열
편은 길이 2~2.5mm의 혀모양이다.

참고 애기방울난초에 비해 잎이 줄기
에 달리며 꽃차례가 길이 10~25cm로
긴 점과 거가 곤봉모양이고 꽃받침과
길이가 비슷하거나 약간 긴 것이 특
징이다.

❶❷(ⓒ김봉식) ❶2015. 9. 2. 제주 서귀포시
❷꽃. 입술꽃잎의 측열편이 가늘고 긴 채찍
모양이다. 입술꽃잎의 밑부분에 3개의 돌기
가 있다. ❸❹(ⓒ김지훈) ❸씨방. 좁은 장타
원상 원통형이고 굵은 편이다. ❹잎. 줄기 아
래쪽의 것은 피침상이고 3~5개이다.

병아리난초

Hemipilia gracilis (Blume) Y.Tang, H.Peng & T.Yukawa

난초과

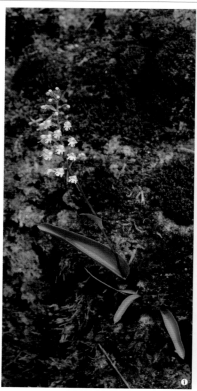

국내분포/자생지 전국의 산지 바위
지대

형태 다년초. 줄기는 높이 5~15cm이
다. 잎은 줄기 밑부분에 1개가 달리
며 길이 3~8cm의 피침상 장타원형–
장타원형이다. 꽃은 6~7월에 연한 적
자색으로 핀다. 등꽃받침은 길이 2~
2.5mm의 난상 장타원형이다. 옆쪽
꽃받침은 길이 2~2.5mm의 비스듬한
타원상 난형이다. 옆쪽꽃잎은 길이 2
~2.5mm의 비스듬한 난형–넓은 난형
이다. 입술꽃잎은 길이 3.5mm 정도
이다.

참고 잎이 1장씩 달리며 입술꽃잎이
3갈래로 깊게 갈라지고 거가 씨방에
밀착하여 붙는 것이 특징이다.

❶2021. 6. 29. 강원 춘천시 ❷꽃. 등꽃받침
과 2개의 옆쪽꽃잎은 가장자리가 약간 겹쳐
지고 끝부분은 맞닿아서 덮개(투구)모양을
이룬다. ❸꽃 측면. 거는 씨방에 밀착하여 나
란히 뻗는다. ❹열매. 장타원상 원통형이며
능각이 뚜렷하게 발달하여 네모진 것처럼 보
인다.

구름병아리난초

Hemipilia cucullata (L.) Y.Tang,
H.Peng & T.Yukawa

난초과

국내분포/자생지 지리산 이북의 높은 산지 및 석회암지대 산지
형태 다년초. 줄기는 높이 10~20cm이다. 잎은 길이 2.5~6cm의 장타원형-난형이다. 꽃은 7~9월에 연한 적자색-연한 자색으로 핀다. 등꽃받침은 길이 5~7mm의 피침형이고 옆쪽꽃받침은 5.5~7.5mm의 비스듬한 피침형이다. 옆쪽꽃잎은 길이 5~6mm의 선형-선상 피침형이다. 입술꽃잎은 길이 7~12mm이고 3개로 깊게 갈라지며 중앙열편은 길이 4~7mm의 피침상 혀모양이고 측열편은 길이 2.5~5m의 선형이다.
참고 잎이 뿌리 부근에 2(~3)개씩 나고 꽃이 한쪽으로 치우쳐서 달리며 꽃받침과 옆쪽꽃잎이 밀착하여 서로 겹쳐지는 것이 특징이다.

❶ 2005. 8. 18. 강원 삼척시 ❷꽃. 입술꽃잎은 백색 바탕에 분홍색-적자색의 반점이 있으며 미세한 잔돌기가 많다. ❸꽃 측면. 거는 씨방과 길이가 비슷하거나 약간 짧다. ❹열매. 타원상 원통형인 능각이 뚜렷하다. ❺잎

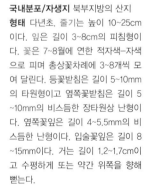

너도제비란

Hemipilia joo-iokiana (Makino)
Y.Tang, H.Peng & T.Yukawa

난초과

국내분포/자생지 북부지방의 산지
형태 다년초. 줄기는 높이 10~25cm이다. 잎은 길이 3~8cm의 피침형이다. 꽃은 7~8월에 연한 적자색-자색으로 피며 총상꽃차례에 3~8개씩 모여 달린다. 등꽃받침은 길이 5~10mm의 타원형이고 옆쪽꽃받침은 길이 5~10mm의 비스듬한 장타원상 난형이다. 옆쪽꽃잎은 길이 4~5.5mm의 비스듬한 난형이다. 입술꽃잎은 길이 8~15mm이다. 거는 길이 1.2~1.7cm이고 수평하게 또는 약간 위쪽을 향해 뻗는다.
참고 덩이줄기가 거의 구형이며 거가 꽃자루(자방)보다 길고 수평으로 또는 약간 위쪽으로 뻗는 것이 특징이다.

❶~❹(ⓒ김지훈) ❶2017. 7. 13. 중국 지린성 백두산 ❷꽃. 입술꽃잎은 부채모양이며 끝부분 가장자리가 얕게 3개로 갈라진다. ❸꽃 측면. 입술꽃잎은 거와 거의 직각을 이루며 달린다. ❹열매. 길이 8~15mm의 타원형-난상 타원형이며 털이 없다.

씨눈난초

Herminium lanceum (Thunb. ex Sw.) Vuijk

난초과

국내분포/자생지 제주 및 강원, 경남 등의 산지 개활된 곳 또는 풀밭

형태 다년초. 줄기는 높이 20~50cm 이다. 잎은 길이 5~20cm의 선형–선상 피침형이다. 꽃은 7월말~9월에 연한 황록색–연녹색으로 핀다. 등꽃받침은 길이 2~4mm의 장타원형–난상 장타원형이고 옆쪽받침은 2~4mm의 비스듬한 타원형–난상 타원형이다. 옆쪽꽃잎은 길이 2~4mm의 선형–피침형이다. 입술꽃잎은 길이 6~10mm의 좁은 삼각형–장타원상 난형이다. 측열편은 길이 2~4mm의 선형이다.

참고 나도씨눈난초(나도씨눈란)에 비해 키가 큰 편이며 잎이 선형–선상 피침형으로 가늘고 긴 것이 특징이다.

❶2022. 8. 16. 제주 서귀포시 ❷꽃. 입술꽃잎은 향하며 끝부분은 3개로 갈라지는데 중앙열편이 작아서 2개로 갈라지는 것처럼 보인다. 옆쪽꽃잎은 등꽃받침 안쪽면에 밀착하여 잘 보이지 않는다. ❸열매. 약간 능각진 장타원상 원통형이다.

나도씨눈난초

Herminium monorchis (L.) R.Br.

난초과

국내분포/자생지 지리산 이북(특히 석회암지대)의 산지

형태 다년초. 줄기는 높이 10~30cm 이다. 잎은 길이 3~10cm의 피침형–장타원형이다. 꽃은 6월말~9월에 연한 황록색–연녹색으로 핀다. 등꽃받침은 길이 2~2.5mm의 피침상 장타원형–장타원형이다. 옆쪽꽃받침은 길이 2mm 정도의 피침형이다. 옆쪽꽃잎은 길이 3.5~5mm의 장타원상 삼각형이며 3개로 갈라진다. 중앙열편은 길이 2~3mm의 선상 피침형이며 측열편은 중앙열편보다 훨씬 짧고 끝이 뭉툭하다. 거는 없다.

참고 씨눈난초에 비해 잎이 흔히 2개이고 장타원상이며 옆쪽꽃잎이 꽃받침보다 훨씬 긴 것이 특징이다.

❶2005. 7. 2. 강원 영월군 ❷꽃. 꽃잎(황록색)은 꽃받침 밖으로 길게 나온다. 입술꽃잎은 삼지창모양이고 중앙열편이 가장 길다. ❸열매. 능각진 장타원형–타원형이고 포보다 길다. ❹잎. 줄기 아래쪽에 2~3개씩 달리며 피침형–장타원형이다.

제비난초(제비란)

Platanthera densa subsp. *orientalis*
(Schltr.) Efimov
Platanthera metabifolia F.Maek.

난초과

국내분포/자생지 전국의 산지

형태 다년초. 줄기는 높이 20~50cm
이다. 잎은 길이 3~10cm의 피침상
장타원형−도피침상 장타원형이다. 꽃
은 6~7월에 백색−녹백색으로 핀다.
등꽃받침은 길이 5~8mm의 난형−넓
은 난형이다. 옆쪽꽃받침은 길이 7~
11mm의 비스듬한 장타원상 난형이며
양옆으로 날개처럼 퍼져 달린다. 옆
쪽꽃잎은 길이 4~6.5mm의 피침형이
다. 거는 길이 2~3cm의 선상 원통형
이고 아래쪽으로 구부러지며 끝부분
은 흔히 약간 넓어진다.

참고 꽃이 백색−녹백색으로 피며 잎
이 2장이고 거의 마주나는 것처럼 달
리는 것이 특징이다.

❶2023. 6. 1. 강원 영월군 ❷꽃. 백색−백록
색이다. 입술꽃잎은 선상의 혀모양이고 약간
굽는다. 밝은 황색의 점모양이 가수술이다.
❸열매. 장타원상이고 포와 길이가 비슷하며
능각이 굵다. ❹잎. 흔히 비교적 큰 잎 2장이
뿌리 부근에 마주나는 것처럼 나온다.

갈매기란

Platanthera japonica (Thunb.) Lindl.

난초과

국내분포/자생지 제주 및 강원(금대
봉) 이남의 산지

형태 다년초. 줄기는 높이 30~60cm
이다. 잎은 10~20cm의 피침상 장
타원형−장타원형이다. 꽃은 5~6월
에 거의 백색으로 핀다. 포는 씨방보
다 훨씬 더 길다. 등꽃받침은 길이 7
~10mm의 난형−넓은 난형이다. 옆쪽
꽃받침은 길이 7~11mm의 비스듬한
장타원상 난형−난형이다. 옆쪽꽃잎은
길이 6~9mm의 피침형이고 등꽃받침
에 가깝게 달린다. 거는 길이 3~4cm
의 선상 원통형이고 아래쪽으로 구부
러진다.

참고 잎이 3~7개씩 달리며 꽃이 백색
이고 거가 길이 3~4cm로 긴 것이 특
징이다.

❶2023. 5. 24. 제주 서귀포시 ❷꽃. 백색이
며 옆쪽꽃받침은 양옆으로 날개처럼 퍼지며
입술꽃잎은 꼬리모양으로 길고 땅을 향해 뻗
는다. ❸열매. 타원상이고 털이 없으며 포보
다 짧다. ❹잎. 뿌리 부근에 3~5개의 큰 잎
이 달리고 줄기 윗부분에는 작은 잎이 2~3
개 달린다.

산제비란

Platanthera mandarinorum Rchb.f. subsp. *mandarinorum*

난초과

국내분포/자생지 전국의 산지

형태 다년초. 줄기는 높이 10~50cm
이다. 잎은 1~2개씩 달리며 길이 4~
14cm의 피침상 장타원형-장타원형
이다. 꽃은 6~8월에 황록색-연녹색
으로 피며 총상꽃차례에 모여 달린
다. 등꽃받침은 길이 4~7mm의 난
형-넓은 난형이다. 옆쪽꽃받침은 길
이 5~10mm의 비스듬한 선상 피침
형-장타원상 피침형이며 흔히 양옆
으로 날개처럼 퍼져 달린다. 옆쪽꽃
잎은 길이 5~9mm의 비스듬한 장타
원상 난형-난형이며 상반부는 급격
히 좁아지고 끝은 둔하다. 등꽃받침
의 끝부분 쪽으로 휘어져 맞닿아 덮
개모양을 만들거나 곧추서서 등꽃받
침 밖으로 돌출하기도 한다. 입술꽃
잎은 길이 7~14mm의 피침상 혀모양
이고 아래쪽으로 뻗는다. 거는 길이 1
~3cm의 선상 원통형이고 수평으로
퍼지거나 아래로 구부러진다. 열매(삭
과)는 길이 1~2cm의 장타원형-타원
형이다.

참고 산제비란에 비해 거가 하늘로
뻗는 것을 하늘산제비란(var. *neglecta*)
으로 구분하기도 한다. **구름제비란**
[subsp. *ophrydioides* (F.Schmidt)
K.Inoue]은 산제비란에 비해 줄기의
잎이 타원형이고 줄기와 거의 직각을
이루며 달리는 것이 특징이다. **한라잠
자리란**[*P. minor* (Miq.) Rchb.f.]은 산
제비란에 비해 줄기에 날개모양의 능
각이 잘 발달하고 포의 가장자리에
돌기가 있으며 꽃이 작다. 제주도에
서 발견된 기록은 있으나 현재는 국
내 분포가 불명확하다.

❶2002. 6. 7. 전남 신안군 홍도 ❷꽃. 입술
꽃잎의 가장자리는 밋밋하거나 얕게 3개로
갈라진다. ❸뿌리. 괴근은 타원상이며 다육
질이다. ❹하늘산제비란 타입. 거가 하늘로
뻗는다. 그 외의 외부 형질들은 산제비란과
거의 같다. ❺❻구름제비란 ❺2017. 7. 12.
중국 지린성 백두산(ⓒ김지훈). 줄기잎이 거
의 수평으로 퍼진다. ❻꽃. 산제비란과 거의
같다. ❼한라잠자리란(2008. 7. 28. 일본 규
슈 쓰시마섬). 산제비란에 비해 꽃(등꽃받침
길이 3.5~4mm, 입술꽃잎 길이 5~8mm)이
작고 거가 길이 1.2~1.5cm로 짧다.

나도잠자리난초

Platanthera ussuriensis (Regel & Maack) Maxim.

난초과

국내분포/자생지 전국의 산지

형태 다년초. 줄기는 높이 10~35cm 이며 가늘다. 잎은 어긋나며 큰 잎이 줄기 아래쪽에 2개 달리고 그 윗부분에 비늘조각모양의 작은 잎이 5~7개 정도 달린다. 큰 잎은 길이 6~15cm 의 도피침형-도피침상 장타원형이다. 꽃은 6~7월에 황록색-연녹색으로 핀다. 등꽃받침은 길이 2.5~3mm의 난형-넓은 난형이고 약간 오목하다. 옆꽃받침은 길이 2.5~4mm의 비스듬한 피침상 장타원형-장타원형이고 끝은 둔하며 양옆으로 날개처럼 퍼져 달린다. 옆쪽꽃잎은 길이 3~3.2mm의 비스듬한 장타원형이며 등꽃받침과 접하여 함께 덮개모양을 만든다. 입술꽃잎은 3개로 갈라진 장타원상 혀모양이고 끝이 둔하거나 둥글다. 중앙열편은 길이 2.5~4mm의 장타원상 혀모양이며 측열편은 비스듬한 난형-사각상 난형이고 끝이 둔하거나 둥글다. 거는 길이 4~7mm의 선상 원통형이고 씨방과 평행하게 뻗거나 땅으로 구부러진다. 열매(삭과)는 길이 8~13mm의 장타원형 또는 타원상 원통형이다.

참고 넓은잎잠자리난초[*P. fuscescens* (L.) Kraenzl.]는 나도잠자리난초에 비해 크며(잎 길이 6~20cm, 너비 3~8cm) 입술꽃잎이 길이 5~6mm이고 측열편이 삼각형 또는 피침상 뿔모양으로 끝이 뾰족한 것이 특징이다. 습지나 계곡 주변의 축축한 땅에서 자라는 나도잠자리난초에 비해 주로 해발고도가 비교적 높은 산지의 숲속이나 숲가장자리에서 자란다.

❶2021. 7. 28. 제주 서귀포시 한라산. 땅속 줄기가 발달하기 때문에 흔히 개체군을 형성하며 자란다. ❷꽃. 옆쪽꽃받침이 비틀리거나 약간 꼬이며 옆으로 퍼지거나 약간 뒤로 젖혀진다. 입술꽃잎은 옆쪽꽃받침보다 약간 짧으며 밑부분의 측열편은 끝이 둔하거나 둥근 것이 특징이다. ❸꽃 측면. 거는 길이 4~7mm이고 씨방과 길이가 비슷하거나 약간 짧다. ❹열매. 약간 능각진다. ❺~❼넓은잎잠자리난초 ❺2004. 7. 5. 강원 태백시 금대봉. 전체적으로 크고 꽃이 꽃차례에 훨씬 더 많이, 촘촘하게 달린다. ❻꽃(태백시 금대봉). 입술꽃잎이 옆쪽꽃받침과 크기(길이)와 모양이 비슷한 편이나 측열편이 크기는 작지만 뚜렷하게 뾰족하다. ❼꽃(중국 지린성 백두산). 거는 길이 8~11mm로 나도잠자리난초에 비해 길다.

은난초

Cephalanthera erecta (Thunb.)
Blume var. *erecta*

난초과

국내분포/자생지 전국의 산지

형태 다년초. 줄기는 높이 10~30cm
이다. 잎은 3~6개이며 길이 2~8cm
의 피침형−장타원상 난형이다. 꽃은
5~6월에 백색으로 피며 총상꽃차례
에 3~10개씩 모여 달린다. 씨방(꽃자
루모양)은 길이 6~9mm이다. 꽃받침
은 길이 7~11mm의 피침형−장타원형
이고 맥이 5개 있다. 옆쪽꽃잎은 길
이 1cm 정도의 넓은 피침형이고 끝
이 둔하다. 입술꽃잎은 길이 5~6mm
이고 3개로 갈라진다. 중앙열편은 난
상 원형이며 안쪽면에 3(~5)개의 융기
선이 있고 끝부분에는 돌기가 흩어져
있다. 측열편은 길이 1.5~2mm의 삼
각형−난상 삼각형이며 암술대를 싸
고 있다. 거는 입술꽃잎의 밑부분과
연결되며 길이 1~3mm의 원뿔형이다.
열매(삭과)는 길이 1.5~2cm의 장타원
상 원통형이며 뚜렷한 능각이 있다.

참고 민은난초(var. *oblanceolata*
N.Pearce & P.J.Cribb)는 은난초에 비해
입술꽃잎에 거가 없으며 등꽃받침과
옆쪽꽃잎이 도피침형인 것이 특징이
다. 전국에 불연속적으로 분포한다.
넓은 의미에서는 은난초에 포함시키
기도 한다. **꼬마은난초**(*C. subaphylla*
Miyabe & Kudô)는 은난초에 비해 작고
(높이 15cm 이하) 잎이 2~3장으로 적
은 것이 특징이다. 잎은 꽃차례 바로
아래에 (1~)2개가 좁은 간격으로 모여
달리고 나머지 잎이 줄기 하반부에
잎집모양으로 달리며 잎몸이 퇴화되
어 없거나 매우 짧다.

❶ 2002. 5. 19. 경남 양산시 원효산 ❷ 꽃. 등
꽃받침과 옆쪽꽃받침은 활짝 벌어지지 않는
편이다. 뚜렷한 거가 있다. ❸ 열매. 장타원상
원통형이다. 결실기에도 꽃차례의 가장 아래
쪽에는 뚜렷한 잎모양의 포가 있다. ❹ 민은
난초(2016. 5. 10. 경북 울릉도). 은난초와 거
의 유사하지만 입술꽃잎에 거가 발달하지 않
는 것이 특징이다. ❺~❼ 꼬마은난초 ❺ 꽃.
은난초에 비해 꽃받침(등꽃받침과 옆쪽꽃받
침)이 꽃잎과 비교적 넓은 간격으로 옆 또
는 위로 더 벌어지는 편이다. ❻ 열매. 은난초
와 유사하지만 약간 작은 편이다. 꽃차례 가
장 아래쪽의 포는 비늘모양으로 매우 작다.
❼ 2021. 4. 7. 제주 서귀포시

김의난초

Cephalanthera longifolia (L.) Fritsch

난초과

국내분포/자생지 강원, 경북의 산지 (특히 석회암지대 및 해안가)의 소나무숲 또는 풀밭

형태 다년초. 줄기는 높이 25~45cm 이고 곧추서며 능각이 있다. 잎은 5~ 6개이고 어긋나며 길이 4~15cm의 피 침형-피침상 장타원형이다. 끝은 길 게 뾰족하거나 꼬리처럼 길게 뾰족하 며 밑부분은 좁아져 줄기를 감싼다. 꽃은 5~6월에 백색으로 피며 총상 꽃차례에 5~25개씩 모여 달린다. 가 장 아래의 포는 길이 5~40mm의 선 상 피침형-피침형이며 위로 갈수록 작아진다. 씨방(꽃자루모양)은 길이 6~ 10mm이다. 꽃받침은 길이 1~1.5cm 의 피침형-장타원형이고 끝은 뾰족 하다. 옆쪽꽃잎은 길이 7~10mm의 타 원형-도란상 타원형이고 맥이 5개 있다. 입술꽃잎은 길이 5~7mm의 난 상 원형이고 3개로 갈라진다. 중앙열 편은 길이 3~4mm의 넓은 난형이며 안쪽면에 3~5개의 융기선이 있고 끝 부분에는 돌기가 밀생한다. 측열편은 길이 3~4mm의 난상 삼각형이다. 밑 부분은 주머니모양이고 거는 매우 짧 거나 불명확하다. 열매(삭과)는 길이 1.5~2cm의 장타원형-타원형이며 뚜 렷한 능각이 있다.

참고 은난초에 비해 키가 크고 꽃차 례가 길며 꽃이 많이 달리고 입술꽃 잎의 거가 매우 짧은 것이 특징이다.

❶ 2013. 5. 13. 강원 삼척시 ❷ 꽃. 입술꽃 잎 밑부분의 거는 매우 짧아서(불명확) 꽃 받침 밖으로 돌출하지 않는다. 꽃받침이 활 짝 벌어지지 않는다. ❸ 열매. 길이 1.5~2cm 의 장타원형-타원형이며 능각이 뚜렷하다. ❹ 2013. 5. 13. 강원 삼척시

은대난초

Cephalanthera longibracteata
Blume

난초과

국내분포/자생지 전국의 산지

형태 다년초. 줄기는 높이 25~45cm
이다. 잎은 6~8개이며 길이 4~15cm
의 피침형−피침상 장타원형이다. 꽃
은 5~6월에 백색으로 핀다. 꽃받침은
길이 8~12mm의 피침형이고 끝이 뾰
족하다. 옆쪽꽃잎은 길이 7~9mm의
피침형이다. 입술꽃잎의 중앙열편은
넓은 난형이며 3~5개의 융기선이 있
고 끝부분에 돌기가 밀생한다. 거는
길이 1.5~2.5mm로 짧으며 꽃받침 밖
으로 약간 돌출한다.

참고 은난초에 비해 잎이 많고 줄기
가장 윗부분의 잎과 포(특히 가장 아래
의 포)가 긴 것이 특징이다.

❶2013. 6. 4. 강원 인제군 설악산. 가장 윗
부분의 잎 또는 가장 아래의 포는 꽃차례보
다 길다. ❷꽃. 활짝 벌어지지 않으며 거는
뭉뚝하다. 씨방(꽃자루 포함)은 선상 원통형
이고 약간 비틀리거나 꼬이며 잔돌기가 많
다. ❸열매. 장타원상 원통형이며 능각 위에
잔돌기가 줄지어 난다.

금난초

Cephalanthera falcata (Thunb.)
Blume

난초과

국내분포/자생지 중부(충남−경북) 이
남의 산지

형태 다년초. 줄기는 높이 25~45cm
이고 능각이 있다. 잎은 4~10개이며
길이 4~15cm의 피침상 장타원형−난
상 장타원형이다. 꽃은 5~6월에 밝
은 황색으로 핀다. 포는 길이 1~3mm
의 피침형−삼각형이다. 꽃받침은 길
이 1.2~1.8cm의 도란상 장타원형−주
걱모양이며 옆쪽꽃잎은 길이 1~1.2cm
로 꽃받침보다 약간 짧다. 입술꽃잎은
길이 8~9mm의 난형이며 중앙열편은
끝부분이 아래로 약간 젖혀지고 안쪽
면에는 주황색의 융기선이 5~7개 있
다. 밑부분은 주머니모양이고 길이
3mm 정도의 짧은 뿔모양 거가 있다.

참고 꽃이 황색이고 뚜렷한 거가 있
는 것이 특징이다.

❶2017. 5. 21. 전북 부안군 변산반도 ❷꽃.
밝은 황색이며 꽃받침과 옆쪽꽃잎이 활짝 벌
어진다. ❸열매. 좁은 장타원상 원통형이고
굵은 능각이 발달한다. ❹잎. 빳빳한 편이며
세로 평행맥이 많고 뚜렷하다.

청닭의난초

Epipactis papillosa Franch. & Sav.

난초과

국내분포/자생지 강원, 경기, 경북, 충남, 충북의 산지(특히 석회암지대)

형태 다년초. 줄기는 높이 25~60cm 이다. 잎은 길이 5~12cm의 피침상 장타원형-타원상 난형이다. 꽃은 6~ 7월에 황록색-연녹색으로 핀다. 등꽃 받침은 길이 7~11mm의 장타원상 난 형이다. 옆쪽꽃받침은 길이 8~12mm 의 장타원상 난형-난형이다. 옆쪽꽃 잎은 길이 7~10mm의 타원상 난형이 다. 입술꽃잎 상반부는 길이 3~5mm 의 삼각형이다. 거는 없다.

참고 전체에 털이 있으며 잎가장자리 와 맥 위에 뾰족한 돌기가 있는 것이 특징이다.

❶2005. 7. 2. 강원 영월군 ❷꽃. 입술꽃잎 의 밑부분은 반구형의 주머니모양이다. 꽃 술대 끝부분의 밝은 황색 덩어리가 꽃밥덮 개(a), 그 아래 황백색 덩어리가 꽃가루덩어 리(b, 화분괴), 그 아래 구형의 덩어리가 점 착체(c), 양쪽에 둥근 뿔이 달린 것 같은 덩 어리가 암술머리(d)이다. ❸꽃 측면, 꽃받침, 꽃잎, 씨방 등 전체에 짧은 갈색 털이 많다. ❹열매. 타원상 원통형이다.

애기무엽란

Neottia acuminata Schltr.

난초과

국내분포/자생지 북부지방의 상록성 침엽수림 숲속

형태 부생성 다년초. 줄기는 높이 10 ~20cm이다. 잎은 잎집모양이며 3~ 5개이고 길이 2~3cm의 막질의 통형 이다. 꽃은 6~7월에 연한 황갈색-연 한 갈색으로 핀다. 등꽃받침은 길이 2.5~3mm의 피침상 장타원형이고 끝 이 길게 뾰족하며 뒤로 완전히 젖혀 진다. 옆쪽꽃받침은 길이 2.5~3.5mm 의 피침상 장타원형이고 끝은 점차 좁아져 뒤로 휘어진다. 옆쪽꽃잎은 꽃받침보다 짧다. 입술꽃잎은 길이 2 ~3mm의 삼각상 난형이고 갈라지지 않는다. 열매(삭과)는 길이 5~6mm의 타원형이고 능각이 있다.

참고 꽃이 거꾸로 달리며 입술꽃잎이 갈라지지 않는 것이 특징이다.

❶2007. 6. 26. 중국 지린성 백두산 ❷꽃차 례. 황갈색의 작은 꽃이 비교적 성기게 모여 달린다. 꽃차례 축에 털이 없다. ❸꽃. 180° 거꾸러져 달린다. 입술꽃잎이 갈라지지 않는 다. ❹열매. 타원형이다.

한라새둥지란

Neottia kiusiana T.Hashim. & Hatus.

난초과

국내분포/자생지 제주 및 전남의 산지
형태 부생성 다년초. 줄기는 높이 5
~17cm이다. 잎은 잎집모양으로 줄기
를 감싼다. 꽃은 5~6월에 연한 황갈
색-연한 갈색으로 핀다. 꽃받침은 길
이 4~5mm의 도란형이고 약간 오목
하다. 옆쪽꽃잎은 길이 4~5.2mm의
타원형이고 끝이 둔하다. 입술꽃잎은
길이 7~8mm의 도란상 사각형이고 2
개로 깊게 갈라지며 열편은 끝이 둔
하거나 편평하다. 열매(삭과)는 길이 7
~11mm의 난상 구형-도란상 구형이
고 미세한 샘털이 있다.
참고 새둥지란에 비해 키가 작으며
입술꽃잎의 열편이 옆으로 많이 벌어
지지 않는 것이 특징이다.

❶2012. 5. 13. 제주 서귀포시 ❷꽃. 꽃받침
과 꽃잎 바깥면과 씨방에 미세한 샘털이 흩
어져 있다. 입술꽃잎의 끝부분은 2개로 깊게
갈라진다. ❸열매. 난상 구형 또는 도란상 구
형이며 미세한 샘털이 있다. ❹뿌리. 흔히 구
부러져 위를 향한다.

새둥지란

Neottia papilligera Schltr.

난초과

국내분포/자생지 강원(설악산) 이북의
산지
형태 부생성 다년초. 줄기는 높이 25
~40cm이다. 잎은 길이 2~5cm의 선
형-선상 피침형이거나 잎몸이 퇴화
된 잎집모양이며 막질이다. 꽃은 6~7
월에 연한 황백색-연한 황갈색 또는
연한 적갈색으로 핀다. 꽃받침과 옆
쪽꽃잎은 길이 5~6mm의 도란형이
고 약간 오목하며 끝은 둔하다. 옆쪽
꽃잎은 비스듬한 장타원형-난상 장
타원형이고 꽃받침보다 약간 짧다.
입술꽃잎의 열편은 길이 5~6.5mm의
장타원형-도란상 장타원형이며 끝이
둥글거나 둔하다.
참고 한라새둥지란에 비해 키가 크고
입술꽃잎의 열편이 Y자모양으로 벌어
지는 것이 특징이다.

❶2017. 6. 28. 중국 지린성 ❷❸꽃. 꽃받침
과 꽃잎은 끝이 둔하다. 입술꽃잎은 길이 1
~1.2cm이고 끝부분이 2개로 깊게 갈라지며
옆쪽꽃잎이나 꽃받침에 비해 2.5~3배 길다.

아기쌍잎난초

Neottia japonica (Blume) Szlach.

난초과

국내분포/자생지 제주 한라산의 중산간지대 숲속

형태 다년초. 줄기는 높이 4~10cm이다. 잎은 길이 1~2cm의 삼각상 난형−난형이다. 꽃은 3~4월에 핀다. 등꽃받침은 길이 2~2.5mm의 도란상 피침형이다. 옆쪽꽃받침은 길이 2.5~3mm의 비스듬한 난형이다. 옆쪽꽃잎은 길이 2.3mm 정도의 선상 피침형−피침형이다. 입술꽃잎은 길이 6.2~6.5mm의 도란상 장타원형−도란형이고 끝부분은 깊게 갈라지고 중앙부에는 거꾸러진 T자모양의 육상체가 있다.

참고 쌍잎난초에 비해 꽃색이 연한 녹갈색−짙은 자갈색이며 입술꽃잎이 1/2 이상 깊게 갈라지고 밑부분에 귀모양의 열편이 있는 것이 특징이다.

❶2022. 4. 19. 제주 서귀포시 한라산 ❷꽃차례. 잎이 달리는 부분 위쪽의 줄기와 꽃차례 그리고 꽃자루에 샘털이 있다. ❸꽃. 꽃받침, 옆쪽꽃잎은 뒤로 완전히 젖혀진다. 입술꽃잎 밑부분의 귀(갈고리모양)모양 열편은 꽃술대를 감싼다. ❹잎. 2장이 마주 달리며 맥이 3-5개 있다.

쌍잎난초

Neottia puberula (Maxim.) Szlach.

난초과

국내분포/자생지 북부지방의 해발고도가 높은 산지의 침엽수림 숲속

형태 다년초. 줄기는 높이 15~20cm이다. 잎은 길이 1.5~3cm의 심장상 난형−난형이다. 꽃은 7~8월에 핀다. 등꽃받침은 길이 1.8~2.5mm의 피침상 장타원형−장타원형이다. 옆쪽꽃받침은 길이 1.6~2.2mm의 비스듬한 피침상 장타원형이다. 옆쪽꽃잎은 길이 1.3~2.2mm의 선형이다. 입술꽃잎은 길이 7~10mm의 사각상 장타원형−도피침상 장타원형이며 끝부분은 2개로 갈라진다.

참고 아기쌍잎난초에 비해 꽃색이 황백색−녹색이며 입술꽃잎의 끝부분이 얕게(1/4~1/3 지점까지) 갈라지는 것이 특징이다.

❶2013. 8. 10. 중국 지린성 백두산 ❷꽃차례. 잎이 달리는 부분 위쪽의 줄기와 꽃차례 그리고 꽃자루에 잔털이 있다. ❸꽃. 입술꽃잎은 장타원상 사각형이고 밑부분과 윗부분의 너비가 비슷하거나 윗부분이 약간 넓다. ❹열매. 길이 6~7mm의 장타원상 또는 도란상 원통형이다.

천마

Gastrodia elata Blume

난초과

국내분포/자생지 거의 전국의 산지
형태 부생성 다년초. 줄기는 높이 35
~90cm이고 황백색–황록색–갈색이
다. 꽃은 6~8월에 핀다. 꽃받침열편
은 길이 2~3mm의 난형–넓은 난형이
다. 옆쪽꽃잎열편은 길이 1.5~2mm의
타원형–넓은 타원형이고 끝이 둥글
다. 입술꽃잎은 길이 5~8mm의 장타
원상 난형이고 3개로 갈라진다. 윗부
분의 가장자리는 술모양으로 불규칙
하게 갈라지고 밑부분은 자루모양이
며 열편의 밑부분과 자루 부분 사이
에 둥근 부속체가 있다.
참고 줄기가 높이 35~90cm이고 곧
추서며 꽃이 항아리모양인 것이 특징
이다.

❶2021. 7. 20. 제주 서귀포시 한라산 ❷꽃.
꽃받침과 꽃잎의 밑부분이 길이 1~1.5cm의
항아리모양으로 합생하며 그 밑부분은 둥글
고 볼록하다. 꽃색은 황백색–황록색, 연한 황
갈색–적갈색 등 다양하다. ❸열매. 타원상 도
란형이고–도란형이고 희미한 능각이 있다. ❹덩
이줄기. 길이 3~15cm의 타원상 괴경이다.

한라천마

Gastrodia pubilabiata Y.Sawa

난초과

국내분포/자생지 제주의 산지
형태 부생성 다년초. 줄기는 높이 2~
5cm이다. 꽃은 8~9월에 녹갈색–자
갈색으로 피며 총상꽃차례에 1~4(~8)
개씩 모여 달린다. 꽃자루는 길이 6
~10mm이고 결실기에는 20~50cm
까지 길어진다. 등꽃받침열편은 넓은
난형이고 끝이 얕게 2개로 갈라진다.
측꽃받침열편은 넓은 난형이고 등꽃
받침열편과 길이가 비슷하다. 옆쪽꽃
잎은 길이 3mm 정도의 장타원형–난
상 장타원형이다. 입술꽃잎은 마름모
형 또는 도란형이다.
참고 줄기가 높이 2~5cm로 작고 꽃
이 종모양인 것이 특징이다. 개화기
에는 흔히 낙엽 사이에서 꽃이 피기
때문에 눈에 잘 띄지 않는다.

❶2018. 8. 29. 제주 서귀포시 한라산 ❷꽃.
입술꽃잎의 안쪽면에 황백색의 털이 밀생하
며 끝부분은 혀모양으로 돌출한다. ❸열매.
방망이를 닮은 좁은 원통형이다. ❹결실기
모습. 꽃자루는 씨가 산포되기 전까지 계속
길어진다.

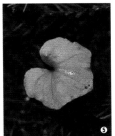

영아리난초

Nervilia nipponica Makino

난초과

국내분포/자생지 제주의 산지
형태 다년초. 줄기는 높이 7~15cm이다. 잎은 너비 3~5cm의 오각상 원형이고 밑부분은 심장형이다. 잎자루는 길이 2~5cm이고 털이 없다. 꽃은 5~6월에 황갈색이 도는 적자색으로 피며 줄기 끝에 1개씩 달린다. 꽃받침은 길이 1cm 정도의 선상 피침형이며 옆쪽꽃받침의 상반부 가장자리는 안쪽으로 말린다. 옆쪽꽃잎은 꽃받침보다 약간 짧으며 끝이 뾰족하다. 입술꽃잎은 3개로 갈라진다. 중앙열편은 길이 5mm 정도의 장타원형−타원형이며 측열편은 삼각상 뿔모양이고 작다.
참고 잎은 1장이며 꽃이 진 후 땅속줄기에서 나온다.

❶ 2023. 6. 14. 제주 서귀포시 한라산 **❷** 꽃. 입술꽃잎은 옆쪽꽃잎과 길이가 비슷하며 안쪽면에 연한 적자색 반점 또는 무늬가 있다. **❸** 개화 직후의 꽃(ⓒ이지열). 꽃잎과 꽃받침이 오므라진다. **❹** 열매. 타원상 원통형이며 능각이 있다. **❺** 잎. 오각상 심장형이며 희미한 맥이 5~7개 있다.

유령란

Epipogium aphyllum Sw.

난초과

국내분포/자생지 북부지방의 해발고도가 높은 산지의 침엽수림 숲속
형태 부생성 다년초. 줄기는 높이 7~25cm이다. 잎은 퇴화되어 잎집모양이다. 꽃은 7~8월에 연한 적자색이 도는 백색 또는 연한 적자색으로 핀다. 꽃받침은 길이 1.2~1.8mm의 피침형−장타원상 피침형이며 입술꽃잎은 길이 7~10mm의 심장상 난형이며 밑부분에서 3개로 갈라진다. 중앙열편은 타원상 난형이고 안쪽면에 적자색이 도는 돌기모양의 세로선이 4~6개 있다. 거는 길이 5~8mm의 원통상 주머니모양이고 끝이 둥글다.
참고 꽃이 거꾸로 처져서 달리며 원통형 주머니모양의 거가 발달하는 것이 특징이다.

❶ 2013. 8. 9. 중국 지린성 백두산 **❷❸** 꽃. 180° 뒤집혀 거꾸로 달린다. 입술꽃잎과 주머니모양의 거가 하늘을 향한다.

자란

Bletilla striata (Thunb.) Rchb.f.

난초과

국내분포/자생지 전남의 해안 가까운 산지 풀밭 및 개활지

형태 다년초. 땅속줄기는 옆으로 뻗는다. 잎은 길이 8~30cm의 피침형-피침상 장타원형이다. 꽃은 5~6월에 적자색으로 핀다. 등꽃받침은 길이 2~2.6cm의 도피침상 장타원형-장타원형이며 옆쪽꽃받침은 길이 1.5~2.5mm의 장타원형이고 끝이 뾰족한 편이다. 옆쪽꽃잎은 길이 2~3cm의 약간 비스듬한 도피침상 장타원형이다. 입술꽃잎은 길이 1.5~2.8cm의 난형이며 3개로 갈라진다. 입술꽃잎의 하반부와 측열편은 안쪽으로 말려서 통모양으로 꽃술대를 감싼다.

참고 꽃이 적자색이고 크며 뿌리에서 나온 꽃줄기에 달리는 것이 특징이다.

❶ 2013. 5. 3. 전남 진도군 진도 ❷ 꽃. 옆쪽꽃잎은 꽃받침보다 약간 길고 넓다. 입술꽃잎의 안쪽면에 세로 융기선이 5개 있다. ❸ 열매. 장타원상 원통형이며 4개의 능각이 있다.

콩짜개란

Bulbophyllum drymoglossum Maxim. ex M.Ôkubo

난초과

국내분포/자생지 제주 및 전남(보길도 등) 산지의 바위 및 나무 수피

형태 상록성 다년초. 줄기는 옆으로 뻗으며 마디에서 잎과 뿌리가 나온다. 잎은 길이 7~13mm의 넓은 타원형-거의 원형이며 끝이 둥글다. 잎자루는 매우 짧거나 없다. 꽃은 5~6월에 연한 황색으로 핀다. 꽃받침은 길이 5~10mm의 피침형-난상 피침형이며 등꽃받침이 옆쪽꽃받침보다 약간 넓다. 옆쪽꽃잎은 길이 2~4mm의 약간 비스듬한 장타원형이다. 입술꽃잎은 길이 3~5mm의 타원형이고 끝은 둔하며 중앙부는 오목하다.

참고 줄기가 가늘고 옆으로 뻗으며 꽃이 잎겨드랑이에서 나온 꽃자루의 끝에서 1개씩 달리는 것이 특징이다.

❶ 2008. 6. 7. 전남 신안군 ❷ 꽃. 가는 꽃줄기 끝에 1개씩 달린다. ❸ 꽃 내부. 꽃받침은 꽃잎보다 크고 옆으로 퍼지거나 윗부분이 약간 뒤로 젖혀진다. 입술꽃잎의 중앙부와 밑부분은 적자색이다. ❹ 잎. 마디에 1개씩 달리며 넓은 타원형-거의 원형이다.

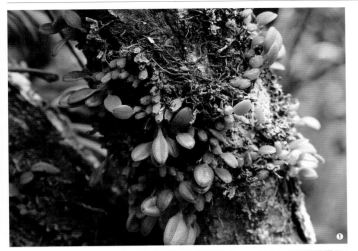

혹난초

Bulbophyllum inconspicuum Maxim.

난초과

국내분포/자생지 제주 및 전남(흑산도 등) 산지의 바위 및 나무 수피

형태 상록성 다년초. 잎은 길이 1.2~3cm의 장타원형–도란상 장타원형이고 끝이 둥글거나 오목하다. 꽃은 6월에 연한 황색–황록색으로 피며 줄기와 위인경 사이에서 나온 꽃줄기 끝에 1~3개씩 달린다. 꽃받침은 길이 2.8~3.5mm의 타원상 난형–난형이며 옆쪽꽃받침은 등꽃받침에 비해 1.5~2배 정도 더 길다. 옆쪽꽃잎은 길이 2.8~3mm의 넓은 난형이며 투명한 백색이다. 입술꽃잎은 좁은 난형이고 끝부분은 아래로 약간 젖혀진다.

참고 콩짜개란에 비해 줄기에 혹모양의 위인경이 발달하고 그 끝에 1개의 잎이 달리며 잎은 타원상이고 중앙맥이 뚜렷한 것이 특징이다.

❶ 2023. 5. 11. 전남 신안군 ❷❸꽃. 꽃받침은 황록색이고 옆쪽꽃잎은 백색의 막질이며 가장자리가 술모양으로 갈라진다. ❹ 열매. 도란상 타원형이고 능각이 뚜렷하다. ❺ 군락 자생모습. 바위나 나무 줄기에 붙어 자란다.

석곡

Dendrobium moniliforme (L.) Sw.

난초과

국내분포/자생지 제주 및 경남, 전남, 전북 산지의 바위 및 나무 수피

형태 상록성 다년초. 잎은 길이 3~6cm의 선상 피침형이다. 꽃은 5~6월에 백색–적자색이 도는 백색으로 핀다. 등꽃받침은 길이 2.2~2.5cm의 선상 피침형–피침상 장타원형이다. 옆쪽꽃받침은 길이 2~2.5cm의 약간 비스듬한 선상 피침형–피침상 장타원형이다. 옆쪽꽃잎은 꽃받침에 비해 약간 짧다. 입술꽃잎은 길이 1.5~2cm의 장타원상 난형이고 3개로 얕게 갈라지며 중앙부에 짧은 털이 밀생한다.

참고 줄기는 약간 비후하고 여러 개가 모여 달리며 꽃이 줄기 윗부분의 마디에 1~3개씩 모여 달리는 것이 특징이다.

❶ 2022. 5. 14. 제주 서귀포시(식재) ❷꽃. 옆쪽꽃받침의 밑부분은 꽃술대와 연결되어 턱모양(얕은 주머니모양)의 거를 만든다. ❸ 열매. 장타원상 도란형–도란형이고 능각이 뚜렷하다. ❹잎과 줄기. 단풍 든 잎을 달고 있는 줄기의 윗부분에 형성된 겨울눈은 꽃눈이다.

한라옥잠난초

Liparis auriculata Blume ex Miq.

난초과

국내분포/자생지 제주 한라산의 습지 주변 및 계곡가

형태 다년초. 줄기는 높이 10~30cm이다. 잎은 2개이며 길이 4~12cm의 난형–넓은 난형이다. 꽃은 7~8월에 연한 황록색–연한 갈색으로–자갈색으로 핀다. 등꽃받침은 길이 6~7mm의 선상 피침형–피침형이다. 옆쪽꽃받침은 등꽃받침보다 약간 짧다. 옆쪽꽃잎은 길이 5~7mm의 선형이다. 입술꽃잎은 길이 5~5.5mm의 도란형이고 끝부분은 약간 오목하며 가장자리에 불규칙한 잔톱니가 있다.

참고 잎의 세로맥이 뚜렷하며 입술꽃잎은 뒤로 구부러지지 않고 하반부 가장자리에 돌기가 있는 것이 특징이다.

❶ 2022. 7. 12. 제주 제주시 한라산(ⓒ이지열) ❷ 꽃. 옆쪽꽃잎은 선형이며 입술꽃잎의 중앙맥은 짙은 자색이고 약간 돌출되어 있다. ❸ 꽃 측면. 꽃밥덮개의 끝은 뭉뚝하다. 입술꽃잎의 하반부 가장자리에 귀모양의 돌기(육상체)가 있다. ❹ 잎. 광택이 약간 나고 세로맥이 뚜렷하여 비비추류의 잎과 닮은 느낌이다.

나나벌이난초

Liparis krameri Franch. & Sav.

난초과

국내분포/자생지 거의 전국의 산지

형태 다년초. 줄기는 높이 10~25cm이다. 잎은 2개이며 길이 3~8cm의 타원상 난형–넓은 난형이다. 꽃은 7~8월에 황록색–자갈색으로 피며 총상꽃차례에 모여 달린다. 꽃받침은 길이 8~12mm의 선형–선상 피침형이다. 옆쪽꽃잎은 길이 7~9mm의 선형이고 실모양으로 접히거나 말린다. 입술꽃잎은 길이 6~9mm의 장타원상 도란형이고 아래로 구부러진다.

참고 잎의 2차맥(가로맥)이 다른 종에 비해 뚜렷한 편이며 입술꽃잎이 1/4지점에서 직각으로 구부러지고 끝부분이 혀모양으로 갑자기 좁아지는 것이 특징이다.

❶ 2002. 6. 7. 전남 신안군 홍도 ❷ 꽃. 입술꽃잎은 밑에서 1/4 지점에서 아래로 접히며 끝부분이 돌기(혀)모양으로 돌출한다. ❸ 꽃 측면. 꽃받침과 옆쪽꽃잎이 접히거나 말려서 실모양으로 매우 좁다. ❹ 열매. 타원형–도란상 장타원형이며 능각이 있다.

큰꽃옥잠난초

Liparis koreojaponica Tsutsui, T.Yukawa, N.S.Lee, C.S.Lee & M.Kato

난초과

국내분포/자생지 자강, 양강, 강원(설악산 등), 경기(명지산 등), 경북, 경남(지리산), 전북(덕유산)의 비교적 높은 산지

형태 다년초. 줄기는 높이 20~35cm이고 위인경은 길이 1~2cm의 난형이다. 잎은 2개이며 길이 7~18cm의 타원상 난형-넓은 난형이다. 꽃은 6~7월에 황록색-자갈색-자색으로 피며 길이 15~30(~35)cm의 총상꽃차례에 8~30개씩 모여 달린다. 씨방(꽃자루모양)은 길이 1.2~1.7cm이다. 등꽃받침은 곧추서거나 뒤로 약간 젖혀지며 길이 9~11mm의 선상 피침형이고 양쪽 가장자리는 바깥쪽으로 접힌다. 옆쪽꽃받침은 길이 8~11mm의 비스듬한 피침형-장타원상 피침형이고 뒤로 약하게 또는 강하게 접히거나 말리며 흔히 옆으로 퍼져서 달린다. 옆쪽꽃잎은 길이 9~12mm의 선형이고 접히거나 말려서 실모양처럼 보이며 아래(땅)쪽으로 불규칙하게 굽거나 휘어진다. 입술꽃잎은 길이 9~12mm의 난상 타원형-사각상 넓은 타원형이고 뒤로 강하게 젖혀진다. 가장자리는 밋밋하거나 미세한 톱니가 있다. 꽃술대는 길이 5~6mm이고 윗부분에 둥근 날개가 있다. 꽃밥덮개는 녹색이며 난형이고 끝이 뭉뚝하다. 열매(삭과)는 길이 1~2.5cm의 도피침상 타원형-도란상 타원형이며 뚜렷한 능각이 있다.

참고 옥잠난초에 비해 전체적으로(특히 꽃) 약간 크고 입술꽃잎의 길이는 9~12mm, 너비 6~9mm이며 뒤로 젖혀지는 각도가 90~110° 정도로 약간 덜 구부러지는 것이 특징이다.

❶~❹ 2023. 6. 8. 경북 청송군 ❷꽃차례. 입술꽃잎은 옥잠난초에 비해 뒤로 덜 젖혀진다. ❸꽃. 꽃술대는 약간 구부러지며 측면에 둥근 날개가 있다. 꽃밥덮개는 끝이 뭉뚝하다. ❹잎. 타원상 난형-넓은 난형이며 가장자리가 물결모양이다. ❺~❼ 경기 가평군 명지산 ❺꽃. 입술꽃잎이 뒤로 완전히 젖혀지는 경우도 옥잠난초에 비한다면 약간 덜 말리는 편이다 ❻열매. 위로 갈수록 차츰 넓어지는 방망이모양(도피침상 타원형-도란상 타원형)이며 뚜렷한 능각이 있다. ❼잎. 가장자리가 약하게 주름지기도 한다. ❽ 2003. 6. 28. 경기 가평군 명지산

옥잠난초

Liparis kumokiri F. Maek.

난초과

국내분포/자생지 전국의 산지

형태 다년초. 줄기는 높이 10~30cm
이고 위인경은 길이 1~2cm의 난형
이다. 잎은 2개이며 길이 5~14cm의
타원상 난형–난형이다. 꽃은 6~8월
에 황록색–연녹색으로 피며 길이 7~
20(~25)cm의 총상꽃차례에 5~20개
씩 모여 달린다. 포는 길이 1~1.7mm
의 삼각형–난형이고 끝이 뾰족하다.
씨방(꽃자루모양)은 길이 8~12mm이다.
등꽃받침은 곧추서거나 뒤로 약간 젖
혀지고 길이 6~9mm의 선상 피침형
이며 가장자리는 바깥쪽으로 접히고
끝은 둔하다. 옆쪽꽃받침은 길이 5.5
~8mm의 비스듬한 피침형–장타원상
피침형이고 뒤로 약하게 또는 강하게
접히거나 말리며 흔히 옆으로 또는
아래쪽 대각선 방향으로 퍼져서 달린
다. 옆쪽꽃잎은 길이 6~9mm의 선형
이고 접히거나 말려서 실모양처럼 보
이며 옆으로 또는 아래쪽(땅)으로 불
규칙하게 굽거나 휘어진다. 입술꽃잎
은 도란상 타원형이고 중앙부에서 뒤
로 강하게 젖혀진다. 끝은 둔하거나
편평하며 가장자리는 밋밋하거나 불
규칙한 잔톱니가 있다. 꽃술대는 길
이 3mm 정도이고 윗부분에 둥근 모
양의 날개가 있다. 꽃밥덮개는 녹색
이며 난형이고 끝이 약간 뭉뚝하다.
열매(삭과)는 길이 1~3cm의 도피침상
타원형–도란상 타원형이다.

참고 큰꽃옥잠난초에 비해 전체가
약간 더 작으며 특히 꽃차례가 7~
25cm이고 꽃이 20개 이하로 적게 달
리는 것이 다른 점이다. **키다리난초**
(*L. longiracemosa* Tsutsumi, T.Yukawa &
M.Kato)는 나리난초에 비해 꽃이 성기
게 달리고 입술꽃잎이 길이 8~10mm,
너비 4~7mm의 장타원상 도란형으로
약간 작고 좁은 편이며 꽃밥덮개가
뾰족한 것이 특징이다.

❶ 2022. 6. 11. 강원 강릉시 ❷꽃. 입술꽃
잎이 뒤로 강하게 젖혀져 말리며 길이 5.5
~8mm, 너비 4~6mm로 큰꽃옥잠난초에 비
해 작은 편이다. ❸열매. 위로 갈수록 차츰
넓어지는 방망이모양이며 뚜렷한 능각이 있
다. ❹잎. 끝이 비교적 둔한 편이며 가장자
리(특히 하반부)는 흔히 물결모양이다. ❺군
락. 2022. 6. 11. 강원 강릉시. 접습하거나 다
소 습한 습지 주변에서 큰 군락을 이루는 경
우가 많다. ❻❼키다리난초 ❻꽃. 입술꽃잎
이 장타원상 도란형이며 꽃밥덮개가 뾰족하
다. ❼2006. 7. 2. 강원 강릉시

제주나리난초
Liparis suzumushi Tsutsumi,
T.Yukawa & M.Kato

국내분포/자생지 제주 및 전남(가거
도)의 산지

형태 다년초. 줄기는 높이 10~25cm
이다. 꽃은 5~6월에 핀다. 등꽃받침
은 1.3~1.6cm의 선상 피침형이다. 옆
쪽꽃받침은 길이 1.2~1.5cm의 비스듬
한 도피침형-장타원상 피침형이다.
옆쪽꽃잎은 길이 1.1~1.6cm의 선형이
고 접히거나 말려서 실모양처럼 보인
다. 입술꽃잎은 밑에서 1/4~1/3 지점
에서 약간 구부러진다.

참고 나리난초나 키다리난초와 유사
하지만 꽃이 일찍(5월~6월초) 피고 입
술꽃잎이 길이 1.4~1.7cm, 너비 1.1~
1.5cm의 넓은 도란형인 것이 특징이
다.

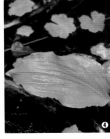

❶2023. 5. 30. 제주 서귀포시 ❷꽃차례. 입
술꽃잎은 넓은 도란형이고 흔히 자색-짙은
자색이며 막질이다. ❸꽃 측면. 꽃술대는 중
앙부에서 구부러지며 꽃밥덮개의 끝은 부리
모양(정단부는 약간 둔함)이다. ❹잎. 장타원
상 난형-넓은 난형이다.

나리난초
Liparis makinoana Schltr.

난초과

국내분포/자생지 중부(강원, 경기, 충
남) 이북의 산지

형태 다년초. 줄기는 높이 10~30cm
이다. 꽃은 5~6월에 녹갈색-짙은 자
색(-다양)으로 피며 총상꽃차례에 4~
30개씩 모여 달린다. 등꽃받침은 길
이 9~13mm의 선상 피침형이다. 옆쪽
꽃받침은 9~13mm의 비스듬한 피침
형-장타원상 피침형이다. 옆쪽꽃잎은
길이 8~12mm의 선형이고 접히거나
말려서 실모양처럼 보인다. 입술꽃잎
은 밑에서 1/3 지점에서 약간 구부러
진다.

참고 키다리난초와 매우 유사하지만
꽃이 비교적 조밀하게 달리며 입술꽃
잎이 길이 8~13mm, 너비 5~9mm의
도란형이고 꽃밥덮개의 끝이 약간 뭉
툭한 것이 다른 점이다.

❶2016. 6. 16. 중국 지린성 ❷꽃. 꽃밥덮개
는 부리모양이고 둔한 편이다. ❸열매. 도피
침상 장타원형-장타원형이고 능각이 뚜렷하
다. ❹잎. 도피침상 장타원형-타원상 난형이
며 가장자리는 밋밋하거나 물결모양으로 주
름진다.

흑난초

Liparis nervosa (Thunb.) Lindl.

난초과

국내분포/자생지 제주의 저지대 산지

형태 다년초. 줄기는 높이 15~30cm
이다. 잎은 (2~)3~4개이고 길이 7~
16cm이다. 꽃은 6~7월에 (연녹색-)자
색-짙은 자색으로 핀다. 등꽃받침은
길이 8~10mm의 피침형이다. 옆쪽꽃
받침은 안쪽으로 약간 말리며 길이 5
~7mm의 비스듬한 장타원상 피침형
이다. 옆쪽꽃잎은 길이 7~8mm의 선
형이고 접히거나 말려서 실모양처럼
보이며 불규칙하게 굽거나 휘어진다.
입술꽃잎은 길이 6~7mm의 도란형이
고 뒤로 강하게(거의 직각) 구부러진다.

참고 다른 자생 나리난초속의 식물에
비해 위인경이 원통형이고 잎이 흔히
3~4개씩 달리는 것이 특징이다.

❶ 2020. 7. 7. 제주 서귀포시 ❷ 꽃. 꽃받침
과 옆쪽꽃잎의 끝은 둔하거나 뭉뚝하다. 입
술꽃잎의 윗면 밑부분에 2개의 뿔모양 돌기
가 있다. ❸ 열매. 도피침상 장타원형-장타원
형(방망이모양)이고 능각이 뚜렷하다. ❹ 잎.
비교적 큰 편이다. 장타원형-장타원상 난형
이고 끝이 약간 길게 뾰족하다.

이삭단엽란

Malaxis monophyllos (L.) Sw.

난초과

국내분포/자생지 강원, 경기 이북의
해발고도가 비교적 높은 산지

형태 다년초. 줄기는 높이 15~30cm
이다. 잎은 1(~2)개이며 길이 3~8cm
의 장타원형-난형이다. 꽃은 7~8월
에 녹백색-연녹색으로 핀다. 꽃받침
은 길이 2~3mm의 피침형-장타원상
피침형이고 옆으로 퍼져 달린다. 옆
쪽꽃잎은 길이 2~2.5mm의 선형이다.
입술꽃잎은 길이 2~3mm의 난형-넓
은 난형이고 끝은 꼬리처럼 길게 뾰
족하며 밑부분의 가장자리는 약간 다
육질이고 양쪽에 삼각상의 열편이 있
다.

참고 잎이 1(~2)개씩 달리며 꽃자루가
심하게 꼬이고 꽃이 거꾸로 달리는
것이 특징이다.

❶ 2003. 7. 17. 경기 가평군 화악산 ❷ 꽃. 작
은 꽃이 빽빽이 달리며, 꽃은 거꾸로 달려 입
술꽃잎이 위를 향한다. ❸ 열매. 흔히 타원상
이며 길이 2~3mm의 자루가 있다. ❹ 잎. 1(~
2)개씩 달리며 가장자리는 밋밋하다.

차걸이란

Oberonia japonica (Maxim.) Makino

난초과

국내분포/자생지 제주 서귀포시의 저지대 산지(주로 나무 줄기)

형태 상록성 다년초. 꽃은 4~6월에 황록색-황갈색-연한 자갈색으로 핀다. 등꽃받침은 길이 0.5mm 정도의 타원상 난형이고 옆쪽꽃받침은 길이 0.5~0.6mm의 비스듬한 넓은 난형이다. 옆쪽꽃잎은 길이 0.5mm 정도의 타원형-타원상 난형이다. 입술꽃잎은 길이 0.6~0.8mm의 도란상 원형이며 3개로 갈라진다. 중앙열편은 넓은 타원형-거의 원형이고 끝부분은 다시 2~3개로 갈라진다. 측열편은 비스듬한 삼각형이다.

참고 잎이 어긋나며 길이 1~3cm의 선상 피침형-도피침상 장타원형이고 두꺼운 것이 특징이다.

❶ 2008. 7. 29. 일본 규슈 쓰시마섬 ❷꽃. 옆쪽꽃받침은 비스듬한 넓은 난형이고 뒤로 젖혀진다. 입술꽃잎은 3개로 갈라지며 중앙열편은 다시 2~3개로 깊게 또는 얕게 갈라진다. ❸ 열매. 도란형이고 능각에 발달한다. ❹잎. 밑부분은 겹쳐지며 끝은 급격히 뾰족해지고 흔히 가시모양의 돌기가 있다.

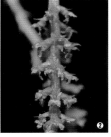

소란

Cymbidium ensifolium (L.) Sw.

난초과

국내분포/자생지 제주의 저지대 산지

형태 상록성 다년초. 잎은 2~4(~6)개이며 길이 30~60cm의 선형이다. 꽃은 8~10월에 밝은 황록색으로 핀다. 꽃받침은 길이 2.3~2.8cm의 선상 도피침형-피침상 장타원형이다. 옆쪽꽃잎은 길이 1.5~2.2cm의 피침상 타원형이고 곧추서며 윗부분 가장자리가 맞닿아 덮개모양이 된다. 입술꽃잎은 길이 1.5~2.2cm의 장타원상 난형이고 안쪽면에 적자색의 반점이 있다. 중앙열편은 뒤로 완전히 젖혀진다.

참고 한란에 비해 꽃이 약간 작으며 (꽃받침 길이 3cm 이하) 꽃받침이 장타원상이고 끝이 둔하거나 둥근 것이 다른 점이다.

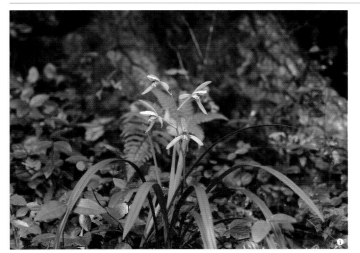

❶~❸(ⓒ이봉식) ❶ 2015. 9. 2. 제주 서귀포시 ❷꽃. 꽃받침은 선상 도피침형-피침상 장타원형이고 길이 3cm 이하이다. 옆쪽꽃잎은 피침상 타원형이다. ❸꽃과 잎. 잎가장자리가 밋밋하다.

보춘화

Cymbidium goeringii (Rchb. f.) Rchb. f.

난초과

국내분포/자생지 강원(동해시, 삼척시), 전북(군산시 등), 충남(태안군 등) 이남의 산지

형태 상록성 다년초. 잎은 3~10개씩 모여나며 길이 20~50cm의 선형이다. 꽃은 3~5월에 밝은 황록색–녹색(–다양)으로 핀다. 꽃받침은 길이 2.5~3.5cm이고 도피침상 장타원형이며 옆쪽꽃받침은 비스듬히 옆으로 퍼진다. 옆쪽꽃잎은 길이 1.5~2.5cm의 도피침상 장타원형이고 비스듬히 선다. 입술꽃잎은 길이 1.5~2.5cm의 난상 장타원형이고 뒤로 완전히 젖혀진다.

참고 잎가장자리에 톱니가 있으며 꽃이 1개씩 달리는 것이 특징이다.

❶2019. 4. 12. 전남 신안군 홍도 ❷꽃. 2개의 옆쪽꽃잎은 곧추서며 한쪽 가장자리가 서로 맞닿아서 덮개모양을 만든다. 입술꽃잎은 위로 완전히 젖혀진다. ❸꽃 측면. 씨방과 꽃자루는 막질이 포에 싸여 있다. ❹열매. 도피침상 장타원형(방망이모양)이다.

한란

Cymbidium kanran Makino

난초과

국내분포/자생지 제주의 계곡가 상록수림

형태 상록성 다년초. 잎은 2~5개씩 모여나며 길이 20~70cm의 선형이다. 꽃은 10~12월에 핀다. 꽃받침은 길이 4~5.5cm의 선형이며 옆쪽꽃받침은 옆으로 퍼져서 달린다. 옆쪽꽃잎은 2개가 나란히 앞으로 뻗으며 길이 2~4cm의 약간 비스듬한 선상 피침형이다. 입술꽃잎은 길이 1.5~3cm의 난상 장타원형(혀모양)이고 안쪽면에 자갈색–적자색의 반점이 흩어져 있으며 뒤로 완전히 젖혀진다.

참고 잎가장자리가 밋밋하며 꽃이 10~12월에 피고 꽃받침이 선형인 것이 특징이다.

❶❸(ⓒ김지훈) ❶2012. 11. 2. 제주 서귀포시(식재) ❷❸꽃. 꽃색은 다양하지만 흔히 연한 자갈색–자갈색이다. 꽃받침이 선형이고 끝이 뾰족하거나 길게 뾰족하다. 입술꽃잎은 뒤로 완전히 젖혀지거나 말린다. ❹열매. 세모진 장타원형이다.

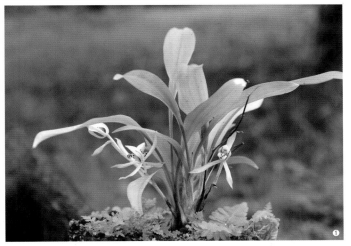

죽백란
Cymbidium lancifolium Hook.

난초과

국내분포/자생지 제주 서귀포시 산지
형태 상록성 다년초. 잎은 2~4개씩
모여나며 길이 6~15cm의 도피침상
장타원형–타원형이다. 꽃은 5~8월
에 연한 녹백색(–연녹색)으로 피며 총
상꽃차례에 2~4개씩 모여 달린다. 옆
쪽꽃잎은 길이 1.5~2.5cm이고 비스
듬한 도피침상 선형이다. 입술꽃잎은
길이 1.5~2cm의 장타원상 난형–난
형이다. 중앙열편은 뒤로 완전히 젖
혀지며 안쪽면에 적자색의 무늬가 있
다.
참고 꽃이 10~12월에 연녹색으로 피
는 것을 녹화죽백란(var. *aspidistrifoli-
um*)으로 구분하기도 하지만 최근에는
죽백란에 통합·처리하는 추세이다.

❶2013. 5. 30. 제주 서귀포시(식재) ❷꽃.
꽃받침은 도피침상 선형이고 끝이 길게 뾰족
하다. ❸꽃 측면. 옆쪽꽃잎은 가장자리가 서
로 맞닿아 덮개모양이 된다. ❹잎. 흔히 윗부
분 가장자리에 미세한 톱니가 있으며 밑부분
은 차츰 좁아져 잎자루모양이 된다.

대흥란
Cymbidium macrorhizon Lindl.

난초과

국내분포/자생지 강원(동해시, 삼척시),
경북 이남의 산지
형태 부생성 다년초. 줄기는 높이 10
~25cm이다. 땅속줄기는 길게 뻗는
다. 꽃은 6~10월에 적자색을 띠는 연
한 황백색–녹백색으로 피며 총상꽃
차례에 2~6개씩 모여 달린다. 꽃받침
은 길이 1.5~2cm의 선형 또는 도피
침상 선형이다. 옆쪽꽃잎은 길이 1.2~
2.5cm의 장타원상 도피침형이다. 입
술꽃잎은 길이 1.3~1.6cm의 난상 장
타원형이며 3개로 얕게 갈라진다. 중
앙열편은 삼각상 난형이고 끝이 뾰족
하다. 열매(삭과)는 길이 2~3cm의 좁
은 장타원형–선상 방추형이다.
참고 위인경이 없으며 잎이 퇴화되어
비늘모양인 것이 특징이다.

❶2016. 7. 6. 제주 서귀포시 ❷꽃. 옆쪽꽃잎
과 입술꽃잎의 하반부는 꽃술대를 둘러싼다.
꽃받침은 옆으로 퍼져서 달린다. ❸개화 직
전의 꽃봉오리. 포는 피침형–장타원상 난형
이고 위쪽으로 갈수록 작아진다. ❹열매. 좁
은 장타원형–선상 방추형이고 능각이 있다.

풍선난초

Calypso bulbosa (L.) Oakes

난초과

국내분포/자생지 북부지방의 해발고도가 비교적 높은 산지의 침엽수림

형태 다년초. 잎은 뿌리 부근에서 1개씩 나며 길이 2.5~5cm의 난상 타원형이고 표면과 가장자리는 뚜렷하게 주름진다. 꽃은 5~6월에 연한 적자색으로 피며 1개씩 달린다. 꽃받침과 옆쪽꽃잎은 길이 1.4~1.8cm의 선상 피침형이다. 꽃술대는 위에서 보면 꽃잎이나 꽃받침처럼 보인다. 열매(삭과)는 길이 2.5~3.5cm의 장타원형이다.

참고 입술꽃잎의 밑부분은 풍선처럼 부풀며 앞쪽에 2개로 갈라진 거가 있다. 이 뿔모양의 거가 입술꽃잎의 앞쪽으로 길게 돌출하는 것을 변종(var. *speciosa*)으로 구분하기도 한다.

❶2011. 6. 4. 중국 지린성 백두산 ❷꽃. 막질의 포는 꽃색과 같은 연한 적자색이다. 꽃받침과 옆쪽꽃잎은 거의 동일한 모양이고 모두 입술꽃잎 위쪽에 모여 달린다. 입술꽃잎의 중앙부에는 긴 털이 밀생한다. ❸꽃 측면. 거(距)의 끝부분이 입술꽃잎의 끝에 도달하거나 그보다 짧게 뻗는다.

산호란

Corallorhiza trifida Châtel.

난초과

국내분포/자생지 북부지방의 해발고도가 비교적 높은 산지의 침엽수림

형태 부생성 다년초. 줄기는 높이 10~25cm이다. 꽃은 6~7월에 핀다. 등꽃받침은 길이 4~6mm의 피침상 장타원형이다. 옆쪽꽃받침은 길이 4~6mm의 비스듬한 피침상 장타원형이다. 옆쪽꽃잎은 길이 3.5~5.5mm의 비스듬한 도피침형–피침상 장타원형이고 등꽃받침과 접하여 덮개모양을 이룬다. 입술꽃잎은 길이 3~4mm의 도란상 장타원형이다. 중앙열편은 넓은 타원형이고 안쪽면의 밑부분에 2개의 세로 능선이 있다.

참고 부생성으로 잎이 없고 꽃이 연한 녹백색–황록색으로 피는 것이 특징이다.

❶2007. 6. 26. 중국 지린성 백두산 ❷꽃. 옆쪽꽃잎은 등꽃받침보다 약간 짧으며, 등꽃받침과 함께 모여서 덮개모양을 만든다. 입술꽃잎 하반부에 짙은 적자색–자색의 무늬가 있다. ❸열매. 길이 7~9mm의 타원형이다. ❹땅속줄기(ⓒ김지훈). 마디가 짧고 좌우로 많이 갈라져 산호와 닮아 보인다.

약난초

Cremastra appendiculata var.
variabilis (Blume) I.D.Lund

국내분포/자생지 제주 및 전남, 전북
의 산지 숲속

형태 다년초. 줄기는 높이 30~45cm
이다. 잎은 길이 18~40cm의 피침상
장타원형이다. 꽃은 5~6월에 연한 적
자색(~다양)으로 핀다. 꽃받침은 길이
2~3.4cm의 선상 도피침형이다. 옆쪽
꽃잎은 길이 1.8~3.2cm의 선상 도피
침형이다. 입술꽃잎은 길이 2~3.4cm
의 긴 주걱모양이며 전체 길이의 2/3
에 해당되는 부분의 가장자리는 원통
처럼 둥글게 말려서 꽃술대를 약간
감싼다.

참고 원변종[var. *appendiculata* (D.
Don) Makino]은 입술꽃잎 안쪽면의
육상체(callus)가 길이 4~5mm의 곤봉
모양이고 돌기가 밀생하며 꽃술대에
날개가 없다.

❶❷(ⓒ강문수) **❶**2020. 5. 17. 전남 **❷**꽃.
땅을 향해 달린다. 꽃받침과 옆쪽꽃잎은 모
양이 비슷하다. **❸**열매. 도피침상 장타원형~
장타원형이다. **❹**잎. 뚜렷한 맥 3개 사이에
약간 희미한 세로맥이 있다.

두잎약난초

Cremastra unguiculata (Finet) Finet

난초과

국내분포/자생지 제주 한라산의 숲속
형태 다년초. 줄기는 높이 25~40cm
이다. 잎은 위인경에서 1~2개씩 나며
길이 10~14cm의 장타원형이다. 꽃은
5~6월에 황갈색으로 핀다. 등꽃받침
은 길이 1.7~2.5cm의 선상 도피침형
이며 옆쪽꽃받침은 길이 1.5~2.2cm
의 비스듬한 선상 도피침형이다. 옆
쪽꽃잎은 길이 1.4~2.2cm의 선상 도
피침형이며 적자색의 반점이 꽃받침
보다 크다. 입술꽃잎의 중앙열편은
백색이고 길이 5~6mm의 도란형이
다. 가장자리는 물결모양이고 불규칙
하게 갈라진다.

참고 약난초에 비해 꽃차례에 꽃이
적게 달리며 황갈색 꽃이 옆을 향해
피는 것이 특징이다.

❶2012. 5. 24. 제주 한라산(ⓒ이성원) **❷**
❸(ⓒ강문수) **❷**전체 모습. 꽃은 7~10개씩
달린다. **❸**꽃. 입술꽃잎은 거의 직각으로 아
래로 구부러진다. **❹**잎(ⓒ김지훈). 1~2개씩
달리며 꽃이 필 무렵 시든다.

109

감자난초

Oreorchis patens (Lindl.) Lindl.

난초과

국내분포/자생지 거의 전국의 산지
형태 다년초. 줄기는 높이 25~45cm
이다. 잎은 1(~2)개씩 나며 길이 15~
30cm의 선형–피침형이다. 꽃은 5~6
월에 황백색–황갈색으로 핀다. 꽃받
침은 길이 7~12mm의 피침형이며 옆
쪽꽃받침은 등꽃받침보다 약간 짧다.
옆쪽꽃잎은 길이 7~10mm의 피침형
이며 비스듬히 선다. 입술꽃잎은 백
색–녹백색이며 3개로 갈라진다. 중
앙열편은 길이 4~5mm의 도란형이며
불규칙하게 갈라진다. 측열편은 길이
2~3mm의 피침상 장타원형이고 구부
러진다.
참고 두잎감자난초에 비해 꽃이 작고
꽃받침과 옆쪽꽃잎이 피침형이며 입
술꽃잎의 육상체 2개가 나란히 융기
하는 것이 특징이다.

❶ 2004. 5. 26. 경기 포천시 국립수목원
❷ 꽃. 입술꽃잎 밑부분에 세로로 나란히 융
기한 육상체 2개가 있다. ❸ 꽃 측면. 씨방과
꽃자루는 녹색이며 꽃받침과 옆쪽꽃잎은 피
침형이다. ❹ 열매. 장타원형–방추형이며 아
래(땅)를 향해 달린다.

두잎감자난초

Oreorchis coreana Finet

난초과

국내분포/자생지 제주 한라산의 숲속
형태 다년초. 줄기는 높이 30~60cm
이다. 잎은 길이 20~35cm의 선형–
피침형이다. 꽃은 6~7월에 황갈색으
로 핀다. 꽃받침은 길이 5~7mm의 도
피침상 장타원형이며 옆쪽꽃받침은
옆으로 퍼져서 달린다. 옆쪽꽃잎은
길이 5~6.2mm의 비스듬한 도피침
형이다. 입술꽃잎의 중앙열편은 넓은
부채꼴–도란형이고 아래로 구부러지
며 끝부분은 불규칙한 물결모양이다.
측열편은 길이 1.8~2mm의 혀모양이
고 안쪽면에 자색의 반점이 있다.
참고 최근 일본(혼슈 도치기현)에서도
소수 개체가 발견되었다. 제주도가
전세계 분포의 중심지인 준고유식물
이며 세계적으로도 멸종위기인 희귀
식물이다.

❶ 2022. 6. 17. 제주 한라산(ⓒ이지열) ❷ 꽃.
입술꽃잎 밑부분에 V자모양으로 돌출한 황
색의 육상체가 있다. ❸ 열매. 길이 9~17mm
의 타원형이며 아래를 향해 달린다. ❹ 잎. 1
~2개씩 달린다.

비비추난초

Tipularia japonica Matsum.

난초과

국내분포/자생지 제주 및 전남, 충남 (안면도)의 산지

형태 다년초. 줄기는 높이 15~25cm 이다. 위인경은 길이 1~2cm의 타원 형-난형이며 흔히 2~3개가 염주모 양으로 붙어 달린다. 잎은 위인경에 서 1개씩 나며 길이 3.5~8cm의 피침 상 장타원형-장타원상 난형이고 뒷 면은 흔히 적자색을 띤다. 끝은 뾰족 하거나 길게 뾰족하고 밑부분은 얕 은 심장형이며 가장자리는 물결모양 으로 얕게 주름진다. 잎자루는 길이 2 ~7cm이다. 꽃은 5~6월에 황갈색-연 한 자갈색으로 피며 총상꽃차례에 모 여 달린다. 포는 매우 짧아서 눈에 잘 띄지 않는다. 씨방(꽃자루 포함)은 길 이 7~9mm이다. 꽃받침은 길이 4~ 4.5mm의 도피침상 장타원형이며 끝 이 둥글다. 옆쪽꽃잎은 길이 3.5mm 정도의 장타원형이며 끝이 둥글다. 입술꽃잎은 길이 3~3.5mm의 난형이 며 3개로 얕게 갈라진다. 중앙열편은 타원형-사각형이고 끝이 둥글거나 둔하며 측열편은 넓은 난형-편원형 이고 가장자리에 잔톱니가 있다. 거 는 길이 5~6mm의 실모양 원통형이 다. 꽃술대는 길이 3mm 정도이다. 열 매(삭과)는 길이 7~10mm의 장타원형 이고 아래로 처져서 달린다.

참고 잎과 열매 모양이 백합과의 비 비추류와 닮았다. 잎이 1개씩 나며 피 침상 장타원형-장타원상 난형이고 심장형인 점과 입술꽃잎의 밑부분에 가늘고 긴 거가 있는 것이 특징이다.

❶2016. 5. 17. 제주 서귀포시 한라산 ❷꽃. 꽃받침과 옆쪽꽃잎은 황갈색-연한 자갈색이 며 거는 가늘고 꽃받침보다 길다. ❸열매. 장 타원형이고 굵은 능각이 있으며 아래로 처져 서 달린다. ❹잎. 위인경에서 1개씩 나며 밑 부분은 얕은 심장형이다. 뚜렷한 맥 5~7개가 있다. ❺결실기 모습. 열매를 달고 있는 모습 이 백합과의 비비추속 식물들과 닮았다.

신안새우난초

Calanthe aristulifera Rchb.f.

난초과

국내분포/자생지 전남(서남해 도서)의 산지

형태 다년초. 잎은 길이 20~35cm의 장타원형–도란상 타원형이다. 꽃은 5월에 연한 적자색으로 핀다. 등꽃받침은 길이 1.2~1.5cm의 장타원상 난형이다. 옆쪽꽃받침은 길이 1.3~1.6cm의 장타원상 피침형이다. 옆쪽꽃잎은 길이 1.1~1.4cm의 장타원상 피침형이다. 입술꽃잎은 길이 1.1~1.4cm의 도란형이고 3개로 갈라진다. 중앙부에 세로로 융기한 3(~5)개의 능선이 있다. 거는 길이 1.5~2cm의 선상 원통형이다.

참고 새우난초에 비해 꽃(꽃받침과 옆쪽꽃잎)이 연한 적자색이며 길이 1.5~2cm로 긴 것이 특징이다.

❶2020. 5. 15. 전남 신안군 ❷꽃. 입술꽃잎은 3개로 갈라지며 중앙부에 세로로 융기한 3(~5)개의 능선(융기선)이 있다. ❸꽃 측면. 거를 포함해 화피의 바깥면에는 잔털이 있다. ❹잎 뒷면. 전체 또는 맥 위에 짧은 털이 있다.

여름새우난초

Calanthe puberula Lindl.
Calanthe reflexa Maxim.

난초과

국내분포/자생지 제주 및 전남의 산지

형태 다년초. 잎은 길이 10~30cm의 도피침상 장타원형–장타원형이다. 꽃은 7~8월에 연한 자색–적자색으로 핀다. 등꽃받침은 길이 1.4~1.8cm의 장타원상 난형이고 끝이 길게 뾰족하다. 옆쪽꽃받침은 길이 1.5~1.9cm의 비스듬한 장타원상 난형이며 끝이 길게 뾰족하다. 옆쪽꽃잎은 길이 1.3~1.7cm이고 선형이며 끝이 뾰족하다. 입술꽃잎은 길이 1.3~1.8cm의 난형이며 3개로 갈라진다. 중앙열편은 부채꼴–도란형이며 상반부 가장자리는 불규칙하게 갈라진다.

참고 여름에 꽃이 연한 자색–연한 적자색으로 피며 옆쪽꽃잎이 선형이고 거가 없는 것이 특징이다.

❶2012. 8. 11. 제주 서귀포시 한라산 ❷꽃. 꽃받침은 뒤로 완전히 젖혀지고 옆쪽꽃잎은 옆으로 퍼진다. ❸열매. 도란상 타원형이며 능각이 미약하다. ❹개화 직전 모습(ⓒ이지열). 잎은 완전히 전개되어 있다.

새우난초

Calanthe discolor Lindl.

난초과

국내분포/자생지 충남(안면도) 이남(주로 서남해 도서)의 산지

형태 다년초. 줄기는 높이 25~40cm이다. 잎은 2~3개씩 나고 길이 15~25cm의 장타원형-도란상 장타원형이며 세로맥이 뚜렷하고 주름진다. 밑부분은 차츰 좁아져서 길이 3~9cm의 잎자루모양이 된다. 꽃은 4~5월에 연한 갈색-자갈색(-다양)으로 피며 총상꽃차례에 모여 달린다. 꽃줄기와 꽃자루에 짧은 털이 있다. 등꽃받침은 길이 1.3~2cm의 장타원형이고 끝이 뾰족하다. 옆쪽꽃받침은 길이 1.3~2cm의 비스듬한 장타원형-타원형이며 끝이 뾰족하다. 옆쪽꽃잎은 길이 1.3~1.8cm이고 장타원상 도피침형-도란상 장타원형이며 끝이 뾰족하다. 입술꽃잎은 길이 1.5~2cm의 도란형이며 거의 백색이고 3개로 깊게 갈라진다. 중앙부에 세로로 융기한 3개의 능선이 있다. 중앙열편은 난상 원형-도란형이며 흔히 끝은 2개로 얕게 갈라지고 물결모양으로 주름진다. 측열편은 길이 7~10mm의 부채꼴 도란형-넓은 도란형이며 윗부분은 비스듬히 편평하거나 둔하다. 거는 씨방과 나란히 뻗는다. 꽃술대는 길이 5~8mm이고 날개는 꽃밥을 감싼다. 열매(삭과)는 길이 1.8~2.5cm의 도란상 장타원형이다.

참고 한라새우난초[C. striata R.Br. ex Spreng.(= C. bicolor Lindl.), 큰새우난초]는 새우난초와 금새우난초의 자연교잡종으로 제주도 및 서남해 도서의 두 종이 혼생하는 지역에서는 비교적 흔히 관찰된다. 모종(새우난초와 금새우난초)과의 지속적인 역교잡으로 인해 이들 모종과 연속적인 변이를 보인다.

❶ 2014. 5. 7. 충남 태안군 ❷❸꽃. 꽃받침과 옆쪽꽃잎은 황갈색-연한 갈색이다. 입술꽃잎의 중앙열편 끝부분은 흔히 2개로 갈라진다. 입술꽃잎의 측열편은 부채꼴 도란형-넓은 도란형으로 중앙열편보다 넓은 편이다. 거는 길이 5~10cm이며 씨방(꽃자루 포함)보다 훨씬 짧다. ❹ 열매. 도란상 장타원형이며 아래로 처져서 달린다. ❺-❼ 한라새우난초 ❺ 2023. 4. 13. 제주 ❻꽃. 꽃색은 황갈색, 주황색, 연한 적갈색, 연한 자갈색 등 다양하다. ❼꽃 측면. 거는 새우난초에 비해 짧은 편이다.

금새우난초

Calanthe citrina Van Houtte
Calanthe sieboldii Decme. ex Regel

난초과

국내분포/자생지 경북(울릉도) 및 전남(흑산도 등 도서), 제주의 산지

형태 다년초. 줄기는 높이 30~50cm이다. 잎은 2~3개씩 나며 길이 20~30cm의 타원형–넓은 타원형이고 세로맥이 뚜렷하고 주름진다. 밑부분은 차츰 좁아져서 길이 5~15cm의 잎자루모양이 된다. 꽃은 4~5월에 연한 황색으로 피며 총상꽃차례에 모여 달린다. 꽃줄기와 꽃자루에 짧은 털이 있다. 등꽃받침은 길이 2.5~3.5cm의 장타원형–장타원상 난형이고 끝이 뾰족하거나 길게 뾰족하다. 옆쪽꽃받침은 길이 2.5~3.5cm의 비스듬한 장타원형–타원형이며 끝이 뾰족하거나 길게 뾰족하다. 옆쪽꽃잎은 길이 1.8~2.5cm이고 피침상 장타원형이며 끝이 뾰족하다. 입술꽃잎은 길이 1.5~2.5cm의 넓은 도란형–거의 반원형이며 연한 황색이고 3개로 깊게 갈라진다. 중앙부에 세로로 융기한 3개의 능선이 있다. 중앙열편은 도란상 장타원형–도란형이며 끝은 짧게 뾰족하거나 2개로 얕게 갈라지고 물결모양으로 주름진다. 측열편은 길이 5~15mm의 비스듬한 주걱상 장타원형–도란형 장타원형이다. 열매(삭과)는 길이 2~3cm의 도란상 장타원형이다.

참고 새우난초에 비해 꽃이 밝은 황색이고 약간 크며(꽃받침의 길이가 2.5~3.5cm) 입술꽃잎의 중앙열편 너비가 측열편과 비슷하거나 넓은 것이 특징이다. **다도새우난초**(C. insularis S.H.Oh, H.J.Suh & C.W.Park)는 금새우난초와 신안새우난초의 자연 교잡종으로 두 종이 혼생하는 지역에서 드물게 관찰된다.

❶2023. 5. 15. 전남 신안군 ❷꽃. 입술꽃잎은 3개로 갈라지며 측열편은 중앙열편과 너비가 비슷하거나 좁다. ❸꽃 측면. 거는 길이 5~7mm로 짧은 편이다. ❹열매. 도란상 장타원형이고 아래로 처져서 달린다. ❺-❽다도새우난초 ❺2018. 4. 12. 경기 포천시 국립수목원(식재) ❻꽃. 붉은빛이 약간 도는 연한 황색이다. ❼꽃 측면. 꽃받침과 옆쪽꽃잎이 적자색 빛을 띤다. 거는 금새우난초에 비해 길지만 신안새우난초에 비해서는 짧다. ❽잎. 신안새우난초의 잎처럼 표면에 광택이 약간 있다.

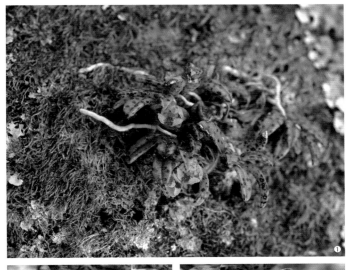

금자란

Gastrochilus matsuran (Makino) Schltr.

난초과

국내분포/자생지 제주 및 경남(남해군), 전남(해남군)의 산지나 민가 주변의 오래된 나무 수피

형태 상록성 다년초. 줄기는 가늘고 길이 1~5cm이며 나무 줄기에 붙어서 옆으로 뻗으며 자란다. 잎은 2줄로 어긋나며 길이 7~30mm의 피침형-선상 장타원형이고 두터운 가죽질이다. 끝은 뾰족하거나 둔하며 중앙맥 부위는 오목하다. 꽃은 4~5월에 황록색-연녹색으로 피며 총상꽃차례에 2~4개씩 모여 달린다. 포는 길이 0.5~1mm의 난상 삼각형이고 다육질이다. 씨방(꽃자루 포함)은 길이 3~5mm이다. 등꽃받침과 옆쪽꽃받침은 길이 2.5~3.5mm의 난상 타원형이고 끝은 둔하다. 옆쪽꽃받침은 옆으로 퍼져서 달린다. 옆쪽꽃잎은 길이 2.5~3mm의 타원형이고 끝이 둔하다. 입술꽃잎은 중앙부를 기준으로 위쪽과 아래쪽의 모양이 다르다. 위쪽은 반타원형-삼각상 넓은 난형이며 밑부분(거)은 입구가 넓은 주머니모양이다. 꽃술대는 매우 짧다. 열매(삭과)는 길이 1cm 정도의 도란형이다.

참고 탐라란[*G. japonicus* (Makino) Schltr.]은 금자란에 비해 잎이 대형(길이 3~10cm)이고 자색의 반점이 없으며 꽃이 4~10개씩 모여나는 것이 특징이다.

❶~❸(ⓒ김지훈) ❶2023. 4. 23. 경남 남해군 ❷❸꽃. 황록색-연녹색이고 전체가 적색-적갈색 빛이 돌며 짙은 적자색의 무늬가 흩어져 있다. 등꽃받침과 옆쪽꽃잎은 서로 밀착하여 덮개모양을 이룬다. 입술꽃잎의 밑부분(거)은 주머니모양이며 윗부분은 반타원형-삼각상 넓은 난형이다. ❹잎. 길이 1~3cm이고 자색-짙은 자색의 무늬가 많다. ❺ ❻탐라란 ❺꽃(2012. 8. 14. 제주). 여름에 피며 4~10개씩 모여 달린다. 꽃받침과 옆쪽꽃잎은 황록색-연녹색이고 도란상 장타원형이다. 입술꽃잎의 윗부분은 넓은 난형-반원형이며 중앙부는 연한 황색이고 적자색의 무늬가 있다. 밑부분(거)은 주머니모양이고 적자색의 반점이 있다. ❻잎. 두터운 가죽질이며 길이 3~10cm의 피침형-장타원상 피침형이고 중앙맥 부위는 V자모양으로 오목하다.

비자란

Thrixspermum japonicum (Miq.)
Rchb.f.

난초과

국내분포/자생지 제주 한라산의 오
래된 나무 수피

형태 상록성 다년초. 잎은 길이 2~
4cm의 피침형-피침상 장타원형이고
두터운 가죽질이다. 꽃은 4~5월에 연
한 황색으로 핀다. 등꽃받침과 옆쪽꽃
받침은 길이 5~7mm의 장타원상 난
형이다. 옆쪽꽃잎은 길이 4~6mm의
도란상 장타원형이다. 입술꽃잎은 3
개로 갈라지며 밑부분(거)은 주머니모
양이다. 중앙열편은 길이 0.5mm 정
도의 짧은 돌기모양이고 측열편은 길
이 2.5mm 정도의 장타원상이고 비교
적 대형이며 곧추서거나 안쪽으로 둥
글게 말려서 꽃술대를 약간 감싼다.
참고 꽃이 연한 황색이며 입술꽃잎의
중앙열편이 매우 작은 것이 특징이다.

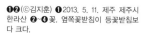
❶❷(ⓒ김지훈) ❶2013. 5. 11. 제주 제주시
한라산 ❷~❹꽃. 옆쪽꽃받침이 등꽃받침보
다 크다.

지네발란

Pelatantheria scolopendrifolia
(Makino) Aver.

난초과

국내분포/자생지 제주 및 전남(목포시,
해남군 등)의 산지 바위나 나무 줄기
형태 상록성 다년초. 잎은 6~10mm
의 선상 피침형이다. 꽃은 7~8월에
피며 잎겨드랑이에서 나온 꽃줄기의
끝에서 1개씩 달린다. 꽃받침은 길이
2.8~3mm의 도란상 장타원형이다. 옆
쪽꽃받침은 길이 2.8~3mm의 비스
듬한 난상 장타원형이다. 옆쪽꽃잎은
도피침상 장타원형-주걱상 장타원형
이며 꽃받침보다 약간 짧다. 입술꽃
잎의 중앙열편은 삼각상 넓은 난형이
고 끝이 둔하다. 거의 안쪽 윗부분에
다육질의 돌기가 있다.
참고 꽃이 연한 적자색이고 입술꽃잎
의 밑부분(거)이 주머니모양이며 잎이
선상의 원통형이고 어긋나게 달리는
것이 특징이다.

❶2021. 8. 10. 제주 서귀포시 ❷꽃. 입술
꽃잎은 백색이며 밑부분(거)은 주머니모양
이다. 꽃술대와 주변부는 밝은 적자색이다.
❸열매. 길이 5~7mm의 도란형이다. ❹잎.
약간 휘어진 측면이 납작한 원통형이다.

나도풍란

Phalaenopsis japonica (Rchb.f.) Kocyan & Schuit.

난초과

국내분포/자생지 제주 및 전남(서남해 도서)의 산지 바위 또는 나무 줄기
형태 상록성 다년초. 잎은 길이 6~15cm의 장타원형-도란상 장타원형이다. 꽃은 6~8월에 핀다. 꽃받침은 길이 1.2~1.6mm의 좁은 장타원형-장타원형이며 옆으로 퍼진다. 옆쪽꽃잎은 길이 1~1.4mm의 장타원형이며 비스듬히 곧추선다. 입술꽃잎의 중앙열편은 길이 1.5cm 정도의 장타원상 도란형이고 앞쪽 가장자리에 불규칙한 톱니가 있다. 거는 길이 5~8mm이고 입술꽃잎과 평행하며 수평으로 뻗는다.
참고 풍란에 비해 잎이 장타원형-도란상 장타원형이며 끝이 둥글거나 약간 오목하고 편평한 점과 거가 짧고 수평으로 뻗는 것이 특징이다.

❶2019. 7. 16. 전남 신안군 홍도(식재) ❷꽃. 백색~녹백색이며 꽃받침과 입술꽃잎에 적자색 무늬가 있다. ❸잎. 두텁고 중앙맥은 뚜렷하다.

풍란

Vanda falcata (Thunb.) Beer
Neofinetia falcata (Thunb.) Hu

난초과

국내분포/자생지 제주 및 경남, 전남의 산지(주로 도서지역의 바위 또는 나무 줄기)
형태 상록성 다년초. 잎은 길이 3~10cm의 선상 피침형이고 가죽질이다. 꽃은 7~8월에 핀다. 꽃받침은 길이 8~10mm의 도피침형이다. 옆쪽꽃잎은 도피침형이고 꽃받침보다 약간 짧다. 입술꽃잎은 길이 7~9mm의 장타원상 난형이다. 중앙열편은 길이 3~4mm의 혀모양이고 측열편은 삼각상 난형이다.
참고 꽃이 무늬가 전혀 없는 순백색이며 거가 매우 길고 실모양의 원통형인 점과 잎이 선상 피침형이고 횡단면이 V자모양인 것이 특징이다.

❶2023. 7. 29. 인천 국립생물자원관(식재) ❷꽃. 꽃받침과 옆쪽꽃잎은 옆으로 퍼지거나 뒤로 젖혀진다. 거는 실모양의 원통형이고 매우 길며(길이 4~5cm) 활모양으로 강하게 휘어진다. ❸열매. 좁은 방추형-선상 장타원형이며 능각이 있다. ❹잎. 선상 피침형이고 V자모양으로 접힌다.

노랑별수선

Hypoxis aurea Lour.

노란별수선과

국내분포/자생지 제주 및 전남(신안군, 진도군)의 서남해 도서

형태 다년초. 잎은 4~12개가 덩이줄기 부근에서 모여나며 길이 7~30cm, 너비 2~6mm의 선형이다. 꽃은 4~6월에 황색으로 피며 잎겨드랑이에서 나온 꽃줄기 끝에서 1~3개씩 달린다. 화피편은 6개이며 길이 4~6mm의 피침상 장타원형이고 끝은 뾰족하거나 돌기모양이다. 수술은 6개이고 화피편보다 짧다. 꽃밥은 황색이고 수술대보다 짧다. 암술대는 길이 1.5~2mm이고 얕게 3개로 갈라진다. 열매(삭과)는 길이 7~12mm이다.

참고 잎이 뿌리 부근에서 모여나고 긴 털이 밀생하며 꽃차례에 총포가 없는 것이 특징이다.

❶2020. 5. 13. 제주 서귀포시 ❷꽃. 화피 통부가 없다. 오전에 피었다가 점심쯤 오므라든다. ❸화피편 및 씨방. 전체에 긴 털이 많으며 특히 외화피편의 끝부분과 뒷면 중앙부에 밀생한다. ❹열매. 곤봉모양(윗부분이 넓은 장타원상 원통형)이며 끝부분에 오므라든 화피편이 남아 있다.

대청부채

Iris dichotoma Pall.

붓꽃과

국내분포/자생지 충남 및 인천의 서해 도서(대청도 등) 해안가 바위지대

형태 다년초. 잎은 길이 15~35cm의 칼모양으로 구부러진 선형이며 중앙맥은 없다. 꽃은 7~8월에 연한 자색-연한 적자색으로 피고 지름 4~4.5cm이며 원뿔상 꽃차례에 모여 달린다. 외화피편은 길이 3~3.5cm의 장타원상 도피침형이며 안쪽면의 하반부에 연한 자색-적자색의 줄무늬가 있다. 내화피편은 길이 2~2.5cm의 도란형이며 끝부분은 오목하거나 2~3개로 깊게 갈라지고 밑부분은 자루모양이다.

참고 꽃줄기는 윗부분에서 여러 번 차상분지하며 화피 통부가 매우 짧은 것이 특징이다.

❶2023. 8. 15. 인천 옹진군 백령도 ❷꽃. 오후 3~4시경에 핀다(햇볕이 강한 날은 조금 더 늦게 핌). ❸수술과 암술. 암술대는 꽃잎모양이고 끝부분은 2개로 깊게 갈라진다. 수술은 암술대의 열편 뒷면에 밀착되어 붙는다. ❹열매. 길이 3~5cm의 장타원상 원통형이다.

범부채

Iris domestica (L.) Goldblatt & Mabb.
Belamcanda chinensis (L.) Redouté

붓꽃과

국내분포/자생지 석회암지대 및 서남해 도서에 드물게 자생

형태 다년초. 잎은 길이 20~50cm의 칼모양으로 구부러진 선형이며 중앙맥은 불명확하다. 꽃은 7~8월에 연한 주황색으로 피고 지름 3~4cm이며 원뿔상 꽃차례에 모여 달린다. 화피편은 안쪽면에 짙은 적자색의 반점이 있다. 외화피편은 길이 2.5cm 정도의 도란상 장타원형이다. 수술은 3개이고 길이 1.8~2cm이다. 암술대는 화피편과 길이가 비슷하다.

참고 붓꽃속의 다른 종에 비해 암술대가 꽃잎모양이 아니며 외화피편과 내화피편의 모양이 비슷한 것이 특징이다.

❶2023. 7. 20. 강원 정선군(식재). 잎은 꽃줄기를 감싸며 부채모양으로 달린다. ❷꽃. 화피편은 도란상 장타원형이며 내화피편이 외화피편에 비해 약간 짧다. ❸개화 직후. 꽃이 지면 화피편은 꽈배기처럼 심하게 꼬이면서 오므라든다. ❹ 열매. 넓은 타원형~도란상 타원형이다.

금붓꽃

Iris minutoaurea Makino

붓꽃과

국내분포/자생지 거의 전국의 산지

형태 다년초. 잎은 길이 10~25cm의 선형이다. 꽃은 4~5월에 황색으로 피고 지름 2~3.8cm이며 꽃줄기의 끝에서 1개씩 달린다. 외화피편은 길이 2~2.7cm의 주걱형~도란상 장타원형이다. 내화피편은 길이 1.5~2.3cm의 주걱형~도피침상 장타원형이며 밑부분은 자루모양이고 뚜렷하게 골진다. 수술은 3개이고 길이 1~1.2cm이다. 암술대는 3개로 완전히 갈라지며 열편은 길이 1.5cm 정도의 장타원형이고 끝은 2개로 또는 불규칙하게 갈라진다.

참고 꽃이 황색이며 꽃줄기가 분지하지 않고 꽃이 1개씩 달리는 것이 특징이다.

❶2004. 4. 15. 경기 포천시 국립수목원 ❷꽃. 화피편이 노랑붓꽃에 비해 좁은 편이다. ❸열매. 끝부분이 바늘처럼 길게 뾰족하다. ❹잎. 중앙맥은 없다. 노랑붓꽃이나 노랑무늬붓꽃에 비해 좁은 편이다.

노랑붓꽃

Iris koreana Nakai

붓꽃과

국내분포/자생지 경북, 전남, 전북의 산지, 한반도 고유종

형태 다년초. 잎은 길이 15~30cm의 선형이며 중앙맥은 불명확하다. 꽃은 4~5월에 황색으로 피고 지름 2.8~4.2cm이다. 외화피편은 길이 2.2~3cm의 주걱형-도란상 장타원형이다. 내화피편은 길이 1.6~2.3cm의 주걱형-도란상 장타원형이다. 수술은 3개이고 길이 1~1.5cm이다. 암술대는 3개로 완전히 갈라지며 열편은 길이 1.7~2cm의 장타원형이고 끝은 2개로 깊게 갈라진다. 열매(삭과)는 길이 2~3cm의 세모진 장타원상 난형-넓은 난형이다.

참고 꽃이 황색이며 꽃줄기에 꽃이 2개씩 달리는 것이 특징이다. 금붓꽃에 비해 땅속줄기가 좀 더 길게 뻗으며 잎이 더 넓다.

❶2020. 4. 20. 전북 부안군 변산반도 ❷꽃. 꽃줄기에서 2개씩 달린다. ❸열매. 끝부분이 부리처럼 길게 뾰족하다.

노랑무늬붓꽃

Iris odaesanensis Y.N.Lee

붓꽃과

국내분포/자생지 경남(신불산), 경북(가지산) 이북의 산지, 한반도 준고유종

형태 다년초. 잎은 길이 10~30cm의 선형이며 중앙맥은 불명확하다. 꽃은 4~5월에 피고 지름 3~4cm이며 꽃줄기 끝에서 2개씩 달린다. 외화피편은 길이 1.8~2.5cm의 주걱형-도란상 장타원형이다. 내화피편은 길이 1.4~2cm의 주걱형-도란상 장타원형이며 밑부분은 자루모양이고 뚜렷하게 골이 진다. 암술대는 3개로 완전히 갈라지며 열편은 길이 1.2~1.8cm의 장타원형이고 끝은 2개로 깊게 갈라진다.

참고 꽃색을 제외하면 노랑붓꽃과 매우 유사하다. 꽃은 백색이고 외화피편 하반부에 황색의 무늬가 있는 것이 특징이다.

❶2005. 5. 16. 강원 태백시 금대봉 ❷꽃. 백색이며 외화피편의 중앙부에 황색 무늬가 있다. ❸열매. 세모진 장타원상 난형-난형이고 끝에 뾰족하다. ❹씨. 길이 5~6mm이고 밑부분과 한쪽 면의 가장자리에 유질체(지질의 부속체)가 있다.

5mm

각시붓꽃

Iris rossii Baker var. *rossii*

국내분포/자생지 전국의 산지

형태 다년초. 줄기는 높이 5~10cm이며 땅속줄기는 가늘고 짧게 뻗는다. 잎은 길이 5~20(~30, 결실기)cm, 너비 2~8mm의 선형이며 중앙맥은 희미하다. 꽃은 4~5월에 연한 자색~청자색으로 피고 지름 3.5~4cm이며 꽃줄기 끝에서 1개씩 달린다. 불염포모양의 포는 2~3개이며 길이 4~7cm의 선형~선상 피침형이고 끝은 꼬리처럼 길게 뾰족하다. 외화피편은 길이 3cm 정도의 도란상 장타원형이며 밑부분은 넓은 자루모양이고 중륵모양의 세로 융기선 양쪽은 골이 진다. 내화피편은 길이 2.2~2.5cm의 주걱형~도피침상 장타원형이며 밑부분은 자루모양이고 뚜렷하게 골이 진다. 수술은 3개이고 길이 1.5cm 정도이다. 암술대는 3개로 완전히 갈라지며 열편은 길이 1.5~2cm의 장타원형이고 끝은 2개로 깊게 갈라진다. 열매(삭과)는 길이 1.3~1.8cm의 약간 세모진 난상 구형이며 끝은 짧게 뾰족하다.

참고 난장이붓꽃이나 솔붓꽃에 비해 포가 선상 피침형으로 좁고 외화피의 무늬가 하반부 이하에만 있는 것이 특징이다. **넓은잎각시붓꽃**(var. *latifolia* J.K.Sim & Y.S.Kim)은 각시붓꽃에 비해 잎이 너비 (6~)8~15mm의 피침상인 것이 다르다. 주로 경기, 충남, 전남, 전북의 산지(주로 서해안) 풀밭에서 자란다.

❶ 2005. 5. 3. 경기 포천시 국립수목원
❷ 꽃. 외화피편의 무늬는 하반부 이하에만 있다. ❸ 열매. 약간 세모진 난상 구형이며 거의 땅 위에 접해서 달린다. ❹ 잎. 땅속줄기가 짧아서 거의 모여난다. 너비 8mm 이하이다. ❺~❽ 넓은잎각시붓꽃 ❺ 꽃. 화피편이 각시붓꽃에 비해 조금 더 넓은 편이다. ❻ 열매. 난상 구형이고 땅 위에 거의 접해서 달린다. ❼ 잎. 결실기에는 너비 1.5cm까지 넓어진다. ❽ 2013. 5. 7. 충남 태안군

솔붓꽃
Iris ruthenica Ker Gawl.

붓꽃과

국내분포/자생지 경기, 경남, 경북, 전남, 충남의 산지의 풀밭(특히 무덤가)
형태 다년초. 잎은 길이 5~20(~30) cm, 너비 3~7mm의 선형이며 중앙맥은 희미하다. 꽃은 4~5월에 자색-청자색으로 피고 지름 3.5~4.5cm이며 꽃줄기 끝에서 1개씩 달린다. 화피통부는 길이 5~20mm이다. 외화피편은 길이 3~4cm의 도피침형이고 백색의 무늬가 있다. 내화피편은 길이 3~3.5cm의 선상 도피침형이고 흔히 곧추선다. 암술대는 3개로 완전히 갈라지며 열편은 길이 3.2~4cm의 장타원상 도피침형이며 외화피편과 밀착하여 나란하게 달린다.
참고 난장이붓꽃에 비해 포가 녹색이고 끝이 길게 뾰족한 것이 특징이다.

❶2006. 5. 4. 대구 북구 경북대학교 ❷꽃. 백색의 무늬는 외화피편의 중앙부에 넓게 있다. ❸꽃 측면. 포는 연녹색-녹색이며 피침상 장타원형이고 끝부분은 길게 뾰족하다. ❹열매. 길이 1.2~1.5cm의 난형-난상 구형이며 시든 포에 싸여 있다.

난장이붓꽃
Iris uniflora Pall. ex Link

붓꽃과

국내분포/자생지 강원(점봉산 등) 이북의 산지
형태 다년초. 잎은 길이 5~20(~35) cm, 너비 3~5mm의 선형이며 중앙맥은 희미하다. 꽃은 5~6월에 자색-청자색으로 피고 지름 3.5~4.5cm이며 꽃줄기 끝에서 1개씩 달린다. 외화피편은 길이 3~3.5cm의 도피침형이다. 내화피편은 길이 2.5~3cm의 선상 도피침형-주걱형이고 흔히 곧추선다. 암술대는 3개로 완전히 갈라지며 열편은 길이 2.5~3cm의 장타원상 도피침형이고 외화피편과 밀착하여 나란히 달린다.
참고 솔붓꽃에 비해 포의 끝이 짧게 뾰족하며 포 끝부분의 가장자리가 흔히 주황색-적갈색 빛이 도는 것이 특징이다.

❶2023. 5. 17. 강원 고성군 향로봉 ❷꽃. 외화피편의 중앙부에 백색의 무늬가 넓게 있다. ❸꽃 측면. 포의 끝부분은 둔하거나 짧게 뾰족하다. ❹열매. 길이 1~2cm의 장타원형-난상 구형이며 마른 포에 싸여있다.

골잎원추리
Hemerocallis lilioasphodelus L.

원추리과

국내분포/자생지 중부지방 이북의 산야(주로 저지대)

형태 다년초. 줄기는 높이 70~100cm 이며 뿌리는 다육질의 수염모양이다. 잎은 길이 20~70cm, 너비 3~12mm 의 선형이며 중앙맥 부위가 V자모양 으로 뚜렷하게 골이 진다. 꽃은 6~8 월에 밝은 황색으로 피고 취산상 꽃 차례에 모여 달린다. 포는 길이 2~ 7cm의 피침형이며 꽃자루는 길이 5 ~20mm이다. 화피 통부는 길이 2~ 3cm이고 녹색이다. 화피편은 길이 4.5~7cm의 장타원상 도피침형-도란 상 장타원형이며 내화피편이 외화피 편보다 넓고 조금 더 길다. 수술은 6 개이다. 수술대는 길이 4~5.5cm이 며 꽃밥은 길이 6~10mm이고 흑갈 색-흑자색이다. 암술대는 1개이고 수 술보다 훨씬 길며 윗부분은 위쪽으 로 구부러진다. 열매(삭과)는 길이 2~ 4cm의 장타원형-넓은 타원형-거의 구형이다.

참고 백운산원추리에 비해 꽃은 밝은 황색이고 저녁 5~6시 이후에 피며 다 음 날 오후에 시드는 점(거의 24시간 개 화)과 잎이 너비 1.2cm 이하로 좁고 뚜렷하게 골이 지는 것(횡단면이 뚜렷한 V자모양)이 특징이다.

❶2020. 8. 1. 경기 연천군(ⓒ김혜경). 꽃줄 기의 축(화축)은 뚜렷하게 길다. ❷꽃. 진한 향기가 난다. 꽃차례의 가지가 길게 분지해 서 꽃이 엉성하게 모여 달린다. ❸꽃 측면. 화피 통부는 길이 2.5cm 정도이며 화피편은 도피침상이고 길이 4.5~7cm이다. ❹열매. 장타원형-거의 구형으로 모양은 다양하다. ❺잎. 비교적 가늘고 뚜렷하게 골이 지며 개 화기에는 흔히 구부러지지 않고 곧추서는 편 이다. ❻잎 비교(좌: 백운산원추리, 우: 골잎 원추리). 백운산원추리에 비해 잎이 좁고 V 자모양으로 뚜렷하게 골이 진다. ❼뿌리. 굵 은 수염뿌리이고 끝부분은 방추형이다. 괴근 모양으로 부풀지 않는다. ❽2016. 7. 15. 중 국 헤이룽장성

원추리

Hemerocallis fulva (L.) L.

원추리과

국내분포/자생지 전국의 식재 및 야생

형태 다년초. 잎은 길이 40~90cm, 너비 1~2.8cm의 선형이다. 꽃은 6~7월에 주황색으로 피고 취산상 꽃차례에 모여 달린다. 내화피편은 길이 6~10cm의 도피침형—도란상 장타원형이며 외화피편은 내화피편보다 좁고 조금 더 짧다. 수술은 6개이고 화피 밖으로 길게 나온다. 암술대는 1개이고 수술보다 약간 길다. 열매(삭과)는 길이 2~3cm의 타원형이다.

참고 백운산원추리에 비해 꽃이 주황색 또는 붉은빛이 강한 주황색으로 피며 흔히 비스듬히 하늘로 향해 달리는 것이 특징이다. 원추리에 비해 꽃잎이 겹으로 달리는 것을 왕원추리 (f. *kwanso*)라고 한다.

❶2023. 6. 28. 강원 양양군 ❷꽃. 짙은(적자색 빛) 주황색이다. 꽃은 오전에 피어 저녁에 시든다(12시간 개화). ❸새순. 잎이 넓은 편이다. ❹왕원추리(2017. 7. 8. 제주 제주시) 수술이 꽃잎으로 변해 겹꽃을 이룬다.

태안원추리

Hemerocallis taeanensis S.S.Kang & M.G.Chung

원추리과

국내분포/자생지 충남(서산시, 태안군 일대)의 산지. 한반도 고유종

형태 다년초. 뿌리의 끝부분은 괴근상으로 부푼다. 잎은 길이 30~45cm, 너비 5~14mm의 선형이다. 꽃은 5~6월에 핀다. 화피 통부는 길이 2~3cm이다. 내화피편은 길이 6~8cm의 장타원상 도피침형이며 외화피편은 내화피편보다 좁고 조금 더 짧다. 수술대는 길이 3.5~5cm이며 꽃밥은 길이 3.4~5.5mm이다. 암술대는 1개이며 수술보다 약간 길고 윗부분은 위를 향해 구부러진다.

참고 백운산원추리에 비해 전체적으로 소형이고 꽃이 적게 달린다. 특히 잎이 좁고(너비 1.4cm 이하) 꽃줄기가 가는 것이 특징이다.

❶2019. 6. 13. 충남 태안군 안면도 ❷꽃. 백운산원추리에 비해 황색에 가까운 주황색으로 색이 밝은 편이고 크기는 약간 작다. ❸꽃 측면. 꽃자루 및 꽃줄기가 가는 편이다. ❹잎. 너비 1.4cm 이하로 좁은 편이다.

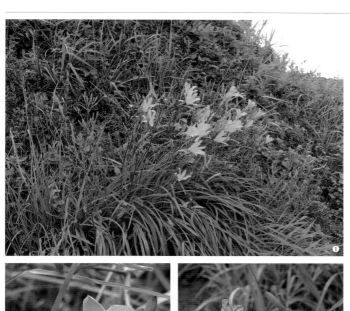

백운산원추리

Hemerocallis hakuunensis Nakai

원추리과

국내분포/자생지 거의 전국의 산야, 한반도 고유종

형태 다년초. 줄기는 높이 50~100cm 이며 뿌리는 다육질의 수염모양이고 끝부분은 괴근상으로 부푼다. 잎은 길이 40~80cm, 너비 1.3~2(~3)cm의 선형이고 끝은 뾰족하다. 꽃은 6~8월 에 황색-밝은 주황색으로 피고 취산 상 꽃차례에 모여 달린다. 포는 길이 1~3(~8)cm의 피침형-난형이며 꽃자 루는 길이 5~10mm이다. 화피 통부는 길이 2~3.5cm이다. 내화피편은 길 이 7~9cm의 도란상 장타원형이며 외 화피편은 내화피편보다 좁고 조금 더 짧다. 수술은 6개이다. 수술대는 길이 5~6cm이며 꽃밥은 길이 4~9mm이 다. 암술대는 1개이며 수술보다 길고 윗부분은 위를 향해 구부러진다. 열 매(삭과)는 길이 2~3.5cm의 약간 삼 각진 타원형-거의 구형이다.

참고 꽃이 주황빛이 도는 황색이고 아침에 개화하는 점과 꽃차례의 가지 가 길이 5cm 이상(길게 분지)이고 꽃 이 3~15개 정도 달리며 잎이 너비 1.3 ~2(~3)cm인 것이 특징이다.

❶2016. 6. 15. 울산 동구 대왕암 ❷꽃. 주황 빛이 도는 황색(또는 노랑빛이 도는 주황색) 이다. 지역이나 개체에 따라 꽃색에 차이가 약간 있다. ❸꽃 측면. 화피 통부는 길이 2~ 3.5cm이다. ❹열매. 타원형-거의 구형이다. ❺잎(새순). 너비 3cm 정도로 넓은 개체도 있다. ❻뿌리. 굵고 다육질이며 끝부분에 방 추상으로 부푼다. ❼2016. 6. 15. 울산 동구 대왕암. 해안가에서는 6월경부터 개화를 시 작한다. ❽2018. 8. 2. 전남 구례군 지리산. 해발고도가 높은 산지에서는 7~8월에도 개 화한다.

홍도원추리

Hemerocallis hongdoensis
M.G.Chung & S.S.Kang

원추리과

국내분포/자생지 전남 신안군(가거도, 홍도, 흑산도 등)의 산지, 한반도 고유종
형태 다년초. 줄기는 높이 60~100cm 이며 뿌리는 다육질의 수염모양이고 끝부분은 괴근상으로 부푼다. 잎은 길이 40~90cm, 너비 (2~)2.5~3.5(~4) cm의 선형이고 끝은 뾰족하다. 꽃은 7~8월에 주황빛이 약간 도는 황색으로 피고 취산상 꽃차례에 4~10개씩 모여 달린다. 포는 길이 1~4(~5)cm 의 피침형-난형이다. 화피 통부는 길이 3~3.7cm이다. 내화피편은 길이 8~11cm의 도피침상 장타원형-도란상 장타원형이며 외화피편은 내화피편 보다 좁고 조금 더 짧다. 수술은 6개 이다. 수술대는 길이 5~6cm이며 꽃 밥은 길이 7~10mm이다. 암술대는 1 개이며 수술보다 길고 윗부분은 위를 향해 구부러진다. 열매(삭과)는 길이 2~4cm의 타원형-거의 구형이다.
참고 꽃이 주황빛이 약간 도는 황색 이고 아침에 개화하는 점과 꽃차례의 가지 길이가 2~4cm 정도(짧게 분지)이 며 잎 너비가 흔히 2.5~3.5cm로 넓 은 것이 특징이다.

❶2019. 7. 16. 전남 신안군 홍도 ❷꽃. 주황 빛이 약간 도는 황색이며 외화피편은 도피침 상 장타원형-도란상 장타원형이다. ❸꽃 측 면. 화피 통부는 길이 3~3.7cm이다. 꽃은 오 전에 피며 향기는 약하거나 없다. ❹열매. 타 원형-거의 구형이다. ❺잎. 흔히 길이 2.5~ 3.5(~4)cm로 넓은 편이다(자생 원추리속 식 물 중 가장 넓다). ❻2019. 7. 16. 전남 신안 군 홍도

큰원추리
Hemerocallis middendorffii Trautv.
& C.A.Mey.

원추리과

국내분포/자생지 지리산 이북의 해발고도가 비교적 높은 산지 또는 석회암지대 산지

형태 다년초. 잎은 길이 35~70cm, 너비 1.3~2.7cm이다. 꽃은 6~7월에 주황빛이 약간 도는 황색으로 핀다. 포는 길이 4~7cm의 난형이고 끝은 꼬리처럼 길게 뾰족하다. 내화피편은 길이 8~8.5cm의 도피침상 장타원형이며 외화피편은 내화피편보다 좁고 조금 더 짧다. 수술대는 길이 4.5~6cm이며 꽃밥은 길이 7~10mm이다. 암술대는 수술보다 길고 윗부분은 위를 향해 구부러진다.

참고 꽃이 꽃줄기 끝에서 (1~)2~6개씩 밀집하여 머리모양처럼 모여 달리며 꽃자루와 화피 통부가 포에 싸여 있는 것이 특징이다.

❶ 2004. 6. 13. 강원 삼척시 덕항산 ❷ 꽃. 꽃줄기의 끝부분에 모여 달린다. ❸ 꽃 측면. 꽃자루와 화피 통부는 막질의 포에 싸여 있다. 포는 흔히 3~5개가 겹쳐진다. ❹ 열매. 약간 세모진 난형~거의 구형이다.

애기원추리
Hemerocallis minor Mill.

원추리과

국내분포/자생지 제주(한라산) 및 북부지방의 산지

형태 다년초. 잎은 길이 30~35cm의 선형이다. 꽃은 5~6(~7)월에 밝은 황색으로 피고 짧은 취산상 꽃차례에 2~4개씩 모여 달린다. 화피 통부는 길이 1.2~1.5cm이다. 내화피편은 길이 5~6cm의 도피침형~장타원상 도피침형이며 외화피편은 내화피편보다 좁고 조금 더 짧다. 수술대는 길이 3~4cm이며 꽃밥은 길이 4~5mm이다. 암술대는 수술보다 길고 윗부분은 위를 향해 구부러진다.

참고 전체적으로 소형이다. 꽃은 밝은 황색이고 오후 늦게 피며 2~4개씩 모여 달리고 꽃차례가 짧게 분지(가지 길이 2~4cm)하는 것이 특징이다. 형태적으로 골잎원추리와 가장 유사하다.

❶ 2024. 6. 12. 몽골 ❷ 꽃. 밝은 황색이며 오후 4~5시에 개화하고 향기가 난다. 내화피편은 도피침상이고 폭이 좁다. ❸ 열매. 약간 세모진 장타원형~타원형이다. ❹ 잎. 너비가 1~1.2cm로 좁은 편이다.

노랑원추리

Hemerocallis citrina Baroni
Hemerocallis coreana Nakai

원추리과

국내분포/자생지 제주 및 서해안(특히 서해 도서)의 산지

형태 다년초. 줄기는 높이 80~140cm 이며 뿌리는 다육질의 수염모양이고 끝부분은 괴근상으로 부푼다. 잎은 길이 60~90cm, 너비 (1~)1.5~2.5cm 의 선형이고 끝은 뾰족하다. 꽃은 7~8월에 밝은 황색으로 피고 취산상 꽃차례에 8~20개씩 모여 달린다. 포는 길이 5~30(~50)mm의 선상 피침형-난형이다. 화피 통부는 길이 3~5cm 이다. 내화피편은 길이 5.5~8cm의 도피침형-장타원상 도피침형이며 외화피편은 내화피편보다 좁고 조금 더 짧다. 수술은 6개이다. 수술대는 길이 3~6cm이며 꽃밥은 길이 4~7mm이다. 암술대는 1개이며 수술보다 길고 윗부분은 위를 향해 구부러진다. 열매(삭과)는 길이 2~3.5cm의 약간 세모진 넓은 타원형-도란상 구형-거의 구형이다.

참고 꽃이 밝은 황색이고 저녁에 피는 점과 꽃차례가 길게 분지(가지가 길이 5cm 이상)하고 꽃이 8~20개씩 모여 달리는 것이 특징이다.

❶ 2019. 8. 13. 인천 국립생물자원관(식재, 백령도에서 채집) ❷ 꽃차례. 가지가 길어서 전체적으로 원뿔형을 이룬다. ❸ 꽃. 밝은 황색이며 어둑어둑해지는 오후 6~7시에 활짝 피고 향기가 난다. ❹ 꽃 측면. 화피 통부는 길이 3~5cm로 길다. ❺ 열매. 약간 세모진 넓은 타원형-도란상 구형-거의 구형이다. ❻ 잎. 너비 1.5~2.5cm로 비교적 넓은 편이다. ❼ 시든 꽃. 햇볕이 강해지면 꽃은 시든다(12시간 개화). 외국(중국) 문헌에는 24시간 개화하는 것으로 알려져 있으나 자생 노랑원추리는 저녁부터 다음날 오전까지 12시간 정도 개화하기 때문에 한낮 동안에는 활짝 핀 꽃을 볼 수 없다.

달래

Allium monanthum Maxim.

수선화과

국내분포/자생지 거의 전국의 산지

형태 다년초. 줄기는 높이 8~15cm이다. 잎은 1~2장이며 길이 10~24cm의 선형이고 편평하거나 V자로 홈이 진다. 끝은 뾰족하고 밑부분은 점차 좁아진다. 암수딴그루(또는 암꽃수꽃양성화딴그루)이다. 꽃은 4~5월에 백색 또는 연한 적자색으로 피며 암그루의 경우 1(~2)개씩, 수그루의 경우 2~3(~4)개씩 산형꽃차례에 모여 달린다. 포는 길이 4~8.5mm이고 막질이다. 꽃자루는 화피와 길이가 비슷하다. 화피편은 6개이며 길이 4~5mm의 장타원형–장타원상 난형이다. 끝이 둔하며 외화피편이 내화피편보다 더 넓다. 수술은 6개이고 화피편과 길이가 비슷하며 밑부분은 화피편과 합생한다. 씨방은 난상 구형이고 암술머리는 3개로 갈라진다. 열매(삭과)는 길이 3.5~4.9mm의 난상 구형–거의 구형이다.

참고 땅속줄기가 발달하지 않고 비늘줄기만 있는 점과 암수딴그루이고 꽃이 1개(암꽃) 또는 2~4개(수꽃)씩 달리는 것이 특징이다. 식물학적으로는 이 종의 국명은 달래지만, 과거에서 현재까지 유구한 역사 속 우리 민족은 산달래(*A. macrostemon* Bunge)를 달래로 불러왔다. 현재의 식물명(달래와 산달래)은 민속학적인 기록과 맞지 않을 뿐만 아니라 생태적 특징과도 일치하지 않는다. 들에서 자라는 것의 식물명이 산달래이고, 산에서 자라는 것의 식물명이 달래인 것이다. 불합리한 달래와 산달래의 국명이 어떻게 변천되고 적용되어 왔는지에 대한 면밀한 문헌학적 연구가 필요하다. 식물학적 식물명과 일반적인 표준어 사이의 괴리에서 오는 혼동을 없애기 위해서 합리적인 국명 적용(변경)에 대한 논의가 필요하다.

❶암그루. 2001. 4. 14. 대구 팔공산 ❷❸암꽃. 흔히 1(~2)개씩 달린다. 꽃자루는 꽃줄기보다 굵다. 암술머리는 3개로 갈라지며 씨방은 난상 구형이다. ❹❺수꽃. 흔히 2~3(~4)개씩 달린다. 수술은 화피편과 길이가 비슷하다. ❻군락. 주로 무수정 결실(agamospermy) 또는 작은 비늘줄기(bulblets, 소인경)로 무성번식하는 것으로 추정된다. ❼수그루. 2020. 4. 15. 강원 인제군 설악산

산마늘

Allium microdictyon Prokh.

수선화과

국내분포/자생지 지리산 이북의 해
발고도가 높은 산지에 드물게 자람

형태 다년초. 잎은 2~3장이며 길이
10~20cm의 장타원형-타원형이다.
꽃은 5~7월에 연한 황백색으로 핀다.
화피편은 6개이며 종모양으로 모여
달린다. 내화피편은 길이 5.2~6.5mm
의 타원형이다. 외화피편은 길이 4~
5.5mm의 장타원형이다. 수술대는 길
이 6.2~8.5mm이고 꽃밥은 황백색이
다. 열매(삭과)는 길이 4.5~5.7mm의
세모진 심장형이다.

참고 울릉산마늘에 비해 잎이 장타원
형-타원형으로 좁고 끝이 뾰족하며
화피편이 연한 황백색이고 작은 것이
특징이다. 세계적으로는 러시아 중남
부-몽골 북부에 연속 분포하고 우리
나라 높은 산지(특히 백두대간)에 격리
분포한다.

❶2006. 5. 20. 강원 평창군 ❷꽃차례. 화피
는 연한 황백색(순백색 아님)이다. ❸꽃. 수
술은 화피편보다 대략 2배 정도 길다. ❹잎.
장타원형-타원형이고 끝이 뾰족한 편이다.

울릉산마늘

Allium ulleungense H.J.Choi &
N.Friesen

수선화과

국내분포/자생지 경북(울릉도)의 산
지, 한반도 고유종

형태 다년초. 땅속줄기는 굵고 짧게
옆으로 뻗는다. 잎은 2~3장이며 길이
20~30cm의 타원형-난형이다. 꽃은
5~6월에 백색으로 핀다. 꽃자루는 길
이 1.4~2.5cm이다. 화피편은 6개이며
종모양으로 모여 달린다. 내화피편은
길이 6~8.5mm의 타원형이고 끝이
둔하다. 외화피편은 길이 5.7~7.2mm
의 장타원형이고 끝이 둔하다.

참고 내륙에 분포하는 산마늘에 비해
전체적으로 대형이다. 잎이 길이 20~
30cm의 타원형-난형이고 끝이 둔하
거나 거의 둥글며 꽃이 백색으로 피
는 것이 특징이다.

❶2019. 6. 2. 경북 울릉군 울릉도 ❷꽃차
례. 화피는 백색(거의 순백색)이다. ❸열매.
뚜렷하게 3개로 골이 진 심장형이며 끝부분
이 오목하다. ❹잎(새순). 타원형-난형이고
끝이 둔하거나 둥근 모양이다.

실부추
Allium anisopodium Ledeb.

수선화과

국내분포/자생지 북부지방의 산야

형태 다년초. 잎은 2~6장이며 길이 5~20cm의 좁은 선형이다. 꽃은 6~7월에 연한 적자색으로 피며 산형꽃차례에 조밀하게 모여 달린다. 꽃자루는 둥글고 길이 6~30mm이며 각각 길이 차이가 난다. 화피편은 6개이며 종모양으로 모여 달린다. 내화피편은 길이 5~5.2mm의 도란형이다. 외화피편은 길이 4.4~4.6mm의 난형이다. 수술대는 길이 3~3.6mm이며 꽃밥은 황백색 또는 적자색이다. 열매(삭과)는 길이 3.2~3.9mm의 약간 세모진 편구형-거의 구형이다.

참고 애기실부추에 비해 꽃자루가 일정하지 않고 길이가 각각 다르며 화피편이 길이 4.4~5.2mm로 비교적 큰 것이 특징이다.

❶ 2019. 7. 9. 중국 지린성 룽징 ❷ 꽃차례. 각각의 꽃자루는 길이 차이가 많이 나는 편이다. ❸ 꽃. 화피편은 애기실부추에 비해 좀 더 크다. ❹ 잎. 약간 능각진다.

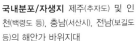

애기실부추
Allium tenuissimum L.

수선화과

국내분포/자생지 제주(추자도) 및 인천(백령도 등), 충남(서산시), 전남(보길도 등)의 해안가 바위지대

형태 다년초. 잎은 2~5장이며 길이 5~20cm의 좁은 선형이다. 꽃은 7~8월에 연한 적자색으로 피며 산형꽃차례에 조밀하게 모여 달린다. 꽃자루는 둥글고 길이 5~20mm이며 서로 비슷하다. 화피편은 6개이며 종모양으로 모여 달린다. 내화피편은 길이 4~5mm의 도란형이다. 외화피편은 길이 4~4.5mm의 난형이다. 수술대는 길이 2.2~3.5mm이며 꽃밥은 황백색이다. 열매(삭과)는 길이 3.2~3.8mm의 약간 세모진 편구형-거의 구형이다.

참고 실부추에 비해 꽃자루가 길이가 서로 비슷하며 화피편이 길이 4~5mm로 비교적 작은 것이 특징이다.

❶ 2023. 8. 15. 인천 옹진군 백령도 ❷ 꽃차례. 각각의 꽃자루는 길이가 서로 비슷하다. ❸ 열매. 약간 세모진 편구형-구형이다. ❹ 잎(2020. 5. 23. 전남 완도군 보길도) 능각이 미약하며 횡단면은 원형이다.

두메부추

Allium dumebuchum H.J.Choi

수선화과

국내분포/자생지 경북(울릉도)의 산지, 한반도 고유종

형태 다년초. 줄기는 높이 25~45cm 이며 땅속줄기는 굵고 옆으로 뻗는다. 잎은 4~9장이며 약간 다육질이다. 길이 18~38cm, 너비 5~13mm의 선형이고 편평하며 비틀리거나 꼬인다. 끝은 둔하거나 둥글다. 꽃은 9~10월에 연한 적자색-연한 자색으로 피며 산형꽃차례에 조밀하게 모여 달린다. 꽃줄기의 단면은 마름모꼴이다. 포는 길이 3.2~5mm이고 막질이다. 꽃자루는 둥글며 길이 9~12mm이다. 화피편은 6개이며 종모양으로 모여 달린다. 내화피편은 길이 5.2~7.2mm의 타원상이고 끝이 둔하거나 편평하다. 외화피편은 길이 4.8~6.1mm의 타원상이고 끝이 둔하다. 수술은 6개이며 수술대는 길이 6.2~8.4mm이고 꽃밥은 연한 자색-적자색이다. 씨방은 도란형이며 암술대는 1개이고 씨방보다 짧다. 열매(삭과)는 길이 5.4~5.6mm의 세모진 도란형-도란상 구형이다.

참고 참두메부추에 비해 잎이 흔히 많이 뒤틀리고 광택이 나지 않으며 화피가 별모양으로 비스듬히 벌어지고 안쪽 열의 수술대가 밑으로 차츰 넓어지는 것이 특징이다.

❶ 2003. 9. 1. 경북 울릉군 울릉도 ❷ 꽃차례. 화피편이 비스듬히 퍼져 달린다. 꽃은 9~10월에 핀다. ❸ 꽃. 안쪽 수술의 수술대는 밑으로 갈수록 뚜렷하게 넓어진다. ❹ 열매. 세모진 도란형-도란상 구형이다. ❺ 개화 직전의 모습. 꽃줄기 윗부분이 땅으로 구부러져 있다가 꽃이 필 무렵 곧추선다. 잎은 뚜렷하게 뒤틀리거나 꼬인다. ❻ 자생 모습(2016. 10. 14. 경북 울릉군 울릉도) 주로 해안가 바위지대에서 자란다.

참두메부추

Allium spirale Willd.

수선화과

국내분포/자생지 강원(강릉시, 동해시, 삼척시, 양양군 등 주로 해안가) 이북 풀밭이나 솔밭

형태 다년초. 줄기는 높이 25~60cm 이며 땅속줄기는 굵고 옆으로 뻗는다. 잎은 2~7장이며 약간 다육질이다. 길이 20~45cm, 너비 4~10mm의 선형이고 편평하며 비틀리거나 약간 꼬인다. 끝은 둔하거나 둥글다. 꽃은 8~9월에 연한 적자색–자색으로 피며 산형꽃차례에 조밀하게 모여 달린다. 꽃줄기의 단면은 납작한 마름모꼴이다. 포는 길이 5~8mm이고 막질이다. 꽃자루는 둥글고 길이 8.5~20mm 이다. 화피편은 6개이며 종모양으로 모여 달린다. 내화피편은 길이 5~5.5mm의 타원상이고 끝이 둔하다. 외화피편은 길이 4~4.3mm의 난상 타원형이고 끝이 둔하다. 수술은 6개이며 수술대는 길이 5~8mm이고 꽃밥은 연한 자색–적자색이다. 씨방은 도란형이며 암술대는 1개이고 씨방보다 길거나 약간 짧다. 열매(삭과)는 길이 5~6mm의 세모진 도란형–도란상 구형이다.

참고 두메부추에 비해 잎이 약간 꼬이거나 꼬이지 않으며 광택이 난다. 안쪽 열의 수술대는 송곳모양으로 밑으로 갈수록 뚜렷하게 넓어지지 않는 것이 특징이다.

❶2021. 9. 8. 강원 강릉시 ❷꽃차례. 화피편은 곧추선다. ❸꽃 내부. 암술대는 씨방과 길이가 비슷하다. ❹꽃줄기. 약간 납작한 마름모꼴이며 능각은 뚜렷하거나 날개모양이다. ❺잎. 약하게 뒤틀린다. ❻열매. 세모진 도란형–도란상 구형이다. ❼-❾2013. 9. 9. 러시아 프리모르스키주 ❼전체 모습. 꽃줄기가 잎보다 훨씬 길다. 능각은 뚜렷한 날개모양이다. ❽꽃차례. 화피편은 곧추선다. ❾잎. 편평하며 약간 뒤틀리거나 뒤틀리지 않는다.

각시두메부추

Allium spurium G.Don

수선화과

국내분포/자생지 경북(안동시) 및 북부지방의 산지

형태 다년초. 줄기는 높이 25~40cm이며 땅속줄기는 굵고 옆으로 뻗는다. 잎은 2~8장이며 길이 15~30cm, 너비 1.5~4mm의 좁은 선형이고 편평하다. 꽃은 8~9월에 연한 적자색-연한 자색으로 피며 산형꽃차례에 조밀하게 모여 달린다. 꽃줄기의 단면은 마름모꼴이다. 포는 길이 3~5mm이고 막질이다. 꽃자루는 둥글고 길이 6~15mm이다. 화피편은 6개이고 종모양으로 모여 달린다. 내화피편은 길이 5~5.5mm의 난상 타원형이고 끝이 둔하다. 외화피편은 길이 4~4.2mm의 난상 타원형이고 끝이 둔하다. 수술은 6개이며 수술대는 길이 4~8mm이고 꽃밥은 연한 자색-적자색이다. 씨방은 오각상 도란형이며 암술대는 1개이고 씨방보다 길다. 열매(삭과)는 길이 4.8~5.1mm의 세모진 넓은 도란형-도란상 구형이다.

참고 참두메부추에 비해 잎이 가늘며 (너비 1.5~4mm) 꽃줄기가 마름모꼴(납작하지 않음)이고 능각에 날개가 발달하지 않는 것이 특징이다.

❶ 2021. 9. 9. 경북 안동시 ❷ 꽃차례 비교(좌: 각시두메부추, 우: 참두메부추). 참두메부추에 비해 꽃색이 연하고 꽃이 작다. ❸ 꽃 내부 비교(좌: 참두메부추, 우: 각시두메부추). 참두메부추는 수술이 화피편의 1.5배 정도 길며 씨방이 네모진 난형이고 암술대가 씨방보다 약간 짧거나 길다. 각시두메부추는 수술이 화피편의 2배 정도 길며 씨방이 오각상 도란형이고 암술대는 씨방보다 길다. ❹ 꽃줄기. 납작하지 않다. ❺ 꽃줄기 단면. 마름모꼴이며 능각은 날개모양이 아니다. ❻ 열매. 세모진 넓은 도란형-도란상 구형이다. ❼ 잎. 너비 1.5~4mm로 좁은 편이다. ❽ 자생모습(2021. 9. 9. 경북 안동시). 다른 식물들과 경쟁이 덜한 장소에 고립되어 자란다.

좀부추

Allium minus (S.O.Yu, S.Lee & W.T.Lee) H.J.Choi & B.U.Oh

국내분포/자생지 강원(인제군)의 산지, 한반도 고유종

형태 다년초. 줄기는 높이 25~40cm이며 땅속줄기는 굵고 옆으로 뻗는다. 잎은 5~7장이며 약간 다육질이다. 길이 11~25cm, 너비 2.4~4.5mm의 선형이고 편평하며 비틀리거나 약간 꼬인다. 꽃은 5~8월에 연한 적자색-연한 자색으로 피며 산형꽃차례에 조밀하게 모여 달린다. 꽃줄기의 단면은 거의 둥글다. 포는 길이 2.7~4.8mm이고 막질이다. 꽃자루는 둥글고 길이 6~8mm이다. 화피편은 6개이고 종모양으로 모여 달린다. 내화피편은 길이 3.5~4.7mm의 타원형이고 끝이 둔하다. 외화피편은 길이 3.4~4.1mm의 난상 장타원형이고 끝이 둔하다. 수술은 6개이며 수술대는 길이 3.8~4.8mm이고 꽃밥은 연한 자색-적자색이다. 씨방은 도란형이며 암술대는 1개이고 씨방보다 짧거나 길다. 열매(삭과)는 길이 3.5~3.7mm의 세모진 도란형-도란상 구형이다.

참고 잎의 너비가 2.5~4.5mm로 좁고 꽃줄기의 횡단면이 둥글며 수술이 화피 밖으로 나출되지 않는 것이 특징이다. 강원 인제군에서 발견된 고유종이며 현재 자생지(기준표본 채집지)에서는 절멸할 것으로 추정한다. 영양부추(솔부추)라고 부르며 재배된다.

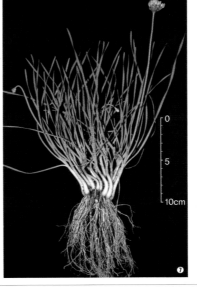

❶~❼(ⓒ최혁재) ❶2008. 6. 30. 경기 양주시 ❷꽃차례. 꽃은 5~8월에 핀다. ❸꽃. 수술은 화피 밖으로 길게 나출되지 않는다. ❹꽃 측면. 수술은 화피편과 길이가 비슷하다. ❺열매. 세모진 도란형-도란상 구형이다. ❻땅속줄기. 굵고 짧게 옆으로 뻗는다. ❼전체 모습. 잎은 너비 2.5~4.5mm이고 비틀리거나 약간 꼬인다.

가는산부추

Allium splendens Willd. ex Schult. & Schult.f.

수선화과

국내분포/자생지 북부지방의 산지
형태 다년초. 줄기는 높이 35~65cm
이며 땅속줄기는 가늘고 밑으로 뻗는
다. 잎은 2~4장이며 길이 15~30cm,
너비 1.9~4.7mm의 선형이고 편평하
다. 꽃은 6~7월에 연한 적자색–적자
색으로 피며 산형꽃차례에 조밀하게
모여 달린다. 꽃줄기의 단면은 둥글
다. 포는 길이 5.5~8mm의 난상 장타
원형–난형이고 막질이다. 꽃자루는
둥글며 길이 4~10mm이다. 화피편은
6개이며 종모양으로 모여 달린다. 내
화피편은 길이 4.3~4.6mm의 타원상
이고 끝이 둔하다. 외화피편은 길이
3.5~4.3mm의 난상 타원형이고 끝이
둔하다. 수술은 6개이며 수술대는 길
이 4.3~4.9mm이고 꽃밥은 연한 자
색–적자색이다. 씨방은 도란형이며
암술대는 1개이고 암술머리는 머리모
양(구형)이다. 열매(삭과)는 길이 3.5~
3.7mm의 세모진 넓은 타원상 구형이
다.

참고 돌부추에 비해 꽃이 적자색이
고 화피가 종모양이며 화피편이 길이
3.5~4.6mm로 작은 편이다. **북수백산
파**(*A. stenodon* Nakai & Kitag.)는 줄기
밑부분(비늘줄기)의 겉이 섬유질모양이
며 꽃이 청색–청자색이고 화피편이
옆으로 비스듬히 퍼져서 별모양이다.
북부지방(관모봉, 백두산, 북수백산 등)의
해발고도가 높은 산지에서 자란다.

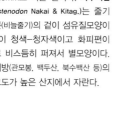

❶~❺(ⓒ최혁재) **❶**2014. 7. 10. 중국 지린
성 **❷**꽃차례. 꽃은 적자색이고 화피편이 곧
추서서 종모양을 이룬다. **❸**꽃. 수술대는 길
이 4.3~4.9mm이고 내화피편과 길이가 비슷
하거나 약간 길며 암술머리는 머리모양이다.
❹열매. 세모진 넓은 타원상 구형이다. **❺**비
늘줄기와 뿌리. 비늘줄기의 겉은 섬유질모양
이다. **❻❼**북수백산파(ⓒ권용진) **❻**꽃. 적게
달리는 편이다. 화피편은 옆으로 비스듬히
퍼져서 꽃은 별모양이다. **❼**2008. 8. 21. 중
국 지린성 백두산

돌부추
Allium koreanum H.J.Choi & B.U.Oh

수선화과

국내분포/자생지 경남, 부산, 전북의 산지 및 해안가 바위지대, 한반도 고유종

형태 다년초. 잎은 길이 13~40cm, 너비 1.9~3.2mm의 선형이고 편평하다. 꽃은 6~7월에 연한 적자색~적자색으로 핀다. 꽃줄기의 단면은 둥글다. 꽃자루는 길이 5.9~11mm이다. 내화피편은 길이 4.8~5.3mm의 난상 타원형이다. 외화피편은 길이 4~4.6mm의 난상 타원형이다. 수술대는 길이 6~8.4mm이고 하반부 가장자리에 2~4개의 큰 톱니가 있다.

참고 가는산부추에 비해 화피편은 별모양으로 퍼지며 수술대가 길이 6~8.4mm로 화피편보다 훨씬 길며 암술머리가 밋밋한 것이 특징이다.

❶2018. 7. 13. 부산 기장군 ❷꽃차례. 화피편은 옆으로 비스듬히 퍼져서 꽃이 별모양으로 보인다. ❸꽃. 수술대는 화피편보다 훨씬 길며 암술머리는 밋밋하다. ❹열매(ⓒ정현도). 세모진 도란상 구형~거의 구형이다.

노랑부추
Allium condensatum Turcz.

수선화과

국내분포/자생지 북부지방의 건조한 산지(특히 바위지대)

형태 다년초. 잎은 길이 35~60cm, 너비 1.7~3.5mm의 선형이고 약간 둥근 편이다. 꽃은 7~8월에 연한 황백색으로 핀다. 꽃줄기의 단면은 둥글다. 꽃자루는 둥글며 길이 7.5~12mm이다. 내화피편은 길이 3.9~5.6mm의 난상 타원형이다. 외화피편은 길이 3~5mm의 난상 타원형이다. 수술대는 길이 5.3~7.8mm이고 밑부분 가장자리는 밋밋하거나 2개의 작은 톱니가 있다. 꽃밥은 밝은 황색이다. 열매(삭과)는 길이 4.8~6mm이다.

참고 꽃이 연한 황백색이며 3~7개의 잎이 약간 간격을 두고 어긋나게 달리고 단면이 둥근 편인 것이 특징이다.

❶2013. 9. 12. 러시아 프리모르스키주 ❷꽃차례. 꽃은 연한 황백색이고 꽃자루는 길이가 서로 비슷하다. ❸열매. 세모진 넓은 타원상 구형~거의 구형이다. ❹잎. 약간 둥글며 표면은 오목하게 홈이 진다. 속은 비어 있거나 차 있다.

산파

Allium maximowiczii Regel

수선화과

국내분포/자생지 북부지방(함북)의 산지

형태 다년초. 줄기는 높이 20~85cm이며 비늘줄기의 겉은 종이질이고 갈색빛이 돈다. 잎은 1~2장이며 길이 15~45cm, 너비 2~6mm의 선형이고 둥글다. 꽃은 7~8월에 연한 적자색–적자색으로 피며 산형꽃차례에 조밀하게 모여 달린다. 꽃줄기의 단면은 둥글고 속은 비어 있다. 포는 길이 1~2cm이고 막질이다. 꽃자루는 둥글며 길이 5.3~16mm이다. 화피편은 6개이며 종모양으로 모여 달린다. 내화피편은 길이 6~7.5mm의 피침상 장타원형이고 끝이 둔하다. 외화피편은 길이 6~7.5mm의 피침상 장타원형이고 끝이 뾰족하다. 수술은 6개이다. 수술대는 길이 5.7~7mm이고 밑부분 가장자리는 밋밋하다. 꽃밥은 연한 적자색–자색이다. 씨방은 타원상이며 암술대는 1개이고 암술머리는 밋밋하다. 열매(삭과)는 길이 3~3.8mm의 세모진 넓은 타원형–도란상 구형이다.

참고 꽃이 연한 적자색–자색이며 화피편의 끝이 뾰족하고 수술이 화피 밖으로 길게 나출되지 않는 것이 특징이다.

❶~❻(ⓒ최혁재) ❶2017. 7. 18. 중국 지린성 ❷꽃차례. 꽃은 연한 적자색–자색으로 핀다. ❸꽃. 화피편의 끝은 뾰족하며 내화피편과 외화피편이 모양과 길이가 비슷하다. 수술은 화피편과 길이가 비슷하다. ❹개화 직전의 꽃차례. 큰 막질의 포에 싸여 있다. ❺땅속줄기 및 뿌리. 땅속줄기는 굵고 짧게 옆으로 뻗는다. ❻잎. 1~2장씩 달리며 단면은 둥글고 속은 비어 있다.

한라부추
Allium taquetii H.Lév.

수선화과

국내분포/자생지 제주 한라산의 해 발고도가 비교적 높은 습지 주변이나 풀밭, 한반도 고유종

형태 다년초. 잎은 2~5장이며 길이 10~28cm, 너비 8~24mm의 좁은 선 형이고 둥글다. 꽃은 9~10월에 적자 색~자색으로 핀다. 꽃줄기의 단면은 둥글고 속은 비어 있다. 꽃자루는 길 이 5~12mm이다. 내화피편은 길이 5 ~5.7mm의 난형이다. 외화피편은 길 이 3.9~4.7mm의 난형이다. 수술대는 길이 4.5~8.2mm이고 밑부분 가장자 리는 밋밋하거나 밑부분에 2개의 톱 니가 있다. 꽃밥은 주황색 또는 연한 적자색~자색이다.

참고 잎이 둥글고 속이 비어 있으며 화피편이 비스듬히 퍼져서 꽃이 별모 양인 것이 특징이다.

❶2021. 9. 20. 제주 한라산 **❷**꽃차례. 화피 편이 비스듬히 옆으로 퍼져서 달려서 꽃은 별모양이다. **❸**꽃. 씨방은 도란상 구형이며 수술은 화피 밖으로 길게 나출된다. **❹**잎. 횡 단면은 둥글며 속은 비어 있다. **❺**열매. 뚜렷 하게 세모진 심장모양이다.

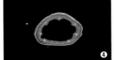

선부추
Allium linearifolium H.J.Choi & B.U.Oh

수선화과

국내분포/자생지 경북(문경시), 충북 (월악산)의 산지 바위지대, 한반도 고 유종

형태 다년초. 잎은 3~10장이며 길이 19~50cm, 너비 1~4mm의 좁은 선 형이다. 꽃은 9~10월에 적자색~짙 은 자색으로 핀다. 꽃자루는 길이 5 ~20mm이다. 화피편은 종모양으로 모여 달린다. 내화피편은 길이 5.5~ 6.1mm의 난형이다. 외화피편은 길이 4.5~5.3mm의 난형이다. 수술대는 길 이 5~11mm이고 밑부분 가장자리는 밋밋하거나 2개의 톱니가 있다. 꽃밥 은 황갈색~주황색이다.

참고 잎이 둥글고 속이 비어 있으며 빳빳하게 곧추서며 밑부분이 붉은빛 을 띠는 것이 특징이다.

❶-**❹**(ⓒ최혁재) **❶**2020. 10. 2. 충북 단양 군 **❷**꽃차례. 수술과 암술대는 화피 밖으로 길게 나출된다. **❸**열매. 뚜렷하게 세모진 심 장모양이다. **❹**잎의 횡단면. 둥글며 속이 비 어 있다. **❺**전체 모습(잎). 잎은 빳빳하고 위 를 향해 비스듬히 또는 곧추선다.

산부추

Allium thunbergii G.Don var. *thunbergii*

수선화과

국내분포/자생지 제주를 제외한 전국의 산지

형태 다년초. 줄기는 높이 23~45cm이며 비늘줄기의 겉은 종이질이고 갈색빛이 돈다. 잎은 2~5장이며 길이 10~50cm, 너비 1~8.4mm의 좁은 선형이고 둥글다. 꽃은 9~10월에 연한 적자색-짙은 자색으로 피며 산형꽃차례에 조밀하게 모여 달린다. 꽃줄기의 단면은 둥글고 속은 차 있거나 비어 있다. 포는 길이 4~8.5cm이고 막질이다. 꽃자루는 둥글며 길이 7~20mm이다. 화피편은 6개이며 종모양으로 모여 달린다. 내화피편은 길이 5.1~6.4mm의 난상 타원형이고 끝이 둔하거나 둥글다. 외화피편은 길이 5.1~6.4mm의 타원형-난형이고 끝이 둔하거나 둥글다. 수술은 6개이다. 수술대는 길이 5~10mm이고 밑부분 가장자리는 밋밋하거나 밑부분에 2개의 톱니가 있다. 꽃밥은 황갈색-주황색이다. 씨방은 도란형이며 암술대는 1개이고 암술머리는 밋밋하다. 열매(삭과)는 길이 4.1~5.5mm의 세모진 심장모양이다.

참고 세모산부추(var. *deltoides*)는 세모지고 뒤로 약간 휘어지며 횡단면은 속이 비어 있다. 경남 가야산의 정상이나 능선부 바위지대에서 자라며 최근 산부추에 통합·처리하는 추세다. **둥근산부추[var. *teretifolium* H.J.Choi & B.U.Oh]**는 잎이 곧추서거나 비스듬히 서며 횡단면은 둥글고 속이 비어 있는 것이 특징이다. 지리산의 정상이나 능선부 또는 계곡부의 바위지대에서 자란다.

❶ 2001. 9. 21. 강원 정선군 ❷ 꽃차례. 꽃은 연한 적자색-짙은 자색으로 피며 수술과 암술대는 화피 밖으로 길게 나출된다. ❸ 꽃. 외화피편은 오목한 보트모양이며 중앙맥 부분이 약간 능각진다. ❹ 암술. 씨방은 도란형이며 암술대는 씨방보다 길고 암술머리는 밋밋하다. ❺ 열매. 뚜렷하게 세모진 심장모양이다. ❻ 세모산부추 타입(2008. 9. 28. 가야산). 잎은 세모지고 속은 비어 있다. ❼ 둥근산부추(2002. 9. 18. 지리산). 잎은 둥글며 속은 비어 있다. ❽ 강부추 타입(2021. 9. 29. 경기 포천시 한탄강). 연구결과를 반영하여 최근 산부추로 취급한다.

진노랑상사화

Lycoris chinensis var. *sinuolata* K.Tae & S.C.Ko

수선화과

국내분포/자생지 전남, 전북의 산지 계곡부에 드물게 자람. 한반도 고유 변종

형태 다년초. 줄기는 높이 60~90cm 이며 비늘줄기는 지름 3~5cm이다. 잎은 4~8개이고 이른 봄에 나오며 5 월에 시든다. 길이 30~50cm, 너비 1.2~2.2cm의 선형이며 끝은 둥글다. 꽃은 7~8(~9)월에 밝은 황색으로 피 며 산형꽃차례에 3~6개씩 모여 달린 다. 꽃줄기의 단면은 둥글고 속은 비 어 있다. 포는 2개이며 길이 2.5cm 정도이고 막질이다. 꽃자루는 둥글 고 길이 1.5~4.5cm이다. 화피 통부 는 길이 1.5~3cm이다. 화피편은 6개 이며 길이 6~7cm의 도피침형이고 윗 부분은 뒤로 강하게 젖혀진다. 수술 대는 길이 6.5~7.5cm이고 꽃밥은 주 황색이다. 암술대는 길이 8~11cm로 수술보다 길며 암술머리에는 유두상 돌기가 있다. 열매(삭과)는 길이 1.5~ 2.2mm의 세모진 난상 구형-거의 구형이다.

참고 꽃이 밝은 황색이고 화피편의 가장자리가 심한 물결모양이며 씨 가 임성(싹틀 수 있는)인 것이 특징 이다. 학자에 따라서는 원변종(var. *chinensis*)에 포함시키기도 하므로 면 밀한 비교·검토가 요구된다.

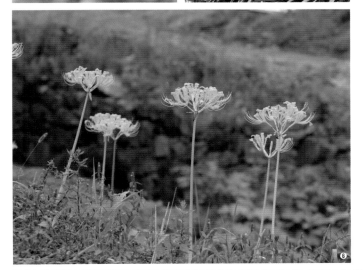

❶2023. 8. 25. 전남 영광군 ❷꽃차례. 화 피편의 가장자리는 물결모양으로 주름진다. ❸꽃차례. 꽃자루는 백양꽃이나 붉노랑상사 화에 비해 짧은 편이다. ❹열매. 세모진 난상 구형-거의 구형이며 씨는 임성이다. ❺잎. 이른 봄(2~3월)에 나와 늦봄(5월중~말)에 시든다. 너비는 1.5~2.2cm로 넓은 편이다. ❻2005. 8. 30. 전남 영광군

붉노랑상사화

Lycoris × *flavescens* M.Kim & S.T.Lee

수선화과

국내분포/자생지 인천, 전남, 전북, 충남의 산지 계곡부, 한반도 고유종

형태 다년초. 잎은 길이 30~45cm, 너비 1.5~2.4cm의 선형이다. 꽃은 8~9월에 붉은빛이 도는 밝은 황색이거나 밝은 황색으로 피며 산형꽃차례에 3~7개씩 모여 달린다. 꽃자루는 길이 2.2~5.2cm이다. 화피 통부는 길이 8~18mm이다. 화피편은 길이 4.5~5.5cm의 도피침형이고 가장자리가 밋밋하거나 약하게 물결진다. 수술대는 길이 5.5~6.5cm이고 꽃밥은 주황색이다.

참고 진노랑상사화와 백양꽃의 자연교잡종으로 추정한다. 일부 자생지에서는 진노랑상사화, 백양꽃과 혼생하며 자라며 모종과의 역교잡으로 형성된 것으로 보이는 개체들도 관찰된다.

❶ 2019. 8. 28. 인천 강화군 ❷꽃차례. 꽃은 밝은 노란색으로 피었다가 햇볕을 받으면 차츰 붉은빛이 든다. ❸열매. 세모진 난상 구형–거의 구형이며 씨는 불임성이다. ❹잎(새순). 이른 봄(2~4월)에 나와 늦봄(5월중~말)에 시든다.

백양꽃

Lycoris sanguinea var. *koreana* (Nakai) T.Koyama

수선화과

국내분포/자생지 경남(거제시 등), 전북(백암산 등), 전남(불갑산 등)의 산지 계곡부

형태 다년초. 잎은 길이 35~48cm, 너비 9~12(~15)mm의 선형이다. 꽃은 8~9월에 짙은 주황색으로 피며 산형꽃차례에 4~6개씩 모여 달린다. 꽃자루는 길이 2~7cm이다. 화피 통부는 길이 8~18mm이다. 화피편은 6개이며 길이 4~5cm의 도피침형이다. 수술대는 길이 4~5cm이고 꽃밥은 주황색이다. 암술대는 길이 7.5~9.5cm로 수술보다 길며 암술머리에는 유두상 돌기가 있다. 열매(삭과)는 세모진 편구형–거의 구형이다.

참고 꽃이 짙은 주황색이며 화피편의 가장자리가 주름지지 않는다.

❶ 2023. 8. 23. 전북 내장산 ❷꽃차례. 꽃자루가 유난히 길어 꽃이 시들어 없어도 붉노랑상사화 등과 구분이 가능하다. ❸열매. 세모진 편구형–거의 구형이며 씨는 임성이다. ❹잎(새순). 이른 봄(2~3월)에 나와 늦봄(4~5월)에 시든다. 흔히 너비 9~12mm이다.

위도상사화
Lycoris uydoensis M.Kim

수선화과

국내분포/자생지 전북(위도)의 산야, 한반도 고유종

형태 다년초. 잎은 길이 47~66cm, 너비 1.7~2.5cm의 선형이다. 꽃은 7~8월에 연한 황백색으로 피며 산형꽃차례에 6~8개씩 모여 달린다. 꽃자루는 길이 7~20mm이다. 화피 통부는 길이 2~2.4cm이다. 화피편은 6개이며 길이 5.5~6.2cm의 도피침형이다. 수술대는 길이 7~8.5cm이고 꽃밥은 주황색이다. 암술대는 길이 7.5~9.4cm로 수술보다 길며 암술머리에는 유두상 돌기가 있다.

참고 진노랑상사화와 국내 분포하지 않는 종(불명)과의 자연 교잡종으로 추정한다. 꽃은 연한 황백색이며 화피편의 가장자리가 약간 주름진다.

❶2019. 8. 24. 전남 영광군(식재) ❷꽃차례. 연한 황백색이며 화피편은 도피침형이고 가장자리가 약간 주름진다. ❸열매. 난상 구형–거의 구형이며 씨는 불임성이다. ❹잎. 너비 1.7~2.5cm로 넓은 편이다. 이른 봄(2~3월)에 나오며 5월에 시든다.

제주상사화
Lycoris × chejuensis K.Tae & S.C.Ko

수선화과

국내분포/자생지 제주도의 산야, 한반도 고유종

형태 다년초. 잎은 길이 50~60cm, 너비 1~2.5cm의 선형이다. 꽃은 7~8월에 연한 주황색(살구색)–주황색으로 피며 산형꽃차례에 5~8개씩 모여 달린다. 꽃자루는 길이 1.5~3.7cm이다. 화피 통부는 길이 1.7~2.2cm이다. 화피편은 6개이며 길이 5.9~6.8cm의 도피침형이다. 수술대는 길이 5.8~6.4cm이고 꽃밥은 주황색이다. 암술대는 길이 7.6~8.3cm로 수술보다 길다. 열매(삭과)는 약간 세모진 거의 구형이다.

참고 진노랑상사화와 백양꽃의 자연 교잡종으로 추정한다(추가적인 연구 필요). 연한 주황색(살구색)–주황색이며 화피편의 가장자리는 밋밋하거나 약간 주름진다.

❶2021. 8. 10. 제주 제주시 ❷꽃차례. 연한 주황색(살구색)–주황색으로 피며 화피편 가장자리는 밋밋하거나 약간 주름진다. ❸잎. 2~3월에 나와서 5월에 시든다.

일월비비추

Hosta capitata (Koidz.) Nakai

비짜루과

국내분포/자생지 중부 이남의 산지

형태 다년초. 높이 40~70cm이다. 땅속줄기는 짧고 굵다. 잎은 길이 7~17cm의 난형-넓은 난형이며 잎맥은 6~10쌍이다. 꽃은 6~8월에 연한 자색-자색으로 피며 총상꽃차례에 10~25개씩 모여 달린다. 꽃줄기에 세로 능선이 뚜렷하게 발달한다. 꽃부리는 길이 3~5(~7)cm의 깔때기모양이며 좁은 통부는 길이 8~20mm이다. 수술은 6개이고 길이 2.6~4.5cm로 꽃부리와 길이가 비슷하다. 꽃밥은 황색 또는 자색이다. 열매(삭과)는 길이 2~3cm의 약간 능각진 좁은 장타원형이다.

참고 좀비비추에 비해 꽃이 머리모양의 총상꽃차례에 모여 달리는 것이 특징이다.

❶ 2021. 7. 13. 전남 구례군 지리산 ❷ 꽃차례. 포가 포개져 달리며 꽃도 머리모양으로 촘촘히 모여 달린다. ❸ 열매. 약간 능각진 좁은 장타원형이다. ❹ 꽃줄기. 세로 능선이 뚜렷하다. ❺ 잎. 밑부분은 흔히 심장모양이다.

주걱비비추(참비비추)

Hosta clausa Nakai
Hosta ensata F.Maek.

비짜루과

국내분포/자생지 경북, 전북 이북의 산야(주로 하천이나 계곡부)

형태 다년초. 높이 30~70cm이다. 잎은 길이 8~20cm의 피침형-장타원상 난형이며 잎맥은 4~7쌍이다. 꽃은 8~9월에 연한 자색-자색으로 피며 총상꽃차례에 10~50개씩 모여 달린다. 꽃부리는 길이 3.5~4.5cm의 깔때기모양이며 좁은 통부는 길이 1.3~1.7cm이다. 수술은 6개이고 꽃부리와 길이가 비슷하며 꽃밥은 자색이다. 열매(삭과)는 길이 1.8~2.8cm의 능각진 좁은 장타원형이다.

참고 옆으로 뻗는 땅속줄기가 발달하며 잎이 피침형-장타원상 난형이며 꽃줄기에 세로 능선 없이 밋밋한 것이 특징이다.

❶ 2004. 8. 8. 강원 화천군 광덕산 ❷ 꽃차례. 꽃은 깔때기모양이고 총상꽃차례에 모여 달린다. ❸ 열매 ❹ 잎. 피침형-장타원상 난형이고 좁은 편이다.

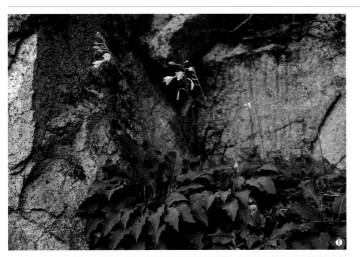

다도해비비추
Hosta jonesii M.G.Chung

비짜루과

국내분포/자생지 경남(남해도), 전남 (돌산도, 진도 등)의 서남해 도서 산지, 한반도 고유종

형태 다년초, 높이 30~70cm이다. 땅 속줄기는 옆으로 짧게 뻗는다. 잎은 길이 5~14cm의 피침상 장타원형-난 형이며 측맥은 4~6쌍이다. 꽃은 8월 에 연한 자색-자색으로 피며 총상꽃 차례에 5~25개씩 모여 달린다. 꽃부 리는 길이 3~5cm의 깔때기모양이며 좁은 통부는 길이 1.3~2.1cm이다. 수 술은 6개이고 꽃부리와 길이가 비슷 하다. 열매(삭과)는 길이 1.8~3cm의 좁은 장타원형이다.

참고 꽃줄기가 밋밋하며 수술이 서로 길이가 비슷하고 꽃밥이 황색(-자색 반점이 있는 황색)인 것이 특징이다.

❶2017. 8. 13. 경남 남해군 금산 ❷꽃차례. 꽃부리통부의 가장 넓은 부분은 약간 부푼 모양이다. ❸열매. 위쪽이 약간 넓은 좁은 장 타원형이다. ❹잎. 측맥이 4~6쌍으로 좀비 비추에 비교해 적은 편이다.

흑산도비비추
Hosta yingeri S.B.Jones

비짜루과

국내분포/자생지 전남 신안군(가거도, 홍도, 흑산도 일대)의 도서 산지, 한반도 고유종

형태 다년초, 높이 30~60cm이다. 땅 속줄기는 옆으로 짧게 뻗는다. 잎은 길이 8~20cm의 장타원형-타원상 난 형이며 측맥은 4~6쌍이다. 꽃은 7~9 월에 연한 자색-자색으로 피며 총상 꽃차례에 15~40개씩 모여 달린다. 꽃 부리는 길이 2.2~3.5cm의 깔때기모 양이며 좁은 통부는 길이 8~15mm이 다. 수술은 6개이고 길이 2.6~3.2mm 이며 꽃밥은 황색 또는 자색이다. 열 매(삭과)는 길이 1.8~3cm의 좁은 장타 원형이다.

참고 꽃줄기가 밋밋하며 수술이 3개 는 길고 3개는 짧은 것이 특징이다.

❶2015. 7. 29. 전남 신안군 흑산도 ❷꽃차 례. 꽃은 깊게 갈라지며 열편이 피침형으로 좁고 길다. 수술은 3개는 길고 3개는 짧다. 꽃자루도 매우 긴 편이다. ❸열매. 위쪽이 약 간 넓은 좁은 장타원형이다. ❹잎. 비교적 대 형이고 광택이 나는 것이 특징이다.

좀비비추

Hosta minor (Baker) Nakai var. *minor*

비짜루과

국내분포/자생지 중부지방 이남의 산지, 한반도 고유종

형태 다년초. 높이 20~80cm이다. 땅속줄기는 옆으로 짧게 뻗는다. 잎은 3~11개이고 모두 뿌리 부근에서 나온다. 길이 7~17cm의 타원형~타원상 난형~넓은 난형이며 잎맥은 5~9쌍이다. 끝은 뾰족하거나 짧게 뾰족하고 밑부분은 쐐기모양~원형 또는 심장모양이다. 꽃은 6월말~8월에 연한 자색~자색으로 피며 총상꽃차례에 4~22개씩 모여 달린다. 포는 길이 7~15mm의 피침상 장타원형~타원상 난형~넓은 난형이고 약간 오목하며 꽃자루는 길이 3~12mm이다. 꽃부리는 길이 3.2~5cm의 깔때기모양이며 좁은 통부는 길이 1~2.2cm이다. 수술은 6개이고 길이 3.8~4.8mm이며 꽃밥은 황색 또는 자색이다. 암술은 길이 4.6~6.5cm이다. 열매(삭과)는 길이 1.8~3.2cm의 좁은 장타원형이다.

참고 꽃줄기에 뚜렷한 세로 능선이 있으며 꽃이 이삭모양(수상)의 총상꽃차례에 모여 달리는 것이 특징이다. **한라비비추**[var. *venusta* (F.Maek.) M.Kim & H.Jo]는 좀비비추와 거의 유사하지만 전체적으로 소형이고 꽃이 적게 달리는 편이다. 넓은 의미에서는 좀비비추에 통합·처리하기도 한다.

❶2024. 7. 7. 전남 완도군 고금도 ❷꽃차례. 꽃이 총상으로 달린다. 수술은 꽃부리와 길이가 비슷하다. ❸열매. 좁은 장타원형이다. ❹꽃줄기. 뚜렷한 세로 능선이 발달한다. ❺잎. 흔히 밑부분이 쐐기모양 또는 둥글거나 심장모양이다. 측맥은 5~9쌍이다. ❻~❿ 한라비비추 ❻꽃. 좀비비추에 비해 작고 적게 달리는 편이다. ❼열매. 장타원형 도피침형이다. ❽꽃줄기. 좀비비추처럼 뚜렷한 세로 능선이 발달한다. ❾잎. 흔히 밑부분은 둥글거나 넓은 쐐기모양이다. 측맥이 4~5(~7)쌍으로 좀비비추에 비해 적다. ❿2023. 7. 21. 제주 서귀포시 물영아리오름

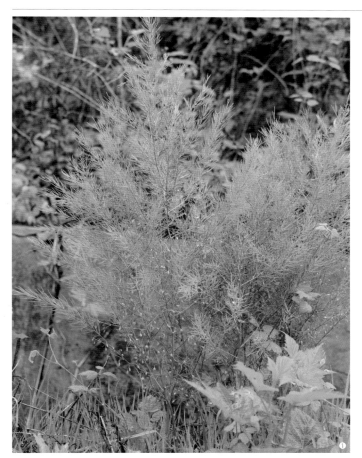

방울비짜루
Asparagus oligoclonos Maxim.

비짜루과

국내분포/자생지 거의 전국의 산야
(특히 무덤가 및 풀밭)

형태 다년초. 줄기는 흔히 곧추 자라
며 높이 40~100cm이고 가지가 많이
갈라진다. 가지는 세모지며 능각 위
에 돌기가 있다. 잎모양의 가지(위엽
또는 엽상지)는 5~12개씩 모여나고 길
이 1~3cm의 침형이고 곧거나 약간
휘어진다. 잎은 퇴화되어 포모양이
며 가지 밑부분이나 마디 부위에 달
린다. 암수딴그루이다. 꽃은 5~6월에
황록색-연한 자갈색으로 피며 줄기
나 가지의 마디에서 1~2개씩 달린다.
꽃자루는 길이 (1~)1.5~2.5cm이며 중
간에서 약간 윗부분에 뚜렷한 관절이
있다. 수꽃의 경우 꽃부리는 길이 7~
10mm의 통상 종모양이다. 수술대는
길이 5~6mm이며 꽃밥은 길이 2mm
정도이고 황색이다. 암꽃의 경우 꽃
부리는 길이 2.5~3.5mm의 종모양이
다. 씨방은 난상 구형이며 암술대는
길이 1.5mm 정도이고 암술머리는 3
개로 얕게 갈라진다. 열매(장과)는 지
름 8~10mm의 구형이고 적색으로 익
는다.

참고 연녹색인 개체도 있으나 흔히
전체가 푸른빛이 도는 연한 청록색이
다. 비짜루(*A. schoberioides* Kunth)에
비해 수꽃이 길이 7~10mm로 대형이
며 꽃자루가 길이 7~12mm로 긴 것이
특징이다.

❶암그루. 2016. 5. 3. 경북 상주시 ❷수그
루. 2019. 5. 11. 강원 영월군 ❸수꽃. 길이 7
~10mm이며 꽃자루는 길이 7~12mm이고 중
간 약간 윗부분에 관절이 있다. ❹수꽃 내
부. 수술대 길이의 3/4 정도가 화피 안쪽면
과 합생되어 있다. 암술은 퇴화되어 있다.
❺암꽃. 화피는 길이 3mm 정도이다. 암술대
는 화피 밖으로 나출된다. ❻열매. 구형이고
적색으로 익는다.

은방울꽃

Convallaria majalis var. *manshurica* Kom.
Convallaria keiskei Miq.

비짜루과

국내분포/자생지 제주를 제외한 거의 전국의 산지(특히 무덤가 및 풀밭)
형태 다년초. 땅속줄기는 길게 뻗는다. 잎은 2(~3)개이며 길이 10~18cm의 장타원형−도란상 장타원형이다. 꽃은 5~6월에 백색으로 핀다. 꽃부리는 지름 1cm 정도의 넓은 종모양이고 가장자리는 6개로 얕게 갈라지며 열편은 뒤로 강하게 젖혀진다.
참고 원변종인 유럽은방울꽃(var. *majalis* L.)과 별개의 종(*C. keiskei*)으로 취급하였으나, 최근에는 동일 종 또는 종내 분류군으로 처리하는 추세이다. 유럽은방울꽃에 비해 꽃부리가 비교적 두터운 종이질이며 꽃밥이 황색인 것이 특징이다.

❶ 2005. 5. 29. 경기 가평군 명지산 ❷ 꽃차례. 길이 5~10cm의 총상꽃차례에 5~15개의 꽃이 달린다. ❸❹ 꽃 내부. 수술은 암술 길이의 1/2 정도이며 꽃밥은 황색이다. 암술대는 굵은 기둥모양이다. ❺ 열매(장과). 지름 6~9mm의 구형이고 적색으로 익는다.

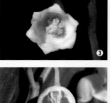

지모

Anemarrhena asphodeloides Bunge

비짜루과

국내분포/자생지 충북(제천) 및 황북(서흥) 이북의 산야(주로 산지 풀밭)
형태 다년초. 줄기는 높이 40~100cm이다. 잎은 길이 10~50cm, 너비 3~10mm의 선형이다. 꽃은 6~7월에 연한 자색−적자색(또는 거의 백색)으로 피며 총상꽃차례에 성기게 모여 달린다. 꽃부리는 종모양이고 6개로 깊게 갈라진다. 화피편은 길이 5~10mm의 피침상 장타원형이다. 수술은 3개이고 화피편의 안쪽면 중앙부에 붙는다. 암술대는 길이 1mm 정도이다.
참고 전 세계 1속(지모속) 1종 식물이다. 잎이 선형이고 대부분 땅속줄기에서 나며 수술이 3개이고 열매(삭과)가 난형인 것이 특징이다.

❶ 2018. 7. 15. 충북 제천시 ❷ 꽃. 연한 자색−적자색이며 꽃부리는 종모양이고 활짝 벌어지지 않는다. ❸ 열매(삭과). 길이 1~1.5cm의 장타원상 난형−난형이고 끝이 뾰족하다. ❹ 잎. 선형이며 털이 없고 광택이 약간 있다.

맥문동

Liriope muscari (Decme.) L.H.Bailey

비짜루과

국내분포/자생지 남부지방의 산지
형태 다년초. 기는줄기는 없다. 잎은 길이 25~60cm의 선형이다. 꽃은 7~9월에 자색-짙은 자색으로 피며 총상모양의 원뿔꽃차례에 모여 달린다. 꽃자루는 길이 3~6mm이고 윗부분에 관절이 있다. 화피는 쟁반모양이며 화피편은 길이 3.5~4.5mm의 타원형이다. 수술대는 길이 1.5mm 정도이며 꽃밥은 밝은 황색이다.
참고 맥문동속(*Liriope*)과 소엽맥문동속(*Ophiopogon*)은 열매의 껍질(과피)이 성숙되는 과정에서 수축되거나 파열되어 없어지고 육질의 종피를 가진 씨가 나출하여 성숙한다. 그래서 열매(장과)로 보이지만 실제로는 열매가 아니라 씨(종자)다.

❶2023. 8. 23. 전남 정읍시(식재) ❷꽃. 자색-짙은 자색으로 피며 수술은 6개이고 수술대와 꽃밥은 길이가 서로 비슷하다. ❸씨. 장과상이며 지름 6~7mm의 구형이고 흑자색(거의 흑색)으로 익는다. ❹잎. 뿌리 부근에서 모여난다.

개맥문동

Liriope spicata (Thunb.) Lour.

비짜루과

국내분포/자생지 중부 이남의 산야
형태 다년초. 잎은 길이 20~60cm의 선형이고 5개의 맥이 있다. 꽃은 6~8월에 연한 자색-연한 적자색으로 피며 길이 5~15cm의 원뿔꽃차례에 모여 달린다. 꽃자루는 길이 3~5mm이고 윗부분에 관절이 있다. 화피는 쟁반모양이며 화피편은 길이 3.5~4.5mm의 장타원형-타원형이다. 수술대는 길이 2mm 정도이며 꽃밥은 수술대와 길이가 거의 같고 밝은 황색이다. 암술대는 길이 2mm 정도이고 곧추서거나 약간 구부러진다. 씨는 장과상이며 지름 5~7mm의 구형이고 흑자색으로 익는다.
참고 맥문동에 비해 땅속줄기가 길게 옆으로 뻗으며 잎이 가늘고 꽃이 연한 자색인 것이 특징이다.

❶2023. 7. 12. 제주 제주시 ❷꽃. 연한 자색-연한 적자색으로 핀다. 내화피편이 외화피편보다 약간 넓다. ❸씨. 구형이며 광택이 나는 흑자색(거의 흑색)으로 익는다. ❹땅속줄기. 옆으로 길게 뻗는다.

소엽맥문동

Ophiopogon japonicus (Thunb.) Ker Gawl.

Ophiopogon japonicus var. *caespitosus* Okuyama; *O. japonicus* var. *umbrosus* Maxim.

비짜루과

국내분포/자생지 경북(울릉도), 제주 및 남부지방(특히 서남해 도서)의 산지

형태 다년초. 높이 6~10(~20)cm이다. 잎은 길이 10~40cm, 너비 2~3mm의 좁은 선형이며 3~7개의 맥이 있다. 꽃은 7~8월에 거의 백색-연한 자색-연한 적자색으로 피며 길이 2~7cm의 원뿔꽃차례에 모여 달린다. 꽃줄기는 잎보다 짧고 윗부분이 약간 구부러지며 능각이 있다. 아래쪽의 포는 길이 5~9mm의 피침형-장타원상 피침형이다. 꽃자루는 길이 2~10mm이고 중앙부 또는 상반부에 관절이 있다. 화피는 쟁반모양이며 화피편은 길이 3.5~4.5mm의 장타원형-난상 장타원형이다. 수술대는 매우 짧고 꽃밥은 길이 2.5~3mm의 피침형이다. 암술대는 길이 4mm 정도의 원뿔형이고 약간 굵은 편이다. 씨는 장과상이며 지름 6~10mm의 거의 구형이고 청색-짙은 청색으로 익는다.

참고 소엽맥문동속은 맥문동에 비해 수술대가 매우 짧아서 불분명하고 씨(종피)가 진한 청색이며 잎 뒷면에 백색을 띤 세로 줄이 있는 것이 특징이다. 기는줄기(stolon)가 없으며 꽃자루의 길이가 3~4mm로 짧고 관절이 중간 또는 하반부에 있는 것을 var. *caespitosus*, 기는줄기가 없으며 꽃자루가 길이 5~10mm로 긴 것을 실맥문동(var. *umbrosus*)으로 구분하기도 한다. 넓은 의미에서는 모두 소엽맥문동에 통합·처리하는 추세이다.

❶~❹ 실맥문동(var. *umbrosus*) 타입 ❶2001. 6. 22. 경북 울릉군 울릉도 ❷꽃. 화피편은 장타원형이며 수술대는 매우 짧다. ❸씨. 짙은 청색-밝은 남청색으로 익는다. ❹씨와 껍질(종피)를 제거한 씨. 거의 구형이고 크기는 다양하다. ❺~❽ 소엽맥문동(var. *japonicus*) 타입 ❺꽃. 꽃자루가 약간 긴 편이다. ❻씨. 짙은 청색-밝은 남청색으로 익는다. ❼뿌리와 기는줄기. 길이 10cm 이상의 긴 기는줄기가 발달한다. 뿌리의 끝부분은 장타원형의 괴근상으로 부푼다. ❽2004. 12. 1. 제주 제주시

맥문아재비

Ophiopogon jaburan (Siebold) G.Lodd.

비짜루과

국내분포/자생지 제주 및 서남해 도서의 산지

형태 다년초. 땅속줄기는 짧다. 잎은 길이 40~120cm, 너비 1~1.8cm의 좁은 선형이며 윗부분의 가장자리에는 미세한 톱니가 있다. 꽃은 7~9월에 거의 백색-연한 자색으로 피며 길이 7~13cm의 원뿔꽃차례에 모여 달린다. 꽃줄기는 길이 25~70cm이고 활처럼 구부러진다. 화피편은 길이 5~7mm의 피침상 장타원형-난상 장타원형이며 옆으로 또는 뒤로 약간 휘어진다. 암술대는 수술보다 길다. 씨(장과상)는 길이 8~14mm의 타원상이다.

참고 꽃줄기는 너비 4~8mm이고 약간 편평하며 꽃자루가 길이 1~2.2cm이고 화피편보다 2배 이상 긴 것이 특징이다.

❶2021. 7. 20. 제주 서귀포시 ❷꽃차례. 화피편은 장타원상 피침형이다. 꽃자루는 길이 1~1.2cm이고 중앙부(또는 중앙부 근처)에 관절이 있다. ❸꽃. 수술대는 매우 짧다. ❹씨. 청색-청자색으로 익는다.

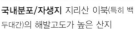

자주솜대

Maianthemum bicolor (Nakai) Cubey.

비짜루과

국내분포/자생지 지리산 이북(특히 백두대간)의 해발고도가 높은 산지

형태 다년초. 땅속줄기는 길게 뻗는다. 줄기는 높이 30~45cm이다. 잎은 길이 6~12cm의 장타원형-넓은 타원형이다. 뒷면 맥 위에 잔돌기가 약간 있다. 꽃은 5~6월에 황록색-연녹색으로 핀다. 화피편은 6개이고 길이 2~3mm의 피침상 장타원형-장타원형이다. 수술은 6개이며 수술대는 길이 1~1.2mm이고 밑부분이 넓다. 암술대는 굵고 암술머리는 3개로 갈라진다. 열매(장과)는 지름 8~13mm의 세모진 편구형-거의 구형이다.

참고 전체에 털이 거의 없으며 꽃이 황록색-연녹색으로 피고 총상꽃차례에 모여 달리는 것이 특징이다.

❶2013. 6. 5. 강원 인제군 설악산 ❷꽃차례. 총상꽃차례이며 꽃은 마디에서 1개씩 달린다. 꽃은 황록색-연녹색으로 피고 화피편은 차츰 녹갈색(→연한 갈색 또는 자갈색)으로 변한다. ❸열매. 적색으로 익는 풀솜대에 비해 짙은 주황색으로 익는다.

민솜대

Maianthemum dahuricum (Turcz. ex
Fisch. & C.A.Mey.) La Frankie

비짜루과

국내분포/자생지 북부지방의 산지
형태 다년초. 땅속줄기는 길게 뻗는
다. 줄기는 높이 30~60cm이다. 잎
은 7~12개이며 길이 6~13cm의 피침
상 장타원형–난상 장타원형이다. 꽃
은 6월에 백색으로 핀다. 화피편은 6
개이고 뒤로 강하게 젖혀지며 길이 2
~4mm의 장타원형–도란상 장타원형
이다. 수술은 6개이며 수술대는 길
이 2~3.5mm이다. 암술대는 길이 1~
1.5mm이고 굵으며 암술머리는 얕게
3개로 갈라진다. 열매(장과)는 지름 6
~7mm의 난상 구형–거의 구형이다.
참고 잎이 피침상 장타원형–난상 장
타원형이고 보통 7~12개씩 달리며 꽃
이 총상꽃차례에 모여 달리는 것이
특징이다.

❶ 2016. 6. 13. 중국 지린성 백두산 ❷ 꽃차
례. 총상꽃차례이며 꽃은 마디에서 흔히 2~
4개씩 모여 달린다. 꽃차례의 축과 꽃자루에
털이 많다. ❸ 열매. 적색으로 익는다. ❹ 잎
과 줄기. 잎(특히 뒷면 맥 위)과 줄기에 짧은
털이 있다.

풀솜대

Maianthemum japonicum (A.Gray)
La Frankie

비짜루과

국내분포/자생지 거의 전국의 산지
형태 다년초. 땅속줄기는 길게 뻗는
다. 줄기는 높이 20~60cm이다. 잎은
3~7(~9)개이며 길이 6~15cm의 장타원
형–난상 타원형이고 양면(특히 뒷면)에
털이 있다. 꽃은 5~6월에 백색으로 핀
다. 화피편은 6개이고 옆으로 퍼지거
나 뒤로 젖혀지며 길이 3~4mm의 도
피침상 장타원형–장타원형이다. 수술
은 6개이며 수술대는 길이 2~2.5mm
이다. 암술대는 길이 1mm 정도이고
굵다. 열매(장과)는 지름 5~8mm의 세
모진 편구형–거의 구형이다.
참고 잎이 보통 3~7개씩 달리며 꽃이
원뿔꽃차례에 조밀하게 모여 달리는
것이 특징이다.

❶ 2023. 6. 6. 전북 무주군 덕유산 ❷ 꽃차
례. 복취산상 원뿔꽃차례이며 꽃차례 축과
꽃자루에 퍼진 털이 많다. 암술대는 씨방과
길이가 비슷하거나 약간 길고 암술머리는 아
주 얕게 갈라진다(거의 안 갈라짐). ❸ 열매.
광택이 나는 적색으로 익는다. ❹ 잎 뒷면, 줄
기와 잎 뒷면(특히 맥 위)에 털이 많다.

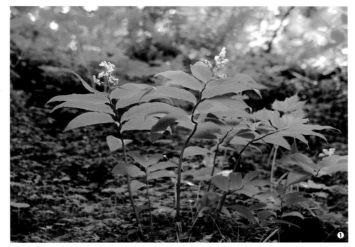

큰솜대

Maianthemum robustum (Makino & Honda) La Frankie

비짜루과

국내분포/자생지 제주 한라산의 계곡부

형태 다년초. 땅속줄기는 길게 뻗는다. 줄기는 높이 40~70(~150)cm이다. 잎은 길이 10~20cm의 피침형-난상 타원형이다. 꽃은 5~6월에 백색으로 핀다. 화피편은 6개이고 옆으로 퍼지며 길이 3~4mm의 장타원형이다. 수술대는 길이 2~3mm이다. 암술대는 길이 1~1.2mm이다. 열매(장과)는 지름 8~9mm의 세모진 편구형-거의 구형이고 적색으로 익는다.

참고 풀솜대에 비해 대형이며 잎이 8~15(풀솜대는 3~7개)개씩 달린다. 일본에 분포하는 개체는 높이가 1~1.5m이고 땅속줄기의 지름이 1.5~2cm에 달할 정도로 대형으로 알려져 있다.

❶2020. 5. 13. 제주 제주시 한라산 ❷꽃차례. 원뿔꽃차례이며 꽃자루에 털이 있다. 암술대는 씨방과 길이가 비슷하거나 짧으며 암술머리는 얕게 3개로 갈라진다. ❸잎. 흔히 장타원상이고 끝이 길게 뾰족하다. ❹줄기. 줄기와 잎(특히 뒷면 맥 위)에 털이 있다.

두루미꽃

Maianthemum bifolium (L.) F.W.Schmidt

비짜루과

국내분포/자생지 지리산 이북의 해발고도가 비교적 높은 산지

형태 다년초. 땅속줄기는 길게 뻗는다. 줄기는 높이 5~15(~20)cm이다. 줄기잎은 2개이며 길이 3~6(~10)cm의 삼각상 난형-난형이다. 꽃은 5~6월에 백색으로 피며 총상꽃차례에 모여 달린다. 꽃자루는 길이 5mm 정도이고 가늘다. 화피편은 6개이고 뒤로 강하게 젖혀지며 길이 2~2.5mm의 장타원형-도란상 장타원형이다. 수술은 4개이며 수술대는 길이 1.6~2.1mm이고 꽃밥은 황백색이다. 열매(장과)는 지름 3~6mm의 거의 구형이다.

참고 큰두루미꽃에 비해 소형이며 줄기의 윗부분, 잎가장자리와 뒷면에 기둥모양의 돌기가 있는 것이 다르다.

❶2023. 6. 1. 강원 태백시 ❷꽃차례. 수술은 4개이며 암술머리는 얕게 2개로 갈라진다. ❸열매. 적색으로 익는다. ❹뿌리잎. 심장모양이며 가장자리에 미세한 톱니가 있다.

153

큰두루미꽃

Maianthemum dilatatum (A.W.Wood)
A.Nelson & J.F.Macbr.

비짜루과

국내분포/자생지 북부지방(?) 및 경
북(울릉도)의 산지

형태 다년초. 땅속줄기는 길게 뻗는
다. 줄기는 높이 10~30(~45)cm이고
곧추 자라며 밑부분은 막질의 잎집에
싸여 있다. 줄기잎은 2~3개이며 길
이 6~15cm의 심장모양이고 가장자
리에 반원형의 돌기가 있다. 꽃자루
는 길이 3~7mm이고 가늘다. 화피편
은 6개이고 뒤로 강하게 젖혀지며 길
이 2~2.5mm의 장타원형-도란상 장
타원형이고 끝이 둔하거나 둥글다.
수술은 4개이며 수술대는 길이 1.6~
2.1mm이고 꽃밥은 황백색이다. 씨방
은 난상 구형이며 암술대는 길이 0.7
~1mm이고 암술머리는 얕게(불분명) 2
개로 갈라진다. 열매(장과)는 지름 5~
10mm의 거의 구형이고 적색으로 익
는다.

참고 두루미꽃에 비해 대형이며 줄
기가 돌기가 없이 밋밋하고 잎가장자
리에 반원형의 돌기가 있는 것이 특
징이다. 큰두루미꽃은 세계적으로 우
리나라(울릉도 및 북부지방)와 일본, 러
시아(캄차카반도), 중국(동북부?), 북아
메리카에 분포하는 것으로 알려져 있
으나 종의 한계 설정이 명확하지 않
아 각 나라, 학자 간의 두루미꽃과 큰
두루미꽃에 대한 해석이 조금씩 다르
다. 울릉도산 큰두루미꽃 또한, 일본
이나 미국(기준표본 채집지) 식물지의
큰두루미꽃의 기재 내용과 다소 차이
(전체적으로 대형이며 꽃도 훨씬 더 많이
달림)가 있다. 울릉도의 큰두루미꽃에
대한 정확한 이해를 위해서는 분류학
적, 계통학적 추가 연구가 필요하다.

❶ 2004. 5. 5. 경북 울릉군 울릉도 ❷ 꽃차
례. 마디에서 3~11개씩 모여 달린다. ❸ 열매.
적색으로 익는다. ❹ 씨. 난상 구형-거의 구
형이며 표면이 약간 주름진다. ❺ 뿌리잎. 심
장모양이며 가장자리에 미세한 톱니가 있다.
❻ 2021. 5. 19. 울릉도. 흔히 큰 군락을 형성
하며 자란다. 울릉도 숲속의 대표적인 우점
종 중 하나이다.

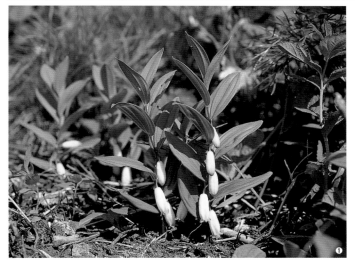

각시둥굴레

Polygonatum humile Fisch. ex Maxim.

비짜루과

국내분포/자생지 중부지방 이북의 산야(해발고도가 높은 산지-해안가 모래땅에 넓게 분포)

형태 다년초. 땅속줄기는 가늘고 길게 뻗는다. 줄기는 높이 15~35(~50) cm이고 곧추 자라며 4~6개의 뚜렷한 능각이 있다. 잎은 길이 4~8.5(~10) cm의 장타원형-난상 타원형이며 뒷면은 흰빛이 돌고 맥 위에 돌기가 있다. 끝은 뾰족하거나 둔하고 밑부분은 차츰 좁아져 줄기를 약간 감싼다. 꽃은 5~6월에 백색-녹백색으로 피며 잎겨드랑이에서 1~2개씩 모여 달린다. 꽃자루는 길이 (4~)8~13mm이다. 화피는 길이 1.5~2cm의 항아리모양이며 열편은 길이 2mm 정도의 난형이고 흔히 녹색이다. 수술대는 길이 3~4.5mm이고 약간 편평하며 사마귀모양의 돌기가 밀생한다. 꽃밥은 길이 2.7~3mm이다. 씨방은 길이 4mm 정도의 구형이며 암술대는 길이 1.1~1.3cm이고 암술머리는 2개로 갈라진다. 열매(장과)는 지름 8~10mm의 구형이고 흑청색-거의 흑색으로 익는다.

참고 줄기와 땅속줄기가 비교적 가는 편(지름 3~4mm)이며 줄기가 곧추서고 잎 뒷면의 맥 위와 가장자리에 돌기가 있는 것이 특징이다.

❶ 2002. 6. 2. 강원 인제군 설악산. 높은 산지에 자라는 개체들은 줄기가 높이 15cm 이하로 매우 작은 편이다. ❷ 2013. 5. 13. 강원 강릉시 순포해수욕장 ❸ 꽃. 잎겨드랑이에서 1~2개씩 나며 줄기와 거의 평행하며 아래(땅)를 향해 달린다. ❹ 열매. 흑청색-거의 흑색으로 익는다. ❺ 2012. 5. 16. 강원 고성군 해안가 곰솔림. 해안가(특히 동해안) 모래땅에서는 큰 군락을 이루며 자라기도 한다.

둥굴레

Polygonatum odoratum var.
pluriflorum (Miq.) Ohwi

비짜루과

국내분포/자생지 거의 전국의 산야
형태 다년초. 땅속줄기는 굵고 옆으
로 뻗는다. 줄기는 높이 20~90cm이
고 상반부는 비스듬히 구부러지며 뚜
렷한 능각이 있다. 잎은 어긋나며 길
이 6~18cm의 피침상 장타원형-난형
이고 뒷면은 흰빛이 돌고 맥 위에 잔
돌기가 있다. 끝은 뾰족하거나 둔하
며 밑부분은 쐐기모양으로 좁아지거
나 둥글다. 잎자루는 불분명하다. 꽃
은 5~6월에 백색-녹백색으로 피며
잎겨드랑이에서 나온 꽃차례에 1~
2(~3)개씩 모여 달린다. 꽃줄기는 1~
1.5cm이고 털이 없다. 꽃자루는 길이
1~2(~4)cm이며 털이 없다. 화피는 길
이 1.5~2.5(~3)cm의 통모양-항아리모
양이며 열편은 길이 3~4mm의 장타
원형-난형이고 흔히 녹색이다. 수술
대는 길이 1.8~2.7mm이고 둥글며 사
마귀모양의 돌기가 밀생한다. 꽃밥은
길이 2~2.5mm이다. 씨방은 길이 3~
3.5mm의 난상 구형이고 암술
대는 길이 1.3~1.5cm이다. 열매(장과)
는 지름 8~10(~12)mm의 구형이고 흑
청색-거의 흑색으로 익는다.

참고 산둥굴레에 비해 줄기(특히 잎
이 달리는 부위)에 능각이 발달하며 꽃
이 적게(1~3개) 달리는 것이 특징이다.
원변종인 풍도둥굴레[var. *odoratum*
(Mill.) Druce]는 꽃이 적게(1~2개) 달리
고 수술대에 돌기가 없는 것이 둥굴
레와 다른 점이며 유라시아에 넓게
분포한다. 넓은 의미에서 둥굴레를
기본종에 통합·처리하기도 한다.

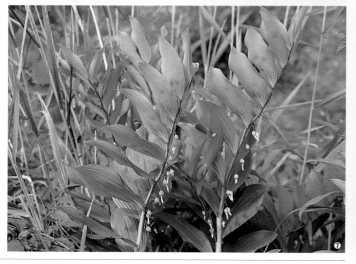

❶2021. 5. 6. 충북 제천시. 우리나라에 자생
하는 개체는 줄기 전체 또는 일부분(마디)이
적갈색인 경우가 많다. ❷꽃 내부. 화피 통
부는 흔히 백색이고 수술대에 돌기가 밀생한
다. 꽃밥이 수술대(합생되지 않은 부분)보다
약간 길다. ❸줄기. 뚜렷하게 능각이 발달한
다. ❹뒷면. 맥 위에 잔돌기가 밀생한다.
❺열매. 흑청색-거의 흑색으로 익는다. ❻
❼2006. 6. 5. 경기 안산시 풍도 ❻미숙 열
매. 꽃(열매)이 1~2개씩 달린다. ❼내륙의 개
체에 비해 대형이다.

산둥굴레

Polygonatum thunbergii C.Morren & Decme.
Polygonatum odoratum var. *thunbergii* (C.Morren & Decme.) H.Hara

비짜루과

국내분포/자생지 거의 전국의 산야

형태 다년초. 땅속줄기는 굵고 옆으로 뻗는다. 줄기는 높이 35~90cm이고 상반부는 비스듬히 구부러지며 능각 없이 둥글다. 잎은 어긋나며 길이 6~18cm의 피침상 장타원형-장타원상 난형이다. 뒷면은 흰빛이 돌고 맥 위에 잔돌기가 있다. 끝은 뾰족하거나 둔하며 밑부분은 쐐기모양으로 좁아지거나 둥글다. 잎자루는 불분명하다. 꽃은 5~6월에 백색-녹백색으로 피며 잎겨드랑이에서 나온 꽃차례에 (1~)2~4(~5)개씩 모여 달린다. 꽃자루는 길이 8~30mm이며 털이 없다. 화피는 길이 1.5~2.5cm의 통모양이고 중앙부가 약간 잘록하다. 열편은 길이 2.5~3.5mm의 장타원형-난형이고 흔히 황록색-녹색이다. 수술대는 길이 1.5~2.6mm이고 둥글며 사마귀모양의 돌기가 밀생한다. 꽃밥은 길이 3.8~5mm이다. 씨방은 길이 3~4mm의 장타원상 난형-구형이고 암술대는 길이 1~1.5cm이다. 열매(장과)는 지름 7~10mm의 구형이고 흑청색-거의 흑색으로 익는다.

참고 둥굴레에 비해 전체가 회녹색-녹색인 경우가 많다. 또한 줄기가 능각이 발달하지 않거나 매우 미약하며 꽃이 더 많이(흔히 2~4개씩) 달리는 것이 특징이다.

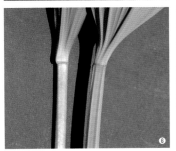

❶2021. 5. 6. 충북 제천시 ❷꽃 내부. 수술대에 잔돌기가 있다. 꽃밥은 수술대(합생하지 않은 부분)보다 짧다. ❸꽃 내부 비교(좌: 산둥굴레, 우: 둥굴레). 둥굴레에 비해 화피 통부는 흔히 황록색이고 중앙부 아래가 약간 잘록하다. 또한 암술대가 더 굵고 약간 길다. 꽃밥은 둥굴레에 비해 작은 편이다. ❹꽃 비교. 둥굴레(좌)에 비해 꽃이 많이 달린다. ❺열매. 흑청색-거의 흑색으로 익는다. 둥굴레보다 약간 작은 편이다. ❻줄기 비교. 둥굴레(우)에 비해 능각이 미약하거나 없다. 특히 잎이 달리지 않는 줄기의 밑부분은 능각 없이 둥글다. ❼잎. 뒷면은 흰빛을 띤다. 맥 위와 잎가장자리에 돌기가 있다.

157

왕둥굴레

Polygonatum robustum (Korsh.) Nakai

비짜루과

국내분포/자생지 경북(울릉도) 산지, 한반도 고유종(추정)

형태 다년초. 땅속줄기는 굵고 옆으로 뻗는다. 줄기는 높이 40~100cm이고 상반부는 비스듬히 구부러지며 능각이 없이 둥글다. 잎은 어긋나며 길이 8~22cm의 피침상 장타원형–타원형이고 뒷면은 흰빛이 돈다. 끝은 뾰족하거나 둔하며 밑부분은 쐐기모양으로 좁아지거나 둥글다. 잎자루는 불분명하다. 꽃은 5~6월에 백색–녹백색으로 피며 잎겨드랑이에서 나온 꽃차례에 (1~)2~4개씩 모여 달린다. 꽃자루는 길이 5~20mm이며 털이 없다. 화피는 길이 1.5~2cm의 통모양–항아리모양이며 열편은 길이 2.5~3.5mm의 타원형–난형 또는 도란형이고 흔히 황록색–녹색이다. 수술대는 길이 2~3.5mm이고 둥글며 털모양의 돌기가 줄지어 밀생한다. 꽃밥은 길이 2.5~4mm이다. 씨방은 길이 3~4mm의 타원상 난형–구형이며 암술대는 길이 1~1.3cm이고 굵은 편이다. 열매(장과)는 지름 7~10mm의 구형이고 흑청색–거의 흑색으로 익는다.

참고 줄기는 능각이 없이 둥글며 땅속줄기가 지름 2~2.5cm로 굵은 것이 특징이다.

❶2016. 5. 11. 경북 울릉군 울릉도 ❷꽃. 화피 통부는 백색(–연한 황백색)이고 열편은 연녹색이다. 꽃은 (1~)2~4개씩 달린다. 꽃줄기. 꽃자루에 털이 없다. ❸꽃 내부. 암술대는 길이 1~1.3cm이고 굵은 편이다. 수술대는 길이 2~3.5mm이고 잔돌기가 있다. ❹줄기. 굵고 능각 없이 둥글다. ❺잎 뒷면. 흰빛을 띤다. ❻땅속줄기. 지름 2~2.5cm로 굵다. ❼2001. 8. 20. 경북 울릉군 울릉도

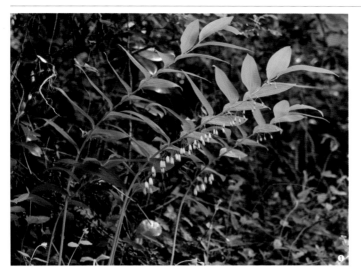

진황정

Polygonatum falcatum A.Gray

비짜루과

국내분포/자생지 제주 및 경남, 전남의 산지(주로 서남해 도서)

형태 다년초. 땅속줄기는 굵고 옆으로 뻗는다. 줄기는 높이 40~120cm이고 상반부는 비스듬히 구부러지며 능각 없이 둥글다. 잎은 어긋나며 길이 7~22cm의 피침형–피침상 장타원형이고 뒷면 맥 위에 돌기가 있다. 끝은 뾰족하거나 길게 뾰족하며 밑부분은 쐐기모양으로 좁아지거나 둥글다. 잎자루는 불분명하다. 꽃은 4~5월에 백색–녹백색으로 피며 잎겨드랑이에서 나온 산방상 꽃차례에 (1~)2~6(~10)개씩 모여 달린다. 꽃자루는 길이 5~20mm이며 털이 없다. 화피는 길이 1.7~2.3cm의 통모양이며 열편은 길이 2.5~3.5mm의 타원상 난형–난형이고 흔히 황록색–녹색이다. 수술대는 길이 4.5~7mm이고 둥글며 위쪽으로 갈수록 약간 굵어진다. 꽃밥은 길이 2.5~3mm이다. 씨방은 길이 2.5~3mm의 타원상 난형–난상 구형이며 암술대는 길이 1.5~2cm이다. 열매(장과)는 지름 7~10mm의 구형이고 흑청색–거의 흑색으로 익는다.

참고 땅속줄기가 잘록한 마디를 가지는 염주모양이며 잎이 피침형–장타원형으로 좁은 편이고 꽃이 꽃차례에 많이 달리는 것이 특징이다.

❶ 2022. 5. 5. 전남 완도군 완도 ❷ 꽃. 흔히 2~6개가 산방상 꽃차례에 달린다. ❸ 꽃 내부. 수술대가 긴 편이며 윗부분에 약간의 돌기가 있다. 수술과 암술은 길이가 비슷하다. ❹ 열매. 흑청색–거의 흑색으로 익는다. 표면에 희미한 능선이 있다. ❺ 땅속줄기. 지름 1~2cm이고 마디 부위가 잘록하여 전체적으로 염주모양이다. ❻ 2007. 4. 10. 경남 거제시 거제도

죽대

Polygonatum lasianthum Maxim.

비짜루과

국내분포/자생지 전국의 산지

형태 다년초. 줄기는 높이 30~70cm 이다. 잎은 길이 6~12cm의 피침상 장타원형-난형이다. 꽃은 5~6월에 백색-녹백색으로 피며 산방상 꽃차 례에 (1~)2~3(~5)개씩 모여 달린다. 꽃 줄기는 길이 7~32mm이며 꽃자루는 길이 1~20mm이다. 화피는 길이 1.5~ 2.4cm의 통모양이다. 열편은 타원상 난형-난형이며 흔히 녹색이다. 암술 과 수술은 길이가 비슷하다. 열매(장 과)는 지름 8~10mm의 구형이다.

참고 긴 꽃줄기가 잎의 뒷면과 인접 해서 잎과 평행하게 뻗는 점과 수술 대의 하반부에 털이 있는 것이 특징 이다.

❶2001. 6. 17. 충북 영동군 민주지산 ❷꽃 내부. 수술대의 하반부에 다세포 털과 돌기 모양의 털이 있다. ❸열매. 흑청색-거의 흑 색으로 익는다. ❹잎 뒷면. 분백색을 띠고 맥 위에 돌기가 없이 평활하다. 잎자루는 짧지 만 뚜렷하다.

종둥굴레

Polygonatum acuminatifolium Kom.

비짜루과

국내분포/자생지 소백산 이북의 산 지에 드물게 분포

형태 다년초. 잎은 길이 5~9cm의 장 타원형-타원형이다. 꽃은 5~6월에 연한 녹백색으로 피며 (1~)2개씩 달린 다. 포는 길이 1~8mm의 송곳모양- 피침형이고 막질이다. 화피는 길이 2 ~2.7cm의 통모양이며 열편은 길이 4 ~5mm의 난형-넓은 난형이고 뒤로 젖혀진다. 암술은 수술보다 길다. 열 매(장과)는 지름 8~11mm의 구형이다.

참고 높이 15~30cm로 식물체는 작 다. 퉁둥굴레에 비해 잎이 적고(4~5개) 작으며(9cm 이하) 막질의 포가 매우 작은 것이 특징이다.

❶2019. 6. 10. 강원 화천군 광덕산 ❷꽃. 식 물체 크기에 비해 유난히 대형으로 느껴진 다. 포는 매우 작으며 막질이고 맥이 없다. 없는 경우도 간혹 있다. ❸꽃 내부. 윗부분을 제외한 상부와 하반부에 돌기와 함께 다세포 성 긴 털이 밀생한다. 흔히 수술대의 윗부분 은 날개모양-주머니모양으로 넓다. ❹땅속 줄기. 둥글며 가는(지름 3~4mm) 편이다.

퉁둥굴레

Polygonatum inflatum Kom.

비짜루과

국내분포/자생지 거의 전국의 산지

형태 다년초. 줄기는 높이 30~70cm 이고 능각이 있다. 잎은 길이 7~15cm 의 장타원형-타원상 난형이며 뒷면 맥 위는 돌기가 없이 밋밋하다. 잎자 루는 길이 5~9mm이다. 꽃은 5~6월 에 녹백색-연녹색으로 피며 (1~)2~ 5(~7)개씩 달린다. 화피는 길이 1.8~ 2.5cm의 통모양이다. 열편은 길이 2 ~3mm의 난형-넓은 난형이며 뒤로 젖혀진다. 열매(장과)는 지름 1~1.2cm 의 거의 구형이다.

참고 잎에 뚜렷한 잎자루가 있으며 포가 막질이고 길이 7~15mm로 작은 편인 것이 특징이다.

❶ 2003. 6. 7. 경기 포천시 국립수목원 ❷꽃. 꽃줄기는 길고(길이 2~4cm) 꽃자루 는 짧은 편이다. 포는 길이 7~15mm이고 3~ 5개의 맥이 있다. ❸꽃 내부. 꽃밥은 수술대 와 길이가 비슷하다. 수술대는 너비가 넓고 편평하며 상부를 제외한 전체에 다세포성 긴 털이 밀생한다. ❹열매. 거의 구형이며 흑청 색-흑색으로 익는다.

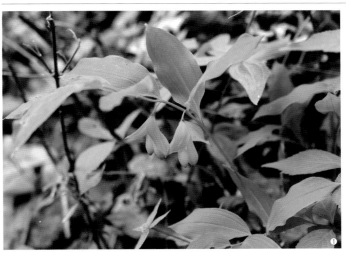

용둥굴레

Polygonatum involucratum (Franch. & Sav.) Maxim.

비짜루과

국내분포/자생지 제주를 제외한 거 의 전국의 산지

형태 다년초. 줄기는 높이 25~40cm 이고 능각이 있다. 잎은 길이 5~ 10cm의 장타원형-난형이며 뒷면 맥 위는 돌기가 없이 밋밋하다. 꽃은 5~ 6월에 녹백색-연한 황록색으로 피며 (1~)2개씩 달린다. 꽃줄기는 길이 1~ 2cm이며 꽃자루는 길이 1.5~4mm이 다. 화피는 길이 2~2.4cm의 통모양 이며 열편은 뒤로 젖혀진다. 암술은 수술보다 약간 길며 암술대는 길이 1.6~2cm이다.

참고 포가 길이 2~3.5cm의 타원상 난형-난형으로 2개가 마주나며 꽃자 루의 밑부분에 달린다.

❶2023. 5. 23. 강원 평창군 ❷꽃. 포는 타 원상 난형-난형이며 뒷면은 돌기 없이 밋밋 하다. 꽃은 길이 2~2.4cm로 목포용둥굴레에 비해 크다. ❸꽃 내부. 수술대는 짧고 편평하 며 돌기가 밀생한다. ❹열매. 지름 1cm 정도 의 구형이다.

목포용둥굴레

Polygonatum cryptanthum H.Lév. & Vaniot

비짜루과

국내분포/자생지 제주 및 경남, 전남의 산지(주로 도서지역), 한반도 준고유종

형태 다년초. 줄기는 높이 15~35cm이고 상반부는 구부러지며 능각이 있다. 잎은 5~8개이고 어긋나며 길이 4~10cm의 장타원형–난형이고 뒷면 맥 위는 털모양의 돌기(털로 취급하기도 함)가 있다. 꽃은 5~6월에 녹백색–연녹색으로 피며 잎겨드랑이에서 나온 꽃차례에 (1~)2~3(~5)개씩 달린다. 꽃줄기는 길이 8~15mm이며 꽃자루는 길이 1.5~4mm이다. 포는 꽃자루 밑부분에 (2~)3(~4)개씩 달리며 길이 1.5~2.5cm의 타원상 난형–난형이고 초질이다. 화피는 길이 1~1.9cm의 통모양이다. 열편은 길이 3~4mm의 난상 장타원형–난형이다. 암술은 수술보다 짧다. 수술대(합생하지 않은 부분)는 길이 1.5~2.5mm이고 둥글며 미세한 돌기가 있다. 꽃밥은 길이 3mm 정도이다. 씨방은 길이 3.5~4mm의 타원형–넓은 타원형이며 암술대는 길이 7~10mm이다. 열매(장과)는 지름 8~11mm의 구형이고 흑청색–거의 흑색으로 익는다.

참고 용둥굴레이 비해 꽃이 작고 (1~)2~3(~5)개씩 달리며 포가 (2~)3(~4)개씩 달리는 것이 특징이다. 줄기, 잎과 포의 뒷면, 꽃줄기, 꽃자루에 기둥모양의 돌기(털)가 있는 것이 목포용둥굴레의 중요한 식별형질이다. 그러나 전남 신안군 가거도에는 전체에 돌기(털)가 거의 없는 개체들이 집단을 이루며 자라기도 한다.

❶2020. 5. 23. 전남 완도군 보길도 ❷꽃차례. 포는 화피와 길이가 비슷하거나 더 길다. 포는 꽃차례 1개당 3개씩 달린다. 꽃줄기는 굵고 능각이 발달한다. 꽃은 용둥굴레에 비해 작다. ❸꽃 내부. 암술은 수술보다 짧다. 수술대는 둥글며 털이나 미세한 돌기가 있다. 꽃줄기와 꽃자루에 털모양의 긴 돌기가 있다. ❹열매. 흑청색–거의 흑색으로 익는다. ❺~❽가거도 자생 개체 ❺꽃차례. 꽃줄기와 꽃자루, 포의 뒷면은 돌기가 없이 밋밋하다. 용둥굴레에 비해 화피의 열편이 난상 장타원형–난형이며 화피 길이의 1/4~1/3 정도이다. ❻꽃 내부. 수술대는 꽃밥과 길이가 비슷하며 둥글고 털이나 돌기가 없다. 암술대는 굵은 편이고 밑부분으로 갈수록 굵어진다. ❼잎 뒷면. 연녹색이고 광택이 나며 맥 위에 털이나 돌기가 없다. ❽2023. 5. 14. 전남 신안군 가거도

안면용둥굴레

Polygonatum × desoulavyi Kom.

비짜루과

국내분포/자생지 강원, 경기, 경북, 충남, 충북의 산지

형태 다년초. 줄기는 높이 25~40cm 이고 상반부는 약간 구부러지며 능각이 있다. 잎은 5~8개이고 어긋나며 길이 4~10cm의 피침상 장타원형–난원상 장타원형이고 뒷면 맥 위는 돌기이나 털이 없이 밋밋하다. 꽃은 5~6월에 녹백색–연한 황록색으로 피며 잎겨드랑이에서 나온 꽃차례에 1~2개씩 달린다. 꽃줄기는 길이 8~20mm 이며 꽃자루는 길이 1.5~5mm이다. 포는 꽃자루의 밑부분에 1(~2)개씩 달리며 길이 5~20mm의 선상 피침형–피침형이며 흔히 초질이다. 화피는 길이 1.5~2.7cm의 통모양이다. 열편은 장타원상 난형–난형이다. 암술은 수술보다 약간 길다. 수술대는 길이 2.4~4mm이고 둥글며 하반부에 미세한 돌기가 약간 있다. 열매(장과)는 지름 8~11mm의 구형이고 흑청색–거의 흑색으로 익는다.

참고 용둥굴레와 각시둥굴레의 자연 교잡종으로서 두 종이 혼생하는 지역에서 간혹 자란다. 다수의 형질에서 두 모종의 중간적 형태를 보이는 경우가 많다. 포는 길이 2cm 이하의 피침형이고 꽃자루의 아래에 달린다. 둥굴레속은 종간의 교잡이 빈번하게 발생하는 분류군으로 알려져 있다. 국내의 경우 안면용둥굴레(용둥굴레×각시둥굴레) 외에도 **각호용둥굴레** (*P.*×*domonense* Satake, 용둥굴레×죽대, **국명 신칭**), 산용둥굴레(용둥굴레×산둥굴레, 가칭), 산목포용둥굴레(목포용둥굴레×산둥굴레, 가칭), 완도용둥굴레(목포용둥굴레×진황정, 가칭) 등이 발견된다.

❶ 2004. 5. 17. 경기 포천시 국립수목원 ❷꽃. 포는 길이 5~20mm의 선상 피침형–피침형이며 꽃자루의 상부에 1~2개씩 달린다. ❸❹열매. 흑자색–거의 흑색으로 익는다. ❺❻각호용둥굴레 ❺잎과 포. 포는 1~3(~4)cm의 피침형–피침상 장타원형이고 꽃자루 아래에 1개씩 붙는다. ❻2022. 5. 21. 충북 영동군 각호산

산용둥굴레(가칭)

Polygonatum involucratum ×
Polygonatum thunbergii

비짜루과

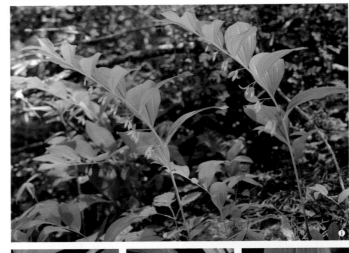

국내분포/자생지 충북(제천시)의 산지

형태 다년초. 줄기는 높이 35~60cm
이고 상반부는 구부러지며 능각이 없
거나 희미하다. 잎은 어긋나며 길이
5~18cm의 피침상 장타원형−타원형
이며 뒷면 맥 위에 돌기가 있다. 꽃은
5~6월에 연한 황록색으로 피며 산방
상 꽃차례에 (1~)2~5개씩 달린다. 꽃
줄기는 길이 2~5cm로 길고 가지가
갈라진다. 꽃자루는 길이 1.5~5mm이
다. 포는 꽃자루의 밑부분에 1(~2)개
씩 달리며 길이 5~37mm의 피침형−
장타원형 또는 타원상 난형이며 흔히
초질이다. 화피는 길이 1.6~2.2cm의
통모양이다. 열편은 난형이고 황록
색−연녹색이다. 열매(장과)는 지름 7~
10mm의 구형이다.

참고 둥굴레속 내 자연 교잡종의 출
현 여부와 분포는 모종의 분포와 관
련이 있다. 내륙(중부)에서는 용둥굴
레가 관여된 잡종(안면용둥굴레 등)들이
주로 관찰되며, 남부지방으로는 목포
용둥굴레나 진황정을 모종 중 하나로
하는 교잡종이 드물게 분포한다. 산
용둥굴레는 용둥굴레와 산둥굴레의
자연 교잡종으로서 두 모종이 혼생
하는 지역에서 자란다. 안면용둥굴레
비해 개체가 대형이며 산방상 꽃차례
에 꽃이 (1~)2~5개씩 달리고 포가 길
이 5~37mm의 피침형−장타원형−타
원상 난형인 것이 특징이다. **산목포용
둥굴레**(*P. cryptanthum*×*P. thunbergii*, 목
포용둥굴레×산둥굴레, 가칭)는 모종 중 하
나가 산둥굴레이기 때문에 산용둥굴
레와 매우 닮았다. 그러나 목포용둥
굴레의 유전적 영향으로 꽃줄기가 약
간 능각지며 포가 더 많이 달리고 광
택이 나는 것이 다르다.

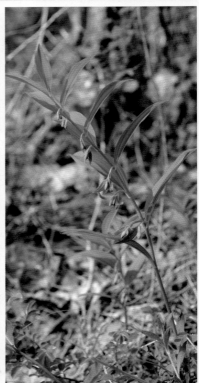

❶2021. 5. 13. 충북 제천시 ❷꽃. 길이 1.6
~2.2cm이다. 포는 길이 5~37cm이고 피침
형−장타원형 또는 타원상 난형이며 꽃자루
밑부분에 1(~2)개씩 달린다. ❸열매. 지름 7
~10mm 정도이고 거의 흑색으로 익는다.
❹잎 뒷면. 맥 위에 잔돌기가 있다. ❺꽃 비
교(좌: 제천용둥굴레, 중앙: 산둥굴레, 우: 둥
굴레). 꽃의 형태는 산둥굴레와 용둥굴레의
중간적인 형태이다. ❻❼산목포용둥굴레(가
칭) ❻포는 길이 1.5~4cm의 피침형−피침상
장타원형이며 꽃자루 밑부분에 1~2개씩
달리고 광택이 난다. 꽃은 산용둥굴레(가칭)
에 비해 작은 편이다. ❼2013. 5. 3. 전남 진
도군 진도

완도용둥굴레(가칭)

Polygonatum cryptanthum ×
Polygonatum thunbergii

비짜루과

형태 다년초. 땅속줄기는 굵고 둥글며 옆으로 뻗는다. 줄기는 높이 20~35cm이고 상반부는 구부러지며 뚜렷한 능각이 있다. 잎은 어긋나며 길이 4~10cm의 피침상 타원형-타원상 난형 또는 난형이고 뒷면 맥 위는 돌기가 있거나 없다. 끝은 뾰족하거나 둔하며 밑부분은 쐐기모양으로 차츰 좁아진다. 잎자루는 짧거나 불명확하다. 꽃은 5~6월에 연한 황록색으로 피며 잎겨드랑이에서 나온 산방상 꽃차례에 (1~)2(~3)개씩 달린다. 꽃줄기는 길이 5~18mm이고 가지가 갈라지며 돌기가 있다. 꽃자루는 길이 1~5mm이다. 포는 꽃자루의 밑부분에 1개씩 달리며 길이 4~30mm의 선형-선상 피침형-피침상 장타원형이고 흔히 초질이다. 가장자리와 뒷면 맥 위에 돌기가 많다. 화피는 길이 1.6~2cm의 통모양이며 끝부분은 비교적 깊게 갈라지는 편이다. 열편은 타원형-난형이고 황록색-연녹색이다. 수술대는 길이 1~2mm로 짧고 둥글며 꽃밥은 길이 2mm 정도이다. 열매(장과)는 지름 7~9mm의 구형이고 흑청색-거의 흑색으로 익는다.

참고 완도용둥굴레는 목포용둥굴레와 진황정의 자연 교잡종으로서 두 종의 혼생 지역에서 간혹 관찰된다. 형태적으로 진황정보다는 목포용둥굴레와 좀 더 유사하다. 목포용둥굴레에 비해 땅속줄기가 굵으며 잎과 줄기에 돌기가 적거나 없고 포가 작은 것이 특징이다. 완도용둥굴레의 형태 변이의 분포 양상을 근거로 미루어 보면 진황정보다는 목포용둥굴레와의 역교잡이 더 빈번히 일어나는 것으로 추정된다.

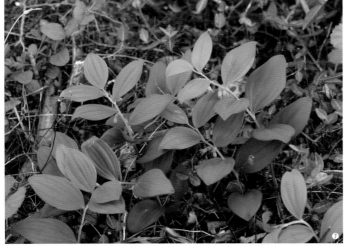

❶ 2022. 5. 5. 전남 완도군 완도 ❷꽃. 포의 형태에는 변이가 심한 편이다. 포는 선형-선상 피침형-피침상 장타원형이며 흔히 초질이지만 크기가 매우 작은 것들은 막질이다. ❸꽃 내부. 암꽃이 형성되지 않는 개체가 대부분이다. 수술대는 짧고 둥글며 돌기가 없다. ❹줄기. 뚜렷하게 능각지며 돌기(털모양)가 있다. ❺꽃 비교(좌: 진황정, 중앙: 완도용둥굴레, 우: 목포용둥굴레). 두 모종의 중간적 형태를 띤다. ❻땅속줄기. 목포용둥굴레에 비해 굵으며 마디 부분이 약간 잘록하다. 진황정보다는 가늘고 염주모양이 아니다. ❼ 2002. 5. 5. 전남 완도군 완도

나도생강

Pollia japonica Thunb.

닭의장풀과

국내분포/자생지 제주, 전남(가거도 등), 충남(외연도)의 산지

형태 다년초. 줄기는 높이 40~80cm 이다. 잎은 길이 15~30cm의 피침상 장타원형−장타원형이다. 수꽃양성화 한그루이다. 꽃은 7~9월에 백색으로 피며 꽃차례의 축에는 밑으로 향하는 갈고리모양 털이 있다. 꽃받침조각(외화피편)은 3개이며 길이 5mm 정도의 난상 원형이고 털이 없다. 꽃잎은 도 란형이고 꽃받침조각보다 길다. 수술은 6개이고 모두 임성이며 드물게 수술대보다 짧은 가수술이 1~2개 있다. 열매(장과상 삭과)는 지름 5mm 정도의 거의 구형이다.

참고 꽃이 백색이며 열매가 구형이고 열개하지 않는 것이 특징이다.

❶ 2005. 8. 8. 제주 서귀포시 ❷ 원뿔상 꽃차례. 길이 10~30cm이고 5~6개의 층을 이루며 가지가 돌려난다. ❸ 수꽃. 꽃가루가 산포가 되면 안쪽으로 구부러져 수술대끼리 서로 엉클린다. ❹ 암꽃. 암술대는 가늘고 길며 털이 없다. ❺ 열매. 장과로 보이지만 남청색으로 익은 삭과이다.

덩굴닭의장풀

Streptolirion volubile Edgew.

닭의장풀과

국내분포/자생지 전국의 산야

형태 덩굴성 1년초. 줄기는 길이 1~5m이고 흔히 털이 없다. 잎은 어긋나며 길이 5~15cm의 난형−난상 원형이고 밑부분은 심장형이다. 수꽃양성화한그루 또는 양성화이다. 꽃은 7~10월에 백색으로 피며 원뿔상 꽃차례에서 1~여러 개씩 모여 달린다. 꽃받침조각은 3개이며 길이 3~4mm의 피침상 장타원형이다. 꽃잎은 길이 4~7mm의 실모양−선형이며 윗부분은 뒤로 젖혀진다. 수술은 6개이고 모두 임성이며 수술대에는 연한 황색의 꼬부라진 털이 밀생한다. 암술대는 가늘고 털이 없다.

참고 닭의장풀속에 비해 꽃잎의 크기가 서로 같으며 수술이 6개이고 헛수술은 없는 것이 특징이다.

❶ 2016. 9. 21. 경북 울진군 ❷ 꽃. 꽃잎과 꽃받침조각은 백색이며 꽃잎은 꽃받침조각보다 가늘고 더 길다. 수술대에는 연한 황색의 털이 밀생한다. ❸ 열매. 약간 세모진 난상 타원형이며 끝부분에 굵은 부리가 있다. ❹ 잎 뒷면. 양면에 털이 없다.

설령골풀

Juncus castaneus subsp. *triceps*
(Rostk.) Novikov

골풀과

국내분포/자생지 북부지방의 고산지대 풀밭

형태 다년초. 줄기는 높이 20~40cm이다. 꽃은 7~8월에 피며 줄기 끝부분에서 나온 반구형의 머리모양꽃차례(밀집화)에 3~6개씩 모여 달린다. 화피편은 길이 5~6mm이고 적갈색-짙은 적갈색이다. 수술은 6개이고 화피편과 길이가 거의 같다. 수술대는 길이 2mm 정도이다. 열매(삭과)는 길이 6~7mm의 세모진 장타원형-타원형이고 흑갈색이며 화피편보다 2배 정도 길다.

참고 구름골풀(*J. triglumis* L.)은 설령골풀에 비해 키가 작고(15cm 이하) 기는 뿌리가 없으며 머리모양꽃차례가 소형이고 1개씩 달리는 것이 특징이다.

❶ 2019. 7. 7. 중국 지린성 백두산 ❷ 꽃차례. 머리모양꽃차례는 흔히 2~3개씩 달리며 가장 아래의 포는 꽃차례보다 훨씬 길다. ❸ 줄기와 잎. 줄기잎은 3~4개이고 원통형이고 표면에는 홈이 있다. ❹ 구름골풀. 2007. 6. 25. 중국 지린성 백두산.

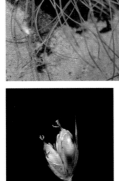

실비녀골풀

Juncus maximowiczii Buchenau

골풀과

국내분포/자생지 지리산 및 북부지방 높은 산지의 다소 습한 바위지대

형태 다년초. 꽃은 6~10월에 피며 (1~)2~4개씩 모여 달린다. 포는 길이 9~14mm이고 잎모양이다. 화피편은 길이 3~4.5mm의 피침형이고 백색이다. 수술은 6개이다. 열매(삭과)는 길이 4.5~7mm의 장타원형-도란형이다. 씨는 길이 2mm 정도이다.

참고 백두산실골풀(*J. potaninii* Buchenau)은 꽃이 1~2개씩 모여 달리며 열매가 길이 3.5~4.5mm의 난형이고 씨가 길이 0.5~0.7mm인 것이 특징이다. 백두산에 분포하는 것을 백두산실골풀로 동정하였으나 명확한 분류를 위해서는 추가적인 관찰 및 분류학적 연구가 필요하다.

❶ 2016. 6. 15. 경남 지리산(ⓒ조용찬). 수술이 화피 밖으로 길게 나출한다. ❷ 열매. 세모진 장타원형-도란상 장타원형이며 화피편과 길이가 비슷하거나 약간 더 길다. ❸ 씨. 길이 2mm 정도이다(부속체 포함). ❹ 백두실골풀. 2019. 7. 6. 중국 지린성 백두산

좀꿩의밥

Luzula arcuata subsp.
unalaschkensis (Buchenau) Hultén

골풀과

국내분포/자생지 북부지방 아고산–
고산지대의 사력지 또는 바위지대
형태 다년초. 줄기는 높이 10~25cm
이고 모여난다. 뿌리 부근의 잎은 여
러 장이며 길이 5~12cm이다. 줄기잎
은 1~2개이다. 꽃은 6~7월에 피며 줄
기 끝부분의 복취산상 꽃차례에 모여
달린다. 가장 아래쪽의 포엽은 길이 1
~3cm이다. 화피편은 길이 2mm 정도
의 피침형 또는 난형이고 갈색이다.
수술은 6개이며 수술대는 꽃밥과 길
이가 비슷하다. 열매(삭과)는 길이 2~
2.3mm의 난형–난상 구형이다.
참고 백두산에서는 해발고도가 가장
높은 곳에 분포하는 식물 중 하나이
다. 잎과 포엽의 끝이 뾰족하고 꽃차
례가 아래로 처지는 것이 특징이다.

❶ 2025. 5. 12. 중국 지린성 백두산 ❷ 꽃차
례(개화기). 잎끝과 포엽의 끝이 뾰족하다.
❸ 꽃차례(결실기). 아래로 심하게 구부러진
다. ❹ 열매. 화피편과 길이가 같거나 약간 짧
다. ❺ 씨. 길이 1~1.5mm의 장타원형이고 부
속체는 미약하다.

산새밥

Luzula pallescens (Wahlenb.) Besser

골풀과

국내분포/자생지 제주 및 충남 이북
의 산지
형태 다년초. 줄기는 높이 15~35cm
이고 모여난다. 줄기잎은 2~3개이며
길이 6~15cm의 선형–선상 피침형이
고 가장자리에 가늘고 긴 털이 밀생
한다. 꽃은 5~7월에 피며 줄기의 끝
부분에서 5~13개씩 머리모양으로 모
여서 산형상(또는 취산상) 꽃차례를 이
룬다. 수술은 6개이며 수술대는 길
이 0.5~0.9mm이고 꽃밥은 길이 0.2
~0.7mm이다. 열매(삭과)는 길이 1~
2mm의 세모진 난상 구형 또는 도란
상 구형이다.
참고 꽃이 여러 개씩 머리모양으로
모여 달리며 화피편이 서로 길이가
다른 것이 특징이다.

❶ 2021. 6. 2. 강원 춘천시 ❷ 꽃차례. 5~13
개의 꽃이 머리모양꽃차례에 모여 핀다. 외
화피편은 내화피편보다 길다. ❸ 꽃차례(결실
기). 화피편은 황갈색이다. ❹ 열매. 화피편과
길이가 비슷하거나 짧다. ❺ 씨. 밑부분에 굵
고 뭉툭한 부속체가 있다.

오대산새밥

Luzula odaesanensis Y.N.Lee &
Y.Chae ex M.Kim

국내분포/자생지 강원의 산지, 한반
도 고유종

형태 다년초. 기는줄기가 옆으로 길
게 뻗는다. 줄기는 높이 20~35cm
이다. 줄기잎은 2~3개이며 길이 6~
15cm의 선형-선상 피침형이고 가장
자리와 잎집부분에 가늘고 긴 털이
있다. 꽃은 4~5월에 피며 줄기의 끝
부분에서 취산상 꽃차례를 이룬다.
가장 아래쪽의 포엽(총포상 포엽)은 꽃
차례보다 짧다. 화피편은 길이 2.5~
4mm의 피침형-난상 장타원형이고
연한 갈색-진한 갈색이며 가장자리
는 백색의 막질이다. 수술은 6개이며
수술대는 길이 0.6~1mm이고 꽃밥은
길이 0.9~1.7mm이다. 암술대는 길이
0.6~1.4mm이며 암술머리는 길이 2~
3.2mm이고 3개로 갈라진다. 열매(삭
과)는 길이 3.2~4mm의 세모진 난형
이고 끝은 뾰족하며 황록색-갈색으
로 익는다.

참고 러시아, 일본, 중국에 넓게 분포
하는 *L. plumosa* E.Mey(기는줄기가 없
거나 짧고 식물체가 높이 6~25cm의 소형
이며 열매가 화피편과 길이가 비슷하거나
약간 길다)보다는 일본에 분포하는 *L.
plumosa* subsp. *dilatata* Z.Kaplan(길
게 뻗는 기는줄기가 있고 식물체가 높이 15
~38cm로 대형이다)와 더 유사하다. 그
러나 일본에 분포하는 아종(subsp.
dilatata)의 경우 열매가 화피편과 길
이가 비슷하지만 오대산새밥은 열매
가 화피편보다 거의 2배 정도 긴 것
이 특징이다. 오대산새밥을 이 도감
에서는 독립된 종으로 처리하였으
나, *L. plumosa* E.Mey의 아종(subsp.
odaesanensis)으로 취급하는 것이 타
당한 것으로 판단된다. 분류학적 추
가 연구가 필요하다.

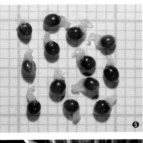

❶2023. 6. 5. 강원 평창군 ❷꽃차례. 꽃차
례는 흔히 가지가 갈라진다. 꽃은 머리모양
을 이루지 않고 성기게 달린다(꽃자루 끝에
서 1개씩 달린다). ❸꽃. 꽃밥은 수술대와 길
이가 비슷하거나 약간 짧다. 암술머리는 3
개로 갈라진다. ❹ 열매. 화피편보다 훨씬
(거의 2배) 길다. ❺씨. 길이 1.7~2mm이다
(*L. plumosa*는 길이 0.3~1.7mm). 밑부분에
씨와 길이가 비슷하거나 약간 짧은 부속체
가 있다. ❻뿌리 부근의 잎. 너비 6~10mm
로 넓은 편이다. 가장자리에 긴 털이 많다.
❼2019. 5. 25. 강원 평창군

구름꿩의밥

Luzula oligantha Sam.

골풀과

국내분포/자생지 북부지방의 해발고도가 높은 산지의 풀밭

형태 다년초. 줄기는 높이 20~45cm이고 모여난다. 줄기잎은 1~2개이며 길이 4~8cm의 선형−선상 피침형이고 가장자리에 긴 털이 약간 있다. 꽃은 6~7월에 피어 4~8개씩 머리모양으로 모여서 산형상 꽃차례를 이룬다. 화피편은 길이 1.8~2.6mm의 피침형이고 적갈색−진한 갈색이며 끝이 뾰족하다. 수술은 6개이다. 열매(삭과)는 길이 1.8~2.4mm의 세모진 타원형−타원상 도란형이다.

참고 두메꿩의밥에 비해 하부 포엽이 길이 1.4~4.5cm로 꽃차례보다 짧으며 열매가 화피편과 길이가 비슷하거나 약간 긴 것이 특징이다.

❶2016. 6. 13. 중국 지린성 ❷꽃차례. 꽃은 4~8개씩 머리모양으로 모여 달린다. 소포의 가장자리는 밋밋하다. ❸꽃. 화피편은 짙은 갈색−흑갈색이며 수술대와 꽃밥은 길이가 비슷하다. ❹열매. 화피편과 길이가 비슷하거나 약간 길다. ❺씨. 길이 1.2mm 정도의 타원형이고 부속체는 매우 짧다.

두메꿩의밥

Luzula nipponica (Satake) Kirschner & Miyam.

골풀과

국내분포/자생지 북부지방의 해발고도가 높은 산지의 풀밭

형태 다년초. 줄기는 높이 12~20cm이고 모여난다. 줄기잎은 1~2개이며 길이 4~6(~10)cm의 선형−선상 피침형이고 가장자리에 긴 털이 약간 있거나 없다. 꽃은 4~7월에 핀다. 화피편은 길이 1.9~2.2mm의 피침형이고 적갈색−진한 갈색이며 끝이 뾰족하다. 수술대는 꽃밥과 길이가 비슷하다. 열매(삭과)는 길이 2~2.3mm의 세모진 난형이며 화피편과 길이가 비슷하다.

참고 구름꿩의밥에 비해 아래쪽의 포엽이 꽃차례와 길이가 비슷하거나 약간 길며 열매가 화피편과 길이가 비슷한 것이 특징이다.

❶2015. 4. 21. 중국 지린성 백두산 ❷꽃차례. 꽃은 4~8개씩 머리모양으로 모여 달린다. 소포의 가장자리는 잘게 갈라진다. ❸열매. 화피편과 길이가 비슷하거나 약간 짧다. ❹씨. 길이 1~1.5mm 정도의 타원상이며 부속체는 매우 짧다.

새밥

Luzula rufescens Fisch. ex E. Mey.
var. *rufescens*

골풀과

형태 다년초. 땅속줄기는 짧거나 약
간 길다. 줄기는 높이 10~25cm이다.
줄기 아래쪽의 잎은 여러 개이며 길
이 4~12cm의 선형-선상 피침형이
다. 줄기잎은 2~3개이며 길이 2~4cm
이고 가장자리와 잎집부분에 긴 털이
약간 있다. 꽃은 4~6월에 피며 줄기
의 끝부분에서 산형상(또는 취산상) 꽃
차례를 이룬다. 꽃차례는 4~10(~18)
개의 꽃으로 이루어지며 가지는 흔
히 갈라지지 않는다. 포엽은 1~2개
이며 길이 1~5cm이고 밑부분의 가
장자리에 긴 털이 있다. 화피편은 길
이 2~3.2mm의 피침형-장타원형 피
침형이고 적갈색-갈색이며 가장자리
는 백색의 막질이다. 수술은 6개이며
수술대는 길이 0.3~0.9mm이고 꽃밥
은 길이 1~1.5mm이다. 암술대는 길
이 0.3~0.9mm이며 암술머리는 길이
1.3~2.3mm이고 3개로 갈라진다. 열
매(삭과)는 길이 2.8~3.5mm의 세모진
난형이고 끝은 뾰족하며 황갈색으로
익는다. 씨는 길이 1.2~1.8mm의 넓은
타원형-도란형이다. 부속체는 길이 1
~2mm이고 구부러지며 끝이 뾰족하
다.
참고 오대산새밥에 비해 소형(높이
25cm 이하. 잎 너비 2~4mm)이며 꽃차
례는 흔히 가지가 갈라지지 않고 꽃
이 10개 이하로 적게 달리는 것이
특징이다. **별꿩의밥**(var. *macrocarpa*
Buchenau)은 새밥에 비해 식물체가 대
형(높이 15~40cm, 잎 너비 3~5mm)이고
열매가 길이 3.3~4.5mm이고 화피편
보다 긴 것이 특징이다. 강원, 경기,
충북의 산지에 드물게 자란다.

❶ 2008. 5. 20. 제주 제주시 한라산 ❷ 꽃차
례. 1개씩 달리며, 꽃차례 1개당 흔히 10개
이하로 모여 달린다. 가지가 갈라지지 않는
다. ❸❹ 열매. 화피편과 길이가 비슷하거나
약간 길다. ❺ 씨. 길이가 비슷하거나 더 긴
부속체가 있다. ❻~❿ 별꿩의밥 ❻ 꽃. 1개씩
달리며, 꽃차례 1개당 10개 이하로 모여 달
린다. 꽃밥은 수술대에 비해 길다. ❼ 결실기
의 꽃차례. 가지가 갈라지지 않는다. ❽ 열매.
화피편보다 뚜렷하게 길다(거의 2배). ❾ 씨.
길이가 거의 비슷한 부속체가 달려 있다.
❿ 2005. 5. 13. 경기 연천군

동강고랭이

Trichophorum dioicum (Y.N.Lee & Y.C.Oh) J.Jung & H.K.Choi

사초과

국내분포/자생지 강원(영월군, 정선군, 평창군 등), 충북(단양군, 제천시)의 석회암지대 바위 절벽, 한반도 고유종

형태 다년초. 줄기는 개화기에는 높이 5~20cm, 너비 0.3~0.8mm이고 결실기까지 신장하여 길이 40cm 정도까지 길어진다. 능각(3~4각)지며 전체에 털이 없다. 밑부분은 2~3개의 잎집으로 싸여 있다. 잎집 밑부분은 적갈색이다. 잎은 비늘조각모양 또는 까락모양이며 끝은 바늘처럼 길게 뾰족하다. 암꽃수꽃양성화딴그루(잡성이주)이다. 수상꽃차례는 줄기 끝부분에 1개씩 달리며 길이 4~6mm의 장타원형이고 꽃은 3~6개이다. 비늘조각은 길이 3.5~5.5mm의 장타원형–난형이고 적갈색–흑갈색이다. 수꽃의 경우 수술은 3개이며 수술대는 길이 5~6mm이다. 꽃밥은 길이 3.5mm 정도의 선형이고 황색이다. 암꽃의 경우 화피편은 6개이며 길이 4~5.5mm의 실모양이고 가장자리는 미세한 톱니모양이다. 암술대는 가늘고 암술머리는 길이 3~5mm의 실모양이고 3개로 갈라진다. 열매(수과)의 길이는 2~3mm의 세모진 장타원형이며 갈색–적갈색이다. 개화기는 3~4월이고 결실기는 5~6월이다.

참고 애기황새풀[*T. alpinum* (L.) pers.]에 비해 잎끝이 뾰족하며 꽃이 단성(간혹 양성)이고 열매가 세모지는 것이 특징이다. 애기황새풀은 고산지대나 한대지역의 습한 풀밭(습지 가장자리)에서 자란다.

❶암그루. 2022. 4. 2. 강원 영월군 ❷수그루. 줄기는 조밀하게 모여난다. 개화기에는 줄기가 5~10cm 정도이지만 결실기까지 신장하여 40cm 정도까지 길어진다. ❸수꽃차례. 수술대는 꽃차례의 비늘조각 밖으로 약간 나온다. ❹수꽃. 수술은 3개이다. 꽃밥은 길이 3.5mm 정도이고 밝은 황색이다. ❺암꽃차례. 암술머리는 3개로 갈라지고 비늘조각 밖으로 나출된다. ❻양성화꽃차례. 암술과 수술이 함께 달린다. ❼양성화암그루. 암그루나 수그루에 비해 드물다. ❽암그루(좌), 수그루(우) 비교. 암술머리는 순백색이고, 꽃밥은 밝은 황색이어서 식별이 용이하다. ❾❿수과. 세모진 장타원형이다. 화피편은 6개이고 결실기까지 계속 신장하여 황새풀류와 같이 소수 밖으로 길게 나출된다. ⓫자생지 모습(2022. 4. 2. 강원 영월군). 석회암지표종으로서 절벽지에서 주로 자라며 햇볕이 너무 강하거나 메마른 곳보다는 하천가의 약간 그늘지고 습한 곳을 선호하여 자라는 것으로 보인다.

황새고랭이
Scirpus maximowiczii C.B.Clarke

사초과

국내분포/자생지 설악산 이북 해발 고도가 높은 산지의 풀밭

형태 다년초. 줄기는 높이 20~40cm 이다. 잎은 다수가 뿌리에서 나며 줄 기잎은 2~3개이다. 인상꽃차례는 한 쪽 방향으로 뻗는 4~18개의 가지가 있다. 소수는 길이 6~13mm의 타원 형-난형이고 회갈색-흑갈색이다. 화 피편은 길이 4~6mm의 실모양이고 구부러진다. 수술은 3개이다. 열매(수 과)는 길이 1.5~2mm의 세모진 도란 형이며 연한 갈색이다. 개화기는 5~7 월이고 결실기는 6~8월이다.

참고 총포가 불염포(또는 잎집)모양이 며 개체 크기에 비해 소수가 대형인 것이 특징이다.

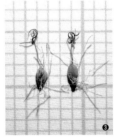

❶❷(ⓒ조용찬) ❶2011. 7. 21. 중국 지린성 백두산 ❷꽃차례. 소수는 3~5(~6)개가 머리 모양으로 모여 달린다. ❸수과. 세모진 도란 형이고 끝부분에 암술대가 달려 있다. 화피 편은 6개이다. ❹뿌리 부근의 잎. 줄기보다 짧다.

좀바늘사초
Carex myosuroides Vill.
Kobresia myosuroides (Vill.) Fiori

사초과

국내분포/자생지 북부지방 높은 산 지(아고산-고산지대)의 풀밭

형태 다년초. 줄기는 높이 20~35cm 이고 조밀하게 모여난다. 잎은 주로 줄기 아랫부분에서 나며 너비 1mm 이하의 선형이다. 수상꽃차례는 1 개이고 줄기 끝에 달린다. 비늘조각 은 황갈색-흑갈색이고 막질이며 길 이 2.5~4mm의 난형이다. 과낭은 길 이 2.5~3.5mm의 장타원형 또는 장 타원상 난형이다. 열매(수과)는 길이 2.5mm 정도의 도란상 장타원형이다. 개화-결실기는 6~7월이다.

참고 수과가 과낭에 완전히 싸여 있 지 않고 일부가 나출되는 것이 특징이 다.

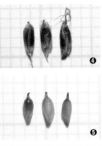

❶2019. 7. 6. 중국 지린성 백두산 ❷❸꽃차 례. 끝부분의 소수는 웅성(수꽃만 달림)이고 나머지 소수는 양성(단성 또는 드물게 암꽃 만 달림)이다. ❹과낭과 비늘조각. 수과의 일 부가 나출된다. ❺수과. 광택이 나며 끝부분 에 부리가 있다.

털대사초

Carex ciliatomarginata Nakai

사초과

국내분포/자생지 거의 전국의 산지

형태 다년초. 줄기는 높이 5~20cm이다. 잎은 길이 4~18cm, 너비 1~2cm이고 양면에 털이 많다. 수상꽃차례(소수)는 3~6개이며 정생꽃차례는 수꽃꽃차례이고 나머지는 수꽃암꽃차례(androgynous)이다. 정생꽃차례는 길이 5~18mm의 장타원형-타원형이고 수꽃비늘조각은 가장자리에 털이 있다. 측생꽃차례는 길이 5~10mm의 장타원형이다. 암꽃비늘조각은 길이 2.5~3mm의 난형이고 가장자리에 털이 있다. 과낭은 길이 3.5~4mm의 장타원형이고 다수의 맥이 있다. 개화기는 4~5월이고 결실기는 5~6월이다.

참고 대사초에 비해 전체가 작은 편이고 긴 털이 많으며 정생소수는 수꽃만 달리고 과낭에 털이 있는 것이 특징이다.

❶ 2014. 5. 6. 서울 북한산 ❷꽃차례 ❸과낭과 암꽃비늘조각. 과낭은 세모지며 전체에 털이 많다. ❹수과. 길이 1.5~2mm의 세모진 타원상 난형이다.

지리대사초

Carex okamotoi Ohwi

사초과

국내분포/자생지 중부지방 이남의 산지

형태 다년초. 줄기는 높이 10~25cm이다. 잎은 길이 10~28cm, 너비 4~8mm이다. 수상꽃차례(소수)는 3~5개이며 정생꽃차례는 수꽃꽃차례이고 나머지는 수꽃암꽃차례이다. 정생꽃차례는 길이 8~10mm의 도피침형 또는 장타원형이고 수꽃비늘조각은 길이 3~3.5mm의 장타원형이다. 암꽃비늘조각은 길이 3~3.5mm의 난형이다. 과낭은 길이 3~3.5mm의 타원형-도란상 타원형이다. 열매(수과)는 길이 2mm 정도의 세모진 타원형-도란상 타원형이다. 개화기는 4~5월이고 결실기는 5~6월이다.

참고 대사초에 비해 잎의 너비가 1cm 미만으로 가늘다.

❶ 2006. 6. 4. 경남 밀양시 천왕산 ❷측생꽃차례. 윗부분에 수꽃이 촘촘하게 달리고 아래쪽으로는 암꽃이 성기게 달린다(androgynous). ❸과낭과 암꽃비늘조각. 과낭은 다수의 희미한 맥이 있다. ❹수과

대사초
Carex siderosticta Hance

사초과

형태 다년초. 땅속줄기는 옆으로 뻗는다. 줄기는 높이 10~35cm이다. 잎은 길이 10~30cm, 너비 1.5~2.5cm이다. 수상꽃차례(소수)는 4~8개이며 수꽃암꽃차례이다. 길이 1~2cm의 선형 또는 장타원형이다. 수꽃비늘조각은 길이 3~4mm의 장타원형-타원상 난형이며 암꽃비늘조각은 길이 3~4mm의 장타원상 난형-난형이다. 과낭은 길이 3~4mm의 도란상 타원형 또는 난상 타원형이고 털이 없다. 열매(수과)는 길이 2~2.5mm의 세모진 타원형-난상 타원형이다. 개화기는 4~5월이고 결실기는 5~6월이다.

참고 털대사초에 비해 전체적으로 대형이며 잎가장자리와 과낭에 털이 없는 것이 특징이다.

❶ 2019. 5. 11. 강원 평창군 ❷ 꽃차례. 측생꽃차례의 밑부분에 암꽃이 1~6(~10)개 정도 달린다. 정생꽃차례에도 소수의 암꽃이 달린다. ❸ 과낭. 도란상 타원형 또는 난상 타원형이고 털이 없다. ❹ 수과. 세모진 타원형-난상 타원형이다.

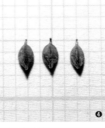

반들대사초
Carex splendentissima U.Kang & J.M.Chung

사초과

형태 다년초. 땅속줄기는 옆으로 뻗는다. 줄기는 높이 15~30cm이다. 잎은 길이 10~20cm, 너비 1.5~4.6cm이다. 수상꽃차례(소수)는 4~7개이며 수꽃암꽃차례이다. 길이 5~1.5cm의 선상 장타원형-장타원형(측생) 또는 타원형-타원상 난형(정생)이다. 수꽃비늘조각은 길이 4.5~5.2mm의 장타원형이며 암꽃비늘조각은 길이 2.8~3.2mm의 장타원상 난형-난형이다. 과낭은 길이 2.8~3.5mm의 타원형-난상 타원형이고 털이 없다. 열매(수과)는 길이 2~2.2mm의 세모진 타원형-넓은 타원형이다. 개화기는 4~5월이고 결실기는 5~6월이다.

참고 대사초에 비해 잎이 넓고(너비 1.5~4.6cm)고 광택이 나는 것이 특징이다.

❶ 2011. 5. 14. 강원 정선군 ❷ 측생꽃차례. 윗부분에 수꽃, 밑부분에 암꽃이 달린다. ❸ 과낭. 타원형-난상 타원형이고 광택이 난다. ❹ 수과. 세모진 타원형-넓은 타원형이다.

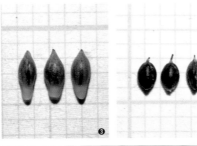

애기바늘사초
Carex hakonensis Franch. & Sav.

사초과

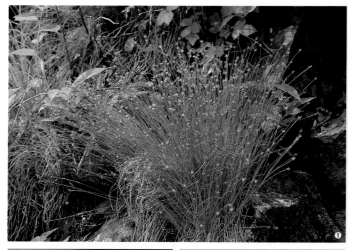

국내분포/자생지 거의 전국의 해발고도가 비교적 높은 산지(특히 능선이나 정상부)

형태 다년초. 땅속줄기가 짧다. 줄기는 높이 10~20cm이고 조밀하게 모여나며 세모지고 가늘다. 전체가 부드럽지만 꽃차례의 밑부분은 약간 거칠다. 밑부분의 잎집은 볏짚색 또는 연한 황갈색이다. 잎은 길이 10~25cm, 너비 1mm 이하이고 연녹색이다. 수상꽃차례(소수)는 1개이며 줄기의 끝부분에 달린다. 윗부분에 수꽃이 달리고 그 밑부분으로 암꽃이 달리는 수꽃암꽃차례(androgynous)이다. 수꽃비늘조각은 길이 2~2.5mm의 도란상 장타원형이다. 암꽃비늘조각은 길이 1.5~2mm의 난형이고 과낭 길이의 1/3~2/3 정도이며 결실기에는 흔히 떨어진다. 과낭은 길이 2~3mm의 세모진 장타원형~장타원상 난형이며 막질이고 털이 없다. 부리는 짧고 끝은 2개로 얕게 갈라져 오목하다. 열매(수과)는 길이 1.5~1.8mm의 세모진 장타원형이고 과낭에 꽉 차 있다. 암술머리는 3개이다. 개화기는 4~5월이고 결실기는 6~7월이다.

참고 외형은 바늘사초와 유사하다. 바늘사초에 비해 잎이 너비가 1mm 이하로 좁고 과낭의 맥이 매우 희미한 것이 특징이다.

❶ 2004. 5. 30. 경기 가평군 화악산 ❷❸꽃차례. 윗부분에 소수의 수꽃이 달리고 그 밑부분에 4~10개의 암꽃이 달린다. 과낭은 비스듬히 또는 수평으로 벌어져 달린다. ❹과낭. 반투명해서 과낭 안의 수과가 비쳐 보인다. 맥이 거의 보이지 않는다. ❺수과. 약간 세모진 장타원형이다. ❻잎과 줄기. 잎(우)은 흔히 길이 0.5~0.7mm로 매우 좁다. ❼뿌리부근. 묵은 잎집은 볏짚색~연한 황갈색이다. 땅속줄기가 짧아서 줄기는 조밀하게 모여난다.

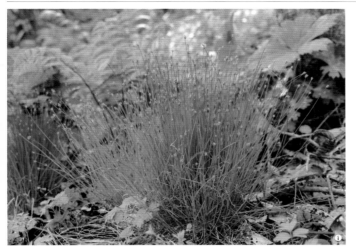

바늘사초
Carex onoei Franch. & Sav.

사초과

국내분포/자생지 거의 전국의 산지
형태 다년초. 줄기는 높이 10~30cm
이고 조밀하게 모여난다. 잎은 길이
10~20cm, 너비 1~1.5mm이다. 수상
꽃차례(소수)는 1개이며 줄기의 끝부
분에 달린다. 윗부분에 수꽃이 달리
고 그 밑부분으로 암꽃이 달리는 수
꽃암꽃차례이다. 암꽃비늘조각은 길
이 2~2.5mm의 난형이고 과낭과 길
이가 비슷하다. 과낭은 길이 2.5~
3mm의 타원상 난형이며 털이 없다.
열매(수과)는 길이 1.5~2mm의 세모진
장타원형-타원상 난형이다. 개화기는
4~5월이고 결실기는 5~6월이다.
참고 애기바늘사초에 비해 잎 너비가
1~1.5mm이며 과낭에 다수의 세로맥
이 있는 것이 특징이다.

❶ 2021. 4. 28. 강원 평창군 ❷ 꽃차례. 과낭
은 비스듬히 또는 수평으로 벌어져 달린다.
꽃차례 밑부분의 줄기는 능각부에 톱니가 있
어 거칠다. ❸ 과낭. 수과가 비치지 않는다.
세로맥이 있다. ❹ 수과. 세모진 장타원형-타
원상 난형이다. ❺ 줄기와 잎. 잎(우)은 너비
1~1.5mm이다.

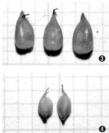

개바늘사초
Carex uda Maxim.

사초과

국내분포/자생지 경북(면산) 이북의
산지 습지 및 계곡부 습한 곳
형태 다년초. 줄기는 높이 20~45cm
이다. 잎은 너비 2~3mm이다. 수상꽃
차례(소수)는 1개이며 줄기의 끝부분
에 달리고 수꽃암꽃차례이다. 암꽃비
늘조각은 길이 2~2.5mm의 난형이고
과낭보다 약간 짧다. 과낭은 길이 3~
4mm의 타원상 난형이며 털이 없다.
부리는 비교적 긴 편이다. 열매(수과)
는 길이 2~2.5mm의 세모진 장타원
형-장타원상 난형이다. 개화기는 4~
6월이고 결실기는 5~7월이다.
참고 전체적으로 바늘사초나 솔잎사
초에 비해 대형이다. 줄기가 날카롭
게 세모지며 잎이 너비 2~3mm로 넓
은 것이 특징이다.

❶ 2020. 5. 29. 경북 봉화군 ❷ 꽃차례. 과낭
은 수평으로 퍼지거나 아래쪽으로 심하게 처
져서 달린다. ❸ 과낭. 길이 3~4mm로 바늘
사초, 솔잎사초 등에 비해 뚜렷하게 크다. 마
르면 세로맥이 뚜렷하게 돌출한다. ❹ 수과.
세모진 장타원형-장타원상 난형이다. ❺ 줄
기와 잎. 잎은 너비 2~3mm이다.

뿌리대사초

Carex rhizopoda Maxim.

사초과

국내분포/자생지 전남(금오도), 충남
(안면도) 산지의 도랑 가장자리

형태 다년초. 줄기는 높이 30~50cm
이며 모여난다. 잎은 너비 2~4mm이
고 부드럽다. 수상꽃차례(소수)는 1개
이며 줄기의 끝부분에 달린다. 암꽃
비늘조각은 길이 3~5mm의 장타원상
난형-난형이며 맥이 3개 있다. 과낭
은 길이 5~6mm의 장타원형-장타원
상 난형이고 털이 없다. 부리는 길이
1.5~2.5mm이고 끝은 깊게 갈라진다.
개화기는 4~5월이고 결실기는 5~6월
이다.

참고 과낭은 익어도 옆으로 퍼지지
않고 곧추서며 끝부분에 긴 부리가
있고 등쪽에 뚜렷한 맥이 있는 것이
특징이다.

❶2011. 5. 28. 충남 태안군 안면도 ❷❸꽃
차례. 윗부분에 소수(3~5개)의 수꽃이 달리
고 아래쪽에 다수의 암꽃이 달리는 수꽃암
꽃차례이다. ❹과낭. 다수의 맥이 있으며 부
리가 길다. ❺수과. 길이 2~2.5mm의 세모진
타원형-타원상 도란형이다.

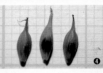

층실사초

Carex remotiuscula Wahlenb.

사초과

국내분포/자생지 강원 이북의 계곡
가, 습한 풀밭 등 산야의 습한 곳

형태 다년초. 잎은 너비 1~2mm이고
줄기보다 짧다. 수상꽃차례(소수)는 4
~7개이며 줄기의 윗부분에 자루가
없이 달린다. 암꽃비늘조각은 길이
2.5~3mm의 난형이다. 과낭은 길이
3mm 정도의 피침상 장타원형이다.
열매(수과)는 길이 1.5mm의 육각상 타
원형-난형이고 밑부분에 짧은 자루
가 있다. 암술머리는 2개이다. 개화기
는 5~6월이고 결실기는 6~7월이다.

참고 포(포엽)가 잎모양이고 꽃차례에
비해 뚜렷하게 길며 꽃차례가 난상
구형이고 간격을 두고 성기게 달리는
것이 특징이다.

❶2003. 6. 14. 강원 영월군 백덕산 ❷꽃
차례. 난상 구형이다. 암꽃수꽃차례
(gynecandrous)이다. ❸과낭. 피침상 장타
원형이며 상반부(부리 포함)의 가장자리에는
넓게 날개가 있고 날개에는 잔톱니가 있다.
❹수과. 육각상 타원형-난형이고 암술머리
는 2개이다. ❺뿌리 부근. 땅속줄기는 짧게
뻗으며 줄기는 조밀하게 모여난다.

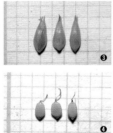

바위사초
Carex lithophila Turcz.

국내분포/자생지 북부지방의 습지 주변 풀밭 등 산야의 다소 습한 곳

형태 다년초. 잎은 너비 2~4mm의 선형이고 줄기보다 짧다. 꽃차례는 줄기의 끝부분에 달리며 길이 2.5~ 5.5cm의 원통형이다. 암꽃비늘조각은 길이 3.5mm 정도의 피침상 장타원형–장타원상 난형이다. 과낭은 길이 3~4mm의 난형–넓은 난형이다. 윗부분은 급히 좁아져서 부리로 연결되며 부리의 끝은 가위모양으로 깊게 갈라진다. 개화기는 5~6월이고 결실기는 6~7월이다.

참고 경성사초에 비해 키가 작은 편이며 과낭에 털이 없는 것이 특징이다.

❶2007. 6. 30. 중국 지린성 백두산 ❷꽃차례. 10~20개의 수상꽃차례가 조밀하게 모여 달린다. 흔히 끝부분(1개)과 밑부분의 꽃차례는 암꽃차례이고 나머지(특히 중앙부) 꽃차례는 윗부분에 수꽃이, 밑부분에 암꽃이 달리는 수꽃암꽃차례(androgynous)이다. 변이가 있다. ❸과낭. 털이 없다. 가장자리에 좁은 날개가 있다. ❹수과. 길이 1.5~1.8mm의 타원형–넓은 타원형이다. ❺땅속줄기. 길게 옆으로 뻗는다.

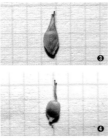

경성사초(까락사초)
Carex acerescens Ohwi

사초과

국내분포/자생지 중부지방 이북

형태 다년초. 잎은 너비 1~5mm의 선형이고 줄기보다 짧다. 꽃차례는 1개이며 길이 3~7.5cm의 원통형이고 수상꽃차례는 흔히 약간 성기게 달린다. 암꽃비늘조각은 길이 2.2~3mm의 난형이다. 과낭은 길이 3.5~4.5mm의 장타원상 난형–난형이고 양면에 잔털이 약간 또는 많이 있다. 개화기는 5~6월이고 결실기는 6~7월이다.

참고 바위사초에 비해 과낭에 짧은 털이 있는 것이 특징이다.

❶2005. 5. 14. 강원 홍천군 ❷❸꽃차례. 변이가 있다. ❷7~10(~15)개의 수상꽃차례가 모여 달린다. 끝부분의 3~5개 수상꽃차례(화살표)는 수꽃차례 또는 밑부분에 암꽃이 달리고 윗부분에 수꽃이 달리는 수꽃암꽃차례(androgynous)이고 나머지 수상꽃차례는 모두 암꽃차례이다. ❸가장 위쪽(끝)의 수상꽃차례는 수꽃암꽃차례이며 그 밑의 5~7개의 수상꽃차례(화살표)는 수꽃차례이고 나머지 수상꽃차례는 암꽃차례이다. ❹과낭. 잔털이 있다. 가장자리에 좁은 날개가 있고 날개에는 잔톱니가 있다. ❺수과. 길이 1.5~2mm 타원형–넓은 타원형이다. ❻뿌리 부근

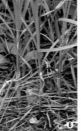

싸라기사초

Carex ussuriensis Kom.

사초과

국내분포/자생지 경북(봉화군), 충북 이북의 산지(주로 석회암지대)

형태 다년초. 땅속줄기는 길게 뻗는다. 줄기는 높이 25~40cm이다. 수상꽃차례(소수)는 2~3개이며 정생꽃차례는 수꽃차례이고 나머지는 암꽃차례이다. 수꽃차례는 길이 1~2cm의 선상 원통형이다. 암꽃차례는 길이 1~2cm이다. 암꽃비늘조각은 길이 3~4mm의 타원형 또는 난형이고 황갈색이다. 과낭은 길이 3~3.5mm의 타원형–타원상 난형이다. 개화기는 4~5월이고 결실기는 5~6월이다.

참고 잎이 너비 1.5mm 이하이고 포는 잎집모양이며 암꽃차례가 매우 성긴 것이 특징이다.

❶2019. 5. 11. 강원 평창군 ❷꽃차례. 암꽃차례는 가늘고 2~4개의 꽃이 매우 성기게 달린다. ❸꽃차례(결실기). 꽃줄기는 꽃이 지고 신장한다. ❹과낭. 상반부 가장자리에 털모양의 뾰족한 톱니가 있다. ❺수과. 길이 2mm 정도의 세모진 장타원형–타원형 또는 도란형이다. ❻뿌리 부근

길뚝사초

Carex bostrychostigma Maxim.

사초과

국내분포/자생지 제주를 제외한 거의 전국의 산지

형태 다년초. 잎은 너비 2~4mm의 선형이다. 가장 아래쪽의 포는 잎모양이고 짧은 잎집이 있다. 수상꽃차례(소수)는 5~10개이며 정생꽃차례는 수꽃차례이고 나머지는 암꽃차례이다. 암꽃차례는 길이 2~4cm의 선상 원통형이다. 암꽃비늘조각은 길이 3~5.5mm의 장타원상 난형이다. 과낭은 길이 6~8mm이다. 열매(수과)는 길이 3~4mm의 세모진 피침상 장타원형이다. 개화기는 4~5월이고 결실기는 5~7월이다.

참고 암꽃차례가 선상 원통형이며 과낭이 선상 피침형–피침상 장타원형이고 부리가 긴 것이 특징이다.

❶2002. 6. 14. 경기 수원시 광교산 ❷수꽃차례. 길이 2~3cm의 선상 원통형이다. ❸암꽃차례. 선상 원통형이고 암꽃이 성기게 달리는 편이다. ❹과낭. 세모진 선상 피침형–피침상 장타원형이고 부리가 길다. ❺수과. 암술대가 길이 2~3mm로 길며 암술머리는 3개이고 길이 8~10mm로 매우 길다.

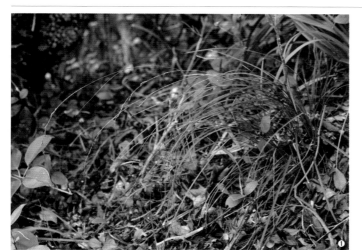

논두렁사초(가을사초)

Carex autumnalis Ohwi

사초과

국내분포/자생지 전남(가거도, 완도 등)의 산지 숲속

형태 상록성 다년초. 잎은 너비 2~3mm의 선형이다. 수상꽃차례(소수)는 6~10(~15)개이며 측생꽃차례는 암꽃차례이거나 암꽃차례 윗부분에 수꽃차례가 붙어 있는 수꽃암꽃차례이다. 암꽃차례는 길이 1~3cm의 좁은 원통형이다. 암꽃비늘조각은 길이 1.5~2mm의 난형이다. 과낭은 길이 2.7~3.1mm이다. 개화기는 9~10월이고 결실기는 10~11월이다.

참고 줄사초에 비해 잎과 줄기가 가늘며 정생꽃차례에 수꽃만 달리는 것이 특징이다. 북한명은 '가을사초'로 생태적인 특징이 잘 반영된 이름이다.

❶2018. 10. 15. 전남 신안군 홍도 ❷수꽃차례. 줄사초와는 달리 정생꽃차례는 웅성이다. ❸과낭. 타원형–타원상 난형이며 맥 위에 털이 약간 있다. ❹수과. 길이 2mm 정도의 타원상 난형–난형이고 암술대 밑부분은 비후한다. ❺잎 비교. 줄사초(우)에 비해 매우 가는 편이다. ❻땅속줄기. 짧게 뻗는다.

가거줄사초

Carex brunnea Thunb.(?)

사초과

국내분포/자생지 전남(가거도)의 산지
형태 상록성 다년초. 잎은 너비 2~5mm의 선형이다. 수상꽃차례(소수)는 모두 수꽃암꽃차례이다. 과낭은 뚜렷한 맥이 있으며 털이 있다.

참고 줄사초에 비해 과낭이 길이 2.5~3.5mm의 타원형이며 가는 맥이 있고 털이 적은 것을 특징으로 구분된다고 하지만 실제로는 명확히 동정되지 않는다. 이러한 특징을 기준으로 동정하였을 경우 가거도에 분포하는 줄사초류는 대부분 그냥 줄사초에 더 가깝다. 분류학적 재검토가 필요하다. 가거줄사초는 기준표본 채집지인 일본에서도 좁은 종개념을 적용하여 분류할 경우에 줄사초와 구분하는 분류군이다.

❶2023. 9. 25. 전남 신안군 가거도 ❷측생꽃차례. 일본의 경우 1마디에서 2~6개의 측생꽃차례가 나오는 것으로 기록되어 있지만 가거도의 개체들은 1~4개 정도씩 달린다. ❸과낭. 세로맥은 비교적 굵은 편이다. ❹수과. 길이 1.5~2mm의 넓은 난상 원형–거의 원형이다. ❺땅속줄기. 짧게 뻗는다.

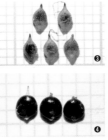

줄사초

Carex lenta D.Don
Carex brunnea var. *nakiri* Ohwi.

사초과

국내분포/자생지 충남(외연도) 이남의 바다 가까운 산지

형태 상록성 다년초. 땅속줄기는 짧다. 줄기는 높이 30~80cm이고 조밀하게 모여난다. 밑부분의 잎집은 연한 갈색–갈색 또는 적갈색이다. 잎은 너비 2~4mm의 선형이고 편평하며 줄기보다 짧다. 수상꽃차례(소수)는 모두 암꽃차례의 끝부분에 수꽃이 약간 달리는 수꽃암꽃차례(androgynous)이다. 줄기 윗부분의 3~6개의 마디에서 측생꽃차례가 나온다. 측생꽃차례는 마디의 포겨드랑이에서 1~3개씩 나온다. 길이 1~2cm의 좁은 원통형이다. 암꽃비늘조각은 길이 2~2.5mm의 난형이고 과낭보다 약간 짧다. 과낭은 길이 3~3.5mm의 타원형–넓은 타원형이고 다수의 굵은 맥이 있으며 털이 밀생한다. 부리는 길이 1mm 정도이고 끝은 2개로 갈라진다. 열매(수과)는 길이 1.5~2mm의 타원형–넓은 타원형이고 과낭에 꽉 차 있다. 암술대는 길이 1mm 정도이며 암술머리는 2개이다. 개화기는 8~10월이고 결실기는 10~11월이다.

참고 홍노줄사초에 비해 땅속줄기가 짧고 줄기가 조밀하게 모여나며 높이 30~80cm로 키가 큰 것이 특징이다.

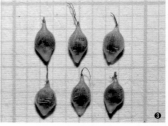

❶ 2020. 9. 22. 전남 신안군 홍도 ❷ 측생꽃차례. 마디에서 1~3개씩 달린다. 좁은 원통형이고 끝부분에 수꽃이 약간 달린다. ❸ 과낭. 길이 3~3.5mm의 타원형–넓은 타원형이며 굵은 맥이 있고 털이 약간 있다. 개체에 따라 밀생하는 개체도 있다. ❹ 수과. 길이 1.5~2mm의 타원형–넓은 타원형이다. 암술머리는 2개이다. ❺ 땅속줄기. 짧게 뻗는다. 줄기 밑부분의 잎집은 연한 갈색–갈색 또는 연한 적갈색이다. ❻ 2022. 9. 24. 제주 서귀포시

홍노줄사초

Carex sendaica Franch.
Carex lenta var. *sendaica* (Franch.)
T.Koyama.

사초과

국내분포/자생지 인천(백령도, 대청도 등) 이남의 바다 가까운 산지

형태 상록성 다년초. 땅속줄기는 짧고 기는줄기가 길게 뻗는다. 줄기는 높이 10~35cm이고 성기게 모여난다. 밑부분의 잎집은 갈색-짙은 갈색이다. 잎은 너비 1.5~3.5mm의 선형이고 편평하며 줄기와 길이가 비슷하다. 수상꽃차례(소수)는 모두 암꽃차례의 끝부분에 수꽃이 약간 달리는 수꽃암꽃차례(androgynous)이다. 줄기 윗부분의 3~4개의 마디에서 측생꽃차례가 나온다. 측생꽃차례는 마디의 포겨드랑이에서 1~2(~3)개씩 나온다. 길이 7~15mm의 좁은 원통형이다. 가장 아래쪽의 측생꽃차례의 꽃줄기는 매우 길다. 암꽃비늘조각은 길이 2~2.5mm의 난형이고 과낭보다 짧다. 과낭은 길이 2.5~3.5mm의 타원형-넓은 타원형이고 다수의 굵은 맥이 있으며 털이 밀생한다. 부리는 길이 0.5~0.7mm이고 끝은 2개로 갈라진다. 열매(수과)는 길이 1.5~2mm의 넓은 타원형-거의 원형이고 과낭에 꽉 차 있다. 암술대는 길이 1mm 정도이며 암술머리는 2개이다. 개화기는 8~10월이고 결실기는 10~11월이다.

참고 줄사초에 비해 기는줄기(포복지)가 길게 뻗고 줄기가 성기게 모여 달리며 식물체가 높이 10~35cm로 작은 것이 특징이다.

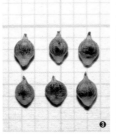

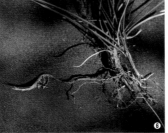

❶ 2021. 9. 13. 충남 태안군 안면도 ❷❺ 측생꽃차례. 좁은 원통형이며 밑부분에는 암꽃이 촘촘히 달리고 끝부분에는 수꽃이 약간 달린다. ❸ 과낭. 길이 2.5~3.5mm의 타원형-넓은 타원형이며 굵은 맥이 있고 털이 흩어져 있다. 개체에 따라 털이 밀생하는 경우도 있다. ❹ 수과. 길이 1.5~2mm의 넓은 타원형-거의 원형이다. 암술머리는 2개이다. ❻ 기는줄기. 길게 뻗으며 끝부분에서 새로운 개체를 형성한다. ❼ 전체 모습(2018. 10. 11. 제주 서귀포시). 키가 크고 수상꽃차례가 8개 이상인 것을 따로 구분하기도 하지만 변이로 판단된다.

폭이사초

Carex teinogyna Boott

사초과

국내분포/자생지 제주 한라산의 계곡부 바위지대

형태 상록성 다년초. 잎은 너비 1.5~3mm의 선형이다. 수상꽃차례(소수)는 모두 수꽃암꽃차례(androgynous)이다. 측생꽃차례는 마디의 포겨드랑이에서 2~5개씩 나오며 길이 1~3cm의 좁은 원통형이다. 암꽃비늘조각은 길이 4~5mm의 장타원상 난형이다. 과낭은 다수의 맥이 있고 털이 많다. 열매(수과)는 길이 1.5~2mm의 장타원형–타원상 난형이다. 개화기는 9~10월이고 결실기는 10~11월이다.

참고 암술머리가 2개이며 길이 6~10mm로 매우 길고 결실기에도 숙존하는 것이 특징이다.

❶2021. 11. 13. 제주 서귀포시 효돈천 ❷꽃차례. 암꽃비늘조각은 과낭과 길이가 비슷하거나 약간 길다. ❸과낭. 길이 3~4mm의 타원형–타원상 난형이고 부리가 길다. ❹수과. 암술대는 길이 6~10mm이다. ❺뿌리 부근. 줄기는 조밀하게 모여나며 밑부분의 잎집은 갈색–짙은 갈색이다.

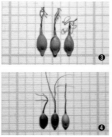

포태사초

Carex siroumensis Koidz.

사초과

국내분포/자생지 북부지방의 해발고도가 높은 산지의 바위지대

형태 다년초. 잎은 너비 1.5~3mm의 선형이다. 수상꽃차례(소수)는 3~6개이다. 측생꽃차례는 암꽃차례이며 길이 1~2.5cm의 좁은 장타원상 원통형이다. 암꽃비늘조각은 장타원상 난형–난형이고 끝은 길게 뾰족하거나 까락모양이다. 과낭은 길이 4.5~6mm의 납작하게 세모진 피침형이다. 부리는 끝이 2개로 갈라진다. 열매(수과)는 길이 2mm 정도의 장타원형–타원형이다. 개화기는 6~7월이고 결실기는 7~8월이다.

참고 정생꽃차례가 암꽃수꽃차례(gynecandrous)이며 과낭이 피침형이고 가장자리에 가시 모양의 털이 있는 것이 특징이다.

❶2019. 7. 6. 중국 지린성 백두산 ❷❸꽃차례. 암꽃비늘조각은 과낭 길이의 1/2 정도이며 적갈색–진한 자갈색이고 중앙맥은 녹색이다. ❹과낭. 황록색–녹갈색이고 끝부분은 적갈색이다. 가장자리에 가시모양의 털이 있다.

여우꼬리사초

Carex blepharicarpa Franch.

사초과

국내분포/자생지 경북(울릉군)의 산지
형태 상록성 다년초. 잎은 너비 2~
6mm의 선형이고 가죽질이다. 수상
꽃차례(소수)는 3~5개이다. 측생꽃차
례는 암꽃차례이며 길이 2~4.5cm의
좁은 장타원상 원통형이다. 암꽃비늘
조각은 길이 3~4mm의 도란형-넓은
도란형이며 끝부분은 편평하거나 오
목하고 끝은 까락모양이다. 과낭은
길이 4.5~6mm의 좁은 장타원형-장
타원형이며 다수의 세로맥이 있고 털
은 약간 또는 많이 있다. 개화기는 3
~4월이고 결실기는 4~5월이다.
참고 일본에 자생하는 개체에 비해
암꽃차례가 약간 가늘고 꽃이 비교적
성기게 달리며 과낭에 털이 적은 편이
고 맥은 비교적 뚜렷한 것이 차이점이
다. 면밀한 비교·검토가 요구된다.

❶2022. 4. 28. 경북 울릉군 울릉도 ❷수
꽃차례. 비늘조각은 도란형이며 황갈색이
다. ❸암꽃차례. 과낭은 비늘조각보다 길다.
❹과낭. 세로맥이 비교적 뚜렷하다. ❺수과.
길이 3~4mm의 둔하게 세모진 장타원형이다.

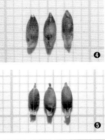

보리사초(애기염주사초)

Carex macroglossa Franch. & Sav.

사초과

국내분포/자생지 인천(백령도), 충남
(안면도 등) 이남의 산지
형태 다년초. 줄기는 높이 15~30cm
이고 부드럽다. 잎은 너비 3~10mm
의 선형이다. 수상꽃차례(소수)는 2~4
개이며 측생꽃차례는 모두 암꽃차례
이며 길이 1~2cm의 짧은 원통형이고
자루가 없거나 짧은 자루가 있다. 암
꽃비늘조각은 길이 2~3mm의 도란형
이다. 과낭은 길이 5~6(~8)mm의 약
간 세모진 장타원상 난형이다. 개화기
는 4~5월이고 결실기는 5~6월이다.
참고 암꽃차례가 곧추서고 길이가 1
~2cm이며 꽃이 적게(3~10개) 모여 달
리는 것이 특징이다.

❶2021. 6. 9. 제주 서귀포시 1100고지 습지
❷꽃차례. 수꽃차례는 매우 작고 자루가 없
다. 암꽃차례와 인접하고 있어서 잘 눈에 띄
지 않는다. ❸암꽃차례. 아래쪽의 것은 자루
가 있고 꽃이 비교적 성기게 달린다. ❹과
낭. 녹색이고 털이 없다. ❺수과. 길이 2~
2.5mm의 세모진 타원형-도란형이다. ❻줄
기. 잎집의 윗부분은 막질이다.

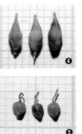

185

장성사초

Carex kujuzana Ohwi

사초과

국내분포/자생지 충남 이남(주로 전남)의 산지

형태 다년초. 줄기는 높이 30~50cm이다. 잎은 너비 2~4mm의 선형이다. 수상꽃차례(소수)는 2~3개이다. 수꽃차례는 길이 2~2.5cm의 선상 원통형이고 긴 자루가 있다. 암꽃차례는 길이 1~1.5cm의 좁은 원통형이다. 암꽃비늘조각은 길이 3~4mm의 난형이다. 과낭은 길이 6~7mm의 세모진 도란형이다. 개화기는 4~5월이고 결실기는 5~6월이다.

참고 옆으로 길게 뻗는 기는줄기가 있으며 잎과 줄기가 회녹색을 띠고 털이 없는 점과 암꽃차례는 긴 자루(꽃줄기) 끝에 달려서 아래로 길게 늘어지는 것이 특징이다.

❶2013. 5. 2. 전남 장흥군 부용산 ❷수꽃차례. 비늘조각은 적갈색이다. ❸암꽃차례. 과낭은 성기게 달리며 아래로 늘어져 달린다. ❹과낭. 부리는 매우 길다. 수과는 꽉 찬다. ❺수과. 길이 2.5~3mm의 세모진 도란형이다. ❻뿌리 부근. 밑부분의 잎집은 적갈색이다.

작은낚시사초(신칭)

Carex filipes Franch. & Sav.

사초과

국내분포/자생지 전남의 산지에 드물게 분포

형태 다년초. 줄기는 높이 20~35(~50)cm이다. 잎은 너비 2~5mm의 선형이다. 수상꽃차례(소수)는 3~4개이다. 암꽃차례는 길이 1~2.5cm의 타원상 원통형이고 비스듬히 또는 아래로 처진다. 암꽃비늘조각은 길이 3~4mm의 도란형이다. 과낭은 길이 5~7mm의 장타원상 난형이다. 열매(수과)는 길이 2.5mm 정도의 세모진 타원형–도란형이다. 개화기는 4~5월이고 결실기는 5~6월이다.

참고 땅속줄기가 없고 줄기는 조밀하게 모여나며 밑부분의 잎집이 적갈색인 점과 수꽃차례의 자루가 짧고 바로 인접해서 암꽃차례가 달리는 것이 특징이다.

❶2019. 5. 1. 전남 영광군 ❷수꽃차례. 자루가 짧으며 인접해서 자루가 짧은 암꽃차례가 달린다. ❸암꽃차례. 밑부분에 달리는 암꽃차례는 자루가 길며 비스듬히 또는 아래로 처진다. ❹건조표본. 작은낚시사초의 기준표본

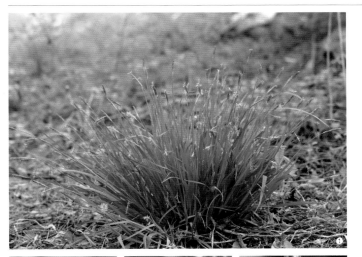

낚시사초(나래사초)

Carex egena H.Lév. & Vaniot
Carex filipes var. *oligostachys*
(Meinsh. ex Maxim.) Kük.

사초과

국내분포/자생지 주로 지리산 이북의 산지에 분포

형태 다년초. 줄기는 높이 40~60cm 이고 날카롭게 세모지며 부드럽다. 잎은 너비 3~8mm의 선형이며 편평하고 부드럽다. 수상꽃차례(소수)는 3 ~4개이다. 수꽃차례는 길이 2~3cm 의 선상 원통형이고 긴 자루가 있다. 암꽃차례는 길이 1~3cm의 타원상 원통형이고 3~6개의 꽃이 달리며 가늘고 긴 자루가 있어 아래로 처진다. 암꽃비늘조각은 길이 5~6mm의 장타원상 난형–난형이다. 과낭은 길이 6 ~8mm의 약간 세모진 장타원상 난형이다.

참고 줄기가 조밀하게 모여나며 수꽃화서에 긴 자루가 있고 그 밑으로 비교적 넓은 간격을 두고 암꽃차례가 달리는 것이 특징이다. 대부분 문헌과 학자, 일반인들이 불러오던 낚시사초의 국명이 최근 학명이 변경되었다는 이유로 나래사초로 변경되었다. *C. egena*는 종으로 인정할 경우의 정명이지만, 낚시사초를 *C. filipes* 의 변종으로 보는 경우 학명 변동 없이 이 국명만 변경되는 불합리한 상황이 발생한다. 국명은 실체와 연결된 고유명사이므로 원래 이름인 낚시사초로 다시 복원시키는 것이 타당하다. 이에 일부 문헌(조 등, 2016)에서 낚시사초라고 불리는 *C. filipes* Franch. & Sav.(최근 전남에서 발견됨)의 국명을 낚시사초보다 왜소한 외형적인 특징을 살려 작은낚시사초로 변경하여 신칭하였다(186쪽).

❶2022. 4. 23. 경북 봉화군. 잎과 줄기는 약간 회녹색 빛이 돈다. ❷꽃차례. 수꽃차례와 바로 아래 암꽃차례는 간격이 넓은 편이다. 암꽃차례는 가늘고 긴 자루 끝에 달리기 때문에 아래로 심하게 처진다. 자루(꽃줄기)는 가장 아래쪽에 있는 암꽃차례의 것이 가장 길다. ❸수꽃차례. 선상 원통형이며 비늘조각은 장타원상 난형이며 끝이 둔한 편이다. ❹암꽃차례(개화기). 암술머리는 3개이며 백색이고 길이 1cm가량으로 매우 길다. ❺암꽃차례(결실기). 타원상 원통형이고 과낭은 비교적 성기게 달린다. ❻과낭. 세로맥이 있고 털이 없다. ❼수과. 길이 3mm 정도의 세모진 타원형–도란형이다. ❽결실기 모습(2019. 5. 22. 강원 화천군 광덕산). 결실기가 되면 낚시사초의 줄기는 땅으로 쓰러진다. 이 모습은 물고기를 잡기 위해 강가에 드리운 낚시대와 흡사하다.

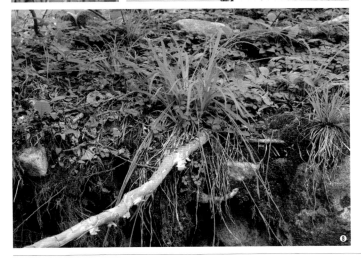

털사초

Carex pilosa Scop.

사초과

국내분포/자생지 강원(태백산 등) 이북의 산지에 분포

형태 다년초. 땅속줄기가 옆으로 길게 뻗는다. 줄기는 높이 20~60cm이고 성기게 모여난다. 밑부분의 잎집은 적갈색–진한 적갈색이다. 포는 잎 모양이고 꽃차례와 길이가 비슷하다. 잎은 너비 5~10mm의 선형이다. 수상꽃차례(소수)는 2~3개이며 정생꽃차례는 수꽃차례이고 측생꽃차례는 모두 암꽃차례이다. 수꽃차례는 길이 1.5~2.5cm의 선상 원통형–곤봉형이고 긴 자루가 있다. 암꽃차례는 길이 2~3(~4.5, 결실기)cm의 좁은 원통형이고 5~12개의 꽃이 성기게 달리며 긴 자루가 있다. 암꽃비늘조각은 길이 3~4mm의 도란형이며 끝이 뾰족하거나 까락모양이다. 과낭은 길이 3.5~4.5mm의 약간 세모진 타원상난형–난형이며 윗부분은 갑자기 좁아져 긴 부리가 되고 부리의 끝은 얕게 2개로 갈라진다. 열매(수과)는 길이 2.5mm 정도의 세모진 타원형–도란형이다. 암술머리는 3개이다. 개화기는 5~6월이고 결실기는 6~7월이다.

참고 땅속줄기가 옆으로 길게 뻗으며 잎, 줄기(잎집 포함), 꽃줄기 등에 털이 있는 것이 특징이다. 중국(식물지)의 경우 꽃줄기와 과낭의 털 유무를 기준으로 2개의 변종을 구분한다. 꽃줄기와 과낭에 털이 없는 것이 원변종 (var. *pilosa*)이고, 털이 있는 것을 var. *auriculata* (Franch.) Kük(국내에도 분포)라고 한다. 넓은 의미에서는 동일한 분류군이다.

❶~❻중국 지린성 자생 개체(var. *auriculata* 타입) ❶2016. 6. 14. 중국 지린성 백두산 ❷수꽃차례. 선상 원통형이며 비늘조각은 장타원상 난형이고 끝이 둔한 편이다. 자루에 퍼진 털이 있다. ❸암꽃차례. 좁은 원통형이며 5~12개의 꽃이 성기게 달린다. 꽃차례의 자루에 털이 있다. ❹과낭. 길이 3.5mm 정도의 장타원상 난형이며 긴 털이 흩어져 있다. ❺줄기. 줄기와 잎집에 털이 있다. ❻잎. 양면과 가장자리에 털이 있다. ❼~⓬강원 자생 개체 ❼2023. 6. 1. 강원 태백시 금대봉 ❽수꽃차례. 모양은 북부지방(중국)의 개체와 같지만 자루에 털이 없다. ❾암꽃차례. 5~12개의 꽃이 성기게 달린다. 과낭은 옆으로 비스듬히 퍼져 달린다. ❿과낭. 길이 3.5~4mm의 타원상 난형–난형이고 털이 없다. ⓫수과. 길이 2.5mm 정도의 세모진 타원형–도란형이다. ⓬뿌리 부근. 옆으로 길게 뻗는 땅속뿌리가 발달한다. 줄기 밑부분의 잎집은 적갈색–진한 적갈색이다.

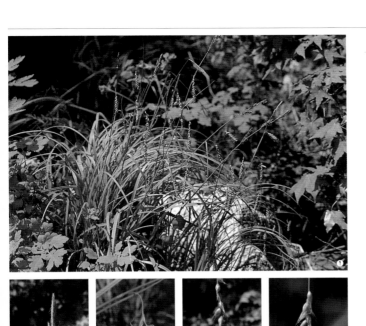

무산사초

Carex arnellii Christ ex Scheutz

사초과

국내분포/자생지 부산(금정산) 및 북부지방의 산야

형태 다년초. 줄기는 높이 40~90cm이고 조밀하게 모여나며 밑부분에는 묵은 잎집이 섬유상으로 남아 있다. 포는 잎모양 또는 까락모양이고 꽃차례보다 짧다. 잎집은 1cm 이하이다. 잎은 너비 3~4mm의 선형이다. 수상꽃차례(소수)는 5~7개이며 측생꽃차례는 모두 암꽃차례(간혹 수꽃암꽃차례)이다. 수꽃차례는 길이 1~3cm의 선상 원통형-곤봉형이고 자루가 없다. 암꽃차례는 길이 2~3.5cm의 좁은 원통형이고 다수의 꽃이 비교적 성기게 달리며 가늘고 긴 자루가 있다. 암꽃비늘조각은 길이 3.5~5mm의 장타원상 난형이고 볏짚색-황갈색이며 끝은 뾰족하거나 까락모양이다. 과낭은 길이 4~5mm(6~7mm. 금정산 개체)의 약간 세모진 타원형-도란상 타원형이고 맥이 없으며 윗부분은 갑자기 좁아져 긴 부리가 된다. 열매(수과)는 길이 2~2.5mm의 세모진 도란형-넓은 도란형이며 과낭에 헐겁게 차 있다. 암술머리는 3개이다. 개화기는 5~6월이고 결실기는 6~7월이다.

참고 수꽃차례가 줄기 끝부분에서 2~4개씩 달리며 암꽃차례는 흔히 땅을 향해 늘어져서 달리는 것이 특징이다. 북부지방의 개체들은 과낭의 길이가 4~5mm인데 반해, 금정산에 자생하는 개체는 과낭의 길이가 6~7mm로 훨씬 길다. 일본사초[var. *hondoensis* (Ohwi) T.Koyama]는 무산사초와 형태적으로 매우 유사하며 국내 분포는 불명확하다. 금정산의 개체와 일본사초는 무산사초의 지역적 변이(또는 변종)로 추정된다.

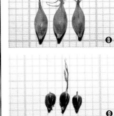

❶~❼두만강 유역 자생 개체 ❶2011. 6. 2. 중국 지린성 두만강 유역 ❷수꽃차례. 줄기 끝부분에서 2~4개 정도 달린다. 자루가 없다. ❸암꽃차례(개화기). 암술대와 암술머리는 길다. 암꽃비늘조각은 볏짚색-황갈색이고 중앙맥 부근은 녹색이다. ❹❺암꽃차례(결실기). 자루가 가늘고 길어서 흔히 아래로 처져서 달린다. ❻~❿부산 금정산 자생 개체 ❻수꽃차례. 끝부분에 2~4개씩 달리며 가장 위의 암꽃차례는 간혹 끝부분에 수꽃이 달리기도 한다. ❼암꽃차례. 흔히 아래로 처지며 꽃이 비교적 성기게 달린다. ❽과낭. 길이 6~7mm의 타원형-도란상 타원형이며 맥은 없고 광택이 약간 있다. ❾수과. 길이 2~2.5mm의 세모진 도란형-넓은 도란형이다. ❿2022. 5. 26. 부산 금정산

털잎사초

Carex latisquamea Kom.

사초과

국내분포/자생지 북부지방의 산지

형태 다년초. 줄기는 높이 35~80cm
이다. 잎은 너비 3~8mm의 선형이고
털이 있다. 수상꽃차례(소수)는 3~4개
이다. 암꽃차례는 길이 1~2.5cm의 장
타원상-타원상 난형이다. 암꽃비늘
조각은 길이 3~4mm의 난형-넓은 난
형이고 황갈색이며 끝은 뾰족하거나
까락모양이다. 과낭은 길이 5~6mm
의 약간 세모진 난상 타원형이고 거
의 가죽질이다. 열매(수과)는 길이 2.5
~3mm의 세모진 타원상 도란형-도란
형이다. 암술머리는 3개이다. 개화기
는 5~6월이고 결실기는 6~7월이다.

참고 수꽃차례가 1개이며 과낭이 5~
6mm의 부풀어진 난형이고 털이 없
는 것이 특징이다.

❶2016. 6. 14. 중국 지린성 ❷꽃차례. 수꽃
차례는 줄기 끝부분에 1개씩 달린다. 암꽃차
례는 자루가 없거나 짧다. ❸수꽃차례. 수꽃
비늘조각은 길이 4~5mm의 장타원상 도란
형이다. ❹암꽃차례. 과낭은 비스듬히 또는
옆으로 벌어져 달린다. ❺과낭과 수과. 수과
는 과낭에 헐겁게 차 있다.

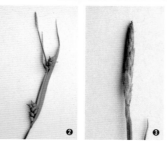

해산사초

Carex hancockiana Maxim.

사초과

국내분포/자생지 경북(청송군) 및 북
부지방의 산지 숲속

형태 다년초. 줄기는 높이 30~80cm
이고 모여난다. 포는 잎집이 없다. 잎
은 너비 2~5mm의 선형이다. 수상
꽃차례(소수)는 3~5개이다. 암꽃차례
는 길이 1~2cm의 타원상-넓은 타원
형이고 자루는 길다. 암꽃비늘조각
은 길이 2mm 정도의 장타원상 난형
이고 적갈색이다. 과낭은 길이 2.5~
3mm의 약간 부풀어진 도란상 장타
원형-타원형이며 부리는 짧다. 암술
머리는 3개이다. 개화기는 5~6월이
고 결실기는 6~7월이다.

참고 정생꽃차례가 암꽃수꽃차례이
며 암꽃차례(측생)가 길이 1~2cm의
타원상-넓은 타원상 원통형인 것이
특징이다.

❶2023. 6. 8. 경북 청송군 ❷❸꽃차례. 정
생꽃차례는 암꽃수꽃차례(gynecandrous)
이다. 암꽃차례는 타원상 원통형이며 자루가
길다. 암꽃비늘조각은 짧다(길이 2mm 정도).
❹과낭. 맥이 없다. ❺수과. 길이 2mm 정도
의 세모진 타원형-도란상 타원형이다.

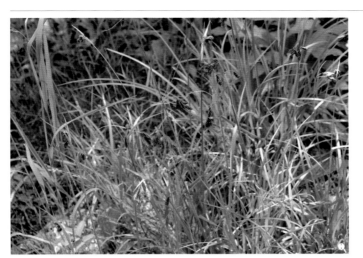

감둥사초

Carex atrata L.

사초과

국내분포/자생지 북부지방의 산지 풀밭 및 바위지대

형태 다년초. 땅속줄기가 짧게 뻗는다. 줄기는 높이 30~70cm이고 조밀하게 모여난다. 밑부분의 잎집은 적자색이다. 섬유질모양의 묵은 잎집이 약간 남아 있다. 포는 대부분 잎모양이고 윗부분의 것은 비늘조각 또는 까락모양이며 잎집은 없다. 잎은 너비 3~5mm의 선형이고 가장자리는 약간 거칠다. 수상꽃차례(소수)는 3~6개이며 정생꽃차례는 암꽃수꽃차례 (gynecandrous)이고 측생꽃차례는 모두 암꽃차례이다. 암꽃차례는 길이 1~2cm의 장타원상–타원상 원통형이고 밑부분의 것은 자루는 길다. 암꽃 비늘조각은 길이 3~4.5mm의 장타원상 난형–난형이며 끝은 뾰족하거나 길게 뾰족하다. 과낭은 길이 3~3.5mm의 납작한 타원상 난형–넓은 난형이고 끝부분에 짧은 부리가 있다. 부리는 짧고 끝은 얕게 2개로 갈라진다. 열매(수과)는 길이 1.6~2mm의 세모진 타원형–도란상 타원형이며 과낭에 헐겁게 차 있다. 암술머리는 3개이다. 개화기는 5~6월이고 결실기는 6~7월이다.

참고 정생꽃차례가 암꽃수꽃차례이며 암꽃차례가 길이 2.5~3.5cm의 장타원상–타원상 원통형인 점과 암꽃 비늘조각이 길이 4~6mm이고 과낭과 길이가 비슷하거나 약간 길며 과낭이 진한 갈색–적갈색인 것이 특징이다.

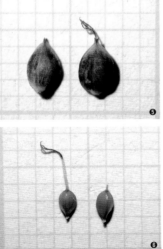

❶2019. 7. 7. 중국 지린성 백두산 ❷~❹꽃차례. 정생꽃차례는 암꽃수꽃차례이다. 인접해서 2~4개의 암꽃차례가 달린다. 과낭은 비늘조각과 길이가 비슷하거나 약간 짧고 (연한 녹갈색–)진한 갈색–적갈색이다. ❺과낭. 길이 3~3.5mm의 납작한 타원상 난형–넓은 난형이고 끝부분에 짧은 부리가 있다. 맥이 없다. ❻수과. 길이 1.6~2mm의 세모진 타원형–도란상 타원형이며 암술대는 길고 암술대는 3개이다. ❼2019. 7. 6. 중국 지린성 백두산

백두사초

Carex peiktusani Kom.

사초과

국내분포/자생지 주로 지리산 이북의 해발고도가 비교적 높은 산지의 능선부(주로 바위지대)

형태 다년초. 땅속줄기가 짧게 뻗는다. 줄기는 높이 30~60cm이고 조밀하게 모여난다. 밑부분의 잎집은 적자색이고 섬유질모양의 묵은 잎집이 약간 남아 있다. 포는 대부분 잎모양이고 꽃차례보다 길며 잎집은 없다. 잎은 너비 2~4.5mm의 선형이고 회녹색이며 가장자리는 약간 거칠다. 수상꽃차례(소수)는 3~5개이며 정생꽃차례는 암꽃수꽃차례이고 측생꽃차례는 모두 암꽃차례이다. 암꽃차례는 길이 1~3cm의 좁은 장타원상-타원상 원통형이고 밑부분의 것은 자루가 길다. 암꽃비늘조각은 길이 3~4mm의 피침상 장타원형-장타원상 난형이고 황갈색-연한 적갈색(-변이가 있음)이며 끝은 길게 뾰족하거나 까락모양이다. 과낭은 길이 3.5~4mm의 약간 부푼 타원형이고 끝부분에 짧은 부리가 있다. 부리는 짧고 끝은 2개로 얕게 갈라진다. 열매(수과)는 길이 1.8~2.2mm의 세모진 타원형-도란형이며 과낭에 헐겁게 차 있다. 암술머리는 3개이다. 개화기는 5~6월이고 결실기는 6~7월이다.

참고 정생 수상꽃차례가 암꽃수꽃차례(gynecandrous)이고 암꽃차례가 길이 2.5~3.5cm의 장타원상-타원상 원통형이며 과낭이 납작하지 않고 뚜렷한 맥이 있는 것이 특징이다.

❶2020. 6. 27. 경기 가평군 화악산 ❷꽃차례(개화기). 정생꽃차례는 암꽃수꽃차례이다. 암꽃차례는 좁은 장타원상-타원상 원통형이다. ❸꽃차례(결실기). 아래쪽으로 비스듬히 처진다. 과낭은 비늘조각과 길이가 비슷하거나 약간 길다. ❹과낭. 약간 부푼 타원상이고 황록색이며 뚜렷한 5~6개의 맥이 있다. 수과는 과낭에 약간 헐겁게 차 있다. ❺수과. 길이 1.8~2.2mm의 세모진 타원형-도란형이다. ❻뿌리 부근. 줄기는 조밀하게 모여나며 밑부분의 잎집은 적갈색이다. ❼2021. 6. 8. 경기 가평군 화악산

중삿갓사초

Carex tuminensis Kom.

사초과

국내분포/자생지 북부지방의 계곡가, 산지습지 주변

형태 다년초. 줄기는 높이 60~100cm이고 모여난다. 잎은 너비 6~10mm의 선형이다. 수상꽃차례(소수)는 10~30개이다. 측생꽃차례는 암꽃차례 또는 수꽃암꽃차례(주로 상부쪽의 것)이다. 암꽃비늘조각은 길이 3~3.8mm의 피침형–장타원상 피침형이다. 과낭은 길이 2.5~3mm이고 윗부분은 갑자기 좁아져 짧은 부리가 된다. 암술머리는 2개이다. 개화기는 4~6월이고 결실기는 6~7월이다.

참고 암꽃차례는 마디에서 2~4(~5)개씩 달리며 자루가 매우 긴 것이 특징이다.

❶2019. 7. 6. 중국 지린성 백두산 ❷수꽃차례. 가장 윗부분의 2~6개의 꽃차례는 수꽃차례(간혹 수꽃암꽃차례)이다. ❸암꽃차례. 마디에서 2~4개씩 달린다. 과낭은 비늘조각보다 짧다. ❹과낭. 부리는 짧다. ❺수과. 길이 2mm 정도의 약간 납작한 장타원형–타원형이다.

북사초(지리사초)

Carex augustinowiczii Meinsh. ex Korsh.

사초과

국내분포/자생지 전남(무등산 등) 및 지리산 이북의 산지 계곡가

형태 다년초. 줄기는 높이 30~50cm이고 모여난다. 가장 아래쪽의 포는 잎모양이고 나머지 포는 비늘조각모양이나 까락모양이다. 잎은 너비 2~4mm의 선형이다. 수상꽃차례(소수)는 3~5개이다. 암꽃비늘조각은 길이 2~2.8mm의 장타원상 난형–타원상 난형이다. 과낭은 길이 3mm 정도이다. 암술머리는 3개이다. 개화기는 4~5월이고 결실기는 5~6월이다.

참고 정생꽃차례가 수꽃차례이고 과낭이 약간 납작한 타원상이며 부리가 짧고 끝이 오목하거나 잘린모양인 것이 특징이다.

❶2019. 5. 11. 강원 평창군 ❷❸꽃차례. 암꽃차례는 좁은 원통형이고 자루가 없거나 짧다. 과낭은 비늘조각보다 훨씬 길고 비늘조각은 짙은 적갈색–흑갈색이다. ❹과낭. 약간 납작한 타원형–타원상 난형이고 황금빛이 약간 돈다. ❺수과. 길이 2~2.3mm의 세모진 장타원형–타원형이고 짧은 자루가 있다.

흰사초

Carex alopecuroides var.
chlorostachya C.B.Clarke
Carex doniana Spreng.

사초과

국내분포/자생지 남부지방의 산지
형태 다년초. 땅속줄기가 옆으로 길
게 뻗는다. 줄기는 높이 40~100cm
이고 모여난다. 밑부분의 잎집은 황
갈색-연한 갈색이다. 포는 잎모양이
고 잎집은 없다. 잎은 너비 5~12mm
의 선형이고 연녹색이며 가장자리는
거칠다. 수상꽃차례(소수)는 3~6개이
며 정생꽃차례는 수꽃차례이고 측생
꽃차례는 모두 암꽃차례이다. 수꽃
차례는 길이 3~6cm의 선상 원통형
이다. 암꽃차례는 길이 3~6cm의 좁
은 원통형-장타원상 원통형이고 가
장 아래쪽의 것은 짧은 자루가 있다.
암꽃비늘조각은 길이 2~3mm의 장타
원상 난형이며 끝은 길게 뾰족하다.
과낭은 길이 3.5~4mm의 둔하게 세
모진 장타원상 또는 타원상 난형이고
윗부분은 차츰 좁아져서 중간 길이의
부리가 된다. 부리는 짧은 편이고 끝
은 2개로 갈라진다. 열매(수과)는 길이
2mm 정도의 타원형-타원상 난형이
며 과낭에 헐겁게 차 있다. 암술머리
는 3개이다. 개화기는 4~5월이고 결
실기는 5~7월이다.
참고 그늘흰사초에 비해 암꽃차례의
길이가 3~7cm로 긴 편이고 가장 아
래쪽의 암꽃차례의 자루는 짧은 편이
다. **가는흰사초**(var. *alopecuroides* D.Don)
는 흰사초에 비해 잎의 너비가 2~
5mm로 좁고 과낭이 길이 3~3.5mm
로 작은 것이 특징이다. 넓은 의미에
서는 통합·처리하기도 한다.

❶2019. 5. 23. 전남 신안군 가거도 ❷꽃차
례. 줄기 끝부분에 있는 3~4개의 꽃차례는
좁은 간격으로 모여 달리며 아래쪽의 것은
약간 넓은 간격으로 달린다. 수꽃차례는 길
이 3~6cm의 선상 원통형이고 가늘고 긴 편
이다. ❸과낭. 길이 3.5~4mm의 장타원상 난
형 또는 타원상 난형이고 광택이 난다. ❹수
과. 길이 2mm 정도의 타원형 또는 타원상
난형이고 암술머리는 3개이다. ❺잎 뒷면.
너비 5~12mm이다. ❻뿌리 부근. 옆으로 길
게 뻗는 땅속줄기가 발달한다. ❼-⓫가는흰
사초 ❼2022. 5. 5. 전남 완도군 완도 ❽꽃
차례. 수꽃차례는 길이 1.5~5cm이고 암꽃
차례는 길이 1~5cm이다. ❾과낭. 길이 3~
3.5mm로 흰사초에 비해 약간 작다. ❿수과.
길이 2mm 정도로 흰사초와 비슷하다. ⓫잎.
너비 2~5mm이다.

그늘흰사초
Carex planiculmis Kom.

사초과

국내분포/자생지 주로 지리산 이북의 산지

형태 다년초. 땅속줄기는 길게 뻗는다. 줄기는 높이 40~65cm이다. 잎은 너비 5~10mm의 선형이다. 수상꽃차례(소수)는 3~6개이다. 암꽃차례는 좁은 원통형-장타원상 원통형이다. 암꽃비늘조각은 길이 2.5mm 정도의 장타원상 난형-난형이다. 과낭은 길이 3.5~4mm의 장타원상 난형이다. 개화기는 4~6월이고 결실기는 5~8월이다.

참고 흰사초에 비해 줄기가 압착된 삼릉형이며 암꽃차례가 길이 2~4.5cm로 비교적 짧고 가장 아래 암꽃차례의 자루가 긴 것이 특징이다.

❶2014. 7. 17. 강원 태백시 태백산 ❷꽃차례. 꽃차례의 자루는 가장 아래쪽에 있는 것이 가장 길다. ❸암꽃차례. 흰사초에 비해서는 짧은 편이다. 과낭은 거의 수평으로 벌어져 달린다. ❹과낭. 윗부분은 차츰 좁아져 긴 부리가 된다. ❺수과. 길이 1.6~2mm의 세모진 타원형-도란상 타원형이다.

개찌버리사초
Carex japonica Thunb.

사초과

국내분포/자생지 전국의 산지

형태 다년초. 땅속줄기는 길게 뻗는다. 줄기는 높이 25~40cm이다. 잎은 너비 3~4mm의 선형이다. 수상꽃차례(소수)는 2~4개이다. 수꽃차례는 길이 1.5~6.5cm의 선상 원통형이다. 암꽃차례는 길이 1~3cm의 장타원상-타원상 원통형이다. 암꽃비늘조각은 길이 2.5~3mm의 장타원상 난형이고 끝은 길게 뾰족하다. 과낭은 길이 3.5~4mm의 장타원상 난형이다. 개화기는 4~6월이고 결실기는 6~8월이다.

참고 암꽃차례는 길이 3cm 이하이고 긴 암술대가 결실기에도 숙존하는 것이 특징이다.

❶2019. 6. 14. 강원 평창군 오대산 ❷꽃차례(개화기). 수꽃차례와 바로 밑의 암꽃차례와는 약간 넓은 간격으로 떨어져 있다. 암술머리는 3개이고 매우 길다. ❸암꽃차례. 장타원상-타원상 원통형이다. 암술머리는 서로 들러붙고 엉키며 결실기에도 남아 있다. ❹과낭. 윗부분은 차츰 좁아져 긴 부리가 된다. ❺수과. 길이 2mm 정도의 세모진 타원형이다.

애기흰사초

Carex mollicula Boott

사초과

국내분포/자생지 경북(울릉도), 제주 및 경남, 전남, 전북의 산지

형태 다년초. 땅속줄기는 길게 뻗는다. 줄기는 높이 20~35cm이다. 잎은 너비 4~8mm의 선형이다. 수상꽃차례(소수)는 3~6개이다. 수꽃차례는 길이 1~3cm의 선상 원통형이다. 암꽃차례는 길이 1.5~3cm의 장타원상-타원상 원통형이다. 암꽃비늘조각은 길이 2.5~3mm의 장타원상 난형이다. 과낭은 길이 3~4mm의 장타원상 난형이다. 암술머리는 3개이다. 개화기는 4~5월이고 결실기는 5~7월이다.

참고 수상꽃차례가 줄기 끝부분에서 밀접하여 달리며 가장 아래쪽 암꽃차례는 자루가 없거나 짧은 것이 특징이다. 잎의 너비가 4~8mm로 넓은 편이다.

❶ 2022. 6. 15. 제주 제주시 한라산 ❷ 꽃차례. 모든 수상꽃차례가 줄기 끝부분에 약간 밀접하여 모여 달린다. ❸ 과낭. 윗부분은 차츰 좁아져서 긴 부리가 된다. 부리는 2개로 얕게 갈라진다. ❹ 수과. 길이 1.5~2mm의 세모진 타원형이다.

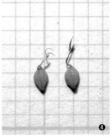

골사초

Carex aphanolepis Franch. & Sav.

사초과

국내분포/자생지 전국의 산지

형태 다년초. 땅속줄기는 길게 뻗는다. 줄기는 높이 20~40cm이다. 잎은 너비 2~4mm의 선형이다. 수상꽃차례(소수)는 (2~)3~4개이다. 수꽃차례는 길이 1~3cm의 선상 원통형이다. 암꽃차례는 길이 8~20mm의 타원상 원통형-거의 구형이고 자루가 거의 없다. 암꽃비늘조각은 길이 2~3mm의 장타원상 난형이다. 과낭은 길이 3~3.5mm의 타원형이다. 암술머리는 3개이다. 개화기는 4~5월이고 결실기는 5~8월이다.

참고 개찌버리사초에 비해 가장 아래쪽에 있는 암꽃차례의 자루가 거의 없거나 짧으며 암술머리가 길지 않고 결실기에는 대부분 떨어져 없어지는 것이 특징이다.

❶ 2022. 5. 18. 경기 안성시 ❷ 꽃차례. 약간 간격을 두고 모여 달린다. 암꽃차례는 타원상 원통형-거의 구형이다. ❸ 과낭. 윗부분은 급히 좁아져 짧은 부리가 된다. ❹ 수과. 길이 2mm 정도의 세모진 타원형이다. ❺ 뿌리 부근. 길게 옆으로 뻗는 땅속줄기가 발달한다.

참삿갓사초
Carex jaluensis Kom.

사초과

국내분포/자생지 제주(한라산) 및 지리산 이북의 산지

형태 다년초. 줄기는 높이 30~80cm이다. 잎은 너비 3~6mm의 선형이다. 수상꽃차례(소수)는 5~7개이며 측생 꽃차례는 모두 암꽃차례(간혹 수꽃암꽃차례)이다. 수꽃차례는 길이 2~5cm의 선상 원통형이다. 암꽃차례는 길이 2~6cm의 좁고 긴 원통형이다. 암꽃비늘조각은 길이 2.5~3mm의 장타원상 난형–난형이고 끝은 길게 뾰족하다. 과낭은 길이 2.5~3mm의 타원형–도란상 타원형이다. 부리는 짧고 끝은 잘린모양이다. 암술머리는 3개이다. 개화기는 5~6월이고 결실기는 6~8월이다.

참고 암꽃차례가 아래로 처져서 달리며 과낭이 밋밋하고 맥이 불분명한 것이 특징이다.

❶2020. 6. 27. 경기 가평군 화악산 **❷**암꽃차례. 과낭은 비늘조각과 길이가 비슷하다. **❸**과낭. 둔하게 세모진 타원형–도란상 타원형이다. **❹**뿌리 부근. 땅속줄기는 짧게 뻗는다.

뭇풀사초
Carex capillaris L.

사초과

국내분포/자생지 북부지방의 해발고도가 높은 지대의 풀밭 및 바위지대

형태 다년초. 줄기는 높이 5~30cm이다. 잎은 너비 1~3mm의 선형이다. 수상꽃차례(소수)는 3~4개이고 넓은 간격으로 달린다. 암꽃차례는 길이 8~15mm의 좁은 장타원상 원통형이며 가늘고 긴 자루가 있다. 암꽃비늘조각은 길이 2~2.8mm의 장타원상 난형–난형 또는 도란형이다. 과낭은 길이 3~4mm의 피침상 장타원형–장타원상 난형이다. 개화기는 5~6월이고 결실기는 6~7월이다.

참고 수꽃차례(자루 포함)는 암꽃차례의 자루보다 짧다. 과낭은 녹색빛이 돌고 가장자리가 밋밋하거나 뾰족한 톱니가 약간 있다.

❶2019. 7. 7. 중국 지린성 백두산 **❷**암꽃차례. 가장 위쪽의 암꽃차례의 자루는 수꽃차례(자루 포함)보다 훨씬 길다. **❸**과낭. 가장자리는 흔히 밋밋하지만 톱니가 약간 있는 개체도 있다. **❹**수과. 길이 1.5~2mm의 세모진 타원형이다. 암술대는 굵은 편이다.

나도그늘사초

Carex tenuiformis H.Lév. & Vaniot
Carex tenuiformis var. *neofilipes*
(Nakai) Ohwi ex Hatus.

사초과

국내분포/자생지 제주(한라산) 및 지리산 이북의 해발고도 1,200m 이상 산지 능선부의 바위지대

형태 다년초. 줄기는 높이 15~35cm이다. 잎은 너비 2~4.5mm의 선형이다. 수상꽃차례(소수)는 3~4개이고 넓은 간격으로 달린다. 암꽃차례는 길이 8~22mm의 좁은 장타원상 원통형이며 길이 6cm 이하의 가늘고 긴 자루가 있다. 수꽃비늘조각은 길이 4~5mm의 장타원상 도란형이고 황갈색-밝은 갈색이며 3개의 맥이 있다. 암꽃비늘조각은 길이 2.5~3mm의 장타원상 난형-난형이다. 과낭은 길이 (3~)4~6mm의 피침상 장타원형-장타원상 난형이고 윗부분은 차츰 좁아져 부리가 된다. 열매(수과)는 길이 1.8~2.8mm의 세모진 타원형이며 과낭에 꽉 차 있다. 암술머리는 3개이다. 개화기는 5~6월이고 결실기는 6~7월이다.

참고 정생하는 수꽃차례는 암꽃차례보다 항상 더 위쪽에 위치하며 과낭은 성숙 시 녹갈색-황갈색을 띠고 가장자리에 작고 뾰족한 톱니가 있는 것이 특징이다. 나도그늘사초에 비해 과낭의 길이가 5~6mm로 긴 것을 그늘실사초(var. *neofilipes*)로 구분하기도 한다. 이 형질을 기준으로 분류하면 국내 분포하는 나도그늘사초류의 대부분은 그늘실사초에 더 가깝다. 국내에 자생하는 나도그늘사초는 일본이나 중국에 분포하는 나도그늘사초에 비해 과낭이 약간 긴 집단인 것으로 추정되지만 국내에서도 과낭이 긴 개체와 짧은 개체가 혼생하며 자라기 때문에 따로 구분할 필요는 없다.

❶~❺소백산 자생 개체 ❷수꽃차례. 선상 원통형이며 비늘조각은 황갈색이다. 수꽃차례의 자루는 가장 위쪽의 암꽃차례의 자루보다 더 길다. ❸암꽃차례. 꽃이 성기게 달린다. 자루는 아래쪽에 있는 꽃차례일수록 더 길다. ❹과낭. 길이 4~5mm의 피침상 장타원형-장타원상 난형이다. 가장자리에 뾰족한 작은 톱니가 있다. ❺수과. 길이 1.8~2mm의 세모진 장타원형이다. ❻~❿덕유산 자생 개체 ❻암꽃차례. 과낭은 비늘조각보다 약간 길며 부리의 가장자리에는 뾰족한 톱니가 있다. ❼한 개체에서 채집한 과낭. 길이 4~5.5mm이다. 과낭의 크기에 변이가 있다. ❽수과. 길이 1.8~2.8mm의 세모진 장타원형이다. ❾뿌리 부근. 줄기 밑부분의 잎집은 적갈색을 띤다. ❿2023. 6. 6. 전북 무주군 덕유산

갈사초

Carex ligulata Nees

사초과

국내분포/자생지 경남(거제도 등), 전남, 전북(변산반도 등)의 산지

형태 다년초. 줄기는 높이 40~80cm이다. 포는 잎모양이고 꽃차례보다 길다. 잎은 너비 5~15mm의 선형이고 연녹색 또는 회녹색이다. 수상꽃차례(소수)는 5~7개이다. 수꽃차례는 길이 1~3cm의 선상 원통형이다. 암꽃차례는 길이 2~4cm의 장타원상 원통형이다. 암꽃비늘조각은 길이 3mm 정도의 난형-넓은 난형이며 끝은 까락모양이다. 과낭은 길이 4~5mm의 타원형 또는 도란형이다. 개화기는 5~6월이고 결실기는 6~7월이다.

참고 암꽃차례가 4~6개이며 암꽃차례에 30개 이상의 암꽃이 조밀하게 달리고 과낭 전체에 털이 밀생하는 것이 특징이다.

❶ 2022. 6. 24. 전남 완도군 완도 ❷ 꽃차례. 줄기 끝부분에는 수꽃차례와 암꽃차례가 인접해서 달린다. ❸ 과낭. 전체에 백색의 털이 밀생한다. ❹ 수과. 길이 2.5~3mm의 세모진 난형-도란형이다.

장군대사초

Carex poculisquama Kük.

수초과

국내분포/자생지 경남(진주시), 경북(의성군 등), 충북(단양군, 제천시), 강원(영월군 등) 산지(주로 석회암지대를 포함하는 퇴적암지대)의 건조한 풀밭

형태 다년초. 줄기는 높이 30~70cm이다. 잎은 너비 2~5mm의 선형이고 연녹색 또는 회녹색이다. 수상꽃차례(소수)는 3~4개이다. 암꽃차례는 길이 2~4cm의 장타원상 원통형이다. 암꽃비늘조각은 길이 3mm 정도의 난형-넓은 난형이며 끝은 까락모양이다. 과낭은 길이 4~5mm의 타원형 또는 도란형이다. 개화기는 5~6월이고 결실기는 6~7월이다.

참고 갈사초에 비해 잎이 좁고 암꽃이 성기게 달리며 수꽃비늘조각이 컵모양인 것이 특징이다.

❶ 2019. 6. 14. 충북 제천시 ❷ 꽃차례. 수꽃비늘조각은 컵모양이고 밑부분이 꽃차례 축을 감싼다. 암꽃차례는 30개 이하의 꽃이 성기게 달린다. ❸ 과낭. 털이 없거나 측면 능각부에 약간 있다. ❹ 수과. 길이 2.5~3mm의 세모진 타원형-도란상 타원형이다. ❺ 잎 뒷면. 흰빛이 강하게 돈다.

한라사초
Carex erythrobasis H.Lév. & Vaniot

사초과

국내분포/자생지 전국의 해발고도가 비교적 높은 산지, 한반도 준고유종
형태 다년초. 줄기는 높이 15~35cm 이다. 잎은 너비 1.5~3.5mm의 선형이다. 수상꽃차례(소수)는 3~5개이다. 수꽃차례는 길이 6~10mm의 선상 원통형이다. 암꽃차례는 길이 1~2.5cm의 장타원상 또는 광타원상 원통형이다. 암꽃비늘조각은 길이 2.7~3.2mm의 장타원상 난형-난형 또는 도란형이며 끝에는 까락이 있다. 과낭은 길이 3.5~4mm의 세모진 타원형-도란상 타원형이다. 개화기는 4월이고 결실기는 5~6월이다.
참고 종소명인 erythrobasis는 줄기 밑부분의 잎집이 선명한 적갈색인 특징에서 유래한 것이다.

❶2021. 4. 25. 경북 영주시 소백산 ❷꽃차례, 포는 꽃차례보다 짧다. ❸과낭. 짧은 털이 밀생하며 밑부분에는 굵은 자루가 있다. ❹수과. 길이 2.5~3mm의 뚜렷하게 세모진 타원형-타원상 난형이며 밑부분에 굵은 자루가 있다. ❺뿌리 부근. 줄기 밑부분의 잎집은 유난히 선명한 적갈색이다.

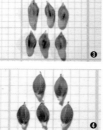

난사초
Carex lasiolepis Franch.
Carex holotricha Ohwi

사초과

국내분포/자생지 경북 이북의 산지
형태 다년초. 줄기는 높이 15~25cm 이다. 잎은 너비 5~11mm의 선형이다. 수상꽃차례(소수)는 3~5개이다. 수꽃차례는 길이 5~10mm의 타원상 원통형-곤봉상 원통형이다. 암꽃차례는 길이 6~18mm의 장타원형-넓은 타원형이다. 암꽃비늘조각은 길이 3~4.2mm의 장타원상 난형-난형 또는 장타원상 도란형-도란형이며 적갈색-흑갈색이다. 열매(수과)는 길이 2.5~3mm이다. 개화기는 3월말~4월 초이고 결실기는 4~5월이다.
참고 잎과 줄기에 부드러운 긴 털이 밀생하며 포가 까락모양으로 짧은 것이 특징이다.

❶2022. 4. 23. 강원 태백시 ❷꽃차례, 포는 잎집모양이다. 줄기, 잎집, 꽃줄기 등에 긴 털이 밀생한다. ❸과낭. 털이 많고 밑부분에 굵은 자루가 있다. ❹수과. 뚜렷하게 세모지며 밑부분에 굵은 자루가 있다. ❺잎. 전체에 퍼진 털이 많다. 그늘사초절(sect. Clandestinae)의 자생종 중에 잎은 가장 넓다.

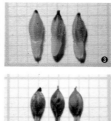

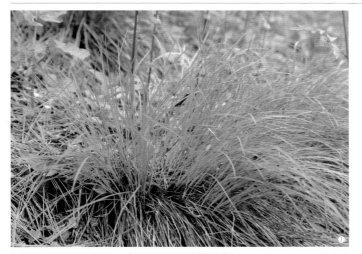

가는잎그늘사초

Carex callitrichos var. *nana* (H.Lév. & Vaniot) S.Yun Liang, L.K.Dai & Y.C.Tang

사초과

국내분포/자생지 전국의 산지

형태 다년초. 줄기는 높이 15~25cm 이다. 잎은 너비 0.5~1.5mm의 선형 이다. 수상꽃차례(소수)는 2~4개이다. 수꽃차례는 길이 5~10mm의 선상-피침상 장타원형이다. 암꽃차례는 길 이 5~7mm의 선상 원통형이며 1~3(~ 6)개의 꽃이 성기게 달린다. 암꽃비 늘조각은 길이 3~5mm의 피침형-장 타원상 난형이다. 과낭은 길이 2.6~ 3.2mm의 장타원상 도란형이다. 암술 머리는 3개이다. 개화기는 3월말~4 월이고 결실기는 5~6월이다.

참고 그늘사초에 비해 줄기가 잎보다 짧은 것이 특징이다.

❶ 2021. 5. 6. 충북 제천시 ❷ 줄기와 꽃차례 (개화기). 줄기는 짧고 결실기에도 길게 길어 지지 않는다. ❸ 꽃차례(결실기). 암꽃차례에 1~3(~6)개의 꽃이 달린다. ❹ 과낭. 잔털이 많고 밑부분에 굵은 자루가 있다. ❺ 수과. 길 이 2.2~2.6mm의 장타원상 도란형-도란형이 다.

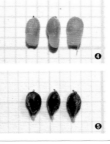

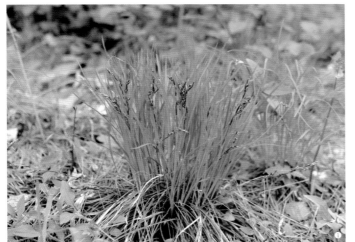

그늘사초

Carex lanceolata Boott

사초과

국내분포/자생지 전국의 산지

형태 다년초. 줄기는 높이 20~40cm 이고 조밀하게 모여난다. 포는 잎집 모양 또는 불염포모양이다. 잎은 너 비 1.5~2mm의 선형이다. 수상꽃차례 (소수)는 3~6개이다. 수꽃차례는 길이 8~15mm의 선상 원통형이다. 암꽃차 례는 길이 1~2cm의 선상 원통형이며 3~10(~12)개의 꽃이 성기게 달린다. 암꽃비늘조각은 길이 3.5~6mm의 난 형-넓은 난형이다. 과낭은 길이 2.5~ 3.3mm의 피침상 장타원상 도란형이 다. 암술머리는 3개이다. 개화기는 3 월말~4월이고 결실기는 5~6월이다.

참고 가는잎그늘사초에 비해 줄기가 잎보다 길고 잎도 보다 넓은(너비 1.5~ 2mm) 편이다.

❶ 2021. 5. 6. 충북 제천시 ❷ 꽃차례. 암꽃 차례에 3~10(~12)개의 꽃이 달린다. ❸ 암꽃 차례. 과낭은 비늘조각보다 짧다. ❹ 과낭. 잔 털이 밀생하고 밑부분에 굵은 자루가 있다. ❺ 수과. 길이 2.2~2.8mm의 세모진 장타원 상 도란형-도란형이다.

넓은잎그늘사초
(왕그늘사초)

Carex pediformis C.A.Mey.

사초과

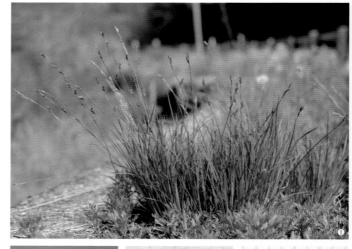

국내분포/자생지 지리산 이북의 산지

형태 다년초. 땅속줄기가 짧다. 줄기는 높이 20~40cm이고 조밀하게 모여난다. 밑부분의 잎집은 갈색–진한 갈색이며 묵은 잎집이 섬유질모양으로 남아 있다. 포는 잎집모양 또는 불염포모양이고 막질이다. 잎은 너비 2~3mm의 선형이고 회녹색이며 가장자리는 거칠다. 수상꽃차례(소수)는 3~5개이며 정생꽃차례는 수꽃차례이고 측생꽃차례는 모두 암꽃차례이다. 수꽃차례는 길이 8~15mm의 선상 원통형이다. 암꽃차례는 길이 1~2.5cm의 선상 원통형이며 (3~)8~15개의 꽃이 성기게 달린다. 수꽃비늘모양은 길이 6~7(~10)mm 피침형–장타원상 난형이다. 암꽃비늘조각은 길이 3~5mm의 난형–넓은 난형이고 끝부분은 뾰족하거나 짧은 까락모양이다. 과낭은 길이 3.5~4mm의 장타원형 또는 장타원상 도란형–도란형이며 잔털이 밀생하고 밑부분에 굵은 자루가 있다. 열매(수과)는 길이 2.4~3mm의 세모진 타원상 도란형–도란형이며 과낭에 꽉 차 있다. 암술머리는 3개이다. 개화기는 4월이고 결실기는 5~6월이다.

참고 그늘사초에 비해 전체적으로 대형이고 잎과 줄기가 회녹색이며 암꽃차례에 꽃이 비교적 많이 달린 것이 다른 점이다.

❶2021. 5. 6. 충북 제천시 ❷꽃차례. 암꽃차례에 (3~)8~15개의 꽃이 달린다. ❸과낭. 길이 3.5~4mm의 장타원형 또는 장타원상 도란형–도란형이며 잔털이 많다. ❹수과. 길이 2.4~3mm의 타원상 도란형–도란형이다. ❺줄기 밑부분과 잎. 밑부분의 잎집은 갈색–진한 갈색이다. ❻그늘사초(좌)와 넓은잎그늘사초(우). 그늘사초에 비해 대형(특히 잎이 너비 2~3mm로 넓음)이고 잎이 푸른빛이 약간 도는 회녹색이다. ❼2019. 5. 25. 강원 평창군

녹빛사초
Carex quadriflora (Kük.) Ohwi

사초과

국내분포/자생지 지리산 이북의 산지
형태 상록성 다년초. 줄기는 높이 15
~30cm이다. 잎은 너비 1.5~3.5mm
의 선형이다. 수상꽃차례(소수)는 2~4
개이다. 수꽃차례는 길이 5~10mm의
선상 원통형이다. 암꽃차례는 길이 1
~2cm의 선상 원통형이고 자루는 길
다. 암꽃비늘조각은 길이 2.5~3.5mm
의 장타원상 도란형-도란형이다. 과
낭은 길이 4~5mm의 세모진 도란형
이다. 개화기는 4월이고 결실기는 5~
6월이다.
참고 줄기가 측생하고 잎과 줄기에
털이 없으며 암꽃차례에 꽃이 흔히 (2
~)4(~6)개씩 성기게 달리는 것이 특징
이다.

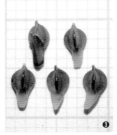

❶2021. 4. 25. 강원 태백시 ❷꽃차례. 수꽃
차례는 바로 인접한 암꽃차례보다 짧다. 암
꽃비늘조각은 끝이 둥글거나 약간 오목하다.
❸과낭. 세모진 도란형이며 털이 많거나 적
다. 밑부분에 굵은 자루가 있다. ❹수과. 길
이 3.5~4mm의 세모진 타원형-넓은 타원형
이다.

부산사초
Carex fusanensis Ohwi

사초과

국내분포/자생지 중부지방(강원) 이남
의 산지, 한반도 고유종
형태 다년초. 잎은 너비 1.5~2.5mm
의 선형이다. 수상꽃차례(소수)는 2~
3(~4)개이며 측생 수상꽃차례는 모두
암꽃차례이다. 수꽃차례는 길이 9~
15mm의 선상 또는 곤봉상 원통형이
다. 암꽃차례는 길이 5~13mm의 타원
상 원통형이다. 암꽃비늘조각은 길이
2~3mm의 도란형 또는 난형이다. 과
낭은 길이 4~5mm의 장타원형-도란
상 장타원형이다. 개화기는 3월말~4
월초이고 결실기는 4~5월이다.
참고 꼬랑사초(*C. mira* Kük.)에 비해 높
이 15~30cm로 약간 소형이며 과낭이
둔하게 각진 장타원형-도란상 장타
원형이며 부리가 짧은 것이 특징이다.

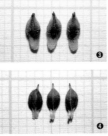

❶2012. 4. 3. 전남 고흥군 팔영산 ❷꽃차
례. 줄기 끝부분에서 인접해서 모여 달린다.
암꽃비늘조각은 도란형(~난형)이고 과낭보
다 짧다. ❸과낭. 잔털이 많으며 밑부분에 굵
은 자루가 있다. ❹수과. 길이 3~4mm이다.
❺뿌리 부근. 묵은 잎집과 잎들이 남아 있다.

청피사초

Carex macrandrolepis H.Lév.

사초과

국내분포/자생지 제주 및 남해안 도
서지역의 산야

형태 다년초. 잎은 너비 2~4mm의 선
형이다. 수상꽃차례(소수)는 3~4개이
다. 수꽃차례는 길이 1~3cm의 선형-
선상 피침형이고 자루가 있다. 암꽃차
례는 길이 1~1.5cm의 장타원상 원통
형이고 자루는 거의 없거나 짧다. 암
꽃비늘조각은 길이 4mm 정도의 타
원형-도란형이고 끝은 까락모양이다.
과낭은 길이 5~6mm의 세모진 장타
원형-마름모꼴 장타원형이다. 개화기
는 3~4월이고 결실기는 5~6월이다.
참고 포가 잎모양이고 인접한 꽃차례
보다 긴 것이 특징이다.

❶ 2020. 4. 6. 제주 서귀포시 ❷수꽃차례.
선형-선상 피침형이며 자루가 길다. ❸암꽃
차례. 3~15개의 꽃이 달린다. 암꽃비늘조각
의 끝은 까락모양으로 길다. ❹과낭. 광택이
약간 나고 잔털이 약간 나 있다. 윗부분은 차
츰 좁아져 긴 부리가 된다. ❺수과. 길이 2.5
~3mm의 세모진 넓은 타원형-도란상 타원
형이며 밑부분에 긴 자루가 있다. 암술대 밑
부분은 굵다.

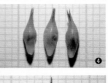

피사초

Carex longerostrata C.A.Mey. var.
longerostrata

사초과

국내분포/자생지 북부지방의 산지
형태 다년초. 줄기는 높이 30~50cm
이다. 잎은 너비 2~3mm의 선형이다.
수상꽃차례(소수)는 2(~3)개이며 측생
꽃차례는 모두 암꽃차례이다. 수꽃차
례는 길이 1~2.5cm의 좁은 방추형-
곤봉모양이고 긴 자루가 있다. 암꽃
차례는 길이 1~2cm의 장타원형-난
형이고 자루는 거의 없거나 매우 짧
다. 암꽃비늘조각은 길이 4.5~6.5mm
의 피침형-피침상 장타원형이고 끝은
까락모양이다. 과낭은 길이 7~8mm
의 난형이다. 열매(수과)는 길이 2~
3mm의 세모진 도란형이다. 개화기는
4~5월이고 결실기는 6~7월이다.
참고 암꽃차례가 1(~2)개 달리고 포보
다 길며 과낭에 털이 있는 것이 특징
이다.

❶ 2012. 5. 20. 중국 지린성 두만강 유역
❷수꽃차례. 좁은 방추형 또는 곤봉모양이
다. ❸암꽃차례. 흔히 포보다 길다. 암술머리
는 3개이며 길다. ❹암꽃차례(결실기). 과낭
에는 털이 약간 있고 부리는 길다.

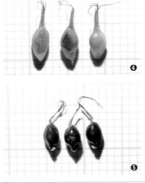

실피사초

Carex longerostrata var. *pallida*
(Kitag.) Ohwi

사초과

국내분포/자생지 경북, 충북 이북의
건조한 산지

형태 다년초. 줄기는 높이 30~50cm
이다. 잎은 너비 1.5~2.5mm의 선형
이다. 수상꽃차례(소수)는 2(~3)개이
다. 암꽃차례는 길이 1~2cm의 장타
원형–난형이고 자루는 거의 없거나
매우 짧다. 암꽃비늘조각은 길이 4.5
~6.5mm의 피침형–피침상 장타원형
이다. 과낭은 길이 7~8mm의 둔하게
세모진 난형이다. 개화기는 4~5월이
고 결실기는 6~7월이다.

참고 피사초에 비해 잎이 가늘고, 옆
으로 뻗는 땅속줄기가 발달하기 때문
에 흔히 큰 개체군을 형성한다.

❶ 2012. 6. 11. 강원 평창군 ❷ 꽃차례. 수꽃
차례는 곤봉모양이며 긴 자루가 있다. ❸ 암
꽃차례. 흔히 포보다 길다. 암꽃비늘조각의
끝은 길게 뾰족하거나 짧은 까락모양이다.
❹ 암꽃차례. 과낭에는 털이 약간 있고 부리
는 길다. 부리의 끝은 가위모양으로 깊게 갈
라진다. ❺ 수과. 길이 2~3mm의 세모진 타원
형이며 밑부분은 홈이 지는 것처럼 좁아진다.

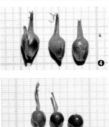

백두산피사초

Carex nodaeana A.I.Baranov &
Skvortsov

사초과

국내분포/자생지 백두산 지역의 해
발고도가 높은 지대의 풀밭

형태 다년초. 줄기는 높이 15~30cm
이다. 수상꽃차례(소수)는 2~3(~4)개이
며 측생꽃차례는 모두 암꽃차례이다.
수꽃차례는 길이 6~12mm의 장타원
형–곤봉모양이다. 암꽃차례는 길이 1
~2cm의 타원형–난형이고 자루는 거
의 없거나 짧다. 과낭은 길이 6mm
정도의 둔하게 세모진 난형이며 부리
는 길다. 열매(수과)는 길이 1.5~2mm
의 세모진 도란형이다. 개화기는 4~5
월이고 결실기는 6~7월이다.

참고 잎은 너비 2~3.5mm이며 꽃차
례는 2~3(~4)개이고 암꽃차례에는 꽃
이 4~6개 정도 달린다.

❶ 2007. 6. 27. 중국 지린성 백두산 ❷ 꽃차
례. 수꽃차례는 곤봉모양이다. ❸ 암꽃차례.
과낭에 털이 없다. 암꽃비늘조각은 과낭과
길이가 비슷하거나 약간 짧으며 끝은 까락모
양이다. ❹ 과낭. 털이 없고 광택이 약간 난
다. 부리의 가장자리에 뾰족한 잔톱니가 있
다. ❺ 수과. 둔하게 세모진 도란형이며 암술
대 밑부분은 약간 비후한다.

진도사초

Carex blinii H.Lév. & Vaniot

사초과

국내분포/자생지 전남의 산지 숲속

형태 상록성 다년초. 잎은 너비 3~8mm의 선형이다. 암꽃차례는 길이 7~15mm의 장타원형-타원형이다.

참고 줄기가 잎보다 훨씬 짧고 꽃차례가 조밀하게 모여 달리며 과낭에 털이 있는 것이 특징이다. 좁은 의미에서 *C. tatsutakensis* Hayata(잎이 너비 1~3mm로 좁으며 과낭은 털이 많고 맥이 희미함), *C. taihokuensi* Hayata(잎이 너비 3~8mm로 넓으며 과낭에 털이 적고 맥이 뚜렷함)를 따로 구분하기도 하지만 식별형질들의 변이가 심해서 구분하기 어렵다. 넓은 의미에서는 모두 동일 종으로 처리한다.

❶2016. 4. 20. 전남 진도군 진도 ❷꽃차례. 포보다 짧다. 줄기의 끝부분에서 수꽃차례와 1~2개의 암꽃차례가 조밀하게 모여 달린다. 수꽃차례는 매우 작다. ❸과낭. 털이 많고 맥은 거의 보이지 않는다. ❹수과. 길이 2.5~3.5mm의 세모진 넓은 타원형-난상 타원형이다. ❺뿌리 부근. 일부 꽃차례(폐쇄화로 추정)는 땅속에 묻혀서 결실된다.

넓은잎피사초

Carex xiphium Kom.

사초과

국내분포/자생지 강원(설악산, 함백산 등) 이북의 해발고도가 높은 산지의 능선부

형태 다년초. 줄기는 높이 30~40cm이다. 포는 짧은잎모양이고 잎집은 길다. 수상꽃차례(소수)는 2~3개이다. 수꽃차례는 길이 1.5~2cm의 선상 장타원형-곤봉형이고 자루는 길다. 암꽃차례는 길이 1~2cm의 좁은 원통형-타원상 원통형이다. 암꽃비늘조각은 2.5~3.5mm의 장타원상 난형이다. 과낭은 길이 6~7mm의 둔하게 세모진 장타원상 난형이다. 개화기는 3~4월이고 결실기는 5월이다.

참고 줄기가 측생하며 잎이 너비 6~8mm로 넓고 과낭에 털이 거의 없는 것이 특징이다.

❶2019. 7. 6. 중국 지린성 백두산 ❷수꽃차례. 비늘조각의 끝은 뾰족하거나 짧은 까락모양이다. ❸암꽃차례. 흔히 (1~)2개씩 달리며 뚜렷한 자루가 있다. ❹과낭. 장타원상 난형이고 부리가 길며 털이 거의 없다. ❺수과. 길이 2.5~3mm의 세모진 도란형이다. 암술대의 밑부분은 약간 굵다.

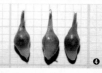

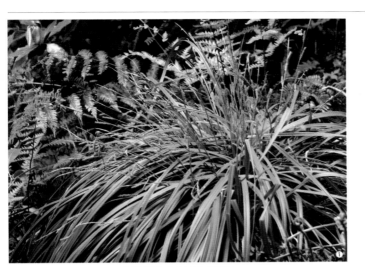

왕밀사초
Carex matsumurae Franch.

국내분포/자생지 경북(울릉도), 제주도 및 서남해 도서의 산지

형태 상록성 다년초. 땅속줄기는 짧다. 줄기는 높이 30~50cm이고 조밀하게 모여난다. 밑부분의 잎집은 연한 갈색−갈색이다. 포는 잎집모양−짧은잎모양이고 잎집이 있다. 잎은 너비 5~15mm의 선형이며 가장자리는 밋밋하다. 수상꽃차례(소수)는 4~5개이며 정생꽃차례는 수꽃차례이고 측생꽃차례는 모두 암꽃차례이다. 수꽃차례는 길이 3~6cm의 선상 원통형이고 자루는 길다. 암꽃차례는 길이 2~4cm의 좁은 원통형−타원상 원통형이고 자루는 짧거나 길다. 암꽃비늘조각은 3~4mm의 난형이고 끝부분은 뾰족하다. 과낭은 길이 3.5~5mm의 약간 세모진 렌즈모양의 타원상 난형−넓은 난형이고 윗부분은 갑자기 좁아져 짧은 부리가 된다. 부리의 끝은 잘린모양이거나 얕게 오목하다. 열매(수과)는 길이 2.5~3mm의 세모진 타원형이다. 암술머리는 2(~3)개이다. 개화기는 4월이고 결실기는 5~6월이다.

참고 줄기가 측생하며 포가 짧은잎모양 또는 까락모양(또는 잎집모양)이고 암술머리가 2(~3)개인 것이 특징이다. 국내 분포하는 것으로 알려진 가는밀사초(*C. toyoshimae* Tuyama)는 왕밀사초의 오동정으로 추정된다. 가는밀사초는 일본 고유종으로서 태평양에 위치한 오가사와라 군도에서만 자라는 식물이다.

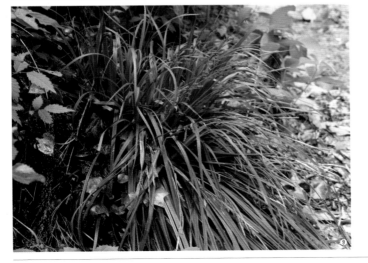

❶2023. 5. 14. 전남 신안군 가거도 ❷꽃차례. 수꽃차례는 길고 자루가 있으며 암꽃차례는 3~4개가 달리고 포보다 길다. 포는 잎집모양−짧은잎모양이다. ❸암꽃차례(가거도). 가거도 자생 왕밀사초의 암꽃차례는 좁은 원통형−타원상 원통형이며 과낭은 타원상 난형−넓은 난형이다. 암꽃차례(특히 너비)와 과낭의 형태는 변이 폭이 넓은 편이다. ❹암꽃차례(울릉도). ❺과낭(가거도). 길이 5mm 정도이고 타원상 난형−넓은 난형이다. 변이가 있다. ❻과낭(울릉도). 흔히 타원상 난형이며 맥은 희미하고 털은 없다. ❼수과(가거도). 등면(윗면)은 능각이 뚜렷하며 밑부분에 짧은 자루가 있다. 끝부분에는 암술대의 밑부분과 합생된 원반상의 부속체가 있다. ❽수과(울릉도). 배편(아랫면)은 약간 볼록하거나 거의 편평하다. ❾2022. 6. 3. 경북 울릉군 울릉도

구멍사초

Carex foraminata C.B.Clarke

사초과

국내분포/자생지 서남해 도서의 산지 숲속

형태 상록성 다년초. 땅속줄기는 짧다. 줄기는 높이 40~70cm이고 조밀하게 모여난다. 밑부분의 잎집은 갈색~진한 갈색이고 줄기의 밑부분에 묵은 잎과 잎집이 섬유질모양으로 남아 있다. 포는 잎모양이거나 까락모양이고 잎집은 길다. 잎은 너비 5~7.5mm의 선형이고 가죽질이며 가장자리는 거칠다. 수상꽃차례(소수)는 4~6개이며 정생꽃차례는 수꽃차례이고 측생꽃차례는 암꽃차례 또는 수꽃암꽃차례이다. 수꽃차례는 길이 4.5~7.5cm의 선상 원통형이고 자루는 길다. 암꽃차례는 길이 5~10cm의 좁은 원통형이고 자루는 길이 2~4.5cm이다. 수꽃비늘조각은 길이 6~7mm의 도란상 장타원형이며 황갈색~갈색이고 막질이다. 암꽃비늘조각은 3~4mm의 장타원상 난형~난형이고 끝은 뾰족하거나 길게 뾰족하다. 과낭은 길이 2~2.3mm의 타원형 또는 도란상 타원형~도란형이고 끝은 둥글다. 부리는 매우 짧고 끝이 오목하다. 맥은 희미하며 짧은 털이 흩어져 있다. 열매(수과)는 길이 1.6~2mm의 세모진 장타원형~타원형이며 능각의 중앙부는 깊게 홈이 진다. 끝부분에는 짧은 부리가 있고 밑부분에는 짧은 자루가 있다. 과낭에 꽉 차 있다. 암술머리는 3개이다. 개화기는 4월이고 결실기는 5~6월이다.

참고 결실기의 암꽃차례가 낫모양으로 심하게 구부러지며 과낭이 암꽃비늘조각보다 짧고 수과의 능각 중앙부에 깊은 홈이 있는 것이 특징이다.

❶2023. 5. 9. 전남 신안군 ❷꽃차례(개화기). 정생 수상꽃차례는 수꽃이며 나머지 측생꽃차례는 암꽃차례이거나 암꽃차례의 윗부분에 수꽃무리가 달리는 수꽃암꽃차례(androgynous)이다. 수술은 3개씩 나며 꽃밥이 매우 긴 편이다. ❸암꽃차례(결실기). 결실기의 암꽃차례는 낫모양으로 심하게 구부러진다. ❹과낭과 비늘조각. 과낭은 비늘조각보다 짧다. 비늘조각은 장타원상 난형이고 연한 갈색~연한 적갈색이다. ❺과낭. 둥글게 부푼 약간 세모진 넓은 타원형~난상 타원형이다. ❻수과. 능각의 중앙부가 깊게 홈이 져서 전체 모습이 표주박 또는 바이올린과 모양이 비슷하다. ❼잎(앞면). 가장자리와 앞면에 짧은 털이 있어서 약간 거칠다. ❽잎(뒷면). 연녹색이며 중앙맥이 뚜렷하다. 맥 사이에 돌기가 밀생한다. ❾개화기 때의 전체 모습. 2019. 4. 11. 전남 신안군

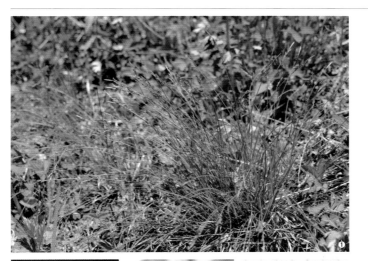

좀목포사초

Carex brevispicula G.H.Nam &
G.Y.Chung

사초과

국내분포/자생지 제주를 제외한 전
국의 산지. 한반도 고유종
형태 다년초. 땅속줄기는 짧다. 줄기
는 높이 8~30cm이고 조밀하게 모여
난다. 밑부분의 잎집은 연한 갈색–갈
색이고 줄기의 밑부분에는 묵은 잎과
잎집이 섬유질모양으로 남아 있다.
포는 짧은 잎모양이나 까락모양이다.
잎은 너비 0.8~2.3mm의 선형이고
가죽질이며 가장자리는 거칠다. 수상
꽃차례(소수)는 3~4개이며 정생꽃차
례는 수꽃차례이고 측생꽃차례는 모
두 암꽃차례이다. 수꽃차례는 길이 8
~17mm의 선상 원통형이고 짧은 자
루가 있다. 암꽃차례는 길이 6~15mm
의 좁은 원통형이고 자루는 없거나
매우 짧다. 수꽃비늘조각은 길이 3.3
~4.5mm의 장타원상 도란형이고 끝
은 둥글거나 짧은 까락모양이며 밝
은 볏짚색이다. 암꽃비늘조각은 1.8~
2.5mm의 타원상 난형이고 긴 까락모
양이다. 과낭은 길이 2~3mm의 둔하
게 세모진 도란상 장타원형–도란상
타원형이며 짧은 털이 많다. 부리는
짧고 끝은 오목하다. 열매(수과)는 길
이 1.8~2.3mm의 도란상 장타원형이
며 능각의 중앙부에 얕게 홈이 진다.
끝부분에 원반상의 부속체가 있으며
암술대의 밑부분과 융합되어 원뿔형
이 된다. 밑부분에는 짧은 자루가 있
다. 과낭에 꽉 차 있다. 암술머리는 3
개이다. 개화기는 3~4월이고 결실기
는 5~6월이다.
참고 수과의 능각 중앙부가 오목하게
홈이 지며 끝부분에 원반상의 돌기가
있는 것이 특징이다.

❶2021. 5. 11. 강원 평창군 ❷❸꽃차례. 암
꽃비늘조각의 끝부분은 긴 까락모양이다. 포
는 짧은 잎모양 또는 까락모양이고 꽃차례
보다 짧다. ❹ 과낭. 도란상 장타원형–도란
상 타원형이며 짧은 털이 많다. ❺수과. 도란
상 장타원형이며 능각의 중앙부가 얕게 홈이
진다. ❻뿌리 부근. 묵은 잎집과 잎이 오랫
동안 남아 있다. 줄기는 조밀하게 모여난다.
❼2021. 4. 30. 강원 철원군

목포사초

Carex genkaiensis Ohwi

사초과

국내분포/자생지 전남, 전북의 산지 숲가장자리

형태 상록성 다년초. 땅속줄기는 짧다. 줄기는 높이 20~40cm이고 조밀하게 모여난다. 밑부분의 잎집은 연한 갈색~갈색이고 줄기의 밑부분에는 묵은 잎과 잎집이 섬유질모양으로 약간 남아 있다. 포는 잎모양이고 꽃차례보다 더 길며 잎집은 있다. 잎은 너비 3~5mm의 선형이고 부드럽다. 수상꽃차례(소수)는 3~4개이다. 수꽃차례는 길이 5~15mm의 선상 원통형이다. 암꽃차례는 길이 1~2cm의 좁은 원통형이고 자루는 거의 없거나 매우 짧다. 수꽃비늘조각은 타원형이며 밝은 볏집색이고 끝이 둔하거나 둥글다. 암꽃비늘조각은 길이 2.5~3.5mm의 장타원형~타원형이고 끝은 둔하거나 뾰족하다. 과낭은 길이 3~4mm의 방추형~장타원형이며 짧은 털이 많다. 부리는 짧고 끝은 오목하다. 열매(수과)는 길이 2.5~3mm의 장타원형이며 능각의 중앙부에는 얕게 홈이 진다. 끝부분에 짧은 기둥모양의 부속체가 있고 밑부분에는 굵은 자루가 있다. 과낭에 꽉 차 있다. 암술머리는 3개이다. 개화기는 4월이고 결실기는 5~6월이다.

참고 주름청사초와 유사하지만 수꽃비늘조각의 밝은 볏짚색이고 끝이 둥글거나 둔하며 수과의 끝부분에 짧은 기둥모양의 부속체가 있는 것이 다르다. 긴목포사초[*C. formosensis* H.Lév. & Vaniot]는 목포사초에 비해 수과의 능각 중앙부에 있는 홈이 더 깊고 끝부분의 부속체가 긴(길이 0.3~0.5mm) 기둥모양인 것이 특징이다. 국내 분포는 불명확하다.

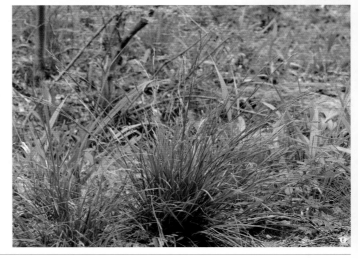

❶2019. 5. 8. 전남 진도군 진도 ❷꽃차례. 암꽃차례는 3~5개 달리며 수꽃차례는 선상 원통형이다. ❸수꽃차례(좌). 선상 원통형이며 비늘조각은 밝은 볏짚색이고 끝이 둥글거나 둔하다. ❹암꽃차례. 좁은 원통형이며 꽃이 성기게 달린다. 암꽃비늘조각의 끝부분은 둔하거나 약간 뾰족(~까락모양)하다. ❺과낭. 방추형~장타원형이며 짧은 털이 많다. ❻수과. 장타원형이며 능각의 중앙부는 얕게 홈이 진다. 끝부분에 짧은 기둥모양의 부속체가 있다. 밑부분에 굵은 자루가 있다. ❼뿌리 부근. 묵은 잎집과 잎이 오랫동안 남아 있다. 줄기가 조밀하게 모여난다. ❽2020. 5. 2. 전북 부안군 변산반도

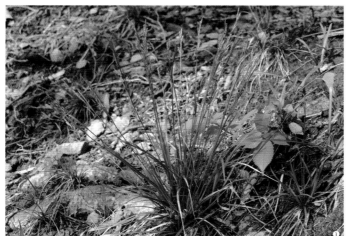

주름청사초

Carex tokuii J.Oda & Nagam.

사초과

국내분포/자생지 전남, 전북의 산지 숲가장자리(주로 계곡가 풀밭)

형태 상록성 다년초. 땅속줄기는 짧다. 줄기는 높이 30~70cm이고 조밀하게 모여난다. 밑부분의 잎집은 연한 갈색이다. 포는 잎모양이고 꽃차례보다 더 길며 잎집은 있다. 잎은 너비 3.5~6mm의 선형이고 가장자리는 약간 거칠다. 수상꽃차례(소수)는 4~6개이며 정생꽃차례는 수꽃차례이고 측생꽃차례는 모두 암꽃차례이다. 수꽃차례는 길이 1~2cm의 선상 원통형이고 자루는 짧다. 암꽃차례는 길이 1~3cm의 좁은 원통형이고 자루는 거의 없거나 짧다. 수꽃비늘조각은 길이 3~4mm의 장타원형-난형이며 끝이 뾰족하거나 까락모양이다. 암꽃비늘조각은 길이 2~2.8mm의 도란형이고 끝은 뾰족하거나 짧은 까락모양이다. 과낭은 길이 2.8~3.2mm의 장타원형-도란상 장타원형이며 털이 없고 맥은 희미하다. 부리는 짧고 끝이 2개로 얕게 갈라진다. 열매(수과)는 길이 1.8~2.5mm의 둔하게 세모진 장타원형-타원형이며 표면은 여러 곳이 주름지듯이 오목하다. 끝부분의 부속체는 원반모양이고 자루는 약간 굵고 구부러지지 않는다. 과낭에 꽉 차 있다. 암술머리는 3개이다. 개화기는 4월이고 결실기는 5~6월이다.

참고 목포사초에 비해 수꽃비늘조각이 장타원상 난형-난형이고 끝이 까락모양이며 수과의 끝부분의 부속체가 기둥모양이 아니고 원반모양인 것이 특징이다.

❶2019. 4. 30. 전남 영광군 불갑산 ❷꽃차례. 암꽃차례는 3~5개 달린다. 수꽃차례는 선상 원통형이고 자루가 짧다. ❸수꽃차례 (개화기). 비늘조각은 장타원형-난형이고 끝이 뾰족하거나 까락모양이다. 목포사초는 밝은 볏짚색인데 반해 주름청사초는 황록색-황갈색이다. ❹암꽃차례. 좁은 원통형이며 꽃이 비교적 성기게 달린다. 암꽃비늘조각은 과낭보다 약간 짧으며 끝부분은 뾰족하거나 짧은 까락모양이다. ❺과낭. 장타원형-도란상 장타원형이며 털이 없다. 부리는 짧고 2개로 갈라진다. ❻수과. 둔하게 세모진 장타원형-타원형이며 수과 표면의 여러 군데가 주름지듯이 얕게 오목하다. 끝부분의 부속체는 원반모양이다. 자루는 약간 굵고 구부러지지 않는다. ❼개화기 때의 모습. 2020. 4. 20. 전북 부안군 변산반도

큰청사초
Carex kamagariensis K.Okamoto

사초과

국내분포/자생지 남부지방의 산지 풀밭(특히 무덤가)

형태 상록성 다년초. 잎은 너비 1.5~3mm의 선형이다. 암꽃차례는 길이 1~2.5cm의 좁은 원통형이다. 과낭은 길이 2.8~3.2mm의 장타원형-난상 장타원형이며 부리는 짧다. 열매(수과)는 길이 2~2.8mm의 둔하게 세모진 장타원형-타원형이다. 개화기는 3월 말~4월초이고 결실기는 4~5월이다.

참고 수꽃비늘조각이 끝이 둥글거나 둔하고(까락모양이 아님) 암꽃비늘조각의 끝이 긴 까락모양이며 수과 끝부분의 부속체가 큰 원반모양인 것이 특징이다.

❶2022. 4. 21. 전남 목포시 ❷수꽃차례. 인접한 암꽃차례보다 더 길다. ❸암꽃차례. 비늘조각의 끝부분은 흔히 오목하거나 편평하며 끝에 긴 까락이 있다. 까락은 길이 1~3mm로 매우 길다. ❹과낭. 털이 약간 있다. ❺수과. 능각 중앙부를 포함해 여러 군데(윗부분과 밑부분)에 얕은 홈이 있다. 끝부분의 부속체는 원반모양이며 암술대의 밑부분과 함께 원뿔형을 이룬다.

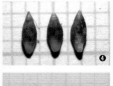

바늘청사초
Carex tsushimensis (Ohwi) Ohwi

사초과

국내분포/자생지 전남(주로 도서지역)의 산지

형태 상록성 다년초. 잎은 너비 3~8mm의 선형이다. 수상꽃차례(소수)는 4~6개이며 측생 수상꽃차례는 암꽃차례 또는 드물게 수꽃암꽃차례이다. 암꽃차례는 길이 2~5cm의 좁은 원통형-타원상 원통형이다. 과낭은 길이 3~3.2mm의 타원형-타원상 도란형이다. 열매(수과)는 길이 2~2.3mm의 세모진 타원형-도란형이다. 끝부분의 부속체는 작은 원반모양이다.

참고 일본에서도 멸종위기종(CR)으로 분류되며 자생지 및 개체 수가 많지 않은 세계적인 희귀식물이다.

❶2023. 5. 13. 전남 신안군 가거도 ❷수꽃차례. 비늘조각의 끝은 까락모양이다. ❸암꽃차례. 결실기 때의 비늘조각은 비스듬히 또는 수평으로 벌어지며 까락은 바늘모양으로 길다(길이 2~4mm). ❹과낭. 털이 있다. 윗부분은 급격히 좁아져서 긴 부리가 된다. ❺수과. 윗부분과 아랫부분 모두 홈이 지듯이 좁아져서 전체 모습은 심하게 일그러진 타원형이나 도란형이다.

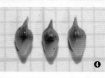
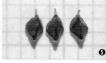

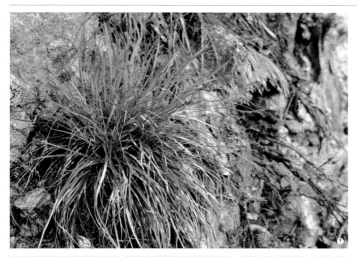

겨사초

Carex mitrata Franch. var. *mitrata*

사초과

국내분포/자생지 남부지역의 산지

형태 상록성 다년초. 줄기는 높이 10 ~30cm이고 조밀하게 모여난다. 밑부분의 잎집은 연한 갈색~갈색이다. 포는 짧은 잎모양 또는 까락모양이고 가장 아래쪽의 것은 꽃차례보다 짧거나 약간 길다. 잎은 너비 1~2.5mm의 선형이다. 수상꽃차례(소수)는 3~4 개이다. 수꽃차례는 길이 7~30mm의 선상 원통형이고 자루는 없거나 짧다. 암꽃차례는 길이 5~20mm의 좁은 원통형-타원상 원통형이고 자루는 거의 없거나 짧다. 수꽃비늘조각은 길이 2.5~3.5mm의 장타원상 도란형이고 끝은 둥글거나 편평하다. 암꽃비늘조각은 길이 1.5mm 정도의 도란형이고 끝부분은 뾰족하거나 짧은 까락모양이다. 과낭은 길이 2~ 2.5mm의 둔하게 세모진 장타원형-타원형이고 윗부분은 차츰 좁아져서 짧거나 중간 길이의 부리가 된다. 짧은 털이 있고 여러 개의 희미한 맥이 있다. 부리의 끝은 오목하다. 열매(수과)는 길이 1.3~1.5mm의 세모진 타원형이다. 암술머리는 3개이다. 과낭에 꽉 차 있다. 개화기는 3~4월이고 결실기는 4~5월이다.

참고 수꽃차례와 암꽃차례가 줄기의 끝부분에서 인접해서 모여나며 수꽃비늘조각의 가장자리가 컵모양처럼 합생하지 않고 과낭에 털이 없는 것이 특징이다. **까락겨사초**(var. *aristata* Ohwi)는 겨사초에 비해 암꽃비늘조각의 끝에 긴 까락이 있는 점이 다르다. 국내에서 겨사초는 매우 드물게 분포하며 까락겨사초는 중부지방 이남에서 비교적 흔히 관찰된다.

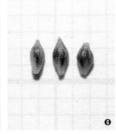

❶ 2019. 5. 1. 전남 영광군 불갑산 ❷꽃차례. 수꽃차례는 선상 원통형(긴 것은 3cm)이고 비늘조각은 가장자리가 합생하지 않는다(컵모양이 아님). 암꽃차례는 수꽃차례와 인접해서 모여 달린다. 암꽃비늘조각의 끝부분은 뾰족하거나 짧은 까락모양이다. ❸과낭. 털이 없다. ❹수과. 끝부분에 얕은 원반모양의 부속체가 있다. 밑부분에는 짧은 자루가 있다. ❺~❼까락겨사초 ❺꽃차례. 겨사초에 비해 수꽃차례가 선상 원통형이고 인접한 암꽃차례와 길이가 비슷하거나 짧은 것이 특징이다. 포는 강모상~까락모양(위쪽의 것) 또는 짧은잎모양(가장 아래쪽의 것)이다. 겨사초에 비해 포가 긴 편이며 특히 가장 아래쪽의 포가 꽃차례에 비해 훨씬 긴 점이 다르다. ❻과낭. 털이 없다. ❼수과. 겨사초와 동일하다. ❽2020. 4. 12. 제주 제주시

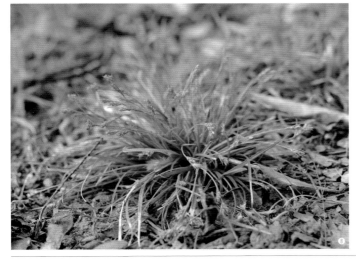

두메청사초

Carex candolleana H.Lév. & Vaniot

사초과

국내분포/자생지 제주 한라산의 숲
속(주로 바위지대)
형태 다년초. 줄기는 높이 5~25cm이
다. 잎은 너비 1~2(~3)mm의 선형이
다. 수상꽃차례(소수)는 2~3(~4)개이
다. 수꽃차례는 길이 4~13mm의 선상
원통형 또는 좁은 원통형이다. 암꽃
차례는 길이 5~13mm의 장타원상 원
통형~넓은 타원상 원통형이고 자루
는 짧거나 약간 길다. 과낭은 길이 2
~2.5mm의 둔하게 세모진 장타원상
도란형이다. 열매(수과)는 길이 1.6~
2.2mm의 장타원상 난형 또는 장타원
상 도란형이다. 개화기는 4~6월이고
결실기는 5~7월이다.
참고 수꽃차례가 선형~장타원형이고
과낭에 털이 있는 것이 특징이다.

❶2021. 4. 19. 제주 제주시 한라산 ❷꽃차
례. 수꽃차례와 인접해서 암꽃차례가 1~2개
달린다. 암꽃비늘조각의 끝은 까락모양이다.
포는 잎모양 또는 까락모양이며 잎집이 뚜
렷하게 있다. ❸과낭. 잔털이 흩어져 있다.
❹수과. 끝부분의 부속체는 원반모양이다.

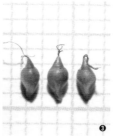

설령사초

Carex subumbellata Meinsh.

사초과

국내분포/자생지 북부지방의 해발고
도가 높은 산지의 풀밭
형태 다년초. 줄기는 높이 20~40cm
이다. 잎은 너비 2~3mm의 선형이다.
수상꽃차례(소수)는 2~4개이다. 암꽃
차례는 길이 1~1.5cm의 장타원상 또
는 타원상 원통형이다. 암꽃비늘조각
은 2.5~3mm의 난형이고 끝부분은
길게 뾰족하거나 까락모양이다. 과
낭은 길이 3~3.5mm의 장타원상 도
란형이고 윗부분은 급격히 좁아져서
짧은 부리가 된다. 열매(수과)는 길이
2mm 정도의 타원형이며 표면의 여
러 곳에 얕은 홈이 있다. 개화기는 5
~6월이고 결실기는 6~7월이다.
참고 과낭에 털이 없고 맥도 희미하
거나 없는 것이 특징이다.

❶2019. 7. 6. 중국 지린성 백두산. 줄기 밑
부분의 마디에서도 긴 자루가 있는 암꽃차례
가 달린다. ❷꽃차례. 수꽃차례는 길이 1cm
정도의 장타원형~곤봉모양이다. 암꽃비늘조
각은 금빛이 나는 갈색이다. ❸과낭. 타원상
도란형이며 털이 없다. ❹수과. 끝부분의 부
속체는 원반모양이다. ❺뿌리 부근

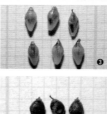

실사초
Carex fernaldiana H.Lév. & Vaniot

사초과

국내분포/자생지 전국의 산지
형태 다년초. 줄기는 높이 20~30cm
이다. 수상꽃차례(소수)는 2~3개이다.
수꽃차례는 길이 1~3cm의 선형-선
상 방추형이고 자루는 길이 9~30mm
이다. 암꽃차례는 길이 5~25mm의
좁은 원통형이다. 암꽃비늘조각은 길
이 1.5~3mm의 난형이다. 과낭은 길
이 2.2~3.2mm의 타원형-난상 장타
원형 또는 도란상 장타원형이다. 열
매(수과)는 길이 1.8~2.3mm의 타원상
도란형 또는 타원상 난형이다. 개화기
는 4~5월이고 결실기는 5~6월이다.
참고 가지청사초에 비해 전체적으로
소형이며 길게 뻗는 땅속줄기가 있는
점과 잎이 너비 1.5mm 이하로 가늘며
과낭에 털이 거의 없는 점이 다르다.

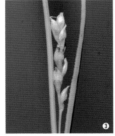 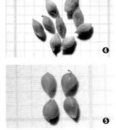

❶ 2019. 5. 22. 강원 화천군 광덕산 ❷ 수꽃
차례. 인접하는 암꽃차례보다 길다. ❸ 암꽃
차례. 가지청사초에 비해 가늘고 꽃이 적게
달리는 편이다. ❹ 과낭. 털이 없다. ❺ 수과.
부속체는 작은 원반모양이다.

가지청사초
Carex polyschoena H.Lév. & Vaniot

사초과

국내분포/자생지 전국의 산야
형태 다년초. 줄기는 높이 30~50cm
이다. 잎은 너비 1.5~3mm의 선형이
다. 수상꽃차례(소수)는 3~4개이다.
암꽃차례는 길이 8~30mm의 좁은 원
통형이다. 암꽃비늘조각은 2~3mm의
난형이다. 과낭은 길이 3~4mm의 장
타원형-타원형이다. 열매(수과)는 길
이 2mm 정도의 세모진 타원상 도란
형-도란형이다. 개화기는 3~4월이고
결실기는 5~6월이다.
참고 줄기 밑부분의 잎집이 적갈색-
진한 갈색이고 땅속줄기가 매우 짧으
며 수꽃차례가 길이 1.5~3.5cm이고
과낭에 털이 많은 것이 특징이다.

  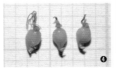 

❶ 2020. 4. 15. 강원 강릉시 ❷ 꽃차례. 수꽃
차례는 인접하는 암꽃차례에 비해 눈에 띄게
긴 편이다. ❸ 과낭. 털이 있다. ❹ 수과. 끝부
분의 부속체는 원반모양이고 암술대와 합생
되어 원뿔형이 된다. 밑부분에는 약간 휘어
진 굵은 자루가 있다. ❺ 뿌리 부근. 줄기 밑
부분의 잎집은 적갈색-진한 갈색이다. 땅속
줄기는 매우 짧다.

실청사초

Carex sabynensis Less. ex Kunth

사초과

국내분포/자생지 전국의 낮은 산야 (주로 적습하거나 습한 곳)

형태 다년초. 땅속줄기는 짧다. 줄기는 높이 25~45cm이고 조밀하게 모여난다. 밑부분의 잎집은 갈색–흑갈색이다. 포는 까락모양이고 꽃차례보다 짧으며 잎집은 짧다. 잎은 너비 2~5mm의 선형이고 가장자리는 부드럽거나 약간 거칠다. 수상꽃차례(소수)는 2~3개이며 정생꽃차례는 수꽃차례이고 측생꽃차례는 모두 암꽃차례이다. 수꽃차례는 길이 1~1.5cm의 곤봉모양–장타원상 원통형이고 자루는 거의 없거나 짧다. 암꽃차례는 길이 5~15mm의 장타원상–타원상 원통형이고 자루는 거의 없거나 짧다. 수꽃비늘조각은 길이 3~4mm의 타원상 도란형–도란형이며 끝은 둔하거나 뾰족하다. 막질이고 황갈색–연한 갈색이다. 암꽃비늘조각은 길이 2mm 정도의 난형–넓은 난형이고 끝부분은 뾰족하거나 까락모양이다. 과낭은 길이 2.5~3mm의 타원상 도란형–도란형이고 털이 있다. 부리는 짧고 끝은 2개로 얕게 갈라진다. 열매(수과)는 길이 1.5~2mm의 세모진 도란형이며 밑부분은 오목하게 홈이 지면서 좁아진다. 끝부분의 부속체는 원반모양이다. 과낭에 꽉 차 있다. 암술머리는 3개이다. 개화기는 4월이고 결실기는 4~5월이다.

참고 부리실청사초와 유사하지만 옆으로 길게 뻗는 땅속줄기가 없이 줄기가 조밀하게 모여나며 과낭에 털이 밀생하고 부리가 짧은 것이 특징이다. 러시아, 중국, 한국에 분포하는 *C. hypochlora* Freyn와 비교·검토가 필요하다(국내 실청사초는 일본이나 러시아에 분포하는 *C. sabynensis*와 형태적으로 차이가 있음. 오적용 추정).

❶ 2013. 5. 2. 울산 울주군 정족산 ❷❸ 꽃차례. 수꽃차례와 암꽃차례는 인접하게 모여서 달린다. 부리실청사초에 비해 수꽃차례는 자루가 짧은 편이다. ❹ 과낭. 타원상 도란형–도란형이며 전체에 털이 많고 부리는 매우 짧다. ❺ 수과. 세모진 도란형이며 3면의 밑부분은 넓고 깊게 홈이 지면서 좁아진다. ❻ 뿌리 부근. 묵은 잎집과 잎들이 남아 있으며 밑부분의 잎집은 갈색–흑갈색이다. ❼ 2022. 4. 21. 전남 진도군 진도

부리실청사초

Carex subebracteata (Kük.) Ohwi
Carex sabynensis var. *rostrata*
(Maxim.) Ohwi

사초과

국내분포/자생지 전국의 해발고도가 비교적 높은 산지(주로 능선부)

형태 다년초. 땅속줄기는 옆으로 뻗는다. 줄기는 높이 25~40cm이고 성기게 모여난다. 밑부분의 잎집은 연한 갈색-갈색이다. 잎은 너비 1.5~3mm의 선형이고 가장자리는 거칠다. 수상꽃차례(소수)는 2~3개이다. 수꽃차례는 길이 1.2~2cm의 선상 원통형 또는 곤봉모양이고 자루는 길이 4~22mm이다. 암꽃차례는 길이 5~17mm의 장타원상-넓은 타원상 원통형이고 자루는 거의 없거나 짧다. 수꽃비늘조각은 길이 3~4.5mm의 타원상 도란형-도란형이며 끝은 뾰족하거나 짧게 뾰족하다. 막질이고 황갈색-연한 갈색이다. 암꽃비늘조각은 2~2.5mm의 난형-넓은 난형이고 끝부분은 뾰족하거나 짧은 까락모양이다. 과낭은 길이 2.5~3mm의 타원형-도란형이고 털이 약간 있다. 부리는 짧고 끝은 2개로 갈라진다. 열매(수과)는 길이 1.5~2mm의 세모진 타원형-도란형이며 밑부분은 얕게 홈이 지면서 좁아진다. 끝부분의 부속체는 원반모양이다. 과낭에 꽉 차 있다. 암술머리는 3개이다. 개화기는 4~5월이고 결실기는 5~6월이다.

참고 실청사초에 비해 땅속줄기(또는 기는줄기)가 옆으로 길게 뻗으며 과낭에 털이 적고 부리가 긴 것이 특징이다. 부리실청사초에 비해 과낭에 털이 적은 것을 지리실청사초(var. *leiosperma*)로 구분하기도 한다.

❶2021. 6. 8. 경기 가평군 화악산. 실청사초에 비해 줄기가 비교적 성기게 모여나며 잎이 약간 가는 편이다. ❷-❹꽃차례. 수꽃차례와 암꽃차례는 약간 간격을 두고 달리는 편이다. 실청사초에 비해 수꽃차례는 자루가 길다. ❺뿌리 부근. 옆으로 길게 뻗는 땅속줄기가 발달하기 때문에 흔히 큰 개체군을 형성하며 자란다. ❻털이 거의 없는 과낭(강원 인제군 대암산). 과낭에 털이 많은 개체와 적은 개체가 혼생하며 자라기도 한다. 부리가 실청사초에 비해 매우 긴 편이다. ❼수과. 세모진 타원상 도란형-도란형이며 끝부분에 원반모양의 부속체가 있고 밑부분에는 굵은 자루가 있다. ❽-❿지리산 자생 개체 ❽꽃차례. 포는 까락모양이고 암꽃차례보다 짧다. ❾과낭, 털이 약간 흩어져 있다. ❿2019. 5. 3. 전남 구례군 지리산

녹빛실사초

Carex alterniflora var. *rubrovaginata* J.Oda & Nagam.

사초과

국내분포/자생지 제주 한라산의 중산간지대 및 오름지대

형태 다년초. 기는줄기는 옆으로 길게 뻗는다. 줄기는 높이 25~50cm이고 부드러우며 성기게 모여난다. 밑부분의 잎집은 선명한 적갈색이다. 포는 잎모양이고 잎집이 있다. 잎은 너비 1.5~3mm의 선형이고 부드럽다. 수상꽃차례(소수)는 3~5개이며 측생 꽃차례는 모두 암꽃차례이다. 수꽃차례는 길이 2~3cm의 선상 원통형이고 자루는 길이 1.5~2.5cm이다. 암꽃차례는 길이 1~2.5cm의 선상은 원통형이고 자루는 거의 없거나 짧다. 암꽃 비늘조각은 2.2~2.5mm의 난형이고 끝부분은 뾰족하거나 까락모양이다. 과낭은 길이 3~3.5mm의 타원상 도란형–도란형이고 털이 없다. 부리는 짧고 끝은 2개로 얕게 갈라진다. 열매(수과)는 길이 1.5~2mm의 세모진 도란형이며 끝부분의 부속체는 자루가 없는 작은 원반모양이다. 과낭에 꽉 차 있다. 암술머리는 3개이다. 개화기는 4~5월이고 결실기는 5~6월이다.

참고 기는줄기가 발달하며 암꽃차례는 선상 원통형으로 가늘고 꽃이 성기게 달리는 점과 과낭에 털이 없는 것이 특징이다. 국내의 일부 문헌에서 녹빛실사초의 학명으로 적용하고 있는 C. *sikokiana* Franch. & Sav. (잎은 상록성이고 너비 4~8mm, 포가 까락모양, 과낭 길이 3.5~4mm의 타원형, 수과 길이 2~2.5mm의 타원형)는 별개의 일본 고유종이다. 학자에 따라서는 녹빛실사초를 C. *pisiformis* Boott(녹빛실사초보다는 가지청사초와 가까운 분류군, 과낭에 털이 있음)에 통합·처리하기도 하지만 타당하지 않은 것 같다. 면밀한 비교·검토가 요구된다.

  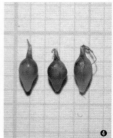

❶2019. 5. 19. 제주도 제주시. 전체에 털이 없다. ❷꽃차례. 포는 뚜렷한 잎모양이고 꽃차례보다 훨씬 길다. ❸암꽃차례. 가늘고 꽃이 성기게 달린다. 비늘조각은 끝이 뾰족하거나 둔하며 적갈색–진한 적갈색이다. ❹과낭. 털이 없다. 윗부분은 급격히 좁아져 부리가 된다. ❺수과. 세모진 도란형이며 3면의 밑부분은 넓고 깊게 홈이 지면서 좁아진다. 끝부분의 부속체는 작은 원반모양이다. ❻뿌리 부근. 줄기 밑부분의 잎집은 적갈색이다. 옆으로 길게 뻗는 기는줄기가 발달한다. ❼2020. 5. 13. 제주 제주시

애기사초

Carex conica Boott

사초과

국내분포/자생지 제주 및 서남해 도서의 산지

형태 상록성 다년초. 줄기는 높이 10~35cm이다. 잎은 너비 1.5~4mm의 선형이고 진한 녹색이다. 수상꽃차례(소수)는 4~5개이다. 암꽃차례는 길이 1.5~3cm의 좁은 원통형이다. 암꽃비늘조각은 2.5~3.5mm의 난형이고 끝은 짧은 까락모양이다. 과낭은 길이 2.8~3.5mm의 장타원형-도란상 타원형이다. 열매(수과)는 길이 2~2.5mm의 세모진 타원형이며 밑부분은 홈이 지면서 좁아진다. 개화기는 3~4월이고 결실기는 4~5월이다.

참고 잎가장자리에 날카로운 작은 톱니가 있으며 수꽃차례가 적갈색이고 과낭에 털이 약간 나 있는 것이 특징이다.

❶ 2023. 3. 23. 제주 서귀포시 ❷ 꽃차례. 수꽃차례는 적갈색-짙은 갈색이며 자루가 길다. 포는 까락모양이며 잎집은 긴 편이다. ❸ 과낭. 털이 있다. 부리는 짧고 약간 구부러진다. ❹ 수과. 끝에는 작은 원반모양의 부속체가 있다.

바위하늘지기

Fimbristylis hookeriana Boeckeler

사초과

국내분포/자생지 전남, 전북의 바다와 가까운 산지의 바위지대

형태 1년초 또는 짧게 사는 다년초. 줄기는 높이 5~30cm이다. 잎은 너비 1~2.5mm의 선형이다. 수상꽃차례(소수)는 줄기 끝에서 (1~)여러 개씩 난다. 암술대는 매우 길며 납작하고 끝부분에 털이 있다. 열매(수과)는 백색-황갈색이며 길이 1~1.3mm의 도란형이다. 개화기는 8~9월이고 결실기는 9~10월이다.

참고 바위지대에 분포하나 건조한 곳보다는 물이 스며 나오는 곳이나 빗물이 고이는 바위 위 오목한 곳에서 주로 자란다. 중국명은 금색표불초(金色飄拂草)이며 소수가 금빛을 띠는 하늘지기(하늘거리는 풀)라는 뜻이다.

❶ 2012. 10. 23. 전남 완도군 ❷ 소수. 길이 7~25mm의 선형-피침상 장타원형으로 가는 편이다. ❸ 수과와 비늘조각. 비늘조각은 길이 2.5~5mm의 장타원상 난형이고 황갈색-황록색이며 막질이다. ❹ 수과. 표면의 망상맥 위에 가로로 긴 장타원상 사마귀모양의 돌기가 흩어져 있다. 암술머리는 2개이다.

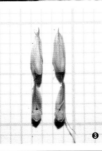
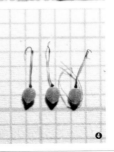

이대

Pseudosasa japonica (Siebold & Zucc. ex Steud.) Makino ex Nakai

벼과

국내분포/자생지 중부 이남의 해발 고도가 낮은 산지

형태 관목상 대나무류. 줄기는 높이 2~5m이고 지름은 5~15mm이다. 줄기집(culm sheath)은 오랫동안 남아 있다. 잎은 길이 10~30cm의 선상 피침형이며 가지의 끝부분에서 (3~)4~9개씩 모여 달린다. 원뿔꽃차례는 가지의 마디에서 1~3개씩 모여나며 5~20개의 소수가 성기게 달린다. 개화기는 3~5월이고 결실기는 10~12월이다.

참고 이대속은 조릿대속에 비해 가지가 마디에서 (1~)4~6개씩 나오며 잎집의 입구(구부)에 조락성의 견모가 여러 개 있는 것이 특징이다.

❶ 2019. 9. 1. 강원 삼척시. 줄기 하반부의 줄기집은 마디사이와 길이가 비슷하거나 더 길다. ❷ 소화. 호영은 난형이고 끝이 길게 뾰족하며 17~19개의 맥이 있다. ❸ 잎의 밑부분. 견모는 흔히 일찍 떨어진다. ❹ 죽순(새순). 윗부분의 잎(잎몸)은 죽순과 평행하게 곧추선다. 줄기집의 표면에는 잔털이 있다.

문수조릿대

Arundinaria munsuensis Y.N.Lee

벼과

국내분포/자생지 전남의 산지. 고유종(?)

형태 관목상 대나무류. 줄기는 높이 40~80cm, 지름 1.5~4mm이다. 잎은 길이 7~9cm, 너비 1~2cm의 선상 피침형이다.

참고 최근 해장죽속(*Arundinaria*)은 모두 북아메리카 대륙에 분포하는 종들로 구성된 북아메리카 고유속으로 인정되고 있다. 이 속의 가장 큰 특징은 줄기집이 숙존하고 소수가 대형인 점이다. 과거 아시아에서 기록된 해장죽속의 대부분 종들은 *Sasaella*, *Fargesia* 등으로 학명이 변경되었다. 문수조릿대의 계통 및 분류학적(학명 재조합 등) 연구가 필요하다.

❶ 2019. 7. 17. 전남 구례군 ❷ 소수. 3~6개의 소화로 이루어진다. 꽃차례는 1개의 소수로 이루어진다. ❸ 소화. 호영과 내영은 피침형–장타원상 난형이다. ❹ 줄기와 잎의 밑부분. 잎은 줄기의 윗부분에서 흔히 (4~)5~8개씩 모여난다. 견모는 실모양이고 줄기와 평행하며 곧추선다. 이러한 특징은 *Sasaella*의 주요 식별형질 중 하나이다.

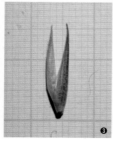

조릿대

Sasa borealis (Hack.) Makino & Shibata

벼과

국내분포/자생지 제주를 제외한 거의 전국의 산지

형태 관목상 대나무류. 줄기는 높이 1.5~2m이고 지름은 4~8mm이다. 줄기집(culm sheath)은 마디사이(절간)보다 더 길다. 줄기의 상반부 이상의 마디에서 1개씩 가지가 갈라지며 줄기와 밀접하거나 좁은 각도를 이루며 곧추 뻗는다. 잎은 가지의 끝에서는 (1~)2~3개씩, 줄기의 끝에서 2~5개씩 모여 달린다. 잎은 길이 15~37cm, 너비 1.5~4.5cm의 장타원상 피침형이다. 원뿔꽃차례에 7~15개의 소수가 성기게 달린다. 소수는 길이 1.5~3.5cm의 선형~선상 피침형이며 짙은 적갈색이다. 제1포영은 길이 2.5~5mm, 너비 1mm 정도의 선형~좁은 피침형이고 1(~5)개의 맥이 있다. 제2포영은 길이 6~7mm의 피침형이고 5~7(~9)개의 맥이 있으며 끝부분에 털이 있다. 호영은 길이 8~11mm의 난형이고 초질이며 9~13개의 맥이 있다. 내영은 호영과 유사하지만 약간 짧고 끝은 둔하다. 수술은 6개이고 꽃밥은 길이 5mm 정도이다. 암술머리는 3개이다. 열매(영과)는 길이 5~7mm의 피침상 장타원형~장타원형이고 끝부분에 짧은 부리가 있다. 개화기는 5~6월이고 결실기는 6~8월이다.

참고 조릿대속은 줄기가 높이 2m 이하이고 지름 15mm 이하이며, 마디사이의 길이가 10~25cm이며, 가지는 마디에서 1개씩 달라지며, 줄기집이 숙존하고 마디사이보다 흔히 더 길며, 소수가 4~8개의 소화로 이루어져 있으며, 수술은 6개이며, 암술머리는 3개인 것이 특징이다. 견모는 흔히 없지만 있을 경우 방사상으로 개출되고 전체가 거칠다.

 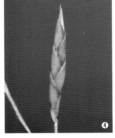

❶2020. 6. 27. 경기 가평군 화악산 **❷❸**꽃차례. 소수가 원뿔상으로 모여 달린다. 꽃차례 축과 가지에 긴 털이 밀생한다. 수술은 3개이다. **❹**소수. 선형~선상 피침형이고 소화는 5~10개이다. **❺**소화. 길이 8~11mm이다. 포영은 난형이고 끝은 길게 또는 까락모양으로 뾰족하다. **❻**영과. 길이 5~7mm의 피침상 장타원형~장타원형이다. **❼**잎의 밑부분. 넓은 쐐기모양으로 좁아진다. **❽**2021. 7. 14. 전남 구례군 지리산. 잎가장자리가 겨울을 지나면서 말라서 탈색되는 것은 조릿대속의 주요한 특징 중 하나이다.

섬조릿대

Sasa kurilensis (Rupr.) Makino & Shibata

벼과

국내분포/자생지 경북(울릉도)의 산지
형태 관목상 대나무류. 줄기는 높이 1
~2.5m이고 지름 1~2cm이며 밑부분
은 비스듬히 눕고 윗부분은 곧추선
다. 줄기집은 오랫동안 달려 있다. 잎
은 길이 18~22cm, 너비 2.5~5cm의
선상 피침형이며 끝은 길게 뾰족하
다. 잎집의 입구(구부) 가장자리에는
견모가 없다. 엽설은 길이 3~4mm이
다. 원뿔꽃차례는 줄기 윗부분의 가
지의 끝부분에서 달리며 6~10개의
소수가 성기게 달린다. 꽃줄기는 잎
집에 싸여 있으며 소수의 자루와 함
께 털이 밀생한다. 소수는 길이 2.5~
3.5cm의 피침형이며 약간 편평하고
짙은 자갈색이다. 소화는 6~9개가 조
밀하게 모여 달린다. 포영은 난형이고
끝이 뾰족하며 바깥면에 털이 약간
있다. 제1포영은 길이 4mm 정도이
고 3개의 맥이 있다. 제2포영은 길이
1cm 정도이고 11개 정도의 맥이 있다.
호영은 길이 1.1~11.3cm의 난형이고
끝이 길게 뾰족하며 13~15개의 맥이
있다. 내영은 길이 9~10mm이며 털이
약간 있고 2개의 용골이 있다. 용골의
상반부에 털이 있다. 수술은 6개이며
꽃밥은 길이 5mm 정도이고 적자색이
다. 암술머리는 3개이다. 개화기는 4
~5월이고 결실기는 6~8월이다.
참고 조릿대에 비해서 줄기집(culm
sheath)이 마디사이보다 짧으며(특히
줄기 밑부분의 것은 마디의 2/3 이하) 거
의 대부분의 마디에서 가지가 갈라지
고, 가지가 줄기와 약간 벌어져서(조
릿대는 줄기와 밀착) 뻗는다. 꽃차례의
자루가 잎집에 싸여 있는 것이 특징
이다.

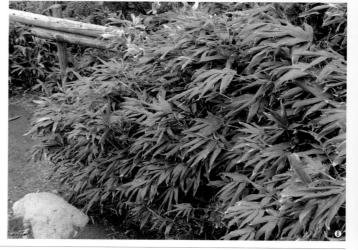

❶2016. 5. 10. 경북 울릉군 울릉도 ❷꽃차
례. 가지 끝에서 달린다. ❸줄기와 잎. 잎
은 줄기나 가지 끝부분에서 3~7개씩 달린
다. ❹줄기. 마디에서 1개의 가지가 갈라진
다. 조릿대에 비해 많은(거의 대부분) 마디
에서 가지가 갈라지는 것이 특징이다. 가지
는 흔히 줄기와 약간 벌어져서 뻗는다. 가지
에서 다시 2차 가지가 갈라진다. ❺죽순(새
순). 상부의 잎(엽신)은 줄기와 거의 직각으
로 벌어진다. 조릿대속의 주요 식별형질이
다. ❻2021. 5. 19. 경북 울릉군 울릉도

제주조릿대

Sasa quelpaertensis Nakai

벼과

국내분포/자생지 제주의 산지. 한반도 고유종

형태 관목상 대나무류. 줄기는 높이 0.5~1.5m이고 지름 5~15mm이다. 줄기집은 오랫동안 달려 있으며 줄기 아래쪽의 것은 마디사이(절간) 길이의 2/3 이하이다. 잎은 가지의 끝에서는 3~5(~7)개씩 모여 달린다. 길이 10~30cm, 너비 2.5~5cm의 선상 피침형-피침형이며 끝은 길게 뾰족하다. 원뿔꽃차례는 줄기 밑부분에서 자라난 가지의 끝부분에서 달리며 10~20개의 소수가 성기게 모여 달린다. 소수는 길이 2.5~3cm의 선상 피침형-피침형이고 약간 편평하다. 소화는 3~7개가 성기게 모여 달린다. 포영은 2개이고 길이 5mm 이하의 피침형-피침상 장타원형이다. 호영은 길이 7~9mm의 난형-넓은 난형이며 끝이 뾰족하고 7~9(~11)개의 맥이 있다. 상반부 가장자리와 상부 중앙맥에 털이 있다. 내영은 호영과 길이와 모양이 비슷하고 5개의 맥이 있으며 상반부 가장자리와 중앙맥에 털이 있다. 수술은 6개이며 꽃밥은 길이 4mm 정도이고 연한 황색이다. 암술머리는 3개이다. 열매(영과)는 길이 5~7mm의 장타원형-타원형이다. 개화기는 5~6(~7)월이고 결실기는 6~8월이다.

참고 잎이 비교적 넓은 편이며 월동한 잎은 조릿대나 섬조릿대에 비해 더 넓은 면적으로 가장자리가 갈변한다. 소수에 (3~)5~12개의 소화가 성기게 달린다(조릿대와 섬조릿대는 조밀하게 모여 달림). 일본의 학자들은 제주조릿대를 *S. tsuboiana* Makino에 통합·처리하기도 한다. 면밀한 비교·검토가 요구된다.

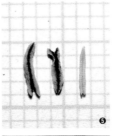
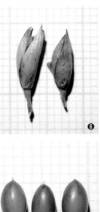

❶2021. 7. 20. 제주 서귀포시 한라산 ❷꽃차례. 원뿔모양이다. 조릿대에 비해 꽃차례 축이나 가지에 긴 털이 없고 짧은 털이 있다. ❸❹소수. 소화가 성기게 달린다. 소화의 호영과 내영은 난형-넓은 난형이고 끝부분은 둔하거나 약간 뾰족하다. 수술은 6개이고 암술머리는 3개이다. ❺꽃밥. 길이 4mm 정도의 선형이다. ❻소화(결실기). 영과는 호영과 내영에 싸여 있다. ❼영과. 길이 5~6mm의 장타원형-타원형이다. ❽❾잎의 밑부분과 줄기. 견모는 침모양이며 사방으로 뻗는다. 견모는 잘 달리지 않으며 달리더라도 일찍 떨어진다.

산기장

Phaenosperma globosa Munro & Benth.

벼과

국내분포/자생지 제주 및 경남, 전남, 전북의 산야

형태 다년초. 땅속줄기는 짧다. 줄기는 높이 1~1.5m이고 털이 없으며 모여난다. 잎은 길이 40~60cm, 너비 2~3cm의 선형이고 끝은 길게 뾰족하며 편평하다. 표면은 흰빛이 도는 회녹색이고 뒷면은 연녹색~녹색이다. 엽설은 길이 5~10mm이고 막질이다. 원뿔꽃차례는 길이 20~40cm이며 가지는 길이 5~10cm이고 마디에서 수평으로 퍼진다. 소수는 길이 3.5~4.5mm의 타원형~거의 구형이다. 제1포영은 길이 2mm 정도의 장타원상 피침형이고 1~3개의 맥이 있다. 제2포영은 길이 3.5mm 정도의 난형이고 3~5개의 맥이 있다. 호영은 길이 3.5~4mm이고 타원상 난형~난형이며 끝이 둔하다. 내영은 호영과 크기와 모양이 비슷하지만 약간 짧다. 수술은 3개이며 꽃밥은 길이 1.5~2mm의 선형이고 연한 황색이다. 암술머리는 3개이다. 열매(영과)는 길이 2.5~3mm의 거의 구형이다. 개화기는 5~6월이다.

참고 대형(꽃차례, 잎 등)이다. 소수는 소화가 1개로만 이루어지고 흔히 자루가 있으며 포영은 까락이 없고 밑부분이 합생되어 있는 것이 특징이다.

❶2019. 7. 16. 전남 신안군 홍도 ❷꽃차례. 원뿔꽃차례는 난형이고 대형이다. ❸꽃차례의 마디부. 꽃차례 축과 접하는 가지의 밑부분은 약간 비후한다. ❹가지의 소수들. 가지 아래쪽의 소수는 자루가 길거나 짧다(뚜렷함). ❺소수. 1개의 소화로 구성된다. 포영과 호영은 막질이고 까락이 없다. 영과는 호영과 내영보다 크기 때문에 표면의 반 이상이 나출된다. ❻포영(좌)과 소화(우). 제1포영과 제2포영은 밑부분이 합생되어 있어 분리되지 않는다. 호영과 내영은 크기와 모양이 비슷하다. ❼엽설. 길이 5~10mm이다. ❽2019. 7. 16. 전남 신안군 홍도. 잎은 밑부분에서 반 바퀴 꼬여서 완전히 뒤집힌다. 뒷면(연녹색~녹색)이 하늘 방향으로 향하며 햇볕을 받아서 광합성을 한다. 얼핏 보면 흰빛이 도는 앞면이 뒷면처럼 보인다.

왕쌀새

Melica nutans L. var. *nutans*

벼과

국내분포/자생지 제주를 제외한 거의 전국의 해발고도가 약간 높은 산지

형태 다년초. 기는줄기가 옆으로 뻗는다. 줄기는 높이 30~50cm이고 성기게 모여난다. 잎은 너비 2~5mm의 선형이고 편평하며 털이 약간 있거나 없다. 엽설은 길이 0.5mm 정도이고 윗부분은 편평하다. 원뿔(또는 총상)꽃차례는 길이 5~18cm이고 5~15개의 소수가 달린다. 소수는 길이 6~9mm의 타원형이고 끝은 둔하거나 둥글다. 소수의 자루는 가늘고 구부러지며 털이 있다. 포영은 장타원형~타원형이고 막질이며 끝이 둔하다. 제1포영은 길이 3~5mm의 난형이고 3개의 맥이 있다. 제2포영은 길이 5~6mm의 난형이고 5개의 맥이 있다. 호영은 길이 5.5~10mm의 난형~넓은 타원상 난형이고 7~9개의 맥이 있다. 내영은 호영보다 약간 좁고 끝이 둔하며 용골에 털이 약간 있다. 수술은 3개이며 꽃밥은 길이 1.5~2mm이다. 열매(영과)는 길이 3.5~4mm의 피침상 장타원형~장타원형이다. 개화기는 5~6월이다.

참고 청쌀새(var. *grandiflora* Koidz.)는 왕쌀새에 비해 줄기가 약간 조밀하게 모여 달리며 소수가 연녹색이고 약간 큰 것이 특징이다. 산지의 해발고도가 비교적 높은 산지에서 주로 자라는 왕쌀새에 비해 숲가장자리 등 주로 저지대에서 자란다. 넓은 의미에서는 왕쌀새에 통합·처리하기도 한다.

❶2011. 5. 26. 경기 가평군 화악산 ❷꽃차례. 소수는 총상 또는 좁은 원뿔상으로 모여 달리며 자루는 꽃차례의 위쪽으로 갈수록 짧아진다. 소수의 아래쪽에 2개의 온전한 소화가 달리며 그 위쪽의 소화는 퇴화(축소)되었거나 백색의 부속체로 변형된 것이다. ❸소수(특히 포영)이 연녹색인 꽃차례(화악산). 포영은 흔히 적자색~적갈색(~녹갈색 등 다양)이지만 청쌀새처럼 연녹색 개체가 간혹 혼생한다. ❹소수. 길이 6~9mm이다. ❺소수(제2포영이 달리는 쪽). 포영은 길이 3~6mm이고 5개의 맥이 있다. 가장자리는 넓게 투명한 막질이다. ❻~❿청쌀새 ❻꽃차례. 소수는 흔히 연녹색이지만 약간 적자색 빛을 띠기도 한다. ❼소수 비교. 한 집단 내에서 소수 크기는 변이가 있다. 작은 것은 길이 7mm 정도이고 큰 것은 길이 8~9mm 정도이다. ❽소수(포영이 달리는 쪽). 제1포영(우)은 길이 4~6mm이고 제2포영은 길이 5~7mm이다. ❾엽설. 길이 0.5mm로 매우 짧다. ❿2019. 5. 22. 경기 연천군. 왕쌀새에 비해 줄기가 조밀하게 모여나고 덜 휘어진다.

쌀새

Melica onoei Franch. & Sav.

벼과

국내분포/자생지 전국의 산야

형태 다년초. 땅속줄기는 옆으로 뻗는다. 줄기는 높이 70~120cm이고 모여난다. 잎은 너비 4~12mm의 선형이다. 원뿔꽃차례는 길이 30~40cm이다. 소수는 길이 6~9mm의 선상 피침형이다. 제1포영은 길이 2~3mm의 장타원상 난형이며 제2포영은 길이 3.5~4.5mm의 장타원상 난형-난형이다. 호영은 길이 4~6mm의 피침형이고 끝이 둔하며 가장자리는 넓게 막질이고 7~9개의 맥이 있다. 내영은 호영과 길이가 비슷하거나 약간 짧고 끝부분이 둔하거나 얕게 2개로 갈라진다. 개화기는 8~9월이다.

참고 원뿔꽃차례이다. 소수는 피침형이며 흔히 온전한 소화는 1~2개이고 불임성의 소화는 1개이다.

❶2019. 8. 24. 전남 진안군 ❷소수. 선상 피침형이다. ❸소화. 길이 3.5~6mm이다. ❹포영. 제2포영은 장타원상 난형-난형이고 가장자리는 넓게 투명한 막질이다. ❺엽설. 길이 0.3~1.5mm이고 윗부분은 편평하거나 오목하다.

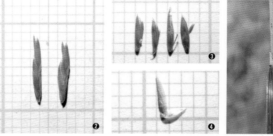

담상이삭풀

Brachyelytrum japonicum (Hack.) Matsum. ex Honda

벼과

국내분포/자생지 제주 및 충남(태안군)의 산지

형태 다년초. 줄기는 높이 30~50cm이다. 잎은 너비 4~8mm의 선형이다. 원뿔꽃차례(응축형)는 길이 4~15cm이다. 가지는 흔히 1(~2)개이며 짧고 꽃차례 축과 밀착해서 달린다. 포영은 침상 피침형-피침형이다. 제1포영은 길이 0.2~2mm이며 제2포영은 길이 1~4mm이다. 호영은 길이 8~10mm의 피침형이고 5개의 맥이 있다. 개화기는 6~8월이다.

참고 소수가 1개의 소화로 구성되며 포영이 비늘조각모양으로 매우 작고 호영의 끝에 길이 8~18mm의 매우 긴 까락이 있는 것이 특징이다.

❶2023. 7. 5. 충남 태안군 안면도 ❷소수. 길이 8~10mm의 피침상 장타원형-장타원형(까락 제외)이며 소화는 1개이다. 수술은 2개이다. ❸포영(좌)과 소화(우). 제1포영은 매우 작다. 호영의 까락은 소화의 2배 이상으로 긴 것도 있다. ❹잎집. 가장자리에 털이 많다. ❺엽설. 길이 2~3mm이고 막질이며 털이 밀생한다.

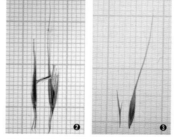

호오리새

Schizachne purpurascens subsp.
callosa [Turcz. ex Griseb.] T.Koyama
& Kawano

벼과

국내분포/자생지 강원 이북의 산지
형태 다년초. 잎은 너비 1~3mm의 선
형이다. 총상꽃차례는 길이 5~8cm이
다. 소수는 길이 1.2~1.5cm의 좁은 타
원형-타원형이다. 제1포영은 길이 3
~5mm의 장타원상 난형이며 1~3개이
맥이 있다. 제2포영은 길이 5~8mm
의 장타원형이고 5~7개의 맥이 있다.
호영은 길이 8~11mm의 피침형-장타
원상 난형이다. 개화기는 5~7월이다.
참고 소수는 총상꽃차례에 성기게 달
리며 가장 아래쪽의 소수는 자루가
매우 길다. 소화의 밑부분(캘러스)에
털이 밀생하는 것이 특징이다.

❶ 2005. 6. 10. 강원 평창군 발왕산 ❷꽃차
례. 소수는 마디에서 1개씩 달린다. ❸소수.
3~5개의 소화로 이루어진다. ❹소화. 밑부
분에 짧은 캘러스 털이 밀생한다. 호영의 끝
부분이 2개로 깊게 갈라지고 그 사이에는 길
이 8~12mm의 긴 까락이 있다. ❺포영. 막질
이며 제1포영(좌)은 장타원상 난형이며 제2
포영(우)보다 작다. ❻엽설. 길이 1~2mm이
고 막질이다.

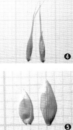

나래새

Achnatherum pekinense [Hance]
Ohwi

벼과

형태 다년초. 줄기는 높이 70~120cm
이다. 잎은 너비 7~15mm의 선형이
다. 원뿔꽃차례는 길이 20~40cm이
고 가지는 마디에서 반 정도 돌려난
다. 소수는 1개의 소화로 이루어진다.
포영은 길이와 모양이 서로 비슷하며
막질이다. 길이 7~8.5mm의 피침상
장타원형이고 끝은 뾰족하며 3개의
맥이 있다. 호영은 길이 6~8mm(까락
제외)의 선상 피침형이고 원통형이며
긴 털이 있다. 밑부분(캘러스)에 털이
밀생한다. 내영은 호영보다 약간 짧
고 2개의 맥이 있다. 개화기는 8~9월
이다.
참고 참나래새에 비해 원뿔꽃차례
는 난형(개방형)이고 호영이 길이 6~
8mm(까락 제외)로 짧은 것이 다르다.

❶ 2004. 8. 29. 경기 가평군 화악산 ❷❸소
수. 까락은 길이 1.8~2.5cm이고 밑부분이 굵
어지지 않는다. ❹소화(좌)와 포영(우). 호영
은 길이 6~8mm(까락 제외)이고 포영과 길이
가 비슷하거나 약간 짧다. 포영은 막질이다.
❺엽설. 막질이고 길이 0.5~1.5mm로 짧다.

참나래새

Patis coreana (Honda) Ohwi
Achnatherum coreanum (Honda)
Ohwi; *Stipa coreana* Honda

벼과

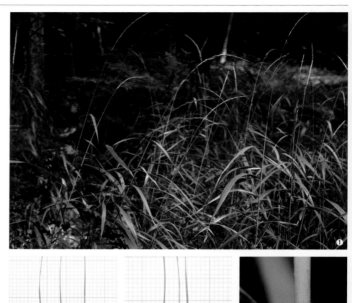

국내분포/자생지 제주 및 경기, 전남, 전북, 충남의 산지

형태 다년초. 땅속줄기는 짧게 뻗는다. 줄기는 높이 50~100cm이고 모여난다. 잎은 너비 1~2cm의 선형이고 표면과 가장자리는 거칠다. 원뿔꽃차례(응축형)는 길이 20~35cm의 선형이며 가지는 짧고 마디에서 1~2개씩 달린다. 포영은 길이와 모양이 서로 비슷하며 초질이다. 길이 1.2~1.5cm의 피침상 장타원형이며 7~9개의 맥이 있다. 호영은 길이 (7~)8~12mm(까락 제외)의 선상 피침형이고 원통형이며 긴 털이 있다. 끝은 2개로 갈라지며 그 사이에 길이 (1.7~)2.5~3.5cm의 까락이 있다. 밑부분(캘러스)에 길이 1~1.5mm의 털이 있다. 내영은 호영과 길이가 비슷하다. 수술은 3개이며 꽃밥은 길이 7mm 정도이다. 열매(영과)는 길이 7mm 정도의 타원형이다. 개화기는 8~9월이다.

참고 소화가 좌우(양측면) 방향이 압착된 나래새속에 비해 상하(등면과 배면) 방향이 약간 납작한 것이 특징이다. 제주나래새는 제주도의 독특한 환경에 적응하여 형태가 변화된 생태형(또는 변종)으로서 참나래새에 비해 전체적으로 소형(키가 작고, 잎이 약간 좁고, 소수도 작음)이다. 지금껏 적용해왔던 제주나래새의 학명들은 오적용(오동정) 또는 비합법명이기 때문에 독립된 분류군(변종 등)의 처리할 경우 새로운 학명으로 정당 발표되어야 한다.

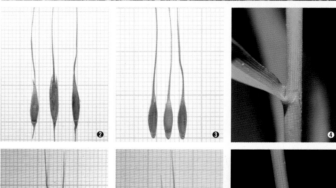

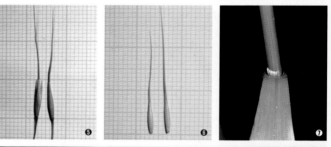

❶2023. 8. 24. 전남 영광군 불갑산 ❷소수. 1개의 소화로 이루어진다. 포영은 소화보다 더 길며 초질이다. ❸소화. 상하(등면과 배면) 방향으로 압착되어 약간 납작하다. 길이 8~12mm, 너비 2mm 정도이다. ❹엽설. 길이 0.5~2mm이고 막질이고 윗부분은 편평하고 잘게 갈라진다. ❺-❻제주나래새 타입 ❺소수. 내륙의 것에 비해 작고 털이 적거나 거의 없다. ❻소화. 길이 7~8mm, 너비 1.2~1.5mm이고 끝부분에 길이 1.7~2.2cm의 까락이 있다. ❼엽설. 매우 짧다. ❽전체 모습 (2023. 7. 21. 제주 서귀포시 한라산). 일본에 분포하는 참나래새류(var. *kengii*)는 우리나라 자생 개체들과는 달리 잎의 너비가 7~15mm로 좁고 소화가 지름 1.2~1.5mm의 좁은 원통형인 타입으로서 일본의 고유변종으로 취급하기도 한다. 원변종에 비해 소형이라는 점에서 제주나래새와 유사하지만 전체적인 외형(특히 잎의 너비와 꽃차례가 달리는 모습)에서 차이가 있다. 다수의 문헌에서 참나래새에 통합·처리하고 있다.

광릉용수염

Diarrhena fauriei (Hack.) Ohwi
Diarrhena koryoensis Honda;
Neomolinia fauriei (Hack.) Honda

벼과

국내분포/자생지 전국의 산지

형태 다년초. 땅속줄기는 짧다. 줄기는 높이 60~100cm이고 모여난다. 잎은 너비 8~20mm의 선형이고 편평하며 밑부분은 차츰 좁아져 줄기에 붙는다. 엽설은 길이 0.5mm 정도이고 막질이며 윗부분은 편평하다. 원뿔꽃차례는 길이 12~20cm이며 가지는 마디에서 2~5개씩 달린다. 소수는 1~3(~4)개의 소화로 이루어진다. 포영은 피침형이며 막질이고 1개의 맥이 있다. 제1포영은 길이 1~1.5mm의 피침형이며 제2포영은 길이 2mm 정도이다. 호영은 길이 3.5~4.5mm의 타원상 난형이고 끝이 뾰족하며 맥은 3개이고 거의 밋밋하다. 내영은 2개의 용골이 있으며 용골의 윗부분(거의 상반부)에는 거친 털이 있다. 수술은 2개이며 꽃밥은 길이 1.5~2mm이다. 열매(영과)는 길이 2.5mm의 도란상 타원형이다. 개화기는 6~8월이다.

참고 원뿔꽃차례는 개방형(결실기에도 꽃차례의 가지가 약간 벌어져 달림)이며 첫 번째 가지가 흔히 갈라지는 점과 호영의 맥은 밋밋하고 내영의 용골에 거친 털이 있는 것이 특징이다.

❶2020. 7. 21. 강원 평창군 대관령 ❷소수(개화기). 꽃밥은 길이 1.5~2mm(호영 길이의 1/2 정도)이다. ❸❹소수(결실기). 흔히 1~3개의 소화로 이루어진다. 내장의 용골에 거친 털이 뚜렷하게 나 있다. 가장 아래 소화의 호영은 길이 3.5~4.5mm이며 맥이 밋밋하다. ❺소화(결실기). 영과는 호영과 길이가 비슷하거나 더 길다(변이가 있음). ❻잎. 밑부분에서 반 바퀴 꼬여서 완전히 뒤집힌다. 뒷면은 광택이 약간 나는 연녹색-녹색이고 하늘 방향으로 향하며 햇볕을 받아서 광합성을 한다. 잎이 뒤집혀서 달리는 것은 자생용수염류의 공통된 특징이며 그 외 참나래새, 수염개밀, 고려개보리 등도 마찬가지다. ❼엽설. 길이 0.5mm 정도로 짧다. ❽2023. 7. 4. 경기 남양주시 광릉

용수염

Diarrhena japonica (Franch. & Sav.)
Franch. & Sav.
Neomolinia japonica (Franch. &
Sav.) Prob.

벼과

국내분포/자생지 제주의 산지

형태 다년초. 땅속줄기는 짧다. 줄기
는 높이 40~60cm이고 모여난다. 잎
은 너비 8~15mm의 선형이고 편평하
며 밑부분은 차츰 좁아져 줄기에 붙
는다. 엽설은 길이 0.5~1mm이고 막
질이며 윗부분은 편평하다. 원뿔꽃차
례는 길이 8~20cm이며 가지는 마디
에서 1~2개씩 달린다. 소수는 1~3(~4)
개의 소화로 이루어진다. 포영은 2개
이며 막질이고 1개의 맥이 있다. 제1
포영은 길이 0.8~1.2mm의 피침형이
며 제2포영은 길이 1.3~1.8mm의 난
형이다. 호영은 길이 3.5~5mm의 장
타원상 난형이고 끝이 둔하며 3개의
맥이 있다. 내영은 2개의 용골이 있으
며 용골은 밋밋하다. 수술은 2개이며
꽃밥은 길이 0.7~1.2mm이다. 열매(영
과)는 길이 2.5~3.2mm의 도란상 타
원형이다. 개화기는 6~8월이다.

참고 광릉용수염에 비해 내영의 용골
은 밋밋하고 꽃밥은 길이 0.7~1.2mm
로 작은 것이 특징이다. 국내에서는
제주도 한라산에서만 드물게 관찰된
다. 제주도의 전역(한라산, 오름 등에
서 매우 흔히 관찰됨)에서 자라는 꽃차
례가 응축형인 용수염류는 신분류군
(*Diarrhena* sp., **제주용수염, 가칭**)으로 추
정된다. 형태적으로 용수염보다는 껍
질용수염과 더 유사하다.

❶2024. 9. 24. 제주 서귀포시 한라산. 꽃차
례는 개화기-결실기 모두 개방형이다. ❷소
화. 길이 3~3.5mm이고 내영에 2개의 용골
(도드라진 맥)이 있다. 용골은 거친 털이 없
이 밋밋하다. ❸소화 비교. 제주도에 자라는
다른 용수염류(오른쪽, 제주용수염)에 비해
크기가 약간 작다. ❹엽설. 길이 0.5~1mm
이고 윗부분은 편평하다. ❺-❽제주용수염
(가칭) ❺소수. 흔히 1~3개의 소화로 구성된
다. ❻소화. 길이 3.5~4mm이다. 내영에 2개
의 용골이 있다. 용골의 상반부에 거친 털이
있다. ❼잎집. 가장자리에 털이 있다. 맥 위
에 돌기모양의 미세한 털이 줄지어 나 있다.
❽2023. 8. 8. 제주 서귀포시 한라산. 꽃차
례는 응축형이다.

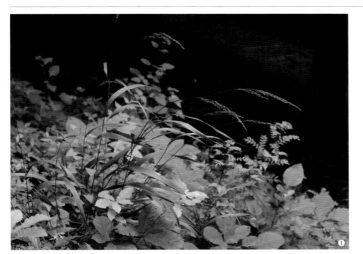

껍질용수염

Diarrhena mandshurica Maxim.

벼과

국내분포/자생지 전국의 산지

형태 다년초. 줄기는 높이 70~100cm
이다. 원뿔꽃차례(응축형)는 길이 12~
20cm, 너비 2~4cm이다. 소수는 길
이 6~10mm이다. 제1포영은 길이 1.2
~1.8mm의 피침형이며 제2포영은 길
이 2~3mm의 장타원상 난형이다. 호
영은 길이 4.5~5.5mm의 난형이며 맥
은 3개이고 위쪽에는 거친 털이 있
다. 내영의 용골에는 거친 털이 있다.
개화기는 6~7월이다.

참고 원뿔꽃차례는 항상 응축되어 있
으며 가장 아래쪽의 가지는 갈라지지
않는다. 가장 아래쪽의 호영은 길이
4.5~5.5mm이며 호영의 맥 위(끝부분)
에 거친 털이 있다.

❶2023. 7. 4. 경기 포천시 광릉 ❷소수(결
실기). 흔히 2~3개의 소화로 이루어진다. 영
과는 호영 밖으로 거의 나출하지 않는다.
❸소수(개화기). 가장 아래쪽의 소화는 길
이 5.5mm 정도로 광릉용수염이나 용수염에
비해 길다. ❹포영과 소화. 포영은 길이 1~
2mm이고 막질이다. ❺엽설. 길이 1mm 정도
이다.

숲개밀

Brachypodium sylvaticum (Huds.)
P.Beauv.

벼과

국내분포/자생지 경남, 전남, 전북,
인천(대청도, 연평도 등), 충남의 산지

형태 다년초. 줄기는 높이 40~80cm
이다. 잎은 너비 4~10mm의 선형이
다. 총상꽃차례는 길이 6~13cm이다.
소수는 길이 1.5~3cm의 장타원형-타
원형이다. 제1포영은 길이 5~8mm이
며 제2포영은 길이 8~11mm이다. 호
영은 길이 7~11mm의 피침상 장타원
형-장타원형이다. 끝부분에 길이 5~
13mm의 긴 까락이 있다. 개화기는 6
~10월이다.

참고 개밀류(*Elymus*)와 닮았으나 소수
에 뚜렷한 자루가 있고 전체에 긴 털
이 많은 것이 특징이다.

❶2020. 7. 18. 경남 통영시 소매물도 ❷소
수. 전체에 털이 많다. 뚜렷한(길이 0.5~
1.5mm) 자루가 있다. ❸소수(민숲개밀 타
입). 잎집, 잎과 포영과 호영 등에 털이 없는
것을 민숲개밀(var. *miserum*)로 구분하기도
한다. 숲개밀과 혼생한다. ❹소화. 호영은 7
개의 맥이 있고 흔히 털이 많다. 내영은 호영
보다 약간 짧다. ❺엽설. 길이 1~2mm이다.
흔히 잎집, 잎 등에 긴 퍼진 털이 밀생한다.

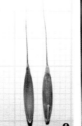

산잠자리피

Koeleria spicata (L.) Barberá,
Quintanar, Soreng & P.M.Peterson
Trisetum spicatum (L.) K.Richt.; *T.
spicatum* subsp. *alaskanum* (Nash)
Hultén

벼과

국내분포/자생지 북부지방의 아고
산-고산지대의 풀밭

형태 다년초. 줄기는 높이 30~60cm
이고 모여나며 줄기와 잎집에 긴 퍼
진 털이 밀생한다. 잎은 길이 3~
15cm, 너비 2~4mm의 선형이고 부드
러우며 양면에 털이 많거나 적다. 엽
설은 길이 1~2mm이고 막질이다. 원
뿔꽃차례(응축형)는 길이 4~10cm의
선상 또는 장타원상 원통형이며 가지
는 짧고 꽃차례 축에 밀착한다. 소수
는 길이 4~9mm이고 2~3개의 소화
로 이루어진다. 축과 자루에 털이 밀
생한다. 포영은 길이 4~5mm이고 끝
이 뾰족하며 제2포영이 제1포영보다
조금 더 길다. 호영은 길이 4~5mm
이고 끝부분은 2개로 깊게 갈라지며
그 사이에 길이 4~7mm의 까락이 있
다. 내영은 포영보다 약간 짧다. 수술
은 3개이며 꽃밥은 길이 0.7~1mm이
다. 열매(영과)는 길이 1.5mm 정도이
다. 개화기는 6~8월이다.

참고 식물체의 크기, 꽃차례의 길
이, 소수(소화, 까락 등)의 형태에 따
라 다양한 지역 변종(또는 아종)으로
구분하기도 한다. 국내에는 subsp.
spicata, subsp. *alaskana*, subsp.
*molle*가 분포하는 것으로 알려져 있
으나, 모두 기본종에 통합·처리하는
견해를 따랐다. 산잠자리피는 잠자
리피[*Sibirotrisetum bifidum* (Thunb.)
Barberá]에 비해 원뿔꽃차례가 응축
형이고 가지가 짧아서 원통형으로 보
이는 것이 특징이다.

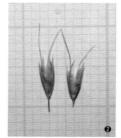
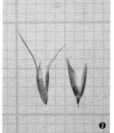

❶2019. 7. 6. 중국 지린성 백두산 ❷소수.
흔히 2개의 소화로 이루어진다. 호영의 까
락은 길이 3~6mm이다. ❸소화(좌)와 포영
(우). 포영과 호영은 길이가 비슷하다. ❹엽
설. 길이 1~2mm로 짧다. ❺❻줄기와 잎. 흔
히 잎집에 아래 방향으로 약간 비스듬하게
긴 퍼진 털이 밀생한다. 줄기잎은 흔히 줄기
와 평행하게 곧추선다. ❼꽃차례. 가지가 꽃
차례의 축에 밀착하여 원통형으로 보인다.
❽2016. 6. 13. 중국 지린성 백두산

232

시베리아잠자리피

Sibirotrisetum sibiricum (Rupr.)
Barberá
Trisetum sibiricum Rupr.

벼과

국내분포/자생지 지리산 이북의 해발고도가 비교적 높은(주로 1,200m 이상) 산지

형태 다년초. 땅속줄기는 짧다. 줄기는 높이 60~100cm이고 모여나며 털은 거의 없다. 잎은 너비 4~12mm의 선형이고 부드러운 털이 약간 있거나 없다. 엽설은 길이 1.5~3mm이고 막질이다. 원뿔꽃차례는 길이 10~25cm이며 가지는 마디에서 3~5(~7)개씩 모여 달리고 소수가 약간 조밀하게 달린다. 소수는 길이 6~10mm이다. 포영은 막질이다. 제1포영은 길이 3.5~4.5mm의 피침상 장타원형이며 제2포영은 길이 5~8mm의 장타원상 난형이고 끝이 뾰족하다. 호영은 길이 4.5~7mm이고 끝이 2개로 깊게 갈라지며 호영의 등쪽 상부에서 길이 5~9mm의 긴 까락이 달린다. 까락은 건조되면 강하게 구부러진다. 내영은 호영보다 약간 짧고 끝이 2개로 얕게 갈라지며 용골은 거칠다. 수술은 3개이며 꽃밥은 길이 2.2~2.8mm이다. 열매(영과)는 길이 2mm 정도이다. 개화기는 6~8월이다.

참고 잠자리피에 비해 꽃차례의 가지는 마디에서 3~5개씩 달리며 소화의 밑부분에 캘러스 털이 없고 꽃밥이 길이 2~3mm로 큰 것이 특징이다.

❶ 2018. 7. 4. 경기 가평군 화악산 ❷ 꽃차례(결실기). 개화기에 벌어졌던 가지와 소수의 자루는 결실기에는 강하게(소수의 자루) 또는 약하게(꽃차례의 가지) 응축된다. ❸ 소화와 꽃밥. 수술은 3개이며 꽃밥은 길이 2.5mm 정도이다. ❹ 소수. 2~3(~4)개의 소화로 이루어지며 연한 녹갈색~황갈색이고 광택이 난다. ❺ 포영(좌)과 소화. 소화의 밑부분(캘러스)에 털이 없다. 호영의 등쪽 상부에 까락이 달린다. ❻ 엽설. 길이 1.5~3mm로 짧다. ❼ 꽃차례. 마디에서 3~5(~7)개의 가지가 반윤생으로 달린다. ❽ 2016. 8. 22. 강원 정선군 함백산

도랭이피

Koeleria macrantha (Ledeb.) Schult.

벼과

국내분포/자생지 전국의 산야

형태 다년초. 땅속줄기는 짧다. 줄기는 높이 25~60cm이고 모여나며 잎집에 부드러운 털이 밀생한다. 잎은 너비 1~2mm의 좁은 선형이고 표면과 가장자리에 부드러운 털이 있다. 엽설은 길이 0.2~1.5mm이고 막질이다. 원뿔꽃차례(응축형)는 길이 5~15cm이며 가지는 짧고 결실기에는 꽃차례의 축에 밀착한다. 꽃차례 축과 가지에 털이 많다. 소수는 길이 4~6mm이고 2~3(~4)개의 소화로 이루어진다. 제1포영은 길이 2.5~3.5mm이고 1~3개의 맥이 있으며 제2포영은 길이 3.5~4.5mm이고 3개의 맥이 있다. 호영은 길이 3~4.5mm의 장타원상 난형이고 끝이 뾰족하며 막질이다. 캘러스에 털은 없다. 내영은 호영 길이의 3/4 정도이며 용골은 거칠다. 수술은 3개이며 꽃밥은 길이 1.5~2.2mm이다. 개화기는 5~6월이다.

참고 잠자리피속에 비해 원뿔꽃차례가 원통상으로 좁으며 호영에 까락이 없거나 짧은 것이 특징이다.

❶2023. 5. 24. 충북 옥천군 ❷꽃차례(개화기). 개화기에는 가지와 소수의 자루가 옆으로 비스듬히 벌어진다. ❸꽃차례의 가지. 짧으며 소수가 조밀하게 모여 달린다. ❹소수. 약간 납작하며 소화는 흔히 2~3개이다. 까락이 없다. ❺포영. 제1포영은 제2포영보다 약간 짧다. ❻소화. 길이 3~4.5mm이며 호영의 끝은 뾰족하거나 길게 뾰족하다. ❼엽설. 길이 0.2~1.5mm로 짧다. ❽잎집. 퍼진 털이 밀생한다.

포태향기풀

Anthoxanthum odoratum subsp.
furumii (Honda) T.Koyama
Anthoxanthum nipponicum Honda;
A. alpinum Á.Löve & D.Löve; *A.
odoratum* subsp. *nipponicum*
(Honda) Tzvelev

벼과

국내분포/자생지 북부지방의 아고
산-고산지대 산지의 풀밭

형태 다년초. 줄기는 높이 20~50cm
이고 모여나며 잎과 줄기에 털이 없
다. 잎은 너비 2~6mm의 선형이다.
엽설은 길이 1.5~3mm이고 막질이다.
원뿔꽃차례(응축형)는 길이 2~5cm이
며 가지는 짧고 결실기에는 꽃차례
축에 밀착한다. 꽃차례의 축과 가지
에 털이 없다. 소수는 길이 6~8mm이
고 3개의 소화로 이루어지며 자루는
털이 없다. 제1소화와 제2소화는 불임
성이며 수술, 암술, 내영이 퇴화되어
없고 호영만 있다. 제3소화는 임성이
다. 포영은 길이가 서로 다르며 제1포
영은 길이 3.5~4mm이고 1맥이 있으
며 제2포영은 길이 6~8mm이다. 제1
소화와 제2소화의 호영은 모양과 길
이(3~4mm)는 비슷하지만 까락의 길이
와 까락이 달리는 부위가 다르다. 제
1소화의 까락은 길이 2~4mm이고 호
영 등쪽의 중간 부근에서 나오며 구
부러지지 않는다. 제2소화의 까락은
길이 7~10mm이고 호영 등쪽의 밑부
분에서 나오며 중앙부에서 구부러진
다. 제3소화의 호영은 길이 2.2mm
정도의 도란형이고 털이 없다. 내영
은 피침상 장타원형이다. 수술은 2개
이며 꽃밥은 길이 3~4.5mm이다. 개
화기는 5~6월이다.

참고 유라시아 원산의 향기풀(var.
odoratum L.)에 비해 잎, 소수의 자루,
호영에 털이 없는 것이 특징이다.

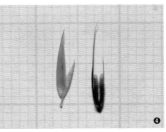

❶2016. 6. 13. 중국 지린성 백두산 ❷꽃차
례. 좁은 원뿔꽃차례이다. 꽃차례의 가지와
소수 자루에 털이 없다. ❸소수. 3개의 소화
로 이루어진다. 제1소화와 제2소화는 불임성
이며 제3소화가 임성이다. ❹포영(좌)과 불
임성 소화(우). 제1소화(까락이 짧은 것)와 제
2소화는 길이가 비슷하며 제1소화의 까락은
호영 등쪽의 중간 부근에서 달리며 제2소화
의 까락은 호영 등쪽의 밑부분에서 달린다.
❺엽설. 길이 1.5~3mm이다.

산향모

Anthoxanthum monticola (Bigelow) Veldkamp

벼과

국내분포/자생지 북부지방의 아고산-고산지대 산지의 풀밭

형태 다년초. 줄기는 높이 20~40cm이다. 잎은 길이 1~3.5cm, 너비 2~3mm의 선형이다. 원뿔꽃차례(응축형)는 길이 1.5~4.5cm이며 가지는 짧고 마디에서 2개씩 달린다. 호영은 두텁고 털이 많다. 제1소화와 제2소화의 호영은 난형이고 끝부분에 까락이 있다. 제3소화의 호영은 타원상 난형이고 까락이 없다. 수술은 2개이다. 개화기는 6~8월이다.

참고 포태향기풀에 비해 제1소화와 제2소화는 웅성(암술만 퇴화되고 수술과 내영이 있음)이고 제1포영과 제2포영의 길이가 비슷한 것이 다르다.

❶2019. 7. 6. 중국 지린성 백두산 ❷꽃차례. 좁은 원뿔꽃차례로 포영은 막질이며 소화와 길이가 거의 같다. 소수는 길이 5~7mm의 타원형이다. 3개의 소화로 이루어지며 제1소화와 제2소화는 불임성(수꽃)이며 제3소화가 임성이다. ❸줄기잎과 잎집. 줄기잎은 엽신이 매우 짧으며 잎집부는 길고 털이 없다.

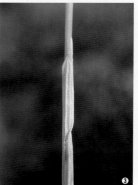

긴겨이삭

Agrostis scabra Willd.

벼과

국내분포/자생지 경기, 경북 이북의 산야(주로 산지의 길가 주변)

형태 다년초. 줄기는 높이 40~70cm이다. 잎은 너비 1~2mm의 선형이다. 원뿔꽃차례는 길이 20~40cm이며 가지는 마디에서 3~9개씩 옆으로 퍼져서 달린다. 포영은 서로 길이가 다르며 선상 피침형이다. 제1포영은 길이 2.2~3mm이고 끝이 뾰족하다. 제2포영은 길이 2~2.3mm이고 끝은 길게 뾰족하다. 호영은 길이 1~1.2mm의 장타원상 난형이고 3개의 맥이 있다. 밑부분(캘러스)에 짧은 털이 있다. 개화기는 5~7월이다.

참고 겨이삭이나 산겨이삭에 비해 꽃차례가 대형이며 꽃차례의 가지 상단부에 소수가 모여 달리는 것이 특징이다.

❶2020. 6. 18. 강원 인제군 ❷소수. 1개의 소화로 이루어진다. 길이 2.2~3mm이다. ❸소수(결실기)와 포영. 포영(중간)은 길이 2~3mm이고 막질이며 영과(우)는 길이 1.2mm 정도의 장타원상 난형이다 ❹엽설. 길이 1.5~4mm이고 막질이다.

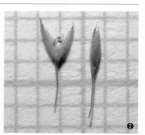
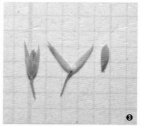

검정겨이삭

Agrostis flaccida Hack.

벼과

국내분포/자생지 지리산, 한라산 및 북부지방의 아고산-고산지대의 산지 풀밭 및 바위지대

형태 다년초. 줄기는 높이 15~35cm 이고 모여나며 털이 없고 부드럽다. 잎은 너비 0.7~2mm의 선형이고 편평하거나 안쪽으로 약간 오므라든다. 엽설은 길이 0.5~2mm이고 막질이다. 원뿔꽃차례는 길이 4~10cm이며 가지는 마디에서 2~5개씩 옆으로 퍼져서 달린다. 아래쪽의 가지는 길이 2.5~6cm이고 다시 2차 가지가 갈라진다. 소수는 길이 2.5~3mm이고 1개의 소화로 이루어진다. 포영은 서로 길이가 거의 같으며 피침상 장타원형-장타원상 난형이고 용골은 거칠다. 제1포영은 길이 2.5~3mm이고 제2포영은 길이 2.2~2.8mm이다. 호영은 길이 1.4~2mm의 장타원상 난형이고 5개의 희미한 맥이 있으며 끝은 둔하다. 호영의 밑부분에서 길이 3~5mm의 까락이 나온다. 캘러스 털은 길이 0.2mm 정도이다. 내영은 없거나 미약하다. 수술은 3개이며 꽃밥은 길이 0.5~1.5mm이다. 개화기는 6~8월이다.

참고 식물체가 작으며(높이 35cm 이하) 소수가 적자색-흑자색을 띠고 호영의 까락이 소수 밖으로 길게 나출되는 것이 특징이다.

❶2021. 7. 20. 제주 서귀포시 한라산 ❷꽃차례. 마디에서 가지가 많이 달린다. ❸❹소수. 1개의 소화로 이루어진다. 적자색-적갈색이며 호영의 까락은 소수 밖으로 길게 나온다. ❺엽설. 길이 0.7~2mm이고 막질이다. ❻개화기 모습(2021. 7. 20. 제주 서귀포시 한라산). 키가 큰 개체는 높이 35cm 정도까지 자란다. ❼군락(2021. 7. 29. 제주 서귀포시 한라산). 무리 지어 자라는 모습은 요즘 정원에 많이 식재하는 핑크뮬리(분홍쥐꼬리새)를 연상시킨다.

실새풀

Calamagrostis arundinacea (L.) Roth
Calamagrostis brachytricha Steud.;
C. brachytricha var. *ciliata* (Honda)
Ibaragi & H.Ohashi; *Deyeuxia
pyramidalis* (Host) Veldkamp

벼과

국내분포/자생지 전국의 산지
형태 다년초. 땅속줄기는 짧다. 줄기
는 높이 50~120cm이고 조밀하게 모
여난다. 잎은 너비 8~15mm의 선형
이고 편평하며 표면은 털이 흔히 없
고 뒷면은 거칠다. 엽설은 길이 1~
4(~10)mm이고 막질이다. 원뿔꽃차
례는 길이 10~30(~40)cm이며 3~6개
의 가지가 마디에서 반윤생으로 퍼
져서 달린다. 소수는 길이 4~6mm이
고 1개의 소화로 이루어진다. 포영은
서로 길이가 비슷하며 피침형-피침
상 장타원형이고 가장자리는 넓게 막
질이며 용골은 거칠다. 제1포영은 길
이 4~6mm이며 제2포영은 길이 3.9
~5.5mm이다. 호영은 길이 4~5.2mm
의 피침상 장타원형이고 보트모양으
로 오목하며 막질이고 5개의 맥이 있
다. 내영은 호영과 길이가 같고 피침
형이며 막질이다. 수술은 3개이며 꽃
밥은 길이 2~3mm이다. 개화기는 8
월~10월초이다.
참고 캘러스 털은 호영의 길이의 1/2
이하이고 호영의 까락은 소수 밖으로
길게 나출된다.

❶2021. 8. 31. 경기 가평군 화악산 ❷~❹소
수. 1개의 소화로 이루어진다. 호영의 까락이
소수 밖으로 길게 나온다. 호영은 포영보다
약간 짧다. ❺포영(좌)과 소화(우). 제1포영과
제2포영은 길이가 서로 비슷하다. 까락은 호
영의 등쪽(중앙) 기부 부근(기부에서 호영 길
이의 1/5 지점)에 달리며 하반부는 꽈배기처
럼 심하게 꼬여 있고 중앙부에서 구부러진
다. ❻엽설. 길이 1~4(~10)mm이다. 변이가
많다. ❼2020. 8. 22. 강원 정선군 함백산

산새풀

Calamagrostis purpurea (Trin.) Trin.

국내분포/자생지 강원(대암산, 설악산 등), 경기 이북의 북부지방의 산야

형태 다년초. 줄기는 높이 60~120cm 이다. 잎은 너비 5~15(~20)mm의 선형이다. 원뿔꽃차례는 길이 8~20cm 이며 가지가 마디에서 반윤생으로 퍼져서 달린다. 소수는 길이 3.5~5mm 이고 1개의 소화로 이루어진다. 제2포 영은 3개의 맥이 있다. 호영은 길이 3 ~4mm이며 까락은 호영의 등쪽 중간 또는 약간 밑부분에 달리고 길이 2~ 4mm이다. 개화기는 7~9월이다.

참고 실새풀에 비해 호영의 까락이 짧아서 소수 밖으로 나출되지 않으며 소화 기부의 캘러스 털은 소화와 길 이가 비슷한 것이 특징이다.

❶2004. 7. 8. 강원 인제군 설악산 ❷꽃차 례. 개방형 원뿔꽃차례이다. 흔히 소수는 적 자색~적갈색을 띤다. ❸소수. 소화 밑부분의 캘러스 털은 소화와 길이가 비슷하거나 약 간 길다. 제1포영과 제2포영은 크기와 모양 이 비슷하다. ❹엽설. 길이 3~10mm이고 짧 은 털이 있다. 변이가 많다.

산묵새

Festuca japonica Makino

벼과

형태 다년초. 줄기는 높이 30~50cm 이다. 잎은 너비 1.2~2.2mm의 선형 이다. 원뿔꽃차례는 길이 5~15cm이 다. 소수는 길이 4~5.5mm이다. 제1 포영은 길이 1~2mm의 피침형~장타 원상 난형이며 1(~3)개의 맥이 있다. 제2포영은 길이 1.5~3mm의 장타원 상 난형~난형이고 3개의 맥이 있다. 호영은 길이 3.5~4mm의 피침상 장 타원형~장타원형이고 5개의 맥이 있 다. 내영은 호영과 길이가 같다. 수술 은 3개이다. 개화기는 6~7월이다.

참고 줄기와 잎이 연약한 편이다. 꽃 차례는 개방형 원뿔꽃차례이며 마디 에서 가지가 (1~)2개씩 갈라지고 호영 에 까락이 없는 것이 특징이다.

❶2019. 6. 14. 강원 평창군 오대산 ❷꽃차 례. 상부를 제외하고는 가지는 마디에서 2개 씩 달린다. 소수는 매우 성기게 달린다. ❸소 수. (2~)3~4개의 소화로 이루어지며 호영에 까락이 없다. ❹포영(좌)과 소화(우, 2개). 호 영은 길이 3.5~4mm이고 까락이 없다. ❺엽 설. 길이 0.5mm 정도로 짧다.

왕김의털아재비

Festuca extremiorientalis Ohwi

벼과

국내분포/자생지 지리산 이북의 해발고도가 비교적 높은(주로 1,000m 이상) 산지

형태 다년초. 땅속줄기는 짧다. 줄기는 높이 60~120cm이고 모여난다. 잎은 너비 5~13mm의 선형이고 편평하다. 표면에 털이 약간 있고 가장자리는 밋밋하거나 약간 거칠다. 엽설은 길이 2~3mm이고 막질이며 연한 갈색이다. 원뿔꽃차례는 길이 20~30cm이며 가지는 마디에서 1~3개씩 퍼져서 달린다. 소수는 길이 5~7mm이고 3~4(~5)개의 소화로 이루어진다. 제1포영은 길이 3~4mm의 선상 피침형이며 1(~3)개의 맥이 있다. 제2포영은 길이 4~5.5mm의 피침형이고 3개의 맥이 있다. 호영은 길이 4.5~6.5mm의 피침형-장타원상 피침형이고 끝부분은 2개로 갈라지며 그 사이에서 길이 5~6mm의 까락이 나온다. 내영은 호영과 길이가 같고 끝이 얕게 2개로 갈라지며 용골은 2개이다. 수술은 3개이며 꽃밥은 길이 1~1.8mm이다. 열매(영과)는 길이 3mm 정도이고 끝부분에 털이 있다. 개화기는 6~8월이다.

참고 전체적으로 대형(키는 60~120cm, 잎은 너비 3~13mm, 꽃차례는 길이 20~30cm)이다. 김의털아재비(*F. parvigluma* Steud.)에 비해 제1포영이 길이 3~4mm의 선상 피침형이고 제2포영이 길이 4~5.5mm의 피침형인 것이 다른 점이다.

❶2021. 7. 14. 전남 구례군 지리산 ❷❸소수. 길이 5~7mm이고 흔히 3~4개의 소화로 이루어진다. ❹소화. 길이 4.5~6.5mm이고 까락은 소화보다 약간 짧다. ❺포영. 피침상이다. 제2포영이 제1포영보다 약간 길다. ❻엽설. 길이 2~3mm이고 막질이며 연한 갈색이다. ❼잎집. 털이 없고 약간 깔끄럽다. ❽2018. 7. 4. 경기 가평군 화악산

김의털

Festuca ovina L.

벼과

국내분포/자생지 전국의 산야

형태 다년초. 줄기는 높이 15~40(~60)cm이고 조밀하게 모여난다. 잎은 길이 4~15(~25)cm, 너비 0.4~0.8mm의 좁은 선형이다. 원뿔꽃차례는 길이 3~10(~20)cm이며 가지는 마디에서 1~3개씩 퍼져서 달린다. 꽃차례 축과 가지, 소수의 자루는 흔히 거칠다. 소수는 길이 4~7(~8)mm이고 2~6개의 소화로 이루어진다. 포영은 서로 길이가 다르며 선상 피침형-피침형이고 끝이 뾰족하다. 제1포영은 길이 2~3mm이고 1개의 맥이 있으며 제2포영은 길이 3~4mm이고 3개의 맥이 있다. 호영은 길이 3~4.5mm의 피침형-피침상 장타원형이고 5개의 맥이 있으며 끝부분에 길이 0.5~3(~4)mm의 까락이 있다. 내영은 호영과 길이가 같다. 수술은 3개이며 꽃밥은 길이 1.2~2mm이다. 열매(영과)는 길이 2mm 정도의 장타원형이다. 개화기는 5~8월이다.

참고 잎가장자리가 안쪽으로 강하게 말려서 잎이 선상 원통형이 되며 호영이 길이 3~4.5mm이고 까락이 길이 0.5~3mm인 것이 특징이다. 참김의털(var. *coreana*)은 김의털에 비해 키가 약간 크며(20~40cm) 꽃차례 축과 가지에 잔털이 밀생하고 호영에 까락이 없거나 짧은 타입이다. 두메김의털(var. *koreanoalpina*)은 해발고도가 높은 산지에서 자라며 꽃차례가 가지가 갈라지지 않는 총상인 타입이다. 참김의털와 두메김의털를 포함해 국내에서 기록된 다양한 변종들은 김의털의 지역적 또는 개체 변이 타입들로서 학자(최근 일본, 중국 등)에 따라서는 모두 기본종에 통합·처리한다.

❶ 2023. 5. 18. 강원 고성군 해안가 ❷ 소수. 호영의 끝부분에 흔히 짧은 까락이 있다. ❸ 자생 모습. 잎과 줄기가 회녹색인 개체와 연녹색인 개체가 혼생한다. ❹❺ 두메김의털 타입 ❹ 꽃차례. 소수의 자루가 뚜렷하고 흔히 가지가 갈라지지 않는다. 주로 해발고도가 높은 산지의 능선부에서 관찰된다. ❺ 소수. 길이 7~8mm이고 호영의 까락은 길이 1.5~3mm이다. ❻❼ 참김의털 타입 ❻ 전체 모습(2021. 6. 8. 경기 가평군 화악산). 키가 약간 큰 편이다. ❼ 소수. 호영에 까락이 없거나 매우 짧다. 꽃차례 축과 소수 자루에 잔털이 밀생한다. ❽ 잎. 잎은 말려서 원통상이 된다. 엽설은 거의 없다(매우 짧다). ❾ 잎집. 맥을 따라 미세한 돌기가 줄지어 난다.

실포아풀

Poa acroleuca Steud.
Poa acroleuca var. *submoniliformis*
Makino

벼과

국내분포/자생지 전국의 산야(주로 산지의 적습하거나 습지가 많은 곳)

형태 1~2년초 또는 짧게 사는 다년초. 줄기는 높이 30~80cm이고 모여난다. 잎은 너비 4~8(~11)mm의 선형이고 편평하며 부드러운 편이다. 엽설은 길이 1~2mm이고 막질이며 끝부분은 편평하거나 둥글다. 원뿔꽃차례는 길이 8~20cm이며 가지는 마디에서 2~5개씩 옆으로 퍼져서 달린다. 소수는 길이 3~5.5mm이고 (2~)3~6개의 소화로 이루어진다. 포영은 서로 길이가 다르다. 제1포영은 길이 1.5~2.5mm의 피침형-장타원상 난형이고 1개의 맥이 있으며 제2포영은 길이 2~3mm의 피침상 장타원형-타원상 난형이고 3개의 맥이 있다. 호영은 길이 2.3~3.8mm의 타원상 난형-난형이고 5개의 맥이 있으며 용골(중앙맥)과 맥 위에 털이 있다. 내영은 호영과 길이가 비슷하거나 약간 짧고 막질이며 용골과 용골 사이에 털이 있다. 수술은 3개이며 꽃밥은 길이 0.5~1(~1.2)mm이다. 열매(영과)는 길이 1.5mm 정도의 도란형이다. 개화기는 4~6월이다.

참고 구내풀(*P. hisauchii* Honda)에 비해 꽃차례의 가지가 옆으로 퍼져서 달리며 소수가 약간 작고 호영의 맥 사이에 털이 밀생하는 것이 특징이다. 줄기 기부가 부풀어서 덩이줄기 모양으로 부풀어 오르는 것을 마디포아풀(var. *submoniliformis*)로 구분하기도 하며 이런 타입은 주로 제주 및 남부지방에 분포한다.

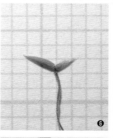
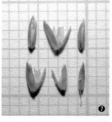
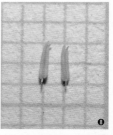
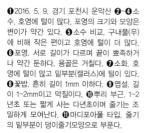

❶2016. 5. 9. 경기 포천시 운악산 ❷-❹소수. 호영에 털이 많다. 포영의 크기와 모양은 변이가 약간 있다. ❺소수 비교. 구내풀(우)에 비해 작은 편이고 호영에 털이 더 많다. ❻포영. 서로 길이가 다르며 끝이 뾰족하거나 약간 둔하다. 용골은 거칠다. ❼소화. 호영에 털이 많고 밑부분(캘러스)에 털이 있다. ❽꽃밥. 흔히 길이 1mm 이하이다. ❾엽설. 길이 1~2mm이고 막질이다. ❿뿌리 부근. 1~2년초 또는 짧게 사는 다년초이며 줄기는 조밀하게 모여난다. ⓫마디포아풀 타입. 줄기의 밑부분이 덩이줄기모양으로 부푼다.

성긴포아풀

Poa tuberifera Faurie ex Hack.

벼과

국내분포/자생지 제주 한라산의 중산간지대 숲속

형태 다년초. 잎은 너비 7~20mm의 선형이다. 원뿔꽃차례는 길이 3~15cm이며 가지는 마디에서 (1~)2개씩 옆으로 퍼져서 달린다. 소수는 길이 4~6mm이고 (2~)3~4개의 소화로 이루어진다. 제1포영은 길이 2.2~3mm이며 제2포영은 길이 2.5~4mm이다. 호영은 길이 3~4.5mm의 난형-넓은 난형이고 5개의 맥이 있으며 용골에 털이 밀생하고 맥 사이에도 털이 약간 있다. 꽃밥은 길이 0.6~0.8mm이다. 개화기는 4~5월이다.

참고 실포아풀에 비해 전체적으로 소형이며 꽃차례의 가지에 소수가 매우 성기고 적게 달리는 것이 특징이다.

❶ 2020. 5. 13. 제주 제주시 한라산 ❷ 꽃차례. 소수가 매우 성기게 달린다. ❸ 소수. 밑부분(캘러스)에 털이 없거나 매우 적다. ❹ 엽설. 길이 1mm 정도로 짧다. ❺ 뿌리 부근. 줄기의 밑부분은 염주모양으로 부푼다.

시베리아포아풀

Poa sibirica Roshev.

벼과

국내분포/자생지 북부지방의 산야

형태 다년초. 땅속줄기가 있다. 줄기는 높이 40~100cm이다. 원뿔꽃차례는 길이 8~15(~20)cm이며 가지는 마디에서 2~5개씩 옆으로 퍼져서 달린다. 소수는 2~5개의 소화로 이루어진다. 포영은 서로 길이가 다르며 끝이 뾰족하고 용골과 맥 위는 거칠다. 호영은 길이 3~3.5mm의 장타원상 난형이고 비교적 뚜렷한 5개의 맥이 있다. 캘러스 털은 없다. 용골과 맥(특히 상반부)은 거칠며 맥 사이는 흔히 털이 없다. 개화기는 6~7월이다.

참고 포아속 중 비교적 대형이며 잎이 매우 넓고(너비 3~8mm) 가장 위쪽의 잎은 줄기와 접하여 곧추서서 달린다.

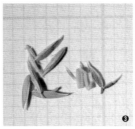

❶ 2019. 7. 5. 중국 지린성 백두산 ❷ 소수. 길이 4~4.5mm이고 3~5개의 소화로 이루어진다. ❸ 소화와 포영. 소화는 길이 3~3.5mm이고 캘러스 털은 없다. 꽃밥은 길이 1.5~2mm이다. ❹ 엽설. 길이 1~2.5mm이고 막질이다.

갑산포아풀

Poa ussuriensis Roshev.

벼과

국내분포/자생지 강원 이북의 산지 (주로 습한 풀밭)

형태 다년초. 줄기는 높이 40~70cm 이고 성기게 모여난다. 잎은 너비 2 ~4mm의 선형이고 편평하며 표면과 가장자리는 거칠다. 엽설은 길이 0.5 ~2mm이고 막질이며 끝부분은 편평 하거나 둔하다. 원뿔꽃차례는 길이 8 ~20cm이고 마디사이의 간격이 넓으 며(길이 3~5cm) 가지는 마디에서 (1~)2 개씩 거의 수평으로 퍼져서 달린다. 가지는 가늘고 능각이 거칠다. 소수 가 긴 가지의 상부에 비교적 적게 달 리기 때문에 꽃차례는 매우 성긴 느 낌이다. 소수는 길이 4~6mm이고 3 ~5(~6)개의 소화로 이루어진다. 포영 은 서로 길이가 다르며 끝이 뾰족하 고 용골은 약간 거칠다. 제1포영은 길 이 1.8~2.2mm의 장타원상 피침형이 고 1개의 맥이 있으며 제2포영은 길 이 2~2.5mm의 장타원상 난형이고 3 개의 맥이 있다. 호영은 길이 2.5~ 3.5mm의 장타원상 난형–난형이고 5 개의 맥이 있으며 중앙맥(용골) 하반 부에 털이 많다. 캘러스 털이 약간 있 다. 내영은 호영과 길이가 비슷하고 막질이며 용골은 거칠다. 수술은 3개 이며 꽃밥은 길이 0.4~0.8mm이다. 개화기는 6~7월이다.

참고 줄기(잎집)가 압착되어 납작하고 가장자리가 날개모양이며 소수가 꽃 차례에 성기게 달리는 편이다. 호영 의 표면에 털이 없고 내영의 용골이 거칠고 꽃밥이 길이 1mm 이하인 것 이 주요한 식별형질이다.

❶ 2022. 6. 11. 강원 평창군 대관령 ❷❸소 수. 호영의 맥 사이에는 털이 없다. ❹포영. 제1포영은 길이 1.5~2mm로 제2포영보다 약 간 짧으며 중앙맥은 거칠다. ❺소화. 길이 2.5~3.5mm이고 밑부분(캘러스)에 털이 있 다. 내영의 용골에는 톱니모양 돌기(털)가 있 어서 거칠다. ❻꽃밥. 길이 0.4~0.8mm이다. ❼엽설. 길이 0.5~2mm의 막질이고 윗부분 은 편평하다. ❽잎집. 표면은 약간 거칠다. 윗부분의 가장자리(구부)나 잎과 연결되는 부분에 털이 없다. ❾줄기 단면. 압착되어 약 간 납작하고 능각부는 날개모양이다.

금강포아풀

Poa kumgansanii Ohwi

벼과

국내분포/자생지 주로 강원, 경기 이북의 산지(주로 건조한 장소), 한반도 고유종

형태 다년초. 줄기는 높이 30~40cm이고 비교적 조밀하게 모여난다. 잎은 너비 1.5~2.5mm의 선형이고 편평하거나 가장자리가 안쪽으로 약간 말리며 표면과 가장자리는 거칠다. 엽설은 길이 0.2~0.5mm이고 막질이며 끝부분은 편평하거나 둔하다. 원뿔꽃차례는 길이 8~15cm이며 가지는 마디에서 2~3개씩 달린다. 가지와 소수의 자루는 거칠다. 소수는 길이 4~6mm이고 (2~)3~4개의 소화로 이루어진다. 포영은 서로 길이가 다르며 끝이 뾰족하고 용골은 약간 거칠다. 제1포영은 길이 2.5~5mm의 피침형이고 1(~3)개의 맥이 있으며 제2포영은 길이 3~4.5mm의 장타원상 피침형이고 3개의 맥이 있다. 호영은 길이 3~4mm의 장타원상 난형~난형이고 끝이 뾰족하며 5개의 뚜렷한 맥이 있다. 가장자리와 중앙맥(용골)의 하반부에 털이 밀생하며 맥 사이에는 털이 없다. 캘러스 털은 있다. 내영은 호영과 길이가 비슷하고 막질이며 용골은 2개이고 거칠다. 수술은 3개이며 꽃밥은 길이 1.5~2mm이다. 개화기는 6~7월이다.

참고 선포아풀과 포아풀의 중간적 모습이다. 줄기가 많이 모여나며 잎이 비교적 넓고 줄기와 직각으로 퍼지는 특징은 포아풀과 닮았으나 엽설이 길이 1mm 이하로 매우 짧은 것은 선포아풀과 유사하다.

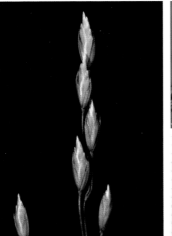

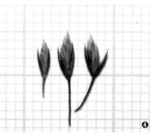

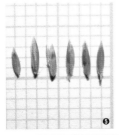

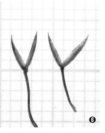

❶2023. 6. 1. 강원 태백시 ❷~❹소수. 꽃차례의 가지와 소수의 자루는 약간 깔끄럽다. 길이 4~6mm이고 호영은 끝이 뾰족하다. ❺소화. 밑부분(캘러스)에 털이 있다. 호영 가장자리와 중앙맥의 하반부에 부드러운 털이 밀생한다. ❻포영. 피침형이고 끝이 뾰족하다. ❼엽설. 길이 0.5mm 정도로 매우 짧다.

선포아풀

Poa nemoralis L.

벼과

국내분포/자생지 주로 강원, 경기 이
북의 산지(주로 건조한 장소)

형태 다년초. 줄기는 높이 30~70(~
100)cm이고 모여나며 잎집은 잎보
다 짧다. 잎은 너비 1~3mm의 선형이
고 편평하거나 가장자리가 안쪽으로
약간 말리며 표면과 가장자리는 거
칠다. 엽설은 길이 0.2~1mm이고 막
질이며 끝부분은 편평하거나 둔하다.
원뿔꽃차례는 길이 5~15(~22)cm이
며 가지는 마디에서 2~5개씩 달린다.
가지와 소수의 자루는 거칠다. 소수
는 길이 3.5~5(~6)mm이고 2~4(~5)개
의 소화로 이루어진다. 포영은 서로
길이가 다르며 끝이 뾰족하고 용골
은 약간 거칠다. 제1포영은 길이 2.5~
3.2mm의 피침형이고 1(~3)개의 맥이
있으며 제2포영은 길이 2.8~3.7mm
의 피침형-장타원상 피침형이고 3개
의 맥이 있다. 호영은 길이 2.5~3.7(~
4.2)mm의 장타원상 피침형-장타원
상 난형이고 끝이 뾰족하며 희미한 5
개의 맥이 있다. 가장자리와 중앙맥
(용골)의 하반부에 털이 있다. 맥 사이
에는 털이 없다. 캘러스 털이 약간 있
다. 내영은 호영과 길이가 비슷하고
막질이며 용골은 2개이고 거칠다. 수
술은 3개이며 꽃밥은 길이 1.5mm 정
도이다. 개화기는 6~7월이다.

참고 교잡이 빈번히 일어나서 변이가
심한 편으로 알려져 있다. 포아풀(*P.*
sphondylodes Trin.)에 비해 줄기와 잎
이 가는 편이며 엽설(길이 1mm 이하)이
매우 짧은 것이 특징이다.

❶2020. 6. 19. 강원 평창군 오대산 ❷꽃차
례. 개방형이고 가지와 소수가 약간 성기게
달린다. 가지는 마디에서 (1~)2개씩 달리며
깔끄럽다. ❸~❺소수. 2~4(~5)개의 소화로
이루어진다. 길이 3.5~5(~6)mm이며 자루는
가시 같은 털이 있어 깔끄럽다. ❻꽃밥. 길이
1.5mm 정도이다. ❼소화(좌)와 포영(우). 소
화 밑부분의 캘러스 털이 흔히 있지만 거의
없는 경우도 있다. 포영은 피침형-장타원상
피침형이며 용골의 상반부는 깔끄럽다. 호영
의 중앙맥(용골)의 하반부에 부드러운 털이
많다. ❽❾엽설. 길이 0.2~1mm 이하로 매우
짧다. 변이가 있다. ❿2020. 6. 27. 경기 가
평군 화악산

관모포아풀

Poa urssulensis Trin.
Poa urssulensis var. *kanboensis*
(Ohwi) Olonova & G.Zhu

벼과

국내분포/자생지 강원 이북의 산지
(주로 북부지방)

형태 다년초. 줄기는 높이 30~60cm
이고 모여나며 비스듬히 선다. 잎은
너비 1.5~2mm의 선형이며 양면과 가
장자리는 거칠다. 원뿔꽃차례는 길
이 6~13cm이며 가지는 마디에서 2
~3개씩 옆으로 퍼져서 달린다. 꽃차
례의 축, 가지와 소수의 자루는 거칠
다. 포영은 끝이 뾰족하고 용골은 약
간 거칠다. 제1포영은 길이 2.5~3.5(~
4)mm의 선상 피침형-피침형이고 1개
의 맥이 있으며 제2포영은 길이 3.5~
4.5mm의 피침형이고 3개의 맥이 있
다. 호영은 길이 3~4(~4.5)mm의 장타
원상 난형-난형이고 끝이 뾰족하며
5개의 맥이 있다. 중앙맥(용골)의 하
반부에 털이 있으며 맥 사이에는 털
이 없다. 내영은 호영과 길이가 비슷
하고 막질이며 용골은 2개이고 밋밋
하다. 수술은 3개이며 꽃밥은 길이
1.2mm 정도이다. 개화기는 6~7월이
다.

참고 교잡 기원의 종으로 추정하며
변이가 매우 심하여 분류학적 처리
가 복잡하다. 종내 분류군을 모두 기
본종에 통합·처리하는 견해를 따랐
다. 선포아풀에 비해 줄기가 많이 모
여나고 상부의 잎이 긴 편이며 포아
풀에 비해서 엽설이 길이 1.5mm 이
하로 짧은 것이 다르다. 관모포아풀
은 형태적으로 다른 종에 비해 섬포
아풀과 더 유사한 부분이 많다. 두 종
은 유연관계에 가까울 것으로 추정된
다. 국내 분포하는 것으로 추정되는
P. alta(푸른선포아풀), *P. versicolor*(애
기포아풀), *P. sichotensis* 등과도 면밀
한 비교가 필요하다.

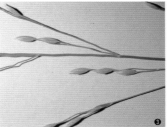

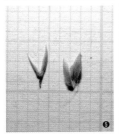
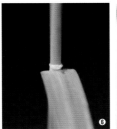

❶2019. 7. 6. 중국 지린성 백두산 ❷꽃차
례. 개방형이고 피라미드형-난형이다. 가지
는 마디에서 흔히 2개씩 달리며 수평으로 또
는 비스듬히 옆으로 퍼진다. 소수는 가지의
상반부에 달린다. ❸❹소수. 2~4개의 소화
로 이루어진다. 길이 3~4.5mm이며 자루는
가시 같은 털이 있어 깔끄럽다. ❺포영(좌)과
소화(우). 포영의 용골은 깔끄럽다. 소화 밑
부분에 캘러스 털이 약간 있거나 없다. ❻엽
설. 길이 0.2~1.5mm의 막질이다. ❼잎집. 표
면에 잔돌기가 있어서 약간 깔끄럽다.

섬포아풀(울릉포아풀)

Poa takeshimana Honda
Poa ullungdoensis I.C.Chung

벼과

국내분포/자생지 경북(울릉도)의 산지, 한반도 고유종

형태 다년초. 줄기는 높이 30~45cm이다. 잎은 너비 1.5~3.5mm의 선형이다. 원뿔꽃차례는 길이 5~15cm이고 가지는 마디에서 2~3개씩 비스듬히 서서 달린다. 꽃차례의 축, 가지와 소수의 자라는 거칠다. 제1포영은 길이 1.2~2.2mm의 피침형이고 1~3개의 맥이 있다. 제2포영은 길이 1.7~2.8mm의 피침상 장타원형-난상 장타원형이며 3개의 맥이 있다. 호영은 길이 2~3.5mm의 장타원상 난형이며 5개의 맥이 있다. 중앙맥(용골)은 거칠고 밑부분에 털이 있으며 맥 사이에는 털이 없다. 캘러스 털은 흔히 있지만 없는 경우도 있다. 내영은 2개의 용골이 있으며 용골은 약간 거칠다. 개화기는 5~6월이다.

참고 섬포아풀의 가장 주요한 식별 형질은 줄기 가장 위쪽의 잎이 꽃차례와 길이가 비슷하거나 훨씬 긴 점이다. 이러한 특징은 국내외 다른 분류군들에서는 찾아볼 수 없는 독특한 형질이며 국외 포아풀속의 전공자에 의해 관모포아풀, *P. ochotensis* 또는 *P. sichotensis*로 동정된 표본 중 일부가 이와 유사한 형태를 보이지만 섬포아풀만큼 줄기 최상부의 잎이 길지는 않다. 화악산과 설악산에서도 섬포아풀과 거의 형태가 유사한 개체(관모포아풀과도 닮았으나 저자들은 섬포아풀로 동정함)들이 분포하고 있다. 섬포아풀과 동일한 분류군이라면 섬포아풀은 울릉도에 적응해서 진화된 종이 아니라 내륙에서 울릉도로 이주한 후 잔존된 집단일 가능성이 높다.

❶2019. 6. 2. 경북 울릉군 ❷꽃차례. 개화기에 일시적으로 비스듬히 퍼지지만 거의 대부분은 응축된 원뿔꽃차례의 모습을 하고 있다. 꽃차례 바로 아래의 잎은 흔히 꽃차례보다 훨씬 길다(짧은 개체들도 드물게 있음). ❸❹소수. 2~4개의 소화로 이루어지며 길이 4.5~6.5mm로 비교적 큰 편이다. 자루에 거친 털이 있다. ❺포영(좌), 소화(중간), 꽃밥(우). 포영은 서로 길이가 다르며 끝이 뾰족하고 용골은 약간 거칠다. 내영의 용골은 약간 거칠거나 밋밋하다. 꽃밥은 길이 1.5~2mm이다. ❻소화. 소수 밑부분(캘러스)에 털이 있다. ❼엽설. 막질이고 길이 0.2~0.5mm로 매우 짧다. ❽잎집. 거의 밋밋하다. ❾줄기 단면. 압착되어 약간 납작하다. ❿잎. 가장 넓은 부분의 너비는 3.5mm 정도이다.

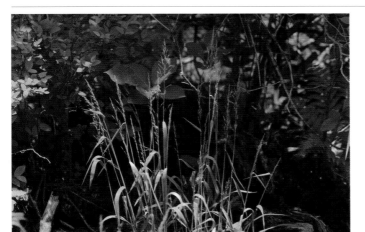

나도겨이삭

Milium effusum L.

벼과

국내분포/자생지 거의 전국의 산지
형태 다년초. 땅속줄기가 뻗는다. 줄
기는 높이 70~120cm이다. 잎은 너비
7~15mm의 선형이다. 원뿔꽃차례는
길이 9~12cm의 장타원상이고 가지는
마디에서 2~5개씩 옆으로 퍼져서 달
린다. 소수는 길이 3~3.3mm이다. 포
영은 서로 모양과 길이가 비슷하고
소수를 완전히 싸고 있으며 3개의 맥
이 있다. 호영은 길이 3~3.5mm의 넓
은 난형이고 연녹색이며 희미한 5개
의 맥이 있다. 내영은 호영과 길이가
비슷하며 털이 없고 용골은 약간 거
칠다. 개화기는 5~6월이다.
참고 비교적 대형이며 줄기와 잎이
약간 회녹색 빛이 돌며 소수가 1개의
소화로 이루어진 것이 특징이다.

❶2013. 6. 4. 강원 인제군 설악산 ❷❸소
수. 난상 타원형이고 포영에 전체가 싸여 있
다. ❹소화. 호영과 내영은 길이가 비슷하며
두텁고 광택이 난다. 얼핏 보면 영과처럼 보
인다. ❺엽설. 길이 3~10mm로 긴 편이며 털
이 없고 막질이다.

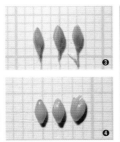

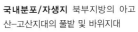

산조아재비

Phleum alpinum L.

벼과

국내분포/자생지 북부지방의 아고
산-고산지대의 풀밭 및 바위지대
형태 다년초. 줄기는 높이 10~30(~
50)cm이다. 잎은 너비 2~9mm의 선
형-선상 피침형이다. 원뿔꽃차례(응
축형)는 길이 9~12cm의 타원상 원통
형-난상 구형이며 가지는 짧고 꽃차
례 축에 밀착해서 붙는다. 소수는 길
이 3~4mm(까락 제외)이고 1개의 소화
로 이루어진다. 호영은 길이 2mm 정
도이고 윗부분은 편평하며 5개의 맥
이 있고 맥에는 털이 있다. 개화기는
6~8월이다.
참고 큰조아재비(*P. pratense* L.)에 비
해 꽃차례가 길이 1~5cm의 타원상
원통형-난상 구형인 것이 특징이다.

❶2019. 7. 7. 중국 지린성 백두산 ❷꽃차례.
큰조아재비에 비해 짧고 굵은 원통형이다.
❸소수. 1개의 소화로 이루어진다. 포영은
길이 5~7mm의 난형이고 강하게(납작하게)
접혀서 용골을 만든다. 용골 위에 가늘고 긴
털이 빗살모양으로 밀생한다. 포영의 끝부분
은 길이 1~3mm의 까락모양이다. ❹엽설. 길
이 1~2.5mm이고 막질이다.

나도딸기광이

Cinna latifolia (Trevir. ex Göpp.) Griseb.

벼과

국내분포/자생지 지리산 이북의 해발고도가 비교적 높은 산지

형태 다년초. 줄기는 높이 70~120cm이고 1~3개씩 모여난다. 잎은 너비 1~1.5cm의 선형이다. 원뿔꽃차례는 길이 15~40cm이다. 가지는 마디에서 3~6개씩 달리며 아래로 처진다. 소수는 길이 3~4mm이다. 제1포영은 길이 3~3.5mm이고 1개의 맥이 있으며 제2포영은 3.5~4mm이고 1(~3)개의 맥이 있다. 호영은 길이 2.5~3.8mm의 난상 장타원형이며 3(~5)개의 맥이 있고 등쪽 윗부분에 짧은 까락이 있다. 개화기는 7~8월이다.

참고 꽃차례는 비교적 대형이고 윗부분에서 아래로 심하게 구부러져 아래 방향으로 처진다.

❶2020. 8. 30. 강원 정선군 함백산 ❷❸소수. 연녹색이고 광택이 약간 난다. 1개의 소화로 이루어지며 수술은 1개이다. ❹포영(좌), 소화(우). 포영은 소화보다 길며 피침형이고 용골은 거칠다. ❺엽설. 길이 3~6mm이고 막질이다.

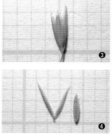

수염개밀

Hystrix duthiei subsp. *longe-aristata* (Hack.) Baden, Fred. & Seberg

벼과

국내분포/자생지 경기 이남의 산지

형태 다년초. 줄기는 높이 70~120cm이다. 잎은 너비 6~24mm의 선형이다. 수상꽃차례는 길이 10~15cm이고 비스듬히 또는 아래로 활처럼 휘어진다. 소수는 마디에서 (1~)2개씩 달리며 길이 9~12mm이고 1~2개의 소화로 이루어진다. 포영은 길이 2~6mm의 송곳모양이고 결실기 이후에도 꽃차례에 남아 있다. 호영은 길이 9~11mm의 피침형이며 맥 위는 거칠다. 호영의 끝부분에는 길이 1~2.6cm의 긴 까락이 있다. 개화기는 5~6월이다.

참고 기본종은 소수가 꽃차례의 마디에서 마주 달리며 포영이 침형인 것이 특징이다. 중국에 분포한다.

❶2020. 5. 25. 전남 진도군 진도 ❷❸소수. 마디에서 (1~)2개씩 달린다. 호영의 까락은 수염모양으로 유난히 길다. ❹소수(호영의 등쪽). 포영은 송곳모양이고 짧다. 제1포영은 길이 2~3mm이다. 호영은 5개의 맥이 있다. ❺엽설. 길이 1~1.5mm로 짧다.

고려개보리

Hystrix coreana (Honda) Ohwi

벼과

국내분포/자생지 강원(삼척시) 이북의 산지

형태 다년초. 줄기는 높이 50~100cm 이고 모여난다. 잎은 너비 6~15mm 의 선형이다. 수상꽃차례는 길이 10 ~15cm이고 비스듬히 또는 아래로 활 처럼 휘어진다. 제1포영은 길이 7~ 9mm의 송곳모양-선형이고 1개의 맥 이 있으며 제2포영은 길이 9~12mm 의 선형-선상 피침형이다. 호영은 5~ 7개의 맥이 있으며 상반부는 거칠다. 내영은 호영보다 약간 짧으며 막질이 다. 개화기는 5~7월이다.

참고 수염개밀에 비해 포영이 길이 7 ~12mm이고 용골(중앙맥)이 뚜렷한 것 이 특징이다.

❶2023. 6. 17. 강원 삼척시 ❷소수. 포영 은 침모양-선상 피침형이며 용골에 거친 털 이 있다. ❸소화. 길이 8~16mm이다. ❹엽 설. 길이 0.3~1mm이며 막질이고 연한 갈색 이다. 잎의 앞면은 흰빛이 강하게 돌고 긴 털 이 많다. ❺줄기 밑부분의 잎집. 아래로 향하 는 긴 털이 밀생한다.

개보리

Elymus sibiricus L.

벼과

국내분포/자생지 북부지방 해발고도 가 높은 산지의 풀밭

형태 다년초. 줄기는 높이 60~100cm 이며 밑부분은 무릎모양으로 구부러 진다. 잎은 너비 6~10mm의 선형이 다. 수상꽃차례는 길이 15~20cm이며 아래로 처진다. 포영은 길이 5~8mm 의 선상 피침형이고 3~5개의 맥이 있 다. 호영은 피침형이고 5개의 맥이 있으며 가장 아래쪽의 호영은 길이 8 ~11mm이다. 개화기는 7~8월이다.

참고 꽃차례가 땅으로 향해 심하게 구 부러져 달리며 소수가 마디에서 (1~) 2개씩 달리고 포영이 호영에 비해 훨 씬 짧은 것이 특징이다.

❶2027. 7. 23. 중국 지린성 백두산 ❷❸소 수. 흔히 마디에서 2개씩 모여 달리며 소화는 3~5개이다. ❹소화. 내영은 호영과 길이가 비슷하다. 까락은 길이 1.5~2.2cm이다. ❺엽 설. 막질이고 길이 0.5~1mm로 매우 짧다.

조릿대풀

Lophatherum gracile Brongn.

벼과

국내분포/자생지 제주 및 경남, 전남, 전북의 산지(주로 도서지역)

형태 다년초. 줄기는 높이 40~80cm 이다. 잎은 너비 2~4cm의 피침형이 다. 원뿔꽃차례는 길이 15~30cm이고 가지가 마디에서 1개씩 달린다. 제1포 영은 길이 4~5mm이며 제2포영은 길 이 5~6mm이다. 제1호영은 피침상 장 타원형−장타원상 난형이고 끝이 둥 글다. 개화기는 8~9월이다.

참고 조릿대풀속의 소수는 다수의 소화가 있지만 가장 아래쪽의 소화 만 임성(양성) 소화이고 나머지는 암 술, 수술, 내영이 퇴화되어 없고 호영 만 남은 불임성 소화이다. 불임성 소 화(호영)의 까락은 결실기에 역자모(돌 기)로 발달되어 동물의 털이나 사람의 옷에 잘 달라붙는다.

❶ 2003. 10. 3. 전남 완도군 보길도 ❷꽃 차례. 결실기에는 소수가 총상꽃차례의 축 과 거의 직각으로 또는 비스듬히 벌어진다. ❸소수. 좁은 장타원상 원통형이다. ❹영과 (좌)와 소화. 영과는 길이 5mm 정도의 장타 원상 원통형이다. ❺엽설. 매우 짧다.

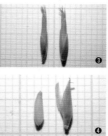

털조릿대풀

Lophatherum sinense Rendle

벼과

국내분포/자생지 제주 및 경남, 전남, 전북, 충남의 산지

형태 다년초. 줄기는 높이 50~100cm 이다. 잎은 너비 2~4cm의 피침형이 다. 원뿔꽃차례는 길이 15~25cm이고 가지가 마디에서 1~2개씩 달린다. 소 수는 길이 7~9mm이다. 가장 아래의 소화만 임성이고 나머지 소화는 불임 성이다. 포영은 서로 길이가 약간 비 슷하고 용골의 윗부분은 약간 거칠 다. 제1호영은 길이 6~7mm의 난형이 고 끝에 까락이 있다. 개화기는 8~9 월이다.

참고 조릿대풀에 비해 소수가 너비 3 ~4mm의 약간 납작한 장타원상 난 형−난형이고 결실기에 옆으로 벌어 지지 않으며 가장 아래쪽의 호영 등 쪽이 볼록하게 부푼 것이 특징이다.

❶ 2021. 9. 13. 충남 태안군 안면도 ❷꽃차 례의 가지(총상꽃차례). 소수는 조릿대풀과 는 달리 결실기에도 벌어지지 않는다. ❸소 수. 난형상이고 납작하다. 가장 아래쪽이 호 영은 등쪽(윗면)이 볼록하다. ❹엽설. 매우 짧다.

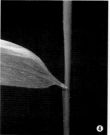

주름조개풀

Oplismenus undulatifolius (Ard.)
Roem. & Schult.

벼과

국내분포/자생지 전국의 산야

형태 다년초. 줄기는 길이 20~40cm
이다. 잎은 길이 2~8cm이고 양면에
긴 털이 있다. 가장자리는 물결모양
으로 약간 주름진다. 원뿔꽃차례는
길이 5~12cm이다. 소수는 길이 3mm
정도이고 2개의 소화로 이루지며 제1
소화(불임성)는 퇴화되어 호영만 남아
있다. 제2소화(임성)의 호영은 가죽질
이고 광택이 난다. 내영은 가죽질이
다. 개화기는 8~10월이다.

참고 잎이 길이 1~3cm이며 꽃차
례에 가지가 없이 소수가 총상으
로 달리는 것을 애기주름조개풀(var.
microphyllus)이라고 구분하기도 한다.

❶ 2023. 8. 23. 전북 장성군 백양사 ❷꽃차
례. 원뿔상이며 가지는 위쪽으로 갈수록 짧
아진다. ❸꽃차례(애기주름조개풀). 가지가
없거나 매우 짧아서 꽃차례가 총상으로 보인
다. ❹소수. 제1포영의 까락은 길이 7~14mm
이고 제2포영의 까락은 길이 3~4mm이다.
❺소수(애기주름조개풀). 포영의 까락이 짧
다. ❻잎집. 긴 퍼진 털이 밀생한다.

조아재비

Setaria chondrachne (Steud.) Honda

벼과

국내분포/자생지 제주 및 경남, 전남,
전북, 충남의 산지

형태 다년초. 줄기는 길이 60~120cm
이다. 잎은 너비 5~20mm의 선형이
다. 원뿔꽃차례는 길이 15~30cm이
고 윗부분은 약간 구부러진다. 소수
는 길이 2.2~3mm이며 자루에 길이
3~10mm의 강모가 있거나 없다. 제1
포영은 소수 길이의 1/3~1/2이고 3개
의 맥이 있으며 제2포영은 소수 길이
의 2/3~3/4이고 5개의 맥이 있다. 개
화기는 8~10월이다.

참고 원뿔꽃차례가 개방형이고 가지
가 성기게 달리며 일부 소수에만 까
락(강모)이 있다.

❶ 2023. 9. 25. 전남 신안군 가거도 ❷꽃차
례. 원뿔상이며 가지는 성기게 달리며 꽃차
례의 축과 밀착하지 않는다. ❸꽃차례의 가
지. 소수 중에서 일부에만 까락이 있다. ❹소
수. 2개의 소화로 이루어진다. 제1소화는 불
임성 소화이며 호영은 포영과 색이 같고 5개
의 맥이 있다. 제2소화는 임성 소화이다. 임
성 소화의 호영은 가죽질이며 광택이 나고
맥이 없어서 나출된 영과처럼 보인다. ❺엽
설. 길이 0.5mm 정도로 매우 짧다.

나도바랭이새

Microstegium vimineum (Trin.)
A.Camus
Microstegium vimineum var.
polystachyum (Franch. & Sav.) Ohwi

벼과

국내분포/자생지 전국의 산야

형태 1년초. 줄기는 길이 50~100cm
이고 가지가 많이 갈라지며 하반부는
땅에 닿거나 비스듬히 선다. 잎집은
마디사이보다 짧으며 윗부분의 가장
자리(구부)에 긴 털이 있다. 잎은 너비
5~13mm의 선상 피침형–피침형이고
부드럽다. 꽃차례는 1~5개의 총상꽃
차례가 손바닥모양으로 모여 달린다.
총상꽃차례는 길이 5~9cm이고 마디
에서 자루가 없는 소수와 자루가 있
는 소수가 쌍을 이루며 달린다. 총상
꽃차례의 축과 소수의 자루에는 털이
있다. 소수는 길이 3.5~5.5(~6.5)mm
이고 2개의 소화로 이루어진다. 포
영은 소수와 길이가 같고 용골에 잔
털이 있다. 제1포영은 용골이 2개이
고 용골 사이의 맥은 1~3(~5)개이다.
제2포영은 3개의 맥이 있다. 제1소화
는 불임성이고 제2소화는 임성(양성)
이다. 제1소화의 호영은 길이 1mm 정
도이다. 제2소화의 호영은 길이 1~
1.5mm이고 끝부분에 0~15mm의 까
락이 있다. 내영은 길이 1mm 정도의
난형이다. 수술은 3개이며 꽃밥은 길
이 0.7~1.2mm이다. 개화기는 9~10월
이다.

참고 제2소화의 호영 끝에 길이 1~
1.5cm의 긴 까락이 있는 것을 큰듬성
이삭새라고 구분하기도 하지만 두 분
류군이 혼생하는 경우가 많아서 따로
변종으로 구분하지 않는 것이 타당하
다. 국외의 대부분 문헌에서도 통합·
처리하고 있다.

❶2021. 9. 30. 인천 강화군 고려산 ❷소
수. 호영(제2소화)의 까락은 없거나 짧은 경
우 소수 밖으로 나출되지 않는다. ❸소수. 제
1포영 방향(좌)과 제2포영 방향(우). 제2포
영은 거의 막질이다. ❹소화(아래 중 왼쪽
은 강제로 포영이 벌어진 소수, 아래 중 오
른쪽은 포영, 오른쪽 위는 제2소화의 미숙
영과와 호영). 제1포영은 장타원상 피침형이
고 제2포영은 보트모양의 장타원상 난형–
난형(~넓은 난형)이고 막질이다. ❺엽설. 길
이 0.5mm 이하로 매우 짧다. ❻~❾제2소화
호영의 까락이 긴 타입 ❻총상꽃차례. 자루
가 없는 소수와 자루가 있는 소수가 쌍을 이
루며 달린다. ❼자루가 없는 소수. 길이 4~
5.5mm이다. 까락의 길이에는 변이가 많다.
❽소수 비교(오른쪽의 것은 제2소화의 호영
에 까락이 없는 타입). 표면이나 자루의 털은
유무와 밀도에 변이가 있다. ❾2021. 9. 25.
경남 의령군

민바랭이새

Microstegium japonicum (Miq.) Koidz.

벼과

국내분포/자생지 중부지방 이남의 산지(주로 남부지역)

형태 1년초. 줄기는 길이 20~40cm이다. 총상꽃차례는 길이 3~7cm이다. 소수는 길이 3~3.5mm의 피침형이다. 포영은 소수와 길이가 같고 피침상이다. 제1소화(불임성)의 호영은 포영과 길이가 비슷한 피침상 장타원형이며 끝이 길게 뾰족하고 1개의 맥이 있다. 제2소화(임성)의 호영은 선상 피침형이고 막질이며 끝에서 길이 6~13mm의 까락이 있다. 개화기는 8~10월이다.

참고 나도바랭이새에 비해 키가 작고 잎이 너비 5~11mm의 피침형–피침상 장타원형이며 총상꽃차례의 축이 털이 없는(마디 제외) 것이 특징이다.

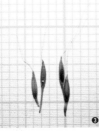
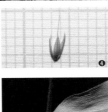

❶2021. 9. 13. 충남 태안군 안면도 ❷꽃차례. 총상꽃차례(가지)는 3~6개이다. 총상꽃차례의 축은 밋밋하다. ❸❹소수. 자루가 짧은 소수와 자루가 긴 소수가 쌍을 이루며 달린다. 소수는 2개의 소화로 이루어진다. ❺엽설. 길이 0.5mm 정도로 매우 짧다.

잔디바랭이

Dimeria ornithopoda Trin.

벼과

국내분포/자생지 중부지방 이남의 산지

형태 1년초. 줄기는 길이 5~30cm이다. 잎은 너비 2~5mm의 선형–선상 피침형이다. 꽃차례는 2~3개의 총상꽃차례가 줄기 끝에서 모여 달린다. 총상꽃차례는 길이 3~8cm이다. 소수는 길이 2.5~3.8mm이다. 제1소화는 불임성이며 제2소화는 임성이다. 제2소화의 호영은 길이 0.5~1.5mm이고 끝에서 길이 4~6mm의 까락이 나온다. 개화기는 8~10월이다.

참고 잔디바랭이에 비해 제2포영이 반으로 접혀서 용골이 두드러져 보이는 것을 **갯바랭이**(subsp. *subrobusta*)라고 구분하기도 하며, 제주에 분포한다.

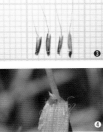

❶2023. 9. 10. 전남 광양시 백운산 ❷꽃차례. 소화는 쌍을 이루지 않고 마디에서 1개씩 어긋나며 달린다. ❸소수. 2개의 소화로 이루어진다. ❹엽설. 길이 0.5~1mm이고 막질이다. ❺갯바랭이. 2023. 9. 19. 제주 서귀포시. 제2포영이 반으로 접혀서 칼모양이 된다.

개억새

Eulalia speciosa (Debeaux) Kuntze

벼과

국내분포/자생지 중부지방(주로 남부지역) 이남의 산지

형태 다년초. 줄기는 높이 80~150cm이고 곧추 자란다. 잎은 너비 5~15mm의 선형이고 가장자리는 거칠며 표면은 흰빛이 강하게 돌고 긴 털이 성기게 있다. 꽃차례는 (4~)6~12개의 총상꽃차례가 줄기 끝부분에서 손바닥모양으로 모여 달린다. 총상꽃차례는 길이 5~23cm이고 자루가 짧은 소수와 자루가 긴 소수가 쌍을 이루며 달린다. 소수는 길이 4.7~5.2mm이며 2개의 소화로 이루어진다. 제1소화는 불임성이며 제2소화는 임성이다. 제2소화의 호영 끝에는 길이 1.3~1.8cm의 까락이 있다. 수술은 3개이고 꽃밥은 길이 3~3.2mm이다. 개화기는 8~10월이다.

참고 억새속 식물들에 비해 잎 표면에 흰빛이 강하게 돌고 줄기 밑부분에 황갈색의 털이 밀생하며 총상꽃차례의 축과 소수의 자루에 긴 털이 밀생하는 것이 특징이다.

❶ 2021. 9. 9. 경북 상주시 ❷꽃차례. 총상꽃차례가 줄기 끝부분에서 우산대(손바닥)모양으로 모여 달린다. ❸소수(개화기). 수술은 3개이고 주황색이다. ❹소수(결실기). 자루가 짧은 소수와 자루가 긴 소수가 쌍을 이루며 달린다. 총상꽃차례의 축과 소수의 자루에 긴 털이 밀생한다. ❺자루가 긴 소수. 캘러스 털은 소수 길이의 1/3 이하이다. ❻자루가 짧은 소수. 소수의 형태는 자루가 긴 소수와 똑같다. ❼포영. 제1포영(좌)은 장타원상 피침형이고 하반부에 장연모가 있다. 제2포영(우)은 제1포영과 모양이 유사하며 털이 적고 1개의 맥이 있다. ❽제1소화의 호영. 장타원상 피침형이고 포영과 길이가 같으며 막질이다. 상부 가장자리에 털이 있다. ❾제2소화의 호영. 길이 2mm 정도의 피침형이고 끝부분은 2개로 갈라지고 그 사이에 길이 1.3~1.8cm의 긴 까락이 있다. ❿꽃밥. 길이 3mm 정도이다. ⓫줄기의 마디. 약간 부풀어 있고 흔히 털은 없다(간혹 있음). ⓬엽설. 길이 1mm 정도이고 윗부분은 불규칙하게 갈라진다. ⓭잎 뒷면. 잎은 표면이 흰빛이 강하게 돌고 뒷면이 녹색이다. 흔히 뒤집혀서 뒷면으로 광합성을 한다. ⓮뿌리 부근. 줄기 밑부분에는 황갈색의 털이 밀생한다.

장수억새

Miscanthus latissimus Y.N.Lee

벼과

국내분포/자생지 강원(철원군), 경북 (소백산), 경남(황매산)의 산지 풀밭, 한 반도 고유종

형태 다년초. 줄기는 높이 100~ 150cm이고 곧추 자란다. 마디에 백 색의 털이 밀생한다. 잎집은 흔히 긴 털이 있으나 없는 경우도 있다. 잎 뒷 면의 밑부분과 잎집과 만나는 지점(구 부와 경령)에 특히 털이 많다. 잎은 길 이 20~40cm, 너비 2~3.3cm의 선형 이고 가장자리는 거칠다. 엽설은 길 이 1mm 정도이며 윗부분은 편평하 고 털모양으로 잘게 갈라진다. 꽃차 례는 5~12개의 총상꽃차례가 줄기 끝 부분에서 손바닥모양으로 모여 달린 다. 총상꽃차례는 길이 6~22cm이 다. 소수는 길이 5~6.5mm이며 밑부 분에 캘러스 털이 밀생한다. 캘러스 털은 소수보다 짧다. 포영은 서로 길 이가 비슷하며 장타원상 피침형이고 소수와 길이가 같다. 표면에 긴 털이 나 있다. 제1소화는 불임성이며 호영 은 피침형이고 막질이다. 제2소화는 임성이며 호영은 길이 4~5.5mm이고 끝부분에 길이 5~12mm의 까락이 있 다. 수술은 3개이다. 개화기는 8~9월 이다.

참고 억새아재비와 매우 닮았다. 억 새아재비에 비해 잎이 넓으며 소수가 길이 5~6.5mm로 길다. 기준표본의 채집 장소는 소백산이다. 억새와 억 새아재비의 혼생지역에서 간혹 관찰 된다. 원기재문에도 억새와 억새아재 비의 교잡 기원으로 추정된다고 기록 되어 있다.

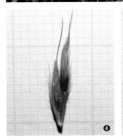

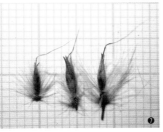

❶2019. 9. 14. 경남 함안군 황매산 ❷꽃차 례. 5~12개의 총상꽃차례가 줄기 끝부분에서 우산대(손바닥)모양으로 모여 달린다. ❸~ ❻소수. 자루가 짧은 소수와 자루가 긴 소수 가 함께 쌍을 이루며 달린다. 소수는 2개의 소화로 이루어진다. 제1소화는 불임성이며 제2소화는 임성이다. 소수 밑부분의 캘러스 털은 소수보다 짧다(흔히 소수 길이의 1/2 이하). ❼소수 비교(좌: 억새아재비, 중앙: 장 수억새, 우: 억새). 소수의 길이는 5~6.5mm 로 자생 억새류 중에서 가장 길다. 국명도 소 수가 긴(長穗) 특징에서 유래한 것으로 추정 된다. ❽잎. 너비 2~3.3cm로 넓은 편이다. ❾잎집. 잎집에 털이 없는 개체들도 있지만 잎 뒷면(특히 잎과 잎집이 만나는 곳)과 함 께 흔히 긴 털이 있다. ❿엽설. 길이 1mm 이 하이다. ⓫땅속줄기. 옆으로 길게 뻗으며 자 란다.

257

억새아재비(장억새)

Miscanthus longiberbis (Hack.) Nakai
Miscanthus changii Y.N.Lee

벼과

국내분포/자생지 강원, 경기, 경남, 경북, 충북, 강원의 하천가 및 산지 풀밭, 한반도 고유종

형태 다년초. 줄기는 높이 70~120cm 이다. 잎은 길이 8~30(~40)mm, 너비 6~15(~18)mm의 선형이다. 꽃차례는 3~9(~15)개의 총상꽃차례가 줄기 끝 부분에서 손바닥모양으로 모여 달린다. 총상꽃차례는 길이 6~20cm이다. 소수는 길이 4~5.5mm이며 밑부분에 캘러스 털이 밀생한다. 포영은 서로 길이가 비슷하며 장타원상 피침형이고 표면에 긴 털이 있다. 제1소화는 불임성이며 호영은 길이 3.5~4.5mm의 장타원상 피침형이고 막질이다. 제2소화는 임성이며 호영은 길이 4.5 ~5.5mm의 선상 피침형-피침형이고 끝부분은 2개로 갈라지고 그 사이에서 길이 7~8(~15)mm의 까락이 있다. 수술은 3개이며 꽃밥은 길이 2.5 ~3mm이다. 개화기는 8~10월이다.

참고 전국에 비교적 넓게 분포하는 고유종이지만 억새아재비에 대해 정확한 정보를 제공하는 문헌이 많지 않다. 억새아재비의 기준표본 채집지는 금강산 인근인 강원도 회양군(현 금강군) 장연리이다. 장억새(*M. changii*)는 억새아재비에 비해 전체적으로 소형이고 잎의 너비가 1cm 이하인 것이 특징이다. 이러한 타입은 북한산의 계곡가에서 관찰되는데 잎이 약간 좁은 것(계류형) 외에 다른 형태는 억새아재비와 동일하다. 최근 국외(일본) 억새속 전공자에 의해서 억새아재비의 이명으로 처리되었다.

❶ 2021. 9. 6. 강원 철원군 한탄강 ❷ 꽃차례. 총상꽃차례는 다른 종에 비해 적게 달리는 편이다. 개화는 억새에 비해 15일에서 1달 정도 빨리 시작한다. ❸~❺ 소수. 자루가 짧은 소수와 자루가 긴 소수가 쌍을 이루며 달린다. 소수는 2개의 소화로 이루어진다. 소수 밑부분의 캘러스 털은 소수보다 짧다. ❻ 소수 비교(좌: 억새아재비, 우: 억새). 소수의 크기는 비슷하지만 캘러스 털은 억새아재비가 훨씬 짧다. 제2소화 호영의 까락도 억새아재비가 짧다. ❼ 잎. 억새나 물억새에 비해 잎이 짧은 편이다. ❽ 엽설. 길이 1mm 이하로 매우 짧다. ❾ 잎집과 잎 뒷면이 만나는 지점(경령, colla). 털이 있거나 없다. ❿ 땅속줄기. 옆으로 길게 뻗으며 자란다. ⓫ 자생 모습(2022. 9. 17. 강원 평창군 대관령). 기는줄기를 뻗으며 무성번식을 하기 때문에 흔히 큰 개체군을 형성한다.

수수새

Sorghum nitidum (Vahl) Pers.

벼과

국내분포/자생지 제주, 경북(울릉도) 및 전남의 산야

형태 다년초. 땅속줄기는 짧다. 줄기는 높이 50~100cm이고 성기게 모여난다. 마디에 백색의 긴 털이 밀생한다. 잎은 너비 4~10mm의 선형이고 가장자리는 거칠다. 엽설은 길이 1~2mm이고 막질이다. 원뿔꽃차례는 길이 10~25cm의 피침상 장타원형 또는 난상 장타원형이며 가지는 마디에서 (1~)3~5(~6)개씩 돌려난다. 자루가 없는 소수 1개와 자루가 있는 소수 2개가 짝(묶음)을 이루고 이러한 소수의 짝이 가지의 끝에서 2~5개씩 모여서 총상꽃차례를 이룬다. 자루가 없는 소수는 임성(양성)이고 자루가 있는 소수는 불임성(수꽃만 달림)이다. 소수의 밑부분에는 캘러스 털이 있다. 자루가 있는 소수의 포영은 길이 4~5mm의 피침형이고 초질이며 3개의 맥이 있고 털이 있다. 자루가 없는 소수의 포영은 길이 4~5mm이고 가죽질이며 흑갈색이고 광택이 난다. 제1소화는 불임성이고 호영은 포영보다 짧으며 피침형-타원형이고 2개의 맥이 있다. 제2소화는 임성이며 호영은 길이 2~3mm의 넓은 타원형이고 막질이며 끝은 2개로 깊게 갈라지고 그 사이로 길이 2~2.5cm의 까락이 나온다. 내영은 매우 작다. 수술은 3개이며 꽃밥은 길이 2.5~2.7mm이다. 개화기는 7~9월이다.

참고 옆으로 길게 뻗는 땅속줄기가 없으며 줄기 마디에 부드러운 털이 밀생하고 잎이 너비 1cm 이하인 것이 특징이다.

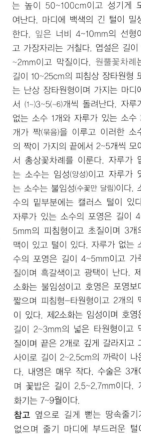

❶ 2021. 8. 10. 제주 제주시 ❷ 꽃차례. 개방형 원뿔꽃차례이다. 가지는 돌려난다. ❸ 소수. 자루가 없는 소수와 자루가 있는 소수가 쌍을 이루며 달린다. 자루가 없는 소수는 임성이며 2개의 소화로 이루어진다. 제1소화는 불임성이며 제2소화는 임성(양성)이고 호영의 끝에 길이 2~2.5cm의 긴 까락이 있다. ❹ 자루가 있는 소수. 수꽃만 피며 까락이 없다. 소수의 자루와 포영에 긴 털이 밀생한다. ❺ 꽃밥. 길이 2.5~2.7mm이다. ❻ 줄기의 마디. 긴 부드러운 털이 밀생한다. ❼ 엽설. 길이 1~2mm이다. 주변의 잎 밑부분과 잎집 윗부분에 긴 털이 있다. ❽ 잎집. 잎집 윗부분과 잎의 밑부분(특히 경령)에 긴 털이 있다.

바랭이새

Bothriochloa ischaemum (L.) Keng

벼과

국내분포/자생지 전남, 전북을 제외한 경남 이북의 산야(주로 건조한 지대)

형태 다년초. 땅속줄기는 짧다. 줄기는 높이 30~80cm이고 모여난다. 잎은 너비 2~4mm의 좁은 선형이고 양면에 부드러운 털이 흩어져 있다. 꽃차례에는 5~15개의 총상꽃차례가 조밀하게 손바닥모양으로 모여 달린다. 총상꽃차례는 길이 3~7cm이고 꽃차례의 마디와 소수의 자루에 긴 털이 있다. 자루가 없는 소수는 임성(양성)이고 자루가 있는 소수는 불임성(수꽃만 달림)이다. 소수는 2개의 소화로 이루어지며 밑부분에는 캘러스 털이 있다. 자루가 있는 소수는 길이 3.5~4mm이며 포영이 피침형이고 호영은 까락이 없다. 자루가 없는 소수는 길이 4~5mm의 피침형-장타원상 피침형이다. 포영은 장타원상 피침형이고 길이는 소수와 같다. 제1포영은 초질이고 5~7개의 맥이 있으며 하반부에 부드러운 긴 털이 있다. 제2포영은 초질 또는 막질이고 가장자리는 용골지며 맥은 불분명하다. 제1소화는 불임성이며 호영은 길이 2.5mm의 장타원상 피침형이고 막질이다. 제2소화는 임성이며 호영은 길이 1~2mm의 선상 피침형이고 끝부분에 길이 1~1.5cm의 까락이 있다. 수술은 3개이며 꽃밥은 길이 1.5mm 정도이다. 개화기는 7~9월이다.

참고 총상꽃차례는 자루가 뚜렷하게 길며 산방상(또는 원뿔상)으로 달린다.

❶ 2023. 9. 6. 강원 삼척시 ❷꽃차례. 총상꽃차례에는 가늘고 긴 뚜렷한 자루가 있다. 자루는 아래쪽의 것이 더 길다. ❸~❺소수. 자루가 없는 소수와 자루가 있는 소수가 쌍을 이루며 달린다. 총상꽃차례의 축과 소수의 자루에는 긴 털이 줄지어 밀생한다. 까락이 있는 소수(임성) 밑부분의 자루는 소수의 자루가 아니고 총상꽃차례의 축이다. 자루가 있는 소수(불임성)는 수꽃만 피는 소수이며 까락이 없다. ❻자루가 없는 소수. 임성이다. 제1소화는 불임성이고 호영은 길이 2.5mm 정도의 장타원상 피침형이다. 제2소화는 임성이며 호영은 길이 1~2mm의 선상 피침형이고 끝부분에 까락이 있다. 까락은 길이 1~1.5cm이고 중간 부근에서 구부러진다. ❼엽설. 길이 1mm 정도이다. 잎집의 윗부분 가장자리(구부)와 잎의 하단부 가장자리에 긴 털이 있다. ❽잎집. 매끈하다.

나도기름새

Capillipedium parviflorum (R.Br.) Stapf

벼과

국내분포/자생지 중부지방 이남 산야(주로 건조한 산지)

형태 다년초. 땅속줄기는 짧다. 줄기는 높이 40~80cm이고 모여난다. 잎은 너비 3~8mm의 좁은 선형이고 표면에 부드러운 털이 흩어져 있다. 마디에 부드러운 털이 밀생한다. 엽설은 길이 0.5~1.5mm이고 막질이며 잔털이 있다. 원뿔꽃차례는 길이 8~18cm이고 꽃차례 축과 가지는 매끈하다. 가지는 길이 2~6cm이고 옆으로 퍼지며 마디에서 돌려난다. 자루가 없는 소수 1개와 자루가 있는 소수 2개가 짝(묶음)을 이루며 달린다. 자루가 없는 소수는 임성(양성)이고 자루가 있는 소수는 불임성(흔히 수꽃만 달림)이다. 소수는 2개의 소화로 이루어지며 밑부분에 캘러스 털이 있다. 자루가 있는 소수는 길이 3mm 정도의 피침형이며 포영은 장타원상 피침형이고 잔털이 있다. 제1포영은 5~7개의 맥이 있고 제2포영은 3개의 맥이 있으며 호영은 길이 2~2.8mm의 장타원상 피침형이고 끝부분에 까락이 없다. 자루가 없는 소수는 길이 3mm 정도의 피침형-장타원상 피침형이다. 제1포영은 장타원상 피침형이고 2개이 용골이 있다. 제2포영은 보트모양의 피침형이고 3개의 맥이 있다. 제1소화는 퇴화되었다. 제2소화는 임성(양성)이며 호영은 난상 피침형이고 끝부분에 길이 1~2cm의 까락이 있다. 수술은 3개이며 꽃밥은 길이 1~1.2mm이다. 개화기는 8~10월이다.

참고 소수는 원뿔꽃차례에 모여 달리며 자루가 없는 소수 2개와 1개의 자루가 있는 소수 1개가 짝(묶음)을 이룬다.

❶2021. 8. 10. 제주 제주시 ❷꽃차례. 개방형 원뿔꽃차례이다. 가지는 가늘며 적자색-흑자색이고 미끈하다. 2차 가지는 약하게 또는 강하게 구부러진다. ❸~❺소수. 2개의 자루가 없는 소수와 1개의 자루가 있는 소수가 짝을 이루며 달린다. 윗부분의 자루가 있는 소수는 수꽃만 피고 까락이 없다. 아래쪽 자루가 없는 소수의 밑부분에 붙어 있는 자루모양의 것은 꽃차례 가지의 일부다. ❻엽설. 길이 1mm 이하로 매우 짧다. 잎집 상부 가장자리(구부)에 긴 털이 나 있다. ❼줄기의 마디. 긴 부드러운 털이 밀생한다.

쇠풀

Schizachyrium brevifolium (Sw.)
Nees ex Büse

벼과

국내분포/자생지 전국의 산야(주로 산
지 길가 및 무덤가)

형태 1년초. 줄기는 높이 10~40cm
이고 가지가 많이 갈라진다. 밑부분
은 땅에 눕고 마디에서 뿌리를 내린
다. 잎은 길이 1~4cm, 너비 2~4mm
의 선형-선상 피침형이고 밑부분은
둥글. 총상꽃차례는 줄기나 가지의
끝에서 달리며 길이 1~3cm이고 밑부
분은 흔히 포에 싸여 있다. 자루가 없
는 소수와 자루가 있는 소수가 쌍을
이루며 달린다. 자루가 있는 소수(불
임성)는 내영과 암꽃이 퇴화되고 흔히
포영만 남아 있다. 포영은 길이 0.8
~1mm의 난상 장타원형-삼각형이고
끝부분에 길이 2~4mm의 까락이 있
다. 자루가 없는 소수는 길이 3~4mm
의 피침형이고 포영은 소수와 길이가
같다. 제1포영은 장타원상 피침형-장
타원상 난형이고 끝은 2개로 얕게 갈
라지고 4~5개의 맥이 있다. 제2포영
은 보트모양의 피침형이고 막질이며
3~5개의 맥이 있다. 제1소화는 불임
성이다. 호영은 길이 2~2.5mm의 장
타원상 피침형이고 막질이며 2개의
맥이 있다. 내영은 없다. 제2소화는
임성(양성)이다. 호영은 길이 1~2mm
의 피침형이고 막질이며 2개로 깊게
갈라지고 그 사이에서 길이 5~10mm
의 까락이 나온다. 내영은 흔히 없다.
수술은 3개이며 꽃밥은 길이 0.5~
0.8mm이다. 개화기는 8~9월이다.

참고 꽃차례는 줄기나 가지의 끝에서
달리며 1개의 총상꽃차례로 이루어지
고 밑부분은 흔히 포에 싸여 있다.

❶ 2019. 8. 24. 전남 구례군 ❷ 꽃차례. 총
상꽃차례이다. ❸~❺ 소수. 자루가 없는 소
수와 자루가 있는 소수가 쌍을 이루며 달린
다. 자루가 있는 소수(a)는 불임성이며 호영
과 내영이 퇴화되어 없고 자루 끝에 까락이
달린 포영만 남아 있다. 소수의 자루(b)처럼
보이는 것은 총상화서의 화축 절간(rachis
internodes)이다. 긴 까락을 달고 있는 것이
자루가 없는 소수의 제2소화의 호영이고 짧
은 까락을 달고 있는 것이 자루가 있는 소수
의 제1포영이다. ❻ 자루가 없는 소수의 제2
소화의 호영. 길이 1~2mm이고 막질이며 깊
게 갈라지고 그 사이에서 긴 까락이 달린
다. ❼ 잎. 잎집은 납작하고 털이 없으며 잎
은 길이 4cm 이하의 선형-선상 피침형이다.
❽ 엽설. 길이 1mm 이하로 짧고 막질이며 윗
부분은 불규칙하게 갈라진다.

누운기장대풀
Isachne nipponensis Ohwi

벼과

국내분포/자생지 제주 및 전남(완도)의 산지 계곡가 및 산지 습지

형태 다년초. 줄기는 길이 10~20cm이며 땅 위에 눕고 마디에서 뿌리를 내린다. 가지가 많이 갈라지며 가지는 길이 3~10cm이다. 잎집은 가장자리에 긴 털이 있다. 잎은 길이 1~3cm, 너비 4~8mm의 피침상 장타원형-장타원상 난형이고 가장자리는 거칠며 양면에 긴 털이 흩어져 있다. 엽설은 매우 짧아서 막질 부위가 보이지 않으며 길이 1~1.5mm의 긴 털이 있다. 원뿔꽃차례는 줄기나 가지의 끝에 달리며 길이 2~5cm의 난형-넓은 난형이고 가지는 마디에서 1개씩 갈라진다. 아래쪽의 가지는 밑부분에서 다시 2차 가지가 갈라진다. 소수는 길이 1.5mm 정도의 타원형-거의 구형이며 2개의 소화로 이루어진다. 포영은 길이가 약간 다르며 끝이 둔하거나 둥글고 상반부에는 밑부분에 돌기가 있는 긴 털이 흩어져 있다. 제1포영은 길이 1.1~1.3mm의 장타원상 난형이고 3~5개의 맥이 있다. 제2포영은 길이 1.3~1.6mm의 난형-넓은 난형이고 5~7개의 맥이 있다. 2개의 소화는 모양과 크기가 거의 같다. 호영은 길이 1.3mm 정도의 넓은 타원형이고 용골은 없으며 잔털이 있고 가장자리는 내영을 감싼다. 내영은 2개의 맥이 있고 짧은 털이 있다. 수술은 3개이며 꽃밥은 길이 0.5~0.8mm이다. 개화기는 8~10월이다.

참고 높이 3~10cm으로 소형이며 줄기가 땅에 누워서 자라고 마디에서 뿌리를 내린다.

❶ 2005. 8. 11. 제주 제주시 한라산 ❷꽃차례. 개방형 원뿔꽃차례이며 줄기 끝부분에서 달린다. ❸소수. 모양과 크기가 거의 같은 2개의 소화로 이루어진다. 소수의 자루에 짧은 털이 약간 있다. ❹소화. 호영과 내영은 가죽질이며 표면에 짧은 털이 흩어져 있다. 호영의 가장자리는 내영을 약간 감싼다. ❺잎. 피침상 장타원형-장타원상 난형이며 표면에 긴 털이 흩어져 있다. ❻잎 뒷면. 흰빛이 강하게 돌며 긴 털이 많다.

쥐꼬리새풀

Sporobolus fertilis (Steud.) Clayton

벼과

국내분포/자생지 전국의 산야

형태 다년초. 줄기는 길이 30~70cm
이다. 잎은 너비 1.5~6mm의 좁은 선
형이다. 원뿔꽃차례(응축형)는 길이 15
~40cm, 너비 4~7mm이다. 소수는 길
이 1.8~2.1mm이다. 포영은 막질이다.
제1포영은 길이 0.5~0.7mm의 장타
원형이고 맥이 없으며 제2포영은 길
이 0.8~1.2mm의 난형이고 1개의 맥
이 있다. 호영은 길이 1.7~2mm의 장
타원상 난형이고 맥이 1(~3)개 있다.
내영은 호영과 길이가 비슷하다. 수
술은 3개이다. 개화기는 8~9월이다.
참고 다년초이며 꽃차례는 길이 10~
30cm의 응축형 원뿔꽃차례이고 잎
이 좁은 선형인 것이 특징이다.

❶ 2023. 9. 1. 전남 정읍시 ❷ 꽃차례. 응축
형 원뿔꽃차례이다. 가지가 짧고 꽃차례 축
에 밀착한다. ❸ 꽃차례(결실기). 영과는 호영
과 내영보다 짧고 측면이 밖으로 약간 나출
된다. ❹ 소수(개화기). 1개의 소화로 이루어
진다. ❺ 엽설. 매우 짧다. 막질부가 없이 짧
은 털이 줄지어 나 있다.

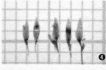

나도잔디

Sporobolus pilifer (Trin.) Kunth

벼과

국내분포/자생지 전국의 산지 습한
풀밭이나 길가

형태 1년초. 줄기는 길이 5~25cm이
다. 잎은 길이 2~7cm, 너비 2~4mm
의 피침형이다. 원뿔꽃차례(응축형)는
길이 2~8cm의 선상 원통형이다. 소
수는 길이 2.2~2.8mm의 난형이다.
포영은 서로 길이가 다르고 장타원상
난형이며 막질이고 끝이 뾰족하다.
호영은 길이 2.2~2.5mm의 보트모양
의 장타원상 난형~난형이며 1개의 용
골(중앙맥)이 있고 상반부는 약간 거칠
다. 내영은 호영보다 약간 짧으며 막
질이다. 개화기는 8~9월이다.
참고 잎가장자리에 밑부분이 사마귀
처럼 부푼 긴 털이 있다.

❶ 2023. 9. 10. 전남 광양시 백운산 ❷ 꽃차
례. 가지가 짧고 꽃차례 축에 밀착하여 총상
꽃차례처럼 보인다. ❸ 꽃차례(결실기). 영과
는 밖으로 나출하지 않는다. ❹ 소수. 1개의
소화로 이루어진다. ❺ 엽설. 매우 짧다. 잎가
장자리에는 선점이 줄지어 나며 밑부분이 사
마귀처럼 부푼 긴 털이 있다. ❻ 잎집. 잎집
가장자리와 잎의 표면에 긴 털이 있다.

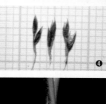

대새풀

Cleistogenes hackelii (Honda) Honda
var. *hackelii*

국내분포/자생지 전국의 산지

형태 다년초. 땅속줄기는 짧다. 줄기는 길이 40~90cm이고 모여난다. 잎집은 잎보다 짧고 마디사이와 길이가 비슷하다. 잎은 길이 3~15cm, 너비 3~5mm의 선형-선상 피침형이며 가장자리는 편평하거나 안쪽으로 약간 말린다. 엽설은 길이 0.3~0.5mm이고 가장자리에 털이 있다. 원뿔꽃차례는 길이 4~8cm이고 2~5개의 총상꽃차례(가지)가 옆으로 퍼져서 달린다. 총상꽃차례는 길이 4~8cm이고 2~10개의 소수가 달린다. 소수는 길이 5~9mm이고 2~5개의 소화로 이루어진다. 포영은 서로 길이가 다르며 막질이고 1개의 맥이 있다. 제1포영은 길이 0.8~2mm의 피침형이며 제2포영은 길이 1.5~3mm의 피침형-장타원상 피침형이다. 호영은 길이 4~5mm의 피침형이고 끝부분이 2개로 같게 갈라지며 그 사이에 길이 1~4(~7.5)mm의 까락이 있다. 내영은 호영과 길이가 비슷하며 용골은 희미하다. 수술은 3개이며 길이 1.5~2mm다. 개화기는 8~10월이다.

참고 개방형 원뿔꽃차례이며 총상꽃차례(가지)가 옆으로 거의 수평으로 벌어진다. 대새풀에 비해 잎이 크고(길이 6.5~12mm, 너비 4~8mm) 가장 아래쪽의 호영이 길이 5.4~6mm이며 제2포영이 길이 3~4.7mm이고 1~3맥인 것을 수염대새풀[var. *nakaii* (Keng) Ohwi]로 분류하지만 변이가 심해서 구분하기 어렵다.

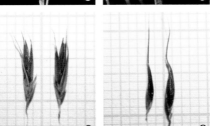

❶2023. 9. 24. 전남 신안군 가거도 ❷꽃차례. 개화기 때 가지(총상꽃차례)는 거의 직각으로 벌어진다. ❸총상꽃차례. 2~10개의 소수가 달린다. ❹총상꽃차례(철원군). 소수가 성기게 달리며 호영의 까락이 긴 개체도 있다. ❺소수. (2~)3~5개의 소화로 이루어진다. ❻소수(철원군). 까락이 긴 개체는 길이 6~7.5mm 이상이다. ❼잎(안동시). 잎은 길이 5~7cm이고 너비 6~8mm로 수염대새풀에 가깝지만 소수의 형태는 그냥 대새풀이다. ❽엽설. 길이 0.3~0.5mm로 짧다. ❾잎집. 표면과 끝부분의 가장자리(구부)에 밑부분이 사마귀(돌기)처럼 부푼 긴 털이 있거나 없다. ❿2020. 9. 6. 강원 정선군

교래잠자리피

Tripogon longe-aristatus Hack. ex Honda

벼과

국내분포/자생지 제주의 산지(주로 하천가 바위지대)

형태 다년초. 줄기는 길이 15~25cm 이고 조밀하게 모여난다. 잎집은 마디사이보다 짧고 표면에는 털이 없거나 약간 있으며 끝부분의 가장자리(구부)에 긴 털이 있다. 잎은 길이 4~15cm, 너비 0.5~2mm의 좁은 선형이며 편평하거나 가장자리가 안쪽으로 약간 말린다. 양면(특히 표면)의 밑부분에 긴 털이 있다. 엽설은 매우 짧다. 총상꽃차례는 길이 10~15cm이고 다수의 소수가 모여 달린다. 소수는 길이 4.5~8mm이다. 포영은 서로 길이가 다르고 피침형이며 막질이고 1개의 맥이 있다. 제1포영은 길이 2~3mm이며 제2포영은 길이 3.5~4.5mm이고 끝은 길게 뾰족하다. 호영은 길이 2.8~3.5mm의 피침상 장타원형이고 3개의 맥이 있으며 맥의 끝은 까락과 연결된다. 중앙맥과 이어지는 까락은 길이 4~8mm이며 측맥과 이어지는 까락은 길이 0.3~1.8mm이다. 내영은 호영보다 약간 짧고 장타원형이며 양쪽 가장자리 근처에 용골이 1개씩 있다. 용골은 좁은 날개모양이고 상반부에 털이 있다. 수술은 1개이며 꽃밥은 길이 1.5mm 정도이다. 개화기는 8~10월이다.

참고 갯잠자리피에 비해 소수가 6~8개의 소화로 이루어지며 중앙맥과 이어지는 까락은 길고(길이 4~8mm) 건조되면 심하게 구부러지는 것이 특징이다.

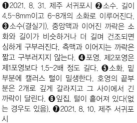

❶2021. 8. 31. 제주 서귀포시 ❷소수. 길이 4.5~8mm이고 6~8개의 소화로 이루어진다. ❸소수(결실기). 중앙맥과 이어진 까락은 소화와 길이가 비슷하거나 더 길며 건조되면 심하게 구부러진다. 측맥과 이어지는 까락은 짧고 구부러지지 않는다. ❹포영. 제2포영은 제1포영보다 1.5~2배 정도 길다. ❺소화. 밑부분에 캘러스 털이 밀생한다. 호영의 끝부분은 2개로 깊게 갈라지고 그 사이에서 긴 까락이 달린다. ❻잎집. 털이 흩어져 있다(없는 경우도 있음). ❼2021. 8. 10. 제주 서귀포시

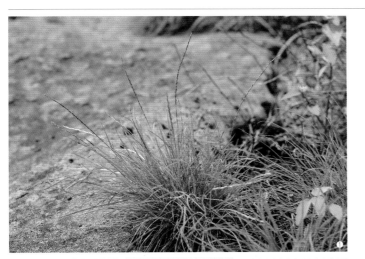

갯잠자리피

Tripogon chinensis (Franch.) Hack.

벼과

국내분포/자생지 제주 서귀포시의 산지

형태 다년초. 줄기는 길이 15~30cm 이고 조밀하게 모여난다. 잎집은 표면에는 털이 거의 없으며 끝부분의 가장자리(구부)에 긴 털이 있다. 잎은 길이 4~12cm, 너비 0.5~1.2mm의 좁은 선형이며 편평하거나 가장자리가 안쪽으로 약간 오목하다. 표면에 털이 있거나 없으며 가장자리는 약간 거칠다. 엽설은 매우 작고 털이 없거나 짧은 털이 줄지어 난다. 총상꽃차례는 길이 5~15cm이고 다수의 소수가 모여 달린다. 소수는 길이 4~10mm이고 3~5(~7)개의 소화로 이루어진다. 포영은 서로 길이가 다르며 막질이고 1개의 맥(용골)이 있다. 제1포영은 길이 1.5~2mm의 피침형이며 제2포영은 길이 2.5~4.5mm이고 끝부분은 길게 뾰족하다. 소수의 밑부분에는 길이 0.5~1mm의 캘러스 털이 있다. 호영은 길이 2.5~3.5mm의 장타원형~난상 장타원형이고 끝은 2개로 갈라지며 3개의 맥이 있고 맥의 끝은 까락과 연결된다. 중앙맥과 이어지는 까락은 길이 0.8~2mm이고 측맥과 이어지는 까락은 매우 짧다. 내영은 호영보다 짧으며 양쪽 가장자리 근처에 용골이 1개씩 있다. 용골은 상반부에 털이 있다. 수술은 3개이며 꽃밥은 길이 1~1.3mm이다. 개화기는 6~8월이다.

참고 교래잠자리피에 비해 줄기와 잎이 더 다복하게 모여나며 개화기가 6~8월로 조금 더 빠르다. 소수는 흔히 3~5개의 소화로 이루어지며 까락은 짧고 구부러지지 않는다.

❶2021. 7. 20. 제주 서귀포시 ❷소수. 길이 4~10mm이고 까락은 소화보다 짧다. ❸소수 (개화기). 흔히 3~5개의 소화로 이루어진다. ❹소수. 제2포영은 길이 2.5~4.5mm로 흔히 소화보다 더 길다. ❺소화. 길이 2.5~3.5mm 이며 밑부분에 캘러스 털이 있다. ❻엽설. 길이 0.5mm 정도로 짧고 가장자리에 짧은 털이 있다. ❼잎. 긴 털이 흩어져 있는 개체도 있다. ❽2021. 6. 9. 제주 서귀포시

선쥐꼬리새

Muhlenbergia hakonensis (Hack.)
Makino

벼과

국내분포/자생지 한라산 및 금강산, 덕유산의 숲속 및 계곡가 풀밭, 바위 지대

형태 다년초. 땅속줄기는 옆으로 길게 뻗는다. 줄기는 길이 30~70cm이고 성기게 모여난다. 잎집은 털이 없고 부드럽다. 잎은 길이 8~22cm, 너비 2~4mm의 좁은 선형-선형이며 편평하고 표면과 가장자리는 약간 거칠다. 엽설은 길이 0.5~1mm이다. 원뿔꽃차례(응축형)는 길이 10~15cm, 너비 5~8mm이며 가지는 짧고 꽃차례의 축에 밀착하여 달린다. 소수는 길이 3.8~4.5mm의 피침형이며 1개의 소화로 이루어진다. 포영은 서로 길이가 비슷하고 길이 3~4mm의 피침형이며 소수 길이의 2/3~4/5이다. 끝은 길게 뾰족하고 1개의 맥이 있으며 맥 위는 거칠다. 호영은 길이 3.8~4.4mm의 피침형이고 밑부분에 털이 있으며 3개의 맥이 있다. 끝이 2개로 갈라지며 그 사이에서 길이 6~10mm의 까락이 나온다. 내영은 호영과 길이가 비슷하고 2개의 용골(맥)이 있다. 꽃밥은 길이 1.8~2mm이다. 개화기는 7~9월이다.

참고 원뿔꽃차례가 응축형이며 포영이 소수 길이의 2/3~4/5 정도이고 꽃밥이 길이 1.8~2mm로 길다.

❶2021. 8. 31. 제주 서귀포시 한라산 ❷소수. 포영은 소수(호영) 길이의 2/3~4/5다. ❸꽃차례(개화기). 개화기에 눈에 잘 띌 만큼 꽃밥이 큰 편이다. ❹소수. 길이 3.8~4.5mm로 큰 편이다. ❺포영. 피침형이고 길이 3~4mm이다. 제1포영은 제2포영보다 약간 길다. ❻소화. 까락은 길이 6~10mm이다. ❼꽃밥. 길이 1.8~2mm이다. ❽엽설. 길이 0.3~0.5mm이고 윗부분 가장자리는 얕게 갈라진다. ❾잎집. 털이 없다. ❿땅속줄기. 옆으로 길게 뻗는다. ⓫2023. 8. 8. 제주 서귀포시 한라산

큰쥐꼬리새

Muhlenbergia huegelii Trin.

벼과

국내분포/자생지 제주를 제외한 거의 전국의 산지

형태 다년초. 땅속줄기는 옆으로 길게 뻗는다. 줄기는 길이 60~100cm이고 모여난다. 잎집은 돌기모양의 잔털이 있다. 잎은 길이 8~25cm, 너비 5~12mm의 좁은 선형-선형이며 편평하고 양면과 가장자리는 약간 거칠다. 엽설은 길이 1mm 이하이다. 원뿔꽃차례는 길이 10~30cm이며 비스듬히 서고 윗부분은 아래로 약간 처진다. 가지는 마디에서 1~여러 개씩 달리고 가지는 다시 2차 가지로 갈라진다. 소수는 가지에 촘촘히 달리며 길이 2.5~3.2mm의 피침형이고 1개의 소화로 이루어진다. 포영은 피침형-피침상 장타원형이고 소수 길이의 1/4~1/3 정도이며 막질이고 1개의 맥이 있다. 제1포영은 길이 0.5~0.7mm이며 제2포영은 길이 0.7~1mm이다. 호영은 길이 3mm 정도이고 3개의 맥이 있으며 밑부분에 털이 있다. 끝은 2개로 깊게 갈라지고 그 사이에서 길이 7~15mm의 까락이 나온다. 내영은 호영과 길이가 비슷하고 2개의 용골(맥)이 있다. 꽃밥은 길이 0.8mm 정도이다. 개화기는 8~10월이다.

참고 자생 쥐꼬리새속 식물 중에서 가장 대형이며 포영은 짧고(소수 길이의 1/4~1/3 정도) 까락이 길이 7~15mm로 매우 긴 것이 특징이다.

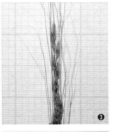

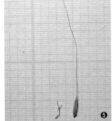

❶2021. 9. 10. 전남 구례군 지리산 ❷❸꽃차례의 가지. 까락은 길이 7~15mm로 매우 길다. ❹소수. 포영은 짧아서 소수(호영) 길이의 1/4~1/3 정도이다. ❺포영(좌)과 소화(우). 포영은 막질이며 소화는 밑부분에 캘러스 털이 있다. ❻엽설. 길이 1mm 이하로 짧다. ❼잎집. 털이 없거나 돌기모양의 잔털이 있다. ❽땅속줄기. 옆으로 길게 뻗는다. ❾2020. 8. 22. 강원 정선군 함백산

쥐꼬리새

Muhlenbergia japonica Steud.

벼과

국내분포/자생지 전국의 산지

형태 다년초. 땅속줄기는 굵고 짧게 뻗는다. 줄기는 길이 20~35cm이고 모여나며 밑부분은 땅에 눕고 마디에서 뿌리를 내린다. 잎집은 털이 없고 마디사이보다 짧다. 잎은 길이 5~15cm, 너비 2~4mm의 선형이며 편평하고 가장자리는 약간 거칠다. 엽설은 길이 0.5mm 이하이다. 원뿔꽃차례는 길이 8~15cm이며 비스듬히 선다. 가지는 마디에서 1개씩 달리고 가지는 다시 2차 가지로 갈라진다. 소수는 길이 2.5~3mm의 피침형이고 1개의 소화로 이루어진다. 포영은 피침상 장타원형~장타원상 난형이고 소수 길이의 1/2 정도이며 막질이고 1개의 맥이 있다. 제1포영은 길이 1.2~2mm이고 제2포영은 길이 1.5~2.1mm이다. 소화의 밑부분에는 캘러스 털이 약간 있다. 호영은 길이 2.4~3mm의 피침형~피침상 장타원형이고 3개의 맥이 있으며 밑부분에 털이 있다. 끝은 2개로 갈라지고 그 사이에서 길이 4~8mm의 까락이 나온다. 내영은 호영과 길이가 비슷하고 2개의 용골(맥)이 있다. 수술은 3개이며 꽃밥은 길이 0.6~0.8mm이다. 개화기는 8~10월이다.

참고 자생 쥐꼬리새속 식물 중에서 가장 작으며 땅속줄기가 굵고 짧다. 소수는 길이 2.5~3mm이고 포영은 소수 길이의 1/2 이상이다.

❶2022. 10. 1. 전남 완도군 상왕봉 ❷~❹소수. 소수는 길이 2.5~3mm로 작은 편이며 포영은 소수 길이의 1/2 정도이다. ❺소화(좌)과 포영(우). 까락은 길이 4~8mm이다. ❻꽃밥. 길이 0.6~0.8mm이다. ❼엽설. 길이 0.2~0.5mm이고 윗부분 가장자리에 잔털이 있다. ❽잎집. 털이 없다. ❾땅속줄기. 굵고 짧은 편이다. ❿2019. 8. 24. 충남 태안군 안면도

가지쥐꼬리새

Muhlenbergia ramosa (Hack.)
Makino

벼과

국내분포/자생지 주로 경기, 경북 이남의 산야

형태 다년초. 땅속줄기는 길게 뻗는다. 줄기는 길이 40~90cm이고 모여나며 밑부분은 비스듬히 눕는다. 상반부의 마디(특히 줄기 중앙부와 부근)에서 다수의 가지가 나온다. 잎은 길이 5~12cm, 너비 3~6mm의 선형이며 편평하고 양면과 가장자리는 거칠다. 엽설은 길이 0.5mm 정도이고 윗부분은 편평하다. 원뿔꽃차례는 길이 5~16cm이며 가지는 짧고 마디에서 1~2개씩 달린다. 가지는 다시 2차 가지로 갈라진다. 소수는 길이 2.5~3.2mm의 피침형이고 1개의 소화로 이루어진다. 포영은 장타원상 피침형–장타원상 난형이고 소수 길이의 1/2~3/4이며 막질이고 1개의 맥이 있다. 제1포영은 길이 1.5~2mm이며 제2포영은 길이 1.8~2.3mm이다. 소화의 밑부분에는 캘러스 털이 있다. 호영은 길이 2.1~3.1mm의 피침상 장타원형이고 3개의 맥이 있으며 끝은 2개로 갈라지고 그 사이에서 길이 5~8mm의 까락이 나온다. 내영은 호영과 길이가 비슷하고 2개의 용골(맥)이 있다. 꽃밥은 길이 0.5~0.9mm이다. 개화기는 8~10월이다.

참고 키는 쥐꼬리새에 비해 큰 편이며 줄기의 대부분(특히 중앙부) 마디에서 가지가 나온다.

❶2021. 8. 17. 대구 북구 팔공산 ❷꽃차례. 좁은 원뿔꽃차례이다. ❸❹소수. 길이 2.5~3.2mm이며 포영은 소수 길이의 1/2~2/3 정도이다. ❺소화. 소화(좌 2개)는 길이 2.1~3.1mm이고 밑부분에 캘러스 털이 밀생한다. 오른쪽의 2개는 호영과 내영이다. ❻포영(좌)과 소화(우). 제1포영은 길이 1.5~2mm이고 제2포영은 길이 1.8~2.3mm이다. 호영의 까락은 길이 5~8mm이다. ❼꽃밥. 길이 0.5~0.9mm이다. ❽엽설. 길이 0.5mm 이하로 매우 짧다. ❾땅속줄기. 옆으로 길게 뻗는다. ❿2019. 8. 24. 경남 창녕군

한라쥐꼬리새(신칭)

Muhlenbergia curviaristata (Ohwi) Ohwi
Muhlenbergia curviaristata var. *nipponica* Ohwi

벼과

국내분포/자생지 제주 한라산의 해발고도가 높은 곳(1,300~1,850m)의 풀밭에서 주로 자라지만 해발고도가 낮은 계곡부 바위지대에서도 간혹 자람

형태 다년초. 땅속줄기는 옆으로 뻗는다. 줄기는 길이 25~60cm이고 모여나며 밑부분은 비스듬히 눕고 마디에서 뿌리를 내린다. 하반부의 마디에서 간혹 가지가 갈라진다. 잎은 길이 8~20cm, 너비 3~7mm의 선형이며 편평하고 양면과 가장자리는 거칠다. 엽설은 길이 0.5~1mm이고 윗부분은 편평하고 불규칙하게 갈라진다. 원뿔꽃차례는 길이 6~20cm, 너비 1~2.5cm이며 가지는 짧고 마디에서 1(~2)개씩 달린다. 가지는 다시 2차 가지로 갈라진다. 소수는 길이 3~3.5mm의 피침형이고 1개의 소화로 이루어진다. 포영은 피침형-장타원상 피침형이고 소수 길이의 2/3~4/5이며 막질이고 1개의 맥이 있다. 제1포영은 길이 1.8~2.4mm이며 제2포영은 길이 2~2.7mm이다. 소화의 밑부분에는 캘러스 털이 있다. 호영은 길이 2.7~3.5mm의 피침상 장타원형이고 3개의 맥이 있으며 끝은 2개로 갈라지고 그 사이에서 길이 4~10mm의 까락이 나온다. 까락은 약간 구부러진다. 내영은 호영과 길이가 비슷하고 2개의 용골(맥)이 있다. 꽃밥은 길이 1~1.2mm이다. 개화기는 7~9월이다.

참고 가지쥐꼬리새와 유사하다. 가지쥐꼬리새에 비해 줄기에서 가지가 갈라지지 않거나 간혹 하반부에서 갈라지며 꽃밥이 길이 1~1.2mm로 더 긴 것이 특징이다.

❶ 2021. 8. 10. 제주 서귀포시 한라산 ❷ 꽃차례. 개방형 원뿔꽃차례이며 가지는 옆으로 비스듬히 퍼지거나 거의 곧추선다. 수술은 1개씩 달린다. ❸❹ 소수. 길이 3~3.5mm이며 1개의 소화로 이루어진다. ❺ 포영. 길이 2~2.5mm이며 포영은 소수(호영) 길이의 2/3~4/5 정도이다. ❻ 소화. 길이 3~3.5mm이고 호영의 까락은 길이 4~10mm이다. ❼ 꽃밥. 길이 1~1.2mm이다. ❽ 엽설. 길이 0.5~1mm이다. ❾ 잎집. 털이 없다. 약간 거칠거나 매끈하다. ❿ 땅속줄기. 옆으로 길게 뻗는다. ⓫ 2021. 7. 20. 제주 서귀포시 한라산

핵심
피자식물

MESANGIOSPERMS

진정쌍자엽류
EUDICOTS

미나리아재비목
RANUNCULALES

양귀비과 PAPAVERACEAE
매자나무과 BERBERIDACEAE
미나리아재비과 RANUNCULACEAE

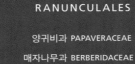

줄꽃주머니

Adlumia asiatica Ohwi

양귀비과

국내분포/자생지 북부지방의 산지 숲가장자리

형태 덩굴성 1~2년초. 줄기는 길이 1 ~3m이다. 잎은 2~3회 깃털모양의 겹 잎이며 흔히 끝에 덩굴손이 발달한 다. 꽃은 7~9월에 연한 분홍색-연 한 적자색으로 피며 총상꽃차례에 3 ~10(~20)개씩 모여 달린다. 꽃줄기 는 2~5(~12)cm이다. 꽃잎은 4장이다. 바깥꽃잎은 2개의 능각(날개)이 있으 며 밑부분은 주머니모양으로 약간 부 풀어 있다. 수술은 6개이고 끝부분 이 합생한다. 열매(삭과)는 길이 1.6~ 1.8cm의 선상 장타원형이다.

참고 현호색속(*Corydalis*)에 비해 줄기 가 덩굴지며 꽃차례가 잎겨드랑이에 서 나오고 꽃의 측면이 좌우대칭인 것이 특징이다.

❶2019. 7. 24. 중국 지린성 ❷꽃. 길이 1.2~ 1.7cm이고 아래를 향해 달린다. ❸열매. 선 상 장타원형이다. 씨는 유질체(엘라이오솜) 가 없다. ❹잎. 가장자리는 밋밋하거나 얕은 결각상 톱니가 있다.

줄현호색

Corydalis bungeana Turcz.

양귀비과

국내분포/자생지 울산(귀화 추정) 및 북부지방의 산야

형태 1~2년초. 줄기는 길이 10~20(~ 40)cm이고 밑부분에서 가지가 많이 갈라진다. 줄기잎은 2회 깃털모양의 겹잎이며 열편은 가늘고 깊게 갈라진 다. 꽃은 4~6월에 연한 분홍색-연한 적자색으로 피며 총상꽃차례에 6~10 개씩 모여 달린다. 꽃자루는 길이 3 ~6mm이고 꽃받침은 일찍 떨어진다. 꽃잎은 4장이다. 바깥꽃잎은 길이 1.1 ~1.5cm이고 가장자리가 흔히 톱니모 양으로 갈라진다. 열매(삭과)는 길이 1.2~2cm의 장타원형이다.

참고 1~2년초이며 잎이 2회 깃털모양 의 겹잎이고 포가 잎모양인 것이 특 징이다.

❶2019. 4. 13. 울산 남구 ❷꽃 정면. 바깥꽃 잎의 가장자리는 톱니모양이다. 안쪽꽃잎의 끝부분은 짙은 자색-적자색이다. ❸꽃 측면. 거의 끝은 둥글다. 포는 잎모양이고 대형이 다. ❹열매. 장타원형이며 씨는 2열로 배열 된다. ❺뿌리 부근의 잎. 2회 깃털모양으로 갈라진다.

날개현호색

Corydalis alata B.U.Oh & W.R.Lee

양귀비과

국내분포/자생지 경북(청송군, 포항시, 울진군), 강원(강릉시, 동해시)의 숲가장자리 및 해안가 풀밭, 한반도 고유종

형태 다년초. 덩이줄기는 지름 1~2.5cm이다. 줄기는 높이 15~30cm이고 털이 없다. 줄기잎은 2개이며 1~2회 3출겹잎이고 잎자루는 길이 1~6cm이다. 작은잎은 길이 1~6.5cm의 선상 피침형−장타원형이며 가장자리는 밋밋하다. 꽃은 3~4월에 연한 하늘색, 청자색, 연한 적자색 등으로 피며 줄기의 끝부분의 총상꽃차례에 모여난다. 포는 길이 4.7~12mm의 끝부분이 깊게 갈라진 부채모양이다. 꽃자루는 길이 2.7~8.3mm(결실기에는 길이 6~20mm)이다. 바깥꽃잎은 2개이다. 위쪽의 것은 길이 1.5~2.7cm이고 끝이 오목하게 파인다. 거는 길이 1~1.7cm의 원통형이며 뒷부분이 아래로 약간 굽는다. 아래쪽의 것은 길이 8~15mm이고 밑부분은 화살촉모양이다. 안쪽꽃잎은 2개이고 앞부분이 합생하며 길이 7~9mm이다. 안쪽꽃잎의 등쪽에는 지느러미모양의 날개가 있다. 수술은 2개이며 수술대는 길이 6.6~8.8mm이고 막질이다. 씨방은 길이 6.5~8.8mm의 좁은 방추형이고 암술머리에는 14개의 돌기가 있다. 열매(삭과)는 길이 1~2cm의 약간 납작한 방추형−난상 방추형이다. 씨는 2열로 배열된다.

참고 아래쪽 바깥꽃잎의 하반부 가장자리가 날개모양이며 잎의 열편이 선상 피침형−장타원형으로 좁은 것이 특징이다.

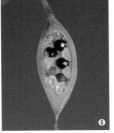

❶2002. 4. 7. 경북 청송군 ❷❸꽃. 아래쪽 바깥꽃잎의 하반부가 날개모양이다. 날개의 크기는 집단에 따라 변이가 있다. ❹안쪽꽃잎. 2장의 안쪽꽃잎은 끝부분이 합생하며 각각 등쪽으로 넓은 날개가 발달한다. ❺❻열매. 방추형이며 씨는 2열로 배열한다. ❼씨. 지름 1.5~2mm의 신장상 구형이다. ❽2013. 4. 18. 강원 강릉시. 강원도에 분포하는 날개현호색은 경북지역의 개체들에 비해 아래쪽 바깥꽃잎의 하반부 날개가 비교적 덜 발달한다. 추가적인 연구가 필요하다.

흰현호색

Corydalis albipetala B.U.Oh

양귀비과

국내분포/자생지 강원, 경기의 산지 숲속 및 숲가장자리, 한반도 고유종

형태 다년초. 덩이줄기는 지름 1~2.5cm이다. 줄기는 높이 10~20cm이고 털이 없다. 줄기잎은 2개이며 1~2회 3출겹잎이고 잎자루는 길이 1.5~3.7cm이다. 작은잎은 길이 1.4~6.5cm의 장타원형~타원형이며 가장자리는 밋밋하다. 꽃은 3~4월에 백색-연한 하늘색(~연한 적자색)으로 피며 줄기의 끝부분의 총상꽃차례에 모여난다. 포는 길이 5~9mm이고 끝이 갈라진다. 꽃자루는 길이 6~15mm(결실기에는 길이 1.5~1.8cm)이다. 바깥꽃잎은 2개이다. 위쪽의 것은 길이 1.2~1.4cm이며 거는 길이 7~8mm의 원통형이고 뒷부분이 아래로 약간 굽는다. 아래쪽의 것은 길이 1~1.2cm이며 끝부분은 요두이다. 안쪽꽃잎은 2개이고 길이 6~8.5mm이며 앞부분이 합생한다. 합생된 앞부분은 심장형의 요두이다. 안쪽꽃잎의 등쪽은 지느러미모양의 날개가 있으며 날개의 끝부분은 둥글게 부푼다. 수술은 2개이며 수술대는 길이 5.6~7mm이고 막질이다. 씨방은 길이 6~6.5mm의 좁은 방추형이고 암술머리에는 14개의 돌기가 있다. 열매(삭과)는 길이 1~1.3cm의 약간 납작한 선형이다. 씨는 1열로 배열된다.

참고 국내의 누운현호색 복합체(남도현호색, 봉화현호색, 쇠뿔현호색, 털현호색, 흰현호색)는 중국(동북 3성)과 러시아(프리모르스키주), 북한에 분포하는 누운현호색(*C. repens* Mandl & Muhldorf)과 형태적으로 매우 유사하다.

❶ 2004. 4. 26. 강원 평창군 오대산 ❷❸꽃. 흔히 백색-연한 하늘색이지만 연한 적자색으로 피는 개체도 있다. 누운현호색 계열의 주요한 공유형질 중의 하나는 안쪽꽃잎의 등쪽에 있는 지느러미모양의 날개 끝부분이 넓게 발달하거나 둥글게 부푼 것이다. ❹ 열매. 약간 납작한 선형이며 씨는 1열로 배열한다. ❺ 덩이줄기. 내부는 백색이다. ❻ 2004. 4. 11. 경기 광주시 남한산성

털현호색

Corydalis hirtipes B.U.Oh & J.G.Kim

국내분포/자생지 강원의 산지, 한반도 고유종

형태 다년초. 덩이줄기는 지름 1~2cm이다. 줄기는 높이 15~25cm이다. 줄기잎은 2개이며 1~2회 3출겹잎이고 잎자루는 길이 3~7cm이다. 작은잎은 길이 3~4.5cm의 장타원형-난형이며 가장자리는 밋밋하거나 결각상 톱니가 있다. 꽃은 3~4월에 백색(-연한 하늘색)으로 피며 줄기 끝부분의 총상꽃차례에 모여난다. 포는 길이 7~12mm이고 윗부분은 뾰족하거나 얕게 갈라진다. 꽃자루는 길이 5~9mm(결실기에는 길이 1.2~1.6cm)이다. 바깥꽃잎은 2개이다. 위쪽의 것은 길이 1.3~1.5cm이며 거는 길이 4.5~7.5mm의 원통형이고 뒷부분이 아래로 약간 굽는다. 아래쪽의 것은 길이 8~10mm이며 끝부분은 깊게 파인 요두이다. 안쪽꽃잎은 2개이다. 길이 7~8mm이며 합생된 앞부분은 V자모양이다. 안쪽꽃잎의 등쪽에는 지느러미 모양의 날개가 있으며 날개의 끝부분은 길게 돌출한다. 열매(삭과)는 길이 1.1~1.5cm의 약간 납작한 방추형-넓은 방추형이다. 씨는 2열로 배열된다.

참고 남도현호색에 비해 안쪽꽃잎 날개의 끝부분이 길게 돌출하며 열매가 방추형-넓은 방추형인 것이 특징이다. **봉화현호색**(*C. bonghwaensis* M.Kim & H.Jo)은 유사종들에 비해 꽃(특히 거)이 비교적 더 길 편이고 연한 황백색이며 작은잎이 흔히 선형인 것이 특징이다. 봉화군, 의성군 등의 도로변, 경작지(특히 과수원) 주변, 숲가장자리에서 자란다.

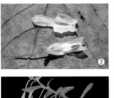

❶2020. 4. 15. 강원 인제군(ⓒ허태임) ❷❸❺(ⓒ전숙희) ❷꽃. 백색-연한 하늘색이며 전반적인 형태는 남도현호색류와 유사하다. ❸꽃잎. 안쪽꽃잎(아래)의 등쪽 날개의 선단부가 누운현호색 복합체 중에서 가장 길게 돌출한다. 합생된 안쪽꽃잎의 선단부(등쪽 날개)는 V자 형태이다. ❹열매(ⓒ변경렬). 방추형-넓은 방추형이며 씨는 2열로 배열한다. ❺줄기. 다수 개체의 줄기에 털이 있으나 전혀 털이 없는 개체도 혼생한다. ❻~❽봉화현호색 ❻꽃. 미색-연한 황색이다. 꽃부리가 비교적 좁고 긴 편이다. ❼열매. 타원상 난형-방추형이다. ❽2014. 4. 2. 경북 의성군 ❾2020. 4. 19. 경북 봉화군

남도현호색

Corydalis namdoensis B.U.Oh & J.G.Kim

양귀비과

국내분포/자생지 강원, 경북, 전남, 전북, 충남의 숲가장자리, 한반도 고유종

형태 다년초. 덩이줄기는 지름 1~2.5cm이다. 줄기는 높이 10~25cm이다. 줄기잎은 2개이며 1~2회 3출겹잎이다. 작은잎은 길이 1.5~2.5cm의 선형-타원형-난형이며 가장자리는 밋밋하거나 결각상 톱니가 있다. 꽃은 3~4월에 백색, 연한 하늘색, 연한 적자색, 적자색 등으로 피며 줄기 끝부분의 총상꽃차례에 모여난다. 포는 길이 7~12mm이고 윗부분은 뾰족하거나 얕게 갈라진다. 꽃자루는 길이 7~15mm(결실기에는 길이 1.2~2.2cm)이다. 바깥꽃잎은 2개이다. 위쪽의 것은 길이 1.2~1.4cm이며 거는 길이 6~10mm의 원통형이고 뒷부분이 곧게 뻗거나 아래로 약간 굽는다. 아래쪽의 것은 길이 8~10mm이며 끝부분은 깊게 파인 요두이다. 안쪽꽃잎은 2개이다. 길이 6~8mm이며 합생된 앞부분은 심장형의 요두이다. 안쪽꽃잎의 등쪽은 지느러미모양의 날개가 있으며 날개의 끝부분은 둥글게 부풀고 돌출한다. 수술은 2개이며 수술대는 길이 6~7mm이고 막질이다. 열매(삭과)는 길이 1.3~1.7cm의 약간 납작한 타원상 난형-방추형이다. 씨는 2열로 배열된다.

참고 남도현호색은 형태적인 변이가 매우 큰 편이다. 꽃색은 백색, 연한 하늘색, 연한 적자색, 적자색 등 다양하며 작은잎도 선형-피침형-난형으로 형태가 변이가 심하다. 흰현호색에 비해 열매가 타원상 난형~방추형이고 씨가 2열로 배열되는 것이 특징이다.

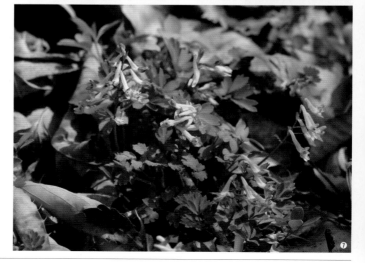

❶2022. 3. 25. 경북 의성군 ❷~❹꽃의 모양과 색의 변이. 독특한 형태를 보이는 집단들도 다수 관찰된다. ❷2007. 4. 7. 경북 의성. 꽃이 비교적 대형이며 적자색이다. ❸❹2013. 3. 30. 전북 진안. 꽃은 쇠뿔현호색이 연상되는 형태를 보이는 개체도 있다. ❺열매. 타원상 난형-방추형이다. ❻잎. 변이가 심하다. 열편이 선형-피침형-난형 등 집단 내에서도 다양한 편이다. ❼2006. 3. 26. 경북 의성군

쇠뿔현호색

Corydalis cornupetala Y.H.Kim &
J.H.Jeong

양귀비과

국내분포/자생지 경북(경산시 등)의 숲
속 및 숲가장자리, 한반도 고유종
형태 다년초. 줄기는 높이 20~35cm
이다. 작은잎은 길이 3~10cm의 선형
이며 가장자리는 밋밋하다. 꽃은 3~
4월에 백색-연한 적자색, 연한 황백
색으로 피며 줄기의 끝부분의 총상꽃
차례에 모여난다. 바깥꽃잎 중 위쪽
의 것은 길이 1.6~1.8cm이며 거는 길
이 1~1.4cm의 원통형이다. 안쪽꽃잎
은 길이 7~9mm이고 합생된 앞부분
은 요두이다. 열매(삭과)는 길이 1.5~
2cm의 약간 납작한 타원상 난형-방
추형이다. 씨는 2열로 배열된다.
참고 쇠뿔현호색은 아래쪽 바깥꽃잎
의 끝부분이 소의 뿔모양(V자모양)으
로 깊게 파이고 열편의 끝이 뾰족한
것이 특징이다.

❶ 2015. 3. 26. 경북 경산시. 잎은 댓잎형이
다. **❷❸**꽃. 바깥꽃잎 중 아래쪽의 끝부분이
깊은 요두이며 양쪽의 돌출부가 쇠뿔을 닮았
다. **❹**열매. 타원상 난형-방추형이다.

탐라현호색

Corydalis hallaisanensis H.Lév.

양귀비과

국내분포/자생지 제주 한라산의 숲
속 및 숲가장자리, 한반도 고유종
형태 다년초. 줄기는 높이 12~20cm
이다. 작은잎은 길이 2~3cm의 장타
원형-난형이다. 꽃은 3~5월에 연한
적자색, 연한 적자색 등으로 피며 총
상꽃차례에 모여난다. 바깥꽃잎 중
위쪽의 것은 길이 1.5~2.1cm이며 거
는 길이 9~11mm의 원통형이다. 안쪽
꽃잎은 길이 8~14mm이고 합생된 앞
부분은 심장형의 요두이다. 열매(삭과)
는 길이 1~1.6cm의 약간 납작한 난상
장타원형-방추형이다. 씨는 2열로 배
열된다.
참고 줄기가 많이 나오고 밑부분이
지면에 누우며 안쪽꽃잎의 등쪽 날개
의 끝부분이 부풀어 지는 점 등 누운
현호색 복합체의 종들과 형태적으로
유사하다.

❶ 2024. 4. 5. 제주 제주시 한라산 **❷❸**꽃.
안쪽꽃잎 등쪽 날개의 끝부분은 둥글게 약간
부푼다. **❹❺**열매. 난상 장타원형-방추형이
다. 변이가 있다.

   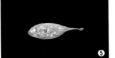

섬현호색

Corydalis filistipes Nakai

양귀비과

국내분포/자생지 경북 울릉도의 해발고도 500m 이상의 산지 숲속, 한반도 고유종

형태 다년초. 덩이줄기는 지름 1.5~3cm이다. 줄기는 높이 20~50cm이다. 줄기잎은 2~3개이며 3~4회 3출겹잎(또는 깃털모양의 겹잎)이고 잎자루는 길이 3~14cm이다. 작은잎은 길이 2.5~5.5cm의 선형-난형이며 가장자리는 밋밋하거나 결각상 톱니가 있다. 꽃은 3~4월에 백색-연한 황백색으로 피며 줄기 끝부분의 총상꽃차례에 모여난다. 포는 길이 1~4cm이고 윗부분은 밋밋하거나 빗살모양으로 갈라진다. 꽃자루는 길이 1~2.5cm(결실기에는 길이 4~8cm)이다. 바깥꽃잎은 2개이다. 위쪽의 것은 길이 1~1.2cm이며 거는 길이 3~4mm의 원통형이고 곧게 뻗는다. 아래쪽의 것은 길이 7~8mm이며 끝부분은 요두이다. 안쪽꽃잎은 2개이다. 길이 7~9mm이고 앞부분이 합생되지 않고 떨어지기도 한다. 안쪽꽃잎의 등쪽에는 지느러미모양의 날개가 있으며 날개의 끝부분은 둥글고 납작하다. 수술은 2개이며 수술대는 길이 6.5~7mm이고 막질이다. 열매(삭과)는 길이 1.8~2.8cm의 약간 납작한 장타원형이다. 씨는 1~2열로 배열된다.

참고 현호색절(Section *Corydalis*) 식물 중에서 가장 대형이며 꽃과 잎의 형태가 독특하여 독립된 아절(Subsection *Monstruosa*)로 구분한다. 울릉도에서도 개체군 수가 많지 않은 세계적인 희귀식물이다. 잎이 3~4회 3출겹잎으로 잘게 갈라지며 개체 크기에 비해 꽃이 작고 거가 짧은 것이 특징이다.

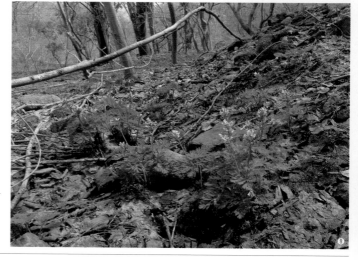

❶2014. 4. 17. 경북 울릉군 울릉도 ❷꽃. 백색-연한 황백색이다. 바깥꽃잎의 끝부분이 깊게 오목하다. ❸❹꽃 측면. 거는 짧은 편이다. 바늘모양의 꽃받침조각이 달리기도 한다. ❺안쪽꽃잎. 합생된 끝부분은 심장형으로 깊게 오목한 요두이다. ❻열매. 약간 납작한 장타원형이며 씨는 1~2열로 배열한다. ❼씨. 지름 3mm 정도이고 유질체(엘라이오솜)가 크고 두텁다. ❽잎. 3~4회 갈라지는 겹잎이며 열편은 선형-난형이다. ❾자생 모습. 주로 해발고도 500~900m에서 드물게 자란다.

현호색

Corydalis fumariifolia Maxim.

국내분포/자생지 전국의 산지 숲속
및 숲가장자리

형태 다년초. 덩이줄기는 지름 1~
2cm이다. 줄기는 높이 15~25cm이
다. 줄기잎은 2개이며 2~3회 3출겹
잎이고 잎자루는 길이 2~6.5cm이다.
작은잎은 길이 1~3cm의 선형-타원
형-난형이며 가장자리는 밋밋하거나
결각상 갈라진다. 꽃은 3~4월에 연한
하늘색-청색 또는 연한 적자색 등으
로 피며 줄기 끝부분의 총상꽃차례에
모여난다. 포는 길이 6~14mm이고 윗
부분은 밋밋하거나 빗살모양으로 갈
라진다. 꽃자루는 길이 5~15mm(결실
기에는 길이 2~3cm)이다. 바깥꽃잎은 2
개이다. 위쪽의 것은 길이 1.7~2cm
이며 거는 길이 8~12mm의 원통형이
고 곧게 뻗거나 뒷부분이 아래로 약
간 굽는다. 아래쪽의 것은 길이 1.2~
1.6cm이며 끝부분은 요두이다. 안쪽
꽃잎은 2개이다. 길이 1~1.4cm이고
합생된 앞부분은 완만하게 둥글거나
약간 굴곡진 편평한 모양이다. 안쪽
꽃잎의 등쪽(뒷면)에는 지느러미모양
의 납작한 날개가 있다. 수술은 2개이
며 수술대는 길이 8~10mm이고 막질
이다. 열매(삭과)는 길이 1.3~2.3cm의
납작한 선형-선상 피침형이다. 씨는
1열로 배열된다.

참고 다른 현호색에 비해 합생된 안
쪽꽃잎의 앞부분은 완만하게 둥글거
나 약간 굴곡진 편평한 모양이며 열
매가 선형-선상 피침형이고 열매가 1
열로 배열되는 것이 특징이다. 일본
에 분포하는 *C. lineariloba* Siebold
& Zucc.(국내 분포 추정)와 면밀한 비
교·검토가 필요하다.

❶2001. 4. 12. 대구 수성구 용지봉 ❷꽃. 백
색-연한 황백색이다. 바깥꽃잎의 끝부분이
깊게 오목하다. ❸꽃받침조각. 없는 경우도
많지만 침모양의 꽃받침조각이 드물지 않게
관찰된다. ❹안쪽꽃잎. 등쪽 지느러미모양
의 날개는 비교적 좁은 편이다. ❺열매. 약
간 납작한 선형-선상 피침형이다. ❻씨. 지
름 2mm 정도이고 유질체(엘라이오솜)은 가
는 편이다. ❼2005. 4. 15. 경기 포천시 국립
수목원

조선현호색

Corydalis turtschaninovii Besser
Corydalis remota Fisch. ex Maxim.;
C. wandoensis Y.N.Lee

양귀비과

국내분포/자생지 전국의 산지 숲가
장자리 및 해안가 풀밭

형태 다년초. 덩이줄기는 지름 1~
3cm이다. 줄기는 높이 15~40cm이
다. 줄기잎은 2개이며 2~3회 3출겹
잎이다. 작은잎은 길이 1.5~4cm의 선
상 장타원형-난형이며 가장자리는
밋밋하거나 결각상 갈라진다. 꽃은 4
~5월에 연한 청자색-연한 적자색-
연한 자색으로 피며 줄기의 끝부분의
총상꽃차례에 모여난다. 포는 길이 7
~13mm이고 윗부분은 빗살모양으
로 깊게 갈라진다. 꽃자루는 길이 5~
17mm(결실기에는 길이 1.5~2.5cm)이다.
바깥꽃잎은 2개이며 상부 날개모양
의 가장자리는 흔히 톱니모양으로 갈
라진다. 끝부분은 요두이고 중앙부에
짧은 돌기가 있다. 위쪽의 것은 길이
2~2.7cm이며 거는 길이 1.4~1.7cm의
원통형이고 흔히 뒷부분은 아래로 약
간 굽는다. 아래쪽의 것은 길이 1.2~
1.4cm이다. 안쪽꽃잎은 2개이며 길이
9~11mm이다. 등쪽에는 지느러미모양
의 납작한 날개가 있다. 수술은 2개이
며 수술대는 길이 9~12mm이고 막질
이다. 열매(삭과)는 길이 1.5~3.2cm의
약간 납작한 선상 원통형이다. 씨는 1
열로 배열된다.

참고 현호색에 비해 전체적으로 대형
이며 줄기의 가장 위쪽 잎의 자루가
매우 짧고 바깥꽃잎의 상부 가장자리
에 비교적 뚜렷한 톱니가 있는 것이
특징이다. 전국에 분포하지만 도서지
역(특히 서해)의 산지 및 해안가 풀밭
에서 보다 흔히 관찰된다.

❶2016. 4. 20. 경북 의성군 ❷❸꽃. 바깥꽃
잎의 상부 가장자리는 흔히 톱니모양으로 갈
라진다. ❹안쪽꽃잎. 등쪽에는 지느러미모양
의 납작한 날개가 있다. ❺열매. 약간 납작
한 선상 원통형이다. 씨는 1열로 배열된다.
❻줄기잎. 잎자루가 매우 짧다. ❼덩이줄기.
내부는 연한 황색이다. ❽❾2012. 5. 18. 중
국 지린성 ❽꽃. 바깥꽃잎의 상반부 가장자
리가 톱니모양이 아니다. ❾열매. 선상 원통
형이다. ❿꽃이 백색인 개체. 2021. 4. 29.
경북 의성군 ⓫2005. 4. 22. 경기 포천시 국
립수목원 ⓬2012. 4. 3. 전남 완도군

선현호색

Corydalis ohii Lidén

양귀비과

국내분포/자생지 한라산 및 지리산 이북의 산지, 한반도 고유종

형태 다년초. 덩이줄기는 지름 1~2cm이다. 줄기는 높이 15~30cm이다. 줄기잎은 2개이며 2~3회 3출겹잎이다. 작은잎은 길이 2~3cm의 선상 장타원형-넓은 타원형 또는 도란형이며 가장자리는 밋밋하거나 결각상 갈라진다. 꽃은 3~5월에 연한 하늘색-청색 또는 연한 적자색 등으로 피며 총상꽃차례에 모여난다. 포는 길이 8~14mm이고 윗부분은 밋밋하거나 빗살모양으로 갈라진다. 꽃자루는 길이 1~2.5mm(결실기에는 길이 2~3.5cm)이고 포보다 훨씬 길다. 바깥꽃잎은 2개이며 상부 가장자리는 밋밋하다. 위쪽의 것은 길이 1.7~2.8cm이며 거는 길이 1~1.5cm의 원통형이고 뒷부분은 아래로 약간 굽는다. 아래쪽의 것은 길이 1.7~2cm이며 끝부분은 요두이다. 안쪽꽃잎은 2개이며 길이 1~1.4cm이고 앞부분은 서로 합생한다. 등쪽에는 지느러미모양의 납작한 날개가 있다. 수술은 2개이며 수술대는 길이 9~12mm이고 막질이다. 열매(삭과)는 길이 1.9~2.5cm의 약간 납작한 선형이다.

참고 현호색과 유사하지만 전체적으로 대형(특히 바깥꽃잎의 상부가 넓게 확장)이며 흔히 줄기의 비늘조각잎의 밑부분에 지상 덩이줄기(aerial tuber)를 형성하는 것이 특징이다. 생육지 환경에 따라 형태 변이가 매우 심한 편이다. 내륙에서는 주로 백두대간을 중심으로 해발고도 1,000m 이상의 산지의 숲속(특히 능선부 및 인근 사면)에서 흔히 큰 군락을 이루며 자란다.

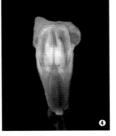
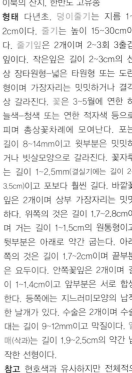

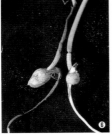

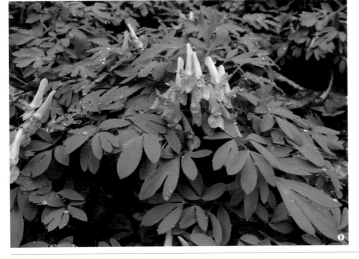

❶2023. 4. 16. 강원 평창군 ❷꽃. 비교적 대형이며 바깥꽃잎의 상부가 넓은 편이다. ❸❹안쪽꽃잎. 등쪽에는 지느러미모양의 납작한 날개가 있다. ❺열매. 약간 납작한 선형이다. 씨는 1(~2)열로 배열된다. ❻지상 덩이줄기. 흔히 비늘조각잎의 밑부분에 덩이줄기를 형성한다. 덩이줄기를 형성하지 않는 개체들도 종종 있기 때문에 덩이줄기의 유무는 분류형질로서는 적절하지 않다. ❼잎. 변이가 있지만 열편이 흔히 선형-장타원형이다. ❽2013. 4. 22. 강원 정선군

갈퀴현호색

Corydalis grandicalyx B.U.Oh &
Y.S.Kim

양귀비과

국내분포/자생지 경북(조령산), 충북
(소백산) 및 강원 이북의 산지, 한반도
고유종

형태 다년초. 덩이줄기는 지름 1~
2cm이다. 줄기는 높이 15~25cm이
다. 줄기잎은 2개이며 2~3회 3출겹
잎이다. 작은잎은 길이 1~2.5cm의 타
원형-난형이며 가장자리는 밋밋하
거나 결각상 갈라진다. 꽃은 3~4월
에 연한 하늘색-청색 또는 연한 적
자색 등으로 피며 총상꽃차례에 모여
난다. 꽃자루는 길이 1~2cm(결실기에
는 길이 2~3cm)이다. 바깥꽃잎 중 위쪽
의 것은 길이 1.5~2cm이며 거는 길이
1~1.3cm의 원통형이고 곧게 뻗거나
뒷부분이 아래로 약간 굽는다. 아래
쪽의 것은 길이 1.2~1.7cm이며 끝부
분은 요두이다. 안쪽꽃잎은 길이 1~
1.4cm이며 등쪽에는 지느러미모양의
날개가 있고 날개의 끝부분은 약간
부푼다. 열매(삭과)는 길이 1.3~1.5cm
의 약간 납작한 선형-선상 피침형이
다.

참고 꽃받침조각이 없거나 작은 인편
상의 다른 현호색류들과 달리 갈퀴모
양의 꽃받침이 있는 것이 특징이다.
수염현호색(*Corydalis* sp.)은 갈퀴현호
색에 비해 꽃받침조각이 선상-삼각
상 난형이고 거가 위쪽으로 굽는 것
이 특징이다. 국내에서는 *C. caudata*
(Lam.) Pers.로 동정되어 최초 기록되
었으나, 아래쪽의 바깥꽃잎의 밑부분
이 반구형으로 돌출하는 *C. caudata*
의 특징을 보이지 않는 등 형태적으
로 다르기 때문에 수염현호색은 신분
류군(신종 또는 갈퀴현호색의 종내 분류군)
일 가능성이 있다. 강원와 충북(소백
산) 일대에 주로 분포하는 갈퀴현호색
에 비해 수염현호색은 주로 경기 일
대에 넓게 분포한다.

❶2001. 4. 24. 강원 태백시 금대봉 ❷꽃. 꽃
받침조각이 대형이고 지느러미(빗살모양) 또
는 갈퀴모양으로 깊게 갈라지는 것이 특징
이다. ❸열매. 선형-선상 피침형이며 씨는 2
열로 배열한다. ❹잎. 열편의 가장자리는 밋
밋하거나 결각상 갈라진다. ❺-❼수염현호
색 ❺❻꽃. 꽃받침조각은 소형이고 실모양-
삼각형이다. ❼열매. 선형-선상 피침형이며
씨는 2열로 배열한다(갈퀴현호색과 동일).
❽2008. 4. 08. 경기 양평군

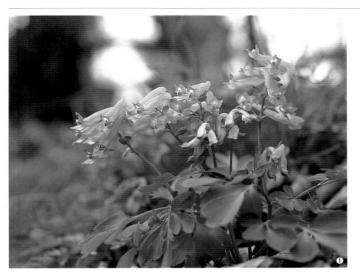

난장이현호색

Corydalis humilis B.U.Oh & Y.S.Kim

양귀비과

국내분포/자생지 경남(울산시) 이북의 산지, 한반도 준고유종

형태 다년초. 덩이줄기는 지름 1~2cm이다. 줄기는 높이 10~25cm이다. 줄기잎은 2개이며 2~3회 3출겹 잎이고 잎자루는 길이 2~6.5cm이다. 작은잎은 길이 1.5~3cm의 선형-타원형-난형이며 가장자리는 밋밋하거나 결각상 갈라진다. 꽃은 4~5월에 연한 하늘색-연한 청자색으로 피며 줄기 끝부분의 총상꽃차례에 모여난다. 포는 길이 6~13mm이고 윗부분은 밋밋하거나 빗살모양으로 갈라진다. 꽃자루는 길이 1~1.7cm(결실기에는 길이 1.5~2.5cm)이다. 바깥꽃잎 중 위쪽의 것은 길이 2~2.3cm이며 거는 길이 1.2~1.4cm의 원통형이고 흔히 뒷부분은 아래로 많이 굽는다. 아래쪽의 것은 길이 1.3~1.4cm이다. 안쪽꽃잎은 길이 9~11mm이며 앞부분은 합생한다. 안쪽꽃잎의 등쪽에는 지느러미모양으로 납작한 날개가 있다. 날개의 끝부분은 뾰족하게 돌출한다. 수술은 2개이며 수술대는 길이 8~8.5mm이고 막질이다. 씨방은 길이 9~9.5mm의 좁은 방추형이며 암술머리에는 14개의 돌기가 있다. 열매(삭과)는 길이 1.2~1.7cm의 약간 납작한 장타원형-방추형이다. 씨는 2열로 배열된다.

참고 현호색에 비해 거의 뒷부분이 아래로 많이 굽는 편이며 열매가 장타원형-방추형이고 씨가 2열로 배열하는 것이 특징이다.

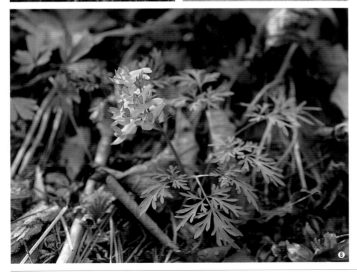

❶2004. 4. 10. 경기 포천시 운악산 ❷❸꽃. 안쪽꽃잎의 등쪽 날개의 끝부분은 앞쪽으로 돌출한다. ❹꽃(측면). 다른 종에 비해 거가 아래로 뚜렷하게 구부러진다. ❺열매. 장타원형-방추형이고 씨는 2열로 배열한다. ❻2004. 4. 10. 경기 포천시 운악산. 잎의 열편은 댓잎형(선형)-타원형-난형 등 변이가 심하다.

점현호색

Corydalis maculata B.U.Oh &
Y.S.Kim

양귀비과

국내분포/자생지 강원, 경기, 경북(조령산), 충북 이북의 산지, 한반도 고유종

형태 다년초. 덩이줄기는 지름 1.5~3cm이다. 줄기는 높이 15~27cm이다. 줄기잎은 2개이며 2~3회 3출겹잎이고 잎자루는 길이 1~8cm이다. 작은잎은 길이 1.5~3cm의 타원형~난형이며 가장자리는 밋밋하거나 결각상 깊게 갈라진다. 꽃은 3~4월에 짙은 하늘색~청색(간혹 연한 청자색)으로 피며 줄기 끝부분의 총상꽃차례에 모여난다. 포는 길이 1.2~1.6cm이고 윗부분은 빗살모양으로 갈라진다. 꽃자루는 길이 1~2.5cm(결실기에는 길이 1.5~2.7cm)이다. 바깥꽃잎의 상부 가장자리는 밋밋하다. 바깥꽃잎 중 위쪽의 것은 길이 2.6~3.2cm이며 거는 길이 1.4~1.5cm의 원통형이고 뒷부분은 아래로 굽는다. 아래쪽의 것은 길이 1.6~1.7cm이다. 안쪽꽃잎은 2개이며 길이 1.3~1.4cm이고 앞부분은 합생한다. 등쪽에는 지느러미모양의 납작한 날개가 있다. 수술은 2개이며 수술대는 길이 1~1.2cm이고 막질이다. 씨방은 길이 1~1.2cm의 선상 장타원형~좁은 방추형이며 암술머리에는 14개의 돌기가 있다. 열매(삭과)는 길이 1.5~2.5cm의 약간 납작한 장타원형~방추형이다. 씨는 2열로 배열된다.

참고 자생 현호색류 중에서 꽃이 가장 대형이고 주로 짙은 하늘색~청색이며 바깥꽃잎의 중간 부분이 좌우로 약간 부풀어진 모양(올챙이 배모양)인 것이 특징이다. 경기도의 개체들은 잎에 주로 백색의 반점이 뚜렷하지만 강원도의 개체들에서는 반점이 없는 경우가 많다.

❶2023. 4. 16. 강원 평창군 ❷❸꽃. 바깥꽃잎의 중간 부분이 올챙이의 배처럼 약간 부풀어진 모양이다. ❹안쪽꽃잎. 2개이며 끝부분은 합생한다. ❺❻열매. 약간 납작한 장타원형~방추형이고 씨는 2열로 배열된다. ❼잎. 흔히 표면에 백색의 반점이 많다(주로 경기도 개체). ❽2013. 4. 22. 강원 정선군. 잎 표면에 반점이 없는 개체도 있다(주로 강원도 개체).

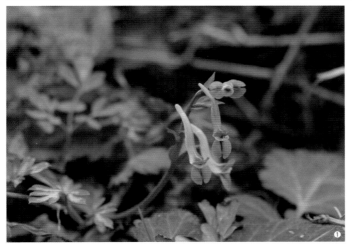

좀현호색

Corydalis decumbens (Thunb.) Pers.

양귀비과

국내분포/자생지 경남 및 제주도의 습한 풀밭이나 숲속

형태 다년초. 덩이줄기는 지름 4~15mm의 구형이다. 잎은 2~3회 3출엽이고 줄기에서 보통 2개씩 달리며 작은잎은 2~3개로 깊게 갈라진다. 작은잎의 열편은 도피침형-도란형이다. 꽃은 3~5월에 적자색-청자색으로 피며 총상꽃차례에 모여 달린다. 포는 난형이고 가장자리는 밋밋하다. 꽃부리는 길이 1.2~2.2cm이며 거는 길고 끝부분은 아래로 굽는다. 열매(삭과)는 길이 1.3~2cm의 선형-선상 장타원형이며 씨는 1열로 배열한다.

참고 줄기의 밑부분에 비늘모양의 잎이 없으며 묵은 덩이줄기가 새로운 덩이줄기의 아래에 붙어 있는 것이 특징이다.

❶ 2006. 3. 22. 제주 서귀포시 ❷ 꽃. 안쪽 꽃잎의 등쪽 끝부분은 약간 부푼다. ❸ 덩이줄기. 묵은 덩이줄기가 아래에 붙어 있다. ❹ 잎. 작은잎의 가장자리는 밋밋하다.

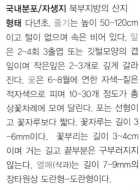

큰괴불주머니

Corydalis gigantea Trautv. & C.A.Mey.

양귀비과

국내분포/자생지 북부지방의 산지

형태 다년초. 줄기는 높이 50~120cm이고 털이 없으며 속은 비어 있다. 잎은 2~4회 3출엽 또는 깃털모양의 겹잎이며 작은잎은 2~3개로 깊게 갈라진다. 꽃은 6~8월에 연한 자색-짙은 적자색으로 피며 10~30개 정도가 총상꽃차례에 모여 달린다. 포는 선형이고 꽃자루보다 짧다. 꽃자루는 길이 3~6mm이다. 꽃부리는 길이 3~4cm이며 거는 길고 끝부분은 구부러지지 않는다. 열매(삭과)는 길이 7~9mm의 장타원상 도란형-도란형이다.

참고 꽃이 자색-적자색으로 피고 거가 길이 2~2.7cm로 길며 열매가 장타원상 도란형-도란형인 것이 특징이다.

❶~❹ (ⓒ김지훈) ❶ 2016. 6. 18. 중국 지린성 백두산 ❷❸ 꽃. 거는 길이 2~2.7cm로 길고 구부러지지 않는다. ❹ 잎. 대형이며 작은잎의 열편은 너비 1.5~3cm이다.

287

가는괴불주머니

Corydalis raddeana Regel

양귀비과

국내분포/자생지 전국의 숲가장자리, 하천가 및 농경지 주변 등

형태 1~2년초. 줄기는 높이 20~150cm이며 비스듬히 서거나 누워 자란다. 줄기잎은 2회 3출겹잎이고 잎자루는 길이 2~13cm이다. 작은잎은 길이 1~3cm의 장타원형-도란형이며 가장자리는 밋밋하거나 2~3개로 깊게 갈라진다. 꽃은 7~10월에 황색으로 피며 줄기와 가지 끝부분의 총상꽃차례에 모여난다. 포는 길이 3~6mm의 타원형-난형이고 가장자리는 밋밋하다. 꽃자루는 길이 3~6mm(결실기에는 길이 4~8mm)이다. 바깥꽃잎은 2개이며 상부 가장자리는 밋밋하다. 위쪽의 것은 길이 1.2~1.4cm이며 거는 길이 7~12mm의 원통형이고 뒷부분은 아래로 굽는다. 아래쪽의 것은 길이 7~9mm이다. 안쪽꽃잎은 2개이고 연한 황색이며 길이 9~10mm이고 앞부분은 서로 합생한다. 등쪽에는 지느러미모양의 납작한 날개가 있다. 수술은 2개이며 수술대는 길이 5~6mm이다. 씨방은 길이 6~7mm의 선상 장타원형-좁은 방추형이며 암술머리에는 8개의 돌기가 있다. 열매(삭과)는 길이 8~16mm의 넓은 선형이며 4~7개의 씨가 들어 있다.

참고 선괴불주머니에 비해 바깥꽃잎 중 아래쪽의 것의 밑부분이 반구형의 돌기모양으로 부풀지 않으며 열매에 씨가 많이(4~7개) 들어 있고 암술머리에 8개의 돌기가 있는 것이 특징이다.

❶2017. 9. 12. 강원 원주시 섬강 ❷꽃차례. 바깥꽃잎 중 아래쪽의 것의 밑부분은 반구형의 돌기모양으로 부풀지 않는다. ❸암술머리. 돌기는 8개이다. ❹열매. 넓은 선형이다. ❺씨. 흔히 4~7개가 1열로 배열한다. ❻잎. 2회 3출겹잎이다. ❼2018. 9. 18. 강원 원주시 섬강

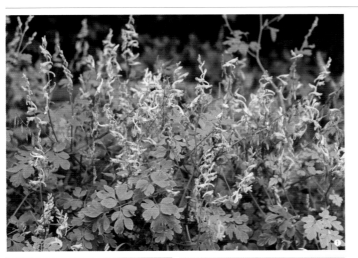

선괴불주머니

Corydalis pauciovulata Ohwi

양귀비과

국내분포/자생지 중부지역 이남의 숲 가장자리, 하천가 및 농경지 주변 등

형태 1~2년초. 줄기는 높이 20~80cm이다. 줄기잎은 2회 3출겹잎이고 잎자루는 길이 2~14cm이다. 작은 잎은 길이 1~3.5cm의 난형~넓은 난형이며 가장자리는 밋밋하거나 2~3개로 깊게 갈라진다. 꽃은 7~10월에 황색으로 피며 줄기와 가지 끝부분의 총상꽃차례에 모여난다. 포는 길이 3~10mm의 타원형이고 가장자리는 밋밋하다. 꽃자루는 길이 2~5mm(결실기에는 길이 4~8mm)이다. 바깥꽃잎은 2개이며 상부 가장자리는 밋밋하다. 위쪽의 것은 길이 1.4~1.6cm이며 거는 길이 1~1.5cm의 원통형이고 뒷부분은 아래로 굽는다. 아래쪽의 것은 길이 9~12mm이다. 안쪽꽃잎은 2개이고 황색이며 길이 7~9mm이고 앞부분은 서로 합생한다. 등쪽에는 지느러미모양의 납작한 날개가 있다. 수술은 2개이며 수술대는 길이 6mm 정도이다. 씨방은 길이 7~9mm의 선상 장타원형~좁은 방추형이며 암술머리에는 14개의 돌기가 있다. 열매(삭과)는 길이 6~12mm, 너비 2~4mm의 선형~선상 도피침형이며 2~5(~6)개의 씨가 들어 있다.

참고 선괴불주머니의 기준표본 채집지는 소요산(경기)이며 국외 분포(일본)는 명확하지 않다. 북부지방에 분포하는 눈괴불주머니(*C. ochotensis* Turcz., 러시아, 중국, 일본 분포)는 열매가 도란상 장타원형(너비 3~4.5mm)으로 씨가 2열로 배열하며 포가 비교적 큰(길이 5~15mm의 넓은 난형) 것이 특징이다.

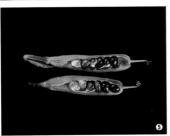

❶2023. 9. 15. 경북 봉화군 ❷꽃차례. 바깥꽃잎 중 아래쪽의 것의 밑부분은 반구형의 돌기모양으로 부푼다. ❸꽃 비교(선괴불주머니: 우). 가는괴불주머니(좌)에 비해 꽃이 작고 거가 가늘고 길며 바깥꽃잎의 밑부분이 반구형의 돌기모양으로 뚜렷하게 부푼다. ❹암술머리. 돌기는 14개이다. ❺씨. 2~6개가 1열로 배열한다. ❻잎. 2회 3출겹잎이다. ❼열매 비교(선괴불주머니: 우). 가는괴불주머니(좌)에 비해 짧고 넓은 편이며 열매에 씨가 2~5(~6)개로 적게 들어 있다.

금낭화

Lamprocapnos spectabilis (L.)
T.Fukuhara

양귀비과

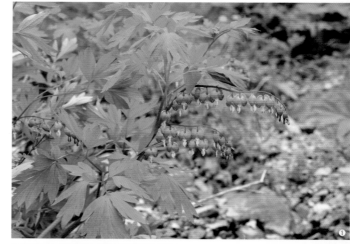

국내분포/자생지 지리산 이북의 산지 계곡가 및 숲속

형태 다년초. 줄기는 높이 30~80cm 이다. 줄기잎은 (2~)3회 3출겹잎이다. 꽃은 4~6월에 연한 적색으로 피며 총 상꽃차례에 7~22개씩 모여난다. 바깥꽃잎은 길이 2.5~3cm의 모자(투구) 모양이며 밑부분이 주머니모양으로 부푼다. 안쪽꽃잎은 2개이고 백색이며 합생된 앞부분은 바깥꽃잎 밖으로 길게 나온다. 등쪽에는 납작한 날개(능각)가 있다. 열매(삭과)는 길이 2.5~3.5cm의 선상 원통형이다.

참고 오래전부터 절이나 민가에 식재되어 자생지에 대한 논란이 있으나, 중국, 북한에서는 모두 한반도 자생종으로 분류하고 있다.

❶ 2024. 4. 24. 경남 산청군 지리산 ❷ 꽃. 현호색속의 식물에 비해 측면이 좌우대칭이다. 약간 납작한 주머니모양이며 바깥꽃잎의 끝부분은 뒤로 완전히 젖혀진다. ❸ 열매. 선상 원통형이다.

매미꽃

Coreanomecon hylomeconoides
Nakai

양귀비과

국내분포/자생지 남부지방의 산지. 한반도 고유종

형태 다년초. 잎은 모두 뿌리잎이며 작은잎 3~7개로 이루어진 깃털모양의 겹잎이다. 꽃은 4~7월에 밝은 황색으로 피며 뿌리에서 나온 길이 20~40cm의 산형상 꽃차례에서 3~10개씩 모여난다. 꽃받침조각은 2개이며 길이 1~1.5cm의 난형 또는 도란형이고 일찍 떨어진다. 꽃잎은 4개이고 길이 2~2.5cm의 도란형~도란상 원형이다. 수술은 다수이며 암술대는 1개이다. 열매(삭과)는 길이 2~4cm의 선상 원통형이다.

참고 땅속줄기가 없고 잎이 모두 뿌리잎이며 상처가 났을 때 나오는 유액이 적색인 것이 특징이다.

❶ 2013. 5. 2. 전남 장흥군 부용산. 꽃은 뿌리 부근에서 나온 꽃줄기에 달린다. ❷ 꽃. 피나물에 비해 꽃이 작다. ❸ 열매. 선상 원통형이다. ❹ 잎. 전체에 털이 있으며 작은잎의 가장자리는 결각상으로 갈라지기도 한다.

피나물

Hylomecon japonica (Thunb.) Prantl & Kündig

양귀비과

형태 다년초. 줄기는 높이 25~50cm 이며 상처가 나면 황적색의 유액이 나온다. 뿌리잎은 작은잎 5~7개로 이루어진 깃털모양의 겹잎이다. 작은잎은 길이 4~8cm의 타원형-난형이며 2~3개로 깊게 갈라지기도 한다. 꽃은 4~5월에 밝은 황색으로 핀다. 꽃자루는 길이 3.5~6cm이다. 꽃받침조각은 2개이며 길이 1~1.5cm의 좁은 난형 또는 도란형-거의 원형이고 일찍 떨어진다. 꽃잎은 4개이고 길이 2~2.5cm의 도란상-도란상 원형이다. 열매(삭과)는 길이 3~7cm의 선상 원통형이고 곧추서며 털이 없다.

참고 매미꽃에 비해 굵은 땅속줄기가 있으며 줄기잎이 있고 꽃이 줄기의 끝부분에서 1~3개씩 모여 달리는 것이 특징이다.

❶ 2012. 4. 29. 경기 연천군 ❷ 꽃. 매미꽃에 비해 대형이다. ❸ 열매. 선상 원통형이며 둔한 능각이 있다. ❹ 잎. 가장자리에 뾰족한 톱니가 있다.

두메양귀비

Papaver radicatum var. *pseudoradicatum* (Kitag.) Kitag.

양귀비과

국내분포/자생지 백두산의 해발고도가 높은 지대의 풀밭, 자갈 또는 바위지대

형태 다년초. 잎은 모두 뿌리잎이며 길이 3~5cm의 난상 타원형이고 1~2(~3)회 깃털모양으로 깊게 갈라진다. 꽃은 6~8월에 연한 황록색-연한 황색으로 피며 길이 20~40cm의 꽃줄기에서 1개씩 달린다. 꽃받침조각은 2개이며 길이 1~1.2cm의 넓은 난형이다. 꽃잎은 4개이고 길이 1.8~2.3cm의 넓은 도란형이다. 암술머리는 6개 정도이다. 열매(삭과)는 길이 1cm 정도의 도란형이고 단단한 털이 밀생한다.

참고 백두산지역의 고유종이며 원변종(var. *radicatum* Rottb.)은 북극지역(알래스카, 그린란드, 시베리아 등)에 분포한다.

❶ 207. 6. 26. 중국 지린성 백두산 ❷ 꽃(ⓒ 이지열). 지름 4~6cm이다. ❸ 잎. 모두 뿌리잎이며 양면에 누운 긴 털이 밀생한다.

꿩의다리아재비

Caulophyllum robustum Maxim.

매자나무과

국내분포/자생지 지리산 이북 산지

형태 다년초. 줄기는 높이 40~80cm
이며 털이 없다. 줄기잎은 2개이며 2
~3회 3출겹잎이다. 작은잎은 길이 4
~8.5cm의 장타원형-난형이다. 꽃
은 5~6월에 연한 황색으로 피며 취
산꽃차례에 모여난다. 지름 8~12mm
이며 꽃자루는 길이 7~12mm이다. 꽃
잎은 자루가 있는 부채모양이며 길이
2mm 정도이고 광택이 나는 황록색
이다. 수술은 길이 2mm 정도이며 꽃
잎과 마주난다. 씨는 지름 6~8mm의
거의 구형이며 흔히 2개씩 달린다. 액
과상이고 청색-남청색이다.

참고 씨가 성숙하면서 과피는 찢어져
서 없어지고 씨가 나출한 상태로 익
는 것이 특징이다.

❶2004. 5. 30. 경기 가평군 화악산 ❷❸꽃.
꽃잎으로 보이는 것은 꽃받침조각이며 꽃잎
은 수술 밑부분에 꿀샘(부채꼴)처럼 생긴 것
이다. ❹작은포(소포). 3~4개이며 꽃받침조
각모양이고 일찍 떨어진다. ❺씨. 열매처럼
보이지만 과피가 나출된 씨이다.

깽깽이풀

Plagiorhegma dubium Maxim.

매자나무과

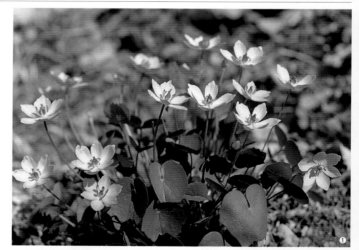

국내분포/자생지 제주를 제외한 전
국의 산지

형태 다년초. 땅속줄기에서 잎과 꽃
줄기가 나온다. 잎은 지름 1.5~6.5(~9,
결실기)cm의 거의 원형이며 가장자리
에는 얕은 물결모양의 톱니가 있다.
꽃은 3~4월에 적자색-연한 자색으로
잎보다 먼저 피며 길이 9~15cm의 꽃
줄기에서 1개씩 달린다. 꽃잎은 6(~8)
개이며 길이 1.2~1.8cm의 도란형-넓
은 도란형이다. 수술은 흔히 6개이며
길이 2~2.5mm이다. 꽃밥은 황색 또
는 자색이다. 암술대는 길이 1mm 이
하이다. 열매(삭과)는 길이 1~1.5cm의
방추형이다.

참고 세계적으로 1속 1종인 식물로서
학자에 따라서 *Jeffersonia*속으로 구
분하기도 한다.

❶2002. 4. 5. 대구 수성구 용지봉 ❷꽃. 꽃
받침조각은 일찍 떨어지며 꽃잎은 6개이
다. ❸열매. 흔히 꽈배기모양의 방추형이다.
❹잎. 밑부분은 깊은 심장형이며 가장자리는
불규칙한 물결모양이다.

삼지구엽초

Epimedium koreanum Nakai
Epimedium grandiflorum var.
koreanum (Nakai) K.Suzuki

매자나무과

국내분포/자생지 경기, 강원 이북의
산지

형태 다년초. 줄기는 높이 25~35cm
이며 옆으로 뻗는 땅속줄기가 있다.
잎은 2회 3출겹잎이며 잎자루는 길
이 6~8cm이다. 작은잎은 길이 3.5~
9cm의 난형이고 좌우 비대칭이며 밑
부분은 심장형이고 가장자리에 바늘
(또는 털)모양의 톱니가 많이 나 있다.
작은잎의 자루는 길이 1.8~2.2cm이
다. 꽃은 4~5월에 연한 황색으로 피
며 줄기 끝부분의 총상꽃차례에 3~8
개씩 모여난다. 지름 3~4.5mm이며
꽃자루는 길이 1~2cm이다. 꽃받침조
각은 8개이다. 바깥쪽의 꽃받침조각
은 4개이고 적색–갈색 빛이 돌며 길
이 3~5mm의 장타원형이다. 안쪽의
꽃받침조각은 4개이고 길이 7~12mm
의 피침형–좁은 난형이다. 꽃잎은 4
개이며 밑부분에 길이 1.5~2cm의 뿔
모양의 거가 있다. 수술대는 길이 1~
1.5mm이고 꽃밥은 길이 3.3~3.5mm
이다. 암술대는 길이 3~3.5mm이다.
열매(삭과)는 길이 1.8~2cm의 피침상
방추형이고 털이 없다.

참고 중국이나 일본의 유사종들에 비
해 잎이 1장이고 2(~3)회 3출겹잎이며
꽃이 연한 황백색~연한 황색인 것이
특징이다.

❶2004. 4. 25. 경기 연천군 ❷꽃. 꽃받침조
각은 일찍 떨어지며 꽃잎은 4개이다. ❸꽃받
침. 꽃받침조각은 총 8개(4개씩 2열)이다. 바
깥쪽의 것은 갈색 또는 붉은빛이 돌며 일찍
떨어진다. 안쪽의 것은 연한 황백색(꽃잎과
같은 색)이고 꽃잎과 밀착하여 붙는다. ❹꽃
내부. 수술은 4개이며 수술대는 매우 짧다.
꽃잎의 밑부분에는 길이 1.5~2cm의 송곳
(뿔)모양의 긴 거가 발달한다. ❺열매. 삭과
이며 울퉁불퉁한 피침상 방추형이다. ❻잎.
2회 3출겹잎이며 작은잎이 9개이다. 작은
잎의 가장자리에 바늘모양의 톱니가 있다.
❼2021. 5. 10. 강원 철원군

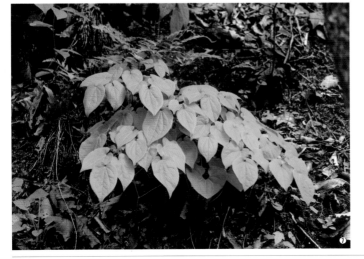

한계령풀

Gymnospermium microrrhynchum
(S.Moore) Takht.

매자나무과

국내분포/자생지 강원(태백산) 이북의 산지

형태 다년초. 줄기는 높이 20~35cm 이며 지름 2~3cm의 덩이줄기가 있다. 잎은 1장이며 흔히 (1~)2회 3출겹 잎이고 잎자루는 없거나 매우 짧다. 턱잎은 2개이며 길이 6~15mm의 부채모양이고 줄기를 감싼다. 작은잎은 길이 3~4cm의 피침상 장타원형-난상 장타원형 또는 도란상 장타원형이며 가장자리는 밋밋하다. 꽃은 3~4월에 밝은 황색으로 피며 줄기 끝부분의 총상꽃차례에 5~30개씩 모여난다. 꽃줄기는 길이 2~7cm이고 꽃자루는 길이 1~2(~4.5. 결실기)cm이다. 포는 길이 4~12mm의 넓은 타원형-원형이고 끝은 뾰족하거나 급히 뾰족하다. 꽃받침조각은 6개이며 길이 5~7mm의 도란형-거의 구형이고 끝부분은 둥글거나 편평하다. 꽃잎은 길이 1.5mm 정도의 꿀샘모양이다. 수술은 6개이다. 수술대는 길이 2~3mm 이며 꽃밥은 길이 1mm 정도이고 황색-주황색이다. 암술은 길이 1.5~2mm이며 씨방은 약간 납작한 난형이고 암술대는 짧다. 열매(삭과)는 지름 5~6mm의 구형이고 막질의 가종피에 싸여 있으며 털이 없다.

참고 일부 문헌에는 2년초로 기록이 되어 있으나, 구형의 덩이줄기가 발달하는 다년초식물이다.

❶2003. 5. 4. 강원 태백시 금대봉 ❷❸꽃. 3수성이며 꽃받침조각은 6개이고 꽃잎모양이다. ❹열매. 1~2개씩 달린다. ❺잎. 2회 3출겹잎이며 작은잎의 가장자리는 밋밋하다. ❻덩이줄기. 구형이다. 덩이줄기와 연결되는 줄기의 밑부분은 매우 가늘다. ❼결실기 모습. 2003. 6. 17. 강원 인제군 점봉산

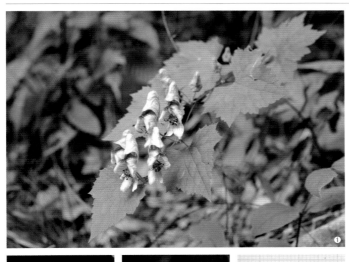

세뿔투구꽃

Aconitum austrokoreens Koidz.

미나리아재비과

국내분포/자생지 경북(청량산), 전북 (덕유산) 이남의 산지, 한반도 고유종

형태 다년초. 줄기는 높이 50~90cm 이고 털이 거의 없다. 줄기잎은 길 이 7~10cm의 삼각상 또는 오각상이 고 3~5개로 얕게 또는 중간까지 갈라 지며 가장자리에 물결모양 또는 이빨 모양의 큰 톱니가 있다. 잎자루는 길 이 1.5~5cm이고 털이 없다. 꽃은 8~ 10월에 자색 무늬가 있는 황백색-연 한 자색으로 피며 줄기의 끝이나 끝 부분의 잎겨드랑이에서 2~4개씩 모 여난다. 꽃자루는 길이 2.3~5.5cm이 고 퍼진 털과 샘털이 밀생한다. 꽃은 길이 2.8~3.6cm이다. 꽃받침조각은 꽃잎모양이며 바깥면에 퍼진 털이 있 다. 위쪽의 꽃받침조각은 길이 1.4~ 2.4cm의 투구모양이며 끝은 둥글고 아래쪽 가장자리는 얕게 오목하다. 옆쪽의 꽃받침조각은 길이 7~12mm 의 거의 원형이며 아래쪽 꽃받침조각 은 길이 1~1.5cm의 도피침형 또는 타 원형이다. 꽃잎은 털이 없으며 자루 는 길이 1.1~2.1cm의 납작한 선형이 고 입술부분은 길이 1~2mm의 난형 이다. 수술대는 털이 없으며 가장자 리는 밋밋하거나 불명확한 톱니가 있 다. 심피는 3(~5)개이고 씨방에 털이 있다. 암술대는 길이 1.5~3.2mm이다. 열매(골돌)는 길이 1.2~1.5cm의 장타 원형이고 잔털과 샘털이 있으며 끝부 분에 길이 2mm 정도의 구부러진 부 리(암술대)가 있다.

참고 잎이 비교적 얕게 갈라지며 꽃 이 황백색(-자색 무늬가 있거나 자색빛이 도는 황백색)인 것이 특징이다. 주로 경 상도 지역에 분포하지만 전남(백운산, 지리산) 및 전북(덕유산) 일대에서도 분 포한다.

❶2021. 10. 20. 대구 달성군 최정산 ❷꽃 (측면) 꽃자루와 꽃받침조각의 곁에 퍼진 털 과 샘털이 밀생한다. ❸❹꽃잎. 2개이다. 입 술부분(labium)은 길이 1~2mm의 난형이고 끝이 갈라져 오목하며 거는 길이 2~4mm이 고 아래로 처지거나 약간 말린다. ❺열매. 골 돌은 3(~5)개이며 잔털과 샘털이 있다. 끝 부분에 암술대가 부리모양으로 남아 있다. ❻잎 앞면. 얕게 또는 중간까지 갈라지며 잔 털이 약간 있거나 거의 없다. ❼잎 뒷면. 흰 빛이 돌며 털이 없다. ❽자생모습. 2001. 9. 30. 대구 용지봉

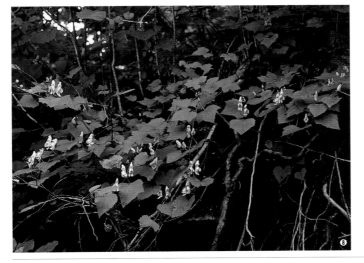

송이바꽃

Aconitum carmichaelii var.
truppelianum (Ulbr.) W.T.Wang &
P.K.Hsiao

미나리아재비과

국내분포/자생지 충남, 인천(강화도)
의 바다 가까운 산지 숲속
형태 다년초. 줄기는 높이 50~150cm
이다. 줄기잎은 길이 6~12cm의 오각
상이고 3개로 깊게 갈라지며 옆쪽의
열편은 다시 2개로 깊게 갈라진다. 꽃
은 9~10월에 연한 청자색~청자색으
로 핀다. 꽃자루는 길이 1.5~4.5(~6)
cm이다. 위쪽의 꽃받침조각은 길이
2~3cm의 투구모양이며 옆쪽의 꽃받
침조각은 길이 1.5~2cm의 넓은 도란
형~거의 원형이다. 열매(골돌)는 길이
1.2~2.5cm의 장타원형이다.
참고 원변종(var. *carmichaelii* Debeaux)
에 비해 꽃차례의 축과 꽃자루에 긴
퍼진 털이 밀생하는 것이 다른 점이다.

❶ 2020. 10. 9. 충남 서산시 ❷ 꽃 측면. 꽃
자루에 옆으로 퍼진 털과 샘털이 밀생한다.
❸ 꽃잎. 2개이다. 거는 길이 2~2.5mm이고
고리모양으로 약간 말린다. ❹ 열매. 골돌은
3(~5)개이며 잔털과 샘털이 약간 있다. 끝부
분에 암술대가 부리모양으로 남아 있다.

실바꽃

Aconitum tschangbaischanense
S.H.Li & Y.H.Huang

미나리아재비과

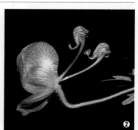

국내분포/자생지 백두산의 높은 지
대(해발고도 1,500~2,000m) 풀밭
형태 다년초. 줄기는 높이 80~140cm
이며 상반부에 짧은 털이 있다. 줄기
중간부의 잎은 길이 7~10cm의 오각
상이다. 꽃은 7~8월에 청자색으로 핀
다. 꽃자루는 길이 2~5.5cm이다. 위
쪽의 꽃받침조각은 길이 1.8~2.2cm
의 투구모양이고 바깥면에 털이 있
다. 열매(골돌)는 5개이며 길이 1.5~
2.5cm의 장타원형이고 털이 약간 있
거나 없다.
참고 식물체가 곧추 자라며 가지가
잎겨드랑이에서 45° 정도 옆으로 퍼
져서 달리고 잎의 열편과 작은열편의
폭이 매우 좁은 것이 특징이다.

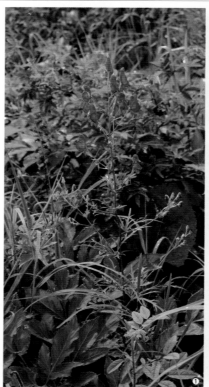

❶ 2024. 7. 25. 중국 지린성 백두산 ❷ 꽃잎.
털이 없다. 거는 길이 1.5mm 정도로 고리모양
으로 약간 말린다. 꽃자루에 옆으로 퍼진 털
이 밀생한다. ❸ 씨방. 흔히 털이 없다. ❹ 잎.
완전히 갈라지며 열편의 폭이 매우 좁다.

지리바꽃

Aconitum chiisanense Nakai

미나리아재비과

국내분포/자생지 지리산, 설악산(?), 대암산(?)의 해발고도 1,400m 이상의 숲속이나 풀밭, 한반도 고유종

형태 다년초. 줄기는 높이 35~80cm 이며 털이 거의 없다. 줄기잎은 길이 8~14cm의 오각상이고 3개로 깊게 갈라지며 옆쪽의 열편은 다시 2개로 깊게 갈라진다. 잎자루는 길이 2~4.7cm이고 털이 없다. 꽃은 8~9월에 짙은 자색-청자색으로 피며 줄기의 끝이나 끝부분의 잎겨드랑이에서 2~4개씩 모여난다. 꽃자루는 길이 2.3~5.5cm이고 샘털과 함께 퍼진 털이 밀생한다. 꽃은 길이 3.8~4.5cm이다. 꽃받침조각은 꽃잎모양이며 바깥면에 퍼진 털이 있다. 위쪽의 꽃받침조각은 길이 2.1~2.9cm의 투구모양이며 끝은 둥글고 아래쪽 가장자리는 얕게 오목하다. 옆쪽의 꽃받침조각은 길이 1.3~1.8cm의 넓은 도란형-거의 원형이며 아래쪽 꽃받침조각은 길이 1.3~1.8cm의 도피침형 또는 타원형이다. 꽃잎은 털이 없으며 자루는 길이 1~1.4cm의 납작한 선형이고 입술부분은 도란형이다. 거는 길이 4~5mm이고 약간 말린다. 수술대는 털이 없으며 가장자리는 밋밋하다. 심피는 3(~4)개이고 씨방에 털이 있다. 암술대는 길이 1.5~3.2mm이다. 열매(골돌)는 길이 1.2~1.5cm의 장타원형이며 끝부분에 암술대가 길게 남아 있다.

참고 투구꽃에 비해 잎의 열편이 가늘고 꽃자루에 짧은 곧은 털(투구꽃은 긴 퍼진 털)이 있는 것이 특징이다. 설악산 및 대암산에 자생하는 지리바꽃(신분류군 추정)은 지리산의 개체와 형태적으로 차이가 있어 추가적인 분류학적 연구가 필요하다.

❶2002. 9. 18. 경남 함양군 지리산 ❷꽃. 흔히 짙은 자색-청자색이다. ❸꽃잎. 2장이며 거는 길이 4~5mm이고 뒤로 약간 말린다. 꽃자루에 짧은 곧은 털이 밀생한다. ❹잎. 거의 잎자루 부근까지 깊게 갈라지며 열편은 폭이 좁다. ❺-❿강원 인제군 대암산 자생 개체(*Aconitum* sp.) ❺❻꽃. 짙은 자색-청자색이다. 꽃자루에 퍼진 털(샘털)이 밀생한다. ❼꽃잎. 거는 안쪽으로 약간 말린다. 입술부분은 도란형이고 끝이 오목하다. ❽암술. 심피는 흔히 3개이며 긴 털이 있다. ❾잎. 지리산 개체에 비해 열편의 폭이 더 좁다. ❿2014. 9. 14. 강원 인제군 대암산

놋젓가락나물

Aconitum ciliare DC.
Aconitum volubile var. *pubescens*
Regel

미나리아재비과

국내분포/자생지 주로 경북 이북의 숲가장자리 및 산지 능선
형태 다년초이며 덩굴성이지만 드물게 곧추 자라기도 한다. 줄기는 길이 50~150cm이고 털이 없거나 약간 있다. 줄기잎은 길이 5~9cm의 오각상이고 3개로 깊게 갈라지며 옆쪽의 열편은 다시 2개로 깊게 갈라진다. 잎자루는 길이 2~5cm이고 짧은 털이 있다. 꽃은 8~10월에 연한 청자색-자색으로 피며 줄기의 끝이나 끝부분의 잎겨드랑이에서 3~6개씩 모여난다. 꽃자루는 길이 2~6cm이고 굽은 누운 털이 있다. 꽃은 길이 3~3.8cm이다. 꽃받침조각은 꽃잎모양이며 겉에 굽은 누운 털이 있다. 위쪽의 꽃받침조각은 길이 1.9~2.7cm의 투구모양이며 끝은 둥글고 아래쪽 가장자리는 약간 오목하다. 옆쪽의 꽃받침조각은 길이 1.2~1.3cm의 거의 원형이며 아래쪽 꽃받침조각은 길이 1~1.1cm의 도피침형 또는 타원형이다. 꽃잎은 털이 없으며 자루는 길이 6~11mm의 납작한 선형이고 입술부분은 길이 3~6mm의 도란형이다. 거는 길이 1.5~3mm이고 약간 말린다. 수술대는 털이 없다. 심피는 (3~)5개이며 씨방은 털이 없고 암술대는 길이 2~3mm이다. 열매(골돌)는 길이 1.5~1.7cm의 장타원형이다.
참고 놋젓가락나물에 비해 꽃자루와 꽃받침조각의 바깥면에 긴 퍼진 털이 있고 씨방(열매)에도 털이 있는 것을 가는줄돌쩌귀(*A. volubile* Pall. ex Koelle)라고 하며 경북(영양군, 청송군 등) 이북에 분포한다.

❶2020. 9. 13. 강원 평창군 오대산 ❷꽃. 연한 청자색-자색(-다양)이다. ❸꽃(측면). 꽃자루에 굽은 누운 털이 있다. ❹꽃 비교. 투구꽃(우)에 비해 위쪽 꽃받침조각의 부리가 짧은 편이며 꽃자루에 굽은 털이 있는 것이 특징이다. ❺꽃잎. 거는 안쪽으로 약간 말린다. ❻꽃잎 비교(변이가 있음). 금대봉 개체(좌)이 오대산 개체(우)에 비해 자루가 짧고 꽃잎(현부와 거)이 약간 대형이다. ❼열매. 골돌은 (3~)5개이며 털은 거의 없다. ❽잎. 깊게 갈라지며 열편은 좁은 편이다.

백부자

Aconitum coreanum (H.Lév.) Rapaics

미나리아재비과

국내분포/자생지 주로 경북 이북의 산지(특히 석회암지대)

형태 다년초. 줄기는 높이 40~100cm이고 굽은 털이 약간 있다. 줄기잎은 길이 4~8.5cm의 오각상이고 3개로 깊게 갈라지며 옆쪽의 열편은 다시 2개로 깊게 갈라진다. 잎자루는 길이 1.5~5cm이고 털이 없다. 꽃은 8~10월에 연한 황백색–녹백색 또는 연한 자색–자색으로 피며 줄기의 끝이나 끝부분의 잎겨드랑이에서 2~7개씩 모여난다. 꽃자루는 길이 0.8~2.5cm이고 짧은 털이 있다. 꽃은 길이 2~3.4cm이다. 꽃받침조각은 꽃잎 모양이며 양면에 누운 털이 밀생한다. 위쪽의 꽃받침조각은 길이 1.2~2.3cm의 투구모양이며 끝은 둥글고 아래쪽 가장자리는 약간 오목하다. 옆쪽의 꽃받침조각은 길이 1~1.3cm의 넓은 도란형–거의 원형이며 아래쪽 꽃받침조각은 길이 0.9~1.1cm의 타원형–타원상 난형이다. 꽃잎은 털이 없으며 자루는 길이 8~12mm의 납작한 선형이고 입술부분은 길이 4~6mm의 선형–주걱형이다. 거는 길이 2.5mm 정도이고 고리모양으로 안쪽으로 말린다. 수술대는 가장자리가 밋밋하다. 심피는 3개이고 씨방에 누운 털이 밀생한다. 열매(골돌)는 길이 1~1.3cm의 장타원형이며 끝부분에는 길이 3mm 정도의 암술대가 남아 있다.

참고 꽃이 흔히 황백색–녹백색이고 꽃자루에 짧은 털이 있는 것이 특징이다. 국내에서는 비석회암지대에서도 간혹 자라지만, 주로 강원 및 경북의 석회암지대에서 분포한다.

❶ 2003. 9. 14. 충북 제천시 ❷ 꽃. 연한 황백색–녹백색(–진한 자색)이다. ❸ 꽃(측면). 꽃자루에 짧은 털이 있다. ❹ 꽃잎. 고리모양으로 말린다. ❺ 열매. 짧은 털이 밀생한다. ❻ 잎. 거의 잎자루 부근까지 깊게 갈라지며 열편은 폭이 좁다. ❼ 2009. 9. 11. 강원 영월군

투구꽃

Aconitum jaluense Kom.
Aconitum seoulense Nakai; *A uchiyamai* Nakai

미나리아재비과

국내분포/자생지 제주도를 제외한
전국의 산지

형태 다년초. 줄기는 높이 30~100cm
이고 털이 없거나 조금 있다. 줄기잎
은 길이 8~17cm의 오각상이고 3개
로 깊게 갈라지며 옆쪽의 열편은 다
시 2개로 깊게 갈라진다. 잎자루는 길
이 2~6cm이고 뒤쪽에 굽은 털이 있
다. 꽃은 8~10월에 연한 청자색–청
자색으로 피며 줄기의 끝이나 끝부분
의 잎겨드랑이에서 3~10개씩 모여난
다. 꽃자루에 퍼진 털(끝이 둥근)이 밀
생한다. 꽃은 길이 2.8~4.6cm이다.
꽃받침조각은 꽃잎모양이며 바깥면
에 털이 있다. 위쪽의 꽃받침조각은
길이 1.6~3.6cm의 투구모양이다. 옆
쪽의 꽃받침조각은 길이 1.2~2.2cm
의 넓은 도란형–거의 원형이며 아래
쪽의 꽃받침조각은 2개이고 장타원
형–도피침상 장타원형이며 서로 모
양이 다르다. 꽃잎의 자루는 길이 1~
1.6cm의 납작한 선형이고 입술부분
은 길이 6mm 정도의 난형이다. 거는
길이 3~5mm이고 고리모양으로 말린
다. 심피는 3(~5)개이고 씨방에 흔히
퍼진 털이 있다. 열매(골돌)는 길이 1.5
~2.2cm의 장타원형–타원형이다.

참고 지리바꽃에 비해 잎의 열편이
타원형–난형상으로 넓은 편이고 꽃
자루에 긴 퍼진 털이 있는 것이 특징
이다. 투구꽃과 유사하지만 줄기의
끝이 땅에 닿아서 뿌리를 내리는 것
을 **싹눈바꽃**(A. *proliferum* Nakai)이라고
하며 경기, 충북, 경북, 경남, 전남, 전
북에서 자란다.

❶2021. 8. 31. 경기 가평군 화악산 ❷꽃. 꽃
자루에 퍼진 털과 함께 샘털이 밀생한다. ❸
❹꽃잎. 흔히 털이 없지만 긴 털이 약간 있
기도 한다. 거는 짧고 고리모양으로 구부러
진다. ❺씨방과 수술. 씨방에 털이 없거나 긴
털이 있기도 한다. ❻열매. 골돌(심피)의 수
와 털의 유무에는 변이가 있다. ❼2022. 10.
7. 강원 화천군 광덕산. 꽃이 거의 백색으
로 피는 개체도 있다. ❽2020. 8. 22. 강원
정선군 함백산. 줄기 끝부분에서 나온 원뿔
꽃차례에 다수의 꽃이 모여 달리기도 한다.
❾싹눈바꽃(=개싹눈바꽃). 2022. 9. 27. 충
북 영동군 각호산. 꽃차례는 흔히 줄기 상반
부의 잎겨드랑이에서 나온 총상꽃차례 또는
산방꽃차례(드물게 원뿔꽃차례)에 모여 달린
다. 줄기의 윗부분은 비스듬히 서거나 아래
로 구부러지며 줄기의 끝부분이 땅에 닿을
경우 뿌리를 내리기도 한다.

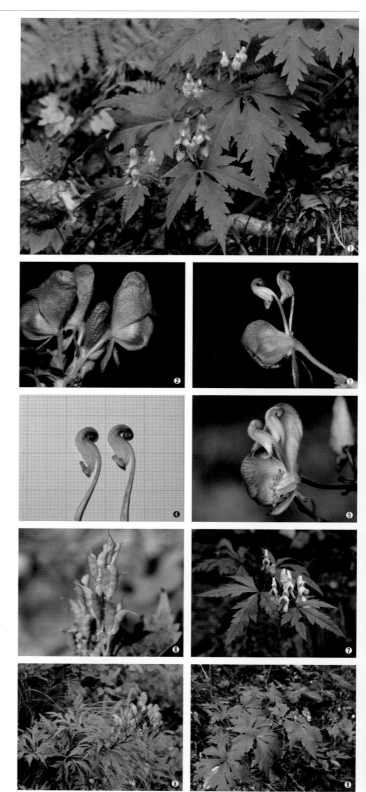

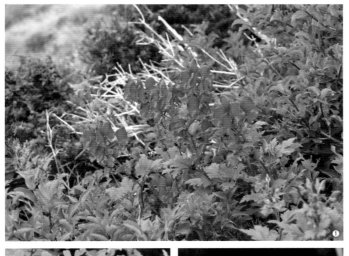

한라돌쩌귀

Aconitum japonicum subsp.
napiforme (H.Lév. & Vaniot) Kadota

미나리아재비과

국내분포/자생지 제주 및 서남해 도서와 지리산 일대

형태 다년초. 줄기는 높이 20~100cm이고 털이 없다. 줄기잎은 길이 5~13cm의 오각상이고 3개로 깊게 갈라지며 옆쪽의 열편은 다시 2개로 깊게 갈라진다. 뒷면에는 털이 없거나 중앙맥 위에 털이 약간 있다. 잎자루는 길이 2~8cm이고 앞면 홈을 따라 짧은 굽은 털이 있다. 꽃은 8~10월에 연한 청자색~청자색으로 피며 줄기의 끝이나 끝부분의 잎겨드랑이에서 2~5개씩 모여난다. 꽃은 길이 3.2~4.2cm이다. 꽃차례의 축과 꽃자루에 짧은 굽은 털이 많다. 꽃자루는 길이 2~4cm이고 중앙부에 2개의 작은포가 있다. 꽃받침조각은 꽃잎모양이며 바깥면에 털이 있다. 위쪽의 꽃받침조각은 길이 2.3~2.6cm의 투구모양이고 끝은 둥글며 아래쪽 가장자리는 약간 오목하다. 옆쪽의 꽃받침조각은 길이 1.6~2cm의 넓은 도란형~거의 원형이며 아래쪽의 꽃받침조각은 2개이고 길이 1~1.8cm의 도피침형~장타원형이다. 꽃잎의 자루는 길이 9~13mm이고 입술부분은 길이 2~4mm의 도란형이며 거는 길이 4mm 정도이고 고리모양으로 굽는다. 수술대는 털이 없다. 심피는 3~5개이고 씨방에 흔히 털이 거의 없다. 열매(골돌)는 길이 1~2cm의 장타원형이다.

참고 투구꽃에 비해 잎의 열편이 비교적 넓으며 꽃자루에 굽은 털과 함께 짧은 털이 있는 것이(투구꽃은 긴 퍼진 털이 있음) 특징이다. 한라돌쩌귀와 투구꽃의 교잡종으로 보이는 개체들이 남부지역(지리산 등)에서 관찰되며, 이 개체들은 한라돌쩌귀와 닮았으나 꽃자루에 굽은 털과 옆으로 퍼진 털이 함께 있는 것이 특징이다.

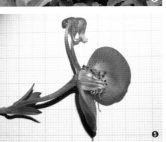

❶ 2021. 8. 10. 제주 서귀포시 한라산 ❷ 꽃차례. 위쪽에서부터 꽃이 피는 유한꽃차례이다. ❸ 꽃(측면). 꽃자루에는 흔히 굽은 털이 있다. ❹ 꽃받침조각과 꽃잎. 거는 길이 4mm 정도이고 고리모양으로 구부러진다. ❺ 씨방과 수술. 흔히 씨방에 털이 없거나 굽은 털이 약간 있다. ❻ 열매. 골돌(심피)은 3~5개이다. 흔히 털이 없다. ❼ 잎 앞면. 열편은 투구꽃에 비해 넓은 편이다. ❽ 잎 뒷면. 털이 없거나 중앙맥 위에 털이 약간 있다.

이삭바꽃

Aconitum kusnezoffii Rchb.

미나리아재비과

국내분포/자생지 북부지방의 산지 풀밭이나 숲가장자리

형태 다년초. 줄기는 높이 60~150cm 이고 털이 없다. 줄기잎은 길이 9~ 16cm의 오각상이고 3~5개로 깊게 갈라진다. 꽃은 8~9월에 연한 청자 색–청자색으로 핀다. 꽃은 길이 3~ 3.5cm이다. 꽃자루는 길이 2~5cm 이며 위쪽으로 뻗는다. 꽃받침조각은 꽃잎모양이며 바깥면에 털이 약간 있 거나 없다. 꽃잎은 털이 없으며 자루 는 길이 8~11mm이다. 심피는 (4~)5개 이고 씨방에 털이 없다. 열매(골돌)는 길이 1.2~2cm의 장타원형이다.

참고 줄기 끝에서 많은 꽃들이 모여 원뿔상 꽃차례를 이루는 것과 꽃차례 의 축과 꽃자루에 털이 거의 없는 것 이 특징이다.

❶ 2013. 9. 12. 러시아 프리모르스키주 ❷ 꽃. 꽃차례 축과 꽃자루에 털이 없다. ❸ 열매. 골 돌(심피)은 흔히 5개이며 털이 없다. ❹ 꽃잎. 거는 길이 1~4mm이고 고리모양 또는 원형 으로 말린다.

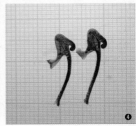

각시투구꽃

Aconitum monanthum Nakai

미나리아재비과

국내분포/자생지 북부지방의 고산지 대 풀밭 및 숲가장자리

형태 다년초. 줄기는 높이 14~30cm 이고 털이 없다. 줄기잎은 길이 2.5~ 4cm의 오각상이고 3~5개로 깊게 갈 린다. 양면에는 털이 없다. 꽃은 7~8 월에 청자색으로 피며 길이 2~3.5cm 이다. 꽃차례의 축과 꽃자루에 털이 없다. 꽃받침조각은 꽃잎모양이며 바 깥면에 털이 없다. 꽃잎은 털이 없으 며 자루는 길이 8~10mm이다. 거는 길이 1.5~2.5mm이고 고리모양으로 굽는다. 심피는 3개이고 씨방에 털이 없다. 열매(골돌)는 길이 1.6~2cm의 장타원형이고 곧추선다.

참고 국내 투구꽃류 중에서 가장 소 형이며 줄기잎이 작고 개수도 2~4개 로 적은 것이 특징이다.

❶ 2019. 7. 23. 중국 지린성 백두산 ❷ 꽃. 꽃 받침조각의 바깥면과 꽃자루에 털이 없다. ❸ 씨방. 꽃차례 축, 꽃자루와 함께 털이 없다. ❹ 잎. 깊게 갈라지며 앞면에는 털이 없다.

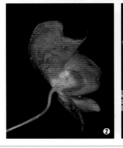

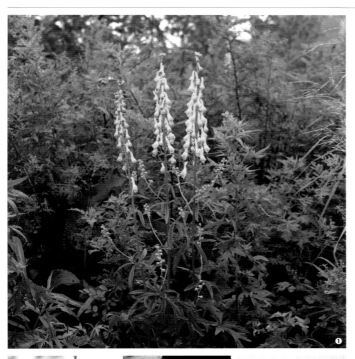

북투구꽃

Aconitum kirinense Nakai

미나리아재비과

국내분포/자생지 경북(봉화군) 이북의 산지. 국내에서는 주로 석회암지대의 산지

형태 다년초. 줄기는 높이 60~100m 이고 곧추서서 자라며 밑부분에는 퍼진 털이 많다. 줄기잎은 길이 5~12cm의 오각상 원형이고 3개로 깊게 (거의 끝까지) 갈라지며 옆쪽의 열편은 다시 2~3개로 갈라진다. 뒷면에는 맥 위에 짧은 굽은 털이 약간 있다. 뿌리 부근 잎의 잎자루는 길이 15~28cm이 다. 꽃은 7~9월에 연한 황백색–연한 황색으로 피며 줄기와 가지 끝부분에 서 나온 총상꽃차례에서 모여 달린 다. 꽃줄기와 꽃자루에 짧은 굽은 털 이 밀생한다. 꽃자루는 길이 5~15mm 이다. 작은포는 길이 1.2~4mm의 송 곳모양–피침형이다. 꽃받침조각은 꽃 잎모양이며 바깥면에 짧은 굽은 털이 밀생한다. 위쪽의 꽃받침조각은 길이 1.3~1.8cm의 원통상 투구모양이며 끝 은 둥글다. 옆쪽의 꽃받침조각은 길 이 8~10mm의 넓은 도란형–거의 원 형이며 아래쪽의 꽃받침조각은 2개이 고 길이 6~7mm의 피침상 장타원형– 도란형이다. 꽃잎은 털이 없으며 자 루는 길이 1.5~1.7cm이다. 거는 길이 2~3.5mm이고 곧추서거나 뒤로 약간 굽는다. 수술대는 털이 없다. 심피는 3개이고 씨방에 털이 약간 있다. 열 매(골돌)는 길이 1~1.2cm의 장타원형 이고 털이 없거나 약간 있다.

참고 노랑투구꽃(*A. barbatum* Patrin ex Pers.)에 비해 잎이 거의 잎자루까지 (끝까지) 갈라지지 않으며 심피와 열 매에 털이 있는 것이 특징이다. 넓 은잎노랑투구꽃[*A. barbatum* var. *hispidum* (DC.) Ser.]과의 구분이 명 확하지 않아 학자들 간 논란이 있다.

❶2022. 8. 14. 강원 태백시 ❷꽃차례. 꽃은 연한 황백색–연한 황색으로 핀다. ❸꽃(측 면). 꽃자루에는 굽은 털이 밀생한다. ❹꽃받 침조각과 꽃잎. 거는 길이 2.5~3.5mm이고 곧추서거나 약간 구부러진다. ❺꽃잎. 거는 약간 구부러진다. ❻❼열매. 골돌(심피)은 흔 히 3개이며 짧은 털 또는 구부러진 누운 털 이 약간 있다. ❽뿌리 부근의 잎. 깊게 갈라 지지만 완전히 끝까지 갈라지지는 않는다.

부전투구꽃

Aconitum puchonroenicum Uyeki & Sakata

미나리아재비과

국내분포/자생지 강원(정선군) 이북의 산지

형태 다년초. 줄기는 높이 40~70cm이고 곧추서거나 비스듬히 자란다. 줄기잎은 길이 7~13cm의 오각상 원형이고 3~5개로 갈라진다. 꽃은 7~8월에 연한 황색으로 핀다. 꽃줄기와 꽃자루에 퍼진 털이 밀생한다. 꽃자루는 길이 1.5~3.9cm이다. 꽃받침조각은 꽃잎모양이며 바깥면에 짧은 털이 있다. 꽃잎의 자루는 길이 1.1~1.3cm이며 거는 길이 4~7mm이고 뒤로 말린다. 열매(골돌)는 길이 1.2~1.5cm의 좁은 장타원형이다.

참고 *R. ranunculoides*(중국, 러시아 분포)나 선투구꽃에 비해 꽃자루가 길고 퍼진 털이 있으며 열매(씨방)에도 퍼진 털이 있는 것이 특징이다.

❶ 2004. 7. 25. 강원 정선군 ❷ 꽃(측면). 꽃자루에 퍼진 털이 있다. 위쪽의 꽃받침조각은 가늘고 긴 편이다. ❸ 꽃잎. 거는 한바퀴(360°) 정도 말린다. ❹ 열매. 골돌(심피)은 3개이며 등쪽과 암술대에 퍼진 털이 있다.

선투구꽃

Aconitum umbrosum (Korsh.) Kom.

미나리아재비과

국내분포/자생지 북부지방의 산지

형태 다년초. 줄기는 높이 70~110cm이고 흔히 비스듬히 자란다. 줄기잎은 길이 7~13cm의 오각형-오각상 원형이고 3~5개로 깊게 갈라진다. 양면에는 누운 털이 약간 있다. 꽃은 7~8월에 연한 황색으로 핀다. 꽃줄기와 꽃자루에 짧은 굽은 털이 밀생한다. 꽃자루는 길이 5~25mm이다. 꽃받침조각은 꽃잎모양이며 바깥면에 짧고 굽은 털이 있다. 꽃잎의 자루는 길이 1.2~1.5cm이며 거는 길이 5~7mm이고 뒤로 말린다. 열매(골돌)는 길이 1.1~1.5cm의 좁은 장타원형이다.

참고 부전투구꽃에 비해 위쪽 꽃받침조각의 통부가 짧고 굵은 편이며 씨방(열매)에 털이 없거나 약간 있는 것이 특징이다.

❶ 2019. 7. 3. 중국 지린성 ❷ 꽃(측면). 꽃자루에 짧은 굽은 털이 있다. ❸ 꽃잎. 거는 한바퀴(360°) 정도 말린다. ❹ 씨방. 털이 없거나 짧은 털이 약간 있다. ❺ 열매(ⓒ김지훈). 털이 없거나 짧은 털이 약간 있다.

한라투구꽃

Aconitum quelpaertense Nakai

미나리아재비과

국내분포/자생지 제주 한라산의 산지(주로 계곡부), 한반도 고유종

형태 다년초. 줄기는 높이 30~120cm이고 비스듬히 또는 곧추 자라며 털이 없거나 짧고 굽은 털이 약간 있다. 줄기잎은 길이 8~15cm의 오각형-오각상 원형이고 3~5개로 갈라진다. 양면에는 짧은 털이 약간 있다. 잎자루는 길이 4~20cm이고 털이 있다. 꽃은 8~9월에 거의 백색-연한 자색-자색으로 피며 줄기와 가지의 끝부분에 7~12개씩 모여 달린다. 꽃은 길이 9~12mm이다. 꽃차례의 축과 꽃자루에 퍼진 털이 밀생한다. 꽃자루는 길이 4~10mm이며 작은포는 길이 3~8mm의 선형이다. 꽃받침조각은 꽃잎모양이며 바깥면에 털이 있다. 위쪽의 꽃받침조각은 길이 1.8~2.3cm의 투구모양이고 아래쪽 가장자리는 약간 오목하다. 옆쪽의 꽃받침조각은 길이 9~12mm의 도란형이며 아래쪽의 꽃받침조각은 2개이고 길이 9~12mm의 피침상 장타원형-난형이다. 꽃잎의 자루는 길이 1.3~1.5cm이며 입술부분은 길이 2~3mm이고 2개로 갈라진다. 거는 길이 5~7mm이고 270~360° 정도 안쪽으로 말린다. 수술대는 털이 없고 가장자리는 밋밋하다. 심피는 3개이고 씨방은 흔히 털이 없거나 약간 있다. 열매(골돌)는 길이 1~1.5cm의 장타원형이고 곧추선다.

참고 진범에 비해 키가 작고 흔히 덩굴지지 않으며 꽃자루에 퍼진 털이 있는 것이 특징이다. **줄바꽃**(A. *alboviolaceum* Kom.)은 줄기가 뚜렷하게 덩굴성이며 씨방과 골돌에 옆으로 퍼진 털이 있는 것이 특징이다.

❶2023. 8. 28. 제주 서귀포시 한라산 ❷꽃차례. 꽃받침의 바깥면에 퍼진 털이 있다. ❸꽃잎. 거는 거의 360° 정도 안쪽으로 말린다. 꽃자루에 퍼진 털이 밀생한다. ❹씨방과 수술. 씨방에 털이 없거나 약간 있다. ❺결실기에는 꽃자루에 퍼진 털이 떨어져 없어지고 짧고 굽은 털만 남는다. 열매 표면에 돌기모양의 짧은 털이 약간 있다. ❻-❾줄바꽃. 2024. 7. 23. 중국 지린성 ❻전체 모습. 덩굴성이다. ❼꽃. 꽃차례 축과 꽃자루에 퍼진 털이 밀생한다(진범은 짧은 굽은 털이 밀생). ❽꽃잎. 거는 한 바퀴(360°) 정도 뒤로 말린다. ❾씨방. 퍼진 털이 밀생한다.

진범

Aconitum pseudolaeve Nakai

미나리아재비과

국내분포/자생지 중부지방 이북의 산지, 한반도 고유종

형태 다년초. 줄기는 높이 70~180cm 이고 흔히 덩굴성이다. 줄기잎은 길이 10~25cm의 오각형-오각상 원형이고 3~5개로 얕게 또는 중앙부까지 갈라진다. 잎자루는 길이 5~20cm이고 털이 약간 있다. 꽃은 7~9월에 거의 백색-연한 자색-진한 자색으로 핀다. 꽃줄기와 꽃자루에 짧고 굽은 털이 밀생한다. 꽃자루는 길이 5~11mm이다. 꽃받침조각은 꽃잎모양이며 바깥면에 털이 있다. 위쪽의 꽃받침조각은 길이 1.6~2.2cm의 원통상 투구모양이며 끝은 둥글고 곧추서거나 뒤로 약간 구부러진다. 옆쪽의 꽃받침조각은 길이 1~1.2cm의 넓은 도란형-거의 원형이며 아래쪽의 꽃받침조각은 2개이고 길이 0.9~1.1cm의 피침형-장타원상 난형이다. 꽃잎의 자루는 길이 1.4~1.8cm이며 입술부분은 길이 2~3mm이고 2개로 갈라진다. 거는 길이 3~5mm이고 안쪽으로 말린다. 심피는 3개이고 씨방에 털이 약간 있다. 열매(골돌)는 길이 1.1~1.5cm의 장타원형이고 곧추서며 바깥면에 긴 퍼진 털이 약간 있다.

참고 흰진범에 비해 해발고도가 비교적 높은 산지에 주로 분포하며 꽃은 자색 무늬가 있는 백색-진한 자색이고 씨방(열매)에 퍼진 털이 있는 것이 특징이다.

❶2020. 9. 6. 강원 정선군 ❷꽃. 꽃자루에 누운 굽은 털이 밀생한다. ❸꽃받침조각과 꽃잎. 거는 270~360° 정도 안쪽으로 말린다(변이가 있음). ❹열매. 퍼진 털이 약간 있다. ❺~❽설악산 자생 개체 ❺꽃(측면). 꽃자루에 누운 굽은 털이 밀생한다. ❻꽃잎. 거는 한 바퀴(360°) 정도 뒤로 말린다(변이가 있음). ❼씨방. 비스듬하게 퍼진 털이 약간 있거나 밀생한다. ❽2024. 8. 23. 강원 인제군 설악산

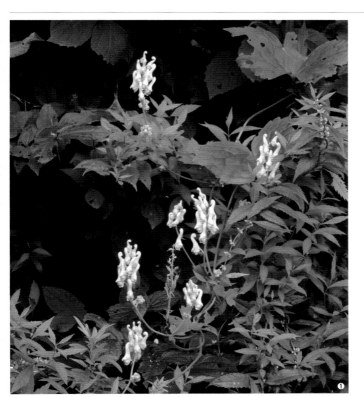

흰진범

Aconitum longecassidatum Nakai

미나리아재비과

국내분포/자생지 제주를 제외한 전
국의 산지(주로 해발고도가 낮은 산지)

형태 다년초. 줄기는 높이 70~120cm
이고 비스듬히 자라거나 덩굴성이다.
줄기잎은 길이 10~30cm의 오각형–
오각상 원형이고 3~5개로 갈라진다.
잎자루는 길이 8~25cm이고 털이 있
다. 꽃은 7~9월에 거의 백색–연한 황
백색으로 피며 줄기와 잎겨드랑이에
서 나온 꽃차례에서 8~20개씩 모여
달린다. 꽃줄기와 꽃자루에 짧고 굽
은 털이 많다. 꽃자루는 길이 4~6mm
이다. 꽃받침조각은 꽃잎모양이며 바
깥면에 부드러운 누운 털이 많다. 위
쪽의 꽃받침조각은 길이 1.7~2.3cm
의 원통상 투구모양이며 끝은 둥글고
곧추서거나 뒤로 약간 구부러진다.
아래쪽 가장자리는 약간 오목하다.
옆쪽의 꽃받침조각은 길이 9~12mm
의 넓은 도란형–거의 원형이며 아래
쪽의 꽃받침조각은 2개이고 길이 9~
12mm의 도피침형–타원상 난형 또는
도란형이다. 꽃잎은 털이 없으며 자
루는 길이 1.4~2cm이고 입술부분은
길이 2mm 정도의 선형이다. 거는 길
이 5~6mm이고 뒤로 말린다. 수술대
는 털이 없고 밋밋하다. 심피는 3개
이고 씨방에는 굽은 털이 있다. 열매
(골돌)는 길이 1.1~1.6cm의 장타원형–
타원형이고 곧추선다.

참고 진범에 비해 꽃이 거의 백색(연
한 황백색)이며 열매(씨방)에 짧고 굽은
털이 있는 것이 특징이다.

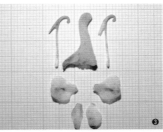

❶2014. 8. 29. 강원 정선군 ❷꽃. 꽃차례 축
과 꽃자루에 누운 굽은 털이 밀생한다. ❸꽃
받침조각과 꽃잎. 거는 180~360° 정도 안쪽
으로 말린다(변이가 있음). ❹꽃. 꽃받침조각
바깥면에 퍼진 털과 샘털이 많거나 약간 있
다(변이가 있음). ❺씨방. 심피는 3개이며 누
운 굽은 털이 있다. ❻열매. 표면에 누운 털
이 있다. ❼뿌리 부근의 잎. 오각상이며 얕게
5개로 갈라진다.

노루삼

Actaea asiatica H.Hara

미나리아재비과

국내분포/자생지 전국의 산지

형태 다년초. 줄기는 높이 30~80cm
이고 윗부분에 굽은 털이 있으며 가
지가 갈라지지 않거나 드물게 갈라진
다. 줄기잎은 2~3회 깃털모양의 겹잎
이며 잎자루는 길이 3~17cm이고 털
이 없다. 작은잎은 길이 2~10cm의
타원상 난형-넓은 난형이며 끝은 뾰
족하거나 길게 뾰족하고 가장자리에
안쪽으로 약간 굽은 뾰족한 톱니가
있다. 앞면에 털이 없으며 뒷면 맥 위
에 털이 약간 있다. 꽃은 4~6월에 백
색으로 피며 길이 3~15cm의 총상꽃
차례에 빽빽이 모여 달린다. 꽃자루
는 길이 5~17mm이고 붉은빛이 돌며
옆으로 퍼져 달린다. 꽃받침조각은 4
개이며 길이 2.5~3mm의 도란형이고
일찍 떨어진다. 꽃잎은 길이 2~3mm
의 주걱형이고 수술은 길이 3~6mm
이다. 열매(장과)는 지름 6mm 정도의
구형이며 흑자색-흑색으로 익는다.
씨는 길이 3mm 정도의 도란형이고
짙은 갈색이며 열매당 6개 정도 들어
있다.

참고 붉은노루삼[*A. erythrocarpa*
(Fisch.) Freyn]에 비해 열매자루가 굵
으며(지름 1mm 정도) 열매가 흑자색-
흑색으로 익는 것이 특징이다.

❶2004. 5. 22. 강원 삼척시 덕항산 ❷꽃차
례. 꽃은 총상꽃차례에 빽빽이 모여 달린다.
❸열매. 흑자색-흑색으로 익는다. ❹잎. 2~3
회 깃털모양의 겹잎이다. ❺잎 뒷면. 맥 위에
털이 약간 있다. ❻❼붉은노루삼 ❻열매. 자
루가 노루삼에 비해 가는 편이며(지름 0.5mm
정도) 열매가 적색으로 익는다. ❼2013. 8. 9.
중국 지린성 백두산

나제승마

Cimicifuga austrokoreana H.W.Lee & C.W.Park

미나리아재비과

국내분포/자생지 충북(각호산) 이남의 산지 숲속, 한반도 고유종

형태 다년초. 줄기는 높이 40~80cm 이다. 잎은 길이 25~47cm이고 1~2 회 3출겹잎이다. 꽃은 9~10월에 백 색으로 피며 총상꽃차례는 길이 10~ 20cm이다. 화피편은 4~6개이며 길 이 2~4.6mm의 넓은 타원형이고 끝 이 둥글거나 2개로 갈라진다. 수술은 18~27개이고 수술대는 길이 5~8mm 이다. 심피는 흔히 1~3(~4)개이다. 열 매(골돌)는 길이 5.5~9mm의 타원형 이다.

참고 촛대승마에 비해 키가 작으며 꽃차례가 아치형으로 구부러지는 점 과 꽃자루가 길이 1~2.5mm로 짧고 잎 표면 맥 위에 털이 있는 것이 특징 이다.

❶ 2021. 9. 10. 전남 구례군 지리산 ❷ 꽃. 양 성화이다. ❸ 열매. 털이 없거나 약간 있다. ❹ 뿌리 부근의 잎. 흔히 2회 3출겹잎이다. 표면의 맥 위에 털이 있다.

촛대승마

Cimicifuga simplex (DC.) Wormsk. ex Turcz.

미나리아재비과

국내분포/자생지 제주 및 전남 이북 의 산지 숲속

형태 다년초. 줄기는 높이 60~ 200cm이다. 잎은 길이 30~62cm이 고 2~3회 3출겹잎이다. 꽃은 8~9월 에 백색으로 피며 총상꽃차례는 길이 20~60cm이다. 작은포는 피침형─삼 각형이고 꽃자루의 기부에 3개씩 달 린다. 화피편은 4~6개이며 길이 2.5~ 4.2mm의 넓은 타원형이고 끝이 둥글 거나 2개로 얕게 갈라진다. 수술은 18 ~42개이다. 심피는 흔히 (1~)3~5개이 며 길이 1.5~2.3mm이다. 열매(골돌)는 길이 5~9mm의 장타원형이며 자루는 길이 5~8.5mm이다.

참고 나제승마에 비해 키가 크고 잎 표면에 털이 없으며 꽃차례가 굽지 않고 곧추서는 것이 특징이다.

❶ 2010. 8. 28. 강원 태백시 태백산 ❷ 꽃차 례. 구부러지지 않는다. ❸ 꽃. 양성화이다. 화 피편은 4~6개이며 보트모양이고 일찍 떨어 진다. ❹ 열매. 표면과 자루에 짧은 털이 있다.

눈빛승마

Cimicifuga dahurica (Turcz. ex Fisch. & C.A.Mey.) Maxim.
Actaea dahurica (Turcz. ex Fisch. & C.A.Mey.) Franch.

미나리아재비과

국내분포/자생지 제주를 제외한 전국의 산지 숲속

형태 다년초. 줄기는 높이 1~2(~2.5)m이다. 잎은 길이 30~80cm(잎자루 포함)이고 2~3회 3출겹잎이다. 잎자루는 길이 18~21cm이고 털이 약간 있다. 중앙의 작은잎은 길이 7~12cm의 난형~넓은 난형이며 3개로 갈라진다. 끝은 뾰족하거나 길게 뾰족하고 밑부분은 심장형(간혹 둔저)이며 앞면에는 털이 없고 뒷면 맥 위에 털이 약간 있다. 작은잎의 자루는 길이 3~6cm이다. 암수딴그루이다. 꽃은 7~9월에 백색으로 피며 길이 25~40cm의 원뿔꽃차례에 모여 달린다. 꽃차례의 축에는 밑부분이 부푼 짧은 털이 밀생한다. 꽃자루는 길이 3~6mm이다. 작은포는 피침형~삼각형이고 꽃자루의 밑부분에 3개씩 달린다. 화피편은 5개이고 백색이며 길이 2.3~4mm의 타원형~넓은 타원형이고 보트모양으로 오목하다. 암꽃의 가수술은 2~6개이며 길이 2~3.7mm의 좁은 타원형~타원형이고 끝이 2개로 깊게 갈라진다. 끝부분에 꽃밥이 변형된 2개의 부속체가 있으며 부속체는 꿀샘모양이다. 수술은 30~40개이며 수술대는 길이 3~5mm이다. 심피는 3~7개이며 길이 2mm 정도의 타원형이고 털이 없다. 열매(골돌)는 길이 6.5~9.5mm의 타원형~넓은 타원형 또는 타원상 도란형이다.

참고 황새승마(*C. foetida* L.)에 비해 암수딴그루(꽃이 단성)인 것이 특징이다. 황새승마는 러시아(시베리아), 몽골, 중국(중남부)과 미얀마, 부탄, 인도 등의 티베트지역에 분포하는 종으로 한반도에는 분포하지 않는다.

❶ 2012. 8. 27. 강원 인제군 설악산 ❷❸ 수꽃. 가장자리의 가수술은 2개의 수술이 합생한 형태이며 다른 문헌에서는 꽃잎으로 기재하기도 한다. 화피편은 넓은 타원형~도란형이며 일찍 떨어진다. ❹ 암꽃. 화피편은 보트모양이며 암술은 3~7개이고 주변에 포크모양의 가수술이 있다. ❺❻ 열매. 타원형~넓은 타원형 또는 타원상 도란형이고 윗부분은 편평하다. ❼ 잎. 2~3회 3출엽이다. 잎에서 특유의 비린 냄새가 난다. ❽ 수그루. 2012. 8. 24. 강원 횡성군. 승마에 비해 꽃차례의 가지가 2~3차로 갈라진다.

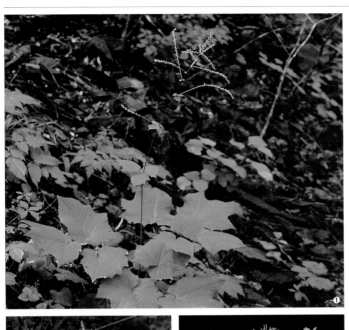

세잎승마

Cimicifuga heracleifolia var. *bifida* Nakai
Cimicifuga bifida (Nakai) Luferov

미나리아재비과

국내분포/자생지 양강, 강원, 충남, 경북, 경남의 산지 숲속, 한반도 고유변종

형태 다년초. 줄기는 높이 80~120cm이며 털이 없거나 윗부분에 짧은 털이 약간 있다. 잎은 3출겹잎이며 양면에 털이 없고 뒷면 맥 위에 털이 약간 있다. 중앙의 작은잎은 길이 10~18cm의 난형-오각상 원형이고 3(~5)개로 얕게 갈라진다. 끝은 뾰족하거나 길게 뾰족하고 밑부분은 심장형이다. 앞면에는 털이 없고 뒷면 맥 위에 털이 있다. 작은잎의 자루는 길이 3~11cm이다. 꽃은 9~10월에 백색으로 피며 흔히 양성화(간혹 암그루, 수그루 혼생)가 길이 15~30cm의 원뿔꽃차례에 모여 달린다. 꽃차례의 축에는 밑부분이 부푼 짧은 털이 밀생한다. 꽃자루는 길이 1~3mm이다. 화피편은 4~5개이고 백색이며 길이 3~6mm의 타원형-넓은 타원형이고 일찍 떨어진다. 가수술은 1~3개이며 길이 2.2~4mm의 타원형-넓은 타원형이고 2개로 갈라진다. 수술은 12~34개이며 수술대는 길이 2.5~5mm이다. 심피는 흔히 3~5개이다. 열매(골돌)는 길이 7.5~9.5mm의 타원형-넓은 타원형이고 털이 흩어져 있으며 자루는 길이 1.5~2.5mm이다.

참고 승마에 비해 잎이 3출겹잎이고 작은잎의 밑부분이 뚜렷한 심장형이며 열매(골돌)와 잎 뒷면 맥 위에 서양배모양의 털(샘털)이 있는 점이 특징이다. 주로 경남 이북(특히 경북, 강원의 석회암지대)의 숲속에서 자란다. 학자에 따라서는 독립된 종[*C. bifida* (Nakai) Luferov]으로 보기도 한다.

❶2011. 9. 19. 강원 삼척시 ❷꽃차례. 원뿔꽃차례이다. 눈빛승마에 비해 흔히 2차 가지가 갈라지지 않는다. ❸꽃. 양성화로 알려져 있으나, 수그루(좌)와 암그루(우)가 드물게 혼생한다. 중앙의 것은 양성화이다. ❹양성화. 수술은 다수이고 암술은 3~5개이다. 화피편은 일찍 떨어지며 꽃잎모양의 가수술(변형된 수술 2개가 합생된 모습)은 끝이 2개로 깊게 갈라진다. ❺수술이 떨어진 양성화. 화피편은 보트모양의 타원형-넓은 타원형이며 가수술은 포크모양이다. ❻열매. 타원형-넓은 타원형이고 샘털(서양배모양)이 흩어져 있다. ❼잎. 3출엽이다. 작은잎은 뚜렷한 심장형이다.

승마

Cimicifuga heracleifolia Kom. var. *heracleifolia*
Actaea heracleifolia (Kom.)
J.Compton

미나리아재비과

국내분포/자생지 경기, 인천, 충남 이북의 산지 숲속

형태 다년초. 줄기는 높이 1~1.8m이며 윗부분에 짧은 털이 약간 있다. 잎은 길이 30~65cm(잎자루 포함)의 2회 3출겹잎이며 잎자루는 길이 13~25cm이고 털이 없거나 짧은 털이 약간 있다. 중앙의 작은잎은 길이 6.5~12.5cm의 난형~넓은 난형이며 얕게 3(~5)개로 갈라진다. 끝은 뾰족하거나 길게 뾰족하고 밑부분은 둔하거나 얕은 심장형이다. 앞면에는 털이 없고 뒷면 맥 위에 선상의 털이 있다. 작은잎의 자루는 길이 1.6~5.2cm이다. 꽃은 9~10월에 백색으로 피며 양성화(드물게 암그루 혼생)가 길이 20~65cm의 원뿔꽃차례에 모여 달린다. 꽃차례의 축에는 밑부분이 부푼 짧은 털이 밀생한다. 꽃자루는 길이 1~3mm이다. 꽃받침조각은 4~5개이고 백색이며 길이 3~6mm의 넓은 타원형이며 일찍 떨어진다. 가수술은 1~3개이며 길이 2.2~4mm의 타원형~넓은 타원형이고 2개로 갈라진다. 수술은 12~34개이고 수술대는 길이 2.5~5mm이다. 심피는 흔히 3~5개이며 길이 1~1.8mm의 타원형이다. 열매(골돌)는 길이 7.5~9.5mm의 타원형이고 털이 없거나 약간 있다.

참고 세잎승마에 비해 키가 크며 잎이 2회 3출겹잎이고 작은잎(특히 중앙부)의 밑부분이 편평하거나 얕은 심장형인 것이 특징이다.

❶2021. 9. 30. 인천 강화군 고려산 ❷❸꽃차례. 원뿔꽃차례이다. 흔히 양성화가 핀다. ❹양성화. 화피편은 일찍 떨어진다. 수술은 다수이고 암술은 3~5개이다. ❺암꽃. 드물게 암그루가 혼생한다. ❻열매. 타원형~넓은 타원형이고 윗부분은 편평하다. 세잎승마에 비해 털이 거의 없거나 누운 잔털이 약간 있다. ❼뿌리 부근의 잎. 2회 3출겹잎이다. 작은잎은 세잎승마에 비해 작은 편이며 밑부분이 편평하거나 얕은 심장형이다. ❽2015. 9. 23. 경기 안산시 대부도

왜승마

Cimicifuga japonica (Thunb.) Spreng.

미나리아재비과

국내분포/자생지 제주의 산지 숲속 및 계곡가

형태 다년초. 줄기는 높이 20~80cm 이다. 잎은 길이 15~40cm의 3출겹잎 이다. 중앙의 작은잎은 길이 5~35cm 의 난형-오각상 원형이다. 꽃은 양성 화이고 9~10월에 백색으로 핀다. 꽃 잎은 1~2개이며 길이 2.8~3.7mm의 넓은 타원형이고 막질이다. 수술은 20~30개이며 심피는 1(~3)개이며 길 이 2~3mm이다. 열매(골돌)는 길이 4~ 6mm의 타원형이다.

참고 개승마[*C. biternata* (Siebold & Zucc.) Miq.]는 왜승마에 비해 잎이 1~ 2회 3출겹잎이고 작은잎의 밑부분이 편평하거나 얕은 심장형이며 뒷면 맥 위에 잔털이 있는 것이 특징이다. 국 내 자생은 불명확하다.

❶2021. 9. 20. 제주 제주시 한라산 ❷꽃. 꽃 자루가 거의 없다. 꽃받침조각은 5개이며 일 찍 떨어진다. ❸열매. 마디에서 흔히 1개씩 달린다. 털이 없고 광택이 난다. ❹작은잎. 밑부분은 심장형이며 앞면에는 털이 없다.

복수초

Adonis amurensis Regel & Radde

미나리아재비과

국내분포/자생지 제주를 제외한 전 국의 숲속

형태 다년초. 줄기는 높이 8~27cm이 고 털이 거의 없다. 줄기잎은 2~3회 깃털모양의 겹잎이며 양면에 털이 없 다. 꽃은 3~4월에 밝은 황색으로 피 며 지름 2~3.5cm이고 줄기의 끝에 서 1개씩 달린다. 꽃받침조각은 7~12 개이며 길이 1~2cm의 도피침형이고 밝은 황록색이다. 꽃잎은 11~20개이 며 길이 0.8~1.8cm의 도피침형이다. 열매(수과)는 길이 2.7~4.9mm의 도란 형-편구형이다.

참고 개복수초에 비해 줄기에서 가지 가 갈라지지 않으며 꽃받침조각의 길 이가 꽃보다 길거나 거의 같은 것이 특징이다. 개복수초에 비해 보다 높 은 지대 또는 북부지방에 분포한다.

❶2004. 4. 17. 강원 화천군 광덕산 ❷꽃. 꽃 받침조각이 꽃잎보다 길거나 길이가 비슷하 다. ❸열매. 수과는 도란형-편구형이며 표면 에 털이 많다. ❹잎. 열편은 깊게 갈라지며 끝은 날카롭게 뾰족하다.

세복수초

Adonis multiflora Nishikawa & Koji Ito

미나리아재비과

국내분포/자생지 제주 및 부산, 전남의 산지 숲속

형태 다년초. 줄기는 높이 10~35cm이고 털이 거의 없다. 줄기잎은 1~2회 깃털모양의 겹잎이며 양면에 털이 없다. 작은잎은 피침형–난형이며 열편의 끝은 길게 뾰족하다. 꽃은 1~4월에 밝은 황색으로 피며 지름 3~5cm이고 줄기와 가지의 끝에서 1개씩 달린다. 꽃받침조각은 5~7개이며 길이 0.7~2cm의 피침형 또는 도피침형–마름모형이다. 꽃잎은 10~15개이며 길이 1.3~2.8cm의 장타원형이다. 열매(수과)는 길이 3.7~4.5mm의 도란형–편구형이며 털이 많다.

참고 개복수초에 비해 꽃받침조각이 꽃잎보다 좁고 잎 열편의 끝이 보다 길게 뾰족한 것이 특징이다.

❶2022. 3. 11. 제주 제주시 한라산 ❷꽃받침조각. 꽃잎보다 짧고 폭도 더 좁은 편이다. ❸열매. 수과는 도란형–편구형이며 표면에 털이 많다. ❹잎. 광택이 약간 나며 열편은 깊게 갈라지고 끝은 길게 뾰족하다.

개복수초

Adonis pseudoamurensis W.T.Wang.

미나리아재비과

국내분포/자생지 제주도를 제외한 전국의 숲속

형태 다년초. 줄기는 높이 12~35cm이고 털이 거의 없다. 줄기잎은 1~2회 깃털모양의 겹잎이며 양면에 털이 없다. 작은잎은 피침상 장타원형–난형이고 열편의 끝은 뾰족하다. 꽃은 1~4월에 밝은 황색으로 피며 지름 2.2~4.5cm이고 줄기와 가지의 끝에서 1개씩 달린다. 꽃받침조각은 4~7개이며 길이 0.7~2cm의 난형 또는 도란형–마름모형이다. 꽃잎은 11~13개이며 길이 1~2.8cm의 도피침형이다. 열매(수과)는 길이 2.5~4.7mm의 타원형–편구형이며 짧은 털이 많다.

참고 복수초에 비해 줄기에서 가지가 갈라지며 꽃받침조각이 꽃잎보다 짧은 것이 다른 점이다.

❶2004. 4. 7. 경기 포천시 국립수목원 ❷꽃. 꽃잎은 꽃받침조각보다 길다. 세복수초와는 달리 꽃이 필 무렵에는 잎이 완전히 전개되지 않는 상태이다. ❸열매. 수과는 타원형–편구형이며 표면에 털이 많다. ❹잎. 열편은 깊게 갈라지고 끝은 뾰족하다.

가래바람꽃

Anemone dichotoma L.

미나리아재비과

국내분포/자생지 북부지방의 산야(주로 약간 습한 곳)

형태 다년초. 땅속줄기는 옆으로 길게 뻗는다. 꽃줄기는 높이 30~80cm 이며 2~3회 차상으로 가지가 갈라진다. 잎모양의 총포엽은 2개이며 열편은 길이 4~8cm의 쐐기모양의 도피침형이고 윗부분 가장자리에는 큰 톱니가 있다. 꽃은 6~8월에 백색으로 피며 꽃줄기의 끝부분에서 1(~3)개씩 핀다. 꽃받침조각은 길이 9~15mm의 도란형 또는 넓은 타원형이고 4~5(~6)개이다. 열매(수과)는 길이 4~7mm의 편평한 타원형-난형이고 털이 없다.

참고 뿌리잎이 없고 꽃줄기가 차상으로 갈라지며 2개의 총포엽이 마주 달리는 점과 씨방과 열매에 털이 없는 것이 특징이다.

❶2007. 6. 24. 중국 지린성 두만강 유역 ❷❸꽃(ⓒ김지훈). 꽃자루는 길이 3~9cm이다. 씨방과 열매에 털이 없다. ❹총포엽. 잎모양이며 자루 없이 마주난다.

큰바람꽃(긴털바람꽃)

Anemone narcissiflora subsp. *crinita* (Juz.) Kitag.

미나리아재비과

국내분포/자생지 북부지방의 해발고도가 높은 지대의 풀밭

형태 다년초. 뿌리잎은 4~9개이며 잎자루는 길이 5~30cm이다. 꽃줄기는 높이 10~50cm이고 긴 털이 많거나 적으며 끝부분에서 2~7(~10)개의 꽃이 모여 달린다. 총포엽은 흔히 3개로 깊게 갈라지고 긴 털이 많다. 꽃자루는 길이 2~5(~8)cm이다. 꽃받침조각은 5~6개이며 길이 1.2~1.8cm의 도란형이다. 수술은 다수이고 씨방은 털이 거의 없다. 열매(수과)는 길이 5~8mm의 도란형이다.

참고 바람꽃에 비해 꽃차례가 2회로 갈라지지 않는 산형꽃차례 또는 취산꽃차례에 달린다. 꽃이 비교적 대형이고 줄기와 잎에 긴 털이 많다. 러시아, 몽골, 중국에 분포한다.

❶2024. 6. 13. 몽골 ❷꽃. 꽃차례는 가지가 갈라지지 않는다. 꽃줄기와 꽃자루 등에 털이 많다. ❸열매. 납작하며 돌기모가 흩어져 있거나 털이 없다. ❹잎. 가장자리와 뒷면에 긴 털이 많다.

바람꽃(조선바람꽃)

Anemone shikokiana (Makino) Makino

Anemonastrum shikokianum (Makino) Holub; *Anemone chosenicola* Ohwi; *A. schantungensis* Hand.-Mazz.

미나리아재비과

국내분포/자생지 강원(점봉산, 설악산) 이북의 산지 능선 및 정상부

형태 다년초. 꽃줄기는 높이 20~ 40cm이고 털이 있다. 뿌리잎은 2~8 개이며 3출겹잎모양으로 깊게 또는 완전히 갈라지고 길이 3~8cm의 오각 상 신장형이다. 열편은 다시 2~3개로 중앙부까지 갈라진다. 잎자루는 길이 6~30cm이고 긴 털이 있다. 잎모양 의 총포엽은 2~3개이고 자루가 없으 며 열편은 다시 2~3개로 깊게 갈라진 다. 꽃은 6~8월에 백색으로 피며 지 름 1.5~2.5cm이고 줄기 끝에서 나온 산형꽃차례 또는 복산형꽃차례에 많 은 꽃이 모여난다. 꽃자루는 길이 2.5 ~7cm이고 털이 약간 있거나 없다. 꽃 받침조각은 (4~)5~6(~8)개이며 길이 8 ~12mm의 타원상 도란형–넓은 도란 형이다. 수술대는 길이 3~3.5mm의 넓은 선형이며 꽃밥은 황색이다. 열 매(수과)는 길이 6~8mm의 납작한 넓 은 타원형이고 털이 거의 없거나 약 간 있다. 끝부분에 안으로 약간 굽은 암술대가 남아 있다.

참고 바람꽃의 학명을 최근까지 유럽 에 분포하는 *A. narcissiflora* L.로 오 적용하여 왔다. *A. narcissiflora*에 비 해 꽃차례의 가지가 갈라져 복산형꽃 차례를 이루는 것이 특징이다. 바람 꽃은 세계적으로 중국 산둥성 칭다오 의 라오산(崂山)과 일본 시코쿠의 석 추산(石鎚山) 일대에만 제한적으로 분 포하며 우리나라는 강원(금강산, 설악 산, 점봉산 등)과 함남, 평남에 비교적 넓게 분포한다. 우리나라의 백두대간 일대가 바람꽃 분포의 중심지이다.

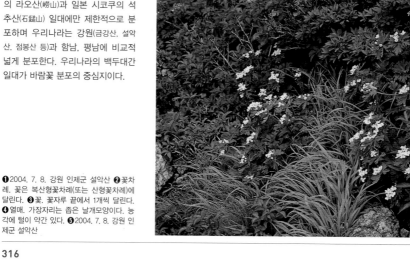

❶2004. 7. 8. 강원 인제군 설악산 ❷꽃차 례. 꽃은 복산형꽃차례(또는 산형꽃차례)에 달린다. ❸꽃. 꽃자루 끝에서 1개씩 달린다. ❹열매. 가장자리는 좁은 날개모양이다. 능 각에 털이 약간 있다. ❺2004. 7. 8. 강원 인 제군 설악산

바이칼바람꽃

Anemone baicalensis Turdcz.

미나리아재비과

국내분포/자생지 북부지방의 산지

형태 다년초. 꽃줄기는 높이 15~25cm이다. 뿌리잎은 땅속줄기 끝에서 2~3장씩 나오며 길이 3~6cm의 오각상 신장형이고 양면에 털이 있다. 총포엽은 2~3개이고 자루가 없다. 꽃은 5~6월에 백색으로 핀다. 꽃자루는 길이 3~8cm이고 털이 있다. 꽃받침조각은 길이 1~2cm의 도란형이고 5(~6)개이다. 열매(수과)는 길이 4~5mm의 원통형-도란형이며 짧은 털이 있다. 암술대는 길이 0.5mm 정도이고 약간 굽는다.

참고 백색의 꽃이 꽃줄기의 끝에서 2개씩 달리는 것이 특징이다.

❶2016. 6. 12. 중국 지린성 ❷꽃. 화피편은 5개이고 씨방에 털이 있다. ❸총포엽. 꽃줄기와 함께 긴 털이 있다. ❹뿌리잎. 3개로 완전히 갈라지고 측열편은 다시 2~3개로 깊게 갈라진다.

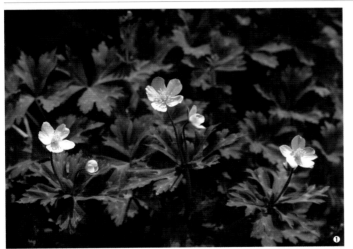

남방바람꽃(남바람꽃)

Anemone flaccida F.Schmidt

미나리아재비과

국내분포/자생지 경남, 전남 및 제주의 산지

형태 다년초. 꽃줄기는 높이 15~45cm이며 윗부분에 누운 털이 있다. 뿌리잎은 땅속줄기에서 1~5장씩 나오며 길이 3~6cm의 오각상 신장형이다. 총포엽은 3(~4)개이다. 꽃은 4~5월에 백색-연한 분홍색으로 피며 꽃줄기의 끝에서 (1~)2(~3)개씩 모여 달린다. 꽃자루는 길이 2~9cm이고 털이 있다. 꽃받침조각은 길이 6~18mm의 타원형-넓은 도란형이고 5(~7)개이다. 열매(수과)는 길이 4mm 정도의 넓은 타원형이며 털이 있다.

참고 바이칼바람꽃에 비해 잎과 총포엽의 표면에 백색의 반점이 있으며 꽃이 흔히 연한 분홍색인 것이 특징이다.

❶2006. 4. 30. 전북 순창군 회문산 ❷꽃차례. 흔히 꽃줄기 끝에서 꽃이 2개씩 달린다. ❸꽃. 꽃받침조각은 5~6개이며 연한 적색이다. ❹뿌리잎. 표면에 백색의 반점이 있다.

세바람꽃

Anemone stolonifera Maxim.

미나리아재비과

국내분포/자생지 제주 및 북부지방
의 산지 숲속

형태 다년초. 땅속줄기가 길게 뻗는
다. 꽃줄기는 여러 개이며 높이 10~
30cm이고 윗부분에 털이 약간 있다.
땅속줄기에서 나온 뿌리잎은 3~5개
이며 3출겹잎이고 양면에 누운 털이
있다. 작은잎은 다시 2~3개로 깊게
갈라진다. 잎자루는 길이 2~15(~27)
cm이고 퍼진 털이 약간 있다. 3출겹
잎모양의 총포엽은 3개이고 돌려나며
자루는 길이 2~15mm이다. 꽃은 5~6
월에 백색으로 피며 지름 8~20mm이
고 꽃줄기의 끝부분에서 (1~)2(~4)개씩
달린다. 꽃자루는 길이 1~7cm이고 누
운 털이 있다. 꽃받침조각은 길이 5
~10mm의 타원형−도란형이며 5(~7)
개이며 뒷면에 털이 많다. 수술은 다
수이며 수술대는 길이 2~5mm의 선
형이다. 꽃밥은 좁은 원통형이고 황
색이다. 씨방은 길이 1.5~2mm의 난
형이고 털이 있다. 암술대는 거의 없
으며 암술머리는 머리모양 또는 선형
이다. 열매(수과)는 길이 4mm 정도의
약간 납작한 난상 타원형이며 짧은
털이 많다. 끝부분의 암술대는 길이
0.5mm로 짧고 뒤로 구부러진다.

참고 땅속줄기에서 잎이 여러 개 나
오며 꽃이 필 무렵 완전하게 전개되
는 점과 꽃이 2(~4)개씩 모여 달리고
지름 2cm 이하로 작은 것이 특징이
다. 지역적인 변이가 있다. 제주 한라
산의 집단은 중국, 일본의 집단과 형
태적인 차이(변이)를 보이기 때문에
변종(var. *quelpaertensis* Nakai & Kitag.)
으로 처리하기도 한다.

❶2015. 5. 7. 제주 서귀포시 한라산 ❷꽃.
씨방에 털이 있다. ❸꽃자루. 꽃받침의 뒷면
과 함께 윗부분에 긴 털이 있다. ❹❺열매.
자루가 없다. 약간 납작한 난상 타원형이며
짧은 털이 많다. ❻뿌리잎. 3출겹잎이고 양
면에 누운 털이 많은 편이다. ❼2016. 6. 13.
중국 지린성

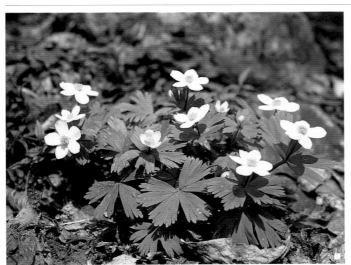

홀아비바람꽃

Anemone koraiensis Nakai

미나리아재비과

국내분포/자생지 경북(금오산, 팔공산 등), 충북 이북의 산지, 한반도 고유종

형태 다년초. 땅속줄기가 길게 옆으로 뻗는다. 꽃줄기는 높이 10~30cm이며 털이 없다. 뿌리잎은 땅속줄기에서 1~2개씩 나오며 3출겹잎모양으로 완전히 갈라진다. 길이 2~4cm의 오각상 신장형이며 측열편은 다시 2~3개로 깊게 갈라진다. 앞면과 가장자리에 잔털이 약간 있다. 잎모양의 총포엽은 2~3개이고 자루가 없으며 열편은 다시 2~3개로 깊게 갈라진다. 꽃은 4~5월에 백색으로 피며 지름 1.2~2.5cm이고 꽃줄기의 끝부분에서 1(~2)개씩 달린다. 꽃자루는 길이 3~6.5cm이고 긴 털이 있다. 꽃받침조각은 길이 6~12mm의 타원상 도란형-넓은 도란형이고 5(~7)개이다. 수술은 다수이며 길이 2~5mm이다. 꽃밥은 장타원형-타원형이고 황색이다. 씨방은 장타원상 난형-난형이고 자루가 없으며 암술대는 거의 없고 암술머리는 난형이다. 열매(수과)는 길이 2.5~3.7mm의 타원상-난상 원통형이며 털이 있다.

참고 바이칼바람꽃에 비해 잎자루에 털이 없으며 꽃이 더 작고 흔히 1개씩 달리는 것이 특징이다.

❶ 2001. 4. 23. 강원 태백시 금대봉 ❷❸ 꽃. 꽃줄기의 끝부분에서 1(~2)개씩 달린다. 꽃받침조각은 5(~7)개이다. ❹ 열매. 타원형이며 긴 털이 있다. ❺ 뿌리잎. 3출겹잎모양으로 완전히 갈라진다. 앞면과 가장자리에 짧은 털이 약간 있다. ❻ 2017. 4. 25. 강원 화천군 광덕산

들바람꽃

Anemone amurensis (Korsh.) Kom.

미나리아재비과

국내분포/자생지 강원 이북의 산지
숲속

형태 다년초. 땅속줄기가 길게 뻗는
다. 꽃줄기는 높이 12~25cm이며 털
이 없다. 뿌리잎은 3출겹잎이고 땅속
줄기의 끝부분에서 1~2장씩 달리며
잎자루는 길이 7~16cm이고 긴 퍼진
털이 있거나 거의 없다. 앞면에 털이
약간 있다. 잎모양의 총포엽은 3개이
고 돌려난다. 자루는 길이 1~1.5cm이
고 골이 깊게 진 날개모양이다. 꽃은
3~4월에 백색으로 피며 지름 3~4cm
이고 꽃줄기의 끝부분에서 1개씩 달
린다. 꽃자루는 길이 3~8cm이고 긴
퍼진 털이 많다. 꽃받침조각은 (5~)6
~8개이며 길이 1~2cm의 좁은 장타
원형–장타원형이다. 수술은 다수이
고 길이 4~7mm이다. 열매(수과)는 길
이 3~5mm의 장타원상 난형이며 털
이 많다. 끝부분의 암술대는 길이 0.5
~1mm이고 약간 굽는다.

참고 숲바람꽃에 비해 꽃받침조각이
5~8개(흔히 6~7개)로 많은 편이며 총
포편의 자루가 짧고 골이 깊게 난 날
개모양인 것이 특징이다. **태백바람꽃**
(*A. pendulisepala* Y.N.Lee)은 들바람꽃
과 회리바람꽃이 혼생하는 지역에서
간혹 자라며 두 종의 교잡종으로 추
정된다. 형태도 두 종의 중간적인 특
징을 보인다.

❶ 2004. 4. 18. 경기 가평군 명지산 ❷ 꽃.
꽃줄기에서 1개씩 달리며 꽃받침조각은 5~
8개이다. ❸ 열매. 장타원상 난형이며 긴 털
이 밀생한다. ❹ 땅속줄기. 옆으로 길게 뻗
는다. 끝부분에서 1~2개의 뿌리잎이 나온
다. ❺❻ 태백바람꽃 ❺(ⓒ이지열). 형태는
들바람꽃과 회리바람꽃의 중간적인 특징이
다. 꽃받침조각은 6~7개이고 뒤로 젖혀진다.
❻ 2020. 5. 8. 강원 태백시(ⓒ강문수)

숲바람꽃
Anemone umbrosa C.A.Mey.

미나리아재비과

국내분포/자생지 북부지방의 산지 숲속

형태 다년초. 땅속줄기가 길게 뻗는다. 꽃줄기는 높이 15~25cm이다. 뿌리잎은 3출겹잎이고 잎자루는 길이 6~15cm이다. 3출겹잎모양의 총포엽은 돌려나며 자루는 길이 1~3cm이다. 꽃은 5~6월에 백색으로 피며 지름 1.5~2.5cm이고 꽃줄기의 끝부분에서 1(~2)개씩 달린다. 꽃자루는 길이 3~6cm이고 부드러운 털이 있다. 꽃받침조각은 길이 8~12mm의 타원형-난형이며 5(~7)개이다. 씨방은 길이 1.7~2mm의 난형이고 털이 많다. 열매(수과)는 길이 2~4mm의 난형이며 털이 많다.

참고 들바람꽃에 비해 총포편의 자루가 날개모양으로 넓지 않으며 꽃받침조각이 흔히 5개인 것이 특징이다.

❶ 2011. 6. 1. 중국 지린성 두만강 유역 ❷꽃. 꽃받침조각은 흔히 5개이다. ❸총포엽. 자루는 길이 1~2(~3)cm로 길며 중앙부에 오목하게 골이 지지 않는다.

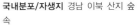

회리바람꽃
Anemone reflexa Stephan ex Willd.

미나리아재비과

국내분포/자생지 경남 이북 산지 숲속

형태 다년초. 땅속줄기가 길게 뻗는다. 꽃줄기는 높이 20~30cm이고 털이 없다. 뿌리잎은 3출겹잎이며 잎자루는 길이 5~15cm이다. 3출겹잎모양의 총포엽은 돌려나며 자루는 길이 1.5~2.5cm이고 골이 깊게 진다. 꽃은 4~5월에 피며 꽃줄기의 끝부분에서 1~3개씩 모여 달린다. 꽃자루는 길이 2~3.5cm이고 털이 많다. 수술은 다수이며 수술대는 길이 2~5mm의 편평한 넓은 피침형이고 꽃밥은 황색이다. 열매(수과)는 길이 3~4mm의 원통상 타원형-난형이며 털이 많다.

참고 꽃받침조각이 (백색-)연한 황록색-녹색이고 뒤로 완전히 젖혀져 꽃자루와 평행을 이루는 것이 특징이다.

❶2012. 4. 29. 경기 연천군 ❷❸꽃. 꽃받침조각은 3개의 맥이 있으며 아래로 완전히 젖혀진다. ❹열매. 긴 털이 있으며 끝부분의 암술(암술머리)는 약간 구부러진다.

꿩의바람꽃

Anemone raddeana Regel

미나리아재비과

국내분포/자생지 전국의 산지 숲속

형태 다년초. 땅속줄기가 길게 뻗는
다. 줄기는 1개씩 나오며 높이 15~
30cm이고 털이 없거나 긴 털이 약간
있다. 잎은 3출겹잎이고 땅속줄기 끝
에서 1(~2)개씩 달리며 잎자루는 길이
5~20cm이다. 3출겹잎모양의 총포엽
은 3개이고 돌려난다. 자루는 길이 5
~12mm이고 털이 없다. 열편은 길이
1.5~3.5cm의 긴 타원형−좁은 난형이
며 끝은 둔하고 윗부분은 결각상 둔
한 톱니가 있다. 꽃은 4~5월에 백색
(간혹 자줏빛이 돌기도 함)으로 피며 지
름 3~4.5cm이고 꽃줄기의 끝부분에
서 1개씩 달린다. 꽃자루는 길이 1~
4cm이고 긴 털이 약간 있거나 없다.
꽃받침조각은 길이 1.5~2.5cm의 좁
은 장타원형이며 8~15개이다. 수술은
다수이며 수술대는 길이 4~8mm의
선형이고 꽃밥은 원통형이다. 씨방
은 길이 2mm 정도의 난형이고 털이
있다. 열매(수과)는 길이 3mm 정도의
장타원상 난형−난형이며 털이 많다.
끝부분의 암술대는 길이 1~1.5mm이
고 약간 굽는다.

참고 총포편의 열편에 둔한 톱니가 있
으며 꽃받침조각이 좁은 장타원형이
고 8~15개로 다수인 것이 특징이다.

❶ 2003. 4. 23. 경기 포천시 국립수목원
❷꽃. 꽃받침조각은 8~15개이고 좁은 장타
원형이다. ❸열매. 털이 많으며 끝부분의 암
술머리는 구부러진다. ❹뿌리잎. 3출겹잎이
며 작은잎은 다시 (2~)3개로 깊게 갈라진다.
❺결실기 모습. 열매는 땅으로 처져서 달린
다. ❻2022. 4. 2. 강원 평창군

매발톱

Aquilegia buergeriana var.
oxysepala (Trautv. & C.A.Mey.)
Kitam.

미나리아재비과

국내분포/자생지 경북, 충북 이북의
숲가장자리 및 계곡가 풀밭

형태 다년초. 줄기는 높이 40~80cm
이다. 줄기 중앙부의 잎은 1~2회 3출
겹잎이며 양면에 털이 없고 뒷면은
분백색이다. 꽃은 5~7월에 자갈색(간
혹 연한 황색)으로 핀다. 꽃받침조각은
5개이며 길이 2~3cm의 피침형-좁은
난형이고 끝이 뾰족하다. 꽃잎은 황
백색이고 길이 1~1.3cm의 넓은 장타
원형이다. 거는 길이 1.5~2cm이고 끝
부분이 안쪽으로 굽는다. 암술은 5개
이고 짧은 털이 밀생한다. 열매(골돌)
는 길이 2.5~3cm이다.

참고 하늘매발톱에 비해 꽃받침조각
의 끝이 뾰족하며 암술과 열매에 털
이 있는 것이 특징이다.

❶2006. 5. 20. 강원 인제군 방태산 ❷꽃.
북부지방에서는 황백색이나 연한 자색인 개
체들도 드물지 않게 관찰된다. ❸열매. 골돌
은 5개이며 피침상 장타원형이고 털이 많다.
❹잎. 1~2회 3출겹잎이고 털이 없다.

하늘매발톱

Aquilegia flabellata var. *pumila*
(Huth) Kudô

미나리아재비과

국내분포/자생지 북부지방의 해발고
도가 높은 산지

형태 다년초. 줄기는 높이 17~40cm
이다. 뿌리잎은 1~2회 3출겹잎이며
양면에 털이 없거나 표면에만 약간
있다. 꽃은 6~7월에 하늘색-연한 청
자색으로 핀다. 꽃받침조각은 길이 1
~3cm의 넓은 타원형-난형이다. 꽃
잎은 백색 또는 황백색이며 길이 7~
12mm의 넓은 타원형이고 끝이 둔하
다. 거는 길이 1~1.5cm이고 끝부분
이 안쪽으로 굽는다. 암술은 5개이
고 털이 없다. 열매(골돌)는 길이 1.5~
2.5cm이다.

참고 매발톱에 비해 꽃이 하늘색-연
한 청자색이고 꽃받침조각의 끝이 둔
하며 암술과 열매에 털이 없는 것이
특징이다.

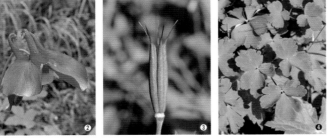

❶2019. 7. 7. 중국 지린성 백두산 ❷꽃. 청
자색이며 꽃받침의 끝부분은 둔하거나 둥
글다. ❸열매. 조각은 5개이고 털이 없다.
❹잎. 1~2회 3출겹잎이고 털이 거의 없다.

동의나물

Caltha palustris L.

미나리아재비과

국내분포/자생지 경남, 전남 이북의 계곡부 및 산지 습지

형태 다년초. 줄기는 높이 15~45cm이며 가지가 많이 갈라진다. 뿌리잎은 길이 5~10cm의 난형~신장형이며 끝이 둥글고 밑부분은 깊은 심장형이다. 줄기의 잎은 뿌리잎과 모양이 비슷하지만 보다 작고 잎자루가 짧거나 없다. 양면에 털이 없다. 꽃은 4~5월에 황색이며 지름 2~3.5cm이고 줄기와 가지의 끝에서 2~4개씩 모여 달린다. 꽃자루는 길이 1~1.5cm이다. 꽃받침조각은 길이 1~1.7cm의 장타원상 도란형~도란형이며 5(~8)개이다. 수술은 다수이며 수술대는 길이 5~7mm이고 털이 없다. 열매(골돌)는 4~16개이며 길이 1cm 정도의 약간 납작한 피침상 장타원형~타원형이고 자루가 없다. 끝부분에 길이 1~3mm의 암술대가 남아 있다.

참고 흰꽃동의나물(*C. natans* Pall., 애기동의나물)에 비해 꽃받침조각이 황색이고 꽃이 지름 2~5cm(흰꽃동의나물은 지름 5mm 정도)로 큰 것이 특징이다. 세계적으로 동의나물의 종내 분류군은 10개 정도의 변종이 분포하는 것으로 알려져 있다. 그중에 한반도에 분포하는 것은 2~3분류군(var. *sibirica* Regel, var. *membranacea* Turcz. 등)이다. 이 책에서는 넓은 의미에서 원변종에 통합·처리하는 견해를 따라 정리하였다.

❶2017. 4. 25. 강원 화천군 광덕산. 전체적으로 크기가 작은 타입이다. 잎의 상반부 가장자리는 톱니가 없이 밋밋하며 밑부분에만 톱니가 있다. ❷꽃. 지름 2~3.5cm이다. 꽃받침조각은 5~6(~8)개이다. ❸꽃받침조각. 뒷면은 황록색이며 밑부분에 털이 약간 있거나 없다. ❹-❻열매. 골돌은 5~16개가 모여 달린다. 개체나 집단에 따라 변이가 많다. ❹❺2020. 6. 18. 강원 인제군 대암산 ❻2016. 6. 12. 중국 지린성 ❼잎(대암산 개체). 거의 원형이고 가장자리 전체에 잔톱니가 있는 개체이다. ❽2012. 5. 18. 중국 지린성. 전체적으로 약간 대형이며 잎가장자리 전체에 톱니가 있다.

큰제비고깔
Delphinium maackianum Regel

미나리아재비과

국내분포/자생지 경남 이북의 숲가
장자리 및 산지의 풀밭

형태 다년초. 줄기는 높이 1~1.3m이
다. 잎은 길이 10~15cm의 넓은 난
형-신장형이다. 잎자루는 길이 5~
15cm이다. 꽃은 7~8월에 연한 자색-
청자색으로 핀다. 꽃잎은 2개이다. 위
쪽 꽃잎은 길이 3mm 정도이고 요두
이며 털이 없다. 아래쪽 꽃잎은 길이
1cm 정도이고 2개로 갈라지며 앞면
에 황색의 긴 털이 있다. 열매(골돌)는
3개이며 길이 1.5cm 정도의 좁은 원
통형이다.

참고 제비고깔(*D. grandiflorum* L.)은 잎
이 깊게 갈라지고 열편조각이 선형이
며 꽃잎과 꽃받침조각이 청자색으로
동일한 것이 특징이다.

❶ 2020. 7. 21. 강원 평창군 ❷ 꽃. 꽃받침조
각은 5개이고 겉에 털이 없으며 위쪽의 꽃받
침조각의 밑부분에는 길이 1.4~2cm의 송곳
모양의 거가 있다. 꽃잎의 전체 또는 일부가
갈색-흑색이다. ❸ 열매. 골돌은 3개이며 털
이 없다. ❹ 잎. 넓은 난형-신장형이며 3~5
개로 깊게 갈라진다.

나도바람꽃
Enemion raddeanum Regel

미나리아재비과

국내분포/자생지 경북, 충북 이북의
산지 숲속

형태 다년초. 줄기는 높이 20~35cm
이다. 뿌리잎은 3출겹잎이며 잎자루
가 길다. 줄기잎은 흔히 1개이며 3출
겹잎이다. 작은잎은 다시 2~3개로 깊
게 갈라지며 길이 6~25mm의 자루가
있다. 꽃은 4~5월에 백색으로 핀다.
꽃자루는 길이 7~30mm이고 털이 없
다. 꽃받침조각은 길이 4~6mm의 타
원형-도란상 타원형이며 (4~)5개이
다. 열매(골돌)는 (2~)3~6개이며 길이
3~5(~7)mm의 타원형-난상 타원형이
고 끝부분에 길이 1.5~2mm의 암술대
가 남아 있다.

참고 만주바람꽃에 비해 전체적으로
대형이고 뿌리가 덩이뿌리가 아니며
꽃이 줄기 끝에서 산형상으로 모여
달리고 꽃잎이 없는 것이 특징이다.

❶ 2004. 4. 25. 강원 평창군 오대산 ❷ 꽃.
줄기 끝에서 산형상으로 2~8개씩 모여 달린
다. ❸ 열매. 골돌은 납작하며 털이 없다.

너도바람꽃

Eranthis stellata Maxim.

미나리아재비과

국내분포/자생지 경남, 전남 이북의 산지 숲속

형태 다년초. 덩이줄기는 지름 8~25mm의 구형이다. 꽃줄기는 높이 5~20cm이고 털이 없다. 뿌리잎은 길이 2~4.5cm의 오각상 신장형이며 3개로 깊게 갈라진다. 열편은 피침상 난형-넓은 난형이며 깃털모양으로 갈라진다. 잎자루는 길이 5~15cm이다. 잎모양의 총포엽은 3개이고 자루가 없이 돌려나며 열편은 결각상으로 깊게 갈라진다. 꽃은 3~4월에 백색으로 피며 지름 1.5~2cm이고 꽃줄기의 끝에서 1개씩 달린다. 꽃자루는 길이 1(~2.5, 결실기)cm 정도이고 털이 약간 있다. 꽃받침조각은 5~8개이며 길이 7~10mm의 타원형-좁은 난형이다. 꽃잎은 5~10개이며 길이 3~4mm의 끝부분이 2개로 갈라진 깔때기모양이고 앞부분에 수술모양의 황색-주황색 꿀샘이 있다. 수술은 20개 정도이며 수술대는 길이 5~7mm이고 털이 없다. 열매(골돌)는 5~10개이며 길이 1~1.5cm의 약간 납작한 장타원상 피침형이고 짧은 자루가 있다.

참고 바람꽃속(*Anemone*)의 종들에 비해 땅속줄기가 구형이며 꽃잎이 깔때기모양인 것이 특징이다.

❶ 2004. 4. 4. 경기 광주시 남한산성 ❷ 꽃. 꽃잎은 깔때기모양이고 끝부분에 황색-주황색의 꿀샘이 2개가 있다. ❸❹ 열매. 골돌은 5~10개이고 잔털이 많으며 뚜렷한 자루가 있다. ❺ 덩이줄기. 구형이며 1~여러 개의 꽃줄기가 나온다. ❻ 자생 모습. 2004. 4. 4. 경기 광주시 남한산성

변산바람꽃

Eranthis byunsanensis B.-Y.Sun
Eranthis pungdoensis B.U.Oh

국내분포/자생지 경기, 강원(설악산)
이남의 산지 숲속, 한반도 고유종
형태 다년초. 덩이줄기는 지름 8~
30mm의 구형이다. 꽃줄기는 높이 5
~30cm이고 털이 없다. 뿌리잎은 길
이 3~5cm의 오각상 신장형이다. 열
편은 끝이 둔하거나 둥글다. 잎자루
는 길이 9~25cm이다. 잎모양의 총포
엽은 2~3개이고 자루가 없으며 깃털
모양으로 깊게 갈라지고 열편은 선형
이다. 꽃은 3~4월에 백색으로 피며
지름 2.5~4cm이고 꽃줄기의 끝에서
1개씩 달린다. 꽃자루는 길이 1~2cm
이고 털이 약간 있거나 없다. 꽃받침
조각은 5~7(~10)개이며 길이 1.5~2cm
의 타원형~난형이다. 꽃잎은 4~11개
이며 끝부분이 오목한 길이 3~4mm
의 깔때기모양이고 앞부분의 가장자
리는 황색~황록색이다. 수술은 20개
정도이며 수술대는 길이 5~8(~10)mm
의 선형이고 털이 없다. 열매(골돌)는
3~8개이며 길이 1.1~1.4cm의 약간 납
작한 타원형~도란상 타원형이고 짧
은 자루가 있다. 끝부분에 길이 2~
4mm의 뾰족한 암술대가 남아 있다.
참고 너도바람꽃에 비해 꽃잎이 깔
때기모양이고 끝이 얕게 오목한 점
(너도바람꽃은 포크모양으로 깊게 갈라짐)
과 잎과 총포엽의 열편 끝부분이 둥
글거나 둔하고 꽃자루와 열매에 털이
없는 것이 특징이다. 경기 안산시 풍
도에 분포하며 전체적으로 대형이고
꽃잎이 길이 2.5~3.7mm, 너비 2.4~
3.5mm의 넓은 깔때기모양인 것을 풍
도바람꽃(*E. pungdoensis* B.U.Oh)으로
구분하기도 하지만 최근 변산바람꽃
에 통합·처리하는 추세이다.

❶ 2022. 3. 11. 제주 제주시 한라산 ❷꽃.
꽃잎은 깔때기모양이고 황색~황록색이다.
❸열매. 골돌은 흔히 3~8개이며 털이 없다.
❹뿌리잎. 3개로 거의 끝까지 갈라지며 측열
편도 다시 2개로 깊게 갈라진다. 전체적으로
5개의 작은잎으로 이루어진 것처럼 보인다.
❺~❼풍도바람꽃 타입 ❺꽃(ⓒ윤석민). 전
체적으로 대형이고 꽃잎이 길이 2.5~3.7mm,
너비 2.4~3.5mm의 넓은 깔때기모양이다.
❻열매. 변산바람꽃에 비해 골돌도 약간 크
며 갯수도 5~8개로 더 많이 달린다. ❼자생
모습. 2006. 4. 24. 경기 안산시 풍도

노루귀

Hepatica asiatica Nakai
Hepatica nobilis var. *asiatica* (Nakai)
H.Hara

미나리아재비과

국내분포/자생지 제주를 제외한 전
국의 산지 숲속

형태 다년초. 줄기는 높이 8~16cm이
다. 잎은 3~7개이며 모두 땅속줄기에
서 나온다. 길이 3.5~8cm의 삼각상
난형이고 중앙부까지 3개로 갈라지
며 밑부분은 심장형이다. 열편은 서
로 모양이 비슷하며 끝은 둥글고 가
장자리는 밋밋하다. 총포엽은 3개이
고 자루 없이 돌려나며 열편은 길이
7~13mm의 피침상 장타원형~넓은 난
형이다. 꽃은 4~5월에 백색–분홍색–
자색(–다양)으로 피며 지름 1.5~2.5cm
이고 긴 꽃줄기 끝에서 1개씩 달린
다. 꽃받침조각은 6~12개이며 길이 1
~1.4cm의 좁은 타원형이다. 수술은
다수이며 수술대는 길이 3~5.2mm이
고 털이 없다. 열매(수과)는 길이 3.5~
5.2mm의 난형이며 표면에 털이 밀생
한다.

참고 국명은 꽃이 필 무렵 말려 있는
잎의 모양(특히 긴 털)이 노루의 귀를
닮은 특징에서 유래되었다. 노루귀에
비해 전체적으로 소형이며 잎이 개화
와 동시에 전개하는 것을 **새끼노루귀**
(*H. insularis* Nakai)라고 하며 남부지방
및 서남해 도서의 산지 숲속에서 자
란다. 최근 국내외 다수의 문헌에서
노루귀와 동일 종으로 처리하고 있
어 새끼노루귀의 분류학적 처리에 대
한 재검토가 필요하다. 넓은 의미에
서는 새끼노루귀와 일본에 분포하는
H. nobilis var. *japonica* Nakai를 모
두 노루귀에 통합·처리하는 것이 타
당한 것으로 판단된다.

❶2014. 3. 31. 경기 ❷꽃. 꽃색은 백색–분
홍색–자색 등 다양하다. ❸열매. 흑색으로
익는다. 표면에 긴 털이 밀생한다. ❹잎. 연
녹색의 무늬가 넓게 있다. ❺-❼새끼노루귀
❺노루귀에 비해 백색 꽃이 피는 개체가 좀
더 많은 편이다. 꽃이 노루귀에 비해 작다.
❻열매. 노루귀와 유사하다. 긴 털이 밀생하
다. ❼잎. 노루귀와 유사하지만 크기가 약간
작다. ❽2013. 3. 26. 제주 제주시. 꽃이 필
무렵 잎도 거의 완전히 전개되어 있다.

섬노루귀
Hepatica maxima (Nakai) Nakai

미나리아재비과

국내분포/자생지 경북(울릉도)의 산지 숲속, 한반도 고유종

형태 다년초. 줄기는 높이 12~25cm이다. 잎은 3~6개이며 모두 땅속줄기에서 나온다. 길이 7~12cm의 삼각상 난형이고 중앙부까지 3개로 갈라지며 밑부분은 심장형이다. 열편은 넓은 난형으로 서로 모양이 비슷하며 끝은 둥글고 가장자리는 밋밋하다. 잎자루는 길이 13~30cm이며 긴 털이 있다. 잎모양의 총포엽은 3개이고 자루 없이 돌려나며 열편은 길이 7~13mm의 난상 타원형-난형이다. 꽃은 3~4월에 백색-분홍색으로 피며 지름 1.8~3cm이고 긴 꽃줄기의 끝에서 1개씩 달린다. 꽃받침조각은 5~8개이며 길이 1.5~2.3cm의 좁은 타원형-타원형이다. 수술은 다수(20~35개)이며 수술대는 길이 4.6~5.5mm이고 털이 없다. 열매(수과)는 길이 5~7.5mm의 방추형-난형이고 표면에 털이 없다.

참고 노루귀에 비해 전체적으로 대형이며 잎이 상록성이고 표면에 털이 없는 점과 열매에 털이 없는 것이 특징이다.

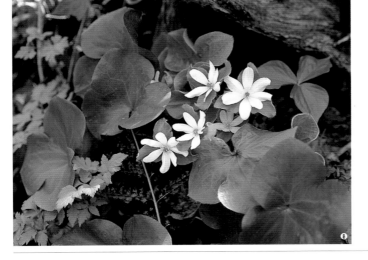

❶2014. 4. 17. 경북 울릉군 울릉도 ❷꽃. 꽃색은 백색-분홍색이다. 꽃자루가 짧아서 총포엽 바로 위에 달린다. 총포엽의 뒷면과 가장자리에 긴 털이 밀생한다. ❸열매. 흑자색-거의 흑색으로 익는다. 털이 없으며 광택이 난다. ❹수과. 길이 5~8mm의 방추형-난형이다. ❺어린잎. 뒷면과 가장자리에 긴 털이 밀생한다. ❻결실기의 잎. 잎은 상록성이며 짙은 녹색이고 광택이 약간 있다. ❼잎 뒷면. 연녹색이고 전체에 긴 털이 있다. ❽2001. 4. 6. 경북 울릉군 울릉도

만주바람꽃

Isopyrum manshuricum (Kom.)
Kom. ex W.T.Wang & P.K.Hsiao

미나리아재비과

국내분포/자생지 경남(거제도) 이북의
산지 숲속

형태 다년초. 덩이뿌리가 발달한다.
줄기는 높이 10~18cm이고 털이 있
다. 잎은 1~2회 3출겹잎이다. 표면에
털이 없으며 뒷면은 분백색이다. 꽃
은 4~5월에 백색으로 피며 1~3개씩
모여 달린다. 꽃받침조각은 5~6개이
며 길이 6~8mm의 타원형-좁은 도
란형이다. 수술은 20~30개이며 털이
없다. 열매(골돌)는 1~2개이며 길이 3
~4.5mm의 넓은 타원형-거의 원형이
고 끝부분에 길이 1~2mm의 암술대
가 남아 있다.

참고 땅속줄기에 보리알 같은 덩이뿌
리가 주렁주렁 달리고 꽃잎이 보트모
양이며 곧추서는 점, 열매가 골돌이
고 1~2개인 것이 특징이다.

❶2004. 4. 11. 경기 광주시 남한산성 ❷꽃.
꽃잎은 5개이고 보트모양이며 곧추선다.
❸열매. 약간 납작하고 비스듬한 타원형이며
끝부분에 긴 부리(암술대)가 있다. ❹뿌리잎.
잎자루와 작은잎의 자루에 털이 있다.

모데미풀

Megaleranthis saniculifolia Ohwi

미나리아재비과

국내분포/자생지 평북, 강원(금강산
등) 이남의 산지 숲속, 한반도 고유종

형태 다년초. 꽃줄기는 높이 10~
40cm이고 털이 없다. 잎은 길이 2.5
~6cm의 오각상 신장형이며 3개로 깊
게 갈라지고 가장자리에 결각상 뾰족
한 톱니가 있다. 꽃은 4~5월에 백색
으로 피며 지름 2~2.5cm이고 꽃줄
기의 끝에서 1개씩 달린다. 꽃받침조
각은 5(~6)개이며 타원형-도란형이
고 끝부분은 흔히 톱니모양으로 갈라
진다. 꽃잎은 길이 2~3mm의 장타원
형이다. 열매(골돌)는 길이 8~13mm의
약간 납작한 피침상 난형이다.

참고 꽃줄기에 총포엽만 있으며 꽃잎
이 다소 두툼한 장타원형인 점과 골
돌이 옆으로 퍼져서 달리는 것이 특
징이다.

❶2021. 5. 4. 경북 영주시 소백산(ⓒ허태임)
❷꽃. 꽃잎은 8~11개이며 밝은 황색이고 꿀
샘모양으로 비후한다. ❸열매(ⓒ허태임). 골
돌은 흔히 5~10개이며 표면에 잔털이 약간
있다. ❹열매(산포 직후). 골돌의 위쪽 가장
자리가 터져서 씨가 산포된다.

바위미나리아재비

Ranunculus crucilobus H.Lév.

미나리아재비과

국내분포/자생지 제주(한라산)의 해발
고도 1,000m 이상의 풀밭. 한반도 고
유종

형태 다년초. 줄기는 높이 5~20cm이
며 퍼진 긴 털이 있다. 뿌리잎은 길이
1~3cm의 오각상 신장형이고 3개로
깊게 갈라진다. 잎자루에는 퍼진 긴
털이 있다. 꽃은 5~8월에 황색으로
피며 지름 1.5~2.5cm이고 줄기와 가
지의 끝부분에 1~3개씩 달린다. 꽃받
침조각은 5개이며 길이 5.6~7.5mm
의 난형이고 뒷면에 누운 털이 밀생
한다. 꽃잎은 5개이며 길이 1~1.4cm
의 넓은 난형-도란상 원형이다. 열매
(집합과)는 거의 구형이며 수과는 길이
2mm 정도의 넓은 도란형이다.

참고 미나리아재비에 비해 키(높이)와
잎의 크기가 작으며 줄기와 잎에 긴
털이 많은 것이 특징이다.

❶2022. 5. 14. 제주 제주시 한라산 ❷꽃. 미
나리아재비와 거의 유사하다. ❸❹열매. 수
과는 넓은 도란형이고 털이 없다. ❺잎. 뒷면
과 가장자리에 긴 털이 밀생한다.

왜미나리아재비

Ranunculus franchetii H.Boissieu

미나리아재비과

국내분포/자생지 경남(거제도) 이북의
산지 숲속

형태 다년초. 줄기는 높이 7~25cm
이며 털이 거의 없다. 뿌리잎은 길이
1.5~3.5cm의 오각상 신장형-거의 원
형이고 3개로 깊게 갈라진다. 꽃은 3
~5월에 황색으로 핀다. 꽃자루는 길
이 3~8cm이고 누운 털이 밀생한다.
꽃받침조각은 5개이며 길이 4~7mm
의 난형이고 뒷면에 털이 있다. 꽃
잎은 길이 8~13mm의 도란형-넓은
도란형이다. 열매(집합과)는 지름 6~
8mm의 거의 구형이며 수과는 길이
1.5~2mm의 거의 원형이다.

참고 미나리아재비에 비해 열매(수과)
의 길이가 2mm 정도로 작고 거의 원
형이며 짧은 털이 많은 것이 특징이
다. 줄기에 털이 없고 키가 작다.

❶2023. 3. 28. 경남 거제시 노자산 ❷꽃.
지름 1~1.8cm이고 씨방에 털이 있다. ❸열
매. 털이 많으며 수과 끝부분에 암술대가 길
게 남아 있다. ❹뿌리잎. 3개로 깊게 갈라진
다. 털이 없다.

만주미나리아재비
Ranunculus grandis Honda

미나리아재비과

국내분포/자생지 강원 이북의 산지 숲속

형태 다년초. 땅속줄기가 길게 뻗는다. 줄기는 높이 30~90cm이며 퍼진 털과 누운 털이 밀생한다. 뿌리잎은 길이 5~15cm의 오각상 신장형이고 3~5개로 깊게 갈라지며 밑부분은 심장형이다. 양면에 누운 털이 많다. 잎자루는 길이 6~15cm이고 누운 털과 퍼진 털이 밀생한다. 줄기잎은 3개로 깊게 갈라지며 열편의 가장자리에는 결각상 큰 톱니가 있다. 꽃은 5~7월에 황색으로 피며 지름 1.5~2.2cm이고 줄기와 가지의 끝부분에 2~5개씩 모여 달린다. 꽃자루는 길이 1.5~2.5cm이고 누운 털이 밀생한다. 꽃받침조각은 5~6개이며 길이 4~5mm의 난형이고 뒷면에 누운 털이 밀생한다. 꽃잎은 5(~6)개이며 길이 7~10mm의 도란형-넓은 도란형이다. 꿀샘은 인편으로 덮여 있으며 길이 1mm, 너비 2mm 정도의 부속체가 있다. 수술은 다수이고 꽃밥은 장타원형이다. 열매(집합과)는 지름 5~7mm의 넓은 난형-거의 구형이다. 수과는 길이 2~3mm의 납작한 넓은 도란형-거의 원형이고 털이 없으며 끝부분에 길이 0.4~0.7mm의 암술대가 남아 있다.

참고 미나리아재비와 비슷하지만 땅속줄기가 있는 것이 특징이다. 북부지방(중국. 러시아)에서는 미나리아재비보다 더 흔히 관찰된다.

❶2005. 5. 28. 강원 ❷꽃. 수술은 다수이고 꽃밥은 장타원형이다. ❸열매. 수과는 납작한 넓은 난형-거의 원형이고 털이 없다. ❹개화 직전의 모습. 뿌리잎과 줄기잎도 미나리아재비에 비해 훨씬 대형이다. ❺뿌리잎(가을철). 땅속줄기를 뻗기 때문에 흔히 개체군을 형성한다. ❻땅속줄기. 길게 뻗는 기는줄기가 있다. ❼2005. 5. 28. 강원

미나리아재비

Ranunculus japonicus Thunb.

미나리아재비과

국내분포/자생지 전국의 산야의 풀밭(특히 무덤가)

형태 다년초. 줄기는 높이 30~100cm이며 퍼진 털 또는 누운 털이 밀생한다. 뿌리잎은 길이 4~20cm의 오각상 신장형이다. 꽃은 지름 1.5~2cm이고 5~6월에 황색으로 핀다. 꽃받침조각은 5개이며 길이 5~7mm의 난형이고 뒷면에 누운 털이 밀생한다. 꽃잎은 5개이고 길이 1~1.2cm의 도란형-넓은 도란형이다. 열매(집합과)는 지름 5~7mm의 거의 구형이며 수과는 길이 2~2.8mm의 납작한 도란형이고 털이 없다.

참고 백두산미나리아재비에 비해 뿌리 부근의 잎이 완전히 갈라지지 않으며 열편이 넓은 편이다.

❶2023. 5. 17. 강원 인제군 ❷꽃. 밝은 황색이며 꿀샘은 컵모양이다. ❸열매. 수과 끝부분의 암술대는 매우 짧다. ❹뿌리잎. 깊게 갈라지며 짧은 털이 많다.

백두산미나리아재비

Ranunculus paishanensis Kitag.

미나리아재비과

국내분포/자생지 백두산 일대의 해발고도가 높은 산지의 풀밭

형태 다년초. 줄기는 높이 20~70cm이며 짧은 털이 있다. 뿌리잎은 길이 1~5cm의 오각상 신장형이고 3개로 깊게 갈라지며 짧은 털이 있다. 꽃은 6~8월에 황색으로 핀다. 꽃받침조각은 5개이다. 꽃잎은 5개이며 길이 5.5~8.5mm의 도란형-넓은 도란형이다. 열매(집합과)는 지름 3~5mm의 거의 구형이며 수과는 길이 2mm 정도의 넓은 도란형이다.

참고 미나리아재비에 비해 줄기잎이 1~2회 3출겹잎모양으로 완전히 갈라지며 최종열편이 폭이 좁은 선형이다. 산미나리아재비[*R. acris* subsp. *nipponicus* (H.Hara) Hultén]와는 별개의 분류군이다.

❶2007. 6. 25. 중국 지린성 백두산 ❷꽃. 밝은 황색이며 씨방에 털이 약간 있다. ❸열매. 수과는 미나리아재비에 비해 적게 달리는 것이 특징이다. ❹뿌리 부근의 잎. 완전히 갈라지며 가장자리에 짧은 털이 약간 있다.

개구리발톱

Semiaquilegia adoxoides (DC.)
Makino

미나리아재비과

국내분포/자생지 서남해 도서 및 바다 가까운 산지

형태 다년초. 길이 1~5cm의 굵은 덩이뿌리가 있다. 줄기는 높이 10~35cm이며 백색의 부드러운 털이 있다. 줄기잎은 2~3개이며 길이 1.5~3cm이고 3출겹잎이다. 꽃은 3~5월에 백색(~거의 백색)으로 피며 지름 4~6mm이다. 꽃받침조각은 5개이며 길이 4~6mm의 좁은 타원형이고 끝이 뾰족하다. 꽃잎은 5개이며 길이 2.5~3.5cm의 주걱형이고 끝이 편평하다. 가수술은 2~3개이고 백색이며 선상 피침형이고 수술과 길이가 비슷하다. 열매(골돌)는 길이 6~8mm의 장타원형-타원형이다.

참고 꽃이 작으며 가수술이 있고 수술이 적은(8~14개) 것이 특징이다.

❶2018. 4. 7. 전남 영광군 ❷꽃. 꽃잎은 곧추서서 원통형을 이룬다. 밑부분에 짧은 거가 있다. ❸열매. 골돌은 2~4개이고 털이 없다. ❹뿌리잎. 3출겹잎이고 털이 없다.

큰개구리발톱

Semiaquilegia quelpaertensis
D.C.Son & K.Lee

미나리아재비과

국내분포/자생지 제주도의 산지 및 계곡가, 한반도 고유종

형태 다년초. 길이 3~6cm의 굵은 덩이뿌리가 있다. 줄기는 높이 15~25cm이다. 줄기잎은 1~2개이며 3출겹잎이다. 꽃은 4~5월에 백색~연한 분홍색으로 핀다. 꽃자루는 길이 8~25mm이고 퍼진 털과 샘털이 있다. 꽃받침조각은 5개이며 길이 7~8mm의 좁은 타원형이다. 꽃잎은 황록색-황색이며 길이 3~3.5cm의 주걱형이다. 가수술은 백색이며 선상 피침형이고 수술보다 짧다. 열매(골돌)는 4~5개이며 길이 7~9mm의 장타원형-난상 장타원형이고 털이 없다.

참고 개구리발톱에 비해 전체적(꽃 등)으로 대형이며 가수술이 (4~)6개인 것이 특징이다.

❶2017. 4. 18. 제주 제주시 한라산 ❷꽃. 대형(지름 8~10mm)이고 가수술이 (4~)6개이다. ❸열매. 골돌은 4~5개이고 털이 없다. ❹뿌리잎. 3출겹잎이고 개구리발톱에 비해 얕게 갈라지는 편이다.

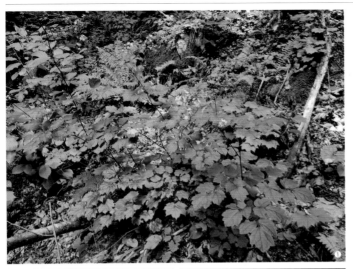

은꿩의다리

Thalictrum actaeifolium var.
brevistylum Nakai

미나리아재비과

국내분포/자생지 경기 이남의 산지 숲속, 한반도 고유변종

형태 다년초. 줄기는 높이 20~60cm 이며 털이 없다. 잎은 길이 10~20cm 의 2~3회 3출겹잎이며 양면에는 털이 없다. 잎자루는 길이 2~8cm이고 털이 없다. 중앙의 작은잎은 길이 2 ~8cm의 난형~넓은 난형이고 3개로 얕게 갈라지며 열편의 끝은 뾰족하다. 꽃은 7~9월에 피며 줄기 끝부분의 산방상 꽃차례에 모여난다. 꽃자루는 길이 3~10mm이다. 꽃받침조각은 4개이고 연한 자색이며 길이 3~4mm의 넓은 타원형~도란형이다. 수술은 연한 자색~자색이며 길이 6~9mm이다. 꽃밥은 연한 황색이며 길이 1.5~2mm의 장타원형이다. 심피는 2~5개이다. 열매(수과)는 길이 2.3~3.5mm의 좁은 난형이고 자루가 없거나 매우 짧으며 털은 없고 양쪽 측면에 4~5개의 돌출한 맥(능선)이 있다. 끝부분의 암술대(부리)는 길이 0.5~0.8mm이고 강하게 젖혀진다.

참고 일본에 분포하는 원변종(var. *actaeifolium* Siebold & Zucc.)에 비해 꽃받침조각과 수술대가 연한 자색~자색이며 암술대(부리)가 짧고 뒤로 강하게 젖혀지는 것이 특징이다. 넓은 의미에서는 통합·처리하기도 한다.

❶2023. 8. 1. 충북 괴산군 조령산 ❷꽃. 꽃받침조각은 개화와 동시에 떨어진다. 수술대는 길고 위쪽으로 갈수록 조금씩 넓어진다. ❸열매. 수과는 자루가 거의 없으며 양쪽 측면에 4~5개의 돌출한 맥이 있다. 맥은 흔히 주름진다. ❹❺잎. 양면에 털이 없다. 두터운 종이질이며 뒷면의 맥은 뚜렷하게 돌출한다. ❻꽃차례. 산방상(또는 원뿔상)이다.

금꿩의다리

Thalictrum rochebrunnianum
Franch. & Sav.
Thalictrum rochebruneanum var.
grandisepalum (H.Lév.) Nakai

미나리아재비과

국내분포/자생지 강원, 경기의 산지
형태 다년초. 줄기는 높이 1~2m이고
털이 없다. 줄기잎은 길이 13~25cm
의 2~3회 3출겹잎이며 잎자루는 길
이 2~10cm이다. 작은잎은 길이 1.5~
3cm의 타원형 또는 난형-넓은 난형
이고 흔히 2~3개로 얕게 갈라진다.
끝은 둔하거나 뾰족하고 가장자리
는 밋밋하다. 꽃은 7~8월에 피며 줄
기 끝부분의 원뿔상 꽃차례에 모여난
다. 꽃자루는 길이 8~15mm이다. 꽃
받침조각은 4~5개이고 일찍 떨어지
며 연한 적자색-연한 자색이고 길이
5~9mm의 타원형-난형이다. 수술은
다수이고 길이 3~7mm이다. 수술대
는 선형이며 백색이다. 꽃밥은 길이 1
~2mm의 좁은 장타원형이며 황색이
다. 심피는 (8~)15~20개이며 암술대
는 길이 0.3~0.5mm이고 암술머리는
장타원형이다. 열매(수과)는 길이 4~
8mm의 장타원형-타원형이고 양쪽
측면에 3개의 맥이 있으며 자루는 길
이 1~1.5mm이다. 끝부분에 길이 0.5
~1.5mm의 곧은 암술대가 있다.
참고 일본에 분포하는 개체들에 비
해 꽃받침조각이 대형이고 열매
(수과)의 자루가 짧아서 변종[var.
grandisepalum (H.Lév.) Nakai]으로
취급하기도 한다. 넓은 의미에서 통
합·처리하는 것이 타당하다.

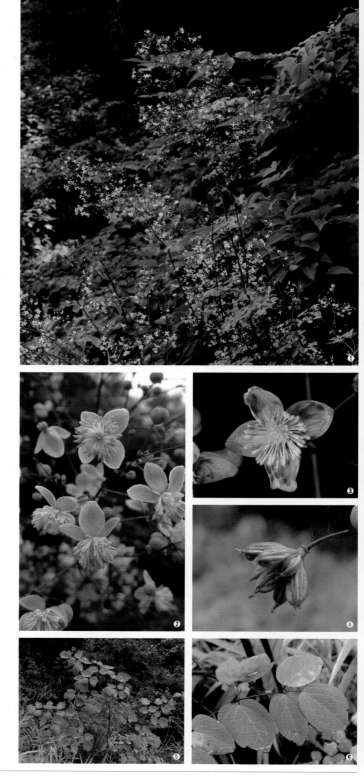

❶2021. 7. 30. 강원 횡성군 ❷❸꽃. 꽃받침
조각은 4~5개이며 연한 적자색-연한 자색이
고 자생 꿩의다리류 중 가장 대형이다. 수술
대는 선형이고 꽃밥보다 폭이 좁다. ❹열매.
수과는 자루가 거의 없거나 매우 짧으며 양
쪽 측면에 3개의 돌출된 맥이 있다. ❺❻잎.
2~3회 3출겹잎이다. 양면에 털이 없다.

꼭지연잎꿩의다리

Thalictrum ichangense Lecoy. ex
Oliv. var. *ichangense*

미나리아재비과

국내분포/자생지 경북 이북의 산지
숲속(특히 석회암지대)

형태 다년초. 줄기는 높이 14~30cm
이고 전체에 털이 없다. 뿌리잎은 1
~3회 3출겹잎이고 길이 8~25cm이
며 잎자루는 길이 5~12cm이다. 작은
잎은 길이 2~4cm의 난형−넓은 난형
또는 넓은 타원형 또는 원형이고 3개
로 얕게 갈라진다. 끝은 둔하거나 둥
글며 열편의 가장자리에는 둔한 톱니
가 있다. 양면의 잎맥은 돌출하지 않
고 밋밋하다. 작은잎의 자루는 길이
1.5~2.5cm이다. 줄기잎은 1~3개이
며 뿌리잎과 모양은 비슷하지만 작고
잎자루가 짧다. 꽃은 5~7월에 피며
줄기 끝부분의 산방상 꽃차례에 모
여 달린다. 꽃자루는 길이 3~20mm
이다. 꽃받침조각은 4~5개이고 일찍
떨어지며 백색 또는 연한 적자색이
고 길이 3mm 정도의 타원형−난형이
다. 수술은 다수이고 길이 4~7mm이
다. 수술대는 선상 도피침형(곤봉상)이
고 윗부분은 꽃밥보다 약간 넓다. 꽃
밥은 길이 0.6mm 정도의 장타원형이
고 자줏빛이 도는 백색이며 털이 없
다. 심피는 3~10개이며 암술대는 길
이 0.1~0.2mm로 짧다. 열매(수과)는
길이 4~5mm의 피침상 장타원형−초
승달모양이고 8개 정도의 맥이 있으
며 길이 1.2~1.5mm의 자루가 있다.

참고 연잎꿩의다리[var. *coreanum*
(H.Lév.) H.Lév. ex Tamura]는 꼭지연
잎꿩의다리에 비해 열매(수과) 자루가
길이 1mm 이하로 매우 짧은 것이 다
른 점이다. 국내에서는 주왕산, 대둔
산(충남), 설악산 등에 분포한다. 넓은
의미에서는 기본종(꼭지연잎꿩의다리)
에 통합·처리하기도 한다.

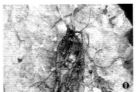

❶2003. 6. 5. 충북 단양군 ❷꽃. 암술은 3~
10개이고 자루는 긴 편이다. ❸열매. 수과의
자루는 길이 1.2~1.5mm로 뚜렷하다. ❹땅속
줄기. 옆으로 길게 뻗는다. ❺~❼연잎꿩의다
리 ❺2020. 7. 21. 강원 평창군 ❻꽃. 암술의
자루는 짧은 편이다. ❼열매. 수과의 자루는
길이 1mm 이하로 짧다. ❽잎 뒷면. 잎자루
는 엽신의 중앙부 아래쪽에 붙는다. ❾땅속
줄기 및 뿌리. 땅속줄기가 없다.

자주꿩의다리

Thalictrum uchiyamae Nakai

미나리아재비과

국내분포/자생지 경기 이남의 산지 능선부나 바위지대. 한반도 준고유종

형태 다년초. 뿌리는 방추상으로 굵다. 줄기는 높이 20~50cm이다. 줄기잎은 길이 5~10cm의 2~3회 3출겹잎이다. 작은잎은 길이 1.5~3mm의 도란형~넓은 도란형~원형이고 얕게 3개로 갈라진다. 끝은 둔하거나 뾰족하며 앞면은 회녹색이고 뒷면 맥은 약간 돌출한다. 꽃은 6~7월에 피며 줄기 끝부분의 산방상 꽃차례에 모여 달린다. 꽃자루는 길이 5~9mm이고 가늘다. 꽃받침조각은 4~5개이고 연한 적자색~적자색이며 길이 2~3mm의 타원형~난형이다. 수술은 다수이고 길이 3~6mm이다. 수술대는 선상 도피침형~곤봉형이고 백색이며 꽃밥은 길이 0.5~0.6mm의 타원형이다. 심피는 2~4(~6)개이다. 열매(수과)는 길이 4~6mm의 비스듬한 피침상 장타원형이다. 양쪽 측면에 3개씩의 맥(능선)이 있으며 자루는 길이 1~2mm이다.

참고 국외에서는 일본의 규슈(쓰시마섬 등 2곳)에만 자라는 한반도 남부지역을 중심으로 분포하는 종이다. 큰잎산꿩의다리(*T. punctatum* H.Lév.)는 산꿩의다리와는 별개의 분류군으로서 자주꿩의다리의 종내 분류군 또는 동일 종에 가까운 형태적인 특징을 보인다. 제주도 한라산(기준표본 채집지)과 서해안의 도서지역(가거도, 어청도, 홍도, 흑산도 등)에 주로 분포하며 자주꿩의다리에 비해 흔히 더 대형이며 꽃받침조각과 수술대가 거의 백색~연한 적자색인 것이 특징이다. 자주꿩의다리는 큰잎산꿩의다리 및 최근에 국내 분포가 알려진 남방꿩의다리와 함께 분류학적 연구가 필요하다.

❶ 2023. 6. 20. 경북 성주군 가야산 ❷ 꽃. 꽃받침조각은 개화와 동시에 떨어진다. 수술대는 곤봉형으로 윗부분이 넓다. ❸ 열매. 수과의 자루는 길이 1~2mm로 뚜렷하다. 양쪽 측면에 3개의 맥(능선)이 있다. ❹ 잎. 2~3회 3출겹잎이다. ❺~❽ 큰잎산꿩의다리 타입 ❺ 2019. 7. 16. 전남 신안군 홍도 ❻ 꽃. 자주꿩의다리와 거의 유사하다. ❼ 열매. 양쪽 측면에 3개의 맥이 있으며 길이 1~2mm의 자루가 있다(자주꿩의다리와 유사). ❽ 뿌리잎. 2~3회 3출겹잎이며 자주꿩의다리에 비해 대형이다.

남방꿩의다리

Thalictrum acutifolium (Hand.-Mazz.) B.Boivin

미나리아재비과

국내분포/자생지 제주의 산지

형태 다년초. 줄기는 높이 25~65cm
이다. 뿌리잎은 2~3회 3출겹잎이다.
작은잎은 길이 2~5cm의 마름모양-
난형이며 끝은 뾰족하다. 꽃은 6~7월
에 핀다. 꽃받침조각은 4개이고 백색
이며 길이 2mm 정도의 난형이다. 수
술대는 곤봉모양이고 윗부분은 넓고
밑부분은 실처럼 가늘다. 심피는 6~12
개이다. 열매(수과)는 길이 3~5mm의
약간 납작한 원통상 초승달모양이며
길이 1~2.5mm의 자루가 있다. 양쪽
측면에 3~4개씩의 돌출한 맥이 있다.
참고 산꿩의다리보다는 자주꿩의다
리와 많은 형질을 공유한다. 작은잎
의 끝부분이 뾰족하고 땅속줄기가 발
달하는 것이 특징이다.

❶2016. 6. 16. 제주 제주시 한라산 ❷꽃. 거
의 백색이며 수술대는 가는 곤봉모양이다.
❸암술. 비스듬한 피침상 장타원형이고 긴
자루가 있다. ❹뿌리잎. 작은잎의 열편이나
톱니의 끝부분은 뾰족한 편이다. ❺땅속줄
기. 흔히 길게 발달한다.

산꿩의다리

Thalictrum tuberiferum Maxim.

미나리아재비과

국내분포/자생지 거의 전국(주로 지리
산 이북)의 산지 숲속

형태 다년초. 줄기는 높이 40~70cm
이다. 뿌리잎은 2~3회 3출겹잎이며
작은잎은 길이 4~7cm의 타원상 마
름모양-난형이고 끝은 둔하다. 양면
에 털이 없다. 꽃은 6~8월에 백색으
로 피며 산방상 꽃차례에 모여 달린
다. 꽃받침조각은 4~5개이고 백색이
다. 수술대는 선상 도피침형(곤봉상)이
고 윗부분은 꽃밥보다 뚜렷이 넓다.
심피는 3~7개이다. 열매(수과)는 길이
4~6mm의 비스듬한 피침상 장타원형
이며 길이 2~4mm의 자루가 있다.
참고 잎끝이 둔하고 뒷면의 맥은 뚜
렷하게 돌출하며 꽃이 거의 백색이고
수술대가 곤봉모양인 것이 특징이다.

❶2021. 7. 14. 전남 구례군 지리산 ❷꽃. 수
술과 암술은 비슷해 보이지만 꽃의 중심부
의 끝부분(암술머리)이 연한 자색인 것이 암
술이다. ❸열매. 자루가 길며 양쪽 측면에 3
개의 맥(능선)이 있다. ❹뿌리잎. 2~3회 3출
겹잎이고 앞면에 백색의 무늬가 있는 경우도
흔하다.

339

꽃꿩의다리

Thalictrum petaloideum L.

미나리아재비과

국내분포/자생지 전남(여수시), 부산 이북의 산지(특히 석회암지대)

형태 다년초. 줄기는 높이 30~80cm 이고 털이 없다. 뿌리잎은 길이 8~ 15cm의 3~4회 3출겹잎(간혹 깃털모양의 겹잎)이며 잎자루는 길이 5~10cm 이다. 작은잎은 길이 7~20mm의 장타원형-넓은 난형 또는 도란형이고 3개로 얕게 갈라지며 끝은 둔하고 가장자리는 밋밋하다. 꽃은 5~7월에 피며 줄기 끝부분의 산방상 꽃차례에 모여 달린다. 꽃자루는 길이 5~25mm이다. 꽃받침조각은 4~5개이고 일찍 떨어지며 백색이고 길이 3~4.5mm의 타원형-난형이다. 수술은 다수이고 길이 7~10mm이다. 수술대는 곤봉모양(선상 도피침형)이며 윗부분이 꽃밥보다 뚜렷이 넓다. 꽃밥은 길이 0.6~1.2mm의 장타원형이며 황색이다. 심피는 4~13개이며 암술대는 길이 0.5~1mm이고 뒤쪽으로 젖혀진다. 열매(수과)는 길이 4~6mm의 난형이고 자루는 없으며 양쪽 측면에 3~4개씩의 맥이 있다.

참고 바이칼꿩의다리에 비해 열매 측면의 맥이 뚜렷하게 발달하며 턱잎이 술모양으로 갈라지지 않는 것이 특징이다.

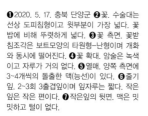

❶2020. 5. 17. 충북 단양군 ❷꽃. 수술대는 선상 도피침형이고 윗부분이 가장 넓다. 꽃밥에 비해 뚜렷하게 넓다. ❸꽃 측면. 꽃받침조각은 보트모양의 타원형-난형이며 개화와 동시에 떨어진다. ❹꽃 확대. 암술은 녹색이고 자루가 거의 없다. ❺열매. 양쪽 측면에 3~4개씩의 돌출한 맥(능선)이 있다. ❻줄기잎. 2~3회 3출겹잎이며 잎자루는 짧다. 작은잎은 작은 편이다. ❼작은잎의 뒷면. 맥은 밋밋하고 털이 없다.

바이칼꿩의다리

Thalictrum baicalense Turcz. ex Ledeb.

미나리아재비과

국내분포/자생지 북부지방의 산지 숲속

형태 다년초. 줄기는 높이 40~100cm 이며 전체에 털이 없다. 줄기잎은 길 이 9~18cm의 2~3회 3출겹잎이다. 잎 자루는 길이 1~5cm이고 막질의 턱잎 이 있다. 작은잎은 길이 1.8~5cm의 마름모상의 넓은 도란형이고 얕게 3 개로 갈라지며 양면에 털이 없다. 작 은잎의 자루는 길이 2~4cm이고 털이 없다. 꽃은 6~7월에 피며 줄기 끝부 분의 산방상 꽃차례에 모여 달린다. 꽃자루는 길이 4~12mm이다. 꽃받침 조각은 4개이고 연한 황백색–녹백색 이며 길이 2~3mm의 타원형이다. 수 술은 길이 5mm 정도이며 수술대는 선상 도피침형이고 백색이다. 꽃밥은 길이 0.8~1mm의 장타원형이고 연한 황색이다. 심피는 3~8개이며 암술대 는 길이 0.5~1.2mm이고 곧추서거나 뒤로 약간 젖혀진다. 열매(수과)는 길 이 3mm 정도의 넓은 타원상 구형이 며 길이 0.2~0.8mm의 짧은 자루가 있다.

참고 턱잎의 가장자리가 술모양으로 가늘고 잘게 갈라지며 열매 측면의 맥이 희미하고 열매 자루가 짧은 것 이 특징이다.

❶2007. 6. 27. 중국 지린성 백두산 ❷꽃. 수술대는 선상 도피침형이며 위쪽 끝부분은 꽃밥에 비해 좁다. 밑부분은 실모양으로 매 우 가늘다. 암술은 작고 연녹색이다. ❸열 매. 양쪽 측면에 3~4개씩의 희미한 맥(능선) 이 있다. ❹줄기잎. 2~3회 3출겹잎이며 마 디 부위에 작은턱잎은 없다. ❺턱잎. 백색의 막질이며 가장자리는 술모양으로 갈라진다. ❻2019. 7. 5. 중국 지린성 백두산

꿩의다리

Thalictrum aquilegiifolium var.
sibiricum Regel & Tiling

미나리아재비과

국내분포/자생지 전국의 산지

형태 다년초. 줄기는 높이 50~120cm
이며 전체에 털이 없다. 뿌리잎은 길
이 10~30cm의 3~4회 3출겹잎이며
꽃이 필 무렵 시든다. 줄기잎은 길이
10~25cm의 2~3회 3출겹잎이고 잎자
루는 길이 4~10cm이다. 턱잎과 작은
턱잎이 있다. 작은잎은 길이 2~4cm
의 좁은 난형 또는 도란형−거의 원
형이고 얕게 3개로 갈라지며 양면에
털이 없다. 작은잎의 자루는 길이 2
~4cm이고 털이 없다. 꽃은 7~8월에
피며 줄기 끝부분의 산방상 꽃차례에
모여 달린다. 꽃자루는 길이 3~12mm
이다. 꽃받침조각은 4~5개이고 백색
또는 자줏빛이 도는 백색이며 길이 3
~4.5mm의 넓은 타원형−난형이다.
수술은 길이 5~12mm이며 수술대는
길이 2~5mm의 선상 도피침형이고
백색이다. 꽃밥은 길이 1.5~2mm의
타원형이고 백색−연한 황색이다. 심
피는 6~8개이며 암술대는 길이 0.2~
0.7mm이고 뒤로 약간 젖혀진다. 열
매(수과)는 길이 7~10mm의 도란형이
고 3~4개의 날개가 있으며 길이 2.7~
7mm의 긴 자루가 있다.

참고 원변종(var. *aquilegiifolium* L.)은
유럽 및 서아시아(튀르키예)에 분포하
며 수과가 서양배모양(끝이 편평한 도란
형)이고 자루가 긴 것이 특징이다.

❶2016. 6. 14. 중국 지린성 백두산 ❷❸꽃.
수술대는 윗부분이 약간 넓은 선상 도피침형
이며 백색이고 털이 없다. 암술은 백색−연한
적자색이고 긴 자루가 있다. ❹열매. 아래로
늘어져 달리고 너비 1~2mm의 날개가 있다.
자루는 길이 2.7~7mm로 매우 길다. ❺줄기
잎. 2~3회 3출겹잎이며 마디 부위에 막질의
작은턱잎이 있다. ❻작은잎의 뒷면. 연녹색
이고 털이 없으며 맥은 약간 돌출한다. ❼턱
잎. 막질이고 가장자리는 물결모양으로 주름
진다.

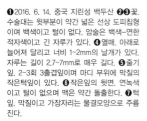

발톱꿩의다리

Thalictrum sparsiflorum Turcz. ex Fisch. & C.A.Mey.

미나리아재비과

국내분포/자생지 북부지방의 산지

형태 다년초. 줄기는 높이 40~80cm 이고 털이 없거나 짧은 털(또는 샘털)이 약간 있다. 줄기잎은 길이 6~15cm의 3~4회 3출겹잎이며 잎자루는 길이 3~8cm이다. 작은잎은 길이 1.3~2cm의 도란형-원형이고 3개로 얕게 갈라지며 끝은 짧게 뾰족하고 가장자리에는 둔한 톱니가 있다. 꽃은 6~7월에 피며 줄기 끝부분의 산방상 꽃차례에 모여 달린다. 꽃자루는 길이 0.5~2mm이다. 꽃받침조각은 4~5개이고 백색이며 길이 2.5~3.5mm의 난형이다. 수술은 10~15개이고 길이 4~5mm이다. 수술대는 도피침상 선형이고 꽃밥과 너비가 비슷하거나 약간 좁으며 백색이다. 꽃밥은 길이 1~2mm의 타원형-난형이며 연한 황색이다. 심피는 4~7개이며 암술대는 길이 1~1.5mm이고 곧추서거나 약간 젖혀진다. 열매(수과)는 길이 6~8mm의 비스듬한 도란형(반달모양)이고 납작하며 한쪽 측면에 3개의 맥이 있다. 끝부분에 길이 1~1.5mm의 약간 굽은 암술대(부리)가 있으며 자루는 길이 2~3mm로 긴 편이다.

참고 꿩의다리에 비해 열매(수과)가 납작한 반달모양이며 날개가 없는 것이 특징이다.

❶2019. 7. 4. 중국 지린성 백두산 ❷❸꽃. 꽃받침조각은 비교적 일찍 떨어지지 않는다. 수술대는 도피침상 선형이고 자루는 가늘고 길다. 암술은 연녹색이고 암술대는 매우 길다. ❹ 열매. 비스듬한 도란형(-반달모양)이고 양쪽 측면에 3개의 맥이 있다. ❺줄기잎. 3~4회 3출겹잎이며 작은잎의 열편과 톱니의 끝은 둥글거나 둔하다. ❻잎 뒷면. 흰빛이 돌며 털이 없다. 맥은 뚜렷하게 돌출한다. ❼ ❽턱잎. 막질이고 가장자리는 심하게 주름지거나 구부러진다. ❾2016. 6. 13. 중국 지린성 두만강 유역

좀꿩의다리
(큰꿩의다리)

Thalictrum minus var. *hypoleucum*
(Siebold & Zucc.) Miq.

미나리아재비과

국내분포/자생지 전국의 산지 및 낮은 지대의 풀밭

형태 다년초. 줄기는 높이 30~160cm 이고 전체에 털이 없거나 짧은 샘털이 있다. 줄기잎은 길이 10~25cm의 3~4회 3출겹잎(간혹 깃털모양의 겹잎)이며 잎자루는 길이 4~7cm이다. 작은잎은 길이 1.5~4cm의 좁은 난형-넓은 난형-거의 원형이며 3개로 얕게 갈라진다. 끝은 둔하거나 뾰족하며 열편의 가장자리는 밋밋하다. 꽃은 7~9월에 피며 줄기 끝부분의 원뿔상 꽃차례에 모여난다. 꽃자루는 길이 3~10mm이다. 꽃받침조각은 4개이고 일찍 떨어지며 황백색-황록색이고 길이 2~4mm의 타원형-난형이다. 수술은 다수이고 길이 4~7mm이다. 수술대는 2~5mm의 실모양이다. 꽃밥은 길이 1~2.5mm의 좁은 장타원형이다. 심피는 3~5개이며 암술대는 길이 0.5mm 정도이고 암술머리는 삼각상이다. 열매(수과)는 길이 3~4mm의 타원형-타원상 난형이고 양쪽 측면에 3~4개씩의 맥(능선)이 있으며 자루는 없다.

참고 원변종(var. *minus* L.)은 작은잎이 길이 7~15mm로 작으며 유라시아의 온대 지역에 넓게 분포한다. **털잎꿩의다리**(*T. foetidum* L., 국명 신칭)는 중국, 일본, 러시아 등 유라시아 대륙에 넓게 분포하는 종이다. 두만강 유역의 바위가 많은 산지(특히 너덜지대)에서 드물지 않게 관찰된다. 줄기가 많이 갈라지고 잎과 줄기에 샘털이 많다. 작은잎이 작고 길이와 폭이 비슷하며 꽃에 비해 수술이 매우 긴 것이 특징이다.

❶2006. 7. 2. 강원 정선군 ❷❸꽃. 수술대는 실모양이고 꽃밥보다 가늘다. 꽃받침조각은 황백색-황록색이며 개화와 동시에 떨어진다. 암술머리는 삼각상 날개모양이다. ❹열매. 타원형-타원상 난형이며 양쪽 측면에 3~4개의 뚜렷한 맥(능선)이 있다. 자루는 거의 없다. ❺줄기잎. 3~4회 3출겹잎이며 작은잎은 (2~)3개로 얕게 갈라지고 열편의 가장자리는 밋밋하다. ❻❼털잎꿩의다리 ❻줄기잎. 양면 및 잎자루의 축과 작은잎의 자루에 털(샘털)이 밀생한다. ❼2007. 6. 24. 중국 지린성 두만강 유역

큰금매화

Trollius chinensis Bunge
Trollius macropetalus (Regel)
F.Schmidt

미나리아재비과

국내분포/자생지 북부지방의 산지
형태 다년초. 줄기는 높이 40~100cm
이다. 뿌리잎은 길이 5.5~9cm의 오
각상 원형이며 3개로 완전히 갈라지
며 잎자루는 길이 12~30cm이다. 열
편은 다시 깃털모양으로 갈라진다.
꽃은 7~8월에 황색−짙은 황색(오렌
지빛 황색)으로 피며 지름 3.5~5.5(~6)
cm이고 줄기와 가지의 끝부분에서 1
개 또는 2~3개씩 모여 달린다. 꽃자
루는 길이 5~9cm이다. 꽃받침조각은
5~12(~15)개이고 길이 1.5~2.8cm의
도란형−넓은 도란형이다. 꽃잎은 14~
25개이며 길이 1.5~3.5cm의 선형−선
상 피침형이고 수술보다 길다. 수술
은 다수이며 길이 1~2cm이다. 심피
는 20~40개이다. 열매(골돌)는 길이 1
~1.3cm이고 끝이 길이 2~4mm의 암
술대가 있다.
참고 꽃받침조각의 수가 5~7개로 적
고 꽃잎이 꽃받침조각보다 길며 열매
끝부분의 암술대가 길이 3.5~4mm로
긴 것을 *T. macropetalus*로 구분하였
으나 최근 연구 결과를 반영하여 큰
금매화에 통합하는 추세이다. 애기금
매화에 비해 해발고도가 비교적 낮은
지대에서 자란다.

❶2019. 7. 2. 중국 지린성 ❷~❹꽃. 꽃잎은
선형−선상 피침형이며 꽃받침조각보다 길
거나 길이가 비슷하며 수술보다는 훨씬 길
다. 꽃의 색이나 꽃잎의 길이에는 변이가 있
다. ❺열매. 골돌에 20~40개이고 털이 없으
며 끝부분 뾰족한 부리(암술대)가 있다. ❻줄
기잎. 3개로 거의 끝(잎자루)까지 갈라지며
측열편은 다시 2~3개로 깊게 또는 거의 끝
까지 갈라진다. 열편의 가장자리에는 뾰족
한 톱니가 있다. 잎자루는 매우 짧다. ❼뿌리
잎. 거의 끝까지 갈라지며 잎자루는 길다. 양
면에 털이 없다. ❽2007. 6. 29. 중국 지린성
백두산

애기금매화

Trollius shinanensis Kadota

미나리아재비과

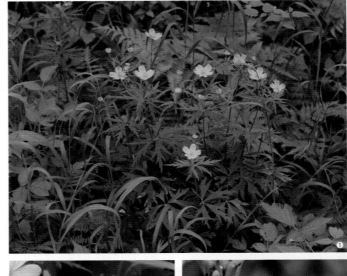

국내분포/자생지 북부지방의 해발고도가 높은 산지의 풀밭

형태 다년초. 줄기는 높이 20~80cm이고 거의 털이 없다. 뿌리잎은 길이 2.5~20cm의 오각상 원형이며 3개로 완전히 갈라진다. 열편은 다시 깃털 모양으로 갈라진다. 꽃은 7~9월에 황색으로 피며 지름 2.5~8cm이고 줄기와 가지의 끝부분에서 1개 또는 2~3개씩 모여 달린다. 꽃자루는 길이 2~6cm이다. 꽃받침조각은 5~7(~13)개이고 길이 1.4~1.6cm의 도란형–도란상 원형이다. 꽃잎은 9개 정도이며 길이 5.5~10mm의 선형–도란형이고 수술보다 짧다. 수술은 길이 6~12mm이다. 심피는 6~22개이고 암술대는 길이 1.5~4mm이고 곧추선다. 열매(골돌)는 길이 6~12mm로 곧추서거나 약간 비스듬히 서며 끝부분에는 길이 1.5~4mm의 암술대가 있다.

참고 금매화(*T. ledebouri*)에 비해 꽃잎이 수술보다 짧으며 심피가 6~20개로 적은 것이 특징이다. 최근(2016년) 연구에서 *T. japonicus*(한국, 중국에서 오적용해왔던 애기금매화의 학명)는 일본, 러시아에 분포하는 *T. riederianus*에 통합·처리되었으며, 한반도 북부지방(백두산 등)에 분포하는 애기금매화는 신종으로 처리되었다. 애기금매화는 백두산을 포함한 우리나라의 북부지방과 일본(혼슈와 홋카이도)의 높은 산지에 분포한다.

❶2019. 7. 5. 중국 지린성 백두산 ❷꽃. 흔히 밝은 황색이며 꽃잎은 작고 수술과 길이가 거의 비슷하거나 짧다. ❸열매. 골돌은 큰 금매화에 비해 적게 달리며 크기도 약간 더 작다. ❹뿌리잎. 거의 잎자루까지 갈라지며 양면에 털이 없다. ❺줄기잎. 잎자루는 짧거나 거의 없다. 큰금매화에 비해 열편의 폭이 좁은 편이다. ❻2019. 7. 5. 중국 지린성 백두산

핵심
피자식물

MESANGIOSPERMS

진정쌍자엽류
EUDICOTS

초장미군
SUPERROSIDS

범의귀목
SAXIFRAGALES

작약과 PAEONIACEAE
범의귀과 SAXIFRAGACEAE
돌나물과 CRASSULACEAE

백작약

Paeonia japonica (Makino) Miyabe & Takeda

작약과

국내분포/자생지 전국의 산지 숲속에 드물게 자람

형태 다년초. 줄기는 높이 30~70cm이다. 잎은 어긋나며 1~2회 3출겹잎 또는 깃털모양의 겹잎이다. 중앙의 작은잎은 길이 5~12cm의 (장타원형-장타원상 난형-)장타원상 도란형-도란형이다. 뒷면은 흰빛이 돌고 맥 위에 털이 있다. 꽃은 5~6월에 백색으로 피고 지름 7~12cm이다. 꽃잎은 옆으로 퍼지거나 약간 오므라져서 핀다. 꽃받침조각은 3개이며 난형이다. 꽃잎은 5(~6)개이며 도란형이다. 심피는 (1~)2~3개이고 털이 없다. 암술머리는 적색-적자색이고 뒤로 젖혀진다. 열매(골돌)는 길이 2.5~5cm의 장타원상 원통형이고 털이 없다.

참고 산작약에 비해 꽃이 백색이고 심피가 흔히 2~3개이며 암술머리가 뒤로 약간 또는 심하게 구부러지는 것이 특징이다. 일본(식물지)에서는 *P. japonica*를 일본 고유종으로 취급하며 국내(한반도)에 분포하는 백작약을 산작약과 동일 종 또는 *P. oreogeton* S.Moore로 추정한다. 일본에 분포하는 백작약(*P. japonica*의 전형적인 타입)은 꽃잎이 보통 6장이고 암술머리가 뒤로 약간(완만하게) 젖혀진다. 또한 중앙부의 작은잎(정소엽)은 장타원상 도란형이고 끝이 길게 뾰족하며 잎 뒷면에 흔히 털이 없는 등 한반도 개체와 형태적인 차이를 보인다고 한다. 일부 학자(중국 등)들은 백작약류(*P. japonica*)를 모두 산작약에 통합·처리하기도 한다. 종의 한계 설정을 위한 추가적인 분류학적 연구가 필요하다.

❶ 2019. 5. 11. 강원 영월군 ❷ 꽃. 백색이며 심피는 (1~)2~3개이며 암술머리는 뒤로 구부러진다. ❸ 종자산포기의 골돌. 완전히 벌어진 후 뒤로 강하게 말린다. 씨(임성)는 구형이고 흑자색이다. ❹ 잎 앞면. 중앙의 작은잎은 도란형이고 끝부분이 급격히 뾰족한 편이다(일본 개체들은 장타원상 도란형이고 끝이 길게 뾰족함). ❺ 잎 뒷면. 흰빛이 돌고 흔히 맥 위에 털이 있다(일본 개체들은 흔히 털이 없음). ❻ 2005. 4. 23. 강원 삼척시 덕항산. 꽃잎은 5개 또는 6개이고 암술머리는 심하게 구부러진다.

산작약

Paeonia obovata Maxim.

작약과

국내분포/자생지 경북 이북의 산지
숲속에 드물게 자람

형태 다년초. 줄기는 높이 30~80cm
이고 털이 없다. 잎은 어긋나며 줄기
에 2~4개 달리고 1~2회 3출겹잎 또
는 깃털모양의 겹잎이다. 중앙의 작
은잎(정소엽)은 길이 6~12cm의 (장타
원상 도란형-)도란형-넓은 도란형이
며 끝은 뾰족하거나 급격히 뾰족하
다. 가장자리는 밋밋하며 뒷면은 흰
빛이 돌고 털이 많다. 잎자루는 길이
5~16cm이다. 꽃은 5~6월에 연한 적
자색-적자색으로 피며 줄기의 끝부
분에서 1개씩 달린다. 지름 7~12cm이
며 꽃잎은 흔히 약간 오므라져서 핀
다. 꽃받침조각은 3개이며 난형이고
서로 크기가 다르다. 꽃잎은 5(~6)개
이며 도란형이다. 수술은 많으며 꽃
밥은 길이 5~7mm이다. 심피는 3~5
개이고 털이 없다. 암술머리는 적색-
적자색이고 뒤로 말린다. **열매**(골돌)는
길이 2.5~5cm의 타원상 원통형이고
털이 없다.

참고 백작약에 비해 꽃이 연한 적자
색-적색이고 꽃잎이 흔히 5개이며
심피가 3~5개이고 암술머리가 뒤로
강하게 말리는 것이 특징이다. 또한
중앙의 작은잎(정소엽)이 흔히 도란형
이며 잎 뒷면에 털이 밀생(간혹 없음)
한다.

❶❷(ⓒ김지훈) ❶2016. 6. 14. 중국 지린
성 ❷꽃. 연한 적자색-적자색이고 흔히 약
간 오므라져서 핀다. ❸꽃 내부. 심피는 3~
5개이고 털이 없다. 암술머리는 뒤로 강하
게 젖혀지거나 말린다. ❹골돌. 봉선을 따
라 활짝 벌어진 후에는 뒤로 강하게 말린다.
❺결실기의 모습. 흔히 잎과 줄기에 분이 생
긴다. ❻잎 앞면. 중앙의 작은잎은 흔히 도
란형이다. ❼잎 뒷면. 흰빛이 돌며 백작약에
비해 전체(특히 맥 위)에 털이 많은 편이다.
❽2016. 6. 15. 중국 지린성. 오전이나 흐린
날처럼 햇볕이 강하지 않을 때에는 꽃잎이
오므라져 있다.

작약

Paeonia lactiflora Pall.
Paeonia lactiflora var. *trichocarpa*
(Bunge) Stern

작약과

국내분포/자생지 경북 이북(특히 석회
암지대)의 산지에 드물게 자람

형태 다년초. 줄기는 높이 40~80cm
이고 털이 없다. 잎은 어긋나며 1~2
회 3출겹잎 또는 깃털모양의 겹잎이
다. 작은잎은 4.5~16cm의 피침형–장
타원상 난형이고 중앙의 작은잎은 흔
히 2~3개로 깊게 갈라진다. 끝이 뾰
족하거나 길게 뾰족하며 양면에 털이
없거나 약간 있다. 잎자루는 흔히 붉
은빛이 돈다. 꽃은 5~6월에 백색–분
홍색–적색(–다양) 등으로 피며 지름 8
~13cm이고 줄기의 끝부분과 잎겨드
랑이에서 1~여러 개씩 달린다. 꽃받
침조각은 3~4개이며 길이 1~1.5cm의
넓은 난형–원형이다. 꽃잎은 6~10(~
13)개이며 길이 3.6~6cm의 도란형이
다. 수술은 많으며 수술대는 길이 7~
12mm이다. 꽃밥은 길이 5~7mm이고
황색이다. 심피는 2~5개이고 털이 없
거나 많으며 암술머리는 적색이고 뒤
로 젖혀진다. **열매**(골돌)는 길이 2.5~
3cm의 타원상 원통형이다.

참고 작약에 비해 열매에 털이 많은
것을 참작약[var. *trichocarpa* (Bunge)
Stern]으로 구분하기도 하지만 최근
에는 작약에 통합·처리하는 추세이
다.

❶2013. 5. 30. 충북 단양군(식재) ❷꽃. 백
색–연한 적색–적색 등 꽃색은 다양하다.
❸심피. (2~)5개이며 흔히 털이 없으나 약
간 있거나 밀생하기도 한다. 암술머리는 뒤
로 강하게 젖혀진다. ❹열매. 흔히 털이 없
다. 골돌은 타원상 원통형이다. ❺~❽참작약
타입 ❺꽃. 흔히 백색이며 꽃잎은 6~10개이
다. ❻심피. 털이 밀생한다. ❼잎 뒷면. 흰빛
이 돌며 털이 없거나 맥 위에 털이 약간 있
다. ❽2022. 6. 8. 강원 평창군(식재)

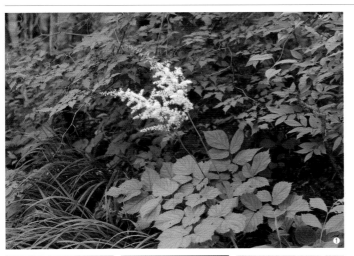

숙은노루오줌

Astilbe koreana (Kom.) Nakai

범의귀과

국내분포/자생지 제주를 제외한 전국의 산지

형태 다년초. 줄기는 높이 35~90cm이며 갈색의 긴 털과 샘털이 흩어져 있다. 뿌리잎은 1(~2)개씩 나며 2~3회 3출겹잎이다. 잎자루와 잎축에는 갈색의 긴 털과 샘털이 혼생한다. 최종 중앙의 작은잎은 길이 5~12cm의 장타원형-난형이다. 끝은 뾰족하거나 길게 뾰족하고 밑부분은 넓은 쐐기형-원형 또는 얕은 심장형이며 가장자리에 겹톱니가 있다. 줄기잎은 없거나 1~2개가 달리며 뿌리잎에 비해 소형이다. 꽃은 6~8월에 백색-연한 적자색으로 피며 줄기 끝부분에서 나온 길이 6~25cm의 원뿔꽃차례에 모여 달린다. 꽃차례의 축에는 갈색의 짧은 털이 밀생한다. 꽃자루는 길이 0.4~0.5mm이다. 꽃받침조각은 5개이고 길이 1.1~1.6mm의 난형이고 끝이 둥글다. 양면에 털이 없고 가장자리에 짧은 샘털이 있다. 꽃잎은 길이 4~6mm의 선형이고 맥이 1개 있다. 수술은 10개이고 길이 2.2~3mm이며 꽃밥은 백색-적자색이다. 심피는 2개이고 밑부분은 합생한다. **열매**(골돌)는 2개로 갈라지며 길이 2.2~3.4mm의 난형이고 털이 없다.

참고 노루오줌에 비해 잎은 흔히 땅속줄기에서 나온 뿌리잎 1개이며 꽃차례의 축에 갈색의 짧은 샘털이 밀생하고 갈색의 긴 털이 흩어져 있는 것이 특징이다.

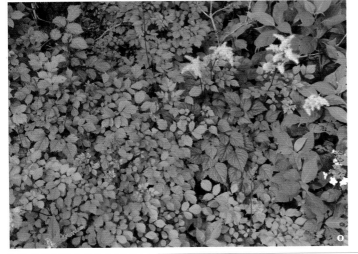

❶2021. 7. 14. 전남 구례군 지리산 ❷❸꽃. 꽃잎은 5개이며 선상 도피침형이다. 수술은 10개이고 꽃잎보다 짧다. 암술대는 2개이다. ❹꽃 비교. 노루오줌(우)에 비해 꽃잎과 꽃받침조각이 긴 편이다. 숙은노루오줌(좌)의 꽃받침조각은 삼각상 난형-난형이고 노루오줌의 꽃받침조각은 난형-넓은 난형(변이가 있음)이다. ❺꽃차례 축과 가지. 짧은 샘털이 밀생한다. ❻열매. 꽃받침조각과 길이가 비슷하여 열매(심피)의 대부분은 꽃받침에 싸여 있다. ❼뿌리잎. 2~3회 3출겹잎이며 중앙의 작은잎은 난형(-도란형)이고 밑부분은 심장형이다. ❽노루오줌(좌)과 혼생하는 모습. 노루오줌(꽃차례가 갓 형성된 상태)에 비해 잎이 확연히 대형이며 개화도 2~3주 정도 빠르다.

노루오줌

Astilbe chinensis (Maxim.) Franch.
& Sav.
Astilbe uljinensis B.U.Oh & H.J.Choi

범의귀과

국내분포/자생지 전국 산지의 습한 풀밭이나 계곡가

형태 다년초. 줄기는 높이 60~110cm 이고 갈색의 긴 샘털이 있다. 뿌리잎 은 2~4(~9)개씩 모여나며 2~3회 3출 겹잎이다. 잎자루와 엽축은 녹갈색이 거나 붉은빛이 돌며 백색의 긴 털이 밀생하고 더불어 백색의 짧은 샘털 과 긴 샘털이 약간 혼생한다. 작은잎 은 길이 2.3~5cm의 타원형-마름모 상 타원형-난형이다. 끝은 뾰족하거 나 길게 뾰족하고 밑부분은 넓은 쐐 기형-원형-심장형이며 가장자리에 겹톱니가 있다. 양면에 거친 털이 있 고 뒷면 맥 위에는 샘털이 있다. 줄기 잎은 2~3개가 달리며 뿌리잎에 비해 소형이다. 꽃은 6~7월에 연한 적자 색-적자색으로 피며 줄기 끝부분에 서 나온 길이 8~40cm의 원뿔꽃차례 에 모여 달린다. 꽃차례의 축에는 갈 색의 다세포성 털과 함께 백색의 짧 은 샘털과 긴 샘털이 약간 혼생한다. 꽃자루는 길이 0.2~0.3mm이다. 꽃받 침조각은 5개이고 길이 1.5~2.3mm의 난형이며 양면에 털이 없고 가장자리 에 샘털이 있다. 꽃잎은 길이 5~7mm 의 선형이고 1개의 맥이 있다. 수술은 10개이고 길이 2~4.5mm이며 꽃밥은 밝은 황색-적자색이다. 심피는 2(~3) 개이고 밑부분은 합생한다. 열매(골돌) 는 2개로 갈라지며 길이 2.8~5mm의 난형이고 털이 없다.

참고 한라노루오줌[var. *taquetii* (H.Lév.) H.Hara]은 노루오줌에 비해 최종 중앙의 작은잎이 길이 2~4cm의 장타원형-마름모형이고 윗부분의 톱 니가 깊은 것이 특징이다. 학자에 따 라서는 노루오줌과 한라노루오줌을 모두 *A. rubra* Hook.f. & Thomson에 통합하기도 한다.

❶2021. 7. 2. 경북 울진군 ❷❸꽃. 씨방은 합생하며 꽃밥은 밝은 황색-적자색이다. 꽃 차례 축과 가지에 갈색의 굽은 털이 밀생한 다. ❹개화 직전의 꽃. 암술이 먼저 성숙한 다. 꽃잎은 5개이며 선형-선상 도피침형이 다. ❺열매. 꽃받침조각보다 길어서 열매의 1/2 이상은 나출된다. ❻잎 뒷면. 흰빛이 약 간 돌고 맥 위에 털이 약간 있다. ❼줄기. 누 운 털이 약간 있다.

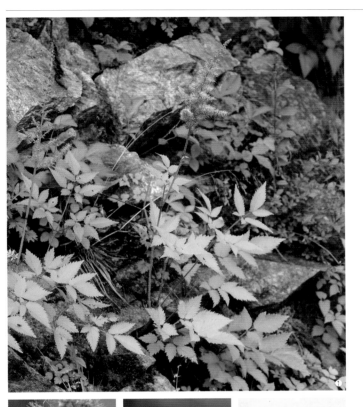

노루오줌
(울진노루오줌 타입)

Astilbe chinensis (Maxim.) Franch.
& Sav.
Astilbe uljinensis B.U.Oh & H.J.Choi

범의귀과

국내분포/자생지 강원(강릉, 삼척, 평창), 경북(울진)의 숲가장자리 또는 계곡가

형태 다년초. 줄기는 높이 50~120cm이며 백색의 긴 샘털이 밀생하고 갈색의 긴 퍼진 털이 약간 혼생한다. 뿌리잎은 3~8개씩 모여나며 2~3회 3출겹잎이다. 잎자루와 엽축은 녹색이며 긴 샘털이 밀생하고 갈색의 긴 퍼진 털이 약간 혼생한다. 최종 중앙의 작은잎은 길이 5~8cm의 타원형-난형이다. 끝은 뾰족하거나 길게 뾰족하고 밑부분은 넓은 쐐기형-원형이며 가장자리에 겹톱니가 있다. 줄기잎은 없거나 1~2개가 달리며 길이 6~27cm로 뿌리잎에 비해 소형이다. 꽃은 6~8월에 적자색으로 피며 줄기 끝부분에서 나온 길이 25~90cm의 원뿔꽃차례에 모여 달린다. 꽃차례의 축에는 갈색의 긴 샘털이 밀생한다. 꽃자루는 길이 0.2~0.3mm이다. 꽃받침조각은 5개이고 길이 1.2~1.9mm의 난형이다. 끝이 둥글며 양면에 털이 없고 가장자리에 짧은 샘털이 있다. 꽃잎은 길이 6~7.5mm의 선형이고 맥이 1개 있다. 수술은 10개이고 길이 3.2~3.9mm이며 꽃밥은 밝은 황색-적자색이다. 심피는 2개이고 밑부분은 합생한다. **열매**(골돌)는 2개로 갈라지며 길이 3.3~3.8mm의 난형이고 털이 없다.

참고 뿌리잎의 잎자루와 엽축이 녹색이며 긴 샘털이 밀생(짧은 샘털이 없음)하고 갈색의 긴 퍼진 털이 약간 혼생하는 것이 특징이다. 최근 노루오줌에 통합·처리하는 추세이다.

❶2021. 6. 26. 경북 울진군 ❷❸❹꽃. 노루오줌과 동일하다. ❺ 열매. 노루오줌과 동일하다. ❻잎 뒷면. 흰빛이 약간 돌고 맥 위에 긴 샘털과 짧은 털이 밀생한다. ❼꽃차례의 축. 긴 샘털이 밀생한다. ❽❾줄기와 뿌리잎의 잎자루. 긴 샘털이 밀생한다.

개병풍

Astilboides tabularis (Hemsl.) Engl.

범의귀과

국내분포/자생지 강원 이북의 산지 숲속에 드물게 자람

형태 다년초. 땅속줄기는 굵고 옆으로 뻗는다. 줄기는 높이 80~150cm이며 가시 같은 단단한 털이 있다. 뿌리잎은 1개이며 지름 40~100cm의 넓은 난형-거의 원형이고 가장자리는 결각상으로 얕게 갈라진다. 열편은 끝이 뾰족하고 가장자리에 잔톱니가 있다. 양면에 거친 털이 있다. 잎자루는 잎의 중앙부 아래쪽에서 방패모양으로 붙으며 길이 30~60cm이고 가시 같은 단단한 털이 있다. 줄기잎은 뿌리잎에 비해 훨씬 작으며 손바닥모양으로 얕게 갈라진다. 꽃은 6~7월에 백색으로 피며 길이 15~30cm의 원뿔꽃차례에 모여 달린다. 꽃받침조각은 4~5개이며 길이 2mm 정도의 장타원형-장타원상 난형이고 끝이 둔하거나 둥글다. 꽃잎은 길이 2.2~2.7mm의 도란상 장타원형이고 끝이 둔하거나 얕게 갈라진다. 수술은 8(~10)개이고 꽃잎보다 약간 길다. 심피는 2개이고 합생하며 암술대는 2개이다. **열매**(골돌)는 2개로 갈라지며 길이 6.5~7mm이고 끝부분에 암술대가 남아 있다.

참고 잎이 대형이고 잎자루는 잎의 중앙부 약간 아래쪽에서 연잎(방패)처럼 붙는다.

❶ 2006. 7. 2. 강원 정선군 ❷ 꽃. 꽃받침의 바깥면에 샘털이 약간 있다. 수술은 8개이며 꽃잎보다 약간 길다. ❸ 열매. 2개의 심피가 합생되어 2개로 갈라진 뿔모양이며 털이 없다. ❹ 어린잎. 잎자루에 가시 같은 단단한 털이 밀생한다. ❺ 자생 모습. 2005. 6. 25. 강원 삼척시 덕항산

애기괭이눈

Chrysosplenium flagelliferum
F.Schmidt,

범의귀과

국내분포/자생지 전국의 산지 계곡
가 등 습한 곳
형태 다년초. 줄기는 높이 3~15cm
이며 땅 위로 길게 뻗는 가지가 발
달한다. 줄기잎은 어긋나며 길이 3~
10mm의 거의 원형이고 털이 없다.
포엽은 길이 2~7mm의 난형-원형 또
는 도란형이고 가장자리는 3~5개로
갈라진다. 꽃은 3~5월에 피며 지름 3
~5.5mm이다. 꽃받침조각은 4개이
며 길이 1~2mm의 넓은 난형이고 수
평으로 퍼져서 달린다. 수술은 8개이
고 화반 주변으로 달린다. **열매**(삭과)
는 길이 3mm 정도의 얕은 심장형이
고 끝이 약간 편평하거나 오목하다.
참고 줄기잎이 어긋나며 소형이고 끝
이 2~3개로 얕게 갈라진다.

❶2013. 4. 1. 전남 고흥군 팔영산 ❷꽃. 꽃
받침조각은 4개이며 수술은 8개이다. ❸
❹열매. 2개의 심피가 심장형으로 합생한다.
익으며 윗부분이 갈라져서 컵모양으로 벌어
진다. ❺뿌리잎. 거의 원형이고 표면에 긴 털
이 흩어져 있다.

괭이눈

Chrysosplenium grayanum Maxim.

범의귀과

국내분포/자생지 전남의 산지 계곡
가 또는 주변 습지의 물이 닿는 곳
형태 다년초. 줄기는 높이 5~20cm
이고 잎겨드랑이를 제외하고는 털이
없다. 줄기잎은 마주나며 길이 0.6~
1.5cm의 넓은 난형-난상 원형이고
가장자리에 3~7쌍의 안으로 굽은 톱
니가 있다. 포엽은 길이 7~15mm의
난형-넓은 난형이다. 꽃은 4월에 피
며 지름 2~3mm이다. 꽃받침조각은
4개이며 길이 0.7~1.5mm의 넓은 타
원형-거의 원형이고 곧추선다. 수술
은 4개이며 꽃밥은 연한 황색이다.
열매(삭과)는 길이 4~5mm의 심장형
이고 열편은 끝이 뾰족하다.
참고 전체에 털이 거의 없으며 수술
이 4개이고 포엽이 연녹색-황록색인
것이 특징이다.

❶2018. 4. 11. 전남 영광군 ❷꽃. 꽃받침
은 밝은 황색-황록색이며 수술은 4개이다.
❸열매. 열편은 끝부분이 뾰족하고 짧은 암
술대가 남아 있다. ❹줄기잎. 마주나며 양면
에 털이 없다.

산괭이눈

Chrysosplenium japonicum (Maxim.) Makino

범의귀과

국내분포/자생지 전국 산야의 다소 습한 곳

형태 다년초. 줄기는 높이 5~20cm 이고 긴 털이 드문드문 있다. 뿌리잎 은 길이 2~6cm의 신장형–거의 원형 이고 밑부분은 심장형이며 가장자리 에 끝이 둥글거나 편평한 큰 톱니가 있다. 잎자루는 길이 2~7cm이고 부 드러운 긴 털이 있다. 줄기잎은 어긋 나게 달리며 길이 8~15mm의 신장 상 원형–난상 원형이다. 밑부분은 편 평하거나 얕은 심장형이며 가장자리 에 둔한 큰 톱니가 있다. 포엽은 길 이 5~12mm의 부채모양–난형이고 털 이 없으며 가장자리에 3~9개의 큰 톱니가 있다. 꽃은 3~5월에 피며 지 름 2.5~4mm이고 취산꽃차례에 6~10 개씩 모여 달린다. 꽃자루는 거의 없 다. 꽃받침조각은 4개이고 길이 1.2~ 1.8mm의 넓은 난형 또는 넓은 도란 형이다. 수술은 길이 0.5~0.7mm이고 (2~)4~8개이며 꽃밥은 황색이다. 암 술대는 길이 0.2~0.5mm이다. 열매 (삭과)는 길이 4~5mm이고 끝이 약간 오목하다.

참고 줄기잎이 어긋나며 개화기의 포엽이 연녹색–황록색인 것이 특 징이다. 전체적으로 소형이며 수술 이 흔히 4개인 것을 사술괭이눈(f. *tetrandrum* H.Hara)으로 구분하기도 하 지만 통합·처리하는 추세이다. 내륙 의 개체들은 제주도 자생 개체(사술 괭이눈)나 일본의 자생 개체들에 비해 대형이고 꽃받침이 밝은 황색이며 수 술이 대부분 (6~)8(~9)개인 점 등 형태 적인 차이가 약간 있다.

❶~❹ 내륙 자생 개체. 2002. 4. 7. 경북 청 송군 **❷**꽃. 꽃받침은 밝은 황색이고 수술은 흔히 8(~9)개이다. **❸**열매와 씨. 열매는 심 장형이며 익으면 컵모양으로 벌어진다. **❹**줄 기잎. 어긋난다. **❺**~**❽** 제주도 자생 개체 **❺**꽃. 꽃받침은 흔히 연녹색–녹색이고 수술 은(2~)4(~8)개이다. **❻**열매. 심장형이며 열 편의 윗부분은 둥글고 끝부분에 암술대가 남 아 있다. **❼**2021. 2. 28. 제주 서귀포시. 내 륙 개체에 비해 비후한 땅속줄기가 발달한 다. **❽**2023. 3. 21. 제주 서귀포시. 내륙 개 체에 비해 전체에 털이 적고 포엽이 (황록 색–)연녹색이다.

시베리아괭이눈

Chrysosplenium serreanum Hand.-Mazz.

범의귀과

국내분포/자생지 북부지방의 계곡가 또는 숲속의 습한 곳

형태 다년초. 줄기는 높이 6~20cm 이고 털이 약간 있다. 줄기잎은 흔히 1(~2)개이며 길이 4~10mm의 신장상 원형이다. 포엽은 털이 없으며 가장 자리에 2~7개의 큰 톱니가 있다. 꽃 은 5~7월에 핀다. 꽃받침조각은 4개 이고 밝은 황색이며 길이 1.5~2mm의 넓은 난형-원형이다. 열매(삭과)는 길 이 2.5~3mm의 심장형이다.

참고 산괭이눈에 비해 옆으로 뻗는 기는줄기가 있으며 포엽이 밝은 황색 인 것이 특징이다. 국내(남한) 오대산 의 북대사 근처에 분포 기록이 있으 나 이는 오동정일 것으로 추정된다. 중국명은 오태금요(五台金腰)이며 오 태산의 괭이눈이라는 의미이다.

❶2012. 5. 18. 중국 지린성 ❷꽃. 포엽은 광택 이 나는 밝은 황색이다. 수술은 8개이다. ❸열 매. 심피가 합생한 심장형이며 윗부분은 약간 오목하다. ❹뿌리잎. 표면에 긴 털이 많다.

가지괭이눈

Chrysosplenium ramosum Maxim.

범의귀과

국내분포/자생지 중부지방 이북의 산지 숲속

형태 다년초. 줄기는 높이 5~15cm이 며 꽃이 진 후 가지가 많이 갈라진다. 줄기잎은 1~2쌍이고 마주나며 길이 5~10mm의 넓은 난형-거의 원형이 다. 포엽은 줄기잎과 비슷하며 녹색- 연한 황록색이다. 꽃은 4~7월에 피며 지름 2.5~4mm이다. 꽃받침조각은 4 개이고 길이 1~1.5mm의 넓은 난형- 반원형이며 끝이 둔하거나 둥글다. 수술은 8개이다. 열매(삭과)는 심장형 이며 열편은 거의 수평으로 퍼진다.

참고 개화기에 꽃받침조각이 수평으 로 퍼지고 수술이 매우 짧으며 결실 기의 심피가 거의 수평으로 벌어지는 것이 특징이다.

❶2004. 5. 24. 강원 영월군 백덕산 ❷꽃. 포엽은 녹색-연한 황록색이며 꽃받침조각은 수평으로 벌어진다. 수술은 8개이다. ❸열 매. 심장형이며 윗부분은 약간 오목하다. ❹줄기잎. 마주나며 크기는 작다.

선괭이눈

Chrysosplenium sinicum Maxim.
Chrysosplenium pseudofauriei
H.Lév.

범의귀과

국내분포/자생지 제주 및 전남, 경북
이북의 계곡가 및 산지 숲속
형태 다년초. 줄기는 높이 5~25cm
이고 털이 없다. 줄기잎은 마주나며
길이 6~15mm의 넓은 난형-거의 원
형이고 가장자리에 톱니가 있다. 포
엽은 길이 4~20mm의 좁은 난형-넓
은 난형이고 광택이 나는 밝은 황색
이다. 꽃은 4~5월에 피며 지름 2.5~
4mm이다. 꽃받침조각은 4개이고 길
이 0.8~2.1mm의 넓은 난형-반원형
또는 거의 원형이며 곧추선다. **열매**
(삭과)는 길이 7~11mm이고 하반부가
합생하여 뿔모양이 된다.
참고 전체에 털이 없으며 잎이 마주
나고 포엽이 광택이 나는 밝은 황색
인 것이 특징이다.

❶2021. 4. 11. 강원 평창군 ❷꽃. 수술은 8
개이다. ❸열매. 비교적 대형이며 끝부분에
긴 암술대가 남아 있다. ❹개화기 이후 영양
줄기의 잎. 대형이며 도란상 장타원형이고
가장자리에 불규칙한 톱니가 있다.

천지괭이눈

Chrysosplenium macrospermum
Y.I.Kim & Y.D.Kim

범의귀과

국내분포/자생지 백두산 정상부 주
변의 바위지대 및 사력지
형태 다년초. 줄기는 높이 3~7cm이
고 능각에 백색의 털이 약간 있다. 줄
기잎은 마주나거나 간혹 어긋나며 길
이 2~10mm의 부채모양이다. 포엽은
길이 2~9mm의 주걱형-부채모양-
도란형이고 밝은 황색이며 끝이 편평
하거나 둥글다. 꽃은 5월말~7월에 핀
다. 꽃받침조각은 4개이고 길이 2~
4mm의 넓은 타원형-넓은 도란형이
며 곧추선다. 수술은 8개이다. **열매**
(삭과)는 길이 6mm 정도이고 뿔모양
으로 2개로 갈라진다.
참고 줄기 밑부분에서 아치모양으로
뻗는 짧은 가지가 있으며 꽃피는 줄
기가 1~3개이고 간혹 가지가 갈라지
는 것이 특징이다.

❶2019. 7. 5. 중국 지린성 백두산 ❷꽃. 포
엽은 광택이 나는 밝은 황색이다. 꽃받침조
각은 곧추서며 밝은 황색이다. ❸영양 줄기
의 잎. 마주나며 긴 털이 있다.

흰털괭이눈

Chrysosplenium barbatum Nakai
Chrysosplenium pilosum var.
barbatum (Nakai) M.Kim; *C.*
hallaisanense Nakai;

범의귀과

국내분포/자생지 전국의 계곡가 및 숲속의 습한 곳. 한반도 고유종

형태 다년초. 줄기는 높이 4~15cm이고 능각을 따라 백색의 부드러운 털이 밀생한다. **뿌리잎은** 길이 1~2.5cm의 장타원형–원형이고 표면에 짧은 털이 있다. 생식 줄기의 잎은 1~2쌍이고 마주나며 길이 4~15mm의 부채모양–원형이다. 밑부분은 쐐기모양이거나 편평하며 가장자리에 5~10개의 둥근 톱니가 있다. 잎자루는 길이 2~10mm이고 털이 있거나 없다. 포엽은 길이 2~9mm의 주걱형–부채모양–도란형이며 황록색–녹색이다. 끝은 편평하거나 둥글고 가장자리에 2~4개의 불규칙한 톱니가 있다. 꽃은 3월말~5월초에 피며 취산꽃차례에 모여 달린다. 꽃받침조각은 4개이고 길이 2~3mm의 넓은 난형–난상 원형이며 곧추선다. 끝이 둥글거나 편평하다. 수술은 8개이고 꽃받침조각보다 짧으며 꽃밥은 연한 황색이다. 심피는 2개이며 암술대는 길이 0.8~1mm이다. **열매**(삭과)는 하반부가 합생하여 뿔모양이 된다. 각 열편은 비스듬히 서며 서로 길이가 다르다. 씨는 길이 0.6~0.7mm의 난상 원형이며 능각을 따라 혹 같은 돌기가 줄지어 나 있다.

참고 전체에 털이 많고 영양 줄기의 잎이 비교적 대형이며 개화기의 포엽이 황록색–녹색을 띠고 꽃이 지름 2.5~4mm로 큰 것이 특징이다.

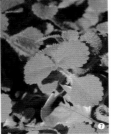

❶2022. 4. 9. 전남 완도군 상왕봉 ❷❸꽃. 포엽은 황록색–녹색이며 꽃받침조각은 곧추서고 황록색–밝은 황색이다. ❹열매, 2개로 갈라진 뿔모양이며 끝부분에 긴 암술대가 남아 있다. ❺씨. 표면에는 잘 발달된 능각을 따라 혹 같은 돌기가 줄지어 난다. ❻줄기와 잎. 줄기에 긴 굽은 털이 밀생하며 잎은 마주 달린다. ❼잎. 표면과 잎자루에 긴 털이 밀생한다. ❽2004. 4. 11. 경기 포천시 국립수목원

연노랑괭이눈

Chrysosplenium aureobracteatum
Y.I.Kim & Y.D.Kim

범의귀과

국내분포/자생지 경기, 강원의 계곡가 및 숲속의 습한 곳, 한반도 고유종
형태 다년초. 줄기는 높이 3~15cm이고 백색의 털이 밀생한다. 꽃이 진 후에 밑부분의 잎겨드랑이에서 가지가 발달하며 가지의 잎겨드랑이에서 다시 가지가 나온다. 생식 줄기의 잎은 길이 3.5~3cm의 부채모양이며 끝은 거의 편평하며 가장자리에 불규칙한 톱니가 있다. 뒷면에는 털이 없고 표면의 맥 위에 털이 약간 있다. 잎자루는 길이 (1~)3~8mm이고 털이 있다. 포엽은 밝은 황색–황록색이며 길이 5~15mm의 부채모양–도란형이고 가장자리에 불규칙한 4~8개의 톱니가 있다. 꽃은 3월말~5월초에 피며 취산꽃차례에 모여 달린다. 꽃받침조각은 4개이고 밝은 황색이며 길이 1.8~2.2mm의 넓은 타원형–반원형이고 곧추선다. 끝은 편평하거나 둥글다. 수술은 8개이며 길이 0.6~1mm이고 꽃받침조각보다 짧다. 꽃밥은 연한 황색이다. 심피는 2개이며 암술대는 길이 1~1.5mm이다. 열매(삭과)는 길이 5~6mm이고 하반부가 합생하여 뿔모양이 된다. 각 열편은 비스듬히 서며 서로 길이가 다르다. 씨는 길이 0.6~0.8mm의 좁은 타원형–타원형이며 능각을 따라 돌기가 줄지어 밀생한다.
참고 흰털괭이눈에 비해 영양 줄기에 털이 많으며 포엽이 밝은 황색–황록색이며 꽃이 진 후 잎겨드랑이에서 가지가 발달하는 것이 특징이다.

❶2017. 4. 25. 강원 화천군 광덕산 ❷꽃. 포엽은 밝은 황색–황록색이며 꽃받침조각은 곧추서고 밝은 황색이다. ❸열매. 2개로 갈라진 뿔모양이며 끝부분은 뾰족하고 암술대가 남아 있다. ❹씨. 돌기가 능각을 따라 줄지어 밀생한다. ❺줄기와 잎. 줄기에 긴 굽은 털이 밀생하며 잎은 마주 달린다. ❻영양 줄기의 잎. 생식 줄기의 잎보다 대형이다. ❼개화기 이후에 뻗는 줄기. 잎겨드랑이에서 가지가 갈라진다. ❽결실기 이후 전체 모습. 2020. 6. 27. 경기 가평군 화악산. 생식 줄기는 길게 뻗으며 마디마다 가지가 뻗어 나오고 가지에서 다시 가지가 갈라져서 무성해진다.

기는괭이눈

Chrysosplenium epigealum J.W.Han & S.H.Kang

범의귀과

국내분포/자생지 강원(덕항산, 설악산 등)의 계곡가 및 숲속의 습한 곳, 한반도 고유종

형태 다년초. 줄기는 높이 5~15cm이고 백색의 부드러운 털이 있다. 꽃이 진 후에 밑부분의 잎겨드랑이에서 가지가 발달하며 가지의 잎겨드랑이에서 다시 가지가 나온다. 생식 줄기의 잎은 1~2쌍이 있으며 길이 5~8mm의 부채모양-도란형이다. 포엽은 밝은 황색이며 길이 9~12mm의 도란형이고 가장자리에 불규칙한 톱니가 있다. 꽃은 4월~5월에 피며 취산꽃차례에 모여 달린다. 꽃받침조각은 4개이고 밝은 황색-황록색이며 길이 2~2.5mm의 넓은 타원형-반원형이고 곧추선다. 끝은 편평하거나 둥글다. 수술은 8개이며 길이 0.8~1.5mm이고 꽃받침조각보다 짧다. 꽃밥은 연한 황색이다. 심피는 2개이다. **열매**(삭과)는 하반부가 합생하여 뿔모양이 된다. 각 열편은 비스듬히 서며 서로 길이가 다르다. 씨는 난형이며 돌기가 표면 전체에 흩어져 있다.

참고 천마괭이눈에 비해 대형이고 잎 표면에 은색의 점이 적게 흩어져 있으며 씨의 표면에 능각을 따라 줄지어 난 돌기가 없다. 또한 꽃이 진 후 잎겨드랑이에서 가지가 발달하는 것이 특징이다.

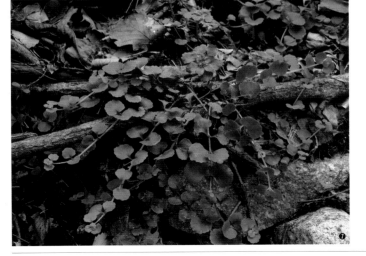

❶2021. 4. 25. 강원 태백시 덕항산 ❷꽃. 포엽은 밝은 황색-황록색이며 꽃받침조각은 곧추서고 밝은 황색-황록색이다. ❸식물체 크기 비교. 천마괭이눈(우)에 비해 전체적으로 대형이다. ❹열매. 2개로 갈라진 뿔모양이며 끝부분은 뾰족하고 암술대가 남아 있다. ❺씨. 표면의 돌기는 줄지어 나지 않고 흩어져 있다. ❻결실기의 영양 줄기. 잎겨드랑이에서 가지가 발달한다. ❼결실기의 전체 모습. 2020. 5. 30. 강원 인제군

누른괭이눈

Chrysosplenium flaviflorum Ohwi

범의귀과

국내분포/자생지 강원, 충북(삼도봉) 이북의 계곡가 및 숲속의 습한 곳, 한반도 고유종

형태 다년초. 줄기는 높이 10~20cm 이고 백색의 털이 있다. 밑부분에서 옆으로 뻗는 가지가 발달하며 끝부분에 2~3쌍의 잎이 모여난다. 영양 줄기의 잎은 길이 1~2cm의 타원형-넓은 타원형이고 가장자리에 5~8개의 둔한 톱니가 있으며 잎맥을 따라 백색-연한 녹백색의 무늬가 있다. 밑부분은 쐐기형-넓은 쐐기형으로 좁아져서 잎자루와 연결된다. 생식 줄기의 잎은 1~2쌍이 있으며 길이 5~10mm의 부채모양-도란형이다. 포엽은 밝은 황색-황록색이며 길이 1~3cm의 도란형-난상 원형이고 가장자리에 4~8개의 불규칙한 톱니가 있다. 꽃은 4월~5월에 피며 취산꽃차례에 모여 달린다. 꽃받침조각은 4개이고 밝은 황색이며 길이 1~1.5mm의 넓은 타원형-반원형이고 곧추선다. 끝은 둔하거나 둥글다. 수술은 8개이며 길이 0.5~1mm이고 꽃밥은 연한 황색-황색이다. 심피는 2개이며 암술대는 길이 0.5~1mm이다. **열매**(삭과)는 하반부가 합생하여 뿔모양이 된다. 각 열편은 비스듬히 서며 서로 길이가 다르다. 씨는 난형이며 표면 전체에 미세한 돌기가 흩어져 있다.

참고 영양 줄기의 끝부분에서 잎이 무성하게 모여나며 잎 표면의 맥을 따라 백색의 무늬가 있는 것이 특징이다.

❶2021. 4. 11. 강원 평창군 ❷❸꽃. 포엽은 밝은 황색-황록색이며 꽃받침조각은 곧추서고 밝은 황색이다. 수술은 8개이다. ❹꽃 내부. 심피는 2개이며 밑부분은 합생한다. ❺열매. 2개로 갈라진 뿔모양이며 끝부분은 뾰족하고 암술대가 남아 있다. ❻씨. 돌기는 줄지어 나지 않는다. 표면 전체에 미세한 돌기가 흩어져 있다. ❼영양 줄기의 잎. 잎맥을 따라 백색-연한 녹백색의 줄무늬가 있다. ❽영양 줄기. 긴 털이 밀생한다. ❾2020. 4. 30. 강원 영월군

가지털괭이눈

Chrysosplenium ramosissimum
Y.I.Kim & Y.D.Kim,

범의귀과

국내분포/자생지 강원(대관령 등)의 계곡가 및 숲속의 습한 곳, 한반도 고유종

형태 다년초. 줄기는 높이 3~8cm이고 능각을 따라 백색의 부드러운 털이 있다. 꽃이 진 후에 밑부분의 잎겨드랑이에서 가지가 발달하며 가지는 땅 위에 누워서 30cm 정도 옆으로 뻗는다. 가지의 잎겨드랑이에서 다시 짧은 가지가 발달하기도 한다. 생식줄기의 잎은 1쌍이고 마주나며 길이 2~5mm의 부채모양이다. 끝은 편평하거나 둥글고 밑부분은 쐐기모양이며 가장자리에 3~6개의 불규칙한 톱니가 있다. 잎자루는 길이 1~5mm이고 털이 있다. 포엽은 길이 2~6mm의 부채모양-도삼각형-도란형이며 황록색이다. 앞면에 털이 없으며 은색의 점들이 많고 가장자리에 털이 약간 있거나 없다. 꽃은 4~5월에 피며 취산꽃차례에 4~9개씩 모여 달린다. 꽃받침조각은 4개이고 밝은 황색이며 길이 2.5~3mm의 넓은 타원형-난상 원형이고 곧추선다. 끝은 편평하거나 둥글다. 수술은 8개이고 꽃받침조각보다 짧으며 꽃밥은 연한 황색-황색이다. 심피는 2개이며 암술대는 길이 0.3~0.7mm이다. 열매(삭과)는 길이 2.5~6.5mm이고 하반부가 합생하여 뿔모양이 된다. 각 열편은 비스듬히 서며 서로 길이가 약간 다르다. 씨는 길이 0.8~1.2mm의 장타원형-타원형이고 표면의 불명확한 능각을 따라 큰 돌기가 줄지어 난다.

참고 천마괭이눈에 비해 잎의 표면에 은색의 점들이 밀생하고 털이 없으며 포엽이 황록색이고 결실기에 줄기의 잎겨드랑이에서 가지가 발달하는 것이 특징이다.

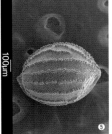

❶ 2021. 4. 11. 강원 평창군 ❷ 꽃. 포엽은 황록색이며 꽃받침조각은 곧추서고 밝은 황색이다. 수술은 8개이다. ❸ 식물체 비교. 천마괭이눈(좌)에 비해 포엽이 황록색이며 잎의 표면에 은색 점들이 조금 더 밀생한다. ❹ 열매. 2개로 갈라진 뿔모양이며 끝부분은 뾰족하고 암술대가 남아 있다. ❺ 씨. 희미한 능각을 따라 큰 돌기가 줄지어 나며 미세한 돌기는 표면 전체와 큰 돌기 표면에 밀생한다. ❻ 영양 줄기의 잎. 표면에 은색의 점이 밀생하고 털이 없는 것이 특징이다. ❼ 결실기의 전체 모습(2019. 5. 11. 강원 평창군). 영양 줄기는 땅 위를 기면서 신장하며 잎겨드랑이에서 가지가 나온다.

천마괭이눈

Chrysosplenium valdepilosum
(Ohwi) S.H.Kang & J.W.Han
Chrysosplenium pilosum var.
valdepilosum Ohwi

범의귀과

국내분포/자생지 제주 및 지리산 이
북의 계곡가 및 숲속의 습한 곳
형태 다년초. 줄기는 높이 5~15cm이
고 능각을 따라 백색의 부드러운 털
이 있다. 보통 가지가 갈라지지 않
지만 간혹 갈라지기도 한다. 생식 줄기
의 잎은 1(~2)쌍이고 마주나며 길이 5
~10mm의 부채모양이다. 끝은 편평
하거나 약간 둥글고 밑부분은 쐐기모
양이며 가장자리에 3~6개의 둔한 톱
니가 있다. 양면과 가장자리에 털이
있다. 잎자루는 길이 1~4mm이고 털
이 있다. 포엽은 길이 3~10mm의 부
채모양-도란형이며 밝은 황색(황금
색)이다. 양면과 가장자리에 털이 있
거나 없다. 꽃은 4~5월에 피며 취산
꽃차례에 모여 달린다. 꽃받침조각
은 4개이고 밝은 황색이며 길이 1.8
~2.2mm의 넓은 타원형-난상 원형
이고 곧추선다. 끝은 편평하거나 둥
글다. 수술은 8개이고 꽃받침조각보
다 짧으며 꽃밥은 연한 황색-황색이
다. 심피는 2개이며 암술대는 길이
0.7~1mm이다. **열매**(삭과)는 길이 3~
5.5mm이고 하반부가 합생하여 뿔모
양이 된다. 각 열편은 비스듬히 서며
길이는 서로 다르다. 씨는 길이 0.5
~0.8mm의 타원형-넓은 타원형이며
표면에는 희미한 능각을 따라 구형의
돌기가 있다.
참고 포엽이 밝은 황색(황금색)을 띠며
영양 줄기가 결실기 이후에도 길이
20cm 이하이고 잎겨드랑이에서 가지
가 발달하지 않는 것이 특징이다.

❶2001. 4. 15. 대구 팔공산 ❷꽃. 포엽은 밝
은 황색이며 꽃받침조각은 곧추서고 밝은 황
색이다. 수술은 8개이다. ❸꽃 내부. 심피는
2개이며 밑부분은 합생한다. ❹열매. 2개로
갈라진 뿔모양이며 끝부분에 뾰족한 암술대
가 남아 있다. ❺씨. 희미한 능선을 따라 구
형의 돌기가 약간 있으며 미세한 돌기는 표
면 전체에 밀생한다. ❻영양 줄기의 잎. 은
색의 점이 흩어져 있고(가지털괭이눈보다 적
다) 털이 있다. ❼결실기의 영양 줄기. 길게
신장하지 않으며 잎겨드랑이에서 가지가 나
오지 않는다. 가지털괭이눈에 비해 잎 표면
에 털이 많은 편이다. ❽2017. 4. 25. 강원
화천군 광덕산

구름범의귀

Micranthes laciniata (Nakai & Takeda) S.Akiyama & H.Ohba

범의귀과

국내분포/자생지 북부지방의 해발고도가 높은 산지의 풀밭

형태 다년초. 꽃줄기는 높이 6~20cm이고 샘털이 밀생한다. 잎은 길이 1~3(~4)cm의 도피침형-마름모상 주걱형이다. 꽃은 6~8월에 백색으로 피며 취산꽃차례에 모여 달린다. 꽃받침조각은 5개이고 길이 2.3~2.5mm의 난형이며 뒤로 젖혀진다. 꽃잎은 길이 3~4.5mm의 장타원형-난형이다. 수술은 10개이다. 열매(삭과)는 길이 5~7mm의 난형이다.

참고 잎이 3cm 이하의 주걱형이고 상반부에 3~8개의 결각상 톱니가 있으며 수술대가 송곳모양으로 가는 것이 특징이다.

❶2016. 7. 25. 중국 지린성 백두산 ❷꽃차례. 꽃자루와 포에 샘털이 밀생한다. ❸꽃. 꽃잎의 밑부분은 자루모양이며 황색의 점모양 무늬가 2개 있다. 꽃밥은 적색이다. ❹열매. 밑부분이 합생하며 열편의 윗부분은 옆으로 비스듬히 퍼진다. ❺잎. 로제트모양으로 모여난다. 앞면에 긴 털이 있다.

톱바위취

Micranthes nelsoniana (D.Don) Small

범의귀과

국내분포/자생지 북부지방 산지의 계곡가 및 습한 바위 주변

형태 다년초. 꽃줄기는 높이 20~30cm이고 샘털이 있다. 잎은 길이 1.6~5.5cm의 신장형이다. 꽃은 6~7월에 백색으로 피며 취산꽃차례에 모여 달린다. 꽃받침조각은 5개이고 길이 0.7~1.3mm의 난형-넓은 난형이며 뒤로 젖혀진다. 꽃잎은 길이 2.1~2.7mm의 장타원상 난형-난형이고 밑부분은 자루모양이다. 수술은 10개이다. 심피는 2개이고 밑부분이 합생한다. 열매(삭과)는 길이 5~6mm의 피침상 장타원형이다.

참고 꽃이 꽃차례에 엉성하게 달리며 수술의 길이가 꽃잎과 비슷하거나 짧은 것이 특징이다.

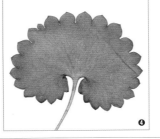

❶2019. 7. 7. 중국 지린성 백두산 ❷꽃(ⓒ김지훈). 꽃잎에 황색 무늬가 없다. 수술대는 곤봉모양이고 꽃밥은 주황색이다. 꽃차례의 축과 가지, 꽃자루에 샘털이 밀생한다. ❸열매. 2개이며 밑부분이 합생한다. ❹잎. 가장자리에 난형상의 큰 톱니가 있다.

참바위취

Micranthes oblongifolia (Nakai)
Gornall & H.Ohba

범의귀과

국내분포/자생지 경남(가지산 등), 전
남(지리산) 이북 산지의 바위지대
형태 다년초. 꽃줄기는 높이 15~
30cm이며 짧은 털이 있다. 뿌리잎은
길이 3~15cm의 타원형-난상 타원
형이며 가장자리에 이빨모양의 톱니
가 있다. 잎자루는 길다. 꽃은 7~8월
에 백색으로 피며 원뿔꽃차례에 엉성
하게 달린다. 꽃자루는 샘털이 밀생
한다. 꽃받침조각은 5개이며 길이 1~
1.4mm의 삼각상 난형이고 끝이 뾰족
하거나 둔하다. 꽃잎은 5개이며 장타
원형이고 꽃받침조각보다 길다. 수술
은 10개이고 꽃잎보다 약간 길다. 열
매(삭과)는 난형이다.
참고 바위떡풀에 비해 잎이 타원형-
난상 타원형이며 꽃잎들이 서로 길이
가 비슷한 것이 특징이다.

❶2023. 8. 3. 경남 산청군 지리산 ❷꽃. 꽃잎
의 길이는 서로 비슷하다. ❸열매. 심피는 합
생하며 끝부분에 암술대가 뿔처럼 달려 있다.
❹잎. 타원형-난상 타원형이고 털이 없다.

구실바위취

Micranthes manchuriensis var.
octopetala (Nakai) M.Kim

범의귀과

국내분포/자생지 강원, 충북 이북의
계곡가 습한 곳, 한반도 고유종
형태 다년초. 꽃줄기는 높이 15~
30cm이다. 꽃은 6~7월에 백색으로
피며 원뿔상 꽃차례에 빽빽하게 모
여 달린다. 꽃받침조각은 8(~9)개이
며 길이 2~2.5mm의 피침형이고 뒤
로 젖혀진다. 꽃잎은 8(~9)개이며 길
이 4mm 정도의 장타원상 도피침형
이다. 수술은 15~17개이다. 열매(삭과)
는 2개이고 밑부분이 합생한다. 심피
는 길이 4.5~6mm의 피침상 장타원
형이다.
참고 흰바위취[var. *manchuriensis*
(Engl.) Gornall & H.Ohba]에 비해 땅
속줄기가 발달한다. 학자에 따라서는
구실바위취를 흰바위취에 통합하기
도 한다.

❶2024. 6. 29. 강원 평창군 대관령 ❷꽃. 꽃
줄기와 꽃차례에 긴 털이 밀생한다. ❸열매.
심피는 피침상 장타원형이고 밑부분이 합생
한다. 털이 없다. ❹잎. 흔히 심장상 원형이
며 가장자리에 23~32개의 큰 톱니가 있다.

탐라바위취

Saxifraga cortusifolia Siebold & Zucc.

범의귀과

국내분포/자생지 제주 한라산 계곡부의 바위지대

형태 다년초. 땅속줄기는 짧다. 꽃줄기는 높이 20~35cm이고 긴 샘털이 약간 있다. 뿌리잎은 길이 3~10cm의 오각상 난형-오각상 원형이고 밑부분은 심장형이며 가장자리는 7~9(~11)개로 갈라진다. 열편은 장타원형-넓은 난형이고 끝은 뾰족하거나 둔하며 가장자리에 불규칙한 톱니가 있다. 잎자루는 길이 3~15cm이고 굽은 털이 있다. 꽃은 9월말~10월에 백색으로 피며 원뿔상 꽃차례에 모여 달린다. 포는 길이 1~10mm의 선형-피침형이며 샘털이 있다. 꽃받침조각은 5개이며 길이 2~5mm의 피침상 장타원형-난상 장타원형이고 옆으로 퍼지거나 뒤로 젖혀진다. 꽃잎은 5개이며 위쪽의 3개는 짧고 아래쪽의 2개는 길다. 위쪽의 짧은 꽃잎은 길이 2~4mm의 장타원상 난형-넓은 난형이고 황색-주황색의 반점이 있다. 아래쪽의 긴 꽃잎은 길이 1.2~2.5cm의 피침형-장타원상 피침형이며 가장자리는 밋밋하거나 1~3개의 불규칙한 톱니가 있다. 수술은 10개이고 길이는 3~6mm이며 꽃밥은 황색-주황색이다. 심피는 2개이고 합생한다. 열매(삭과)는 길이 4~6mm의 난형이고 끝이 2개로 갈라지며 끝부분에 길이 4~6mm의 암술대(부리)가 남아 있다.

참고 잎이 손바닥모양으로 갈라지며 위쪽 꽃잎(3개)에 황색-주황색의 반점이 있는 것이 특징이다.

❶ 2023. 10. 9. 제주 제주시 한라산 ❷ 꽃차례. 원뿔상 취산꽃차례이다. ❸ 꽃. 위쪽 3개의 꽃잎에는 황색-주황색 반점이 있다. ❹ 꽃받침조각. 장타원상이고 샘털이 있다. ❺ 꽃차례의 축, 포, 가지, 꽃자루와 함께 샘털이 있다. ❻ 열매. 2개의 심피가 끝부분을 제외하고 거의 합생하며 난형이고 끝부분에 곧추선 2개의 암술대가 있다. ❼ 잎 뒷면. 흰빛이 강하게 돌며 전체에 털이 많거나 적다. ❽ 잎 앞면. 흔히 진한 녹색이며 짧은 털이 있다. 가장자리는 손바닥모양으로 얕게 갈라진다. ❾ 자생 모습(2023. 10. 11. 제주 제주시 한라산). 바위떡풀과 혼생하는 경우가 많으며 개화기는 바위떡풀에 비해 한 달 정도 늦은 편이다. ❿ 2023. 10. 11. 제주 제주시 한라산

바위떡풀

Saxifraga fortunei var. *koraiensis*
Nakai

범의귀과

국내분포/자생지 전국 산지의 바위
지대(특히 바위 절벽의 틈)

형태 다년초. 꽃줄기는 높이 8~25cm
이다. **뿌리잎**은 길이 3~15cm의 신장
형-신장상 원형이고 가장자리는 얕
게 갈라진다. 열편은 7~15개이며 넓
은 난형이고 가장자리에 불규칙한 톱
니가 있다. 잎자루는 길이 3~15cm이
고 털이 없거나 약간 있다. 꽃은 7~
10월에 백색으로 피며 원뿔상 꽃차례
에 성기게 달린다. 포는 길이 4~8mm
의 선형-피침형이며 꽃자루와 함께
샘털이 있다. 꽃받침조각은 5개이며
길이 2~3mm의 난상 타원형-난형이
고 1개의 맥이 있다. 옆으로 비스듬히
퍼지거나 뒤로 젖혀진다. 꽃잎은 5개
이며 위쪽의 3개는 짧고 아래쪽의 2
개는 길다. 짧은 꽃잎은 길이 3~4mm
의 도피침형-타원상 난형이고 긴 꽃
잎은 길이 4~15mm의 선형-도피침
상 선형이다. 수술은 10개이고 길이 3
~5.5mm이며 꽃밥은 연한 적자색-적
자색이다. 심피는 2개이며 암술대는
길이 1.5~3mm이다. **열매**(삭과)는 길이
4~6mm의 난형이고 끝이 2개로 갈라
지며 끝부분에 암술대가 남아 있다.

참고 원변종(var. *fortunei* Hook.)은 꽃
잎의 가장자리에 톱니가 있거나 샘털
이 있고 꽃받침조각에 3개의 맥이 있
는 것이 특징이며, 중국 중남부(후베이
성, 쓰촨성)의 아고산지대에 분포한다.
털바위떡풀(var. *pilosissima* Nakai)은 바
위떡풀에 비해 잎자루에 긴 털이 밀
생하며 아래쪽의 꽃잎이 장타원상 난
형이고 짧은 편이다. 울릉도(고유종)에
분포한다.

❶ 2021. 8. 31. 경기 가평군 화악산 ❷꽃.
아래쪽의 꽃잎은 선형-도피침상 선형이다.
❸꽃받침. 열편은 난상 타원형-난형이다.
❹열매. 하반부가 합생한다. ❺잎 뒷면. 흰
빛이 강하며 광택이 약간 난다. ❻~❿털바위
떡풀 ❻꽃. 아래쪽의 꽃잎은 짧고 피침상 장
타원형-장타원형이다. 꽃받침열편은 피침상
장타원형-난상 장타원형이다. ❼열매. 심피
는 합생하며 암술머리는 비스듬히 옆으로 퍼
진다. ❽잎 앞면. 광택이 난다. 가장자리는
바위떡풀에 비해 약간 깊게 갈라진다. 톱니
는 뾰족하고 불규칙하다. ❾잎자루. 긴 퍼진
털이 밀생한다. ❿2010. 9. 21. 경북 울릉군
울릉도

씨눈바위취

Saxifraga cernua L.

범의귀과

국내분포/자생지 북부지방 해발고도가 높은 산지의 풀밭이나 바위지대

형태 다년초. 줄기는 높이 6~25cm이고 샘털이 있다. 뿌리 부근의 잎은 길이 7~15mm의 신장형이고 가장자리는 얕게 5~7개로 갈라진다. 잎자루는 길이 1~8cm이다. 꽃은 6~8월에 백색으로 피며 줄기 끝부분과 잎겨드랑이에서 1개 또는 2~3(~5)개씩 모여 달린다. 꽃자루는 길이 6~30mm이고 샘털이 밀생한다. 꽃받침조각은 길이 3~3.7mm의 타원상 난형-난형이다. 꽃잎은 5장이며 길이 3.5~10mm의 장타원상 도란형이다.

참고 줄기에 잎이 달리며 잎겨드랑이와 포겨드랑이에 다수의 주아가 달리는 것이 특징이다.

❶2024. 6. 13. 몽골 ❷꽃. 꽃잎의 끝부분은 둥글거나 오목하다. 수술은 10개이다. ❸❹주아(살눈). 적색 또는 적갈색이다. ❹줄기잎. 가장자리는 (3~)5~7개로 갈라지며 양면(특히 뒷면과 가장자리)와 잎자루에 샘털이 밀생한다.

나도범의귀

Mitella nuda L.

범의귀과

국내분포/자생지 강원(태백시) 이북 숲속의 다소 습한 곳

형태 다년초. 땅속줄기는 가늘고 길게 옆으로 뻗는다. 줄기는 높이 10~25cm이다. **뿌리잎**은 1~4개이며 길이 1~3.5cm의 신장상 난형-오각상 원형이고 밑부분은 심장형이다. 양면에 짧은 샘털이 있다. 잎자루는 길이 1~9cm이다. 꽃은 5~8월에 연한 황록색-연한 적자색으로 피며 총상꽃차례에 3~10개씩 모여 달린다. 꽃자루는 길이 1~5mm이고 샘털이 있다. 꽃받침열편은 길이 1.6~2mm의 삼각상 난형이며 뒤로 젖혀진다. 수술은 10개이다. **열매**(삭과)는 난형이고 짧은 털이 있다.

참고 수술이 10개이며 꽃잎이 깃털모양으로 깊게 갈라지는 것이 특징이다.

❶2007. 6. 25. 중국 지린성 백두산 ❷꽃(ⓒ김지훈). 꽃잎은 5개이고 깃털(안테나)모양으로 깊게 갈라지며 열편은 선형이다. ❸열매. 윗부분이 갈라져서 씨가 산포된다. ❹잎. 흔히 신장상 난형-오각상 원형이며 표면에 긴 털이 흩어져 있다.

도깨비부채

Rodgersia podophylla A.Gray

범의귀과

국내분포/자생지 강원, 경기 이북의 산지 숲속의 습한 곳

형태 다년초. 줄기는 높이 50~100cm 이다. 뿌리잎은 작은잎 5~7개로 이루어진 겹잎이다. 작은잎은 길이 15~30cm의 장타원상 도란형-도란형이다. 꽃은 6~7월에 백색-연한 황백색으로 피며 줄기 끝부분의 원뿔꽃차례에 모여 달린다. 꽃차례와 꽃자루에 돌기모양의 털이 있다. 꽃받침열편은 5~7(~8)개이며 길이 2~4mm의 장타원상 난형이다. 수술은 8~15개이다. 심피는 2개이고 밑부분이 합생하며 암술대는 길이 1.3~2.5mm이다. 열매(삭과)는 길이 5mm 정도의 난형이다.
참고 작은잎이 5~7개로 이루어진 겹잎이며 꽃잎이 없는 것이 특징이다.

❶ 2005. 6. 11. 강원 강릉시 석병산 ❷ 꽃. 꽃받침조각에는 깃털모양의 맥이 있다. 맥은 꽃받침조각의 가장자리에 닿지 않는다. ❸ 열매. 난형이며 주변에 수술대가 바늘모양으로 숙존한다. ❹ 뿌리잎. 작은잎의 윗부분은 3~5개로 얕게 갈라진다.

헐떡이풀

Tiarella polyphylla D.Don

범의귀과

국내분포/자생지 경북(울릉도)의 산지 숲속

형태 다년초. 줄기는 높이 20~40cm 이다. 뿌리잎은 길이 2~7cm의 심장형-넓은 난형이며 가장자리는 얕게 5개로 갈라지고 둔한 톱니가 있다. 줄기잎은 2~3개이다. 꽃은 5~7월에 백색으로 피며 총상꽃차례에 모여 달린다. 꽃받침은 종모양이며 열편은 난형이다. 수술은 10개이며 길게 나출된다. 열매(삭과) 중 긴 것(심피)은 길이 7~12mm이며 짧은 것의 길이는 긴 것의 2/3 정도이다.
참고 꽃이 5수성이고 꽃잎이 침형이며 2개의 심피가 길이가 서로 다른 것이 특징이다. 세계적으로 일본(아고산지대), 중국(중남부 지역의 아고산지대), 타이완 및 히말라야산맥에 분포한다.

❶ 2016. 5. 10. 경북 울릉군 울릉도 ❷❸ 꽃. 꽃잎은 5개이고 실모양이며 꽃받침열편보다 길다. 꽃자루, 꽃받침열편(뒷면)에 샘털이 밀생한다. ❹ 열매. 길이가 다른 2개의 심피는 꽃받침 밖으로 길게 나온다. ❺ 잎 뒷면. 흰빛이 돌며 맥 위에 털이 많다.

둥근잎꿩의비름

Hylotelephium ussuriense (Kom.)
H.Ohba

돌나물과

국내분포/자생지 경북(주왕산 일대) 및
북부지방의 산지 바위지대

형태 다년초. 줄기는 높이 15~30cm
이다. 잎은 마주나며 길이 2.5~4.5cm
의 타원상 난형-난상 원형이다. 꽃은
7~9월에 연한 적자색-적자색으로 피
며 줄기 끝부분의 산방상 취산꽃차례
에 모여 달린다. 꽃잎은 길이 4~5mm
의 피침상 장타원형-피침상 타원형
이고 끝이 뾰족하다. 수술은 10개이
고 꽃잎과 길이가 비슷하거나 약간
짧으며 꽃밥은 적자색이다. 암술대는
길이 1mm 정도이다. 열매(골돌)는 5
개이며 장타원상 난형이다.

참고 줄기가 땅 위에 눕거나 아래로
처진다. 꽃이 적자색이며 잎이 타원
상 난형-난상 원형이고 마주나는 것
이 특징이다.

❶2023. 10. 5. 경북 청송군 주왕산 ❷꽃. 꽃
잎은 뒤로 젖혀진다. ❸열매. 골돌은 장타원
상 난형이며 끝에 암술대가 남아 있다. ❹잎.
가장자리에 물결모양의 톱니가 있다.

꿩의비름

Hylotelephium erythrostictum (Miq.)
H.Ohba

돌나물과

국내분포/자생지 전국 산야의 햇볕
이 잘 드는 풀밭이나 바위지대

형태 다년초. 줄기는 높이 30~90cm
이며 곧추 자란다. 잎은 길이 6~
10cm의 타원형-타원상 난형이고 가
장자리는 밋밋하거나 불분명한 둔한
톱니가 있다. 꽃은 9~10월에 황백색-
연한 적자색으로 피며 취산꽃차례에
모여 달린다. 꽃잎은 길이 5~6mm의
피침상 장타원형이다. 수술은 10개이
며 꽃밥은 적자색-짙은 적자색이다.
심피는 타원형이며 암술대는 길이 1~
1.5mm이다. 열매(골돌)는 5개이고 털
이 없다.

참고 자주꿩의비름에 비해 꽃잎이 황
백색-연한 적자색이며 잎가장자리에
톱니가 없거나 불분명한 둔한 톱니가
있는 것이 특징이다.

❶2017. 9. 18. 전북 진안군 ❷꽃. 꽃잎은 피
침상 장타원형이고 끝이 뾰족하다. ❸열매.
골돌은 5개이다. ❹잎. 마주나거나 3개씩 돌
려나며 드물게(주로 줄기 윗부분) 어긋난다.

섬꿩의비름

Hylotelephium viridescens (Nakai)
H.Ohba

돌나물과

국내분포/자생지 제주 한라산의 해발고도가 비교적 높은 곳의 바위지대, 한반도 고유종

형태 다년초. 줄기는 높이 10~30(~40)cm이고 둥글며 곧추 자란다. 잎은 흔히 조밀하게 어긋나거나 마주나지만 드물게 3개씩 돌려나며 길이 3~6cm의 장타원형–타원형 또는 난형이다. 끝은 둔하거나 뾰족하고 가장자리에는 물결모양의 둔한 톱니가 있거나 거의 밋밋하다. 표면은 녹색이고 양면에 털이 없다. 잎자루는 없다. 꽃은 9~10월에 밝은 황록색–연녹색으로 피며 거의 구형의 취산꽃차례에 빽빽이 모여 달린다. 꽃자루는 길이 2~4mm이다. 꽃받침조각은 5개이며 길이 1~1.5mm의 피침형–장타원상 난형이고 끝이 뾰족하다. 꽃잎은 5개이며 길이 4~6mm의 피침상 장타원형–난상 장타원형이고 끝이 뾰족하다. 수술은 10개이고 꽃잎과 길이가 비슷하거나 약간 길며 꽃밥은 연한 적자색–적자색이다. 심피는 5개이며 길이 3.5~5mm의 장타원상 난형이다. 암술대는 길이 1~1.5mm이다. **열매**(골돌)는 5개이며 장타원상 난형–난형이고 털이 없다.

참고 꿩의비름에 비해 키가 작고 잎이 조밀하게 모여 달린다(마디가 짧음). 섬꿩의비름의 기준표본 채집지는 한라산이며 꿩의비름과 형태적으로 매우 유사하다. 꿩의비름이 제주도 한라산의 환경에 적응하여 왜소형화된 생태형 또는 종내 분류군(변종)으로 추정된다. 넓은 의미에서 꿩의비름에 통합·처리하기도 한다.

❶2017. 9. 14. 제주 제주시 한라산 ❷꽃. 줄기 끝부분에서 거의 구형으로 빽빽하게 모여 달린다. 꿩의비름과 유사하다. ❸열매. 장타원상 난형–난형이며 털이 없다. ❹잎. 다육질이며 가장자리에 물결모양의 얕고 둔한 톱니가 있다. ❺2017. 9. 14. 제주 제주시 한라산

큰꿩의비름

Hylotelephium spectabile (Boreau)
H.Ohba

돌나물과

국내분포/자생지 남부지방 이북의 산지

형태 다년초. 줄기는 높이 30~70cm 이고 여러 개가 모여나며 곧추 자란 다. 잎은 마주나거나 3개씩 돌려나며 길이 4~10cm의 장타원상 난형–넓은 난형이다. 끝은 둔하거나 뾰족하며 가장자리는 밋밋하거나 불분명한 물 결모양의 톱니가 있다. 앞면에 적갈 색의 반점이 있거나 없다. 잎자루는 없다. 꽃은 8~9월에 연한 적자색으로 피며 줄기 끝부분의 산방상 취산꽃차 례에 빽빽하게 모여 달린다. 꽃받침 조각은 길이 1.5~2mm의 피침형–장 타원상 피침형이며 끝이 뾰족하거나 길게 뾰족하다. 꽃잎은 길이 5~6mm 의 피침형–장타원상 피침형이고 끝 이 뾰족하다. 수술은 10개이고 길이 7 ~9mm이며 꽃잎보다 길다. 꽃밥은 적 자색–적갈색이다. 암술대는 길이 1.2 ~1.5mm이다. 열매(골돌)는 5개이며 길이 3~4mm의 피침상 타원형–장타 원상 난형이고 끝에 짧은 암술대가 있다.

참고 꿩의비름이나 자주꿩의비름에 비해 전체적으로 대형이며 수술이 꽃 잎 길이의 1.4배 정도로 길고 꽃부리 밖으로 나출되는 것이 특징이다.

❶2004. 10. 8. 전남 신안군 홍도 ❷꽃. 연 한 적자색이며 수술은 꽃잎보다 길다. ❸꽃 측면. 꽃받침조각은 5개이며 피침형–장타원 상 피침형이다. ❹잎. 흔히 마주나거나 3개 씩 돌려나며 가장자리는 밋밋하거나 불분명 한 톱니가 약간 있다. ❺-❽정원에 식재된 개체 ❺꽃. 수술이 꽃잎과 길이가 비슷하거 나 약간 짧다. ❻열매. 피침상 타원형–장타 원상 난형이며 털이 없다. ❼잎. 마주나거나 3개씩 돌려난다. ❽2020. 10. 15. 인천 국립 생물자원관. 자생 개체와 사뭇 분위기(느낌) 가 다르다.

새끼꿩의비름

Hylotelephium viviparum (Maxim.)
H.Ohba

돌나물과

국내분포/자생지 거의 전국의 산지
바위지대

형태 다년초. 줄기는 높이 15~60cm
이다. 잎은 3~4개씩 돌려나며 길이 2
~4cm의 피침상 장타원형–장타원상
난형이고 가장자리는 밋밋하거나 둔
한 톱니가 약간 있다. 꽃은 8~9월에
황백색–황록색으로 피고 산방상 취
산꽃차례에 빽빽하게 모여 달린다.
꽃잎은 길이 3mm 정도의 장타원형–
난형이며 끝이 뾰족하다. 수술은 10
개이며 꽃밥은 황색이다. 열매(골돌)는
5개이고 난형–넓은 난형이며 끝부분
에 짧은 암술대가 있다.

참고 세잎꿩의비름[*H. verticillatum*
(L.) H. Ohba]에 비해 잎이 작고 꽃차
례와 잎겨드랑이에 주아가 달리는 것
이 특징이다.

❶2021. 8. 31. 경기 가평군 화악산 ❷꽃차
례. 포나 작은포의 겨드랑이 주아(살눈)가 많
다. ❸❹잎. 3~4개씩 돌려난다. 잎겨드랑이
에도 살눈이 있다.

난장이바위솔

Meterostachys sikokianus (Makino)
Nakai

돌나물과

국내분포/자생지 강원(금강산) 이남의
산지 바위지대

형태 다년초. 줄기는 높이 3~10cm이
다. 뿌리잎은 길이 7~13mm의 선상–
타원상 원통형이며 끝이 다소 딱딱해
지면서 가시처럼 된다. 생식 줄기의
잎은 어긋나거나 3개씩 돌려나며 길
이 1~2.5cm의 선형이다. 꽃은 7~9월
에 백색–붉은빛을 띠는 백색으로 핀
다. 꽃받침열편은 길이 2~3mm이며
다육질이고 잎모양이다. 꽃잎은 길이
3~5mm의 장타원상 난형–난형이다.
수술은 10개이고 꽃잎보다 훨씬 짧
다. 열매(골돌)는 (2~)5(~6)개이다.

참고 바위솔속 식물들에 비해 뿌리잎
의 잎겨드랑이에서 다수의 줄기가 나
오며 꽃이 취산꽃차례에서 피고 꽃잎
이 합생하는 것이 특징이다.

❶2011. 8. 11. 경기 가평군 화악산 ❷꽃. 꽃
잎은 하반부가 합생되며 흔히 곧추선다.
❸ 열매. 골돌(심피)는 5개이며 털이 없다.
❹ 월동잎. 난형–넓은 난형이고 가장자리는
밋밋하며 끝은 뾰족하거나 돌기모양이다.

좀바위솔

Orostachys minuta (Kom.) A.Berger

돌나물과

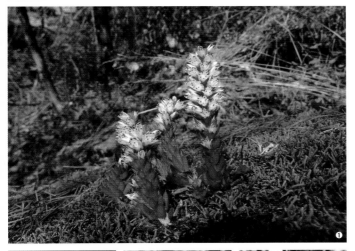

국내분포/자생지 중남부지방 이북의 산지 바위지대

형태 다육질의 다년초. 줄기는 높이 3~10cm이다. 잎은 길이 1~2cm의 장타원상 피침형–주걱형이며 끝부분에 약간 단단한 부속체가 있으며 부속체의 선단에는 가시모양의 돌기가 있다. 꽃은 9~10월에 백색–연한 적색으로 핀다. 꽃잎은 길이 4~4.5mm의 장타원상 피침형–장타원상 도란형이며 끝이 뾰족하다. 수술은 10개이고 꽃잎과 길이가 비슷하다. 심피는 5개이며 암술대는 길이 1mm 정도이다. 열매(골돌)는 5개이다.

참고 바위솔에 비해 전체적으로 소형(높이 10cm 이하)이며 꽃이 포겨드랑이에서 1개씩 달리고 꽃자루가 거의 없는 것이 특징이다.

❶2012. 10. 16. 강원 정선군 ❷꽃. 순백색이며 꽃밥은 적자색이다. ❸열매. 골돌의 끝에는 길이 1~1.5mm의 암술대가 있다. ❹월동잎. 비늘모양으로 촘촘히 겹쳐진다. 끝부분은 단단하며 가시처럼 길게 뾰족하다.

정선바위솔

Orostachys chongsunensis Y.N.Lee

돌나물과

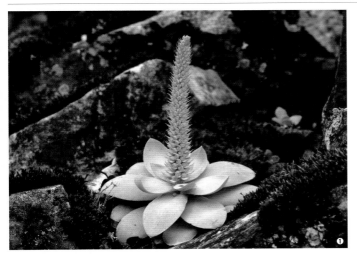

국내분포/자생지 경북, 강원의 산지 바위지대(주로 석회암지대에 분포), 한반도 고유종

형태 다육질의 다년초. 줄기는 높이 8~25cm이다. 잎은 길이 1.7~2.5cm의 도란상 타원형–도란상 난형 또는 난상 원형이다. 표면은 붉은빛 또는 분백색을 띠는 회녹색이며 흔히 연한 적자색–적색의 반점이 흩어져 있다. 꽃은 9~10월에 백색–연한 황백색으로 핀다. 꽃잎은 길이 4~5mm의 도란형–넓은 도란형이며 끝이 뾰족하다. 수술은 10개이고 꽃잎보다 길며 꽃밥은 황색이다. 열매(골돌)는 5개이다.

참고 잎이 도란상 타원형–난상 원형으로 둥근 편이며 표면에 흔히 분백색이 많이 돌고 적자색의 반점이 흩어져 있는 것이 특징이다.

❶2005. 9. 24. 강원 정선군 ❷꽃. 수술은 꽃잎보다 길며 꽃밥은 황색이다. ❸열매. 골돌은 타원상 난형이고 끝부분에 암술대가 있다. ❹월동잎. 비늘모양으로 촘촘히 겹쳐진다. 끝부분은 밋밋하다.

바위솔

Orostachys japonica (Maxim.)
A.Berger

돌나물과

국내분포/자생지 전국 산야의 건조한 풀밭, 바위지대 또는 민가의 지붕 등

형태 다육질의 다년초. 줄기는 높이 8~30cm이고 흔히 가지가 갈라지지 않지만 드물게 갈라지기도 한다. 잎은 길이 1.5~4cm의 피침형-피침상 장타원형(-장타원상 난형)이며 끝은 길게 뾰족하고 가시 같은 돌기가 있다. 꽃은 9~10월에 백색으로 피며 원통상 꽃차례에 빽빽이 모여 달린다. 꽃자루는 길이 1cm 이하이다. 포는 길이 5~8mm의 피침형이며 끝은 가시모양으로 뾰족하다. 꽃받침조각은 5개이며 길이 2mm 정도의 송곳모양-선상 피침형이다. 꽃잎은 길이 5~8mm의 피침형-피침상 장타원형이고 끝은 뾰족하거나 길게 뾰족하다. 수술은 10개이며 길이 6~9mm이고 꽃잎보다 약간 길다. 꽃밥은 연한 적자색-진한 적자색이다. 심피는 길이 3.5~6mm이고 곧추서며 암술대는 길이 0.8~1.5mm이다. 열매(골돌)는 5개이며 길이 1~1.2cm이다.

참고 잎은 다육질의 피침형-피침상 장타원형이고 끝부분에 가시모양의 돌기가 있으며 월동잎의 끝부분 가장자리에 톱니가 있는 것이 특징이다.

❶2001. 10. 11. 경북 영천시 ❷꽃. 포의 끝부분은 가시처럼 뾰족하다. 꽃밥은 적자색이다. ❸잎(해안가에서 자생하는 잎이 넓은 타입). 장타원상 난형이며 끝부분에 가시모양의 돌기가 있다. ❹꽃이 피지 않는 개체의 잎(2020. 6. 7. 강원 삼척시). 뿌리 부근에서 모여난다. ❺월동잎. 비늘모양으로 촘촘히 겹쳐진다. 끝에 가시 같은 돌기가 있으며 윗부분의 가장자리는 톱니모양이다. ❻2016. 6. 15. 중국 지린성 두만강 유역. 남한 지역에 분포하는 바위솔에 비해 잎이 좁고 가늘며 원통상이거나 약간 납작하다. 북부지방에 분포하는 민바위솔(*O. cartilaginea* Boriss.)과 비교·검토가 필요하다.

진주바위솔

Orostachys margaritifolia Y.N.Lee

돌나물과

국내분포/자생지 경남(진주, 의령 등)의 산지 바위지대(주로 퇴적암지대), 한반도 고유종

형태 다육질의 다년초. 줄기는 높이 5~20cm이고 가지가 갈라지지 않는다. 잎은 길이 1.1~3.5cm의 주걱모양-도란형, 삼각형-난형이며 끝부분은 뾰족하고 가시 같은 돌기가 있다. 가장자리는 흔히 자줏빛 또는 붉은빛이 돈다. 꽃은 9~10월에 백색-붉은빛이 도는 백색으로 피며 길이 4~20cm의 원통상 꽃차례에 빽빽이 모여 달린다. 꽃자루는 거의 없으며 포는 길이 2~3.5mm의 피침형이고 끝이 가시처럼 뾰족하다. 꽃받침조각은 5개이며 길이 3~4mm의 삼각형이다. 꽃잎은 길이 6~7mm의 장타원상 난형-난형이며 끝이 뾰족하다. 수술은 10개이고 꽃잎보다 길며 꽃밥은 연한 적자색-적색이다. 심피는 5개이고 길이 2.5~3.5mm이다. **열매**(골돌)는 5개이다.

참고 바위솔에 비해 뿌리잎이 로제트모양으로 땅 위에 퍼져서 달리며 편평한 주걱모양-도란형-난형인 것이 특징이다. **포천바위솔**(*O. latielliptica* Y.N.Lee)은 바위솔에 비해 잎이 넓고 편평한 타원형-장타원상 난형-난형이며 월동잎의 가장자리가 밋밋한 것이 특징이다.

❶2017. 10. 11. 경남 진주시 ❷꽃차례. 포는 난형이며 꽃잎은 장타원상 난형-난형이며 꽃밥은 연한 적자색이다. ❸꽃이 피지 않는 개체의 잎. 비늘모양으로 겹쳐서 달린다. 난형상이고 끝에 가시 같은 돌기가 있다. ❹월동잎. 끝부분은 가시모양으로 뾰족하며 가장자리는 거의 밋밋하다. ❺~❼포천바위솔 ❺뿌리잎. 흔히 난상 장타원형이고 가장자리가 붉은색이며 끝에 가시 같은 짧은 돌기가 있다. ❻월동잎. 끝부분은 가시모양의 돌기가 있으며 가장자리는 밋밋하다. ❼2016. 10. 23. 경기 포천시

가는기린초

Phedimus aizoon (L.) 't Hart var. aizoon

돌나물과

국내분포/자생지 지리산 이북의 산지 풀밭

형태 다년초. 땅속줄기는 목질화된다. 줄기는 높이 20~50cm이고 땅속줄기에서 1~3(~5)개씩 모여나며 가지는 거의 갈라지지 않는다. 잎은 어긋나며 길이 3.5~8cm, 너비 1~2cm의 선상 피침형–장타원상 피침형(드물게 장타원상 도피침형)이다. 끝은 둔하거나 뾰족하며 가장자리에는 불규칙한 뾰족한 톱니가 있다. 꽃은 6~8월에 황색으로 피며 줄기 끝부분의 산방상 취산꽃차례에 모여 달린다. 포는 잎모양이다. 꽃받침조각은 길이 3~5mm이고 선형이고 끝이 둔하며 길이는 서로 다르다. 꽃잎은 길이 6~10mm의 장타원상 피침형–장타원형이며 끝이 가시처럼 길게 뾰족하다. 수술은 10(~15)개이고 꽃잎보다 짧으며 꽃밥은 황색(~연한 적자색)이다. 심피는 장타원상 난형이며 밑부분은 서로 합생한다. 열매(골돌)는 5(~7)개이며 비스듬히 퍼져서 별모양을 이룬다.

참고 큰기린초[var. *latifolius* (Maxim.) H.Ohba]는 가는기린초에 비해 잎이 타원형–난형 또는 장타원상 도란형–도란형이고 너비가 2~3cm로 넓으며 끝이 둔하거나 둥근 것이 특징이다.

❶ 2016. 6. 2. 강원 태백시 함백산 ❷꽃차례. 꽃차례 밑부분의 총포모양의 잎은 피침형이다. ❸ 열매. 골돌은 5개이며 비스듬히 퍼져서 달린다. ❹줄기잎. 선상 피침형–장타원상 피침형이고 가장자리에 불규칙한 뾰족한 톱니가 있다. ❺-❽큰기린초 ❺꽃차례. 꽃차례 밑부분의 총포모양의 잎은 장타원상 피침형 또는 도란상 장타원형이다. ❻ 열매. 형태는 가는기린초와 동일하다. ❼줄기잎. 타원형–난형 또는 장타원상 도란형–도란형이다. ❽2021. 6. 29. 강원 춘천시

남산기린초(신칭)

Phedimus aizoon var. *floribundus*
(Nakai) H.Ohba

돌나물과

국내분포/자생지 제주를 제외한 거의 전국

형태 다년초. 땅속줄기는 목질화된다. 줄기는 높이 15~50cm이고 땅속줄기에서 여러 개가 다복하게 나온다. 잎은 어긋나며 길이 2~6.5cm, 너비 0.5~2.5cm의 도피침형-넓은 도란형(~거의 원형)이다. 끝은 둥글거나 둔하며 가장자리에는 뾰족하거나 둔한 톱니가 있다. 꽃은 5~7월에 황색으로 피며 줄기 끝부분의 산방상 취산꽃차례에 모여 달린다. 포는 잎모양이다. 꽃받침조각은 5개이며 길이 2~4mm의 선형-넓은 선형이고 길이는 서로 다르다. 꽃잎은 길이 6~7mm의 피침형-장타원상 피침형이며 끝이 뾰족하거나 길게 뾰족하다. 수술은 10(~15)개이고 꽃잎보다 약간 짧으며 꽃밥은 황색(~연한 적자색)이다. 심피는 곧추서며 장타원상 피침형이고 밑부분은 서로 합생한다. 열매(골돌)는 5(~8)개이고 비스듬히 퍼져서 별모양을 이룬다.

참고 줄기가 다수 모여나며 잎이 길이 2~5cm, 너비 8~20mm의 넓은 도피침형-넓은 도란형이고 끝이 둔하거나 둥글다. 중국, 일본, 러시아에 넓게 분포한다. 우리나라 거의 전역에서 흔히 자란다. 일본에서 기린초(기린소)로 부르는 것이 남산기린초이며 기준표본 채집지는 서울의 남산이다. **넓은잎기린초**[*P. ellacombeanus* (Praeger) 't Hart]는 남산기린초와 유사하지만 잎이 마주나거나 어긋나고 도란형-넓은 도란형인 것이 특징이다. 동해안(삼척시, 영덕군, 울진군 등)에 분포한다. 넓은 의미에서는 남산기린초에 통합·처리한다.

❶ 2021. 5. 25. 경북 예천군 ❷ 꽃차례. 줄기 끝의 산방상 꽃차례에 모여 달린다. 꽃밥은 흔히 황색이다. ❸ 열매. 골돌은 흔히 5개이며 비스듬히 퍼져서 달린다. ❹❺ 줄기잎. 도피침형-넓은 도란형(~변이가 있음)이다. ❻ 2022. 7. 20. 충북 영동군 각호산 정상 ❼~❾ 넓은잎기린초 ❼ 2020. 5. 29. 경북 울진군. 잎이 도란형이며 잎이 마주 달린다. 주변의 개체들 중 잎이 어긋나며 달리는 개체들도 드물지 않게 관찰된다. ❽ 2016. 8. 3. 경북 울진군. 잎은 마주나거나 어긋난다. ❾ 넓은잎기린초의 기준표본(채집지는 일본 홋카이도 해안가). 일본(식물지)에서는 이런 타입을 남산기린초에 포함시킨다.

379

태백기린초

Phedimus latiovalifolius (Y.N.Lee)
D.C.Son & H.J.Kim
Sedum latiovalifolium Y.N.Lee

돌나물과

국내분포/자생지 강원(금대봉, 석병산, 태백산 등)의 산지 풀밭, 한반도 고유종
형태 다년초. 땅속줄기는 목질화된 다. 줄기는 높이 10~30cm이고 땅속 줄기에서 여러 개가 모여난다. 잎은 마주나거나 어긋나며 꽃차례 바로 밑 의 잎들은 밀접하여 로제트모양을 이루며 달린다. 길이 3~5.5cm의 타원상 난형~넓은 난형이며 끝은 흔히 둔하거나 둥글다. 가장자리에 뾰족한 톱니가 있다. 꽃은 6~7월에 황색으로 피며 줄기 끝부분의 산방상 취산꽃차례에 모여 달린다. 꽃받침조각은 길이 3~4mm의 피침형~피침상 장타원형이며 끝이 둔하다. 꽃잎은 길이 9~12mm의 장타원상 피침형이며 끝부분은 뾰족하거나 가시모양(또는 실모양)이다. 수술은 (8~)10개이며 길이 7~9mm이고 꽃잎보다 약간 짧다. 꽃밥은 황색이다. 심피는 곧추서며 꽃잎보다 짧다. 열매(골돌)는 4~5개이고 길이 4~7mm(부리 제외)의 장타원상 난형~난형이며 옆으로 비스듬히 퍼져서 별모양을 이룬다.
참고 기린초에 비해 꽃차례 부근의 잎들은 로제트모양으로 밀접해서 달리고 타원상 난형~넓은 난형으로 넓은 것이 특징이다.

❶2001. 6. 14. 강원 태백시 금대봉 ❷꽃차례. 꽃차례 아래쪽의 잎은 조밀하게 모여 달린다. 꽃잎의 끝은 가시모양으로 길게 뾰족하다. ❸열매. 골돌은 4~5개이며 별모양으로 모여 달린다. ❹잎. 난형상이다. ❺2014. 5. 22. 인천 국립생물자원관(식재) ❻2022. 6. 8. 강원 평창군(식재)

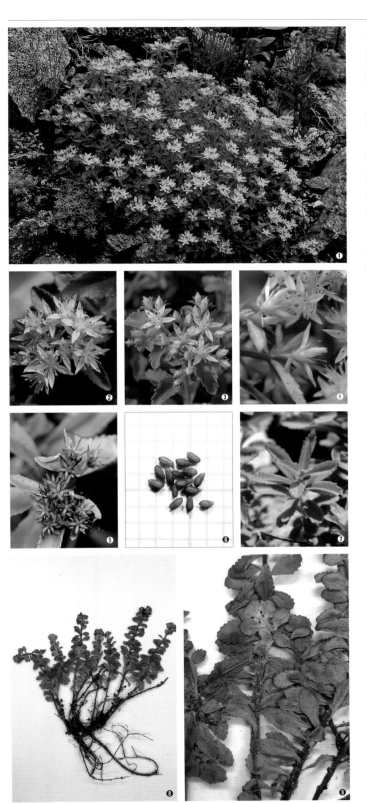

기린초

Phedimus kamtschaticus (Fisch.) 't Hart
Phedimus daeamensis T.Y.Choi & D.C.Son

돌나물과

국내분포/자생지 강원, 경기 이북의 산지 풀밭이나 바위지대

형태 다년초. 땅속줄기는 목질화된다. 줄기는 높이 10~30cm이고 땅속줄기에서 여러 개가 모여난다. 잎은 어긋나며(드물게 마주남) 길이 1.5~3(~5)cm, 너비는 6~12(~20)mm의 도피침형-도피침상 장타원형 또는 도란형이다. 끝은 둔하거나 둥글며 가장자리에는 소수의 결각상 톱니가 있다. 꽃은 6~7월에 황색으로 피며 줄기 끝부분의 산방상 취산꽃차례에 모여 달린다. 꽃받침조각은 길이 3~4mm의 선상 피침형-피침형이고 끝이 둔하며 길이는 서로 약간 다르다. 꽃잎은 길이 6~8mm의 피침형-장타원상 피침형이며 끝이 뾰족하거나 가시모양으로 길게 뾰족하다. 수술은 10개이고 꽃잎보다 약간 짧으며 꽃밥은 주황색-적색이다. 심피는 곧추서며 꽃잎보다 짧다. 암술대는 길이 1.5~2mm이다. **열매**(골돌)는 5(~6)개이고 길이 4~5.5mm의 타원상 난형-난형이며 거의 수평으로 퍼져서 별모양을 이룬다.

참고 줄기가 다수이고 비스듬히 자라며 잎이 도피침형-도피침상 장타원형 또는 도란형이다. 또한 꽃밥이 주황색-적색이며 결실기에 각각의 심피(골돌)가 거의 수평으로 퍼져서 별모양을 이루는 것이 특징이다. **털기린초**[*P. selskianus* (Regel & Maack) 't Hart]는 기린초에 비해 전체에 털이 밀생하며 북부지방의 산지 또는 해안가 바위지대에서 자란다.

❶2008. 7. 1. 강원 인제군 대암산 ❷❸꽃. 꽃밥은 적자색이다. ❹꽃 측면. 꽃받침은 선상 피침형-피침형이다. 꽃잎은 피침형-장타원상 피침형이고 끝에는 흔히 가시모양의 돌기가 있다. ❺열매. 골돌은 5(~6)개이며 거의 수평으로 퍼져서 별모양으로 모여 달린다. ❻씨. 길이 0.8~1.2mm의 장타원상 도란형-도란형이며 세로맥(능선)이 뚜렷하다. 날개는 없다. ❼잎. 흔히 도피침형-도피침상 장타원형(주걱형)이다. 남산기린초에 비해 작다. ❽❾털기린초 ❽표본 사진. 2017. 7. 5. 러시아 프리모르스키주 해안가(동해안) 절벽지대에서 채집. ❾잎과 줄기. 줄기와 잎자루에 털이 밀생하며 잎 양면에 털이 많다.

섬기린초

Phedimus takesimensis (Nakai) 't Hart
Sedum takesimense Nakai

돌나물과

국내분포/자생지 경북(울릉도)의 산지 또는 바닷가의 바위지대. 한반도 고유종

형태 다년초. 땅속줄기는 목질화된다. 줄기는 높이 30~50cm이고 밑부분은 목질화되며 여러 개가 다복하게 모여난다. 잎은 어긋나며 길이 3~6cm의 피침형~장타원상 난형 또는 도피침형~도란상 난형이다. 끝은 둔하거나 둥글며 가장자리에 6~7쌍의 둔한 톱니가 있다. 꽃은 6~7월에 황색으로 피며 줄기 끝부분의 산방상 취산꽃차례에 모여 달린다. 꽃받침조각은 길이 2~3mm의 선형~선상 피침형이고 끝이 둔하다. 꽃잎은 길이 6~10mm의 피침형~장타원상 피침형이고 끝이 뾰족하거나 가시처럼 길게 뾰족하다. 수술은 10개이고 꽃잎보다 짧으며 꽃밥은 황색(~주황색)이다. 열매(골돌)는 5개이고 길이 4~5.5mm의 타원상 난형~난형이며 옆으로 비스듬히 퍼져서 별모양을 이룬다.

참고 줄기가 다복하게 모여나고 밑부분이 목질화되며 잎이 피침형~장타원상 난형 또는 도피침형~도란상 난형이고 비교적 넓은 것이 특징이다.

❶2022. 6. 3. 경북 울릉군 울릉도 ❷❸꽃. 수술은 10개이고 꽃밥은 흔히 황색(~주황색)이다. ❹열매. 비스듬히 옆으로 퍼져서 별모양으로 달린다. ❺잎. 어긋나며 모양에는 변이가 심한 편이다. ❻줄기와 잎. 2018. 5. 29. 인천 국립생물자원관(식재) ❼잎이 넓은 개체. 2021. 6. 31. 경북 울릉군 울릉도

애기기린초

Phedimus middendorffianus
(Maxim.) 't Hart
Sedum middendorffianum Maxim.

돌나물과

국내분포/자생지 북부지방의 건조한
바위지대

형태 다년초. 땅속줄기는 목질화되며
가지가 갈라지면서 옆으로 짧게 뻗는
다. 줄기는 높이 10~30cm이고 땅속
줄기에서 여러 개가 모여난다. 잎은
어긋나며 길이 1.2~2.5cm, 너비 3~
5mm의 선상 도피침형-도피침상 주
걱형이다. 끝은 둔하거나 둥글며 가
장자리에는 뾰족한 톱니가 있다. 꽃
은 6~8월에 황색으로 피며 줄기 끝
부분의 산방상 취산꽃차례에 모여 달
린다. 꽃차례는 흔히 가지가 갈라진
다. 꽃받침조각은 길이 2~3mm의 선
형이며 끝이 둔하다. 꽃잎은 길이 5~
11mm의 선상 피침형-피침형이고 끝
이 가시모양으로 길게 뾰족하다. 수
술은 10개이고 꽃잎보다 짧으며 수
술대는 황색이고 꽃밥은 흔히 적색이
다. 심피는 길이 6mm 정도이고 밑부
분 길이 1~2mm 정도가 합생한다. 암
술대는 길이 1~2mm이다. 열매(골돌)
는 5개이고 길이 5~6mm의 장타원상
난형이며 거의 수평으로 퍼져서 별모
양을 이룬다.

참고 잎이 너비 5mm 이하의 선상 도
피침형-도피침상 주걱형인 것이 특
징이다.

❶ 2019. 7. 4. 중국 지린성 백두산 인근
❷ 꽃. 꽃잎은 선상 피침형-피침형으로 좁
은 편이며 꽃밥은 적자색이다. ❸ 열매. 골돌
은 거의 수평으로 퍼져서 달린다. ❹ 잎. 너비
5mm 이하로 매우 좁다. ❺ 전체 모습(2012.
9. 16. 중국 지린성 두만강 유역). 붉게 단풍
이 든다. ❻ 자생 모습. 2019. 7. 4. 중국 지린
성 백두산 인근

주걱비름

Sedum tosaense Makino

돌나물과

국내분포/자생지 제주 및 전남(가거도)의 숲속 바위지대에 드물게 분포

형태 다년초. **생식줄기**(꽃이 달리는 줄기)는 높이 10~20cm이고 처음에는 땅 위에 눕다가 나중에 곧추선다. 잎은 어긋나며 줄기의 종류에 따라 모양이 다르다. 영양줄기(꽃이 달리지 않는 줄기)의 잎은 도란상 주걱형이다. 꽃이 달리는 줄기의 잎은 길이 1.5~3cm의 선상 주걱형~주걱형이며 끝이 오목하다. 꽃은 4~6월에 황색으로 피며 줄기 끝부분의 취산꽃차례에 모여 달린다. 꽃받침조각은 길이 2~3mm의 선형이며 서로 길이가 다르다. 꽃잎은 길이 5~6mm의 장타원상 피침형이며 끝은 가시처럼 길게 뾰족하다. 수술은 10개이고 꽃잎보다 짧으며 꽃밥은 (황색~)적색이다. 심피는 5개이며 길이 2.5~3mm의 난상 장타원형이고 밑부분이 합생한다. 암술대는 길이 1~1.5mm이다. **열매**(골돌)는 5개이며 심피는 옆으로 비스듬히 퍼져서 별모양을 이룬다.

참고 잎이 어긋나며 주걱모양이고 끝이 오목한 것이 특징이다. 중국(1곳), 일본(1곳, 석회암지대)과 우리나라(2곳)에 격리되어 분포하는 세계적으로 자생지가 몇 곳 되지 않는 희귀식물이다.

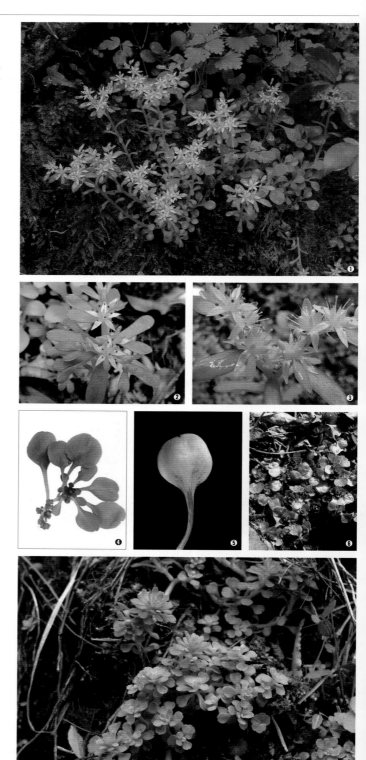

❶ 2018. 5. 20. 제주 서귀포시 거문오름 ❷ 꽃. 포는 도피침형~주걱형이며 끝부분이 흔히 오목하다. ❸ 미숙 열매. 심피는 5개이며 밑부분이 합생한다. ❹ 줄기와 잎(가을철). 줄기의 밑부분과 뻗는 줄기에 다수의 월동아(越冬芽)를 형성한다. ❺ 잎 뒷면. 잎은 주걱형이며 정단부는 오목하다. ❻ 월동한 잎. 로제트모양으로 월동한다. ❼ 2006. 3. 22. 제주 서귀포시 거문오름

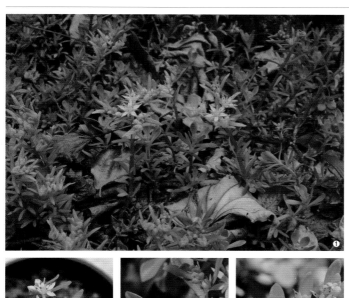

잎꽃돌나물

Sedum kiangnanense D.Q.Wang & Z.F.Wu

돌나물과

국내분포/자생지 전남(신안군 도서)의 산지 바위지대

형태 다년초. 생식줄기(꽃이 달리는 줄기)는 높이 10~25cm이고 밑부분은 땅 위에 누우며 마디에서 뿌리를 내린다. 윗부분은 비스듬하게 서거나 곧추선다. 영양줄기(꽃이 피지 않는 줄기)의 잎은 4~5개씩 돌려나며 줄기의 밑부분의 잎은 길이 6~18mm의 선형 또는 선상 도피침형—선상 주걱형이고 윗부분의 잎은 길이 1.5~2.5(~3.5) cm의 주걱형이다. 끝은 흔히 오목하지만 둔하거나 편평하기도 한다. 꽃이 피는 줄기의 잎은 밑부분에서는 4~5개씩 돌려나거나 거의 돌려나듯이 어긋나며 윗부분에서는 어긋난다. 잎은 길이 8~18mm의 넓은 선형—도피침형이고 끝이 뾰족하다. 꽃은 4~6월에 황색으로 피며 줄기 끝부분의 취산꽃차례에 모여 달린다. 포는 잎모양이며 길이 8~19mm의 선상 피침형 또는 피침형이다. 꽃받침조각은 길이 2mm 정도의 선형—도피침형이며 서로 길이가 다르다. 꽃잎은 길이 4~7mm의 피침상 장타원형—난상 장타원형이며 끝은 길게 뾰족하다. 수술은 10개이고 꽃잎보다 짧으며 꽃밥은 연한 적색—적색이다. 심피는 길이 3~4mm의 장타원상 난형이고 밑부분이 합생되어 있다. 열매(골돌)는 5개의 심피로 이루어지며 심피는 옆으로 퍼져서 별모양을 이룬다.

참고 주걱비름에 비해 꽃이 피지 않는 줄기의 잎이 4~5개씩 돌려나는 것이 특징이다. 중국에서도 안후이성의 일부 지역(황산, 구화산 등)에서만 자란다.

❶2019. 5. 2. 전남 신안군 ❷❸꽃. 꽃잎은 피침상 장타원형—난상 장타원형이며 꽃밥은 연한 적색—적색이다. ❹열매. 심피(골돌)는 밑부분이 합생하며 옆으로 비스듬히 퍼져서 달린다. 끝에 짧은 암술대가 남아 있다. ❺씨. 길이 0.8~1mm의 도피침상 장타원형이다. ❻생식 줄기의 잎. 영양 줄기의 잎보다 작고 가늘며 줄기 밑부분의 돌려나고 윗부분의 잎은 어긋난다. ❼영양 줄기의 잎. 4~5개씩 돌려난다. 주걱모양이며 끝은 둥글거나 약간 오목하다. ❽가을철의 전체 모습(2018. 10. 15. 전남 신안군). 잎이 줄기 윗부분에서 조밀한 간격으로 돌려난다. 마치 꽃송이를 닮았다.

서산돌나물

Sedum tricarpum Makino

돌나물과

국내분포/자생지 충남(서산시, 태안군)의 산지 바위지대

형태 다년초. 생식줄기(꽃이 달리는 줄기)는 높이 5~25cm이며 곧추선다. 영양줄기(꽃이 달리지 않는 줄기)는 밑부분이 땅에 누우며 마디에서 뿌리를 내린다. 영양줄기의 잎은 어긋나며 줄기와 가지 끝부분에서는 로제트모양으로 조밀하게 모여난다. 길이 2~3cm의 도피침형–주걱형이며 끝부분은 둥글거나 둔하고 밑부분은 잎자루모양으로 점차 좁아진다. 양면에 털이 없다. 꽃은 5~6월에 황색으로 피며 줄기 끝부분의 취산꽃차례에 모여 달린다. 포는 길이 5~20mm의 좁은 주걱형–도피침형으로 잎과 모양이 비슷하다. 꽃받침조각은 5개이며 길이 3.5~5mm의 선상 도피침형–도피침형이고 끝은 둔하다. 꽃잎은 길이 6~8mm의 선상 피침형이며 끝은 길게 뾰족하고 밑부분은 약간 합생한다. 수술은 꽃잎보다 짧으며 꽃밥은 황적색이다. 심피는 (3~)4~5(~6)개이고 길이 6~7mm이며 씨방은 하반부가 합생한다. 열매(골돌)는 (3~)4~5(~6)개가 별모양으로 비스듬히 벌어져 달린다. 씨는 길이 6~8mm의 좁은 장타원상 난형이고 표면에 다수의 돌기가 있다.

참고 유사종(주걱비름, 잎꽃돌나물 등)에 비해 잎이 어긋나고 잎끝이 둥글거나 둔한 것(요두가 아님)이 특징이다.

❶2023. 6. 13. 충남 서산시 ❷꽃. 일본의 개체들은 심피(골돌)가 흔히 3(~4)개이지만 국내 분포하는 개체들은 대부분 심피가 5개이다. 꽃밥은 황적색이다. ❸꽃받침조각. 포와 모양이 비슷하지만 길이는 꽃잎보다 짧다. ❹열매. 골돌은 5~6개가 별모양으로 모여 달리며 하반부가 합생되어 있다. ❺❻줄기잎. 줄기 끝부분에서는 촘촘하게 모여 달린다. 도피침–주걱형이며 끝은 둔하거나 둥글다. ❼잎 뒷면. 중앙맥은 없거나 불분명하며 털이 없다. ❽결실기 모습. 2024. 7. 10. 충남 태안군

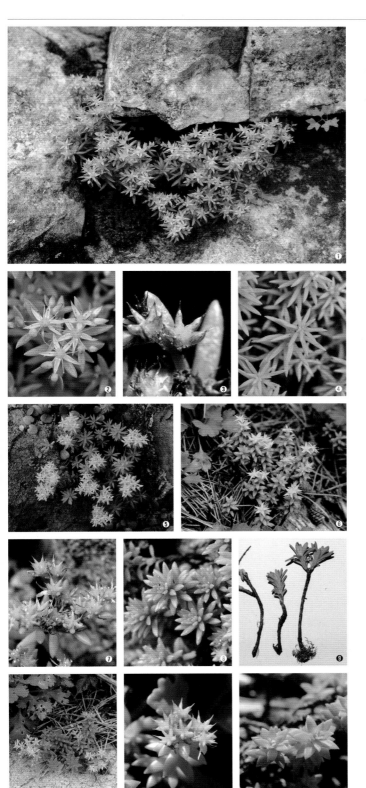

바위채송화

Sedum polytrichoides Hemsl. subsp.
polytrichoides

돌나물과

국내분포/자생지 전국의 바위지대

형태 다년초. 줄기는 높이 5~20cm이
다. 잎은 어긋나며 길이 6~13mm의
편평한 선형이고 끝이 뾰족하다. 꽃
은 6~7월에 황색으로 피며 줄기와 가
지 끝부분의 취산꽃차례에 모여 달린
다. 꽃받침조각은 길이 1~3mm의 선
형~도피침형이며 서로 길이가 다르
다. 꽃잎은 길이 3~7mm의 좁은 피
침형이고 끝이 길게 뾰족하다. 수술
은 10개이고 꽃잎 길이의 2/3 정도이
며 꽃밥은 밝은 황색이다. 심피는 길
이 2~5mm의 장타원상 난형이고 밑
부분이 합생한다. 암술대는 길이 1~
1.5mm이다. 열매(골돌)는 5개이며 심
피는 옆으로 비스듬히 퍼져서 별모양
을 이룬다.

참고 갯돌나물(*S. lepidopodum* Nakai)은
바위채송화에 비해 잎이 짧으며 줄기
의 아래쪽에 마른 잎(잎자루 부근)의 흔
적이 인편모양으로 촘촘히 붙어 있
는 것이 특징이다. 서남해 도서(가거
도, 관매도, 진도, 홍도 등)의 바위지대
에 자란다. 갯돌나물을 독립된 종으
로 처리하거나 바위채송화에 통합·
처리하는 것보다 바위채송화의 종
내 분류군으로 처리하는 것이 타당
한 것으로 판단된다. **넓은잎갯돌나물
[*S. polytrichoides* subsp. *yabeanum*
(Makino) H.Ohba, 국명 신칭]**은 갯돌나
물과 유사하지만 잎이 보다 넓고(너비
가 2~3.5mm) 잎끝이 뾰족한 것이 특
징이다. 남해 도서(거제도, 장사도 등)의
바닷가 바위지대에서 자라며 세계적
으로는 일본 나가사키현의 일부 도서
지역(쓰시마섬 등)에 분포한다.

❶2021. 7. 19. 경기 가평군 화악산 ❷꽃. 꽃
잎은 피침형이다. 수술은 10개이고 꽃잎보
다 약간 짧다. ❸열매. 심피(골돌)는 밑부분
이 합생하며 옆으로 비스듬히 퍼져서 달린
다. ❹잎. 선형~선상 피침형이며 가장자리에
잔돌기가 있다. ❺❻❼❽ 갯돌나물 ❺2019.
7. 16. 전남 신안군 홍도 ❼열매. 바위채송화
와 동일하다. ❽영양 줄기의 잎. 바위채송화
에 비해 짧다. 잎끝은 둔한 편이다. ❾줄기.
전년도 줄기 부분에 비늘조각(전년도 잎자루
부분)이 밀생한다. ❿⓫⓬ 넓은잎갯돌나물
❾2020. 7. 18. 경남 거제시 거제도 ❿꽃차
례와 잎. 잎은 줄기 전체에서 비교적 균등한
간격으로 달린다. ⓫열매. 갯돌나물과 동일
하다. ⓬잎. 길이 1.3~2cm, 너비 2~3.5mm의
피침형~장타원상 난형이며 끝은 뾰족하다.

좁은잎돌꽃

Rhodiola angusta Nakai

돌나물과

국내분포/자생지 북부지방의 해발고도가 높은 산지의 풀밭이나 바위지대

형태 다년초. 줄기는 높이 7~15cm이다. 줄기잎은 어긋나며 길이 1~2cm의 선형-선상 피침형 또는 도피침형이다. 암수딴그루(또는 암꽃수꽃양성화딴그루)이다. 꽃은 6~8월에 연한 황색-황색으로 핀다. 꽃받침조각은 길이 2~4mm의 선형이고 끝이 둔하다. 꽃잎은 길이 4~5mm의 장타원상 도피침형이다. 수술은 8개이다. **열매**(골돌)는 (3~)4~5(~6)개이며 길이 7~8mm이고 적색-적자색이고 끝부분에 부리가 있다.

참고 돌꽃에 비해 줄기잎이 너비 2~4mm의 선형-선상 피침형 또는 도피침형이며 열매(골돌)의 하반부가 합생되는 것이 특징이다.

❶암그루. 2019. 7. 6. 중국 지린성 백두산 ❷수꽃. 꽃잎과 길이가 비슷하거나 짧다. 꽃밥은 적색이다. ❸ 열매. 골돌은 흔히 4~5개씩 모여 달리며 하반부가 합생되어 있다. ❹줄기잎. 가장자리는 밋밋하거나 끝부분에 1~2개의 톱니가 있다.

돌꽃

Rhodiola rosea L.

돌나물과

국내분포/자생지 북부지방의 해발고도가 높은 산지의 풀밭이나 바위지대

형태 다년초. 줄기는 높이 15~35cm이고 여러 개씩 모여난다. 줄기잎은 어긋나며 길이 1~3.5cm의 주걱형-도란형이다. 암수딴그루(또는 암꽃수꽃양성화딴그루)이다. 꽃은 6~8월에 연한 황록색-연한 황색으로 핀다. 꽃받침조각은 4개이며 선상 피침형-좁은 삼각형이다. 꽃잎은 길이 2.5~3.5mm의 선상 피침형-장타원형이다. 수술은 8개이다. **열매**(골돌)는 (2~)3~5개이며 길이 6~8mm의 장타원상 난형이다.

참고 좁은잎돌꽃에 비해 줄기의 잎이 주걱형-도란형이며 골돌의 하반부가 합생하지 않는 것이 특징이다.

❶수그루. 2007. 6. 25. 중국 지린성 백두산 ❷수꽃. 꽃밥은 황색-밝은 주황색이다. 심피(불임성)와 수술 사이에 꿀샘(밀선)이 있다. ❸열매. 골돌의 하반부가 합생하지 않는다. ❹줄기잎. 너비 5~20mm의 주걱형-도란형이다. 가장자리는 밋밋하거나 물결모양의 둔한 톱니가 약간 있다.

핵심
피자식물

MESANGIOSPERMS

진정쌍자엽류
EUDICOTS

초장미군
SUPERROIDS

장미군
ROSIDS

콩과 FABACEAE
원지과 POLYGALACEAE
장미과 ROSACEAE
쐐기풀과 URTICACEAE
박과 CUCURBITACEAE
노박덩굴과 CELASTRACEAE
괭이밥과 OXALIDACEAE
물레나물과 CLUSIACEAE
제비꽃과 VIOLACEAE
아마과 LINACEAE
대극과 EUPHORBIACEAE
쥐손이풀과 GERANIACEAE
바늘꽃과 ONAGRACEAE
운향과 RUTACEAE
팥꽃나무과 THYMELAEACEAE
배추과 BRASSICACEAE

달구지풀

Trifolium lupinaster L.

콩과

국내분포/자생지 제주(한라산) 및 강원 이북의 산야

형태 다년초. 줄기는 높이 20~60cm이다. 잎은 (3~)5(~7)개의 작은잎으로 구성된 겹잎이다. 작은잎은 길이 2~5cm의 도피침형–도피침상 장타원형이며 가장자리는 잔톱니가 많다. 꽃은 7~9월에 적자색으로 피며 줄기 윗부분의 잎겨드랑이에서 10~20개씩 모여 달린다. 꽃줄기는 길이 0.5~3cm이다. 꽃받침은 길이 6~10mm의 종모양이고 열편은 실모양이다. 꽃부리는 길이 1.2~2cm이다. 열매(협과)는 길이 6~10mm의 장타원형–타원형이다.

참고 작은잎 5개로 이루어진 손바닥 모양의 겹잎이며 적자색의 꽃이 머리 모양으로 모여 달리는 것이 특징이다.

❶ 2007. 6. 28. 중국 지린성 백두산 ❷꽃. 잎겨드랑이에서 나온 총상꽃차례에 밀집되어 달린다. ❸열매. 장타원형–타원형이며 털이 없다. ❹잎. 측맥은 가장자리 톱니까지 이어진다.

노랑갈퀴

Vicia chosenensis Ohwi

콩과

국내분포/자생지 경남 이북의 산지, 한반도 고유종(?)

형태 다년초. 줄기는 높이 40~80cm이며 전체에 털이 없다. 잎은 2~4쌍의 작은잎으로 이루어진 깃털모양의 겹잎이고 작은잎은 길이 3~7cm의 피침상 장타원형–난형이다. 턱잎은 선상 피침형–피침형이다. 꽃은 6~7월에 연한 황색으로 핀다. 꽃부리는 길이 1.2~1.5cm이다. 열매(협과)는 길이 3~6cm의 약간 납작한 선상 피침형–피침상 장타원형이다.

참고 겹잎은 작은잎 4~8개이고 끝에 덩굴손이 없으며 턱잎이 일찍 떨어지고 꽃이 황색인 것이 특징이다. 러시아에 분포하는 *V. subrotunda* (Maxim.) Czerf.와 동일 종으로 추정된다.

❶ 2004. 5. 22. 강원 삼척시 덕항산 ❷꽃. 잎겨드랑이에서 나온 총상꽃차례에 모여 달린다. ❸열매. 선상 피침형–피침상 장타원형이며 털이 없다. ❹잎. 작은잎은 흔히 난형상이며 밑부분이 가장 넓다.

나래완두
Vicia anguste-pinnata Nakai

콩과

국내분포/자생지 경북, 전북 이남의 숲속, 한반도 고유종

형태 다년초. 줄기는 높이 30~50(~ 80)cm이다. 잎은 3~6쌍의 작은잎으로 이루어진 깃털모양의 겹잎이다. 작은잎은 길이 1.5~4cm의 선상 피침형이다. 턱잎은 피침형-피침상 화살촉모양이다. 꽃은 5~6월에 적자색-자색으로 피며 총상꽃차례에 모여 달린다. 꽃부리는 길이 1.4~1.8cm이다. 꽃받침은 종모양이고 끝이 5개로 갈라지며 열편은 길이 1.5~3.5mm의 선형이다. 열매(협과)는 길이 3~5cm의 약간 납작한 선상 피침형이다.

참고 광릉갈퀴에 비해 작은잎이 선상 피침형이고 끝이 뾰족하거나 길게 뾰족하며 꽃차례의 길이가 1~2cm로 짧은 것이 특징이다.

❶2022. 5. 26. 부산 금정산 ❷꽃. 꽃받침에 털이 있다. ❸열매. 선상 피침형이다. ❹잎. 작은잎은 선상 피침형으로 매우 가늘다. 덩굴손은 없다.

네잎갈퀴나물
Vicia nipponica Matsum.

콩과

국내분포/자생지 전국의 산지 풀밭 또는 숲가장자리

형태 다년초. 줄기는 높이 30~80cm이다. 잎은 작은잎 2~4쌍으로 이루어진 깃털모양의 겹잎이다. 작은잎은 길이 2.5~5cm의 타원형-넓은 타원형이며 약간 두터운 편이고 뒷면의 맥이 뚜렷하다. 꽃은 7~10월에 적자색으로 피며 총상꽃차례에 모여 달린다. 꽃줄기는 길이 1~5cm이다. 꽃부리는 길이 1~1.2cm이다. 꽃받침은 길이 5mm 정도의 종모양이다. 열매(협과)는 길이 3~4.5cm의 약간 납작한 피침상 장타원형이다.

참고 광릉갈퀴에 비해 덩굴손이 약간 발달하기도 하며 작은잎이 작은 편이고 끝이 둥글거나 짧게 약간 뾰족한 것이 특징이다.

❶2006. 10. 3. 경남 통영시 ❷꽃. 꽃받침에 털이 없으며 열편은 물결모양이다. ❸ 열매. 털이 없다. ❹덩굴손. 짧은 돌기모양이거나 약간 길게 발달한다. ❺턱잎. 삼각형-삼각상 난형으로 비교적 큰 편이다.

연리갈퀴

Vicia venosa (Willd. ex Link) Maxim.
var. *venosa*

콩과

국내분포/자생지 북부지방의 산지 숲속

형태 다년초. 땅속줄기는 목질화된 다. 줄기는 높이 40~80cm이며 땅속 줄기에서 여러 개씩 모여나고 곧추 서거나 비스듬히 자란다. 잎은 작은 잎 2~4(~5)쌍으로 이루어진 깃털모양 의 겹잎이며 끝부분에 덩굴손이 변형 된 바늘모양의 돌기가 있다. 작은잎 은 길이 3~7(~9)cm의 선형-선상 피 침형(또는 난상 장타원형)이고 끝은 길 게 또는 꼬리처럼 길게 뾰족하다. 뒷 면에 털이 약간 있다. 꽃은 6~8월에 적자색-청자색으로 피며 잎겨드랑이 에서 나온 길이 3~7cm의 총상꽃차례 에 많은 꽃이 모여 달린다. 꽃부리는 길이 1.2~1.5cm이고 꽃받침은 종모양 이며 끝부분이 비스듬하고 열편은 짧 다. 기판은 길이 1.3mm 정도의 도란 상 장타원형이고 익판과 용골판보다 길다. 씨방은 선형이고 털이 없다. 열 매(협과)는 길이 2.5~3.5cm의 약간 납 작한 선상 피침형-장타원상 피침형 이고 끝이 뾰족하다.

참고 광릉갈퀴에 비해 꽃차례가 잎의 위쪽으로 비스듬히 또는 곧추서서 달 리며 깃털모양의 겹잎은 작은잎이 2~ 4(~5)쌍으로 적은 편이고 흔히 선형- 선상 피침형으로 매우 좁은 것이 특 징이다.

❶2019. 7. 7. 중국 지린성 백두산 ❷꽃. 꽃 받침에 털이 있다. ❸열매. 선상 피침형-장 타원상 피침형이다. ❹잎. 선형-선상 피침형 (-난상 장타원형)이고 끝이 가늘고 길게 뾰 족하다. ❺턱잎. 길이 1~1.5cm의 화살촉모 양-난형이며 끝이 길게 뾰족하고 가장자리 에 톱니가 약간 있거나 밋밋하다. ❻❼작은 잎이 넓은 타입 ❻잎. 집단에 따라서는 작은 잎이 장타원형-난상 장타원형이기도 하다. ❼2016. 6. 13. 중국 지린성

광릉갈퀴

Vicia venosa var. *cuspidata* Maxim.
Vicia sexajuga Nakai

콩과

국내분포/자생지 제주를 제외한 거의 전국의 산지에 분포

형태 다년초. 땅속줄기는 목질화된다. 줄기는 높이 40~80(~100)cm이고 땅속줄기에서 여러 개씩 모여나며 곧추서거나 약간 비스듬히 자란다. 잎은 작은잎 4~7쌍으로 이루어진 깃털모양의 겹잎이며 끝부분에 덩굴손이 변형된 바늘모양의 돌기가 있다. 작은잎은 길이 2~6cm의 피침상 장타원형–장타원상 난형이고 끝은 꼬리처럼 길게 뾰족하다. 꽃은 6~9월에 적자색–청자색으로 피며 잎겨드랑이에서 나온 길이 2~5cm의 총상꽃차례에 많은 꽃이 모여 달린다. 꽃부리는 길이 1.2~1.8cm이다. 꽃받침은 종모양이고 끝부분이 비스듬하며 열편은 짧고 서로 길이가 다르다. 씨방은 선형이고 털이 없다. 열매(협과)는 길이 2.5~4cm의 약간 납작한 선상 피침형–피침상 장타원형이며 끝은 뾰족하다. 씨는 2~4개씩 들어 있다.

참고 연리갈퀴에 비해 작은잎은 4~7쌍으로 많은 편이며 꽃이 잎의 위쪽 또는 아래쪽으로 비스듬히 달리는 것이 특징이다.

❶ 2022. 6. 11. 강원 평창군 대관령 ❷ 꽃. 꽃받침은 종모양이며 끝부분의 가장자리가 비스듬하고 열편은 짧다. ❸ 열매. 선상 피침형–피침상 장타원형이며 끝부분에 뾰족한 부리가 있다. ❹ 잎. 작은잎 4~7쌍으로 이루어진 겹잎이다. ❺ 잎 뒷면. 흰빛이 돌며 털이 없거나 약간 있다. 잎의 끝부분에 바늘모양의 짧은 덩굴손이 있다. ❻ 턱잎. 길이 1~1.5cm의 피침상 삼각형–화살촉모양이며 가장자리는 밋밋하거나 뾰족한 톱니가 있다. ❼ 2018. 6. 6. 인천 서구

393

큰네잎갈퀴

Vicia ramuliflora (Maxim.) Ohwi
Vicia venosa var. *albiflora* (Turcz.)
Maxim.

콩과

국내분포/자생지 경기(화악산, 명지산
이북)의 산지 숲가장자리 및 계곡부
형태 다년초. 땅속줄기는 목질화된
다. 줄기는 높이 40~100cm이고 땅
속줄기에서 여러 개씩 모여나며 곧추
서거나 비스듬히 자란다. 잎은 작은
잎 2~3(~4)쌍으로 이루어진 깃털모양
의 겹잎이며 끝부분에 덩굴손이 변형
된 바늘모양의 돌기가 있다. 작은잎
은 길이 3~8cm의 피침상 장타원형-
장타원상 난형이고 끝이 길게 뾰족하
다. 뒷면 맥 위에 털이 있다. 꽃은 6
~7월에 분홍색-연한 적자색(또는 청
자색, 백색)으로 핀다. 잎겨드랑이에서
나온 길이 4~6cm의 총상꽃차례에 꽃
이 많이 모여 달린다. 꽃차례는 흔히
밑부분에서 가지가 갈라진다. 기판은
길이 1.1~1.4(~1.8)mm의 중앙부가 잘
록한 장타원형이고 익판, 용골판과
길이가 비슷하다. 씨방은 선형이고
털이 없으며 짧은 자루가 있다. 열매
(협과)는 길이 2.5~5cm의 약간 납작
한 선상 피침형-피침상 장타원형이
고 끝이 뾰족하다. 씨는 1~4개씩 들
어 있다.
참고 연리갈퀴나 광릉갈퀴에 비해 꽃
이 흔히 연한 적자색이고 꽃차례는
흔히 가지가 갈라지며 잎이 비교적
대형(넓음)인 것이 특징이다.

❶ 2005. 7. 16. 경기 가평군 화악산 ❷꽃차
례. 잎보다 짧으며 흔히 가지가 갈라진다.
❸ 열매. 광릉갈퀴와 유사하지만 약간 크다.
❹꽃. 꽃받침은 종모양이며 끝부분의 가장자
리는 비스듬하고 열편은 짧다. 털이 약간 있
거나 없다. ❺잎. 흔히 작은잎 2~3쌍으로 이
루어진 겹잎이다. 끝부분에는 덩굴손이 발
달하지 않는다. ❻턱잎. 길이 8~12(~15)mm
의 장타원형-난형 또는 화살촉모양이며 가
장자리는 밋밋하거나 밑부분에 톱니가 있다.
❼ 2005. 7. 16. 경기 가평군 화악산

국내분포/자생지 경남(고성군), 전북 (완주군)의 산지 숲가장자리 및 임도 주변

형태 다년초. 땅속줄기는 목질화된 다. 줄기는 높이 30~70cm이며 땅속 줄기에서 여러 개씩 모여나고 비스듬 히 또는 곧추 자란다. 털이 없거나 약 간 있다. 잎은 작은잎 1쌍으로 이루 어진 겹잎이며 끝부분에 덩굴손이 변 형된 바늘모양의 돌기가 있다. 작은 잎은 길이 4~11cm의 마름모상 타원 형-장타원상 난형이다. 끝은 뾰족하 거나 길게 뾰족하고 밑부분은 쐐기형 이거나 둥글며 가장자리는 밋밋하다. 잎자루는 길이 5mm 이하이다. 턱잎 은 길이 3~10mm의 (피침형-)장타원 상 난형-넓은 난형이고 끝이 뾰족이 며 흔히 밋밋하지만 간혹 1~2개의 얕 은 톱니가 있다. 잎자루와 함께 털이 있다. 꽃은 7~8월에 적자색으로 피며 잎겨드랑이에서 나온 길이 1~2.5cm 의 총상꽃차례에 5~15개의 꽃이 조 밀하게 모여 달린다. 꽃차례는 흔히 가지가 갈라지며 꽃줄기는 매우 짧 다. 꽃받침은 길이 5~6mm의 종모양 이며 열편은 톱니모양이다. 꽃부리는 길이 1.2~1.7cm이다. 기판은 길이 1.2 ~1.5cm의 도란상 장타원형이고 끝은 오목하다. 씨방은 선형이고 털이 없 다. 열매(협과)는 길이 2.5~2.8cm의 납작한 피침상 장타원형이고 끝이 뾰 족하다. 씨는 1~2(~3)개씩 들어 있다.

참고 나비나물에 비해 잎이 더 크고 잎자루가 길이 5mm 이하로 짧으며 꽃줄기가 매우 짧고 포가 큰 것이 특 징이다.

❶2022. 7. 30. 경남 고성군 ❷꽃차례. 길이 2.5cm 이하로 매우 짧으며 흔히 가지가 갈 라진다. ❸포는 장타원상 피침형-난형이고 일찍 떨어지지 않는다. ❹열매. 피침상 장타 원형이며 털이 없다. ❺잎. 작은잎은 마름모 상 타원형-장타원상 난형이다. ❻잎자루. 매 우 짧고 털이 없다. ❼턱잎. 피침형-넓은 난 형(변이가 있음)이며 가장자리는 밋밋하거나 소수의 얕은 톱니가 있다. ❽잎 비교. 나비나 물(우)에 비해 잎이 대형이며 잎자루가 매우 짧다. 턱잎의 가장자리는 밋밋한 편이다.

나비나물

Vicia unijuga A. Braun var. *unijuga*

콩과

국내분포/자생지 전국의 산야
형태 다년초이다. 땅속줄기는 목질화
된다. 줄기는 높이 30~100cm이며 흔
히 비스듬히 자란다. 잎은 작은잎 1
쌍이며 끝부분에는 덩굴손이 변한 바
늘모양의 돌기가 있다. 작은잎은 길
이 3~8cm의 장타원상 난형~난형이
며 끝이 길게 뾰족하다. 턱잎은 길이
8~20mm의 피침형~화살촉모양이며
가장자리에 불규칙하고 뾰족한 톱니
가 있다. 잎자루는 길이 5~10mm이
다. 꽃은 6~10월에 청자색~적자색으
로 피며 잎겨드랑이에서 나온 길이 3
~10cm의 총상꽃차례에 모여 달린다.
꽃줄기는 길이 0.5~7cm이다. 꽃부리
는 길이 1.2~1.8cm이다. 꽃받침은 길
이 5~6mm의 종모양이고 끝부분의
가장자리는 비스듬하다. 열편이 톱니
모양이고 서로 길이가 다르며 아래쪽
의 열편이 길이 2mm 정도로 가장 길
다. 기판은 길이 1.1~1.5cm의 바이올
린모양이며 익판은 길이 1.3~1.4cm
이고 용골판이나 기판보다 길다. 열
매(협과)는 길이 2~3.5cm의 약간 납
작한 피침상 장타원형이다. 끝부분이
부리모양의 암술대가 남아 있다.
참고 애기나비나물(var. *kaussanensis*
H.Lév.)은 나비나물에 비해 전체가 소
형(높이 20cm 이하)이며 한라산의 해
발고도가 높은 풀밭에서 자란다. 나
비나물에 비해 작은잎이 선형~장타
원상 난형인 것을 긴잎나비나물(f.
angustifolia Makino ex Ohwi)로 구분하기
도 하며 전국에 드물게 분포한다. 나
비나물은 변이가 매우 심한 분류군으
로서 최근에는 넓은 의미의 종개념을
적용하여 통합·처리하는 추세이다.

❶2021. 8. 31. 경기 가평군 화악산 ❷꽃차
례. 포는 길이 1mm 이하의 선형~장타원상
난형으로 매우 짧으며 흔히 일찍 떨어진다.
❸열매. 피침상 장타원형이며 털이 없다. ❹
~❺애기나비나물 ❹2021. 7. 29. 제주 서귀
포시 한라산 ❺꽃. 나비나물에 비해 작고 적
게 모여 달린다. ❻잎. 소형이다. ❼긴잎나
비나물 타입. 2003. 6. 7. 경기 포천시 국립
수목원 ❽계방나비나물 타입(2003. 7. 24.
강원 평창군 계방산). 작은잎이 좁고 끝이 가
늘고 길게 뾰족하다. ❾애기나비나물(해안가
타입, 2023. 10. 10. 제주 서귀포시). 꽃이 20
~40개씩 모여 달린다.

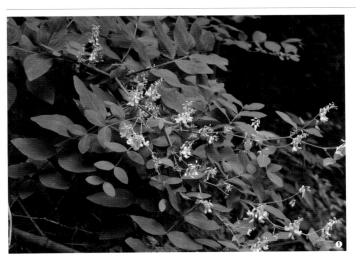

활량나물
Lathyrus davidii Hance

콩과

국내분포/자생지 전국의 산야

형태 덩굴성 다년초. 줄기는 길이 60 ~150cm이고 전체에 털이 없다. 잎은 작은잎 2~4쌍으로 이루어진 깃털모양의 겹잎이며 끝부분에는 2~3개로 갈라진 덩굴손이 있다. 작은잎은 길이 3~8cm의 타원형-난형이고 끝이 둔하다. 턱잎은 길이 2~6cm의 타원형-난형이다. 꽃은 7~8월에 연한 황색으로 피고 총상꽃차례에 모여 달린다. 꽃받침은 길이 5~7mm의 종모양이며 열편은 넓은 삼각형이고 서로 길이가 다르다. 꽃부리는 길이 1.5 ~2cm이며 기판은 타원형이고 익판과 길이가 비슷하다.

참고 꽃이 황백색으로 피고 열매가 길이 8~15cm로 길며 줄기에 날개가 발달하지 않고 턱잎이 대형인 것이 특징이다.

❶2022. 7. 30. 경남 고성군 ❷꽃차례. 꽃은 황백색(→오렌지색)으로 핀다. ❸열매. 선상 원통형이다. ❹잎. 작은잎 2~4쌍으로 이루어진 겹잎이다. 턱잎은 대형이다.

애기완두
Lathyrus humilis (Ser.) Spreng

콩과

국내분포/자생지 북부지방의 숲가장자리 또는 풀밭

형태 다년초. 줄기는 길이 20~30cm이고 전체에 털이 약간 있다. 잎은 작은잎 2~4쌍으로 이루어진 깃털모양의 겹잎이다. 작은잎은 길이 1.5~3(~5)cm의 타원형 또는 난형이며 끝은 둔하다. 꽃은 5~7월에 연한 적자색-적자색으로 피며 잎보다 짧은 총상꽃차례에 2~5개씩 모여 달린다. 꽃받침은 종모양이고 끝부분은 4개로 갈라지며 가장 긴 열편은 꽃받침통부의 1/2 정도이다. 꽃부리는 길이 1.5 ~2cm이며 기판은 거의 원형이다. 열매(협과)는 길이 4~5cm의 선형이다.

참고 식물체가 작은 편이며 덩굴손이 있고 줄기에 날개가 없는 것이 특징이다.

❶2011. 6. 10. 중국 지린성 ❷꽃. 흔히 꽃받침에 긴 털이 약간 있다. ❸잎. 작은잎 2~4쌍으로 이루어진 겹잎이다. ❹덩굴손. 잎 끝부분에서 길게 발달한다. 가지는 갈라지지 않는다. ❺턱잎. 길이 1~1.6cm의 피침형-화살촉모양이며 가장자리에 톱니가 있다.

선연리초

Lathyrus komarovii Ohwi

콩과

국내분포/자생지 강원(삼척시, 평창군) 이북의 숲속 및 숲가장자리

형태 다년초. 줄기는 길이 40~70cm 이고 곧추 자라며 능각에 좁은 날개가 있다. 잎은 작은잎 3~5쌍으로 이루어진 깃털모양의 겹잎이며 끝부분에는 바늘모양의 돌기가 있다. 작은잎은 길이 3~7cm의 도피침형−좁은 난형이고 끝은 길게 뾰족하다. 뒷면의 맥은 돌출한다. 꽃은 5~7월에 적자색으로 핀다. 꽃받침은 종모양이며 가장 긴 열편은 길이 5mm 정도이다. 꽃부리는 길이 1.3~1.8cm이며 기판은 거의 원형이고 익판보다 길다.

참고 연리초에 비해서 잎의 끝부분에 덩굴손이 없고 가시 같은 작은 돌기가 있는 것이 특징이다.

❶ 2016. 6. 15. 중국 지린성 두만강 유역 ❷ 꽃. 총상꽃차례에 3~8개씩 모여 달린다. ❸ 열매. 길이 4~5cm의 선형−선상 피침형이며 털이 없다. ❹ 잎. 잎축에 좁은 날개가 발달한다. 측맥은 3(~5)개이고 뚜렷한 나란히맥이다. ❺❻ 턱잎. 길이 1.5~2.5mm의 피침형−화살촉모양이다.

산새콩

Lathyrus vaniotii H.Lév.

콩과

국내분포/자생지 경북 이북의 산지

형태 다년초. 땅속줄기는 가늘고 길게 뻗는다. 줄기는 길이 30~70cm이며 털이 없다. 잎은 작은잎 3~4(~6)쌍으로 이루어진 깃털모양의 겹잎이며 끝부분에는 바늘모양의 돌기가 있다. 작은잎은 길이 3~5cm의 난상 장타원형−좁은 난형이다. 꽃은 4~6월에 연한 적자색−적자색으로 피며 총상꽃차례에 3~8개씩 모여 달린다. 꽃부리는 길이 1.8~2.5cm이며 기판은 길이 1.8~2.3cm의 도란형−넓은 도란형이고 익판과 길이가 비슷하다.

참고 선연리초에 비해 줄기에 날개가 발달하지 않으며 작은잎에 깃털모양의 맥(우상맥)이 있는 것과 턱잎이 피침형인 것이 특징이다.

❶ 2006. 5. 20. 강원 인제군 방태산 ❷ 꽃. 꽃받침은 털이 없으며 열편은 큰 톱니모양이다. ❸ 열매. 편평한 선형이며 끝부분에 긴 암술대가 남아 있다. ❹ 잎. 작은잎의 맥은 깃털모양(우상맥)이다. 흔히 중앙맥 주변은 흰빛이 도는 무늬가 있다.

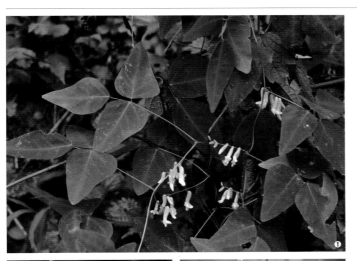

비진도콩

Dumasia truncata Siebold & Zucc.

콩과

국내분포/자생지 경남(거제시, 고성군, 통영시 등), 전남(보성군)의 산지

형태 덩굴성 다년초. 줄기는 길이 1~3m이고 가늘며 흔히 털이 없다. 잎은 3출겹잎이며 중앙의 작은잎은 길이 3~8(~15)cm의 장타원상 난형이고 뒷면에 짧은 털이 있거나 없다. 턱잎은 길이 2~4mm의 선상 피침형이며 작은 턱잎은 길이 1~2mm의 바늘모양이다. 잎자루는 길이 3~7cm이다. 꽃은 8~9월에 연한 황색으로 피고 잎겨드랑이에서 나온 길이 2~10cm의 총상꽃차례에 모여 달린다. 꽃자루는 길이 1~3mm이다. 꽃받침은 길이 6mm 정도의 종모양이고 털이 없다. 꽃부리는 길이 1.2~2cm이다. 기판은 타원형-도란형이며 익판과 용골판은 거의 타원형이고 기판보다 약간 짧다. 씨방은 선상 도피침형이고 털이 없으며 암술대는 짧고 털이 없다. 열매(협과)는 길이 4~5cm의 도피침형-장타원상 도란형이고 자색이며 털이 없다. 2~5개의 씨가 들어 있다. 씨는 지름 4~7mm의 거의 구형이고 흑자색이다.

참고 꽃받침이 갈라지지 않고 끝이 비스듬히 밋밋하며 꽃이 황색이고 열매가 자색으로 익는 것이 특징이다.

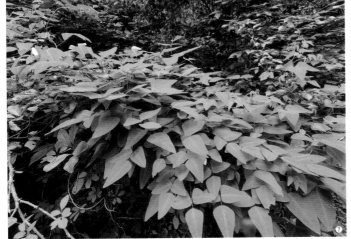

❶ 2023. 9. 10. 경남 고성군 ❷ 꽃차례. 꽃받침은 종모양이며 통부가 나출된 꽃부리 부분보다 약간 길다. 가장자리는 거의 갈라지지 않는다. ❸ 꽃. 꽃받침은 아래쪽이 위쪽보다 약간 길다. 포는 침모양-피침형이다. ❹ 열매. 연한 자색-자색으로 익는다. ❺ 씨. 지름 4~7mm의 거의 구형이다. ❻ 잎. 작은잎은 장타원상 난형이며 중앙맥 주변이 연녹색이어서 희미한 무늬가 있는 것처럼 보인다. ❼ 2022. 7. 30. 경남 고성군

영주갈고리

Hylodesmum laxum (DC.) H.Ohashi
& R.R.Mill

콩과

국내분포/자생지 제주(서귀포시) 숲속

형태 상록성 다년초. 줄기는 길이 40
~100cm이고 흔히 털이 있다. 잎은 3
출겹잎이며 줄기의 중간 또는 밑부분
에 조밀하게 모여 달린다. 중앙의 작
은잎은 길이 5~13cm의 장타원형-난
형이고 끝은 길게 뾰족하다. 꽃은 8
~10월에 연한 분홍색-연한 적자색
으로 핀다. 꽃자루는 길이 3~12mm
이다. 꽃받침은 길이 1.3~2.5mm이고
끝부분은 4개로 얕게 갈라지며 열편
은 통부보다 짧다. 기판은 타원형이
고 끝이 오목하며 익판은 좁은 타원
형이다.

참고 잎이 상록성이며 측맥이 잎가장
자리에 닿지 않고 턱잎이 너비 2mm
정도의 피침상 삼각형인 것이 특징이
다.

❶2012. 10. 19. 일본 규슈 쓰시마섬 ❷꽃. 길
이 6~9mm로 큰 편이다. ❸열매. (2~)3~4개
의 작은 열매(소분과)로 이루어진 분리과이
다. 자루는 길이 1.3~2cm이다. ❹잎. 상록성이
다. ❺잎 뒷면. 맥은 뚜렷하게 도드라진다.

큰도둑놈의갈고리

Hylodesmum oldhamii (Oliv.)
H.Ohashi & R.R.Mill

콩과

국내분포/자생지 전국의 산지

형태 다년초. 줄기는 길이 50~150cm
다. 잎은 작은잎 5~7개로 이루어진
깃털모양 겹잎이다. 중앙의 작은잎
은 길이 6~17cm의 장타원형-도란형
이고 끝은 길게 뾰족하다. 꽃은 8~9
월에 연한 적자색-적자색으로 피고
길이 20~50cm의 총상꽃차례에 모
여 달린다. 꽃자루는 길이 4~6mm이
다. 꽃받침은 길이 2.5~3mm이고 끝
부분은 4개로 얕게 갈라진다. 꽃부리
는 길이 7mm 정도이다. 기판은 넓은
타원형이며 익판은 좁은 타원형이다.
용골판은 익판보다 길다.

참고 도둑놈의갈고리에 비해 대형이
며 잎이 작은잎 5~7개로 이루어진 깃
털모양의 겹잎인 것이 특징이다.

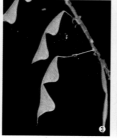

❶2003. 8. 1. 경기 포천시 국립수목원
❷꽃. 연한 적자색-적자색이다. ❸열매. 2개
의 작은 열매로 분리되는 분리과이다. 자루
는 길이 1~1.8cm이다. ❹잎. 양면에 털이 약
간 있다.

개도둑놈의갈고리

Hylodesmum podocarpum (DC.)
H.Ohashi & R.R.Mill subsp.
podocarpum

콩과

국내분포/자생지 전국의 산야
형태 다년초. 줄기는 길이 50~100cm
이다. 잎은 3출겹잎이다. 중앙의 작은
잎은 길이 3~8cm의 넓은 도란형−거
의 원형이며 끝은 둥글거나 짧은 돌
기모양이다. 꽃은 8~9월에 연한 적
자색−적자색으로 핀다. 꽃자루는 길
이 2~4mm이다. 꽃받침은 길이 1.2~
2mm이고 끝부분은 4개로 얕게 갈라
진다. 꽃부리는 길이 3~5mm이다. 기
판은 넓은 도란형이고 익판은 좁은
타원형이다. 용골판은 익판보다 약간
짧다. 열매(협과)는 2(~3)개의 작은 열
매(소분과)로 분리되는 마디가 있다.
참고 도둑놈의갈고리에 비해 중앙의
작은잎이 도란형이며 중간 윗부분이
가장 넓은 것이 특징이다.

❶2021. 8. 27. 경북 영양군 **❷**꽃. 익판은 용
골판보다 길며 상반부는 자색이다. **❸** 열매.
2(~3)개의 작은 열매로 이루어진다. 자루는
길이 3~8mm이다. **❹** 잎. 중앙의 작은잎은
도란상이다. 양면에 털이 많다.

도둑놈의갈고리

Hylodesmum podocarpum subsp.
oxyphyllum (DC.) H.Ohashi &
R.R.Mill var. *oxyphyllum*

콩과

국내분포/자생지 전국의 산야
형태 다년초. 줄기는 길이 40~100cm
이다. 잎은 3출겹잎이다. 중앙의 작은
잎은 길이 3~12cm의 피침상 마름모
형−타원상 마름모형 또는 마름모상
난형−난형이며 끝은 뾰족하거나 길
게 뾰족하다. 꽃은 8~9월에 연한 적
자색−적자색으로 핀다. 꽃자루는 길
이 2~4mm이다. 꽃받침은 길이 1.2~
2mm이고 끝부분은 4개로 얕게 갈라
진다. 꽃부리는 길이 3~5mm이다. 용
골판은 익판보다 약간 짧다. 열매(협
과)는 2(~3)개의 작은 열매로 분리되
는 마디가 있다.
참고 개도둑놈의갈고리에 비해 잎이
흔히 타원상 마름모−마름모상 난형
으로 잎의 중간 밑부분이 가장 넓은
것이 특징이다.

❶2022. 8. 31. 제주 제주시 한라산 **❷**꽃. 기
판은 넓은 도란형이다. **❸** 열매. 2(~3)개의 작
은 열매로 이루어진다. 자루는 길이 2~6mm
이다. **❹** 잎. 뒷면에 털이 있다.

애기도둑놈의갈고리

Hylodesmum podocarpum subsp.
oxyphyllum var. *mandshuricum*
(Maxim.) H.Ohashi & R.R. Mill

콩과

국내분포/자생지 전국의 산지
형태 다년초. 줄기는 길이 40~100cm
이고 곧추 또는 비스듬히 자란다. 잎
은 3출겹잎이고 잎자루는 길이 2~
12cm이다. 중앙의 작은잎은 길이 3~
10cm의 장타원상 난형–마름모상 난
형이며 끝은 뾰족하거나 길게 뾰족하
다. 양면에 털이 거의 없으며 뒷면은
연녹색이거나 흰빛이 돈다. 꽃은 8~
9월에 연한 적자색–적자색으로 피고
줄기와 가지의 끝부분 또는 잎겨드랑
이에서 나온 길이 20~30cm의 총상
또는 원뿔상 꽃차례에 모여 달린다.
꽃받침은 길이 1.2~2mm이고 끝부분
은 4개로 얕게 갈라진다. 꽃부리는
길이 3~5mm이다. 기판은 넓은 도란
형이고 익판은 좁은 타원형이다. 용
골판은 익판보다 약간 짧다. 씨방은
선형이고 자루가 있다. 열매(협과)는
2(~3)개의 소절과로 분리되는 마디가
있으며 자루는 길이 2~4(~6)mm이다.
작은 열매(소분과)는 길이 5~10mm의
비스듬한 장타원상 도란형이고 표면
에 갈고리모양의 털과 약간의 곧은
털이 있다.
참고 도둑놈의갈고리에 비해 줄기의
하반부에서 잎이 좁은 간격으로 모
여 달리며 보다 얇은 편이다. 학자에
따라서는 도둑놈의갈고리에 통합·
처리하기도 한다. **긴도둑놈의갈고리**
[subsp. *fallax* (Schindl.) H.Ohashi &
R.R.Mill]는 애기도둑놈의갈고리에 비
해 중앙의 작은잎이 마름모상 난형–
마름모상 넓은 난형이고 더 큰 것이
특징이다. 제주도(특히 곶자왈지대)와
남부지방의 산지에서 드물게 자란다.

❶2023. 8. 20. 경북 울릉군 울릉도 ❷❸꽃.
도둑놈의갈고리와 유사하다. 꽃자루는 길이
2~4mm이다. ❹열매. 2(~3)개의 작은 열매
로 이루어진다. 자루는 길이 2~4(~6)mm이
다. ❺잎. 줄기 하반부에 조밀하게 모여 달
린다. 도둑놈의갈고리에 비해 얇은 편이다.
❻~❿긴도둑놈의갈고리 ❻❼꽃. 흔히 연
한 자색이다. ❽열매. 2(~3)개의 작은 열매
로 이루어진다. 자루는 길이 (4~)6~10mm이
다. ❾잎. 줄기 하반부에 조밀하게 모여 달
리는 것은 애기도둑놈의갈고리와 유사하지
만 중앙의 작은잎이 더 대형이고 마름모상
난형–마름모상 넓은 난형인 것이 특징이다.
❿2023. 8. 31. 전북 장성군 백암산

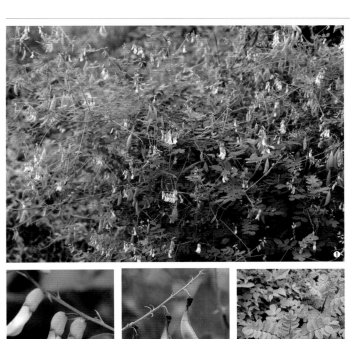

황기

Astragalus mongholicus Bunge var. *mongholicus*

콩과

국내분포/자생지 강원(강릉시, 태백시 등) 이북의 산지

형태 다년초. 줄기는 길이 50~100(~150)cm이며 곧추 자라거나 비스듬히 자란다. 잎은 작은잎 8~12쌍으로 이루어진 깃털모양의 겹잎이며 길이 8~12cm이다. 작은잎은 길이 1~2.2cm의 좁은 타원형-장타원상 난형이며 양면(특히 가장자리와 뒷면 맥 위)에 백색의 털이 있다. 턱잎은 길이 8~10mm의 좁은 삼각형-삼각상 난형이고 잎모양이며 가장자리에 백색의 털이 있다. 잎자루는 짧다. 꽃은 6~9월에 황백색으로 피고 잎겨드랑이에서 나온 길이 4~9cm의 총상꽃차례에 모여 달린다. 꽃자루는 길이 1.5~2mm이다. 꽃받침은 길이 5~10mm이고 흑색의 짧은 털이 있다. 열편은 길이 0.5~2mm의 좁은 삼각형-삼각형이며 5개이고 길이가 비슷하다. 꽃부리는 길이 2cm 정도이다. 기판은 길이 1.5~2cm이고 익판이나 용골판과 길이가 비슷하거나 약간 길다. 씨방은 털이 있으며 길이 5~6mm의 자루가 있다. 열매(협과)는 길이 3~4cm의 부풀어진 장타원상-타원형이고 끝은 뾰족하며 겉에 압착된 누운 털이 약간 있다. 길이 1cm 정도의 자루가 있으며 아래로 처져서 달린다.

참고 개황기에 비해 열매가 1실이며 결실기에 풍선처럼 부풀고 아래로 쳐져서 달리는 것이 특징이다. **제주황기[var. *nakaianus* (Y.N.Lee) I.S.Choi & B.H.Choi]**는 황기에 비해 작은잎이 작으며(길이 4~8mm) 앞면에 털이 없고 뒷면에만 털이 있는 것이 특징이다. 제주도 한라산의 해발고도 1,200m 이상 높은 지대의 풀밭에서 매우 드물게 자란다.

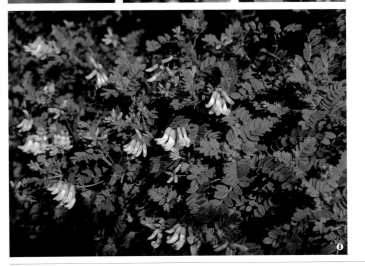

❶2022. 8. 14. 강원 태백시 ❷꽃. 흑색의 짧은 털이 있다. ❸열매. 완전히 익을 때에는 풍선처럼 약간 또는 많이 부푸는 것이 특징이다. ❹잎(자생 개체). 양면(특히 잎가장자리와 뒷면)에 백색의 털이 많다. ❺-❼제주황기 ❺꽃. 황기보다 약간 작지만 거의 동일하다. ❻열매. 황기와 동일하다. 풍선처럼 부푼다. ❼잎. 원변종인 황기에 비해 작고 털도 적은 편이다. ❽2021. 7. 29. 제주 서귀포시 한라산

긴꽃대황기

Astragalus schelichowii Turcz.

콩과

국내분포/자생지 북부지방의 해발고도가 높은 지대의 풀밭

형태 다년초. 줄기는 길이 20~40cm이고 털이 밀생한다. 잎은 작은잎 6~12쌍으로 이루어진 깃털모양의 겹잎이다. 작은잎은 길이 1~4cm의 장타원형-타원형이며 뒷면에 털이 있다. 꽃은 5~7월에 황백색으로 피고 길이 2~3cm의 총상꽃차례에 모여 달린다. 꽃줄기는 길이 4~11cm이다. 꽃받침은 길이 5~6mm의 종모양이고 흑색의 누운 털이 밀생한다. 열편은 길이 1~2mm의 피침형-좁은 삼각형이다.

참고 개황기에 비해 열매가 장타원형이고 흑색의 털이 밀생하며 작은잎의 끝이 오목한 것이 특징이다.

❶ 2007. 6. 28. 중국 지린성 백두산 ❷꽃. 10~20개씩 조밀하게 모여 달린다. 꽃받침통부는 꽃부리의 나출된 부분보다 짧다. ❸열매. 길이 1.5~2cm의 장타원상 원통형이고 흑색의 압착된 털이 밀생하며 끝에 길이 2~5mm의 암술대가 있다. ❹턱잎. 막질이고 하반부는 합생한다.

개황기

Astragalus uliginosus L.

콩과

국내분포/자생지 북부지방의 산야

형태 다년초. 줄기는 길이 30~80cm이고 털이 약간 있으며 흔히 곧추 자란다. 잎은 작은잎 10~13쌍으로 이루어진 깃털모양의 겹잎이며 길이 10~20cm이다. 작은잎은 길이 1~3cm의 장타원형-타원형이며 끝은 둔하거나 둥글고 짧은 돌기가 있다. 털이 없다. 꽃은 6~8월에 황백색으로 피고 길이 3~6cm의 총상꽃차례에 모여 달린다. 꽃줄기는 길이 10~20cm이다. 꽃받침은 길이 8~9mm의 종모양이고 흑색의 누운 털이 밀생한다. 열편은 길이 1~2.5mm의 선형-피침형이다.

참고 개황기에 비해 열매가 타원형이고 털이 없으며 작은잎의 끝이 돌기모양인 것이 특징이다.

❶ 2018. 6. 14. 중국 지린성 두만강 유역 ❷꽃. 긴꽃대황기보다 꽃이 더 많이 달리는 편이다. 꽃받침통부는 꽃부리의 나출된 부분보다 더 길다. ❸열매. 길이 9~13mm의 타원상 원통형이며 털이 없으며 부리가 짧은 편이다.

나도황기

Hedysarum vicioides subsp. *japonicum* (Fedtsch.) B.H.Choi & H.Ohashi

콩과

국내분포/자생지 북부지방의 해발고도가 높은 산지의 풀밭 또는 바위지대
형태 다년초. 줄기는 길이 30~50cm이다. 작은잎은 길이 1~3cm의 장타원형-장타원상 난형이며 뒷면에 백색의 털이 있다. 꽃은 6~8월에 황백색으로 피고 총상꽃차례는 길이 8~23cm이다. 꽃받침은 길이 5~6mm의 종모양이며 열편은 길이 1~3mm이다. 열매(협과)는 길이 2~3cm의 납작한 좁은 장타원형이다.
참고 기본종(subsp. *vicioides* Turcz.)은 나도황기에 비해 작은잎이 선상 장타원형으로 좁고 꽃부리가 소형(길이 1~1.2cm)이다. 학자에 따라서는 나도황기를 기본종에 통합하기도 한다.

❶ 2007. 6. 28. 중국 지린성 백두산 ❷ 꽃. 꽃부리는 길이 1.2~2cm이다. 용골판이 가장 길다. ❸ 열매. 2~4개의 작은 열매로 분리된다. ❹ 잎. 작은잎 5~9쌍으로 이루어진 겹잎이다.

두메자운

Oxytropis anertii Nakai

콩과

국내분포/자생지 북부지방의 해발고도가 높은 산지의 풀밭이나 바위지대
형태 다년초. 잎은 17~35개의 작은잎으로 이루어진 깃털모양의 겹잎이다. 작은잎은 길이 5~10mm의 피침형-난형이며 끝은 길게 뾰족하다. 꽃은 6~8월에 청자색-밝은 자색으로 핀다. 꽃줄기는 길이 3~6cm로 잎과 깊이가 비슷하거나 약간 길다. 꽃받침은 길이 8~11mm의 종모양이고 백색의 털이 있다. 열편은 길이 2~3mm의 송곳모양이다.
참고 털두메자운(*O. racemosa* Turcz.)는 작은잎이 4~6개씩 돌려나며 꽃이 길이 8~10mm로 작고 열매가 길이 1~1.1cm의 난상 구형이다. 북부지방의 고산지대에서 자란다.

❶ 2007. 6. 27. 중국 지린성 백두산 ❷ 꽃차례. 꽃줄기 끝에서 2~8개씩 조밀하게 모여 달린다. ❸ 꽃(ⓒ김지훈). 꽃받침에 긴 털이 많다. ❹ 열매. 길이 1.3~2.4cm의 좁은 난형이며 털이 있다.

405

노랑개자리
Medicago ruthenica (L.) Trautv.

콩과

국내분포/자생지 제주 및 강원 이북의 산야(햇볕이 잘 드는 풀밭)

형태 다년초. 줄기는 길이 20~50cm이고 곧추서거나 비스듬히 자라며 밑부분에서 가지가 갈라진다. 잎은 3출겹잎이다. 작은잎은 길이 1~2cm의 장타원형–장타원상 난형이며 끝은 편평하거나 둥글고 가장자리는 밋밋하거나 윗부분에 불규칙한 톱니가 있다. 측맥은 8~18쌍이고 뒷면의 맥은 도드라진다. 턱잎은 피침형–난상 피침형이고 뚜렷한 맥이 있으며 가장자리에 1~3개의 뾰족한 톱니가 있다. 잎자루는 길이 2~12mm이다. 꽃은 6~9월에 황색–황갈색으로 피며 잎겨드랑이에서 나온 산형상 꽃차례에 4~15개씩 모여 달린다. 꽃줄기는 잎보다 길며 포는 길이 1~2mm이고 꽃자루는 길이 1.5~4mm이다. 꽃부리는 길이 5~9mm이며 기판은 주걱형–도란형이고 끝이 오목하다. 익판은 장타원형이며 용골판은 난형이고 가장 짧다. 씨방은 선형이고 털이 없다. 열매(협과)는 길이 8~15(~20)mm의 편평한 장타원형 또는 장타원상 난형이며 끝은 돌기모양으로 약간 돌출한다. 흑색으로 익으며 2~3(~6)개의 씨가 있다. 씨는 길이 2mm 정도의 타원상 난형이다.

참고 꽃이 황색이며 열매가 약간 편평한 장타원형–장타원상 난형인 것이 특징이다.

❶2008. 8. 13. 강원 삼척시 ❷꽃. 황색이며 익판은 장타원형이고 용골판보다 대형이다. ❸꽃받침. 털이 있고 열편은 침모양이다. ❹잎. 측맥은 8~18쌍이며 뚜렷하다. ❺~❿제주도 자생 개체. 전체적으로 내륙의 개체에 비해 소형이다. ❺2021. 9. 20. 제주 서귀포시 ❻꽃. 산형상 꽃차례에 4~15개씩 모여 달린다. 기판의 밑부분은 짙은 자색이다. ❼꽃받침. 꽃자루와 함께 털이 있다. 열편은 침모양–피침형이다. ❽열매. 장타원형이고 씨는 2~3(~6)개씩 들어 있다. ❾❿잎. 내륙의 개체에 비해 작으며 측맥은 6~10쌍 정도이다.

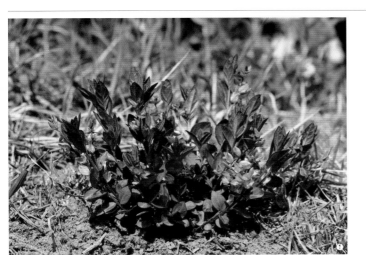

애기풀

Polygala japonica Houtt.

원지과

국내분포/자생지 전국 산지의 햇볕이 잘 드는 건조한 곳(특히 무덤가)

형태 다년초. 땅속줄기는 목질화된다. 줄기는 높이 10~30cm이고 네모지며 구부러진 털이 있다. 잎은 어긋나며 길이 1~3cm의 (피침형–)타원형–난형이고 얇은 가죽질이다. 끝부분이 둔하거나 돌기모양으로 뾰족하고 밑부분은 둔하거나 둥글며 가장자리는 밋밋하다. 잎자루는 길이 1mm 정도이다. 꽃은 4~5월에 연한 적자색–적자색으로 피며 길이 1.5~3.5cm의 총상꽃차례에 모여 달린다. 꽃자루는 길이 7mm 정도이고 털이 있다. 작은 포는 피침형이며 일찍 떨어진다. 꽃받침조각은 5개이고 털이 약간 있다. 바깥쪽의 3개는 길이 3~5mm의 피침형–장타원상 난형이며 안쪽의 2개는 길이 6~7mm의 타원형–난형이다. 꽃잎은 3개이며 밑부분은 합생한다. 옆쪽꽃잎은 길이 6~7mm의 장타원형이고 안쪽면에 털이 밀생한다. 아래쪽꽃잎은 보트모양이고 앞부분에 술모양의 부속체가 있다. 수술은 8개이다. 수술대는 길이 6mm 정도이고 통모양(위쪽이 열려 있는)으로 합생하여 암술대를 둘러싼다. 꽃밥은 황색이다. 열매(삭과)는 지름 6mm 정도의 납작한 신장상 원형–원형이다. 가장자리에 가로맥이 있는 넓은 날개가 있다.

참고 두메애기풀에 비해 잎이 타원형–난형이며 꽃이 연한 적자색–적자색이고 약간 대형이다.

❶2023. 5. 2. 인천 서구 ❷꽃차례. 잎과 마주나거나 거의 마주나며 길이 1.5~3.5cm의 총상꽃차례이다. 두메애기풀에 비해 꽃차례는 줄기의 끝부분보다 길게 자라 나오지 않는다. ❸꽃. 꽃받침조각은 5개이며 안쪽의 2개는 길이 6~7mm의 타원형–난형으로 대형이고 꽃잎모양이다. 술모양으로 갈라진 것은 아래쪽꽃잎이다. ❹옆쪽꽃잎(화살표). 꽃잎은 3장이며 옆쪽꽃잎은 2장이다. ❺암술. 씨방은 도란형이며 암술대는 길이 5mm 정도이고 2개로 갈라진다. ❻열매. 납작한 신장상 원형–원형이고 가장자리는 날개모양이다. 꽃받침조각은 결실기에도 숙존한다. ❼잎 앞면. 양면에 털이 약간 있거나 없다. ❽잎 뒷면. 맥은 돌출하며 측맥은 3~5쌍이다. ❾땅속줄기. 줄기 밑부분과 함께 목질화되며 다수의 눈이 형성되어 있다.

두메애기풀

Polygala sibirica L.

원지과

국내분포/자생지 경북(봉화군) 이북
산지(주로 석회암지대)

형태 다년초. 줄기는 높이 10~25cm
이다. 잎은 어긋나며 길이 1~2cm의
피침형–장타원형이다. 꽃은 5~6월에
연한 청자색–청자색으로 핀다. 꽃받
침열편은 5개이며 안쪽의 2개는 길이
6~7.5mm의 꽃잎모양이다. 꽃잎은 3
개이고 밑부분의 2/5 정도는 합생한
다. 옆쪽꽃잎은 길이 5~6mm이다. 아
래쪽꽃잎은 보트모양이고 끝부분에
술모양의 부속체가 있다. 수술은 8개
이며 수술대는 길이 5~6mm이고 밑
부분은 1/2~2/3 정도 합생한다.

참고 애기풀에 비해 잎이 피침형–장
타원형이며 꽃이 연한 청자색–청자
색이고 약간 작다.

❶2013. 5. 30. 충북 단양군. 꽃차례는 줄기
의 윗부분에서 나와서 정생하는 것처럼 보
인다. 애기풀보다 꽃차례에 꽃이 적게 달린
다. ❷❸꽃. 애기풀에 비해 옆쪽꽃잎이 작다.
❹열매. 꽃받침조각은 열매에 밀착하여 숙존
한다. ❺줄기. 애기풀에 비해 잎과 줄기에 털
이 많다.

원지

Polygala tenuifolia Willd.

원지과

국내분포/자생지 경북(의성군, 안동시
등) 이북 산지

형태 다년초. 줄기는 높이 20~40cm
이다. 꽃은 6~8월에 연한 청자색–적
자색으로 핀다. 꽃받침조각은 5개이
며 안쪽의 2개는 길이 5mm 정도의
타원형–도란형이고 꽃잎모양이다. 꽃
잎은 3개이고 밑부분은 합생한다. 옆
쪽꽃잎은 길이 4mm의 장타원형이다.
아래쪽꽃잎은 옆쪽꽃잎보다 길고 끝
부분에 술모양의 부속체가 있다. 수
술은 8개이며 수술대는 밑부분이 3/4
정도 합생한다.

참고 꽃차례가 줄기와 가지의 끝부분
에 달리며 잎이 선형–선상 피침형인
것이 특징이다.

❶2003. 6. 21. 경북 안동시 ❷❸꽃. 아래쪽
꽃잎은 보트모양이고 끝부분에 술모양의 부
속체가 있다. 안쪽 꽃받침조각은 개화 시 끝
추서거나 약간 뒤로 젖혀진다. 꽃자루가 길
다. ❹열매. 가장자리에 좁은 날개가 있다.
안쪽 꽃받침조각보다 약간 짧다. ❺잎 앞면.
잎은 길이 1~3(~4)cm, 너비 0.6~1(~2)mm의
선형이다. ❻잎 뒷면. 중앙맥이 뚜렷하다.

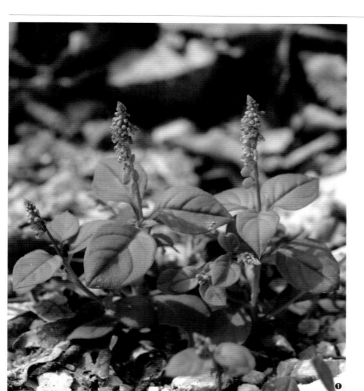

병아리풀

Polygala tatarinowii Regel

원지과

국내분포/자생지 경북(의성군, 봉화군 등) 이북의 건조한 산지(주로 석회암지대)

형태 1년초. 줄기는 높이 5~18cm이고 능각이 발달하며 털이 없다. 흔히 줄기의 밑부분에서 가지가 갈라진다. 잎은 어긋나며 길이 0.8~2(~3)cm의 (타원형~)난형~난상 원형이고 끝부분이 뾰족하다. 잎자루는 길이 2~10mm이고 좁은 날개가 있다. 꽃은 7~10월에 연한 적자색~적자색으로 피며 줄기와 가지 끝부분의 총상꽃차례에 한쪽 방향으로 치우쳐 달린다. 꽃자루는 길이 1~1.2mm이며 작은포는 2개이고 길이 1mm 정도의 피침형이다. 꽃받침조각은 5개이다. 바깥쪽의 3개는 길이 1mm 정도의 타원형 또는 난형이며 개화 직후 떨어진다. 안쪽의 2개는 길이 2mm 정도의 도란형이고 꽃잎모양이며 꽃잎과 함께 시들면서 떨어진다. 꽃잎은 3개이며 끝은 둥글며 아랫부분(전체 길이의 2/3 정도)은 합생한다. 수술은 8개이며 수술대는 밑부분의 3/4 정도가 합생한다. 씨방은 지름 0.5mm 정도이고 털이 없다. 암술대는 길이 2mm 정도이고 구부러지며 앞부분은 깔때기모양이다. 열매(삭과)는 지름 2mm 정도의 납작한 원형이고 털이 약간 있다.

참고 줄기에 털이 없고 잎이 난형이며 꽃차례가 줄기와 가지의 끝에 달리고 꽃자루가 길이 4mm 정도인 것이 특징이다.

❶ 2020. 7. 21. 강원 평창군 ❷꽃차례. 아래쪽꽃잎은 주머니모양이고 밝은 황색(→주황색)이며 끝부분이 술모양이 아니다. ❸열매. 가장자리에 날개가 거의 발달하지 않는다. ❹씨. 끝부분에 유질체(지질의 부속체, elaiosome)가 있다. ❺잎. 흔히 난형~난상 원형이다.

눈개승마

Aruncus dioicus var. *kamtschaticus*
(Maxim.) H.Hara
Aruncus sylvester Kostel. ex Maxim.

장미과

국내분포/자생지 울릉도 및 지리산 이북의 산지

형태 다년초. 줄기는 높이 40~100cm 이고 털이 없다. 잎은 2~3회 3출겹잎 이며 작은잎은 길이 3~10cm의 좁은 난형–난상 원형이고 끝은 뾰족하거나 길게 뾰족하다. 가장자리에는 결 각상의 겹톱니가 있으며 뒷면의 맥 위에는 털이 있다. 암수딴그루이다. 꽃은 6~8월에 백색으로 피며 길이 10 ~30cm의 원뿔꽃차례에 빽빽이 모여 달린다. 꽃차례에 짧은 털이 있다. 꽃 받침열편은 길이 1mm 정도의 난형 이고 끝은 뾰족하거나 둔하다. 꽃잎 은 길이 1~2mm의 주걱형–넓은 주 걱형이다. 수꽃의 수술은 20개이며 수술대는 길이 2~3mm이고 털이 없 다. 암꽃은 심피가 3~4개이며 길이 1 ~1.5mm이고 털이 없다. 열매(골돌)는 길이 2.5~3mm이고 털이 없으며 광 택이 난다. 끝부분에 길이 0.5mm 정 도의 암술대가 남아 있다.

참고 눈개승마속(*Aruncus*)은 잎이 2~ 3회 깃털모양겹잎이고 턱잎이 없으며 심피가 3~4(~8)개이고 골돌이 가죽질 인 것이 특징이다. 전 세계에 3~6종 이 분포하지만 분류학적으로 명확하 게 정리되지 않아 학자들 간 견해가 다양하다. 국내 자생하는 눈개승마도 학자들에 따라서는 북반구 한대–온 대지역에 넓게 분포하는 *A. dioicus* 와 동일한 분류군으로 보기도 하며 중국(식물지)의 경우 별개의 종으로 *A. sylvester*으로 처리하기도 한다.

❶수그루. 2023. 6. 1. 강원 정선군 함백산. ❷수꽃. 수술은 20개이며 수술대는 길이 2~ 3mm이고 꽃잎 길이의 2배 정도이다. ❸암 꽃차례. 수분된 암꽃은 연한 적갈색–적자색 으로 변한다. ❹암꽃. 심피는 3~4개이고 털 이 없다. 암술대는 길이 0.5~0.7mm이다. 수 술은 퇴화되어 돌기모양이다. ❺열매. 길이 2.5~3mm의 난상 장타원형이고 털이 없다. ❻잎. 작은잎은 끝이 꼬리처럼 길게 뾰족하 며 가장자리에 뾰족한 겹톱니가 있다. ❼잎 뒷면. 맥 위에 짧은 털이 약간 있다. ❽수그 루. 2019. 7. 6. 중국 지린성 백두산.

한라개승마

Aruncus dioicus var. *aethusifolius* (H.Lév.) H.Hara

장미과

국내분포/자생지 제주 한라산의 풀밭이나 바위지대, 한반도 고유변종

형태 다년초. 줄기는 높이 20~50cm이다. 잎은 2회 3출겹잎이며 줄기 아래쪽에서 좁은 간격으로 모여난다. 꽃은 7~8월에 백색으로 핀다. 꽃받침조각은 길이 1mm 정도의 피침형(수꽃)-삼각상(암꽃)이다. 꽃잎은 길이 1mm 정도의 도피침형-장타원상 도피침형이다. 열매(골돌)는 길이 3mm 정도의 난상 장타원형이다.

참고 눈개승마에 비해 전체가 소형이고 잎가장자리가 결각상으로 깊게 갈라지는 것이 특징이다. 학자에 따라서는 독립된 종(*A. aethusifolius*)으로 처리하거나 눈개승마와 동일 종으로 취급하기도 한다.

❶2023. 6. 24. 제주 제주시 한라산 ❷수꽃. 수술은 20개이다. 가지와 꽃자루에 짧은 털이 있다. ❸암꽃. 심피는 3~4개이며 암술대는 씨방과 길이가 비슷하거나 약간 짧다. ❹열매. 3mm 정도이고 털이 없다. ❺잎. 작은잎의 가장자리는 결각상으로 깊게 갈라진다.

좀낭아초

Chamaerhodos erecta (L.) Bunge

장미과

국내분포/자생지 북부지방 낮은 산지의 바위지대, 건조한 풀밭

형태 1~2년초. 줄기는 높이 20~60cm이다. 줄기잎은 길이 1~2.5cm의 2~3회 깃털모양겹잎이다. 꽃은 6~7월에 연한 적자색으로 피며 지름 5~7mm이고 취산꽃차례에 모여 달린다. 꽃받침조각은 길이 1~2mm의 난상 피침형이고 끝이 길게 뾰족하다. 꽃잎은 길이 2~3mm의 도란형이고 밑부분은 자루모양이다. 수술은 꽃잎보다 짧다. 심피는 10~15개이고 암술대는 씨방의 아래쪽 측면에서 달린다.

참고 잎이 깃털모양으로 완전히 갈라지며 열편이 선형이고 앞면과 가장자리에 가시 같은 털이 있는 것이 특징이다.

❶2007. 6. 24. 중국 지린성 ❷꽃. 꽃잎의 꽃받침보다 약간 더 길거나 길이가 비슷하다. ❸열매. 꽃받침에 덮여 있다. ❹꽃받침을 제거한 열매. 수과는 길이 1~1.5mm의 난형이다. ❺잎과 줄기. 가시 같은 긴 털이 있다.

큰뱀무

Geum aleppicum Jacq.

장미과

국내분포/자생지 전국의 산야

형태 다년초. 줄기는 높이 30~100cm 이고 긴 털이 있다. 줄기잎은 작은 잎 3~5개로 이루어진 겹잎이며 중앙 의 작은잎은 피침형 또는 도란상 피 침형이다. 턱잎은 잎모양이고 난형이 다. 꽃은 6~9월에 황색으로 피며 지 름 1.2~2cm이다. 꽃받침조각은 길이 3.5~9mm의 장타원상 난형–난형이 고 바깥면에 털이 있다. 꽃잎은 길이 5~8mm의 타원형–넓은 도란형이다. 수술과 심피는 다수이다. 암술대는 정생하며 관절이 있다. 열매(집합과)는 타원형–도란형이다. 수과는 길이 2~ 3mm이고 굳센 털이 있다.

참고 뱀무에 비해 꽃턱에 짧은(1mm 이 하) 털이 있으며 줄기잎은 작은잎 3~5 개로 이루어진 겹잎인 것이 특징이다.

❶2021. 7. 14. 전남 구례군 지리산 ❷꽃. 꽃 자루에 긴 퍼진 털이 있다. ❸열매. 꽃턱에 긴 털이 없다. 수과 표면에 긴 단단한 털이 밀생한다. ❹줄기잎. 작은잎은 3~5개이다.

뱀무

Geum japonicum Thunb.

장미과

국내분포/자생지 울릉도, 남부지역 (주로 서남해 도서)의 산지 또는 풀밭

형태 다년초. 줄기는 높이 30~60cm 이고 짧은 털이 있다. 줄기잎은 홑잎 또는 3출겹잎이다. 꽃은 6~9월에 황 색으로 피며 지름 1.2~1.8cm이다. 꽃 받침조각은 길이 3.5~9mm의 장타원 상 난형–난형이고 바깥면에 털이 밀 생한다. 꽃잎은 길이 5~8mm의 넓 은 타원형–도란형이다. 수술과 심피 는 다수이다. 암술대의 밑부분에 짧 은 샘털이 있다. 열매(집합과)는 구형 이다. 수과는 길이 2~2.5mm이고 굳 센 털이 있다.

참고 뱀무에 비해 꽃턱에 긴(1.5~3mm) 털이 있으며 줄기잎은 홑잎이거나 3 출겹잎인 것이 특징이다.

❶2002. 8. 8. 경북 울릉군 울릉도 ❷꽃. 꽃 자루에 잔털이 밀생하고 긴 퍼진 털은 없다. ❸열매. 꽃턱에 황갈색의 긴 털이 밀생한다. 수과의 표면에 긴 털은 큰뱀무보다는 성기게 난다. ❹줄기잎. 홑잎이거나 3출겹잎이다.

땃딸기

Fragaria mandshurica Staudt

장미과

국내분포/자생지 북부지방의 산야

형태 다년초. 줄기는 높이 5~30cm
이고 긴 퍼진 털이 있다. 잎은 3출겹
잎이며 중앙의 작은잎은 뒷면에 털이
약간 있다. 꽃은 5~6월에 백색으로
피며 지름 1.5~2cm이다. 꽃잎은 5장
이며 넓은 도란형−거의 원형이다. 열
매(집합과)는 타원상 난형−거의 구형
이고 적색으로 익는다.

참고 흰땃딸기에 비해 전체적으로 대
형이며 특히 중앙의 작은잎의 길이가
2~5cm인 것이 특징이다. 땃딸기는 2
배체이고 양성화가 피며, *Fragaria
orientalis*는 4배체이고 암수딴그루(또
는 암꽃수꽃양성화딴그루)인 것이 특징
이다. 학자에 따라서는 땃딸기를 *F.
orientalis*에 통합·처리하기도 한다.

❶2019. 7. 5. 중국 지린성 백두산 ❷꽃. 양
성화이다. ❸열매. 수과 표면은 평활하거나
약간 주름진다. ❹기는줄기. 결실기 이후에
땅 위로 길게 뻗는다.

흰땃딸기

Fragaria nipponica subsp.
chejuensis Staudt & Olbricht

장미과

국내분포/자생지 제주 한라산의 해
발고도가 높은 지대의 풀밭, 한반도
고유변종

형태 다년초. 옆으로 뻗는 줄기가 있
다. 뿌리잎은 3출겹잎이며 중앙의 작
은잎은 길이 1~2cm의 장타원형−넓
은 도란형이다. 꽃은 5~6월에 백색으
로 피며 지름 1.5cm 정도이다. 꽃
잎은 5장이며 장타원형−타원형이다.
열매(집합과)는 길이 8~15mm의 타원
형−거의 구형이고 적색으로 익는다.

참고 전체적으로 소형이며 특히 작은
잎의 길이가 2cm 이하인 것이 특징
이다. 기본종(subsp. *nipponica*)에 비해
식물체가 작고 간혹 잎자루에 부속작
은잎(부소엽)이 달리는 특징을 근거로
별도의 아종으로 구분하지만 넓은 의
미에서는 동일 분류군이다.

❶2022. 6. 15. 제주 제주시 한라산 ❷꽃. 땃
딸기에 비해 소형이다. ❸꽃받침. 열편은 난
상 피침형이고 누운 털이 있다. ❹잎 뒷면.
잎자루와 잎 뒷면 맥 위에 긴 털이 밀생한다.

너도양지꽃

Sibbaldia procumbens L.

장미과

국내분포/자생지 북부지방의 고산지대 풀밭 또는 사력지

형태 다년초. 줄기는 높이 4~20cm이고 비스듬히 또는 땅에 누워 자라며 전체에 누운 털이 있다. 줄기 밑부분의 잎은 좁은 간격으로 어긋나며 3출겹잎이고 작은잎은 모두 크기와 모양이 비슷하다. 작은잎은 길이 6~20mm의 도란형이며 털이 있다. 꽃은 7~8월에 황색으로 피며 지름 4~6mm이다. 꽃받침조각은 길이 3.5~5mm의 삼각상 난형-난형이다. 꽃잎은 길이 1~1.5mm의 도피침형-장타원상 도란형이다. 열매(수과)는 길이 1~1.5mm이고 털이 없다.

참고 수술이 5개이고 심피가 소수이며 3출겹잎이고 작은잎의 끝부분이 3개로 갈라지는 것이 특징이다.

❶ 2019. 7. 24. 중국 지린성 백두산 ❷ 꽃차례. 꽃줄기 끝부분에서 3~15개씩 밀접하여 모여 달린다. ❸ 꽃(ⓒ이만규). 꽃잎의 길이는 꽃받침열편의 1/2~2/3이다. ❹ 열매. 꽃받침에 덮여 있다.

나도양지꽃

Waldsteinia ternata (Stephan) Fritsch

장미과

국내분포/자생지 강원, 경기 이북의 산지 숲속 또는 풀밭

형태 다년초. 줄기는 높이 15cm 이하이다. 뿌리잎은 3출겹잎이다. 중앙의 작은잎은 길이 1.2~4.6cm의 마름모상 도란형이고 가장자리에 불규칙한 이빨모양의 톱니가 있다. 꽃은 4~5월에 황색으로 피며 지름 1.5~2.7cm이다. 꽃받침조각은 길이 3.5~10mm의 장타원형-난형이다. 꽃잎은 길이 6~12mm의 타원형-마름모상 타원형이다. 수술은 다수이고 심피는 보통 5개이다. 열매(수과)는 길이 2~4mm의 도란상 원통형이다.

참고 꽃이 진 후 암술대가 길게 자라는 특징을 근거로 뱀무속(*Geum*)으로 취급하기도 한다. 잎이 3출겹잎이고 암술대는 결실기에 떨어져 나간다.

❶ 2017. 4. 25 강원 화천군 광덕산 ❷ 꽃. 심피가 5개이다. 수술은 꽃잎보다 짧다. ❸ 열매. 도란상 원통형이며 털이 밀생한다. ❹ 땅속줄기. 옆으로 길게 뻗는다. ❺ 뿌리잎. 3출겹잎이다.

돌양지꽃

Potentilla dickinsii Franch. & Sav.
var. *dickinsii*
Potentilla ancistrifolia var. *dickinsii*
(Franch. & Sav.) Koidz.

장미과

국내분포/자생지 전국의 산지 바위
지대

형태 다년초. 땅속줄기는 짧고 목질
화된다. 줄기는 높이 5~20cm이다.
잎은 3출겹잎 또는 작은잎 5장으로
이루어진 깃털모양의 겹잎이다. 작은
잎은 길이 1.5~4cm의 타원형-난상
원형 또는 도란형이며 끝은 뾰족하
거나 둔하고 가장자리에는 이빨모양
의 톱니가 있다. 양면에 털이 있으며
뒷면은 흰빛을 띤다. 턱잎은 길이 7~
12mm의 피침형이며 바깥면에 털이
있다. 잎자루는 길이 1~7cm이고 털이
있다. 꽃은 6~7월에 황색으로 피며
지름 8~14mm이고 줄기와 가지 끝부
분의 취산꽃차례에 2~12개씩 모여 달
린다. 꽃자루는 길이 5~10mm이고 털
이 있다. 꽃받침조각은 길이 5~6mm
의 피침형-좁은 난형이며 덧꽃받침
조각은 길이 4~5mm의 피침형이다.
꽃잎은 길이 4~7mm의 도란형이며
끝은 둥글거나 오목하다. 수술은 20~
25개이다. 꽃턱은 원뿔형이며 백색의
털이 밀생한다. 심피는 다수이며 암
술대는 길이 1.5mm 정도의 실모양이
고 씨방의 거의 끝부분에 달린다. 열
매(수과)는 길이 2mm 정도의 난형이
고 갈색이며 약간 주름진다. 배꼽(제)
주변에 털이 있다.

참고 학자들에 따라서는 당양지꽃의
변종으로 처리하기도 한다. **섬양지꽃**
(var. *glabrata* Nakai)은 돌양지꽃에 비
해 전체에 털이 없거나 적고(잎맥에만
털이 있음) 잎이 크고 뒷면이 연녹색인
것이 특징이다. 울릉도의 산지 바위
절벽에서 드물게 자란다. 넓은 의미
에서는 돌양지꽃과 동일 종으로 보기
도 한다.

❶2023. 6. 20. 경북 성주군 가야산 ❷꽃.
수술은 20~25개이다. ❸열매. 약간 주름지
며 긴 털이 있다. ❹잎. 3출겹잎 또는 작은
잎 5개로 이루어진 깃털모양의 겹잎이다. ❺
~❼섬양지꽃 ❺열매. 돌양지꽃과 비슷하다.
수과(심피)가 많은 편이다. ❻잎 앞면. 돌양
지꽃에 비해 약간 대형이며 털이 거의 없다.
❼잎 뒷면. 흰빛이 돌며 맥 위에 털이 약간
있다. ❽2005. 5. 6. 경북 울릉군 울릉도

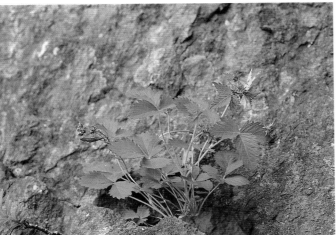

당양지꽃

Potentilla ancistrifolia Bunge
Potentilla rugulosa Kitag.

장미과

국내분포/자생지 경북 이북의 산지
(주로 석회암지대) 또는 강가 바위지대
형태 다년초. 땅속줄기는 굵고 목질
화된다. 줄기는 높이 15~30cm이다.
잎은 3출겹잎 또는 작은잎 5~9개로
이루어진 깃털모양의 겹잎이다. 작은
잎은 길이 2~4cm의 타원형~난상 타
원형이며 끝은 뾰족하고 가장자리에
이빨모양의 톱니가 있다. 양면에 털
이 많으며 뒷면은 회색빛 또는 흰빛
을 띤다. 꽃은 6~8월에 황색으로 피
며 지름 9~12mm이고 줄기와 가지
끝부분의 취산꽃차례에 모여 달린
다. 꽃자루는 길이 5~10mm이고 털
이 밀생한다. 꽃받침조각은 길이 5~
7mm의 장타원상 난형이고 끝이 길
게 뾰족하며 덧꽃받침조각은 선상 피
침형~피침형이고 꽃받침조각과 길이
가 비슷하다. 꽃잎은 도란형이고 꽃
받침조각과 길이가 비슷하거나 약간
더 길다. 수술은 20~30개이다. 꽃턱
은 원뿔형이며 백색의 털이 밀생한
다. 심피는 다수이며 암술대는 길이
1.5mm 정도의 실모양이고 씨방의 거
의 끝부분에 달린다. 열매(수과)는 길
이 2mm 정도의 난형이고 갈색이며
약간 주름진다.
참고 돌양지꽃에 비해 뿌리잎의 작은
잎이 5~9개로 많은 편이며 맥이 뚜렷
하고 뒷면에 백색~회색의 털이 밀생
하는 것이 특징이다.

❶2018. 6. 25. 강원 영월군 ❷꽃. 꽃잎 밑
부분은 짙은 황색~연한 주황색이다. 수술
은 20~30개이다. ❸꽃받침. 누운 털이 있
다. 꽃받침조각은 5개이며 장타원상 난형이
고 덧꽃받침조각은 선상 피침형~피침형이
다. ❹열매. 갈색이며 주름이 약간 있다. 배
꼽(제, hilum) 주변에 털이 있다. ❺잎 앞면.
돌양지꽃에 비해 대형이며 두껍고 보다 뚜렷
하게 주름진다. ❻잎 뒷면. 흰빛이 강하게 돌
며 맥 위에 털이 밀생한다. ❼턱잎. 선상 피
침형~피침형이며 가장자리는 밋밋하거나 2
~3개로 깊게 갈라진다. ❽2020. 7. 5. 충북
제천시

끈끈이딱지

Potentilla longifolia Willd. ex Schltdl.
Potentilla viscosa Donn ex Lehm.

장미과

국내분포/자생지 북부지방 산야의 풀밭

형태 다년초. 줄기는 높이 30~90cm 이며 전체에 털과 샘털이 밀생한다. 뿌리잎은 길이 10~30cm(잎자루 포함)이고 작은잎 9~11개로 이루어진 깃털모양의 겹잎이다. 작은잎은 길이 2~8cm의 피침상 장타원형 또는 도피침형이며 마주나거나 약간 어긋난다. 끝은 둔하거나 뾰족하고 가장자리는 끝이 둔한 큰 톱니가 있다. 꽃은 6~8월에 황색으로 피며 지름 1.5~1.8cm 이고 줄기와 가지 끝부분의 산방상 취산꽃차례에 조밀하게 모여 달린다. 꽃자루는 짧다. 꽃받침조각은 삼각상 피침형-난상 장타원형이고 끝은 뾰족하다. 덧꽃받침조각은 장타원상 피침형이고 꽃받침조각과 길이가 비슷하거나 약간 길다. 꽃잎은 도란형-도란상 원형이고 끝은 오목하다. 수술은 20개 정도이고 심피는 다수이다. 암술대는 원뿔형이고 돌기가 있으며 씨방의 거의 끝부분에 달린다. 열매(수과)는 길이 8~12mm의 타원상 난형-난형이며 표면은 평활하거나 주름이 약간 있다.

참고 딱지꽃(*P. chinensis* Ser.)에 비해 높이 30~90cm이고 곧추 자라며 식물체 전체에 샘털이 밀생해서 끈적하고 잎 뒷면이 녹색인 것이 특징이다. 북부지방에 분포하는 북방계 자생식물이지만 최근 경기, 경북의 강가, 민가, 도로변의 조경수종 식재지에서 귀화 개체들이 간혹 발견된다.

❶ 2020. 7. 26. 경기 여주시. 귀화 개체
❷ 꽃. 꽃잎은 꽃받침과 길이가 비슷하거나 약간 짧다. ❸ 꽃받침. 꽃받침조각과 덧꽃받침조각의 전체(특히 뒷면)에 짧은 샘털이 밀생한다. 덧꽃받침조각은 장타원상 피침형이고 꽃받침과 길이가 비슷하거나 약간 길다. ❹ 열매(집합과). 꽃받침과 덧꽃받침조각은 결실기에 커져서 열매를 완전히 감싼다. ❺ 수과. 타원상 난형-난형이고 흔히 주름이 있다. ❻ 잎 앞면. 작은잎 9~11개로 이루어진 겹잎이며 양면(특히 뒷면)에 샘털이 있다. ❼ 잎 뒷면. 연녹색이고 맥이 뚜렷하게 돌출한다. ❽ 턱잎. 피침형이며 가장자리는 밋밋하거나 불규칙하게 갈라진다. 하반부는 잎자루와 합생한다. ❾ 줄기. 약간의 털과 함께 짧은 샘털이 밀생한다.

솜양지꽃

Potentilla discolor Bunge

장미과

국내분포/자생지 전국의 양지바른 풀밭(특히 무덤가)

형태 다년초. 땅속줄기는 굵고 방추형의 덩이뿌리가 발달한다. 줄기는 높이 10~35cm이다. 잎은 작은잎 5~9개로 이루어진 깃털모양의 겹잎이며 작은잎은 길이 1.5~5cm의 피침상 장타원형-장타원형이다. 꽃은 4~6월에 황색으로 핀다. 꽃받침조각은 길이 3~4.5mm의 삼각상 난형이며 바깥면에 백색의 면모가 밀생한다. 수술은 20개 정도이며 심피는 다수이고 암술대는 씨방의 거의 끝부분에 달린다.

참고 은양지꽃에 비해 잎이 깃털모양의 겹잎이고 작은잎이 장타원상이며 땅속줄기가 짧고 방추형의 덩이뿌리가 발달하는 것이 특징이다.

❶ 2016. 4. 26. 대구 동구 불로동 고분군 ❷ 꽃. 지름 1.2~1.5cm로 약간 작은 편이다. ❸ 꽃받침. 전체에 백색의 누운 털이 밀생한다. ❹ 열매. 길이 1mm 정도의 장타원상 난형-난형이고 평활하다. ❺ 잎 뒷면. 백색의 누운 털(면모)이 밀생한다.

은양지꽃

Potentilla nivea L.

장미과

국내분포/자생지 북부지방 고산지대의 풀밭이나 바위지대

형태 다년초. 줄기는 높이 5~25cm이다. 잎은 3출겹잎이며 작은잎은 길이 1~3.5cm의 도란상 장타원형-난상 원형 또는 도란상 원형이다. 꽃은 6~7월에 황색으로 핀다. 꽃받침조각은 길이 3~5mm의 넓은 피침형-삼각상 난형이며 바깥면에 백색의 면모가 있다. 꽃잎은 길이 5~8mm의 도란형-도란상 원형이고 끝은 편평하거나 오목하다. 수술은 20개 정도이고 심피는 다수이다. 열매(수과)는 길이 1.5mm 정도의 난형-신장상 난형이고 표면은 평활하다.

참고 솜양지꽃에 비해 잎이 3출겹잎이며 작은잎이 도란상 장타원형-난상 원형 또는 도란상 원형인 것이 특징이다.

❶ 2007. 6. 26. 중국 지린성 백두산 ❷ 꽃. 지름 1.2~2cm이며 꽃잎의 밑부분은 짙은 황색-연한 주황색이다. ❸ 잎. 3출겹잎이다. ❹ 잎 뒷면. 백색의 누운 털(면모)이 밀생한다.

좀딸기

Potentilla centigrana Maxim.

국내분포/자생지 전국(주로 중부 이북)
의 계곡가 등 산지의 습한 곳
형태 다년초. 줄기는 길이 20~50cm
이고 옆으로 누워 자라거나 비스듬히
서서 자라며 땅에 닿으면 마디에서
뿌리를 내린다. 줄기잎은 3출겹잎이
며 작은잎은 길이 5~20mm의 타원형
또는 도란형이며 가장자리에 이빨모
양의 톱니가 있다. 꽃은 4~8월에 황
색으로 핀다. 꽃받침조각은 장타원상
난형-넓은 난형이고 끝이 뾰족하다.
수술은 15~20개이다. 열매(수과)는 길
이 1mm 정도의 도란형이며 표면은
주름지고 돌기가 약간 있다.
참고 줄기와 가지의 끝부분에서 꽃이
1개씩 달리며 땅 위로 뻗는 줄기가 발
달하고 수과에 돌기가 있는 것이 특
징이다.

❶ 2010. 6. 17. 강원 인제군 방태산 ❷ 꽃. 지
름 6~8mm로 자생 양지꽃류 중에서 가장 소
형이다. ❸ 열매. 표면에 둥근 돌기가 흩어져
있다. ❹ 잎 뒷면. 흰빛이 강하게 돌며 맥 위
에 털이 약간 있다.

물양지꽃

Potentilla cryptotaeniae Maxim.

장미과

국내분포/자생지 거의 전국 산야의
습한 풀밭 등
형태 다년초. 줄기는 높이 30~100cm
이며 윗부분에서 가지가 많이 갈라진
다. 잎은 어긋나며 3출겹잎이다. 작은
잎은 길이 2~8cm의 마름모상 장타원
형-좁은 난형이다. 꽃은 7~8월에 황
색으로 핀다. 꽃자루는 길이 7~10mm
이고 털이 있다. 꽃받침조각은 길이
3~4mm의 난형이다. 꽃잎은 도란형
이며 끝은 둥글거나 오목하다. 수술
은 20개이며 심피는 다수이고 암술대
는 길이 1mm 정도이다. 열매(수과)는
길이 1mm 정도의 난형이고 갈색이며
털이 없다.
참고 줄기가 높이 30~100cm로 대형
이고 잎이 3출겹잎이며 턱잎이 잎자
루에 1/2 이상 합착하는 것이 특징이
다.

❶ 2018. 7. 4. 경기 가평군 화악산 ❷ 꽃. 지
름 8~10mm이다. ❸ 열매. 난형이고 주름이
뚜렷하며 털이 없다. ❹ 줄기잎. 3출겹잎이며
끝은 뾰족하거나 길게 뾰족하다.

양지꽃

Potentilla fragarioides L.
Potentilla fragarioides var. *major*
Maxim.

장미과

국내분포/자생지 전국의 산야

형태 다년초. 땅속줄기는 짧고 굵다. 줄기는 높이 7~30cm이고 전체에 털이 많다. 뿌리잎은 작은잎 5~11개로 이루어진 깃털모양의 겹잎이다. 작은잎 중 윗부분의 3개는 길이 1~5cm의 타원형–넓은 난형 또는 도란형이고 크기가 비슷하다. 밑부분을 제외한 가장자리에는 뾰족한 톱니가 있다. 윗부분의 3개 외의 작은잎들은 길이 8~15(~30)mm로 작다. 줄기잎은 3출겹잎이고 잎자루가 짧거나 없다. 꽃은 3~6월에 황색으로 피고 줄기 끝부분의 취산꽃차례에 모여 달린다. 꽃받침조각은 길이 3~8mm의 넓은 피침형–삼각상 난형이며 끝이 뾰족하고 바깥면에 털이 있다. 덧꽃받침조각은 피침상 장타원형–타원형이고 꽃받침조각보다 약간 짧다. 꽃잎은 길이 4~8mm의 도란형–도란상 원형이며 끝은 둥글거나 오목하다. 수술은 20개이다. 심피는 다수이며 암술대는 길이 1~1.5mm의 곤봉모양이고 씨방의 거의 끝부분에 달린다. 열매(수과)는 길이 1~1.2mm의 난형–신장상 난형이고 표면은 약간 주름진다.

참고 기는줄기가 발달하지 않으며 뿌리잎이 5~9(~11)개의 작은잎으로 이루어진 깃털모양의 겹잎인 것이 특징이다. **가거양지꽃**(*P. gageodoensis* M.Kim)은 양지꽃에 비해 전체적으로 대형이며 잎이 두껍고 흔히 작은잎 5(~7)개로 구성된 겹잎이다. 가거도 및 홍도(전남)에 분포한다. 독립종으로 처리하기보다는 양지꽃의 종내 분류군(변종) 또는 동일 종으로 처리하는 것이 타당하다.

❶2002. 4. 9. 대구 동구 도동 측백나무숲 ❷꽃. 지름 1.2~1.6(~2)cm이고 수술은 20개이다. ❸꽃받침. 전체에 긴 털이 밀생한다. ❹잎. 작은잎 5~11개로 이루어진 깃털모양 겹잎이다. 양면(특히 뒷면)에 누운 털이 있다. ❺~❽가거양지꽃 ❺꽃. 양지꽃에 비해 약간 대형이다. ❻열매. 난형이며 주름이 약간 있고 털은 없다. 양지꽃에 비해 약간 대형이다. ❼잎. 양지꽃에 비해 대형이며 두껍고 광택이 약간 난다. 잎가장자리에 백색의 털이 밀생한다. ❽2023. 5. 13. 전남 신안군 가거도

제주양지꽃

Potentilla stolonifera Lehm. ex Ledeb.

장미과

국내분포/자생지 제주 한라산의 해 발고도 높은 지대의 풀밭

형태 다년초. 줄기는 높이 10~15cm 이다. 뿌리잎은 작은잎 5~7(~9)개로 이루어진 깃털모양의 겹잎이다. 작은 잎은 길이 1~3(~5)cm이며 양면에 퍼 진 털이 있다. 꽃은 5~7월에 황색으 로 핀다. 꽃잎은 도란형-도란상 원형 이고 끝은 오목하다. 수술은 20개이 며 심피는 다수이다. 열매(수과)는 길 이 1~1.2mm의 장타원상 난형-난형 이다.

참고 양지꽃에 비해 기는줄기가 매우 발달하는 것이 특징이다. 한라산의 개체들은 약간 소형이어서 변종(var. *quelpaertensis* Nakai)으로 구분하기도 하지만, 기본종에 통합 처리하는 경 우가 많다.

❶2022. 5. 14. 제주 제주시 한라산 ❷꽃. 지 름 1.3~1.7cm이다. ❸꽃받침. 전체에 백색의 긴 털이 있다. ❹열매. 주름이 약간 있고 털 이 없다. ❺잎 뒷면. 긴 털이 밀생한다.

백두산양지꽃

Potentilla coreana Soják
Potentilla baekdusanensis M.Kim

장미과

국내분포/자생지 백두산 일대의 산 지

형태 다년초. 뿌리잎은 작은잎 5~7 개로 이루어진 깃털모양의 겹잎이다. 작은잎은 길이 1.5~2cm의 타원형이 며 가장자리에 뾰족한 톱니가 있다. 꽃은 5~7월에 황색으로 핀다. 꽃받침 조각은 길이 3.5~4mm의 삼각상 난 형이다. 꽃잎은 길이 6~7mm의 도란 형-도란상 원형이고 끝은 오목하다. 수술은 20개이다. 열매(수과)는 길이 1mm 정도의 난형-넓은 난형이고 표 면은 평활하다.

참고 뿌리잎이 작고(길이 4~9cm) 작은 잎이 5~7개이며 가장자리에 털이 거 의 없다. 또한 꽃이 작은 편이며 꽃잎 의 밑부분이 주황색인 것이 특징이다.

❶2011. 6. 2. 중국 지린성 두만강 상류(원 지) ❷꽃. 지름 1.3~1.6cm이고 꽃잎의 밑부 분은 연한 주황색-주황색이다. ❸꽃받침. 털 이 약간 있다. ❹열매. 평활하며 털이 없다. ❺잎. 잎자루에 압착된 털이 있는 것이 가장 중요한 식별형질이다.

민눈양지꽃

Potentilla rosulifera H.Lév.
Potentilla yokusaiana Makino

장미과

국내분포/자생지 거의 전국의 산지
형태 다년초. 기는줄기는 길이 4~
30cm이고 부드러운 털이 많다. 줄기
는 높이 10~20cm이다. 잎은 3출겹잎
이며 작은잎은 길이 1~4cm의 마름모
형-마름모상 난형이고 끝이 뾰족하
거나 짧게 뾰족하다. 양면에 털이 있
다. 꽃은 4~6월에 황색으로 핀다. 꽃
받침조각은 길이 3~5mm의 넓은 피
침형-장타원상 난형이다. 꽃잎은 길
이 4~7mm의 도란형이고 흔히 끝이
오목하다. 수술은 20개이며 심피는
다수이다. 열매(수과)는 털이 없다.
참고 세잎양지꽃에 비해 땅속줄기가
비후하지 않으며 중앙의 작은잎이 마
름모형-마름모상 난형인 것이 특징
이다.

❶ 2019. 5. 5. 대구 동구 팔공산 ❷꽃. 지름
1.5~2cm이고 비교적 성기게 모여 달린다.
❸꽃받침. 잔털이 약간 있다. ❹ 기는줄기.
땅 위로 길게 뻗으며 끝부분에서 새로운 개
체를 형성한다. ❺잎. 가장자리의 톱니는 크
고 뾰족하다.

세잎양지꽃

Potentilla freyniana Bornm.

장미과

국내분포/자생지 전국의 산야
형태 다년초. 줄기는 높이 5~25cm
이다. 잎은 3출겹잎이며 작은잎은 길
이 1~5cm의 장타원형-난형 또는 도
란형이고 가장자리에 둔한 톱니가 있
다. 양면에 누운 털과 퍼진 털이 있으
며 특히 뒷면 맥 위에서는 다소 밀생
한다. 꽃은 4~5월에 황색으로 핀다.
꽃받침조각은 길이 3~5mm의 장타원
형-삼각상 난형이다. 꽃잎은 길이 4
~6mm의 도란형이고 흔히 끝이 오목
하다. 수술은 20개이며 심피는 다수
이다. 열매(수과)는 너비 0.5~1mm의
타원상 난형-난형이며 표면은 주름
지고 털이 없다.
참고 털양지꽃에 비해 땅속줄기가 비
후하며 잎자루와 잎 뒷면에 털이 적
은 것이 특징이다.

❶ 2022. 4. 20. 전북 부안군 변산반도 ❷꽃.
지름 8~15mm이며 수술은 20개 정도이다.
❸꽃받침. 긴 털이 약간 있다. ❹잎. 양면에
누운 털이 있다. ❺땅속줄기. 괴경상으로 비
후하며 기는줄기가 발달한다.

털양지꽃

Potentilla squamosa Soják
Potentilla koreana H.Ikeda & H.T.Im

장미과

국내분포/자생지 강원, 경기, 경남, 충북 등의 산지 숲속 및 숲가장자리, 한반도 고유종

형태 다년초. 기는줄기는 매우 길게 발달하며 가늘고 퍼진 털이 밀생한다. 땅속줄기는 짧고 비후하지 않는다. 줄기는 높이 5~13cm이다. 뿌리 잎은 3출겹잎이며 작은잎은 길이 7~20mm의 타원형-난형 또는 넓은 도란형이고 가장자리에 뾰족한 톱니가 있다. 앞면에 퍼진 털 또는 누운 털이 있으며 뒷면에는 단단하고 짧은 털이 많거나 적다. 턱잎은 피침형-피침상 삼각형이며 하반부는 잎자루와 합생한다. 잎자루는 길이 2.5~8cm이고 퍼진 털이 밀생한다. 꽃은 4~5월에 황색으로 피고 지름 1~1.5cm이며 줄기 끝부분의 취산꽃차례에 1~5개씩 모여 달린다. 꽃자루는 길이 7~23mm이고 퍼진 털이 있다. 꽃받침조각은 길이 2.8~4.3mm의 장타원형-난형이고 바깥면에 털이 있으며 덧꽃받침조각은 길이 2.3~4.3mm의 피침형-장타원상 피침형이다. 꽃잎은 길이 4~6.8mm의 타원형-도란형이고 끝은 둥글거나 오목하다. 수술은 20개이다. 심피는 다수이며 암술대는 길이 1.3~1.5mm의 약간 곤봉모양이고 씨방의 거의 끝부분에 달린다. 열매(수과)는 길이 1~1.3mm의 타원상 난형-난형이며 표면은 주름진다.

참고 세잎양지꽃에 비해 기는줄기가 매우 발달하고 잎자루에 퍼진 털이 밀생하며 잎 뒷면에 짧고 단단한 털이 많은 편이다.

❶ 2022. 4. 17. 경남 의령군 ❷ 꽃. 지름 1~1.5cm이다. ❸ 꽃받침. 덧꽃받침조각은 피침형-장타원상 피침형으로 꽃받침조각보다 좁은 편이다. 털이 있다. ❹ 열매. 약간 주름지며 털은 없다. ❺ 잎. 작은잎의 끝은 둔하거나 둥글다. 양면(특히 뒷면)에 털이 있다. ❻ 줄기. 옆으로 뻗는 줄기가 발달하며 줄기 표면에는 긴 퍼진 털이 밀생한다. ❼ 잎과 기는줄기. 개화기 이후에 기는줄기는 왕성하게 뻗어나간다. ❽ 군락(결실기, 2018. 5. 11. 경남 밀양시). 지면 전체를 덮으면서 군락을 이루기도 한다.

지리터리풀

Filipendula formosa Nakai

장미과

국내분포/자생지 지리산 일대의 산지(해발고도 1,200m 이상), 한반도 고유종

형태 다년초. 땅속줄기는 짧고 굵다. 줄기는 높이 40~80cm이고 곧추 자라며 털이 없다. 잎은 깃털모양 겹잎이다. 최종 중앙의 작은잎은 길이 5~17cm의 넓은 난형-거의 원형이며 가장자리는 손바닥모양으로 얕게 3~5개로 갈라지고 밑부분은 깊은 심장형이다. 열편은 삼각상 난형-넓은 난형이며 끝은 뾰족하거나 길게 뾰족하고 가장자리에는 뾰족한 겹톱니가 있다. 옆쪽의 작은잎은 길이 1.5~5mm의 장타원상 난형-난형이고 가장자리에 뾰족한 톱니가 있다. 잎자루는 길이 5~30cm이고 털이 거의 없다. 턱잎은 길이 5~7mm의 난형이고 가장자리에 뾰족한 톱니가 있다. 꽃은 6~8월에 연한 적자색-적자색으로 피며 지름 4~5mm이고 줄기의 끝부분과 잎겨드랑이에서 나온 산방상 취산꽃차례에 빽빽이 모여 달린다. 꽃줄기와 꽃자루에 털이 없다. 꽃받침조각은 4~5개이고 길이 0.8~1.2mm의 타원상 난형-난형이다. 꽃잎은 길이 2~3mm의 도란형-도란상 원형이고 밑부분은 자루모양이다. 수술은 15~20개이며 수술대는 길이 3.5~6mm이다. 씨방은 길이 1.2~1.4mm의 장타원형-도란상 장타원형이고 털이 없거나 드물게 약간 있다. 암술대는 길이 0.6~1mm이고 흔히 밑부분은 구부러진다. 열매(수과)는 길이 3~4.5mm의 편평한 도피침형-도피침상 장타원형이고 털이 없다.

참고 터리풀에 비해 꽃이 연한 적자색-적자색으로 피며 심피와 수과가 1~3개이고 털이 없는 것이 특징이다.

❶2001. 7. 13. 전남 구례군 지리산 ❷꽃. 꽃잎은 도란형-도란상 원형이다. 수술은 15~20개이고 꽃잎에 비해 2배 정도 길다. ❸꽃(측면). 꽃받침은 뒤로 강하게 젖혀진다. 꽃차례와 꽃자루에 털이 없다. ❹암술. 심피는 1~3개이고 씨방에 털이 없거나 약간 있으며 암술대는 흔히 밑부분에서 구부러진다. ❺열매. 1~3개 달리며 밑부분에 자루가 없다. ❻열매 비교. 터리풀(아래쪽)에 비해 크기가 작고 털이 없으며 자루가 없다. ❼잎. 표면에 털이 없다. ❽잎 뒷면. 맥 위에 짧은 털이 있다. ❾2021. 7. 14. 전남 구례군 지리산

터리풀

Filipendula glaberrima Nakai
Filipendula koreana (Nakai) Nakai;
F. yezoensis H.Hara

장미과

국내분포/자생지 전국의 산지

형태 다년초. 줄기는 높이 50~120cm이고 흔히 곧추 자란다. 잎은 깃털모양 겹잎이다. 최종 중앙의 작은잎은 길이 7~15cm의 넓은 난형-거의 원형이며 가장자리는 손바닥모양으로 얕게 갈라지고 밑부분은 심장형이다. 열편은 5~7개이고 난형이며 끝은 길게 뾰족하고 가장자리에는 뾰족한 겹톱니가 있다. 옆쪽의 작은잎은 길이 4~40mm의 피침형-장타원상 난형이며 가장자리에 겹톱니가 있다. 턱잎은 길이 5~10mm의 난상 피침형이다. 꽃은 6~8월에 백색-연한 적자색으로 피며 지름 4~5mm이고 줄기의 끝부분과 잎겨드랑이에서 나온 산방상 취산꽃차례에 빽빽이 모여 달린다. 꽃줄기와 꽃자루에 털이 없다. 꽃받침조각은 4~5개이고 길이 1~1.5mm의 난형-넓은 난형이다. 꽃잎은 길이 2~3mm의 도란상 타원형-도란형이고 밑부분은 자루모양이다. 수술은 20~30개이며 수술대는 길이 4~6mm이다. 심피는 4~5개이며 씨방은 길이 1.2~1.5mm의 도피침형-타원형이고 가장자리에 털이 있으며 암술대는 길이 0.7mm 정도이다. 열매(수과)는 길이 4~6mm의 편평한 도피침형이고 흔히 가장자리에 긴 털이 있다. 긴 자루가 있다.

참고 북부지방에 분포하는 것으로 기록되어 있는 참터리풀(*F. multijuga* Maxim.)을 일본의 학자들은 일본 고유종으로 취급한다(한반도 분포 불분명). 참터리풀은 터리풀에 비해 옆쪽의 작은잎(측소엽)의 수가 많고 열매가 장타원형이며 털이 없고 자루가 짧은 것이 특징이다.

❶2018. 7. 4. 경기 가평군 화악산 ❷❸꽃. 백색-연한 적자색으로 핀다. 꽃잎은 도란상 타원형-도란형이다. 수술은 20~30개이다. ❹꽃(측면) 꽃받침은 4~5개이며 뒤로 강하게 젖혀진다. ❺❻열매. 긴 털이 많다(특히 복면의 능각 상반부). 짧지만 뚜렷한 자루가 있다. ❼잎. 최종 중앙의 작은잎은 크고 옆쪽의 작은잎(측소엽)은 1~3(~4)쌍이고 크기가 작다. ❽잎 뒷면. 맥 위에 털이 약간 있다. ❾2018. 7. 4. 경기 가평군 화악산

단풍터리풀

Filipendula palmata (Pall.) Maxim.

장미과

국내분포/자생지 강원 이북의 산야

형태 다년초. 줄기는 높이 70~150cm 이고 흔히 곧추 자라며 털이 있다. 잎은 깃털모양 겹잎이다. 최종 중앙의 작은잎은 길이 10~25cm의 단풍잎모양으로 갈라진 넓은 난형-거의 원형이며 밑부분은 심장형이다. 열편은 5~9개이고 피침형-마름모상 피침형이며 끝은 길게 뾰족하고 가장자리에는 뾰족한 겹톱니가 있다. 뒷면에 흔히 백색의 털이 밀생한다. 옆쪽의 작은잎은 2~3쌍이고 가장자리는 3~5개로 갈라진다. 턱잎은 피침형-장타원상 난형이며 가장자리에 뾰족한 결각상 톱니가 있다. 꽃은 6~8월에 백색-연한 분홍색으로 피며 지름 5~7mm이고 줄기 끝부분의 산방상 취산꽃차례에 빽빽이 모여 달린다. 꽃자루에 털이 약간 있으나 차츰 없어진다. 꽃받침조각은 난형이며 꽃잎은 도란형-도란상 원형이고 밑부분은 자루모양이다. 수술은 10~20개이다. 심피는 5~7개이다. 씨방은 도피침형이며 가장자리에 긴 털이 있다. 열매(수과)는 편평한 도피침형이고 자루가 있으며 곧추서고 흔히 가장자리에 긴 털이 밀생한다.

참고 터리풀에 비해 전체적으로 대형이며 뿌리잎과 줄기 아래쪽의 잎이 3~5개로 깊게 갈라지고 열편이 피침형-마름모상 피침형이다. 또한 잎 뒷면에 백색의 털이 밀생하는 것이 특징이다.

❶ 2003. 6. 14. 강원 횡성군 ❷ 꽃. 지름 5~7mm로 터리풀에 비해 더 크다. 심피는 4~7개로 많은 편이다. ❸ 열매. 자루가 뚜렷하며 가장자리에 긴 털이 밀생한다. ❹ 잎. 중앙의 작은잎은 대형이고 손바닥모양으로 깊게 갈라진다. ❺ 잎 뒷면. 백색의 털이 밀생한다. ❻ 2016. 7. 5. 중국 헤이룽장성

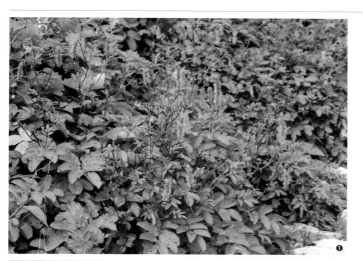

산오이풀

Sanguisorba hakusanensis Makino

장미과

국내분포/자생지 함남, 강원(설악산 등) 이남의 해발고도가 비교적 높은 산지의 풀밭이나 바위지대

형태 다년초. 땅속줄기는 굵고 옆으로 뻗는다. 줄기는 높이 40~80cm이고 털이 거의 없다. 뿌리잎은 작은잎 4~6쌍으로 이루어진 깃털모양의 겹잎이며 잎자루는 길다. 작은잎은 길이 3~6(~9)cm의 넓은 타원상 원형-원형이며 밑부분은 둥글거나 심장형이고 가장자리에 뾰족한 톱니가 있다. 양면에 털이 없으며 뒷면은 연녹색-회녹색이다. 작은잎의 자루는 길이 3~7mm이다. 턱잎은 초질이며 밑부분은 합생한다. 꽃은 8~9월에 연한 적자색으로 피며 길이 4~10cm, 너비 8~10mm의 긴 원통형 수상꽃차례에 빽빽이 모여 달린다. 꽃차례는 아래로 처지며 꽃은 끝부분에서 먼저 핀다. 꽃자루에 털이 있으며 포는 길이 4mm 정도이고 밑부분의 가장자리에 털이 있다. 작은포는 길이 2.2mm 정도의 난형이고 가장자리에 털이 있다. 꽃받침열편은 길이 2.3~3.2mm의 난상 원형이며 끝이 둔하고 털이 있다. 수술은 9~12개이며 길이 7~10mm이다. 수술대의 윗부분은 납작하며 꽃밥은 원형이고 황갈색-자색이다. 암술대는 길이 3~4mm이다. 열매(수과)는 가죽질이고 화탁통에 포함되어 있다.

참고 꽃이 연한 적자색이고 꽃차례가 아래를 향해 구부러져서 달리며 수술이 9~12개인 것이 특징이다. 일본의 대부분 문헌에서 산오이풀을 일본 고유종으로 취급하고 있으므로 국내의 산오이풀과 일본의 산오이풀을 면밀하게 비교·검토할 필요가 있다.

❶2023. 8. 3. 경남 산청군 지리산 ❷꽃차례. 꽃차례 끝부분의 꽃부터 피기 시작한다. 수술대는 결실기까지 숙존한다. ❸꽃. 꽃잎은 없으며 꽃받침열편은 뒤로 젖혀진다. 수술은 9~12개이다. ❹잎. 작은잎 4~6쌍으로 이루어진 깃털모양의 겹잎이며 털이 없다. ❺잎 뒷면. 흰빛이 강하게 돈다. ❻작은잎의 뒷면. 밑부분은 비대칭이며 측맥이 뚜렷하고 털이 없다. ❼2020. 8. 16. 울산 울주군 신불산

오이풀

Sanguisorba officinalis L.

장미과

국내분포/자생지 전국의 산야

형태 다년초. 줄기는 높이 30~100cm이며 가지가 많이 갈라진다. 잎은 작은잎 4~6쌍으로 이루어진 깃털모양의 겹잎이다. 작은잎은 길이 2.5~6cm의 타원형-난형-원형이다. 꽃은 7~10월에 자갈색으로 피며 수상꽃차례에 빽빽이 모여 달린다. 꽃받침조각은 길이 2.3~3.2mm의 타원형-난형이며 적자색이다. 수술은 4개이며 길이 1.5~3mm으로 꽃받침열편보다 짧다. 암술대는 길이 1~1.5mm이다. 열매(수과)는 길이 2.5mm 정도이고 3개의 능선이 있다.

참고 꽃차례가 길이 2.5cm 이하의 장타원형-구형이고 곧추서며 수술이 길이 3mm 이하로 짧은 것이 특징이다.

❶2019. 9. 14. 경남 합천군 황매산 ❷꽃차례. 수술은 4개이며 꽃받침조각과 길이가 비슷하거나 약간 짧다. ❸❹꽃. 꽃받침조각은 뒤로 젖혀지지 않고 흔히 비스듬히 선다. ❺잎 뒷면. 흰빛이 돌며 털이 없다.

큰오이풀

Sanguisorba stipulata Raf.

장미과

국내분포/자생지 북부지방의 해발고도가 높은 산지

형태 다년초. 줄기는 높이 30~80cm이고 털이 없다. 잎은 작은잎 4~6쌍으로 이루어진 깃털모양의 겹잎이다. 작은잎은 길이 2~5cm의 타원형-난상 타원형-넓은 난형이며 밑부분은 둥글거나 심장형이고 가장자리에 안쪽으로 굽은 물결모양의 톱니가 있다. 꽃은 7~9월에 백색-녹백색으로 피며 길이 3~9cm의 장타원상 원통형의 수상꽃차례에 빽빽이 모여 달린다. 꽃받침조각은 길이 2~2.8mm의 타원상 난형이며 녹백색이다. 수술은 4개이고 길이 5~8mm이며 수술대는 백색이고 윗부분이 납작하다.

참고 꽃이 백색-녹백색이고 꽃차례의 밑부분에서 먼저 피며 수술이 4개인 것이 특징이다.

❶2024. 7. 25. 중국 지린성 백두산 ❷꽃차례. 길이 3~9cm이고 곧추선다. ❸잎. 가장자리에 뾰족한 톱니가 있다. ❹잎 뒷면. 흰빛을 강하게 띤다. 양면에 털이 없다.

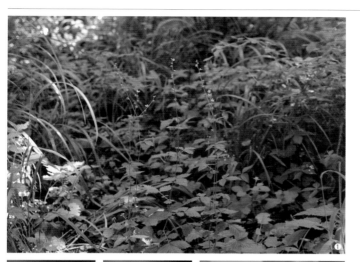

산짚신나물

Agrimonia coreana Nakai

장미과

국내분포/자생지 전국의 산지

형태 다년초. 줄기는 높이 40~100cm
이며 털이 있다. 잎은 작은잎 3~5(~7)
개로 이루어진 깃털모양의 겹잎이다.
작은잎은 길이 2~6cm의 도란상 타원
형~마름모상 타원형이며 가장자리에
물결모양의 둔한 톱니가 있다. 뒷면
에 샘털과 털이 많은 편이다. 꽃은 7
~8월에 황색으로 피며 총상꽃차례에
다소 성기게 모여 달린다. 꽃잎은 길
이 3.5~5mm의 타원형~타원상 도란
형이다. 열매(수과)는 화탁통 1개당 1~
2개씩 들어 있다.

참고 짚신나물에 비해 턱잎이 부채
모양 또는 넓은 난형이고 가장자리의
톱니가 둔한 편이며 수술이 15~25개
로 많은 것이 특징이다.

❶2023. 7. 20. 강원 정선군 석병산 ❷꽃.
짚신나물에 비해 일찍 개화하는 편이며 꽃차
례에 성기게 달린다. 수술은 15~25(~30)개로
많다. ❸열매. 화탁통은 길이 (5~)7~9mm의
반구형상 원뿔형이고 누운 털이 밀생한다.
❹턱잎. 잎의 크기에 비해 큰 편이다.

좀짚신나물

Agrimonia nipponica Koidz.

장미과

국내분포/자생지 중부지방(주로 남부
지방) 이남의 산지

형태 다년초. 줄기는 높이 30~80cm
이고 밑부분에는 털이 밀생한다. 잎
은 작은잎 3~5(~7)개로 이루어진 깃
털모양의 겹잎이다. 작은잎은 길이
1.5~4cm의 타원형~도란형이며 가장
자리에 둔한 큰 톱니가 있다. 턱잎은
낫모양~부채모양이고 가장자리에 뾰
족한 큰 톱니가 있다. 꽃은 8~10월에
황색으로 피며 꽃잎은 길이 3~4mm
의 장타원형이다. 암술대는 2개이다.
열매(수과)는 화탁통 1개당 1~2개씩
들어 있다.

참고 짚신나물에 비해 꽃이 지름
1cm 이하로 작고 꽃잎이 좁은 장타원
형이며 수술이 5~8개로 적은 것이 특
징이다.

❶2023. 8. 3. 경남 산청군 지리산 ❷꽃. 꽃
잎이 장타원형으로 좁은 편이며 수술은 5~
8개로 적다. ❸열매. 화탁통은 길이 3~5mm
의 반구형상 원뿔형이다. 비스듬히 서는 긴
털이 약간 있다. ❹잎. 줄기의 아래쪽에 모여
달리는 편이다.

짚신나물

Agrimonia pilosa Ledeb.

장미과

국내분포/자생지 전국의 산야

형태 다년초. 땅속줄기는 짧다. 줄기는 높이 40~130cm이고 곧추 자라며 밑부분에는 털이 밀생한다. 잎은 작은잎 5~9개로 이루어진 깃털모양의 겹잎이다. 최종 중앙의 작은잎은 길이 3~6cm의 마름모상 장타원형~마름모상 도란형이며 가장자리에 이빨모양의 큰 톱니가 있다. 앞면에는 털이 있고 뒷면에는 백색 또는 황색의 선점이 있다. 턱잎은 낫모양~부채모양이고 가장자리에 뾰족한 큰 톱니가 있다. 꽃은 8~10월에 황색으로 피며 지름 7~10mm이고 줄기와 가지 끝부분의 총상꽃차례에 빽빽이 모여 달린다. 꽃자루는 길이 1~5mm이고 포는 3개로 갈라진다. 작은포는 2개이며 난형이고 가장자리는 밋밋하거나 얕게 갈라진다. 꽃잎은 길이 3~6mm의 좁은 도란형~도란형이다. 수술은 9~15(~17)개이다. 암술대는 2개이며 암술머리는 머리모양이다. 열매(수과)는 화탁통 1개당 1~2개씩 들어 있다. 결실기의 화탁통은 길이 5~6mm의 반구형상 원뿔형이고 짧은 털이 밀생하며 윗부분의 가장자리에 낚시바늘모양의 가시가 빽빽이 모여난다.

참고 고로보이짚신나물(*A. gorovoii* Rumjantsev)에 비해 작은잎의 가장자리의 톱니가 얕은 편이고 턱잎의 가장자리에 불규칙적인 뾰족한 톱니가 있으며 줄기에 비스듬히 백색의 퍼진 털이 있는 것이 특징이다.

❶2020. 8. 20. 강원 태백시 함백산 ❷❸꽃. 꽃은 조밀하게 달리며 수술은 9~15(~17)개이다. 암술대는 2개이다. ❹열매. 화탁통은 짧은 털이 밀생하고 긴 털은 산생한다. ❺잎. 줄기 중앙부 잎의 작은잎은 3~5쌍이다. 잎 뒷면에 백색 또는 황색의 선점이 흩어져 있다. ❻턱잎. 가장자리의 톱니는 크기가 불규칙하다 ❼줄기. 긴 퍼진 털이 밀생한다(변이가 많다). ❽~⓬식물체가 대형이고 줄기에 갈색의 긴 퍼진 털이 밀생하는 타입. ❽2019. 8. 25. 경남 의령군. 전체적으로 대형이다. ❾꽃. 꽃도 약간 대형이다. ❿미숙 열매. 꽃차례에 짧은 털과 긴 털이 함께 밀생한다. ⓫잎. 두툼고 양면(특히 엽축과 잎 뒷면)에 긴 털이 많다. ⓬턱잎과 줄기. 줄기에 갈색의 긴 퍼진 털이 밀생한다.

푸른몽울풀

Elatostema laetevirens Makino

쐐기풀과

국내분포/자생지 제주 한라산의 계곡부 또는 습한 곳

형태 다년초. 줄기는 높이 15~40cm 이다. 잎은 어긋나며 길이 3~8cm의 장타원상 도란형–타원상 도란형이고 좌우가 비대칭이다. 꽃은 8~10월에 핀다. 수꽃은 화피편과 수술이 각각 5개이다. 암꽃의 화피편이 3개이며 피침형–난형이고 긴 털이 밀생한다. 열매(수과)는 길이 1mm 정도의 장타원상 난형이다.

참고 복천물통이(*E. densiflorum* Franch. & Sav.)에 비해 다년초이고 줄기에 털이 없거나 밑부분에 짧은 털이 드물게 있으며 잎의 표면에서 광택이 나지 않는 것이 특징이다.

❶ 2005. 8. 8. 제주 제주시 한라산. 암수딴그루로 알려져 있으나 국내에서는 수꽃차례가 피는 개체를 관찰하지 못했다. 대부분 무성번식(무수정결실)을 통해 개체를 형성하는 것으로 추정된다. ❷❸ 암꽃차례. 암꽃과 열매가 함께 달려 있다. 열매가 익으며 화피편은 뒤로 말려서 수과가 나출된다. ❹ 잎. 광택이 나지 않으며 짧은 털이 흩어져 있다.

우산물통이

Elatostema japonicum Wedd.
Elatostema umbellatum (Siebold & Zucc.) Blume

쐐기풀과

국내분포/자생지 제주 한라산의 계곡부 음습한 곳

형태 다년초. 줄기는 높이 15~25(~30)cm이고 자줏빛이 돈다(특히 마디 부근). 잎은 어긋나며 길이 1.5~6cm의 장타원형–장타원상 난형이고 좌우비대칭이다. 끝은 길게 뾰족하고 밑부분은 비대칭의 쐐기형이며 가장자리에 이빨모양의 큰 톱니가 있다. 암수딴그루이다. 꽃은 5~6월에 핀다. 암꽃의 화피편이 (3~)5개이며 짧은 털이 밀생한다. 열매(수과)는 길이 1.1~1.3mm의 난형이며 짙은 갈색이다.

참고 푸른몽울풀에 비해 암수딴그루이며 잎끝이 꼬리처럼 길게 뾰족하고 암꽃의 가수술이 5개인 것이 특징이다.

❶ 암그루. 2023. 5. 22. 제주 서귀포시 한라산 ❷ 수꽃차례. 산형상이며 꽃줄기는 길이 1~4cm이다. ❸ 수꽃. 화피편과 수술은 각각 4개이다. 꽃밥은 백색이다. ❹ 암꽃차례. 꽃줄기가 없다. 화피편은 (3~)5개이다. ❺ 암그루(좌), 수그루(우)

혹쐐기풀

Laportea bulbifera (Siebold & Zucc.) Wedd.

쐐기풀과

국내분포/자생지 전국의 숲속의 습한 곳(특히 계곡가)

형태 다년초. 줄기는 높이 40~80cm이며 찌르는 가시와 함께 털이 약간 있다. 잎은 길이 6~18cm의 장타원상 난형-넓은 난형이며 밑부분은 둥글거나 얕은 심장형이다. 암수한그루이다. 꽃은 7~9월에 핀다. 암꽃차례는 길이 10~25cm이고 줄기의 끝부분에 달린다. 수꽃의 화피편과 수술은 5개이다. 암꽃의 꽃자루는 길이 2~4mm이고 날개가 있다. 화피편은 4개이고 합생하지 않으며 크기가 서로 다르다. 열매(수과)는 길이 1.5~3mm의 납작한 넓은 도란형-거의 원형이다.

참고 잎이 어긋나며 잎겨드랑이에 주아(살눈)가 달리는 것이 특징이다.

❶2022. 6. 15. 제주 제주시 ❷수꽃차례. 줄기 상반부의 잎겨드랑이에서 달린다. ❸열매. 수과의 양측면에 화피편이 밀착하여 붙어 있다. ❹주아. 잎겨드랑이에 1~3개씩 달린다.

큰쐐기풀

Laportea cuspidata (Wedd.) Friis

쐐기풀과

국내분포/자생지 전남, 경남 이북의 산지

형태 다년초. 줄기는 높이 40~120cm이고 긴 찌르는 가시와 짧은 누운 털이 밀생한다. 잎은 길이 10~25cm의 장타원상 난형-난상 원형이며 밑부분은 편평하거나 얕은 심장형이다. 암수한그루이다. 꽃은 8~9월에 핀다. 수꽃의 화피편과 수술은 각각 4개이다. 암꽃의 화피편은 4개이고 크기가 서로 다르다. 열매(수과)는 길이 1.5~3mm의 납작한 난형-거의 원형이다.

참고 쐐기풀(*Urtica thunbergiana* Siebold & Zucc., 국내 분포 불명확)에 비해 잎이 어긋나며 암꽃차례가 장타원형-구형인 것이 특징이다.

❶2005. 8. 30. 경북 의성군 ❷꽃차례. 암꽃차례는 줄기 끝부분 또는 윗부분의 잎겨드랑이에 달리고 수꽃차례는 줄기 상반부의 잎겨드랑이에서 달린다. ❸열매. 꽃줄기와 꽃자루에도 긴 가시가 밀생한다. ❹잎. 가장자리에 불규칙한 큰 톱니가 있다.

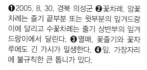

개물통이

Parietaria debilis G.Forst.
Parietaria micrantha Ledeb.

쐐기풀과

국내분포/자생지 강원, 경기(한탄강) 이북의 산지 바위지대

형태 1년초. 줄기는 높이 10~40cm 이고 가지가 많이 갈라지며 짧고 굽은 털이 밀생한다. 잎은 어긋나며 길이 5~30mm이고 난형이고 양면에 부드러운 털이 있다. 밑부분은 둥글고 가장자리는 밋밋하다. 잎자루는 길이 5~25mm이다. 암꽃양성화한그루이다. 꽃은 8~9월에 피며 잎겨드랑이에서 나온 꽃차례에 모여난다. 포는 선형이고 결실기에는 길이 1~1.5mm이다. 양성화는 꽃자루가 있으며 화피편와 수술은 각각 4개씩이다. 암꽃의 경우 꽃자루가 없거나 아주 짧으며 화피편은 컵모양으로 합생한다. 열매(수과)는 길이 0.8~1(~1.3)mm의 난형이고 광택이 나는 흑색이다.

참고 물통이속 식물들에 비해 잎이 어긋나며 암꽃의 화피편이 합생되어 컵모양인 것이 특징이다. 국내(남한)에서는 주로 석회암지대에 분포하는데 특이하게 자생지의 대부분이 동굴 주변 또는 동굴처럼 움푹 파인 바위 주변이다.

❶2021. 10. 5. 강원 평창군 ❷꽃차례. 잎겨드랑이에 암꽃과 양성화가 혼생한다. 양성화는 꽃자루가 있으며 화피편은 4개이고 황백색−황갈색이다. 수술은 4개이다. ❸암꽃. 꽃자루가 없거나 매우 짧으며 화피편이 녹색이고 컵모양으로 합생한다. ❹열매. 암꽃의 화피편(좌. 결실기)은 열매를 완전히 감싸고 있다. 열매는 길이 0.8~1mm의 난형이다. ❺잎앞면. 양면에 부드러운 털이 있다. 측맥은 2쌍이다. ❻잎 뒷면. 맥은 돌출하여 뚜렷하다. ❼줄기. 다육질이며 전체에 짧고 굽은 털이 많다. ❽2020. 9. 12. 강원 평창군

나도물통이

Nanocmide japonica Blume

쐐기풀과

국내분포/자생지 남부지방의 산지(특히 계곡부)

형태 다년초. 줄기는 높이 10~30cm이고 굽은 털이 있다. 잎은 어긋나며 길이 1~3cm의 장타원상 난형–난형 또는 부채모양이다. 밑부분은 거의 편평하고 가장자리에 4~8개의 큰 톱니가 있다. 암수한그루이다. 꽃은 3~5월에 피며 수꽃차례는 줄기 윗부분의 잎겨드랑이에서, 암꽃차례는 그 밑부분의 잎겨드랑이에서 나온다. 암꽃의 화피편은 4개이고 피침형이다. 열매(수과)는 길이 1.2~1.4mm의 납작한 난형–넓은 난형이다.

참고 물통이속(*Pilea*)의 식물들에 비해 다년초이며 잎이 어긋나는 것이 특징이다.

❶ 2006. 4. 30. 전남 완도군 완도 ❷ 수꽃. 화피편과 수술은 각각 5개씩이다. 화피편은 장타원상 난형의 보트모양이고 바깥 면에 긴 털이 있다. ❸ 열매. 화피편이 밀착한다. 화피편이 피침형이고 끝부분은 막질의 실모양이다. ❹ 잎. 양면에 짧은 털이 있다. 잎자루는 잎보다 길거나 비슷하다.

물통이

Pilea peploides (Gaudich.) Hook. & Arn.

쐐기풀과

국내분포/자생지 전국의 산지 습한 곳(특히 물이 스며 나오는 바위틈)

형태 1년초. 줄기는 높이 3~15cm이고 털이 없다. 잎은 마주나며 길이 3~15mm의 난형–거의 원형이고 밑부분은 둥글거나 넓은 쐐기모양이다. 잎자루는 길이 3~15mm이다. 암수한그루이다. 꽃은 6~8월에 핀다. 암꽃의 화피편은 2개이고 서로 크기가 다르다. 배축면(뒷쪽)의 것은 보트모양이고 수과와 길이가 비슷하고 향축면(앞쪽)의 것은 삼각상 난형이고 큰 화피편 길이의 1/5 정도로 작다. 열매(수과)는 길이 0.5mm 정도의 약간 납작한 난형이다.

참고 전체적으로 소형이며 잎가장자리에 톱니가 불명확하고 암꽃의 화피편이 2개인 것이 특징이다.

❶ 2021. 7. 19. 경기 가평군 화악산 ❷ 혼생꽃차례. 수꽃은 화피편과 수술은 각각 4개씩이다. ❸ 암꽃차례(결실기). 수과는 긴 화피편보다 약간 짧다. ❹ 잎. 맥은 3개이고 잎의 밑부분에서 갈라진다.

큰물통이

Pilea hamaoi Makino
Pilea pumila var. *hamaoi* (Makino)
C.J.Chen

쐐기풀과

국내분포/자생지 전북 및 경기, 강원 이북의 계곡가 및 습지 주변

형태 1년초. 줄기는 높이 10~40cm 이고 가지가 많이 갈라지며 털이 없다. 잎은 마주나며 길이 2~6cm의 난형–넓은 난형이다. 밑부분은 넓은 쐐기모양이고 가장자리에는 다수의 톱니가 있다. 양면에 털이 드문드문 있으며 흔히 앞면은 광택이 약간 난다. 잎자루는 길이 4~40mm이다. 턱잎은 길이 2~3mm의 장타원상 난형이고 막질이며 일찍 떨어진다. 암수한그루이다. 꽃은 7~9월에 피며 잎겨드랑이에서 나온 꽃차례에 빽빽이 모여난다. 꽃차례는 흔히 암꽃과 수꽃이 혼생한다. 수꽃의 화피편과 수술은 각각 2(~3)개이며 화피편은 보트모양이고 밑부분이 서로 합생한다. 암꽃의 화피편은 3개이고 합생하지 않으며 길이는 서로 다르다. 2개는 길이 2~2.5mm의 장타원상 난형–난형이고 나머지 1개는 길이 1~1.3mm의 장타원상 난형이다. 열매(수과)는 길이 1.5~2.1mm의 납작한 삼각상 난형–넓은 난형이며 연한 황갈색–짙은 갈색이고 짙은 갈색의 반점이 있다.

참고 모시물통이[*P. pumila* (L.) A.Gray]에 비해 암꽃의 화피편이 장타원상 난형–난형이고 길이가 서로 다르며(배축면 1개가 약간 짧음) 열매보다 더 긴 것이 특징이다(모시물통이의 화피편은 3개 모두 길이가 비슷한 송곳모양이고 열매보다 짧다).

❶2022. 9. 23. 강원 평창군 ❷❸꽃차례. 흔히 암꽃과 수꽃이 혼생한다. 수꽃의 화피편과 수술은 각각 2(~3)개씩이다. ❹암꽃차례(결실기). 암꽃의 화피편은 3개이며 난형상이며 2개는 수과보다 더 길다. ❺열매. 수과는 화피편에 의해 거의 완전히 싸여 있다. 수과는 길이 2mm 정도의 장타원상 난형–난형이다(모시물통이의 수과는 길이 1mm 이하이다). ❻잎 앞면. 광택이 약간 나며 털이 드문드문 있다. 잎모양(변이가 심함)은 모시물통이와 비슷해서 잎의 특징만으로는 두 종의 구분이 어렵다. ❼잎 뒷면. 맥이 돌출하여 뚜렷하며 털이 약간 있다. ❽2022. 9. 23. 강원 평창군

제주큰물통이

Pilea taquetii Nakai

쐐기풀과

국내분포/자생지 한라산, 지리산 및 강원(태백시)의 산지, 한반도 고유종

형태 1년초. 줄기는 높이 5~20cm이고 털이 없다. 잎은 마주나며 길이 1~3cm의 난형–넓은 난형이다. 밑부분은 둥글거나 넓은 쐐기모양이고 가장자리에는 둥글거나 둔한 톱니가 3~5쌍 정도 있다. 양면에 긴 털이 드문드문 있으며 뒷면은 연한 회녹색이다. 잎자루는 길이 2~17mm이다. 턱잎은 길이 1mm 정도이고 둥글다. 암수한그루이다. 꽃은 7~9월에 피며 잎겨드랑이에서 나온 꽃차례에 빽빽이 모여 난다. 수꽃은 화피편과 수술이 각각 2개이며 화피편은 길이 0.2mm 정도이다. 암꽃은 화피편이 3개이고 그중 2개는 크다. 큰 것은 길이 0.7mm 정도의 장타원상 난형이고 끝이 길게 뾰족하며 결실기에는 길이 2~2.5mm이고 흔히 수과보다 더 길다. 열매(수과)는 길이 1.2~2mm의 장타원상 난형–난형이고 녹색 또는 연한 갈색이며 흔히 짙은 갈색의 반점이 흩어져 있다.

참고 모시물통이나 큰물통이에 비해 전체적으로(줄기와 잎) 소형이며 잎가장자리의 톱니가 3~5개로 적은 점과 암꽃의 화피편(큰 것)이 장타원상 난형이고 끝이 길게 뾰족한 것이 특징이다.

❶2021. 9. 10. 전남 구례군 지리산 ❷수꽃이 떨어진 꽃차례(결실기). 흔히 암꽃과 수꽃은 꽃차례에서 혼생한다. 암꽃의 화피편은 3개이며 2개는 크고 나머지 1개는 약간 작다. ❸암꽃차례(결실기). 수과는 화피편과 길이가 비슷하거나 약간 길다(약간 나출됨). ❹수과. 길이 1.2~2mm의 장타원상 난형–난형이다. 황록색–밝은 황갈색 막질의 과피에 싸여 있다. ❺결실기의 화피편 비교(왼쪽부터 큰물통이, 모시물통이, 제주큰물통이). 큰물통이에 비해 약간 작고 모시물통이에 비해 크다. 모시물통이에 비해 화피편이 난형상이고 수과가 화피편에 거의 싸여 있다. ❻수과 비교[왼쪽부터 큰물통이, 제주큰물통이, 제주큰물통이(과피 제거)]. 큰물통이에 비해 약간 작고 과피가 얇은 막질이다. ❼잎 앞면. 털이 드문드문 있다. 원기재문에는 털이 없는 것으로 기록되어 있으나, 기준표본의 잎에도 털이 있다. 큰물통이나 모시물통이에 비해 가장자리의 톱니 수가 적은 편이지만 두 종의 잎의 변이가 심해서 혼동하는 경우가 있다(잎으로는 동정 안 됨). ❽2021. 8. 31. 제주 서귀포시 한라산

강계큰물통이

Pilea oligantha Nakai

쐐기풀과

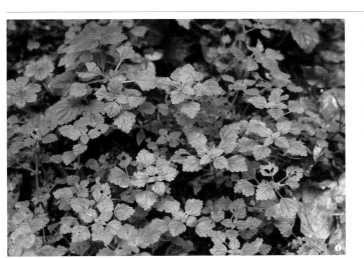

국내분포/자생지 강원(태백시) 이북의 계곡가 습한 곳, 한반도 고유종

형태 1년초. 줄기는 높이 5~25cm이고 흔히 가지가 갈라지며 털이 거의 없다. 잎은 마주나며 길이 1.5~4cm의 난상 삼각형~넓은 난형이다. 양면에 긴 털이 약간 흩어져 있다. 끝은 둥글고 밑부분은 넓은 쐐기형이거나 편평하며 가장자리에 3~5쌍의 둔한 큰 톱니가 있다. 잎자루는 길이 5~35mm이고 줄기의 위쪽으로 갈수록 짧다. 턱잎은 길이 2~3mm의 넓은 난형~반원형이고 끝이 둥글며 막질이다. 암수한그루이다. 꽃은 8~9월에 피며 줄기의 모든 마디(잎겨드랑이)에서 나오는 짧은 꽃차례에 달린다. 줄기 상반부의 꽃차례는 흔히 수꽃과 암꽃이 혼생한다. 수꽃은 화피편과 수술이 각각 2개씩이다. 암꽃의 화피편은 3개이고 서로 크기와 모양이 크게 다르다. 2개는 크고 1개는 매우 작다. 큰 것 중에 배축면(배면)의 것은 길이 3.5~4mm(결실기)의 좁은 보트모양 난형이고 끝이 길게 뾰족하다. 큰 것 중에 향축면(복면)의 것은 길이 2.5~3mm(결실기)의 반으로 접힌(칼집모양) 넓은 난형~거의 원형이다. 나머지 가장 작은 화피편은 길이 0.5mm 정도의 오목한 넓은 난형이다. 열매(수과)는 연한 황갈색~갈색이고 길이 (1.8~)2~2.2mm의 약간 납작한 난형이다.

참고 개화 초기의 꽃차례가 막질의 턱잎에 밑부분이 싸여 있는 것이 가장 큰 특징이다. 꽃차례는 줄기의 모든 마디에서 달린다. 이러한 특징은 큰물통이나 제주큰물통이에서도 관찰된다.

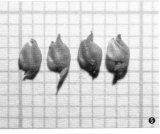

❶2021. 9. 15. 강원 태백시 ❷암꽃차례(결실기). 개화기에는 투명한 턱잎에 싸여 있으나 결실기에는 흔히 떨어지고 없다. ❸❹결실기 초기의 암꽃차례. 2개의 화피편은 수과보다 길며 수과를 완전히 감싸고 있다. ❺결실기의 화피편. 화피편은 3개이며 크기와 모양이 각각 다르다. 2개는 수과보다 길고 칼집모양 또는 폭이 좁은 보트모양이며 나머지 1개는 길이 0.5mm 정도의 오목한 넓은 난형이다. ❻수과. 길이 2~2.2mm의 비스듬한 난형이다. 가장자리에 막질의 좁은 날개가 있다. ❼잎 앞면, 긴 털이 드문드문 있다. ❽잎 뒷면, 흰빛이 약간 돌며 긴 털이 드물드문 흩어져 있다.

산물통이

Pilea japonica (Maxim.) Hand.-Mazz.

쐐기풀과

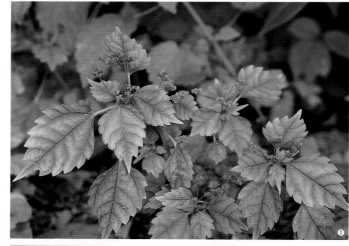

국내분포/자생지 전국의 산지(특히 그늘진 바위지대)

형태 1년초. 줄기는 높이 5~30cm이다. 잎은 마주나며 길이 1~5cm의 장타원상 난형~난형이다. 밑부분은 쐐기모양이고 가장자리에는 굵은 톱니가 있다. 잎자루는 길이 5~30mm이다. 암수한그루이다. 꽃은 8~10월에 피며 잎겨드랑이에서 나온 머리모양의 꽃차례에 모여난다. 꽃줄기는 길이 1~3cm이며 암꽃차례의 꽃줄기가 약간 길다. 수꽃의 화피편과 수술은 각각 5개이다. 암꽃의 화피편은 길이 1~1.5mm이다. 열매(수과)는 길이 1~1.4mm의 약간 납작한 난형이고 화피편에 싸여 있다.

참고 암꽃과 수꽃의 화피편이 모두 5개이며 꽃차례에 긴 자루가 있는 것이 특징이다.

❶2001. 7. 16. 경북 울릉군 울릉도 ❷꽃차례(결실기). 암꽃의 화피편은 5개이고 수과와 길이가 비슷하다. ❸❹열매. 수과는 길이 1~1.4mm의 장타원상 난형~난형이다.

가는잎쐐기풀

Urtica angustifolia Fisch. ex Hornem.

쐐기풀과

국내분포/자생지 전국의 산지

형태 다년초. 줄기는 높이 50~120cm이고 찌르는 가시와 함께 털이 약간 있다. 잎은 길이 4~15cm의 피침형~피침상 장타원형이다. 턱잎은 4개이다. 암수한그루이다. 꽃은 7~9월에 핀다. 수꽃의 화피편과 수술은 각각 4개이다. 암꽃의 화피편은 4개이고 크기가 서로 다르다. 열매(수과)는 길이 0.8~1mm의 약간 납작한 난형이다.

참고 서양쐐기풀(*U. dioica* L.)에 비해 암수한그루이며 잎의 밑부분이 흔히 편평하거나 쐐기형이고 잎자루가 비교적 짧은 것이 특징이다. 일본에서 기록된 긴꼬리쐐기풀[var. *sikokiana* (Makino) Owhi]은 서양쐐기풀과 동일종으로 판단된다.

❶2001. 8. 8. 대구 북구 팔공산 ❷수꽃차례. 끝부분을 제외한 줄기의 상반부에서 달린다. ❸암꽃차례. 줄기의 끝부분에서 달린다. ❹열매. 수과는 화피편에 싸여 있다. ❺잎. 밑부분은 흔히 편평하거나 둥글다.

애기쐐기풀

Urtica laetevirens Maxim.

쐐기풀과

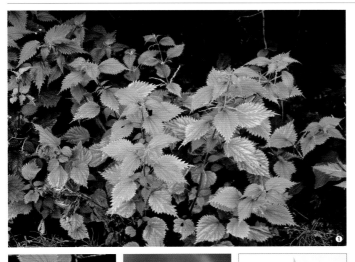

국내분포/자생지 전국의 산지

형태 다년초. 줄기는 높이 40~80cm
이고 4~5개로 각지며 찌르는 가시
와 함께 털이 약간 있다. 잎은 마주나
며 길이 4~10(~16)cm의 난형이다. 끝
이 뾰족하고 가장자리에 뾰족한 톱니
가 있다. 양면에 선점이 많으며 찌르
는 가시와 짧은 털이 있다. 잎자루는
길이 2~7cm이고 털과 찌르는 가시가
있다. 턱잎은 4개이고 길이 3~8mm
의 피침형-장타원형이다. 암수한그
루이다. 꽃은 (4~)6~9월에 피며 잎겨
드랑이에서 나온 꽃차례에 모여난다.
수꽃차례는 길이 3~8cm이고 줄기
의 윗부분에서 나오며 암꽃차례는 줄
기의 중앙부에 달린다. 수꽃은 지름
2mm 정도이고 화피편과 수술은 각
각 4개이다. 수꽃의 화피편은 중앙부
까지 합생되고 털이 많다. 암꽃의 화
피편은 4개이고 크기가 서로 다르며
밑부분이 합생한다. 2개의 측면 화피
편은 길이 3~4mm의 좁은 난형으로
길다. 열매(수과)는 길이 1mm 정도의
약간 납작한 좁은 난형-난형이고 회
갈색이며 꽃받침열편에 싸여 있다.

참고 쐐기풀(*U. thunbergiana* Siebold &
Zucc., 국내 분포 불분명)에 비해 줄기의
턱잎이 떨어져 있거나 밑부분만 합생
하며 꽃차례는 흔히 가지가 갈라지
지 않는 것이 특징이다. 제주도와 거
문도 등 섬 지역에 자라며 잎이 대형
(길이 10~16cm)인 것을 섬쐐기풀(var.
robusta F. Maek.)로 구분하기도 하지
만 최근 애기쐐기풀에 통합하는 추세
이다.

❶2019. 6. 3. 경북 울릉군 울릉도 ❷수꽃차
례. 끝부분을 제외한 줄기 상반부의 잎겨드
랑이에서 달린다. ❸암꽃차례. 줄기 끝부분
의 잎겨드랑이에서 달린다. ❹열매. 화피편
에 싸여 있으며 화피편은 겉에 긴 털이 밀생
한다. ❺잎 뒷면. 연녹색이고 맥 위에 잔털
이 밀생한다. 희미한 선점이 흩어져 있다. ❻
~❾섬쐐기풀 타입 ❻수꽃. 화피편과 수술
은 각각 4개이며 화피편의 바깥면에는 긴 굽
은 털과 샘털이 많다. ❼암꽃. 화피편은 4개
이고 바깥면에 긴 털이 많다. ❽줄기. 찌르
는 가시가 밀생하며 짧은 털이 약간 있다.
❾2020. 4. 13. 제주 제주시 비양도

돌외
Gynostemma pentaphyllum (Thunb.) Makino

박과

국내분포/자생지 울릉도 및 남부지방의 길가, 민가 및 숲가장자리 등
형태 덩굴성 다년초. 잎은 어긋나며 5~7(~9)개의 갈라진 손바닥모양이다. 표면에는 긴 다세포 털이 많으나 차츰 떨어진다. 암수딴그루이다. 꽃은 7~10월에 황록색으로 핀다. 수꽃의 꽃받침통은 매우 짧고 꽃부리의 열편은 길이 2.5~3mm의 피침형이고 끝이 길게 뾰족하다. 암꽃의 암술대는 3개이고 암술머리는 2개로 갈라진다. 열매(장과)는 지름 5~7mm의 구형이고 흑색으로 익는다.
참고 거지덩굴(포도과)에 비해 잎의 열편 자루가 짧으며 열편의 끝이 길게 뾰족하고 가장자리 톱니의 끝이 흔히 가시모양으로 뾰족한 것이 특징이다.

❶2001. 10. 22. 경북 울릉군 울릉도 ❷수꽃. 원뿔꽃차례에 달린다. 수술은 5개이다. ❸암꽃. 총상꽃차례 또는 좁은 원뿔꽃차례에 달린다. 2개로 갈라진 암술머리는 거의 수평으로 벌어진다. ❹열매. 흑색으로 익는다.

산외
Schizopepon bryoniifolius Maxim.

박과

국내분포/자생지 거의 전국(주로 경북 이북)의 산지
형태 1년초. 줄기는 길이 2~3m까지 자란다. 잎은 어긋나며 길이 5~12cm의 난형-넓은 난형이고 가장자리는 5~7로 얕게 갈라진다. 덩굴손은 잎과 마주난다. 암수딴그루이다. 꽃은 8~10월에 백색으로 핀다. 꽃부리는 지름 5mm 정도이고 열편은 5개이며 수평으로 퍼진다. 수술은 3개이며 길이 1mm 정도이고 털이 없다. 씨방은 난형이며 암술대는 짧다. 열매(장과)는 길이 1~1.5cm의 난상 구형이며 자루는 길이 2~10cm이다.
참고 암수딴그루(또는 수꽃양성화딴그루)이고 열매가 3개로 갈라져서 완전히 벌어지는 것이 특징이다.

❶수그루. 2010. 8. 28. 강원 태백시 태백산 ❷수꽃차례. 총상꽃차례에 모여 달린다. 수술은 3개이다. ❸❹암꽃. 1개씩 달린다. 암술머리는 3개이고 다시 2개로 갈라진다. ❺열매. 과피는 다육질이며 익으면 3개로 완전히 갈라진다.

붉은하늘타리

Trichosanthes cucumeroides (Ser.)
Maxim. ex Franch. & Sav.

박과

국내분포/자생지 전남(여수시의 도서)의 바다 가까운 숲가장자리

형태 다년초. 줄기는 길이 5~6m까지 자라며 털이 있다. 잎은 어긋나며 길이 8~18cm의 삼각상 난형-넓은 난형이고 3~5개로 얕게 갈라진다. 밑부분은 심장형이며 가장자리는 약간 물결모양이다. 잎자루는 길이 4~8.5(~10)cm이고 덩굴손은 잎과 마주난다. 암수딴그루이다. 꽃은 7~9월에 백색으로 피며 잎겨드랑이에서 나온 꽃차례에서 달린다. 수꽃은 6~10개씩 총상꽃차례를 이루어 모여 달리며 꽃줄기는 길이 4~10cm이고 털이 약간 있다. 포는 길이 1~3mm의 선상 피침형으로 매우 작은 편이며 털이 밀생한다. 암꽃차례는 1개씩 달린다. 암꽃의 꽃받침은 쟁반모양이고 5개로 갈라지며 열편은 길이 2.5~4mm의 선상 피침형-좁은 삼각형이다. 꽃부리통부는 길이 6~7.5cm이다. 열편은 길이 1.2~2.2cm의 장타원형-타원형이고 가장자리는 실모양으로 가늘게 갈라진다. 열매(장과)는 길이 5~7cm의 타원형-구형이며 짙은 주황색-밝은 적색으로 익는다.

참고 하늘타리에 비해 열매가 짙은 주황색-밝은 적색으로 익으며 씨의 중앙부가 넓은 띠모양으로 두터운 것이 특징이다. 또한 포가 선상 피침형으로 작고 가장자리가 밋밋하며 꽃받침조각이 작다.

❶수그루. 2019. 8. 5. 전남 여수시. 해가 지기 전 어두워지기 시작하며 꽃이 피는 하늘타리와는 달리 붉은하늘타리는 깜깜한 밤(저녁 8~10시)에 꽃이 피었다가 해가 뜨기 전에 시든다. 꽃은 하늘타리에 비해 작다. ❷❸❹수꽃. 6~10개가 총상꽃차례에 달리며 1개씩 순서대로 핀다. 꽃부리열편이 장타원형-타원형이며 가장자리는 실모양으로 잘게 갈라진다. 수술은 3개이다. ❸❺암꽃. 1개씩 달린다. 암술머리는 3개이다. 긴 꽃부리통부의 밑부분은 씨방이 있어서 볼록하다. ❻열매. 타원형-구형이며 짙은 주황색-밝은 적색으로 익는다. ❼씨. 중앙부는 넓은 띠모양으로 두텁다. ❽잎 앞면. 양면에 짧은 털이 있다. 잎은 얼핏 보면 가시박의 잎과 닮았다. ❾잎 뒷면. 흰빛이 돌며 맥은 돌출하여 뚜렷하다.

441

물매화

Parnassia palustris L.

노박덩굴과

국내분포/자생지 전국의 습한 풀밭 또는 계곡가 습한 곳

형태 다년초. 줄기는 높이 10~25cm 이며 여러 개씩 모여난다. 뿌리잎은 길이 1.5~4cm의 장타원상 난형~난형 이며 밑부분은 심장형이다. 잎자루는 길이 3~8cm로 길다. 줄기잎은 1개이며 밑부분은 줄기를 감싼다. 꽃은 8~10월에 백색으로 피며 지름 2~2.5cm 이다. 꽃잎은 넓은 난형 또는 도란형 이다. 수술은 5개이며 암술대는 짧고 암술머리는 4개로 갈라진다.

참고 애기물매화(*P. alpicola* Makino)는 꽃의 지름이 0.8~1cm이며 가수술이 3~5(~8)개로 갈라지고 선체(분비선)가 없는 것이 특징이다. 국내(한라산) 분포는 불명확하다.

❶2020. 10. 10. 강원 정선군 ❷꽃. 가수술은 5개이며 실모양으로 13~22개로 갈라지고 끝에는 구형의 선체가 있다. ❸꽃받침조각. 피침형~장타원상 난형이고 끝이 둔하다. ❹열매(삭과). 난상 구형이고 털이 없다. 가수술은 숙존한다.

애기괭이밥

Oxalis acetosella L.

괭이밥과

국내분포/자생지 지리산 이북의 해 발고도가 비교적 높은 산지의 숲속

형태 다년초. 잎은 땅속줄기에서 1~여러 개씩 나온다. 작은잎은 길이 8~20mm의 심장형이다. 잎자루는 길이 3~15cm이다. 꽃은 4~5월에 연한 적 자색 줄무늬가 있는 백색으로 피며 1 개씩 달린다. 꽃줄기는 길이 3~11cm 이다. 꽃받침조각은 길이 3~4mm의 장타원형~장타원상 난형이다. 꽃잎은 길이 1~2.2cm의 장타원상 도란형~도 란형이고 끝이 오목하다. 수술은 10 개이며 수술대는 길이 3~7mm이고 꽃밥은 백색이다. 열매(삭과)는 길이 4 ~10mm의 난상 구형이고 털이 없다.

참고 옆으로 뻗는 땅속줄기가 있으며 작은잎이 심장형이고 열매가 난형~구형으로 둥근 것이 특징이다.

❶2011. 5. 6. 경남 밀양시 천황산 ❷열매. 난상 구형이고 4개의 능각이 있다. ❸씨. 세로 주름이 있다. ❹잎. 털이 약간 있다.

큰괭이밥

Oxalis obtriangulata Maxim.

괭이밥과

국내분포/자생지 거의 전국 산지의 숲속

형태 다년초. 잎은 땅속줄기에서 1~2(~3)개씩 나온다. 작은잎은 길이 1.5~4.5cm의 도삼각형이다. 잎자루는 길이 4~9cm이고 연한 갈색의 털이 있다. 꽃은 4~5월에 연한 자색 줄무늬가 있는 백색으로 피며 땅속줄기에서 1(~2)개씩 나온다. 꽃줄기는 길이 4.5~20cm이고 털이 있다. 꽃잎은 길이 1~1.6cm의 장타원상 도란형이고 끝이 오목하다. 수술은 2열로 배열되며 수술대는 길이 3~7mm이고 꽃밥은 백색이다. 열매(삭과)는 길이 3~4cm이고 끝이 길게 뾰족하다.

참고 작은잎이 도삼각형이며 열매가 피침상 원뿔형이고 4~5개의 씨가 들어 있는 것이 특징이다.

❶2004. 4. 5. 경기 포천시 국립수목원 ❷꽃 측면. 꽃받침조각은 길이 6~8mm의 피침형–장타원형이고 가장자리와 바깥면에 털이 약간 있다. ❸열매. 피침상 원뿔형이다. ❹잎. 작은잎은 윗부분이 편평하거나 중간부가 약간 오목하다. 열편의 끝이 약간 뾰족하다.

물레나물

Hypericum ascyron L.

물레나물과

국내분포/자생지 거의 전국의 산야

형태 다년초. 줄기는 높이 50~120cm이고 네모지다. 잎은 마주나며 길이 5~10cm의 피침형–장타원상 난형이고 밑부분은 줄기를 약간 감싼다. 꽃은 7~9월에 황색으로 피며 지름 4~7cm이다. 꽃자루는 길이 1~3cm이다. 꽃받침조각은 5개이고 길이 5~15mm의 타원형–난형이며 가장자리에 흑자색의 선점이 있다. 꽃잎은 길이 1.5~3cm의 도란상 장타원형이며 시계방향으로 휘어진다. 씨방은 길이 6~8mm이며 암술대는 5개이고 씨방과 길이가 비슷하다.

참고 잎과 줄기에 흑자색의 선점이 없으며 암술대가 5개인 것이 특징이다.

❶2002. 7. 24. 대구 수성구 용지봉 ❷꽃. 수술 다발은 5개이며 1개의 다발에 30개의 수술이 모여난다. 암술대는 5개이고 흔히 하반부는 합생한다. ❸ 열매(삭과). 길이 1.3~1.5cm의 난상 구형(원뿔형)이고 털이 없다.

채고추나물

Hypericum attenuatum Fisch. ex Choisy

물레나물과

국내분포/자생지 경북 이북의 산지
(주로 건조한 풀밭)

형태 다년초. 줄기는 높이 30~70cm
이고 2개의 능선이 있으며 흑자색
의 선점이 흩어져 있다. 잎은 마주나
며 길이 1.5~3cm의 장타원형-타원
상 난형 또는 도피침형-도피침상 장
타원형이고 양면에 흑자색의 선점이
많다. 끝은 둔하거나 둥글고 밑부분
은 둥글거나 얕은 심장형이며 잎자루
는 없다. 꽃은 6~7월에 황색으로 피
며 지름 2~2.5cm이고 줄기와 가지
끝부분의 취산꽃차례에 1~여러 개씩
모여 달린다. 포는 피침형-장타원형
이고 끝이 뾰족하다. 꽃자루는 길이 2
~5(~10)mm이다. 꽃받침조각은 5개이
며 길이 4~6mm의 피침상 장타원형-
장타원상 난형이고 흑자색의 선점이
있다. 꽃잎은 길이 8~12mm의 도란상
장타원형이며 시계방향으로 약간 휘
어진다. 수술 다발은 3개이며 1개의
다발에 10~25개의 수술이 있고 수술
대는 길이 6~10mm이다. 씨방은 길이
2~2.5mm의 타원상 난형이며 암술대
는 길이 3.5~4.5mm이고 3개이다. 열
매(삭과) 길이 5~10mm의 타원상 난
형-난형이며 털이 없다.

참고 고추나물에 비해 줄기에 흑자색
의 선점이 많고 2개의 능선이 뚜렷하
며 꽃이 약간 대형이다.

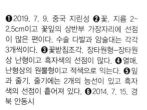

❶ 2019. 7. 9. 중국 지린성 ❷ 꽃. 지름 2~
2.5cm이고 꽃잎의 상반부 가장자리에 선점
이 많은 편이다. 수술 다발과 암술대는 각각
3개씩이다. ❸ 꽃받침조각. 장타원형-장타원
상 난형이고 흑자색의 선점이 많다. ❹ 열매.
난형상의 원뿔형이고 적색으로 익는다. ❺ 잎
과 줄기. 줄기에는 2개의 능선이 있고 흑자
색의 선점이 흩어져 있다. ❻ 2014. 7. 15. 경
북 안동시

고추나물

Hypericum erectum Thunb. var.
erectum

국내분포/자생지 전국의 산야

형태 다년초. 줄기는 높이 30~80(~
100)cm이고 희미한 능선이 있거나 둥
글다. 잎은 마주나며 길이 1.5~4.5cm
의 장타원형-타원상 난형이고 양면
에 흑자색의 선점이 있다. 끝은 둔하
거나 둥글고 밑부분은 편평하거나 얕
은 심장모양이며 가장자리에 흑자색
의 선점이 많다. 잎자루는 없다. 꽃
은 7~8월에 황색으로 피며 지름 2~
2.5cm이고 줄기와 가지 끝부분의 취
산꽃차례에 1~여러 개씩 모여 달린
다. 포는 소형이며 피침형-장타원형
이다. 꽃자루는 길이 1.5~3mm이다.
꽃받침조각은 길이 3.5~7mm의 피침
상 장타원형-장타원상 난형이며 맥
사이와 가장자리에 흑자색의 선점이
있다. 꽃잎은 길이 6~10mm의 도란상
타원형이고 가장자리에 흑자색의 선
점이 없거나 약간 있다. 수술 다발은
3개이며 1개의 다발에 7~15개의 수술
이 있고 수술대는 길이 5~7mm이다.
씨방은 길이 2.5~3mm의 난형이며
암술대는 길이 3~4.5mm이고 3개이
다. 열매(삭과) 길이 5~11mm의 타원
상 난형-난형이며 털이 없다.

참고 다북고추나물(var. *caespitosum*
Makino)은 고추나물에 비해 다수의 줄
기가 다북하게 모여나고 가지도 많
이 갈라지며 식물체는 전체적(높이 25
~35cm)으로 비교적 소형이다. 지리산
의 해발고도가 높은 지대(주로 능선부)
에서 자란다. 일본에 분포하는 개체
들과 면밀한 비교·검토가 필요하다.

❶2002. 8. 18. 경북 김천시 우두령 ❷꽃.
꽃잎은 약간 비스듬한 도란상 타원형이며 가
장자리에 흑자색의 선점이 없거나 약간 있
다. ❸열매. 난형상의 원뿔형이고 적색으로
익는다. ❹잎과 줄기. 줄기에는 흔히 둥글며
흑색의 선점이 없다. 잎의 양면과 가장자리
에 흑색의 선점이 있다. ❺-❽다북고추나물
❺꽃. 고추나물과 유사하다. 암술대는 3개
이고 씨방과 길이가 비슷하거나 약간 길다.
❻열매. 타원상 난형-난상 구형이다. ❼잎
뒷면(ⓒ이만규). 흰빛이 돌며 흑색의 선점이
흩어져 있다. ❽2003. 8. 10. 경남 산청군 지
리산

장백제비꽃

Viola biflora L.

제비꽃과

국내분포/자생지 강원(설악산) 이북의 해발고도가 높은 산지 풀밭이나 암석지

형태 다년초. 줄기는 높이 10~25cm 이다. 뿌리잎은 길이 1~3cm의 넓은 난형-거의 원형이며 가장자리에 얕은 물결모양의 톱니가 있다. 턱잎은 피침상 난형-난형이고 가장자리는 밋밋하거나 작은 톱니가 약간 있다. 꽃은 5~7월에 황색으로 피며 지름 1.2~2cm이고 잎겨드랑이에서 1개씩 달린다. 꽃받침조각은 길이 3~4mm 의 선상 피침형-피침형이다. 열매(삭과)는 길이 4~7mm의 장타원상 난형이고 털이 없다.

참고 구름제비꽃(*V. crassa* Makino)은 장백제비꽃에 비해 잎이 더 두껍고 털이 전혀 없다.

❶2013. 6. 5. 강원 인제군 설악산 ❷꽃. 옆쪽꽃잎의 안쪽에 털이 없다. 아래쪽꽃잎이 꽃잎 중에 가장 길다. ❸꽃 측면. 거는 길이 5~25mm의 짧은 원통형이다. ❹열매. 털이 없다. ❺잎. 앞면과 가장자리에 털이 약간 있다.

노랑제비꽃

Viola orientalis (Maxim.) W.Becker

제비꽃과

국내분포/자생지 전국의 산지

형태 다년초. 줄기는 높이 6~20cm이다. 뿌리잎은 길이 2.5~4cm의 난형-넓은 난형이고 밑부분은 심장형이다. 뒷면에 털이 약간 있다. 턱잎은 난형이고 가장자리는 밋밋하거나 톱니가 약간 있다. 꽃은 4~5월에 황색으로 피며 지름 2cm 정도이다. 꽃받침조각은 길이 5~7mm의 피침형-장타원상 피침형이다. 위쪽꽃잎은 비스듬히 서거나 뒤로 젖혀진다. 씨방에는 털이 없으며 암술대는 곤봉모양이다.

참고 털대제비꽃(*V. muehldorfii* Kiss)은 땅속줄기가 가늘고 길게 뻗고 줄기에 흔히 긴 퍼진 털이 있으며 전체적으로 대형인 것이 특징이다.

❶2016. 4. 9. 강원 고성군 ❷꽃. 옆쪽꽃잎의 밑부분에 털이 있다. 아래쪽꽃잎이 꽃잎 중에 가장 짧다. ❸꽃 내부. 암술머리는 머리모양이며 측면에 긴 털이 있다. ❹꽃 측면. 거는 길이 1~2mm로 짧다. 꽃자루 윗부분에 잔털이 있다. ❺열매. 타원형-장타원형이고 털이 없다.

졸방제비꽃
Viola acuminata Ledeb.

제비꽃과

국내분포/자생지 전국의 산지 및 하천가 풀밭

형태 다년초. 줄기는 높이 20~40cm이고 여러 개가 모여나며 털이 약간 있다. 잎은 길이 1.5~6cm의 난형—심장상 난형이며 밑부분은 얕은 심장형—심장형이고 가장자리에 둔한 잔톱니가 많다. 양면에는 털이 거의 없고 맥 위에 털이 약간 있다. 잎자루는 길이 1.5~6cm이다. 턱잎은 길이 1~3.5cm의 장타원형이며 끝은 뾰족하거나 길게 뾰족하다. 꽃은 4~6월에 백색—연한 자색으로 피며 잎겨드랑이에서 1개씩 달린다. 지름 1.5~2cm이며 꽃자루는 길이 2~8cm이고 잔털이 약간 있다. 작은포는 선상 피침형이고 꽃자루의 중앙부 또는 윗부분에 달린다. 꽃받침조각은 길이 7~12mm의 선상 피침형이며 끝은 뾰족하고 밑부분의 부속체는 길이 2~3mm의 반원형이다. 꽃잎은 길이 8~13mm이며 위쪽꽃잎과 옆쪽꽃잎은 길이가 비슷하고 위쪽꽃잎은 뒤로 젖혀진다. 아래쪽꽃잎(거를 포함)은 길이 9~16mm이고 진한 자색의 줄무늬가 있다. 씨방은 원뿔형이고 털이 없다. 암술대는 곤봉모양이며 밑부분에서 약간 구부러지고 앞쪽으로 갈수록 굵어진다. 암술머리에는 잔돌기가 있으며 끝부분에 짧은 부리가 돌출한다. 열매(삭과)는 길이 9~12mm의 타원형이고 털이 없다.

참고 옆쪽꽃잎의 밑부분을 제외하고 전체에 털이 없는 것을 민졸방제비꽃(f. *glaberrima*)으로 구분하기도 한다.

❶2017. 4. 26. 경북 의성군 ❷꽃. 옆쪽꽃잎의 밑부분에는 털이 밀생한다. ❸꽃 측면. 거는 길이 2~4mm의 원통형이다. ❹꽃 내부. 암술머리의 끝부분에 아래 방향으로 돌출한 부리가 있다. ❺열매(삭과). 길이 9~12mm의 타원형이고 털이 없다. ❻잎. 난형이며 밑부분은 심장형이다. ❼턱잎. 가장자리는 빗살모양으로 깊게 갈라진다. ❽~❿민졸방제비꽃 타입(ⓒ이웅) ❽꽃. 형태는 졸방제비꽃과 같다. ❾잎 뒷면. 양면에 털이 없고 졸방제비꽃에 비해 잎이 좁은 편이다. ❿2022. 5. 2. 경북 청송군

낚시제비꽃

Viola grypoceras A.Gray

제비꽃과

국내분포/자생지 남부지방의 산야

형태 다년초. 땅속줄기는 옆으로 짧게 뻗는다. 줄기는 높이 5~15cm이고 여러 개가 모여난다. 잎은 길이 1.5~2.5cm의 심장상 난형-신장상 난형이며 끝은 뾰족하거나 둔하고 가장자리에 물결모양의 톱니가 있다. 잎자루는 길이 3~8cm이다. 턱잎은 피침형-장타원형이고 깃털모양으로 깊게 갈라진다. 꽃은 3~5월에 연한 자색으로 피며 지름 1.5~2cm이고 땅속줄기 부근 또는 잎겨드랑이에서 1개씩 달린다. 꽃자루는 길이 5~10cm이고 털은 거의 없다. 작은포는 선상 피침형이고 꽃자루의 중앙부 또는 윗부분에 달린다. 꽃받침조각은 길이 6~9mm의 피침형이며 끝은 뾰족하고 밑부분의 부속체는 길이 1.5~2.5mm의 반원형이다. 위쪽꽃잎은 도란형이고 옆쪽꽃잎과 길이가 비슷하며 뒤로 약간 젖혀진다. 아래쪽꽃잎(거를 포함)은 길이 1.5~2cm이고 진한 자색의 줄무늬가 있다. 거는 길이 6~8mm의 가는 원통형이다. 암술대는 곤봉모양이며 밑부분에서 구부러지고 앞쪽으로 갈수록 약간 굵어진다. 암술머리에는 털이 없으며 끝부분에 짧은 부리가 돌출한다. 열매(삭과)는 길이 9~11mm의 타원형이며 털이 없다.

참고 꽃이 연한 자색으로 피고 옆쪽꽃잎에 털이 없으며 잎이 심장상 난형-신장상 난형이고 털이 거의 없는 것이 특징이다. 낚시제비꽃 중에서 줄기가 땅 위에 누워서 자라며 잎이 길이 1~2cm의 넓은 삼각형인 것을 좀낚시제비꽃(var. *exilis*)으로 구분하기도 한다.

❶2019. 4. 12. 전남 신안군 흑산도 ❷꽃. 연한 자색으로 피며 옆쪽꽃잎의 밑부분에는 털이 없다. ❸꽃 측면. 거는 가늘고 긴 편이며 흔히 연한 자색~자색이다. ❹꽃 내부. 수술의 밑부분과 연결된 꽃뿔(거)은 매우 긴 편이다. ❺열매. 타원형~난상 타원형이고 끝이 뾰족하다. ❻잎. 흔히 심장상 난형이고 털이 없다. ❼턱잎. 피침형-장타원형이며 가장자리는 깃털모양으로 깊게 갈라진다. ❽2017. 3. 30. 제주 제주시 한라산

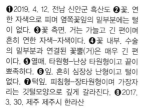

섬제비꽃(큰졸방제비꽃)

Viola kusanoana Makino
Viola dageletiana Nakai; *V. takesimana* Nakai

제비꽃과

국내분포/자생지 경북 울릉도의 산지

형태 다년초. 줄기는 높이 20~40cm이고 여러 개가 모여나며 가지가 갈라진다. 뿌리잎은 길이 3~5cm의 심장상 난형–심장상 원형이며 밑부분은 심장형이다. 양면에는 털이 거의 없다. 잎자루는 길이 4~10cm이다. 턱잎은 피침형–장타원상 피침형이고 끝은 길게 뾰족하며 가장자리에는 깃털모양으로 비교적 얕게 갈라진다. 꽃은 3~5월에 연한 적자색 또는 연한 자색으로 피며 지름 2cm 정도이고 줄기 상반부의 잎겨드랑이에서 1개씩 달린다. 작은포는 피침형이고 꽃자루의 상반부에 달린다. 꽃받침조각은 길이 5~8mm의 피침형이고 끝은 뾰족하며 밑부분의 부속체는 길이 2mm 정도의 반원형이고 가장자리는 밋밋하거나 둔한 톱니가 있다. 위쪽꽃잎은 뒤로 젖혀지고 옆쪽꽃잎의 밑부분에는 털이 없다. 거는 길이 5~8mm의 가는 원통형이다. 암술머리의 끝부분에는 아래로 향한 부리가 있다. 열매(삭과)는 길이 7~11mm의 타원형이고 털이 없다.

참고 왜졸방제비꽃에 비해 옆쪽꽃잎의 밑부분과 암술머리에 털이 없는 것이 특징이다. 섬제비꽃(*V. takesimana* Nakai)은 졸방제비꽃 또는 낚시제비꽃의 이명으로 처리하는 등 분류학적 이견이 많은 분류군이다. 저자들은 섬제비꽃을 큰졸방제비꽃과 동일 분류군으로 보는 견해를 따랐다.

❶ 2022. 4. 28. 경북 울릉군 울릉도 ❷ 꽃. 연한 자색이며 옆쪽꽃잎의 밑부분에는 털이 없다. ❸ 꽃 측면. 거는 길이 6~8mm의 가는 원통형이다. ❹ 꽃 내부(옆쪽꽃잎 제거). 암술대의 윗부분은 길게 나출된다. ❺ 꽃 내부. 수술의 밑부분과 연결된 꽃뿔(거)는 길이 2.5~3.5mm의 선상 원통형이다. ❻ 암술. 씨방은 원뿔형이고 털이 없으며 암술대는 밑부분에서 구부러진다. ❼ 열매. 타원상이며 털이 없다. ❽ 잎. 초질이며 가장자리에 얕고 둔한 톱니가 많다. ❾ 턱잎. 가장자리에는 깃털모양으로 비교적(낚시제비꽃 보다) 얕게 갈라진다. ❿ 2022. 4. 28. 경북 울릉군 울릉도

왜졸방제비꽃

Viola sacchalinensis H.Boissieu

제비꽃과

국내분포/자생지 북부지방의 산지

형태 다년초. 줄기는 높이 5~20cm 이고 여러 개가 모여나며 털이 없다. 뿌리잎은 길이 1~3cm의 심장형–신장형이며 끝은 뾰족하거나 둔하고 가장자리에는 둔한 톱니가 있다. 양면에는 털이 거의 없으며 갈색의 선점이 흩어져 있다. 잎자루는 길이 1.5~4.5cm이다. 꽃은 4~6월에 연한 자색–청자색으로 피며 지름 2cm 정도이고 잎겨드랑이에 1개씩 달린다. 꽃자루는 길이 4~5.5cm이고 잎보다 길다. 작은포는 피침형이고 꽃자루의 위쪽(꽃과 가깝게)에 달린다. 꽃받침조각은 길이 4~6mm의 피침형이고 끝은 뾰족하며 밑부분의 부속체는 길이 2~3mm의 반원형이고 가장자리는 밋밋하다. 위쪽꽃잎은 도란형이며 옆쪽꽃잎의 밑부분에는 털이 있다. 거는 길이 3mm 정도의 원통형이다. 씨방은 원뿔형이고 털이 없다. 암술대는 위쪽으로 차츰 넓어지는 곤봉모양이며 밑부분에서 구부러진다. 암술머리의 끝부분에 돌출한 부리가 있으며 부리에는 돌기모가 있다. 열매(삭과)는 장타원형–타원형이고 털이 없다.

참고 참졸방제비꽃(*V. koraiensis* Nakai)은 왜졸방제비꽃에 비해 꽃잎이 넓은 장타원상 도란형이며 옆쪽꽃잎의 밑부분에 털이 없고 암술머리에 돌기모가 없는 것이 특징이다. 백두산 등 북부지방의 높은 산지에서 자란다. 왜졸방제비꽃의 변종(var. *alpicola* P.Y.Fu & Y.C.Teng) 또는 동일 종으로 처리하기도 한다.

❶2011. 6. 10. 중국 지린성 두만강 상류(원지) ❷꽃. 꽃잎은 장타원상–난상 장타원형이며 옆쪽꽃잎의 밑부분에 긴 털이 밀생한다. ❸꽃 측면. 거는 길이 3mm 정도의 원통형이다. ❹꽃 내부. 암술머리 끝부분의 부리 부근에 털이 있다. ❺턱잎. 피침상 장타원형이며 가장자리는 비교적 얕게 갈라진다. ❻~❿참졸방제비꽃 ❻꽃. 꽃잎은 타원상 도란형이며 옆쪽꽃잎의 밑부분에 털이 없다. ❼꽃 측면. 거는 왜졸방제비꽃에 비해 약간 길다. ❽꽃 내부. 암술머리의 부리 부근에 털이 없다. ❾열매. 약간 세모진 장타원형–타원형이고 끝이 뾰족하다. ❿2019. 7. 6. 중국 지린성 백두산

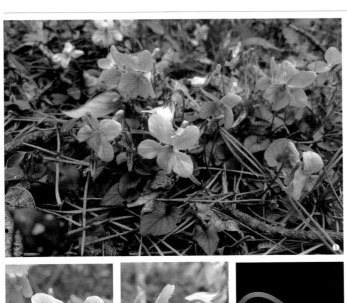

긴잎제비꽃

Viola ovato-oblonga Makino

제비꽃과

국내분포/자생지 남부지방의 산지

형태 다년초. 줄기는 높이 15~30cm 이고 여러 개가 모여나며 흔히 비스 듬히 자란다. 뿌리잎은 길이 2~4cm 의 난형–심장상 난형이며 가장자리 에 둔한 톱니가 있다. 표면은 짙은 녹 색–검은빛이 도는 녹색이고 잎맥은 적자색–적갈색이며 뒷면은 적갈색이 다. 잎자루는 잎보다 1.5~4배 길며 턱 잎은 깃털모양으로 갈라진다. 줄기잎 은 길이 3~6cm의 피침형–장타원상 난형이며 밑부분은 쐐기모양–심장형 이다. 양면에 털이 없으며 잎자루는 짧다. 꽃은 3~5월에 연한 적자색 또 는 연한 자색으로 피며 지름 1.5~2cm 이고 잎겨드랑이에서 1개씩 달린다. 꽃받침조각은 길이 5~7mm의 피침 형이고 끝은 길게 뾰족하며 밑부분의 부속체는 길이 2~3mm의 반원형이고 끝은 둥글다. 옆쪽꽃잎의 밑부분에는 털이 있거나 없다. 거는 길이 7~8mm 의 가늘고 긴 원통형이다. 씨방은 원 뿔형이고 털이 없다. 암술머리의 끝 부분에 아래로 방향으로 돌출한 짧 은 부리가 있다. 열매(삭과)는 길이 8~ 10mm의 타원형이고 털이 없다.

참고 낚시제비꽃에 비해 줄기잎이 피 침형–난상 삼각형으로 좁으며 뿌리 잎의 뒷면이 적갈색을 띠는 것이 특 징이다.

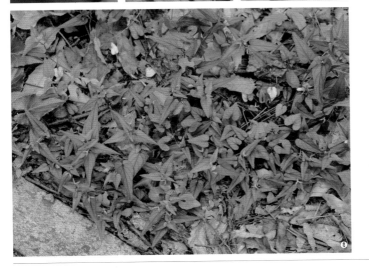

❶2013. 3. 26. 제주 제주시 ❷꽃. 연한 자색 이며 옆쪽꽃잎의 밑부분에는 털이 없거나 있 다. ❸꽃 측면. 거는 길이 7~8mm의 가늘고 긴 원통형이다. ❹꽃 내부. 수술의 밑부분과 연결된 꽃뿔(거)은 가늘고 길다. ❺열매. 세 모진 타원형이고 털이 없다. ❻뿌리잎. 뿌리 부근의 잎은 난형상이다. ❼줄기잎. 피침형– 장타원상 난형으로 폭이 좁다. ❽결실기의 전체 모습. 2013. 6. 25. 전남 완도군 완도

사향제비꽃
Viola obtusa Makino

제비꽃과

국내분포/자생지 남부지방의 산지
형태 다년초. 땅속줄기는 짧다. 줄기
는 높이 8~20cm이고 여러 개가 모여
나며 흔히 비스듬히 자란다. 뿌리잎
은 길이 1.5~3cm의 난형-심장상 원
형이며 양면에 잔털이 많다. 끝은 뾰
족하거나 둔하며 밑부분은 심장모양
이고 가장자리에는 둔한 톱니가 있
다. 줄기잎은 길이 2~5cm의 장타원
상 난형-삼각상 난형이고 끝이 뾰족
하다. 턱잎은 피침형-장타원형이고
깃털모양으로 깊게 갈라진다. 꽃은 3
~5월에 연한 적자색-자색으로 피며
꽃은 지름 1.5~2cm이고 땅속줄기 부
근 및 잎겨드랑이에서 1개씩 달린다.
흔히 꽃자루에는 짧은 털이 있다. 꽃
받침조각은 길이 6~8mm의 피침형이
고 끝은 길게 뾰족하며 끝부분의 부
속체는 길이 1.5~2.5mm이다. 꽃잎
은 길이 1.2~1.5cm의 도란형이고 옆
쪽꽃잎의 밑부분에는 털이 없다. 거
는 길이 5~7mm의 가늘고 긴 원통형
이다. 씨방은 원뿔형이고 털이 없으며
암술머리의 끝부분에는 불분명한 짧
은 부리가 있다. 열매(삭과)는 길이 8~
10mm의 타원형-난형이고 털이 없다.
참고 꽃의 중앙부(꽃잎의 하반부 또는
밑부분)가 백색이며 나머지는 연한 적
자색-자색인 것이 특징이다. 꽃에서
향기가 난다.

❶2022. 4. 20. 제주 서귀포시 ❷꽃. 옆쪽꽃
잎의 밑부분에는 털이 없다. ❸꽃 측면. 거는
길이 5~7mm의 원통형이다. ❹암술대. 밑부
분에서 구부러지며 암술머리의 부리는 짧다.
❺결실기의 전체 모습. 2017. 6. 23. 제주 서
귀포시 한라산 ❻2015. 4. 15. 제주 서귀포시
❼줄기. 흔히 줄기에 잔털이 많다.

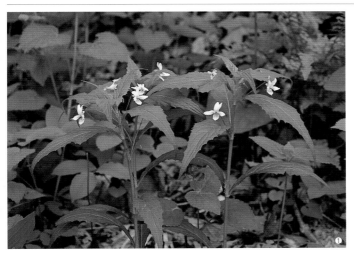

왕제비꽃
Viola websteri Hemsl.

제비꽃과

국내분포/자생지 중부지방 이북의 산지

형태 다년초. 줄기는 높이 30~50cm이고 여러 개가 모여나며 곧추 자란다. 잎은 길이 5~12cm의 피침형-장타원상 난형이며 끝이 뾰족하고 가장자리에 뾰족한 큰 톱니가 있다. 뒷면 맥 위에는 잔털이 약간 있다. 턱잎은 선상 피침형-피침형이고 가장자리는 빗살모양으로 깊게 갈라진다. 잎자루는 짧고 잎의 밑부분과 합생한다. 꽃은 4~5월에 백색(-연한 자색)으로 피며 잎겨드랑이에서 1개씩 달린다. 꽃자루는 길이 3~6cm로 흔히 잎보다 짧으며 작은포는 상반부에 있다. 꽃받침조각은 길이 5~6mm의 선상 피침형이고 끝은 길게 뾰족하며 밑부분의 부속체는 짧고 끝이 편평하거나 오목하다. 꽃잎은 길이 1.2~1.3cm의 도란상 주걱형이고 옆쪽꽃잎의 밑부분에는 털이 있다. 거는 길이 2mm 정도로 짧고 끝은 둥글다. 씨방은 원뿔형이고 털이 없다. 암술머리의 끝부분에는 돌출한 부리가 있으며 부리에는 돌기모가 있다. 열매(삭과)는 길이 1.2~1.5cm의 세모진 타원상 난형이고 털이 없다.

참고 왕제비꽃은 우리나라와 중국 지린성의 일부 지역에서만 자라는 분포역이 넓지 않은 희귀식물이다. 여뀌잎제비꽃(*V. thibaudieri* Franch. & Sav.)은 왕제비꽃에 비해 암술머리에 돌기모가 없고 잎가장자리에 거치가 없는 것이 특징이다. 학자에 따라서는 일본 고유종으로 처리하기도 하며 저자들도 같은 의견이다.

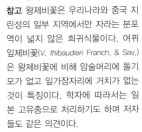

❶2004. 5. 8 경기 연천군 ❷꽃. 흔히 백색이며 옆쪽꽃잎의 밑부분에 긴 털이 밀생한다. 아래쪽꽃잎에 진한 자색의 줄무늬가 있다. ❸꽃 측면. 거는 길이 2mm 정도로 짧고 뭉툭한 편이다. ❹씨방과 암술대. 씨방은 원뿔형이며 털이 없다. 암술대는 밑부분에서 약간 구부러진다. ❺열매. 세모진 타원상 난형이고 털이 없다. ❻잎. 피침형-장타원상 난형이며 잎끝은 길게 뾰족하다. ❼턱잎. 선상 피침형으로 가늘고 가장자리는 빗살모양으로 갈라진다. ❽결실기의 전체 모습. 2020. 8. 18. 강원 정선군

넓은잎제비꽃

Viola mirabilis L.
Viola mirabilis var. *subglabra*
Ledeb.; *V. brachysepala* Maxim.

제비꽃과

국내분포/자생지 강원, 충북 이북의 산지(국내에서는 주로 석회암지대에 분포)

형태 다년초. 줄기는 높이 8~20cm 이고 여러 개가 모여나며 위쪽에서 가지가 갈라진다. 뿌리잎의 잎은 길이 3~5(~8. 결실기)cm의 난형~난상 원형이며 밑부분은 심장모양이다. 끝은 둔하거나 짧게 뾰족하며 가장자리에는 둔한 톱니가 있다. 잎자루는 길이 5~15cm이고 윗부분은 날개모양이다. 턱잎은 길이 8~17mm의 장타원상 피침형~장타원상 난형이고 막질이며 가장자리는 밋밋하거나 잔톱니가 있다. 꽃은 4월에 연한 적자색(~연한 자색 또는 자색)으로 피며 지름 1.7~2.2cm이고 뿌리 부근의 잎겨드랑이에서 1개씩 달린다. 꽃자루는 길이 5~12cm이다. 꽃받침조각은 길이 6~10mm의 피침형~장타원상 피침형이고 끝은 뾰족하거나 둔하다. 밑부분의 부속체는 길이 2~3mm의 반원형이고 끝은 둔하다. 꽃잎은 길이 1.2~1.5cm의 도란형이고 옆쪽꽃잎의 밑부분에는 털이 있다. 거는 길이 5~7mm의 원통형이다. 씨방은 원뿔형이고 털이 약간 있거나 없다. 암술대는 밑부분에서 약간 구부러지며 암술머리의 끝부분에 짧은 부리가 있다. 열매(삭과)는 길이 8~14mm의 타원상 난형(~난형)이고 털이 없다.

참고 꽃이 피기 전에는 뿌리잎만 있다가 개화기 무렵에 줄기가 나온다. 턱잎의 가장자리는 잔톱니가 있거나 밋밋하며 줄기잎이 심장형 또는 신장형이다.

❶2006. 4. 14. 강원 영월군 ❷꽃. 연한 적자색이며 옆쪽꽃잎의 밑부분에 긴 털이 밀생한다. ❸꽃 측면. 거는 길이 5~7mm의 원통형이며 꽃받침조각은 피침형~장타원상 피침형이고 흔히 가장자리에 털이 있다. ❹꽃 내부(옆쪽꽃잎 제거). 암술머리의 끝부분에 짧은 부리가 있으며 부리에는 돌기모가 없다. ❺꽃 내부(꽃잎 전체와 수술의 일부 제거). 씨방은 털이 약간 있으며 수술의 밑부분과 연결된 꽃뿔은 짧고 굵은 편이다. ❻열매(폐쇄화). 세모진 타원상 난형이며 흔히 표면에 짧은 털이 있지만 없는 개체도 있다. ❼씨. 열매는 3개로 갈라지며 씨는 구형이고 갈색이다. ❽잎(결실기). 난형~난상 원형이고 밑부분은 심장모양이다. ❾결실기의 전체 모습. 2005. 7. 2. 강원 영월군

454

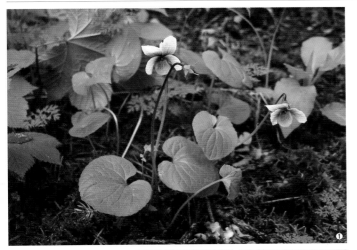

누운제비꽃

Viola epipsiloides Á.Löve & D.Löve

제비꽃과

국내분포/자생지 북부지방의 습지 주변 또는 인근 숲속

형태 다년초. 잎은 길이 2~4(~6, 결실기)cm의 넓은 난형-신장상 원형이며 밑부분은 깊은 심장형이고 가장자리에는 물결모양의 둔한 잔톱니가 있다. 꽃은 5~7월에 연한 자색~자색으로 피며 지름은 1.7~2.2cm이다. 꽃자루는 잎과 길이가 비슷하거나 약간 길다. 꽃받침조각은 길이 4mm 정도의 장타원상 피침형-좁은 난형이다. 암술대는 윗부분이 다소 넓으며 밑부분에서 약간 구부러진다. 암술머리의 끝부분에는 짧은 부리가 있다.

참고 땅속으로 길게 뻗는 백색의 가는 땅속줄기가 있으며 잎이 신장상 원형이고 꽃이 자색인 것이 특징이다.

❶2016. 6. 2. 중국 지린성 ❷꽃. 연한 자색~자색이며 옆쪽꽃잎에 긴 털이 밀생한다. ❸꽃 측면. 거는 길이 3mm 정도로 짧고 뭉툭하다. ❹열매. 타원형이며 털이 없다. ❺잎. 넓은 난형-신장상 원형이고 흔히 양면에 털이 없다.

아욱제비꽃

Viola hondoensis W. Becker & H. Boissieu

제비꽃과

국내분포/자생지 경북(울릉도) 및 경기 이북의 산지

형태 다년초. 줄기는 높이 3~10cm이다. 잎은 길이 2.5~4.5(~7, 결실기)cm의 넓은 난형-신장상 원형이며 끝은 둥글고 밑부분은 심장형이다. 잎자루에 털이 있다. 꽃은 3~4월에 연한 자색 또는 연한 적자색으로 피며 지름은 1.5~2cm이다. 꽃자루는 길이 3~8cm이고 털이 있다. 옆쪽꽃잎의 밑부분에는 털이 있거나 없다. 거는 길이 3~4.5mm로 짧고 굵은 편이다.

참고 둥근털제비꽃에 비해 잎이 신장형-심장상 원형이고 끝이 둥글며 꽃자루가 짧고 개화 후에 땅 위로 길게 뻗는 줄기가 나오는 것이 특징이다.

❶2013. 4. 26. 서울 도봉구. 땅 위로 길게 뻗는 줄기가 발달한다. ❷열매. 넓은 타원형-거의 구형이며 잔털이 밀생한다. ❸잎(가을철). 넓은 난형-신장상 원형이며 양면에 털이 있다. ❹기는줄기. 끝부분에서 새로운 개체를 형성한다.

둥근털제비꽃

Viola collina Besser

제비꽃과

국내분포/자생지 전국의 산지

형태 다년초. 줄기는 높이 3~15cm 이며 땅속줄기는 굵다. 뿌리잎은 길이 1~3.5(~8. 결실기)cm의 넓은 난형-거의 원형이며 밑부분은 심장형이고 가장자리에 잔톱니가 있다. 잎자루는 길이 2.5~6(~19. 결실기)cm이고 퍼진 털이 밀생하며 윗부분은 날개모양이다. 턱잎은 길이 1~1.5cm의 피침형이고 밑부분이 잎자루와 합생한다. 꽃은 3~4월에 연한 적자색으로 피며 지름은 1.3~1.8cm이고 뿌리 부근 또는 잎겨드랑이에서 1개씩 달린다. 꽃자루는 길이 4~7cm이고 퍼진 털이 있다. 작은포는 선형이고 꽃자루의 중앙부 또는 하반부에 달린다. 꽃받침조각은 길이 5~7mm의 피침형-장타원상 피침형이고 끝은 뾰족하며 흔히 털이 있다. 밑부분의 부속체는 길이 1~2mm의 반원형이며 끝부분은 둥글고 밋밋하다. 꽃잎은 길이 1~1.3cm의 장타원상 도란형-도란형이고 옆쪽꽃잎의 밑부분에는 털이 있다. 거는 길이 3~4.5mm로 짧고 굵은 편이다. 씨방은 원뿔형-구형이고 털이 있다. 암술대는 곤봉모양이고 밑부분에서 약간 구부러진다. 암술머리의 끝부분에는 돌출한 부리가 있다. 열매(삭과)는 길이 6~8mm의 넓은 타원형-거의 구형이고 털이 밀생한다.

참고 잔털제비꽃에 비해 꽃이 연한 적자색이며 열매가 넓은 타원형-거의 구형이고 털이 밀생하는 것이 특징이다.

❶2004. 3. 28. 경기 광주시 ❷꽃. 옆쪽꽃잎의 밑부분에 긴 털이 밀생한다. ❸꽃 측면. 꽃자루와 꽃받침에도 털이 많다. 거는 길이 3~4.5mm로 짧고 굵다. ❹꽃 내부. 암술머리의 끝부분에는 아래쪽으로 돌출한 부리가 있다. ❺열매. 넓은 타원형-거의 구형이며 털이 밀생한다. ❻잎. 양면에 잔털이 밀생한다. ❼결실기의 전체 모습. 2016. 5. 9. 경기 포천시 운악산 ❽2012. 4. 12. 경북 울릉군 울릉도

태백제비꽃
Viola albida Palib.

제비꽃과

국내분포/자생지 거의 전국의 산지

형태 다년초. 줄기는 없고 모든 잎이 땅속줄기에서 나온다. 잎은 길이 4.5 ~12cm의 장타원상 난형(–삼각상 난형)이며 끝이 뾰족하고 가장자리에 안쪽으로 약간 굽은 톱니가 있다. 양면에 털이 없다. 턱잎은 선상 피침형이고 가장자리에는 이빨모양의 큰 톱니가 있다. 잎자루는 잎몸(엽신)과 길이가 비슷하거나 더 길다. 꽃은 4~5월에 백색(–연한 적자색)으로 피며 지름은 1.8~2.5cm이다. 작은포는 선형이고 꽃자루의 중앙부 또는 하반부에 달린다. 꽃받침조각은 길이 1.4~1.6cm의 장타원상 피침형이고 끝은 길게 뾰족하며 밑부분의 부속체는 길이 2~5mm이고 끝부분에 2~3개의 불규칙한 큰 톱니가 있다. 꽃잎은 길이 1.6~1.8cm의 도란형이고 옆쪽꽃잎의 밑부분에는 털이 있다. 거는 길이 6mm 정도로 길고 굵은 편이다. 씨방은 원뿔형이고 털이 없다. 암술대는 길이 2.5mm 정도의 곤봉모양이고 윗부분으로 갈수록 두터워지며 밑부분에서 약간 구부러진다. 암술머리의 끝부분에는 돌출한 부리가 있다. 열매(삭과)는 길이 9~13mm의 타원형 난형–난상 원형이고 털이 없다.

참고 남산제비꽃에 비해 잎가장자리가 깃털모양으로 갈라지지 않으며 턱잎의 1/3~1/2 정도가 잎자루와 합생하는 것이 특징이다. 세계적으로 중국(동북3성)과 우리나라에 분포하며 중국명은 조선제비꽃(朝鮮菫菜)이다.

❶2013. 4. 26. 경북 영주시 소백산 ❷꽃. 흔히 백색이며 옆쪽꽃잎의 밑부분에는 털이 있다. ❸꽃 측면. 거는 길이 6mm 정도이며 길고 굵은 편이다. ❹꽃 내부. 암술머리는 두텁고 밑부분에 돌출한 짧은 부리가 있다. ❺열매. 털이 없다. ❻잎(결실기). 흔히 장타원상 난형이고 양면에 털이 없다. ❼결실기의 전체 모습(2003. 6. 8. 경기 가평군 화악산). 결실기 이후에 자라 나온 잎은 개화기의 잎보다 훨씬 대형이다. ❽2003. 4. 5. 경기 포천시 국립수목원

남산제비꽃

Viola chaerophylloides (Regel)
W.Becker

제비꽃과

국내분포/자생지 전국의 산지

형태 다년초. 잎은 길이 3~11cm의 오각상 난형-오각상 원형이며 3출겹잎모양으로 완전히 갈라지고 옆쪽의 열편은 다시 2개로 갈라져 5출겹잎모양이 된다. 열편의 끝은 길게 뾰족하며 가장자리는 뾰족한 큰 톱니가 있거나 불규칙한 결각상으로 갈라진다. 꽃은 4~5월에 백색(-연한 적자색)으로 피며 지름은 1.6~2.5cm이다. 꽃받침조각은 장타원상 피침형이고 끝은 뾰족하며 밑부분의 부속체는 길이 2.5~4.5mm이고 끝부분은 2~3개의 불규칙한 큰 톱니가 있다. 꽃잎은 길이 1.5~1.7cm의 도란형이다. 거는 길이 6mm 정도이고 굵은 편이다. 암술대는 윗부분으로 갈수록 두터워지며 밑부분에서 약간 구부러진다. 암술머리의 끝부분에는 돌출한 부리가 있다. 열매(삭과)는 길이 6~13mm의 장타원형-타원상 난형이고 털이 없다.

참고 태백제비꽃에 비해 잎가장자리가 깃털모양으로 갈라지고 턱잎의 1/2 이상이 잎자루와 합생하는 것이 특징이다. 넓은 의미에서는 길제비꽃[*V. chaerophylloides* var. *sieboldiana*(Maxim.) Makino, 길오징이나물]과 일본에 분포하는 *V. eizanensis* (Makino) Makino는 남산제비꽃의 종내 분류군 또는 동일종으로 처리하는 것이 타당한 것으로 판단된다. **간도제비꽃**(*V. dissecta* Ledeb.)은 남산제비꽃에 비해 꽃이 연한 적자색이며 잎의 열편 끝이 둔하거나 둥근 것이 특징이다. **손잎제비꽃** (*V. dactyloides* Schult.)은 간도제비꽃에 비해 잎이 5개(손모양)로 갈라지는 것이 특징이다.

❶2020. 4. 25. 경기 연천군 ❷꽃. 옆쪽꽃잎의 밑부분에는 흔히 털이 있지만 사진처럼 없는 개체도 종종 관찰된다(변이가 있음). ❸꽃 측면. 남산제비꽃의 꽃의 형태는 태백제비꽃과 유사하다. 거는 길이 6mm 정도이고 굵은 편이다. ❹꽃 내부. 암술머리는 비후되면 밑부분에 돌출한 짧은 부리가 있다. ❺열매. 장타원형-타원형이며 연한 갈색 바탕에 갈색-적갈색 무늬가 있다(변이가 있음). ❻잎. 3~5출겹잎모양으로 완전히 갈라진다. 열편은 다시 깊게 갈라진다. ❼❽간도제비꽃 ❼2007. 6. 29. 중국 지린성 ❽잎. 흔히 3출겹잎이며 열편은 다시 깊게 갈라진다. ❾손잎제비꽃(2024. 5. 12. 중국 지린성). 간도제비꽃에 비해 잎이 손바닥모양의 겹잎이다.

단풍제비꽃

Viola × takahashii (Nakai) Taken.
Viola albida var. *takahashii* (Nakai)
Nakai

제비꽃과

국내분포/자생지 지리산 이북의 산지
형태 다년초. 잎은 길이 3~6(~15, 결실
기)cm의 장타원상 난형–난형이며 가
장자리는 얕게 또는 3~5개로 깊게 갈
라진다. 턱잎은 선상 피침형이고 가
장자리에는 이빨모양의 큰 톱니가 있
으며 잎자루와 1/2 정도 합생한다. 꽃
은 4~5월에 백색–연한 적자색으로
핀다. 거는 길이 6mm 정도이다. 열
매(삭과)는 길이 9~13mm의 타원형 난
형–타원상 난형이고 털이 없다.
참고 태백제비꽃과 남산제비꽃의 교
잡종이며 태백제비꽃과 유사하지만
잎이 단풍잎처럼 깊게 갈라진다.

❶ 2004. 4. 15. 경기 포천시 국립수목원
❷꽃. 태백제비꽃이나 남산제비꽃과 유사하
다. 흔히 옆쪽꽃잎의 밑부분에 긴 털이 밀생
한다. ❸꽃 측면. 거는 굵은 편이다. ❹꽃 내
부. 암술머리의 밑부분에 돌출한 짧은 부리
가 있다. ❺잎. 태백제비꽃과 남산제비꽃의
중간적인 형태이다.

울릉제비꽃

Viola ulleungdoensis M.Kim & J.Lee

제비꽃과

국내분포/자생지 경북 울릉도의 산
지, 한반도 고유종
형태 다년초. 잎은 길이 3~9cm의 난
형–난상 원형이며 끝은 뾰족하고 밑
부분은 심장형이다. 꽃은 4~5월에 연
한 적자색 또는 연한 자색으로 피며
지름은 1.5~2cm이다. 옆쪽꽃잎의 밑
부분에는 털이 없다. 아래쪽꽃잎의
하반부에 자색의 줄무늬가 있다. 열
매(삭과)는 길이 7~9mm의 타원형–도
란상 타원형이고 털이 없다.
참고 뫼제비꽃에 비해 식물체(특히 잎
과 꽃)가 대형이며 옆으로 뻗는 땅속
줄기가 발달하지 않는 것이 특징이
다. 넓은 의미에서는 뫼제비꽃의 종
내 분류군 또는 동일 종으로 처리하
는 것이 타당하다고 판단된다.

❶2004. 4. 17. 경북 울릉군 ❷꽃. 뫼제비꽃
과 유사하다. ❸꽃 측면. 거는 길이 8~12mm
의 원통형이다(변이가 있음). ❹잎. 뫼제비꽃
에 비해 흔히 대형이며 털이 적거나 없고 광
택이 약간 난다(변이가 많음).

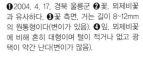

뫼제비꽃

Viola selkirkii Pursh ex Goldie

제비꽃과

국내분포/자생지 전국(비교적 해발고도가 높은) 산지의 숲속

형태 다년초. 땅속줄기는 가늘다. 잎은 길이 1.5~3(~5, 결실기)cm의 난형−난상 원형이며 끝은 짧게 뾰족하고 밑부분은 심장형이다. 가장자리에는 물결모양의 잔톱니가 있다. 엽질은 얇으며 표면에 짧은 털이 흩어져 있다. 잎자루는 길이 2~7(~12, 결실기)cm이고 털이 있거나 없으며 윗부분은 날개모양이다. 턱잎은 피침형이고 잎자루와 1/2 정도 합생한다. 꽃은 4~5월에 연한 자색 또는 연한 적자색으로 피며 지름은 1.2~1.8cm이다. 꽃자루는 길이 4~8cm으로 잎과 길이가 비슷하거나 짧다. 작은포는 길이 5~7mm의 선형이고 꽃자루의 중앙부에 달린다. 꽃받침조각은 길이 5~7mm의 장타원상 피침형이고 끝은 뾰족하며 밑부분의 부속체는 길이 2mm 정도의 타원형−반원형이고 윗부분은 불규칙하게 갈라진다. 꽃잎은 길이 1.2~1.5cm의 타원상 도란형−도란형이며 위쪽꽃잎은 곧추서거나 뒤로 젖혀진다. 옆쪽꽃잎의 밑부분에는 흔히 털이 없다. 아래쪽꽃잎의 하반부에 자색의 줄무늬가 있다. 씨방은 원뿔형이고 털이 없다. 암술대는 곤봉모양이고 밑부분에서 약간 구부러지며 위쪽으로 갈수록 넓어진다. 열매(삭과)는 길이 6~8mm의 타원형이고 털이 없다.

참고 민둥뫼제비꽃에 비해 잎이 작으며 꽃이 연한 자색 또는 연한 적자색이고 옆쪽꽃잎의 밑부분에 털이 없는 것이 특징이다.

❶ 2012. 4. 29. 경기 연천군 ❷ 꽃. 연한 자색으로 피며 옆쪽꽃잎의 밑부분에는 흔히 털이 없다. ❸ 꽃 내부. 암술머리의 끝부분은 편평하며 밑을 향하는 부리가 있다. ❹ 꽃 측면. 거는 길이 5~7mm의 가늘고 긴 원통형이다. ❺ 꽃 내부(꽃잎 제거). 수술의 밑부분과 연결된 꽃뿔(거)은 길이 2~3mm로 짧은 편이다. ❻ 열매. 타원형이며 털이 없다. ❼ 잎(가을철). 결실기 이후에 자라 나온 잎이 개화기의 잎과 크기가 비슷하거나 약간 크다(대부분의 제비꽃류는 결실기의 잎이 훨씬 대형임). ❽ 잎. 잎맥 주변에 백록색−회녹색의 무늬가 있는 개체도 종종 관찰된다. ❾ 2005. 5. 13. 경기 연천군

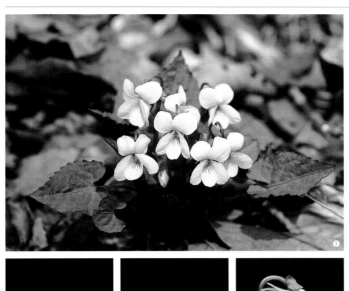

민둥뫼제비꽃

Viola tokubuchiana var. *takedana*
(Makino) F.Maek.

제비꽃과

국내분포/자생지 중부지방 이남의 산지

형태 다년초. 잎은 길이 2~5(~6.5, 결실기)cm의 삼각상 난형-장타원상 난형이며 끝은 길게 뾰족하고 밑부분은 깊은 심장형이다. 가장자리에는 얕은 물결모양의 잔톱니가 있다. 양면에 털이 약간 있거나 없으며 표면에 간혹 백색의 무늬가 있다. 잎자루는 길이 4~11cm이고 윗부분에는 좁은 날개가 있다. 꽃은 4~5월에 백색(~연한 자색)으로 피며 지름은 1.5~2cm이다. 꽃자루는 길이 5~8cm이고 잎보다 길며 털이 없다. 작은포는 길이 5~7mm의 선형이고 꽃자루의 거의 중앙부에 달린다. 꽃받침조각은 길이 6~10mm의 장타원상 피침형이고 끝은 뾰족하다. 밑부분의 부속체는 길이 2~3mm의 난형이고 끝부분은 둔하거나 불규칙한 얕은 톱니가 있다. 꽃잎은 길이 1.2~1.5cm의 도란형이고 옆쪽꽃잎의 밑부분에는 털이 있거나 없다. 거는 길이 5~7mm이다. 씨방은 원뿔형이고 털이 없다. 암술대는 곤봉모양이고 밑부분에서 약간 구부러지며 윗부분은 약간 두텁다. 암술머리의 끝부분에는 돌출한 부리가 있다. 열매(삭과)는 길이 6~11mm의 타원형-타원상 난형이고 털이 없다.

참고 뫼제비꽃에 비해 꽃이 백색이며 잎이 삼각상 난형-장타원상 난형이고 보다 큰 것이 특징이다. 원변종(var. *tokubuchiana* Makino)은 민둥뫼제비꽃에 비해 전체적으로 약간 소형이고 잎이 난형이며 꽃이 연한 적자색인 것이 특징이다. 일본(혼슈 중부)에 분포한다.

❶ 2004. 4. 12. 경기 포천시 국립수목원 ❷꽃. 옆쪽꽃잎의 밑부분에는 털이 있거나 없다. ❸꽃 측면. 거는 길이 5~7mm이다. ❹꽃 내부. 암술머리는 비후되어 두툼하며 끝부분에 부리가 돌출한다. 수술의 밑부분과 연결된 꽃뿔(거)은 가늘고 길다. ❺❻열매. 타원형-타원상 난형이고 털이 없거나 약간 있다. ❼잎(결실기). 뫼제비꽃과 남산제비꽃의 중간적인 형태이다. ❽잎. 잎맥 주변이 백록색-회녹색의 무늬가 있는 개체도 간혹 관찰된다. ❾2006. 4. 23. 경기 포천시 지장봉

각시제비꽃

Viola boissieuana Makino

제비꽃과

국내분포/자생지 제주 한라산의 숲 속

형태 다년초. 줄기는 없고 모든 잎이 땅속줄기에서 나온다. 잎은 길이 1~3(~4.5, 결실기)cm의 장타원상 난형-넓은 삼각상 난형이며 끝은 뾰족하고 밑부분은 깊은 심장형이다. 가장자리에는 물결모양의 둔한 잔톱니가 있다. 양면은 털이 없다. 잎자루는 길이 1~5(~7)cm이다. 꽃은 4~5월에 백색으로 피며 지름은 1cm 정도이다. 꽃자루는 길이 5~10cm이다. 꽃받침조각은 길이 3~4.5mm의 피침형-장타원상 피침형이고 끝이 뾰족하다. 밑부분의 부속체는 반원형이고 가장자리는 밋밋하다. 꽃잎은 길이 7~10mm의 장타원상 도란형이며 적자색 줄무늬(특히 아래쪽꽃잎)가 있다. 위쪽꽃잎은 꽃잎 중에서 가장 길고 뒤로 젖혀진다. 옆쪽꽃잎의 밑부분에는 털이 약간 있거나 없다. 아래쪽꽃잎은 다른 꽃잎에 비해 매우 짧은 편이다. 거는 길이 2~3mm의 주머니모양이다. 씨방은 원뿔형이고 털이 없다. 암술대는 윗부분이 약간 넓으며 밑부분에서 약간 구부러진다. 암술머리의 끝부분에는 짧은 부리가 있다. 열매(삭과)는 길이 5~8mm의 타원형-도란상 타원형이고 털이 없다.

참고 전체적으로 소형이고 잎(3cm 이하)이 장타원상 난형-넓은 삼각상 난형이며 꽃이 백색이고 거가 짧은 것이 특징이다.

❶2016. 5. 17. 제주 제주시 한라산 ❷꽃. 옆쪽꽃잎의 밑부분에는 털이 약간 있거나 없다. 아래쪽꽃잎에 진한 자색의 줄무늬가 있다. ❸꽃 측면. 거는 길이 2~3mm로 짧고 굵은 편이다. ❹꽃 내부. 암술대와 꽃뿔(거)은 짧은 편이다. ❺열매. 타원형-도란상 타원형이고 털이 없다. ❻잎. 장타원상 난형-넓은 삼각상 난형이며 밑부분은 깊은 심장모양이다. ❼결실기의 전체 모습. 2013. 7. 30. 제주 제주시 한라산 ❽2017. 5. 24. 제주 제주시 한라산

갑산제비꽃
Viola kapsanensis Nakai

제비꽃과

국내분포/자생지 경기, 강원 이북의 산지, 한반도 고유종(?)

형태 다년초. 땅속줄기는 길이 1~4cm이고 약간 굵다. 잎은 길이 1~3cm의 난형-넓은 난형이고 가장자리에 잔톱니가 있다. 끝은 뾰족하고 밑부분은 심장형이다. 표면은 털이 없거나 약간 있다. 턱잎은 선상 피침형이고 잎자루와 1/2~2/3 정도 합생한다. 잎자루는 길이 2~7cm이고 털이 없으며 끝부분은 좁은 날개모양이다. 꽃은 4~5월에 백색(~연한 자색)으로 피며 지름은 1.3~1.8cm이다. 꽃자루는 흔히 잎보다 길고 털이 없거나 약간 있다. 작은포는 길이 3~5mm의 선형이고 꽃자루의 중앙부에 달린다. 꽃받침조각은 길이 7~9mm의 장타원상 피침형이고 끝이 뾰족하다. 밑부분의 부속체는 길이 1.5~3mm의 난형-반원형이고 가장자리는 밋밋하거나 불규칙한 톱니가 있다. 꽃잎은 길이 7~10mm의 타원상 도란형-도란형이며 위쪽꽃잎은 흔히 뒤로 강하게 젖혀진다. 아래쪽꽃잎의 하반부에 자색의 줄무늬가 있다. 암술대는 윗부분이 다소 넓으며 암술머리의 끝부분에는 짧은 부리가 있다. 열매(삭과)는 길이 5~8mm의 타원형-타원상 난형이고 털이 없다.

참고 꽃이 흔히 백색이고 거가 가늘고 길며 잎이 1.5~3cm의 난형(~넓은 난형)인 것이 특징이다. 중국(북부~동북부)에 분포하는 *V. pekinensis* (Regel) W.Becker와 동일 종으로 판단된다.

❶2006. 5. 13. 경기 연천군 ❷꽃. 흔히 백색으로 피며 옆쪽꽃잎의 밑부분에는 털이 밀생한다. ❸암술대. 암술머리의 끝부분은 편평하고 짧은 부리가 있다. ❹꽃 측면. 거는 길이 6~8mm의 가늘고 긴 원통형으로 꽃의 크기에 비해 긴 편이다. ❺꽃 내부. 수술 밑부분과 연결된 꽃뿔(거)은 가늘고 길다. ❻씨방과 암술대. 씨방에 털이 없으며 암술대는 밑부분에서 구부러진다. ❼열매. 타원형-타원상 난형이고 털이 없다. ❽잎. 크기와 형태는 외제비꽃과 비슷하다. 난형(~넓은 난형)이고 밑부분은 심장형이다. 표면에 털이 없거나 약간 있다. ❾잎 뒷면. 흔히 적갈색이며 하반부 가장자리 쪽에 짧은 털이 약간 있다. ❿가을철 전체 모습(2013. 9. 23. 강원 평창군). 결실기 이후의 잎은 개화기의 잎보다 약간 대형이다.

경성제비꽃

Viola mongolica Franch.
Viola pacifica Juz.

제비꽃과

국내분포/자생지 강원(영월군, 정선군
등)의 산지

형태 다년초. 잎은 길이 3~5(~9. 결실
기)cm의 장타원상 난형-타원상 난
형(~난형)이며 가장자리에는 둔한 잔
톱니가 있다. 끝은 뾰족하거나 둥글
며 밑부분은 심장형이다. 양면에 털
이 많다. 잎자루는 길이 3~5(~12. 결실
기)cm이고 털이 있다. 턱잎은 길이 1
~1.5cm이고 잎자루와 1/2 정도 합생
한다. 꽃은 4~5월에 백색으로 피며
지름은 1.8~2.2cm이다. 꽃자루는 길
이 4~8cm이고 잎과 길이가 비슷하
거나 약간 길며 털이 없다. 작은포는
길이 7~11mm의 선형이며 꽃자루의
중앙부에 달린다. 꽃받침조각은 길
이 8~10cm의 피침형이고 끝은 뾰족
하다. 밑부분의 부속체는 길이 2.5~
3.5mm이고 끝부분에 불규칙한 톱니
가 있다. 위쪽꽃잎은 길이 1.2cm 정
도의 도란형이고 흔히 뒤로 젖혀진
다. 옆쪽꽃잎은 거를 포함해서 길이
1.8~2cm이며 밑부분에는 털이 있다.
거는 길이 5~6mm이다. 씨방은 원뿔
형이고 털이 없다. 암술대는 곤봉모
양이고 밑부분에서 구부러지며 윗부
분으로 갈수록 굵어진다. 암술머리의
끝부분에는 돌출한 부리가 있다. 열
매(삭과)는 길이 7~11mm의 타원형-도
란상 타원형이고 털이 없다.

참고 잔털제비꽃과 유사하지만 땅속
줄기가 수직으로 뻗으며 잎이 흔히
장타원상 난형-타원상 난형(~난형)인
것이 다르다. 동강제비꽃(V. pacifica
Juz.)으로 알려진 종과 동일 종으로
판단된다. 방울제비꽃(V. breviflora
J.Lee & M.Kim)과 함께 면밀한 비교·
검토가 요구된다.

❶2013. 4. 30. 강원 정선군 ❷꽃. 백색이며
옆쪽꽃잎의 밑부분에는 털이 있다. 잔털제비
꽃과 닮았다. ❸꽃 측면. 거는 길이 5~6mm
이다. ❹씨방과 암술대. 암술대는 밑부분이
구부러지고 암술머리의 끝부분에 돌출한 부
리가 있다. ❺열매. 타원형-도란상 타원형
이고 털이 없다. ❻잎 앞면. 흔히 장타원상
난형-타원상 난형이고 양면에 잔털이 많다.
❼잎 뒷면. 맥 위에 특히 잔털이 더 많다.
❽땅속줄기 비교. 경성제비꽃(a, b)은 서울
제비꽃(c)에 비해 흔히 수직으로 뻗는 땅속
줄기가 있다. ❾결실기의 전체 모습. 2016.
6. 2. 강원 정선군

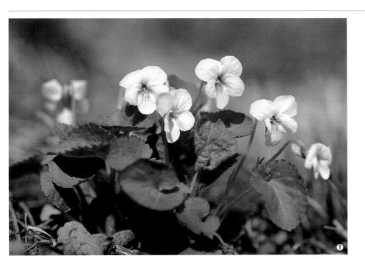

잔털제비꽃

Viola keiskei Miq

제비꽃과

국내분포/자생지 거의 전국의 산지

형태 다년초. 땅속줄기는 굵고 비스듬히 옆으로 짧게 뻗는다. 잎은 길이 2~4(~8. 결실기)cm의 넓은 난형-원상 난형이며 끝은 둥글거나 둔하고 밑부분은 깊은 심장형이다. 가장자리에는 물결모양의 둔한 잔톱니가 있다. 양면에 퍼진 털이 많다. 잎자루는 길이 2~10(~20)cm이고 털이 있다(간혹 없기도 함). 턱잎은 길이 1~1.5cm이고 잎자루와 1/2 정도 합생한다. 꽃은 4~5월에 백색으로 피며 지름은 1.8~2.2cm이다. 꽃자루는 길이 5~10(~13)cm이고 잎과 길이가 비슷하거나 약간 길다. 작은포는 길이 7~11mm의 선형이다. 꽃받침조각은 길이 6~8mm의 장타원상 피침형이고 끝은 둔하거나 뾰족하다. 밑부분의 부속체는 길이 2~3mm의 주걱상 사각형-사각형이고 끝부분이 오목하거나 불규칙한 톱니가 있다. 꽃잎은 길이 1~1.4cm이며 옆쪽꽃잎의 밑부분에는 흔히 털이 있지만 없는 경우도 있다. 거는 길이 6~7mm이고 가늘고 길다. 씨방은 원뿔형이고 털이 없다. 암술대는 곤봉모양이고 밑부분에서 구부러지며 윗부분으로 갈수록 굵어진다. 암술머리의 끝부분에는 돌출한 부리가 있다. 열매(삭과)는 길이 7~10mm의 장타원형-타원상 난형이고 털이 없다.

참고 잎에 퍼진 털이 많으며 꽃이 백색이고 옆쪽꽃잎의 밑부분에 흔히 털이 있는 것이 특징이다. 결실기에는 둥근털제비꽃과 유사하지만 열매에 털이 없는 특징으로 구분한다.

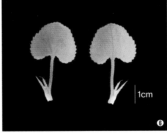

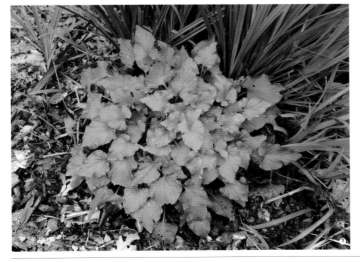

❶2002. 4. 7. 경북 청송군 ❷꽃. 옆쪽꽃잎의 밑부분에는 흔히 털이 있지만 없는 경우도 있다. ❸꽃 측면. 거는 길이 6~7mm이고 가늘고 길다. 흔히 꽃자루에 털이 있지만 없는 경우도 있다. ❹꽃 내부. 암술머리는 위쪽으로 갈수록 넓어진다. 암술머리는 두텁고 밑부분에 돌출한 부리가 있다. ❺열매. 장타원형-타원상 난형이고 털이 없다. ❻잎. 양면과 잎자루에 잔털이 많다. 잎자루의 상반부 가장자리에는 좁은 날개가 있다. ❼결실기의 전체 모습. 2014. 8. 7. 경기 포천시

털제비꽃

Viola phalacrocarpa Maxim.
Viola ishidoyana Nakai

제비꽃과

국내분포/자생지 전국의 산야

형태 다년초. 땅속줄기는 짧고 굵다. 잎은 길이 1.5~5cm의 장타원상 난형~난형(~원형)이며 가장자리에는 물결모양의 잔톱니가 있다. 끝은 뾰족하고 밑부분은 얕은 심장형(~깊은 심장형, 결실기)이다. 양면은 털이 약간 있거나 밀생한다. 잎자루는 길이 3~8(~20, 결실기)cm이고 털이 있으며 윗부분은 날개모양이다. 턱잎은 선상 피침형~피침형이고 잎자루와 1/2 정도 합생한다. 꽃은 4~5월에 연한 자색~자색(~적자색)으로 피며 지름은 1.3~1.7cm이다. 꽃자루는 길이 5~10cm이며 잎과 길이가 비슷하거나 길고 털이 있다(간혹 없음). 작은포는 선형이고 꽃자루의 중앙부에 달린다. 꽃받침조각은 길이 6~7mm의 피침형~장타원상 피침형이고 끝이 뾰족하다. 밑부분의 부속체는 길이 1~2mm의 사각형~반원형이고 끝이 둥글거나 편평하다. 꽃잎은 길이 1~1.3cm의 타원상 도란형~도란형이다. 위쪽꽃잎은 곧추서거나 뒤로 젖혀지며 끝이 둥글거나 편평하다(또는 약간 오목). 거는 길이 6~8mm의 가늘고 긴 원통형이다. 씨방은 원뿔형이고 털이 있다. 암술머리의 끝부분에 짧은 부리가 있다. 열매(삭과)는 길이 6~9mm의 넓은 타원형~난상 구형이고 처음에는 털이 밀생하다가 차츰 적어진다.

참고 흰털제비꽃에 비해 흔히 잎, 꽃자루, 열매 등에 짧은 털이 많으며 개화 시 완전하게 펼쳐진 잎이 수평하게 또는 비스듬히 퍼지며 달리는 것이 특징이다.

❶ 2005. 5. 3. 경기 포천시 국립수목원 ❷꽃. 연한 자색~자색으로 피며 옆쪽꽃잎의 밑부분에는 털이 밀생한다. ❸꽃 측면. 거는 길이 6~8mm로 가늘고 길다. 꽃자루에 흔히 털이 많다. ❹꽃 내부. 수술대 밑부분과 연결된 꽃뿔(거)은 매우 가늘고 길다. ❺씨방과 암술대. 씨방에 털이 밀생한다. 암술대는 곤봉모양이고 윗부분은 뚜렷하게 넓으며 밑부분은 약간 구부러진다. ❻암술대(털이 없는 타입). 간혹 씨방에서 털이 없는 개체가 있다. ❼열매. 넓은 타원형~난상 구형이며 흔히 털이 밀생한다. ❽잎(결실기). 결실기의 잎은 개화기에 자라난 잎에 비해 대형이다. ❾2020. 4. 25. 경기 연천군

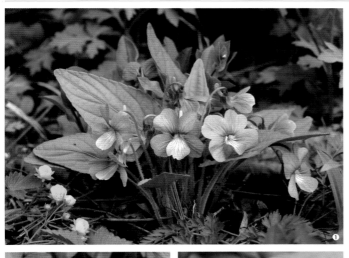

흰털제비꽃

Viola hirtipes S. Moore
Viola kamibayashii Nakai

제비꽃과

국내분포/자생지 전국의 산지

형태 다년초. 잎은 길이 3~7(~15, 결실기)cm의 장타원상 난형(~난형)이며 밑부분은 깊거나 얕은 심장형이다. 가장자리에는 물결모양의 둔한 잔톱니가 있다. 양면(특히 뒷면 맥 위)은 털이 있으나 간혹 털이 없기도 하다. 턱잎은 잎자루와 1/2 이상 합생하며 선상 피침형이고 가장자리는 빗살모양으로 깊게 또는 얕게 갈라진다. 잎자루는 길이 2~5(~18)cm이고 잎(잎몸)보다 짧으며 윗부분은 날개모양이다. 꽃은 4~5월에 연한 적자색~적자색으로 피며 지름은 2~3cm이다. 꽃자루는 길이 7~12cm이고 흔히 긴 퍼진 털이 밀생하지만 없는 경우도 있다. 꽃받침조각은 길이 6~8mm의 좁은 피침형~장타원상 피침형이고 끝이 뾰족하다. 밑부분의 부속체는 길이 1~2mm이고 가장자리는 밋밋하다. 꽃잎은 길이 1.5~2cm의 도란형이며 끝이 둥글거나 오목하다. 옆쪽꽃잎의 밑부분에는 털이 밀생한다. 거는 길이 7~9mm의 원통형이다. 씨방은 원뿔형이고 털이 없거나 약간 있다. 암술머리의 끝부분에는 짧은 부리가 있다. 열매(삭과)는 길이 6~10mm의 장타원상 난형~타원상 난형이고 털이 없다.

참고 흔히 잎자루, 턱잎과 꽃자루에 긴 털이 밀생하며 꽃이 적자색이고 열매에 털이 없는 것이 특징이다. 흰털제비꽃 중 전체에 털이 거의 없는 개체들이 드물게 발견된다. 이러한 타입을 예전에는 광릉제비꽃으로 구분하였으나 최근에는 흰털제비꽃에 통합·처리한다.

❶ 2005. 5. 14. 강원 횡성군. 개화 시 잎이 비스듬히 또는 곧추서는 것이 특징이다. ❷꽃. 지름 2~3cm로 비교적 대형이다. 옆쪽 꽃잎의 밑부분에는 털이 밀생한다. ❸꽃 측면. 거는 길이 7~9mm의 원통형이다. 꽃자루에 흔히 털이 있다. ❹꽃 내부. 암술대는 밑부분이 구부러지고 곤봉상으로 위쪽으로 갈수록 넓어진다. 수술대 밑부분과 연결된 꽃뿔(거)은 매우 가늘고 길다. ❺열매. 장타원상 난형~타원상 난형이고 털이 있다. ❻씨. 밑부분에 유질체(엘라이오솜)가 있다. ❼잎. 흔히 장타원상 난형이고 흔히 양면에 털이 있다. ❽광릉제비꽃 타입. 전체에 털이 거의 없는 개체들이 드물게 관찰된다.

알록제비꽃

Viola variegata Fisch. ex Link
Viola tenuicornis W.Becker

제비꽃과

국내분포/자생지 전국의 산지

형태 다년초. 잎은 길이 1.5~3.5(~6. 결실기)cm의 난형-원형이며 끝은 둔하거나 둥글고 밑부분은 심장형이다. 가장자리에는 둔한 잔톱니가 있다. 턱잎은 피침형이고 잎자루와 1/3 정도 합생한다. 잎자루는 길이 1~7(~15. 결실기)cm이고 털이 있거나 없다. 꽃은 4~5월에 (거의 백색-)연한 적자색-자색으로 피며 지름은 1.3~2cm이다. 꽃자루는 길이 3~10cm로 잎보다 약간 길거나 짧고 털이 있다. 꽃받침조각은 길이 4~6mm의 피침형-장타원상 피침형이고 끝이 뾰족하다. 밑부분의 부속체는 길이 1~2mm의 사각형-반원형이고 끝이 둔하거나 오목하다. 꽃잎은 길이 7~14mm의 타원상 도란형-도란상 원형이다. 위쪽꽃잎은 곧추서거나 뒤로 젖혀지며 끝이 둥글거나 편평하다. 옆쪽꽃잎의 밑부분에는 털이 밀생한다. 아래쪽꽃잎이 가장 작으며 거는 길이 4~8mm의 가늘고 긴 원통형이다. 씨방은 난형-구형이고 털이 없다(간혹 있음). 암술대는 곤봉모양이고 윗부분이 뚜렷하게 넓으며 밑부분에서 구부러진다. 암술머리의 끝부분에 짧은 부리가 있다. 열매(삭과)는 길이 6~8mm의 타원형-타원상 난형이고 털은 없거나 있다.

참고 꽃이 연한 분홍색-연한 적자색이며 잎이 난형(-원형)이고 표면에 무늬가 없는 것을 자주알록제비꽃으로, 잎 뒷면이 자줏빛이 돌지 않는 것을 청알록제비꽃으로 구분하기도 하지만, 이들 모두는 알록제비꽃의 변이에 해당한다.

❶ 2020. 4. 10. 서울 도봉구 북한산 ❷ 꽃. 연한 적자색-적자색 또는 연한 자색-자색으로 핀다. 옆쪽꽃잎의 밑부분에는 털이 밀생한다. ❸ 꽃 측면. 거는 길이 4~8mm의 가늘고 긴 원통형이다. 꽃자루에 흔히 미세한 털이 있다. ❹ 꽃 내부(옆쪽꽃잎 제거). 암술머리는 두텁다. ❺ 꽃 내부(꽃잎 제거). 씨방에 털이 없거나 미세한 털이 있다(변이가 있음). 수술의 밑부분과 연결된 꽃뿔(거)은 매우 가늘고 길다. ❻ 열매. 타원형-타원상 난형이고 털은 없거나 있다. ❼ 잎. 흔히 잎면 주변에 백록색-회녹색의 뚜렷한 무늬가 있지만 무늬가 없는 개체도 종종 관찰된다. ❽ 잎 뒷면. 적갈색이고 털이 없다. ❾ 2014. 4. 2. 경북 문경시

자주잎제비꽃
Viola violacea Makino

제비꽃과

국내분포/자생지 충남(태안군) 이남의 산지 숲속

형태 다년초. 잎은 길이 2~6cm의 장타원상 난형(-난형)이며 끝은 뾰족하고 밑부분은 심장형이다. 가장자리에는 잔톱니가 있다. 양면에 털이 없거나 표면에 약간 있다. 표면은 흔히 짙은 녹색이고 약간 광택이 나며 연한 백색의 무늬가 있는 경우도 있다. 뒷면은 흔히 적갈색이다. 잎자루는 길이 2~8(~10)cm이고 털이 있거나 없다. 턱잎은 선상 피침형이고 잎자루에 합생한다. 꽃은 4~5월에 연한 적자색-적자색으로 피며 지름은 1.4~1.8cm이다. 꽃자루는 길이 5~10cm이며 작은포는 선형이고 꽃자루의 하반부에 달린다. 꽃받침조각은 길이 4~6mm의 피침형-장타원상 피침형이고 끝은 뾰족하다. 밑부분의 부속체는 길이 1~2mm의 사각형-반원형이고 끝이 편평하거나 둥글다. 꽃잎은 길이 8~12mm의 타원상 도란형-도란형이다. 위쪽꽃잎은 곧추서거나 뒤로 젖혀지며 옆쪽꽃잎의 밑부분에는 털이 없다. 씨방은 난형이고 털이 없다. 암술대는 곤봉모양이고 윗부분은 넓으며 밑부분에서 약간 구부러진다. 암술머리의 끝부분에 짧은 부리가 있다. 열매(삭과)는 길이 6~10mm의 넓은 타원형-타원상 난형이고 털은 없다.

참고 잎이 장타원상 난형이고 두터우며 표면에 약간 광택이 나고 뒷면이 흔히 적갈색인 것이 특징이다.

❶2022. 4. 9. 전남 완도군 완도 ❷꽃. 연한 적자색-적자색으로 피며 옆쪽꽃잎의 밑부분에는 털이 없다. ❸꽃 측면. 거는 길이 5~7mm의 가늘고 긴 원통형이고 곧게 뻗거나 약간 위로 굽는다. 꽃자루에 털이 없다. ❹꽃 내부(옆쪽꽃잎 제거). 암술머리는 두텁고 끝부분에 짧은 부리가 있다. ❺꽃 내부(꽃잎 제거). 수술과 연결된 꽃뿔은 가늘고 길다. ❻열매. 넓은 타원형-타원상 난형이고 털이 없다. ❼잎(결실기). 흔히 털이 없고 광택이 난다. 결실기에도 확연하게 대형으로 커지지 않는다. ❽잎 뒷면. 적갈색이고 털이 없다. ❾2023. 4. 5. 제주 제주시 한라산

금강제비꽃
Viola diamantiaca Nakai

제비꽃과

국내분포/자생지 중부지방 이북의 숲속

형태 다년초. 땅속줄기는 굵고 옆으로 또는 비스듬히 뻗는다. 잎은 땅속줄기 끝에서 1개(간혹 2~3개)씩 나온다. 길이 6~9(~12, 결실기)cm의 심장상 난형이고 끝이 꼬리처럼 길게 뾰족하며 가장자리에 얕은 톱니가 있다. 가장자리와 잎 뒷면의 맥 위에 털이 있다. 잎자루는 길이 8~15(~20, 결실기)cm이며 윗부분은 날개모양이고 털이 있다. 턱잎은 피침형이며 잎자루와 합생하지 않는다. 꽃은 4~5월에 백색 또는 자줏빛이 약간 도는 백색으로 피며 지름은 2~2.5cm이다. 꽃자루는 길이 8~14cm이며 작은포는 피침형이고 꽃자루의 중앙부에 달린다. 꽃받침조각은 길이 4~5mm의 피침형-피침상 장타원형이고 끝은 뾰족하며 털이 없다. 밑부분의 부속체는 길이 1~1.5mm의 반원형이고 끝부분은 둔하거나 편평하다. 꽃잎은 길이 1~1.5cm의 장타원상 도란형-도란형이며 옆쪽꽃잎의 밑부분에는 털이 있다. 거는 길이 3~4mm로 짧고 굵은 편이다. 씨방은 원뿔형이고 털이 없다. 암술머리의 끝부분에는 아래로 향해 돌출된 부리가 있다. 열매(삭과)는 길이 1~1.5cm의 장타원형-타원형이고 털이 없다.

참고 고깔제비꽃에 비해 꽃이 백색이며 옆으로 길게 뻗는 땅속줄기가 있다. 또한 꽃이 필 무렵 잎은 완전히 전개되지 않고 하반부가 말려 있는 것이 특징이다.

❶ 2017. 4. 25. 강원 화천군 광덕산 ❷ 꽃. 백색이며 지름 2~2.5cm로 비교적 대형이다. 옆쪽꽃잎의 밑부분에는 털이 있다. ❸ 꽃 측면. 거는 길이 3~4mm로 짧고 굵은 편이다. 꽃자루에는 털이 없다. ❹ 꽃 내부. 암술머리의 끝부분에는 아래로 향해 돌출된 부리가 있다. ❺ 씨방과 암술대. 암술대는 밑부분에서 구부러지며 위쪽으로 갈수록 뚜렷하게 굵어진다. ❻ 열매. 장타원형-타원형이며 흔히 적갈색 무늬가 있다. 털은 없다. ❼ 땅속줄기. 짧고 비스듬히 뻗는 굵은 땅속줄기와 함께 가늘고 길게 옆으로 뻗는 땅속줄기가 발달한다. ❽ 잎(결실기). 고깔제비꽃에 비해 잎끝이 꼬리처럼 더 길게 뾰족한 편이다.

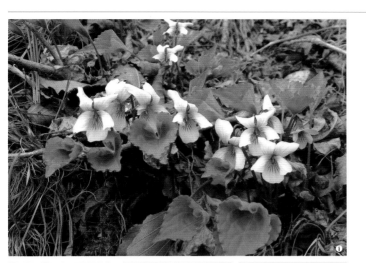

고깔제비꽃

Viola rossii Hemsl.

제비꽃과

국내분포/자생지 전국의 산지

형태 다년초. 땅속줄기는 굵고 옆으로 뻗는다. 잎은 개화 후에 완전히 전개된다. 길이 4~7(~12, 결실기)cm의 난형-넓은 난형이고 가장자리에 뾰족한 잔톱니가 있다. 끝이 길게 뾰족하고 밑부분은 심장형이다. 뒷면에 짧은 털이 있다. 잎자루는 길이 3~8(~20, 결실기)cm이다. 턱잎은 길이 7~10mm의 피침형이고 잎자루와 합생하지 않는다. 꽃은 3~4월에 연한 적자색(~적자색)으로 피며 지름은 2~2.5cm이다. 꽃자루는 길이 6~12cm이며 작은포는 피침형이고 꽃자루의 중앙부에 달린다. 꽃받침조각은 길이 7~8mm의 피침상 장타원형-난상 타원형이고 끝은 뾰족하거나 둔하며 털이 없다. 밑부분의 부속체는 짧고 끝부분이 둥글거나 편평하며 간혹 오목하다. 꽃잎은 길이 1.5~2cm의 장타원상 도란형-도란형이고 옆쪽꽃잎의 밑부분에는 털이 있다. 거는 길이 3~4mm로 짧고 굵은 편이다. 씨방은 원뿔형이고 털이 없다. 암술대는 곤봉모양이고 밑부분에서 약간 구부러지며 위쪽으로 갈수록 약간 두터워진다. 암술머리의 끝부분에는 아래로 향해 돌출된 부리가 있다. 열매(삭과)는 길이 1~1.5cm의 타원형-타원상 난형이고 털이 없다.

참고 금강제비꽃에 비해 꽃이 적자색이며 꽃이 필 무렵의 잎이 밑부분만 말려 있는 것이 특징이다.

❶2013. 5. 2. 전남 장흥군 부용산 ❷꽃. 흔히 연한 적자색으로 피며 옆쪽꽃잎의 밑부분에는 털이 있다. ❸꽃 측면. 거는 길이 3~4mm로 짧고 굵은 편이다. ❹꽃 내부(옆쪽꽃잎 제거). 암술머리의 끝부분에는 아래로 향해 돌출된 부리가 있다. ❺꽃 내부(꽃잎 제거). 수술의 밑부분과 연결된 꽃뿔(거)은 짧고 굵은 편이다. ❻씨방과 암술대. 측면(위쪽)에서 보면 암술대는 밑부분에서 약간 구부러지며 위쪽으로 갈수록 조금씩 더 굵어진다. ❼열매. 타원형-타원상 난형이며 털이 없다. ❽잎(결실기). 끝은 뾰족하거나 길게 뾰족하다. 밑부분의 옆편은 맞닿거나 겹쳐진다. ❾자생 모습(결실기). 2014. 6. 11. 경남 남해군 남해도 ❿흰꽃 피는 개체(2004. 4. 7. 경기 포천시). 전국(특히 강원)에 드물게 분포한다.

애기금강제비꽃

Viola yazawana Makino

제비꽃과

국내분포/자생지 강원의 해발고도가 높은 산지의 숲속

형태 다년초. 잎은 개화 후에 완전히 전개된다. 길이 1.5~4(~7, 결실기)cm의 장타원상 난형–삼각상 난형이고 끝이 길게 뾰족하며 가장자리에 물결모양의 뾰족한 톱니가 있다. 양면에 짧은 털이 있으며 특히 뒷면 맥 위에 털이 많다. 꽃은 4~5월에 백색으로 피며 지름은 1.5cm 정도이다. 열매(삭과)는 길이 7~10mm의 타원형–난형이고 털이 없다.

참고 전체적으로 소형(특히 잎은 길이 4cm 이하)이고 잎이 삼각상 난형이며 꽃이 백색이고 옆쪽꽃잎의 밑부분에 털이 없는 것이 특징이다.

❶2004. 5. 1. 강원 태백시 ❷꽃. 백색으로 피며 옆쪽꽃잎의 밑부분에는 털이 없다. 꽃이 필 때 잎은 고깔모양으로 하반부 가장자리가 안쪽으로 말려 있다. ❸꽃 측면. 거는 길이 2.5~3.5mm로 짧고 굵은 편이다. ❹씨방과 암술대. 씨방에 털이 없으며 암술대는 위쪽으로 갈수록 뚜렷하게 굵어진다.

우산제비꽃

Viola × woosanensis Y.N.Lee & J.Kim

제비꽃과

국내분포/자생지 경북(울릉도)의 산지, 한반도 고유종

형태 다년초. 잎은 길이 3.5~7(~12, 결실기)cm의 삼각상 난형이며 가장자리는 불규칙하게 결각상으로 갈라진다. 밑부분은 얕은 심장형–심장형이다. 양면에 털이 있으며 뒷면은 녹색이거나 자줏빛을 띤다. 꽃은 3~4월에 연한 적자색–적자색으로 피며 지름은 1.8~2.2cm이다. 꽃잎은 길이 1.5~2cm의 장타원상 도란형–도란형이며 옆쪽꽃잎의 밑부분에는 흔히 털이 있다. 거는 길이 4~8mm이다.

참고 남산제비꽃과 울릉제비꽃의 교잡종으로서 두 종의 중간적인 형태를 보인다.

❶2001. 4. 6. 경북 울릉군 울릉도 ❷꽃. 연한 적자색 또는 연한 자색으로 피며 옆쪽꽃잎의 밑부분에는 흔히 털이 있다(매우 적거나 없는 개체도 있음). ❸꽃 측면. 거는 길이 4~8mm이고 약간 굵다. ❹꽃 내부. 암술머리는 두텁고 끝부분에 짧은 부리가 있다. ❺잎(결실기). 가장자리가 불규칙하게 갈라진다.

제주제비꽃

Viola × chejuensis Y.N.Lee & Y.C.Oh

제비꽃과

국내분포/자생지 전국(경기 등)의 산지, 한반도 고유종

형태 다년초. 잎은 장타원상 피침형–장타원상 난형(–난형)이고 가장자리는 불규칙하게 갈라진다. 꽃은 4~5월에 연한 자색 또는 연한 적자색으로 핀다.

참고 남산제비꽃과 털제비꽃의 교잡종이다.

❶ 2010. 4. 26. 경기 양평군 용문산 ❷ 꽃. 연한 자색으로 피며 옆쪽꽃잎의 밑부분에 긴 털이 밀생한다. ❸ 꽃 측면. 거는 가늘고 긴 편이다. 꽃자루에 털이 있다. ❹❺ 씨방과 암술대. 씨방에 털이 약간 있으며 암술대는 위쪽으로 갈수록 굵어진다.

포천제비꽃(신칭)

Viola × martinii F.Maek.

제비꽃과

국내분포/자생지 전국(경기 등)의 산지

형태 다년초. 잎은 피침형–피침상 장타원형(–타원상 난형)이며 가장자리는 둔하고 얕은 톱니가 갈라진다. 잎자루는 흔히 엽신보다 길다. 꽃은 4~5월에 연한 자색–자색으로 핀다.

참고 제비꽃과 털제비꽃의 교잡종이다.

❶ 2015. 4. 27. 경기 포천시 ❷ 꽃. 연한 자색–자색으로 피며 옆쪽꽃잎의 밑부분에 털이 약간 있다. ❸ 꽃 측면. 거는 가늘고 약간 길다. 꽃자루에 잔털이 있다. ❹ 씨방과 암술대. 씨방은 원뿔형이고 털이 없거나 약간 있다. ❺ 수술. 꽃뿔은 매우 가늘고 길다.

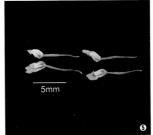

5mm

창덕제비꽃

Viola × palatina Y.N.Lee

제비꽃과

국내분포/자생지 거의 전국(경기, 전남 등)의 산지, 한반도 고유종

형태 다년초. 잎은 길이 2.5~6(~12, 결실기)cm의 장타원상 난형~난형이다. 양면에 털이 거의 없다. 꽃은 3~4월에 연한 자색(~자색)으로 핀다.

참고 남산제비꽃과 왜제비꽃의 교잡종이다.

❶2013. 4. 1. 전남 장흥군 ❷꽃. 연한 자색으로 피며 옆쪽꽃잎의 밑부분에는 털이 있거나 없다. ❸꽃 측면. 거는 가늘고 긴 편이다. 꽃자루에 털이 없다. ❹열매. 타원상 난형이고 털이 없다. ❺잎. 가장자리는 불규칙하게 갈라진다.

진도제비꽃

Viola × taradakensis Nakai
Viola × jindoensis M.Kim

제비꽃과

국내분포/자생지 전남(진도군)의 산지

형태 다년초. 잎은 길이 3~9cm의 장타원형~장타원상 난형이다. 꽃은 3~4월에 연한 자색(~자색)으로 피며 지름은 1.8~2.3cm이다. 옆쪽꽃잎의 밑부분에는 털이 있다.

참고 남산제비꽃과 자주잎제비꽃의 교잡종이다.

❶2016. 3. 31. 전남 진도군 진도 ❷꽃 ❸꽃 측면. 거는 긴 편이다. 꽃자루에 털이 없다. ❹잎. 가장자리는 얕게 또는 3~5개로 깊게 갈라진다. 털은 없다.

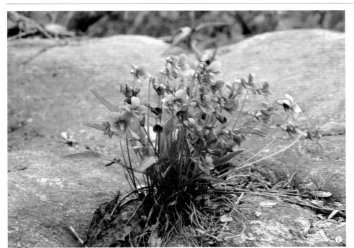

완산제비꽃

Viola × wansanensis Y.N.Lee

제비꽃과

국내분포/자생지 거의 전국(전남, 전북, 충북 등)의 산지, 한반도 고유종

형태 다년초. 꽃은 3~4월에 연한 적자색~적자색으로 핀다.

참고 남산제비꽃과 제비꽃의 교잡종으로서 두 종의 중간적인 형태를 보인다.

❶2020. 4. 15. 충북 제천시 ❷꽃. 연한 적자색~적자색으로 핀다. 옆쪽꽃잎의 밑부분에는 털이 있다. ❸꽃 측면. 거는 굵은 편이다. 꽃자루에 털은 없다. ❹❺꽃 내부. 씨방에 털이 없으며 암술대는 밑부분에서 구부러진다. ❻잎. 외형은 제비꽃의 잎을 닮았지만 가장자리는 불규칙하게 갈라진다.

남산민둥뫼제비꽃
(가칭)

Viola albida var. *chaerophylloides* × *V. tokubuchiana* var. *takedana*

제비꽃과

국내분포/자생지 거의 전국의 산지

참고 남산제비꽃과 민둥뫼제비꽃의 교잡종이다. 국내 알려진 화엄제비꽃(오적용) 같은 타입으로 추정된다. 학명상의 화엄제비꽃(*V.* ×*ibukiana* Makino)은 민둥뫼제비꽃과 *V. eizanensis*의 교잡종으로 국내에 분포하지 않는다.

❶2013. 4. 30. 강원 평창군 ❷꽃. 옆쪽꽃잎의 밑부분에 털이 있다. ❸꽃 측면 ❹꽃 내부 ❺결실기 모습. 2017. 5. 20. 강원 평창군

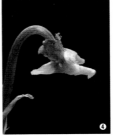

서울남산제비꽃
(가칭)

Viola seoulensis × V. albida var. *chaerophylloides*

제비꽃과

국내분포/자생지 거의 전국(경기, 서울 시 등)의 산지

참고 서울제비꽃과 남산제비꽃의 교 잡종이다.

❶2020. 4. 11. 서울 ❷꽃. 연한 자색으로 피 며 옆쪽꽃잎의 밑부분에 긴 털이 밀생한다. ❸꽃 내부. 꽃뿔은 가늘고 길다. 꽃자루에 털 이 약간 있다. ❹잎. 양면과 꽃자루에 잔털이 많다. ❺2014. 4. 30. 경기 포천시. 주변에 서울제비꽃, 남산제비꽃이 혼생한다.

서울잔털제비꽃
(가칭)

Viola seoulensis × V. keiskei

제비꽃과

국내분포/자생지 거의 전국(경기 등) 의 산지

참고 서울제비꽃과 잔털제비꽃의 교 잡종이다.

❶2014. 4. 9. 경기 포천시 ❷꽃. 거의 백 색–연한 적자색으로 핀다. 옆쪽꽃잎의 밑부 분에 털이 없거나 약간 있다. ❸꽃 측면. 거 는 길이 3.5~4.5mm이다. 꽃자루에 잔털이 있다. ❹꽃 내부. 꽃뿔은 가늘다. ❺결실기 전체 모습. 2014. 5. 29. 경기 포천시

호흰젖제비꽃(가칭)

Viola yedoensis × *V. lactiflora*

제비꽃과

국내분포/자생지 거의 전국(경기 등)
의 산지
참고 호제비꽃과 흰젖제비꽃의 교잡
종이다.

❶2010. 4. 27. 경기 양평군 ❷꽃. 거의 백
색–연한 자색으로 핀다. ❸꽃 측면. 암술머
리는 굵다. 꽃자루에 잔털이 있다. ❹❺서울
흰젖제비꽃(가칭). 서울제비꽃과 흰젖제비꽃
의 교잡종이다. ❹꽃. 거의 백색–연한 자색
으로 피며 옆쪽꽃잎의 밑부분에 털이 있다.
❺2015. 4. 19. 서울특별시 강동구

알록호제비꽃(가칭)

Viola variegata × *V. yedoensis*

제비꽃과

국내분포/자생지 거의 전국(강원 등)
의 산지
참고 알록제비꽃과 호제비꽃의 교잡
종이다.

❶2023. 4. 23. 강원 정선군 ❷꽃. 연한 자
색–자색으로 피며 옆쪽꽃잎의 밑부분에 털
이 있다. ❸꽃 측면. 거는 가늘고 길다(알록
제비꽃 형질). 꽃자루에 비로드 같은 털이 밀
생한다(호제비꽃 형질). ❹꽃 내부. 씨방에
잔털이 약간 있다. 꽃뿔은 매우 가늘고 길다.
❺잎 뒷면. 자갈색이다. 앞면의 잎맥 주변은
흰빛이 돈다. ❻알록서울제비꽃(가칭, 2013.
5. 18. 경기 포천시). 알록제비꽃과 서울제비
꽃의 교잡종이다.

잔털민둥뫼제비꽃
(가칭)

Viola keiskei × *V. tokubuchiana* var.
takedana

제비꽃과

국내분포/자생지 거의 전국(경기 등)
의 산지

참고 잔털제비꽃과 민둥뫼제비꽃의
교잡종이다.

❶2014. 4. 2. 경기 포천시 ❷자생 모습. 잔
털제비꽃과 민둥뫼제비꽃이 혼생하는 곳에
서 관찰된다. ❸꽃, 백색으로 피며 옆쪽꽃잎
의 밑부분에 긴 털이 밀생한다. ❹꽃 측면.
거는 짧고 굵다. ❺잎. 작은 편이며 흔히 난
형이다. 양면에 잔털이 있다.

인천제비꽃(가칭)

Viola mandshurica × *V.betonicifolia*
var. *albescens*

제비꽃과

국내분포/자생지 거의 전국(경기, 인
천, 전남 등)의 산지

참고 제비꽃과 흰들제비꽃의 교잡종
이다.

❶2021. 4. 22. 인천 서구 ❷자생 모습. 제비
꽃과 흰들제비꽃이 혼생하는 곳에서 드물게
관찰된다. ❸꽃. 옆쪽꽃잎에 긴 털이 밀생한
다. ❹꽃 측면. 거는 약간 짧으며 굵은 편이
다. 꽃자루에 털은 없다. ❺잎. 제비꽃을 닮
았으나, 흔히 밑부분이 편평하거나 얕은 심
장모양이다.

개아마

Linum stelleroides Planch.

아마과

국내분포/자생지 중남부지방 이북 산지 건조한 풀밭

형태 1년초 또는 2년초. 줄기는 높이 20~90cm이고 털이 없다. 잎은 길이 1~4cm의 선형–선상 피침형이다. 꽃 은 6~8월에 연한 적자색–연한 자색 으로 피며 지름 1cm 정도이다. 꽃받 침조각은 길이 3~4mm의 장타원형– 난형이다. 꽃잎은 길이 5~6mm의 도 란형이며 끝부분은 불규칙한 톱니가 있다. 수술은 암술대와 길이가 비슷 하다. 암술대는 5개이다. 열매(삭과)는 지름 3~5mm의 난상 구형이다.

참고 꽃이 흔히 연한 적자색–연한 자 색이고 지름 1cm 정도로 작으며 꽃받 침열편의 가장자리에 흑색의 자루가 있는 선체가 있는 것이 특징이다.

❶ 2013. 8. 13. 중국 지린성 백두산 ❷ 꽃. 자 색–청자색의 맥이 뚜렷하다. ❸ 열매. 흔히 난상 구형이다. 꽃받침조각의 가장자리 돌기 모양의 톱니 끝에 흑색의 선체(분비선)가 있 다. ❹ 새순. 어린줄기의 잎은 약간 휘어진 도 피침형이고 조밀하게 모여 달린다.

대극

Euphorbia pekinensis Rupr. var. *pekinensis*

대극과

국내분포/자생지 전국의 산지

형태 다년초. 줄기는 높이 30~80cm 이다. 잎은 길이 3~7cm의 피침형–타 원형 또는 도피침형이다. 꽃은 5~7월 에 핀다. 줄기 끝부분의 포엽은 5(~8) 개씩 돌려나며 1차 가지 끝부분의 포 엽은 (2~)3개이고 난형–넓은 난형이 다. 가장 위쪽의 포엽은 2개씩 마주난 다. 배상꽃차례의 총포는 종모양이다. 선체는 4(~5)개이며 장타원형이고 부 속체는 없다. 암꽃의 씨방은 길이 3~ 5mm의 자루가 있다. 열매(삭과)는 길 이 3.3~4.5mm의 난상 구형이다.

참고 열매 표면의 돌기가 원통형이고 끝이 둥근 것을 단양대극(*E. lasiocaula* Boiss.)으로 구분하기도 하지만 최근 대극에 통합·처리하는 추세이다.

❶ 2019. 5. 11. 강원 영월군 ❷❸ 꽃. 수꽃은 다수이고 총포 밖으로 나출된다. 씨방에 돌 기가 많다. ❹ 꽃차례. 줄기 끝의 포엽은 흔히 5개이고 1차 가지 끝의 포엽은 흔히 3개이 다. ❺ 열매. 표면에 원통형–거의 구형의 돌 기가 밀생한다.

두메대극

Euphorbia pekinensis var. *fauriei*
(H.Lév. & Vaniot) Hurus.
Euphorbia fauriei H.Lév. & Vaniot

대극과

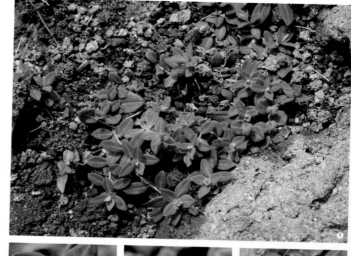

국내분포/자생지 제주(한라산)의 해발
고도가 높은 산지의 풀밭 또는 사력
지. 한반도 고유변종

형태 다년초. 줄기는 길이 7~25cm이
고 비스듬히 서거나 땅 위에 누워 자
란다. 잎은 어긋나며 길이 1~2cm의
장타원형–타원형이고 끝이 뾰족하거
나 둔하다. 밑부분은 쐐기모양이거나
둥글며 가장자리는 밋밋하다. 꽃은 5
~8월에 핀다. 줄기 끝부분의 포엽(총
포모양의 잎)은 (3~)5(~10)개씩 돌려나며
길이 6~10mm의 타원형이다. 1차 가
지 끝부분의 포엽은 (2~)3개씩 돌려나
며 길이 5~6mm의 타원형–넓은 타원
형이다. 가장 위쪽의 포엽(있는 경우)은
2개씩 마주난다. 배상꽃차례의 총포
는 길이 2~3mm의 종모양이다. 선체
는 4~5개이며 장타원형–타원형이고
부속체가 없다. 밝은 황색–황록색(또
는 연한 적갈색–적갈색)이다. 수꽃은 다
수이며 총포 밖으로 나출된다. 암술
대는 길이 1~2mm이고 3개이다. 열매
(삭과)는 길이 8~15mm의 난상 구형–
구형이다.

참고 대극에 비해 전체가 소형(높이 7
~20cm)이고 비스듬히 서거나 땅 위
에 누워서 자라는 것이 특징이다. **해
변대극[*E. lasiocaula* var. *maritima*
(H.Hara) S.Matsumoto & Konta, 학명
재조합 필요, 국명 신칭]**은 대극에 비
해 키가 작고(30cm 이하) 땅 위에 눕
거나 비스듬히 자라며 제주와 부산의
해안가에 드물게 분포한다. 두메대극
과 형태가 거의 유사하다. 대극 및 두
메대극과의 면밀한 비교·검토와 함
께 유연관계에 대한 실험적 검증이
필요하다.

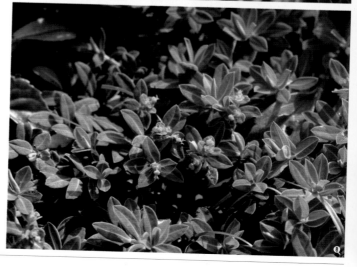

❶2021. 7. 20. 제주 제주시 한라산 ❷❸꽃.
선체는 4~5개이며 흔히 밝은 황색–황록색이
다. ❹열매. 원뿔형–원통형–거의 구형의 돌
기가 밀생한다. 돌기의 형태는 변이가 심하
다. ❺잎. 1~2cm의 장타원형–타원형이다.
줄기는 어릴 때 굽은 털이 있다. ❻~❽해변
대극 ❻꽃. 대극과 유사하다. 암술대는 3개
이고 1/2~2/3 지점까지 2개로 깊게 갈라진
다. ❼열매. 대극과 유사하다. 원뿔형–원통
형–거의 구형의 돌기가 밀생한다. 돌기의 형
태는 변이가 심하다. ❽2007. 7. 23. 부산 기
장군

붉은대극

Euphorbia ebracteolata Hayata
Euphorbia ebracteolata var. *coreana*
Hurus.

대극과

국내분포/자생지 제주를 제외한 강원 이남의 산지(특히 석회암지대) 숲속
형태 다년초. 땅속줄기는 굵고 가지가 갈라진다. 줄기는 높이 30~60cm이고 곧추 자라며 여러 개씩 모여난다. 털은 없거나 백색의 털이 약간 있다. 잎은 좁은 간격으로 어긋나며 길이 6~13cm의 피침형-장타원형 또는 도피침형이고 밑부분은 쐐기모양이다. 꽃은 3~4월에 핀다. 배상꽃차례는 줄기의 끝부분에서 모여 달린다. 줄기 끝부분의 포엽(총포모양의 잎)은 5개씩 돌려나며 길이 3.5~8cm의 피침형이다. 1차 가지 끝부분의 포엽은 2(~3)개이며 난형이고 밑부분은 편평하거나 약간 심장형이다. 가장 위쪽의 포엽(있는 경우)은 2개씩 마주난다. 배상꽃차례의 총포는 길이 2.5mm 정도의 종모양이며 바깥면에 털이 없거나 약간 있다. 선체는 4(~5개)이고 너비 2.5mm 정도의 장타원형이며 부속체는 없다. 열매(삭과)는 길이 6mm 정도, 너비 8mm 정도의 난상 구형이며 평활하고 털이 없으나 드물게 부드러운 긴 털이 약간 있다.
참고 꽃은 이른 봄(3~4월)에 피고 늦봄-초여름(5~6월)에 결실 후 바로 시든다. 낭독에 비해 잎이 어긋나며 어릴 때 흔히 붉은빛이 도는 것이 특징이다.

❶ 2022. 3. 30. 충북 괴산군 ❷ 꽃차례. 줄기 끝부분의 포엽은 5개이다. ❸ 배상꽃차례. 선체는 4(~5)개이고 가로가 넓은 장타원형이다. 씨방에 털은 없다(드물게 긴 털이 약간 있음). ❹❺ 열매. 약간 세모진 난상 구형이며 흔히 털은 없다(드물게 약간 있음). ❻ 새순(어린잎). 흔히 처음에는 적색(→적갈색 또는 녹갈색)이었다가 차츰 녹색으로 변한다. ❼ 땅속줄기와 어린줄기. 땅속줄기는 덩이줄기모양으로 굵다. ❽ 2006. 4. 1. 충북 괴산군

낭독

Euphorbia fischeriana Steud.

대극과

국내분포/자생지 강원 이북의 낮은 산지 숲속 또는 풀밭

형태 다년초. 땅속줄기가 굵고 덩이뿌리모양이다. 줄기는 높이 15~45cm이고 곧추 자라며 흔히 1~3(~6)개씩 난다. 털은 없거나 백색의 털이 약간 있다. 줄기의 아래쪽의 잎은 좁은 간격으로 어긋나며 위쪽의 잎들은 돌려난다. 길이 4~7cm의 피침상 장타원형이고 끝은 둥글거나 뾰족하며 밑부분은 넓은 쐐기모양이거나 둥글다. 꽃은 4~5월에 핀다. 배상꽃차례는 줄기의 끝부분에서 모여 달린다. 줄기 끝부분의 포엽(총포모양의 잎)은 5개씩 돌려나며 줄기잎과 비슷하다. 1차 가지의 포엽은 3개이고 길이 2.5~4.5cm의 장타원상 난형–난형이다. 가장 위쪽의 포엽은 2개씩 마주나고 길이 2cm 정도의 삼각상 난형–난형이다. 배상꽃차례의 총포는 길이 4mm 정도의 종모양이고 백색의 털이 있으며 열편의 끝은 둥글고 털이 있다. 선체는 4(~5)개이고 녹색–연한 녹갈색이며 구부러진 장타원상이고 부속체는 없다. 수꽃은 다수이며 총포 밖으로 나출된다. 암꽃의 씨방은 흔히 긴 털이 밀생하며 길이 3~5mm의 자루가 있고 총포 밖으로 나출된다. 암술대는 3개이며 밑부분은 합생한다. 암술머리는 2개로 얕게 갈라진다. 열매(삭과)는 길이 6mm 정도, 너비 6~7mm의 (난상 구형–)편구형이며 흔히 백색의 털이 약간 있다.

참고 붉은대극에 비해 줄기가 흔히 1~3개씩 나며 어린잎이 녹색이고 줄기 상반부의 잎이 돌려나는 것이 특징이다.

❶2021. 4. 25. 강원 정선군 ❷꽃차례. 줄기 끝부분의 포엽은 5개이다. 포엽의 가장자리에 잔털이 있다. ❸❹배상꽃차례. 선체는 4(~5)개이며 흔히 씨방에 긴 털이 많지만 털이 적거나 없는 개체도 있다(변이가 있음). ❺열매. 흔히 편구형이고 털이 거의 없거나 약간 있다. ❻줄기잎. 층을 이루며 돌려난다. ❼어린잎. 붉은빛이 돌지 않으며 흔히 잔털이 많다. ❽2021. 4. 25. 강원 정선군

개감수

Euphorbia sieboldiana C.Morren & Decme.

대극과

국내분포/자생지 전국의 산지

형태 다년초. 줄기는 높이 15~40cm 이다. 잎은 어긋나며 길이 3~8cm의 장타원형-타원형 또는 도피침형이 다. 꽃은 4~6월에 핀다. 포엽은 5(~6) 개씩 돌려나며 장타원형-타원형 또 는 마름모상 난형이다. 1~2차 가지 끝 부분의 포엽은 2개씩 마주나며 삼각 형-넓은 삼각형이다. 수꽃은 다수이 며 씨방은 털이 없다. 암술대는 3개 이며 밑부분은 합생하고 끝부분은 2 개로 깊게 갈라진다. 열매(삭과)는 길 이 3.3~4mm의 (난상 구형-)거의 구형 이며 털이 없고 평활하다.

참고 총포의 선체에 뿔모양의 부속체 가 있으며 열매 표면에 돌기가 없는 것이 특징이다.

❶ 2019. 5. 3. 전남 고흥군 **❷** 배상꽃차례. 선체는 4개이며 뿔모양의 부속체가 있어서 전체적으로 초승달모양이 된다. **❸** 열매. 약 간 세모진 거의 구형이다. **❹** 포엽. 줄기 끝부 분의 포엽은 흔히 5(~6)개이다.

산쪽풀

Mercurialis leiocarpa Siebold & Zucc.

대극과

국내분포/자생지 제주 및 서남해 일 부 도서(가거도, 거문도 등)의 숲속

형태 다년초. 줄기는 높이 30~50cm 이고 땅속줄기가 발달하여 흔히 큰 개체군을 형성한다. 잎은 길이 5~ 9cm의 타원형-난형이고 끝이 길게 뾰족하다. 표면은 광택이 나며 뒷면 에는 선점이 흩어져 있다. 암수한그 루이다. 꽃은 12~6월에 핀다. 꽃받침 조각은 3개이다. 수꽃의 수술은 12~ 22개이고 수술대는 길이 1.8~2.5mm 이다. 암꽃의 씨방은 털이 거의 없으 며 암술대는 2개이다. 열매(삭과)는 길 이 3mm 정도, 너비 5~6mm의 난형 이다.

참고 잎이 마주나며 암꽃은 꽃차례의 밑부분에 달리고 씨방이 2실인 것이 특징이다.

❶ 2022. 6. 15. 제주 제주시 거문오름 **❷** 수 꽃. 꽃받침조각은 3개이고 수술은 12~22개 이다. **❸** 암꽃. 암술대는 2개이고 합생하며 암술머리는 대형이다. **❹** 열매. 약간 납작한 난형이며 돌기가 약간 있다.

꽃쥐손이(털쥐손이)
Geranium platyanthum Duthie

쥐손이풀과

국내분포/자생지 지리산 이북의 해발고도가 비교적 높은 산지의 풀밭
형태 다년초. 줄기는 높이 40~70cm이다. 잎은 어긋나지만 꽃차례 아래의 잎은 마주난다. 줄기잎은 길이 5~15cm의 오각상 원형이고 5~7개로 깊게 갈라지며 밑부분은 심장형이다. 턱잎은 이생한다. 꽃은 5~7월에 연한 적자색~청자색으로 피며 지름 2.5~3.5cm이고 줄기와 가지 끝부분에서 3~8개씩 모여 달린다. 열매(분열과)는 길이 3.5~5cm의 선상 원뿔형이다.
참고 줄기가 곧추 자라고 털이 밀생하며 가지가 많이 갈라진다. 꽃이 줄기와 가지 끝부분의 기산꽃차례에 3~8개씩 모여 달리는 것이 특징이다.

❶2023. 6. 6. 전북 무주군 덕유산 ❷꽃. 수술은 10개이고 수술대에 긴 털이 밀생한다. ❸열매. 표면에 샘털과 함께 긴 털과 짧은 털이 혼재한다. ❹뿌리잎. 얕게 또는 중간 부근까지 갈라진다.

산쥐손이
Geranium dahuricum DC.

쥐손이풀과

국내분포/자생지 제주(한라산) 및 가야산 이북의 비교적 높은 산지 풀밭
형태 다년초. 줄기는 높이 15~50cm이고 아래로 향한 누운 털이 있다. 잎은 마주나며 줄기잎은 길이 2~4cm이고 5~7개로 깊게 갈라진다. 꽃은 6~8월에 피며 2개씩 모여 달린다. 꽃자루는 길이 1.5~4cm이고 짧은 누운 털이 있다. 꽃받침조각은 길이 4.7~9mm이고 바깥면에 누운 털이 있다. 수술은 10개이고 2열로 배열한다. 열매(분열과)는 길이 1.7~3cm의 선상 원뿔형이고 표면에 짧은 털이 밀생한다.
참고 비스듬히 누워 자라며 꽃이 연한 적자색이다. 잎이 5각상이고 깊게 갈라지며 턱잎이 거의 이생하는 것이 특징이다.

❶2001. 7. 17. 경북 성주군 가야산 ❷꽃. 꽃잎은 도란형이며 밑부분에 긴 털이 있다. ❸뿌리잎. 아주 깊게 갈라지며 최종열편은 선형-피침형으로 폭은 좁다. ❹턱잎. 4개(거의 이생)이며 피침상 장타원형~난형이다.

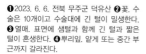

둥근이질풀

Geranium koreanum Kom.

쥐손이풀과

국내분포/자생지 지리산 이북의 해발고도가 비교적 높은 산지의 풀밭

형태 다년초. 줄기는 높이 40~70(~80)cm이고 비스듬히 자라며 가지가 많이 갈라진다. 표면에 아래로 향하는 누운 털과 퍼진 털이 있다. 잎은 마주나며 뿌리잎은 꽃이 필 무렵 시들거나 약간 남아 있다. 줄기잎은 길이 5~9cm의 넓은 난형-오각상 원형이고 (3~)5개로 깊게 갈라진다. 양면에 누운 털이 있다. 꽃은 6~10월에 연한 분홍색-분홍색으로 피며 2개씩 모여 달린다. 꽃받침열편은 길이 8~12mm이며 바깥면에 긴 털이 있다. 꽃잎은 길이 1.5~1.7cm의 도란형-넓은 도란형이며 안쪽면의 밑부분에 백색의 긴 털이 밀생한다. 수술은 10개이고 2열로 배열된다. 열매(분열과)는 길이 3~4cm의 선상 원뿔형이고 표면에 짧은 털과 함께 샘털이 있다. 숙존하는 암술머리는 길이 (2~)5~6mm이다.

참고 삼쥐손이, 분홍쥐손이 등에 비해 턱잎이 거의 전체가 합생하여 난형상인 것이 특징이다. 태백이질풀(*G. taebaekensis* S.J.Park & Y.S.Kim)은 둥근이질풀에 비해 꽃잎이 2~3개로 약간 깊게 갈라지는 것이 특징이지만, 두 분류군은 흔히 혼생하며 다른 형태적인 차이점이 없으므로 둥근이질풀의 이명(동일 종) 또는 종내 분류군(품종)으로 처리하는 것이 타당한 것으로 판단된다. 우단쥐손이(*G. wlassovianum* Fisher ex Link)는 둥근이질풀에 비해 턱잎이 피침형이고 이생하며 잎 뒷면에 백색의 털이 밀생하는 것이 특징이다.

❶2020. 8. 20. 강원 정선군 함백산 ❷꽃. 지름 2~3cm이고 2개씩 모여 달린다. 꽃의 크기에는 집단(산지)별 변이가 있다. ❸꽃(태백이질풀 타입). 가장자리가 2~3개로 얕게 갈라진다. ❹꽃받침조각. 3~5개의 맥이 있으며 뒷면에 퍼지거나 위로 향하는 털이 있다. ❺열매. 표면에 짧은 털과 함께 샘털이 있다. ❻뿌리잎. 3~5개로 깊게 갈라진다. ❼❽턱잎. 2개가 합생하여 장타원상 난형-넓은 난형이며 끝이 흔히 2개로 갈라진다. ❾2021. 9. 2. 강원 화천군 광덕산

선이질풀

Geranium krameri Franch. & Sav.

쥐손이풀과

국내분포/자생지 제주 및 경남(황매산) 이북의 산지 풀밭에 드물게 분포

형태 다년초. 줄기는 높이 35~80cm이고 곧추서거나 비스듬히 자란다. 잎은 마주나며 길이 5~12cm의 난형-원형이고 깊게 갈라진다. 꽃은 7~10월에 피며 지름 2.2~3cm이고 2개씩 모여 달린다. 꽃받침열편은 길이 7~10mm이고 바깥면에 긴 누운 털이 있다. 수술은 10개이고 2열로 배열한다. 열매(분열과)는 길이 2.5~3.2cm의 선상 원뿔형이다.

참고 둥근이질풀에 비해 꽃이 연한 자색이며 가지가 많이 갈라지지 않고 줄기에 아래로 향하는 누운 털이 밀생한다.

❶ 2013. 9. 9. 러시아 프리모르스키주 ❷ 꽃. 연한 자색(-연한 적자색)이며 암술머리는 긴 편이다. 꽃잎의 밑부분에 긴 털이 밀생한다. ❸ 열매. 표면에 짧은 털이 밀생한다. ❹ 뿌리잎. 5~7개로 깊게 갈라지며 누운 털이 밀생한다. ❺ 턱잎. 합생하거나 이생한다.

섬쥐손이

Geranium shikokianum var. *quelpaertense* Nakai

쥐손이풀과

국내분포/자생지 제주 한라산의 해발고도 1,300m 이상의 풀밭, 한반도 고유변종

형태 다년초. 줄기는 높이 15~30cm이다. 잎은 마주나며 줄기잎은 길이 2~4cm의 넓은 난형-오각상 원형이고 (3~)5개로 깊게 갈라진다. 턱잎은 피침형-난형이며 합생한다. 꽃은 6~9월에 연한 분홍색-연한 자색으로 핀다. 열매(분열과)는 길이 3~3.2cm의 선상 원뿔형이다.

참고 일본(혼슈 중부 이남)에 분포하는 원변종(var. *shikokianum* Matsum.)에 비해 전체가 작고 줄기에 퍼진 털이 밀생하며 잎 뒷면에 누운 털이 없는 것이 특징이다.

❶ 2005. 8. 12. 제주 서귀포시 한라산 ❷ 꽃. 지름 2.2~3cm이고 2개씩 모여 달린다. 꽃잎의 1/3 정도의 하반부에 긴 털이 밀생한다. ❸ 꽃받침조각. 긴 털이 산생하며 꽃자루에 긴 퍼진 털이 밀생한다. ❹ 열매. 표면에 짧은 털과 함께 약간 긴 털이 있다. ❺ 뿌리잎. 깊게 갈라지며 표면에 누운 털이 밀생한다.

좀쥐손이
Geranium tripartitum R.Knuth

쥐손이풀과

국내분포/자생지 제주 한라산의 숲
속

형태 다년초. 줄기는 길이 20~30cm
이며 밑부분은 땅 위에 눕고 윗부분
은 비스듬히 선다. 표면에 누운 털이
약간 있다. 잎은 마주나며 줄기잎은
길이 1.7~4.5cm의 넓은 삼각형-난
형이며 3개로 깊게 갈라진다. 양면에
짧은 누운 털이 있다. 턱잎은 좁은 삼
각형이고 이생한다. 꽃은 6~9월에 백
색(-연한 분홍색)으로 피며 2개씩 모여
달린다. 열매(분열과)는 길이 1.5~2m
정도의 선상 원뿔형이다.

참고 꽃이 작고 흔히 백색이며 줄기
잎은 3개로 거의 밑부분까지 갈라지
는 것이 특징이다.

❶2005. 8. 10. 제주 서귀포시 한라산 ❷꽃.
지름 1~1.4cm로 소형이며 꽃받침조각은 꽃
잎과 길이가 비슷하거나 더 길다. 꽃밥은 자
색-청자색이다. ❸꽃받침. 긴 털이 산생한다.
❹열매. 전체에 짧은 털이 밀생하며 밑부분
(씨방)에는 긴 털이 많다. ❺뿌리잎. 3개로 갈
라지며 측열편은 다시 2개로 깊게 갈라진다.

분홍바늘꽃
Chamerion angustifolium (L.) Holub

바늘꽃과

국내분포/자생지 강원 이북의 산야
형태 다년초. 땅속줄기가 길게 뻗는
다. 줄기는 높이 60~150cm이고 곧
추 자라며 털이 거의 없다. 잎은 길
이 5~15cm의 선상 피침형-피침형이
고 뒤로 약간 말린다. 양면에 털이 없
다. 꽃은 6~8월에 연한 적자색-적자
색으로 피며 총상꽃차례에 모여 달린
다. 꽃받침조각은 길이 6~18mm의 선
상 피침형이며 꽃잎은 길이 1~2cm의
도란형이다. 암술대는 길이 8~16mm
이고 밑부분에 털이 있다. 열매(삭과)
는 길이 4~9cm의 선형이다.

참고 바늘꽃류에 비해 잎이 조밀하게
어긋나며 꽃잎이 갈라지지 않고 수술
이 1열로 배열하는 것이 특징이다.

❶2007. 6. 29. 중국 지린성 백두산 ❷꽃.
수술은 8개이며 암술머리는 4개로 갈라지고
뒤로 말린다. ❸열매. 선형이고 누운 털이 밀
생한다. ❹잎. 어긋나고 주름지며 뒷면은 흰
빛이 강하게 돈다.

쥐털이슬

Circaea alpina L. subsp. *alpina*

바늘꽃과

국내분포/자생지 제주(한라산) 및 지리산 이북의 해발고도가 비교적 높은 산지

형태 다년초. 줄기는 높이 5~20cm이고 털이 없다. 잎은 어긋나며 길이 1.5~4cm의 난형-넓은 난형-거의 원형이고 밑부분은 흔히 얕은 심장형이지만 간혹 편평하거나 둥글다. 끝은 뾰족하거나 짧게 뾰족하며 가장자리에는 물결모양의 톱니가 있다. 양면에 털이 없다. 잎자루는 길이 1~2cm이다. 꽃은 6~8월에 백색(~연한 적자색)으로 피며 줄기 끝부분의 총상꽃차례에 모여 달린다. 꽃차례는 개화기 이후에 신장하고 간혹 샘털이 있다. 꽃자루는 털이 없고 개화기에 직립하거나 비스듬히 위로 선다. 작은 포는 털모양~선형이다. 꽃받침조각은 장타원형~넓은 난형이고 끝이 둔하거나 둥글다. 꽃잎은 도란형이며 끝이 깊게 파인다. 열매(삭과)는 길이 2~2.5mm의 도란상 곤봉모양이며 갈고리모양의 털이 밀생한다.

참고 개털이슬[subsp. *caulescens* (Kom.) Tatew.]은 쥐털이슬에 비해 비교적 대형이며 줄기와 잎에 갈고리모양의 털이 있다. 꽃차례의 개화 전후 신장하는 특징이나 꽃차례 밑부분 꽃의 꽃자루가 달리는 형태로 구분된다고 하지만 국내 분류군에서는 식별형질이 되지 못한다.

❶2023. 8. 23. 경남 산청군 지리산 ❷꽃. 꽃잎, 꽃받침조각, 수술이 각각 2개씩이다. 꽃잎은 도란형이고 끝이 깊게 오목하다. ❸열매. 도란상 곤봉모양이며 갈고리모양의 털이 밀생한다. ❹줄기와 잎자루. 털이 없거나 드물게 약간 있다. ❺~❾개털이슬 ❺열매. 씨는 열매 1개당 1개씩 들어 있다. ❻잎. 양면에 짧고 굽은 털이 산생하며 뒷면은 흰빛이 돈다. ❼줄기. 굽은 털이 많다. ❽2004. 7. 7. 강원 인제군 설악산. 쥐털이슬에 비해 약간 대형이며, 특히 꽃차례가 크고 흔히 가지가 갈라진다.

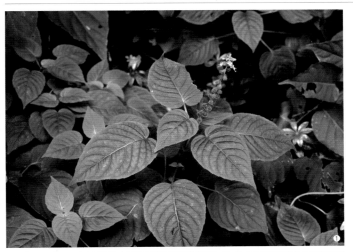

쇠털이슬
Circaea cordata Royle

바늘꽃과

국내분포/자생지 제주를 제외한 거의 전국의 산지

형태 다년초. 줄기는 높이 30~60cm이고 털이 밀생한다. 잎은 길이 4~13cm의 장타원상 난형-넓은 난형이고 밑부분은 흔히 심장형(-편평-원형)이다. 양면에 털이 있다. 꽃은 7~9월에 백색으로 핀다. 꽃받침조각은 길이 2~3.7mm의 난형-넓은 난형이다. 꽃잎은 길이 1~2.4mm의 도란형-넓은 도란형이고 끝부분은 깊게 파인다. 수술은 암술대와 길이가 비슷하거나 약간 길다. 열매(삭과)는 길이 3~4mm의 (도란형-)거의 원형이다.

참고 말털이슬에 비해 전체에 털이 많으며 잎이 흔히 난형이고 밑부분이 심장형이다.

❶2022. 8. 20. 경북 울릉군 울릉도 ❷꽃. 꽃받침조각, 꽃잎, 수술은 각각 2개씩이다. ❸열매. 거의 원형이고 꽃자루는 열매보다 짧다. 꽃차례 축과 꽃자루에 퍼진 털이 밀생한다. ❹잎 뒷면. 맥 위에 잔털이 있다.

털이슬
Circaea mollis Siebold & Zucc.

바늘꽃과

국내분포/자생지 전국의 산야

형태 다년초. 줄기는 높이 25~100cm이고 짧은 굽은 털이 있다. 잎은 길이 4~15cm의 피침상 장타원형(-장타원상 난형)이고 밑부분은 쐐기형-원형이다. 꽃은 7~9월에 백색-연한 적자색으로 핀다. 꽃받침조각은 길이 1.5~3mm의 삼각상 난형-난형이다. 꽃잎은 길이 1~1.8mm의 도란형-넓은 도란형이고 끝부분은 깊게 파인다. 열매(삭과)는 길이 2.6~4mm의 넓은 도란형-거의 원형이며 자루는 길이 5~7mm이다.

참고 말털이슬에 비해 줄기와 잎에 털이 있으며 꽃차례에 털이 없거나 자루가 있는 샘털과 갈고리모양의 털이 약간 있다.

❶2022. 8. 20. 경북 울릉군 울릉도 ❷꽃차례. 어릴 때는 꽃차례 축과 꽃자루에 퍼진 샘털이 약간 있으나 차츰 없어진다. ❸열매. 결실기의 꽃자루는 열매의 길이와 비슷하다. ❹잎 뒷면. 흔히 피침상 장타원형이고 밑부분은 흔히 쐐기형이다.

붉은털이슬

Circaea erubescens Franch. & Sav.

바늘꽃과

국내분포/자생지 경기 이남의 산지 습한 곳(계곡가 또는 습지 주변)

형태 다년초. 줄기는 높이 20~45cm이고 털이 없거나 약간 있다. 잎은 길이 3~9cm의 장타원상 난형-난형이고 밑부분은 쐐기형-원형이거나 편평하다. 꽃은 6~8월에 백색-연한 적자색으로 핀다. 꽃받침조각은 난상 장타원형-난형이다. 꽃잎은 도란형이고 끝부분은 2~3개로 얕게 갈라진다. 수술은 암술대보다 짧다. 열매(삭과)는 길이 1.2~2.2mm의 장타원상 도란형-넓은 도란형이며 자루는 길이 6~12mm이다.

참고 말털이슬에 비해 줄기와 꽃차례에 붉은빛이 많이 돌며 꽃차례에 털이 없고 열매 표면에 능각이 없거나 미약하다.

❶2019. 7. 17. 전남 구례군 지리산 ❷꽃. 꽃차례 축과 꽃자루는 붉은빛이 돌고 털이 거의 없다. ❸열매. 결실기의 꽃자루는 열매의 길이보다 길다. ❹잎 뒷면. 털이 거의 없고 가장자리에 약간 있다.

말털이슬

Circaea canadensis subsp. *quadrisulcata* (Maxim.) Boufford

바늘꽃과

국내분포/자생지 전국의 산지

형태 다년초. 줄기는 높이 20~70cm이고 흔히 털이 없다. 잎은 길이 4~12cm의 장타원상 난형-좁은 난형이고 밑부분은 원형-얕은 심장형이다. 꽃은 6~9월에 백색-연한 적자색으로 핀다. 꽃받침열편은 길이 1.3~3.2mm이다. 꽃잎은 길이 1~2mm의 도란형-넓은 도란형이다. 열매(삭과)는 길이 2.5~3.5mm의 넓은 도란형-거의 원형이며 길이 5~8.5mm의 자루가 있다.

참고 기본종[subsp. *canadensis* (L.) Hill]은 말털이슬에 비해 줄기에 털이 있으며 화탁통이 뚜렷하고 열매 표면에 주름이 없다. 북아메리카(동부)에 분포한다.

❶2014. 8. 4. 강원 횡성군 ❷꽃. 꽃차례 축과 꽃자루에 퍼진 샘털이 밀생한다. ❸열매. 흔히 도란형이며 표면에 뚜렷한 능각(주름)이 있다. 자루는 열매와 길이가 비슷하거나 더 길다. ❹잎 뒷면. 가장자리에 털이 있다. 잎은 흔히 좁은 난형상이고 밑부분은 둥글다.

돌바늘꽃

Epilobium amurense subsp.
cephalostigma (Hausskn.) C.J.Chen,
Hoch & P.H.Raven

바늘꽃과

국내분포/자생지 울릉도 및 지리산 이북의 산야 및 계곡가의 습한 곳

형태 다년초이며 밑부분에서 작은 잎들이 모여나는 기는줄기가 발달하기도 한다(주로 습한 토양). 줄기는 높이 30~80cm이고 곧추 자라고 가지가 많이 갈라진다. 잎은 어긋나며 길이 2~10cm의 피침상 장타원형–장타원상 난형이고 가장자리에는 뾰족한 잔톱니가 있다. 끝은 뾰족하거나 길게 뾰족하고 밑부분은 둥글거나 얕은 심장형이다. 짧은 샘털이 약간 있다. 잎자루는 없거나 매우 짧다. 꽃은 7~9월에 연한 적자색–적자색으로 피며 줄기 윗부분의 잎겨드랑이에서 1개씩 달린다. 꽃받침조각은 4개이며 길이 3.5~6mm의 피침형이고 1개의 맥이 있다. 꽃잎은 길이 4.5~7mm의 도란형–넓은 도란형이고 끝은 2개로 갈라진다. 수술은 8개이고 암술보다 짧다. 암술머리는 머리모양이다. 열매(삭과)는 길이 3~7cmm의 선형이며 누운 털이 약간 있다.

참고 호바늘꽃(subsp. *amurense* Hausskn.)은 돌바늘꽃에 비해 줄기의 능각을 따라 털이 줄지어 나며 잎이 흔히 타원상이다. 제주(한라산) 및 지리산 이북으로 자란다. 가는민바늘꽃 (*E. platystigmatosum* C.B.Rob.)은 줄기에서 가지가 많이 갈라지며 잎이 선형–선상 피침형이고 가장자리(한쪽)에 3~8개의 톱니가 있는 것이 특징이다. 국내에서는 대구 비슬산에서 채집된 기록이 있다.

❶2022. 9. 31. 경기 가평군 화악산 ❷꽃. 암술머리는 흔히 머리모양(두상)이다. ❸꽃 측면. 꽃받침조각은 꽃잎보다 짧다. 내륙의 돌바늘꽃은 씨방과 꽃받침에 짧은 털이 산생하고 샘털이 없거나 매우 드물게 혼생하지만 울릉도의 돌바늘꽃은 꽃받침조각의 바깥면과 씨방에 퍼진 샘털이 많다. 씨방의 털의 종류와 밀도는 변이가 있는 편이어서 식별형질로서 적절하지 않다. ❹잎. 흔히 장타원상이다. ❺-❼호바늘꽃 ❺꽃. 돌바늘꽃과 유사하다. 암술머리는 머리모양(두상)이다. ❻꽃측면. 꽃받침의 바깥면과 씨방에 긴 굽은 털이 있다(샘털은 없음). 돌바늘꽃과는 달리 꽃받침조각의 밑부분 합생부에 굽은 털이 뭉치로 모여 있다. ❼잎 뒷면. 맥 위와 가장자리에 누운 털이 있다. 잎은 흔히 타원상이다. ❽2021. 8. 10. 제주 제주시 한라산

491

회령바늘꽃

Epilobium fastigiatoramosum Nakai

바늘꽃과

국내분포/자생지 북부지방의 산지 및 계곡가

형태 다년초. 줄기는 높이 7~50cm이고 곧추 자라며 전체에 털이 있다. 잎은 길이 2~7cm의 장타원형이고 가장자리는 거의 밋밋하다. 꽃은 7~8월에 거의 백색-연한 적자색으로 피며 줄기 윗부분의 잎겨드랑이에서 1개씩 달린다. 꽃받침조각은 길이 2.5~3.3mm이며 꽃잎은 길이 3~4.5mm의 도란형이고 끝은 2개로 갈라진다. 암술머리는 곤봉모양-머리모양이다. 열매(삭과)는 길이 2.5~5cmm의 선형이다.

참고 잎가장자리에 톱니가 없거나 불명확하며 잎이 장타원형(너비 3~17mm)인 것이 특징이다. 백두산을 포함해서 북부지방에 분포한다.

❶ 2012. 9. 14. 중국 지린성 ❷ 꽃. 암술머리는 흔히 곤봉모양이다. ❸ 열매. 누운 털이 많거나 적다. ❹ 잎과 줄기. 잎가장자리는 거의 밋밋하고 줄기에 굽은 털이 많다.

울릉바늘꽃

Epilobium × ulleungensis J.M.Chung

바늘꽃과

국내분포/자생지 경북(울릉도)의 숲가장자리 및 하천가의 습한 곳, 한반도 고유종

형태 다년초. 줄기는 높이 80~200cm이고 잔털이 있으며 가지가 많이 갈라진다. 잎은 길이 7~10cm의 피침형-장타원형이고 가장자리에 이빨모양의 잔톱니가 있다. 양면(특히 뒷면)에 털이 있다. 꽃은 7~9월에 적자색으로 핀다. 꽃받침조각은 길이 8~12mm의 피침형이다. 꽃잎은 길이 1.1~1.6의 넓은 도란형이다. 열매(삭과)는 길이 3~6.5cm의 선형이며 털이 밀생한다.

참고 큰바늘꽃과 돌바늘꽃의 자연 교잡종이다. 두 종의 중간적인 형태이며 암술머리가 얕게 4개로 갈라진다.

❶ 2022. 8. 20. 경북 울릉군 울릉도 ❷ 꽃. 꽃잎은 넓은 도란형이며 끝은 깊게 오목하다. 암술머리는 4개로 얕게 갈라진다(큰바늘꽃처럼 열편이 뚜렷하지 않음). ❸ 꽃 측면. 씨방과 꽃받침조각 바깥면에 샘털이 밀생한다. ❹ 열매. 선형이며 털(샘털)이 밀생한다. ❺ 잎. 피침형-장타원형이다. 뒷면 맥 위에 잔털이 있다.

백선

Dictamnus dasycarpus Turcz.

운향과

국내분포/자생지 거의 전국의 산지 풀밭

형태 다년초. 줄기는 높이 50~100cm 이며 잔털이 밀생하고 선체(분비선)가 혼생한다. 잎은 작은잎 7~11개로 이루어진 깃털모양겹잎이다. 작은잎은 길이 3~12cm의 장타원형−타원상 난형이다. 꽃은 5~6월에 피며 복총상꽃차례에 모여 달린다. 꽃잎은 길이 2~2.5cm의 도피침형이다. 수술은 10개이며 털과 함께 윗부분에 선체가 많다. 열매(골돌)는 5개이고 길이 1~2cm의 도란형이다.

참고 잎이 깃털모양의 겹잎이고 엽축의 가장자리에 좁은 날개가 발달하며 꽃이 대형이고 좌우상칭인 것이 특징이다.

❶2016. 5. 20. 경북 영천시 ❷꽃. 적갈색 줄무늬가 뚜렷하다. 수술대(상부), 꽃받침, 꽃잎(뒷면)에 선체가 있다. ❸열매. 골돌은 하반부가 합생하며 별모양으로 모여 달린다. 표면 전체에 잔털과 선체가 밀생한다. ❹잎. 엽축의 가장자리에 좁은 날개가 발달한다.

아마풀

Diarthron linifolium Turcz.

팥꽃나무과

국내분포/자생지 경북 이북의 건조한 산지(특히 석회암지대)와 해안가 풀밭

형태 1년초. 줄기는 높이 10~30cm 이며 윗부분에서 가지가 많이 갈라진다. 잎은 길이 7~15mm의 선형−선상 피침형이다. 꽃은 6~10월에 피며 총상꽃차례에 모여 달린다. 꽃자루는 길이 1mm 정도이다. 꽃받침통부는 길이 2~3mm의 원통형이다. 열편은 4개이며 난상 타원형이다. 열매(핵과)는 난형이고 흑색이다.

참고 1년생 초본이며 꽃받침통부가 길이 2~3mm이고 연녹색−황록색인 점과 수술이 4~5개이고 1열로 배열되는 것이 특징이다.

❶2016. 9. 20. 인천 무의도 ❷꽃. 꽃받침통부는 연녹색−황록색이다. 열편은 4개이고 길이 0.8mm 정도로 매우 작으며 흔히 백색−연한 적자색(−적자색)이다. 꽃잎은 없다. ❸열매. 개화기 때와 모양이 거의 같은 꽃받침에 싸여 있다. ❹잎 앞면. 양면에 털이 없고 가장자리에 긴 털이 약간 있다. ❺잎 뒷면. 중앙맥은 뚜렷하고 측맥은 없다.

피뿌리풀

Stellera chamaejasme L.
Stellera rosea Nakai

팥꽃나무과

국내분포/자생지 제주도 및 북부지방의 산지 풀밭

형태 다년초. 땅속줄기는 굵고 목질화된다. 줄기는 높이 20~50cm이고 털이 없으며 땅속줄기에서 여러 개가 모여난다. 잎은 어긋나며 길이 1.5~3cm의 피침형−장타원형이다. 끝은 뾰족하고 밑부분은 쐐기모양이거나 둥글며 가장자리는 밋밋하다. 측맥은 4~6쌍이며 양면에 털이 없다. 잎자루는 길이 1mm 정도로 짧다. 꽃은 5~6월에 피며 줄기의 끝부분에서 머리모양으로 빽빽하게 모여 달린다. 꽃자루는 없거나 매우 짧으며 포는 잎모양이다. 꽃받침은 길이 9~11mm의 원통형이며 끝부분은 5개로 갈라진다. 열편은 길이 2~4mm의 장타원상 난형이고 끝은 둥글거나 편평하다. 수술은 10개이며 꽃받침통부의 상반부에 붙어 있다. 수술대는 매우 짧으며 꽃밥은 길이 1.5mm 정도의 선상 타원형이고 황색이다. 씨방은 길이 2mm 정도의 타원형이며 끝부분에 비단 같은 털이 있다. 암술대는 짧으며 암술머리는 머리모양이고 끝부분에 황색 털이 약간 있다. 열매(핵과)는 길이 5~8mm 정도의 원뿔형이고 회백색이며 꽃받침에 싸여 있다.

참고 국외(몽골, 중국 등)의 경우 피뿌리풀의 꽃은 황색, 적자색 또는 백색 등으로 색이 다양하다. 국명은 뿌리의 색이 피(血)처럼 붉은 풀이라는 뜻에서 유래되었다. 국내(남한)에서는 제주도의 동쪽에 위치한 오름에서만 제한적으로 분포하지만 최근 남획과 식생변화 등으로 인해 거의 절멸 수준으로 개체 수가 급감하였다.

❶~❸(ⓒ이승현) ❶2017. 5. 12. 제주 서귀포시 ❷꽃. 머리모양으로 빽빽하게 모여 달린다. 꽃자루는 없거나 매우 짧다. ❸잎. 양면에 털이 없다. 잎자루는 매우 짧다. ❹~❻몽골 자생 개체 ❹꽃(몽골). 제주도 집단에 비해 꽃이 많이 달리는 편이다. ❺열매(중국 네이멍구성ⓒ김지훈). 꽃받침에 싸여 있다. ❻2024. 6. 10. 몽골 울란바토르

산장대

Arabidopsis halleri subsp. *gemmifera* (Matsum.) O'Kane & Al-Shehbaz

Arabis gemmifera (Matsum.) Makino

배추과

국내분포/자생지 지리산 이북의 산지

형태 다년초. 줄기는 높이 10~50cm이며 밑부분에 털이 있지만 윗부분에는 털이 없다. 흔히 땅에 누워서 자라며 땅에 닿은 마디에서는 흔히 새싹이 자란다. 뿌리잎은 길이 2~5(~9)cm의 주걱형–도란형(~원형)이며 가장자리는 (물결모양~)깃털모양으로 갈라진다. 흔히 앞면에 짧은 털 또는 갈라진 털이 있다. 줄기잎은 길이 1.5~3(~7)cm의 장타원형–난형 또는 도피침형이며 가장자리는 물결모양~깃털모양의 톱니가 있다. 꽃은 4~6월에 백색으로 피며 줄기와 가지의 끝부분에서 나온 총상꽃차례에 모여 달린다. 꽃자루는 길이 5~15mm이다. 꽃받침조각은 길이 1.5~2mm의 타원형–장타원상 난형이며 꽃잎은 길이 4~6mm의 주걱형–도란형이고 밑부분은 길이 1~2mm의 자루모양이다. 수술은 6개이며 길이 2~3mm이다. 열매(장각과)는 길이 1~2cm의 약간 납작한 선형이며 끝부분에 길이 0.7mm 정도의 암술대가 있다. 씨는 길이 0.5~0.7mm의 장타원형이다.

참고 묏장대에 비해 줄기가 땅 위에 눕고 마디에서 새싹이 나오며 뿌리잎이 흔히 깃털모양이고 최종 중앙열편이 거의 원형인 것이 특징이다. 기본종[subsp. *halleri* (L.) O'Kane & Al-Shehbaz]은 동–남유럽에 분포한다. 세계적인 분포를 보면 대표적인 아고산대–고산식물이지만 국내에서는 강원, 경북(봉화군)의 저지대 길가에도 많은 집단이 분포한다.

❶2013. 6. 5. 강원 인제군 설악산 ❷꽃. 꽃잎은 4개이다. 수술은 6개이며 4개는 길고 나머지 2개는 약간 짧다. ❸꽃 측면. 꽃받침조각은 4개이며 타원형–장타원상 난형이다. 그중에 2개는 보트모양이다. ❹열매. 선형이고 약간 염주모양이다. ❺잎. 주걱형–도란형이며 짧은 털과 2~5개로 갈라진 털이 밀생한다. ❻뿌리잎. 로제트모양으로 모여 달리며 가장자리는 깃털모양으로 완전히 갈라진다. ❼새싹. 땅에 누운 줄기의 마디에서 새싹이 형성된다. ❽2022. 4. 24. 경북 봉화군

묏장대

Arabidopsis lyrata subsp.
kamchatica (Fisch. ex DC.) O'Kane &
Al-Shehbaz

배추과

국내분포/자생지 북부지방의 산지
형태 2년초 또는 다년초. 줄기는 높
이 10~30cm이며 밑부분에 털이 있지
만 윗부분에는 털이 없다. 줄기잎은
길이 1~4cm의 선상 도피침형–도피침
형이다. 꽃은 5~7월에 백색으로 핀다.
꽃받침조각은 길이 2~3.5mm의 장타
원상 난형이며 꽃잎은 길이 4~6mm
의 (주걱형–)도란형이다. 열매(장각과)
는 길이 2~4cm의 납작한 선형이다.
참고 산장대에 비해 줄기가 땅 위에
눕지 않고 마디에서 뿌리와 새싹을
내지 않으며 열매가 보다 길다. 또한
뿌리잎이 도피침형–주걱형–도란형이
고 최종 중앙열편이 원형이 아닌 것
이 특징이다.

❶2019. 7. 7. 중국 지린성 백두산 ❷꽃. 꽃
잎은 도란형이며 수술은 6개이다. ❸꽃 측
면. 꽃받침은 4개이며 2개는 보트모양으로
오목하다. ❹열매. 선형이다. ❺줄기잎. 가장
자리는 거의 밋밋하거나 물결모양이다. ❻뿌
리잎. 가장자리는 깃털모양으로 갈라진다.

바위장대(섬바위장대)

Arabis serrata Franch. & Sav.

배추과

국내분포/자생지 제주 한라산의 높
은 지대
형태 다년초. 줄기는 높이 10~25cm
이며 전체에 별모양의 털과 짧은 털
이 있다. 줄기잎은 도피침형 또는 장
타원형–난상 장타원형이며 가장자리
에 불규칙한 뾰족한 톱니가 있다. 앞
면에 별모양의 털이 흩어져 있다. 꽃
은 5~7월에 백색으로 핀다. 꽃자루는
길이 3~4mm이며 처음에는 별모양
의 털이 있으나 차츰 없어진다. 꽃받
침조각은 길이 3~4mm의 타원형이며
꽃잎은 길이 6~9mm의 도란형이다.
열매(장각과)는 길이 2~6cm의 선형이
며 옆으로 퍼져서 달린다.
참고 갯장대에 비해 잎가장자리의 톱
니가 보다 뾰족하며 열매가 비스듬히
옆으로 퍼져서 달리는 것이 특징이다.

❶2016. 7. 20. 제주 서귀포시 한라산 ❷꽃.
수술은 6개이며 암술과 길이가 비슷하다.
❸열매. 선형이고 털이 없다. 끝부분의 암술
대는 길이 1.5~2mm이다.

섬장대
Arabis takesimana Nakai

배추과

국내분포/자생지 경북(울릉도)의 산지, 한반도 고유종

형태 2년초 또는 다년초. 줄기는 높이 20~50cm이며 털이 거의 없다. 뿌리잎은 로제트모양으로 모여나며 길이 2~5cm의 주걱모양이고 가장자리에 불규칙한 얕은 톱니가 있다. 앞면에 갈라진 털이 흩어져 있다. 줄기잎은 길이 1.5~3.5cm의 장타원형이며 가장자리는 밋밋하거나 불규칙한 얕은 톱니가 있다. 잎자루는 없다. 꽃은 4~6월에 백색으로 피며 줄기의 끝부분과 잎겨드랑이에서 나온 총상꽃차례에 모여 달린다. 꽃받침조각은 길이 3mm 정도의 피침형~장타원상 피침형이며 꽃잎은 길이 6~8mm의 도란형이고 끝은 둥글거나 오목하다. 수술은 길이 4.5mm 정도이다. 열매(장각과)는 길이 5~7cm, 너비 1~2mm 정도의 선형이며 흔히 옆으로 비스듬히 또는 줄기와 거의 직각으로 퍼져서 달린다.

참고 갯장대(*A. stelleri* DC.)와 유사하지만 전체에 털이 적으며 열매가 아래로 처지거나 옆으로 퍼져서 달리는 것이 특징이다. 학자에 따라 울릉도와 독도에 분포하는 섬장대를 형태에 따라 다양한 변종 또는 품종으로 구분하거나 갯장대로 동정하기도 한다. 섬장대는 울릉도(독도 포함)의 해안가에서부터 나리분지의 바위지대까지 매우 다양한 생육환경에서 자라며 생육조건에 따라 형태의 변이가 매우 심한 편이다. 이러한 현상은 1~2년초 또는 짧게 사는 다년초에 해당하는 장대나물속(*Arabis*)의 식물들에게 흔히 나타나는 현상으로 보인다.

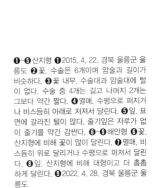

❶~❺산지형 ❶2015. 4. 22. 경북 울릉군 울릉도 ❷꽃. 수술은 6개이며 암술과 길이가 비슷하다. ❸꽃 내부. 수술대과 암술대에 털이 없다. 수술 중 4개는 길고 나머지 2개는 그보다 약간 짧다. ❹열매. 수평으로 퍼지거나 비스듬히 아래로 처저서 달린다. ❺잎. 표면에 갈라진 털이 많다. 줄기잎은 자루가 없이 줄기를 약간 감싼다. ❻~❾해안형 ❻꽃. 산지형에 비해 꽃이 많이 달린다. ❼열매. 비스듬히 위로 달리거나 수평으로 퍼져서 달린다. ❽잎. 산지형에 비해 대형이고 더 촘촘하게 달린다. ❾2022. 4. 28. 경북 울릉군 울릉도

장대냉이

Stevenia maximowiczii (Palib.) D.A. German & Al-Shehbaz

배추과

국내분포/자생지 전국의 건조한 산지

형태 1~2년초. 줄기는 높이 20~60cm 이고 별모양의 털이 밀생한다. 윗부분에서 가지가 많이 갈라진다. 줄기잎은 어긋나며 길이 1~4cm의 주걱모양-장타원상 도란형이고 가장자리는 밋밋하다. 꽃은 6~10월에 거의 백색-연한 적자색으로 핀다. 꽃받침조각은 길이 1.5~2.5mm의 좁은 장타원형이다. 꽃잎은 길이 3~4mm의 도피침형-장타원상 도란형이다. 열매(장각과)는 길이 5~15mm의 선형이고 꽃차례의 축과 평행하게 달린다.

참고 전체(특히 열매)에 별모양의 털이 많으며 잎이 주걱형-장타원상 도란형인 것이 특징이다.

❶2021. 7. 31. 강원 영월군 ❷꽃. 연한 적자색이며 씨방에 별모양의 털이 밀생한다. 암술대는 수술보다 짧다. ❸열매. 별모양의 털이 밀생한다. ❹잎 뒷면. 양면에 별모양으로 갈라진 털이 밀생한다. ❺뿌리잎. 주걱형-타원상 도란형이며 로제트모양으로 모여난다.

꽃황새냉이

Cardamine amaraeformis Nakai

배추과

국내분포/자생지 중남부지방의 산지 계곡가, 한반도 고유종

형태 다년초. 줄기는 높이 40~70cm 이고 털이 없다. 줄기잎은 어긋나며 작은잎은 (3~)5~7개이다. 작은잎은 피침형-장타원상 난형-난형 또는 도란형이며 가장자리는 밋밋하거나 물결모양의 불규칙한 톱니가 있다. 꽃은 5~7월에 백색으로 핀다. 꽃받침조각은 길이 2.5~3.5mm의 장타원형-난상 장타원형이며 끝은 둔하다. 꽃잎은 길이 7~12mm의 주걱상 도란형-도란형이다. 수술은 6개이다. 열매(장각과)는 길이 2.5~3.5cm의 선형이다.

참고 꽃과 잎이 대형이며 줄기잎이 흔히 5~7개로 이루어진 깃털모양의 겹잎인 것이 특징이다.

❶2002. 5. 22. 강원 인제군 설악산 ❷꽃. 꽃잎에 맥이 뚜렷하다. 꽃받침조각은 털이 없다. ❸열매. 능각(밸브)이 뚜렷한 선형이다. 자루는 길이 1.5~3cm이다. ❹줄기잎. 작은잎 5~7개로 이루어진 겹잎이다.

두메냉이

Cardamine changbaiana Al-Shehbaz
Cardamine resedifolia var. *morii*
Nakai.

배추과

국내분포/자생지 백두산 정상 근처의 바위지대 또는 사력지

형태 다년초. 줄기는 높이 3~12cm이고 전체에 털이 없다. 잎은 로제트모양으로 모여난다. 길이 2~10mm의 장타원형~난형이다. 꽃은 7~8월에 백색으로 핀다. 꽃받침조각은 길이 1.3~1.8mm의 장타원형이다. 꽃잎은 길이 3~3.5mm의 도란형이다. 열매(장각과)는 길이 1~2.5cm의 선형이다.

참고 *C. resedifolia* L.(유럽)와 *C. nipponica* Franch. & Sav.(타이완, 일본)에 비해 줄기잎이 없거나 1개이며 꽃잎이 길이 3~3.5mm이고 씨의 가장자리에 날개가 없는 것이 특징이다.

❶2007. 6. 27. 중국 지린성 백두산 ❷꽃. 2~7개씩 총상꽃차례에 모여 달린다. ❸열매. 선형이고 곧추 달린다. 열매의 자루는 길이 2~7mm로 짧은 편이다. ❹뿌리잎. 줄기잎은 없거나 1개이다.

벌깨냉이

Cardamine glechomifolia H.Lév.
Cardamine arakiana Koidz.

배추과

국내분포/자생지 제주 및 전남(진도)의 산지 숲속

형태 다년초. 줄기는 높이 15~30cm이며 짧은 털이 있다. 뿌리잎은 홑잎 또는 3출겹잎(~깃털모양겹잎)이며 잎자루가 길다. 최종 중앙의 작은잎은 지름 2~4cm의 둥근 신장형이며 가장자리에 둔한 톱니가 있다. 꽃은 3~4월에 백색으로 핀다. 꽃받침조각은 연녹색이고 겉에 백색의 털이 약간 있다. 꽃잎은 길이 5~8mm의 도란형이다. 열매(장각과)는 길이 3~4cm의 선형이다.

참고 꼬마냉이에 비해 줄기잎이 흔히 3출겹잎이고 최종 중앙의 작은잎이 3~4cm로 큰 편이며 꽃이 많이 달리고 열매에 털이 없는 것이 특징이다.

❶2024. 4. 5. 제주 제주시 한라산 ❷❸꽃. 꽃잎의 끝은 둥글다. 수술은 6개이다. ❹열매. 선형이고 털이 없다. 자루는 길고 털이 약간 있다. ❺잎 뒷면. 맥 위에 짧은 털이 약간 있다. ❻줄기. 밑부분에는 퍼진 털이 많다.

싸리냉이

Cardamine impatiens L.

배추과

국내분포/자생지 전국의 산야

형태 1~2년초. 줄기는 높이 15~70cm
이며 가지가 많이 갈라진다. 줄기잎
은 작은잎 4~10쌍으로 이루어진 깃
털모양의 겹잎이며 작은잎은 깃털모
양으로 갈라진다. 꽃은 4~6월에 백
색으로 피며 총상꽃차례에 모여 달린
다. 꽃받침조각은 4개이고 길이 1.2~
2mm의 피침형~장타원상 피침형이
다. 꽃잎은 길이 3~6mm의 장타원상
주걱형이다. 열매(장각과)는 길이 1.5~
3cm의 선형이다.

참고 황새냉이(*C. occulta* Hoernem.)에
비해 줄기잎의 밑부분이 턱잎상으로
줄기를 약간 감싸며 작은잎이 피침상
또는 장타원상이고 가장자리에 결각
상의 톱니가 있는 것이 특징이다.

❶ 2023. 5. 27. 경기 가평군 명지산 ❷꽃.
수술은 6개이며 암술은 수술보다 약간 길다.
❸ 열매. 선형이며 능각(밸브)가 뚜렷하다.
❹ 뿌리잎. 작은잎은 2~3개로 깊게 갈라진다.

는쟁이냉이

Cardamine komarovii Nakai

배추과

국내분포/자생지 지리산 이북의 산
지 계곡부

형태 다년초. 줄기는 높이 30~50cm
이고 털이 거의 없다. 뿌리잎은 로제
트모양으로 모여나며 3~5개의 작은
잎으로 이루어진 깃털모양이다. 줄
기잎은 길이 2~8cm의 넓은 난형~심
장형이며 가장자리에는 불규칙한 톱
니가 있다. 꽃은 5~8월에 백색으로
핀다. 꽃받침조각은 길이 2.5~3mm
의 장타원형이다. 꽃잎은 길이 3~
4.5mm의 타원상 도란형~도란형이
다. 열매(장각과)는 길이 2~4cm의 선
형이다.

참고 줄기잎이 갈라지지 않으며 잎자
루의 가장자리가 날개모양이고 밑부
분이 귀모양으로 줄기를 감싸는 것이
특징이다.

❶ 2004. 5. 30. 경기 가평군 화악산 ❷꽃.
꽃잎은 활짝 벌어지는 편이다. ❸ 열매. 선형
이고 털이 없다. 자루는 길이 1~2.5cm로 길
다. ❹ 줄기잎. 잎자루의 가장자리는 날개모
양이며 밑부분은 귀모양으로 줄기를 감싼다.

미나리냉이

Cardamine leucantha (Tausch) O.E.Schulz
Cardamine koreana (Nakai) Nakai

배추과

국내분포/자생지 거의 전국의 산야

형태 다년초. 땅속줄기가 옆으로 길게 뻗으며 새로운 개체를 만든다. 줄기는 높이 25~70cm이고 곧추 자라며 부드러운 털이 있다. 줄기잎은 어긋나며 5~7개의 작은잎으로 이루어진 깃털모양의 겹잎이고 잎자루는 길다. 작은잎은 길이 4~10cm의 장타원상 피침형이며 끝이 뾰족하거나 길게 뾰족하고 가장자리에 불규칙한 톱니가 있다. 양면에 털이 있다. 꽃은 5~7월에 백색으로 피며 줄기와 가지의 끝부분에서 나온 총상꽃차례에서 모여 달린다. 꽃받침조각은 4개이고 길이 2.5~3.5mm의 장타원형이고 바깥면에 털이 있다. 꽃잎은 길이 7~10mm의 타원상 도란형~넓은 도란형이다. 수술은 6개이고 그중 4개는 길다. 열매(장각과)는 길이 2~3cm의 선형이고 비스듬히 퍼져서 달리며 털이 없거나 약간 있다. 씨는 길이 2mm 정도의 타원형이고 갈색이다.

참고 줄기와 잎에 털이 있으며 잎이 깃털모양의 겹잎이고 작은잎이 대형인 것이 특징이다.

❶2016. 5. 5. 경북 의성군 ❷꽃. 암술과 수술은 길이가 비슷하며 씨방에 퍼진 털이 많다. ❸열매. 끝부분에 암술대가 길게 남아 있다. 털은 없거나 약간 있다. ❹잎. 작은잎은 장타원상 피침형이며 끝이 길게 뾰족하고 가장자리에 불규칙한 톱니가 있다. ❺잎 뒷면. 잔털이 많다. ❻줄기. 잔털이 많다. ❼2021. 4. 29. 경북 의성군

꼬마냉이

Cardamine tanakae Franch. & Sav.

배추과

국내분포/자생지 제주 한라산의 해
발고도 1,000~1,300m의 숲속
형태 2년초 또는 다년초. 줄기는 높
이 7~20cm이며 부드러운 털이 밀생
한다. 뿌리잎은 3~5(~7)개의 작은잎
으로 이루어진 깃털모양의 겹잎이다.
최종 중앙의 작은잎은 난형−원형이
고 밑부분은 얕은 심장형이다. 잎자
루는 길이 3~7cm이다. 꽃은 4~5월에
백색으로 핀다. 꽃잎은 길이 4~5mm
의 타원상 도란형−도란형이다. 열매
(장각과)는 길이 8~22mm의 선형이다.
참고 벌깨냉이에 비해 줄기잎의 작은
잎 수가 많으며 최종 중앙의 작은잎
의 길이가 1~2cm로 작은 편이다. 또
한 꽃차례에 꽃이 적게 달리며 열매
와 씨방에 털이 밀생하는 것이 특징
이다.

❶2017. 5. 10. 제주 제주시 한라산 ❷꽃. 총
상꽃차례에 4~6개씩 모여 달린다. ❸열매.
퍼진 털이 밀생한다. ❹줄기. 퍼진 털이 밀생
한다.

느러진장대

Catolobus pendulus (L.) Al-Shehbaz
Arabis pendula L.

배추과

국내분포/자생지 경북, 충북 이북의
산지
형태 2년초. 줄기는 높이 40~100cm
이고 퍼진 털과 3~6개로 갈라진 별
모양의 털이 있다. 줄기잎은 길이 3
~12cm의 피침형−타원형이며 가장자
리에는 밋밋하거나 불규칙한 얕은 톱
니가 있다. 밑부분은 쐐기형이거나
귀모양으로 줄기를 약간 감싼다. 꽃
은 7~9월에 백색으로 핀다. 꽃받침조
각은 길이 2.5~4mm의 장타원형이다.
꽃잎은 길이 3.5~5mm의 도피침형−
좁은 장타원형이다. 열매(장각과)는 길
이 5~10cm의 선형이다.
참고 흔히 열매가 길고 뒤로 약간 휘
어지며 옆으로 퍼지거나 아래로 처져
서 달리는 것이 특징이다.

❶2020. 8. 30. 강원 정선군 함백산 ❷❸꽃.
꽃받침조각은 장타원형이고 바깥면에 갈라
진 털이 있다. 수술은 6개이다. ❹열매. 선형
이며 자루도 실모양으로 가늘고 길다. 흔히
아래로 처져서(늘어져서) 달린다. ❺잎. 앞면
에 갈라진 짧은 털이 있다.

502

가는장대

Dontostemon dentatus (Bunge)
Ledeb.

배추과

국내분포/자생지 남부지방 이북의
건조한 산지

형태 1년초. 줄기는 높이 10~50cm이
며 곧추 자라며 큰 개체는 가지가 많
이 갈라진다. 흔히 굽은 잔털이 있다.
줄기잎은 길이 2~7cm의 피침형−선
상 피침형이며 가장자리에 물결모양
의 얕은 톱니가 있거나 또는 거의 밋
밋하다. 양면에 털이 있으며 잎자루
는 길이 (1~)2~10mm이다. 꽃은 5~8
월에 연한 자색(−연한 적자색)으로 피
며 줄기와 가지의 끝부분에서 나온
총상꽃차례에서 모여 달린다. 꽃받침
조각은 길이 3~5mm의 장타원형이
고 흔히 곧은 털이 있다. 꽃잎은 길이
6~11mm의 주걱상 도란형이며 끝은
약간 오목하고 밑부분은 길이 2.5~
4mm의 자루모양이다. 수술은 6개이
며 중간의 수술은 길이 3.5~5.5mm이
다. 열매(장각과)는 길이 2~6cm의 선
형이고 표면에 털이 없으며 곧추서거
나 비스듬히 약간 벌어져 달린다. 끝
부분에 길이 0.4~1.5mm의 암술대가
남아 있다. 열매자루는 길이 3~9mm
이다. 씨는 길이 0.8~1.3mm의 장타
원상 난형이다.

참고 꽃이 연한 자색이며 줄기잎에
흔히 짧은 자루가 있고 가장자리에
톱니가 있는 것이 특징이다.

❶~❺경북 안동시 자생 개체 ❶2020. 7. 21.
경북 안동시 ❷꽃. 중앙의 수술(긴 것) 4개는
2개씩 합생한다. ❸꽃 측면. 꽃받침조각은
장타원형이고 보트모양으로 오목하지 않다.
❹열매. 꽃차례 축과 꽃자루에 짧고 굽은 털
이 많다. 열매 표면에는 털이 거의 없지만 약
간 있기도 하다. ❺줄기잎. 가장자리에 물결
모양의 얕은 톱니가 있거나 거의 밋밋하다.
양면(특히 가장자리)에 털이 약간 있다. ❻
❼중국 자생 개체 ❻꽃. 국내(남한) 자생 개
체에 비해 꽃이 약간 더 대형이고 꽃색(자색)
이 약간 더 진한 편이다. ❼2018. 6. 11. 중국
지린성

큰장대

Clausia trichosepala (Turcz.)
F.Dvorák

배추과

국내분포/자생지 북부지방 산지의 햇볕이 잘 드는 풀밭이나 바위지대

형태 1년초 또는 2년초. 줄기는 높이 20~60cm이다. 줄기잎은 어긋나며 길이 2~6cm의 타원형 또는 난상 타원형이다. 꽃은 6~7월에 연한 자색-적자색으로 핀다. 꽃받침조각은 길이 4~6mm의 장타원형이고 끝이 둔하다. 꽃잎은 길이 1.2~1.8cm의 도란형이다. 열매(장각과)는 길이 4~7cm의 선형이고 털이 없으며 곧추선다.

참고 가는장대에 비해 중앙부의 수술대가 둥근 편이고 합생하지 않으며 측면의 꽃받침조각 밑부분이 주머니 모양으로 부푼 것이 특징이다.

❶2007. 6. 27. 중국 지린성 두만강 유역 ❷꽃. 꽃받침조각에 단세포성 털이 성기게 있다. ❸꽃 측면. 측면 꽃받침조각의 밑부분은 주머니모양으로 약간 부푼다. ❹꽃 내부. 수술은 6개이고(중앙부에 4개, 바깥쪽에 2개) 중앙부의 수술대는 합생하지 않는다. ❺잎 뒷면. 잎가장자리에 불규칙한 큰 톱니가 있다.

부지깽이나물

Erysimum amurense Kitag.

배추과

국내분포/자생지 북부지방의 건조한 산지(주로 바위지대)

형태 다년초. 줄기는 높이 30~90cm 이며 갈라진 털이 있다. 뿌리잎과 줄기 아래쪽의 잎은 길이 3~13cm의 선형-선상 피침형이다. 꽃은 5~8월에 황색으로 피며 총상꽃차례에서 모여 달린다. 꽃잎은 길이 1.5~2cm의 주걱형-도란형이고 밑부분은 자루모양이다. 수술은 6개이다. 열매(장각과)는 길이 2~6(~8)cm의 선형이고 약간 납작하며 표면에 갈라진 털이 밀생한다. 자루는 길이 5~10mm이다.

참고 다년초이며 꽃이 대형이고 줄기 중앙부 잎의 가장자리가 거의 밋밋한 것이 특징이다.

❶2011. 6. 11. 중국 지린성 두만강 유역 ❷꽃. 주황빛이 도는 황색 또는 황색이다. 꽃잎은 주걱형-도란형이다. ❸꽃봉오리. 꽃받침조각은 피침상 장타원형이고 잔털이 약간 있다. ❹잎. 선형-선상 피침형이고 가장자리는 밋밋하거나 톱니가 약간 있다. 누운 털이 밀생한다.

고추냉이

Eutrema japonicum (Miq.) Koidz.

배추과

국내분포/자생지 경북(울릉도)의 산지 계곡부 또는 습한곳

형태 다년초. 줄기는 높이 40~70cm 이며 전체에 털이 없다. 줄기잎은 길이 2~4cm의 넓은 난형–심장형이다. 꽃은 4~6월에 백색으로 피며 줄기의 끝부분과 잎겨드랑이에서 나온 짧은 총상꽃차례에서 모여 달린다. 꽃받침 조각은 4개이고 길이 3~4mm의 타원 형이다. 꽃잎은 길이 6~8mm의 도란 상 주걱형이다. 수술은 6개이며 수술 대는 백색이고 길이 3.5~5mm이다. 열매(장각과)는 길이 1.5~1.7cm의 염 주모양 선형이다.

참고 식물체(특히 땅속줄기)에서 특유 의 매운맛이 나며 땅속줄기가 굵고 다육질인 것이 특징이다.

❶2001. 4. 6. 경북 울릉군 울릉도 ❷꽃. 수 술은 6개이고 그중 4개는 길다. ❸열매. 자 루는 가늘고 길며 아래로 처진다. ❹뿌리잎. 심장상 원형이며 가장자리에 물결모양의 불 규칙한 잔톱니가 있다.

노란장대

Sisymbrium luteum (Maxim) O.E.Schulz

배추과

국내분포/자생지 전국의 산지

형태 다년초. 줄기는 높이 70~150cm 이며 털이 있다. 줄기잎은 어긋나며 길이 6~16cm의 피침상 장타원형–장 타원형 난형이다. 끝은 길게 뾰족하 고 밑부분은 편평하거나 쐐기형이다. 꽃은 5~6월에 황색으로 피며 총상꽃 차례에서 모여 달린다. 꽃받침조각은 길이 7~9mm의 피침형–장타원상 피 침형이다. 꽃잎은 길이 1~1.5cm의 도 란상 주걱형이다. 수술은 6개이다. 열 매(장각과)는 길이 7~14cm의 선형이 고 옆으로 비스듬히 퍼져서 달린다. 자루는 길이 8~15mm이다.

참고 다년생이고 꽃이 황색이며 잎가 장자리에 톱니가 있는 것이 특징이다.

❶2003. 6. 3. 강원 평창군 오대산 ❷꽃. 비 교적 대형이다. 꽃잎은 황색이고 도란상 주 걱형이다. ❸열매. 가늘고 길다. ❹잎. 가장 자리에 이빨모양의 톱니가 있다. 양면에 잔 털이 있다.

우수리꽃다지

Draba ussuriensis Pohle

배추과

국내분포/자생지 북부지방 고산지대의 사력지 또는 바위지대

형태 다년초. 줄기는 높이 6~14cm이며 모여난다. 줄기잎은 1~3개이고 장타원형–난형이다. 꽃은 6~7월에 백색으로 피며 총상꽃차례에서 7~17개씩 모여 달린다. 꽃받침조각은 길이 1.8~2.5mm의 난상 장타원형이다. 꽃잎은 길이 4~6mm의 장타원상 도란형이다. 수술은 6개이며 수술대는 길이 1.5~2.5mm이다. 열매(단각과)는 길이 6~10mm의 피침상 장타원형–장타원상이다.

참고 구름꽃다지에 비해 줄기잎이 1~3개로 적고 줄기 상부와 열매 자루에 털이 거의 없는 것이 특징이다.

❶2019. 7. 6. 중국 지린성 백두산 ❷꽃. 꽃잎은 장타원상 도란형이고 끝은 둥글거나 오목하다. ❸열매. (편평하거나) 한 바퀴 정도 꼬인다. 자루는 길이 4~13mm로 구름꽃다지에 비해 약간 더 긴 편이다. ❹뿌리잎. 구름꽃다지(피침형 또는 도피침형)에 비해 주걱형이며 짧은 털과 함께 2~3개로 갈라진 털이 약간 있다.

구름꽃다지

Draba mongolica Turcz.

배추과

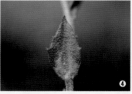

국내분포/자생지 북부지방의 아고산–고산지대의 사력지 또는 바위지대

형태 다년초. 줄기는 높이 5~20cm이며 모여난다. 줄기잎은 6~15개이며 길이 6~15mm의 장타원형–타원형 또는 난형이고 끝은 뾰족하다. 가장자리는 밋밋하거나 1~6쌍의 톱니가 있다. 꽃은 6~7월에 백색으로 피며 총상꽃차례에서 5~20개씩 모여 달린다. 꽃받침조각은 길이 1~1.8mm의 장타원형이고 바깥면에 털이 있다. 꽃잎은 길이 2.5~4.5mm의 주걱형이다. 열매(단각과)는 길이 6~9mm의 장타원상 피침형–장타원형이고 흔히 반 바퀴–한 바퀴 정도 꼬인다.

참고 우수리꽃다지에 비해 줄기잎이 6~15개로 많고 줄기와 열매 자루에 털이 밀생한다.

❶2024. 7. 3. 중국 지린성 백두산 ❷꽃. 5~20개씩 모여 달린다. ❸열매. 자루는 길이 1~5mm로 짧은 편이고 털이 밀생한다. ❹줄기잎의 뒷면. 양면에 별모양의 털이 밀생한다. ❺뿌리잎. 피침형 또는 도피침형으로 좁다. 별모양의 털이 밀생한다.

핵 심
피 자 식 물

MESANGIOSPERMS

진정쌍자엽류
EUDICOTS

초국화군
SUPERASTERIDS

석죽목
CARYOPHYLLACES

마디풀과 POLYGONACEAE
석죽과 CARYOPHYLLACEAE

싱아

Aconogonon alpinum (All.) Schkuhr

마디풀과

국내분포/자생지 제주를 제외한 거의 전국의 산지 풀밭

형태 다년초. 줄기는 높이 50~100cm이고 가지는 줄기의 하반부 또는 중앙부에서부터 갈라진다. 잎은 길이 3~9cm의 피침형-타원상 피침형이고 밑부분은 쐐기형-넓은 쐐기형이다. 꽃은 6~8월에 백색으로 피며 줄기와 가지 끝부분의 원뿔꽃차례에 빽빽이 모여난다. 꽃자루는 길이 2~2.5mm로 포보다 길다. 화피는 5개로 갈라진다. 열매(수과)는 길이 4~5mm의 세모진 타원상 난형-난형이다.

참고 참개싱아에 비해 꽃자루의 마디(관절)가 거의 끝부분에 있으며 잎은 피침형-타원상 피침형으로 폭이 좁은 것이 특징이다.

❶2021. 9. 2. 강원 화천군 광덕산 ❷꽃. 수술은 8개이다. 암술대는 3개이고 수술보다 짧다. ❸꽃 측면. 화피열편은 5개이고 타원형이다. 꽃자루의 마디(관절)는 거의 끝부분에 있다. ❹열매. 뚜렷하게 세모진 타원상 난형-난형이고 광택이 약간 난다. ❺잎 뒷면. 양면에 털이 약간 있다.

왜개싱아

Aconogonon divaricatum (L.) Nakai

마디풀과

국내분포/자생지 북부지방의 산야

형태 다년초. 줄기는 높이 70~120cm이고 털이 없으며 가지는 줄기의 밑부분에서부터 갈라진다. 잎은 길이 6~12cm의 피침형-피침상 장타원형이고 밑부분은 좁은 쐐기형-쐐기형이다. 꽃은 6~8월에 백색으로 피며 줄기와 가지 끝부분의 원뿔꽃차례에 빽빽이 모여난다. 꽃자루는 길이 2.5~8mm로 포의 길이가 비슷하거나 더 길다. 화피는 5개로 갈라지며 열편은 길이 2.5~3mm의 타원형이다. 열매(수과)는 길이 5~6mm의 세모진 타원형-타원상 난형이다.

참고 싱아에 비해 키가 작은 편이며 줄기에 털이 없고 가지가 줄기의 밑부분에서부터 차상으로 갈라지는 것이 특징이다.

❶2024. 7. 22. 중국 지린성 ❷❸꽃. 꽃자루의 마디(관절)는 끝부분에 있다. ❹줄기와 가지. 줄기와 가지 모두 차상으로 갈라진다. ❺줄기잎. 좁은 편이며 털이 없거나 가장자리와 뒷면에 약간 있다.

참개싱아

Aconogonon microcarpum (Kitag.) H.Hara

마디풀과

국내분포/자생지 강원, 경기 이북의 산지 풀밭 또는 길가. 한반도 고유종
형태 다년초. 줄기는 높이 40~70cm 이며 줄기 상반부에서 가지가 갈라진다. 잎은 길이 10~14cm의 피침상 장타원형-타원상 난형이며 밑부분은 넓은 쐐기형-원형이다. 꽃은 7~9월에 백색으로 피며 원뿔꽃차례에 엉성하게 또는 빽빽하게 모여난다. 꽃자루는 길이 2~3.5mm이며 윗부분에 마디가 있다. 화피는 5개이다. 열매(수과)는 길이 3~4mm의 세모진 타원상 난형-난형이다.
참고 싱아에 비해 꽃차례가 작으며 가지가 많이 발달하지 않아 엉성한 것이 특징이다.

❶2022. 8. 14. 강원 평창군 대관령 ❷꽃 측면. 꽃자루의 마디(관절)는 흔히 불명확하지만 육안으로 구분되는 경우 주로 상부(2/3 지점) 쪽에서 확인된다. ❸열매. 화피 밖으로 1/2 이상 나온다. ❹잎 뒷면. 맥 위와 가장자리에 털이 많다. 잎은 싱아에 비해 넓은 편(흔히 타원상 난형)이다.

얇은개싱아

Aconogonon mollifolium (Kitag.) H.Hara

마디풀과

국내분포/자생지 북부지방 아고산-고산지대의 풀밭
형태 다년초. 줄기는 높이 70~90cm 이고 털이 없으며 가지는 줄기의 밑부분에서부터 갈라진다. 잎은 길이 4~9.5cm의 피침상 장타원형-타원상 난형이고 밑부분은 쐐기형-넓은 쐐기형이다. 꽃은 6~7월에 피며 줄기와 가지 끝부분의 원뿔꽃차례에 빽빽이 모여난다. 꽃자루는 길이 2~5mm이다. 화피는 5개로 갈라지며 열편은 길이 2.5~3.5mm의 타원형이다. 열매(수과)는 길이 3~4mm의 세모진 타원상 난형-난형이다.
참고 참개싱아에 비해 꽃이 백록색-연한 녹색으로 피며 꽃자루의 마디가 중간부 또는 중간부 약간 아래쪽에 있는 것이 특징이다.

❶2024. 7. 3. 중국 지린성 백두산 ❷❸꽃. 꽃자루의 마디(화살표)는 중간부 또는 중간부 약간 아래쪽에 있다. ❹열매. 화피열편보다 길다. ❺줄기잎. 잎끝이 길게 뾰족하며 가장자리와 양면 맥 위에 털이 있다.

긴개싱아

Aconogonon ajanense (Regel & Tiling) H.Hara

마디풀과

국내분포/자생지 북부지방의 아고산–고산지대의 풀밭

형태 다년초. 줄기는 높이 30~40cm 이며 밑부분에서 가지가 많이 갈라진다. 잎은 길이 3~7cm의 피침형–장타원상 피침형이며 끝은 뾰족하고 밑부분은 넓은 쐐기모양이다. 꽃은 6~8월에 백색(–연한 적자색)으로 피며 원뿔꽃차례에 모여 달린다. 꽃자루는 길이 2~2.5mm이다. 화피열편은 길이 2.5~3mm의 타원형이다. 수술은 8개이고 암술대는 3개이다. 열매(수과)는 길이 3~4mm의 세모진 난형이며 광택이 난다.

참고 가지가 줄기의 밑부분에서 갈라지며 잎이 피침형–장타원상 피침형이고 잎자루가 매우 짧은 것이 특징이다.

❶2007. 6. 26. 중국 지린성 백두산 ❷❸꽃. 원뿔꽃차례에 모여 핀다. 꽃자루는 길이 2~2.5mm이고 마디(관절)는 윗부분에 있다. 수술은 8개이다. ❹잎. 피침상이며 양면에 털이 많다. 잎자루는 매우 짧다.

산바위싱아

Aconogonon limosum (Kom.) H.Hara ex W.T.Lee

마디풀과

국내분포/자생지 북부지방의 산지의 다소 습한 곳(특히 계곡부)

형태 다년초. 줄기는 높이 80~150cm 이다. 잎은 길이 6~15cm의 장타원상 피침형–난형이며 끝은 길게 뾰족하고 밑부분은 둥글다. 턱잎은 막질이며 털이 있다. 꽃은 7~8월에 백색–녹백색으로 피며 원뿔꽃차례(또는 총상꽃차례)에 엉성하게 모여난다. 꽃자루는 길이 1~2mm로 포보다 짧으며 화피열편은 길이 1.5~2mm의 타원형이다. 열매(수과)는 길이 3~4mm의 세모진 난형이며 광택이 난다.

참고 꽃차례가 엉성하며 잎의 밑부분이 둥글고 수과가 밑으로 처져서 달리는 것이 특징이다.

❶2013. 9. 9. 러시아 프리모르스키주 ❷열매. 자루가 매우 짧으며 관절은 윗부분(끝부분 바로 밑)에 있다. ❸잎. 장타원상 피침형–난형이며 털이 약간 있다. 잎자루는 길이 2~4cm로 긴 편이다.

넓은잎범꼬리(범꼬리)

Bistorta officinalis Delarbre subsp. *officinalis*
Polygonum bistorta L.

마디풀과

국내분포/자생지 지리산 이북의 산지

형태 다년초. 땅속줄기는 굵다. 줄기는 높이 80~150cm이며 털이 없다. 뿌리잎은 길이 13~25cm, 너비 5~10cm의 넓은 피침형-삼각형이고 밑부분은 편평하거나 얕은 심장형이며 가장자리는 밋밋하거나 약간 물결모양이다. 양면에 털이 없다. 잎자루는 길이 20~50cm이며 좁거나 넓은 날개가 있다. 줄기 하반부의 잎은 길이 7.4~18.5cm의 피침형-좁은 삼각형이며 밑부분은 편평하거나 얕은 심장형이다. 꽃은 6~8월에 백색-연한 분홍색으로 피며 길이 4.2~11cm의 원통형의 꽃차례에 모여 달린다. 꽃자루는 길이 4~6mm이다. 화피열편은 타원형이고 끝이 둔하다. 수술은 8개이고 화피 밖으로 약간 나출한다. 암술대는 3개이다. 열매(수과)는 길이 2.8~3.5mm의 세모진 타원형-좁은 난형이고 화피와 길이가 비슷하거나 약간 길다.

참고 지금껏 범꼬리로 불러왔던 분류군이지만 최근 연구에서 국명이 개칭되었다. 범꼬리에 비해 뿌리잎의 너비가 5~10cm의 넓은 피침형-삼각형이고 밑부분이 주로 얕은 심장형인 것이 특징이다. 범꼬리와 넓은잎범꼬리는 중국, 일본 등에서 각각 다른 학명을 적용하고 있어서 면밀한 분류학적인 재검토가 요구된다. 참범꼬리[subsp. *pacifica* (Petrov ex Kom.) Kom. ex Nakai]는 뿌리잎이 너비 3~7cm의 난형상이고 밑부분이 깊은 심장형이며 주로 러시아(사할린 등)와 일본(혼슈 중부 이북, 홋카이도)에 분포한다.

❶2022. 6. 11. 강원 평창군 대관령 ❷꽃차례. 원통형 꽃차례에 꽃이 조밀하게 모여 달린다. 화피편은 활짝 벌어지지 않는다. ❸줄기잎. 밑부분이 줄기를 완전히 감싼다. ❹ ❺잎의 넓은 타입(중국 지린성). 중국식물지를 참고하면 *B. manshuriensis*로 동정된다. 넓은잎범꼬리와 연속적인 변이를 보이는 것으로 판단하여 통합하여 정리하였다. ❹줄기잎. 밑부분이 줄기를 완전히 감싼다. ❺2019. 7. 8. 중국 지린성. 국내 자생 개체에 비해 뿌리잎이 약간 넓다. ❻2022. 6. 11. 강원 평창군 대관령.

범꼬리

Bistorta officinalis subsp. *japonica* (H.Hara) Yonek.

마디풀과

국내분포/자생지 남부지방 및 서해안(인천 이남)의 해안 가까운 산지 풀밭(주로 능선부의 다소 건조한 곳)

형태 다년초. 줄기는 높이 50~120cm이고 가지가 갈라지지 않는다. 뿌리잎은 길이 20~25cm, 너비 3~4.5cm의 선상 피침형–피침형이다. 꽃은 6~8월에 백색–연한 분홍색으로 피며 길이 3~8cm의 좁은 원통형의 꽃차례에 모여 달린다. 화피열편은 길이 3~4mm의 타원형이고 끝이 둔하다. 수술은 8개이고 화피 밖으로 약간 돌출한다. 열매(수과)는 길이 3mm 정도의 세모진 난형–넓은 난형이다.

참고 뿌리잎이 너비 3~4.5cm의 피침상이고 밑부분이 넓은 쐐기형이거나 편평한 것이 특징이다.

❶2004. 6. 28. 경남 거제시 거제도 ❷꽃차례. 넓은잎범꼬리에 비해 좁은 편이다. ❸뿌리잎. 선상 피침형–피침형이다. ❹줄기잎. 위로 갈수록 작아지며 잎자루는 짧아진다.

가는범꼬리

Bistorta alopecuroides (Turcz. ex Besser) Kom.(?)

마디풀과

국내분포/자생지 제주 한라산의 해발고도 1,400m 이상의 풀밭

형태 다년초. 줄기는 높이 25~40cm이다. 뿌리잎은 길이 8~22cm이며 밑부분은 쐐기형–원형이거나 편평하다. 꽃은 6~9월에 백색–연한 분홍색으로 핀다. 화피열편은 좁은 타원형–넓은 난형이다. 수술은 8개이고 화피 밖으로 약간 돌출한다.

참고 뿌리잎이 너비 3cm 이하인 선형–선상 피침형이며 양면에 털이 없는 것이 특징이다. 제주 한라산에 분포하는 고유종이나 희귀식물들의 진화와 분포 특성을 고려하면 가는범꼬리는 범꼬리에서 변화된 종내 분류군 또는 동일 종일 가능성이 높다. 일본 학자들은 가는범꼬리를 범꼬리와 동일 종으로 보기도 한다.

❶2021. 7. 20. 제주 서귀포시 한라산 ❷꽃차례. 범꼬리와 유사하지만 약간 소형이다. ❸수과. 길이 3~3.5mm의 세모진 넓은 타원형–타원상 난형이며 광택이 난다. ❹뿌리잎. 가장자리는 물결모양이 아니다.

호범꼬리

Bistorta ochotensis (Petrov ex Kom.) Kom. ex Nakai

마디풀과

국내분포/자생지 북부지방의 해발고도가 높은 산지의 풀밭

형태 다년초. 줄기는 높이 15~40cm 이고 털이 없다. 뿌리잎은 길이 6~10cm의 피침형─장타원상 피침형이며 가장자리는 밋밋하고 밑부분은 편평하거나 약간 심장형이다. 잎자루는 길이 8~11cm이고 윗부분이 약간 날개모양이다. 꽃은 6~8월에 백색─연한 분홍색으로 피며 길이 2.5~4cm의 원통형의 꽃차례에서 모여 달린다. 화피열편은 길이 2.5~3mm의 타원형이다. 열매(수과)는 길이 4mm 정도의 세모진 타원형─좁은 난형이다.

참고 키가 비교적 작으며 줄기 윗부분의 잎이 줄기를 감싸고 뒷면에 회백색 털이 밀생하는 것이 특징이다.

❶2019. 7. 25. 중국 지린성 백두산 ❷꽃차례. 길이 2.5~4cm의 원통형이다. ❸줄기잎. 선상 피침형이고 앞면은 광택이 난다. ❹잎 뒷면. 백색의 털이 밀생한다.

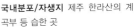

눈범꼬리

Bistorta suffulta (Maxim.) Greene ex H.Gross

마디풀과

국내분포/자생지 제주 한라산의 계곡부 등 습한 곳

형태 다년초. 땅속줄기는 흔히 염주모양으로 굵다. 줄기는 높이 20~40cm이고 비스듬히 자라며 털은 거의 없다. 뿌리잎은 길이 5~12cm의 난형─넓은 난형이며 밑부분은 편평하거나 심장형이다. 양면에 털이 없다. 꽃은 5~8월에 백색─연한 분홍색으로 피며 길이 2~3cm의 원통형의 꽃차례에 모여 달린다. 화피열편은 길이 2~2.5mm의 장타원형─도란형이다. 열매(수과)는 길이 2.5~3mm의 세모진 난형 또는 도란형이다.

참고 키가 작고 흔히 비스듬히 누워 자라며 뿌리잎의 잎자루가 날개모양이 아닌 것이 특징이다.

❶2015. 5. 7. 제주 서귀포시 한라산 ❷꽃차례. 꽃밥은 자색이며 꽃자루는 길이 1mm 정도로 짧은 편이다. ❸열매. 날개모양으로 세모진다. ❹뿌리잎 뒷면. 잎자루의 가장자리가 날개모양이 아니다.

씨범꼬리

Bistorta vivipara (L.) Delarbre

마디풀과

국내분포/자생지 북부지방의 해발고
도가 높은 산지의 풀밭

형태 다년초. 줄기는 높이 10~35cm
이고 털이 없다. 뿌리잎은 길이 2~
11cm의 피침상 장타원형—타원형이며
가장자리는 밋밋하고 밑부분은 쐐기
형—원형이거나 약간 심장형이다. 꽃
은 5~7월에 백색—연한 분홍색으로
피며 길이 2~9cm의 원통형 꽃차례에
모여 달린다. 꽃자루는 길이 2~5mm
이다. 화피열편은 길이 2.5mm 정도
의 타원형—도란형이다. 열매(수과)는
길이 2.7~3.4mm의 세모진 타원형—
좁은 난형이다.

참고 꽃차례(특히 하반부)에 주아(싹눈)
가 달리며 줄기잎이 줄기를 감싸지
않는 것이 특징이다.

❶2007. 6. 25. 중국 지린성 백두산 ❷꽃차
례. 수술은 화피열편과 길이가 비슷하거나
약간 짧다. ❸주아. 흔히 꽃차례의 하반부에
주아가 달리지만 꽃이 거의 달리지 않고 주
아만 달리는 꽃차례도 종종 관찰된다. ❹잎
뒷면. 흰빛이 돌며 털이 없다.

긴화살여뀌

Persicaria breviochreata (Makino)
Ohki

마디풀과

국내분포/자생지 제주 및 경남, 전남
의 산지

형태 1년초. 줄기는 높이 30~100cm
이며 줄기 아래쪽에서 가지가 갈라진
다. 잎은 길이 3~8cm의 피침형—장타
원상 피침형이며 밑부분은 심장형이
다. 꽃은 8~10월에 백색(끝부분은 연한
적자색)으로 핀다. 꽃차례의 축에 자루
가 있는 샘털이 많다. 화피열편은 타
원상 난형—난형이다. 암술대는 길이
0.5mm 정도이고 3개이다. 열매(수과)
는 길이 3mm 정도의 세모진 난상 구
형이며 연한 갈색—갈색으로 익는다.

참고 꽃이 1~4개씩 모여서 원뿔꽃차
례(얼핏 보면 총상꽃차례 같음)에 엉성하
게 달리며 턱잎이 원통형이고 끝부분
에 긴 털이 있는 것이 특징이다.

❶2021. 9. 20. 제주 제주시 ❷꽃. 수술은 6
~7개이다. ❸수과. 길이 3mm 정도의 난상
구형이다. ❹턱잎. 막질의 원통형이며 표면
과 가장자리에 긴 털이 있다. ❺잎. 털이 약
간 있다.

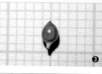

세뿔여뀌

Persicaria debilis (Meisn.) H.Gross
ex W.T.Lee

마디풀과

국내분포/자생지 한라산과 지리산의 숲속 습한 장소(주로 계곡부)

형태 1년초. 줄기는 높이 15~40cm이며 가지가 많이 갈라진다. 잎은 길이 2~5cm의 삼각형–삼각상 난형이며 끝이 길게 뾰족하고 밑부분은 거의 편평하다. 꽃은 8~9월에 백색으로 핀다. 꽃차례의 축과 가지에 긴 자루가 있는 샘털이 있다. 화피열편은 타원형이다. 수술은 (5~)7(~8)개이며 암술대는 3개이다. 열매(수과)는 길이 3mm 정도의 세모진 난형이며 광택이 나는 갈색으로 익는다.

참고 줄기에 가시가 흔히 없으며 잎이 거의 삼각형–화살촉모양의 삼각형이고 꽃이 엉성한 원뿔상 꽃차례에 모여 달리는 것이 특징이다.

❶2023. 10. 9. 제주 제주시 한라산 ❷❸꽃차례. 2~3개씩 모여 달린다. ❹턱잎. 길이 2~5mm이고 끝부분은 흔히 초질(잎모양)이다. ❺잎 뒷면. 가장자리와 맥 위에 털이 약간 있다.

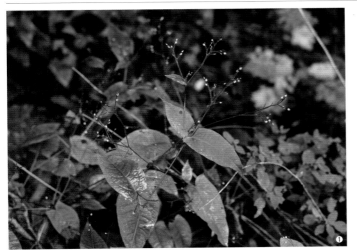

가시여뀌

Persicaria dissitiflora (Hemsl.)
H.Gross ex T.Mori

마디풀과

국내분포/자생지 제주를 제외한 전국의 산야

형태 1년초. 줄기는 높이 30~120cm이고 가지가 많이 갈라진다. 잎은 길이 4~15cm의 피침상 장타원형–난상 타원형이며 밑부분은 얕은 심장형이다. 잎자루는 길이 1.5~6cm이고 별모양의 털과 가시가 있다. 꽃은 7~9월에 백색–연한 적자색으로 피며 가지 윗부분의 잎겨드랑이와 가지의 끝에서 나온 원뿔상 꽃차례에 엉성하게 달린다. 화피열편은 길이 3mm 정도의 타원형–타원상 난형이다. 수술은 7~8개이며 암술대는 3개이다.

참고 줄기와 잎자루에 가시가 있고 꽃줄기에 샘털이 밀생하며 열매가 약간 세모진 원형인 것이 특징이다.

❶2001. 9. 19. 경북 울진군 ❷꽃차례. 축과 가지에 가시 같은 샘털이 밀생한다. ❸수과. 길이 3~3.5mm의 난상 구형이고 진한 갈색으로 익으며 광택이 나지 않는다. ❹턱잎. 막질이며 끝부분은 사선상으로 비스듬하다. ❺잎 뒷면. 흰빛이 돌며 맥 위에 잔털이 있다.

이삭여뀌

Persicaria filiformis (Thunb.) Nakai ex Mori

마디풀과

국내분포/자생지 전국의 산지에서 흔히 자람

형태 1년초. 줄기는 높이 50~80cm 이고 긴 털이 있다. 잎은 길이 7~ 15cm의 장타원형-난형 또는 도란형 이며 잎자루는 길이 5~35mm이다. 꽃은 7~9월에 연한 적색-적색으로 피며 길이 20~40cm의 총상꽃차례에 엉성하게 달린다. 수술은 5개이며 암술대는 2개이다. 열매(수과)는 길이 3 ~3.5mm의 약간 세모진 난형이다.

참고 꽃이 긴 총상꽃차례 또는 원뿔상꽃차례에 엉성하게 달리며 열매의 끝부분에 구부러진 암술대가 남아 있는 것이 특징이다.

❶2023. 9. 14. 전남 강진군 ❷꽃. 화피열편은 적색이고 옆으로 거의 활짝 벌어진다. ❸수과. 약간 세모진 난형이며 짙은 갈색이다. 끝부분에 구부러진 암술대가 있다. ❹턱잎. 막질의 원통형이고 끝부분에 긴 털이 있다. ❺잎. 양면에 털이 많으며 앞면에 흔히 흑색의 무늬가 있다.

산여뀌

Persicaria nepalensis (Meisn.) H.Gross

마디풀과

국내분포/자생지 전국의 산야

형태 1년초. 줄기는 높이 10~30cm이며 밑부분은 땅으로 눕고 가지가 많이 갈라진다. 잎은 길이 1.5~5cm의 난상 삼각형-난형이다. 잎자루의 윗부분은 날개모양이다. 턱잎은 막질의 깔때기모양이며 끝부분은 비스듬하고 털이 없다. 꽃은 7~10월에 백색-적자색으로 피며 가지 끝과 윗부분의 잎겨드랑이에서 나온 지름 5~10mm의 머리모양꽃차례에 모여 달린다. 화피열편은 길이 2~3mm의 장타원형이다. 수술은 5~6개이고 꽃밥은 흑색이며 암술대는 2개이다.

참고 꽃이 머리모양으로 모여 달리며 꽃밥이 흑색인 것이 특징이다.

❶2020. 9. 12. 강원 평창군 ❷꽃. 잎겨드랑이에서 머리모양으로 모여 달린다. 화피열편은 장타원형이고 직립한다. ❸수과. 길이 2~2.5mm의 넓은 난상의 렌즈형이며 짙은 갈색-흑색이고 광택이 나지 않는다. ❹잎 뒷면. 뚜렷한 선점이 흩어져 있다.

장대여뀌

Persicaria posumbu (Buch.-Ham. ex D.Don) H.Gross

마디풀과

국내분포/자생지 전국의 산야(주로 산지)

형태 1년초. 줄기는 높이 30~80cm이고 가지가 많이 갈라진다. 잎은 길이 3~7cm의 장타원상 난형(-난형)이며 양면(특히 가장자리)에 털이 있다. 꽃은 8~9월에 백색-연한 적색으로 피며 가지의 끝과 윗부분의 잎겨드랑이에서 나온 꽃차례에 엉성하게 달린다. 화피열편은 길이 2~2.5mm의 타원형-난형이다. 수술은 (7~)8개이며 암술대는 3개이다. 열매(수과)는 길이 2~2.4mm의 세모진 난형이다.

참고 개여뀌에 비해 꽃이 엉성하게 달리며 잎이 장타원상 난형(-난형)이고 잎끝이 길게 뾰족한 것이 특징이다.

❶ 2020. 9. 12. 강원 평창군 ❷꽃차례. 흔히 구부러진다. ❸수과. 길이 2~2.5mm의 세모진 난형이며 광택이 난다. ❹턱잎. 끝부분에 긴(길이 7~10mm) 털이 있다. ❺잎. 흔히 장타원상 난형이며 끝이 길게 뾰족하고 앞면에 무늬가 있다.

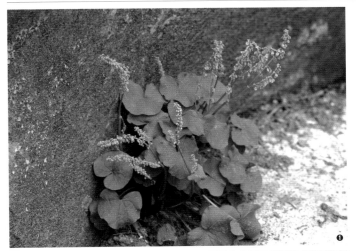

나도수영

Oxyria digyna (L.) Hill

마디풀과

국내분포/자생지 북부지방 고산지대의 암석지대(사력지), 풀밭

형태 다년초. 줄기는 높이 15~40cm이고 흔히 털이 없다. 잎은 대부분 뿌리잎이다. 길이 1.5~4cm의 신장형 또는 원상 신장형이며 밑부분은 넓은 심장형이다. 잎자루는 길이 3~12cm이다. 꽃은 6~10월에 피며 원뿔꽃차례에 모여 달린다. 바깥쪽 화피열편은 길이 1.1~2.2mm로 작고 보트모양이다. 안쪽 화피열편은 길이 2~3mm이고 결실기에는 더 커진다. 열매(수과)는 길이 3~6mm의 난형이고 가장자리에 날개가 있다.

참고 화피열편이 4개이며 열매가 볼록한 렌즈형이고 가장자리에 넓은 날개가 있는 것이 특징이다.

❶ 2007. 6. 26. 중국 지린성 백두산 ❷꽃. 화피편은 녹색-분홍색이며 수술은 6개이고 암술대는 2개이다. ❸열매. 가장자리에 넓은 날개가 있다. 화피열편은 숙존한다. ❹뿌리잎. 신장형-원상 신장형이다.

삼도하수오

Fallopia koreana B.U.Oh & J.G.Kim

마디풀과

국내분포/자생지 충북(민주지산) 이남의 산지 숲속, 한반도 고유종

형태 덩굴성 다년초. 줄기는 길이 2~4m까지 자란다. 잎은 길이 6~15cm의 난형이며 잎끝은 뾰족하거나 길게 뾰족하다. 암수딴그루이다. 꽃은 7~9월에 연한 녹백색–연녹색으로 피며 꽃차례에 엉성하게 모여 달린다. 암꽃의 암술대는 3개이고 밑부분은 합생한다. 열매(수과)는 길이 4~5.3mm의 세모진 넓은 타원형이며 광택이 나는 갈색으로 익는다.

참고 나도하수오에 비해 암수딴그루이며 암술머리가 술모양이고 수과가 길이 4mm 이상으로 큰 것이 특징이다.

❶수그루. 2023. 8. 31. 전남 강진군 ❷❸암꽃. 바깥쪽 화피열편은 3개이며 타원형–난형이고 바깥면의 중앙에 날개가 발달한다. 안쪽 화피열편은 3~4개이며 타원형–난형이고 막질의 꽃잎모양이다. ❹❺수꽃. 수술은 8개이며 화피열편과 길이가 비슷하다. ❻열매. 숙존하는 화피에 완전히 싸여 있다. 화피의 날개는 너비 1~2mm이다.

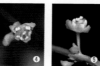

나도하수오

Fallopia ciliinervis (Nakai) K.Hammer

마디풀과

국내분포/자생지 전남(지리산) 이북의 산지

형태 덩굴성 다년초. 줄기는 길이 2~4m까지 자라며 흔히 붉은빛을 띤다. 잎은 길이 6~16cm의 장타원상 난형이며 뒷면 맥 위에 다세포성 털이 있다. 꽃은 7~8월에 백색–연한 녹백색으로 핀다. 바깥쪽 화피열편은 타원형–난형상의 보트모양이고 뒷면 중앙에 날개가 발달한다. 열매(수과)는 길이 2.3~2.6mm의 세모진 넓은 타원형이다.

참고 하수오(*F. multiflora*)에 비해 잎이 장타원상 난형이고 끝이 길게 뾰족하며 가장자리가 물결모양인 것이 특징이다.

❶2004. 7. 26. 강원 평창군 대관령 ❷꽃차례. 양성화이다. 수술은 8개이며 암술대는 3개이고 암술머리는 두상(머리모양)으로 두껍다. ❸열매. 숙존하는 화피열편에 완전히 싸여 있으며 화피열편의 바깥 면에는 너비 1~2mm의 날개가 있다. ❹잎. 표면과 가장자리는 뚜렷하게 주름진다.

호대황
Rumex gmelinii Turcz. & Ledeb.

마디풀과

국내분포/자생지 북부지방 산지의 습한 풀밭(특히 계곡부)

형태 다년초. 줄기는 높이 40~100cm이고 굵으며 털이 없다. 잎은 길이 8~25cm이고 가장자리는 밋밋하거나 물결모양이며 잎 뒷면의 맥을 따라 돌기가 밀생한다. 잎자루는 길이 9~30cm이다. 꽃은 5~7월에 핀다. 꽃자루는 가늘며 마디는 밑부분에 있다. 화피는 황록색-붉은빛이 도는 연녹색이며 5개(외화피열편 2개, 내화피열편 3개)로 갈라진다. 열매(수과)는 길이 3~3.5mm의 세모진 난형이다.

참고 토대황(*R. aquaticus* L.)에 비해 잎이 삼각상 난형-넓은 난형이며 끝이 둔하고 밑부분이 깊은 심장형인 것이 특징이다.

❶ 2019. 7. 4. 중국 지린성 백두산 ❷ 꽃차례. 원뿔상 꽃차례이다. ❸ 뿌리잎. 삼각상 난형-넓은 난형이며 끝은 둔하고 밑부분은 심장형이다.

개대황
Rumex longifolius DC.

마디풀과

국내분포/자생지 지리산 이북의 산야

형태 다년초. 줄기는 높이 60~120cm이고 털이 없다. 잎은 길이 20~35cm의 장타원상 피침형-넓은 피침형이고 가장자리는 밋밋하거나 물결모양이다. 꽃은 6~7월에 핀다. 화피는 황록색-녹색이며 5개(외화피열편 2개, 내화피열편 3개)로 갈라진다. 열매(수과)는 길이 2~3.5mm의 세모진 좁은 난형이다. 결실기의 내화피열편은 길이 5~6mm의 신장상 원형-원형이고 가장자리는 밋밋하다.

참고 내화피열편의 아래에 돌기가 발달하지 않고 가장자리가 밋밋하며 잎이 장타원상 피침형-넓은 피침형이고 밑부분이 둥글거나 쐐기형인 것이 특징이다.

❶ 2019. 7. 17. 전북 지리산 일대 ❷ 열매. 내화피열편에 돌기가 발달하지 않는다. 자루 밑부분에 뚜렷한 마디가 있다. ❸ 뿌리잎. 길이 20~35cm의 장타원상 피침형이다. 개화-결실기에 시들어 없어진다. ❹ 뿌리. 땅속줄기는 짧고 굵은 수염뿌리가 발달한다.

백두산점나도나물

Cerastium baischanense Y.C.Chu.

석죽과

국내분포/자생지 백두산의 높은 지대 풀밭이나 바위지대

형태 다년초. 줄기는 높이 6~20cm이고 모여나며 전체에 털이 밀생한다. 상반부의 잎은 길이 1.3~2cm, 너비 2~4mm의 선상 피침형–피침형이다. 꽃은 6~8월에 백색으로 피며 취산꽃차례에 3~5개씩 모여 달린다. 꽃받침조각은 피침형–피침상 장타원형이다. 꽃잎은 길이 5~5.5mm의 타원상 도란형이고 끝부분은 2개로 깊게 갈라진다. 수술은 10개이다. 열매(삭과)는 길이 8~10mm의 원통형이다.

참고 높이 20cm 이하이며 잎이 피침형이고 꽃잎이 꽃받침보다 긴 것이 특징이다.

❶2019. 7. 7. 중국 지린성 백두산. 꽃차례에 인접한 잎이 가장 대형이다. ❷꽃. 꽃잎은 꽃받침보다 길고 암술대는 5개이다. ❸꽃 측면. 꽃자루와 꽃받침조각의 바깥면에 긴 샘털이 밀생한다. ❹열매. 꽃받침조각보다 2배 이상 길며 끝부분의 톱니는 10개이다. ❺잎. 피침상이고 털이 많다.

벼룩이울타리

Eremogone juncea (M.Bieb.) Fenzl

석죽과

국내분포/자생지 북부지방의 산지 길가, 건조한 풀밭

형태 다년초. 줄기는 높이 30~50cm이고 윗부분에 샘털이 있다. 잎은 길이 10~25cm의 좁은 선형이다. 꽃은 7~9월에 백색으로 핀다. 꽃자루는 길이 1~2cm이고 샘털이 밀생한다. 꽃받침조각은 길이 5mm 정도의 난형이다. 꽃잎은 길이 8~10mm의 타원상 도란형–넓은 도란형이고 끝은 둔하거나 둥글다. 수술은 10개이고 수술대의 밑부분에 꿀샘이 있다. 암술대는 3개이고 길이 3mm 정도이다.

참고 꽃잎의 끝부분이 갈라지지 않고 꽃받침보다 길며 가늘고 긴 선형의 잎이 뿌리에서 빽빽하게 모여나는 것이 특징이다.

❶2019. 7. 9. 중국 지린성 ❷꽃. 꽃잎은 도란형이며 끝부분이 갈라지지 않는다. ❸꽃받침. 꽃자루와 함께 샘털이 밀생한다. ❹열매(삭과). 난형이고 꽃받침보다 약간 길다. ❺잎. 줄기잎은 마주나며 실모양으로 매우 가늘다.

수염패랭이꽃
Dianthus barbatus var. *asiaticus* Nakai

석죽과

국내분포/자생지 북부지방 숲가장자리 또는 산지의 길가, 풀밭

형태 다년초. 줄기는 높이 30~60cm이고 곧추서며 털이 없다. 잎은 마주나며 길이 4~8cm의 피침형-넓은 피침형이고 중앙맥이 두드러진다. 꽃은 5~9월에 적자색으로 피며 줄기의 끝부분에서 빽빽이 모여난다. 꽃자루는 거의 없거나 매우 짧다. 꽃받침은 길이 1.5cm 정도의 원통형이고 끝은 5개로 얕게 갈라진다. 꽃잎의 윗부분은 톱니모양이다. 수술은 10개이며 암술대는 선형이고 2개이다. 열매(삭과)는 길이 1.8cm 정도의 장타원형-난상 장타원형이다.

참고 국명은 포의 끝부분이 수염모양을 닮은 특징에서 유래했다.

❶2007. 6. 28. 중국 지린성 ❷❸꽃. 포는 2쌍이며 꽃부리와 길이가 비슷하거나 약간 짧고 끝부분은 수염모양으로 가늘고 길다. ❹잎. 끝은 길게 뾰족하고 밑부분은 자루모양이고 줄기를 약간 감싼다.

패랭이꽃
Dianthus chinensis L.

석죽과

형태 다년초. 줄기는 높이 25~50cm이고 털이 없다. 잎은 마주나며 길이 3~5cm의 선상 피침형-피침형(-난상 장타원형)이다. 꽃은 5~8월에 연한 적자색-적자색으로 피며 줄기와 가지의 끝부분에서 1(~여러)개씩 달린다. 포는 2~3쌍이며 난형이고 끝부분은 길게 뾰족하다. 꽃받침은 길이 1.5~2.5cm의 원통형이다. 꽃잎은 길이 1.6~2cm이며 밑부분이 가늘고 긴 자루모양이다. 수술은 (드물게 5개 또는) 10개이며 암술대는 2개이다. 열매(삭과)는 원통형이고 꽃받침에 싸여 있다.

참고 중국명은 바위에서 자라는 대나무류라는 뜻의 석죽(石竹)이다.

❶2021. 6. 26. 경북 울진군 ❷꽃. 꽃잎모양의 현부는 옆으로 퍼지며 가장자리는 얕게 갈라지고 밑부분에 무늬와 함께 긴 털이 있다. ❸꽃 내부 비교. 꽃은 흔히 단주화(좌), 장주화(우) 2가지 타입이 있으며 중간 타입도 간혹 관찰된다. ❹열매. 대부분 꽃받침에 싸여 있다.

술패랭이꽃

Dianthus longicalyx Miq.

석죽과

국내분포/자생지 전국 산지의 건조
한 풀밭이나 바위지대(특히 해안가)
형태 다년초. 줄기는 높이 40~80cm
이고 털이 없으며 밑부분에서 가지
가 갈라진다. 잎은 마주나며 길이 4
~10cm의 선형–선상 피침형이다. 끝
은 뾰족하며 가장자리에 잔톱니가 있
다. 꽃은 6~8월에 연한 적자색(분홍
색)으로 피며 줄기와 가지의 끝부분에
서 2~여러 개씩 모여난다. 포는 3~4
쌍이며 피침형–난형이고 길이가 꽃
받침의 1/5 정도이다. 가장자리는 막
질이고 끝이 까락모양으로 급격히 뾰
족하다. 꽃받침은 길이 3~4cm의 원
통형이며 열편은 5개이고 피침형–장
타원상 피침형이다. 꽃잎은 길이 3.5
~4.5cm이고 밑부분(화조)은 길이 1.5~
3cm의 자루모양이다. 꽃잎모양의 현
부는 옆으로 퍼지며 가장자리가 실모
양으로 가늘고 깊게 갈라지고 밑부
분에는 무늬(색은 다양)와 함께 짧거나
긴 털이 밀생한다. 수술은 10개이다.
암술대는 2개이다. 열매(삭과)는 원통
형이고 꽃받침에 싸여 있으며 끝이 4
개로 갈라진다.
참고 구름패랭이꽃(*D. superbus* var.
alpestris Kablík. ex Čelak.)은 포가 2~
3쌍이며 길이 6~10mm의 타원형–
난형 또는 도란형이고 끝이 송곳모
양이거나 길게 뾰족하다. 꽃잎(판연)
은 길이 2.5~3cm 정도이다. 꽃받침
은 흔히 적자색–적갈색이며 길이 2.5
~3cm의 원통형이고 열편은 길이 4~
5mm의 피침형이다. 삭과는 꽃받침과
길이가 비슷하거나 약간 길다. 꽃술
패랭이꽃(*D. superbus* L. var. *superbus*)
은 구름패랭이꽃에 비해 꽃잎(판연)의
길이가 2cm 정도이다. 넓은 의미에
서는 구름패랭이꽃과 꽃술패랭이꽃
을 동일 분류군으로 판단한다.

❶2001. 7. 1. 경북 영주시 소백산 ❷꽃. 꽃
잎의 현부는 옆으로 퍼지며 가장자리가 실
모양으로 가늘고 깊게 갈라진다. ❸열매. 꽃
받침에 싸여 있다. 꽃받침통부에는 털이 없
다. ❹줄기와 잎. 잎은 선형–선상 피침형이
며 마주나고 털이 없다. ❺~❼구름패랭이꽃
❺❻(ⓒ김지훈) ❺꽃. 꽃잎(판연)의 밑부분
에 황갈색–적갈색 무늬가 있고 적갈
색의 털이 밀생한다. ❻꽃받침. 포가 2~3쌍
이고 송곳모양으로 길게 뾰족하며 흔히 적자
색–적갈색이다. ❼2024. 7. 25. 중국 지린성
백두산

대나물

Gypsophila oldhamiana Miq.

석죽과

국내분포/자생지 전국의 산지 또는 해안가의 바위지대, 건조한 풀밭

형태 다년초. 줄기는 높이 40~100cm 이고 여러 개씩 모여난다. 잎은 마주 나며 길이 4~8cm의 피침상 장타원형-장타원형이다. 꽃은 6~9월에 백색 또는 연한 분홍색으로 피며 산방상 취산꽃차례에 모여난다. 꽃자루는 길이 2~5mm이다. 꽃받침열편은 삼각상 난형이며 가장자리는 막질이다. 꽃잎(열편)은 도란상 장타원형이다. 열매(삭과)는 난형이고 꽃받침보다 약간 길다.

참고 가는대나물에 비해 잎이 장타원상이며 꽃이 보다 빽빽하게 달리고 꽃자루가 길이 2~5mm로 짧은 편이다.

❶2016. 7. 19. 인천 서구 ❷꽃. 꽃잎의 끝이 편평하거나 약간 오목하며 수술과 암술대가 꽃잎보다 길다. ❸꽃 측면. 꽃자루는 가는대나물에 비해 짧은 편이다. 포는 막질이다. ❹잎. 피침상 장타원형-장타원상이다. 가는대나물에 비해 길다.

가는대나물

Gypsophila pacifica Kom.

석죽과

국내분포/자생지 강원 이북 산지의 바위지대(특히 석회암지대) 또는 풀밭

형태 다년초. 줄기는 높이 40~80cm 이고 여러 개씩 모여난다. 잎은 마주 나며 길이 2.5~6cm의 장타원상 난형-난형이고 3~5개의 나란한 맥이 뚜렷하다. 꽃은 6~10월에 백색 또는 연한 분홍색으로 피며 산방상 취산꽃차례에 모여난다. 꽃받침열편은 삼각상 난형이다. 꽃잎(열편)은 길이 6mm 정도의 장타원형이며 끝은 둥글거나 편평하다. 열매(삭과)는 난형이다.

참고 대나물에 비해 잎이 난형이며 꽃자루가 길이 5~10mm로 긴 편이고 수술과 암술대가 꽃잎보다 짧은 것이 특징이다.

❶2004. 7. 24. 강원 강릉시 ❷❸꽃. 수술과 암술이 꽃잎보다 짧거나 비슷하다. 꽃자루는 긴 편이다. ❹열매와 씨. 열매는 난형이다. 씨의 표면에 돌기가 밀생한다. ❺잎. 짧은 편이다. 밑부분은 줄기를 약간 감싼다.

동자꽃

Lychnis cognata Maxim.

석죽과

국내분포/자생지 지리산 이북의 산지
형태 다년초. 줄기는 높이 30~90cm
이고 다세포성 털이 있다. 잎은 마주
나며 길이 5~11cm의 장타원상 난형
이다. 양면과 가장자리에 털이 있다.
꽃은 6~8월에 주황색으로 피며 지
름 3.5~5cm이다. 꽃자루는 길이 3~
12mm이고 털이 많다. 꽃잎은 5장이
며 도란형이다. 가장자리는 밋밋하거
나 톱니가 있으며 판연 밑부분에 실
모양의 열편이 있다. 열매(삭과)는 길
이 1.5cm 정도의 타원상 난형이다.
참고 털동자꽃에 비해 꽃잎이 주황색
이고 끝이 얕게(잎끝에서 1/5~1/3 지점까
지) 갈라지며 포와 꽃받침에 털이 약
간 있는 것이 특징이다.

❶2004. 7. 15. 강원 삼척시 ❷꽃. 주황색이
며 꽃잎(판연)의 끝은 비교적 얕게 갈라진다.
❸꽃 내부. 수술은 10개이고 5개씩 시간차를
두고 성숙한다(사진의 5개의 수술과 암술은
아직 미성숙). ❹열매. 타원상 난형이며 꽃받
침에 완전히 싸여 있다.

털동자꽃

Lychnis fulgens Fisch. ex Spreng.

석죽과

국내분포/자생지 북부지방의 산지
및 하천가 풀밭
형태 다년초. 줄기는 높이 40~90cm
이다. 잎은 마주나며 길이 3.5~10cm
의 장타원상 난형–난형이다. 양면과
가장자리에 털이 많다. 꽃은 6~8월에
진홍색으로 피며 지름 3.5~5cm이다.
꽃자루는 길이 3~12mm이고 털이 많
다. 꽃잎은 5장이며 도란형이고 판연
의 하반부 가장자리에 실모양의 열편
이 있다. 수술은 10개이고 꽃잎 밖으
로 약간 돌출한다. 열매(삭과)는 길이
1.2~1.4cm의 타원상 난형이다.
참고 동자꽃에 비해 꽃잎이 적색–진
한 적색(진홍색)이고 끝이 1/2 지점까
지 깊게 갈라지며 포와 꽃받침에 털
이 밀생하는 것이 특징이다.

❶2016. 7. 2. 러시아 프리모르스키주 ❷꽃.
진한 적색이며 꽃잎(판연)의 끝은 흔히 1/2
지점까지 갈라진다(변이가 있음). ❸꽃 측면.
꽃받침과 포에 긴 털이 밀생한다. ❹줄기. 아
래로 굽은 다세포성 잔털이 밀생한다.

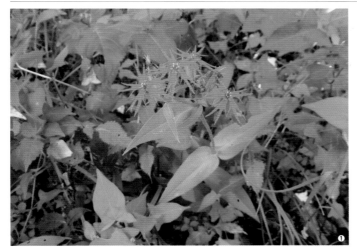

제비동자꽃

Lychnis wilfordii (Regel) Maxim.,

석죽과

국내분포/자생지 강원 이북 산지의 습한 풀밭, 하천가 습지

형태 다년초. 줄기는 높이 40~90cm 이다. 잎은 마주나며 길이 3~10cm의 피침형–피침상 장타원형(~장타원상 난형)이다. 양면에 털이 거의 없으며 가장자리에 털이 있다. 꽃은 7~8월에 진홍색으로 피며 지름 2.5~3cm이고 취산꽃차례에서 모여난다. 꽃받침통부는 원통형이고 털이 밀생한다. 꽃잎은 5장이며 도란형이고 판면의 가장자리 중앙부에 실모양의 긴 열편이 있다. 열매(삭과)는 길이 1~1.3cm의 장타원형이다.

참고 줄기 끝에서 다수의 꽃이 취산상으로 모여 달리며 꽃잎의 끝이 깊게 (1/2 지점까지) 갈라지고 열편이 선형인 것이 특징이다.

❶ 2023. 8. 25. 강원 평창군 ❷ 꽃(ⓒ임영희). 꽃잎은 끝이 깊게 갈라지며 열편은 선형으로 폭이 좁다. ❸ 잎. 흔히 피침형–피침상 장타원형이고 끝이 뾰족하다.

나도개미자리

Minuartia arctica (Steven ex Ser.) Graebn.

석죽과

국내분포/자생지 북부지방의 해발고도가 높은 산지의 암석지대, 풀밭

형태 다년초. 줄기는 높이 5~10cm이고 모여나며 가지가 많이 갈라진다. 잎은 마주나며 길이 6~20mm의 송곳모양–선형이고 밑부분이 합생되어 줄기를 약간 감싼다. 양면에 털이 거의 없으며 1개의 맥이 있다. 꽃은 7~8월에 백색으로 피며 지름 1.5~2cm 이다. 꽃받침조각은 5개이며 길이 4~7mm의 피침상 장타원형이다. 꽃잎은 길이 7~9mm의 도란상 장타원형이다. 수술은 10개이며 암술대는 3개이다. 열매(삭과)는 길이 8mm 정도의 장타원상 원통형이다.

참고 너도개미자리에 비해 잎의 밑부분 가장자리에 긴 털이 없으며 꽃이 약간 더 크다.

❶ 2019. 7. 24. 중국 지린성 백두산 ❷ 꽃. 꽃잎은 꽃받침조각보다 2배 정도 길다. ❸ 꽃 측면. 꽃자루와 꽃받침조각의 바깥면에 샘털이 있다. ❹ 열매. 꽃받침조각보다 1.5~2배 정도 길다. ❺ 잎. 밑부분에 긴 털이 없다.

너도개미자리

Minuartia laricina (L.) Mattf.

석죽과

국내분포/자생지 북부지방의 해발고도가 높은 산지

형태 다년초. 줄기는 높이 10~20cm이고 모여나며 가지가 많이 갈라진다. 잎은 마주나며 길이 8~15mm의 송곳모양–선형이고 밑부분이 합생되어 줄기를 약간 감싼다. 꽃은 7~8월에 백색으로 피며 지름 1.5cm 정도이다. 꽃자루는 길이 1~2cm이고 짧은 털이 있다. 꽃받침조각은 5개이며 길이 4~6mm의 피침상 장타원형이고 3개의 맥이 있다. 수술은 10개이며 암술대는 3개이다. 열매(삭과)는 길이 7~10mm의 장타원상 원통형이다.

참고 나도개미자리에 비해 잎의 하반부 가장자리에 털이 있으며 꽃잎이 꽃받침보다 1.5배 정도 길다.

❶ 2007. 6. 27. 중국 지린성 백두산 ❷꽃. 꽃잎은 꽃받침조각보다 1.5(~2)배 정도 길다. ❸꽃 측면. 꽃자루와 꽃받침조각에 털이 거의 없다(짧은 털이 약간 있음). ❹열매. 장타원상 원통형이며 꽃받침조각보다 2배 정도 길다. ❺잎. 하반부 가장자리에 실모양의 긴 털이 있다.

삼수개미자리

Minuartia verna var. *leptophylla* (Rchb.) Nakai

석죽과

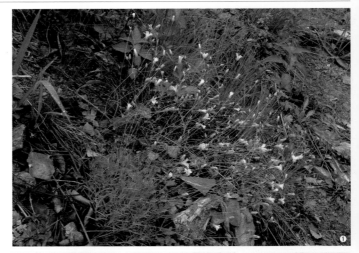

국내분포/자생지 강원 이북의 높은 산지 또는 석회암지대, 한반도 고유변종

형태 다년초. 줄기는 높이 10~20cm이며 가지가 많이 갈라진다. 잎은 마주나며 길이 8~15mm의 송곳모양–선형이다. 꽃은 6~8월에 백색으로 피며 취산꽃차례에 엉성하게 모여 달린다. 꽃자루는 길이 (6~)15~45mm이다. 꽃잎은 길이 3~4mm의 넓은 타원형–도란형이며 끝은 밋밋하다. 수술은 10개이며 암술대는 3개이다. 열매(삭과)는 길이 4mm 정도의 장타원상 난형이다.

참고 원변종[var. *verna* (L.) Hiern]에 비해 줄기가 길고 잎이 바늘모양으로 길며 꽃이 많이 달리고 꽃자루가 긴 것이 특징이다.

❶ 2012. 6. 1. 강원 삼척시 ❷꽃. 수술은 10개이고 암술대는 3개이다. ❸꽃 측면. 꽃받침조각은 장타원상 난형이고 3개의 맥이 있다. 털이 있다. ❹❺열매. 꽃받침조각과 길이가 거의 비슷하다. ❻잎. 선형이고 털이 없다.

개벼룩

Moehringia lateriflora (L.) Fenzl

석죽과

국내분포/자생지 강원 이북의 숲가
장자리(특히 계곡가, 하천가)

형태 다년초. 땅속줄기는 땅속으로
길게 뻗는다. 줄기는 높이 10~20cm
이고 털이 약간 있다. 잎은 마주나며
길이 1~2.5cm의 타원형-장타원형이
다. 꽃은 6~7월에 백색으로 피며 줄
기 윗부분의 잎겨드랑이에서 1~3개씩
모여난다. 꽃자루는 길이 6~15mm이
고 잔털이 있다. 꽃받침조각은 5개이
다. 꽃잎은 길이 5~8mm의 장타원상
도란형이며 꽃받침조각보다 2배 정도
길다. 수술은 꽃잎보다 짧으며 암술
대는 3개이다.

참고 땅속줄기가 길게 뻗으며 꽃잎의
끝이 갈라지지 않는 것이 특징이다.

❶ 2018. 5. 30. 강원 춘천시 ❷꽃. 수술
은 10개이고 수술대에 긴 샘털이 밀생한다.
❸꽃받침조각. 타원형-난형이고 끝이 둔하
며 가장자리는 막질이다. ❹열매. 길이 3~
5mm의 타원상 난형-난상 구형이며 끝이 6
개로 갈라진다. ❺잎 뒷면. 가장자리와 맥 위
에 털이 있다.

덩굴개별꽃

Pseudostellaria davidii (Franch.)
Pax

석죽과

국내분포/자생지 제주를 제외한 전
국 산지의 다소 습한 곳

형태 다년초. 덩이줄기가 있다. 줄기
는 길이 40~80cm(개화기 6~16cm)이
고 털이 1~2열로 줄지어 난다. 잎은
마주나며 줄기 위쪽의 것은 길이 1.2
~2.5cm의 장타원상 난형-난형이다.
꽃은 4~6월에 백색으로 피며 잎겨드
랑이에서 1~4개씩 모여난다. 꽃자루
는 길이 1~6cm이고 털이 1열로 줄지
어 난다. 꽃잎은 길이 3.7~8.7mm의
도란형이다.

참고 줄기 상부의 잎이 마주나고 크
기와 모양이 아래의 잎들과 비슷하며
꽃이 진 후 줄기가 포복성으로 변하
는 것이 특징이다.

❶2004. 5. 30. 경기 가평군 화악산 ❷꽃.
꽃잎은 갈라지지 않으며 암술대는 2~3개이
다. ❸꽃 측면. 꽃받침조각은 피침형이며 긴
털이 있다. ❹열매. 난형(또는 도란형)이며
꽃받침조각보다 약간 길다. ❺줄기. 털이 1~
2열로 줄지어 난다. ❻잎. 밑부분 가장자리
에 긴 털이 약간 있다.

가는잎개별꽃

Pseudostellaria sylvatica (Maxim.) Pax

석죽과

국내분포/자생지 강원(설악산) 이북의 산지

형태 다년초. 줄기는 높이 15~25cm 이고 털이 1열로 줄지어 나 있다. 잎은 마주나며 줄기 윗부분의 잎은 길이 3~11cm의 선형−선상 피침형이다. 꽃은 5~7월에 백색으로 피며 1~5(~7)개씩 모여난다. 꽃자루는 길이 5~15mm이고 털이 1~2열로 줄지어 난다. 꽃받침조각은 5개이며 길이 4.5~6mm의 피침형이다. 꽃잎은 5장이며 길이 5.6~7.2mm의 도란형이다. 수술은 10개이며 암술대는 2~3개이다.

참고 꽃이 작고 꽃잎의 끝이 2개로 갈라지며 잎이 선형−선상 피침형으로 좁은 것이 특징이다.

❶2001. 5. 25. 강원 인제군 설악산 ❷2016. 6. 12. 중국 지린성. 상부의 잎은 돌려나듯이 모여 달리지 않는다. ❸꽃 측면. 꽃잎은 끝이 2개로 깊게 파이며 꽃받침조각보다 길다. ❹열매. 난상 구형이다. ❺덩이줄기. 무(−순무)모양이다.

긴개별꽃

Pseudostellaria japonica (Korsh.) Pax

석죽과

국내분포/자생지 전북, 경북 이북의 산지

형태 다년초. 줄기는 높이 20~35cm 이고 털이 1~2열로 줄지어 난다. 잎은 마주나며 길이 2.8~5cm의 장타원상 난형−난형이고 끝은 뾰족하다. 꽃은 4~5월에 백색으로 피며 1~5개씩 모여난다. 꽃자루는 길이 1.5~4cm이고 털이 2열로 줄지어 난다. 꽃받침조각은 5개이며 길이 4.5~7.5mm의 피침형이고 가장자리와 중앙맥에 털이 있다. 꽃잎은 길이 4~7mm의 도란형이며 끝은 얕게 갈라진다. 수술은 10개이며 암술대는 2~3개이다. 열매(삭과)는 난상 구형이며 3개로 갈라진다.

참고 줄기 윗부분의 잎이 돌려나듯이 모여 달리지 않으며 잎의 양면에 잔털이 많은 것이 특징이다.

❶2014. 4. 29. 강원 화천군 ❷꽃. 꽃잎의 끝은 얕게 2개로 갈라진다. ❸꽃 측면. 꽃자루와 꽃받침조각에 털이 있다. ❹열매. 난상 구형이다. ❺잎 뒷면. 잎은 장타원상 난형−난형이며 맥 위와 가장자리에 털이 있다.

숲개별꽃

Pseudostellaria setulosa Ohwi

석죽과

국내분포/자생지 강원, 경북(봉화군), 충북의 산지 숲속, 한반도 고유종

형태 다년초. 덩이줄기와 함께 길게 뻗는 땅속줄기가 있다. 덩이줄기는 길이 2~13mm의 타원형-구형이다. 줄기는 높이 9~20cm이고 털이 1~2열로 줄지어 나 있다. 잎은 마주나며 가장 위쪽 4개의 잎은 돌려나듯이 밀접해서 달린다. 길이 3.5~8cm의 난상 피침형-난상 장타원형 또는 난형이고 끝은 뾰족하다. 뒷면의 중앙맥과 잎가장자리에 털이 있다. 잎자루는 거의 없다. 꽃은 4~5월에 백색으로 피며 줄기의 끝부분에서 1개씩 달린다. 꽃자루는 길이 1.5~2.7cm이고 털이 2열로 줄지어 난다. 꽃받침조각은 (5~)6~7개이며 길이 4.5~8.2mm의 피침형이고 밑부분의 가장자리에 털이 있거나 없다. 꽃잎은 (5~)6~7이며 길이 7~11mm의 도란형이고 끝은 오목하거나 결각상이다. 수술은 12개이고 꽃밥은 자갈색이다. 암술대는 길이 4.2~6.2mm이고 2~3개이다. 열매(삭과)는 난상 구형이며 3개로 갈라진다.

참고 땅속줄기가 길게 뻗으며 꽃잎이 흔히 6~7장이고 끝이 갈라지는 것이 특징이다.

❶2001. 4. 24. 강원 태백시 금대봉 ❷꽃. 1개씩 달린다. 꽃잎은 (5~)6~7개이며 끝은 오목하거나 결각(또는 톱니)상이다. ❸꽃 측면. 꽃자루에 털이 2열로 줄지어 난다. ❹열매. 난상 구형이다. 꽃받침조각과 길이가 비슷하다. ❺씨. 길이 3~3.5mm의 비스듬한 난형-넓은 난형이며 표면에 돌기가 밀생한다. ❻줄기. 털이 1~2열로 줄지어 난다. ❼땅속줄기. 덩이줄기와 함께 땅속줄기가 길게 발달한다. ❽자생 모습. 땅속줄기가 옆으로 길게 뻗으면서 새로운 개체를 형성하기 때문에 흔히 큰 개체군을 형성한다.

개별꽃

Pseudostellaria heterophylla (Miq.) Pax

석죽과

국내분포/자생지 전국의 산지

형태 다년초. 덩이줄기가 있다. 줄기는 높이 7~20cm이고 털이 1~2열로 줄지어 난다. 잎은 마주나며 가장 위쪽 잎은 4개가 돌려나듯이 밀접해서 달린다. 길이 4~10cm의 타원형-난형이고 끝이 뾰족하거나 길게 뾰족하며 밑부분에 털이 있다. 잎자루는 거의 없다. 꽃은 4~5월에 백색으로 피며 줄기의 끝부분에서 (1~)2~5(~8)개씩 모여난다. 꽃자루는 길이 1.2~3cm이고 털이 있다. 꽃받침조각은 5개이며 길이 2.7~3.6mm의 피침형이고 가장자리와 중앙맥에 털이 있다. 꽃잎은 길이 5.5~9mm의 타원상 도란형-도란형이며 끝은 얕게 갈라진다. 수술은 10개이고 꽃밥은 자갈색이다. 암술대는 길이 4.5~6.3mm이고 2~3개이다. 열매(삭과)는 난형-난상 구형이며 3개로 갈라진다.

참고 큰개별꽃에 비해 흔히 꽃자루 전체에 털이 있으며 꽃이 흔히 2~5개씩 모여난다. 또한 꽃잎이 5개이고 끝이 오목하게 갈라지는 점이 다르다.

❶2016. 4. 14. 경기 양주시 ❷꽃. 흔히 2~5개씩 모여난다. 꽃잎은 5개이며 타원상 도란형-도란형이고 끝이 오목하게 갈라진다. ❸꽃 측면. 꽃자루에 털이 전체 또는 줄지어 난다. 꽃받침조각에 털이 있다. ❹줄기. 털이 1~2열로 줄지어 난다. ❺열매. 난형-난상 구형이고 3개로 갈라진다. ❻덩이줄기. 선상 원통형이다. ❼2016. 4. 14. 경기 양주시

큰개별꽃

Pseudostellaria palibiniana (Takeda)
Ohwi var. *palibiniana*

석죽과

국내분포/자생지 전국의 산지

형태 다년초. 덩이줄기는 길이 1.3~
8cm의 선상 원통형–방추형이며 2~
50개가 모여 달린다. 줄기는 높이 6
~25cm이고 털이 1~2열로 줄지어 난
다. 잎은 마주나며 가장 위쪽 4개의
잎은 돌려나듯이 밀접해서 달린다.
길이 2.6~7.5cm의 난상 피침형–난상
장타원형 또는 난형이고 끝이 뾰족
하거나 길게 뾰족하다. 밑부분에 털
이 있으며 잎자루는 거의 없다. 꽃은
4~5월에 백색으로 피며 줄기의 끝부
분에서 1개씩 달린다. 꽃자루는 길이
1.3~3.5cm이고 털이 없다. 꽃받침조
각은 (5~)6~8개이며 길이 4.5~6.5mm
의 피침형이고 밑부분 가장자리에 털
이 있거나 없다. 꽃잎은 (5~)6~8장이
며 길이 5.4~8mm의 타원형 또는 도
란형이고 끝은 뾰족하다. 수술은 10~
16개이고 꽃밥은 자갈색이다. 암술대
는 길이 3.5~6.5mm이고 3개이다. 열
매(삭과)는 난상 구형이며 3개로 갈라
진다.

참고 개별꽃에 비해 꽃이 1개씩 달리
고 꽃자루에 털이 없으며 꽃잎이 흔
히 6~8개이고 끝이 갈라지지 않는 것
이 특징이다.

❶2016. 4. 14. 경기 양주시 ❷꽃측면. 꽃
자루에 흔히 털이 없다. ❸꽃. 꽃잎은 (5
~)6~8개이며 끝은 뾰족하고 갈라지지 않는
다. ❹열매. 난상 구형이고 3개로 갈라진다.
❺줄기. 털이 (1~)2열로 줄지어 난다. ❻덩이
줄기. 선상 원통형–방추형이다. ❼2019. 4.
23. 강원 평창군

가거개별꽃

Pseudostellaria palibiniana var.
gageodoensis M.Kim & H.Jo

석죽과

국내분포/자생지 전남 신안군 가거
도의 숲속, 한반도 고유변종
형태 다년초. 덩이줄기는 방추형이
다. 줄기는 높이 10~25cm이다. 잎은
마주나며 가장 위쪽 4개의 잎은 돌
려나듯이 밀접해서 달린다. 길이 2.7
~5cm의 타원형-난형이며 밑부분에
털이 있다. 꽃은 4월에 백색으로 피
며 줄기의 끝부분에서 1개씩 달린다.
꽃자루는 길이 1.3~2.2cm이다. 꽃받
침조각은 5~9개이며 길이 7~9mm의
피침형이다. 수술은 10~18개이고 암
술대는 2~3개이다. 열매(삭과)는 난상
구형이다.
참고 큰개별꽃에 비해 줄기가 아래쪽
에서 가지가 갈라지며 꽃자루에 털이
1~2열로 줄지어 나고 꽃받침조각과
꽃잎이 약간 대형이다.

❶2019. 5. 23. 전남 신안군 가거도 ❷꽃. 꽃
잎은 5~9장이며 끝이 갈라지지 않거나 약간
갈라진다. ❸ 열매. 난상 구형이다. ❹줄기.
줄기의 아래쪽에서 가지가 갈라진다.

지리산개별꽃

Pseudostellaria okamotoi Ohwi var.
okamotoi

석죽과

국내분포/자생지 소백산 이남의 해
발고도가 비교적 높은 산지, 한반도
고유종
형태 다년초. 줄기는 높이 8~18cm
이다. 잎은 마주나며 가장 위쪽 4개
의 잎은 돌려나듯이 밀접해서 달린
다. 길이 2~7cm의 피침상 장타원형-
장타원상 난형이며 밑부분에 털이 있
다. 꽃은 4~5월에 백색으로 피며 줄
기의 끝부분에서 1개씩 달린다. 꽃자
루는 길이 2.5~6.5(~8, 결실기)cm이다.
꽃받침조각은 5(~6)개이며 길이 4.8~
6.9mm의 피침형이다. 수술은 10개이
다. 열매(삭과)는 난상 구형이다.
참고 꽃자루에 털이 1~2줄로 나며 꽃
잎이 5(~6)개이고 덩이줄기가 짧고 더
두툼한 것이 특징이다.

❶2019. 5. 4. 전남 구례군 지리산 ❷꽃. 흔
히 꽃잎은 5(~6)장이며 끝은 갈라지지 않는
다. ❸꽃 측면. 꽃자루는 길고 털이 2열로 줄
지어 난다. ❹줄기. 털이 1~2열로 줄지어 난
다. ❺덩이줄기. 선상 원통형-순무형(~다양)
이다.

태백개별꽃

Pseudostellaria okamotoi var.
longipedicellata (S.Lee, K.I.Lee &
S.C.Kim) H.Jo

석죽과

국내분포/자생지 강원, 경남, 경북, 전북, 충북의 산지, 한반도 고유변종
형태 다년초. 덩이줄기는 좁은 방추형이다. 줄기는 높이 5~35cm이다. 잎은 마주나며 가장 위쪽 4개의 잎은 돌려나듯이 밀접해서 달리며 길이 3.3~8.4cm의 장타원상 피침형-난상 장타원형 또는 난형이다. 꽃은 4~5월에 백색으로 피며 줄기의 끝부분에서 1개씩 달린다. 꽃자루는 길이 2.5~6.5(~9, 결실기)cm이다. 꽃받침조각은 5~9개이며 길이 4~6.1mm의 피침형이다. 수술은 10~18개이다.
참고 지리산개별꽃에 비해 꽃자루에 털이 없고 꽃잎이 5~9장인 것이 특징이다.

❶2001. 4. 15. 경북 영천시 보현산 ❷꽃. 꽃잎은 5~9개이며 끝은 갈라지지 않는다. ❸꽃 측면. 지리산개별꽃(우)에 비해 꽃자루에 털이 없다. ❹열매. 난형-난상 구형이다. ❺결실기의 꽃자루. 땅으로 강하게 구부러진다.

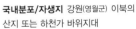

분홍장구채

Silene capitata Kom.

석죽과

국내분포/자생지 강원(영월군) 이북의 산지 또는 하천가 바위지대
형태 다년초. 줄기는 높이 20~40cm이다. 잎은 마주나며 길이 1~4cm의 피침상 장타원형-난형이고 밑부분은 좁아져서 잎자루처럼 된다. 꽃은 8~10월에 분홍색으로 핀다. 꽃자루는 길이 2~4mm이고 털이 밀생한다. 꽃잎은 5개이며 판연은 길이 1cm 정도의 타원상 도란형이다. 수술과 암술대는 꽃받침보다 길다. 수술은 10개이다.
참고 전체에 털이 많으며 꽃이 분홍색이고 가지 끝부분에서 머리모양으로 빽빽이 모여 달리는 것이 특징이다. 한반도와 중국 지린성의 일부 지역(압록강 유역)에서만 제한적으로 분포하는 세계적인 희귀식물이다.

❶2011. 8. 28. 강원 영월군 ❷꽃. 꽃잎은 거의 중앙부까지 2개로 갈라진다. ❸열매. 꽃받침에 싸여 있다. 꽃받침은 굽은 털과 함께 샘털이 밀생한다. ❹잎. 줄기와 함께 양면에 굽은 털이 밀생한다.

한라장구채

Silene fasciculata Nakai

석죽과

국내분포/자생지 제주 한라산의 정상부 주변 바위지대. 한반도 고유종
형태 다년초. 줄기는 높이 10~20cm이고 털이 없다. 뿌리잎은 길이 1~4cm의 선상 피침형이고 모여난다. 줄기잎은 길이 5~25mm의 선형-선상 피침형이다. 꽃은 7~8월에 백색-연한 황백색으로 핀다. 꽃자루는 길이 5~12mm이다. 꽃받침은 길이 1cm 정도의 원통상 종모양이고 적갈색의 맥이 있으며 털이 없다. 꽃잎(판연)은 길이 4mm 정도의 주걱상 도피침형이다. 수술과 암술대는 꽃받침 밖으로 길게 나출된다.
참고 가는다리장구채에 비해 전체적으로 소형이지만 다른 형질이 매우 유사하다. 면밀한 비교·검토가 요구된다.

❶~❸(ⓒ김지훈) ❶2016. 8. 20. 제주 서귀포시 한라산 ❷꽃. 꽃잎(판연)은 주걱상 도란형이고 거의 중앙부까지 깊게 갈라진다. 수술은 10개이다. ❸열매. 꽃받침에 싸여 있다.

가는다리장구채

Silene jenisseensis Willd.

석죽과

국내분포/자생지 강원(평창군) 이북의 산지 능선 및 정상부의 바위지대
형태 다년초. 줄기는 높이 25~40cm이고 털이 없다. 줄기잎은 길이 1.5~4cm의 선형-선상 피침형이다. 꽃은 7~8월에 백색-연한 황백색으로 핀다. 꽃자루는 길이 5~20(~30)mm이다. 꽃받침은 길이 8~10(~12)mm의 원통상 종모양이고 (녹색-)적갈색의 맥이 있으며 털이 없다. 꽃잎(판연)은 길이 5~7mmm의 주걱상 도피침형이다. 수술과 암술대는 꽃받침 밖으로 길게 나출된다.
참고 꽃이 줄기 윗부분의 잎겨드랑이에서 흔히 1개씩 나오며 뿌리잎이 빽빽이 모여나는 것이 특징이다.

❶2011. 8. 12. 강원 인제군 설악산 ❷꽃차례. 줄기와 가지의 윗부분 잎겨드랑이에서 1개씩 달린다. ❸꽃. 꽃잎은 중앙부까지 2개로 갈라지며 열편은 선형이다. ❹뿌리 부근의 잎. 조밀하게 모여나며 피침형 또는 도피침형이다.

울릉장구채

Silene takeshimensis Uyeki & Sakata

국내분포/자생지 울릉도의 해안가 바위지대, 한반도 고유종

형태 다년초. 줄기는 길이 20~50cm 이고 전체에 털이 없으며 뿌리 부근 에서 많은 줄기가 나온다. 뿌리잎은 개화기에 시든다. 줄기잎은 마주나며 길이 6~9cm의 선형-선상 피침형이 고 양면에 털이 없으나 가장자리에는 돌기(톱니)같은 잔털이 있다. 끝은 뾰 족하거나 길게 뾰족하고 밑부분은 차 츰 좁아진다. 꽃은 5~9월에 백색으로 피며 줄기와 가지 윗부분의 잎겨드랑 이에서 1개씩 달린다. 포는 선상 피침 형이다. 꽃자루는 길이 4~20mm이고 털이 없다. 꽃받침통은 길이 5~10mm 의 원통상 종모양이고 털이 없다. 꽃 받침열편은 길이 1~2mm의 난형-넓 은 난형이고 끝은 둔하다. 꽃잎은 5 장이며 판연은 도피침형-주걱상 도 피침형이고 끝이 깊게(판연 길이의 1/3 정도) 2열로 갈라진다. 수술은 10개이 고 암술대는 3개이다. 수술과 암술대 는 꽃받침통 밖으로 길게 나온다. 열 매(삭과)는 길이 4~7mm의 난상 구형 이고 대부분이 꽃받침에 싸여 있다.

참고 뿌리잎은 개화기에 시들고 줄기 잎이 다수이며 꽃받침은 윗부분이 좁 아지지 않는 종모양이고 맥은 희미 하다(줄무늬 없음). 중국, 일본과 러시 아에 분포하는 호산장구채(*S. foliosa* Maxim.)와 비교·검토가 요구된다.

❶2022. 8. 20. 경북 울릉군 울릉도 ❷꽃차 례. 꽃이 줄기와 가지 윗부분의 잎겨드랑이 에서 1개씩 달린다. ❸꽃 측면. 꽃받침은 위 로 갈수록 넓어지는 종모양이다. 꽃자루는 길다. ❹열매. 난형이며 꽃받침에 싸여 있 다. ❺씨. 지름 1~1.4mm의 신장상 원형이며 표면에 돌기가 밀생한다. ❻잎 뒷면. 중앙맥 은 뚜렷하며 측맥은 없다. 가장자리에는 톱 니모양의 잔털이 있다. ❼줄기. 마디는 굵다. ❽전체 모습(개화 전). 2021. 6. 31. 경북 울 릉군 울릉도

끈끈이장구채

Silene koreana Kom.

석죽과

국내분포/자생지 경북, 충남 이북의 산지 길가, 바위지대 등 건조한 곳

형태 1년초 또는 2년초. 줄기는 높이 30~70cm이고 1개 또는 소수가 모여 나며 털이 없다. 줄기와 가지 윗부분의 마디 사이와 꽃자루에 끈적한 점액질을 분비하는 부분이 있다. 줄기 잎은 마주나며 길이 2~5cm의 도피침형 또는 선상 피침형-피침형이고 뒷면의 중앙맥에 털이 있다. 꽃은 7~8월에 백색으로 피며 가지의 끝부분과 잎겨드랑이에서 1~여러 개씩 모여난다. 꽃자루는 길이 5~20mm이고 털이 없다. 꽃받침은 길이 8~10mm의 원통상 종모양이고 10개의 희미한 맥이 있으며 털이 없다. 꽃받침열편은 5개이며 넓은 난형이고 가장자리는 막질이다. 꽃잎은 5개이며 판연은 도피침형-주걱형이고 끝이 2개로 얕게 갈라진다. 수술은 10개이고 수술대에 털이 없으며 암술대는 3개이다. 수술과 암술대는 꽃받침 밖으로 길게 나온다. 열매(삭과)는 길이 7~8.5mm의 타원상 난형(~넓은 난형)이며 대부분이 꽃받침에 싸여 있다.

참고 1~2년초이며 줄기의 마디 사이에 점액질을 분비하는 부분이 있고 수술과 암술이 꽃잎 밖으로 길게 돌출하는 것이 특징이다.

❶2020. 8. 23. 경북 울진군 ❷꽃. 꽃잎의 판연은 도피침형-주걱형이며 2개로 얕게 갈라진다. ❸꽃 측면. 수술과 암술은 꽃받침통부 밖으로 길게 나출된다. 꽃잎(판연)은 흔히 뒤로 강하게 젖혀진다. ❹❺열매. 흔히 타원상 난형이며 대부분이 꽃받침에 싸여 있다. 끝은 5개로 갈라진다. ❻줄기잎. 도피침형 또는 선상 피침형-피침형이고 끝은 뾰족하다. ❼잎 뒷면. 중앙맥은 뚜렷하고 측맥은 없거나 희미하다. 가장자리에는 미세한 톱니가 있다. ❽줄기. 마디 사이에 점액질을 분비하는 부분이 있다. ❾2021. 8. 27. 경북 봉화군

오랑캐장구채

Silene repens Patrin ex Pers.

석죽과

국내분포/자생지 북부지방의 길가, 풀밭, 바위지대 등 건조한 곳

형태 다년초. 줄기는 높이 15~50cm 이다. 줄기잎은 길이 2~7cm의 피침 형–피침상 장타원형이다. 꽃은 6~8 월에 백색(~연한 황백색)으로 피며 줄 기와 가지의 끝부분에서 3~7개씩 모 여난다. 꽃자루는 길이 2~10mm이고 털이 있다. 꽃받침은 길이 1~1.5cm의 원통상 종모양이고 털이 많다. 꽃잎 의 판연은 길이 5~7mm의 도란형이 고 끝이 2개로 깊게 갈라진다. 열매 (삭과)는 길이 6~8mm의 난형이다.

참고 뿌리잎이 꽃이 필 무렵 시들며 꽃받침에 털이 많고 수술과 암술대가 꽃받침 밖으로 약간 나오는 것이 특 징이다.

❶2019. 7. 6. 중국 지린성 백두산 ❷꽃. 수 술과 암술대가 꽃받침 밖으로 약간 나온다. ❸꽃받침. 흔히 (녹색-)적자색을 띠며 털이 많다. ❹줄기. 짧은 털이 많다.

가는장구채

Silene yanoei Makino
Silene seoulensis Nakai

석죽과

국내분포/자생지 전국(특히 중남부지 방)의 숲속에서 비교적 흔히 자람

형태 다년초. 줄기는 높이 30~50cm 이며 전체에 굽은 털이 있다. 잎은 길 이 3~7cm의 장타원상 난형–난형이 다. 꽃은 6~8월에 백색으로 피며 취 산꽃차례에 엉성하게 모여난다. 꽃자 루는 길이 1~3cm이다. 꽃받침은 길 이 5~7mm의 종모양이고 녹색이다. 수술과 암술대가 꽃받침 밖으로 나출 된다. 열매(삭과)는 길이 5~6mm의 타 원상 난형–난상 구형이다.

참고 줄기의 밑부분이 땅에 누워서 자라며 잎이 난형이고 꽃이 줄기와 가지에서 나온 취산꽃차례에 엉성하 게 달리는 것이 특징이다.

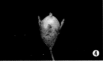

❶2002. 8. 3. 대구 북구 팔공산 ❷꽃. 판연 은 도란형이고 끝이 오목하게 2개로 갈라진 다. ❸꽃 측면. 꽃받침은 윗부분이 넓은 원통 형이다. ❹열매. 꽃받침과 길이가 비슷하거 나 약간 길다. ❺잎. 난형상이며 밑부분은 좁 아져 잎자루처럼 줄기에 붙는다.

그늘별꽃

Stellaria sessiliflora Y.Yabe

석죽과

국내분포/자생지 제주 한라산의 중산간지대 숲속에 드물게 자람

형태 다년초. 줄기는 높이 10~30cm이고 흔히 비스듬히 누워 자라며 털이 1~2열로 줄지어 난다. 잎은 마주나며 길이 1~4cm의 난형-심장상 원형이고 끝이 뾰족하다. 잎자루는 길이 2~15mm이며 줄기 아래쪽으로 갈수록 더 길어지고 긴 털이 있다. 꽃은 3월말~5월에 백색으로 피며 잎겨드랑이에서 1개씩 달린다. 꽃자루는 길이 2~13mm이고 털이 있다. 꽃받침조각은 길이 4~7mm의 장타원상 피침형이고 뒷면에 긴 털이 많다. 꽃잎은 꽃받침조각과 길이가 비슷하며 끝부분은 밑부분까지 깊게 2개로 갈라진다. 수술은 10개이고 꽃밥은 황백색이며 암술대는 3개이다. 열매(삭과)는 길이 5~7mm의 타원상 구형-난상 구형이며 익으면 6개로 갈라진다. 씨는 길이 1~1.2mm의 약간 납작한 신장상 원형-거의 원형이며 짙은 갈색이고 표면에 원뿔형의 돌기가 밀생한다.

참고 별꽃이나 초록별꽃에 비해 잎이 넓고 가장자리가 주름지며 줄기 윗부분의 잎도 잎자루가 있고 수술이 10개인 점이 특징이다. 국명은 낙엽활엽수림의 그늘에서 자라는 별꽃이라는 의미에서 명명되었다.

❶2020. 4. 6. 제주 제주시 한라산 ❷꽃. 지름 1~1.5cm로 별꽃에 비해 큰 편이다. 수술은 10개이고 암술대는 3개이다. 꽃잎은 꽃받침조각과 길이가 비슷하다. ❸꽃 측면. 꽃받침조각의 바깥면에 긴 털이 있다. ❹열매. 타원상 구형-난상 구형이고 6개로 갈라진다. ❺씨. 지름 1~1.2mm의 신장상 원형-거의 원형이며 원뿔형의 돌기가 밀생한다. 돌기의 끝은 둥글다. ❻줄기잎. 끝은 뾰족하고 밑부분은 둥글거나 얕은 심장형이며 가장자리는 밋밋하거나 약간 주름진다. ❼잎 뒷면. 양면(특히 맥 위)에 털이 약간 있다. 측맥은 희미하거나 없다. ❽전체 모습(결실기). 2022. 5. 14. 제주 제주시 한라산

핵심
피자식물

MESANGIOSPERMS

진정쌍자엽류
EUDICOTS

초국화군
SUPERASTERIDS

국화군
ASTERIDS

수국과 HYDRANGEACEAE
봉선화과 BALSAMINACEAE
꽃고비과 POLEMONIACEAE
앵초과 PRIMULACEAE
진달래과 ERICACEAE
꼭두서니과 RUBIACEAE
용담과 GENTIANACEAE
협죽도과 APOCYNACEAE
지치과 BORAGINACEAE
가지과 SOLANACEAE
현삼과 SCROPHULARIACEAE
쥐꼬리망초과 ACANTHACEAE
꿀풀과 LAMIACEAE
주름잎과 MAZACEAE
파리풀과 PHRYMACEAE
열당과 OROBANCHACEAE
초롱꽃과 CAMPANULACEAE
국화과 ASTERACEAE
연복초과 ADOXACEAE
인동과 CAPRIFOLIACEAE
두릅나무과 ARALIACEAE
산형과 APIACEAE

나도승마

Kirengeshoma palmata Yatabe
Kirengeshoma koreana Nakai

수국과

국내분포/자생지 전남, 경남의 산지 숲속에 매우 드물게 분포

형태 다년초. 줄기는 높이 40~100cm 이다. 잎은 마주나며 길이 7.5~20cm 의 타원형-원형이고 가장자리는 손바닥모양으로 얕게 갈라진다. 양면과 잎자루에 누운 털이 있다. 꽃은 8~9월에 밝은 황색으로 피며 길이 3~4cm이고 총상꽃차례에 2~8개씩 모여 달린다. 꽃받침은 종모양이고 5개로 갈라진다. 수술은 15개이다. 열매 (삭과)는 지름 1.3~1.5cm의 난상 타원형-거의 구형이다.

참고 줄기가 녹색이고 잔털이 있는 특징으로 중국, 일본의 것과 구분하였으나 최근 연구결과를 반영하여 통합·처리하는 추세이다.

❶ 2005. 8. 31. 전남 광양시 백운산 ❷ 꽃. 꽃잎은 5개이고 장타원상 난형-난형이다. ❸ 열매. 끝부분에 암술대가 남아 있다. ❹ 씨. 길이 1.2~1.6mm이며 씨보다 약간 넓은 막질의 날개가 있다.

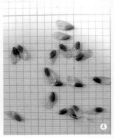

물봉선

Impatiens textorii Miq.

봉선화과

국내분포/자생지 전국의 산야

형태 1년초. 줄기는 높이 25~80cm 이고 다육질이며 마디가 땅에 닿으면 뿌리를 내린다. 잎은 길이 8~15cm의 타원형-마름모상 난형이다. 꽃은 8~9월에 백색-연한 적자색-자색(-짙은 자색)으로 피며 길이 (1.5~)3~3.8cm이고 총상꽃차례에 모여 달린다. 수술은 길이 5.5~9mm이며 씨방은 길이 2.2~4.6mm의 방추형이다.

참고 식물체에 털이 있고 잎가장자리의 톱니가 뾰족하며 꽃받침의 거가 1~2바퀴 안쪽으로 감기는 것이 특징이다.

❶ 2004. 8. 15. 경북 안동시 ❷ 꽃 정면. 꽃잎은 5개이며 위쪽 꽃잎을 제외한 4개는 합생되어 2개(이하 아래쪽 꽃잎으로 칭함)로 보인다. 아래쪽 꽃잎은 2개이며 각각 2개로 다시 갈라진다. 측열편은 피침형이고 소형이며 아래쪽의 열편은 비스듬한 타원형이고 대형이다. ❸ 꽃 측면. 꽃받침조각은 3개이며 아래쪽의 꽃받침조각은 깔때기모양이고 밑부분은 점차 좁아져서 거가 된다. 거는 아래로 굽고 흔히 1~2바퀴 정도 안쪽으로 말린다. ❹ 열매. 다육질성이며 털이 없다.

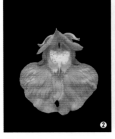

노랑물봉선
Impatiens noli-tangere L.

봉선화과

국내분포/자생지 전국의 숲가장자리, 습한 풀밭, 계곡가, 하천가 등

형태 1년초. 줄기는 높이 40~100cm 이고 다육질이며 털이 없다. 잎은 길이 3~8cm의 장타원형-타원형이고 끝이 뾰족하거나 둔하다. 꽃은 7~9월에 황색으로 피며 길이 1.5~3.3cm이고 잎겨드랑이에서 나온 총상꽃차례에 모여 달린다. 꽃줄기는 길이 1.3~3cm이고 아래로 처지며 꽃자루는 길이 1.5~3.5mm이다. 위쪽의 꽃받침조각은 길이 2.2~7mm의 삼각상 난형이고 끝은 길게 뾰족하다. 아래쪽 꽃받침조각은 길이 2~2.5cm의 깔때기 모양이며 끝부분은 차츰 좁아져 꼬리모양의 거가 된다. 위쪽 꽃잎은 길이 3.5~7mm의 넓은 타원형이며 끝은 오목하다. 아래쪽 꽃잎은 2개이며 밑부분에서 2개로 갈라진다. 측열편은 길이 5~7mm의 타원형이고 아래쪽 열편은 길이 1.8~2cm의 비스듬한 도란형이다. 수술대는 길이 1.3~3mm의 선형이고 꽃밥은 길이 2.3~4mm이다. 씨방은 길이 1.8~3mm의 방추형이다. 열매(삭과)는 길이 7~23mm의 좁은 방추형이다.

참고 미색물봉선(var. *pallescens* Nakai)은 노랑물봉선에 비해 꽃색이 연한 황색인 점이 다르다. 분포역이나 생태적 특징에서 차이가 나지 않고 원변종인 노랑물봉선과 혼생하며 자라기 때문에 변종으로 처리하는 것보다는 노랑물봉선의 이명(동일 종) 또는 품종으로 처리하는 것이 타당한 것으로 판단된다.

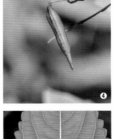

❶2023. 9. 16. 경북 봉화군 ❷꽃. 위쪽 꽃잎을 제외한 4개의 꽃잎이 합생하여 2개(좌우 각각 1개씩)의 아래쪽 꽃잎이 되었다. 아래쪽 꽃잎은 2개로 갈라진다. 측열편은 길이 5~7mm(소형)의 타원형이며 아래쪽의 열편은 길이 1.8~2cm(대형)의 비스듬한 도란형이다. ❸꽃 측면. 꽃받침조각은 3개이다. 위쪽의 2개는 삼각상 난형이며 끝은 길게 뾰족하고 막질이다. 아래쪽 꽃받침조각은 깔때기 모양이며 밑부분은 차츰 좁아져 꼬리모양의 거가 된다. 거는 아래로 굽어서 끝이 앞쪽 또는 아래쪽을 향한다(안쪽으로 말리지 않음). ❹열매. 좁은 방추형이고 끝은 길게 뾰족하다. 2~5개의 씨가 들어 있다. ❺잎 앞면. 가장자리에는 둔한 톱니가 있다. ❻잎 뒷면. 흰빛이 돌며 톱니의 끝에는 흔히 맥과 이어진 돌기가 있다(없기도 함). ❼잎 뒷면 확대. 맥은 뚜렷하게 돌출하며 털이 없다. ❽미색물봉선. 2001. 9. 19. 경북 울릉군 울릉도

처진물봉선

Impatiens furcillata Hemsl.
Impatiens kojeensis Y.N.Lee

봉선화과

국내분포/자생지 경남, 전남의 도서
지역 산지(주로 바위지대나 너덜지대), 한
반도 고유종

형태 1년초. 줄기는 높이 30~80cm
이고 다육질이다. 잎은 길이 3~22cm
의 난상 장타원형 또는 도란상 장타
원형이고 끝이 길게 뾰족하며 가장자
리에 둔한 톱니가 있다. 꽃은 8~10월
에 분홍빛을 띠는 백색으로 피며 길
이 2.3~3.2cm이고 잎겨드랑이에서
나온 총상꽃차례에 모여 달린다. 꽃
줄기는 길이 1~2.5cm이고 옆으로 퍼
지거나 아래로 처지며 꽃자루는 길이
8~18mm이고 털이 없다. 꽃잎은 3개
이다. 위쪽 꽃잎은 1개이고 길이 9~
11mm의 넓은 난형이며 끝은 둔하거
나 약간 오목하다. 아래쪽 꽃잎은 2
개(좌우 각각 1개씩)이다. 수술대는 길이
3.1~4.5mm의 선형이며 씨방은 길이
4~4.7mm의 방추형이다. 열매(삭과)는
길이 1.5~2.3cm의 피침상 장타원형–
좁은 방추형이고 털이 없다.

참고 전체에 털이 없고 잎가장자리
에 둔한 톱니가 있으며 거가 안쪽으
로 감기지 않고 아래로 처지는 것
이 특징이다. 처진물봉선의 기준표
본 채집지는 전남 여수시 거문도(Port
Hamilton)이다.

❶ 2007. 10. 15. 전남 신안군 가거도 ❷ 꽃
정면. 아래쪽 꽃잎은 밑부분에서 2개로 갈라
진다. 위쪽 열편은 길이 6.2~7.1mm(소형)의
타원형–난형이고 백색이다. 아래쪽 열편은
길이 1.2~1.6cm의 비스듬한 도란형이고 상
반부는 연한 자색이다. 꽃부리통부 입구 중
앙의 머리모양(구형)의 것은 성숙 전의 수술
이다. ❸❹ 꽃 측면. 꽃받침조각은 3개이다.
아래쪽의 꽃받침조각은 깔때기모양이며 연
한 황색의 반점이 있는 백색이며 밑부분은
차츰 좁아져서 꼬리모양의 거가 된다. 거는
아래로 굽어서 끝이 앞쪽 또는 아래쪽을 향
한다(안쪽으로 말리지 않음). 거의 끝은 흔히
2개로 얕게 갈라진다. ❺ 꽃받침조각. 위쪽의
2개는 마주나며 길이 3.5~6mm의 난형–넓
은 난형이고 끝은 돌기모양이다. ❻ 수술. 5
개이며 수술대는 중앙부가 합생하며 선모양
으로 암술을 감싼다. ❼ 암술. 씨방은 방추형
이며 암술머리는 5개로 갈라진다. ❽ 열매.
피침상 장타원형–좁은 방추형이다. 2~5개씩
들어 있다. ❾ 씨. 길이 4.2~5.5mm의 장타원
형–타원형이며 표면은 약간 주름진다. ❿ 잎
뒷면. 양면에 털이 없다. ⓫ 잎 앞면. 톱니의
끝부분에 곧추선 돌기가 있다.

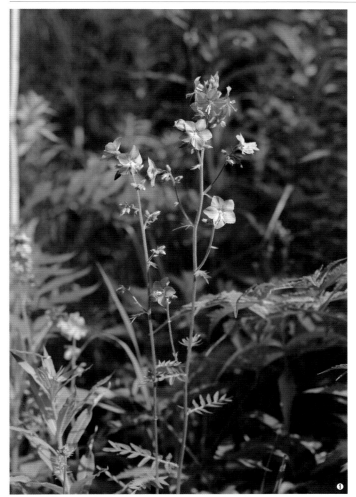

꽃고비

Polemonium caeruleum var.
acutiflorum (Willd. ex Roem. &
Schult.) Ledeb.
Polemonium racemosum Kitam.

꽃고비과

국내분포/자생지 북부지방 산지의
풀밭이나 숲가장자리

형태 다년초. 줄기는 높이 40~100cm
이고 털이 없거나 상반부에 털이 있
다. 잎은 어긋나며 5~13쌍의 작은잎
으로 이루어진 깃털모양의 겹잎이고
중축에 날개가 있다. 작은잎은 길이
1.5~4cm의 넓은 피침형-난형이며 털
이 없거나 약간 있다. 꽃은 6~9월에
청자색-자색으로 피며 줄기의 끝부
분 또는 잎겨드랑이에서 나온 취산꽃
차례에 모여 달리고 전체적으로는 원
뿔형의 꽃차례를 이룬다. 꽃자루는 길
이 3~10mm이고 잔털과 함께 샘털이
있다. 꽃받침은 길이 5~8mm이며 중
앙부까지 5개로 갈라진다. 열편은 피
침형이고 끝이 뾰족하며 통부와 길이
가 비슷하고 털이 있다. 꽃부리는 지
름 1~2cm의 넓은 종모양이며 열편은
도란형이고 가장자리에 짧은 털이 있
다. 수술은 꽃부리와 길이가 비슷하며
암술대는 수술보다 길다. 열매(삭과)는
지름 3~6mm의 난상 구형이다.

참고 원변종(var. *caeruleum* L.)은 꽃고
비에 비해 꽃부리열편의 끝이 둥글고
흔히 털이 없으며 꽃받침열편이 장타
원형-좁은 난형으로 넓고 끝이 둔한
것이 특징이다. 중국(신장성, 윈난성),
일본, 러시아, 몽골, 유럽 등에 분포한
다. 가지꽃고비[*P. chinense* (Brand)
Brand]는 꽃고비에 비해 꽃받침이 길
이 2~3(~5)mm로 짧으며 열편이 삼각
형이고 통부보다 짧다. 또한 꽃부리
가 지름 0.8~1.2(~1.7)cm로 작은 것이
특징이다.

❶2019. 7. 4. 중국 지린성 백두산 ❷꽃. 자
색-청자색이며 수술은 5개이고 암술보다 짧
다. ❸꽃 측면. 꽃자루와 꽃받침에 잔털과 함
께 샘털이 밀생한다. ❹열매. 난상 구형이며
꽃받침에 하반부가 싸여 있다.❺잎. 작은잎
5~13쌍으로 이루어진 겹잎이고 중축에 날개
가 있다.

금강봄맞이

Androsace cortusifolia Nakai

앵초과

국내분포/자생지 강원 산지(설악산, 금 강산)의 바위지대, 한반도 고유종

형태 다년초. 뿌리잎은 길이 2~5cm 의 심장상의 원형이다. 잎자루는 길 이 3~6cm이다. 꽃은 5~6월에 백색 으로 피며 산형꽃차례에 7~17개씩 모 여 달린다. 꽃줄기는 길이 7~12cm이 고 꽃자루는 길이 3~16mm이다. 꽃 받침은 길이 2~2.5mm의 종모양이 며 끝이 5개로 갈라지고 열편은 난 상 삼각형이다. 꽃부리통부는 길이 2 ~2.5mm이다. 열매(삭과)는 거의 구형 이며 꽃받침보다 다소 짧고 끝이 5개 로 갈라진다.

참고 다년초이며 잎이 심장상 원형이 고 가장자리가 7~12개로 얕게 갈라지 는 것이 특징이다.

❶2006. 6. 7. 강원 속초시 설악산 ❷꽃. 꽃 부리열편은 타원상 도란형–도란형이며 끝은 편평하거나 약간 오목하다. ❸잎. 가장자리 는 7~12개로 얕게 갈라지며 열편은 다시 큰 톱니모양으로 갈라진다.

고산봄맞이

Androsace lehmanniana Spreng.

앵초과

국내분포/자생지 북부지방의 해발고 도가 높은 산지의 건조한 곳

형태 다년초. 잎은 조밀하게 모여나 며 길이 5~12mm의 도피침형–도란 형이다. 잎자루는 없다. 꽃은 6~8월 에 백색으로 피며 산형꽃차례에 2~6 개씩 모여 달린다. 꽃줄기는 길이 2~ 5cm이고 백색의 긴 털이 밀생한다. 꽃받침은 종모양이며 가장자리는 중 간까지 5개로 갈라지고 백색의 부드 러운 털이 많다. 꽃부리는 지름 5~ 8mm이고 열편은 타원상 도란형–도 란형이다. 열매(삭과)는 길이 2.5mm 정도의 난상 구형이다.

참고 다년초이고 줄기는 옆으로 짧게 뻗으며 가지가 많이 분지하고 잎이 가지의 끝과 마디에서 빽빽이 모여나 는 것이 특징이다.

❶2019. 7. 24. 중국 지린성 백두산 ❷꽃. 꽃 부리열편의 가장자리는 서로 약간 겹쳐진다. ❸뿌리잎. 도피침형–도란형이며 가장자리에 긴 털이 많다.

명천봄맞이

Androsace septentrionalis L.

앵초과

국내분포/자생지 북부지방의 산지 건조한 지대(특히 바위지대)

형태 1~2년초. 뿌리잎은 로제트모양으로 땅 위에 퍼져 달린다. 길이 5~35mm의 피침형-장타원상 피침형 또는 주걱상 도피침형이며 밑부분은 차츰 좁아진다. 가장자리는 상반부에 톱니가 약간 있다. 앞면에 미세한 털이 있고 뒷면에는 털이 없다. 잎자루는 있거나 없다. 꽃은 4~6월에 백색으로 피며 산형꽃차례에서 모여 달린다. 꽃줄기는 1~여러 개이며 길이 4~20cm이고 갈라진 짧은 털이 밀생한다. 꽃자루는 길이 1.5~3(~10, 결실기)cm이며 짧은 털이 있다. 꽃받침은 길이 2.5mm 정도의 거꾸러진 원뿔형이며 윗부분은 5개로 갈라진다. 열편은 좁은 삼각형-삼각형이고 끝이 뾰족하다. 꽃부리통부는 꽃받침보다 짧으며 열편은 길이 1~1.2mm의 장타원형-타원상 도란형이고 끝부분은 편평하거나 약간 오목하다. 열매(삭과)는 길이 2.5~3.5mm의 난상 구형이며 밑부분은 꽃받침에 싸여 있다.

참고 애기봄맞이(*A. filiformis* Retz.)에 비해 주로 산지의 건조한 곳에서 자라며 꽃받침이 거꾸러진 원뿔형(밑부분이 좁음)이고 뿌리가 곧은뿌리인 것이 특징이다.

❶2019. 7. 9. 중국 지린성 ❷꽃차례. 산형꽃차례이며 꽃자루는 길이 1.5~3(~10, 결실기)cm이며 미세한 털이 있다. ❸꽃. 수술과 암술대는 꽃부리 밖으로 나출되지 않는다. 꽃부리열편은 장타원형-타원상 도란형이다. ❹포. 선형-피침형이고 짧다. ❺열매. 난상 구형이고 끝은 둥글다. ❻뿌리잎. 로제트모양으로 모여나며 가장자리는 밋밋하거나 상반부에 소수의 톱니가 있다. ❼뿌리. 애기봄맞이(수염뿌리)와는 달리 수직으로 뻗는 곧은뿌리(원뿌리)이다. ❽2019. 7. 9. 중국 지린성

섬까치수염

Lysimachia acroadenia Maxim.

앵초과

국내분포/자생지 전남(금오도) 및 제주의 낮은 산지(주로 오름)의 숲속

형태 다년초 또는 2년초. 줄기는 높이 30~70cm이고 능각이 있으며 윗부분에서 가지가 갈라진다. 줄기의 상부와 꽃차례에 미세한 샘털이 흩어져 있다. 잎은 어긋나며 길이 5~14cm의 넓은 피침형−장타원상 난형이다. 끝은 뾰족하고 밑부분은 좁아져 날개처럼 잎자루와 연결된다. 뒷면에는 적갈색의 선점이 흩어져 있다. 잎자루는 길이 1~3cm이다. 꽃은 6~7월에 백색으로 피며 줄기와 가지 끝부분에서 나온 총상꽃차례에 10~30개씩 모여 달린다. 꽃자루는 길이 5~8(~18, 결실기)mm이고 샘털이 있다. 꽃받침은 5개로 깊게 갈라지며 열편은 피침형−넓은 피침형. 꽃부리는 지름 3~4mm이고 5개로 갈라지며 열편은 피침형−도란상 장타원형이고 꽃받침보다 약간 길다. 수술은 5개이고 꽃부리와 길이가 같거나 약간 길다. 열매(삭과)는 지름 4~5mm의 구형이며 5개로 갈라진다.

참고 줄기에 능각이 발달하고 꽃이 다소 엉성히 달리며 꽃자루가 가늘고 결실기에 길어지는 것이 특징이다.

❶2022. 6. 15. 제주 제주시 ❷꽃차례. 10~30개 정도의 꽃이 총상꽃차례에 모여 달린다. 미세한 샘털이 있다. ❸꽃. 꽃부리열편은 옆으로 활짝 벌어지지 않는다. 꽃이 벌어지기 전에 암술대가 꽃부리 밖으로 나출된다. ❹❺열매. 거의 구형이고 5개로 갈라진다. 끝부분에 암술대가 숙존한다. ❻잎. 끝은 뾰족하고 밑부분은 좁아져 날개처럼 잎자루와 연결된다. ❼잎 뒷면. 반점모양의 적갈색 선점이 흩어져 있다.

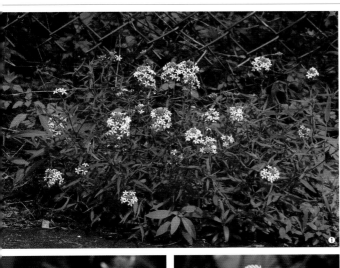

홍도까치수염
Lysimachia pentapetala Bunge

앵초과

국내분포/자생지 전남(홍도)의 숲가
장자리 또는 햇볕이 드는 바위지대에
매우 드물게 자람

형태 1년초. 줄기는 높이 30~70cm이
고 털이 없으며 가지가 많이 갈라진
다. 잎은 어긋나며 길이 2~7cm의 선
형–좁은 피침형이고 끝이 뾰족하다.
가장자리는 밋밋하며 밑부분은 좁아
져서 잎자루처럼 줄기에 붙는다. 뒷
면에 갈색의 선점이 있다. 꽃은 7~9
월에 백색으로 피며 줄기와 가지의
끝부분에서 나온 길이 4~15cm의 총
상꽃차례에 빽빽이 모여 달린다. 꽃
자루는 길이 5~11mm이며 포는 길이
5~6mm의 송곳모양–선형이다. 꽃받
침은 길이 2.5~3mm이고 1/2~2/3지
점까지 깊게 갈라진다. 열편은 피침
형(–좁은 삼각형)이며 가장자리는 투
명한 막질이다. 꽃부리는 거의 밑부
분까지 갈라지며 열편은 길이 4.5~
5mm의 도피침형–주걱형–타원상 도
란형이고 끝이 둥글다. 수술은 꽃부
리 밖으로 나출된다. 씨방은 털이 없
으며 암술대는 길이 2mm 정도이다.
열매(삭과)는 지름 2~3mm의 거의 구
형이고 꽃받침에 싸여 있으며 끝이 5
개로 갈라진다.

참고 수술은 꽃부리통부 안쪽의 중앙
부에 붙어 있고 서로 떨어져 있으며
꽃부리열편이 거의 밑부분까지 완전
히 갈라지는 것이 특징이다. 충청도,
경상도 등 내륙지방에서도 간혹 발견
되지만 자생 집단이 아니라 모두 최
근에 귀화한 집단(귀화 개체)으로 추정
된다.

❶2021. 8. 17. 경북 군위군 ❷꽃차례. 꽃은
총상꽃차례에 조밀하게 달린다. ❸꽃. 수술
(5개)와 암술대(1개)는 꽃부리통부 밖으로 나
출된다. ❹꽃 측면. 꽃받침열편은 흔히 피침
형이다. 줄기의 상부와 꽃자루, 꽃받침에 짧
은 샘털이 많다. ❺열매. 거의 구형이고 끝에
암술대가 남아 있다. 5개로 갈라진다. ❻어
린 개체. 잎은 어긋난다. ❼2005. 9. 11. 전남
신안군 홍도. 풀밭과 숲이 우거지면서 개체
수가 크게 감소하였다.

큰까치수염

Lysimachia clethroides Duby

앵초과

국내분포/자생지 전국의 산지

형태 다년초. 땅속줄기가 뻗는다. 줄기는 높이 30~70cm이고 가지가 갈라지지 않는다. 잎은 어긋나며 길이 6~15cm의 장타원형-장타원상 난형이다. 뒷면에 선점이 있다. 꽃은 6~7월에 백색으로 핀다. 꽃받침열편은 길이 2.5~3mm의 장타원상 난형이다. 꽃부리는 지름 8~12mm이고 통부는 길이 1.5mm 정도이며 열편은 길이 3.5~4.5mm의 좁은 장타원형이고 끝은 둔하다. 수술은 5개이며 암술대는 길이 3~3.5mm이다.

참고 까치수염에 비해 잎이 장타원형-장타원상 난형이고 끝이 길게 뾰족하며 줄기와 꽃차례의 축에 털이 없거나 짧은 털이 약간 있는 것이 특징이다.

❶2016. 6. 24. 경남 남해군 남해도 ❷꽃. 총상꽃차례에 모여 핀다. 꽃차례 축에 털이 없거나 약간 있다. ❸ 열매(삭과). 지름 2.5~3mm의 거의 구형이다.

까치수염

Lysimachia barystachys Bunge

앵초과

국내분포/자생지 전국의 산야(주로 풀밭, 무덤가)

형태 다년초. 땅속줄기가 뻗는다. 줄기는 높이 30~100cm이며 전체에 잔털이 많다. 잎은 어긋나거나 거의 마주나며 길이 5~10cm의 선상 피침형-장타원상 피침형이다. 잎자루는 거의 없다. 꽃은 6~8월에 백색으로 피며 줄기 끝부분에서 나온 꼬리처럼 긴 총상꽃차례에 모여 달린다. 꽃부리는 지름 7~12mm이며 꽃받침열편은 길이 3~4mm의 장타원형이다. 수술은 5개이고 수술대에 샘털이 있다. 열매(삭과)는 지름 2.5~4mm의 거의 구형이다.

참고 큰까치수염에 비해 전체에 털이 많으며 잎이 피침상으로 좁은 것이 특징이다.

❶2002. 6. 23. 경북 청송군 ❷꽃. 수술은 5개이고 수술대에 샘털이 많다. ❸잎. 선형-긴 타원상 피침형으로 좁은 편이다. ❹줄기. 백색의 털이 밀생한다.

참좁쌀풀

Lysimachia coreana Nakai

앵초과

국내분포/자생지 함경도와 중부지방의 산지, 한반도 고유종

형태 다년초. 줄기는 높이 40~100cm 이고 퍼진 털이 많다. 잎은 길이 2.5~9cm의 타원형–난형이며 밑부분은 얕은 심장형이거나 둥글다. 잎자루는 길이 2~10mm이고 잔털이 있다. 꽃은 6~8월에 황색으로 피며 지름 1.8~2.5cm이다. 꽃부리열편은 피침상 장타원형–장타원상 난형이고 끝이 길게 뾰족하다. 양면과 가장자리에 샘털이 밀생한다. 수술은 5개이고 수술대의 밑부분은 합생한다.

참고 좁쌀풀에 비해 잎이 타원형–난형으로 넓은 편이고 양면과 가장자리에 잔털이 많으며 꽃이 1~3개씩 잎겨드랑이에서 달리는 것이 특징이다.

❶ 2002. 7. 21. 경북 김천시 우두령 ❷꽃. 꽃부리열편 밑부분에 밝은 적색의 무늬가 있다. ❸열매(삭과). 지름 4~5mm의 거의 구형이고 끝에 암술대가 남아 있다. ❹잎. 흔히 마주나거나 3개씩 돌려난다. 잎맥이 골이 지는 편이어서 잎은 주름져 보인다.

좁쌀풀

Lysimachia davurica Ledeb.

앵초과

국내분포/자생지 전국 산야의 습한 풀밭

형태 다년초. 줄기는 높이 40~100cm 이며 윗부분에 짧은 샘털이 있다. 잎은 마주나거나 3~4개씩 돌려나며 길이 4~12cm의 선상 피침형–피침상 장타원형이고 밑부분은 쐐기형이다. 뒷면에 흑색의 선점이 흩어져 있다. 꽃은 6~8월에 밝은 황색으로 피며 지름 1.2~1.8cm이다. 꽃부리열편은 길이 8mm 정도의 피침상 장타원형–난상 장타원형이다. 앞면에 샘털이 밀생한다. 수술은 5개이며 수술대의 밑부분은 합생한다.

참고 참좁쌀풀에 비해 잎이 흔히 3~4개씩 돌려나고 잎자루가 매우 짧으며 꽃이 작고 꽃부리열편 밑부분에 적색 무늬가 없는 것이 특징이다.

❶ 2018. 7. 4. 경기 가평군 화악산 ❷꽃차례. 대형의 원뿔꽃차례에 꽃이 모여 달린다. ❸열매. 지름 2~4mm의 거의 구형이고 끝에 암술대가 남아 있다. ❹잎. 흔히 3~4개씩 돌려나며 잎자루는 거의 없거나 매우 짧다.

큰앵초

Primula jesoana var. *pubescens*
(Takeda) Takeda & H.Hara
Primula loeseneri Kitag.

앵초과

국내분포/자생지 지리산 이북의 산
지 숲속

형태 다년초. 땅속줄기는 옆으로 짧
게 뻗는다. 전체에 긴 털이 많은 편
이다. 뿌리잎은 길이 4~18cm의 신장
상 심장형−신장상 원형이며 가장자
리는 7~9개로 얕게 갈라지고 이빨모
양의 톱니가 있다. 잎자루는 길이 15
~30cm이고 긴 털이 밀생한다. 꽃은
6~7월에 적자색으로 피며 지름 1.5~
2.5cm이다. 꽃줄기는 잎보다 길며 윗
부분에서 1~4개의 층을 이루며 마디
에서 꽃이 3~6개씩 모여 달린다. 꽃
차례의 윗부분에는 짧은 털이 있으며
꽃자루는 길이 1~2cm이다. 꽃받침은
원통형이며 5개로 깊게 갈라진다. 꽃
부리통부는 길이 1.2~1.4cm이다. 수술
은 5개이고 꽃부리통부 밖으로 나출
되지 않는다. 열매(삭과)는 타원상 난
형−난형이고 꽃받침보다 약간 짧다.

참고 원변종(var. *jesoana* Miq.)은 일
본 고유종으로서 혼슈와 홋카이도
에 분포한다. **털큰앵초**[*P. jesoana*
var. *hallaisanensis* (Nakai & Kitagawa)
T.Yamaz.]는 전체적으로 소형이며 꽃
줄기와 잎자루에 다세포성 긴 털이
밀생하는 것이 특징이다.

❶ 2023. 5. 17. 강원 고성군 향로봉 ❷꽃
(장주화). 꽃부리열편은 도란형이며 끝은 깊
게 2개로 갈라진다. 통부 입구 주변은 황록
색이고 짧은 샘털이 흩어져 있다. ❸꽃(단
주화). 꽃은 2가지 타입(장주화와 단주화)이
다. ❹꽃단면(장주화). 수술은 꽃부리통부 안
쪽면의 중앙부 약간 아래에 달린다. ❺꽃 측
면. 꽃자루, 꽃받침. 꽃부리통부에 샘털이 밀
생하거나 산생한다. ❻열매. 타원상 난형−난
형이며 꽃받침보다 약간 짧거나 길이가 비
슷하다(변이가 있음). ❼잎 뒷면. 연녹색이며
털이 약간 있거나 없다. 가장자리에 짧은 털
이 많다. ❽꽃이 백색인 개체. 2004. 5. 30.
경기 가평군 화악산 ❾털큰앵초(2023. 5.
16. 제주 제주시 한라산). 잎의 형태 등에서
내륙의 개체와 형태적으로 약간 차이가 있
다.

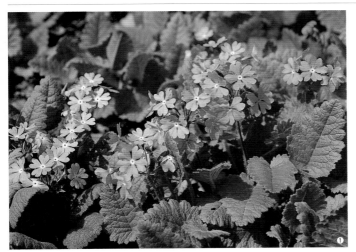

앵초

Primula sieboldii E.Morren

앵초과

국내분포/자생지 남부지방 이북의 산지 습한 곳(습지 주변, 계곡가 등)

형태 다년초. 뿌리잎은 다수가 모여 나며 길이 4~10cm의 장타원형-난 상 장타원형이다. 밑부분은 얕은 심 장형 또는 편평하거나 둥글며 가장자 리는 얕게 결각지고 열편에는 톱니가 있다. 잎자루는 길이 4~12(~18)cm로 잎몸보다 길거나 같다. 꽃은 4~5월에 연한 적자색으로 피며 산형꽃차례에 5~15개씩 모여 달린다. 꽃자루는 길 이 4~30mm이고 돌기 같은 털이 흩 어져 있으며 꽃부리열편은 도란형이 고 깊게 2개로 갈라진다.

참고 잎이 대형이고 장타원형-난상 장타원형이며 표면이 주름지고 다세 포성 털이 밀생하는 것이 특징이다.

❶ 2013. 5. 1. 울산 울주군 ❷꽃(단주화). 꽃 부리통부의 입구 주변은 백색이다. ❸꽃 측 면. 꽃받침은 꽃부리통부 길이의 2/3 정도이 며 열편은 장타원상 피침형이다. ❹열매(삭 과). 난상 구형이며 꽃받침보다 짧다. ❺잎. 잎자루에는 털이 밀생한다.

좀설앵초

Primula farinosa L. subsp. *farinosa*

앵초과

국내분포/자생지 북부지방의 높은 산지의 습한 곳(특히 바위지대)

형태 다년초. 뿌리잎은 로제트모양 으로 다수가 모여난다. 가장자리는 밋밋하거나 둔한 톱니가 있다. 뒷면 은 분백색 또는 황백색의 가루로 덮 여 있다. 잎자루는 잎몸과 길이가 비 슷하다. 꽃은 6~8월에 연한 적자색으 로 핀다. 꽃자루는 길이 3~15(~25, 결 실기)cm이다. 꽃부리통부는 꽃받침과 길이가 비슷하거나 약간 길다. 열매 (삭과)는 원통형이고 꽃받침보다 약간 길다.

참고 일본(홋카이도)과 러시아(사할린) 에 분포하는 *P. sachalinensis*와 동일 종으로 보기도 한다.

❶ 2007. 6. 25. 중국 지린성 백두산 ❷꽃(단 주화). 꽃부리열편은 도란형~넓은 도란형이 다. ❸꽃 측면. 꽃받침은 길이 4~6mm의 종 모양이고 1/4~1/2 지점까지 갈라진다. 열편 은 장타원상 난형~난형이다. ❹뿌리잎. 주걱 상 도피침형 또는 장타원형 피침형이며 밑부 분은 점차 좁아져 날개모양으로 잎자루와 이 어진다.

설앵초

Primula farinosa subsp. *modesta*
var. *koreana* T.Yamaz.

앵초과

국내분포/자생지 경남, 경북의 해발
고도가 높은 산지(가야산, 비슬산, 신불
산, 지리산, 천황산 등) 능선 및 정상부의
습한 곳, 한반도 고유변종

형태 다년초. 뿌리잎은 로제트모양
으로 다수가 모여난다. 길이 3~7cm
의 주걱형-도란상 장타원형-도란형
이며 끝은 둔하거나 둥글고 밑부분은
거의 편평하거나 넓은 쐐기형이다.
가장자리는 불규칙한 얕은 톱니가 있
으며 흔히 뒤쪽으로 약간 말린다. 표
면은 털이 없으며 뒷면은 흔히 백색
또는 연한 황백색의 가루로 덮여 있
다. 잎자루는 잎몸의 길이와 비슷하
며 윗부분은 날개모양이다. 꽃은 5~
6월에 연한 적자색으로 피며 길이 4
~15(~20)cm의 꽃줄기 끝부분에서 산
형꽃차례를 이루고 3~15개씩 모여 달
린다. 꽃자루는 길이 1~1.5(~3, 결실기)
cm이고 포는 송곳모양-선형이다. 꽃
받침은 길이 3~4mm의 짧은 원통형
이고 1/2~1/3 정도까지 갈라진다. 열
편은 넓은 피침형이며 끝은 뾰족하거
나 둔하다. 꽃부리통부는 길이 6mm
정도이며 열편은 주걱상 도란형이고
끝이 깊게 파인다. 열매(삭과)는 길이
5~7mm의 짧은 원통형이고 꽃받침보
다 길다.

참고 한라설앵초[var. *hannasanensis*
(T.Yamaz.) T.Yamaz.]는 설앵초에 비
해 키(꽃줄기)가 약간 크고 꽃이 보다
많이 모여 달린다. 잎의 밑부분이 쐐
기모양으로 급격히 또는 차츰 좁아져
서 잎자루와 연결되는 것이 특징이
다. 앵초류의 꽃은 대부분이 이화주
성(암술대가 긴 것과 짧은 것이 혼생)으로
서 같은 타입의 개체 간에는 수정률
이 낮은 것으로 알려져 있다.

❶2005. 5. 5. 울산 울주군 영축산 ❷열매.
장타원상 원통형이며 꽃받침보다 길다. ❸뿌
리잎. 주걱형 또는 난형이다. 밑부분은 편평
하거나 급격히 좁아져 잎자루와 연결된다(차
츰 좁아지지 않음). ❺~❼한라설앵초 ❹꽃
(단주화). 암술대는 꽃부리통부 밖으로 나출
되지 않는다. ❺꽃(장주화). 암술대는 꽃부리
통부 밖으로 약간 나출된다. ❻잎. 밑부분은
급격히 또는 천천히 좁아져서 잎자루와 연결
된다. ❼2002. 5. 17. 제주 제주시 한라산

기생꽃

Trientalis europaea L.
Lysimachia europaea (L.) U.Manns
& Anderb.; *Trientalis europaea* var.
arctica (Fisch. ex Hook.) Ledeb.

앵초과

국내분포/자생지 지리산 이북의 해
발고도가 비교적 높은 산지의 습한
풀밭, 숲속 등

형태 다년초. 땅속줄기는 가늘고 길
게 뻗는다. 줄기는 높이 5~25cm이
고 흔히 가지가 갈라지지 않는다. 줄
기 아래쪽의 잎은 인편모양이며 1~
3(~5)개이다. 줄기 윗부분의 잎은 길
이 2~7cm의 피침형-난상 타원형, 넓
은 도피침형이며 5~10개가 모여서 달
린다. 끝은 짧게 뾰족하고 밑부분은
쐐기모양으로 점차 좁아지며 가장자
리는 밋밋하다. 잎자루는 없거나 짧
다. 꽃은 5~6월에 백색으로 피며 지
름 1.5~2cm이고 줄기 윗부분에서 1~
2개씩 달린다. 꽃자루는 가늘고 길이
2~4cm이며 포는 없다. 꽃받침열편과
꽃부리열편은 각각 6~7개씩이다. 꽃
받침열편은 길이 4~7mm의 선상 피
침형이다. 꽃부리는 밑부분까지 완전
히 갈라지며 수평으로 퍼지며 열편은
타원형-난형이고 끝이 뾰족하다. 수
술은 7개이며 꽃부리열편보다 짧다.
수술대는 길이 4~5mm이다. 씨방은
난형이고 암술대는 수술과 길이가 비
슷하다. 열매(삭과)는 지름 2.5~3mm
의 난상 구형-거의 구형이다.

참고 주로 고층습지에 자라며 전체적
으로 소형인 것을 var. *arctica*(Fisch.
ex Hook.) Ledeb.로 구분하기도 한다.
구분하는 경우, 원변종(대형인 타입)의
국명이 참기생꽃이고, 소형인 타입을
기생꽃으로 부른다. 넓은 의미에서는
통합·처리한다. 학자들에 따라서는
최근 분자계통학적 연구결과를 근거
로 기생꽃속(*Trientalis*)을 까치수염속
(*Lysimachia*)으로 통합하기도 한다.

❶❷❸❺참기생꽃 타입 ❶2006. 6. 7. 강원
인제군 설악산. 줄기 윗부분의 잎은 돌려나
듯이 모여서 달린다. 꽃은 줄기 윗부분의 잎
겨드랑이에서 1개씩 나온다. ❷꽃. 꽃부리열
편은 (5~)6~7개이며 난형상이고 끝이 뾰족
하다. ❸열매. 난상 구형-거의 구형이다. ❹
❺기생꽃 타입 ❹2020. 6. 18. 강원 인제군
대암산 ❺잎. 약간 작다. ❻2006. 6. 6. 강원
태백시

구상난풀

Monotropa hypopitys L.
Hypopitys monotropa Crantz

진달래과

국내분포/자생지 거의 전국의 건조한 산지 숲속(특히 침엽수림)

형태 부생성 다년초. 줄기는 높이 10~30cm이며 연한 황갈색을 띤다. 잎은 어긋나며 퇴화되어 비늘모양이다. 꽃은 6~8월에 피며 줄기 끝부분의 총상꽃차례에서 2~10개씩 모여 달린다. 꽃잎은 4~6개이고 길이 1~1.5cm의 쐐기모양의 장타원형이다. 바깥면에는 잔털이 많고 안쪽면에는 긴 털이 있다. 수술은 8~12개이며 수술대에 털이 있다. 암술대는 길이 2~10mm이고 털이 있다. 암술머리는 황색이며 흔히 털이 있다.

참고 전체가 연한 황갈색을 띠며 꽃이 총상꽃차례에 2~10개씩 모여 달리는 것이 특징이다.

❶ 2004. 7. 9. 충북 단양군 ❷ 개화 전 개체 ❸ 꽃. 길이 1~1.5cm의 종모양이며 비스듬히 옆으로 또는 땅을 향해 달린다. ❹ 열매(삭과). 타원상 또는 난상 구형이며 숙존하는 꽃잎과 꽃받침에 싸여 있다.

수정난풀

Monotropa uniflora L.

진달래과

국내분포/자생지 전국의 산지 숲속(특히 활엽수림)

형태 부생성 다년초. 줄기는 높이 10~30cm이며 다육질이고 백색을 띤다. 잎은 어긋나며 퇴화되어 비늘모양이다. 꽃은 7~9월에 피며 길이 1.5~2.5cm이고 줄기 끝부분에서 1개씩 땅을 향해 달린다. 꽃잎은 3~8개이고 길이 1.2~2.2cm의 난상 장타원형이다. 바깥면은 털이 없으며 안쪽면에는 흔히 털이 있다. 수술은 10개 정도이며 수술대에 털이 있다. 씨방은 구형이며 암술대는 길이 2~3mm이다. 암술머리는 지름 4mm 정도이고 연한 황갈색이며 털이 없다.

참고 구상난풀에 비해 꽃이 크고 백색이며 1개씩 달린다. 또한 암술대가 굵고 씨방보다 짧은 것이 특징이다.

❶ 2007. 9. 10. 경북 울릉군 울릉도 ❷ 꽃 내부. 수술대에 잔털이 많다. 암술대는 굵고 짧은 편이다. ❸❹ 열매(삭과). 난상 구형이고 끝에 암술대가 남아 있다.

나도수정초

Monotropastrum humile (D.Don)
H.Hara

진달래과

국내분포/자생지 거의 전국의 산지
숲속(특히 활엽수림)

형태 부생성 다년초. 잎은 어긋나며
퇴화되어 비늘모양이다. 줄기는 높이
10~20cm이며 다육질이고 백색을 띤
다. 꽃은 5~6(~7)월에 피며 길이 2~
2.5cm이고 줄기 끝부분에서 1개씩 땅
을 향해 달린다. 꽃잎은 3~5개이며
길이 1~2cm의 장타원형이다. 바깥면
은 털이 없고 안쪽면에 털이 있다. 수
술은 6~10개이다. 암술머리는 푸른
빛이 돈다. 열매(장과)는 길이 1~2cm
의 난상 구형이고 다육질이다.

참고 수정난풀에 비해 열매가 다육질
의 장과이며 암술머리가 푸른빛이 도
는 것이 특징이다.

❶2019. 5. 19. 제주 서귀포시. 개화기가 수
정난풀에 비해 빠르다. **❷**꽃 내부. 수술대 전
체에 굽은 털이 밀생한다. 암술머리는 진한
청자색이다. **❸**암술. 씨방은 난형이고 평활
하다. **❹**줄기. 잎은 막질의 비늘모양이다.

홀꽃노루발

Moneses uniflora (L.) A.Gray

진달래과

국내분포/자생지 북부지방의 해발고
도가 높은 산지의 침엽수림

형태 상록성 다년초. 땅속줄기가 뻗
는다. 줄기는 높이 10cm 이하이다.
잎은 길이 1~2cm의 난상 원형이고
가장자리에 잔톱니가 있다. 양면에
털이 없으며 잎자루는 길이 5~10mm
이다. 꽃은 7월에 백색으로 피고 지름
2cm 정도이다. 꽃받침조각은 길이
2.5mm 정도의 타원상 원형이며 가
장자리에 잔털이 있다. 암술대는 길
이 4~5mm이다. 열매(삭과)는 길이 4
~5mm의 도란상 구형이다.

참고 노루발속에 비해 꽃이 1개씩 달
리며 열매의 윗부분이 갈려져 씨가
나오고 갈라진 열편의 가장자리에 털
(섬유)이 없는 것이 특징이다.

❶❸(ⓒ김지훈) **❶**2017. 7. 12. 중국 지린성
백두산 **❷**꽃. 꽃줄기 끝에서 1개씩 땅을 향
해 달린다. 암술머리는 방패모양이며 5개로
길게(거의 완전히) 갈라지고 열편은 곧추선
다. **❸**잎. 마주나며 2~4개의 층을 이루며 조
밀하게 달린다. **❹**2007. 6. 26. 중국 지린성
백두산

새끼노루발

Orthilia secunda (L.) House

진달래과

국내분포/자생지 북부지방의 해발고
도가 높은 산지의 침엽수림

형태 상록성 다년초. 땅속줄기가 뻗
는다. 줄기는 높이 10~15cm이다. 잎
은 어긋나며 길이 1.5~3cm의 타원
형–난형이다. 끝이 뾰족하며 가장자
리에 잔톱니가 있다. 양면에 털이 없
으며 잎자루는 길이 5~10mm이다. 꽃
은 6~7월에 녹백색으로 피고 지름 5
~6mm이며 줄기의 끝부분에서 나온
꽃줄기에서 8~15개씩 모여 달린다.
수술은 10개이다. 열매(삭과)는 길이 4
~5mm의 약간 눌린 구형이다.

참고 작은 꽃들이 한쪽 방향으로 치
우쳐서 달리며 꽃차례에 돌기모양의
털이 많은 것이 특징이다.

❶2019. 7. 5. 중국 지린성 백두산. 개화기에
는 꽃차례가 ㄱ(기역)자 모양으로 구부러진
다. ❷꽃. 꽃잎은 장타원형이며 곧추서고 벌
어지지 않는다. 꽃부리 밖으로 굵은 암술대
가 길게 나출된다. ❸잎. 타원형–난형이며
조밀하게 모여서 어긋난다.

매화노루발

Chimaphila japonica Miq.

진달래과

국내분포/자생지 전국의 산지나 해
안가 숲속의 약간 건조한 곳

형태 상록성 다년초. 줄기는 높이 5~
15cm이며 가지가 약간 갈라진다. 잎
은 어긋나며 2~4개씩 좁은 간격으로
모여 달린다. 길이 2~3.5cm의 피침
형–장타원형이다. 잎자루는 길이 6
~8mm이다. 꽃은 5~6월에 백색으로
피고 지름 1cm 정도이다. 꽃받침조각
은 길이 4~6mm의 타원상 난형–난형
이고 가장자리에 불규칙한 톱니가 있
다. 꽃잎은 길이 7~8mm의 도란상 원
형이다. 열매(삭과)는 길이 5~7mm의
약간 눌린 구형이다.

참고 잎이 작고 가장자리에 뾰족한
톱니가 있으며 잎자루가 짧고 꽃이
1(~2)개씩 달리는 것이 특징이다.

❶2002. 7. 14. 강원 강릉시. ❷꽃. 암술머리
는 공모양이다. ❸열매. 끝부분에 암술머리
가 남아 있다. ❹잎. 가죽질이며 끝은 뾰족하
고 가장자리에 뾰족한 톱니가 있다.

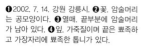

분홍노루발

Pyrola asarifolia subsp. *incarnata*
(DC.) Haber & Hir. Takah.
Pyrola incarnata (DC.) Fisch. ex
Freyn

진달래과

국내분포/자생지 북부지방의 해발고
도가 높은 산지

형태 상록성 다년초. 땅속줄기가 옆
으로 길게 뻗는다. 줄기는 높이 15~
30cm이다. 잎은 어긋나며 2~3개의
층을 이루며 조밀하게 모여 달린다.
길이 3~4.5cm의 타원형−난상 원형
이다. 끝이 둔하거나 둥글고 밑부분
은 원형, 심장형 또는 편평하며 가장
자리에 얕은 톱니가 있다. 잎자루는
길이 3~5cm이다. 꽃은 6~8월에 연
한 적자색−적자색으로 피며 지름 1.2
~1.5cm이고 줄기의 끝부분에서 나
온 꽃줄기에서 8~15개씩 모여 달린
다. 꽃줄기의 인편은 1~3개이고 길
이 7~10mm의 넓은 피침형이다. 포
는 길이 5~8mm의 넓은 피침형이고
끝이 뾰족하다. 수술은 10개이고 꽃
밥은 적자색−적색이다. 암술대는 길
이 6~8mm이고 활처럼 약간 굽는다.
열매(삭과)는 길이 7~8mm의 약간 눌
린 구형이고 끝부분에 암술대가 남아
있다.

참고 노루발에 비해 꽃이 연한 적자
색−적자색이고 꽃밥이 적자색−적색
이며 잎 앞면의 맥을 따라 얼룩 무늬
가 없는 것이 특징이다.

❶2017. 6. 29. 중국 지린성 백두산 ❷꽃차
례. 총상꽃차례에 8~15개의 꽃이 달린다.
❸꽃. 암술대는 꽃부리 밖으로 길게 나출된
다. ❹꽃받침조각. 피침형−장타원상 피침형
이고 끝이 뾰족하다. ❺열매. 편구형이며 끝
부분은 오목하고 끝에 암술대가 숙존한다.
❻잎. 양면에 털이 없으며 앞면은 광택이 약
간 난다. ❼2016. 6. 17. 중국 지린성 백두산
(ⓒ김지훈)

노루발

Pyrola japonica Klenze ex Alef.

진달래과

국내분포/자생지 전국의 약간 건조한 산지

형태 상록성 다년초. 땅속줄기가 옆으로 길게 뻗는다. 줄기는 높이 5~30cm이다. 잎은 어긋나며 1~2층을 이루며 좁은 간격으로 모여 달린다. 길이 3~7cm의 타원형-넓은 타원형, 도란형-원형이고 양끝은 둔하거나 둥글며 가장자리에는 얕거나 불명확한 톱니가 있다. 앞면은 짙은 녹색이고 흔히 잎맥을 따라 백색-연녹색의 무늬가 있으며 뒷면은 연녹색이거나 자줏빛이 돈다. 잎자루는 길이 3~8cm이다. 꽃은 6~7월에 백색-녹백색으로 피고 지름 1~1.5cm이며 땅속줄기에서 나온 꽃줄기에서 5~12개씩 모여 달린다. 꽃줄기의 밑부분에는 3~6개의 인편이 있으며 중앙부에는 1~2개의 잎모양의 인편이 달린다. 포는 길이 5~8mm의 넓은 선형-피침형이고 끝이 길게 뾰족하다. 꽃받침조각은 5개이며 길이 2.5~6mm의 넓은 피침형-좁은 난형이고 끝이 뾰족하다. 꽃잎은 길이 3.5~4mm의 타원상 난형이며 끝이 둔하거나 둥글다. 수술은 위쪽으로 굽으며 꽃밥은 황백색-황록색이고 끝부분은 주황색이다. 암술대는 길이 1.1~1.3cm이고 활처럼 약간 또는 심하게 굽는다. 열매(삭과)는 길이 7~8mm의 편구형이고 끝부분에 암술머리가 붙어 있다.

참고 북부지방에 분포하는 **호노루발** [*P. dahurica* (Andres) Kom.]은 노루발에 비해 잎 뒷면이 밝은 녹색이며 꽃받침조각이 길이 3~4mm의 피침형-혀모양이고 미세한 톱니가 있는 것이 특징이다.

❶ 2002. 6. 14. 경기 수원시 광교산 ❷ 꽃. 꽃잎은 타원상 난형이다. 포는 길이 5~8mm의 선상 피침형-피침형이다. ❸ 열매. 약간 눌린 구형(편구형)이며 끝부분은 오목하며 암술대가 붙어 있다. ❹ 잎 뒷면. 적갈색-연한 갈색이다. 앞면은 짙은 녹색이고 잎맥 주변에 흰빛(무늬)이 돈다. ❺~❻ 호노루발 ❺ 꽃차례. 꽃잎은 도란형이다. 포는 길이 4~5mm의 피침형-혀모양이다. ❻ 꽃. 암술대는 길게 나출되며 꽃밥은 황색-오렌지색이다. ❼ 잎. 연녹색이고 잎맥을 따라 백색의 무늬가 없으며 광택이 나지 않는다. 뒷면은 연녹색이다 ❽ 2016. 6. 16. 중국 지린성

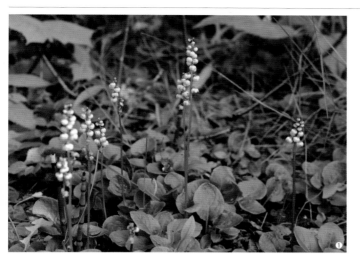

주걱노루발

Pyrola minor L.

진달래과

국내분포/자생지 북부지방의 산지

형태 상록성 다년초. 줄기는 높이 10
~20cm이다. 잎은 어긋나며 줄기 밑
부분에서 층을 이루며 조밀하게 모여
달린다. 길이 2~4.5cm의 넓은 타원
형-원형이다. 꽃은 6~7월에 백색으
로 피며 지름 6~9mm이고 총상꽃차
례에 7~16개씩 모여 달린다. 꽃잎은
길이 3~6mm의 난상 원형-거의 원형
이다. 수술은 10개이며 암술대는 길
이 1.5~2.5mm이고 흔히 구부러지지
않는다. 열매(삭과)는 길이 4~6mm의
편구형이다.

참고 꽃밥이 암술을 둘러싸며 암술대
가 짧고 꽃부리 밖으로 길게 나출되
지 않는 것이 특징이다.

❶2024. 7. 1. 중국 지린성 ❷꽃. 비교적 소
형이며 꽃잎은 활짝 벌어지지 않는다. 꽃받
침조각은 난형-넓은 난형이다. 암술대는 굵
고 꽃부리 밖으로 길게 나출되지 않는다. ❸
❹(ⓒ김지훈) ❸열매. 약간 눌린 구형이며
끝부분에 굵은 암술대가 남아 있다. ❹잎 뒷
면. 연녹색이다. 잎은 넓은 타원형이다.

콩팥노루발

Pyrola renifolia Maxim.

진달래과

국내분포/자생지 경북(울릉도) 및 강
원 이북의 산지

형태 상록성 다년초. 줄기는 높이 10
~20cm이다. 잎은 어긋나며 줄기 밑
부분에서 1~3개씩 달린다. 길이 1~
2.5cm의 신장상 원형이며 표면은 흔
히 잎맥을 따라 연녹색의 희미한 무
늬가 있다. 잎자루는 길이 2~5cm이
다. 꽃은 6~7월에 백색-연한 녹백색
으로 피며 지름 1~1.2cm이고 총상꽃
차례에 2~4(~6)개씩 모여 달린다. 암
술대는 길이 6~8mm이다. 열매(삭과)
는 길이 5~6mm의 편구형이다.

참고 노루발에 비해 잎이 신장상 원
형이고 꽃이 적게 달리며 꽃받침조각
이 삼각형-난형이고 끝이 둥근 것이
특징이다.

❶2019. 6. 2. 경북 울릉군 울릉도 ❷꽃. 꽃
받침조각은 삼각형-난형이고 짧다. 암술대
는 약간 휘어지고 꽃부리 밖으로 길게 나출
된다. ❸열매. 약간 눌린 구형이고 끝부분에
암술대가 남아 있다. ❹잎. 신장상 원형이고
가장자리에 둥근 잔톱니가 있다. 양면에 털
이 없다.

영암풀

Exallage chrysotricha (Palib.)
Neupane & N.Wikstr.

꼭두서니과

국내분포/자생지 인천(덕적도), 전남
(영암군)의 산지

형태 다년초. 줄기는 길이 30~60cm
이고 땅 위에 누워 자라며 퍼진 털
이 밀생한다. 잎은 마주나며 길이 1~
3cm의 타원형-넓은 난형이다. 꽃은
5~9월에 백색-연한 청자색으로 피며
잎겨드랑이에서 1~3개씩 모여 달린
다. 꽃받침은 종모양이고 열편은 4~
5개이며 길이 1.5~3mm의 피침형-삼
각형이다. 꽃부리는 길이 2~5mm의
깔때기모양이다. 수술은 4개이다.

참고 잎자루가 길이 1.5mm 이하이며
꽃부리열편이 넓은 선형-삼각형으로
길이가 너비의 2배 이상인 것이 특징
이다.

❶2017. 8. 30. 전남 영암군 ❷꽃. 연한 자색
이며 꽃부리열편은 4~5개이고 넓은 선형-삼
각형이다. ❸꽃 해부. 꽃부리 안쪽면의 하반
부에 긴 털이 있다. 암술머리는 2개로 깊게
갈라진다. ❹열매(삭과). 꽃받침에 완전히 싸
여 있다. ❺잎 뒷면. 연녹색이며 가장자리에
돌기모양의 잔톱니가 있다.

호자덩굴

Mitchella undulata Siebold & Zucc.

꼭두서니과

국내분포/자생지 경북(울릉도) 및 충
남(안면도) 이남의 산지

형태 상록성 다년초. 줄기는 길이
30cm 이하이고 땅 위에 누워 자란
다. 잎은 마주나며 길이 4~25mm의
장타원상 난형-난형이다. 꽃은 6~7
월에 백색으로 핀다. 꽃부리는 길이
9~10mm의 깔때기모양이며 열편은
길이 4~5mm의 피침상 장타원형-난
상 장타원형이다. 수술은 4개이며 암
술대는 길이 12mm이고 2~3개로 깊
게 갈라진다. 열매(장과)는 지름 6~
8mm의 구형이다.

참고 상록성이며 잎겨드랑이에 씨방
의 밑부분이 합생한 2개의 꽃이 달리
는 것이 특징이다.

❶2019. 6. 13. 충남 태안군 안면도 ❷꽃. 잎
겨드랑이에서 씨방이 합생된 2개의 꽃이 달
린다. 꽃부리열편의 안쪽면에 긴 털이 밀생
한다. ❸열매(2개가 합생). 구형이고 끝부분
에 꽃받침 1쌍이 남아 있으며 적색으로 익는
다. ❹잎. 마주나며 난형상이고 털이 없다.

560

털둥근갈퀴

Galium kamtschaticum Steller ex
Schult. & Schult.f.

꼭두서니과

국내분포/자생지 강원(방태산, 설악산, 함백산 등) 이북의 산지

형태 다년초. 땅속줄기가 옆으로 뻗는다. 줄기는 높이 5~20cm이고 네모진다. 잎은 4개씩 돌려나며 줄기 윗부분의 잎은 길이 1.5~3.5cm의 도란상 넓은 타원형–타원상 도란형이다. 끝은 둥글거나 둔하고 밑부분은 쐐기모양이다. 꽃은 7~9월에 백색–연한 녹백색으로 피며 줄기 끝부분과 가지 끝부분의 취산꽃차례에 모여 달린다. 꽃차례의 축은 길이 1~3cm이고 털이 없다. 포는 길이 1~8mm의 피침형–난형이고 끝이 뾰족하다. 꽃자루는 길이 2~5(~20. 결실기)mm이며 굵은 편이다. 꽃부리는 지름 2.5~3mm의 바퀴모양이다. 열편은 4개이며 길이 1~1.5mm의 장타원상 난형–난형이고 끝은 뾰족하다. 수술은 4개이며 암술대는 2개이다. 열매(분열과)는 분과가 1~2개이다. 분과는 지름 1.5mm의 거의 구형이고 갈고리모양의 긴 퍼진 털이 밀생한다.

참고 민둥갈퀴에 비해 잎이 도란상 넓은 타원형–타원상 도란형이고 끝이 둔하며 열매에 갈고리모양의 털이 밀생하는 것이 특징이다. 털둥근갈퀴에 비해 전체적으로 소형(높이 3~6cm, 잎길이 1.5cm 이하)이며 잎이 장타원형–도란상 장타원형이고 맥이 1(~3)개인 것을 **한라털둥근갈퀴[var. *yakusimense* (Masam.) T.Yamaz., 국명 신칭]**로 구분하기도 한다. 국내에서는 제주(한라산)에 분포하는데 일본(야쿠시마)의 집단과는 기원이 다를 가능성이 있다. 일본의 개체들과 면밀한 비교·검토가 필요하다.

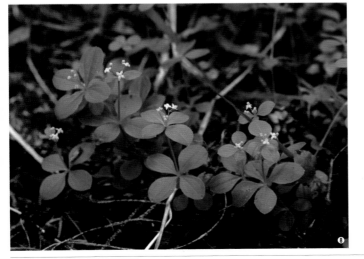

❶2020. 8. 20. 강원 정선군 함백산 ❷꽃. 짧은 취산꽃차례에 소수의 꽃이 모여 달린다. ❸열매. 갈고리모양의 털이 밀생한다. ❹잎. 4개씩 돌려난다. 앞면에 짧은 털이 있으며 가장자리는 약간 밀생한다. 잎의 끝부분은 흔히 짧은 돌기모양으로 뾰족하다. ❺잎 뒷면. 3개의 맥이 뚜렷이 약간 있다. 줄기에 가시모양의 털이 없고 밋밋하다. ❻❼한라털둥근갈퀴 ❻2021. 8. 10. 제주 서귀포시 한라산. 식물체 높이는 6cm 이하이다. ❼열매. 털둥근갈퀴와 유사하지만 약간 소형이다. 갈고리모양의 털이 밀생한다. ❽2007. 6. 26. 중국 지린성 백두산

산갈퀴

Galium pogonanthum Franch. & Sav.
Galium bungei var. *setuliflorum* (A.Gray) Cufod.

꼭두서니과

국내분포/자생지 전국의 산지

형태 다년초. 줄기는 높이 10~40cm
이고 다수가 모여나며 흔히 비스듬히
퍼져서 자란다. 네모지며 털이 없다.
잎은 4개씩 돌려나며 줄기 밑부분 잎
보다 윗부분 잎이 약간 더 대형이다.
줄기 윗부분의 잎은 길이 1~2.5cm,
너비 2~4mm의 선형–선상 피침형 또
는 도피침형이다. 끝은 뾰족하거나
길게 뾰족하고 밑부분은 차츰 좁아지
며 잎맥은 1개이다. 꽃은 5~6월에 황
록색–연녹색으로 피며 줄기 끝부분
과 잎겨드랑이에서 나온 취산꽃차례
에 모여 달린다. 꽃자루는 길이 (3~)5
~15mm이다. 꽃부리는 지름 1.5mm
정도의 바퀴모양이다. 열편은 4개이
며 타원상 난형–난형이고 바깥면에
털이 있다. 수술은 4개이며 암술대는
2개이다. 열매(분열과)는 분과가 (1~)2
개이다. 분과는 길이 1.2~2mm의 넓
은 타원형–거의 구형이고 위를 향해
(앞쪽) 짧은 굽은 털(갈고리모양의 짧은
털)이 밀생한다.

참고 네잎갈퀴[*G. bungei* var.
trachyspermum (A.Gray) Cufod.]
에 비해 꽃자루가 길이 3~15mm로
긴 편이고 꽃부리열편의 바깥면(특
히 꽃봉오리일 경우 뚜렷)에 털이 있으
며 잎이 선형–선상 피침형 또는 도
피침형인 것이 특징이다. **국화갈퀴**(*G.
kikumugura* Ohwi)는 꽃줄기 끝부분에
(0~)1개의 포가 있고 꽃자루가 짧으며
(길이 0.5~5mm) 잎이 타원형 또는 장
타원상 도란형–도란형이고 잎 뒷면
맥 위에 털이 없다. 국내 분포는 불분
명하다.

❶2023. 5. 15. 전북 순창군 회문산 ❷꽃. 꽃
부리열편은 타원상 난형–난형이다. 수술은
4개이고 암술대는 2개이다. ❸꽃 측면. 꽃부
리열편의 바깥면의 돌기모양의 털이 있다.
꽃부리열편 바깥면이 털의 유무는 네잎갈퀴
류와 구분되는 가장 큰 특징 중 하나이다.
❹열매. 흔히 분과는 2개이고 갈고리모양의
짧은 털이 밀생한다. ❺잎. 선상 피침형이고
1개의 맥이 있다. 양면과 가장자리에 털이 약
간 있다. ❻잎 뒷면. 중앙맥은 뚜렷하게 돌출
하며 맥 위에 굽은 털이 많다. ❼~❽국화갈
퀴 ❼열매. 갈고리모양의 짧은 털이 밀생한
다. ❽잎. 흔히 도란상 장타원형이고 끝에 바
늘모양의 짧은 돌기가 있다. 꽃줄기의 끝부
분에 뚜렷한 포가 있다. ❾2008. 7. 28. 일
본 규슈 쓰시마섬

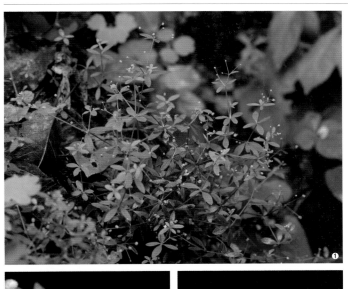

참갈퀴덩굴

Galium koreanum (Nakai) Nakai

꼭두서니과

국내분포/자생지 경기, 경남, 경북, 전남, 전북, 제주, 황남의 산지, 한반도 고유종

형태 다년초. 줄기는 높이 10~20cm이고 다수가 모여나며 흔히 비스듬히 퍼져서 자란다. 네모지며 털이 없다. 잎은 4개씩 돌려나며 길이 1~1.5(~2)cm의 피침형–장타원상 피침형–타원형 또는 도피침형–도피침상 장타원형이다. 끝은 뾰족하거나 짧게 뾰족하며 밑부분은 쐐기모양으로 점차 좁아진다. 앞면에 털이 약간(특히 중앙맥) 있거나 없고 뒷면 맥 위에 갈고리모양의 짧은 털이 있으며 가장자리에 털이 있다. 꽃은 6~9월에 백색–연한 황록색으로 피며 줄기 윗부분의 취산꽃차례에 모여 달린다. 포는 길이 1~3mm의 타원형–도피침형이다. 꽃자루는 길이 0.5~1.5mm이다. 꽃부리는 지름 4~5mm의 거의 바퀴모양이며 열편은 장타원상 난형–난형이고 끝은 뾰족하다. 수술은 4개이며 암술대는 2개이다. 열매(분열과)는 분과가 (1~)2개이다. 분과는 길이 1.8~2mm의 타원형–거의 구형이고 원뿔모양 또는 짧은 갈고리모양의 털이 밀생한다.

참고 네잎갈퀴에 비해 꽃자루가 길이 5~10mm로 긴 편이며 잎이 길이 1~2cm의 도피침형–피침상 장타원형(–다양)이고 뒷면 맥 위에 갈고리모양의 털이 있는 것이 특징이다. 형태적으로 네잎갈퀴보다는 산갈퀴에 더 유사하다. 산갈퀴, *G. bungei* 및 *G. bungei* var. *angustifolium*과 면밀한 비교·검토가 필요하다.

5cm

❶2007. 8. 31. 경북 의성군 ❷❸꽃. 꽃부리 열편 안쪽면에 잔돌기가 약간 있다. ❹열매. 표면에 원뿔형 또는 갈고리모양의 짧은 털이 밀생한다. 산갈퀴 열매의 털보다 짧다. ❺잎 뒷면. 맥은 1개이며 뒷면 맥 위에 갈고리모양의 짧은 털이 있다.❻❼잎이 대형인 타입(미기록 분류군 추정) ❻2020. 9. 22. 전남 신안군 홍도 ❼잎. 내륙의 개체보다 잎이 더 긴 편이다. ❽참갈퀴덩굴의 기준표본. 경북 문경시 조령산(1902. 10. 2.)에서 채집되었다.

두메갈퀴

Galium paradoxum Maxim.

꼭두서니과

국내분포/자생지 지리산 이북의 산지

형태 다년초. 줄기는 높이 8~22cm
이고 네모지며 털이 없다. 잎은 4개
씩 돌려나며 길이 5~40mm의 장타원
상 난형-넓은 난형-거의 원형이다. 2
~4쌍의 측맥이 깃털모양으로 갈라진
다. 꽃은 6~8월에 백색으로 피며 취
산꽃차례에 3~11개씩 모여 달린다.
꽃자루는 길이 (3~)5~10mm이고 비
교적 굵은 편이다. 꽃부리는 지름 2~
3mm의 바퀴모양이며 열편은 길이 1
~1.5mm의 타원상 난형-난형이다. 열
매(분과)는 길이 1~2mm의 난형-거의
구형이다.

참고 잎이 난형-넓은 난형이고 잎자
루가 긴(길이 4~15mm) 것이 특징이다.

❶2003. 6. 14. 강원 영월군 백덕산 ❷❸꽃.
백색이며 수술은 4개이며 암술대는 2개이
다. ❹열매. 갈고리모양의 긴 털이 밀생한다.
❺잎. 4개가 돌려나며 그중 2개는 보다 대형
이다. 작은 것을 턱잎으로 보기도 한다.

개선갈퀴

Galium trifloriforme Kom. var.
trifloriforme

꼭두서니과

국내분포/자생지 제주 및 경북(울릉
도)의 산지

형태 다년초. 줄기는 높이 20~45cm
이고 네모지며 가시모양의 털이 있
다. 잎은 (4~)5~6개씩 돌려나며 길이
1~3cm의 피침형-장타원상 피침형이
다. 가장자리와 뒷면 맥 위에 털이 약
간 있다. 꽃은 5~6월에 백색으로 피
며 취산꽃차례에 모여 달린다. 꽃부리
는 지름 3~4mm이며 열편은 4개이고
타원상 난형-난형이다. 열매(분과)는
길이 1.5~3mm의 타원형-구형이다.

참고 검은개선갈퀴에 비해 잎이 피침
형-장타원상 피침형이며 줄기에 가시
모양의 털이 있는 것이 특징이다. 그
외 형태는 검은개선갈퀴와 동일하다.

❶2021. 6. 9. 제주 서귀포시 한라산 ❷❸꽃.
꽃자루는 짧고 굵은 편이다. ❹열매. 갈고리
모양의 긴 털이 밀생한다. ❺잎. 중앙부의 약
간 밑부분이 폭이 가장 넓다(다소 애매함).
❻줄기. 줄기와 뒷면 맥 위에 가시모양의 털
이 산생한다.

검은개선갈퀴

Galium trifloriforme var. *nipponicum* Nakai

Galium japonicum Makino & Nakai

꼭두서니과

국내분포/자생지 제주 및 경남, 경북 (울릉도), 전남, 전북(덕유산 등), 충북(각 호산)의 산지

형태 다년초. 줄기는 높이 20~45cm 이고 네모지며 털이 없고 흔히 비스 듬히 자란다. 잎은 (4~)5~6개씩 돌려 나며 길이 1~3cm의 좁은 장타원형– 장타원형이다. 끝은 둔하거나 둥글며 밑부분은 쐐기모양으로 점차 좁아진 다. 표면의 가장자리 부근과 가장자 리에 털이 약간 있으며 뒷면에는 털 이 거의 없다. 꽃은 5~6월에 백색으 로 피며 줄기의 끝부분 또는 잎겨드 랑이에서 나온 취산꽃차례에 모여 달 린다. 꽃차례의 축과 꽃줄기에는 털 이 없다. 꽃자루는 길이 1~8mm이고 털이 없다. 꽃부리는 지름 3~4mm이 고 털이 없다. 열편은 4개이며 타원 상 난형–난형이고 끝이 뾰족하다. 수 술은 4개이며 암술대는 2개이다. 열 매(분열과)는 분과가 1~2개이다. 분과 는 길이 1.5~3mm의 타원형–구형이 며 갈고리모양의 털이 밀생한다.

참고 개선갈퀴에 비해 줄기에 가시모 양의 털이 없으며 잎이 좁은 장타원 형–장타원형으로 중앙부가 가장 넓 은 것이 특징이다. 학자에 따라서는 검은개선갈퀴를 중국, 동남아시아 등 에 분포하는 *G. hoffmeisteri*와 동일 종으로 처리하기도 한다. 학자들 간 에 이견이 있는 *G. hoffmeisteri*, *G. triflorum*(일본), 개선갈퀴, 검은개선갈 퀴에 대한 면밀한 분류학적 비교·검 토가 필요하다.

❶2019. 6. 2. 경북 울릉군 울릉도 ❷❸꽃. 개선갈퀴와 동일하다. ❹❺열매. 갈고리모 양의 긴 털이 밀생한다(개선갈퀴와 동일). ❻잎. 장타원상으로 중앙부가 폭이 가장 넓 다. 잎끝에는 흔히 가시모양의 뾰족한 돌기 가 있다. ❼잎 뒷면. 가장자리 외에는 털이 거의 없다. ❽줄기. 네모지며 가시모양의 털 이 없다. ❾2016. 5. 17. 제주 제주시 한라산

큰잎갈퀴

Galium dahuricum Turcz. ex Ledeb.

꼭두서니과

국내분포/자생지 강원 이북의 산지 (특히 숲가장자리), 풀밭 또는 하천가

형태 다년초. 줄기는 길이 30~120(~ 200)cm이고 네모지며 아래로 향한 가시모양의 털이 약간 있다. 흔히 비스듬히 또는 다른 물체에 기대어 자란다. 잎은 (5~)6개씩 돌려나며 길이 1.5~3.5cm의 도피침형–도란상 장타원형–도란형이다. 끝은 돌기모양으로 뾰족하거나 둔하며 밑부분은 좁은 쐐기모양–쐐기모양이다. 가장자리와 중앙맥에 아래를 향해 굽은 털이 있다. 꽃은 6~9월에 백색으로 피며 줄기의 끝부분 또는 잎겨드랑이에서 나온 원뿔꽃차례에 성기게 모여 달린다. 포는 피침형이고 소수이다. 꽃자루는 길이 2~8mm이다. 꽃부리는 지름 2~3(~4)mm이고 털이 없으며 열편은 4개이고 삼각형이다. 수술은 4개이며 암술대는 2개이다. 열매(분열과)는 분과가 (1~)2개이다. 길이 1.5~2.5mm의 타원형–구형이며 털이 없거나 돌기모양의 털이 있다.

참고 갈고리네잎갈퀴(*G. pseudoasprellum* Makino)는 큰잎갈퀴에 비해 열매의 표면에 갈고리모양의 긴 털이 밀생하며 흔히 꽃이 연녹색으로 피는 것이 특징이다. 제주를 제외한 거의 전국에 분포한다. 학자들에 따라서는 큰잎갈퀴에 통합·처리하거나 종내 분류군[var. *lasiocarpum* (Makino) Nakai]으로 처리하기도 한다.

❶ 2007. 6. 23. 중국 지린성 백두산 ❷ 꽃. 백색이며 꽃부리열편은 난형이다. 수술은 4개이며 암술대는 2개이고 암술머리는 머리모양이다. ❸ 꽃 측면. 씨방에 갈고리모양의 짧은 털이 밀생한다. 꽃자루는 긴 편이다. ❹ 잎. 앞면(특히 가장자리 부근)과 가장자리에 털이 있다. 잎끝은 흔히 돌기모양으로 뾰족하다. ❺ 잎 뒷면. 중앙맥이 돌출하여 뚜렷하다. 맥 위에 가시모양의 털이 약간 있다. ❻-❿ 갈고리네잎갈퀴 ❻ 꽃. 황록색–연녹색으로 핀다. ❼ 꽃 측면. 갈고리모양의 털이 밀생한다. ❽ 열매. 갈고리모양의 털이 밀생한다(큰잎갈퀴에 비해 긴 편이다). ❾ 잎 뒷면. ❿ 2023. 7. 4. 경기 남양주시 광릉

긴잎갈퀴

Galium boreale L.

꼭두서니과

국내분포/자생지 강원, 경기(한탄강 등) 이북의 산야

형태 다년초. 줄기는 높이 30~60cm 이고 네모진다. 잎은 4개씩 돌려나며 길이 2~6cm의 선상 피침형-좁은 장타원형이다. 꽃은 6~8월에 백색으로 피며 취산꽃차례에 모여서 원뿔상 꽃차례를 이룬다. 꽃자루는 길이 1.5~2(~4, 결실기)mm이다. 꽃부리는 지름 3~4mm이며 열편은 장타원형-난형이고 끝이 뾰족하다. 수술은 4개이며 암술대는 2개이다. 열매(분과)는 길이 1.5~2.5mm의 넓은 타원형-구형이다.

참고 민둥갈퀴에 비해 잎이 좁은 피침형-피침상 장타원형이고 끝이 둔하며 열매에 털이 밀생하는 것이 특징이다.

❶2022. 5. 17. 경기 연천군 ❷꽃. 백색이며 취산꽃차례에 조밀하게 모여 달린다. ❸열매. 굽은 털이 흔히 밀생하지만 적거나 없는 경우도 있다. ❹잎. 3개의 세로맥이 있으며 끝이 둔하다.

민둥갈퀴

Galium kinuta Nakai & H.Hara

꼭두서니과

국내분포/자생지 경북(봉화군) 이북의 산지(주로 석회암지대)

형태 다년초. 줄기는 높이 30~70cm 이고 털이 없다. 잎은 4개씩 돌려나며 길이 3~6cm의 넓은 피침형-장타원상 난형-난형이다. 양면 맥 위와 가장자리에 굽은 털이 있다. 꽃은 6~7월에 백색으로 피며 취산꽃차례에 모여서 원뿔상 꽃차례를 이룬다. 꽃부리는 지름 2~3.5mm이고 열편은 길이 1.2~1.6mm의 장타원형-난형이다. 수술은 4개이며 암술대는 2개이다. 열매(분과)는 길이 2~2.5mm의 넓은 타원형-구형이다.

참고 잎이 넓은 피침형-난형이고 끝이 뾰족하거나 길게 뾰족하며 열매에 털이 없는 것이 특징이다.

❶2004. 7. 24. 강원 강릉시 석병산 ❷꽃. 백색이며 꽃부리에 털이 없다. ❸꽃 측면. 씨방에 털이 없다. ❹열매. 털이 없이 밋밋하다. ❺잎. 맥은 3(~5)개이며 잎끝은 뾰족하거나 길게 뾰족하다.

솔나물

Galium verum var. *asiaticum* Nakai

꼭두서니과

국내분포/자생지 전국의 산야

형태 다년초. 줄기는 높이 30~100cm
이고 네모지며 짧은 털이 있다. 잎은
8~10개씩 돌려나며 길이 2~5cm의
선형이다. 끝은 뾰족하며 가장자리는
밋밋하고 약간 말린다. 앞면에는 털
이 있거나 없으며 뒷면에는 짧은 털
이 있다. 꽃은 6~8월에 연한 황색-황
색으로 피며 줄기 끝부분과 잎겨드랑
이에서 나온 취산꽃차례에 빽빽이 모
여 달린다. 포는 길이 1.5~3mm의 잎
모양이다. 꽃자루는 길이 1~3mm이
다. 꽃부리는 지름 2~3mm이며 열편
은 길이 1~1.5mm의 장타원상 난형-
난형이고 끝이 뾰족하거나 길게 뾰족
하다. 수술은 4개이며 암술대는 2개
이다. 열매(분과)는 길이 1.5~2.5mm의
타원형-거의 구형이고 털이 없다.

참고 애기솔나물(*G. verum* var. *hallaensis*
K.S.Jeong & K.Choi)은 전체가 소형(높
이 10~20cm, 잎 길이 5~10mm)인 것이
특징이며, 한라산에서 자라는 고유변
종이다. 원변종(var. *verum* L., 국명 미
정)은 식물체의 높이가 45cm 이하이
고 잎의 길이가 1.5~3cm로 애기솔나
물에 비해 약간 더 대형이며, 국내에
서는 해안가 및 해발고도가 높은 산
지(설악산 등) 풀밭에서 드물게 자란다.
애기솔나물과 면밀한 비교·검토가 필
요하다. 솔나물에 비해 꽃이 백색으로
피는 것을 흰솔나물(var. *nikkoense*)로,
씨방과 열매에 털이 있는 것을 털솔
나물(var. *trachycarpum*)로, 잎 표면에
털이 있고 거친 것을 털잎솔나물(var.
trachyphyllum)로 구분하기도 한다. 학
자에 따라서는 넓은 의미의 관점에서
이들 종내 분류군을 모두 기본종에
통합·처리하기도 한다.

❶ 2020. 7. 21. 강원 평창군 대관령 ❷꽃. 황
색이다. ❸ 열매. 털이 없다. ❹잎. 선형이며
앞면에 흔히 털이 없지만 짧은 털이 산생하
기도 한다. ❺ 흰솔나물 타입. 드물게 관찰된
다. ❻-❽ 애기솔나물 ❻꽃. 수술은 4개이며
암술대는 2개이고 암술머리는 머리모양이
다. ❼잎. 솔나물에 비해 소형이다. ❽2021.
7. 20. 제주 서귀포시 한라산

선갈퀴

Galium odoratum (L.) Scop.
Asperula odoratum L.

꼭두서니과

국내분포/자생지 경북(울릉도) 및 강원 이북의 산지

형태 다년초. 땅속줄기가 옆으로 길게 뻗는다. 줄기는 높이 20~30cm이고 네모지며 털이 없다. 잎은 6~10개씩 돌려나며 길이 1.5~4.5cm, 너비 1.5~3mm의 도피침형−좁은 장타원형이다. 끝부분은 뾰족하거나 둥글고 끝에 가시모양의 돌기가 있으며 밑부분은 차츰 좁아진다. 가장자리는 밋밋하고 가시 같은 털이 있다. 뒷면 맥위에 가시 같은 털이 약간 있다. 꽃은 5~6월에 백색으로 피며 줄기의 끝부분에서 나온 취산꽃차례에 모여 달린다. 포와 작은포는 길이 1~3(~5)mm의 선상 피침형이다. 꽃자루는 길이 1~5mm이다. 꽃부리는 길이 4~6.5mm의 깔때기모양이고 털이 없으며 열편은 길이 2~3mm의 장타원형 또는 도란상 장타원형이고 끝은 뾰족하거나 둔하다. 수술은 4개이고 꽃부리통부의 안쪽면 윗부분에 붙어 있다. 암술대는 2개이고 밑부분이 합생하며 암술머리는 두상(머리모양)이다. 열매(분열과)는 분과가 (1~)2개이다. 분과는 길이 2~2.5mm의 타원형−구형이며 갈고리모양으로 굽은 긴 털이 밀생한다.

참고 잎이 6~10개씩 돌려나며 꽃부리가 깔때기모양인 것이 특징이다.

❶2014. 4. 17. 경북 울릉군 울릉도 ❷꽃부리. 깔때기모양이고 암술대는 나출되지 않는다. ❸꽃 측면. 씨방에 갈고리모양의 털이 밀생한다. ❹열매. 분과는 타원형−구형이며 갈고리모양의 긴 털이 밀생한다. ❺잎. 6~10개씩 돌려나며 끝에 가시모양의 돌기가 있다. ❻잎 뒷면. 가장자리와 뒷면의 맥 위에 가시 같은 털이 있다. ❼2005. 5. 7. 경북 울릉군 울릉도

개갈퀴

Galium maximowiczii (Kom.) Pobed.

꼭두서니과

국내분포/자생지 전국의 산지

형태 다년초. 줄기는 높이 30~80cm
이고 털이 없다. 잎은 4~5(~8)개씩 돌
려나며 길이 3~6cm의 피침형-타원
형이다. 가장자리와 뒷면의 맥 위에
는 굽은 털이 있다. 꽃은 8~9월에 백
색(-연한 분홍색)으로 피며 취산꽃차
례에 모여 달린다. 꽃부리열편은 길
이 1.2~1.5mm의 장타원상 난형이고
끝이 둔하다. 열매(분과)는 길이 1.5~
2.5mm의 타원형-거의 구형이다.

참고 갈퀴아재비(*Asperula lasiantha*
Nakai)는 개갈퀴에 비해 꽃부리의 바
깥면과 열매에 털이 있는 것이 특징
이다. 지리산, 평남(성천군)에 분포하
는 한반도 고유종이다.

❶2003. 7. 13. 강원 화천군 광덕산 ❷꽃부
리. 깔때기모양이고 열편은 뒤로 강하게 젖
혀진다. 꽃부리 안쪽면에 돌기모양의 털이
밀생한다. ❸꽃 측면. 꽃부리 바깥면은 털이
없다. ❹열매. 털이 없이 평활하다. ❺잎. 흔
히 3(~5)개의 세로맥이 발달한다.

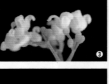

산개갈퀴(산갈퀴아재비)

Galium platygalium (Maxim.) Pobed.

꼭두서니과

국내분포/자생지 북부지방의 산지

형태 다년초. 줄기는 높이 20~35cm
이고 네모지며 털이 없거나 약간 있
다. 잎은 4(~6)개씩 돌려나며 길이 1.5
~3cm의 타원형-난형이고 끝은 둔하
거나 약간 뾰족하다. 꽃은 7~9월에
백색으로 피며 취산꽃차례에 모여 달
린다. 꽃부리는 지름 4~5mm의 깔때
기모양이며 열편은 장타원형-타원형
이다. 열매(분과)는 길이 1.7~2.8mm의
타원형-거의 구형이다.

참고 개갈퀴에 비해 꽃이 지름 4~
5mm로 큰 편이며 잎이 길이 1.5~
3cm의 타원형-난형으로 짧은 편이고
흔히 4개씩 돌려나는 것이 특징이다.

❶2018. 6. 11. 중국 지린성 ❷꽃부리. 개갈
퀴에 비해 안쪽면에 털이 없다. 열편이 뒤로
강하게 말리지 않는다. ❸열매. 털이 없다.
❹잎. 4(~6)개씩 돌려나며 3~5개의 세로맥
이 발달한다.

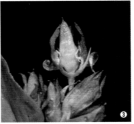

참닻꽃

Halenia coreana S.M.Han, H.Won & C.E.Lim

용담과

국내분포/자생지 제주 및 강원, 경기 이북의 산지 풀밭이나 바위지대. 한반도 고유종

형태 1~2년초. 줄기는 높이 20~60cm이고 털이 없다. 잎은 길이 3~6cm의 피침상 장타원형-장타원상 난형이며 3개의 맥이 있다. 꽃은 7~9월에 황백색-연한 황색으로 핀다. 꽃받침열편은 길이 5~8mm의 선상 피침형이다. 꽃부리는 길이 6~10mm이다. 꽃부리열편은 타원상 난형-넓은 난형이며 밑부분에 길이 6~12mm의 뿔모양의 거가 있다.

참고 북부지방에 분포하는 닻꽃[*H. corniculata* (L.) Cornaz]에 비해 꽃부리열편의 거가 보다 가늘고 길며 안쪽으로 심하게 굽는 점과 잎끝이 꼬리처럼 길게 뾰족한 것이 특징이다.

❶ 2021. 8. 31. 경기 가평군 ❷꽃. 거는 흔히 앞쪽으로 구부러진다. ❸열매(삭과). ❹열매(삭과). 장타원상 피침형이며 시든 채 남은 꽃부리에 싸여 있다. ❹1년생 뿌리 부근의 잎(가을철)

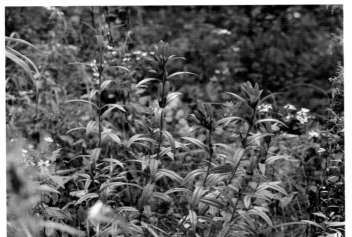

과남풀(칼잎용담)

Gentiana triflora Palla.

용담과

국내분포/자생지 지리산 이북의 산지
형태 다년초. 줄기는 높이 40~80cm이고 곧추 자라며 털이 없다. 잎은 마주나며 길이 5~12cm의 선상 피침형-장타원상 피침형이고 (1~)3개의 맥이 있다. 꽃은 8~9월에 청자색으로 피며 줄기의 끝부분과 잎겨드랑이에서 1~3개씩 모여 달린다. 꽃부리는 길이 3.5~5cm의 통상 종모양이다. 열매(삭과)는 길이 1.5~2.5cm의 피침형이다.

참고 용담에 비해 식물체가 대형이며 잎가장자리와 잎 뒷면 맥 위가 거칠지 않은 점과 꽃부리열편이 흔히 곧추서고(옆으로 퍼지지 않음) 꽃받침열편이 꽃부리에 밀착하여 곧추서는 것이 특징이다.

❶ 2021. 9. 8. 강원 정선군 함백산 ❷꽃. 꽃받침열편은 꽃부리통부에 밀착한다. ❸열매(ⓒ변경렬) ❹잎. 선상 피침형-장타원상 피침형이며 가장자리가 거칠지 않다.

용담

Gentiana scabra Bunge

용담과

국내분포/자생지 거의 전국의 산지

형태 다년초. 줄기는 높이 30~60cm 이고 곧추 자라거나 비스듬히 자라며 거친 편이다. 잎은 마주나며 길이 3~7cm의 피침형-타원상 난형이다. 끝은 뾰족하거나 길게 뾰족하고 밑부분은 둥글거나 편평하며 가장자리는 거칠고 약간 뒤로 말린다. 양면에 털이 없으며 3~5개의 세로맥이 있다. 꽃은 8~10월에 청자색(-연한 자색)으로 피며 줄기의 끝부분과 줄기 윗부분의 잎겨드랑이에서 1~여러 개씩 모여 달린다. 포는 길이 2~2.5cm의 선상 피침형-피침형이다. 꽃받침통부는 길이 1~1.2cm이며 열편은 길이 8~10mm의 선형이고 비스듬히 또는 옆으로 퍼진다. 꽃부리는 길이 3~4.5cm의 통상 종모양이며 열편은 길이 7~9mm의 난형-난상 원형이다. 수술은 꽃부리통부 안쪽면의 중앙부에 붙고 수술대는 길이 9~12mm이다. 암술대는 길이 3~4mm이다. 열매(삭과)는 길이 2~2.5cm의 피침형이고 자루가 있다.

참고 과남풀에 비해 잎이 피침형-타원상 난형이고 비교적 짧은 편이며 꽃받침열편이 꽃부리통부에 밀착하지 않고 옆으로 퍼지는 것이 특징이다. **산용담**(*G. algida* Pall.)은 높이 10~20cm이며 꽃이 연한 황백색-연한 백록색으로 피고 꽃부리가 길이 3.5~5cm이다.

❶ 2021. 9. 20. 제주 서귀포시 한라산 ❷~❹ 꽃. 과남풀에 비해 꽃부리열편과 꽃받침열편이 모두 옆으로 퍼져서 달리는 것이 차이점이다. 줄기 윗부분(거의 끝부분)의 잎들은 꽃보다 짧다. ❺ 2021. 9. 20. 제주 서귀포시 한라산. 한라산의 집단은 키가 작고 꽃이 1개만 달리는 개체가 많다. ❻❼ 산용담(2007. 7. 22. 몽골). 뿌리잎은 선형이고 개화기에도 남아 있다. 연한 황백색-황록색의 꽃이 줄기 끝부분에서 모여 달린다. 꽃부리에 녹색 또는 청자색의 반점들이 흩어져 있다.

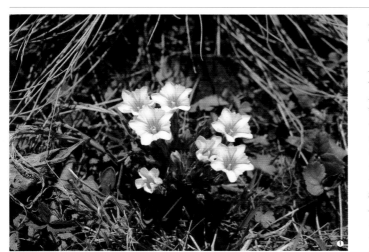

흰그늘용담

Gentiana chosenica Okuyama

용담과

국내분포/자생지 제주(한라산)의 해발 고도가 비교적 높은 지대의 풀밭

형태 1~2년초. 줄기는 높이 5~15cm 이고 밑부분에서 가지가 약간 갈라진다. 뿌리잎은 로제트모양으로 모여난다. 길이 1~3cm의 타원상 난형-난형이고 가장자리는 연골질로 약간 단단하다. 줄기잎은 3~5쌍이며 길이 6~8mm의 피침형-장타원형이다. 꽃은 4~6월에 거의 백색-연한 자색으로 피며 줄기와 가지의 끝부분에서 1개씩 달린다. 꽃자루는 길이 2~4(~12, 결실기)mm이고 털이 없다. 꽃받침은 길이 8~9mm의 좁고 거꾸러진 원뿔형이다. 열편은 길이 2.5~3mm의 좁은 삼각형이고 끝은 뾰족하다. 꽃부리는 길이 1.5~2cm의 깔때기모양이다. 열매(삭과)는 길이 6~8mm의 좁은 도란형이다.

참고 학자에 따라서는 흰그늘용담과 고산구슬붕이(*G. wootchuliana* W.K.Paik)를 모두 봄구슬붕이[*G. thunbergii* (G.Don) Griseb.]의 변이로 보기도 한다. 면밀한 분류학적 연구가 필요하다. 흰그늘용담은 구슬붕이에 비해 꽃받침열편이 피침형-장타원상 삼각형이고 곧추선다. 또한 꽃자루가 가늘고 길며 꽃부리가 꽃받침 길이의 2~2.5배로 긴 것이 특징이다. 봄구슬붕이에 비해 전체적으로 소형(특히 꽃부리가 길이 1.2cm 정도)이고 꽃이 거의 백색-연한 하늘색인 것을 **작은봄구슬붕이(*G. thunbergii* var. *minor* Maxim., 국명 신칭)**로 구분하기도 하며, 백두산 일대에 분포한다. 백두산구슬붕이(*G. takahashii* Mori)와 비교·검토가 필요하다.

❶~❹흰그늘용담 ❶2015. 5. 7. 제주 서귀포시 한라산 ❷꽃. 흔히 연한 백자색(거의 백색)이다. 꽃부리는 꽃받침 길이의 2~2.5배이다. 꽃받침열편은 직립한다. ❸뿌리잎. 개화 시에도 남아 있다. 중앙맥만 뚜렷하다. ❹전체 모습(변이가 심하다). 줄기 밑부분에서 가지가 갈라진다. ❺~❽작은봄구슬붕이 ❺2016. 6. 13. 중국 지린성 백두산 ❻❼꽃. 꽃부리는 길이 1.2cm 정도로 소형이다. ❽뿌리잎. 개화 시에도 남아 있다. ❾고산고슬붕이. 2003. 5. 26. 강원 인제군 설악산

큰구슬붕이

Gentiana zollingeri Fawc.

용담과

국내분포/자생지 전국의 산야

형태 1~2년초. 줄기는 높이 5~15cm
이고 흔히 가지가 갈라지지 않는다.
줄기잎은 마주나며 길이 5~15mm의
난형-넓은 난형이다. 끝은 가시모양
으로 뾰족하고 밑부분은 쐐기모양이
거나 둥글다. 꽃은 4~5월에 청자색-
연한 자색으로 피며 줄기의 끝부분에
서 1~7개씩 모여 달린다. 꽃부리는 길
이 1.2~1.5cm의 통상 종모양이고 열
편은 타원상 난형-난형이다. 수술은
길이 4~6mm이고 암술대는 길이 1.5~
2mm이다. 열매(삭과)는 길이 5~7mm
의 장타원상 도란형-도란형이다.
참고 구슬붕이에 비해 개화기에 뿌리
잎이 없으며 꽃받침열편이 옆으로 퍼
지지 않는 점이 다르다.

❶2024. 4. 30. 강원 원주시 ❷꽃. 암술머리
는 2개로 갈라지며 뒤로 말린다. ❸꽃 측면.
열편은 피침형-넓은 피침형이고 끝이 뾰족
하다. ❹열매. 가장자리에 불규칙하게 갈라
진 막질의 좁은 날개가 있다.

꼬인용담

Gentianopsis contorta (Royle) Ma

용담과

국내분포/자생지 강원(태백시) 이북의
산지 개활지

형태 1~2년초. 줄기는 높이 5~20cm
이고 곧추 자란다. 줄기잎은 길이 5
~25mm의 타원형-난상 타원형이다.
꽃은 8~9월에 청자색-자색으로 피며
줄기와 가지의 끝부분에서 1개씩 달
린다. 꽃부리는 길이 1.5~3cm의 통상
종모양이며 열편은 길이 4~10mm의
타원형이다. 암술대는 길이 1~2.2mm
이며 암술머리는 2개로 갈라진다. 열
매(삭과)는 길이 1.4~2cm의 방추형이
고 털이 없다.
참고 수염용담에 비해 줄기잎이 타
원형-난상 타원형이며 꽃받침열편이
서로 길이가 비슷하고 꽃받침통부보
다 짧은 것이 특징이다.

❶2020. 9. 26. 강원 태백시 ❷꽃. 꽃받침
열편은 피침형이고 서로 길이가 비슷하다.
❸꽃 내부. 수술은 4개이고 꽃부리통부 안쪽
면의 중앙부에 붙는다(합생). ❹1년생 뿌리잎
(가을). 로제트모양이며 끝부분에 가시모양
의 돌기가 있다.

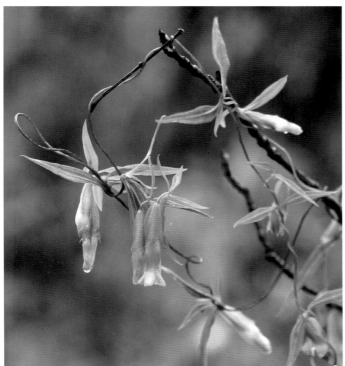

좁은잎덩굴용담
Pterygocalyx volubilis Maxim.

용담과

국내분포/자생지 강원(정선군, 태백시 등) 이북의 산지 풀밭이나 숲속

형태 덩굴성 다년초. 줄기는 길이 30~120cm이고 네모지며 가늘다. 마디 사이는 길이 5~10cm이다. 잎은 마주나며 길이 3~7cm의 피침형-피침상 장타원형이고 끝이 길게 뾰족하다. 잎맥(세로맥)은 1~3개이다. 잎자루는 길이 2~4mm이다. 꽃은 9~10월에 (거의 백색~)연한 자색-연한 청자색으로 피며 줄기 끝부분의 잎겨드랑이에서 1개 또는 소수가 모여 달린다. 꽃자루는 길이 3~50mm이다. 꽃받침은 통상 종모양이며 통부는 길이 1~2cm이고 네모진다. 꽃받침열편은 길이 3~6mm의 선형-선상 피침형이다. 꽃부리통부는 길이 2~3.5cm이며 열편은 4개이고 길이 1cm 정도의 장타원형이다. 덧꽃부리열편(부편)은 없다. 수술은 4개이며 꽃부리통부 안쪽면의 중앙부에 붙는다. 수술대는 길이 5mm 정도이고 꽃밥은 길이 1~2mm 정도이다. 암술대는 길이 2mm 정도의 원통형이고 암술머리는 돌기모양의 털이 밀생한다. 열매(삭과)는 길이 1~1.5cm의 장타원형-타원형이고 시든 꽃부리에 싸여 있다.

참고 덩굴용담에 비해 꽃부리가 4개로 깊게 갈라지고 열편 사이의 덧꽃부리열편이 없으며 열매가 삭과인 것이 특징이다.

❶2005. 10. 1. 강원 정선군 ❷꽃. 꽃받침은 네모지며 능각은 좁은 날개모양이다. 꽃부리열편 사이에 덧꽃부리열편(부편)이 없다. ❸꽃 내부. 수술은 4개이며 꽃부리통부 안쪽면의 중앙부에 붙는다(합생). 씨방은 주걱모양이다. ❹꽃봉오리. 꽃받침통부는 통상 종모양이며 능각은 날개모양이다. ❺잎. 줄기 윗부분의 잎은 선형-선상 피침형으로 매우 좁다. ❻2005. 10. 1 강원 정선군

덩굴용담

Tripterospermum japonicum
(Siebold & Zucc.) Maxim.

용담과

국내분포/자생지 제주, 경북(울릉도) 및 서남해 도서(가거도 등)의 숲속

형태 덩굴성 다년초. 줄기는 길이 40~200cm이고 가늘며 흔히 자색을 띤다. 잎은 마주나고 길이 3~8cm의 삼각상 피침형이다. 끝이 길게 뾰족하고 밑부분은 둥글거나 약간 심장형이다. 잎맥(세로맥)은 3개이며 표면은 짙은 녹색이고 뒷면은 연녹색이다. 잎자루는 길이 5~12mm이고 털이 없다. 꽃은 8~10월에 연한 적자색~적자색으로 피며 가지 끝부분의 잎겨드랑이에서 1개씩 달린다. 꽃받침은 통상 종 모양이며 통부는 길이 6~8mm이고 5개의 좁은 날개가 있다. 열편은 5개이고 선상 피침형이다. 꽃부리는 통상 종모양이고 통부는 길이 2.5~3cm이다. 열편은 삼각형~난형이고 열편 사이에 작은 열편(부편)이 있다. 수술은 5개이다. 씨방은 짧은 대가 있으며 암술대는 가늘다. 암술머리는 2개로 갈라지며 열편은 심하게 구부러진다. 열매(장과)는 지름 8~10mm의 타원상 구형~거의 구형이고 적색으로 익는다.

참고 좁은잎덩굴용담에 비해 꽃부리가 5개로 얕게 갈라지며 열편 사이에 덧꽃부리열편(부편)이 있는 것이 특징이다.

❶2007. 9. 11. 경북 울릉군 울릉도 ❷꽃. 덧꽃부리열편이 있다. 꽃받침에는 열편까지 이어지는 5개의 좁은 날개(용골)가 있다. 꽃받침열편은 통부와 길이가 비슷하거나 더 길며 흔히 반으로 접혀 있는 모양이다. ❸열매. 장과이며 적색으로 익는다. 끝부분에 암술대가 남아 있다. ❹잎. 마주나며 3개의 세로맥이 뚜렷이다. ❺잎 뒷면. 흰빛이 돌며 털이 없다. ❻2005. 10. 30. 제주 서귀포시 한라산

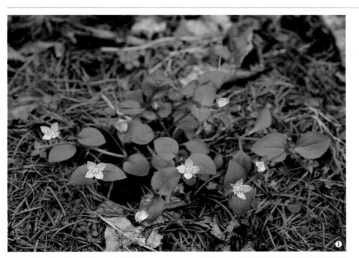

대성쓴풀

Swertia dichotoma L.

용담과

국내분포/자생지 강원 이북의 산지

형태 1~2년초. 줄기는 높이 5~20cm 이고 흔히 비스듬히 또는 옆으로 퍼져서 자란다. 줄기잎은 마주나며 길이 6~22mm의 난상 피침형이고 맥은 (1 ~)3개이다. 꽃은 5~6월에 백색-연한 자색으로 피며 줄기가 갈라지는 지점에서 1개씩 달린다. 꽃자루는 길이 7~ 30mm이고 꽃이 지면 아래 방향으로 구부러진다. 수술대는 길이 2mm 정도이고 밑부분에 긴 털이 있다.

참고 줄기 아래쪽에서 가지가 차상(叉狀)으로 갈라지며 꽃부리열편의 꿀샘(밀선)이 2개이고 털이 없는 것이 특징이다.

❶ 2004. 5. 22. 강원 태백시 ❷ 꽃. 꽃부리열편에는 (진하거나) 희미한 자색의 반점이 있으며 밑부분에는 녹색(또는 갈색)의 꿀샘이 2개 있다. ❸ 열매(삭과, 꽃잎 2장을 제거한 모습). 도란상 타원형이며 숙존하는 꽃잎에 싸여 있다. ❹ 1년생 뿌리잎(가을). 성장 속도와 개화 시기(봄)를 감안하면 대성쓴풀은 2년초일 가능성이 높다.

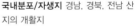

쓴풀

Swertia japonica (Schult.) Makino

용담과

국내분포/자생지 경남, 경북, 전남 산지의 개활지

형태 1~2년초. 줄기는 높이 5~20cm 이고 가지가 많이 갈라진다. 줄기잎은 길이 1.5~4cm의 선형-선상 피침형이다. 꽃은 8~10월에 백색으로 피며 줄기와 가지 윗부분의 잎겨드랑이에서 1(~3)개씩 달린다. 꽃받침열편은 길이 5~11mm의 선형-선상 피침형이다. 꽃부리열편은 길이 7~10mm의 피침상 장타원형이며 밑부분에 긴 털이 밀생하는 2개의 꿀샘이 있다. 열매(삭과)는 길이 7~8mm의 피침상 장타원형이다.

참고 자주쓴풀에 비해 꽃이 흔히 백색이며 꽃부리열편 꿀샘의 털이 비교적 짧은 것이 특징이다.

❶ 2008. 9. 28. 울산 울주군 천성산 ❷ 꽃. 백색이고 흔히 자색의 줄무늬가 있다. 꽃부리열편 밑부분의 꿀샘에는 긴 털이 있다. ❸ 1년생 뿌리잎(가을철). 잎맥이 백색-연녹색이다. ❹ 2021. 9. 25. 경남 합천군 황매산. 흐리거나 햇볕이 강하지 않으며 꽃은 오므라든다.

자주쓴풀

Swertia pseudochinensis H.Hara

용담과

국내분포/자생지 전국의 산야

형태 1~2년초. 줄기는 높이 10~50cm
이고 흔히 진한 자색이다. 줄기잎은
마주나며 길이 2~5cm의 선형-선상
피침형이고 끝이 길게 뾰족하다. 꽃
은 8~10월에 연한 자색-자색으로 피
며 줄기와 가지 윗부분의 잎겨드랑이
에서 1(~3)개씩 달린다. 꽃자루는 길이
5~20mm이다. 꽃받침열편은 길이 5~
15mm의 선형이다. 꽃부리열편은 길
이 9~16mm의 피침상 장타원형-난상
장타원형이고 자색의 줄무늬가 있다.

참고 쓴풀에 비해 꽃이 흔히 연한 자
색-자색이고 보다 대형이며 꽃부리
열편 밑부분에 술모양의 긴 털이 있
는 것이 특징이다.

❶2001. 10. 12. 경북 영천시 보현산 ❷꽃.
꽃부리열편 밑부분에는 2개의 꿀샘이 있으
며 기부가 합생된 술모양의 긴 털이 나 있다.
❸열매(삭과). 피침상 원통형이며 시든 채 남
은 꽃부리에 싸여 있다. ❹줄기잎. 쓴풀에 비
해 넓은 편이다.

큰잎쓴풀

Swertia wilfordii (A.Kern.) Kom.

용담과

국내분포/자생지 강원, 경북(울진) 이
북의 산지의 개활지 또는 침엽수림

형태 1~2년초. 줄기는 높이 10~40cm
이며 가지가 갈라진다. 줄기잎은 마
주나며 길이 2~3cm의 장타원상 삼
각형-난상 삼각형이고 밑부분은 둥
글거나 약간 심장형이다. 꽃은 8~10
월에 연한 자색-자색으로 피며 지
름 1.2~1.7cm이다. 꽃자루는 길이 5
~20mm이다. 꽃부리열편은 길이 6~
8mm의 장타원상 난형-난형이고 청
자색-진한 자색의 반점이 있거나 없
으며 열편 아래쪽에는 2개의 꿀샘이
있다. 열매(삭과)는 길이 6~9mm의 타
원상 난형-난형이다.

참고 네잎쓴풀에 비해 꽃이 자색-진
한 자색이고 꽃부리열편에 꿀샘이 2
개인 것이 특징이다.

❶2009. 9. 10. 경북 울진군 ❷꽃. 꽃부리열
편의 꿀샘은 2개이다. 꿀샘의 털은 자주쓴풀
에 비해 훨씬 짧다. ❸열매. 타원상 난형-난
형이고 시든 꽃부리열편에 싸여 있다. ❹줄
기잎. 3개의 세로맥이 있다.

네귀쓴풀

Swertia tetrapetala Pall

용담과

국내분포/자생지 제주(한라산) 및 경남(지리산 등) 이북의 해발고도가 높은 산지

형태 1~2년초. 줄기는 높이 10~30cm 이고 가지가 갈라진다. 줄기잎은 길이 2~3cm의 삼각상 피침형−난형이고 밑부분이 둥글다. 꽃은 7~9월에 백색−연한 청자색으로 피며 지름 8~16mm이고 원뿔형의 꽃차례에 모여 달린다. 꽃받침열편은 선상 피침형−피침형이고 꽃부리열편보다 짧다. 꽃부리열편은 길이 5~9mm의 장타원형−타원상 난형이고 끝이 둔하거나 뾰족하다. 윗쪽면(안쪽면)에는 청자색−진한 자색 반점이 흩어져 있으며 중간부에서 약간 아래쪽에 1개의 꿀샘(밀선)이 있다. 꿀샘의 가장자리에는 술모양으로 갈라진 짧은 털이 줄지어 나 있다. 꽃받침은 4개로 갈라지며 열편은 피침형이고 꽃부리열편보다 짧다. 수술은 4개이고 길이 5~7mm 이며 꽃밥은 길이 1mm 정도의 타원형이다. 열매(삭과)는 길이 5~9mm의 타원상 난형−난형이다.

참고 큰잎쓴풀에 비해 꽃이 흔히 백색−연한 청자색이고 꽃부리열편에 꿀샘이 1개인 것이 특징이다.

❶2001. 7. 29. 경남 양산시 영축산 ❷❸꽃. 꽃부리열편의 중앙부−아랫부분에 꿀샘이 1개 있다. ❹줄기잎. 3개의 세로맥이 있고 털이 없다. ❺❻열매(삭과). 타원상 난형−난형이며 숙존하는 꽃부리열편에 싸여 있다. ❼2024. 8. 8. 경남 함양군 지리산

민백미꽃

Vincetoxicum acuminatifolium
(Hemsl.) Ohi-Toma & K.Mochizuki
Cynanchum acuminatifolium Hemsl.

협죽도과

국내분포/자생지 전국의 산지 풀밭, 숲가장자리 또는 숲속

형태 다년초. 줄기는 높이 30~60cm 이고 둥글며 곧추 자란다. 잎은 마주나며(드물게 3~4개가 돌려남) 길이 5~15cm의 장타원형-넓은 난형 또는 도란형이고 끝은 뾰족하거나 길게 뾰족하다. 밑부분은 둥글거나 쐐기모양 또는 얕은 심장형이며 가장자리는 밋밋하다. 측맥은 5~7쌍이며 양면의 맥 위에 잔털이 있다. 잎자루는 길이 5~15(~20)mm이다. 꽃은 5~7월에 백색으로 피며 지름 1.2~1.8cm이고 줄기와 가지의 끝부분 또는 잎겨드랑이에서 나온 취산꽃차례에 모여 달린다. 꽃줄기는 길이 1~6cm이고 꽃자루는 길이 5~30mm이다. 꽃받침열편은 길이 2mm 정도의 피침형-피침상 삼각형이고 끝이 뾰족하다. 꽃부리열편은 장타원형-타원형 또는 도란상 타원형이며 끝이 둔하거나 둥글고 종종 얕게 오목하기도 하다. 덧꽃부리(부화관)은 백색이고 5개로 깊게 갈라지며 열편은 두툼한 원뿔상 삼각형이고 끝이 둔하다. 꽃술대(Gynostegium, 예주)는 덧꽃부리와 길이가 비슷하며 자루가 없다. 열매(골돌)는 1~2개씩 달리며 길이 6~7cm의 피침상 원통형이다.

참고 꽃이 백색이고 비교적 큰 편(지름 1.2~1.8cm)이며 잎의 양면 맥 위에 털이 있다.

❶2022. 6. 16. 제주 서귀포시 한라산 ❷꽃. 백색이고 지름 1.2~1.8cm로 대형이다. ❸꽃받침. 열편은 피침형-피침상 삼각형이다. ❹열매. 1~2개씩 달리며, 2개가 달리는 경우 90° 정도 벌어진다. ❺씨. 끝부분에 비단질의 긴 털(씨털)이 밀생한다. ❻잎. 양면 맥 위에 잔털이 있다. ❼2023. 6. 7. 제주 서귀포시 한라산(ⓒ이지열)

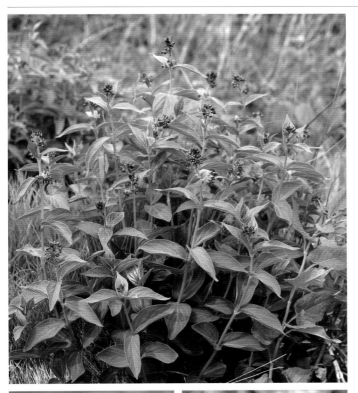

선백미꽃

Vincetoxicum inamoenum Maxim.
Cynanchum inamoenum (Maxim.)
Loes. ex Gilg & Loes.

협죽도과

국내분포/자생지 경남 이북의 산지 (특히 석회암지대) 풀밭, 숲가장자리, 바위지대 등

형태 다년초. 줄기는 높이 30~70cm 이고 곧추 자라며 줄지어 난 털이 있다. 잎은 마주나며 길이 5~10cm의 장타원형~난형이고 끝은 뾰족하거나 길게 뾰족하다. 밑부분은 둥글거나 쐐기모양이며 가장자리는 밋밋하다. 측맥은 4~8쌍이며 양면의 맥 위에 잔털이 있다. 잎자루는 길이 5~10mm이다. 꽃은 5~6월에 연한 황색~황록색 (간혹 연한 자갈색~자갈색)으로 피며 지름 1cm 정도이고 줄기와 가지의 끝부분 또는 잎겨드랑이에서 나온 산형상 취산꽃차례에 4~10개씩 모여 달린다. 꽃줄기는 길이 1~25mm이고 털이 있으며 꽃자루는 길이 3~8mm이고 털이 있다. 꽃받침열편은 길이 2~2.5mm의 피침형이고 끝이 뾰족하다. 꽃부리열편은 길이 2.5~5mm의 장타원상 난형~삼각상 난형이다. 덧꽃부리(부화관)는 삼각상이고 두터우며 꽃술대보다 약간 길고 끝이 안쪽으로 구부러진다. 열매(골돌)는 1(~2)개씩 달리며 길이 4~6cm의 선상~피침형상 원통형~피침상 원통형이다.

참고 꽃이 연한 황색(~연한 자갈색)이고 작은(지름 1cm 이하) 편이며 꽃줄기가 거의 없거나 매우 짧은 것이 특징이다.

❶2022. 5. 30. 강원 태백시 ❷❸꽃. 색은 연한 황색, 황록색, 연한 자갈색, 자갈색 등 다양하다. 꽃줄기가 매우 짧거나 없다. 덧꽃부리(부화관)은 삼각상이고 끝이 안쪽으로 구부러진다. ❹열매. 흔히 1~2개씩 달리며, 2개가 달리는 경우 90° 정도 벌어진다. ❺잎. 장타원형~난형이고 끝이 뾰족하거나 길게 뾰족하다. ❻잎 뒷면. 맥은 돌출하며 맥 위에 잔털이 많다.

백미꽃

Vincetoxicum atratum (Bunge)
C.Morren & Decme.

협죽도과

국내분포/자생지 전국의 산지 건조
한 풀밭이나 개활지(바위지대)
형태 다년초. 줄기는 높이 40~80cm
이고 곧추 자라며 털이 밀생한다. 잎
은 마주나며 길이 5~14cm의 타원
형-난형 또는 도란형이다. 잎자루는
길이 5~15mm이다. 꽃은 5~6월에 연
한 황갈색-진한 적갈색으로 피며 지
름 1.2~2cm이다. 꽃받침열편은 피침
상 삼각형이고 털이 밀생한다. 꽃부
리열편은 길이 4~7mm의 난상 삼각
형이다. 덧꽃부리는 5개로 깊게 갈라
지며 꽃술대와 길이가 비슷하다.
참고 꽃이 (연한 황갈색-)짙은 자갈색
이고 꽃줄기는 매우 짧으며 잎이 난
형 또는 도란형으로 넓고 잎과 줄기
에 털이 밀생하는 것이 특징이다.

❶ 2023. 5. 23. 울산 ❷ 꽃. 흔히 진한 적갈색
이며 꽃부리열편에 털이 흩어져 있다. ❸ 열
매(골돌). 피침상 원통형이며 길이 6~11cm로
대형이다. 표면에 잔털이 있다. ❹ 잎 뒷면.
전체에 잔털이 밀생한다. 잎은 두툼하다.

산해박

Vincetoxicum mukdenense Kitag.
Vincetoxicum pycmostelma Kitag.

협죽도과

국내분포/자생지 전국 산야의 풀밭
(특히 무덤가)
형태 다년초. 줄기는 높이 40~90cm
이고 곧추 자란다. 잎은 길이 5~13cm
의 선상 피침형-피침형이며 양면의
맥 위에 잔털이 있다. 꽃은 5~8월에
연한 황색-황록색 또는 황갈색-적갈
색으로 피며 지름 1cm 정도이다. 꽃
줄기는 길이 1~4cm이며 꽃자루는 길
이 3~15mm이다. 꽃부리열편은 길이
4~4.5mm의 장타원상 삼각형-삼각
상 난형이고 끝이 뾰족하다.
참고 잎이 선상 피침형-피침형(너비가
1.5cm 이하)이며 덧꽃부리가 이생(완전
히 갈라짐)하는 것이 특징이다.

❶ 2017. 7. 30. 경기 김포시 문수산 ❷ 꽃. 덧
꽃부리는 5개로 완전히 갈라지며 광택이 나
는 연녹색-황록색이다. 열편은 두툼한 소세
지모양이고 꽃술대와 길이가 비슷하다. ❸ 꽃
받침. 열편은 피침형-삼각상 피침형이고 짧
은 털이 약간 있다. ❹ 열매(골돌). 길이 5~
8cm의 피침상 원통형이고 끝은 길게 뾰족하
다. ❺ 잎. 가장자리에 잔털이 많다.

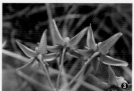

양반풀

Cynanchum thesioides (Freyn) K.Schum.
Vincetoxicum sibiricum (L.) Decme.

협죽도과

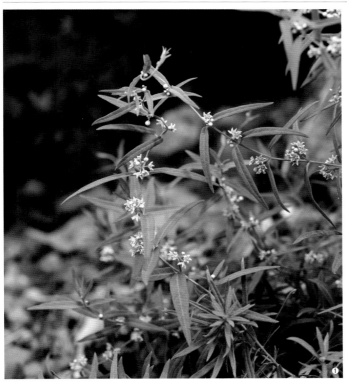

국내분포/자생지 경기(김포시), 인천 이북의 산야(주로 건조한 풀밭이나 바위지대)

형태 덩굴성 다년초. 줄기는 높이 20~40cm이고 전체에 털이 많다. 비스듬히 또는 곧추 자라지만 줄기의 윗부분은 덩굴성이다. 잎은 흔히 마주나지만 간혹 3개씩 돌려나며 길이 3~10cm의 선형-선상 피침형(-넓은 피침형)이다. 밑부분은 편평하거나 약간 심장형이다. 양면에 털이 있다. 잎자루는 길이 0.5~1.8mm이다. 꽃은 7~8월에 백색-백록색으로 핀다. 꽃줄기는 길이 1~5(~20)mm이고 꽃자루는 길이 2~10mm이다. 꽃부리열편은 길이 2~4mm의 장타원상 삼각형-삼각형이다. 덧꽃부리(부화관)는 5개로 깊게 갈라지며 열편은 장타원상 삼각형이다. 열매(골돌)는 길이 5~6(~7.5)cm의 난상 방추형이다.

참고 줄기가 비스듬히 자라거나 윗부분이 덩굴지고 잎이 선형-선상 피침형이며 열매가 난상 방추형인 것이 특징이다. 최근 큰조롱류 식물 중에서 덧꽃부리가 흔히 두툼한 다육질, 줄기가 직립성(드물게 덩굴성), 뿌리가 수염뿌리, 잎이 흔히 심장형, 줄기와 잎이 상처가 났을 때 흔히 유액이 나오지 않는 특징 등을 가진 식물들을 백미꽃속(*Vincetoxicum*)으로 구분하는 추세이다. 이 기준으로 국내 백미꽃류를 분류하면 덩굴민백미꽃, 덩굴박주가리, 민백미꽃, 백미꽃, 산해박, 선백미꽃, 세포큰조롱, 솜아마존 등은 *Vincetoxicum*속에 포함되며, 가는털백미꽃, 양반풀, 자주박주가리, 큰조롱은 *Cynanchum*에 속한다.

❶2017. 7. 30. 경기 김포시 ❷꽃차례. 산형상 취산꽃차례이다. 꽃차례 축, 꽃자루, 꽃받침에 털이 많다. ❸꽃. 꽃부리열편은 삼각상이며 시계방향으로 비틀리고 가장자리가 뒤로 말린다. ❹꽃받침. 잔털이 있다. 열편은 피침형이다. ❺잎. 흔히 선형-선상 피침형이고 양면에 털이 있다. ❻잎 뒷면. 맥이 돌출하며 흰빛이 약간 돈다.

큰조롱

Cynanchum wilfordii (Maxim.) Hemsl.

협죽도과

국내분포/자생지 전국 산야의 풀밭 (특히 해안가) 또는 숲가장자리

형태 덩굴성 다년초. 잎은 마주나며 길이 4~10cm의 난형-넓은 난형이다. 꽃은 7~8월에 황록색으로 핀다. 꽃줄기는 길이 1~2cm이며 꽃자루는 길이 5~7mm이고 털이 있다. 꽃받침열편은 길이 1.5mm 정도의 피침형-장타원상 피침형이다. 꽃부리열편은 길이 4.5~5mm의 피침상 장타원형-난형이다.

참고 꽃이 황록색이고 꽃부리열편의 안쪽면에 짧은 털이 밀생하며 덧꽃부리가 백색이고 5개로 깊게 갈라지는 것이 특징이다.

❶2001. 7. 19. 울산 울주군 고헌산 ❷꽃차례. 산형상 취산꽃차례이다. 덧꽃부리는 5개로 깊게 갈라지며 열편은 꽃잎모양이고 꽃술대에 비해 짧은 것이 특징이다. ❸열매 (골돌). 길이 8~11cm의 피침상 방추형이다. ❹잎 뒷면. 맥 위에 털이 약간 있다. 밑부분은 심장형이고 열편은 안쪽으로 구부러진 귀모양이다.

당개지치

Brachybotrys paridiformis Maxim. ex Oliv.

지치과

국내분포/자생지 경남 이북 산지

형태 다년초. 땅속줄기가 길게 뻗는다. 줄기는 높이 30~40cm이다. 줄기 윗부분의 잎은 길이 6~12cm의 타원상 도란형-도란형이다. 양면과 가장자리에 누운 털이 있다. 꽃은 4~6월에 자색-청자색으로 피며 지름 1.5~2cm이고 취산꽃차례에 모여 달린다. 꽃자루는 길이 4~15mm이고 누운 털이 있다. 꽃부리는 종모양이며 열편은 길이 6mm 정도의 타원형-도란상 장타원형이다. 열매(소견과)는 4개이며 길이 3~3.5mm의 사면체형이다.

참고 잎의 대부분이 줄기의 윗부분에서 모여나며 꽃이 종모양이고 열매 표면이 매끈한 것이 특징이다.

❶2004. 5. 8. 경기 연천군 ❷꽃. 수술은 5개이며 수술대는 합생되어 짧은 통모양이다. 암술대는 꽃부리통부 밖으로 길게 나온다. ❸꽃 측면. 꽃받침열편은 선상 피침형이며 긴 털이 밀생한다. ❹열매. 표면은 평활하고 광택이 나며 능각에 털이 있다.

참꽃받이
Bothriospermum secundum Maxim.

지치과

국내분포/자생지 중부지방 이북 산지의 건조한 풀밭이나 바위지대 등

형태 1~2년초. 줄기는 높이 25~40cm 이고 단단한 퍼진 털과 함께 누운 털이 있으며 가지가 많이 갈라진다. 뿌리잎은 길이 2~5cm의 도란상 장타원형이고 밑부분은 점차 좁아지며 잎자루가 있다. 줄기잎은 길이 2~4cm의 도피침형−도피침상 장타원형이고 끝은 뾰족하거나 둔하다. 양면(특히 잎가장자리)에 길고 단단한 털이 밀생한다. 잎자루는 없다. 꽃은 5~8월에 밝은 청색−청색으로 피며 주먹모양(권산상)의 취산꽃차례에서 한쪽 방향으로 모여 달린다. 꽃자루는 길이 2~3(~6, 결실기)mm이다. 포는 길이 5~15mm의 피침형−장타원상 피침형이고 가장자리에 긴 털이 많다. 꽃받침은 길이 2.5~3mm이고 바깥면에 단단한 털이 밀생하며 열편은 피침형이다. 꽃부리는 지름 3~4.5mm이고 열편은 넓은 도란형−원형이다. 수술은 길이 1mm 정도이며 꽃부리통부 밖으로 나오지 않는다. 암술대는 길이 1mm 이하이다. 열매(소견과)는 4개이며 길이 2mm 정도의 타원상 난형이고 표면에 혹같은 돌기가 밀생한다.

참고 꽃받이(*B. zeylanicum* Druce)에 비해 전체적으로 대형이고 줄기에 긴 퍼진 털이 있으며 꽃이 주먹모양(권산상)의 취산꽃차례에 모여 달리는 것이 특징이다.

❶2019. 6. 14. 충북 제천시 ❷꽃차례. 길이 10~20cm이고 긴 털이 많으며 포는 피침형−장타원상 피침형이다. ❸❹꽃. 꽃부리통부 입구(꽃목)에 있는 부속체는 길이 0.8mm의 심장모양이고 백색이다. 포, 꽃자루, 꽃받침에 가시모양의 긴 털이 밀생한다. 꽃자루는 길이 2~3(~6)mm로 길다. ❺열매. 소견과는 4개이며 표면에 혹 같은 돌기가 밀생한다. ❻잎. 긴 털이 있다. 털의 밑부분은 원반모양으로 넓다. ❼잎 뒷면. 가장자리와 맥 위에 긴 털이 밀생한다. ❽줄기. 짧은 누운 털과 함께 긴 퍼진 털이 혼생한다.

반디지치

Lithospermum zollingeri A.DC.

지치과

국내분포/자생지 인천(백령도) 및 충북 이남 산지(주로 건조한 풀밭)

형태 다년초. 땅속줄기는 길게 뻗는다. 줄기는 높이 10~25cm이다. 줄기잎은 길이 2~6cm의 장타원형 또는 도피침형이다. 꽃은 4~6월에 연한 청색-청자색-연한 자색으로 핀다. 꽃부리는 지름 1.5~1.8cm이고 통부 입구에서 열편의 중앙부까지 밑은 융기선이 발달한다. 수술은 5개이고 꽃부리 밖으로 나출되지 않는다. 열매(소견과)는 길이 3~3.5mm의 난형이고 평활하며 백색 또는 밝은 황갈색으로 익는다.

참고 꽃이 지름 1.5~1.8cm이고 청자색-자색이며 잎이 도피침형-주걱모양이고 꽃이 진 다음 옆으로 길게 뻗는 가지가 발달하는 것이 특징이다.

❶2013. 5. 2. 전남 장흥군 ❷꽃 측면. 꽃받침이 깊게 갈라지며 열편은 선형-선상 피침형이고 긴 털이 밀생한다. ❸열매. 완전히 익으면 백색(-밝은 황갈색)으로 변한다. ❹잎. 잎과 줄기에 털이 밀생한다.

지치

Lithospermum erythrorhizon
Siebold & Zucc.

지치과

국내분포/자생지 전국 산지의 건조한 풀밭(특히 석회암지대)

형태 다년초. 줄기는 높이 40~80cm이고 퍼진 털 또는 누운 털이 밀생하며 윗부분에서 가지가 많이 갈라진다. 잎은 길이 3~7cm의 넓은 피침형-난상 피침형이다. 꽃은 6~8월에 백색으로 핀다. 꽃받침열편은 선형이며 바깥면에 짧은 털이 밀생한다. 꽃부리는 지름 7~9mm이다. 통부 입구(꽃목)의 부속체는 넓은 타원상 구형이다. 열매(소견과)는 1~4개씩 달리며 길이 3.5mm 정도의 난형이다.

참고 다년초이며 꽃이 지름 7~9mm이고 백색인 점과 열매가 광택이 나는 백색이고 표면이 매끈한 것이 특징이다.

❶2004. 6. 1. 충북 단양군 ❷꽃. (연한 황백색-녹백색→)백색으로 핀다. ❸❹열매. 표면은 평활하고 광택이 난다. (연한 갈색→흑갈색→)백색으로 익는다. ❺잎. 가장자리와 뒷면 맥 위에 짧은 털이 밀생한다.

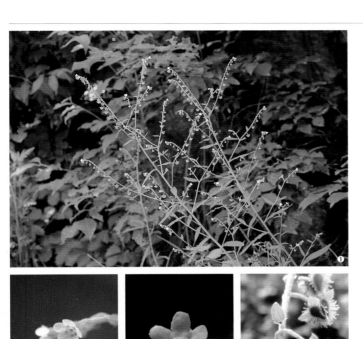

뚝지치

Lappula deflexa (Wahlenb.) Garcke
Hackelia deflexa (Wahlenb.) Opiz

지치과

국내분포/자생지 강원 이북 산지의 개활지(바위지대, 길가, 건조한 풀밭 등)

형태 1~2년초. 줄기는 높이 20~80cm이고 위로 향해 퍼진 털과 함께 누운 털이 있으며 가지가 갈라진다. 잎은 어긋나며 길이 2~5(~9)cm의 선상 피침형-피침형이고 끝은 둔하거나 뾰족하다. 양면에 누운 털이 밀생하며 잎가장자리와 뒷면의 맥 위에는 긴 털이 있다. 꽃은 6~8월에 밝은 청색-연한 청자색으로 피며 줄기와 가지 끝부분에서 나온 총상꽃차례에서 한쪽 방향으로 달린다. 꽃자루는 길이 1~2(~10, 결실기)mm이고 긴 털이 있으며 꽃이 필 때는 위쪽으로 향하지만 결실기에는 옆으로 퍼지거나 아래로 처진다. 포는 피침형-타원형이고 가장자리에 긴 털이 있다. 꽃받침열편은 길이 1~3mm의 피침상 장타원형-장타원형이고 바깥면에 털이 밀생하며 꽃이 지면 옆으로 퍼지거나 뒤로 젖혀진다. 꽃부리는 지름 3~5mm이고 열편은 넓은 타원형-거의 원형이다. 통부의 입구(꽃목)의 부속체는 반원형이고 백색-연한 자색(또는 황색)이다. 수술은 5개이며 꽃부리 밖으로 나출되지 않는다. 열매(소견과)는 4개이며 길이 3mm 정도의 사면체형이고 능각(가장자리)에 갈고리모양의 가시가 줄지어 나 있다.

참고 들지치[*L. squarrosa* (Retz.) Dumort.]에 비해 꽃자루가 결실기에는 아래로 향해 처지며 꽃받침열편이 피침상 장타원형-장타원형이고 결실기에 열매와 길이가 비슷하거나 짧은 것이 특징이다.

❶2004. 6. 3. 강원 정선군 ❷꽃차례. 주먹 모양(권산상)의 취산꽃차례이다. ❸꽃. 꽃부리열편은 넓은 타원형-거의 원형이다. ❹꽃 측면. 꽃받침열편은 피침상 장타원형-장타원형이고 바깥면에 긴 털이 밀생한다. ❺ ❻열매. 소견과는 4개이며 능각에는 끝부분이 갈고리모양인 가시가 줄지어 난다. ❼잎. 양면에 누운 털이 있고 가장자리에 긴 털이 있다. ❽새순. 흔히 2년초이며 개화기에는 뿌리잎이 시든다. ❾2016. 6. 15. 중국 지린성 두만강 유역

왜지치

Myosotis sylvatica Ehrh. ex Hoffm.

지치과

국내분포/자생지 북부지방 산지의 습한 곳

형태 다년초. 줄기는 높이 20~40cm 이고 퍼진 털이 있다. 줄기잎은 길이 2~4cm의 피침형-장타원상 피침형이고 털이 밀생한다. 꽃은 5~7월에 밝은 청색-청자색으로 핀다. 꽃자루는 길이 2~6mm이고 짧은 털이 밀생한다. 꽃부리는 지름 6~8mm이고 열편은 길이 3.5mm 정도의 원형이다. 열매(소견과)는 길이 1.5~2mm의 도란상 원형-원형이고 평활하다.

참고 고산물망초(*M. alpestris*)는 왜지치에 비해 꽃받침의 밑부분이 쐐기모양으로 좁고 결실기에 꽃받침열편이 직립하며 열매의 끝이 둔한 것이 특징이다.

❶2016. 6. 13. 중국 지린성 ❷꽃. 꽃부리통부 입구(꽃목)의 부속체는 개화기에 황색이었다가 차츰 백색으로 변한다. ❸꽃 측면. 꽃받침과 꽃자루에 갈고리모양의 털과 누운 털이 밀생한다. ❹열매. 꽃받침에 싸여 있다. ❺뿌리잎. 퍼진 털이 밀생한다.

대청지치

Thyrocarpus glochidiatus Maxim.

지치과

국내분포/자생지 인천(대청도)의 숲가장자리 또는 풀밭

형태 다년초. 줄기는 높이 10~30cm 이고 퍼진 털이 많으며 비스듬히 또는 땅 위에 누워 자란다. 줄기잎은 좁은 타원형-난형이고 잎자루가 없다. 꽃은 5~6월에 밝은 청색으로 핀다. 포는 길이 5~30mm이고 피침형-난형의 잎모양이다. 꽃받침열편은 좁은 타원형-장타원상 난형이며 바깥면에 긴 털이 밀생한다. 꽃부리는 지름 2~2.5mm이다. 열편은 도란형-거의 원형이다.

참고 열매의 윗부분에는 컵모양의 모상체(cupular emergence)가 2열로 나 있으며 바깥쪽 열의 모상체의 가장자리에 이빨모양의 톱니가 있는 것이 특징이다.

❶2021. 5. 31. 인천 옹진군 대청도 ❷꽃. 꽃목 부속체는 끝이 편평하거나 오목하다. ❸❹열매. 소견과는 4개이며 도란형-편구형이고 흑갈색으로 익는다.

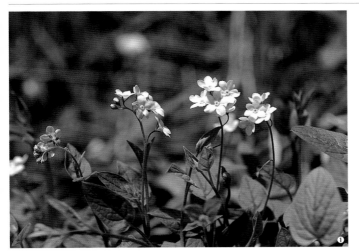

덩굴꽃마리
Trigonotis icumae (Maxim.) Makino

지치과

국내분포/자생지 경북, 경남, 전남의 산지

형태 다년초. 줄기는 높이 7~20cm 이고 누운 털이 있다. 잎은 길이 3~5cm의 난형이고 끝은 뾰족하다. 꽃은 4~5월에 밝은 청색-연한 청자색으로 핀다. 꽃부리는 지름 1~1.3cm이며 열편은 도란형-넓은 도란형이다. 열매(소견과)는 4개이며 길이 2mm 정도의 삼각상 사면체이다.

참고 참꽃마리에 비해 꽃이 포가 없는 주먹모양의 총상꽃차례에서 피는 것이 특징이다. 우리나라와 일본에서만 분포하며 일본에서도 일부 지역에서만 자라는 희귀식물(EN)로 알려져 있다.

❶2002. 4. 17. 대구 북구 팔공산 ❷꽃. 꽃부리통부 입구(꽃목) 부속체는 황색이다. ❸꽃받침. 열편은 피침형-장타원상 피침형이고 누운 털이 밀생한다. ❹잎. 난형이고 밑부분은 심장형이다.

거센털꽃마리
Trigonotis radicans (Turcz.) Steven var. *radicans*

지치과

국내분포/자생지 강원, 경북 이북의 산지

형태 다년초. 줄기는 길이 30~120cm 이고 퍼진 털이 밀생한다. 뿌리잎과 길이 1.5~4.5cm의 장타원상 난형-넓은 난형이며 밑부분은 둥글거나 편평한 모양-심장형이다. 잎자루는 길이 15cm 이하이며 털이 밀생한다. 꽃은 4~6월에 거의 백색-밝은 청색, 연한 청자색으로 핀다. 꽃자루는 길이 7~25mm이며 포는 잎모양이다. 꽃받침열편은 선상 피침형-피침상 장타원형(-난형, 결실기)이다. 꽃부리는 지름 7~12mm이며 열편은 도란형-넓은 도란형이다. 열매(소견과)는 (3~)4개이다.

참고 잎과 줄기에 퍼진 털이 밀생하는 것이 특징이다.

❶2021. 5. 6. 강원 영월군 ❷꽃. 꽃부리통부 입구(꽃목) 부속체는 황색이다. ❸꽃받침. 선상 피침형-난형이고 긴 털이 밀생한다. ❹열매(소견과). 삼각상 사면체이고 흑갈색으로 익는다. ❺뿌리잎. 전체에 긴 퍼진 털이 밀생한다.

참꽃마리

Trigonotis radicans var. *sericea*
(Maxim.) H.Hara
Trigonotis coreana Nakai

지치과

국내분포/자생지 제주를 제외한 거의
전국 산지의 계곡부 및 숲가장자리
형태 다년초. 줄기는 길이 30~120cm
이고 위쪽으로 향한 누운 털이 있으
며 꽃이 진 후에는 흔히 땅 위에 누
워 자란다. 뿌리잎은 길이 1.5~4.5cm
의 장타원상 난형-넓은 난형이며 끝
은 뾰족하고 밑부분은 둥글거나 편
평한 모양-심장형이다. 중앙맥은 뚜
렷하지만 측맥은 희미하다. 잎자루는
길이 15cm에 달한다. 줄기 위쪽의 잎
은 뿌리잎보다 작고 잎자루가 짧거
나 없다. 꽃은 4~6월에 거의 백색-밝
은 청색, 연한 청자색으로 피며 줄기
와 가지 끝부분의 주먹모양 총상꽃차
례에 모여 달린다. 꽃자루는 길이 7
~25mm이며 포는 잎모양이다. 꽃받
침열편은 길이 3~4(~7, 결실기)mm의
피침형-넓은 난형이고 끝이 뾰족하
다. 꽃부리는 지름 7~12mm이며 꽃
부리통부 입구(꽃목)의 부속체는 길이
0.5mm 정도의 넓은 난형이고 하반부
는 밝은 황색이다. 꽃부리열편은 도
란형-넓은 도란형이다. 수술은 5개이
고 꽃부리 밖으로 나출되지 않는다.
열매(소견과)는 (3~)4개이며 길이 2mm
정도의 삼각상 사면체이고 흑갈색으
로 익는다.
참고 거센털꽃마리에 비해 줄기에 털
이 없거나 누운 털이 있으며 잎자루
와 잎의 양면에 짧은 누운 털이 있는
것이 특징이다. 중국(식물지)의 학자
들은 참꽃마리를 거센털꽃마리에 통
합·처리한다.

❶2019. 5. 22 경기 가평군 화악산 ❷꽃. 꽃
부리통부 입구(꽃목) 부속체는 황색이다.
❸열매. 소견과는 삼각상 사면체이고 능각에
털이 있다. ❹줄기잎. 짧은 누운 털이 있다.
❺잎 뒷면. 전체에 누운 털이 있으며 중앙맥
은 뚜렷하게 돌출한다. ❻뿌리잎. 퍼진 털이
밀생하지 않고 누운 털이 있다. ❼2022. 5.
23. 경기 가평군 화악산

가시꽈리

Physaliastrum echinatum (Yatabe) Makino

가지과

국내분포/자생지 전국의 산지

형태 다년초. 줄기는 높이 50~70cm
이고 가지가 차상(叉狀)으로 갈라진
다. 잎은 길이 4~13cm의 난형-넓은
난형이고 밑부분은 급격히 좁아지는
쐐기모양이다. 꽃은 6~8월에 연한 녹
백색으로 피며 잎겨드랑이에서 1~3(~
4)개씩 모여 달린다. 꽃자루는 길이 1
~2.5cm이다. 꽃부리는 지름 7~10mm
의 종모양이며 열편은 넓은 삼각형이
고 바깥면에는 털이 밀생한다. 수술
은 5개이며 암술대는 길이 3mm 정
도이다.

참고 열매가 구형이며 결실기의 꽃받
침에 가시 같은 돌기가 있는 것이 특
징이다.

❶2001. 8. 16. 경북 경주시 ❷꽃. 꽃부리의
통부와 열편의 경계부에 꿀샘이 있고 긴 털
이 밀생한다. ❸꽃 측면. 꽃받침은 막질이고
긴 털이 밀생한다. ❹열매(장과). 지름 1cm
정도의 구형이고 대부분이 꽃받침에 싸여 있
다. ❺잎. 밑부분은 비대칭이며 양면에 짧은
털이 흩어져 있다.

알꽈리

Tubocapsicum anomalum (Franch.
& Sav.) Makino

가지과

국내분포/자생지 남부지방의 산지

형태 다년초. 줄기는 높이 50~90cm
이고 털이 없으며 가지가 차상으로
갈라진다. 잎은 길이 5~20cm의 장타
원형-난형이며 밑부분은 좁아져 날
개모양으로 잎자루와 연결된다. 꽃은
7~9월에 연한 황색으로 피며 잎겨드
랑이에서 1~5개씩 아래쪽을 향해 달
린다. 꽃자루는 길이 8~23mm이고
윗부분으로 갈수록 굵어진다. 꽃부리
는 지름 6~8mm의 종모양이고 열편
은 난상 삼각형이다. 수술은 5개이며
암술대는 길이 2.5~3mm이다.

참고 꽃이 연한 황색이고 통상 종모
양이며 꽃받침의 끝부분이 거의 밋밋
한 것이 특징이다.

❶2003. 10. 5. 전남 완도군 보길도 ❷꽃.
꽃부리열편은 뒤로 강하게 젖혀지며 꽃받침
열편은 희미하다(거의 없음). ❸열매(장과).
광택이 나는 밝은 적색으로 익는다. 꽃자루
의 윗부분은 비후한다. ❹잎. 가장자리는 밋
밋하거나 물결모양의 미세한 톱니가 있다.

미치광이풀

Scopolia japonica Maxim.
Scopolia parviflora (Dunn) Nakai

가지과

국내분포/자생지 평남, 함남 이남(경남 이북) 산지의 계곡부 사면 또는 숲 가장자리

형태 다년초. 땅속줄기는 굵고 옆으로 뻗는다. 줄기는 높이 30~60cm이고 털이 없으며 가지가 약간 갈라진다. 잎은 어긋나며 길이 6~18cm의 장타원형–장타원상 난형이고 끝부분은 뾰족하다. 밑부분은 좁아져 잎자루와 연결된다. 양면에 털이 없다. 꽃은 4~5월에 피며 잎겨드랑이에서 1개씩 아래쪽을 향해 달린다. 꽃자루는 길이 3~5cm이다. 꽃받침은 종모양이고 녹색이며 끝부분은 5개로 갈라지고 열편은 길이 3~8mm의 피침상 삼각형–삼각상 난형(~다양)이다. 꽃부리는 길이 2~3cm의 종모양이며 바깥면은 진한 적갈색–진한 적자색이고 안쪽면은 황록색–연한 황색 또는 자줏빛이 도는 황색이다. 수술은 5개이고 길이 1cm 정도이며 밑부분에 털이 밀생한다. 꽃밥은 길이 2~2.5mm의 장타원형–타원형이고 황색이다. 씨방은 난형이고 털이 없다. 암술대는 길이 1.2~1.5cm이고 수술보다 길다. 열매(삭과)는 지름 1cm 정도의 난상 구형–구형이며 꽃받침에 싸여 있다.

참고 땅속줄기가 굵고 옆으로 뻗는 다년초이며 열매가 삭과이고 꽃부리가 통상 종모양인 것이 특징이다. 최근 분자계통학적 연구 결과, 일본의 집단과는 종 수준으로 분화된 것으로 분석되었다. 일본 개체와 형태적인 차이점에 대한 면밀한 비교·검토가 필요하다.

❶ 2017. 4. 25. 강원 화천군 광덕산 ❷ 꽃 측면. 꽃받침은 종모양이고 열편은 깊게 또는 얕게 갈라지며 열편의 모양에 변이가 많다. ❸ 꽃 내부. 수술은 5개이며 밑부분에 털이 있다. 암술대는 수술보다 길다. ❹ 열매. 난상 구형–구형이며 꽃받침에 싸여 있다. ❺ 잎. 양면에 털이 없다. ❻ 땅속줄기. 굵고 염주모양으로 마디가 잘록하다. ❼ 자생 모습(2017. 4. 25. 강원 화천군 광덕산). 계곡부의 음습한 환경에 형성된 너덜지대(특히 자갈이나 비교적 작은 돌이 퇴적된)에서는 큰 군락을 이루는 경우가 많다.

방패꽃

Veronica serpyllifolia subsp. *humifusa* (Dicks.) Syme

현삼과

국내분포/자생지 북부지방의 산야

형태 다년초. 줄기는 높이 10~30cm 이다. 잎은 마주나며 길이 6~15mm 의 타원형–난형이고 3~5개의 세로맥 이 있다. 꽃은 5~8월에 피며 지름 5~ 7mm이다. 꽃받침열편은 4개이며 피 침상 장타원형–장타원형이다. 수술은 2개이며 암술대는 길이 2.5~3mm이 다. 열매(삭과)는 길이 2.5~3mm의 납 작한 도란형–도란상 원형이다.

참고 좀개불알풀(subsp. *serpyllifolia*)에 비해 전체적으로 대형(특히 꽃)이고 꽃 차례의 축, 꽃줄기, 꽃자루에 짧은 털 과 함께 긴 털이 있는 것이 특징이다. 학자들에 따라서는 동일 종으로 처리 하기도 한다.

❶2019. 7. 5. 중국 지린성 백두산 ❷꽃. 백 색 또는 연한 자색–연한 청자색 바탕에 진 한 자색–청자색의 줄무늬가 있다. ❸열매. 납작한 심장형이며 가장자리에 샘털이 있다. ❹줄기잎. 가장자리는 밋밋하거나 얕은 톱니 가 약간 있다.

두메투구풀

Veronica stelleri var. *longistyla* Kitag.

현삼과

국내분포/자생지 북부지방의 해발고 도가 높은 산지(백두산 등)의 풀밭

형태 다년초. 땅속줄기가 뻗는다. 줄 기는 높이 5~20cm이고 곧추 자라며 털이 있다. 잎은 마주나며 길이 1.2~ 3cm의 난형–난상 원형이다. 양면에 털이 있다. 꽃은 7~8월에 청색–자색 으로 핀다. 꽃자루는 길이 2~12mm 이고 포보다 길다. 꽃부리는 지름 6~ 12mm이며 열편은 난형–원형이고 밑 부분에 샘털이 있다. 열매(삭과)는 길 이 5~6mm의 납작한 도란형이고 끝 이 둔하거나 오목하며 표면에 샘털이 있다.

참고 방패꽃에 비해 줄기가 직립하며 꽃이 보다 크고 꽃차례에 적게(7~12개 씩) 모여 달린다.

❶2019. 7. 24. 중국 지린성 백두산 ❷❸꽃 (©김용문). 꽃부리는 통부가 거의 없는 바퀴 모양(장미형)이다. 중앙열편은 거의 원형이 다.

넓은잎꼬리풀

Pseudolysimachion kiusianum
(Furumi) Holub var. *kiusianum*
Veronica kiusiana Furumi

현삼과

국내분포/자생지 전국의 산지에 드물게 자람

형태 다년초. 줄기는 높이 40~90cm 이며 네모지고 짧은 털이 있다. 잎은 마주나며 길이 5~9.5cm의 삼각상 난형-난형이다. 끝은 뾰족하고 밑부분은 원형-얕은 심장형이며 가장자리에 뾰족한 톱니 또는 겹톱니가 있다. 양면에 짧은 털이 있다. 잎자루는 길이 5~30mm이다. 꽃은 8~9월에 연한 청자색-청자색으로 피며 줄기와 가지의 끝부분에서 나온 총상꽃차례에 모여 달린다. 꽃자루는 길이 2~4mm 이고 털이 있다. 꽃받침은 털이 없으며 열편은 피침형-난형이고 끝이 뾰족하다. 꽃부리는 길이 5~7mm의 넓은 종모양이며 통부는 길이 2mm 정도이고 열편은 난형-난상 원형이다. 수술은 길이 4~8mm이며 암술대는 길이 6~8mm이다. 열매(삭과)는 길이 3.5~4.5mm의 도란형-도란상 원형이고 끝이 약간 오목하며 털이 없다.

참고 산꼬리풀에 비해 뚜렷한 잎자루가 있으며 꽃부리가 중앙부 정도까지만 갈라지는(통부가 꽃부리 길이의 1/3~1/2 정도로 뚜렷함) 것이 특징이다. **봉래꼬리풀[var.** *diamantiacum* (Nakai) **T.Yamaz.]**은 넓은잎꼬리풀에 비해 전체적으로 소형(높이 20~40cm, 잎의 길이 3~5cm)이고 잎가장자리에 불규칙한 겹톱니 또는 얕은 결각이 있는 것이 특징이다. 금강산과 설악산에 분포한다.

❶2001. 8. 8. 대구 군위군 팔공산 ❷꽃. 꽃부리는 넓은 종모양이다. ❸꽃 측면. 꽃부리에 뚜렷한 통부가 있다. ❹잎 뒷면. 전체에 짧은 털이 많다. 잎자루가 뚜렷하다(길이 5~30mm이다). ❺~❼봉래꼬리풀 ❺꽃. 꽃부리는 넓은 종모양이다. 수술은 2개이며 암술대는 1개이고 수술보다 약간 길다. ❻줄기잎. 양면에 짧은 털이 있다. 잎자루는 뚜렷하다. ❼새순(뿌리잎). 짧은 털이 밀생한다. ❽2011. 8. 12. 강원 인제군 설악산

산꼬리풀

Pseudolysimachion rotundum
(Nakai) Holub

현삼과

국내분포/자생지 지리산 이북의 산지(주로 해발고도가 비교적 높은 산지)

형태 다년초. 줄기는 높이 40~100cm이고 압착된 짧은 털이 있다. 잎은 길이 4~15cm의 선상 피침형–장타원상 난형(–난형)이다. 꽃은 7~9월에 연한 청자색–청자색으로 피며 총상꽃차례에 모여 달린다. 꽃자루는 길이 1~4mm이고 굽은 털 또는 샘털이 밀생한다. 꽃받침열편은 길이 1.7~2.5mm의 피침형–삼각상 난형이다. 꽃부리통부는 길이 1~1.5mm이며 열편은 길이 3~4.2mm의 장타원상 난형–난상 원형이다.

참고 넓은잎꼬리풀에 비해 잎자루가 거의 없으며 꽃부리가 거의 밑부분까지 깊게 갈라지는 것이 특징이다.

❶ 2021. 7. 19. 경기 가평군 화악산 ❷꽃. 꽃부리의 통부가 매우 짧아서 불명확하다. ❸ 열매(삭과). 길이 3~4.5mm의 도란형–도란상 원형이다. ❹잎. 흔히 선상 피침형–장타원상 난형이고 잎자루가 거의 없다.

꼬리풀

Pseudolysimachion linariifolium
(Pall. ex Link) Holub

현삼과

국내분포/자생지 전국 산지의 풀밭이나 숲가장자리

형태 다년초. 줄기는 높이 30~80cm이고 굽은 털이 있다. 잎은 대부분 어긋나고 하반부에서는 일부가 마주나며 길이 2~6cm의 선형–선상 피침형 또는 도피침형이다. 꽃은 7~9월에 연한 청자색–청자색으로 핀다. 꽃받침열편은 피침상 삼각형–삼각상 난형이다. 꽃부리통부는 길이 2~2.3mm이며 열편은 길이 3.2~3.4mm의 장타원상 난형–난상 원형이다.

참고 꼬리풀에 비해 잎이 대부분 마주나며 장타원상 도피침형–장타원상 도란형으로 보다 넓은 것을 큰꼬리풀[*var. dilatatum* (Nakai & Kitag.) Y.N.Lee]로 구분하며 강원, 경북 이북에 분포한다.

❶2005. 8. 18. 경북 김천시 우두령 ❷꽃차례. 좁은 원통상의 총상꽃차례이다. ❸열매. 도란상 원형이다. ❹잎. 상반부에 뾰족한 톱니가 있다.

긴산꼬리풀

Pseudolysimachion longifolium (L.) Opiz

현삼과

국내분포/자생지 북부지방 산야(주로 습한 풀밭)

형태 다년초. 줄기는 높이 40~100cm 이고 네모지며 털이 없거나 약간 있다. 잎은 흔히 마주나며 길이 4~15cm의 선형-선상 피침형이고 가장자리에 뾰족한 톱니 또는 겹톱니가 있다. 꽃은 7~9월에 적자색-청자색으로 핀다. 꽃자루는 길이 2mm 정도이고 굽은 털이 있다. 꽃받침열편은 피침상 삼각형-난형이다. 꽃부리통부는 꽃부리 길이의 2/5~1/2 정도이며 열편은 장타원상 도란형-도란형이다.

참고 산꼬리풀에 비해 선상 피침형-피침형이고 잎자루가 뚜렷하며 꽃부리가 넓은 깔때기모양(통부가 비교적 뚜렷함)인 것이 특징이다.

❶❷❹(ⓒ김지훈) ❶2017. 7. 17. 중국 지린성 백두산 ❷꽃. 꽃부리통부가 짧지만, 산꼬리풀에 비해서는 뚜렷한 편이다. ❸열매(삭과). 도란상 원형이고 끝이 약간 오목하다. ❹잎. 선형-선상 피침형으로 좁다. 잎자루가 뚜렷하다(길이 2~10mm).

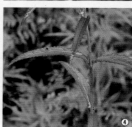

구와꼬리풀

Pseudolysimachion dauricum (Steven) T.Yamaz.

현삼과

국내분포/자생지 북부지방의 산지 풀밭이나 바위지대

형태 다년초. 줄기는 높이 25~65cm 이며 네모지고 털이 밀생한다. 잎은 마주나며 길이 2~8cm의 장타원상 난형-난형이고 밑부분은 흔히 심장형이다. 꽃은 6~9월에 백색-연한 적자색으로 피며 총상꽃차례에 모여 달린다. 꽃받침열편은 피침형이다. 꽃부리는 지름 8mm 정도이고 통부는 꽃부리 길이의 1/3 정도이다. 꽃부리열편은 장타원상 난형-난상 원형이다. 꽃밥은 연한 적자색이다.

참고 가새잎꼬리풀에 비해 꽃이 백색-연한 적자색이며 잎가장자리가 얕게(천열-중열) 갈라지는 것이 특징이다. 국내(남한)에는 분포하지 않는다.

❶2017. 7. 3. 러시아 프리모르스키주 ❷꽃. 꽃부리는 거의 백색이고 가새잎꼬리풀에 비해 약간 크다. ❸열매(삭과). 도란형-도란상 구형이며 포, 꽃자루, 꽃받침에 샘털이 많다. ❹잎. 가장자리는 깊게 갈라지지 않는다. 털(샘털)이 많다.

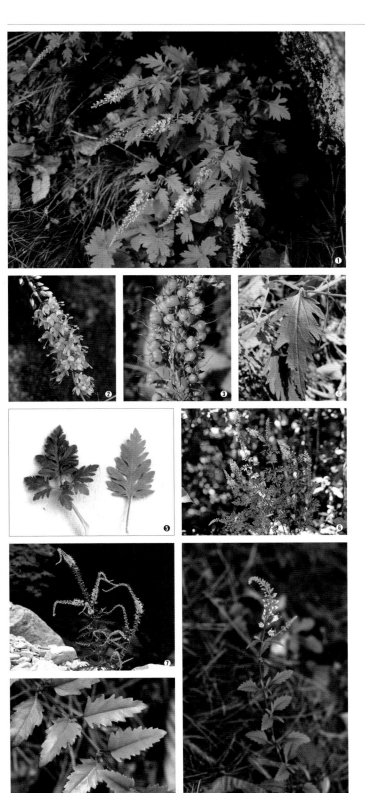

가새잎꼬리풀
(큰구와꼬리풀)

Pseudolysimachion pyrethrinum
(Nakai) T.Yamaz.
Veronica pyrethrina Nakai

현삼과

국내분포/자생지 경북(울진군 이남), 경남 산지의 바위지대나 풀밭, 한반도 고유종

형태 다년초. 줄기는 높이 30~70cm 이며 짧은 누운 털이 밀생한다. 잎은 마주나며 길이 2.5~5cm의 피침상 난형-난형이고 밑부분은 차츰 좁아진다. 가장자리는 불규칙하게 깊게 갈라지거나 깃털모양으로 완전히 갈라진다. 양면에 누운 털이 있다. 꽃은 8~9월에 연한 청자색-청자색으로 핀다. 꽃줄기와 꽃자루에 굽은 털이 있다. 꽃받침열편은 길이 1.5~2.2mm의 선상 피침형-피침상 삼각형이다. 꽃부리열편은 길이 2.5~3.5mm의 장타원상 난형-난형이다. 수술은 2개이고 길이 4.5~5.5mm이며 암술대는 길이 5~6.4mm이다. 열매(삭과)는 길이 2.5~3.2mm의 도란상 원형이고 끝이 약간 오목하다.

참고 가새잎꼬리풀에 비해 식물체가 소형(10~20cm)이고 잎이 작고 깃털모양으로 1~2회 깊게 갈라지는 것을 애기구와꼬리풀(var. *gasanensis* M.Kim & H.Jo)로 구분하기도 하며 경북(경주시, 칠곡군 등)에 분포한다. 경북 일대의 산지에는 애기구와꼬리풀이나 가새잎꼬리풀에 비해 잎이 작고 가장자리가 갈라지지 않거나 얇게 갈라지는 타입의 개체와 잎이 2~3회 깃털모양 겹잎으로 갈라지는 타입의 개체들도 관찰된다. 이들에 대한 명확한 분류학적 처리를 위해서는 지역별, 집단별 엽형 변이를 보이는 가새잎꼬리풀류(가새잎꼬리풀, 부산꼬리풀, 애기구와꼬리풀 등)에 대한 진화계통학적 연구가 필요하다.

❶2013. 8. 22. 경북 의성군 ❷꽃. 연한 청자색-청자색이며 총상꽃차례에 모여 달린다. ❸열매. 도란상 원형이고 털이 없다. ❹잎. 가장자리는 깊게 갈라진다. 양면에 짧은 누운 털이 있다. ❺❻잎이 2~3회 겹잎모양으로 깊게 갈라지는 타입 ❺엽형 변이. 가새잎꼬리풀(우)에 비해 잎이 2~3회로 깊게 갈라지는 개체(좌)도 간혹 관찰된다. ❻2001. 8. 16. 경북 경주시 ❼애기구와꼬리풀 타입(2001. 7. 28. 경북 울진군). 잎이 1~2회로 깊게 갈라진다. ❽❾전체가 소형이고 잎이 갈라지지 않는 타입 ❽잎. 2cm 이하로 소형이며 가장자리가 결각지지 않고 불규칙한 큰 톱니가 있다. ❾2008. 7. 23. 경북 울진군

섬꼬리풀

Pseudolysimachion nakaianum
(Ohwi) T.Yamaz.

현삼과

국내분포/자생지 경북 울릉도의 바위지대 또는 숲가장자리, 한반도 고유종

형태 다년초. 줄기는 높이 20~40cm이다. 잎은 마주나며 길이 2~5.5cm의 피침상 타원형–삼각상 난형–난형이고 밑부분은 편평하거나 얕은 심장형이다. 꽃은 5~7월에 연한 적자색–연한 청자색으로 핀다. 꽃받침열편은 길이 2.7~4.8mm의 장타원형–난형이다. 꽃부리열편은 마름모상 도란형–넓은 난형이다. 열매(삭과)는 길이 5~6mm의 난형–도란형이다.

참고 꽃부리가 비교적 큰 편이며 줄기, 잎자루, 꽃차례 등에 퍼진 털이 밀생하고 잎의 가장자리가 갈라지는 것이 특징이다.

❶ 2019. 6. 3. 경북 울릉군 울릉도 ❷꽃. 꽃부리는 지름 8~12mm의 넓은 종모양이다. ❸열매. 윗부분이 약간 납작한 난형이며 결실기의 꽃받침열편은 열매보다 더 길다. ❹잎 뒷면. 맥 위에 긴 털이 있다. 가장자리는 얕게 또는 깊게 갈라진다.

냉초

Veronicastrum sibiricum (L.) Pennell

현삼과

국내분포/자생지 주로 지리산 이북의 산지

형태 다년초. 줄기는 높이 70~120cm이다. 잎은 4~6(~8)개씩 돌려나며 길이 9~15cm의 피침상 선형–장타원형–장타원상 난형이고 가장자리에 뾰족한 톱니가 있다. 꽃은 7~8월에 연한 자색–적자색으로 핀다. 꽃받침은 종모양이고 털이 없으며 열편은 삼각상 난형이다. 꽃부리는 길이 5~7mm이고 열편은 길이 1.5~2mm의 삼각상이다. 열매(삭과)는 길이 2~3.5mm의 난형이다.

참고 꼬리풀속(*Pseudolysimachion*)에 비해 잎이 돌려나며 꽃부리가 통형이고 열편이 통부보다 짧다. 또한 열매가 난형이고 씨가 반구형인 것이 특징이다.

❶ 2023. 7. 25. 중국 지린성 백두산 ❷꽃. 꽃부리는 통형이며 열편은 통부보다 짧다. 꽃자루는 매우 짧다. ❸열매. 난형이다. ❹잎. 흔히 4~6개씩 돌려난다. 줄기에 털이 많다.

현삼

Scrophularia buergeriana Miq.

국내분포/자생지 북부지방의 산지

형태 다년초. 줄기는 높이 80~150cm
이며 네모지고 털이 없다. 잎은 마주
나며 길이 5~14cm의 난형이고 밑부
분은 넓은 쐐기형-원형 또는 편평한
모양이다. 꽃은 7~9월에 연녹색-황
록색으로 피며 줄기 윗부분의 포겨드
랑이에서 나온 취산꽃차례에 모여 달
린다. 취산꽃차례는 전체적으로 수상
꽃차례모양으로 모여난다. 꽃자루와
꽃줄기에 짧은 샘털이 있다. 꽃부리
는 길이 6~8.5mm이고 통부는 길이
3.3~4mm이다. 수술은 4개이며 수술
대에 샘털이 있다. 가수술은 길이 0.9
~1.1mm의 주걱형이다.

참고 덩이뿌리의 수가 많고 꽃줄기와
꽃자루가 짧으며 꽃이 연녹색인 것이
특징이다.

❶2003. 7. 23. 강원 정선군(식재) ❷꽃. 연
녹색으로 핀다. 꽃자루가 짧아서 꽃차례가
수상꽃차례로 보인다. ❸열매(삭과). 난형이
며 자루에 샘털이 밀생한다. ❹잎. 양면에 털
이 없으며 끝이 뾰족하다.

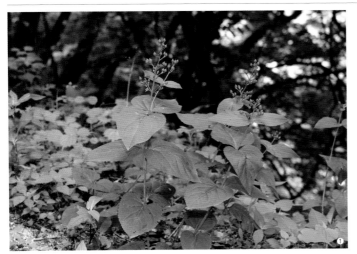

몽울토현삼

Scrophularia cephalantha Nakai

현삼과

국내분포/자생지 강원(정선군), 경남
(통영시 등), 경북(가지산 등)의 산지. 한
반도 고유종

형태 다년초. 줄기는 높이 35~60cm
이다. 잎은 길이 8.5~16cm의 장타원
상 난형-넓은 난형이다. 꽃은 5~6월
에 녹색빛이 도는 적갈색-적갈색으
로 피며 줄기 끝에서 원뿔꽃차례모양
으로 모여 달린다. 꽃부리는 길이 1~
1.2cm이다. 아랫입술꽃잎은 3개로 완
전히 갈라지며 중앙열편은 길이 1.7~
2.1mm의 삼각상 난형-난형이고 아래
로 젖혀진다.

참고 큰개현삼에 비해 키가 작고 줄
기의 마디가 6개 이하로 적으며 잎이
장타원상 난형-넓은 난형이고 꽃이
일찍(5~6월) 피는 것이 특징이다.

❶2021. 6. 24. 대구 군위군 팔공산 ❷꽃. 주
걱모양의 가수술이 꽃부리통부 밖으로 나출
된다. ❸꽃 측면. 입술꽃잎의 중앙열편은 짧
고 아래로 젖혀진다. 꽃자루에 샘털이 밀생
한다. ❹열매(삭과). 길이 9~12mm의 난형이
고 털이 없다. ❺잎 뒷면. 양면에 털이 거의
없다.

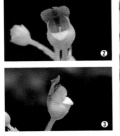

큰개현삼

Scrophularia kakudensis Franch.

현삼과

국내분포/자생지 전국의 산지

형태 다년초. 줄기는 높이 50~200cm이다. 잎은 길이 6.5~18cm의 장타원상 난형–난형이다. 꽃은 7~9월에 황록색빛이 도는 적갈색–적갈색으로 피며 원뿔꽃차례모양으로 모여 달린다. 꽃받침은 종모양이며 열편은 길이 1.4~4.8mm의 피침상 삼각형–삼각상 난형이다. 꽃부리는 길이 6.2~11.5mm이고 통부는 길이 3.2~5.9mm이다. 수술은 4개이며 수술대에 샘털이 있다. 가수술은 길이 1.3~2.7mm의 주걱형이고 적색–적자색이다.

참고 줄기의 마디가 7개 이상이며 줄기의 윗부분에서 취산꽃차례가 원뿔상으로 모여 달리는 것이 특징이다.

❶2020. 10. 1. 경북 칠곡군 팔공산 ❷꽃. 입술꽃잎의 중앙열편은 아래로 젖혀진다. ❸꽃 측면. 전체적으로는 적갈색이지만 황록색이 부분적으로 많이 섞여 있다. ❹열매(삭과). 길이 6~12mm의 난형이다. ❺잎 뒷면. 털이 거의 없으며 어릴 때 샘털이 있다.

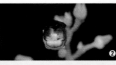

토현삼

Scrophularia koraiensis Nakai

현삼과

국내분포/자생지 중부지방(강원, 경기, 경북, 충북 등)의 산지, 한반도 고유종

형태 다년초. 줄기는 높이 65~110cm이다. 잎은 마주나며 길이 10~18cm의 피침상 장타원형–난상 장타원형이고 가장자리에 뾰족한 톱니가 있다. 꽃은 7~9월에 황록색빛이 도는 적갈색–적갈색으로 피며 취산꽃차례에 모여 달린다. 꽃부리는 길이 5~10mm이며 통부는 길이 3.6~5mm이다. 수술은 4개이며 수술대에 샘털이 있다. 가수술은 길이 1.5~2.4mm의 주걱형이고 적색–적자색이다.

참고 꽃차례가 잎겨드랑이에서 나오며 꽃받침열편이 피침형–피침상 삼각형인 것이 특징이다.

❶2004. 7. 8. 경기 가평군 화악산 ❷꽃. 아랫입술꽃잎의 중앙열편은 난형–반원형이고 아래로 젖혀진다. ❸꽃 측면. 꽃받침열편은 피침형–피침상 삼각형이고 짧은 샘털이 있다. ❹열매(삭과). 길이 7~10mm의 난형이다. ❺잎. 흔히 장타원상이고 끝이 길게 뾰족하다. 양면에 털이 없다.

우단현삼
Scrophularia maximowiczii Gorschk.

현삼과

국내분포/자생지 북부지방(양강, 함북)
의 산지

형태 다년초. 줄기는 높이 40~100cm
이며 네모지고 퍼진 털이 밀생한다.
잎은 마주나며 길이 5~9cm의 삼각
형-난형이다. 끝은 뾰족하거나 길
게 뾰족하고 밑부분은 편평한 모양-
심장형이며 가장자리에 뾰족한 톱니
(또는 겹톱니)가 있다. 양면과 잎자루
에 털이 밀생하며 잎자루는 길이 7.5
~27mm이다. 꽃은 5~7월에 황록색빛
이 도는 적갈색-적갈색으로 피며 줄
기 윗부분의 잎겨드랑이에서 나온 취
산꽃차례에 모여 달린다. 꽃줄기는
길이 9~22mm이며 꽃자루는 길이 6
~20mm이고 꽃줄기와 함께 샘털이
밀생한다. 꽃받침은 종모양이며 열편
은 길이 3.3~4.8mm의 피침형-장타
원상 피침형이고 끝은 뾰족하다. 꽃
부리는 길이 6.2~12.2mm이며 통부는
길이 3.4~5mm이다. 윗입술꽃잎은 길
이 2.4~4mm의 사각상 넓은 도란형-
도란상 반원형이고 끝이 2개로 길게
갈라진다. 열편의 끝은 둥글거나 오
목하며 가장자리는 겹쳐진다. 아랫입
술꽃잎은 3개로 완전히 갈라지며 중
앙열편은 길이 1~2.8mm의 난형이고
아래로 젖혀진다. 측열편은 길이 1.2
~1.7mm이고 곧추선다. 수술은 4개이
며 수술대는 길이 2.4~5.8mm이고 샘
털이 있다. 가수술은 길이 1.4~2.8mm
의 주걱형이고 적색-적자색이다. 암
술대는 길이 1.7~4.8mm이다. 열매(삭
과)는 길이 7~11mm의 난형이다.

참고 줄기와 잎에 털이 밀생하고 잎
이 난형이며 꽃차례가 잎겨드랑이에
서 나오고 꽃이 5~7월에 피는 것이
특징이다.

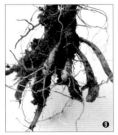

❶2016. 7. 5. 러시아 프리모르스키주 ❷꽃.
수술은 4개이며 시간차를 두고 2개씩 성숙
한다. 성숙한 수술은 꽃부리통부 밖으로 나
출된다. 수술대에 샘털이 있다. ❸꽃 측면.
꽃받침열편은 피침형-장타원상 피침형이며
꽃자루와 함께 긴 샘털이 밀생한다. ❹꽃 뒷
면. 윗입술꽃잎은 2개로 깊게 갈라진다. 열
편은 서로 겹쳐지고 끝이 둥글거나 오목하
다. ❺열매. 난형이고 털이 없다. ❻잎. 삼
각형-난형이고 밑부분은 흔히 심장형이다.
❼잎 뒷면. 양면(특히 뒷면의 맥 위)에 털
이 밀생한다. ❽줄기. 퍼진 털이 밀생한다.
❾덩이뿌리. 땅속줄기는 짧고 덩이뿌리가 발
달한다.

방울꽃

Strobilanthes oliganthus Miq.

쥐꼬리망초과

국내분포/자생지 제주의 산지 숲속

형태 다년초. 줄기는 높이 20~60cm
이며 네모지고 굽은 털이 있다. 잎
은 마주나며 길이 3~8(~10)cm의 타
원형-넓은 난형이다. 꽃은 8~10월에
연한 자색-자색 또는 청자색으로 피
며 수상꽃차례에 몇 개씩 모여 달린
다. 포는 잎모양이며 마름모상 난형-
난형이고 털이 있다. 꽃받침열편은
길이 1cm 정도의 선형이고 작은포와
비슷한 모양이다. 꽃부리는 길이 3~
3.5cm의 입술모양의 통형이다. 수술
은 4개이고 꽃부리 밖으로 나출되지
않는다.

참고 꽃부리가 얕게 갈라지는 입술모
양의 통형이며 수술이 4개이다.

❶2021. 9. 20. 제주 제주시. 입술꽃잎의 열
편이 모두 크기와 모양이 비슷하여 꽃부리
가 5개로 갈라진 것처럼 보인다. ❷꽃. 꽃부
리 바깥면의 맥 위에 긴 털이 있다. 꽃자루는
없다. ❸열매(삭과). 좁은 도란형이고 윗부분
에 긴 털이 있다. 밑부분까지 완전히 갈라진
꽃받침에 싸여 있다. ❹잎. 양면에 짧은 털이
많다.

입술망초

Peristrophe japonica (Thunb.)
Bremek.

쥐꼬리망초과

국내분포/자생지 전남(광주시, 화순군)
의 산지에 드물게 분포

형태 다년초. 줄기는 높이 30~80cm
이다. 잎은 길이 3~12cm의 장타원상
피침형-장타원상 난형이며 밑부분은
둔하거나 쐐기형이다. 꽃은 9~10월
에 연한 적자색-적자색으로 피며 취
산꽃차례에 2~3개씩 모여 달린다. 꽃
자루는 거의 없다. 꽃부리는 길이 2
~3.4cm이다. 윗입술꽃잎은 길이 8~
15mm의 도란형-거의 원형이며 아랫
입술꽃잎은 길이 9~15mm의 장타원
형이고 끝부분에서 3개로 갈라진다.

참고 쥐꼬리망초에 비해 포가 잎모
양이고 대형이며 꽃은 180° 거꾸러져
달리는 것이 특징이다.

❶2019. 8. 14. 광주 동구 무등산 ❷꽃. 꽃부
리 아래쪽의 것이 윗입술꽃잎이다. 수술대에
털이 많다. ❸꽃 측면. 포는 2개이고 크기가
서로 다르다. 꽃은 포 사이에서 시간(날짜)을
달리하여 2~3개 정도씩 핀다. ❹열매(삭과).
장타원상 도란형이며 짧은 털이 밀생한다.
❺잎. 양면 맥 위에 털이 약간 있다.

자란초

Ajuga spectabilis Nakai

꿀풀과

국내분포/자생지 중부지방 이남의 숲속, 한반도 고유종

형태 다년초. 줄기는 높이 25~40cm 이고 털이 거의 없다. 잎은 마주나며 길이 4~19cm의 넓은 타원형–타원상 난형 또는 도란형이다. 잎자루는 짧다. 꽃은 5~6월에 연한 자색–자색으로 피며 길이 3~5cm의 취산꽃차례에 모여 달린다. 꽃받침침열편은 길이 5mm 정도의 선형이다. 꽃부리는 길이 1.5~2cm이고 위쪽으로 갈수록 넓어진다. 아랫입술꽃잎은 3개로 갈라지며 중앙열편은 도란형–넓은 도란형이고 끝이 편평하거나 오목하다.

참고 줄기가 곧추 자라고 뿌리잎이 없으며 잎이 대형인 것이 특징이다.

❶ 2023. 5. 9. 경북 문경시 조령산 ❷ 꽃. 윗입술꽃잎은 매우 짧다. ❸ 꽃 내부. 수술대는 4개이고 윗부분에 털이 약간 있다. 암술대의 끝은 2개로 갈라진다. ❹ 잎. 가장자리에 결각상의 불규칙한 톱니가 있다. 양면에 짧은 털(샘털)이 흩어져 있다. ❺ 땅속줄기. 옆으로 길게 뻗는다.

누린내풀

Tripora divaricata (Maxim.)
P.D.Cantino

꿀풀과

국내분포/자생지 중부지방 이남의 산야(주로 숲가장자리)

형태 다년초. 줄기는 높이 50~90cm 이다. 잎은 마주나며 길이 8~14cm의 장타원상 난형–난형이다. 꽃은 8~10 월에 (적자색–)자색으로 피며 엉성한 취산꽃차례에 모여 달린다. 꽃받침은 길이 2~4mm의 컵모양이다. 꽃부리는 길이 1.5~2cm이며 통부는 길이 6~8mm이고 열편은 입술모양으로 갈라진다. 윗입술꽃잎은 도란형이고 깊게 2개로 갈라진다.

참고 수술과 암술대가 길이 3cm 정도이고 활모양으로 구부러져 꽃부리 밖으로 길게 나출되는 것이 특징이다.

❶ 2023. 9. 22. 경북 문경시 조령산 ❷ 꽃. 아랫입술꽃잎은 3개로 갈라지며 중앙열편은 타원상 도란형이고 밑부분에 연한 자색의 무늬가 있다. ❸ 꽃 측면. 수술은 4개이며 암술대와 함께 꽃부리 밖으로 길게 나출된다. ❹ 열매(소견과). 4개이고 난상 구형이며 표면에는 그물모양의 맥이 있다. ❺ 잎 뒷면. 맥 위에 잔털이 있다.

덩굴곽향

Teucrium viscidum var.
miquelianum (Maxim.) H.Hara

꿀풀과

국내분포/자생지 경기, 경북 이남의
산지

형태 다년초. 땅속줄기는 옆으로 길
게 뻗는다. 줄기는 높이 20~60cm이
며 아래에 굽은 털이 약간 있다. 잎은
마주나며 길이 4~10cm의 피침형-
피침상 장타원형이다. 끝은 뾰족하고
밑부분은 넓은 쐐기형-원형이거나
편평하며 가장자리에 불규칙한 톱니
가 있다. 꽃은 6~9월에 연한 적자색-
적자색으로 피며 줄기와 가지 윗부분
에서 나온 길이 3~10cm의 총상꽃차
례에 모여 달린다. 포는 길이 3~7mm
의 선상 피침형-피침형이며 가장자
리에 퍼진 털이 있다. 꽃받침은 길
이 2.2~4mm의 종모양이고 털이 있
다. 위쪽 3개의 열편은 끝부분이 둔
하고 결실기에는 안쪽으로 오므라든
다. 꽃부리는 길이 8~10mm이며 통부
는 길이 4~5mm이고 바깥면에 퍼진
털이 약간 있다. 아랫입술꽃잎은 길
이 4~6mm이며 중앙열편은 길이 2.5
~3mm의 주걱형-거의 원형이고 끝이
둥글다. 측열편은 길이 1mm 정도의
삼각상 난형이고 끝이 둔하다. 암술
대는 길이 8mm 정도이고 끝이 2개
로 갈라진다. 열매(소견과)는 길이 1.2
~1.4mm의 렌즈모양의 원형이거나 반
구형이다.

참고 개곽향(*T. japonicum* Houtt.)에 비
해 줄기(키)와 잎이 비교적 큰 편이며
줄기에 아래쪽으로 굽은 짧은 털이
밀생하는 것이 특징이다. **섬곽향**(var.
viscidum Blume)은 덩굴곽향에 비해 잎
이 다소 두껍고 꽃차례 부위(포, 꽃자
루, 꽃받침 등)에 샘털이 밀생하며 제주
및 남부지역의 산지에서 자란다. 남
부지역(서남해 도서 등)에서는 섬곽향과
덩굴곽향의 중간적인 형질을 보이는
집단들이 종종 관찰된다.

❶2022. 7. 30. 경남 고성군 ❷꽃. 윗입술꽃
잎은 불명확하다(거의 없음). 꽃부리통부의
안쪽면에 긴 털이 밀생한다. 아랫입술꽃잎은
3개로 갈라지며 중앙열편은 주걱형-거의 원
형이다. ❸꽃 측면. 수술은 4개이며 아래쪽
에 퍼진 털이 있다(샘털이 없음). 암술대는
끝이 2개로 갈라진다. ❹잎 뒷면. 짧은 털이
밀생한다. ❺~❽섬곽향 ❺꽃. 꽃차례의 축,
포, 꽃자루, 꽃받침 등에 샘털이 밀생한다.
❻꽃받침(결실기). 샘털이 밀생한다. ❼잎.
덩굴곽향에 비해 두껍고 보다 주름져 보인
다. ❽2009. 10. 12. 제주 서귀포시 한라산

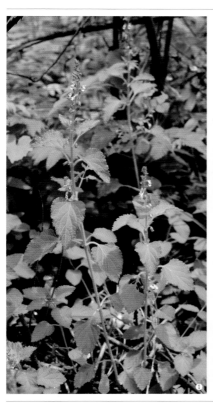

곽향

Teucrium veronicoides Maxim.

꿀풀과

국내분포/자생지 제주 및 강원(주로 석회암지대) 이북의 산지

형태 다년초. 줄기는 높이 15~30cm 이다. 잎은 길이 2.5~4cm의 삼각상 난형(-넓은 난형)이다. 꽃은 7~8월에 연한 적자색-적자색으로 피며 총상 꽃차례에 모여 달린다. 꽃받침은 3~4mm의 종모양이다. 위쪽 3개의 열편은 삼각형이고 끝이 약간 둔하며 아래쪽 열편은 좁은 삼각형이고 끝이 뾰족하다. 꽃부리는 길이 7~8mm이며 윗입술꽃잎은 불명확하다. 아랫입술꽃잎의 중앙열편은 길이 3mm 정도의 넓은 난형-거의 원형이다.

참고 줄기와 잎자루에 긴 퍼진 털이 많으며 잎이 삼각상 난형인 것이 특징이다.

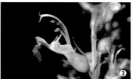

❶2018. 7. 5. 강원 영월군 ❷꽃. 꽃차례 축, 포, 꽃자루에 퍼진 털이 밀생한다. ❸꽃 측면. 덩굴곽향에 비해 수술과 암술대가 짧은 편이다. 꽃받침에 짧은 샘털이 있다. ❹줄기. 잎자루와 함께 긴 퍼진 털과 샘털이 혼생한다. ❺잎 뒷면. 양면에 털이 있으며 뒷면에 선점이 있다.

제주골무꽃

Scutellaria tuberifera C.Y.Wu & C.Chen

꿀풀과

국내분포/자생지 제주 서귀포시의 계곡부 숲가장자리

형태 다년초. 줄기는 높이 10~30cm 이고 퍼진 털이 밀생한다. 밑부분에서 가지가 많이 갈라진다. 잎은 마주나며 길이 1.5~2.5cm의 장타원상 난형-난상 원형이고 가장자리에 둔한 톱니가 있다. 양면에 압착된 털과 긴 털이 있다. 꽃은 3~4월에 연한 자색-청자색으로 핀다. 꽃받침에는 길이 0.7(~3, 결실기)mm 정도의 돌기가 있다. 꽃부리는 길이 1~1.3cm이며 통부의 밑부분은 굽지 않는다. 열매(소견과)는 지름 1.2~1.6mm의 난상 구형이다.

참고 땅속줄기가 옆으로 길게 뻗으며 지름 5~7mm의 난형-구형의 덩이줄기를 형성하는 것이 특징이다.

❶2020. 3. 16. 제주 서귀포시 ❷꽃. 작고 잎 겨드랑이에서 1개씩 달린다. ❸열매. 꽃받침에 싸여 있다. 꽃받침에는 긴 털이 많다. ❹줄기. 잎자루와 함께 긴 퍼진 털이 밀생한다.

골무꽃

Scutellaria indica L. var. *indica*

꿀풀과

국내분포/자생지 중남부지방 이남의 산지

형태 다년초. 땅속줄기는 가늘고 옆으로 뻗는다. 줄기는 높이 20~40cm이며 네모지고 퍼진 털이 있다. 잎은 마주나며 길이 1~3.5cm의 넓은 난형–거의 원형이다. 끝은 둔하거나 둥글고 밑부분은 편평하거나 심장형이며 가장자리에 둔한 톱니가 있다. 양면에 짧은 누운 털이 있다. 잎자루는 길이 5~20mm이고 퍼진 털이 밀생한다. 꽃은 5~6월에 연한 적자색–청자색으로 피며 줄기와 가지 끝부분의 총상꽃차례에 모여 달린다. 포는 길이 2~5mm의 타원형이고 가장자리에 털이 있다. 꽃자루는 길이 2~4mm이고 짧은 퍼진 털이 밀생한다. 꽃받침은 길이 2.5~3(~6, 결실기)mm이고 표면에 퍼진 짧은 털이 있다. 위쪽의 꽃받침에는 길이 1.5mm 정도의 돌기가 있다. 꽃부리는 길이 1.8~2.2cm이고 바깥면에 짧은 퍼진 털이 있다. 꽃부리통부의 밑부분은 거의 90°로 굽는다. 아랫입술꽃잎의 중앙열편은 자색–적자색의 반점이 있고 끝은 오목하다. 수술은 4개이고 꽃부리 밖으로 나출되지 않는다. 열매(소견과)는 길이 1.4~1.7mm의 넓은 타원형–난상 타원형이며 표면에 원뿔형의 돌기가 밀생한다.

참고 떡잎골무꽃[var. *tsusimensis* (H.Hara) Ohwi]은 골무꽃에 비해 잎이 다소 두텁고 맥이 뚜렷하게 함몰된다. 또한 줄기 상부의 잎이 가장 대형이고 아래로 갈수록 작아지는 경향이 있다. 넓은 의미에서 동일 종으로 보기도 한다.

❶2018. 5. 11. 경남 밀양시 ❷꽃. 꽃자루 축과 평행하게 곧추선다. 꽃차례 축과 꽃자루, 꽃받침에 퍼진 털(샘털)이 밀생한다. ❸꽃(연한 적자색–청자색). 꽃색은 변이가 있다. 꽃부리의 바깥면에 털이 많다. ❹잎. 끝은 둔하거나 둥글며 양면에 누운 털이 있다. ❺~❻떡잎골무꽃 ❺꽃. 청자색보다는 연한 자색이나 연한 적자색으로 피는 경우가 많다. ❻꽃 측면. 골무꽃과 거의 동일하다. ❼잎. 골무꽃이 비해 줄기 상부(흔히 꽃차례 밑에서 두 번째)의 잎이 가장 대형이고 비교적 두터우며 잎맥이 뚜렷하게 함몰하여 잎 표면이 주름져 보인다. ❽2002. 4. 25. 전남 목포시 유달산

산골무꽃

Scutellaria pekinensis var. *transitra*
(Makino) H.Hara

꿀풀과

국내분포/자생지 전국의 산지

형태 다년초. 줄기는 높이 15~30cm
이며 위로 굽은 털이 밀생한다. 잎
은 마주나며 길이 2~5cm의 삼각상
난형~난형이다. 잎자루는 길이 5~
20mm이다. 꽃은 5~6월에 연한 적자
색~청자색으로 피며 줄기와 가지 끝
부분의 총상꽃차례에 모여 달린다.
꽃차례 하반부의 포는 잎모양이며 꽃
차례 상반부의 포는 길이 3~7mm의
좁은 피침형이고 가장자리는 밋밋하
다. 꽃받침은 길이 2~4(~6, 결실기)mm
이고 표면에 샘털이 있으며 위쪽의
꽃받침에는 길이 1~3mm의 돌기가
있다. 꽃부리는 길이 1.2~1.7cm이고
바깥면에 샘털이 있다. 꽃부리통부의
밑부분은 약 45~60°로 굽는다. 아랫
입술꽃잎은 길이 4~5mm이며 중앙열
편은 넓은 난형이다. 수술은 4개이다.
열매(소견과)는 길이 1~1.2mm의 타원
형(~난상 타원형)이며 표면에 원뿔형의
돌기가 밀생한다.

참고 호골무꽃[var. *ussuriensis* (Regel)
Hand.-Mazz.]은 산골무꽃에 비해 전
체적으로 소형이며 잎이 얇고 털이
거의 없는(뒷면의 맥 위에 약간 있음) 것
이 특징이다. 산골무꽃은 생육환경에
따라 변이가 심한 편이며, 호골무꽃
등 종내 분류군들과의 사이에서 중간
형태를 보이는 개체들이 많아 구분하
기 애매한 경우가 많다. 호골무꽃, 왕
골무꽃(var. *maxima* S.Kim & S.Lee.), *S.
laeteviolacea* Koidz.(국내 분포 추정)를
포함하여 산골무꽃류에 대한 분류학
적 재검토가 필요한 것으로 판단된다.

❶2023. 5. 22. 제주 서귀포시 한라산 ❷꽃.
꽃은 꽃차례 축에서 위로 비스듬히(약 45~
60°) 벌어져서 달린다. ❸꽃받침(결실기). 부
속체는 결실기에 커진다. 샘털이 흩어져 있
다. ❹잎 뒷면. 선점이 흩어져 있으며 맥 위
에 짧은 털이 산생 또는 밀생한다. ❺-❼호
골무꽃 ❺꽃. 산골무꽃에 비해 작고 꽃부리
가 더 옆으로 퍼져서 달린다. ❻꽃받침(결실
기). 산골무꽃과 거의 같다. ❼잎 뒷면. 선점
이 흩어져 있다. 산골무꽃에 비해 잎이 소형
이고 밑부분이 심장형이며 털이 적은 편이
다. ❽2001. 6. 17. 충북 영동군 민주지산

광릉골무꽃

Scutellaria insignis Nakai

꿀풀과

국내분포/자생지 강원, 경기, 충남의 산지, 한반도 고유종

형태 다년초. 땅속줄기가 뻗는다. 줄기는 높이 40~70cm이다. 잎은 길이 4~10cm의 피침형-난상 타원형이다. 꽃은 5~6월에 연한 자색-청자색으로 핀다. 위쪽의 꽃받침에는 길이 1.5~2.5mm의 돌기가 있다. 꽃부리통부의 밑부분은 80~90°로 굽는다. 아랫입술꽃잎의 중앙열편은 넓은 난형이고 가장자리는 물결모양으로 주름지며 윗면은 흔히 백색 바탕에 자색-적자색의 반점이 있다.

참고 식물체가 높이 40cm 이상으로 대형이며 잎자루가 길이 3mm 이하로 짧고 꽃이 길이 3cm 이상인 것이 특징이다.

❶ 2011. 6. 7. 경기 포천시 국립수목원 ❷ 꽃차례. 꽃은 줄기 끝부분의 총상꽃차례에 모여 달린다. ❸ 꽃. 길이 3~4.2cm로 비교적 대형이다. ❹ 어린잎. 마주나며 줄기 윗부분의 잎은 피침형-타원상이며 끝이 길게 뾰족하다.

구슬골무꽃

Scutellaria moniliorhiza Kom.

꿀풀과

국내분포/자생지 북부지방의 숲가장자리(주로 풀밭, 바위지대 및 사력지)

형태 다년초. 줄기는 높이 25~35cm이고 마디에 긴 털이 있다. 잎은 길이 1~3.5cm의 피침형-장타원상 난형이다. 꽃은 7~8월에 자색-청자색으로 핀다. 꽃받침에는 길이 0.8~1(~1.5, 결실기)mm의 돌기가 있다. 꽃부리는 길이 2.8~3.2cm이다. 아랫입술꽃잎의 중앙열편은 지름 1mm 정도의 넓은 난형-난상 원형이고 끝부분은 오목하다.

참고 땅속줄기가 염주모양이고 마디 사이가 덩이줄기 같이 비후되는 것이 특징이다.

❶ 2019. 7. 4. 중국 지린성 백두산 일대 ❷ 꽃. 꽃부리통부의 밑부분은 45~90°로 굽는다. 바깥면에 잔털과 샘털이 많다. ❸ 꽃받침(결실기). 열편의 가장자리에 긴 털이 약간 있다. 표면에 원뿔형의 돌기가 많다. ❹ 잎. 피침형-장타원상 난형이고 밑부분은 편평하거나 얕은 심장형이다. 잎자루는 길이 2~4mm이다. ❺ 땅속줄기. 백색이며 마디가 잘록한 염주(구슬)모양이다.

황금

Scutellaria baicalensis Georgi

꿀풀과

국내분포/자생지 제주 및 경북(안동시, 의성군 등) 이북 산지의 풀밭이나 바위지대

형태 다년초. 땅속줄기가 지름 2~3cm로 굵다. 줄기는 높이 50~90cm이다. 잎은 마주나며 길이 2~5cm의 선상 피침형–피침형이다. 표면은 털이 없으며 뒷면에는 흑색의 선점이 밀생하고 맥 위와 가장자리에 털이 있다. 꽃은 7~8월에 청자색–적자색으로 피며 줄기와 가지 끝부분의 총상꽃차례에 모여 달린다. 꽃받침은 길이 3~4mm이고 굽은 털이 밀생한다. 위쪽의 꽃받침에는 길이 1.5mm 정도의 돌기가 있다. 꽃부리는 길이 2.4~3cm이고 바깥면에 샘털이 밀생한다. 윗입술꽃잎은 구부러진 보트 모양이며 끝은 2개로 깊게 갈라진다. 아랫입술꽃잎의 중앙열편은 너비 7~8mm의 반원형–삼각상 난형이고 끝부분은 V자모양으로 깊게 갈라진다. 수술은 4개이며 그중 안쪽의 2개는 약간 길다. 열매(소견과)는 길이 1.8~2mm의 타원상 난형–타원상 구형이며 표면에 돌기가 발달한다.

참고 제주도 오름지대의 풀밭에 자생하는 소황금은 *S. orthocalyx* Hand.–Mazz.로 오동정되어 국내에 최초 보고되었다. 형태적으로 황금과 거의 같지만 전체적으로 소형인 것이 특징으로서 제주도 환경에 적응한 황금의 왜소형화된 집단(동일 종) 또는 변종으로 추정된다. 참고로 *S. orthocalyx*는 황금에 비해서 잎이 2가지 형태(줄기 아래쪽의 잎은 장타원상 난형–난형이고 빽빽이 모여 달리며 줄기 위쪽의 잎은 선형이고 넓은 간격으로 모여 달림)이고 잎 뒷면, 꽃자루, 꽃받침, 꽃부리에 샘털이 밀생하는 것이 특징이다. 중국 남서부(윈난성, 쓰촨성)의 고원지대에 분포한다.

❶ 2004. 8. 11. 경북 안동시 ❷ 꽃. 꽃줄기와 평행하게 곧추선다. ❸ 열매. 꽃받침 부속체는 비대해진다. 꽃받침열편의 가장자리에 털이 밀생한다. ❹ 잎. 피침상이며 잎자루는 길이 2mm 정도로 짧다. ❺~❽ 소황금 타입 ❺ 꽃. 황금에 비해 소형이다. ❻ 열매. 상반부에 긴 털이 밀생한다. ❼ 잎. 황금에 비해 소형이고 더 조밀하게 달린다. ❽ 2021. 8. 31. 제주 제주시 한라산(식재)

참배암차즈기
Salvia chanryoenica Nakai

꿀풀과

국내분포/자생지 경남(지리산 등) 이북의 중남부지방 산지, 한반도 고유종
형태 다년초. 줄기는 높이 20~60cm이고 구부러진 털과 함께 짧은 샘털이 밀생한다. 잎은 마주나며 길이 4~20cm의 타원형-타원상 난형이다. 꽃은 7~10월에 연한 황색-황색으로 핀다. 꽃받침은 길이 7~14(~20, 결실기)mm의 종모양이다. 윗입술꽃잎은 길이 1~1.7cm이고 구부러진 보트모양이며 끝은 깊게 갈라진다. 아랫입술꽃잎은 길이 6~12mm이고 중앙열편의 끝은 둥글다. 수술은 2개이며 꽃부리 밖으로 약간 나출한다.
참고 잎이 홑잎이며 꽃부리가 황색이고 길이 2~3.5cm로 대형인 것이 특징이다.

❶2020. 9. 16. 강원 삼척시 ❷꽃. 암술대는 윗입술꽃잎의 갈라진 끝부분에서 나와 꽃부리 밖으로 길게 나출된다. ❸꽃 측면. 꽃받침과 꽃부리의 바깥면에 짧은 털과 샘털이 혼생한다. ❹잎 뒷면. 양면(특히 맥 위)에 긴 털이 많다.

둥근배암차즈기
Salvia japonica Thunb.

꿀풀과

국내분포/자생지 남부지방의 산지
형태 다년초. 줄기는 높이 40~70cm이다. 잎은 길이 5~10cm의 타원형-넓은 난형이다. 잎자루는 길이 3~8cm이다. 중앙의 작은잎은 길이 3~7cm의 피침형-난형이다. 꽃은 6~8월에 백색-연한 자색으로 핀다. 윗입술꽃잎은 길이 2~4mm의 도란형-원형이고 끝은 2개로 갈라진다. 아랫입술꽃잎의 중앙열편은 사각상 도란형이고 끝은 얕게 갈라진다. 수술은 2개이며 꽃부리 밖으로 약간 나출된다.
참고 잎이 3출겹잎이거나 깃털모양의 겹잎이며 꽃부리가 백색-연한 자색이고 길이 1~2.2cm인 것이 특징이다.

❶2004. 6. 28. 경남 거제시 ❷꽃. 백색-연한 자색이며 층을 이루며 돌려나듯이 모여 달린다. ❸꽃 측면. 꽃줄기, 꽃자루, 포, 꽃받침 등에 짧은 털과 함께 샘털이 많다. 암술대는 윗입술꽃잎이 갈라진 부분에서 약간 나출된다. ❹잎 뒷면. 선점이 많고 맥 위에 긴 털이 밀생한다.

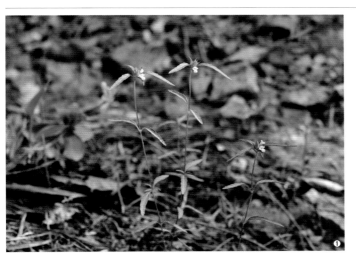

가는잎산들깨

Mosla chinensis Maxim

꿀풀과

국내분포/자생지 인천(강화군) 및 경북(안동시, 영양군 등) 이남의 산지 풀밭

형태 1년초. 줄기는 높이 10~40cm이며 네모지고 아래로 굽은 털이 밀생한다. 키가 큰 개체는 가지가 많이 갈라진다. 잎은 마주나며 길이 1~3cm의 선형-선상 피침형(~장타원상 난형)이고 끝이 뾰족하거나 길게 뾰족하다. 밑부분은 좁은 쐐기형~쐐기형이며 가장자리에는 뾰족한 작은 톱니가 성기게 있다. 앞면에는 짧은 털이 있으며 뒷면에 선점이 많고 맥 위에 짧은 누운 털이 있다. 잎자루는 길이 3~6mm이고 털이 약간 있다. 꽃은 7~10월에 연한 적자색~적자색으로 피며 줄기와 가지 끝부분의 총상꽃차례에 모여 달린다. 포는 길이 5~10(~12)mm의 넓은 난형~난상 원형이고 표면에는 짧은 누운 털과 선점이 있으며 끝은 급격히 뾰족하고 가장자리에 긴 털이 있다. 꽃자루에 털이 있다. 꽃받침은 길이 3(~8, 결실기)mm 정도의 종모양이고 바깥면에 털과 선점이 있다. 열편은 선상 피침형~피침형이고 서로 길이가 비슷하다. 꽃부리는 길이 6~7mm이고 포보다 약간 길며 바깥면에 짧은 털이 밀생한다. 수술은 4개이고 꽃부리 밖으로 나출되지 않는다. 열매(소견과)는 지름 1~1.5mm의 난형~거의 구형이다.

참고 산들깨[*M. japonica* (Benth. ex Oliv.) Maxim.]에 비해 잎이 선상 피침형~장타원상 난형인 것이 특징이다.

❶2023. 9. 3. 전남 고흥군 ❷❸꽃. 포는 넓은 난형~난상 원형이고 선점과 함께 털이 많다. 꽃부리의 바깥면에 털이 밀생한다. ❹열매(소견과). 길이 1~1.5mm의 난형~거의 구형이다. ❺잎. 선형~선상 피침형이며 양면에 선점이 밀생한다. ❻줄기. 아래로 굽은 짧은 털이 밀생한다. ❼2023. 9. 3. 전남 고흥군

다도해산들깨

Mosla dadoensis K.K.Jeong,
M.J.Nam & H.J.Choi

꿀풀과

국내분포/자생지 경남(남해도), 전남의 도서지역(금오도, 보길도, 완도 등), 한반도 고유종

형태 1년초. 줄기는 높이 10~60cm이며 네모지고 아래로 굽은 털과 긴 퍼진 털이 밀생한다. 가지가 많이 갈라진다. 잎은 마주나며 길이 1~3cm의 피침형–타원상 난형(~난형)이다. 끝이 뾰족하거나 둔하고 밑부분은 둥글거나 쐐기형이며 가장자리에는 뾰족한 톱니가 성기게 있다. 앞면에는 선점이 많고 긴 털과 짧은 털이 혼생한다. 뒷면에 선점이 흩어져 있고 맥 위에 짧은 누운 털이 있다. 잎자루는 길이 2~5mm이고 퍼진 털과 굽은 털이 있다. 꽃은 8~10월에 연한 적자색–적자색으로 피며 줄기와 가지 끝부분의 총상꽃차례에 모여 달린다. 포는 길이 5~7mm의 난형–넓은 난형 또는 넓은 도란형이고 양면에는 짧은 털과 긴 털이 혼생하며 끝은 급격히 뾰족하거나 길게 뾰족하고 가장자리에 긴 털이 있다. 꽃자루에 털이 있다. 꽃받침은 길이 5mm 정도의 종모양이고 바깥면에 긴 털과 선점이 있다. 열편은 통부 길이의 2/3~3/4 정도의 송곳모양–선상 피침형이고 서로 길이가 비슷하다. 꽃부리는 길이 8~9mm이고 포보다 길며 바깥면에 털이 밀생한다. 수술은 4개이고 꽃부리 밖으로 나출되지 않는다. 열매(소견과)는 지름 1.2~1.6mm의 타원형–거의 구형이다.

참고 가는잎산들깨에 비해 키가 큰 편이며 가지가 더 많이 갈라지는 편이다. 줄기, 잎자루, 꽃차례 등에 긴 퍼진 털이 많고 잎(피침형–타원상 난형)과 포가 넓다.

❶2019. 10. 5. 전남 여수시 금오도 ❷❸꽃. 포는 난형–넓은 난형이며 끝이 길게 뾰족하며 전체에 긴 퍼진 털이 밀생한다. 꽃부리의 바깥면에 털이 밀생한다. ❹열매(소견과). 길이 1.2~1.6mm의 타원형–거의 구형이다. ❺잎. 피침형–타원상 난형이며 밀생하는 선점과 함께 긴 털이 있다. ❻줄기, 잎자루와 함께 긴 퍼진 털과 아래로 굽은 털이 밀생한다. ❼어린 개체(5월) 줄기와 잎자루에 긴 퍼진 털이 밀생한다. ❽2023. 9. 24. 전남 완도군 상왕봉

산들깨

Mosla japonica (Benth. ex Oliv.) Maxim.

국내분포/자생지 중부지방 이남 산야의 습한 풀밭

형태 1년초. 줄기는 높이 5~30cm이며 아래로 굽은 털이 있다. 잎은 길이 1~3cm의 장타원상 난형~난형이고 가장자리에는 작은 뾰족한 톱니가 성기게 있다. 꽃은 8~10월에 연한 적자색으로 피며 총상꽃차례에 모여 달린다. 포는 길이 3~6mm의 난형~넓은 난형이다. 꽃부리는 길이 4~5mm이고 포보다 길며 바깥면에 짧은 털이 밀생한다.

참고 들깨풀[*M. scabra* (Thunb.) C.Y.Wu & H.W.Li]에 비해서는 포가 난형이고 꽃받침열편의 모양이 거의 비슷한 것이 특징이다.

❶ 2023. 9. 10. 전남 광양시 백운산 ❷ 꽃. 포는 난형~넓은 난형이며 선점과 함께 짧은 털이 있다. ❸ 꽃받침(결실기). 상반부에 선점이 흩어져 있다. 열편은 피침형~장타원상 피침형이다. ❹ 열매(소견과). 지름 1.1~1.5mm의 거의 구형이다. ❺ 잎 뒷면. 선점이 흩어져 있으며 맥 위에 털이 있다.

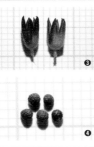

가는잎향유

Elsholtzia sp.

국내분포/자생지 경북(조령산), 충북(속리산, 월악산 등), 한반도 고유종(추정)

형태 1년초. 줄기는 높이 15~50cm이다. 잎은 길이 2~7cm, 너비 2~4mm의 선형이며 가장자리에 톱니가 성기게 있다. 꽃은 8~10월에 적자색으로 핀다. 꽃받침은 길이 2mm 정도의 종모양이며 열편은 좁은 삼각형이고 끝이 가시모양으로 뾰족하다. 꽃부리는 길이 7~8mm의 깔때기모양이다.

참고 기존의 학명(*E. angustifolia*)은 중국 산둥성 칭다오 인근에서 채집된 꽃향유의 잎이 좁은 타입(애기향유와 유사)에 적용된 학명으로서 흔히 꽃향유의 이명으로 처리한다. 가는잎향유는 신종으로서 정당 발표되어야 한다.

❶ 2003. 10. 12. 충북 괴산군 ❷ 꽃. 포는 넓은 난형이고 끝이 급하게 뾰족하거나 바늘모양으로 뾰족하다. 꽃부리의 바깥면에 굽은 털과 샘털이 있다. ❸ 꽃차례(결실기). 소견과는 길이 1.4~1.6mm의 장타원형~타원형이다. ❹ 줄기잎. 너비 2~4mm의 선형이다. ❺ 잎 뒷면. 뒷면에 선점이 밀생하고 맥 위에 압착된 짧은 털이 약간 있다.

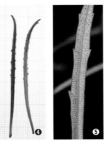

꽃향유

Elsholtzia splendens Nakai ex
F.Maek.

꿀풀과

국내분포/자생지 전국의 산야

형태 1년초. 줄기는 높이 30~60cm
이며 네모지고 굽은 털이 줄지어 난
다. 잎은 마주나며 길이 3~10cm의
(피침형-)난상 장타원형-난형이다. 끝
은 뾰족하고 밑부분은 차츰 좁아지
며 가장자리에 뾰족한 톱니가 있다.
뒷면에 선점이 많이 흩어져 있다. 잎
자루는 길이 3~10cm이고 털이 있다.
꽃은 9~11월에 적자색-진한 적자색
으로 피며 줄기와 가지의 끝부분에
서 나온 길이 2~10cm의 원통형 수상
꽃차례(또는 윤생상 취산꽃차례)에서 한
쪽 방향으로 치우쳐 달린다. 포는 길
이 5mm 정도의 난형-넓은 난형 또
는 도란형이고 끝이 급히 좁아져 바
늘처럼 뾰족하며 가장자리에 긴 털이
있다. 꽃받침은 길이 1~2.5mm의 통
모양이며 표면에 털과 함께 샘털이
있다. 열편은 크기가 서로 비슷하며
좁은 삼각형이고 끝이 가시처럼 뾰족
하다. 꽃부리는 길이 4~8mm의 깔때
기모양이며 바깥면에 긴 털과 샘털이
있다. 윗입술꽃잎은 2개로 깊게 갈라
진다. 아랫입술꽃잎의 중앙열편은 도
란상 원형-거의 원형이며 측열편은
작고 윗부분이 편평하거나 약간 둥글
다. 수술은 꽃부리통부 밖으로 길게
나출되며 4개이고 그중 2개는 길다.
열매(소견과)는 길이 1.2~1.5mm의 장
타원형이고 표면은 희미한 그물무늬
가 있다.

참고 한라꽃향유[var. *hallasanensis*
(Y.N.Lee) M.Kim]는 꽃향유에 비해 높
이가 3~15cm로 작고 전체적으로 소
형(잎이 1~3cm 정도)이며 제주도의 오
름이나 저지대 풀밭에서 자란다. 넓
은 의미의 종개념에서는 꽃향유에 통
합·처리한다.

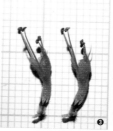

❶2002. 9. 18. 경남 함양군 지리산 ❷꽃차
례. 원통형 수상꽃차례이며 꽃은 한쪽 방향
으로 치우쳐 달린다. 수술과 암술대가 꽃부
리 밖으로 길게 나출된다. ❸꽃. 꽃부리 바깥
면에 샘털과 함께 긴 털이 밀생한다. 꽃받침
통부의 바깥면에 긴 털이 밀생한다. ❹잎. 양
면에 털이 약간 있으며 뒷면에 선점이 많이
흩어져 있다. ❺~❽한라꽃향유 타입 ❺꽃차
례. 내륙의 꽃향유에 비해 소형이다. ❻꽃.
꽃향유와 유사하지만 꽃부리가 보다 짧다.
❼잎. 꽃향유에 비해 소형이다. ❽2023. 10.
19. 제주 서귀포시

변산향유

Elsholtzia byeonsanensis M.Kim

꿀풀과

국내분포/자생지 전북(변산반도)의 해안가 바위지대, 한반도 고유종

형태 1년초. 줄기는 높이 20~40cm이고 네모지며 가지가 많이 갈라진다. 잎은 마주나며 길이 3.5~5cm의 타원상 난형-난형이고 비교적 두텁다. 끝은 뾰족하고 밑부분은 둥글거나 차츰 좁아지며 가장자리에는 큰 톱니가 있다. 양면에 털이 없고 뒷면에 선점이 있다. 잎자루는 길이 2~3cm이고 털이 없다. 꽃은 9~11월에 연한 적자색-연한 자색으로 피며 길이 3.5~8cm의 원통형 수상꽃차례(또는 윤생상 취산꽃차례)에서 한쪽 방향으로 치우쳐 달린다. 포는 길이 5~7mm의 난형-넓은 난형 또는 도란형이고 끝은 급히 뾰족하거나 바늘모양으로 뾰족하다. 꽃받침은 길이 2~3mm의 통모양이며 표면에 털이 있다. 열편은 크기가 서로 비슷하며 피침형-피침상 삼각형이고 끝이 가시처럼 뾰족하다. 꽃부리는 길이 5~7mm의 깔때기모양이며 바깥면에 긴 털과 샘털이 있다. 윗입술꽃잎은 2개로 깊게 갈라진다. 아랫입술꽃잎의 중앙열편은 도란상 원형-거의 원형이다. 측열편은 작고 곧추서며 윗부분은 편평하거나 약간 둥글다. 수술은 꽃부리통부 밖으로 길게 나출되며 4개이고 그중 2개는 길다. 열매(소견과)는 길이 1.2~1.5mm의 장타원형이고 표면은 희미한 그물무늬가 있다.

참고 꽃향유에 비해 잎이 두터운 종이질(지질)이며 잎 뒷면, 잎자루와 포에 털이 없는 것이 특징이다. 해안가에 적응하여 형태가 변형된 꽃향유의 지역적 변이 또는 변종으로 처리하는 것이 타당하다.

❶2021. 10. 18. 전북 부안군 변산반도 ❷꽃차례. 꽃향유처럼 꽃이 한쪽 방향으로 치우쳐 달린다. ❸꽃 측면. 꽃부리 바깥면에 긴 털이 밀생한다. 포는 난형-넓은 난형 또는 도란형이며 끝이 급격히 뾰족해지고 흔히 바늘모양으로 뾰족하다. ❹꽃. 꽃향유에 비해 꽃부리통부가 약간 짧은 편이며 색도 연한 적자색-연한 자색으로 보다 연하다. ❺꽃받침(결실기). 열매(소견과)는 꽃받침에 싸여 있다. ❻잎 뒷면. 털이 없고 선점이 흩어져 있다. ❼잎. 꽃향유에 비해 작고 두텁다. ❽자생 모습(2021. 10. 18. 전북 부안군 변산반도). 해안가 바위 절벽지대에서 자란다.

애기향유

Elsholtzia serotina Kom.

꿀풀과

국내분포/자생지 북부지방 산야의 바위지대

형태 1년초. 줄기는 높이 10~30cm이다. 잎은 길이 1~4.5cm의 피침형-난상 장타원형이다. 꽃은 9~10월에 적자색-진한 적자색으로 핀다. 포는 길이 3~5mm의 난형-넓은 난형이고 끝이 바늘처럼 뾰족하다. 꽃받침열편은 피침형-피침상 삼각형이고 끝이 가시처럼 뾰족하다. 꽃부리는 길이 2~5mm의 깔때기모양이다.

참고 향유의 이명으로 처리하는 경우가 많지만 꽃향유와 유사하다. 꽃향유에 비해 전체적으로 소형이며 잎이 피침형 또는 난상 장타원형으로 약간 좁은 편이다. 독립된 종으로 처리하기보다는 꽃향유의 종내 분류군(또는 동일 종)으로 처리하는 것이 타당한 것으로 판단된다.

❶2013. 9. 24. 중국 지린성 ❷❸꽃차례. 꽃향유와 닮았으나 꽃이 약간 소형이다.

좀향유

Elsholtzia minima Nakai

꿀풀과

국내분포/자생지 제주 한라산의 해발고도가 높은 지대의 풀밭이나 자갈지대. 한반도 고유종

형태 1년초. 줄기는 높이 3~10cm이다. 잎은 길이 3~10mm의 난형이다. 꽃은 8~10월에 적자색-진한 적자색으로 핀다. 포는 길이 3~7mm의 넓은 난형이며 끝이 급히 좁아져 바늘처럼 뾰족하다. 꽃받침은 길이 1~2mm 정도의 통모양이다. 꽃부리는 길이 2~4mm의 깔때기모양이다.

참고 줄기가 높이 10cm 이하로 매우 소형이며 꽃이 한쪽 방향 또는 거의 사방으로 모여 달리는 것이 특징이다. 꽃향유(한라꽃향유 타입)가 한라산 고지대의 환경에 적응하여 변화한 분류군(변종 수준)으로 판단된다.

❶2021. 9. 20. 제주 서귀포시 한라산 ❷꽃차례. 꽃은 포 밖으로 약간 나출되어 개화한다. ❸꽃. 꽃부리는 길이 2~4mm의 깔때기모양이다. 꽃받침열편의 가장자리에 긴 털이 밀생한다. ❹잎 뒷면. 선점이 밀생하며 맥 위에 짧은 털이 약간 있다.

두메층층이

Clinopodium micranthum (Regel)
H.Hara var. *micranthum*

꿀풀과

국내분포/자생지 제주 및 남부지방의 산지(특히 숲가장자리)

형태 다년초. 줄기는 높이 20~50cm이며 네모지고 털이 있다. 1개 또는 소수가 모여나며 밑부분은 땅에 눕고 윗부분은 곧추 자란다. 윗부분에서 가지가 갈라진다. 잎은 마주나며 길이 2~3cm의 장타원상 난형–난형이다. 끝은 약간 뾰족하며 가장자리에 다수의 뾰족한 톱니가 있다. 양면에 털이 약간 있으며 뒷면에 뚜렷한 선점이 있다. 잎자루는 길이 5~20mm이다. 꽃은 8~10월에 백색–연한 자색으로 피며 줄기와 가지 끝부분의 취산꽃차례에 모여 달린다. 꽃받침은 길이 4~5mm이고 샘털과 함께 긴 퍼진 털이 밀생한다. 꽃부리는 길이 5~6mm의 깔때기모양의 통형이다. 아랫입술꽃잎은 3개로 갈라지며 중앙열편은 도란형–넓은 도란형이고 끝이 편평하거나 약간 오목하다. 수술은 4개이고 꽃부리통부 밖으로 나오지 않는다. 열매(소견과)는 길이 0.8~1mm의 도란상 구형–거의 구형이고 편평하다.

참고 개탑꽃[var. *fauriei* (H.Lév. & Vaniot) H.Hara]은 두메층층이에 비해 전체적으로 소형이며 줄기에 털이 밀생하고 잎이 작은 것이 특징이다. 제주도(한라산)에 분포한다. 학자에 따라서는 원변종인 두메층층이는 일본 고유종으로 처리하기도 한다. 제주도에 분포하는 두메층층이류(변이가 심함)에 대한 분류학적 연구가 필요하다.

❶ 2023. 9. 19. 제주 서귀포시. 탑꽃과 달리 꽃차례가 줄기의 끝부분뿐만 아니라 줄기 상반부의 잎겨드랑이에서도 달린다(단속적). ❷ 꽃. 아랫입술꽃잎의 중앙열편은 도란형–넓은 도란형이고 끝이 편평하거나 약간 오목하다. ❸ 꽃 측면. 꽃받침에는 샘털과 함께 긴 퍼진 털이 밀생한다. ❹ 잎. 양면에 털이 약간 있다. 뒷면에 뚜렷한 샘점이 있다. ❺~❽ 개탑꽃 ❺ 꽃. 두메층층이에 비해 전체적으로 약간 소형이다. ❻ 꽃 비교. 두메층층이(우)에 비해 꽃받침열편이 약간 짧다. ❼ 잎 뒷면. 선점이 흩어져 있고 맥 위에 털이 있다. ❽ 2021. 8. 10. 제주 서귀포시 한라산. 꽃차례는 흔히 줄기 끝부분에서 연속적으로 달리지만 바로 아래의 잎겨드랑이에서도 드물지 않게 달린다. 탑꽃과 두메층층이의 중간적인 특징을 보인다.

탑꽃

Clinopodium multicaule (Maxim.) Kuntze

꿀풀과

국내분포/자생지 제주 및 남부지방 의 숲속

형태 다년초. 줄기는 높이 10~25cm 이고 네모지며 여러 개가 모여난다. 잎은 마주나며 길이 1.5~5cm의 장 타원형–장타원상 난형–난형이다. 끝 은 약간 뾰족하며 가장자리에 비교적 큰 톱니가 있다. 양면에 털이 약간 있 으며 뒷면에 선점은 뚜렷하지 않거나 산생한다. 잎자루는 길이 3~15mm이 다. 꽃은 7~8월에 백색(–붉은빛을 띤 백색)으로 피며 줄기의 끝부분과 윗 부분의 잎겨드랑이에서 나온 취산꽃 차례에 모여 달린다. 꽃받침은 길이 6mm 정도이고 통부의 맥 위에는 짧 은 털과 함께 퍼진 털이 있다. 꽃부리 는 길이 7~8mm의 깔때기모양의 통 형이다. 아랫입술꽃잎은 3개로 갈라 지며 중앙열편은 넓은 도란형–원상 도란형이고 끝이 오목하다. 수술은 4 개이고 꽃부리통부 밖으로 나오지 않 는다. 열매(소견과)는 길이 1mm 정도 의 도란상 구형–거의 구형이고 평활 하다.

참고 두메층층이에 비해 줄기가 여 러 개씩 모여나며 키가 작은 편이다. 또한 꽃차례가 짧고 연속적(층을 이루 지 않음)이며 꽃부리가 길이 7~8mm로 약간 큰 것이 특징이다.

❶~❹제주 자생 개체 ❶2023. 8. 8. 제주 서 귀포시 한라산. 줄기가 여러 개씩 모여난다. ❷꽃차례. 짧고 흔히 줄기의 끝부분(또는 바 로 아래의 마디까지)에 달린다. ❸꽃. 아랫 입술꽃잎의 측열편이 거의 원형이고 비교적 큰 편이다. 꽃받침통부의 맥 위에 짧은 털과 함께 퍼진 털이 있다. ❹잎. 짧은 털이 많다. 잎가장자리의 톱니가 두메탑꽃에 비해서 적 은 편이다. ❺~❽지리산 자생 개체 ❺꽃. 흔 히 백색이다. ❻꽃차례. 흔히 줄기 끝부분에 서 달린다. ❼잎 뒷면. 선점이 뚜렷하지 않거 나 산생한다. ❽2021. 9. 10. 지리산

배초향

Agastache rugosa (Fisch. &
C.A.Mey.) Kuntze

꿀풀과

국내분포/자생지 전국의 햇볕이 잘
드는 산야(특히 너덜이나 바위지대)

형태 다년초. 줄기는 높이 50~120cm
이다. 잎은 마주나며 길이 4~12cm의
장타원상 난형–난상 심장형이고 끝
이 길게 뾰족하다. 밑부분은 (쐐기형–)
심장형이며 가장자리에 뾰족한 톱니
가 있다. 꽃은 7~10월에 적자색–연한
자색으로 피며 수상꽃차례에 모여 달
린다. 꽃부리는 길이 8~10mm이며 아
랫입술꽃잎은 3개로 갈라지고 중앙
열편은 길이 2~3mm의 부채꼴모양이
다. 수술은 4개이다.

참고 꽃받침에 13~15개의 맥이 있으
며 수술이 꽃부리 밖으로 길게 나오
는 것이 특징이다.

❶2005. 8. 17. 강원 평창군 발왕산 **❷**꽃. 드
물게 백색으로 피기도 한다. **❸**꽃 측면. 꽃받
침통부에 맥이 뚜렷하고 선점이 약간 흩어져
있다. 꽃받침열편은 위쪽의 3개가 아래쪽의
2개보다 약간 길다. **❹**잎 뒷면. 선점이 밀생
하며 맥 위에 잔털이 있다.

벌깨덩굴

Meehania urticifolia (Miq.) Makino

꿀풀과

국내분포/자생지 전국의 산지(주로 계
곡부의 습한 환경)

형태 다년초. 줄기는 길이 15~40cm
이고 긴 털 또는 아래로 굽은 털이 있
다. 잎은 길이 2~6cm의 삼각상 난
형–난형이고 흔히 밑부분은 심장형
이다. 꽃은 4~6월에 청자색–적자색
으로 핀다. 꽃받침은 길이 1.3~1.8cm
의 원통상 종모양이며 바깥면에 퍼진
털이 있다. 꽃부리는 길이 3~5cm의
입술모양의 통형이다. 윗입술꽃잎은
길이 1cm 정도의 도란형이며 끝은 2
개로 깊게 갈라진다.

참고 꽃이 진 후 줄기의 아랫부분에
서 옆으로 길게 뻗는 가지가 발달하
며 꽃부리의 아랫입술꽃잎의 중앙열
편에 긴 털이 있는 것이 특징이다.

❶2017. 5. 27. 강원 태백시 태백산 **❷**꽃. 드
물게 꽃이 (백색–)분홍색인 개체도 관찰된
다. **❸** 열매(소견과). 타원형–도란상 타원형
이며 표면에 잔털이 있다. **❹**잎. 양면에 퍼진
털이 많고 뒷면에 선점이 있다.

용머리

Dracocephalum argunense Fisch. ex Link

꿀풀과

국내분포/자생지 경북(안동시, 의성군 등) 이북 산지의 풀밭 또는 바위지대

형태 다년초. 줄기는 높이 20~50cm 이고 밑으로 향하는 미세한 털이 있다. 잎은 길이 2~5cm의 선형−선상 피침형이다. 꽃은 6~8월에 연한 청자색−청자색으로 핀다. 꽃받침은 길이 1.4~1.8cm이며 털이 있다. 꽃부리는 길이 3~4cm이고 바깥면에 털이 밀생한다. 윗입술꽃잎은 2개로 깊게 갈라진다. 아랫입술꽃잎의 중앙열편은 도란상 난형이고 끝이 2개로 갈라진다. 수술은 4개이고 그중 뒤쪽의 2개가 약간 길다. 꽃밥에 털이 있다.

참고 잎이 선형−선상 피침형이며 가장자리가 밋밋한 것이 특징이다.

❶ 2022. 6. 11. 강원 고성군 ❷ 꽃. 꽃부리통부는 풍선처럼 부풀어 있다. 꽃받침열편은 피침상 삼각형이고 끝이 뾰족하다. ❸ 수술과 암술대. 수술의 윗부분에 구부러진 털이 밀생한다. 암술대는 2개로 갈라진다. ❹ 잎 뒷면. 선점이 흩어져 있고 맥 위에 누운 털이 있다.

벌깨풀

Dracocephalum rupestre Hance

꿀풀과

국내분포/자생지 강원(삼척시 등) 이북 산지의 바위지대(특히 석회암지대)

형태 다년초. 줄기는 높이 15~40cm 이고 밑으로 향하거나 옆으로 퍼진 털이 있다. 뿌리잎은 길이 2.5~4.5cm의 삼각상 난형−난형이며 끝이 둔하다. 꽃은 6~9월에 청자색으로 핀다. 꽃받침은 길이 1.8~2.4cm이고 털이 있으며 열편은 장타원상 삼각형−삼각형이다. 꽃부리는 길이 3.8~4cm이고 바깥면에 털이 밀생한다. 윗입술꽃잎은 2개로 깊게 갈라지며 거의 반으로 접힌다. 아랫입술꽃잎의 중앙열편은 넓은 도란상 부채모양이다. 꽃밥에 털이 있다.

참고 용머리에 비해 잎이 삼각상 난형−난형이며 가장자리에 둔한 톱니가 있는 것이 특징이다.

❶ 2020. 8. 18. 강원 강릉시 ❷ 꽃. 꽃부리 바깥면에 털이 밀생한다. 꽃받침열편의 끝은 바늘모양 또는 실모양이다. ❸ 잎. 밑부분은 심장형이며 양면에 털이 많다.

갈래꿀풀
Prunella sp.

꿀풀과

국내분포/자생지 강원, 충남 이남 산
야의 풀밭(특히 무덤가)

형태 다년초. 줄기는 높이 15~25cm
이다. 잎은 길이 5~7cm의 피침형−난
형이다. 꽃은 4~6월에 연한 자색−자
색으로 피며 원통형 취산꽃차례에서
모여 달린다. 포는 길이 8mm 정도의
넓은 난형−원형이고 끝은 급격히 뾰
족하다. 꽃받침은 길이 8~10mm의 통
형이다. 위쪽의 꽃받침열편은 3개이
고 얕은 톱니모양이며 아래쪽의 꽃
받침열편(2개)은 피침형이고 끝이 길
게 뾰족하다. 꽃부리는 길이 2cm 정
도의 입술모양의 깔때기형이며 윗입
술꽃잎은 길이 6~7mm의 거의 원형
이고 끝은 오목하다. 아랫입술꽃잎의
중앙열편은 도란형이고 아래로 강하
게 젖혀진다.

참고 갈래꿀풀은 국내 분포가 불명
확한 유럽꿀풀(*P. vulgaris* L. subsp.
vulgaris)과 유럽−지중해 일대에 분
포하는 *P. laciniata* (L.) L.의 교잡종
으로 알려져 있다. 그러나 모종 모
두 국내 분포하지 않는 교잡종으로서
Prunella × *intermedia*가 국내에 자
생할 가능성은 매우 낮다. 국내에 자
생하는 갈래꿀풀은 꿀풀[*P. vulgaris*
subsp. *asiatica* (Nakai) H.Hara]의
종내 신분류군(신변종)이거나 꿀풀의
개체변이로 처리하는 것이 타당하
다. **두메꿀풀**(*P. vulgaris* subsp. *aleutica*
Fernald)은 꿀풀에 비해 소형이고 연
약하며 개화 후에 옆으로 뻗는 줄기
가 발달하지 않는 것이 특징이다. 학
자에 따라서는 꿀풀에 통합·처리하
기도 한다. 국내 분포하는 꿀풀류(꿀
풀, 갈래꿀풀, 두메꿀풀)에 대한 면밀한
분류학적 연구가 필요하다.

❶2020. 5. 25. 전남 진도군 진도 ❷꽃. 흔
히 아랫입술꽃잎의 중앙열편의 가장자리는
톱니모양 또는 술모양으로 갈라진다. ❸꽃
측면, 윗입술꽃잎의 바깥면 중앙부(능각)에
털이 있다. ❹잎. 가장자리는 깊게 또는 얕게
깃털모양으로 갈라진다. ❺~❼두메꿀풀 타
입 ❺2003. 7. 8. 강원 인제군 대암산 ❻꽃.
꿀풀에 비해 약간 소형이다. ❼결실기 모습.
꽃이 진 후에도 옆으로 뻗는 기는줄기가 발
달하지 않는다.

송장풀

Leonurus macranthus Maxim.

꿀풀과

국내분포/자생지 전국의 산야

형태 다년초. 줄기는 높이 60~120cm 이다. 잎은 길이 5~12cm의 장타원 상 난형~난형이다. 꽃은 7~9월에 백색~연한 적자색으로 핀다. 꽃받침 은 길이 1.1~1.5cm의 원통상 종모양 이며 열편은 크기가 서로 다르다. 꽃 부리는 길이 1.8~2.5cm의 입술모양 의 깔때기형이다. 윗입술꽃잎은 길이 1~1.3cm의 장타원상 도란형이고 끝 이 둥글다. 아랫입술꽃잎은 길이 8~ 9mm이고 안쪽면에 연한 적자색~적 자색 무늬가 있으며 중앙열편은 원형 이고 아래로 젖혀진다.

참고 익모초에 비해 다년초이며 줄기 잎이 얕게 갈라지거나 가장자리에 성 긴 뾰족한 톱니 또는 이빨모양의 톱 니가 있는 것이 특징이다.

❶ 2018. 11. 14. 제주 서귀포시 ❷ 꽃. 꽃받 침열편의 끝부분은 바늘처럼 가늘다. ❸ 꽃 내부. 암술대의 중앙부는 꽃잎과 합생한다. ❹ 잎 뒷면. 맥 위에 털이 많다.

속단아재비

Matsumurella chinensis (Benth.) Bendiksby

꿀풀과

국내분포/자생지 전남(완도군)의 산지

형태 다년초. 땅속줄기가 뻗는다. 줄 기는 높이 8~20cm이고 부드러운 털 이 밀생한다. 잎은 길이 1.5~4cm의 장타원상 피침형~난형이다. 꽃은 5 ~6월에 백색으로 핀다. 꽃받침은 길 이 1~1.5cm의 통상 종모양이다. 꽃 부리는 길이 1.2~1.5cm의 입술모양 의 깔때기형이다. 윗입술꽃잎은 길이 1.1cm 정도의 도란형이다. 아랫입술 꽃잎은 길이 8mm 정도이고 분홍색 반점이 있으며 중앙열편은 넓은 난형 이고 끝이 오목하다.

참고 전체에 긴 털이 밀생하며 아랫입 술꽃잎의 측열편이 뚜렷하게 발달하 고 꽃밥에 털이 없는 것이 특징이다.

❶ 2020. 5. 23. 전남 완도군 ❷ 꽃 측면. 아 래쪽꽃잎의 측열편은 뚜렷하게 발달한다. 꽃받침의 바깥면 전체에 긴 털이 밀생한다. ❸ 꽃 내부. 꽃밥은 자색이고 털이 없다. 암술 대는 수술과 길이가 비슷하다. ❹ 잎 뒷면. 양 면에 부드러운 털이 밀생한다.

산속단

Phlomoides koraiensis (Nakai)
Kamelin & Makhm.

꿀풀과

국내분포/자생지 백두산 지역의 해발고도가 높은 지대

형태 다년초. 줄기는 높이 40~50cm이다. 뿌리잎은 길이 12~20cm의 난형-넓은 난형이고 밑부분은 깊은 심장형이다. 양면에 별모양의 짧은 털과 함께 긴 털이 밀생한다. 꽃은 7~9월에 적자색으로 핀다. 꽃받침열편의 끝은 길게 뾰족하거나 까락모양이다. 꽃부리는 길이 2~2.4cm의 입술모양의 깔때기형이다. 윗입술꽃잎은 길이 7~9mm이고 윗부분의 가장자리는 톱니모양으로 갈라진다. 아랫입술꽃잎의 중앙열편은 길이 4~5mm의 도란형이다. 수술대에 긴 털이 있다.

참고 뿌리잎이 발달하며 잎이 두껍고 잎가장자리의 톱니가 뚜렷하게 둔한 것이 특징이다.

①-**④**(ⓒ김지훈) **①** 2017. 7. 31. 중국 지린성 백두산 **②** 꽃차례. 줄기 윗부분의 잎겨드랑이에서 돌려나듯이 모여난다. **③** 꽃. 포는 송곳모양이며 꽃받침과 함께 털이 있다. **④** 잎. 가장자리에 둔한 톱니가 있다.

속단

Phlomoides umbrosa (Turcz.)
Kamelin & Makhm.

꿀풀과

국내분포/자생지 거의 전국의 산지

형태 다년초. 줄기는 높이 80~120cm이다. 잎은 길이 8~20cm의 난형-난상 원형이다. 꽃은 6~8월에 백색-연한 적자색으로 핀다. 꽃받침은 통모양이며 열편의 끝은 바늘모양으로 뾰족하다. 꽃부리는 길이 1.6~1.8cm의 입술모양 통형이다. 윗입술꽃잎은 길이 7mm 정도이고 윗부분의 가장자리는 불규칙하게 갈라지며 긴 털이 밀생한다. 아랫입술꽃잎은 길이 5mm 정도이고 적자색의 무늬가 있다.

참고 큰속단에 비해 꽃받침에 별모양의 짧은 털이 밀생하며 포가 송곳모양-선상 피침형으로 좁으며 수술대에 털이 없는 것이 특징이다.

① 2001. 7. 20. 전북 무주군 덕유산 **②** 꽃. 포는 송곳모양이다. 꽃부리의 바깥면에 긴 굽은 털이 밀생한다. **③** 꽃받침(결실기). 짧은 별모양의 털이 밀생한다. **④** 열매(소견과). 사각상 타원형-도란상 장타원형이고 털이 없다. **⑤** 잎. 가장자리에 뾰족하거나 이빨모양의 톱니가 많다.

큰속단

Phlomoides maximowiczii (Regel)
Kamelin & Makhm.
Phlomis maximowiczii Regel

꿀풀과

국내분포/자생지 강원, 경기 이북의 산지

형태 다년초. 줄기는 높이 80~120cm이며 네모지고 아래로 굽은 털이 있다. 흔히 뿌리잎이 있으며 길이 9~20cm의 난형-넓은 난형이고 끝이 길게 뾰족하다. 밑부분은 원형-얕은 심장형이며 가장자리에 뾰족하거나 또는 이빨모양의 톱니가 있다. 줄기잎은 마주나며 뿌리잎에 비해 작고 잎의 밑부분이 쐐기모양-원형이다. 줄기 아래쪽의 잎자루는 길이 7~9cm이고 위쪽으로 갈수록 짧아진다. 꽃은 6~8월에 연한 적자색-적자색으로 피며 취산꽃차례에 모여 달린다. 꽃받침은 길이 8~10mm의 윗부분이 약간 넓은 통모양이고 바깥면의 맥 위에 긴 퍼진 털이 있으며 열편은 짧은 삼각형이고 끝은 바늘모양이다. 꽃부리는 길이 2cm 정도의 입술모양 깔때기형이며 바깥면에 긴 굽은 털이 밀생한다. 윗입술꽃잎은 길이 9mm 정도이고 끝부분의 가장자리는 불규칙하게 갈라지며 긴 털이 밀생한다. 아랫입술꽃잎은 길이 5mm 정도이며 중앙열편은 길이 4~5mm의 넓은 난형-거의 원형이고 끝이 둥글거나 짧게 뾰족하다. 열매(소견과)는 길이 3.5~4mm의 타원형-도란상 장타원형이다.

참고 속단에 비해 포가 피침형-도피침형(~난상 타원형)으로 보다 넓으며 꽃받침에 별모양의 짧은 털이 없고 긴 털만 있는 것이 특징이다.

❶2021. 6. 25. 강원 영월군 ❷꽃차례. 줄기와 가지 윗부분의 잎겨드랑이에서 돌려나듯이 모여난다. ❸꽃. 윗입술꽃잎의 양면에 긴 털이 밀생한다. 윗입술꽃잎의 가장자리는 톱니모양이다. ❹꽃 내부. 수술은 4개이고 그중 2개는 약간 짧다. 꽃밥에 털이 없고 수술대는 윗부분에 긴 털이 약간 있고 하반부에 짧은 털이 많다. ❺꽃 측면. 꽃받침은 맥이 뚜렷하며 속단에 비해 별모양의 털이 없다. 포는 속단에 비해 피침형-도피침형(~난상 타원형)으로 보다 넓은 편이다. ❻잎. 끝이 속단에 비해 길게 뾰족한 편이다. ❼잎 뒷면. 양면에 긴 털과 함께 별모양의 짧은 털이 있다.

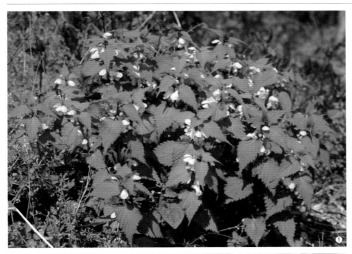

광대수염

Lamium album var. *barbatum*
(Siebold & Zucc.) Franch. & Sav.

국내분포/자생지 전국의 산야

형태 다년초. 땅속줄기가 길게 뻗는다. 줄기는 높이 30~70cm이며 마디에 긴 털이 있다. 잎은 마주나며 길이 4~10cm의 삼각상 난형-넓은 난형이다. 밑부분은 얕은 심장형이거나 편평하며 가장자리에 뾰족한 톱니가 있다. 잎자루는 길이 1.8~7cm이다. 꽃은 5~6월에 백색-연한 황백색(-연한 분홍색)으로 피며 줄기 윗부분의 잎 겨드랑이에서 나온 취산꽃차례에 돌려나듯이 모여 달린다. 포는 길이 2~3mm의 실모양-선형이며 가장자리에 털이 있다. 꽃받침은 길이 1.2~1.7cm의 종모양이며 열편은 길이 7~10mm의 피침형-삼각형이고 끝은 송곳모양으로 뾰족하다. 꽃부리는 길이 2~3cm이며 통부는 밑부분이 위쪽으로 심하게 구부러진다. 윗입술꽃잎은 장타원형 또는 도란형이며 끝은 둥글고 가장자리에 긴 털이 있다. 아랫입술꽃잎은 길이 6~12mm이며 중앙열편은 넓은 원형-난상 원형이고 끝부분은 깊게 갈라진다. 수술대는 털이 없고 꽃밥에 털이 있다. 열매(소견과)는 길이 2.8~3.2mm의 세모진 도란상 타원형이다.

참고 왜광대수염(*Lamium album* L. var. *album*)은 광대수염에 비해 꽃이 약간 작고(꽃부리의 길이 1.8~2.5cm) 줄기에 털이 밀생하며 줄기 상부의 잎은 잎자루가 거의 없거나 짧다. 경북 울릉도에 분포하는 **섬광대수염[var. *takesimense* (Nakai) Kudô]**은 광대수염에 비해 줄기가 굵고(지름 7~20mm) 잎이 조금 더 대형이며, 꽃이 거의 순백색인 것이 특징이다.

❶2013. 5. 2. 전남 장흥군. 줄기 윗부분의 잎은 잎자루가 뚜렷이 있다. ❷꽃. 거의 백색-연한 황백색이다. 꽃받침열편은 바늘모양-송곳모양이다. ❸잎 뒷면. 양면에 짧은 털이 약간 있거나 많다. ❹열매. 소견과는 흔히 4개씩 모여나며 윗부분이 편평한 도란상 타원형이다. ❺~❽섬광대수염 ❺열매. 광대수염과 형태가 비슷하다. ❻잎 뒷면. 맥 위에 잔털이 있다. 광대수염에 비해 잎이 크고 넓은 편이다. ❼줄기. 마디를 제외하고는 흔히 털이 없다. ❽2005. 5. 5. 경북 울릉군 울릉도 ❾왜광대수염. 2007. 6. 27. 중국 지린성 백두산

산박하

Isodon inflexus (Thunb.) Kudô

꿀풀과

국내분포/자생지 전국의 산야

형태 다년초. 땅속줄기는 목질화된다. 줄기는 높이 30~120cm이며 네모지고 능각에 아래로 굽은 털이 있다. 줄기 아래에서 가지가 많이 갈라진다. 잎은 마주나며 길이 3~13cm의 삼각상 난형~난형이다. 밑부분은 넓은 쐐기형으로 차츰 좁아져서 날개 모양으로 잎자루와 연결된다. 앞면에 털이 약간 있으며 뒷면의 맥 위에 털이 있다. 잎자루는 길이 5~35mm이고 털이 많다. 꽃은 8~10월에 연한 자색~청자색으로 피며 줄기와 가지의 끝부분 또는 잎(포)겨드랑이에서 나온 취산꽃차례에 3~5개씩 모여 달린다. 포는 잎모양이며 장타원상 난형~난형이다. 작은포는 길이 1mm 정도의 선형이다. 꽃받침은 길이 2~3.5mm의 종모양이고 표면에 짧은 털과 샘털이 약간 있으며 열편은 길이가 서로 비슷하다. 꽃부리는 길이 4~8mm이고 바깥면에 샘털과 짧은 털이 있다. 수술은 길이 2.5~8.4mm이며 꽃부리 밖으로 나출하지 않는다. 암술은 길이 4~10mm이고 암술대는 꽃부리 밖으로 나출하지 않는다. 열매(소견과)는 길이 1.5~1.8mm의 난상 원형~거의 구형이다.

참고 방아풀에 비해 잎(포)겨드랑이의 취산꽃차례가 빽빽이 모여서 좁은 원뿔상 꽃차례를 이루며 꽃자루가 꽃부리보다 짧고 꽃받침에 털이 적은 것이 특징이다. 산박하에 비해 잎이 작은(길이 6~20mm, 너비 3~15mm) 것을 영도산박하[var. *microphyllus* (Nakai) Kudô]로 구분하기도 하며 경남, 전남, 제주에 분포한다.

❶2020. 9. 22. 전남 신안군 홍도 ❷꽃차례. 좁은 원뿔상 꽃차례이다. 꽃자루가 꽃부리보다 짧다. ❸꽃. 수술과 암술대는 꽃부리 밖으로 나출하지 않는다. ❹열매(소견과). ❺잎 뒷면. 윗부분에 돌기모가 약간 있거나 밀생한다. ❺잎 뒷면. 맥은 뚜렷하게 돌출하며 털이 있다(털의 밀도에는 변이가 있음). ❻❼영도산박하 타입 ❻잎 뒷면. 잎이 작고 털이 적다. ❼2019. 10. 29. 경남 밀양시 운문산

방아풀

Isodon japonicus (Burm.f.) H.Hara

꿀풀과

국내분포/자생지 전국의 산야

형태 다년초. 땅속줄기는 목질화된다. 줄기는 높이 50~150cm이며 네모지고 능각에 아래로 굽은 털이 밀생한다. 잎은 마주나며 길이 6~15cm의 난형-넓은 난형이고 끝은 길게 뾰족하다. 밑부분은 둥글거나 넓은 쐐기형이고 급히 좁아져서 날개모양으로 잎자루와 연결된다. 앞면은 털이 있거나 없으며 뒷면은 맥 위에 털이 약간 있다. 잎자루는 길이 1~3.5cm이고 처음에는 잔털이 약간 있으나 차츰 없어진다. 꽃은 8~10월에 연한 자색-청자색으로 피며 줄기와 가지의 끝부분 또는 잎(포)겨드랑이에서 나온 취산꽃차례에 4~7개씩 모여서 달린다. 취산꽃차례는 전체적으로 엉성한 원뿔상 꽃차례를 이룬다. 포는 잎모양이고 난형이며 작은포는 길이 1mm 정도의 선형이다. 꽃받침은 길이 1.5~2.5(~3.5, 결실기)mm의 종모양이고 짧은 털이 많으며 열편은 길이가 서로 비슷하다. 꽃부리는 길이 4~7mm이고 윗입술꽃잎에 진한 자색의 반점이 있다. 수술은 4개이며 길이 3.2~8.8mm이고 꽃부리 밖으로 현저하게 나출한다. 암술은 길이 5.8~8mm이고 암술대는 꽃부리 밖으로 나출한다. 열매(소견과)는 길이 1.5~1.8mm의 넓은 타원형-도란상 타원형이다.

참고 자주방아풀에 비해 수술과 암술대가 꽃부리 밖으로 길게 나출하는 것이 특징이다.

❶2021. 9. 25. 경북 안동시 ❷❹꽃. 흔히 수술과 암술대는 꽃부리통부 밖으로 길게 나출한다(드물게 나출하지 않는 개체도 있음). ❸꽃 측면. 꽃받침에 누운 털이 밀생하며 열편은 통부보다 짧고 끝은 길게 뾰족하지 않다. ❺❻열매(소견과). 표면(특히 끝부분)에 돌기모양의 털이 약간 또는 많이 있다. ❼❽잎(변이). 가장자리에 뾰족하거나 둔한 이빨모양의 톱니가 있다. 엽형의 변이가 심한 편이다. ❾잎 뒷면. 맥이 뚜렷하게 돌출하며 맥 위에 짧은 털이 있다. ❿2020. 9. 27. 강원 평창군

자주방아풀

Isodon serra (Maxim.) Kudô

꿀풀과

국내분포/자생지 경남, 전남 이북의 산지

형태 다년초. 땅속줄기는 목질화된다. 줄기는 높이 40~150cm이며 네모지고 능각에 아래로 굽은 털이 밀생한다. 잎은 마주나며 길이 7~11cm의 장타원형–장타원상 난형(–난형)이고 끝은 길게 뾰족하다. 밑부분은 쐐기형으로 좁아져서 날개모양으로 잎자루와 연결된다. 양면에 짧은 털이 약간 있거나 거의 없다. 잎자루는 길이 5~35mm이고 털이 약간 있다. 꽃은 8~10월에 연한 자색–자색으로 피며 줄기와 가지의 끝부분 또는 잎(포) 겨드랑이에서 나온 취산꽃차례에 5~여러 개씩 모여서 달린다. 취산꽃차례는 전체적으로 엉성한 원뿔상 꽃차례를 이룬다. 포는 잎모양이고 피침형이며 작은포는 길이 1~3mm의 선형이다. 꽃받침은 길이 1.5~2.5mm의 종모양이고 털이 밀생하며 열편은 길이가 서로 비슷하다. 꽃부리는 길이 4~7mm이고 바깥면에 털이 있다. 수술은 4개이며 길이 3.5~5.2mm이고 꽃부리 밖으로 약간 나출하거나 나출하지 않는다. 암술은 길이 4~7mm이고 암술대는 꽃부리 밖으로 약간 나출한다. 열매(소견과)는 길이 1.4~1.8mm의 넓은 타원형–넓은 난형 또는 도란형이다.

참고 방아풀에 비해 수술과 암술대가 꽃부리 밖으로 나출하지 않거나 약간 나출하는 것이 특징이다.

❶2021. 9. 25. 경남 의령군 ❷꽃. 흔히 수술과 암술대는 꽃부리 밖으로 약간 나출하거나 나출하지 않는다. ❸꽃 측면. 꽃받침에 털이 있으며 열편은 통부와 길이가 비슷하다. ❹꽃 비교. 위쪽에서부터 산박하, 자주방아풀, 방아풀. 자주방아풀의 꽃 크기는 산박하보다 작고 방아풀과 비슷하다. 방아풀에 비해 꽃받침에 털이 적은 편이며 열편(특히 아래쪽의 것)은 보다 길고 뾰족하다. 또한 수술과 암술대가 꽃부리 밖으로 길게 나출하지 않는다. ❺열매(소견과). 끝부분에는 돌기모가 있는 방아풀과는 달리 짧은 털(돌기모 아님)이 있다. ❻잎. 가장자리에 안쪽(앞쪽)으로 약간 구부러진 뾰족한(또는 물결모양) 톱니가 있다. ❼잎 뒷면. 방아풀에 비해 양면에 털이 적거나 거의 없는 편이다. ❽2021. 9. 25. 경남 의령군. 잎은 흔히 장타원형–장타원상 난형이다(좁은 편).

오리방풀

Isodon excisus (Maxim.) Kudô
Rabdosia excisa (Maxim.) H.Hara.

꿀풀과

국내분포/자생지 전국의 산지

형태 다년초. 땅속줄기는 목질화된다. 줄기는 높이 50~100cm이며 네모지고 털이 약간 있다. 잎은 마주나며 길이 5~17cm의 난상 원형-원형이고 끝은 거북꼬리처럼 갈라진다. 밑부분은 편평하거나 쐐기모양으로 차츰 좁아져서 날개모양으로 잎자루와 연결된다. 양면에 처음에는 잔털이 많으나 차츰 적어진다. 잎자루는 길이 1~6cm이고 털이 약간 있다. 꽃은 7~9월에 연한 자색-청자색으로 피며 줄기와 가지의 끝부분 또는 잎(포)겨드랑이에서 나온 취산꽃차례에 3~5개씩 모여 달린다. 포는 잎모양이며 길이 5mm 정도의 난형이다. 작은포는 길이 1mm 정도의 선형이다. 꽃받침은 길이 2~4mm의 종모양이고 표면에 짧은 털과 샘털이 있으며 아래쪽의 열편이 위쪽의 열편보다 약간 길다. 꽃부리는 길이 6~12mm이고 바깥면에 샘털과 짧은 털이 있다. 수술은 길이 4.3~9.5mm이며 꽃부리 밖으로 나출하지 않는다. 열매(소견과)는 길이 1.5~1.8mm의 도란상 타원형-도란형이다.

참고 잎끝이 거북꼬리모양으로 갈라지는 것이 특징이다.

❶2020. 8. 30. 강원 정선군 함백산 ❷❸꽃. 수술과 암술대는 꽃부리 밖으로 나출하지 않는다. 수술대의 밑부분에 짧은 털이 있다. ❹꽃 측면. 꽃받침열편이 통부보다 더 길다. 아래쪽의 열편이 위쪽 열편보다 약간 길며 결실기에 뒤로 약간 젖혀지는 것이 산박하와 다른 점이다. ❺잎. 끝부분이 거북꼬리모양이다. ❻백색 꽃. 간혹 백색의 꽃이 피는 개체가 혼생한다. ❼어린줄기와 잎(5월). 어린 오리방풀은 쐐기풀과(科)의 풀거북꼬리와 닮았다.

선주름잎

Mazus stachydifolius (Turcz.) Maxim.

주름잎과

국내분포/자생지 북부지방의 산야(주로 풀밭)

형태 1년초 또는 다년초. 줄기는 높이 10~40cm이며 둥글고 털이 밀생한다. 줄기잎은 길이 2~7cm의 도란상 피침형–타원형이며 가장자리에 불규칙한 톱니가 있다. 꽃은 5~8월에 연한 적자색–적자색으로 핀다. 꽃자루는 길이 4~7mm이고 긴 털이 밀생한다. 꽃받침은 길이 8~11mm의 종모양이며 열편은 피침상 삼각형이고 끝이 길게 뾰족하다. 꽃부리는 길이 1.5~2cm이고 아랫입술꽃잎에는 황색의 무늬와 샘털이 있다. 수술은 4개이다.

참고 줄기 아래쪽이 약간 목질화되며 씨방과 열매에 털이 밀생하고 꽃받침에 뚜렷한 10개의 맥이 있는 것이 특징이다.

❶2007. 6. 28. 중국 지린성 ❷꽃. 꽃받침에 맥이 뚜렷하며 바깥면에 긴 털이 밀생한다. ❸열매(삭과). 털이 밀생하며 꽃받침통부에 싸여 있다. ❹잎. 줄기와 잎에 긴 털이 있다.

파리풀

Phryma leptostachya var. *oblongifolia* (Koidz.) Honda

파리풀과

국내분포/자생지 전국의 산야

형태 다년초. 줄기는 높이 30~80cm이다. 잎은 길이 3~15cm의 장타원상 난형–넓은 난형이다. 꽃은 7~9월에 거의 백색–연한 적자색으로 핀다. 꽃받침은 길이 2.5~3.2(~6, 결실기)mm의 통형이다. 꽃받침열편은 5개이며 위쪽의 열편은 바늘모양이다. 꽃부리는 길이 5~7mm의 통상 깔때기모양이다. 아랫입술꽃잎은 3개로 갈라진다.

참고 원변종(var. *leptostachya* L.)은 파리풀에 비해 꽃받침통부가 길이 2~2.2mm로 짧고 위쪽 꽃받침열편의 길이가 꽃부리통부와 비슷하며 북아메리카의 동부지역에 분포한다.

❶2019. 7. 16. 전남 신안군 홍도 ❷꽃. 옆을 향해 피지만 꽃이 지면 꽃자루가 밑으로 구부러져서 꽃받침이 꽃차례 축에 밀착한다. ❸꽃받침(결실기). 열매(수과)는 꽃받침에 싸여 있다. 위쪽 3개의 열편 끝은 갈고리처럼 변해서 다른 물체(털이나 옷)에 잘 달라붙는다. ❹잎. 난형상이며 양면(특히 뒷면 맥 위)에 털이 있다.

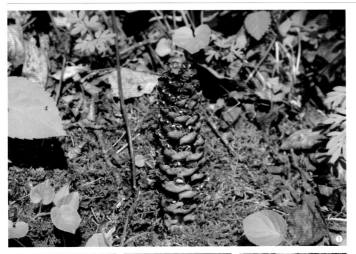

오리나무더부살이

Boschniakia rossica (Cham. & Schltdl.) B.Fedtsch.

열당과

국내분포/자생지 북부지방의 숲속
형태 주로 오리나무류에 기생하는 다년초. 줄기는 높이 15~35cm이다. 잎은 길이 6~8mm의 인편모양이다. 꽃은 7~8월에 적갈색-진한 적갈색으로 피며 길이 7~22cm의 수상꽃차례에 모여 달린다. 포는 넓은 도란형이며 안쪽면에 털이 있다. 꽃받침은 길이 5~7mm의 컵모양이다. 꽃부리는 넓은 종모양이다. 윗입술꽃잎은 길이 5~7mm이고 가장자리에 털이 있다. 아랫입술꽃잎은 매우 짧고 3개로 갈라진다. 수술대는 길이 5.5~6.5mm이다. 열매(삭과)는 길이 8~10mm의 거의 구형이다.
참고 뿌리줄기가 긴 원통형이고 수평으로 뻗으며 수술이 꽃부리 밖으로 나출하는 것이 특징이다.

❶~❹(ⓒ김지훈) ❶2017. 7. 13. 중국 지린성 백두산 ❷❸꽃. 수술이 꽃부리 밖으로 나출한다. 꽃받침은 컵모양이고 불규칙하게 2~5개로 갈라진다. ❹뿌리줄기. 수평으로 뻗는다.

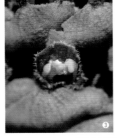

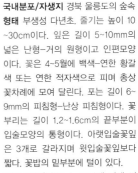

개종용

Lathraea japonica Miq.

열당과

국내분포/자생지 경북 울릉도의 숲속
형태 부생성 다년초. 줄기는 높이 10~30cm이다. 잎은 길이 5~10mm의 넓은 난형-거의 원형이고 인편모양이다. 꽃은 4~5월에 백색-연한 황갈색 또는 연한 적자색으로 피며 총상꽃차례에 모여 달린다. 포는 길이 6~9mm의 피침형-난상 피침형이다. 꽃부리는 길이 1.2~1.6cm의 끝부분이 입술모양의 통형이다. 아랫입술꽃잎은 3개로 갈라지며 윗입술꽃잎보다 짧다. 꽃밥의 밑부분에 털이 있다.
참고 초종용속(*Orobanche*)에 비해 씨방이 2개로 분리되며 꽃받침은 종모양이고 흔히 4개로 균일하게 갈라지는 것이 특징이다.

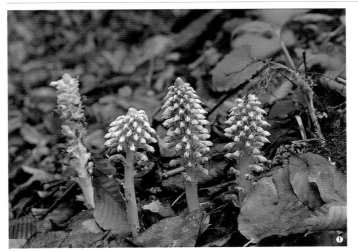

❶2005. 5. 7. 경북 울릉군 울릉도 ❷꽃. 꽃자루와 꽃받침은 샘털이 밀생한다. 암술머리는 얕게 2개로 갈라진다. 꽃받침은 4개로 갈라지며 열편은 삼각형-난형이다. 윗입술꽃잎은 좌우로 접힌 보트모양이다. ❸열매(삭과). 약간 납작한 사각상 도란형이고 윗부분은 편평하거나 약간 오목하다. ❹비늘모양잎. 기와장처럼 조밀하게 포개져 달린다.

황종용

Orobanche pycmostachya Hance

열당과

국내분포/자생지 북부지방의 풀밭

형태 기생성(쑥류) 다년초. 줄기는 높이 10~40cm이다. 잎은 길이 1~2.5cm의 피침형–장타원상 난형이다. 꽃받침은 길이 1.2~1.5cm이고 밑부분에서 2개로 갈라진다. 열편은 길이 4~6mm의 송곳모양–좁은 피침형이다. 꽃부리는 길이 2~3cm의 입술모양의 통형이고 통부는 약간 구부러진다. 윗입술꽃잎은 2개로 갈라지며 아랫입술꽃잎에 비해 짧다. 아랫입술꽃잎의 중앙열편은 도란상이고 끝이 둥글거나 둔하다.

참고 초종용에 비해 식물체가 연한 황색을 띠며 줄기와 꽃차례에 샘털이 밀생하는 것이 특징이다.

❶~❹(ⓒ김지훈) ❶2018. 6. 28. 중국 네이멍구성 ❷꽃. 포, 꽃자루 그리고 꽃받침과 꽃부리의 바깥면에 샘털이 밀생한다. ❸꽃측면. 암술대는 약간 나출한다. 암술머리는 황색이고 2개로 갈라진다. ❹결실기 모습. 열매(삭과)는 장타원형이다.

가지더부살이

Phacellanthus tubiflorus Siebold & Zucc.

열당과

국내분포/자생지 거의 전국의 산지 숲속

형태 기생성 다년초. 줄기는 높이 5~15cm이다. 꽃은 6~7월에 백색–연한 황색으로 핀다. 포는 길이 1~2.5cm의 장타원형–장타원상 난형이며 인편모양이고 백색이다. 꽃자루는 없다. 꽃부리는 길이 2.5~3.5cm이며 통부는 길이 2.5~3cm이고 털이 없다. 윗입술꽃잎은 도란형–거의 원형이고 끝이 오목하며 아랫입술꽃잎보다 길다. 아랫입술꽃잎은 3개로 깊게 갈라지며 열편은 타원형이다. 수술은 4개이다.

참고 줄기 대부분이 땅속에 있고 꽃차례가 지표면에 있으며 꽃이 머리모양 꽃차례에 모여 달리는 것이 특징이다.

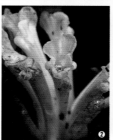

❶2003. 6. 28. 경기 가평군 명지산 ❷꽃. 윗입술꽃잎은 거의 펼쳐지고(접히지 않음) 곧추서거나 비스듬히 선다. ❸꽃 내부. 수술과 암술대는 꽃부리 밖으로 나출하지 않으며 수술대에 털이 약간 있다. ❹열매(삭과). 길이 5~12mm의 난상 구형–거의 구형이고 백색이다(새알모양).

치자풀

Monochasma sheareri (S.Moore)
Maxim. ex Franch. & Sav.

열당과

국내분포/자생지 전북(변산반도 등),
전남의 산지

형태 2년초. 줄기는 길이 10~40cm이
고 밑부분은 땅에 눕는다. 줄기 윗부
분의 잎은 길이 2~3.5cm의 선형-선
상 피침형이다. 꽃은 4~5월에 백색-
연한 적자색으로 핀다. 꽃자루는 길
이 2~8mm이다. 꽃부리는 길이 1cm
정도이고 윗입술꽃잎은 깊게 갈라지
며 열편은 난형-반원형이다. 아랫입
술꽃잎은 3개로 깊게 갈라진다.

참고 여러 개의 줄기가 모여나며 줄
기 밑부분의 잎이 비늘모양이고 꽃받
침 밑부분에 선형의 작은포가 2개 있
는 것이 특징이다.

❶2020. 5. 2. 전북 부안군 변산반도 ❷꽃.
아랫입술꽃잎의 중앙열편의 밑부분에 황색-
황갈색의 무늬가 있다. ❸꽃 측면. 꽃받침은
날개모양의 능각(맥)이 발달한다. 꽃받침열
편은 4개이며 잎모양이고 대형이다. ❹열매
(삭과). 타원상 난형이고 털이 없으며 꽃받침
에 싸여 있다. ❺줄기 밑부분의 잎. 길이가
짧고 양면에 털이 많다.

절국대

Siphonostegia chinensis Benth.

열당과

국내분포/자생지 전국의 산야

형태 1년초. 줄기는 높이 30~70cm이
다. 잎은 길이 1.5~5cm의 난형-넓은
난형이고 가장자리는 깃털모양으로
깊게 갈라진다. 꽃은 6~9월에 황색으
로 핀다. 꽃부리는 길이 2.5~2.8cm이
다. 윗입술꽃잎은 길이 6~7mm의 보
트모양이며 바깥면에 긴 털이 밀생한
다. 아랫입술꽃잎은 3개로 깊게 갈라
지며 중앙열편이 가장 작고 중앙 밑
부분에 꽃잎모양의 덧꽃부리열편이 2
개 있다.

참고 전체에 털(샘털과 짧은 털)이 밀생
하며 꽃받침 밑부분에 2개의 포가 있
고 꽃받침통부가 꽃부리통부와 길이
가 비슷한 것이 특징이다.

❶2001. 8. 16. 경북 경주시 단석산 ❷꽃. 꽃
받침통부가 꽃부리통부와 길이가 비슷하다.
꽃받침열편은 옆으로 퍼진다. ❸꽃받침(결실
기). 맥은 뚜렷하게 능각상으로 발달한다. 열
매(삭과)는 선상 장타원형이고 꽃받침에 싸
여 있다. ❹잎 뒷면. 맥 위에 짧은 털이 밀생
한다.

긴꽃며느리밥풀

Melampyrum koreanum K.J.Kim & S.M.Yun

열당과

국내분포/자생지 경남(소매물도)의 산지 풀밭 또는 숲가장자리, 한반도 고유종

형태 1년초. 줄기는 높이 30~90cm이며 많이 갈라진다. 잎은 길이 3~5.5cm의 피침형-난상 장타원형이다. 끝은 뾰족하거나 길게 뾰족하고 밑부분은 둥글거나 쐐기형이며 가장자리는 밋밋하다. 잎자루는 길이 2~9mm이다. 꽃은 9~10월에 연한 자색, 연한 적자색~적자색으로 피며 줄기와 가지 끝부분의 총상꽃차례에 모여 달린다. 포는 잎모양이며 길이 8~15mm의 삼각상 피침형-장타원상 난형이고 하반부의 가장자리에 가시모양의 톱니가 1~3쌍 있거나 없다. 꽃자루는 길이 1~2mm이다. 꽃받침은 길이 3~5mm의 통상 종모양이며 열편은 4개이고 끝이 가시모양으로 뾰족하다. 꽃부리는 길이 3~3.8cm의 입술모양의 선상 원통형이며 통부는 가늘고 위쪽으로 갈수록 넓어진다. 윗입술꽃잎은 옆쪽이 약간 압착된 투구모양이며 끝부분의 가장자리는 바깥쪽으로 말린다. 아랫입술꽃잎은 윗입술꽃잎보다 약간 길며 끝부분이 3개로 얕게 갈라진다. 수술은 4개이고 길이 1~1.4cm이다. 암술대는 길이 2.5~3cm이고 윗부분이 구부러진다. 열매(삭과)는 길이 8~12mm의 타원상 난형-난형이며 측면에 그물모양의 맥이 있다.

참고 꽃며느리밥풀에 비해 꽃이 3~3.8cm로 길고 열매가 약간 더 크다. 전남 신안군 홍도에도 긴꽃며느리밥풀을 닮은 타입이 분포한다. 형태적으로는 소매물도의 긴꽃며느리밥풀과 유사하지만 두 집단은 기원이 다를 것으로 추정된다.

❶ 2015. 10. 30. 경남 통영시 소매물도 ❷꽃. 꽃부리는 길이 3~3.8cm로 매우 길다. ❸열매. 비스듬한 타원상 난형-난형이고 짧은 털이 많다. ❹줄기잎. 양면에 짧은 털이 산생한다. ❺~❽전남 신안군 홍도 타입(*Melampyrum* sp.). ❺꽃. 꽃부리는 2.5~3.5cm로 매우 길다(소매물도의 개체보다는 약간 짧은 편이다.) 꽃받침열편의 끝은 바늘모양으로 길게 뾰족하다. ❻열매. 비스듬한 타원상 난형-난형이다. 짧은 털이 많다. ❼줄기잎. 짧은 털이 있다(소매물도의 개체보다는 많은 편이다). ❽2020. 9. 22. 전남 신안군 홍도

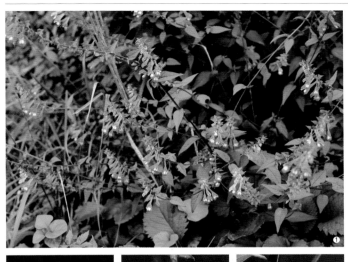

꽃며느리밥풀

Melampyrum roseum Maxim. var. *roseum*

열당과

국내분포/자생지 전국의 산지

형태 1년초. 줄기는 높이 20~70cm이고 짧은 털이 있으며 가지가 많이 갈라진다. 잎은 마주나며 길이 3~7cm의 피침형-장타원상 난형이다. 끝은 길게 뾰족하고 밑부분은 쐐기형이며 가장자리는 밋밋하다. 잎자루는 길이 2~10mm이다. 꽃은 7~10월에 연한 적자색-적자색으로 피며 줄기와 가지 끝부분의 총상꽃차례에 모여 달린다. 포는 잎모양이며 삼각상 난형-난형이다. 꽃받침은 길이 3~4mm의 통상 종모양이며 열편은 4개이다. 열편은 피침형-삼각형이며 끝은 짧게 뾰족하다. 꽃부리는 길이 1.5~2cm의 입술모양의 원통형이며 통부는 가늘고 위쪽으로 갈수록 넓어진다. 윗입술꽃잎은 옆쪽이 약간 압착된 투구모양이고 끝부분의 가장자리는 바깥쪽으로 말린다. 아랫입술꽃잎은 윗입술꽃잎과 길이가 비슷하고 중앙부에 백색의 밥알처럼 부푼 2개의 융기선이 있다. 수술은 4개이다. 열매(삭과)는 길이 6~10mm의 비대칭의 타원상 난형-난형이고 끝이 뾰족하며 짧은 털이 약간 있거나 없다.

참고 수염며느리밥풀에 비해 줄기와 꽃차례 등에 짧은 털이 있으며(밀생하지 않음) 포의 하반부 가장자리에 1~5쌍의 톱니가 있는 점과 포의 톱니가 실(바늘)모양이 아닌 것이 특징이다. **알며느리밥풀**[var. *ovalifolium* (Nakai) Nakai ex Beauverd]은 꽃며느리밥풀에 비해 포의 밑부분이 얕은 심장형이고 가장자리 전체에 걸쳐 5~10쌍의 가시모양 톱니가 있다.

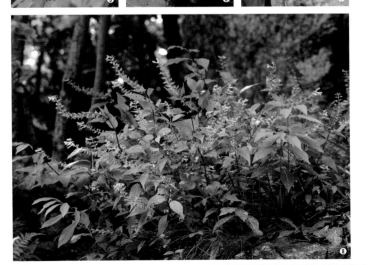

❶ 2023. 9. 26. 충남 태안군 안면도 ❷ 꽃. 알며느리밥풀에 비해 꽃받침열편이 피침형-삼각형이고 끝이 짧게 뾰족하다. 포의 하반부 가장자리에 1~5개의 이빨모양 또는 가시모양의 톱니가 있다. ❸ 열매. 비스듬한 타원상 난형-난형이고 끝이 뾰족하다. ❹ 잎. 피침형-장타원상 난형이다. ❺-❽ 알며느리밥풀 ❺ 꽃. 꽃며느리밥풀에 비해 꽃받침열편의 끝이 꼬리모양 또는 까락모양으로 길게 뾰족한 편이다. 포 가장자리의 톱니는 끝이 실(바늘)모양으로 매우 길다. 포의 밑부분은 꽃며느리밥풀(편평하거나 얕은 심장형)에 비해 뚜렷한 얕은 심장형이다. ❻ 열매. 꽃며느리밥풀과 같다. ❼ 줄기잎. 타원상 난형-난형이다. ❽ 2021. 8. 31. 경기 가평군 화악산

수염며느리밥풀

Melampyrum roseum var. *japonicum*
Franch. & Sav.

열당과

국내분포/자생지 강원 이남의 산지
형태 1년초. 줄기는 높이 25~70cm
이고 굽은 털이 밀생하며 가지가 많
이 갈라진다. 잎은 마주나며 길이 3
~7cm의 장타원상 피침형-난형이다.
끝은 뾰족하거나 길게 뾰족하고 밑
부분은 (원형이거나 편평하거나) 심장형
이며 가장자리는 밋밋하다. 잎자루
는 길이 3~10mm이다. 꽃은 8~10월
에 연한 적자색-적자색으로 피며 줄
기와 가지 끝부분의 총상꽃차례에 모
여 달린다. 포는 잎모양이며 장타원
상 난형-난형이고 가장자리에 (4~)7~
11쌍의 가시모양의 톱니가 있다. 꽃받
침은 길이 3~4mm의 통상 종모양이
고 바깥면에 긴 털이 밀생하며 열편
은 4개이다. 열편은 피침상 삼각형-
난형이며 끝은 수염(바늘)모양으로 길
게 뾰족하다. 꽃부리는 길이 1.5~2cm
의 입술모양의 원통형이며 통부는 가
늘고 위쪽으로 갈수록 넓어진다. 윗
입술꽃잎은 옆쪽이 약간 압착된 투구
모양이고 끝부분의 가장자리는 바깥
쪽으로 말린다. 아랫입술꽃잎은 윗입
술꽃잎과 길이가 비슷하고 중앙부에
백색의 밥알처럼 부푼 2개의 융기선
이 있다. 수술은 4개이다. 열매(삭과)
는 길이 6~10mm의 비대칭의 타원상
난형-난형이고 끝이 뾰족하며 짧은
털이 있다.
참고 알며느리밥풀에 비해 줄기, 잎,
꽃차례(포, 꽃받침)에 긴 털이 밀생하는
것이 특징이다.

❶2023. 9. 10. 전남 광양시 백운산. 흔히 결
실기(개화 이후)의 포는 꽃차례의 축과 평행
하게 곧추서서 서로 포개진다. ❷꽃. 꽃받침
열편의 끝은 수염모양으로 뾰족하다. ❸꽃차
례. 축과 포, 꽃받침에 긴 백색 연모가 많다.
❹꽃받침. 꽃자루는 짧으며 꽃받침통부는 길
이 3mm 정도이다. ❺❻포. 털이 많으며 실
모양의 톱니가 (4~)7~11쌍이다(변이가 있음).
❼열매. 약간 비스듬한 타원상 난형-난형이
며 털이 약간 있다. ❽줄기잎. 장타원상 피침
형-난형이며 변이가 있다. ❾잎 뒷면. 털이
있다. ❿줄기. 꽃며느리밥풀이나 알며느리밥
풀에 비해 털이 많다.

애기며느리밥풀

Melampyrum setaceum (Maxim. ex Palib.) Nakai var. *setaceum*
Melampyrum roseum var. *setaceum* Maxim. ex Palib.

열당과

국내분포/자생지 거의 전국의 산지 (주로 해발고도가 비교적 낮은 곳)

형태 1년초. 줄기는 높이 30~60cm이고 털이 약간 있으며 가지가 많이 갈라진다. 잎은 마주나며 길이 2~12cm의 선형-선상 피침형이다. 끝은 길게 뾰족하고 밑부분은 좁은 쐐기형이며 가장자리는 밋밋하다. 양면에 털이 약간 있다. 잎자루는 길이 2~5mm이다. 꽃은 8~10월에 연한 적자색-적자색으로 피며 줄기와 가지 끝부분의 총상꽃차례에 모여 달린다. 포는 잎 모양이며 삼각상 피침형-삼각형이고 가장자리에 길이 (3~)5~7mm의 실(바늘)모양의 톱니가 있다. 꽃받침은 길이 3~3.5mm의 통상 종모양이며 열편은 4개이다. 열편은 삼각상 피침형이며 끝은 길게 뾰족하다. 꽃부리는 길이 1.5~2.2cm의 입술모양의 원통형이며 통부는 가늘고 위쪽으로 갈수록 넓어진다. 윗입술꽃잎은 옆쪽이 약간 압착된 투구모양이고 끝부분의 가장자리는 바깥쪽으로 말린다. 아랫입술꽃잎은 윗입술꽃잎과 길이가 비슷하고 끝부분이 3개로 갈라진다. 아랫입술꽃잎의 중앙부에는 백색 또는 적자색의 밥알처럼 부푼 융기선이 2개 있다. 수술은 4개이고 꽃부리 밖으로 나출하지 않는다. 열매(삭과)는 길이 8~9mm의 비대칭의 타원상 난형-난형이고 끝이 뾰족하며 짧은 털이 있다.

참고 새며느리밥풀에 비해 잎이 너비 3~5mm의 선형-선상 피침형이며 포가 삼각상 피침형-삼각형인 것이 특징이다.

❶2016. 9. 21. 경북 울진군 ❷꽃. 포가 삼각상 피침형-삼각형이고 흔히 적자색(-적갈색)이다. ❸꽃 측면. 꽃받침열편은 길게 뾰족하다. ❹꽃(백색). 포의 색은 꽃부리의 색과 동일하게 백색을 띤다. ❺열매. 비스듬한 타원상 난형-난형이며 털이 있다. ❻잎 뒷면. 가장자리와 맥 위에 짧은 털이 있다. 잎은 선형-선상 피침형이다. ❼줄기. 짧은 털이 있다. ❽자생 모습. 2016. 9. 21. 경북 울진군

새며느리밥풀

Melampyrum setaceum var.
nakaianum (Tuyama) T.Yamaz.

열당과

국내분포/자생지 지리산 이북의 해발고도가 비교적 높은 산지, 한반도 고유변종

형태 1년초. 줄기는 높이 30~60cm이고 털이 약간 있으며 가지가 많이 갈라진다. 잎은 마주나며 길이 3~7cm의 피침형−피침상 장타원형(−장타원상 난형)이다. 끝은 길게 뾰족하고 밑부분은 쐐기형−원형이거나 편평하며 가장자리는 밋밋하다. 양면에 짧은 털이 약간 있다. 잎자루는 길이 2~7mm이다. 꽃은 8~10월에 연한 적자색−진한 적자색으로 피며 줄기와 가지 끝부분의 총상꽃차례에 모여 달린다. 포는 피침상 장타원형−난형이고 가장자리에는 4~8쌍의 실모양의 톱니가 있다. 꽃받침은 길이 2~3mm의 통상 종모양이며 열편은 4개이다. 열편은 피침형−삼각형이며 끝은 뾰족하거나 길게 뾰족하다. 꽃부리는 길이 1.5~2.2cm의 입술모양의 원통형이며 통부는 가늘고 위쪽으로 갈수록 넓어진다. 윗입술꽃잎은 옆쪽이 약간 압착된 투구모양이고 끝부분의 가장자리는 바깥쪽으로 말린다. 아랫입술꽃잎은 윗입술꽃잎과 길이가 비슷하고 끝부분이 3개로 갈라진다. 아랫입술꽃잎의 중앙부에는 백색(−적자색)의 밥알처럼 부푼 융기선이 2개 있다. 수술은 4개이고 꽃부리 밖으로 나출하지 않는다. 열매(삭과)는 길이 8~9mm의 약간 납작한 비대칭의 장타원상 피침형−장타원상 난형이고 끝이 뾰족하며 짧은 털이 있다.

참고 애기며느리밥풀에 비해 잎이 길이 3~7cm, 너비 1~3cm의 피침형−피침상 장타원형(−장타원상 난형)이고 포가 피침상 장타원형−난형인 것이 특징이다.

❶ 2024. 8. 24. 강원 인제군 설악산 ❷꽃. 포는 피침상 장타원형−난형이고 흔히 적자색(−적갈색)이다. ❸❹꽃 측면. 꽃받침열편은 뾰족하거나 길게 뾰족하다. ❺포. 가장자리에 실모양의 톱니가 4~8쌍이다(변이가 있음). ❻꽃(백색). 포의 색은 꽃부리의 색과 동일하게 백색을 띤다. ❼열매. 짧은 털이 있다. ❽잎 뒷면. 줄기잎은 흔히 피침형−장타원상 피침형이다. 가장자리와 맥 위에 짧은 털이 약간 있다. ❾줄기. 짧은 털이 산생한다.

애기송이풀

Pedicularis ishidoyana Koidz. & Ohwi

열당과

국내분포/자생지 강원, 경기(가평군 등), 경남(거제시), 경북(경주시 등), 충북(제천시) 등 산지의 주로 계곡가의 숲 가장자리, 한반도 고유종

형태 다년초. 땅속줄기는 옆으로 뻗는다. 잎은 길이 9~15cm의 피침형-장타원형이고 깃털모양의 겹잎처럼 완전히 갈라진다. 꽃은 4~5월에 연한 적자색-적자색으로 핀다. 꽃받침은 길이 2.5~3cm의 통모양이며 맥이 5개이고 샘털이 있다. 꽃부리는 길이 4.5~6cm이다. 아랫입술꽃잎은 윗입술꽃잎보다 약간 길며 3개로 깊게 갈라진다.

참고 잎이 모두 땅속줄기에서 모여나며 깃털모양의 겹잎상으로 완전히 갈라지는 것이 특징이다.

❶2012. 4. 29. 경기 연천군 ❷꽃 측면, 윗입술꽃잎은 반으로 접혀서 낫모양처럼 된다. 꽃받침열편의 상반부는 톱니가 있는 잎모양이다. ❸열매. 타원상 난형-난형이며 꽃받침에 싸여 있다. ❹잎 뒷면. 엽축과 맥 위에 긴 털이 있다.

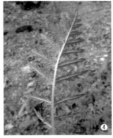

만주송이풀

Pedicularis mandshurica Maxim.

열당과

국내분포/자생지 강원(설악산) 이북의 산지

형태 다년초. 줄기는 높이 25~35cm 이다. 뿌리잎은 길이 4~12cm의 피침형-장타원상 난형이고 깃털모양으로 깊게 또는 완전히 갈라진다. 꽃은 5~7월에 연한 황록색-연한 황색으로 핀다. 포는 잎모양이고 아래쪽의 것은 꽃보다 길다. 꽃부리는 길이 2.2~3cm이고 털이 없다. 윗입술꽃잎은 길이 1~1.3cm의 낫모양이고 끝은 부리모양으로 뾰족하다. 아랫입술꽃잎은 윗입술꽃잎과 길이가 비슷하며 3개로 깊게 갈라진다. 열매(삭과)는 피침상 장타원형-장타원형이다.

참고 잎이 대부분 뿌리 부근에서 나고 깃털모양으로 깊게 갈라지며 꽃이 연한 황색인 것이 특징이다.

❶2002. 6. 15. 강원 속초시 설악산 ❷꽃. 꽃받침열편은 잎모양의 장타원형이고 가장자리에 톱니가 있다. ❸자생 모습. 2002. 6. 15. 강원 속초시 설악산

송이풀

Pedicularis resupinata L.

열당과

국내분포/자생지 전국의 산지

형태 다년초. 줄기는 높이 30~70cm
이고 곧추 자라며 털이 없거나 적다.
잎은 어긋나거나 드물게 마주나며 길
이 3~9cm의 피침상 장타원형-장타
원상 난형이다. 끝이 뾰족하거나 길
게 뾰족하고 밑부분은 넓은 쐐기형이
거나 둥글며 가장자리에 톱니가 있
다. 양면에 털이 없거나 적다. 잎자루
는 길이 3~15mm이며 줄기 윗부분의
잎은 잎자루가 거의 없다. 꽃은 7~9
월에 연한 적자색-적자색 또는 간혹
백색-연한 황록색으로 피며 줄기와
가지 끝부분의 수상꽃차례 또는 총상
꽃차례에 모여 달린다. 포는 잎모양
이며 도란상 난형이고 털이 있다. 꽃
자루는 거의 없다. 꽃받침은 길이 6
~9mm의 통형이며 열편은 2개이다.
꽃받침열편은 넓은 삼각형이고 가장
자리는 밋밋하다. 꽃부리는 길이 2~
2.5cm이며 통부는 길이 1.2~1.5cm
이고 곧다. 윗입술꽃잎은 낫모양이고
끝부분은 부리모양으로 뾰족하다. 아
랫입술꽃잎은 약간 길며 3개로 얕게
갈라진다. 수술은 4개이며 2개는 털
이 있고 2개는 털이 없다. 열매(삭과)
는 길이 1~1.6cm의 비스듬한 타원상
난형이며 꽃받침보다 약간 길다.

참고 잎이 피침상 장타원형-장타원
상 난형이고 가장자리가 깊게 갈라지
지 않으며 윗입술꽃잎의 끝이 부리처
럼 뾰족한 것이 특징이다.

❶2020. 8. 20. 강원 정선군 함백산 ❷꽃차
례. 꽃은 줄기와 가지 끝부분 또는 잎겨드랑
이에서 나온 수상(또는 총상)꽃차례에 조밀
하게 모여 달린다. 꽃이 흔히 옆으로 기울어
져 달리며 약간 비틀어진다. ❸꽃. 흔히 백
색 꽃이 피는 개체와 적자색 꽃이 피는 개체
가 혼생하며 자란다. 포는 잎모양이며 도란
상 난형이다. ❹❺열매. 비스듬한 타원상 난
형이며 꽃받침보다 약간 길다. 윗부분은 납
작하다. ❻잎 뒷면. 맥은 뚜렷하게 돌출한다.
가장자리는 깃털모양으로 갈라지지 않고 겹
톱니가 있다. ❼❽잎. 흔히 어긋나지만 마주
나는 개체도 드물지 않게 관찰된다. ❾2013.
9. 11. 러시아 프리모르스키주

640

이삭송이풀

Pedicularis spicata Pall.

열당과

국내분포/자생지 제주(한라산), 경남 (가야산) 및 강원(설악산 등) 이북의 산지
형태 1년초. 줄기는 높이 15~40(~60) cm이다. 줄기잎은 (3~)4개씩 돌려나 며 길이 3~7cm의 선상 피침형–장타 원상 피침형이다. 꽃은 6~9월에 연한 적자색–적자색으로 핀다. 꽃받침은 길이 3~4mm의 통형이며 열편은 3개 이고 크기가 서로 다르다. 꽃부리는 길이 1.2~1.8cm이다. 아랫입술꽃잎은 길이 5~8(~10)mm이며 중앙열편은 측 열편보다 작다.
참고 구름송이풀에 비해 줄기가 높 이 15~60cm로 크고 꽃차례 윗부분 의 포가 부채모양–넓은 난형이며 윗 입술꽃잎이 아랫입술꽃잎 길이의 1/2 이하로 짧은 것이 특징이다.

❶2005. 8. 28. 강원 인제군 설악산 ❷꽃. 포가 부채모양–넓은 난형이다. ❸꽃받침(결 실기). 길이 3~4mm의 약간 부푼 통형이다. ❹잎. 구름송이풀에 비해 덜 갈라진다(중열– 약간 심열).

구름송이풀

Pedicularis verticillata L.

열당과

국내분포/자생지 북부지방 고산지대 의 풀밭이나 바위지대 또는 사력지
형태 다년초. 줄기는 높이 10~20cm 이다. 줄기잎은 흔히 4개씩 돌려나며 길이 2~3cm의 선상 타원형–피침상 난형이고 털이 없거나 적다. 꽃은 6 ~8월에 적자색 또는 자색으로 핀다. 꽃받침열편은 3~5개이고 크기가 서 로 다르다. 꽃부리는 길이 1.3~1.8cm 이다. 아랫입술꽃잎은 길이 6~7mm 이며 중앙열편은 도란형–거의 원형 이고 측열편보다 작다.
참고 이삭송이풀에 비해 줄기가 높 이 10~20cm로 작고 꽃차례 윗부분 의 포가 피침형이며 윗입술꽃잎의 길 이가 아랫입술꽃잎과 비슷하거나 2/3 정도인 것이 특징이다.

❶2019. 7. 6. 중국 지린성 백두산 ❷꽃. 꽃 차례 포는 잎모양이고 가장자리가 갈라지며 꽃받침보다 길다. ❸꽃받침(결실기). 풍선처 럼 부푼다. ❹잎. 이삭송이풀에 비해 깊게 또 는 완전히 갈라진다(심열–전열).

641

깔끔좁쌀풀
Euphrasia coreana W.Becker

열당과

국내분포/자생지 제주 한라산의 해발고도가 높은 지대의 풀밭. 한반도 고유종
형태 1년초. 줄기는 높이 6~17cm이고 털이 밀생한다. 잎은 길이 5~7mm의 난형-거의 원형이고 가장자리에 결각상의 큰 톱니가 있다. 꽃은 7~8월에 적자색-진한 적자색으로 핀다. 꽃부리통부는 길이 2~3mm이며 윗입술꽃잎은 길이 2~2.5mm이고 바깥면에 털이 밀생한다. 아랫입술꽃잎은 길이 1.5~2mm이고 3개로 깊게 갈라진다. 열매(삭과)는 길이 3.5~4mm의 타원형-도란상 타원형이다.
참고 앉은좁쌀풀에 비해 꽃이 적자색이며 꽃받침열편이 선상 피침형으로 가늘고 길게 뾰족한 것이 특징이다.

❶2021. 8. 31. 제주 서귀포시 한라산 ❷꽃. 적자색이다. ❸꽃 측면. 꽃받침열편은 선상 피침형이고 끝은 바늘처럼 길게 뾰족하다. ❹열매. 끝부분에 털이 있다. ❺씨. 세로 능선은 날개모양이다. ❻잎. 톱니는 3~5쌍이며 끝이 길게 뾰족하거나 긴 바늘모양이다.

앉은좁쌀풀
Euphrasia maximowiczii Wettst. ex Palib.

열당과

국내분포/자생지 지리산 이북의 산지
형태 1년초. 줄기는 높이 13~30(~40)cm이다. 잎은 길이 4~12mm의 난형-거의 원형이며 가장자리에 큰 톱니가 있다. 톱니는 3~8쌍이며 끝이 뾰족하거나 바늘모양으로 길게 뾰족하다. 꽃은 6~8월에 (연한 적자색-)백색으로 핀다. 꽃받침열편은 길이 1.5~3mm의 피침형이고 끝이 바늘모양으로 길게 뾰족하다. 꽃부리는 길이 4~6mm이고 입술모양으로 갈라진다. 아랫입술꽃잎은 길이 2.5~3.5mm이고 3개로 깊게 갈라진다.
참고 큰산좁쌀풀(*E. hirtella*)은 잎과 줄기에 자루가 있는 샘털이 있다.

❶2024. 8. 7. 경남 함양군 지리산 ❷❸꽃. 윗입술꽃잎은 아랫입술꽃잎보다 약간 짧다. 아랫입술꽃잎의 중앙부에 황색의 무늬가 있다. 수술은 4개이고 암술대에 털이 있다. ❹열매(삭과). 길이 5mm 정도의 장타원형이고 가장자리에 긴 털이 성기게 있다. ❺줄기와 잎. 잎 양면에 잔털이 있으며 줄기에는 아래로 향하는 굽은 털이 밀생한다.

642

도라지

Platycodon grandiflorus (Jacq.)
A.DC.

초롱꽃과

국내분포/자생지 전국의 산야

형태 다년초. 뿌리는 굵으며 곧고 길게 뻗는다. 줄기는 높이 30~100cm 이고 곧추 자라며 털이 거의 없다. 잎은 길이 3~8cm의 장타원상 난형–난형이며 끝은 뾰족하거나 길게 뾰족하다. 꽃은 7~8월에 백색, 연한 자색–자색, 청자색으로 핀다. 꽃받침열편은 도란형–반구형이며 열편은 길이 0.5 ~7mm의 피침상 삼각형이다. 꽃부리는 지름 3~5cm의 종모양 또는 넓은 깔때기모양이다.

참고 열매가 익으면 윗부분이 해져서 씨가 나오며 배주가 5개이고 꽃받침열편과 수술이 배주와 어긋나게 달리는 것이 특징이다.

❶ 2019. 7. 23. 인천 국립생물자원관(식재) ❷ 꽃. 수술은 5개이며 수술대는 길이 2~6mm이다. 암술대는 길이 6~12mm이며 암술머리는 5개로 갈라진다. ❸ 열매(삭과). 난상 원뿔형이다. ❹ 잎. 어긋나거나 3~4개씩 돌려난다. 가장자리에 뾰족한 톱니가 있다.

홍노도라지

Peracarpa carnosa (Wall.) Hook. f. & Thomson

초롱꽃과

국내분포/자생지 제주 한라산의 숲속

형태 다년초. 줄기는 높이 4~20cm 이고 털이 거의 없다. 잎은 어긋나며 줄기 위쪽으로 갈수록 커지며 길이 5~30mm의 난형–거의 원형 또는 도란형이다. 꽃은 4~8월에 백색(–연한 자색)으로 핀다. 꽃자루는 길이 9 ~32mm이다. 꽃받침열편은 길이 1.2 ~2.3mm의 선상 피침형–피침형이고 가장자리는 밋밋하다. 꽃부리는 길이 5~12mm의 종모양이며 열편은 길이 2~5mm의 넓은 피침형이다.

참고 땅속줄기가 옆으로 길게 뻗으며 전체가 소형이고 열매가 익으면 측면이 불규칙적으로 해지는 것이 특징이다.

❶ 2002. 5. 16. 제주 서귀포시 한라산 ❷ 꽃. 꽃부리에는 자색의 줄무늬가 있다. 수술은 5개이며 수술대는 길이 1.2~3.2mm이고 밑부분에 털이 있다. ❸ 열매(삭과). 타원상 도란형–도란형이고 꽃받침에 싸여 있다. ❹ 잎. 밑부분은 원형–얕은 심장형이다.

더덕

Codonopsis lanceolata (Siebold & Zucc.) Trautv.

초롱꽃과

국내분포/자생지 거의 전국의 산지

형태 덩굴성 다년초. 줄기는 길이 60~300cm이고 어릴 때 털이 약간 있다. 잎은 길이 8~14mm의 피침형–난형이며 끝은 (둔하거나) 뾰족하거나 길게 뾰족하다. 양면에 털이 거의 없다. 꽃은 8~10월에 녹색–황록색으로 피며 가지의 끝부분에서 1~2개씩 달린다. 꽃받침열편은 길이 1~3cm의 장타원상 피침형–타원상 난형이다. 꽃부리는 길이 2~3.5cm의 종모양이고 열편은 길이 4.8~6.3mm의 넓은 삼각형이다.

참고 덩이뿌리가 방추형이고 잎끝이 뾰족하며 씨의 상반부 가장자리에 뚜렷한 날개가 있는 것이 특징이다.

❶ 2021. 9. 2. 강원 화천군 광덕산 ❷ 꽃 내부. 안쪽면에 갈색–적갈색의 무늬가 있다. 암술머리는 3개로 갈라진다. ❸ 열매(삭과). 지름 1.5~3.5cm의 반구형이다. ❹ 씨. 윗부분(거의 상반부)에 날개가 있다.

애기더덕

Codonopsis minima Nakai

초롱꽃과

국내분포/자생지 제주의 산지. 한반도 고유종

형태 덩굴성 다년초. 덩이뿌리는 거의 구형이다. 줄기는 길이 30~120cm이고 퍼진 털이 약간 있다. 잎은 길이 1.5~5cm의 타원형–난형이다. 잎자루는 길이 8~90mm이다. 꽃은 8~9월에 피며 가지의 끝부분에서 1개씩 달린다. 꽃받침열편은 길이 8~23mm의 타원상 난형이다. 꽃부리는 길이 1.3~1.6cm의 종모양이다. 열편은 길이 3~3.7mm의 넓은 삼각형이다.

참고 소경불알과 매우 유사하지만 전체적으로 소경불알에 비해 소형이고 뿌리의 모양에서 차이가 난다. 소경불알의 종내 분류군(변종) 또는 동일종으로 처리하기도 한다.

❶ 2021. 8. 18. 제주 제주시 ❷ 꽃 내부. 수술은 5개이고 암술머리는 3개로 갈라진다. ❸ 씨. 가장자리에 날개가 없다. ❹ 잎 뒷면. 줄기와 잎에 털이 많은 편이다. 잎끝은 흔히 둔하거나 둥글다(간혹 뾰족함).

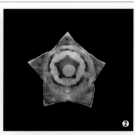

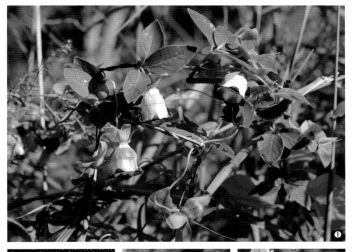

소경불알

Codonopsis ussuriensis (Rupr. & Maxim.) Hemsl.

초롱꽃과

국내분포/자생지 거의 전국의 산지 풀밭이나 숲가장자리에 드물게 분포 **형태** 덩굴성 다년초. 덩이뿌리는 지름 1~3cm의 타원형-구형이다. 줄기는 길이 60~200cm이고 털이 없거나 마디 부위에 백색 털이 있다. 줄기잎은 어긋나며 길이 6~20mm의 피침형-난형이다. 가지의 잎은 3~5개가 돌려나듯이 모여나며 길이 2~6cm의 피침상 장타원형-난형이다. 끝은 (뾰족하거나) 둔하거나 둥글고 밑부분은 차츰 좁아지며 가장자리는 밋밋하다. 뒷면은 흰빛이 돌고 털이 많다. 잎자루는 길이 2~10mm이다. 꽃은 8~10월에 (연녹색-)적갈색으로 피며 가지의 끝부분에서 1개씩 달린다. 꽃자루는 길이 2~5cm이다. 포는 1개이며 피침형-좁은 난형이다. 꽃받침은 난형-거의 구형이고 털이 없으며 열편은 길이 1~2cm의 피침형-삼각상 난형이다. 꽃부리는 길이 2~3cm의 종모양이며 열편은 길이 3.5~6mm의 삼각형이다. 수술대는 길이 3~5mm이며 암술대는 길이 4~4.5mm이다. 암술머리는 3개로 갈라진다. 열매(삭과)는 길이 1~2cm의 반구형이고 끝부분에 암술대가 뾰족한 부리모양으로 남아 있다.

참고 더덕에 비해 뿌리가 타원형-구형이고 잎(특히 뒷면)에 잔털이 많으며 꽃이 작고(길이 2~3cm) 꽃받침열편이 약간 짧은(길이 1~2cm) 편이다. 또한 꽃이 흔히 적갈색이며 씨의 가장자리에 날개가 없는 것이 특징이다.

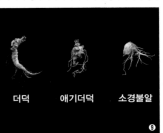

❶~❺남부지방(부산) 개체 ❶2017. 8. 13. 부산 금정구 금정산 ❷꽃 내부. 암술머리는 머리모양이며 3개로 갈라진다. ❸열매. 더덕에 비해 꽃받침열편이 짧고 끝이 둔한 편이다. ❹잎. 줄기 끝에서는 3~5개씩 모여난다. 더덕에 비해 잎끝이 둔한 편이고 털이 많다. ❺잎 뒷면. 흔히(특히 어린 개체) 털이 밀생한다. ❻❼❽❿러시아 개체 ❻꽃. 거의 전체가 적갈색이다. ❼열매. 반구형이고 꽃받침열편이 숙존한다. ❽씨. 가장자리에 날개가 없거나 아주 미약하게 있다. ❾뿌리 비교. 왼쪽부터 더덕, 애기더덕, 소경불알. 소경불알의 덩이뿌리(괴근)는 윗부분에 단지(짧은 가지)가 발달하지 않는다. ❿2013. 9. 12. 러시아 프리모르스키주

645

만삼

Codonopsis pilosula (Franch.) Nannf.

초롱꽃과

국내분포/자생지 지리산 이북의 산지
형태 덩굴성 다년초. 뿌리는 긴 방추
형으로 더덕에 비해 가늘고 길다. 줄
기잎은 길이 2~6.5cm의 장타원상 난
형–난형이며 밑부분은 쐐기모양–원
형이다. 잎자루는 길이 1~2.5cm이다.
꽃은 8~10월에 연녹색으로 피며 가
지의 끝부분에서 1개씩 달린다. 꽃자
루는 길이 4.3~8.6cm이다. 꽃받침열
편은 길이 7~23mm의 피침상 장타원
형–난상 장타원형이다. 꽃부리는 길
이 1.8~2.7cm의 종모양이다. 열매(삭
과)는 지름 7~12mm의 반구형이다.
참고 줄기의 잎은 어긋나고 털이 많
으며 잎자루가 길이 1cm 이상으로 긴
것이 특징이다.

❶ 2001. 10. 12. 대구수목원(식재) ❷ 꽃 내
부. 암술머리는 3~4개로 갈라진다. 꽃부리에
적갈색의 무늬가 없다. ❸ 열매. 끝은 뾰족하
고 3개로 갈라진다. ❹ 씨. 가장자리에 날개
가 없거나 아주 미약하게 있다.

모시대

Adenophora remotiflora (Siebold &
Zucc.) Miq.

초롱꽃과

국내분포/자생지 전국의 해발고도가
비교적 높은 산지
형태 다년초. 줄기는 높이 40~100cm
이다. 잎은 길이 3~15cm의 넓은 피
침형–난형이며 밑부분은 넓은 쐐기
형–원형 또는 얕은 심장형이다. 꽃은
7~9월에 연한 적자색 또는 청색–청
자색으로 핀다. 꽃받침침열편은 길이 5
~13mm의 피침형–피침상 장타원형
이고 가장자리는 밋밋하다. 꽃부리는
길이 2~4.2cm의 종모양이며 열편은
뒤로 약간 젖혀진다. 화반은 길이 1.5
~3mm의 원통형이다.
참고 꽃차례가 갈라지지 않으며 꽃이
4cm 이상으로 큰 것을 도라지모시대
로 구분하였으나, 최근에는 모시대에
통합하는 추세이다.

❶ 2024. 8. 7. 경남 함양군 지리산 ❷ 꽃. 꽃
부리는 종모양이며 암술대는 꽃부리와 길이
가 비슷하거나 약간 짧다. ❸ 열매(삭과). 타
원상 도란형–도란형이다. ❹ 잎. 흔히 끝은
길게 뾰족하며 가장자리에 뾰족한 톱니가 불
규칙적으로 난다.

선모시대

Adenophora erecta S.Lee, J.Lee & S.Kim

초롱꽃과

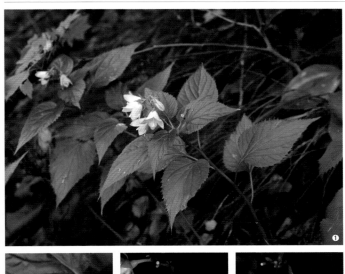

국내분포/자생지 경북(울릉도)의 숲속에 매우 드물게 자람, 한반도 고유종
형태 다년초. 줄기는 높이 30~50cm이며 곧추 자라고 털이 없다. 잎은 어긋나며 길이 3.4~12.8cm의 타원상 난형-난형이다. 끝은 뾰족하고 밑부분은 둥글거나 심장형이며 가장자리에 뾰족한 톱니가 불규칙적으로 난다. 양면에 털이 없다. 잎자루는 길이 1.5~5.5cm이다. 꽃은 8~9월에 거의 백색-연한 자색, 연한 청색-청자색으로 피며 줄기 끝부분의 총상꽃차례 또는 원뿔꽃차례에 모여 달린다. 꽃줄기는 길이 2.7~20cm이며 꽃자루는 길이 4~12mm이다. 꽃받침은 털이 없으며 열편은 길이 3~12mm의 장타원상 피침형-난상 장타원형이고 가장자리는 밋밋하다. 꽃부리는 길이 1.7~2.5cm의 넓은 종모양이며 열편은 길이 8~10mm의 삼각상 난형-난형이다. 수술대는 길이 5~7mm이며 암술대는 길이 1.3~1.6cm이고 꽃부리보다 짧다. 화반은 길이 0.7~1.3mm, 너비 1.3~2.4mm의 원반모양(짧은 원통형)이다. 열매(삭과)는 길이 5~11mm의 타원형-도란형이다.
참고 모시대에 비해 꽃의 길이가 2.5cm 이하로 작으며 화반이 원반모양(길이보다 너비가 더 길다)인 것이 특징이다.

❶2022. 8. 20. 경북 울릉군 울릉도 ❷꽃. 꽃부리가 길이 2.5cm 이하로 모시대에 비해 짧은 편이다. ❸꽃 내부. 수술대의 밑부분은 넓고 털이 많다. 암술대에도 짧은 털이 많다. ❹화반(꽃받침대). 길이보다 너비가 더 넓은 (긴) 원통형이다. ❺열매. 거꾸러진 원뿔형이며 밑부분이 해지거나 갈라져서(구멍) 씨가 산포된다. ❻잎. 모시대에 비해 넓은 편이다. ❼잎 뒷면. 흰빛이 약간 돈다. 양면에 털이 없다. ❽2022. 8. 20. 경북 울릉군 울릉도

층층잔대

Adenophora triphylla (Thunb.) A.DC.
var. *triphylla*
Adenophora verticillata Fisch.; *A.*
verticillata var. *abbreviata* H.Lév.

초롱꽃과

국내분포/자생지 전국 산야의 풀밭
형태 다년초. 줄기는 높이 30~150cm
이고 흔히 곧추 자란다. 줄기잎은 흔
히 돌려나지만 드물게 어긋나거나 마
주나기도 하며 길이 2~16cm의 선
형-타원형-난형이다. 끝은 뾰족하거
나 길게 뾰족하고 밑부분은 좁은 쐐
기형-원형이며 가장자리에 뾰족한
톱니가 있다. 약간 가죽질이며 표면
에 털이 약간 있거나 없다. 잎자루는
없다. 꽃은 7~10월에 연한 청색-청색
또는 연한 자색으로 피며 줄기 끝부
분의 원뿔꽃차례에 모여 달린다. 꽃
줄기는 길이 2~35cm이고 가지는 흔
히 돌려나며 꽃자루는 길이 1~10mm
이다. 꽃받침열편은 길이 1.3~4mm의
송곳모양-선상 피침형이고 가장자리
는 밋밋하다. 꽃부리는 길이 8~16mm
의 통상 항아리모양이며 열편은 길이
1.5~3.6mm의 삼각형이다. 수술대는
길이 5~9.5mm이며 암술대는 길이 1
~2.5cm이고 꽃부리 밖으로 길게 나
출한다. 화반은 길이 1.3~3.8mm. 너
비 0.4~0.9mm의 긴 원통형이다. 열
매(삭과)는 길이 4~8mm의 타원형-타
원상 도란형이다.
참고 넓은잔대에 비해 꽃차례의 가
지가 흔히 돌려나며 꽃받침열편이
송곳모양-선상 피침형인 것이 특징
이다. 층층잔대에 비해 꽃받침열편
의 가장자리에 톱니가 있는 것을 **잔
대[var. *japonica* (Regel) H.Hara]**로
구분하기도 한다. 털잔대[f. *hirsuta*
(F.Schmidt) Chamb.]와 좀층층잔대
[var. *abbreviata* (H.Lév.) Chamb.]를
최근 모두 층층잔대에 통합하는 추세
이다.

❶2019. 8. 25. 경남 합천군 황매산 ❷꽃. 꽃
부리는 통상 항아리모양이며 암술대가 길게
나출한다. ❸꽃받침. 꽃받침열편은 송곳모
양-선상 피침형이고 톱니가 없다. ❹잔대의
꽃받침. 층층잔대에 비해 꽃받침열편 가장자
리에 톱니가 있다. ❺화반과 암술대. 화반은
긴 원통형이다. 암술대의 상반부에 돌기모양
의 털이 있다. ❻열매. 타원형-타원상 도란
형이다. ❼줄기잎. 약간 가죽질이며 3~5개
씩 돌려난다. ❽꽃차례. 꽃은 줄기 끝부분에
서 원뿔꽃차례에 모여 달린다.

꽃잔대

Adenophora koreana Kitam.

초롱꽃과

국내분포/자생지 중부 이북의 산지. 한반도 고유종

형태 다년초. 줄기는 높이 40~100cm이고 털이 없으며 1~3개씩 모여나고 곧추 자란다. 잎은 흔히 돌려나지만 줄기 윗부분의 잎은 어긋나거나 마주난다. 길이 5~13cm의 선형-선상 피침형-타원상 난형이다. 끝은 뾰족하거나 길게 뾰족하고 밑부분은 좁은 쐐기형-원형이며 가장자리에 뾰족한 톱니가 있다. 표면에 털이 약간 있거나 없으며 뒷면에 털이 없다. 잎자루는 없다. 꽃은 8~9월에 연한 청색-청색 또는 연한 자색으로 피며 줄기 끝부분의 원뿔꽃차례에 모여 달린다. 꽃줄기는 길이 9~20cm이고 가지는 흔히 어긋나며 꽃자루는 길이 8~33mm이다. 꽃받침은 반구형이고 털이 없으며 열편은 길이 5~10mm의 선상 피침형이고 가장자리는 소수의 톱니가 있다. 꽃부리는 길이 1.2~1.5cm의 종모양이며 열편은 길이 4~6mm의 삼각형이다. 수술대는 길이 6~8mm이고 굽은 털이 밀생한다. 암술대는 길이 1.5~2cm이고 꽃부리 밖으로 길게 나출한다. 화반은 길이 0.4~0.5(~1)mm, 너비 0.8~1mm의 원반모양이다. 열매(삭과)는 길이 4~9mm의 타원상 타원형-도란형이다.

참고 꽃차례의 가지가 어긋나고 꽃부리가 길이 1cm 이상의 종모양이며 꽃받침열편이 선상 피침형이고 가장자리에 톱니가 있는 것이 특징이다.

❶2023. 8. 15. 충북 제천시. ❷꽃 내부. 암술대는 꽃부리 밖으로 나출한다. ❸수술과 암술. 수술대에 굽은 털이 밀생한다. 암술대의 상반부에 돌기모양의 털이 밀생한다. ❹화반 비교. 층층잔대(좌)에 비해 화반은 원반모양(짧은 원통형)이다. ❺꽃받침. 열편은 선상 피침형이며 가장자리에 소수의 뾰족한 톱니가 있다. ❻줄기잎. 흔히 선형-선상 피침형-타원상 난형(변이가 심함)이며 줄기 밑부분에서는 3~5개씩 돌려나고 상반부에서는 마주나거나 어긋난다. 기준표본 개체는 잎이 타원상 난형이다. ❼꽃차례. 가지는 어긋나게 달린다(돌려나지 않음).

넓은잔대

Adenophora divaricata Franch. & Sav.

초롱꽃과

국내분포/자생지 전국의 산지 풀밭이나 건조한 숲속

형태 다년초. 줄기는 높이 40~90cm이고 털이 거의 없거나 퍼진 털이 약간 있다. 잎은 돌려나며 길이 3~12cm의 피침형-장타원형 또는 난형이다. 끝은 (둔하거나) 뾰족하거나 길게 뾰족하고 밑부분은 둔하거나 쐐기형이며 가장자리에는 뾰족한 톱니가 있다. 양면에 털이 없거나 밀생하고 맥 위에 털이 있다. 잎자루는 매우 짧거나 없다. 꽃은 8~9월에 거의 백색-연한 자색, 연한 청색-청자색으로 피며 줄기 끝부분의 원뿔꽃차례에 모여 달린다. 꽃줄기는 길이 4.5~20cm이며 꽃자루는 길이 4~80mm이다. 꽃받침은 털이 있거나 없으며 열편은 길이 4~8mm의 피침형-피침상 장타원형이고 가장자리는 밋밋하다. 꽃부리는 길이 1.2~2cm의 종모양이며 열편은 길이 2.7~4.5mm의 삼각형이다. 수술은 길이 6~9.5mm이며 암술대는 길이 1.1~2.3cm이고 꽃부리와 길이가 같거나 약간 더 길다. 화반은 길이 1.4~2.2mm, 너비 0.8~1.3mm의 긴 원통형이다. 열매(삭과)는 길이 4~9mm의 타원형-도란상 구형이다.

참고 3~4개의 잎이 돌려나고 꽃차례의 가지는 어긋나거나 돌려나며 꽃받침열편의 가장자리가 밋밋한 것이 특징이다. 털의 유무나 꽃의 색, 크기 등에서 변이가 심한 편이다.

❶2005. 8. 18. 강원 삼척시 덕항산 ❷꽃. 층층잔대나 잔대에 비해 꽃이 큰 편이며 암술대가 꽃부리와 길이와 비슷하거나 더 길다. ❸꽃 내부. 암술대에 납작한 돌기모양의 털이 밀생한다. ❹화반. 긴 원통형이다. ❺화반 비교. 만주잔대(좌)에 비해 능각이 없으며 너비보다 길이가 훨씬 긴 원통형이다. 꽃받침열편은 피침형-피침상 장타원형으로 만주잔대에 비해 넓다. ❻꽃받침. 열편은 피침형-피침상 장타원형이고 가장자리가 밋밋하다. ❼열매. 타원형-도란상 구형이다. ❽줄기잎. 흔히 3~4개씩 돌려난다. 잎의 모양이나 털의 밀도는 변이가 심한 편이다. ❾꽃 비교. 만주잔대(좌, 종모양을 닮은 항아리모양)에 비해 뚜렷한 종모양이다. ❿2023. 7. 20. 강원 정선군. 꽃차례의 아래쪽 가지는 흔히 마주나거나 돌려나고 위쪽의 가지는 어긋나며 달린다.

만주잔대

Adenophora pereskiifolia (Fisch. ex Schult.) Fisch. ex G.Don
Adenophora kayasanensis Kitam.; *A. racemosa* J.Lee & S.Lee

초롱꽃과

국내분포/자생지 강원(금대봉, 설악산, 오대산, 점봉산, 함백산, 향로봉 등), 경남(가야산), 경북(황악산), 충북(소백산)의 해발고도가 비교적 높은 지대의 풀밭이나 바위지대

형태 다년초. 줄기는 높이 20~80cm이고 곧추 자란다. 잎은 돌려나며 길이 2.7~12cm의 선형−선상 피침형−타원형−난형 또는 도란형이다. 끝은 뾰족하거나 길게 뾰족하고 밑부분은 쐐기형−원형이며 가장자리에 뾰족한 톱니가 불규칙적으로 난다. 꽃은 8~9월에 연한 자색 또는 연한 청색−청자색으로 피며 줄기 끝부분의 총상꽃차례 또는 원뿔꽃차례에 모여 달린다. 꽃줄기는 길이 1.5~2.2cm이며 꽃자루는 어긋나고 길이 3~30mm이다. 꽃받침열편은 길이 2~7mm의 선상 피침형−장타원상 피침형이고 가장자리는 밋밋하거나 드물게 뾰족한 톱니가 있다. 꽃부리는 길이 1.5~3cm의 항아리모양이며 열편은 길이 3~8mm의 삼각형−난형이다. 수술대는 길이 5~10mm이며 암술대는 길이 1.5~2.8cm이다. 화반은 길이 1~2.5mm, 너비 0.9~2.5mm의 짧은 원통형이다. 열매(삭과)는 길이 4~8mm이다.

참고 학자에 따라서는 톱잔대(*A. curvidens* Nakai), 가야산잔대(*A. kaya-sanensis* Kitam.), 외대잔대(*A. racemosa* J.Lee & S.Lee) 모두를 만주잔대에 통합·처리하기도 한다.

❶2023. 7. 20. 강원 정선군 ❷꽃. 흔히 종 모양보다는 항아리모양에 더 가까운 형태이다. ❸꽃 내부. 수술대는 밑부분(넓은 부분)에만 털이 밀생한다. 암술대는 꽃부리 밖으로 나출한다. ❹화반. 길이와 너비가 비슷하거나 길이가 약간 긴 원통형이며 능각이 있다. ❺열매. 넓은 타원형−타원상 도란형이다. ❻줄기잎. 하반부의 잎은 4~5개씩 돌려난다. 상반부(특히 꽃차례와 가까운 곳)의 잎은 흔히 돌려나지만 마주나거나 좁은 간격으로 어긋나기도 한다. ❼-❿가야산잔대 타입 ❼❽잎. 흔히 4~5개씩 돌려나며 잎의 형태는 변이가 심하다(선상 피침형−타원상 난형). 가야산잔대의 기준표본은 잎이 선상 피침형으로 좁은 타입(8번 사진)이다. ❾2001. 7. 17. 경북 성주군 가야산 ❿꽃차례. 꽃은 항아리모양이며 꽃차례에 돌려나거나 어긋나며 달린다(변이가 있음). ⓫-⓭외대잔대 타입 ⓫2004. 7. 8. 강원 속초시 설악산 ⓬. 꽃차례에 거의 총상으로 달린다. ⓭화반(ⓒ이호영). 만주잔대와 동일하다.

수원잔대

Adenophora polyantha Nakai
Adenophora obovata Kitam.

초롱꽃과

국내분포/자생지 중부지방 이남(특히 서남해 도서지역)의 산지 풀밭

형태 다년초. 줄기는 높이 (15~)30~90cm이고 비스듬히 또는 곧추 자라며 털이 거의 없다. 잎은 어긋나며 길이 1.5~12cm의 선상 피침형-장타원상 피침형-난형이다. 끝은 뾰족하고 밑부분은 쐐기형-원형이며 가장자리에 뾰족한 톱니가 있다. 잎은 약간 가죽질이며 앞면에 털이 없다. 잎자루는 없다. 꽃은 8~11월에 (자색-)청자색으로 피며 줄기 끝부분의 총상꽃차례 또는 원뿔꽃차례에 모여 달린다. 꽃줄기는 길이 5~35cm이며 꽃자루는 어긋나고 길이 2~70mm이다. 꽃받침은 털이 없으며 꽃받침열편은 길이 2~14mm의 피침형-장타원상 피침형이고 가장자리는 밋밋하다. 꽃부리는 길이 1.5~2.8cm의 깔때기모양의 종모양이며 열편은 길이 3.4~6mm의 삼각형이다. 수술대는 길이 7~9.5mm이며 암술대는 길이 1.1~2.6cm이다. 화반은 길이 1.2~4.3mm, 너비 0.6~2.9mm의 긴 원통형이다. 열매(삭과)는 길이 4~9mm의 넓은 타원형-타원상 도란형이다.

참고 화반이 긴 원통형이며 잎이 어긋나고 약간 가죽질인 것이 특징이다. 수원잔대는 환경에 따라 개체의 크기, 잎의 모양 등에서 매우 넓은 변이폭을 보인다. 최근 연구결과에 따라 관악잔대(*A. obovata* Kitam)는 수원잔대와 동일 종으로 처리한다. 학자에 따라서는 제주에 분포하는 섬잔대(*A. taquetii* H.Lév)를 일본에 분포하는 *A. tashiroi* (Makino & Nakai) Makino & Nakai와 동일 종으로 처리한다. 저자들은 *A. tashiroi*도 수원잔대와 동일 종으로 추정한다.

❶2021. 9. 24. 인천 중구 백운산(ⓒ김중현) ❷꽃. 암술대는 꽃부리와 길이가 비슷하거나 약간 길며 꽃자루 밖으로 약간 나출한다. ❸꽃 내부. 수술대의 넓은 부분은 전체 길이의 1/3 정도이고 가장자리에 털이 밀생한다. ❹화반. 길이가 약간 긴 원통형이다. ❺~❾섬잔대 타입 ❺꽃. 암술대가 약간 나출한다. ❻꽃 내부. 수원잔대와 유사하다. ❼화반. 수원잔대와 동일하다. ❽2005. 8. 10. 제주 서귀포시 한라산. 수원잔대의 왜소형화된 변이 또는 변종으로 처리하는 것이 타당하다. ❾잎. 난형-넓은 난형이며 털이 없다. ❿엽형 변이. 동일 집단 내에서도 다양한 잎(선형-도란상 타원형)의 형태들이 관찰된다.

영아자

Asyneuma japonicum (Miq.) Briq.

초롱꽃과

국내분포/자생지 전국의 산야

형태 다년초. 줄기는 높이 30~100cm
이다. 잎은 어긋나며 길이 3.5~11cm
의 장타원형-난형이다. 잎자루는 길
이 1~3cm이다. 꽃은 7~8월에 연한
청색-청자색으로 피며 줄기와 가지
윗부분의 총상꽃차례에 모여 달린다.
꽃받침열편은 길이 3.2~6.2mm의 선
형이다. 수술은 5개이며 수술대는 길
이 3.7~5mm이고 밑부분에 털이 있
다. 암술대는 7~13mm이며 암술머리
는 3개로 갈라진다. 열매(삭과)는 지름
4~6mm의 편구형-구형이다.

참고 꽃부리가 거의 밑부분 끝까지
갈라지며 열편이 선형이고 뒤로 심하
게 젖혀지는 것이 특징이다.

❶ 2021. 7. 30. 강원 횡성군 ❷ 꽃. 꽃부리는
거의 완전히 갈라져서 옆으로 퍼진다. 수술
대의 하반부는 난형상으로 매우 넓으며 꽃부
리와 같은 색이고 털이 있다. ❸ 열매(삭과).
편구형-구형이다. ❹ 잎. 가장자리에 뾰족한
톱니가 있다.

자주꽃방망이

Campanula glomerata var. *dahurica*
Fisch. ex Ker Gawl.

초롱꽃과

국내분포/자생지 경남, 전남 이북의
산지

형태 다년초. 줄기는 높이 40~100cm
이며 털이 있다. 잎은 어긋나며 길이
5~12(~15)cm의 넓은 피침형-타원상
난형이며 가장자리에는 뾰족한 톱니
가 불규칙하게 난다. 잎자루는 줄기
위로 갈수록 짧아진다. 꽃은 7~8월
에 자색-진한 자색으로 핀다. 꽃받침
열편은 길이 5~7mm의 선상 피침형
이고 가장자리에 톱니가 있다. 꽃부
리는 길이 2~2.7cm의 종모양이며 열
편은 길이 1.1~1.3cm의 삼각형이다.
암술대는 길이 1.2~1.6cm이고 꽃부
리보다 짧다. 열매(삭과)는 길이 2.7~
4.6mm의 타원형이다.

참고 꽃자루가 짧아서 줄기 윗부분
에서 꽃이 머리모양으로 모여 달리는
것처럼 보이는 것이 특징이다.

❶ 2024. 7. 25. 중국 지린성 백두산 ❷ 꽃. 줄
기의 끝부분과 윗부분의 잎겨드랑이에서 빽
빽이 모여 달린다. ❸ 잎. 양면에 털이 있다.

초롱꽃

Campanula punctata Lam.

초롱꽃과

국내분포/자생지 전국의 산야

형태 다년초. 땅속줄기가 뻗는다. 줄기는 높이 25~90cm이며 털이 있다. 잎은 어긋나며 길이 3~14cm의 장타원상 난형–난형이고 가장자리에 뾰족한 톱니가 불규칙하게 난다. 잎자루는 길이 8~82mm이다. 꽃은 6~8월에 거의 백색–연한 황백색(~연한 적자색)으로 핀다. 꽃받침열편은 길이 1.2~2.5cm의 피침상 삼각형이고 열편 사이에 뒤로 젖혀지는 삼각상의 부속체가 있다. 꽃부리는 길이 3~7cm이며 열편은 길이 5~14mm의 넓은 삼각형이다. 열매(삭과)는 길이 6~13mm의 거꾸러진 넓은 원뿔형이다.

참고 섬초롱꽃에 비해 잎 표면에 광택이 없으며 꽃이 길이 3~7cm로 큰 편이다.

❶ 2001. 6. 5. 강원 정선군 가리왕산 ❷ 꽃. 꽃받침에 긴 털이 있다. ❸ 꽃 내부. 꽃부리 안쪽면에 적색–적자색–흑자색의 반점과 함께 긴 털이 있다. ❹ 잎. 양면에 털이 있다.

섬초롱꽃

Campanula takesimana Nakai

초롱꽃과

국내분포/자생지 경북 울릉도의 산야, 한반도 고유종

형태 다년초. 땅속줄기가 뻗는다. 줄기는 높이 30~100cm이다. 잎은 어긋나며 길이 3~23cm의 장타원상 난형–난형이고 가장자리에 뾰족한 톱니가 불규칙하게 난다. 양면에 털이 약간 있다. 잎자루는 길이 1~12cm이다. 꽃은 6~7월에 핀다. 꽃받침열편은 길이 5~17mm의 피침상 삼각형이고 가장자리에 톱니와 털이 있으며 열편 사이에 뒤로 젖혀지는 삼각상의 부속체가 있다. 꽃부리는 길이 2~4.5cm이고 안쪽면에 적색–적자색–흑자색의 반점이 있다.

참고 초롱꽃에 비해 잎 표면에 광택이 나며 꽃이 길이 2~4.5cm로 약간 더 작은 편이다.

❶ 2022. 6. 3. 경북 울릉군 울릉도 ❷ 꽃. 꽃색(거의 백색–연한 황백색 또는 연한 적자색–진한 적자색)은 다양하다. ❸ 열매(삭과). 거의 반구형 또는 거꾸러진 넓은 원뿔형이다. ❹ 뿌리잎. 양면에 털이 약간 있고 앞면은 흔히 광택이 난다.

금강초롱꽃
Hanabusaya asiatica (Nakai) Nakai

초롱꽃과

국내분포/자생지 강원(치악산 등), 경기(명지산, 화악산) 이북의 산지, 한반도 고유종

형태 다년초. 줄기는 높이 20~80cm이고 곧추 또는 비스듬히 자라며 털이 없다. 잎은 어긋나며 길이 5~12cm의 장타원상 난형-난형이고 줄기의 상반부에서 약간 조밀하게 모여 달린다. 끝은 길게 뾰족하고 밑부분은 원형-심장형이며 가장자리에 뾰족한 톱니가 불규칙하게 난다. 양면에 털이 거의 없다. 잎자루는 길이 1~3.2cm이며 털이 없다. 꽃은 8~9월에 (백색-)연한 적자색-짙은 적자색-자색으로 피며 줄기 끝부분의 총상꽃차례에 모여 달린다. 꽃줄기는 길이 2.5~17.8cm이며 꽃자루는 길이 1.6~5.7cm이다. 꽃받침은 털이 없으며 꽃받침열편은 길이 7~13mm의 선상 피침형-피침형이다. 꽃부리는 길이 4~5.5cm의 통상 종모양이며 열편은 길이 3~5.2mm의 넓은 삼각형이다. 수술대는 길이 4.2~9mm이며 암술대는 길이 2~3.2mm이다. 암술머리는 3개로 갈라지고 열편은 뒤로 젖혀진다. 열매(삭과)는 길이 1~1.2cm의 타원형-도란상 구형이다.

참고 초롱꽃속(*Campanula*)에 비해 꽃밥이 합생하는 것이 가장 주요한 특징이다. 검산초롱꽃(*H. latisepala* Nakai)은 금강초롱꽃에 비해 꽃받침열편이 길이 6~14mm의 난상 피침형이며 북부지방에서 자란다.

❶ 2021. 9. 2. 강원 화천군 ❷꽃. 꽃부리는 통상 종모양이며 꽃받침은 선상 피침형-피침형이고 가장자리는 밋밋하거나 불명확한 톱니가 있다. ❸꽃 내부. 수술은 암술대보다 짧다. 꽃밥은 합생하며 수술대와 길이가 비슷하다. ❹열매. 능선(맥)이 발달하며 숙존하는 꽃받침열편은 곧추선다. ❺잎. 가장자리에 뾰족한 톱니가 불규칙하게 난다. 줄기 아래쪽의 잎들은 흔히 밑부분이 심장형이다. ❻흰꽃이 피는 개체. 2005. 8. 27. 강원 인제군 설악산 ❼2021. 8. 31. 경기 가평군

멸가치

Adenocaulon himalaicum Edgew.

국화과

국내분포/자생지 전국의 산지

형태 다년초. 줄기는 높이 30~100cm 이며 거미줄 같은 털과 함께 줄기 윗부분에는 샘털이 있다. 줄기잎은 어긋나며 길이 5~15cm의 삼각상 난형–삼각상 심장형이다. 밑부분은 편평하거나 심장형이다. 암수한그루이다. 꽃은 7~9월에 백색으로 피며 지름 5~10mm의 머리모양꽃차례는 원뿔상으로 엉성하게 모여 달린다. 자루가 있는 샘털이 있다. 총포편은 5~7개이고 1줄로 배열된다.

참고 소화는 모두 대롱꽃이며 열매에 관모가 없고 표면에 샘털이 있는 것이 특징이다.

❶ 2023. 8. 13. 경북 울릉군 울릉도 ❷꽃차례. 소화는 모두 대롱꽃이다. 꽃차례의 가장자리에는 암꽃이 피고 중앙부에 수꽃이 모여 핀다. ❸암꽃(좌)과 수꽃(우) 비교. 암꽃의 씨방 상반부에 굵은 자루모양의 샘털이 있다. ❹열매(수과). 곤봉상 도란형이며 상반부에 샘털이 있어서 다른 물체에 잘 달라붙는다. ❺잎. 밑부분은 흔히 심장형이며 뒷면에 백색의 거미줄 같은 털이 많다.

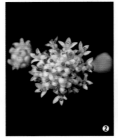

단풍취(가야단풍취)

Ainsliaea acerifolia var. *subapoda* Nakai

국화과

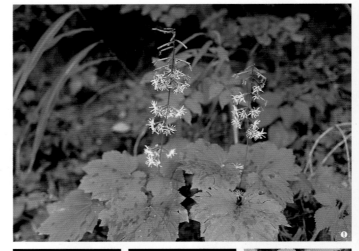

국내분포/자생지 전국의 산지

형태 다년초. 줄기는 높이 40~80cm 이다. 잎은 4~7개가 돌려나듯이 조밀하게 모여 달리며 길이 6~12cm의 손바닥모양으로 갈라진 난상 원형이다. 꽃은 7~9월에 백색으로 피며 지름 1~1.5cm의 머리모양꽃차례는 총상으로 모여 달린다. 총포는 길이 1.2~1.5cm의 원통형이다. 대롱꽃은 길이 1.6cm 정도의 통형이다.

참고 기본종(var. *acerifolia* Sch. Bip.)은 잎이 7~9개로 깊게 갈라지는 것이 특징이며 일본 고유종이다.

❶ 2001. 9. 19. 경북 울진군 ❷꽃차례. 머리모양꽃차례는 2(~3)개의 대롱꽃으로 이루어진다. 대롱꽃은 끝이 (4~)5개로 깊게 갈라지며 열편은 한쪽 방향으로 퍼진다. ❸총포. 총포편은 8줄로 배열되며 가죽질이다. ❹열매(수과). 타원형이고 털이 없다. 관모는 길이 1~1.2cm의 깃털모양이며 황갈색–적갈색이다. ❺잎. 가장자리는 흔히 7~9개로 얕게 갈라진다.

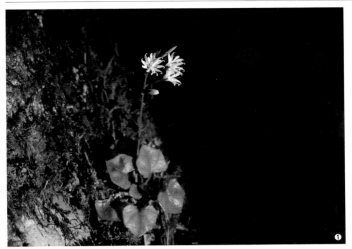

좀딱취
Ainsliaea apiculata Sch. Bip. ex Zoll.

국화과

국내분포/자생지 주로 남부지방의 산지 숲속

형태 다년초. 땅속줄기가 뻗는다. 줄기는 높이 10~20cm이다. 잎은 줄기의 밑부분에서 모여 달리며 길이 1~3cm의 오각상 난형이고 밑부분은 얕은 심장형이다. 잎자루는 길이 1.5~6cm이고 털이 있다. 꽃은 8~10월에 백색으로 피며 머리모양꽃차례는 총상으로 모여 달린다. 총포는 길이 1~1.5cm의 원통형이다. 대롱꽃은 길이 9~10mm의 통형이다.

참고 잎이 길이 1~3cm로 작고 오각형이거나 얕게 5개로 갈라지며 열매에 털이 있는 것이 특징이다.

❶ 2018. 11. 1. 제주 한라산(ⓒ강문수). 총상꽃차례에 폐쇄화성 머리모양꽃차례와 개방화성 머리모양꽃차례가 혼생한다. ❷ 꽃차례. 머리모양꽃차례는 3개의 대롱꽃으로 이루어진다. ❸ 총포. 총포편은 5~6줄로 배열되고 털이 없다. ❹ 열매(수과). 도피침형-장타원형이고 맥이 뚜렷하며 털이 많다. 관모는 길이 7~10mm의 깃털모양이고 갈색이다. ❺ 잎. 가장자리는 5개로 얕게 갈라진다.

절굿대
Echinops setifer Iljin

국화과

국내분포/자생지 전국 산지의 건조한 풀밭에 드물게 자람

형태 다년초. 줄기는 높이 80~150cm이고 누운 털이 밀생한다. 아래쪽의 줄기잎은 길이 15~25cm의 도피침상 타원형-타원형이고 1(~2)회 깃털모양으로 깊게 갈라진다. 뒷면에는 백색의 솜 같은 털이 밀생한다. 꽃은 8~10월에 연한 자색-청자색으로 핀다. 1차 머리모양꽃차례는 길이 2cm 정도이며 2차 머리모양꽃차례는 지름 4~5cm이다. 열매(수과)는 길이 7mm 정도의 원통형이고 누운 털이 밀생한다.

참고 큰절굿대에 비해 줄기 하반부에 뻣뻣한 털이 밀생하며 잎가장자리의 가시가 길이 1mm 이하로 짧은 것이 특징이다.

❶ 2024. 8. 15. 전남 신안군 가거도 ❷ 꽃차례. 1개의 작은꽃으로 구성된다. ❸ 꽃차례(결실기). 머리모양꽃차례(1차)의 밑부분에 긴 강모가 밀생한다. ❹ 줄기잎. 깃털모양겹잎으로 깊게 갈라진다. 가장자리에 짧은 바늘모양 톱니가 있다.

큰절굿대

Echinops davuricus Fisch. ex Hornem.
Echinops latifolius Tausch

국화과

국내분포/자생지 제주 및 경북 이북의 산야(특히 바닷가 가까운 산지)에 매우 드물게 자람

형태 다년초. 줄기는 높이 40~120cm이고 곧추 자라며 윗부분에는 백색의 누운 털이 밀생한다. 잎은 어긋나며 길이 15~35cm의 피침상 타원형~삼각상 난형이고 가장자리는 깃털모양으로 깊게 갈라진다. 측열편은 4~8쌍이며 열편과 톱니의 끝부분에는 길이 2~3mm의 딱딱한 가시가 있다. 앞면은 녹색이고 광택이 나며 털이 없거나 거미줄 같은 털이 약간 있다. 뒷면은 백색의 거미줄 같은 털이 밀생한다. 꽃은 8~10월에 연한 자색~청자색으로 핀다. 1차 머리모양꽃차례는 길이 1.7~2.1cm이고 1개의 대롱꽃으로 되어 있다. 2차 머리모양꽃차례는 지름 3.5~5cm이고 줄기와 가지의 끝부분 또는 잎겨드랑이에서 1~3개씩 달린다. 가장 바깥쪽의 총포편은 길이 7mm 정도의 도피침형이고 끝은 짧게 뾰족하다. 중앙부의 총포편은 길이 1~1.3cm의 도피침형 또는 피침형이고 끝은 길게 뾰족하다. 내총포편은 길이 1.5cm 정도의 피침상 장타원형이며 윗부분은 청자색이고 끝은 가시모양으로 길게 뾰족하다. 대롱꽃은 바깥면에 선점이 약간 있다. 열매(수과)는 길이 6~8mm의 원통형이고 누운 털이 밀생한다. 관모는 길이 1.2mm 정도의 선형이고 인편모양이다.

참고 절굿대에 비해 잎이 1~2회 깃털모양으로 갈라지고 앞면에 광택이 나며 열편과 톱니 끝부분의 가시가 길이 2~3mm로 긴 것이 특징이다.

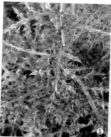

❶2021. 8. 10. 제주 서귀포시 ❷꽃차례. 1차 머리모양꽃차례가 구형의 2차 머리모양꽃차례를 이루며 달리는 독특한 형태(복두상꽃차례)이다. 작은꽃(대롱꽃)처럼 보이는 것이 1차 머리모양꽃차례이다. ❸1차 머리모양꽃차례. 1개의 대롱꽃으로 이루어진다. 밑부분에 긴 강모가 밀생한다. 총포편은 14~17개이고 바깥면에 털이 없다. ❹열매(수과). 긴 누운 털이 밀생한다. ❺줄기잎. 비교적 단단한 편이다. 1~2회 깃털모양으로 갈라진다. 열편과 톱니의 끝은 길고 단단한 바늘모양이다. ❻잎 뒷면. 백색의 거미줄 같은 누운 털이 밀생한다. ❼자생 모습. 2021. 8. 10. 제주 서귀포시

삽주

Atractylodes ovata (Thunb.) DC.

국화과

국내분포/자생지 전국의 산지

형태 다년초. 줄기는 높이 30~80cm 이고 곧추 자란다. 줄기 윗부분의 잎은 갈라지지 않거나 3개로 갈라지며 잎자루는 없거나 짧다. 꽃은 7~10월에 백색으로 피며 머리모양꽃차례는 지름 2~2.5cm이다. 총포는 길이 1.6~1.8cm의 종모양이며 총포편은 7~8줄로 배열된다. 총포 밑부분에 잎모양의 포가 2줄로 나 있다. 대롱꽃은 백색-연한 적자색이며 길이 9~12mm 이다. 열매(수과)는 길이 5mm 정도의 도란형이고 털이 있다. 관모는 길이 7~9mm이다.

참고 당삽주(*A. koreana*)는 잎가장자리가 갈라지지 않고 잎자루가 없는 것이 특징이며 북부지방에서 자란다.

❶2013. 9. 9. 러시아 프리모르스키주 ❷꽃(양성화). 암꽃양성화딴그루이다. ❸꽃차례 비교. 암꽃차례(우)는 양성화꽃차례(좌)에 비해 약간 대형이다(총포편도 약간 길다). ❹꽃 비교. 암꽃(우)의 꽃차례(특히 열편)가 양성화의 꽃부리(좌)에 비해 약간 작다.

산비장이

Serratula coronata subsp. *insularis* (Iljin) Kitam.

국화과

국내분포/자생지 전국의 산지

형태 다년초. 줄기는 높이 50~140cm 이다. 줄기 밑부분의 잎은 길이 10~40cm의 장타원형-타원형이다. 측열편은 3~8쌍이며 좁은 타원형이다. 암꽃양성화한그루이다. 꽃은 7~10월에 연한 적자색-적자색으로 피며 머리모양꽃차례는 지름 3~4cm이다. 총포는 길이 2~2.7cm의 종모양이며 총포편은 6~8줄로 배열한다. 대롱꽃의 꽃부리는 길이 2~2.8cm이다.

참고 북방산비장이(subsp. *coronata* L.)는 잎이 얕게(중열) 갈라지고 앞면에 털이 없으며 총포편의 끝이 진한 자색이고 보다 길게 뾰족하다. 넓은 의미로는 동일 종이다.

❶2022. 8. 14. 강원 평창군 대관령 ❷꽃차례. 중앙부의 대롱꽃은 양성화이며 가장자리의 암꽃에 비해 약간 작다. ❸열매(수과). 털이 없으며 관모는 길이 5~14mm이다. ❹뿌리잎. 깃털모양으로 완전히 갈라진다.

영덕취

Leuzea chinensis (S.Moore) Susanna
Rhaponticum chinense (S.Moore)
L.Martins & Hidalgo

국화과

국내분포/자생지 경북(영덕군)의 산지.
형태 다년초. 땅속줄기가 길게 뻗는
다. 줄기는 높이 90~150cm이고 곧
추 자란다. 줄기잎은 어긋나며 길이
6~15cm의 피침상 장타원형~난형이
고 표면은 거칠다. 끝은 둔하거나 뾰
족하고 밑부분은 차츰 좁아지며 가
장자리에는 뾰족한 잔톱니가 촘촘하
게 나 있다. 잎자루는 길이 2~15mm
이다. 꽃은 7~8월에 연한 적자색으로
피며 줄기와 가지의 끝부분에서 나온
지름 3.5~4.2cm의 머리모양꽃차례에
모여 달린다. 총포는 길이 1.8~2.1cm
의 원통상 종모양이다. 총포편은 6~
7줄로 배열하며 외총포편은 길이 1.4
~3.5mm의 삼각형~난형이다. 중앙부
의 총포편은 길이 4~13.2mm의 타원
상 난형~난형이며 내총포편은 길이
14.5~18.5mm의 장타원형~타원상 난
형이고 털이 없다. 대롱꽃은 길이 2~
3cm이며 꽃부리는 길이 2.5cm 정도
의 깔때기모양이며 통부는 가늘고 길
다. 열편은 길이 5~7mm의 선상 피침
형이며 옆으로 퍼지거나 뒤로 젖혀진
다. 수술은 4개이고 꽃밥은 합생하여
길이 5mm 정도의 원통형(꽃밥통)을
이룬다. 암술대는 수술보다 길며 꽃
밥통(anther cylinder)의 중앙부에서 나
와 나출한다. 열매(수과)는 갈색~진한
갈색이며 길이 7~9mm의 도피침상
장타원형이다. 관모는 갈색이며 긴
것은 길이 1~1.5cm이다.
참고 뻐꾹채속(*Leuzea*)은 산비장이속
(*Serratula*)에 비해 총포편의 끝이 둥
글다(뾰족하거나 가시모양이 아님). 영덕
취는 뻐꾹채에 비해 줄기에서 가지가
갈라지며 줄기잎의 가장자리가 갈라
지지 않는 것이 특징이다.

❶ 2023. 8. 19. 경북 영덕군 ❷ 꽃차례. 지름
3.5~4.2cm로 비교적 대형이다. ❸ 총포. 총
포편은 6~8줄로 배열되며 중앙부의 총포편
은 끝이 둔하거나 둥글다. ❹ 열매. 관모는 길
이 1~1.5cm이다. ❺ 줄기잎. 전체(특히 맥 위)
에 돌기모양의 털이 많다. ❻ 잎 뒷면. 전체
(특히 맥 위)에 잔털이 많다. ❼ 줄기. 거의
둥글고 희미한 세로 능각(줄)이 있으며 줄기
의 윗부분에는 털이 약간 있다. ❽ 대롱꽃. 꽃
부리는 깔때기모양이며 개화기의 관모는 중
앙부가 자색이다. ❾ 자생 모습. 땅속줄기를
길게 뻗으며 무성번식을 하기 때문에 큰 개
체군을 형성한다. ❿ 2023. 8. 19. 경북 영덕
군. 줄기 윗부분에 털이 많거나 적다.

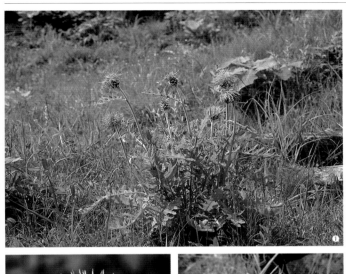

뻐꾹채

Leuzea uniflora (L.) Holub
Rhaponticum uniflorum (L.) DC.

국화과

국내분포/자생지 전국의 건조한 풀밭(특히 무덤가)

형태 다년초. 줄기는 높이 40~100cm이고 곧추 자라며 백색–회백색의 솜 같은 털이 밀생한다. 뿌리잎과 줄기 밑부분의 잎은 길이 10~25cm의 좁은 타원형–타원형 또는 도피침형이며 가장자리는 깃털모양으로 깊게 갈라진다. 측열편은 5~12쌍이며 도피침형–타원형이고 가장자리에 불규칙한 톱니가 있거나 결각상으로 갈라진다. 양면에 백색의 거미줄(또는 솜) 같은 털이 많다. 잎자루는 길이 6~20(~34)cm이다. 상반부의 잎은 줄기 밑부분의 잎보다 작고 잎자루는 없거나 짧다. 꽃은 5~6월에 연한 자색–자색으로 피며 줄기와 가지의 끝부분에서 나온 지름 3.5~5cm의 머리모양꽃차례에 모여 달린다. 총포는 지름 3.5~6cm의 반구형이며 총포편은 5~8줄로 배열된다. 총포편 끝부분의 부속체는 길이 9~15mm의 넓은 난형–거의 원형이고 가장자리가 불규칙하게 갈라지며 연한 갈색–갈색이고 막질이다. 외총포편은 길이 5mm 정도의 난형이고 중앙부의 총포는 길이 1cm 정도의 피침형–타원형이며 내총포편은 길이 2cm 정도의 피침형이다. 대롱꽃의 꽃부리는 길이 2.5~3.5cm이다. 열매(수과)는 길이 4~5mm의 네모진 장타원상 원통형이며 털이 없다. 관모는 길이 1~2cm이고 밑부분은 왕관모양으로 합생한다.

참고 머리모양꽃차례가 대형이고 줄기의 끝에서 1개씩 달리며 총포편의 끝부분에 막질의 부속체가 있는 것이 특징이다.

❶2002. 5. 8. 대구 수성구 용지봉 ❷꽃차례. 지름이 3.5~5cm로 대형이다. ❸총포. 총포편의 끝부분에는 연한 갈색의 막질 부속체가 발달한다. 부속체의 끝부분은 불규칙하게 갈라진다. ❹열매. 관모는 길이 1~2cm이고 밑부분은 관모양으로 합생한다. ❺새순. 솜 같은 털이 밀생한다. ❻줄기잎. 가장자리는 깃털모양으로 중앙부까지 깊게 갈라지며 양면에 솜 같은 털이 많다. ❼뿌리잎. 가장자리는 깃털모양으로 거의 끝까지 갈라진다. ❽2002. 5. 8. 대구 수성구 용지봉

바늘엉겅퀴

Cirsium rhinoceros (H.Lév. & Vaniot) Nakai

국화과

국내분포/자생지 제주의 산야. 한반도 고유종

형태 다년초. 줄기는 높이 20~60cm이고 털이 있다. 잎은 길이 8~25cm의 좁은 타원형 또는 도피침형이고 가장자리는 깃털모양으로 깊게 갈라진다. 측열편은 4~12쌍이며 삼각형-오각형이고 옆 또는 뒤로 젖혀진다. 꽃은 8~11월에 적자색으로 핀다. 총포는 지름 3~4.5cm의 넓은 종모양-구형이다. 총포편은 끝이 길게 뾰족하며 끝부분은 가시모양이다. 대롱꽃의 꽃부리는 길이 1.8~2cm이다.

참고 잎이 가죽질로 두터운 편이며 가장자리의 가시가 길고 서로 겹쳐지는 것이 특징이다.

❶2021. 7. 29. 제주 서귀포시 한라산 ❷꽃차례. 지름 2.5~4cm이며 꽃은 적자색이다. ❸총포. 총포편은 7~8줄로 배열되며 바깥면에 선체(분비선)가 있어 끈적하다. ❹줄기잎. 딱딱한 가죽질이며 열편 끝부분의 가시는 길이 1~2cm이고 흔히 인접한 가시와 서로 겹쳐진다.

물엉겅퀴

Cirsium nipponicum (Maxim.) Makino(?)

국화과

국내분포/자생지 경북(울릉도)의 산야

형태 다년초. 줄기는 높이 60~200cm이다. 줄기 하반부의 잎은 길이 20~35cm의 피침상 타원형-난형으로 가장자리는 깃털모양으로 갈라지거나 갈라지지 않는다. 꽃은 8~11월에 거의 백색-연한 적자색으로 핀다. 총포는 지름 1.5~2(~2.8)cm의 종모양이다. 총포편은 표면에 간혹 거미줄 같은 털이 약간 있으며 선체(분비선)가 있어 점액질이 묻는다.

참고 줄기잎은 얕게 갈라지거나 거의 갈라지지 않으며 머리모양꽃차례는 자루가 짧은 편이고 곧추 또는 비스듬히 달리는 것이 특징이다. 일본의 개체들과 형태적으로 차이(잎. 총포편 등)를 보이기 때문에 물엉겅퀴에 대한 면밀한 분류학적 연구가 필요하다.

❶2024. 8. 21. 경북 울릉군 울릉도 ❷총포. 총포편은 끝이 길게 뾰족하다(일본의 개체에 비해 총포편이 뒤로 강하게 젖혀지지 않음). ❸대롱꽃. 꽃부리는 길이 2cm 정도의 깔때기모양이다. ❹뿌리잎

도깨비엉겅퀴

Cirsium schantarense Trautv. & C.A.Mey.

국화과

국내분포/자생지 북부지방의 산지

형태 다년초. 줄기는 높이 70~120cm 이다. 줄기 하반부의 잎은 길이 14~ 27cm의 타원형–장타원상 난형이고 가장자리는 중앙부까지 깃털모양으로 갈라진다. 측열편은 4~8쌍이며 넓은 선형–비대칭 삼각형이고 열편과 톱니 끝부분에 가시가 있다. 꽃은 7~ 9월에 적자색으로 핀다. 총포는 지름 2cm 정도의 종모양이다. 대롱꽃의 꽃부리는 길이 1.6cm 정도이다.

참고 가지는 길게 신장하여 흔히 줄기의 끝부분 인근에 도달하거나 초과한다. 머리모양꽃차례는 자루가 강하게 구부러져 아래를 향해 달리며 줄기 윗부분과 가지의 잎은 거의 갈라지지 않는 것이 특징이다.

❶ 2016. 6. 15. 중국 지린성 두만강 상류 ❷ 꽃차례. 아래를 향해 강하게 구부러져 달린다. 총포편은 6줄로 배열된다. ❸ 줄기잎. 가지의 잎과 줄기 윗부분의 잎은 얕은 결각 상이거나 거의 갈라지지 않는다. ❹ 줄기 밑부분의 잎. 깃털모양으로 깊게 갈라진다.

금강산엉겅퀴(신칭)

Cirsium diamanticum (Nakai) Nakai

국화과

국내분포/자생지 강원, 경기의 해발고도가 비교적 높은 산지의 풀밭, 한반도 고유종

형태 2년초 또는 다년초. 줄기는 높이 70~120cm이고 윗부분에서 가지가 갈라진다. 줄기 중앙부의 잎은 길이 8~25cm의 장타원상 피침형–난상 장타원형이다. 측열편은 4~6쌍이며 가장자리에 가시가 나 있다. 꽃은 7~9월에 적자색으로 핀다. 총포는 지름 1.5~2cm의 종모양이며 자갈색 빛이 도는 녹색이다. 대롱꽃의 꽃부리는 길이 1.4~1.8cm이다.

참고 도깨비엉겅퀴에 비해 줄기 윗부분의 잎과 가지 잎의 가장자리가 흔히 결각상으로 갈라지는 것이 특징이다.

❶ 2018. 7. 4. 경기 가평군 화악산. 꽃차례는 옆으로 비스듬히 또는 아래로 구부러져 달린다. ❷ 꽃차례. 총포편은 6~7줄로 배열되며 옆으로 퍼지거나 뒤로 젖혀진다. ❸ 줄기잎. 줄기 윗부분의 잎은 결각상으로 갈라진다. ❹ 뿌리잎. 깃털모양으로 깊게 갈라진다.

고려엉겅퀴

Cirsium setidens (Dunn) Nakai

국화과

국내분포/자생지 제주를 제외한 거의 전국의 산지, 한반도 고유종

형태 다년초. 줄기는 높이 50~120cm이고 거미줄 같은 털과 함께 짧고 뻣뻣한 털이 있다. 뿌리잎은 꽃이 필 무렵 시든다. 줄기 하반부의 잎은 길이 4~22cm의 피침상 타원형-난형이고 깃털모양으로 갈라지거나 갈라지지 않는다. 끝은 뾰족하고 밑부분은 원형-심장형이거나 쐐기모양이며 가장자리에는 길이 2mm 이하의 가시가 많이 나 있다. 표면은 털이 없거나 짧고 뻣뻣한 털이 있으며 뒷면은 흰빛이 돌고 털이 없다. 잎자루는 길이 1.5~4cm이다. 줄기 상반부의 잎은 위로 갈수록 작아지고 가장자리가 갈라지지 않으며 잎자루는 없거나 짧다. 꽃은 8~10월에 적자색-자색으로 피며 머리모양꽃차례는 줄기와 가지의 끝에서 1개씩 나오고 산방상으로 모여 달린다. 머리모양꽃차례는 위로 향해 곧추 달린다. 총포는 지름 1.5~2.5cm의 넓은 종모양-구형이다. 총포편은 7~9줄로 배열되고 끝이 길게 뾰족하며 끝부분은 가시모양이다. 바깥면에 거미줄 같은 털이 있으며 분비선(선체)이 있어 점액질이 묻어 있다. 외총포편은 선상 피침형-피침상 삼각형이며 가장 짧고 중앙부의 총포편은 끝부분이 비스듬히 퍼지거나 뒤로 젖혀진다. 대롱꽃의 꽃부리는 길이 1.4~2.2cm이다. 열매(수과)는 길이 3~5mm의 타원형-거꾸러진 원뿔형이다. 관모는 길이 1~1.7cm이고 연한 갈색-갈색이다.

참고 정영엉겅퀴[*C. chanroenicum* (Nakai) Nakai]는 고려엉겅퀴에 비해 꽃이 백색-황백색이고 총포가 약간 작은 것이 특징이다. 고려엉겅퀴에 통합하는 추세이다.

❶2001. 9. 20. 강원 태백시 금대봉 ❷꽃차례. 흔히 적자색이며 암술대는 길게 나출된다. ❸총포. 총포편은 7~9줄로 배열되며 윗부분에 장타원상의 선체가 있다. ❹잎. 가장자리에 바늘모양의 톱니가 촘촘하게 나 있다. ❺-❻정영엉겅퀴 ❺꽃차례. 꽃은 거의 백색이다. ❻총포. 고려엉겅퀴와 동일하다. ❼꽃 비교. 대롱꽃의 형태는 고려엉겅퀴(좌)와 거의 동일하다. ❽2002. 9. 18. 경남 함양군 지리산

동래엉겅퀴

Cirsium toraiense Nakai ex Kitam.

국화과

국내분포/자생지 부산의 해안가 풀밭. 한반도 고유종

형태 다년초. 줄기는 높이 30~40cm이고 세로 능각이 뚜렷하며 털이 거의 없다. 줄기 밑부분의 잎은 길이 10~17cm의 장타원형이고 깃털모양으로 갈라지며 열편은 3~4쌍이고 장타원형이다. 가장자리에 가시 같은 톱니가 많이 나 있다. 꽃은 9~10월에 연한 자색-연한 적자색으로 핀다. 총포는 길이 2cm 정도, 지름 1.6~2cm의 난상 구형-거의 구형이다. 총포편은 6~7줄로 배열되고 윗부분 또는 상반부는 뒤로 젖혀진다. 대롱꽃의 꽃부리는 길이 1.5cm 정도이다. 열매(수과)는 길이 4mm 정도의 타원형이다.

참고 고려엉겅퀴에 비해 줄기에 털이 거의 없으며 총포편이 6~7줄로 배열되고 밑부분이 약간 넓다.

❶2014. 10. 10. 부산 ❷❸총포. 난상 구형이다. 총포편의 상단부에 선체가 있으며 끝부분은 바늘모양으로 뾰족하다. ❹뿌리잎. 밋밋하거나 깃털모양으로 얕게 갈라진다.

흰잎엉겅퀴

Cirsium vlassovianum Fisch. ex DC.

국화과

국내분포/자생지 북부지방의 산야

형태 다년초. 줄기는 높이 25~90cm이고 거미줄 같은 털과 함께 다세포성 긴 털이 있다. 줄기 밑부분의 잎은 길이 6~20cm의 피침형-타원상 피침형이며 갈라지지 않는다. 꽃은 8~10월에 적자색-자색으로 핀다. 머리모양꽃차례는 위를 향해 곧추 달린다. 총포는 지름 1.2~2.5cm의 난상 종모양이다. 총포편은 6~8줄로 배열되고 끝부분은 가시모양이다. 대롱꽃의 꽃부리는 길이 1.7cm 정도이다. 열매(수과)는 길이 3~5mm의 타원형-거꾸러진 원뿔형이다.

참고 줄기 하반부의 잎이 너비 3cm 이하의 피침형-타원상 피침형이며 잎 뒷면에 백색의 거미줄 같은 털이 밀생하는 것이 특징이다.

❶2013. 9. 14. 러시아 프리모르스키주 ❷총포. 총포편은 피침형이며 6~8줄로 배열한다. ❸줄기잎. 선상 피침형-피침형이며 가장자리에 침상의 톱니가 촘촘하게 나 있다. ❹잎 뒷면. 백색의 거미줄 같은 털이 밀생한다.

큰각시취

Saussurea japonica (Thunb.) DC.

국화과

국내분포/자생지 제주 해안가 풀밭에 드물게 분포

형태 2년초. 줄기는 높이 40~150cm이고 곧추 자라며 날개가 있다. 뿌리잎과 줄기 밑부분의 잎은 꽃이 필 무렵까지 남아 있다. 줄기 하반부의 잎은 길이 7~30cm의 장타원형−타원상 난형이며 가장자리는 깃털모양으로 깊게 갈라진다. 측열편은 5~8쌍이고 선상 피침형−비대칭 삼각형이며 끝은 둔하고 가장자리는 흔히 밋밋하다. 양면에 선점과 함께 다세포성 짧은 털이 있다. 잎자루는 길이 3~6cm이다. 상반부의 잎은 차츰 작아지고 잎자루는 짧거나 없다. 꽃은 8~10월에 연한 자색−자색, 적자색으로 피며 머리모양꽃차례는 산방상 또는 원뿔상으로 모여 달린다. 꽃차례의 자루는 길이 5~20mm이다. 총포는 길이 1~1.3cm, 지름 4~8(~10)mm의 좁은 원통형−종모양이며 총포편은 6~7줄로 배열되고 윗부분에 연한 적자색−자색을 띠는 막질의 부속체가 있다. 부속체는 지름 1~2mm의 타원형−원형이다. 외총포편은 길이 2~3mm의 삼각상 난형−난형이고 끝이 둔하거나 뾰족하며 중앙부 총포편과 내총포편은 길이 4~10mm의 선형−선상 장타원형이다. 대롱꽃의 꽃부리는 길이 1~1.4cm이며 통부는 길이 7~10mm이고 열편은 길이 4~5mm이다. 열매(수과)는 둔하게 4~5개로 각진 길이 3~4mm의 원통상 거꾸러진 원뿔형이다.

참고 각시취에 비해 줄기에 잎모양의 날개가 발달한다. 총포가 지름 4~8(~10)mm의 좁은 원통모양−종모양이며 총포편의 부속체가 지름 1~2mm이고 광택이 나지 않는 것이 특징이다.

❶ 2021. 8. 10. 제주 제주시 ❷꽃차례. 머리모양꽃차례는 길이 1.2~1.6cm이다. 꽃은 연한 자색−연한 적자색이다. ❸총포. 총포편의 부속체는 꽃색과 같은 색의 막질이며 광택이 나지 않는다. 각시취에 비해 작고 서로 겹쳐지지 않는다. 내총포편과 중앙부 총포편의 부속체는 거의 원형이고 외총포편의 것보다 크다. ❹대롱꽃. 꽃부리는 깔때기모양이며 전체에 선점이 흩어져 있다. ❺열매. 관모는 깃털모양이고 2열로 나며 바깥쪽의 것은 길이 1.5~4mm이고 안쪽의 것은 길이 6~9mm이다. ❻줄기. 능각에는 주름진 잎모양의 날개가 발달한다. ❼잎 뒷면. 흰빛이 나며 짧은 털이 많다. ❽뿌리잎. 깃털모양으로 깊게 갈라진다.

각시취

Saussurea pulchella (Fisch.) Fisch. ex Colla

국화과

국내분포/자생지 지리산 이북의 산야

형태 2년초. 줄기는 높이 50~150cm 이다. 뿌리잎과 줄기 하반부의 잎은 길이 10~25cm의 좁은 타원형-타원 형 또는 도피침형이며 가장자리는 깃 털모양으로 깊게 갈라진다. 상반부 의 잎은 줄기 밑부분의 잎보다 작고 잎자루는 없거나 짧다. 꽃은 8~10월 에 연한 자색-자색, 적자색으로 핀 다. 총포편은 6~7줄로 배열되고 윗부 분에 연한 자색을 띠는 막질의 부속 체가 있다. 대롱꽃의 꽃부리는 길이 1~1.3cm이다. 열매(수과)는 길이 3~ 5mm의 거꾸러진 원뿔형이다.

참고 큰각시취에 비해 총포가 대형(지 름 1~1.5cm)이고 넓은 종모양-구형이 며 총포편의 부속체가 지름 2~3mm 이고 광택이 나는 것이 특징이다.

❶2021. 9. 8. 강원 태백시 금대봉 ❷총포. 총포편의 부속체는 광택이 나며 큰각시취 에 비해 크고 약간 겹쳐지는 것이 특징이 다. ❸열매. 관모는 오백색-연한 갈색이다. ❹뿌리잎(1년생). 로제트모양으로 퍼진다.

버들분취

Saussurea maximowiczii Herder

국화과

국내분포/자생지 전국의 산지 습지 주변 또는 습한 풀밭

형태 다년초. 줄기는 높이 40~120cm 이다. 뿌리잎은 꽃이 필 무렵까지 남 아 있다. 줄기 밑부분의 잎은 길이 10 ~30(~40)cm의 장타원형이고 가장자 리는 깃털모양으로 깊게 갈라진다. 양면에 짧은 털이 있고 뒷면에 선점 이 흩어져 있다. 꽃은 8~10월에 연한 적자색-적자색으로 핀다. 총포는 지 름 5~7mm의 좁은 원통형-좁은 종모 양이며 총포편은 5~7(~8)줄로 배열된 다. 대롱꽃의 꽃부리는 길이 1~1.5cm 이다. 열매(수과)는 길이 5~7mm의 거 꾸러진 원뿔형이다.

참고 잎이 깃털모양으로 깊게 갈라지 고 밑부분이 쐐기형이며 머리모양꽃 차례가 산방상으로 모여 달린다.

❶2001. 8. 17. 경북 김천시 부항천 ❷총 포. 총포편의 끝이 둔하거나 둥근 것이 특징 이다. ❸대롱꽃. 샘털이 약간 흩어져 있다. ❹뿌리잎. 가장자리는 깃털모양으로 갈라지 거나 물결모양이다.

두메분취

Saussurea tomentosa Kom.

국화과

국내분포/자생지 북부지방의 해발고도가 높은 산지의 풀밭

형태 다년초. 줄기는 높이 10~30cm이고 가지가 갈라지지 않는다. 뿌리잎과 줄기 밑부분의 잎은 길이 3~12cm의 삼각형–삼각상 난형이다. 꽃은 7~8월에 적자색으로 피며 머리모양꽃차례는 1(~2)개씩 달린다. 총포는 지름 2~2.5cm의 종모양이다. 총포편은 4~5줄로 배열되며 바깥면에 거미줄 같은 털이 밀생한다. 대롱꽃의 꽃부리는 길이 1.2~1.4cm이다. 열매(수과)는 길이 5mm 정도의 장타원상 원통형이다.

참고 잎은 대부분이 뿌리 부근에서 모여나고 머리모양꽃차례는 1(~2)개씩 나며 바로 밑부분에 선형의 잎이 1~2개 있는 것이 특징이다.

❶ 2024. 7. 25. 중국 지린성 백두산 ❷ 꽃차례. 총포는 4~5줄로 배열하며 가장자리에 긴 털이 밀생한다. ❸ 뿌리잎. 잎은 대부분 땅속줄기나 줄기 하단부에 달린다. ❹ 잎 뒷면. 백색의 거미줄 같은 털이 밀생한다.

금강분취

Saussurea diamantica Nakai

국화과

국내분포/자생지 강원(방태산, 설악산 등) 이북의 산지, 한반도 고유종

형태 다년초. 줄기는 높이 30~60cm이며 곧추 자라고 가지가 갈라지지 않는다. 뿌리잎은 길이 7~17cm의 난형–난상 원형이다. 끝은 뾰족하고 밑부분은 편평하거나 심장형이다. 앞면에는 샘털과 함께 거미줄 같은 털이 있으며 선점이 흩어져 있다. 꽃은 8~9월에 자색–진한 적자색으로 핀다. 총포는 지름 2~2.5cm의 종모양이다. 대롱꽃의 꽃부리는 길이 1~1.3cm이다.

참고 잎은 갈라지지 않고 표면에 선점이 있으며 머리모양꽃차례가 1(~3)개씩 달리는 것이 특징이다.

❶ 2005. 8. 27. 강원 인제군 설악산 ❷~❹ (ⓒ이호영) ❷ 총포. 총포편은 7~8줄로 배열되며 표면에 거미줄 같은 털이 밀생한다. 끝부분이 뒤로 강하게 젖혀진다. ❸ 뿌리잎. 잎은 대부분 땅속줄기나 줄기 하단부에 달리며 줄기에는 잎(큰 잎)이 거의 없는 것이 특징이다. ❹ 잎 뒷면. 백색의 거미줄 같은 털이 밀생한다.

분취

Saussurea seoulensis Nakai

국화과

국내분포/자생지 강원, 경기의 산지, 한반도 고유종

형태 다년초. 줄기는 높이 30~50cm 이고 표면에 거미줄 같은 털이 많으며 곧추 자라고 가지가 갈라지지 않는다. 줄기잎이 작고 갯수도 적어서 줄기가 꽃줄기처럼 보인다. 뿌리잎은 꽃이 필 무렵까지 남아 있다. 길이 6.5~12cm의 삼각상 난형~난형이다. 끝은 뾰족하거나 길게 뾰족하고 밑부분은 편평하거나 심장형이며 가장자리에는 이빨모양의 톱니가 있다. 표면에는 털이 없거나 백색의 긴 털이 흩어져 있으며 뒷면에는 백색의 거미줄 같은 털이 밀생한다. 잎자루는 길이 4~11cm이다. 줄기잎은 소수이며 위쪽으로 갈수록 작아지고 잎자루도 짧아진다. 꽃은 8~10월에 연한 자색~연한 적자색으로 피며 머리모양꽃차례는 (1~)3~5개가 산방상으로 엉성하게 모여 달린다. 꽃줄기(머리모양꽃차례의 자루)는 길이 1~6cm이다. 총포는 길이 1.4~1.5cm, 지름 1.5~1.7cm의 종모양~난상 구형이다. 총포편은 6~7줄로 배열되며 표면에 거미줄 같은 털이 있다. 외총포편은 난형이고 중앙부의 총포편은 좁은 피침형이며 내총포편은 길이 1~1.5cm의 선형이다. 대롱꽃의 꽃부리는 길이 8~13mm 이다. 열매(수과)는 길이 4mm 정도의 둔하게 각진 타원형상 거꾸러진 원뿔형이고 털이 없다. 관모는 2줄로 배열되고 백색~오백색이며 바깥쪽의 것은 길이 1.5~3mm이고 안쪽의 것은 길이 1~1.2cm이다.

참고 잎은 대부분 뿌리 또는 줄기 밑부분에서 모여나며 줄기잎은 없거나 매우 적은 것이 특징이다.

❶2021. 8. 31. 강원 가평군 화악산 ❷총포. 총포편은 6~7줄로 배열하고 바깥쪽에 거미줄 같은 털이 밀생한다. ❸줄기잎. 선상 피침형~피침형이며 뿌리잎에 비해 매우 작은 편이다. ❹뿌리잎. 잎의 대부분은 뿌리잎이나 줄기 하단부의 잎이다. ❺잎 뒷면. 흰빛이 강하게 돌며 백색의 거미줄 같은 털이 밀생 또는 산생한다. ❻2005. 9. 3. 강원 가평군 화악산

당분취

Saussurea tanakae Franch. & Sav. ex Maxim.

국화과

국내분포/자생지 전국의 산지

형태 다년초. 줄기는 높이 60~100cm 이고 잎모양의 날개가 발달한다. 줄기 밑부분의 잎은 길이 8~13cm의 삼각상 난형~넓은 난형이며 밑부분은 편평하거나 심장형이고 가장자리에는 끝이 뾰족하고 불규칙한 톱니가 있다. 꽃은 8~10월에 적자색~자색으로 피며 머리모양꽃차례는 지름 1.5~2cm이다. 총포는 길이 1.5~2cm, 지름 1~1.5cm의 난상 원통형~종모양이며 총포편은 7~9줄로 배열되고 솜 같은 누운 털이 있다. 열매(수과)는 길이 4~5mm의 장타원형~타원형이다.

참고 머리모양꽃차례가 총상으로 달리며 줄기에 날개가 발달하고 잎이 심장형인 것이 특징이다.

❶2005. 8. 27. 강원 인제군 설악산 ❷총포. 난상 원통형이며 총포편은 압착되어 붙는다. 총포편은 7~9줄로 배열된다. ❸대롱꽃. 꽃부리는 길이 1.3~1.5cm이다. ❹줄기. 잎과 이어지는 잎모양의 날개가 발달한다.

산골취

Saussurea neoserrata Nakai

국화과

국내분포/자생지 북부지방의 산지

형태 다년초. 줄기는 높이 40~100cm 이고 털이 거의 없다. 줄기 하반부의 잎은 길이 10~20cm의 타원형~타원상 난형이며 가장자리에는 불규칙한 이빨모양의 톱니가 있다. 표면은 털이 없고 뒷면은 광택이 난다. 잎자루는 길이 3~10cm이며 줄기와 합생하는 날개가 있다. 꽃은 7~9월에 연한 자색~자색으로 핀다. 총포는 지름 4~7mm의 원통상 종모양이며 총포편은 4~6줄로 배열된다. 총포편은 황록색~연녹색이고 털은 거의 없으며 끝은 둔하고 끝부분과 가장자리는 흑자색이다.

참고 줄기잎이 피침형~장타원상 피침형이고 잎끝이 꼬리처럼 길게 뾰족하며 밑부분이 날개모양으로 줄기와 합생되는 것이 특징이다.

❶2012. 9. 14. 중국 지린성 두만강 유역 ❷총포. 총포편의 가장자리는 흑자색이다. ❸줄기. 잎의 밑부분은 날개모양으로 줄기와 합생한다.

구와취

Saussurea ussuriensis Maxim.

국화과

국내분포/자생지 경북 이북의 산지
에 드물게 자람

형태 다년초. 줄기는 높이 30~100cm
이고 거의 없다. 뿌리잎과 줄기 하
반부의 잎은 길이 6~18cm의 장타원
형-난형이며 가장자리는 흔히 깃털
모양으로 얕게 또는 깊게(중간) 갈라
진다. 끝은 길게 뾰족하고 밑부분은
편평하거나 심장형이다. 양면에 녹색
이고 짧은 털이 약간 있으며 흔히 선
점이 흩어져 있다. 잎자루는 길이 3.5
~15cm이다. 꽃은 8~10월에 연한 적
자색-자색으로 피며 머리모양꽃차
례는 여러 개가 산방상으로 조밀하
게 모여 달린다. 꽃자루는 짧다. 총
포는 지름 5~8(~10)mm의 좁은 종모
양-원통형이다. 총포편은 5~8줄로
배열되고 끝은 뾰족하거나 길게 뾰족
하다. 외총포편은 길이 2~3mm의 난
형이고 중앙부의 총포편은 길이 3~
9mm의 장타원형이며 내총포편은 길
이 9~14mm의 선형이다. 대롱꽃의 꽃
부리는 길이 1~1.3cm이다. 열매(수과)
는 길이 4~5mm의 장타원상 원통형
이다. 관모는 2줄로 배열되고 백색-
적갈색이며 바깥쪽의 것은 길이 2~
4mm이고 안쪽의 것은 길이 7~9mm
이다.

참고 총포편의 끝부분이 북분취(가죽
질이고 기마도모양)에 비해 초질이며 짧
게 뾰족하고 뒤로 젖혀지지 않는 것
이 특징이다. 총포편의 가장자리에
침상의 톱니(아가미모양)가 있는 개체
들도 종종 발견되는데, 이러한 총포
편의 형태 변이는 빗살서덜취 또는 *S.
pectinata*의 유전적 영향을 받은 것
으로 추정하며 이런 변이 개체들을
구와취의 변종(var. *laxiodontolepis*) 또
는 동일 종으로 처리한다.

❶ 2013. 9. 12. 러시아 프리모르스키주. 머
리모양꽃차례는 자루가 짧아서 빽빽하게 모
여 달린다. ❷총포, 총포편은 5-8줄로 배열
되며 끝은 뾰족하고 가장자리는 흔히 갈라지
지 않는다. ❸줄기잎. 결각상으로 얕게 갈라
진다. ❹-❻경북 울진군(*S. ussuriensis* var.
laxiodontolepis 타입) ❹2009. 9. 20. 경북
울진군. 빗살서덜취의 유전적 영향을 받은 타
입 ❺총포. 북부지방의 개체보다 끝이 약
간 길게 뾰족하며 상부의 가장자리에 침상의
톱니(아가미처럼 갈라진다고 표현하기도 함)
가 약간 있다. ❻줄기잎. 얕게 또는 깊게 갈
라진다.

빗살서덜취

Saussurea odontolepis Sch. Bip. ex Maxim.

국화과

국내분포/자생지 경남, 전남 이북의 산지에 드물게 자람

형태 다년초. 줄기는 높이 30~100cm 이고 짧은 털과 함께 샘털이 약간 있다. 뿌리잎과 줄기 하반부의 잎은 길이 7~20cm의 난상 장타원형이며 가장자리는 깃털모양으로 중앙까지 갈라지거나 보다 더 깊게 갈라진다. 끝은 뾰족하고 밑부분은 쐐기모양이다. 측열편은 (6~)8~17쌍이고 선상 장타원형~장타원형이며 끝이 뾰족하고 가장자리는 밋밋하거나 1~2개의 톱니가 있다. 최종 중앙열편은 좁은 삼각형이다. 표면에 거칠고 짧은 털이 있다. 잎자루는 길이 5~14cm이다. 줄기 상반부의 잎은 위로 갈수록 작아지며 잎자루도 차츰 짧아진다. 꽃은 8~10월에 연한 적자색~자색으로 피며 머리모양꽃차례는 여러 개가 산방상으로 조밀하게 모여 달린다. 꽃자루는 짧다. 총포는 지름 5~8(~10)mm의 좁은 원통형이다. 총포편은 5~7줄로 배열되고 바깥면에 거미줄 같은 털이 밀생한다. 외총포편은 길이 4~5mm의 난상 삼각형이고 흔히 뒤로 젖혀진다. 열매(수과)는 길이 3~5mm의 타원상 거꾸러진 원통형이다.

참고 중앙부의 총포편과 외총포편의 가장자리는 2~3쌍의 큰 톱니가 빗살(아가미)모양으로 갈라지며 잎가장자리도 깃털모양으로 깊게 갈라지는 것이 특징이다. 분취속에서는 교잡을 통한 유전자 교류 및 종분화가 빈번히 일어나는 것으로 판단된다. 동일 장소에 2종류의 분취류가 혼생하는 경우 교잡 개체가 드물지 않게 관찰된다. 국내에서는 특히 빗살서덜취와 다른 분류군(구와취, 자병취, 사창분취 등) 사이에 교잡 개체들이 빈번히 관찰되는 편이다.

❶ 2023. 10. 20. 충남 서산시 ❷❸꽃차례. 중앙부의 총포편과 외총포편의 상반부 가장자리에 2~3쌍의 큰 톱니가 있다. 드물게 톱니가 작거나 거의 없는 개체도 간혹 있다. ❹대롱꽃. 꽃부리는 길이 1~1.3cm이다. ❺줄기잎. 가장자리는 깃털모양으로 깊게 갈라진다. ❻잎 뒷면. 잔털(특히 맥 위)이 많다. ❼2013. 9. 23. 강원 평창군 ❽자병취와의 교잡 개체(2005. 10. 2. 강원 삼척시). 자병취와 빗살서덜취의 중간 형태이다.

북분취

Saussurea mongolica (Franch.) Franch.

국화과

국내분포/자생지 강원(정선군, 영월군 등 석회암지대) 이북의 산지

형태 다년초. 줄기는 높이 40~90cm 이고 털이 거의 없거나 뻣뻣한 털이 약간 있다. 뿌리잎과 줄기 아래쪽의 잎은 길이 5~20cm의 삼각상 난형-난형이고 가장자리의 전체 또는 하반부는 깃털모양으로 얕게 또는 깊게 갈라진다. 끝은 뾰족하고 밑부분은 심장형이다. 측열편은 1~3쌍이며 장타원형-타원형이고 가장자리에 이빨모양의 톱니가 있다. 잎자루는 길이 5~16cm이다. 줄기 상반부의 잎은 장타원형-장타원상 난형이고 가장자리에 물결모양의 톱니가 있으며 잎자루도 짧거나 없다. 꽃은 8~9월에 연한 적자색-자색으로 피며 머리모양 꽃차례는 여러 개가 산방상으로 조밀하게 모여 달린다. 꽃자루는 짧다. 총포는 지름 5~7mm의 좁은 원통형이다. 총포편은 5~7줄로 배열되고 바깥면에 거미줄 같은 털이 약간 있으며 끝은 길게 뾰족하고 흔히 뒤로 젖혀진다. 외총포편은 길이 3mm 정도의 난형이고 중앙부의 총포편은 길이 7~8mm의 장타원상 난형이며 내총포편은 길이 1cm 정도의 선형-좁은 타원형이다. 대롱꽃의 꽃부리는 길이 8~12mm이다. 열매(수과)는 길이 4~5mm의 둔하게 각진 타원상의 거꾸러진 원뿔형이다. 관모는 2줄로 배열되고 백색-연한 갈색이며 바깥쪽의 것은 길이 3mm 정도이고 안쪽의 것은 길이 8~10mm이다.

참고 자병취에 비해 잎자루가 길며 줄기 밑부분의 잎은 삼각상 난형-난형이고 가장자리가 결각상이거나 깃털모양으로 갈라지는 것이 특징이다.

❶2022. 9. 17. 강원 태백시 ❷꽃차례. 줄기와 가지의 끝부분에서 산방상으로 조밀하게 모여 달린다. ❸총포. 총포편은 5~7줄로 배열된다. 흔히 기마도(펜싱 칼)모양이며 끝이 길게 뾰족하고 흔히 뒤로 젖혀진다. ❹대롱꽃. 꽃부리는 길이 8~12mm이다. ❺줄기잎. 가장자리는 결각상으로 얕게 갈라진다. 앞면에는 거친 털이 있다. ❻줄기 밑부분의 잎. 잎자루가 길다. ❼2010. 8. 29. 강원 정선군

자병취

Saussurea chabyoungsanica H.T.Im

국화과

국내분포/자생지 강원의 석회암지대 산지, 한반도 고유종

형태 다년초. 줄기는 높이 40~80cm 이며 굽은 털이 밀생한다. 뿌리잎과 줄기 아래쪽의 잎은 길이 10~15cm의 좁은 피침형–좁은 타원형이다. 끝은 길게 뾰족하고 밑부분은 얕은 심장형–원형이다. 꽃은 8~9월에 연한 적자색–자색으로 핀다. 총포는 지름 3~5mm의 좁은 원통형이다. 총포편은 6~7줄로 배열된다. 대롱꽃의 꽃부리는 길이 8mm 정도이다. 열매(수과)는 길이 4~5mm의 장타원상 원통형이다.

참고 북분취와 유사하지만 잎이 선상 피침형–피침상 장타원형이고 잎자루가 짧은 것이 특징이다.

❶ 2010. 8. 29. 강원 정선군 ❷ 꽃차례. 줄기와 가지의 끝에서 산방상으로 조밀하게 모여 달린다. ❸ 총포. 총포편은 기마도(펜싱 칼)모양으로 끝이 길게 뾰족하며 흔히 뒤로 젖혀진다. ❹ 줄기잎. 잎자루가 없거나 매우 짧다. 줄기 아래쪽의 잎도 잎자루가 짧은 것이 특징이다.

바늘분취(버들취)

Saussurea amurensis Turcz. ex DC.

국화과

국내분포/자생지 북부지방의 산지 및 습한 풀밭

형태 다년초. 줄기는 높이 40~100cm 이다. 줄기 하반부의 잎은 선형–장타원상 피침형이며 잎자루가 없거나 짧다. 끝은 길게 뾰족하며 가장자리에는 이빨모양의 톱니가 있다. 꽃은 7~9월에 연한 자색으로 피며 머리모양꽃차례는 산방상으로 조밀하게 모여 달린다. 총포는 지름 5~8mm의 좁은 종모양이며 총포편은 4~5줄로 배열된다. 대롱꽃의 꽃부리는 길이 1~1.2cm이다. 열매(수과)는 길이 3~4mm의 타원상 거꾸러진 원뿔형이다.

참고 줄기에 잎과 이어지는 좁은 날개가 있으며 줄기 아래쪽의 잎이 선형–장타원상 피침형인 것이 특징이다.

❶ 2013. 9. 24. 중국 지린성 두만강 유역 ❷ 총포. 총포편에 거미줄 같은 털이 밀생하며 외총포편의 끝이 바늘모양으로 뾰족하다. ❸ 잎 뒷면. 백색의 거미줄 같은 털이 밀생한다. ❹ 줄기. 잎의 밑부분은 줄기의 날개와 이어진다.

사창분취

Saussurea calcicola Nakai

국화과

국내분포/자생지 경북(봉화군) 이북의 산지(주로 석회암지대), 한반도 고유종

형태 다년초. 줄기는 높이 70~100(~120)cm이고 곧추 자라며 짧은 털. 샘털과 함께 거미줄 같은 털이 밀생한다. 뿌리잎은 꽃이 필 무렵까지 남아 있다. 뿌리잎과 줄기 밑부분의 잎은 길이 13~35cm의 타원상 난형-넓은 난형이다. 끝부분은 뾰족하거나 길게 뾰족하고 밑부분은 심장형-깊은 심장형이며 가장자리에는 뾰족한 톱니가 있다. 표면에 거미줄 같은 털이 약간 있으며 뒷면에는 거미줄 같은 털이 밀생한다. 잎자루는 길이 3~10cm이고 위쪽으로 갈수록 짧아진다. 최상부의 잎은 선상 피침형-피침형이고 포(苞)모양이며 잎자루가 없다. 꽃은 8~10월에 연한 자색-연한 적자색으로 피며 머리모양꽃차례는 산방상으로 엉성하게 모여 달린다. 총포는 길이 1~1.3cm, 지름 5~7mm의 좁은 원통형-원통형이다. 총포편은 6줄로 배열되며 표면이 거미줄 같은 긴 털로 덮여있고 끝은 둔하다. 외총포편은 난형이고 짧으며 내총포편은 선형-장타원형이고 끝은 자색이다. 열매(수과)는 길이 4~5.5mm의 둔하게 각진 타원상의 거꾸러진 원뿔형이고 털이 없다. 관모는 2줄로 배열되며 바깥쪽의 것은 길이 1.5~3mm이고 안쪽의 것은 길이 7~10mm이다.

참고 줄기 아래쪽의 잎이 타원상 난형-넓은 난형이고 밑부분이 심장형이며 총포편의 끝이 둔한 것이 특징이다.

❶2005. 9. 19. 강원 태백시 금대봉 ❷총포. 총포편은 6줄로 배열되며 표면에 거미줄 같은 긴 털이 밀생한다. 총포편의 끝은 둔한 편이다. ❸대롱꽃. 꽃부리는 길이 8~11mm이다. ❹열매. 관모는 2줄로 배열되며 백색-오백색이다. ❺뿌리잎. 길이 13~35cm로 대형이다. ❻~❾사창분취와 빗살서덜취의 교잡종 ❻총포. 사창분취에 비해 총포편이 기마도모양이며 뒤로 약간 또는 강하게 젖혀진다. ❼잎 뒷면. 백색의 거미줄 같은 털이 밀생한다. ❽2005. 10. 2. 강원 삼척시. 두 종의 혼생지역에서 드물게 관찰된다. ❾줄기 밑부분의 잎. 가장자리가 결각상으로 얇게 갈라진다. ❿사창분취와 태백취의 교잡종(추정). 2024. 9. 21. 강원 정선군 백두대간 능선

675

백운취

Saussurea insularis Kitam.

국화과

국내분포/자생지 경북, 경남, 전남의 산지. 한반도 준고유종

형태 다년초. 줄기는 높이 30~60cm이다. 뿌리잎과 줄기 아래쪽의 잎은 길이 5~13cm의 삼각형~삼각상 난형이며 밑부분은 화살촉모양이거나 심장형이다. 꽃은 8~10월에 연한 적자색으로 핀다. 총포는 지름 5~7mm의 난상 원통형이다.

참고 은분취와 유사하지만 키가 보다 큰 편이고 가지가 많이 갈라지며 머리모양꽃차례의 수가 많은 편이다. 또한 잎 뒷면에 갈색의 다세포성 털이 있으며 회백색의 거미줄(또는 솜) 같은 털이 어릴 때는 있다가 차츰 없어지는 것이 다르다. 국외에서는 기준표본 채집지인 일본 쓰시마섬의 시라다케[白岳]에서만 분포한다.

❶2023. 9. 10. 전남 광양시 백운산. 개화 직전의 모습 ❷총포. 총포편은 7~11줄로 배열되며 백색의 거미줄 같은 털이 많다. ❸뿌리잎. 앞면에 잔털이 많다. ❹잎 뒷면. 백색의 거미줄이 밀생하지 않으며 흔히 녹색이다.

함백취

Saussurea albifolia M.J.Nam & H.T.Im

국화과

국내분포/자생지 경북(소백산 등), 강원(태백산, 함백산 등), 한반도 고유종

형태 다년초. 줄기는 높이 30~70cm이다. 뿌리잎과 줄기 아래쪽의 잎은 길이 5~14cm의 장타원상 난형~삼각상 난형이며 밑부분은 화살촉모양이거나 심장형이고 가장자리에는 뾰족한 이빨모양의 톱니가 있다. 꽃은 8~10월에 연한 자색~연한 적자색으로 핀다. 총포는 지름 8~12mm의 넓은 종모양~난상 구형이다. 대롱꽃의 꽃부리는 길이 9~11mm이다. 열매(수과)는 길이 5~6mm의 타원상 거꾸러진 원뿔형이다.

참고 줄기, 잎(양면), 총포 등에 백색의 거미줄이 밀생하며 총포가 지름 8~12mm의 종모양이고 총포편이 6~8줄로 배열하는 것이 특징이다.

❶2010. 8. 28. 강원 태백시 태백산 ❷총포. 총포편은 6~8줄로 배열하며 백색의 거미줄 같은 털이 밀생한다. ❸잎. 앞면에 백색의 거미줄 같은 털이 밀생한다. ❹잎 뒷면. 백색의 거미줄 같은 털이 밀생한다.

은분취

Saussurea gracilis Maxim.
Saussurea pseudogracilis Kitam.

국내분포/자생지 전국 산지의 풀밭, 바위지대 또는 토양이 노출된 비탈면이나 절개지

형태 다년초. 줄기는 높이 8~50cm이고 곧추 자라며 백색의 거미줄 같은 털이 약간 있거나 밀생한다. 뿌리잎은 꽃이 필 무렵까지 남아 있다. 뿌리잎과 줄기 아래쪽의 잎은 길이 5~13cm의 피침상 삼각형–난형이다. 잎끝은 길게 뾰족하고 밑부분은 화살촉모양이거나 심장형이며 가장자리에는 뾰족한 이빨모양의 톱니가 있다. 잎자루는 길이 5~11cm이다. 꽃은 8~10월에 연한 자색–적자색으로 피며 머리모양꽃차례는 (1~)3~7개가 산방상으로 모여 달린다. 총포는 길이 1.3~1.6cm, 지름 8~14mm의 좁은 원통형이다. 외총포편은 길이 2mm 정도의 난형–넓은 난형이고 중앙부의 총포편은 장타원상 피침형–장타원형이며 내총포편은 선형이다. 대롱꽃의 꽃부리는 길이 1~1.2cm이다. 열매(수과)는 길이 4~5mm의 둔하게 각진 타원상의 거꾸러진 원뿔형이다. 관모는 2줄로 배열되고 백색–회백색이다.

참고 줄기 아래쪽의 잎이 피침상 삼각형–난형이고 끝이 뾰족하거나 꼬리처럼 길게 뾰족하며 잎 뒷면에 백색의 거미줄 같은 털이 밀생하는 것이 특징이다. **남해분취**(*S. namhaedoana* J.M.Chung & H.T.Im)는 은분취에 비해 잎의 밑부분의 열편이 넓고 길게 발달하여 엽형이 화살촉–창모양인 것이 특징이다.

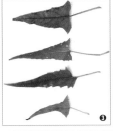

❶2023. 9. 23. 경남 양산시 천성산 ❷총포. 총포편은 8~11줄로 배열되며 뾰족하거나 길게 뾰족하고 바깥면에 백색의 거미줄 같은 털이 밀생한다. ❸잎 변이. 변이가 심한 편이다. ❹잎 뒷면. 백색의 거미줄 같은 털이 밀생한다. ❺❻해발고도가 높은 지대에 적응하여 변화된 개체 ❺2021. 8. 10. 제주 서귀포시 한라산 ❻총포. 총포편의 배열이나 형태는 저지대의 은분취와 유사하다. ❼2005. 9. 3. 경기 가평군 화악산. 줄기잎이 비교적 대형이고 머리모양꽃차례의 꽃줄기(자루)가 긴 타입. 은분취는 지역적 변이 형태가 매우 다양한 편이다. ❽2023. 9. 26. 전남 신안군 가거도. 내륙의 개체들에 비해 잎이 난형–넓은 난형이며 두텁고 표면에 광택이 약간 난다. ❾-⓬남해분취 ❾2023. 9. 9. 경남 남해군 ❿꽃차례. 은분취와 유사하다. ⓫총포. 은분취와 유사하다. ⓬잎 뒷면. 백색의 거미줄 같은 털이 밀생한다.

서덜취

Saussurea grandifolia Maxim.

국화과

국내분포/자생지 전국의 산지

형태 다년초이다. 줄기는 높이 30~100cm이고 털이 거의 없다. 줄기 아래쪽의 잎은 길이 8~20cm의 삼각상 난형–난형이다. 밑부분은 심장형이며 가장자리는 이빨모양의 뾰족한 톱니가 있다. 잎자루는 길이 3~13cm이다. 꽃은 8~10월에 피며 머리모양꽃차례는 3~18개가 산방상 또는 원뿔형으로 모여 달린다. 총포는 지름 1.2~1.5cm의 타원형–난상 타원형이다. 총포편 바깥면에 갈색의 솜 같은 털 또는 거미줄 같은 털이 있다.

참고 잎 양면에 거친 털이 흩어져 있으며 총포가 지름 1.2~1.5cm이고 총포편 끝부분이 (둔두 또는) 뾰족하거나 돌기모양으로 뾰족한 것(기마도모양이 아님)이 특징이다.

❶ 2004. 10. 24. 경북 울릉군 울릉도 ❷ 총포(금대봉). 총포편은 흔히 6~8줄로 배열된다. ❸ 총포(러시아 프리모르스키주). 총포편의 끝은 기마도모양이 아니며 뒤로 젖혀지지 않는다. ❹ 잎 뒷면. 연녹색이다.

얇은잎분취(신칭)

Saussurea tenerifolia Kitag.

국화과

국내분포/자생지 백두산 일대 해발고도가 높은 지대의 숲속

형태 다년초이다. 줄기는 높이 60~90cm이다. 하반부의 잎은 길이 9~20cm의 타원상 난형–난형이며 밑부분은 심장형이고 가장자리에 이빨모양의 톱니가 있다. 꽃은 8~9월에 피며 머리모양꽃차례는 5~15개가 산방상으로 모여 달린다. 총포는 지름 5~8mm의 타원형–난상 타원형이다. 총포편은 (4~)5~6줄로 배열되며 끝부분은 흔히 둔하거나 둥글고 선단부는 돌기모양이다.

참고 잎이 얇은 편이고 뒷면이 연한 녹색인 점과 총포편의 끝부분이 둔하거나 둥글고 뒤로 젖혀지지 않는 것이 특징이다.

❶ 2024. 7. 23. 중국 지린성 ❷ 총포. 누운 털이 있고 흔히 상반부는 흑자색이다. 2~3열의 총포편은 난형–넓은 난형이다. ❸ 줄기 아래쪽의 잎. 타원상 난형–난형이다. 잎끝은 꼬리처럼 길게 뾰족하고 가장자리는 밋밋하다. 줄기의 하반부와 잎자루에 긴 털이 많은 편이다. ❹ 잎 뒷면. 연녹색이며 털이 거의 없다.

홍도서덜취

Saussurea polylepis Nakai

국화과

국내분포/자생지 전남 도서지역(가거도, 홍도, 흑산도 등)의 산지, 한반도 고유종

형태 다년초. 줄기는 높이 35~80cm이며 짧은 털이 있다. 뿌리잎과 줄기 아래쪽의 잎은 길이 5.5~18cm의 넓은 난형-원형이고 밑부분은 심장형이며 가장자리에 뾰족한 톱니가 있다. 꽃은 8~10월에 연한 적자색-자색으로 핀다. 총포는 지름 1~1.4cm의 종모양-구형이다. 총포편은 7~8줄로 배열되며 끝이 뾰족하고 바깥면에 갈색의 거미줄 같은 털이 있다. 대롱꽃의 꽃부리는 길이 1.3~1.5cm이다.

참고 서덜취에 비해 잎이 보다 두터우며 총포편의 끝이 길게 뾰족하고 비스듬히 서거나 옆으로 퍼지는 것이 특징이다.

❶ 2004. 10. 8. 전남 신안군 홍도 ❷ 총포. 총포편의 끝은 비스듬히 서거나 옆으로 퍼지고 뒤로 젖혀지지 않는다. ❸ 줄기잎 ❹ 잎 뒷면. 맥 위에 잔털이 있다.

무등취

Saussurea nipponica subsp. *higomontana* (Honda) H.T.Im

국화과

국내분포/자생지 전남(무등산, 지리산 등) 산지의 풀밭

형태 다년초. 줄기는 높이 40~100cm이다. 뿌리잎과 줄기 아래쪽의 잎은 길이 10~20cm의 난형-난상 원형이다. 뒷면 중앙맥에는 갈색의 다세포성 털이 있다. 잎자루는 길이 5~22cm이고 간혹 좁은 날개가 발달하여 줄기로 이어진다. 꽃은 8~10월에 연한 적자색-연한 자색으로 핀다. 총포는 지름 7~12mm의 종모양이며 연한 갈색의 털이 밀생한다. 꽃부리는 길이 8~12mm이다.

참고 줄기에 간혹 좁은 날개가 발달하고 줄기 밑부분의 잎이 난형-난상 원형이며 외총포편이 뒤로 심하게 젖혀지는 것이 특징이다.

❶~❹ (ⓒ임형탁) ❶ 2020. 9. 21. 광주 무등산 ❷❸ 총포. 총포편은 5~6(~10)줄로 배열하며 기마도모양이고 끝은 옆으로 퍼지거나 뒤로 젖혀진다. ❹ 줄기잎. 비교적 대형이며 난형이고 끝이 꼬리처럼 길게 뾰족하다.

각시서덜취

Saussurea macrolepis (Nakai) Kitam.

국화과

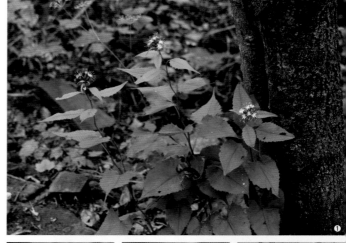

국내분포/자생지 강원, 경기, 경남, 경북, 전남의 산지, 한반도 고유종
형태 다년초. 줄기는 높이 30~100cm 이다. 뿌리잎과 줄기 아래쪽의 잎은 길이 8~16cm의 좁은 삼각형–삼각상 난형이다. 밑부분은 편평하거나 심장 형이며 가장자리에 이빨모양의 톱니가 있다. 양면에 뻣뻣한 짧은 털이 있다. 잎자루는 길이 4~8cm이다. 꽃은 8~10월에 피며 머리모양꽃차례는 산 방상으로 성기게 모여 달린다. 총포는 길이 8~15mm, 지름 6~10mm의 좁은 원통형–원통형이다. 총포편은 6 ~8줄로 배열된다.
참고 기준표본 채집지는 지리산이다. 줄기 아래쪽의 잎이 좁은 삼각형–삼 각상 난형이고 잎끝이 꼬리처럼 길게 뾰족한 것이 특징이다.

❶2022. 9. 17. 강원 태백시 금대봉 ❷❸총 포. 흔히 총포편의 끝은 길게 뾰족하고(기마 도 모양) 뒤로 약간 젖혀진다. 총포편의 형태 는 변이가 매우 심한 편이다. ❹잎 뒷면. 연 녹색이며 잎의 상부 가장자리는 톱니가 없이 밋밋하다.

설악분취(신칭)

Saussurea petiolata Kom. ex Lipsch.

국화과

국내분포/자생지 강원(설악산 등) 이북 의 해발고도가 비교적 높은 산지
형태 다년초이다. 줄기는 높이 80~ 100cm이다. 하반부의 잎은 길이 8~ 20cm의 타원상 난형–난형이며 밑부 분은 편평하거나 심장형이고 가장자 리에 이빨모양의 뾰족한 톱니가 있다. 잎자루는 길이 5~22cm이다. 꽃 은 8~9월에 피며 머리모양꽃차례는 5~20개가 줄기 끝부분에서 산방상으 로 모여 달린다. 총포는 지름 5~8mm 의 장타원형–타원형이다. 총포편은 (5~)6~7줄로 배열된다. 대롱꽃은 길이 1.5cm 정도이다.
참고 줄기에 털이 없고 줄기 하반부 잎 의 잎자루가 비교적 길며 총포편의 끝 부분이 압착하여 붙는 것이 특징이다.

❶2024. 8. 23. 강원 인제군 설악산 ❷총포. 총포편은 압착한다. 끝부분은 흔히 둔하거나 둥글며 선단부는 돌기모양이고 뒤로 젖혀지 지 않는다. 2~3열의 총포편은 난형–넓은 난 형이다. ❸줄기잎. 잎끝은 꼬리처럼 길게 뾰 족하고 윗부분의 가장자리는 밋밋하다. ❹잎 뒷면. 연녹색이다.

두메취
Saussurea triangulata Trautv. & C.A.Mey.

국화과

국내분포/자생지 북부지방의 해발고도가 높은 산지

형태 다년초. 줄기는 높이 30~40cm이고 곧추 자란다. 뿌리잎은 개화기에 시든다. 줄기 하반부의 잎은 길이 4~10cm의 장타원상 난형–삼각상 난형이며 가장자리에 뾰족한 물결모양의 톱니가 있다. 꽃은 7~9월에 핀다. 총포편은 4~5줄로 배열되며 외총포편은 난형이다. 대롱꽃의 꽃부리는 길이 1~1.2cm이다. 열매(수과)는 길이 4~6mm의 원통형이다.

참고 머리모양꽃차례가 산방상으로 조밀하게 모여 달리며 줄기 밑부분의 잎이 삼각상 난형이고 끝이 꼬리처럼 길게 뾰족한 것이 특징이다.

❶2024. 7. 25. 중국 지린성 백두산 ❷꽃차례. 줄기 끝부분에서 머리모양꽃차례가 3~10개씩 산방상으로 조밀하게 모여 달린다. ❸총포. 총포편은 가장자리에 거미줄 같은 털이 약간 있고 나머지 부분에는 털이 거의 없다. ❹줄기잎. 잎자루가 없으며 잎끝은 꼬리처럼 길게 뾰족하다.

태백취
Saussurea grandicapitula W.T.Lee & H.T.Im

국화과

국내분포/자생지 강원(설악산 등), 경기의 산지, 한반도 고유종

형태 다년초. 줄기는 높이 60~100cm이다. 줄기 아래쪽의 잎은 길이 12~20cm의 삼각상 난형–난형이며 밑부분은 심장형이고 가장자리에는 불규칙한 이빨모양의 톱니가 있다. 꽃은 8~9월에 자색–적자색으로 피며 머리모양꽃차례는 2~3개가 성기게 모여 달린다. 총포는 지름 1.5~2cm의 거의 구형–구형이다. 총포편은 5~6줄로 배열되며 끝은 길게 뾰족하다. 대롱꽃의 꽃부리는 길이 1.4~1.6cm이다.

참고 줄기에 굽은 털이 밀생하며 총포가 구형이고 중앙부의 총포편이 옆으로 퍼지거나 뒤로 젖혀지는 것이 특징이다.

❶2024. 8. 23. 강원 인제군 설악산 ❷총포. 대형이고 갈색의 거미줄 같은 털이 있다. ❸❹(ⓒ이호영) ❸뿌리잎. 줄기잎과 잎자루, 잎가장자리에 퍼진 털이 밀생한다. ❹잎 뒷면. 흰빛이 도는 연녹색이며 맥 위에 털(짧은 털과 퍼진 털)이 밀생한다.

수리취

Synurus deltoides (Aiton) Nakai
Synurus excelsus (Makino) Kitam.;
S. palmatopinnatifidus (Makino)

국화과

국내분포/자생지 전국의 산지 풀밭
이나 숲가장자리

형태 다년초. 줄기는 높이 1~2m이고
곧추 자라며 능각에 흔히 털이 있다.
뿌리잎은 결실기에도 남아 있다. 뿌
리잎과 줄기 밑부분의 잎은 길이 10
~20cm의 심장형이며 뒷면에 백색의
솜 같은 털이 밀생한다. 잎자루는 길
이 10~23cm이다. 암수한그루이다.
꽃은 9~10월에 적갈색~흑자색으로
핀다. 머리모양꽃차례는 지름 4~5cm
이고 아래를 향해 달린다. 총포는 지
름 3cm 정도의 종모양~구형이며 거
미줄 같은 털이 많다. 총포편은 13~15
줄로 배열되며 끝부분이 뒤로 젖혀진
다. 내총포편은 길이 2~3cm의 선상
피침형이고 곧추선다. 꽃부리는 길이
2~2.5cm이고 통부는 길이 9mm 정
도이다. 꽃부리통부 넓은 부분의 길
이는 좁은 부분과 길이가 같거나 약
간 짧다. 열매(수과)는 갈색이며 길이
6~7mm의 좁은 타원형~타원형이고
끝이 편평하다. 관모는 길이 1.5~2cm
의 깃털모양이고 연한 갈색이다.

참고 수리취에 비해 잎가장자리가 깃
털모양으로 깊게 갈라지며 머리모양
꽃차례의 꽃줄기가 긴 편이고 꽃부
리통부 넓은 부분의 길이가 좁은 부
분의 2배 이상인 것을 국화수리취(*S.
palmatopinnatifidus*)로 구분하기도 하
지만, 최근 수리취에 포함시키는 추세
이다.

❶ 2015. 9. 10. 강원 인제군 대암산 ❷ 꽃차
례. 머리모양꽃차례는 줄기와 가지의 끝이
나 잎겨드랑에서 나오며 지름 4~5cm의 난
상 구형~거의 구형이고 아래를 향해 달린다.
❸ 총포. 총포편은 13~15줄로 배열되며 끝부
분이 뒤로 젖혀진다. 외총포편이 가장 짧다.
❹❺ 열매. 수과의 끝부분 가장자리는 톱니모
양이다. 관모는 길이 1.5~2cm의 깃털모양이
고 연한 갈색이다. ❻ 잎 뒷면. 백색의 거미줄
같은 털이 밀생한다. ❼❽ 국화수리취 타입
❼ 잎. 가장자리가 깊게(중열) 또는 얕게 갈
라진다. ❽ 2003. 8. 8. 전북 남원시 지리산
❾ 2013. 8. 10. 중국 지린성 백두산. 잎이 난
상 장타원형~난형(창모양~삼각형이 아님)이
다. 수리취를 세분화하여 구분하면 이런 타
입이 수리취(*S. deltoides*)이고 중남부지역에
흔히 분포하는 것이 큰수리취(*S. excelsus*)
이다. 최근에는 모두 동일 종으로 처리하는
추세이다.

쇠채

Scorzonera albicaulis Bunge

국화과

국내분포/자생지 전국 산지의 건조한 풀밭

형태 다년초. 줄기는 높이 40~100cm이다. 뿌리잎은 일찍 시든다. 줄기잎은 뿌리잎보다 소형이고 양면에 털이 없다. 꽃은 6~7월에 황색으로 피며 지름 3~4cm의 머리모양꽃차례는 산방상으로 3~7개씩 모여 달린다. 혀꽃은 다수이며 총포보다 1.5배 정도 길다. 열매(수과)는 길이 1.8~2.3cm의 방추상 선형이며 10개의 능선이 있다. 관모는 길이 2~2.5cm이다.

참고 멱쇠채에 비해 키가 크고 머리모양꽃차례가 여러 개 모여 달리며 땅속줄기 윗부분에 섬유질이 없는 것이 특징이다.

❶ 2013. 9. 12. 러시아 프리모르스키주 ❷ 머리모양꽃차례. 혀꽃의 열편(꽃잎모양)은 가장자리의 것은 길지만 중심부의 것은 매우 짧다. ❸ 총포. 길이 2~3cm이고 내총포편이 가장 길다. ❹ 뿌리잎. 선형-선상 타원형 또는 도피침형으로 좁은 편이다. ❺ 열매. 뚜렷한 능선이 있다. 관모는 수과와 길이가 비슷하거나 더 길다.

멱쇠채

Scorzonera austriaca Willd.

국화과

국내분포/자생지 경남 이북 산지의 건조한 풀밭

형태 다년초. 줄기는 높이 5~30cm이고 털이 없다. 뿌리잎은 모여나며 개화기에도 시들지 않는다. 길이 4~35cm의 선형-장타원상 피침형이며 밑부분은 차츰 좁아져 날개모양으로 잎자루와 연결된다. 꽃은 4~5월에 황색으로 핀다. 총포는 길이 2~3cm의 원통형이다. 혀꽃은 총포보다 1.5~1.7배 길다. 열매(수과)는 길이 1.5~2mm의 방추상 선형이며 10개의 능선이 있다. 관모는 길이 1.3~1.8cm이다.

참고 쇠채에 비해 키가 작고 머리모양꽃차례는 흔히 1(~3)개씩 달리며 땅속줄기 윗부분에 갈색의 섬유질이 모여 있는 것이 특징이다.

❶ 2002. 4. 7. 경북 영천시 ❷ 머리모양꽃차례. 지름 3.5~4.5cm이며 줄기 끝에서 1(~3)개씩 달린다. ❸❹ (ⓒ김중현) ❸ 열매. 관모는 수과보다 짧다. ❹ 잎. 뿌리잎에 비해 줄기잎은 매우 작고 거의 막질이다.

쇠서나물

Picris hieracioides subsp. *japonica*
(Thunb.) Hand.-Mazz.

국화과

국내분포/자생지 전국의 산야

형태 2년생. 줄기는 높이 30~120cm
이다. 잎은 길이 10~20cm의 도피침
형-타원상 도피침형 또는 타원상 피
침형이며 밑부분은 차츰 좁아져 날
개모양으로 잎자루와 연결된다. 꽃
은 7~10월에 연한 황색-황색으로 피
며 머리모양꽃차례는 지름 2~2.5cm
이다. 총포는 길이 1~1.2cm의 원통상
종모양이다. 열매(수과)는 길이 3.5~
5mm의 방추형이다.

참고 유라시아에 넓게 분포하는 기본
종(subsp. *hieracioides* L.)은 줄기의 털
이 백색이며 수과가 황갈색-갈색이
다.

❶2021. 9. 2. 강원 화천군 광덕산 ❷꽃차
례. 혀꽃은 35~50개이며 열편(설편)은 길이
1~1.7cm로 통부보다 2~3배 정도 길다. ❸총
포. 총포편은 3~4열로 배열되며 중앙맥을 따
라 갈고리모양의 짧은 털이 밀생한다. ❹열
매. 적갈색이고 가로 주름이 뚜렷하다. 관모
는 깃털모양이다. ❺줄기. 잎과 줄기에 적갈
색의 털이 밀생하며 털의 끝부분은 2개로 갈
라진 갈고리모양이다.

조밥나물

Hieracium umbellatum L.

국화과

국내분포/자생지 전국의 산야

형태 다년초. 줄기는 높이 40~100cm
이며 줄기 윗부분에 별모양 털과 짧
은 털이 있다. 잎은 어긋나며 길이 3
~10cm의 피침형-장타원상 피침형이
다. 밑부분은 좁은 쐐기모양이며 가
장자리에는 불규칙한 톱니가 있다.
꽃은 8~10월에 황색으로 피며 지름
2.5~3.5cm의 머리모양꽃차례는 산방
상(또는 원뿔상)으로 모여 달린다. 열매
(수과)는 길이 2.5~3.5mm의 원통형이
고 능선이 있다.

참고 껄껄이풀[*Crepis coreana*
(Nakai) Sennikov]은 뿌리잎이 개화기
에도 남아 있으며 총포편이 2열로 배
열되고 바깥면에 짧은 털이 있는 것
이 특징이다.

❶2019. 9. 14. 경남 합천군 황매산 ❷총포.
총포편은 4~5(~6)줄로 배열되고 끝이 뾰족
하며 옆으로 퍼지거나 뒤로 젖혀진다. ❸열
매. (적갈색-)흑갈색-거의 흑색이고 원통형
이며 관모는 실모양이다. ❹어린줄기와 잎.
긴 털이 밀생한다.

까치고들빼기

Crepidiastrum chelidoniifolium
(Makino) J.H.Pak & Kawano

국화과

국내분포/자생지 제주를 제외한 전국 산지의 바위지대(특히 너덜지대)

형태 1년초. 줄기는 높이 10~40cm 이고 가지가 갈라진다. 줄기 상반부의 잎은 길이 4~8cm의 장타원형이고 가장자리는 깃털모양으로 완전히 갈라진다. 측열편은 1~4쌍이다. 꽃은 8~10월에 황색으로 피며 지름 8~13mm의 머리모양꽃차례는 산방상으로 모여 달린다. 머리모양꽃차례에는 5(~6)개의 혀꽃이 있다. 총포는 길이 5~7.5mm의 좁은 원통형이다. 외총포편은 소수이고 길이 1mm 이하의 난형이며 내총포편은 5개이고 길이 6~8mm의 선상 피침형이다. 열매(수과)는 길이 3~4mm의 방추형이며 끝부분에 짧은 부리가 있다. 관모는 길이 3~4mm이고 백색이다.

참고 잎이 깃털모양으로 완전히 갈라져 엽축에 날개가 없으며 내총포편이 5개이고 혀꽃이 5(~6)개인 것이 특징이다. **지리고들빼기**[*C. koidzumianum* (Kitam.) J.H.Pak & Kawano]는 까치고들빼기에 비해 꽃이 대형이고 내총포편의 용골 기부가 개화 후에 비후되는 것이 특징이다. 지리산과 백운산(전남) 일대에만 분포한다. 독립된 종으로 처리하기보다는 까치고들빼기의 변종 또는 지역적 변이(동일 종)로 처리하는 것이 타당하다. 이고들빼기와 까치고들빼기가 혼생하는 지역에서는 이들 사이의 자연 교잡종이 종종 발견된다. 이 교잡종은 형태적으로 지리고들빼기와 유사하지만 키(높이)와 잎이 보다 대형이며 내총포편이 6~7개이고 혀꽃이 6~8개인 것이 다르다.

❶ 2020. 8. 30. 강원 정선군 함백산 ❷ 꽃차례. 혀꽃과 내총포편은 5개이다. ❸ 열매. 연한 갈색-갈색이며 짧은 부리가 있다. 10~15개의 세로 능선이 있고 윗부분의 능선에는 가시모양의 톱니가 있다. ❹ 줄기잎. 완전히 갈라져서 엽축에 날개가 거의 없다. ❺~❽ 지리고들빼기 ❺ 꽃차례. 혀꽃(특히 설편)이 까치고들빼기에 비해 대형이다. ❻ 총포. 내총포편은 5개이며 개화 후에 비후한다(관찰 필요). ❼ 줄기잎. 까치고들빼기와 유사하다. ❽ 2021. 9. 10. 전남 구례군 지리산 ❾~❶ 까치고들빼기와 이고들빼기의 교잡종(큰까치고들빼기, 가칭) ❾ 2022. 9. 13. 강원 정선군 함백산 ❿ 총포. 내총포편은 6~7개이다. ⓫ 잎 비교. 이고들빼기(아래쪽)와 까치고들빼기(위쪽)의 중간적 형태이다.

이고들빼기

Crepidiastrum denticulatum (Houtt.)
J.H.Pak & Kawano

국화과

국내분포/자생지 전국의 산야

형태 1~2년초. 줄기는 높이 30~ 100cm이고 털이 없다. 잎은 길이 4.5 ~10cm의 도피침형−주걱형 또는 타원형−난형이고 가장자리는 불규칙한 이빨모양의 톱니가 있거나 간혹 깃털모양으로 깊게 갈라진다. 밑부분은 좁아져서 흔히 줄기를 약간 감싼다. 꽃은 9~11월에 황색으로 피며 머리모양꽃차례는 산방상으로 모여 달린다. 머리모양꽃차례는 13~15개의 혀꽃이 있다. 총포는 길이 6~7mm의 원통형이고 털이 없다. 외총포편은 소수이고 길이 0.5mm 이하의 피침형−난형이며 내총포편은 7~8개이고 길이 6~7mm의 피침형이다. 열매(수과)는 길이 3~4mm의 방추형이며 10~15개씩의 능선이 있다. 부리는 길이 0.2 ~0.5mm로 짧으며 관모는 길이 3mm 정도이고 백색이다.

참고 머리모양꽃차례는 13~15개의 혀꽃으로 이루어져 있고 내총포편이 (7 ~)8인 것이 특징이다. 서남해안의 해안가(특히 도서지역) 산지에 자라는 이고들빼기는 내륙의 개체들에 비해 가지가 많이 갈라지고 잎과 꽃이 보다 촘촘히 달려서 다복하게 자라는 개체들이 흔히 관찰된다. 과거에는 이러한 형태의 이고들빼기를 흔히 홍도고들빼기(*C.* × *muratagenii* H.Ohashi & K.Ohashi)로 불렀으나, 최근 연구에서 이고들빼기의 생태형으로 밝혀졌다. 홍도고들빼기는 이고들빼기(해안형)와 갯고들빼기의 교잡종으로서, 두 종이 혼생하는 집단(거문도, 소매물도, 부산 이기대 등)에서 매우 드물게 자란다.

❶2010. 10. 10. 충남 태안군 안면도 ❷꽃차례. 13~15개의 혀꽃으로 이루어진다. ❸총포. 내총포편은 7~8개이며 중앙맥은 뚜렷하다. ❹줄기잎. 가장자리는 흔히 갈라지지 않는다(깊게 갈라지는 개체도 있음). ❺~❿해안가 생태형 ❺꽃차례. 형태는 동일하지만 내륙의 개체에 비해 꽃이 촘촘하게 달리는 편이다. ❻총포. 내륙의 개체와 거의 동일하다. ❼열매. 부리가 있다. ❽줄기잎. 밑부분은 줄기를 감싼다. ❾뿌리잎(1년생). 밑부분은 심장형이다. ❿2023. 9. 25. 전남 신안군 가거도

한라고들빼기

Crepidiastrum hallaisanense
(H.Lév.) J.H.Pak
Lactuca hallaisanense H.Lév.

국화과

국내분포/자생지 제주 한라산의 해발고도가 높은 산지 풀밭이나 바위지대, 한반도 고유종

형태 1~2년초. 줄기는 높이 5~15cm이고 털이 없으며 가지가 많이 갈라진다. 뿌리잎은 꽃이 필 무렵에 남아 있다. 길이 1.8~4cm의 도피침형-도란형이며 가장자리는 깃털모양으로 깊게 또는 완전히 갈라진다. 측열편은 1~5쌍이며 길이 4~8mm의 장타원형-오각형이고 가장자리에 뾰족한 큰 톱니가 있다. 양면에 털이 없으며 잎자루는 길이 1~1.5cm이고 가장자리에 날개가 있다. 줄기잎은 길이 1~2.5cm의 도피침형이고 가장자리는 갈라지며 잎자루는 없거나 짧다. 꽃은 8~9월에 황색으로 피며 머리모양꽃차례는 산방상으로 3~5개씩 모여 달린다. 머리모양꽃차례에는 10~12개의 혀꽃이 있다. 총포는 길이 5~6mm의 원통형이다. 외총포편은 소수이고 길이 0.5mm 이하의 피침형-삼각형이며 내총포편은 길이 4~5mm이다. 열매(수과)는 적갈색이고 길이 3~4mm의 방추형이며 10~15개씩의 능선이 있다. 끝부분이 길게 뾰족하고 부리는 없거나 매우 짧으며 관모는 길이 3~4mm이고 백색이다.

참고 비스듬히 또는 땅 위에 누워 자라며 줄기의 밑부분에서 가지(기는줄기처럼 보임)가 많이 갈라지고 잎이 깃털모양으로 갈라지는 것이 특징이다.

❶2021. 8. 31. 제주 서귀포시 한라산 ❷꽃차례. 10~12개의 혀꽃으로 구성된다. ❸총포. 내총포편은 7~8개이다. ❹열매. 10~15개의 세로 능선이 있다. 부리는 없거나 매우 짧다. ❺뿌리잎. 로제트모양으로 퍼지며 개화기에도 시들지 않고 남아 있다. ❻2021. 8. 10. 제주 서귀포시 한라산

산씀바귀

Lactuca raddeana Maxim.

국화과

국내분포/자생지 전국의 산지

형태 2년초 또는 다년초. 줄기는 높이 60~150cm이다. 하반부의 줄기잎은 길이 5~16cm의 장타원형-삼각상 난형이고 가장자리는 갈라지지 않거나 얕게 또는 중간까지 갈라진다. 잎자루는 길이 2~10cm이고 가장자리에 넓은 날개가 있다. 꽃은 7~10월에 황색으로 핀다. 총포는 길이 9~10mm의 원통형이며 총포편은 3~4줄로 배열한다. 내총포편은 5개이고 길이 7~8mm의 피침형이다. 열매(수과)는 진한 적갈색이고 길이 3~4mm의 납작한 도란상 장타원형이다.

참고 두메고들빼기에 비해 내총포편은 5(~6)개이고 수과는 (3~)5~7개(한쪽 면)의 능선이 있는 것이 특징이다.

❶ 2022. 7. 16. 강원 평창군 대관령 ❷ 꽃차례. 허꽃은 8~16개이다. ❸ 총포. 원통형이고 내총포편은 5(~6)개이다 ❹ 열매. 끝부분에 짧은 부리가 있으며 가장자리에 날개가 없다. ❺ 줄기잎. 잎자루는 길고 가장자리는 날개모양이다.

두메고들빼기

Lactuca triangulata Maxim.

국화과

국내분포/자생지 전국의 산지

형태 2년초 또는 다년초. 줄기는 높이 60~120cm이며 털이 없다. 하반부의 줄기잎은 길이 8~13cm의 삼각형-삼각상 난형이며 얕은 심장형이고 가장자리는 보통 깊게 갈라지지 않는다. 꽃은 7~10월에 황색으로 핀다. 머리모양꽃차례는 10~16개의 허꽃이 있다. 총포는 길이 1~1.2cm의 원통형이고 총포편은 3~4줄로 배열한다. 내총포편은 8개이고 선상 피침형이다. 열매(수과)는 짙은 적갈색-흑색이고 길이 4~6mm의 납작한 타원형-넓은 타원형이다.

참고 산씀바귀에 비해 줄기잎의 밑부분이 줄기를 감싸며 내총포편이 8개이고 수과에 (1~)3개의 맥이 있는 것이 특징이다.

❶ 2020. 8. 22. 강원 정선군 함백산 ❷ 꽃차례. 허꽃은 10~16개이다. ❸ 총포. 내총포편은 8개이다. ❹ 열매. 양면에 각각 (1~)3개의 맥이 있다. ❺ 줄기잎. 잎자루 없이 줄기를 감싼다.

왕씀배

Nabalus ochroleucus Maxim.

국화과

국내분포/자생지 제주 및 지리산 이
북의 산지 습한 곳에 드물게 자람

형태 다년초. 줄기는 높이 40~90cm
이다. 하반부의 줄기잎은 길이 5.5~
20cm의 난형이고 가장자리는 깃털
모양으로 깊게 갈라진다. 최종 중앙
열편은 삼각형-넓은 난형이며 측열
편은 1~3쌍이다. 잎자루는 길이 5~
17cm이고 뚜렷한 날개가 있다. 꽃은
9~11월에 황색으로 피며 머리모양꽃
차례는 원뿔형으로 모여 달린다. 총
포는 길이 1.3~1.6cm의 좁은 종모양
이며 총포편은 2줄로 배열된다. 혀꽃
은 길이 1.5~2cm이다.

참고 개씀배에 비해 머리모양꽃차례
가 대형이며 혀꽃이 20~30개이고 황
색인 것이 특징이다.

❶ 2003. 10.10. 경기 포천시 국립수목원
❷ 꽃차례. 지름 3.5~4cm로 대형이며 혀꽃
은 20~30개이다. ❸ 총포. 총포편 바깥면에
구부러진 긴 털이 많다. 내총포편은 8~12개
이다. ❹ 열매(수과). 길이 6~8mm의 좁은 방
추형이고 표면은 평활하다. ❺ 뿌리잎. 꽃이
필 무렵에 시든다.

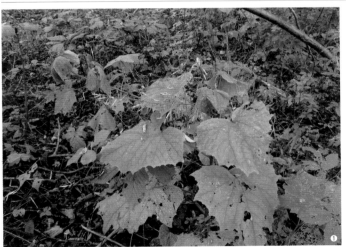

개씀배

Nabalus tatarinowii (Maxim.) Nakai
Prenanthes tatarinowii Maxim.

국화과

국내분포/자생지 북부지방의 산지
숲속

형태 다년초. 줄기는 높이 50~100cm
이며 밑부분에 가시 같은 털과 다세
포성 털이 있다. 하반부의 줄기잎은
길이 8~18cm의 삼각상 난형-난형이
며 밑부분은 편평하거나 심장형이다.
꽃은 8~10월에 피며 머리모양꽃차례
는 원뿔형으로 모여 달린다. 총포는
좁은 원통형이며 총포편은 2줄로 배
열된다. 내총포편은 5개이고 길이 8
~12mm의 선형-선상 피침형이다. 열
매(수과)는 길이 3.5~4.5mm의 방추형
이고 표면은 평활하다.

참고 왕씀배에 비해 머리모양꽃차례
가 작으며 혀꽃은 5개이고 연한 자색
또는 백색-녹백색인 것이 특징이다.

❶ 2013. 9. 10. 러시아 프리모르스키주 ❷ 꽃
차례. 혀꽃은 5개이며 혀꽃의 열편(설편)은 뒤
로 젖혀진다. ❸ 줄기잎. 흔히 가장자리는 깃
털모양으로 갈라지며 불규칙한 톱니가 있다.

솜나물

Leibnitzia anandria (L.) Turcz.

국화과

국내분포/자생지 전국의 산지

형태 다년초. 줄기는 높이 5~12cm(봄형)이다. 봄형의 잎은 길이 2~6cm의 도란상 장타원형이고 뒷면에 백색의 털이 밀생한다. 암꽃양성화한그루이다. 꽃은 4~5월에 백색~연한 적자색으로 핀다. 총포는 길이 8mm 정도의 원통상 종형이다. 혀꽃의 열편은 길이 3~8mm의 선상 장타원형이다. 대롱꽃은 길이 6~8mm이다. 개방화의 열매(수과)는 길이 5~6mm의 방추형이고 관모는 길이 5~7mm이다.

참고 머리모양꽃차례는 지름 1~1.5cm이고 대롱꽃의 윗부분이 입술모양으로 얕게 갈라진다. 꽃은 봄형과 가을형으로 1년에 2번 피는데, 가을형은 폐쇄화이다.

❶ 2003. 4. 4. 대구 수성구 용지봉. 혀꽃은 암꽃이며 대롱꽃은 양성화이다. **❷** 총포. 총포편은 3~4줄로 배열되며 거미줄 같은 털이 있다. **❸** 열매(폐쇄화). 개방화의 열매에 비해 약간 대형(특히 관모)이다. **❹** 전체 모습(가을형). 봄철의 형태와 뚜렷한 차이를 보인다.

개머위

Petasites rubellus (J.F.Gmel.) Toman

국화과

국내분포/자생지 북부지방의 해발고도가 높은 산지

형태 다년초. 줄기는 높이 5~25cm이고 윗부분에 거미줄 같은 털이 있다. 뿌리잎은 길이 3~5.5cm의 신장형이며 잎자루는 길이 3~10cm이다. 끝은 둥글고 밑부분은 얕은 심장형~심장형이며 가장자리에 물결모양의 뾰족한 톱니가 있다. 양면에 굽은 털이 있다. 암수딴그루이다. 꽃은 5~6월에 백색으로 핀다. 총포는 지름 5~10mm의 원통상 종모양이다. 총포편은 1~2줄로 배열된다. 열매(수과)는 길이 3~3.5mm의 장타원형이다.

참고 머위에 비해 잎이 신장형이고 작으며 머리모양꽃차례가 6~9개이고 산방상으로 모여 달리는 것이 특징이다.

❶❷ (ⓒ김지훈) **❶** 2016. 6. 17. 중국 지린성 백두산. **❷** 머리모양꽃차례. 20개 이상의 대롱꽃으로 이루어진다. **❸** 열매. 관모는 길이 1cm 정도이고 백색이다. **❹** 뿌리잎(결실기). 길이 3~5.5cm로 머위에 비해 작다.

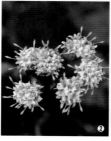

애기우산나물

Syneilesis aconitifolia (Bunge) Maxim.

국화과

국내분포/자생지 북부지방 또는 서남해 도서 지역의 산야

형태 다년초. 줄기는 높이 70~120cm 이고 털이 없다. 줄기잎은 흔히 2(~3) 개이다. 지름 20~30cm의 거의 원형이며 손바닥모양으로 완전히 갈라진다. 열편은 7~9개이고 다시 1~2회 갈라진다. 꽃은 6~8월에 핀다. 총포는 길이 9~12mm의 원통형이고 자갈색이다. 총포편은 5개이고 타원상 난형이다. 대롱꽃은 8~10개이며 꽃부리는 길이 1cm 정도이고 백색~연한 적자색이다. 열매(수과)는 길이 5~6mm의 원통형이다.

참고 우산나물에 비해 잎의 열편이 너비 4~9mm로 좁고 머리모양꽃차례가 산방상으로 모여 달리는 것이 특징이다.

❶2006. 6. 28. 전남 신안군 비금도 ❷❸(ⓒ 김지훈) ❷꽃차례. 머리모양꽃차례는 산방상으로 모여 달린다. ❸뿌리잎. 열편은 너비 4~9mm로 좁고 가장자리에 톱니가 성기게 있다. ❹잎. 2013. 9. 9. 러시아 프리모르스키주

우산나물

Syneilesis palmata (Thunb.) Maxim.

국화과

국내분포/자생지 전국의 산지

형태 다년초. 줄기는 높이 70~120cm 이고 흔히 솜 같은 털이 있다. 줄기잎은 2(~3)개이며 지름 20~40cm의 거의 원형이고 손바닥모양으로 완전히 갈라진다. 열편은 7~9개이고 다시 1~2회 갈라진다. 꽃은 7~9월에 피며 머리모양꽃차례는 원뿔상으로 모여 달린다. 총포는 길이 9~11mm의 원통형이고 총포편은 5개이다. 대롱꽃은 7~13개이며 꽃부리는 길이 1cm 정도이고 백색~연한 적자색이다. 열매(수과)는 길이 4.5~6mm의 원통형이다.

참고 애기우산나물에 비해 잎의 열편이 너비 2~4cm로 넓고 머리모양꽃차례가 원뿔상으로 모여 달리는 것이 특징이다.

❶2001. 7. 6. 인천 강화군 강화도 ❷꽃차례. 총포는 길이 9~11mm의 원통형이다. ❸뿌리잎. 열편은 너비 2~4cm로 비교적 넓은 편이며 가장자리에 불규칙한 뾰족한 톱니가 있다. ❹새순. 어릴 때 긴 털이 밀생한다.

귀박쥐나물

Parasenecio auriculatus (DC.)
J.R.Grant var. *auriculatus*

국화과

국내분포/자생지 제주(한라산) 및 경북(일월산) 이북의 산지

형태 다년초. 줄기는 높이 30~70cm이며 털이 없다. 줄기잎은 4~6개이며 어긋난다. 아랫부분의 줄기잎은 길이 6~20cm, 너비 8~25cm의 신장상 심장형이다. 중간부의 줄기잎은 길이 5~15cm, 너비 7~16cm의 신장형–삼각상 신장형이고 윗부분은 오목하고 끝이 거북꼬리처럼 뾰족하거나 길게 뾰족하다. 잎자루는 잎몸 길이와 비슷하거나 짧으며 밑부분은 흔히 넓어지고 귀모양으로 줄기를 감싼다. 꽃은 6~9월에 피며 머리모양꽃차례는 총상 또는 좁은 원뿔상으로 모여 달린다. 총포는 원통형이고 녹색–자갈색이며 총포편은 길이 6~10(~12)mm의 장타원형이고 (4~)5개가 1줄로 배열된다. 대롱꽃은 4~7개이며 길이 5~8mm이다. 열매(수과)는 길이 4~6mm의 원통형이며 털이 없다. 관모는 길이 7mm 정도이다.

참고 최근까지 게박쥐나물로 오동정하는 경우가 많았다. 전체적으로 작고 털이 거의 없으며 잎이 신장형–삼각상 신장형이고 가장자리에 불규칙한 이빨모양–물결모양의 톱니가 있는 것이 특징이다. 나래박쥐나물[var. *kamtschatica* (Maxim.) H.Koyama]은 귀박쥐나물과 형태가 거의 같지만 잎자루에 뚜렷한 날개가 있고 잎자루 밑부분이 귀모양으로 보다 넓게 발달한다. 참고로 게박쥐나물[*P. adenostyloides* (Franch. & Sav. ex Maxim.) H.Koyama]은 귀박쥐나물에 비해 총포편이 3개이고 꽃부리의 윗부분이 5개로 깊게 갈라지는 것이 특징이며 일본 고유종이다.

❶2021. 8. 10. 제주 서귀포시 한라산 ❷꽃차례(한라산). 대롱꽃은 4~7개이다. ❸총포(백두산). 총포편은 5개이고 1줄로 배열되며 바깥면에 털이 거의 없다. ❹총포(한라산). 총포편은 5개이다. ❺열매 비교. 민박쥐나물(왼쪽)에 비해 짧다. ❻잎 뒷면. 양면에 털이 없다. ❼잎자루(한라산). 밑부분의 가장자리는 귀모양이다. ❽2019. 7. 5. 중국 지린성 백두산. 나래박쥐나물 타입[또는 *P. praetermissus* (Pojark.) Y.L.Chen 타입]과 귀박쥐나물이 혼생한다. 잎자루의 날개 유무를 기준으로 두 분류군을 구분하는 것은 타당하지 않다. ❾❿나래박쥐나물 타입 ❾잎자루. 가장자리에 날개가 발달한다. ❿2012. 9. 16. 중국 지린성

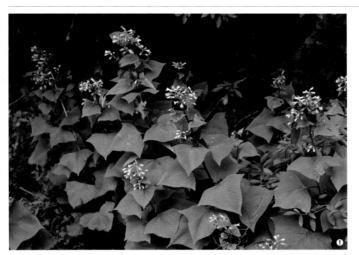

민박쥐나물

Parasenecio hastatus (L.) H.Koyama

국화과

국내분포/자생지 제주(한라산) 및 강원 이북의 산지

형태 다년초. 줄기는 높이 40~150cm이고 능각이 있으며 아랫부분에는 털이 거의 없고 윗부분에 샘털이 있다. 뿌리잎은 꽃이 필 무렵 시든다. 중간부의 줄기잎은 어긋나며 길이 7~10cm, 너비 13~19cm의 삼각형–삼각상 화살촉모양이다. 끝은 뾰족하거나 길게 뾰족하고 밑부분은 약간 오목하거나 얕은 심장형이며 가장자리에는 불규칙한 톱니가 있다. 앞면은 털이 약간 있거나 없으며 뒷면에는 털이 밀생한다. 잎자루는 길이 4~5cm이고 윗부분에 좁은 날개가 있고 밑부분은 넓어지지 않는다. 꽃은 7~9월에 피며 머리모양꽃차례는 줄기의 윗부분 또는 잎겨드랑이에서 나온 원뿔꽃차례에 모여 달린다. 머리모양꽃차례의 자루(꽃줄기)는 길이 4~20mm이고 샘털이 밀생하며 총포의 밑부분에 송곳모양의 작은포가 2개 있다. 총포는 길이 9~11mm의 원통형이며 총포편은 너비 2mm 정도의 선형–피침형이고 끝이 뾰족하다. 대롱꽃은 8~15(~20)개이며 길이 9~11mm이고 통부는 길이 4~6mm이다. 열편은 피침형이고 길게 뾰족하다. 열매(수과)는 길이 6~8mm의 원통형이고 능선이 있으며 털이 없다. 관모는 수과와 길이가 같거나 그보다 짧으며 백색이다.

참고 큰박쥐나물에 비해 잎자루의 날개가 좁거나 없고 밑부분은 귀모양이 아니며 총포편이 7~8개로 많은 것이 특징이다.

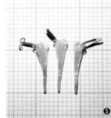

❶ 2023. 8. 8. 제주 서귀포시 한라산 ❷ 꽃차례. 머리모양꽃차례는 줄기와 가지의 끝부분에서 원뿔상으로 모여 달린다. ❸ 머리모양꽃차례. 대롱꽃은 8~15(~20)개로 많은 편이다. ❹ 총포 비교. 귀박쥐나물(오른쪽)에 비해 총포편은 7~8개이며 바깥면에 샘털이 있다. ❺ 꽃(대롱꽃). 관모는 꽃부리와 길이가 거의 비슷하다. ❻ 열매. 세로 능선(능각)이 뚜렷하고 털이 없다. ❼ 줄기잎. 박쥐를 닮은 거의 삼각형–삼각상 화살촉모양이다. ❽ 잎 뒷면. 잎자루에 날개가 있거나 없다. ❾ 2020. 9. 13. 강원 평창군 오대산

큰박쥐나물

Parasenecio komarovianus (Pojark.) Y.L.Chen

국화과

국내분포/자생지 지리산 이북의 산지

형태 다년초. 줄기는 높이 70~150(~300)cm이며 털이 없거나 약간 있다. 뿌리잎과 줄기 아랫부분의 잎은 꽃이 필 무렵 시든다. 잎자루의 가장자리에 넓은 날개가 발달하며 밑부분은 귀모양으로 확장하여 줄기를 감싼다. 중간부의 줄기잎은 어긋나며 길이 10~20(~30)cm의 삼각상 화살촉모양이다. 끝은 꼬리처럼 길게 뾰족하고 밑부분은 편평하거나 얕은 심장형이며 가장자리에는 불규칙한 이빨모양의 톱니가 있다. 측열편은 다시 2개로 얕게 갈라지기도 한다. 표면에 털이 약간 있으며 뒷면에는 맥 위에 샘털이 있다. 잎자루에는 넓은 날개가 있고 밑부분은 흔히 귀모양으로 넓어진다. 꽃은 7~9월에 피며 머리모양꽃차례는 길이 20~50cm의 원뿔꽃차례에 모여 달린다. 머리모양꽃차례의 자루는 길이 4~12mm이고 흔히 샘털이 밀생한다. 총포는 길이 9~12mm의 좁은 원통형이다. 총포편은 4~5개이고 녹색이며 선상 피침형이고 바깥면에 샘털이 약간 있거나 거의 없다. 대롱꽃은 5~7개이고 길이 7~8mm이며 통부는 길이 1.5~2mm이다. 꽃밥은 길이 3mm 정도이고 꽃부리 밖으로 길게 나온다. 열매(수과)는 길이 7~8mm의 원통형이고 능선이 있으며 털이 없다. 관모는 길이 7mm 정도이고 백색이다.

참고 국내(남한)에서는 흔히 나래박쥐나물로 오동정하는 경우가 많았다. 민박쥐나물에 비해 잎자루에 넓은 날개가 발달하고 밑부분이 귀모양으로 줄기를 감싸며 총포편이 4~5개이고 소화(대롱꽃)가 5~7개로 적은 것이 특징이다.

❶2002. 9. 18. 경남 함양군 지리산 ❷꽃차례. 머리모양꽃차례가 줄기의 끝부분에서 원뿔상으로 모여 달린다. ❸총포. 총포편은 4~5개이고 바깥면에 샘털이 약간 있거나 거의 없다. ❹꽃(대롱꽃). 관모는 꽃부리에 비해 약간 짧다. ❺줄기잎. 잎자루 가장자리에 잎모양(엽상)의 날개가 넓게 발달한다. 흔히 날개의 가장자리에는 톱니가 있다. ❻잎자루. 밑부분은 귀모양으로 줄기를 감싼다. 날개의 가장자리가 밋밋한 개체도 종종 관찰된다(변이가 있음). ❼2024. 7. 24. 중국 지린성 백두산. 백두산 일대 해발고도가 높은 산지 숲속(특히 사스래나무림)의 주요 우점종 중 하나이다.

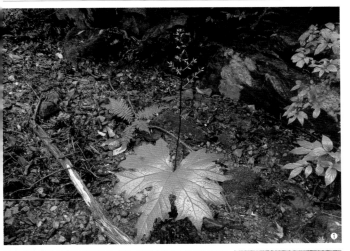

어리병풍

Parasenecio pseudotamingasa
(Nakai) B.U.Oh

국화과

국내분포/자생지 충남 이남의 산지(계룡산, 덕유산, 지리산 등), 한반도 고유종
형태 다년초. 줄기는 높이 30~120cm이고 털이 약간 있다. 뿌리잎은 20~40cm의 거의 원형이고 밑부분은 심장형이다. 가장자리는 손바닥모양으로 약간 깊게(거의 중열) 갈라지며 가장자리에 이빨모양의 톱니가 있다. 꽃은 7~9월에 피며 머리모양꽃차례는 원뿔상으로 모여 달린다. 총포편은 5개이며 길이 7~11mm의 선상 피침형–피침형이고 털이 없다. 대롱꽃은 5~6개이다. 열매(수과)는 길이 5~6.5mm의 원통형이고 능선이 있다.
참고 병풍쌈에 비해 키가 1.2m 이하로 작은 편이며 잎가장자리가 보다 깊게 갈라지는 것이 특징이다.

❶2022. 6. 30. 전북 남원시 지리산(ⓒ이호영) ❷꽃차례. 총포편은 5개이며 털이 없다. ❸꽃(대롱꽃). 길이 8~10mm이고 관모는 통부보다 짧다. ❹뿌리잎. 1/2~2/3 지점까지 갈라진다.

병풍쌈

Parasenecio firmus (Kom.) Y.L.Chen

국화과

국내분포/자생지 경북 이북의 산지
형태 다년초. 줄기는 높이 1~2m까지 자라며 털이 없다. 뿌리잎은 지름 30~100cm의 거의 원형이고 밑부분은 심장형이다. 가장자리는 손바닥모양으로 11~15개로 얕게 갈라지고 가장자리에 이빨모양의 톱니가 있다. 꽃은 7~9월에 피며 머리모양꽃차례는 원뿔상으로 모여 달린다. 총포편은 5개이며 길이 1~1.2cm의 선상 피침형이고 털이 약간 있거나 거의 없다. 대롱꽃은 5~12개이다. 열매(수과)는 길이 5~8mm의 원통형이고 능선이 있다.
참고 어리병풍과 병풍쌈은 뿌리잎이 거의 원형–손바닥모양이며 줄기잎이 1장이고 잎자루의 밑부분이 줄기를 감싸는 것이 특징이다.

❶2005. 7. 10. 충북 제천시 금수산 ❷꽃차례. 머리모양꽃차례는 줄기의 윗부분에서 원뿔상으로 모여 달린다. ❸머리모양꽃차례. 대롱꽃은 5~12개이다. ❹뿌리잎. 흔히 1/3~1/2 지점까지 갈라진다.

쑥방망이

Senecio argunensis Turcz.

국화과

국내분포/자생지 경남, 경북 이북의 산야

형태 다년초. 줄기는 높이 40~100cm 이다. 중간부의 줄기잎은 어긋나며 길이 6~10cm의 장타원형–장타원상 난형이고 가장자리는 깃털모양으로 갈라진다. 밑부분은 잎자루 없이 귀 모양으로 줄기를 약간 감싼다. 암꽃 양성화한그루이다. 꽃은 8~10월에 황색으로 핀다. 총포는 지름 6~7mm의 반구형이다. 총포편은 1줄로 배열되고 피침상 장타원형–장타원형이다. 혀꽃은 10~13개이며 열편은 길이 8~9mm의 좁은 장타원형이고 끝부분은 톱니모양이다. 열매(수과)는 길이 2~3mm의 원통형이고 털이 없다.

참고 잎이 깃털모양으로 갈라지고 측 열편이 (4~)6쌍 정도이다.

❶ 2007. 9. 20. 경북 안동시 ❷ 꽃차례. 지름 2~3cm이다. ❸ 총포. 총포편은 1줄로 배열되며 8~10개이고 바깥면에 털이 있다. ❹ 줄기잎. 깃털모양으로 깊게 갈라진다. 잎자루는 짧거나 없다.

삼잎방망이

Senecio cannabifolius Less.

국화과

국내분포/자생지 북부지방 산지의 숲가장자리 또는 풀밭

형태 다년초. 줄기는 높이 1~2m이다. 줄기잎은 어긋나며 길이 10~25cm의 타원형–난형이다. 측열편은 피침형이고 가장자리에 뾰족한 톱니가 있다. 밑부분은 귀모양으로 줄기를 약간 또는 완전히 감싼다. 암꽃양성화한그루이다. 꽃은 7~9월에 황색으로 핀다. 머리모양꽃차례는 지름 2cm 정도이다. 총포편은 길이 5mm 정도의 장타원상 피침형이다. 혀꽃은 5~10개이며 꽃잎모양의 열편은 길이 1~1.3cm의 좁은 장타원형이다. 열매(수과)는 길이 3~4mm의 원통형이다.

참고 잎이 깃털모양으로 갈라지고 측 열편이 1~3쌍이며 총포편이 8~10개 인 것이 특징이다.

❶ 2013. 9. 13. 러시아 프리모르스키주 ❷ 총포. 총포편은 8~10개이고 1줄로 배열된다. ❸ 열매. 관모는 수과보다 더 길다. ❹ 줄기잎. 깃털모양으로 깊게 갈라지며 측열편은 1~3쌍이다. 잎자루의 밑부분은 귀모양이다.

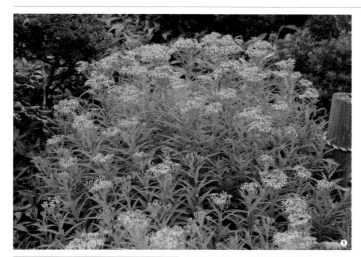

금방망이

Senecio nemorensis L.

국화과

국내분포/자생지 제주(한라산), 서남해 도서 및 북부지방의 산지

형태 다년초. 줄기는 높이 40~100cm이며 털이 없거나 약간 있다. 뿌리잎과 줄기 아랫부분의 잎은 꽃이 필 무렵 시든다. 중간부의 줄기잎은 어긋나며 길이 10~18cm의 선상 피침형-피침상 장타원형이다. 밑부분은 쐐기모양이며 가장자리에는 불규칙한 뾰족한 톱니가 있다. 잎자루는 매우 짧으며 줄기 위쪽의 잎은 잎자루가 없다. 암꽃양성화한그루이다. 꽃은 7~9월에 황색으로 피며 머리모양꽃차례는 지름 1.8~2.5cm이고 줄기의 윗부분에서 복산방상으로 모여 달린다. 머리모양꽃차례의 자루는 길이 1.5~3cm이고 털이 약간 있으며 작은포는 길이 5~10mm의 선형이다. 총포는 지름 4~5mm의 원통형이며 총포편은 10~18개이고 1줄로 배열된다. 총포편은 길이 6~7mm의 장타원형이고 털이 약간 있으며 가장자리의 막질부는 넓다. 혀꽃은 5~10개이고 암꽃이며 꽃잎모양의 열편(설편)은 길이 1.2~1.8cm의 좁은 장타원형이고 끝부분은 톱니모양이다. 대롱꽃은 15~16개이고 양성화이다. 꽃부리는 길이 7~9mm이고 통부는 길이 3.5~4mm이다. 끝부분은 5개로 갈라지고 열편은 길이 1mm 정도의 삼각상 난형이다. 열매(수과)는 길이 3.5~5mm의 원통형 또는 거꾸러진 원뿔형이고 털이 없다. 관모는 길이 6~8mm이고 백색-오백색이다.

참고 잎이 선상 피침형-피침상 장타원형이며 가장자리가 갈라지지 않고 이빨모양의 뾰족한 톱니가 있는 것이 특징이다.

❶2021. 7. 20. 제주 서귀포시 한라산 ❷꽃차례. 혀꽃은 5~10개이고 꽃잎모양의 열편은 길이 8~14mm이다. 혀꽃은 암꽃이고 대롱꽃은 양성화이다. ❸총포. 총포편은 10~18개이고 1줄로 배열되며 바깥면에 털이 약간 있다. ❹열매. 원통형 또는 거꾸러진 원뿔형이며 세로 능선이 있다. ❺줄기잎. 가장자리에 뾰족한 톱니가 있다. ❻잎 뒷면. 맥 위에 털이 약간 있다. ❼2023. 8. 16. 인천 옹진군 백령도

반들잎곰취

Ligularia euodon Miq.
Ligularia splendens (H.Lév. &
Vaniot) Nakai

국화과

국내분포/자생지 전국의 비교적 해
발고도가 높은 산지

형태 다년초. 땅속줄기는 짧고 굵다.
줄기는 높이 40~150cm이고 곧추 자
란다. 뿌리잎은 길이 8~33cm, 너비
7~35cm의 난형~난상 원형이고 밑부
분은 깊은 심장형이다. 가장자리에는
이빨모양의 톱니가 있다. 표면은 털
이 없고 뒷면에 털이 약간 있다. 줄기
잎은 위쪽으로 갈수록 크기가 작아지
며 잎자루는 없거나 짧다. 암꽃양성
화한그루이다. 꽃은 8~10월에 황색으
로 피며 머리모양꽃차례는 지름 2.5
~5cm이고 줄기 윗부분의 총상꽃차
례에 모여 달린다. 머리모양꽃차례의
자루는 길이 8~20mm이며 포(포엽)
는 길이 1.2~2.5cm의 난형이고 잎모
양이다. 총포는 길이 6.7~12mm의 원
통형이며 총포편은 8~10개가 1줄로
배열된다. 혀꽃은 4~9개이고 암꽃이
며 꽃잎모양의 열편(설편)은 길이 1.2~
2.8cm의 좁은 장타원형이다. 대롱꽃
은 11~34개이며 양성화이다. 꽃부리
는 길이 1.2cm 정도이고 끝은 5개로
갈라진다. 열매(수과)는 길이 5~9mm
의 원통형이고 세로 줄이 있다. 관모
는 길이 5~10mm이고 연한 갈색–자
색이다.

참고 곰취[*L. fischeri* (Ledeb.) Turcz.]
는 줄기와 잎자루, 포에 갈색의 털이
밀생하며 총상꽃차례의 포는 위쪽으
로 갈수록 좁아져 피침형이 된다. 국
외에서는 러시아(동부), 몽골, 중국(동
북 3성)에 분포한다.

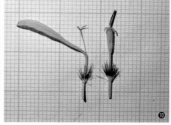

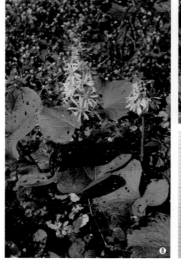

❶2022. 8. 31. 제주 서귀포시 한라산 ❷총
포. 총포편은 8~10개가 1줄로 배열된다.
❸꽃. 대롱꽃은 양성화이고 혀꽃은 암꽃이
다. 관모는 혀꽃의 통부보다 길며 흔히 총
포 밖으로 나출한다. ❹열매. 수과는 길이 5
~9mm이다. 관모는 수과보다 약간 더 길다.
❺~❼강원 철원군(재배) ❺총포. 총포편은 8
~10개이고 1줄로 배열된다. 바깥면에 짧은
털이 많다. ❻꽃. 관모는 길이 5~10mm이다.
❼잎. 가장자리에 이빨모양의 톱니가 불규
칙하게 나 있다. ❽2018. 9. 19. 강원 평창군
대관령 ❾❿민곰취(*Ligularia* sp.) ❾2023.
7. 20. 강원 강릉시. 반들잎곰취에 비해 개화
시기가 빠르다. ❿반들잎곰취에 비해 관
모가 짧고 짙은 갈색–자줏빛이 도는 갈색(결
실기)이다.

어리곤달비
Ligularia intermedia Nakai

국화과

국내분포/자생지 북부지방의 산지

형태 다년초. 땅속줄기는 짧고 굵다. 줄기는 높이 70~120cm이고 곧추 자라며 윗부분에 백색의 거미줄 같은 털이 있다. 뿌리잎은 길이 8~16cm, 너비 12~23cm의 장타원상 난형~삼각상 난형이고 밑부분은 깊은 심장형이다. 끝은 둔하거나 짧게 뾰족하고 가장자리에는 뾰족한 톱니가 불규칙하게 나 있다. 양면에 털이 없다. 잎자루는 길이 15~40cm이다. 줄기잎은 흔히 3개 정도 달리고 크기가 작으며 잎자루는 없거나 짧다. 암꽃양성화한그루이다. 꽃은 7~9월에 황색으로 피며 머리모양꽃차례는 길이 20~30cm의 총상꽃차례에 모여 달린다. 머리모양꽃차례의 자루는 길이 3~10mm이며 포는 선형~선상 피침형이고 머리모양꽃차례의 자루보다 길다. 총포는 길이 8~12mm의 원통형이며 총포편은 장타원형이고 (6~)8개가 1줄로 배열된다. 허꽃은 3~6(~9)개이고 암꽃이며 꽃잎모양의 열편(설편)은 길이 1~2cm의 선형~선상 도피침형이고 끝이 둔하다. 대롱꽃은 7~10개이며 양성화이다. 꽃부리는 길이 1~1.2cm이고 통부는 길이 6mm 이하이며 끝은 5개로 갈라진다. 열매(수과)는 길이 5~7mm의 원통형이다. 관모는 길이 7mm 정도이고 대롱꽃의 꽃부리 통부보다 짧으며 연한 적갈색~자갈색이다.

참고 반들잎곰취에 비해 잎이 장타원상 심장형~삼각상 심장형이고 털이 거의 없으며 포가 선형~선상 피침형인 것이 특징이다.

❶ 2024. 7. 24. 중국 지린성 백두산 ❷ 총상꽃차례. 좁은 원통형이다. 포는 선형~선상 피침형이고 작으며 머리모양꽃차례의 자루는 길이 3~10mm로 짧은 편이다. ❸ 머리모양꽃차례. 허꽃이 흔히 3~6(~9)개이며 열편이 선형~선상 도피침형으로 폭이 좁다. ❹ 총포. 총포편은 흔히 (6~)8개이며 1줄로 배열된다. ❺❻ 뿌리잎. 장타원상 난형~삼각상 난형이고 털이 거의 없다. ❼ 2019. 7. 6. 중국 지린성 백두산

곤달비

Ligularia stenocephala (Maxim.)
Matsum. & Koidz.

국화과

국내분포/자생지 주로 제주 및 서남
해 도서지역의 산지

형태 다년초. 줄기는 높이 50~100(~
150)cm이고 곧추 자라며 털이 거의
없다. 뿌리잎은 길이 10~25cm, 너
비 6~30cm의 화살촉모양의 난형 또
는 화살촉모양의 신장상 난형이고 잎
자루는 길이 20~70cm이다. 끝은 뾰
족하거나 짧게 뾰족하며 가장자리에
는 뾰족한 톱니가 불규칙하게 나 있
다. 양면에 털이 없거나 짧은 털이 약
간 있다. 줄기잎은 흔히 3개 정도 달
리고 크기가 작으며 잎자루는 없거나
짧다. 암꽃양성화한그루이다. 꽃은 9
~10월에 황색으로 피며 머리모양꽃
차례는 길이 90cm 이하의 총상꽃차
례에 모여 달린다. 머리모양꽃차례의
자루는 길이 1~7(~35)mm이며 포는 1
개이고 선형-선상 피침형이다. 총포
는 길이 9~12mm의 원통형이며 총포
편은 장타원형이고 5~6개가 1줄로 배
열된다. 허꽃은 1~4(~5)개이고 암꽃이
며 꽃잎모양의 열편(설편)은 길이 1~
2cm의 좁은 장타원형 또는 도피침형
이다. 대롱꽃은 5~10개이며 양성화이
다. 꽃부리는 길이 6~19mm이며 통부
는 길이 6~13mm이고 끝은 5개로 갈
라진다. 열매(수과)는 길이 5~8mm의
방추형-원통형이다. 관모는 길이 4~
8mm이며 오백색-연한 갈색이다.

참고 반들잎곰취나 어리곤달비에 비
해 머리모양꽃차례의 허꽃이 흔히 1~
4개로 적으며 총포가 좁은 원통형이
고 총포편이 5~6개인 것이 특징이다.

❶2023. 9. 26. 전남 신안군 가거도 ❷꽃차
례. 머리모양꽃차례가 조밀하게 달린다. 포
는 선형-선상 피침형이다. ❸머리모양꽃차
례. 자루는 흔히 1cm 이하로 짧은 편이다.
허꽃은 1~4(~5)개이며 열편은 길이 1~2cm
의 좁은 장타원형 또는 도피침형이다. ❹총
포. 폭이 비교적 좁은 원통형이며 총포편은
5~6개이다. ❺꽃. 허꽃은 암꽃이고 대롱꽃
은 양성화이다. 관모는 꽃부리통부보다 짧
다. ❻❼열매. 관모는 오백색-연한 갈색이
다. ❽뿌리잎. 밑부분은 깊은 심장형 또는 심
장상 화살촉모양이다.

화살곰취
Ligularia jamesii (Hemsl.) Kom.

국화과

국내분포/자생지 북부지방의 해발고도가 높은 산지의 풀밭

형태 다년초. 줄기는 높이 30~60cm다. 뿌리잎은 길이 3.5~9cm의 삼각상 화살촉모양이며 가장자리에 뾰족한 이빨모양의 톱니가 있다. 암꽃양성화한그루이다. 꽃은 7~8월에 황색으로 핀다. 총포는 길이 1.5~1.7cm의 원통상 종모양이며 바깥면에 거미줄 같은 털이 있다. 총포편은 10~13개가 1줄로 배열되며 너비 3mm 정도의 피침형이다. 혀꽃은 13~16개이고 열편은 길이 4cm 이하의 선상 피침형이다. 열매(수과)는 길이 5~7mm의 원통형이다.

참고 머리모양꽃차례가 줄기의 끝부분에서 1개씩 달리며 뿌리잎이 삼각상 화살모양−오각상 심장형인 것이 특징이다.

❶ 2019. 7. 5. 중국 지린성 백두산 ❷ 머리모양꽃차례. 지름 5~7cm이고 줄기의 끝에서 1개씩 달린다. ❸ 총포. 총포편은 10~13개이다. ❹ 잎. 흔히 화살촉모양이다.

개담배
Ligularia schmidtii (Maxim.) Makino

국화과

국내분포/자생지 북부지방 산지의 숲가장자리 및 풀밭

형태 다년초. 줄기는 높이 60~200cm이며 털이 없고 회녹색 빛이 돈다. 뿌리잎은 길이 10~30cm의 장타원형−넓은 난형이며 잎자루는 길다. 암꽃양성화한그루이다. 꽃은 6~9월에 황색으로 피며 머리모양꽃차례는 총상꽃차례에 모여 달린다. 총포는 길이 6~7mm의 원통상 종모양이다. 혀꽃은 2~6개이며 열편은 길이 1.3~2.2cm의 장타원형이다. 대롱꽃은 길이 7~10mm이다. 열매(수과)는 길이 7~8mm의 원통형이다.

참고 갯취[*L. mongolica* (Turcz.) DC.]와 유사하지만 포가 피침형이며 총포편이 3개이고 합생하는 것이 특징이다.

❶ 2016. 7. 2. 러시아 프리모르스키주 ❷ 꽃차례. 혀꽃은 2~6개이고 열편은 장타원상이다. ❸ 총포. 총포편 3(~5)개가 합생한 원통상의 종모양이다. 포가 피침형으로 매우 작다. ❹ 뿌리잎. 회녹색 빛이 돈다. 가장자리에는 불규칙한 물결모양의 톱니가 있다.

산솜방망이

Tephroseris flammea (Turcz. ex DC.)
Holub

국화과

국내분포/자생지 제주(한라산) 및 강원 이북의 산지

형태 다년초. 줄기는 높이 30~60cm 이며 거미줄 같은 털이 있다. 아랫부분의 줄기잎은 길이 8~15cm의 도피침상 장타원형이며 가장자리에 불규칙한 이빨모양의 톱니가 있다. 밑부분은 차츰 좁아져 날개모양으로 잎자루와 연결되며 잎자루의 밑부분은 줄기를 약간 감싼다. 암꽃양성화한그루이다. 꽃은 6~8월에 오렌지색~황적색으로 핀다. 총포는 지름 6~12mm의 종모양이다. 허꽃은 13~15개이다. 열매(수과)는 길이 2.5~3mm의 원통형이다.

참고 허꽃의 열편이 길이 15~20mm의 선형~도피침상 선형이고 오렌지색~황적색인 것이 특징이다.

❶2022. 8. 14. 강원 태백시 금대봉 ❷꽃차례. 총포편은 20~25개이다. ❸꽃. 허꽃은 암꽃이고 대롱꽃은 양성화이다. 개화기의 관모는 길이 2.5mm 정도이다. ❹잎 뒷면, 흰빛이 돌며 거미줄 같은 털이 많거나 약간 있다.

국화방망이

Tephroseris koreana (Kom.) B.Nord.
& Pelser

국화과

국내분포/자생지 중남부지방(민주지산, 팔공산 등) 이북의 산지

형태 다년초. 줄기는 높이 30~60cm 이다. 뿌리 부근의 잎은 길이 4~7cm의 삼각형~난상 삼각형이며 밑부분은 심장형이고 가장자리에는 불규칙한 톱니가 있다. 암꽃양성화한그루이다. 꽃은 6~8월에 황색으로 피며 머리모양꽃차례는 지름 2cm 정도이다. 총포는 지름 4~8mm의 종모양이며 총포편은 피침형~좁은 장타원형이다. 허꽃의 열편은 길이 8~18mm의 선형~좁은 장타원형이다. 열매(수과)는 길이 2~2.5mm의 원통형이다.

참고 금방망이속(*Senecio*)에 비해 총포 밑부분에 잎모양의 작은포가 없고 뿌리잎이 숙존하는 것이 특징이다.

❶ 2019. 7. 4. 중국 지린성 압록강 유역 ❷꽃차례. 허꽃은 5~12개 정도이고 열편은 황색이다. ❸총포. 총포편은 13개이며 1줄로 배열된다. 바깥면에 털이 약간 있다. ❹잎 뒷면. 거미줄 같은 백색의 털이 있다.

바위솜나물

Tephroseris phaeantha (Nakai)
C.Jeffrey & Y.L.Chen
Tephroseris birubonensis (Kitam.)
B.Nord.

국화과

국내분포/자생지 강원 이북의 산지
(특히 석회암지대) 바위지대

형태 다년초. 줄기는 높이 15~45cm
이며 흔히 거미줄 같은 털이 있다. 뿌
리잎은 길이 6~13cm의 장타원상 난
형–난형이며 꽃이 필 무렵까지 남아
있다. 끝은 둥글고 밑부분은 편평하
거나 심장형이며 가장자리에는 물결
모양의 톱니가 있다. 잎자루는 길이 2
~6(~8)cm이고 거미줄 같은 털이 밀
생한다. 하반부의 줄기잎은 길이 3~
9cm의 장타원형이며 거미줄 같은 털
과 함께 샘털이 있다. 암꽃양성화한
그루이다. 꽃은 6~8월에 황색으로 피
며 머리모양꽃차례는 지름 2~3.5cm
이고 줄기의 윗부분에서 우산대모양
과 닮은 산방상으로 2~6(~8)개씩 모
여 달린다. 머리모양꽃차례의 자루는
길이 1.5~4(~6, 결실기)cm이고 흔히 거
미줄 같은 털과 함께 황갈색의 샘털
이 밀생한다. 총포의 밑부분에 꽃받
침조각모양의 작은포는 없다. 총포는
길이 7~8mm의 종모양–반구형이다.
총포편은 피침형이고 거미줄 같은 털
이 약간 있으며 밑부분에는 갈색 털
이 약간 있고 윗부분 가장자리에 샘
털이 있다. 혀꽃은 5~15개이고 암꽃
이며 열편(설편)은 길이 8~20mm의
선형–좁은 장타원형이다. 대롱꽃은
양성화이며 꽃부리는 길이 6~7mm이
다. 열매(수과)는 길이 3~3.5mm의 원
통형이고 털이 약간 있거나 거의 없
다. 관모는 길이 6mm 정도이고 백색
이다.

참고 솜방망이(*T. kirilowii*)에 비해 줄
기, 잎, 꽃줄기 등에 거미줄 같은 털
이 밀생하며 뿌리잎이 장타원상 난
형–난형이고 밑부분이 편평하거나
심장형이다.

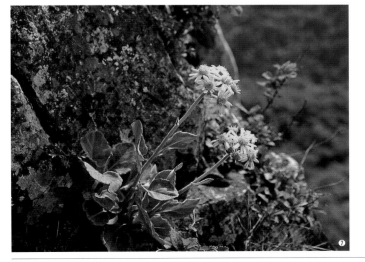

❶2024. 7. 3. 중국 지린성 백두산 ❷꽃차
례. 머리모양꽃차례는 2~6(~8)개가 줄기 끝
에서 산방상으로 모여 달린다. ❸총포. 총포
편은 18~20개이고 2줄로 배열되며 피침형
이고 거미줄 같은 털이 약간 있다. ❹-❼금
강바위솜나물 타입(면밀한 비교·검토 필요)
❹총포. 바깥면에 샘털이 밀생한다. ❺열매.
표면에 털이 있으며 관모는 길이 6mm 정도
이고 백색이다. ❻뿌리잎. 양면에 거미줄 같
은 백색의 털이 있다. ❼2004. 6. 1. 강원 삼
척시 덕항산

개쑥부쟁이

Aster meyendorffii (Regel & Maack) Voss

국화과

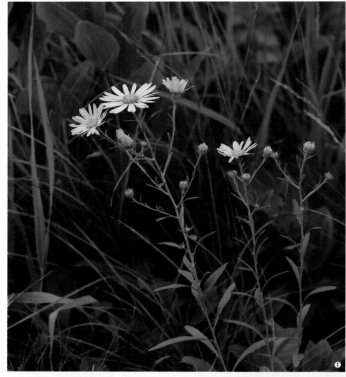

국내분포/자생지 강원 이북의 산지 풀밭이나 나출된 토양

형태 1년초. 줄기는 높이 30~50cm 이고 짧은 거친 털이 많으며 곧추 자라고 상반부에서 가지가 갈라진다. 뿌리잎과 줄기 아랫부분의 잎은 길이 5~6cm의 도란상 장타원형~난형 이며 개화기에 시든다. 줄기잎은 길이 6~8cm, 너비 1~2cm의 선상 피침형~피침형 또는 선상 도피침형~도피침형이고 짧은 털이 있다. 끝은 둔하거나 뾰족하며 가장자리는 흔히 밋밋하거나 윗부분에서 물결모양으로 약간 갈라지기도 한다. 암꽃양성화한그루이다. 꽃은 6~9월에 피며 머리모양꽃차례는 지름 3~4.5(~5)cm이며 총포는 지름 1.3~1.8cm의 반구형이다. 총포편은 2~3줄로 배열되며 길이 7~8mm의 선상 피침형~피침형이고 가장자리는 밋밋하다. 끝은 길게 뾰족하고 누운 털과 짧은 샘털이 있다. 혀꽃은 20~30개이며 열편(설편)은 길이 1.4~1.8cm의 선상 피침형~좁은 장타원형이고 끝은 3개로 얕게 갈라진다. 꽃부리통부에는 샘털과 비스듬히 선 털이 약간 있다. 관모는 길이 0.3~0.7mm이다. 대롱꽃은 길이 5mm 정도이고 샘털과 비스듬히 선 짧은 털이 흩어져 있으며 관모는 길이 2~4mm이다. 열매(수과)는 약간 납작한 장타원상 도란형이고 털이 많다.

참고 갯쑥부쟁이(*A. hispidus* Thunb.)에 비해 머리모양꽃차례가 보다 더 대형이며 줄기잎도 약간 더 넓은 편이고 드물게 가장자리가 얕게 갈라지기도 한다.

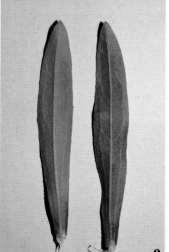

❶2023. 6. 29. 강원 평창군 ❷꽃차례. 지름 3~4.5(~5)cm이다. ❸총포. 총포편은 선상 피침형~피침형이고 바깥면에 누운 털이 많다. ❹꽃. 혀꽃의 관모는 길이 0.3~0.7mm이며, 대롱꽃의 관모는 길이 2~4mm이고 밑부분은 왕관모양으로 합생한다. ❺줄기잎. 도피침형 또는 피침형이며 가장자리는 밋밋하다. 앞면에 짧은 거친 털이 밀생한다. ❻잎 뒷면. 짧은 누운 털이 밀생한다.

긴쑥부쟁이

Aster hispidus var. *leptocladus*
(Makino) Okuyama

국화과

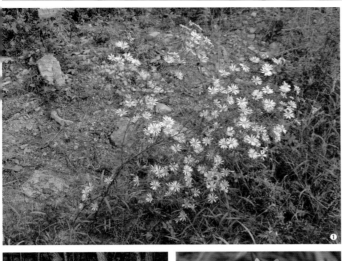

국내분포/자생지 대구(팔공산 인근)의 산지

형태 2년초. 줄기는 높이 30~100cm 이고 털이 없으며 흔히 윗부분에서 가지가 많이 갈라진다. 뿌리잎은 도피침형이며 꽃이 필 무렵 시든다. 줄기 아랫부분의 잎은 길이 3~8cm의 선형−선상 피침형이며 양 끝이 좁고 가장자리는 밋밋하다. 양면에 털이 없다. 줄기 중간부의 잎은 길이 1~5cm의 선형이고 잎자루가 거의 없다. 암꽃양성화한그루이다. 꽃은 9~11월에 피며 머리모양꽃차례는 지름 2.5~3cm이고 줄기와 가지의 윗부분에서 1개씩 달려서 전체적으로는 엉성한 산방상 꽃차례를 이룬다. 총포는 지름 1~1.5cm의 반구형이며 총포편은 2줄로 배열하고 끝이 뾰족한 선형이다. 혀꽃은 길이 2.5~4mm이며 꽃잎모양의 열편(설편)은 길이 1~1.5cm이고 연한 적자색이다. 대롱꽃은 양성화이며 길이 3~4mm이고 황색이다. 열매(수과)는 길이 2mm 정도의 약간 납작한 도란형이고 잔털이 있다. 대롱꽃의 관모는 길이 1~2.5mm이고 연한 갈색−적갈색이며 혀꽃의 관모는 길이 0.5mm 이하이다.

참고 갯쑥부쟁이에 비해 줄기 아랫부분의 잎이 선형이고 끝이 뾰족하며 털이 없다. 또한 머리모양꽃차례와 총포가 작고(지름이 보다 짧음) 대롱꽃의 관모가 길이 1~2mm로 짧은 것이 특징이다.

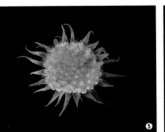

❶❷2020. 10. 3. 대구 동구 ❸꽃차례. 지름 2.5~3cm로 갯쑥부쟁이(원변종)에 비해 머리모양꽃차례가 약간 더 작은 편이다. ❹총포. 총포편은 2줄로 배열되며 끝이 뾰족한 선형이다. ❺❻열매. 대롱꽃의 관모는 길이 1~2.5mm이고 혀꽃의 관모는 길이 0.5mm 이하이다. ❼❽줄기잎. 선형이고 끝이 뾰족하다. 양면에 털이 거의 없다. ❾뿌리잎. 도피침형이며 가장자리는 밋밋하거나 얕은 톱니가 있다.

민쑥부쟁이

Aster mongolicus Franch.

국화과

국내분포/자생지 인천(백령도), 경북, 충북 이북의 산야

형태 다년초. 줄기는 높이 40~80cm 이고 거친 털이 있으며 흔히 윗부분에서 가지가 갈라진다. 뿌리 부근의 잎은 꽃이 필 무렵 시든다. 줄기의 아랫부분과 중간부의 잎은 길이 5~8cm 의 도피침형−좁은 장타원형이고 양면에 털이 약간 있거나 없다. 끝은 둔하거나 둥글며 가장자리는 깃털모양으로 갈라지며 털이 있다. 줄기 윗부분과 가지의 잎은 길이 1~2cm의 선상 피침형이다. 암꽃양성화한그루이다. 꽃은 8~10월에 백색−연한 적자색 또는 적자색으로 피며 머리모양꽃차례는 지름 2.5~3.5cm이고 줄기와 가지의 끝부분에서 1개씩 달려서 전체적으로는 산방상 꽃차례를 이룬다. 총포는 지름 1~1.5cm의 반구형이다. 총포편은 3~4줄로 배열하며 길이 5~7mm의 타원형−도란형이고 털이 없거나 약간 있다. 끝은 둔하며 가장자리는 막질이고 백색이나 적자색이다. 혀꽃은 14~25개이고 암꽃이다. 꽃잎모양의 열편(설편)은 길이 1.3~2.5cm 의 도피침상 장타원형−좁은 장타원형이다. 대롱꽃은 양성화이며 길이 3.5~5mm이고 황색이다. 열매(수과)는 길이 3.5mm 정도의 약간 납작한 도란형이고 잔털과 샘털이 있다. 관모는 길이 0.3~1.2mm이다.

참고 쑥부쟁이(*A. indicus* L.)에 비해 총포편의 끝이 둥글거나 둔하며 수과의 길이가 3.5mm 정도로 비교적 크고 관모가 길이 0.3~1.2cm로 긴 것이 특징이다.

❶2021. 10. 24. 충북 옥천군 ❷머리모양꽃차례. 지름 2.5~3.5cm이며 혀꽃은 14~25개 정도이다. ❸총포. 지름 1~1.5cm의 반구형이다. ❹❺열매. 약간 납작한 도란형이고 길이 3.5mm 정도로 비교적 대형이다. 표면에 잔털과 샘털이 흩어져 있다. 대롱꽃의 관모는 길이 1~1.2mm이고 혀꽃의 관모보다 더 길다. ❺총포편. 타원형−도란형이며 끝이 둔하고 가장자리는 흔히 잘게 갈라진다. ❼어린 줄기의 잎. 도피침형−좁은 장타원형이며 가장자리는 얕게 갈라진다. ❽잎. 양면에는 털이 거의 없으며 가장자리에 짧은 털이 약간 있다. ❾잎 뒷면. 맥 위에 털이 약간 있다.

눈갯쑥부쟁이

Aster hayatae H.Lév. & Vaniot

국화과

국내분포/자생지 한라산의 해발고도가 높은 지대의 풀밭, 한반도 고유종

형태 다년초. 줄기는 높이 15~25cm이고 밑부분에서 가지가 많이 갈라진다. 가지는 옆으로 누워 자라다가 윗부분이 곧추선다. 뿌리잎은 길이 2.5~5.5cm의 주걱형이며 꽃이 필 무렵 시든다. 끝이 둔하고 밑부분은 차츰 좁아지며 가장자리에는 둔한 톱니가 있다. 양면에 털이 있으나 차츰 없어진다. 상반부 줄기잎은 촘촘하게 달리며 길이 1.2~2cm의 선형-도란상 선형이고 가장자리는 밋밋하다. 양면에 털이 있으며 잎자루는 없다. 암꽃양성화한그루이다. 꽃은 8~10월에 피며 머리모양꽃차례는 지름 2.5~3cm이고 줄기와 가지의 윗부분에서 1개씩 달린다. 총포는 길이 6~7mm, 너비 1.3~1.4cm의 반구형이며 총포편은 2줄로 배열하고 끝이 길게 뾰족한 선형이다. 총포편은 서로 길이가 비슷하며 바깥면에 거친 털이 있다. 열매(수과)는 길이 2~3mm의 약간 납작한 도란형이고 잔털이 있다. 관모는 길이 2mm 이상이고 적갈색이다.

참고 줄기는 땅 위에 눕고 뿌리잎이 주걱형이며 대롱꽃 관모와 혀꽃 관모의 길이가 서로 비슷한 것이 특징이다.

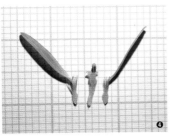

❶2021. 8. 31. 제주 서귀포시 한라산 ❷머리모양꽃차례. 지름 2.5~3cm이다. ❸총포. 지름 1.3~1.4cm의 반구형이고 총포편은 2줄로 배열된다. ❹꽃. 혀꽃과 대롱꽃의 관모는 서로 길이가 비슷하다. 길이 2mm 정도이고 밑부분은 합생한다. ❺❻열매. 관모는 적갈색이다. 수과는 길이 2~3mm의 도란형이며 긴 털이 많다. ❼줄기잎. 선형-도피침상 선형이며 가장자리에 누운 털이 있다. ❽뿌리부근의 잎. 도피침형-주걱형(도피침상 타원형)이며 가장자리에 결각상 큰 톱니가 있다.

까실쑥부쟁이

Aster ageratoides Turcz.

국화과

국내분포/자생지 전국의 산지

형태 다년초. 줄기는 높이 40~120cm
이며 윗부분에 거친 짧은 털이 많다.
줄기잎은 어긋나며 길이 10~15cm의
장타원상 피침형이고 가장자리에는
물결모양의 톱니 또는 뾰족한 톱니가
드문드문 있다. 암꽃양성화한그루이
다. 꽃은 8~10월에 핀다. 총포편은 적
자색 빛이 돌며 가장자리에 털이 약
간 있다. 혀꽃은 6~15개가 1줄로 배
열되며 열편은 길이 7~11mm이다. 열
매(수과)는 길이 2~2.5mm의 약간 납
작한 도란형이고 잔털과 함께 샘털이
있다.

참고 머리모양꽃차례가 지름 1.5~
2.5cm로 작으며 줄기잎이 피침상 또
는 장타원상이고 양면에 거친 털이
있는 것이 특징이다.

❶2021. 8. 31. 경기 가평군 화악산 ❷머리모
양꽃차례. 지름 1.5~2.5cm이다. ❸꽃. 대롱
꽃의 관모는 꽃부리통부와 길이가 비슷하다.
관모는 길이 3~5mm이다. ❹총포. 지름 8~
12mm의 종모양이며 총포편은 3~5줄로 배열
된다. ❺열매. 도란형이며 털이 밀생한다.

개미취

Aster tataricus L. f.

국화과

국내분포/자생지 경북 이북의 산지
풀밭 및 숲가장자리

형태 다년초. 줄기는 높이 1~1.5m이
고 짧은 털이 있다. 뿌리잎과 줄기 아
랫부분의 잎은 길이 10~40cm의 도
피침형−장타원상 난형이며 밑부분은
차츰 좁아진다. 잎자루는 길며 가장
자리는 날개모양이다. 암꽃양성화한
그루이다. 꽃은 8~10월에 핀다. 총포
편은 3줄로 배열하며 가장자리에 잔
털이 있다. 혀꽃은 14~30개이며 열
편은 길이 7~15mm이다. 열매(수과)는
길이 2.5~3mm의 약간 납작한 도란
형이다.

참고 높이 1~2m로 크게 자라며 머리
모양꽃차례가 대형이고 총포편의 끝
이 뾰족하거나 길게 뾰족하다.

❶2024. 8. 24. 강원 태백시 ❷총포. 잔털이
있다. ❸꽃. 대롱꽃과 혀꽃의 관모는 길이가
서로 비슷하다. ❹열매(ⓒ이만규). 관모는 길
이 5~7mm이다. ❺뿌리잎. 자생 쑥부쟁이류
중 가장 대형이다.

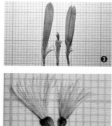

참취

Aster scaber Thunb.

국화과

국내분포/자생지 전국의 산지

형태 다년초. 줄기는 높이 80~150cm
이고 털이 없다. 뿌리잎과 줄기 아
랫부분의 잎은 길이 6~20cm의 난
형이고 밑부분이 삼장형이며 가장자
리에 이빨모양의 뾰족한 톱니가 있
다. 다소 두터운 종이질이다. 암꽃양
성화한그루이다. 꽃은 8~10월에 백
색으로 피며 머리모양꽃차례는 지
름 1.8~2.5cm이다. 총포편은 끝이 둥
글다. 혀꽃은 4~10개이며 열편은 길
이 6~10mm이다. 열매(수과)는 길이 3
~4mm의 도란상 장타원형이고 털이
없으며 관모는 길이 3.5~4mm이다.

참고 잎이 난형이고 밑부분이 심장
형이며 총포편이 모두 곧추서는 것이
특징이다.

❶2024. 8. 7. 경남 함양군 지리산 ❷머리
모양꽃차례. 혀꽃은 암꽃이고 4~10개이다.
❸총포. 총포는 길이 4~5mm의 종모양이고
총포편은 3줄로 배열한다. ❹꽃. 관모는 대
롱꽃의 것이 혀꽃의 것보다 약간 더 길다.
❺열매. 도란상 장타원형이며 세로 능선이
뚜렷하다.

옹굿나물

Aster fastigiatus Fisch.
Turczaninovia fastigiata (Fisch.) DC.

국화과

국내분포/자생지 전국의 산지

형태 다년초. 줄기는 높이 40~100cm
이다. 줄기 하반부의 잎은 길이 5~
12cm의 선상 피침형이며 가장자리는
밋밋하거나 얕은 톱니가 드물게 있
다. 암꽃양성화한그루이다. 꽃은 8~
10월에 백색으로 피며 머리모양꽃차
례는 지름 7~9mm이다. 총포편은 끝
이 둔한 도피침형이고 잔털이 밀생한
다. 혀꽃은 15~30개이며 열편은 길
이 2~3.5mm의 도피침상 장타원형이
다. 열매(수과)는 길이 1~1.2mm의 약
간 납작한 장타원형이고 샘털과 잔털
이 있다. 관모는 길이 3~4mm이다.

참고 머리모양꽃차례가 소형이고 다
수가 복산방상으로 모여 달리며 줄기
에 샘털이 밀생하는 것이 특징이다.

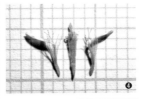

❶2021. 9. 9. 경남 창녕군 ❷머리모양꽃차
례. 지름 7~9mm로 작다. ❸총포. 원통상 종
모양이고 총포편은 4줄로 배열한다. ❹꽃. 대
롱꽃의 열편은 작으며 관모는 꽃부리통부보
다 더 길다. ❺잎 뒷면. 짧은 누운 털이 많다.

709

추분취

Aster verticillatus (Reinw.) Brouillet, Semple & Y.L.Chen

국화과

국내분포/자생지 제주 및 남부 지방의 숲속

형태 다년초. 줄기잎은 어긋나며 4~15cm의 피침형−도란상 타원형이다. 잎자루는 길이 6mm 이하로 짧다. 암꽃양성화한그루이다. 꽃은 8~10월에 핀다. 총포는 길이 2~7mm의 종모양−반구형이다. 혀꽃은 암꽃이며 10~40개이고 2~3줄로 배열된다. 대롱꽃은 양성화이다. 열매(수과)는 길이 2mm 정도의 도란형이다.

참고 머리모양꽃차례가 지름이 1cm 이하로 작으며 잎겨드랑이에서 아래를 향해 1개씩 또는 여러 개씩 모여 달리는 것이 특징이다.

❶2021. 8. 30. 제주 서귀포시 한라산. 줄기 윗부분에서 가지가 사방으로 갈라진다. ❷머리모양꽃차례. 대롱꽃은 혀꽃보다 크며 6~11개로 혀꽃보다 수가 적다. ❸총포. 총포편은 3줄로 배열된다. ❹꽃. 대롱꽃(왼쪽 2개)과 혀꽃(오른쪽)에는 모두 관모가 없다. 샘털이 흩어져 있다. ❺열매. 대롱꽃과 혀꽃의 열매 모양이 다르다. 대롱꽃의 열매에는 부리가 없다.

과꽃

Callistephus chinensis (L.) Nees

국화과

국내분포/자생지 북부지방 산야의 바위지대 등 건조한 곳

형태 1년초. 줄기는 높이 30~100m이며 털이 있으며 간혹 샘털이 있다. 줄기 중간부의 잎은 어긋나며 길이 3~6.5cm의 피침형−난형 또는 도피침형이고 물결모양의 뾰족한 톱니가 불규칙하게 있다. 암꽃양성화한그루이다. 꽃은 7~10월에 분홍색−적자색 또는 자색−청자색 등으로 핀다. 총포는 너비 3.5~4.5cm의 반구형이다. 혀꽃은 15~50개이며 열편은 길이 1.5~2.7cm이다. 열매(수과)는 길이 3~3.5mm의 도피침상 장타원형이며 관모는 길이 4.5~4.8mm이다.

참고 개미취속(*Aster*)에 비해 외총포편이 잎모양이고 가장 길며 혀꽃이 2줄로 배열되는 것이 특징이다.

❶2012. 9. 14. 중국 지린성 ❷머리모양꽃차례. 지름 4~6cm로 대형이다. ❸총포. 총포편은 장타원상 피침형 또는 도피침형−주걱형이고 끝이 둔하며 가장자리에 긴 털이 있다. ❹잎 뒷면. 맥 위와 잎자루에 긴 털이 많다.

구름국화

Erigeron alpicola Makino

국화과

국내분포/자생지 북부지방의 해발고도가 높은 지대의 풀밭, 사력지 또는 바위지대

형태 다년초. 줄기는 높이 10~35cm이며 긴 털이 있다. 뿌리잎은 길이 4~10cm의 도피침형-주걱형-도란형이며 모여난다. 암꽃양성화한그루이다. 꽃은 7~9월에 연한 적자색-연한 자색으로 핀다. 총포편은 길이 6~10mm의 선상 피침형이고 끝이 길게 뾰족하다. 열매(수과)는 길이 2mm 정도의 도피침형-좁은 장타원형이며 관모는 길이 2.5~4.7mm이다.

참고 머리모양꽃차례가 지름 3~4cm이고 줄기의 끝에서 1개씩 달리며 혀꽃의 열편(설편)은 길이 1.5cm 정도이고 연한 적자색 또는 연한 자색인 것이 특징이다.

❶2024. 7. 3. 중국 지린성 백두산 ❷머리모양꽃차례. 지름 3~4mm이고 혀꽃이 2줄로 배열된다. ❸총포. 총포편은 3줄로 배열되고 긴 털이 밀생한다. ❹뿌리잎. 끝은 둔하며 가장자리는 밋밋하거나 미세한 톱니가 약간 있다.

두메미역취

Solidago dahurica (Kitag.) Kitag. ex Juz.

국화과

국내분포/자생지 북부지방의 산지

형태 다년초. 줄기는 높이 30~100cm이며 아랫부분에는 털이 없다. 줄기 중간부의 잎은 길이 5~17cm의 피침형-타원형(~난형)이며 털이 없거나 맥 위에 약간 있다. 꽃은 7~8월에 황색으로 핀다. 머리모양꽃차례는 길이 1~1.2cm, 너비 1cm 정도이며 줄기 끝부분에서 모여 달린다. 총포는 길이 6~10mm의 원통상 종형이며 총포편은 3~5열로 배열되고 외총포편이 내총포편보다 짧다. 혀꽃은 5~10개이며 열편은 길이 4.5~6.5mm이다. 열매(수과)는 길이 2.5~4mm의 선상 원통형이고 능각지며 털이 거의 없다.

참고 미역취에 비해 총포(길이 6~10mm)와 관모(길이 4.5~7mm)가 더 긴 편이다.

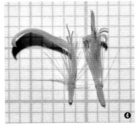

❶2024. 7. 24. 중국 지린성 백두산 ❷머리모양꽃차례. 자루가 미역취에 비해 긴 편이다. ❸총포. 총포편은 3~5줄로 배열되며 끝이 뾰족하다. 털이 약간 있다. ❹꽃. 관모는 길이 4.5~7mm이다.

미역취

Solidago virgaurea subsp. *asiatica*
Kitam. ex H.Hara
Solidago japonica Kitam.

국화과

국내분포/자생지 전국의 산야

형태 다년초. 줄기는 높이 40~90cm
이며 짧은 털이 있다. 줄기 하반부의
잎은 어긋나며 길이 6~15cm의 장타
원상 피침형–난상 장타원형이다. 밑
부분은 둔하거나 쐐기모양이며 가장
자리에 뾰족한 톱니가 있다. 잎자루
는 길이 2~11cm이고 가장자리는 날
개모양이다. 암꽃양성화한그루이다.
꽃은 8~10월에 황색으로 피며 머리
모양꽃차례는 줄기와 가지의 끝부분
에서 총상으로 모여 달린다. 총포는
길이 4.5~6mm의 원통상 종모양이며
총포편은 4줄로 배열된다. 외총포편
은 길이 1.2~2.4mm이고 가장 짧다.
혀꽃은 5~9개이며 열편은 길이 3.5~
6mm이다. 열매(수과)는 길이 3~4mm
의 선상 원통형이고 세로 능선이 발
달하며 흔히 상반부에 털이 약간 있
다. 관모는 길이 2.6~4.4mm이고 백
색이다.

참고 머리모양꽃차례의 자루가 총포
보다 짧고 총포는 원통상 종모양이
며 외총포편은 끝이 둔한 것이 특징
이다. 학자에 따라서는 독립된 종(*S.
japonica*)으로 처리하기도 한다. 기본
종(subsp. *virgaurea* L.)은 머리모양꽃차
례가 대형이고 혀꽃이 6~12개, 대롱
꽃이 10~30개로 많으며 수과에 단단
한 누운 털이 있는 것이 특징이다. 유
럽와 서남아시아에 분포한다. **울릉미
역취[subsp. *gigantea* (Nakai) Kitam.]**
는 미역취에 비해 줄기가 굵고 능각
이 뚜렷하게 발달하며 줄기잎이 길이
10~15cm의 난형–넓은 난형이고 밑
부분이 둔하거나 둥근 것이 특징이
다. 한국(울릉도)과 일본(북부지방)의 해
안가에 분포한다.

❶2021. 8. 31. 경기 가평군 화악산 **❷**머리
모양꽃차례. 지름 1.2~1.4cm이고 혀꽃은 5
~9개이다. **❸**총포. 원통상 종모양이며 총포
편은 4줄로 배열된다. **❹**꽃. 혀꽃은 암꽃이
고 대롱꽃은 양성화이다. 관모는 길이 2.6
~4.4mm이다. **❺**줄기잎. 앞면에 털이 약간
있고 뒷면에는 털이 없다. **❻~❾**울릉미역
취 **❻**2003. 9. 1. 경북 울릉군 울릉도 **❼**꽃
차례. 머리모양꽃차례는 지름 1.2cm 정도이
며 총포편은 3~4줄로 배열된다. **❽**열매. 선
상 원통형이고 세로 능선이 뚜렷하며 비스듬
히 선 털(특히 상반부)이 약간 있다. **❾**줄기
잎. 미역취에 비해 난형–넓은 난형이고 대형
이다.

실쑥

Filifolium sibiricum (L.) Kitam.

국화과

국내분포/자생지 북부지방 산지의 건조한 풀밭 또는 바위지대

형태 다년초. 줄기는 높이 20~60cm 이고 털이 없으며 윗부분에서 가지가 갈라진다. 뿌리잎은 꽃이 필 무렵에도 남아 있다. 길이 15~25cm의 장타원형-도란형이고 2(~3)회 깃털모양으로 완전히 갈라진다. 양면에 털이 없다. 잎자루는 길다. 암수한그루이다. 꽃은 6~8월에 황색으로 피며 머리모양꽃차례는 산방상으로 모여 달린다. 총포는 지름 4~5mm의 반구형이다. 총포편은 3줄로 배열되고 난형-난상 원형이며 끝이 둥글고 가장자리는 막질이다. 열매(수과)에 관모가 없다.

참고 머리모양꽃차례가 황색이고 곧추서며 잎이 깃털모양으로 완전히 갈라지고 열편이 선형인 것이 특징이다.

❶2007. 6. 24. 중국 지린성 ❷❸꽃차례. 머리모양꽃차례는 산방상으로 모여 달린다. ❹줄기잎. 깃털모양으로 완전히 갈라진다.

실제비쑥

Artemisia japonica var. *angustissima* (Nakai) Kitam.

국화과

국내분포/자생지 경남, 경북의 산지 건조한 풀밭이나 바위지대

형태 다년초. 줄기는 높이 40~70cm 이다. 뿌리잎과 아랫부분의 잎은 1~2회 깃털모양으로 갈라진 타원형-넓은 타원형이다. 암꽃양성화한그루이다. 꽃은 9~10월에 피며 머리모양꽃차례는 길이 1.7~2mm, 지름 1~1.3mm의 난형-난상 구형이다. 총포편은 4줄로 배열되며 털이 없고 가장자리는 막질이다. 머리모양꽃차례 가장자리의 암꽃은 5~8개이고 중앙부의 양성화는 3~8개이다.

참고 사철쑥(*A. capillaris* Thunb.)에 비해 뿌리잎과 줄기 아랫부분의 잎(특히 월동잎) 열편이 선형이 아닌 점이 다르다.

❶2022. 10. 9 대구 동구 ❷머리모양꽃차례. 지름 1~1.3mm의 난형-난상 구형이며 털이 없다. ❸❹줄기잎. 1~2회 깃털모양으로 갈라지며 열편은 너비 1mm 정도의 선형이다.

섬쑥

Artemisia japonica var.
hallaisanensis (Nakai) Kitam.

국화과

국내분포/자생지 제주 산야(한라산~해안가)의 풀밭, 한반도 고유변종

형태 다년초. 줄기는 높이 10~25cm 이고 비스듬히 서거나 땅 위에 누워 자란다. 줄기잎은 길이 2.2~3.5cm의 도란형~거의 원형이며 2회 깃털모양 으로 갈라진다. 최종 중앙부의 열편 은 너비 0.7~1.5mm의 선형~도피침 형이다. 암꽃양성화한그루이다. 꽃은 9~10월에 피며 머리모양꽃차례는 지름 1.4~1.6mm의 난형~거의 구형이다. 총포편은 4~5줄로 배열되며 샘털 이 약간 있다.

참고 실제비쑥에 비해 줄기의 높이가 30cm 이하로 작으며 머리모양꽃차 례는 지름 1.4~1.6mm로 약간 더 넓은 것이 특징이다.

❶2017. 11. 3. 제주 서귀포시 ❷머리모양꽃 차례. 난형~거의 구형이고 샘털이 약간 있거 나 없다. ❸줄기잎. 2회 깃털모양으로 갈라 진다. 열편은 실제비쑥에 비해 넓은 편이다. ❹뿌리 부근의 잎. 가을철에 돋아난 잎은 긴 털이 밀생한다.

외잎쑥

Artemisia viridissima (Kom.) Pamp.

국화과

국내분포/자생지 북부지방의 산지 계곡부 및 숲가장자리

형태 다년초. 줄기는 높이 80~140cm 이고 털이 있으나 차츰 없어진다. 줄 기 중간부의 잎은 어긋나며 길이 8~ 13cm의 피침형~피침상 타원형이다. 잎자루는 없거나 짧다. 암꽃양성화한 그루이다. 꽃은 8~10월에 피며 머리 모양꽃차례는 길이 3~4mm, 지름 2 ~3.5mm의 타원형~난형이고 줄기의 윗부분에서 좁은 원뿔형의 꽃차례에 모여 달린다. 머리모양꽃차례 가장자 리의 암꽃은 4~8개이고 중앙부의 양 성화는 5~14개이다. 열매(수과)는 도 란형 또는 난형이다.

참고 잎이 선상 피침형이며 가장자 리는 결각지지 않고 뾰족한 잔톱니가 있는 것이 특징이다.

❶2012. 9. 14. 중국 지린성 ❷머리모양꽃차 례. 타원형~난형이며 총포편은 4~5줄로 배 열하고 털이 거의 없다. ❸줄기잎. 피침형~ 피침상 타원형이며 가장자리에 뾰족한 톱니 가 있다. ❹잎 뒷면. 백색의 누운 털이 있다.

가는잎쑥

Artemisia subulata Nakai

국화과

국내분포/자생지 북부지방의 산야

형태 다년초. 줄기는 높이 45~100cm
이다. 줄기 중간부의 잎은 길이 5~
10cm, 너비 3~5mm의 선형-선상 피
침형이다. 암꽃양성화한그루이다. 꽃
은 8~10월에 피며 머리모양꽃차례
는 지름 2~3mm의 장타원형-장타원
상 난형이다. 총포편은 4줄로 배열되
며 거미줄 같은 털이 있다. 머리모양
꽃차례의 가장자리에 암꽃이 7~11개
가 있다. 중앙부의 양성화는 10~15개
이고 암꽃보다 약간 더 크다. 열매(수
과)는 타원형-장타원상 난형이다.

참고 잎은 선형이고 가장자리는 밋밋
하거나 2~3개의 결각상 톱니가 있는
것이 특징이다.

❶ 2013. 9. 12. 러시아 프리모르스키주 ❷꽃
차례. 머리모양꽃차례는 줄기의 끝부분에서
좁은 원뿔형의 꽃차례(총상으로 보임)에 모
여 달린다. ❸ 줄기잎. 가장자리는 밋밋하거
나 1~2개의 큰 톱니가 있다. ❹잎 뒷면. 앞면
에는 털이 약간 있으나 차츰 없어지고 뒷면
에는 거미줄 같은 털이 많다. ❺영양줄기의
잎. 생식줄기의 잎과 형태가 다르다.

맑은대쑥

Artemisia keiskeana Miq.

국화과

국내분포/자생지 전국의 산지

형태 다년초. 줄기는 높이 30~100cm
이고 털이 없거나 약간 있다. 줄기
중간부의 잎은 어긋나며 길이 4.5~
6.5cm의 타원상 도란형-도란형이다.
암꽃양성화한그루이다. 꽃은 8~10월
에 피며 줄기의 윗부분에서 좁은 원
뿔형으로 모여 달린다. 암꽃은 머리
모양꽃차례의 가장자리에 5~10개가
달리며 양성화는 꽃차례의 중앙부에
8~18개가 달린다. 열매(수과)는 길이
2mm 정도의 난상 타원형이다.

참고 줄기 중간부의 잎은 상반부가 가
장 넓은 도란형이고 머리모양꽃차례
의 지름이 3~4mm인 것이 특징이다.

❶ 2023. 9. 10. 전남 광양시 백운산 ❷머리
모양꽃차례. 지름 3~4mm의 거의 구형이며
총포편은 4줄로 배열되고 털이 없다. ❸잎
(뒷면). 상반부의 가장자리에 결각상 큰 톱니
가 있다. 잎자루는 짧거나 없다 ❹뿌리 부근
의 잎. 도란상이다.

넓은잎외잎쑥

Artemisia stolonifera (Maxim.) Kom.

국화과

국내분포/자생지 전국의 산지

형태 다년초. 줄기는 높이 40~120cm
이다. 줄기 중간부의 잎은 어긋나며
길이 6~12cm의 장타원상 난형–난형
이다. 앞면은 털이 있으나 차츰 없어
진다. 선점이 있으며 뒷면은 거미줄
같은 털이 많다. 암꽃양성화한그루이
다. 꽃은 8~10월에 핀다. 총포편은 3~
4줄로 배열되며 거미줄 같은 털이 약
간 있다. 머리모양꽃차례 가장자리의
암꽃은 3~7개이고 중앙부의 양성화는
4~6개이다. 열매(수과)는 장타원형–타
원형 또는 장타원상 도란형이다.

참고 중간부의 잎은 가장자리가 갈라
지지 않거나 2~3개의 큰 결각상으로
갈라지며 머리모양꽃차례의 지름이
2.5~3.5mm이다.

❶2020. 8. 30. 강원 정선군 함백산 ❷❸머
리모양꽃차례. 길이 3.5~4mm의 장타원형–
난형이다. ❹줄기잎. 가장자리는 2~3개로 깊
게 또는 결각상으로 갈라진다.

비로봉쑥

Artemisia brachyphylla Kitam.

국화과

국내분포/자생지 강원(금강산) 이북의
해발고도가 높은 산지

형태 다년초. 줄기는 높이 30~70cm
이며 회백색의 거미줄 같은 털이 밀
생한다. 줄기 중앙부의 잎은 길이 4.5
~6.5cm의 장타원형–타원형이며 앞
면에 거미줄 같은 털이 약간 있거나
많이 있다. 끝은 뾰족하고 가장자리
는 깃털모양으로 깊게 갈라진다. 암
꽃양성화한그루이다. 꽃은 7~8월에
피며 머리모양꽃차례는 지름 2.5~
4mm이다. 머리모양꽃차례 가장자리
의 암꽃은 4~6개이고 중앙부의 양성
화는 6~10개이다.

참고 줄기 중앙부의 잎이 타원상이고
가장자리가 깃털모양으로 갈라지며
잎의 앞면에 선점이 없는 것이 특징
이다.

❶2024. 7. 25 중국 지린성 백두산 ❷머리
모양꽃차례. 총포는 난상 구형–거의 구형이
며 총포편에 거미줄 같은 털이 많다. ❸줄기
잎. 깃털모양으로 깊게 갈라지며 열편은 2~3
쌍이다. ❹잎 뒷면. 회백색의 거미줄 같은 털
이 밀생한다.

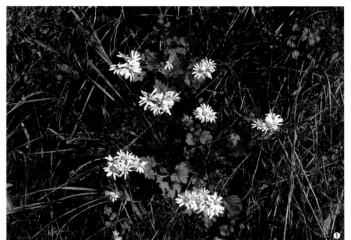

정선국화

Dendranthema × jeongseonsis
M.Kim & H.Jo

국화과

국내분포/자생지 강원 정선군, 평창군의 석회암지대 산야. 한반도 고유종
형태 다년초. 땅속줄기는 옆으로 뻗는다. 줄기는 높이 40~90cm이고 밑부분에서 가지가 갈라지며 전체에 짧은 털이 많다. 잎은 길이 3~6cm의 난형-넓은 난형이고 가장자리는 깃털모양으로 중간부까지 갈라지거나 얕게 갈라진다. 끝은 뾰족하거나 둔하고 밑부분은 편평하거나 얕은 심장형이며 가장자리에는 큰 톱니가 성기게 있다. 양면에 짧은 털이 많다. 잎자루는 길이 1~3cm이다. 꽃은 9~10월에 백색으로 피며 머리모양꽃차례는 지름 2~3cm이고 줄기와 가지의 윗부분에서 1~3개씩 모여 달린다. 꽃차례의 자루는 길이 2~6cm이고 짧은 털이 밀생한다. 총포는 넓은 컵모양이며 총포편은 3~4줄로 배열되고 털이 있다. 외총포편은 길이 3~6mm의 선형-피침형이며 중간부의 총포편과 내총포편은 길이 4~7mm의 피침형-장타원상 난형이다. 내총포편의 가장자리는 넓게 막질이다. 혀꽃은 암꽃(불임성 추정)이며 꽃잎모양의 열편은 길이 1~1.3cm의 도피침상 장타원형-좁은 장타원형이고 끝부분은 얕게 2~3개로 갈라진다. 대롱꽃은 양성화(불임성 추정)이며 꽃부리는 길이 3mm 정도이고 끝부분은 5개로 얕게 갈라진다. 열매(수과)는 정상적인(임성) 열매는 맺지 않는 것으로 추정된다.
참고 산국이나 감국에 비해 꽃이 백색으로 피고 1~3개씩 성기게 모여 달리며 잎가장자리가 얕게 또는 중간 정도까지 갈라진다. 구절초와 산국의 자연 교잡종으로 추정되며 석회암지대에 분포한다(학명 재조합 필요).

 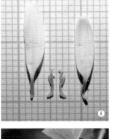

❶2023. 10. 18. 강원 평창군 ❷머리모양꽃차례. 지름 2~3cm이다. ❸총포. 3~4열로 배열하며 내총포편의 가장자리는 넓게 막질이다. ❹꽃. 꽃부리 전체에 샘털이 약간 흩어져 있다. 대롱꽃의 꽃부리는 길이 3mm 정도이다. ❺줄기잎. 깃털모양으로 얕게 갈라지며 밑부분은 편평하거나 얕은 심장형이다. ❻잎 뒷면. 잎 양면에 짧은 털이 많다. ❼줄기. 잎자루와 줄기에 짧은 털과 함께 굽은 털이 밀생한다. ❽2023. 10. 18. 강원 평창군

구절초

Chrysanthemum zawadskii var.
latilobum (Maxim.) Kitam.
Chrysanthemum naktongensis
Nakai

국화과

국내분포/자생지 제주를 제외한 전
국의 산야

형태 다년초. 땅속줄기는 옆으로 길
게 또는 짧게 뻗는다. 줄기는 높이
20~60cm이고 곧추서며 털이 약간
있다. 줄기 하반부의 잎은 길이 1.5~
5cm의 마름모형–넓은 난형이고 가
장자리는 밋밋하거나 깃털모양으로
얕게 또는 깊게 갈라진다. 양면에 털
이 거의 없거나 약간 있으며 선점이
흩어져 있다. 잎자루는 길이 1~5cm
이다. 꽃은 9~11월에 백색–연한 적자
색으로 피며 머리모양꽃차례는 지름
3~5cm이고 줄기와 가지의 윗부분에
서 1~여러 개가 모여 달린다. 총포는
넓은 컵모양이며 총포편은 3~4줄로
배열되고 털이 약간 있거나 없다. 외
총포편은 길이 3.5~8mm의 선형–선
상 피침형이며 중간부의 총포편과 내
총포편은 길이 3~7mm의 좁은 타원
형–타원형이다. 허꽃의 열편(꽃잎모양)
은 길이 1~2.5cm이고 끝이 밋밋하거
나 톱니모양으로 얕게 갈라진다. 열
매(수과)는 길이 1.8mm 정도이다.

참고 잎이 얕게 또는 1회 깃털모양으
로 깊게 갈라지는 것을 구절초로, 잎
이 2회 깃털모양으로 깊게 갈라져서
열편이 좁은 것을 산구절초로 구분을
하지만, 형태(특히 잎모양) 변이가 연속
적으로 나타나서 식별이 어려운 경우
가 빈번하다. 구절초류의 이러한 형
태적 변이는 염색체 변이와 관련 있
는 것으로 알려져 있으며, 분류군간
교잡(또는 집단간 교배)과 역교잡으로
인해 다양한 변이들이 나타난다.

❶2021. 9. 30. 인천 강화군 강화도 ❷머리
모양꽃차례. 꽃색은 백색–연한 적자색으로
다양하게 나타난다. ❸총포. 총포편은 3~4
줄로 배열하며 털이 약간 있거나 없다. ❹
❺엽형 변이. 집단에 따라 거의 갈라지지 않
는 형태에서 깃털모양으로 깊게 갈라지는
형태까지 다양하게 나타난다. ❻❼잎이 얕
게 갈라지는 타입. 주로 석회암지대나 해안
가에서 비교적 흔히 관찰된다. ❻2003. 10.
8. 강원 정선군 자병산(석회암지대) ❼2015.
10. 30. 경남 통영시 소매물도(해안가 타입).
이런 타입을 남구절초[subsp. *yezoense*
(Maek.) Y.N.Lee, 일본고유종]로 구분하기도
하지만, 일본의 남구절초와는 엽형이나 꽃차
례의 형태에서 차이가 난다.

산구절초

Chrysanthemum zawadskii Herbich
var. *zawadskii*
Dendranthema zawadskii (Herbich)
Tzvelev

국화과

국내분포/자생지 전국의 산지

형태 다년초. 땅속줄기는 옆으로 뻗는다. 줄기는 높이 20~60cm이고 털이 약간 있다. 줄기 하반부의 잎은 길이 1.5~4cm의 마름모형-넓은 난형이고 2회 깃털모양으로 깊게 갈라진다. 양면에 털이 거의 없거나 약간 있으며 선점이 흩어져 있다. 측열편은 2~3쌍으로 갈라지며 최종 중앙열편은 피침형-장타원형 또는 도피침형(-도삼각형)이다. 잎자루는 길이 1~4cm이다. 꽃은 9~11월에 백색-연한 적자색으로 피며 머리모양꽃차례는 지름 3~5cm이고 줄기와 가지의 윗부분에서 1~여러 개가 모여 달린다. 총포는 넓은 컵모양이며 총포편은 3~4줄로 배열되고 털이 약간 있거나 없다. 외총포편은 길이 3.5~8mm의 선형-선상피침형이며 중간부의 총포편과 내총포편은 길이 3~7mm의 좁은 타원형-타원형이다. 혀꽃의 열편(꽃잎모양)은 길이 1~2.5cm이고 끝이 밋밋하거나 톱니모양으로 얕게 갈라진다. 열매(수과)는 길이 1.8mm 정도이다.

참고 울릉국화[var. *lucidum* (Nakai) M.Park ex J.H.Pak]는 산구절초에 비해 잎이 다소 두껍고 열편이 선형-좁은 장타원형인 점이 다르다. 울릉도 산지의 바위지대에서 매우 드물게 자생한다.

❶2002. 9. 18. 경남 함양군 지리산 ❷머리모양꽃차례. 구절초와 거의 동일하다. ❸대롱꽃. 꽃부리는 길이 4~4.5mm이며 전체에 샘털이 흩어져 있다. ❹뿌리잎. 2회 깃털모양으로 갈라진다. ❺-❽울릉구절초 ❺머리모양꽃차례. 산구절초와 거의 동일하다. ❻뿌리잎. 2회 깃털모양으로 갈라지며 열편이 산구절초에 비해 길고 좁은 편이다. ❼잎뒷면. 양면에 털이 없다. ❽2001. 9. 17. 경북 울릉군 울릉도

바위구절초

Chrysanthemum oreastrum Hance

국화과

국내분포/자생지 북부지방의 해발고도가 높은 산지의 바위지대나 풀밭

형태 다년초. 땅속줄기가 옆으로 뻗는다. 줄기는 높이 5~30cm이고 윗부분에 털이 있다. 줄기 하반부의 잎은 길이 1~2.5cm의 마름모형–넓은 난형이고 2회 깃털모양으로 깊게 갈라지며 최종 중앙열편은 선형–피침형이다. 뒷면에 털이 밀생한다. 꽃은 7~8월에 백색–연한 적자색으로 핀다. 총포는 넓은 컵모양이며 총포편은 4줄로 배열한다. 열매(수과)는 길이 2mm 정도이다.

참고 산구절초에 비해 키가 작고(높이 30cm 이하) 흔히 꽃이 1(~2)개씩 달리며 줄기 윗부분과 꽃줄기에 털이 많은 것이 다른 점이다.

❶ 2019. 7. 25. 중국 지린성 백두산 ❷ 머리모양꽃차례. 지름 2~4cm이며 흔히 줄기의 끝부분에서 1개씩 달린다. ❸ 총포. 꽃줄기와 총포편의 바깥면에 백색의 거미줄 같은 털이 밀생한다. ❹ 뿌리잎. 2회 깃털모양으로 깊게 갈라지며 열편은 선형–피침형이다.

한라구절초

Chrysanthemum coreanum (H.Lév. & Vaniot) Nakai ex T.Mori

국화과

국내분포/자생지 제주 한라산의 해발고도가 높은 곳의 풀밭 또는 바위지대. 한반도 고유종

형태 다년초. 줄기는 높이 10~20cm이다. 줄기 하반부의 잎은 길이 1.5~3cm의 타원상 난형–넓은 난형이고 2회 깃털모양으로 깊게 갈라지며 다소 두텁다. 최종 중앙열편은 도피침형–선형이다. 꽃은 8~10월에 백색–연한 적자색으로 피며 머리모양꽃차례는 지름 3~6cm이고 줄기와 가지의 윗부분에서 1(~여러)개씩 달린다. 총포는 넓은 컵모양이며 총포편은 3~4줄로 배열한다.

참고 산구절초에 비해 키가 작고(높이 15cm 이하) 열편이 보다 가늘다.

❶ 2021. 10. 13. 제주 서귀포시 한라산 ❷ 머리모양꽃차례. 지름 3~6cm로 개체 크기에 비해 큰 편이다. ❸ 총포. 총포편은 3~4줄로 배열되고 흔히 짧은 털(샘털)이 있다. ❹ 대롱꽃. 꽃부리는 길이 3.5~4mm이며 샘털이 흩어져 있다. ❺ 뿌리잎. 2회 깃털모양으로 깊게 갈라지며 선점이 밀생한다.

톱풀

Achillea alpina L. subsp. *alpina*
Achillea alpina var. *longiligulata* H.Hara

국화과

국내분포/자생지 전국의 산야

형태 다년초. 땅속줄기가 뻗는다. 줄기는 높이 30~80cm이며 털이 많거나 적다. 줄기 중간부의 잎은 어긋나며 길이 6~10cm의 선상 피침형이다. 끝은 뾰족하고 밑부분은 줄기를 감싸며 가장자리는 2회 깃털모양으로 불규칙하게 갈라진다. 앞면에는 털이 약간 있고 뒷면에는 비교적 털이 많다. 잎에 선점이 없거나 약간 있다. 꽃은 7~9월에 백색으로 피며 머리모양꽃차례는 지름 7~9mm이고 줄기의 윗부분에서 산방상으로 모여 달린다. 총포는 길이 (4~)5~7mm의 넓은 타원형-거의 구형이다. 총포편은 3줄로 배열되고 길이 1~4mm의 피침형-타원형이며 뒷면에 털이 있고 가장자리는 막질이다. 혀꽃은 5~7개이며 길이 3~4.5mm이고 꽃잎모양의 열편의 끝이 3개로 갈라진다. 대롱꽃은 길이 2~3mm이고 끝이 5개로 갈라진다. 열매(수과)는 길이 2~3mm의 넓은 도피침형이며 관모는 없다.

참고 산톱풀[var. *discoidea* (Regal) Kitam.]은 톱풀에 비해 총포가 지름 3.5~4mm의 장타원상 난형-난상 종모양이며 혀꽃이 길이 3mm 이하로 짧고 잎에 선점이 밀생하는 것이 특징이다. **갯톱풀**[subsp. *pulchra* (Koidz.) Kitam.]은 톱풀에 비해 잎가장자리에 비교적 고른 뾰족한 톱니가 있으며 잎과 총포에 털이 적거나 거의 없는 것이 특징이다. 일본(홋카이도)에 분포하는 갯톱풀과는 기원이 다른 집단(분류군)일 가능성도 있으므로 보다 면밀한 비교·검토가 필요하다.

❶ 2022. 8. 14. 강원 태백시 금대봉 ❷ 머리모양꽃차례. 지름 7~9mm이다. 혀꽃은 길이 3~4.5mm이다. ❸ 총포. 지름 5~7mm의 거의 구형이며 총포편의 바깥면에 털이 많다. ❹ 줄기잎. 가장자리는 깊게 갈라지며 양면(특히 뒷면)에 털이 많다. ❺❻ 산톱풀 ❺ 머리모양꽃차례. 혀꽃은 길이 3mm 이하이다. ❻ 줄기잎. 가장자리는 깊게 갈라지며 표면에 선점이 뚜렷하게 밀생한다. ❼~❿ 갯톱풀 ❼ 2020. 6. 29. 경북 울진군 ❽ 머리모양꽃차례. 지름 9~12mm이다. ❾ 총포. 거의 구형이며 총포편의 바깥면에 털이 약간 있거나 거의 없다. ❿ 줄기잎. 가장자리는 갈라지지 않고 톱니모양이다.

큰톱풀

Achillea ptarmica var. *acuminata*
(Ledeb.) Heimerl

국화과

국내분포/자생지 북부지방의 산야(주로 저지대 습지 또는 습한 풀밭)

형태 다년초. 줄기는 높이 30~100cm 이고 윗부분에 털이 많다. 줄기 중간부의 잎은 어긋나며 길이 4~10cm의 선상 피침형~피침형이다. 끝은 길게 뾰족하고 밑부분은 차츰 좁아지며 가장자리에는 뾰족한 겹톱니가 있다. 꽃은 7~9월에 백색으로 피며 머리모양꽃차례는 줄기의 윗부분에서 산방상으로 모여 달린다. 총포는 지름 9mm 정도의 반구형이다. 혀꽃은 10~23개이다. 열매(수과)는 길이 2.5~3mm의 도피침형이며 관모는 없다.

참고 톱풀에 비해 꽃이 비교적 대형이며 잎가장자리가 깊게 갈라지지 않고 잔톱니가 있는 것이 특징이다.

❶2024. 7. 26. 중국 지린성 ❷머리모양꽃차례. 지름 1.2~2.5cm이며 혀꽃의 열편은 길이 3~8mm이다. ❸총포. 총포편은 3줄로 배열되고 가장자리는 막질이다. ❹줄기잎. 가장자리에는 미세한 겹톱니가 있다.

금떡쑥

Pseudognaphalium hypoleucum
(DC.) Hilliard & B.L.Burtt

국화과

국내분포/자생지 서남해 도서를 포함한 남부지방에서 매우 드물게 자람

형태 1년초. 줄기는 높이 30~80cm 이고 털이 밀생하며 윗부분에서 가지가 많이 갈라진다. 줄기 상반부의 잎은 길이 3~7cm의 선형이며 가장자리는 밋밋하고 뒤로 약간 말린다. 뒷면은 백색의 털이 밀생한다. 꽃은 9~10월에 밝은 황색으로 피며 머리모양꽃차례는 줄기와 가지 끝에서 산방상으로 모여 달린다. 총포는 지름 6~7mm의 종모양~구형이다. 총포편은 4~5줄로 배열되며 밝은 황색의 막질이고 거미줄 같은 털이 밀생한다.

참고 키가 크고 줄기 윗부분에서 가지가 많이 갈라지며 잎이 선형이고 끝이 뾰족하다. 또한 총포가 광택이 나는 황색인 것이 특징이다.

❶2015. 10. 20. 경남 통영시 ❷꽃차례. 머리모양꽃차례가 산방상으로 조밀하게 모여 달린다. ❸열매(수과). 잔돌기가 있으며 관모는 길이 3mm 정도이다. ❹줄기 상부의 잎. 끝이 뾰족하며 밑부분이 줄기를 감싼다.

솜다리

Leontopodium coreanum Nakai var. *coreanum*

국화과

국내분포/자생지 강원(설악산 등), 경북(소백산) 산지의 풀밭이나 바위지대에 드물게 자람, 한반도 고유종

형태 다년초. 땅속줄기는 옆으로 뻗는다. 줄기는 높이 15~30cm이고 털이 있다. 줄기잎은 어긋나며 길이 7~20mm의 피침형-장타원형이다. 끝은 뾰족하거나 길게 뾰족하고 밑부분은 급히 좁아지며 가장자리는 밋밋하다. 암수한그루이다. 꽃은 7~9월에 황백색-연한 황색으로 피며 머리모양꽃차례는 줄기와 가지의 끝에서 산방상으로 모여 달린다. 포엽은 길이 1~2cm의 피침상 장타원형-난형이다. 총포는 길이 4~5mm, 지름 3~4.8mm의 거의 구형이다. 총포편은 3줄로 배열되고 바깥면에 털이 밀생하며 끝이 뾰족하고 가장자리는 갈색빛이 도는 막질이다. 머리모양꽃차례 가장자리에 암꽃이, 중앙부에 수꽃이 모여 달린다. 암술머리는 2개로 갈라지며 털이 밀생한다. 중심부의 대롱꽃은 기능상 수꽃이며 꽃부리는 길이 2.6~3mm이다. 열매(수과)는 길이 1~1.5mm이고 표면에 끝이 둥근 짧은 돌기가 있다. 관모는 길이 2.5~3mm이고 밑부분이 합생한다.

참고 한라솜다리[var. *hallaisanense* (Hand.–Mazz.) D.H.Lee & B.H.Choi]는 솜다리에 비해 식물체가 높이 12cm 이하이고 줄기 중간부의 잎이 길이 2cm 정도의 타원형-난형 또는 도란형이며 머리모양의 꽃차례가 빽빽이 모여 달리고 포엽이 타원형-난형 또는 도란형인 것이 다른 점이다. 학자에 따라서는 솜다리에 통합·처리하기도 한다.

❶2020. 7. 21. 강원 평창군 ❷꽃차례. 포엽은 피침상 장타원형-난형이며 양면에 백색 털이 밀생한다. ❸줄기잎. 잎자루는 없다. 백색의 긴 털이 밀생한다. ❹잎 뒷면. 백색의 긴 털이 밀생한다. ❺2005. 8. 20. 강원 인제군 설악산. 포엽이 넓은 타원형-난형인 개체도 관찰된다. ❻❼한라솜다리(ⓒ김지훈) ❻꽃차례. 포엽은 타원형-난형 또는 도란형이다. ❼2006. 8. 20. 제주 한라산

산솜다리

Leontopodium leiolepis Nakai

국화과

국내분포/자생지 강원, 함남, 함북의 해발고도 높은 산지의 바위지대. 한반도 고유종

형태 다년초. 줄기잎은 어긋나며 길이 1.6~2.3cm의 선형-피침형 또는 도피침형-주걱형이다. 양면에 백색의 부드러운 털이 밀생한다. 암수한그루이다. 꽃은 5~6월에 피며 머리모양꽃차례는 5~9개가 원반상으로 모여 달린다. 포엽은 길이 1~1.8cm의 선형-피침형 또는 도피침형이며 백색의 솜 같은 털로 덮여 있다. 총포는 지름 3.5~4.5mm의 거의 구형이며 총포편은 3줄로 배열된다.

참고 솜다리에 비해 키가 15cm 이하로 작은 편이고 포엽이 서로 크기와 모양이 비슷한 것이 특징이다. 개화시기가 빠른 편이다.

❶ 2004. 6. 2. 강원 인제군 설악산 ❷ 꽃차례. 포엽의 크기와 모양이 서로 비슷한 편이다. 외총포편의 바깥면은 잔털이 없고 샘털이 약간 있다. ❸ 줄기와 잎. 뿌리잎은 꽃이 필 무렵까지 시들지 않고 남아 있다.

들떡쑥

Leontopodium leontopodioides (Willd.) Beauv.

국화과

국내분포/자생지 경남 이북의 건조한 산지

형태 다년초. 줄기는 높이 20~50cm이다. 잎은 어긋나며 길이 1.5~4.5cm의 선상 피침형-피침형이다. 양면은 백색의 부드러운 털이 밀생한다. 암수한그루이다. 꽃은 5~6월에 핀다. 포엽은 길이 1.2~2.1cm의 선형-피침형이며 백색의 솜 같은 털로 덮여 있다. 총포편은 길이 5~6mm의 피침형이고 막질이며 바깥면에 솜 같은 백색의 털이 밀생한다.

참고 뿌리잎은 꽃이 필 무렵 시들며 줄기잎이 선상 피침형-피침형이고 포엽이 줄기 끝부분의 잎과 모양이 비슷한 것이 특징이다.

❶ 2004. 4. 17. 대구 수성구 용지봉 ❷ 머리모양꽃차례. 지름 7~10mm의 거의 구형이며 흔히 1~7개씩 모여 달린다. 총포편 바깥면에 솜 같은 털이 두텁게 밀생한다. ❸ 열매. 관모는 길이 3.5~4.6mm이며 밑부분이 합생한다. ❹ 줄기잎. 흔히 간격을 두고 성기게 달리는 편이다. 양면에 백색의 누운 털이 밀생한다.

다북떡쑥

Anaphalis sinica Hance var. *sinica*

국화과

국내분포/자생지 강원, 경남, 경북, 충북, 함북의 건조한 산지 또는 해발 고도가 높은 산지의 풀밭 또는 바위 지대

형태 다년초. 땅속줄기는 옆으로 뻗는다. 줄기는 높이 20~50cm이고 솜 같은 털이 밀생한다. 뿌리잎과 줄기 아랫부분의 잎은 꽃이 필 무렵 시든다. 줄기잎은 어긋나며 길이 3~9cm 의 선형-장타원형 또는 도피침형이고 밑부분은 차츰 좁아져서 날개모양 으로 줄기로 이어진다. 표면에는 샘 털과 함께 백색의 솜 같은 털이 약간 있거나 밀생하며 뒷면에는 백색의 솜 같은 털이 밀생한다. 암수딴그루이다. 꽃은 8~9월에 피며 머리모양꽃차례 는 줄기의 윗부분에서 복산방으로 빽빽이 또는 다소 엉성하게 모여 달린다. 포엽은 길이 9~30mm이다. 자성(雌性)머리모양꽃차례의 총포는 길이 5~6mm의 (종모양-)구형이고 총포 편은 6~7열이며 대롱꽃은 길이 4mm 정도의 선상 원통형이다. 웅성(雄性) 머리모양꽃차례의 총포는 길이 5mm 정도의 난상 구형이고 총포편은 5(~6) 열로 배열되며 대롱꽃은 길이 3.5mm 정도의 원통형이다. 관모는 꽃부리보 다 약간 더 길다. 열매(수과)는 길이 0.7~1mm의 장타원형이고 털이 있다. 관모는 길이 3~4mm이다.

참고 솜다리속(*Leontopodium*)에 비해 관모의 밑부분이 합생되지 않는 것이 특징이다. 국내에서는 강원(설악산 등) 이북의 높은 산지와 충북, 경북(안동 시, 의성군, 청송군 등), 경남 일대의 낮은 산지(주로 퇴적암지대)에서 드물게 관찰된다.

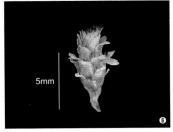

❶-❸설악산 자생 개체 ❶2005. 8. 28. 강 원 인제군 설악산 ❷꽃차례(수그루). 줄기 의 윗부분에서 복산방상으로 모여 달린다. ❸줄기잎. 양면(특히 뒷면)에 백색의 솜 같은 털이 밀생한다. ❹-❾경북 일대 자생 개체 ❹2014. 7. 23. 식재 ❺머리모양꽃차례(암그 루). 총포, 총포편, 대롱꽃 등이 수꽃차례에 비해 약간 더 대형이다. ❻총포(수그루). 총 포는 지름 4~7mm의 난상 구형이며 총포편 은 5(~6)줄로 배열된다. ❼열매. 관모는 길 이 2.8~4mm이고 밑부분은 합생하지 않는 다. ❻❼경북 청송군(ⓒ이만규) ❽줄기잎. 설 악산 개체에 비해 길다. ❾줄기. 잎가장자리 와 이어진 뚜렷한 날개가 발달한다.

구름떡쑥

Anaphalis sinica var. *morii* (Nakai) Ohwi

국화과

국내분포/자생지 제주 한라산의 해발고도가 높은 지대의 풀밭이나 바위지대, 한반도 고유종.

형태 다년초. 땅속줄기가 뻗는다. 줄기는 높이 7~25cm이고 솜 같은 털이 밀생한다. 줄기잎은 어긋나며 길이 1.5~3.5cm의 선형 또는 도피침형이고 밑부분은 차츰 좁아져서 날개모양으로 줄기와 이어진다. 표면은 샘털과 함께 백색의 솜 같은 털이 약간 있거나 밀생하며 뒷면에는 백색의 솜 같은 털이 밀생한다. 암수딴그루이다. 꽃은 7~9월에 피며 머리모양꽃차례는 줄기의 윗부분에서 산방상 또는 복산방상으로 빽빽하게 모여 달린다. 포엽은 길이 5~15mm이다. 총포는 지름 5~7mm의 종모양~거의 구형이며 총포편은 5줄로 배열된다. 총포편은 길이 1.4~2.5mm이며 윗부분은 백색이고 아랫부분은 황록색~갈색빛이 돈다. 열매(수과)는 길이 0.7~1mm의 장타원형이고 털이 없다. 관모는 길이 3~4mm이고 밑부분이 합생하지 않는다.

참고 다북떡쑥에 비해 키가 작은 편이며 줄기잎이 작고 촘촘히 달리는 것이 특징이다. **산떡쑥**[*A. margaritacea* (L.) Benth. ex Hooker f.]은 다북떡쑥에 비해 잎이 길이 5~10cm, 너비 3~8mm의 선형~선상 피침형이며 밑부분이 날개모양으로 줄기와 이어지지 않는 것이 다른 점이다. **백두산떡쑥**[*Antennaria dioica* (L.) Gaertn.]은 솜다리속 식물들에 비해 머리모양꽃차례의 밑부분에 포엽이 없는 것이 특징이다.

❶2021. 7. 20. 제주 서귀포시 한라산 ❷머리모양꽃차례(수그루). 산방상 또는 복산방상으로 빽빽하게 모여 달린다. ❸줄기잎. 다북떡쑥에 비해 작다. ❹2021. 7. 29. 제주 서귀포시 한라산 ❺❻산떡쑥 ❺2005. 8. 17. 강원 양양군. 잎이 선형~선상 피침형으로 가늘다. ❻총포. 타원상 난형이며 총포편은 5~6줄로 배열된다. ❼백두산떡쑥. 2011. 10. 14. 경기 포천시 평강식물원(식재)

담배풀
Carpesium abrotanoides L.

국화과

국내분포/자생지 전국의 산야

형태 2년초 또는 짧게 사는 다년초. 줄기는 높이 40~100cm이며 줄기 윗부분에서 가지가 사방으로 많이 갈라진다. 줄기 아랫부분의 잎은 길이 8~20cm의 장타원형-넓은 타원형이며 밑부분은 차츰 좁아져서 날개모양으로 잎자루와 연결된다. 암꽃양성화한 그루이다. 꽃은 8~10월에 피며 머리모양꽃차례는 짧은 가지의 끝이나 잎겨드랑이에서 1~3개씩 모여난다. 총포는 지름 6~8mm의 종모양의 구형이다. 열매(수과)는 길이 3.5mm 정도의 선형이고 부리 부근에 선체가 밀생한다.

참고 긴담배풀에 비해 머리모양꽃차례의 자루가 없거나 매우 짧으며 꽃부리에 털이 없는 것이 특징이다.

❶2001. 9. 17. 경북 울릉군 울릉도 ❷머리모양꽃차례. 윗부분이 차츰 좁아지는 난상 구형이다. 총포편은 3줄로 밀착해서 배열된다. ❸잎 뒷면. 양면에 짧은 털이 있다. ❹뿌리잎. 로제트모양으로 퍼진다.

좀담배풀
Carpesium cernuum L.

국화과

국내분포/자생지 전국의 산야

형태 다년초. 줄기는 높이 50~100cm이다. 줄기 아랫부분의 잎은 길이 9~20cm의 주걱형 장타원형이며 밑부분은 쐐기모양으로 차츰 좁아져서 날개모양으로 잎자루와 연결된다. 암꽃양성화한그루이다. 꽃은 8~10월에 피며 머리모양꽃차례는 줄기와 가지의 끝에서 1개씩 달린다. 총포는 지름 1.5~2cm의 넓은 컵모양이고 바로 밑부분에 선형-선상 도피침형 잎모양의 포가 여러 개 있다. 총포편은 4줄로 배열되며 외총포편은 잎모양이고 털이 있다.

참고 긴담배풀에 비해 머리모양꽃차례가 컵모양(해바라기꽃모양)이고 지름이 1~2cm로 큰 것이 특징이다.

❶2022. 8. 31. 제주 서귀포시 한라산 ❷머리모양꽃차례. 가장자리의 2~4열은 암꽃이 피며 나머지 중간부는 양성화가 달린다. ❸열매. 수과는 선형이며 점액질이 있어서 끈적하다. ❹줄기잎. 가장자리에 불규칙한 물결모양의 톱니가 있다.

긴담배풀

Carpesium divaricatum Siebold & Zucc.

국화과

국내분포/자생지 전국의 산지

형태 다년초. 줄기는 높이 30~120cm
이고 부드러운 털이 밀생하며 줄기
의 중간부에서 가지가 갈라진다. 줄
기 아랫부분의 잎은 길이 7~23cm의
타원형-난형이고 비교적 얇은 편이
다. 끝은 둔하거나 약간 뾰족하고 밑
부분은 둥글거나 쐐기모양이며 가장
자리에는 돌기모양의 불규칙한 톱니
가 있다. 줄기 윗부분의 잎은 피침상
장타원형-장타원형이고 끝이 뾰족하
거나 길게 뾰족하며 잎자루가 없다.
암꽃양성화한그루이다. 꽃은 8~10월
에 연한 황갈색-황갈색으로 피며 머
리모양꽃차례는 줄기와 가지의 끝에
서 1개씩 달린다. 잎모양의 포는 머리
모양꽃차례의 총포 바로 밑부분에 2~
4개가 있으며 장타원상 도피침형이고
뒤로 젖혀진다. 총포는 지름 6~8mm
의 난상 구형이고 끝부분으로 갈수록
좁아진다. 총포편은 4줄로 배열되고
외총포편이 가장 짧다. 외총포편은
넓은 난형이고 끝이 뾰족하며 중간부
의 총포편은 장타원형이고 끝이 둥
글다. 내총포편은 선형이고 끝이 둔
하다. 가장자리의 대롱꽃은 암꽃이며
꽃부리는 길이 1.5mm 정도의 원통형
이고 끝이 4개로 갈라진다. 중간부의
대롱꽃은 양성화이며 꽃부리는 길이
3~3.5mm이고 끝이 5개로 갈라진다.
열매(수과)는 길이 3~3.5mm의 선상
원통형이고 점액질이 있어 끈적하다.

참고 머리모양꽃차례가 지름 6~
10mm로 작으며 외총포편이 막질-얇
은 초질이고 중간부 총포편이나 내총
포편보다 짧은 것이 특징이다.

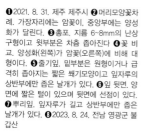

❶ 2021. 8. 31. 제주 제주시 ❷ 머리모양꽃차
례. 가장자리에는 암꽃이, 중앙부에는 양성
화가 달린다. ❸ 총포. 지름 6~8mm의 난상
구형이고 윗부분은 차츰 좁아진다 ❹ 꽃 비
교. 양성화(왼쪽)가 암꽃(오른쪽)에 비해 대
형이다. ❺ 줄기잎. 밑부분은 원형이거나 급
격히 좁아지는 짧은 쐐기모양이고 잎자루의
상반부에만 좁은 날개가 있다. ❻ 잎 뒷면. 양
면에 짧은 털이 있으며 뒷면에 선점이 있다.
❼ 뿌리잎. 잎자루가 길고 상반부에만 좁은
날개가 있다. ❽ 2023. 8. 24. 전남 영광군 불
갑산

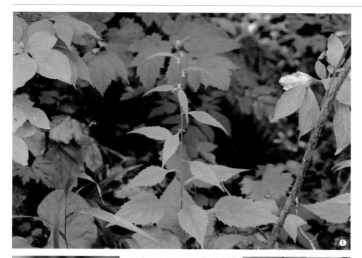

두메담배풀

Carpesium triste Maxim.

국화과

국내분포/자생지 지리산 이북의 산지

형태 다년초. 줄기는 높이 40~80cm 이고 하반부에 퍼진 털이 밀생한다. 뿌리잎은 꽃이 필 무렵까지 남아 있다. 줄기 하반부의 잎은 길이 10~18cm의 장타원상 난형이며 가장자리에는 불규칙한 톱니가 있다. 암꽃양성화한그루이다. 꽃은 8~10월에 핀다. 머리모양꽃차례는 줄기와 가지의 끝에서 1개씩 달린다. 총포는 길이 5~6mm의 원통상 종모양이다. 총포편은 3줄로 배열되며 장타원상 피침형이다.

참고 긴담배풀에 비해 외총포편이 잎 모양이며 중간부 총포편이나 내총포편보다 더 길거나 길이가 비슷한 것이 특징이다.

 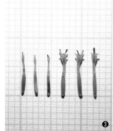 

❶2020. 8. 30. 강원 정선군 함백산 ❷머리모양꽃차례. 외총포편은 인접한 포엽과 모양이 비슷하다. ❸꽃 비교. 양성화(오른쪽)가 암꽃(왼쪽)에 비해 대형이다. 씨방(열매)의 부리에 선체(샘털모양)가 밀생한다. ❹줄기잎. 잎자루는 전체에 날개가 있다.

천일담배풀

Carpesium glossophyllum Maxim.

국화과

국내분포/자생지 주로 남부지방 산지의 다소 건조한 곳

형태 다년초. 줄기는 높이 20~50cm 이며 퍼진 털이 있다. 뿌리잎은 꽃이 필 때까지 남아 있으며 길이 9~15cm의 도피침상 장타원형(혀모양)이다. 암꽃양성화한그루이다. 꽃은 8~10월에 피며 머리모양꽃차례는 줄기와 가지의 끝에서 1개씩 달린다. 꽃차례의 바로 밑부분에 피침형의 포가 있다. 총포는 지름 8~15mm의 반구형이며 총포편은 5줄로 배열된다. 외총포편은 내총포편보다 짧고 끝부분이 뒤로 약간 젖혀진다.

참고 애기담배풀에 비해 총포는 지름 8~15mm의 반구형이며 잎가장자리의 톱니는 뚜렷하지 않고 불분명한 물결모양인 것이 특징이다.

❶2004. 6. 24. 전남 해남군 대둔산 ❷머리모양꽃차례. 총포는 반구형이며 위쪽으로 갈수록 좁아지지 않는다. ❸줄기잎. 양면에 퍼진 털이 밀생한다. ❹뿌리잎. 도피침상 장타원형이며 가장자리가 거의 밋밋하다.

애기담배풀

Carpesium rosulatum Miq.

국화과

국내분포/자생지 제주의 산지

형태 다년초. 줄기는 높이 10~40cm
이고 꽃줄기모양이다. 뿌리잎은 꽃이
필 때까지 남아 있으며 길이 6~15cm
의 도피침형-도피침상 장타원형이고
로제트모양이다. 암꽃양성화한그루이
다. 꽃은 8~10월에 피며 머리모양꽃
차례는 줄기와 가지의 끝에서 1개씩
달린다. 총포는 길이 6.5mm 정도, 지
름 5mm 정도의 원통형이며 총포편
은 3~4줄로 배열된다. 외총포편은 난
형이고 내총포편보다 짧다. 중간부의
총포편은 장타원형이고 끝이 둔하며
가장자리에 털이 있다.

참고 천일담배풀에 비해 총포가 지름
5mm 정도의 원통형이고 잎가장자리
에 뚜렷한 물결모양의 톱니가 있는
것이 특징이다.

❶2005. 8. 11. 제주 제주시 한라산 ❷머리
모양꽃차례. 총포는 지름 5mm 정도의 원통
형이고 끝부분이 좁다. ❸뿌리잎. 가장자리
에 물결모양의 톱니가 있다.

여우오줌

Carpesium macrocephalum Franch.
& Sav.

국화과

국내분포/자생지 경남 이북의 깊은
산지

형태 다년초. 줄기는 높이 40~100cm
이다. 줄기 하반부의 잎은 길이 15~
30cm의 타원상 도란형-넓은 난형이
며 차츰 좁아져서 날개모양으로 잎자
루와 연결된다. 양면(특히 맥 위에) 짧
은 털이 있다. 암꽃양성화한그루이다.
꽃은 8~9월에 피며 머리모양꽃차례
는 줄기와 가지의 끝에서 1개씩 달린
다. 총포는 지름 2.5~3.5cm의 넓은
컵모양이고 바로 밑부분에 잎모양의
포가 여러 개 있다. 총포편은 4줄로
배열되며 외총포편은 포와 유사하다.

참고 전체적으로 대형이며 특히 머리
모양꽃차례가 지름 2.5~3.5cm로 큰
것이 특징이다.

❶2016. 8. 5. 강원 태백시 금대봉 ❷머리모
양꽃차례. 대형이며 줄기와 가지의 끝에서 1
개씩 달린다. ❸열매(수과). 선상 원통형이며
부리에 샘털모양의 선체가 밀생한다. ❹뿌리
잎. 잎자루에 날개가 발달한다. 개화기에는
시든다.

버들금불초

Inula salicina L.

국화과

국내분포/자생지 경남 이북 산지의 건조한 풀밭

형태 다년초. 줄기는 높이 30~80cm 이다. 줄기 중간부의 잎은 길이 3~7cm의 피침형-넓은 타원형 또는 도란형이다. 끝이 뾰족하며 밑부분은 둥글거나 심장형이고 줄기를 약간 감싼다. 양면에 털은 거의 없다. 꽃은 6~8월에 황색으로 피며 머리모양꽃차례는 지름 3~4cm이다. 총포는 지름 1~2cm의 반구형이며 총포편은 4~5줄로 배열된다. 열매(수과)는 길이 1.5~2mm이며 관모는 길이 7~8mm이고 백색이다.

참고 총포가 포엽에 둘러싸여 있고 외총포편이 피침상 장타원형이며 열매에 털이 없는 것이 특징이다.

❶2020. 7. 5. 충북 제천시 ❷머리모양꽃차례. 혀꽃은 암꽃이고 대롱꽃은 양성화이다. ❸총포. 잎모양의 포엽으로 둘러싸여 있다. 총포편의 끝은 뾰족하고 가장자리에 톱니가 약간 있다. ❹잎 뒷면. 흰빛이 돌며 맥이 뚜렷하게 돌출한다. 잎은 금불초에 비해 단단한 편이다.

산물머위

Adenostemma madurense DC.

국화과

국내분포/자생지 제주의 산지의 숲 속(주로 공중습도 높은 곳)

형태 다년초. 줄기는 높이 40~100cm 이다. 잎은 마주나며 줄기 중간부의 잎은 길이 15~20cm의 장타원상 난형-넓은 난형이다. 꽃은 8~10월에 백색으로 핀다. 총포는 지름 6~7.5mm의 반구형이며 총포편은 2줄로 배열된다. 열매(수과)는 길이 3~3.5mm의 도피침형이다.

참고 물머위[*A. lavenia* (L.) Kuntze] 에 비해 잎이 장타원상 난형-넓은 난형이고 가장자리에 뾰족한 톱니 또는 겹톱니가 있으며 열매 상반부에 돌기 모양의 샘털이 있는 것이 특징이다.

❶2021. 9. 20. 제주 서귀포시 한라산 ❷머리모양꽃차례. 암술대는 백색이며 꽃부리 밖으로 길게 나출한다. ❸총포. 바깥면에 짧은 털이 있다. ❹꽃. 꽃부리통부의 바깥면에 털이 밀생하며 씨방의 윗부분에 선체모양의 관모가 3~4개 있다. ❺열매. 관모는 곤봉모양 (또는 선체모양)이다. 샘털은 수과의 상반부에 있다.

벌등골나물

Eupatorium japonicum Thunb.

국화과

국내분포/자생지 경남(의령군 등), 경북(경산시 등)의 하천가 또는 습지 주변

형태 다년초. 땅속줄기가 길게 뻗는다. 줄기는 높이 70~160cm이고 곧추자라며 털이 거의 없다. 윗부분에서 가지가 갈라진다. 잎은 마주나고 길이 6~15cm의 장타원상 피침형–장타원형이며 흔히 3개로 깊게 갈라지고 열편은 장타원상 피침형–장타원형이다. 밑부분은 좁은 쐐기모양이며 가장자리에는 불규칙한 뾰족한 톱니가 있다. 표면에는 털이 거의 없으며 가장자리와 뒷면 맥 위에 짧은 털이 약간 있고 뒷면에 선점이 없다. 잎자루는 길이 5~10mm이다. 꽃은 8~10월에 거의 백색(–연한 적자색)으로 피며 머리모양꽃차례는 줄기와 가지의 끝부분에서 산방상 또는 복산방상으로 다소 엉성하게 모여 달린다. 총포는 길이 7~10mm의 좁은 원통상 종모양이다. 총포편은 3~4줄로 배열되며 털이나 샘털이 거의 없고 끝이 둔하다. 대롱꽃의 꽃부리는 길이 4.5~6mm이고 백색(–연한 적자색)이고 선체가 없다. 열매(수과)는 길이 2.5~3.5mm의 타원상 거꾸러진 원뿔형이고 5개의 능각이 있다.

참고 전체에 털이 거의 없으며 땅속줄기가 옆으로 길게 뻗고 잎이 3개로 깊게 갈라지는 것이 특징이다. 벌등골나물과 골등골나물의 혼생지에서는 이들 사이의 자연 교잡종(*E. × arakianum* Murata & H.Koyama, 국명 미정)이 간혹 발견되며, 기준표본 채집지는 경북 경산시이다. 일부 등골나물류(특히 등골나물, 벌등골나물, 향등골나물)에 대한 학명 적용이 일본, 중국, 한국의 주요 문헌에서 일치하지 않아 혼동을 야기하고 있다.

❶2021. 9. 25. 경남 의령군 ❷꽃차례. 머리모양꽃차례는 흔히 5개의 대롱꽃으로 이루어진다. ❸총포. 총포편은 3~4줄로 배열되며 끝이 둔하다. ❹대롱꽃. 관모는 꽃부리와 길이가 비슷하다. ❺열매. 샘털이 많다. 관모는 길이 5~6mm이고 백색–오백색이다. ❻줄기잎. 흔히 밑부분에서 3개로 깊게 갈라진다. 앞면에는 털이 거의 없고 광택이 약간 난다. ❼잎 뒷면. 선점이 없다. ❽땅속줄기. 옆으로 길게 뻗는다. ❾줄기. 털이 거의 없다. ❿자생 모습. 2021. 9. 25 경남 의령군

골등골나물

Eupatorium lindleyanum DC.

국화과

국내분포/자생지 전국의 산야

형태 다년초. 땅속줄기는 짧다. 줄기는 높이 30~70(~100)cm이고 곧추 자라며 누운 털이 많다. 잎은 마주나며 길이 6~12cm의 선형–선상 피침형 또는 타원형이다. 끝은 뾰족하고 밑부분은 쐐기모양이거나 둥글며 가장자리에는 불규칙한 톱니가 있다. 양면에 거친 털이 많으며 뒷면에는 선점이 밀생하고 맥 위에는 누운 털과 짧은 퍼진 털이 있다. 잎자루는 거의 없거나 매우 짧다. 꽃은 8~10월에 연한 적자색으로 피며 머리모양꽃차례는 줄기와 가지의 끝부분에서 산방상 또는 복산방상으로 빽빽이 모여 달린다. 꽃차례와 꽃자루에 백색의 털이 밀생한다. 총포는 길이 5~8mm의 원통상 종모양이다. 총포편은 3줄로 배열되며 끝이 뾰족하거나 약간 둔하다. 외총포편은 길이 1~2mm의 피침형–넓은 피침형이며 중간부의 총포편과 내총포편은 길이 5~6mm의 피침상 타원형–타원형이다. 대롱꽃은 총포당 5개씩 있으며 꽃부리는 길이 3.5~4.5mm이고 거의 백색–연한 적자색–적자색이다. 샘털이 약간 있다. 열매(수과)는 길이 2~3mm의 타원상 거꾸러진 원뿔형이고 5개의 능각이 있으며 흑갈색이다. 관모는 길이 3.4~5mm이고 백색–오백색이다.

참고 줄기에 털이 많으며 잎은 선형–선상 피침형이고 잎자루가 거의 없는 것이 특징이다.

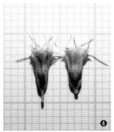

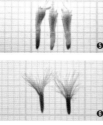

❶2023. 9. 26. 전남 신안군 가거도 ❷머리모양꽃차례. 빽빽하게 모여 달린다. 5개의 대롱꽃으로 이루어지며, 꽃은 흔히 연한 적자색으로 핀다. ❸❹총포. 총포편은 3줄로 배열되며 끝이 뾰족하거나 약간 둔하다. 짧은 털과 샘털이 약간 있다. ❺대롱꽃. 꽃부리는 길이 4mm 정도이다. ❻열매. 길이 3~3.5mm이며 샘털이 많다. ❼줄기. 누운 털이 밀생한다. ❽줄기잎. 잎의 밑부분에서 갈라진 3개의 맥이 뚜렷하다. ❾잎 뒷면. 선점이 밀생한다. ❿2023. 10. 11. 인천 옹진군 백령도

향등골나물

Eupatorium makinoi T.Kawahara & Yahara

국화과

국내분포/자생지 주로 중부 이남(특히 서남해안 일대)의 산야에 흔히 자람

형태 다년초. 땅속줄기는 짧다. 줄기는 높이 50~100cm이고 곧추 자란다. 잎은 마주나며 길이 6~20cm의 피침형-장타원상 난형이고 흔히 3개로 깊게 갈라진다. 양면에 거친 털이 있으며 뒷면에 선점이 흩어져 있다. 잎자루는 길이 5~30mm이고 털이 있다. 꽃은 8~10월에 연한 적자색으로 피며 머리모양꽃차례는 줄기와 가지의 끝부분에서 산방상 또는 복산방상으로 모여 달린다. 총포는 길이 6~8mm의 원통상 종모양이다. 총포편은 3~4줄로 배열된다. 대롱꽃의 꽃부리는 길이 4~5mm이다. 열매(수과)는 길이 2~3mm의 타원상 거꾸러진 원뿔형이고 5개의 능각이 있으며 샘털이 있다. 관모는 길이 4~5mm이다.

참고 학명을 오적용했지만 많은 문헌이나 학자들에 의해 향등골나물로 불려 왔던 식물이다. 변이가 심하여 갈래골등골나물(*E. tripartitum*) 또는 등골나물과 구분이 모호한 경우가 빈번하지만, 줄기가 (녹색-)짙은 자색-자갈색이고 잎이 흔히 2~3개로 깊게 갈라지며 꽃이 연한 적자색인 것이 특징이다. 등골나물류 중에서 일본에서 가장 흔히 관찰되는 분류군으로 알려져 있다. 중국에서도 거의 전역에 분포하며 중국식물지에서는 *E. japonicum* Thunb.로 취급(오적용)하고 있다.

❶2023. 9. 24. 전남 완도군 완도 ❷꽃차례. 흔히 연한 적자색으로 피는 개체들이 흔하다. ❸❹총포. 총포편은 3~4줄로 배열하며 끝이 둔하거나 둥글다. 샘털이 약간 있다. 자루에 굽은 털이 밀생한다. ❺대롱꽃. 꽃부리는 길이 4~5mm이다. 씨방은 길이 2mm 정도이다. ❻줄기잎. 흔히 3개로 갈라지며 가장자리에 불규칙한 톱니가 있다. ❼❽잎 뒷면. 선점이 밀생하며 맥 위에 짧은 털이 있다. ❾줄기와 잎자루. 줄기는 흔히 (녹색-)짙은 자색-자갈색을 띠며 털이 약간 있다. 잎자루는 비교적 긴 편이다(일본 집단은 길이 2cm 이하).

갈래골등골나물(신칭)

Eupatorium tripartitum (Makino)
Murata & H.Koyama

국화과

국내분포/자생지 주로 중부 이남(특히 남부지방)의 산야

형태 다년초. 땅속줄기는 짧다. 줄기는 높이 50~150cm이고 곧추 자라며 굽은 털이 있다. 잎은 마주나며 길이 6~20cm의 피침형−타원형−장타원상 난형이고 3개로 깊게(완전히) 갈라진다. 끝은 뾰족하고 밑부분은 둥글거나 쐐기모양이며 가장자리에는 불규칙한 결각상 톱니가 있다. 잎맥은 5~7쌍이 깃털모양(우상)으로 뻗는다. 양면에 거친 털이 있고 특히 맥 위에 더 많으며 뒷면에 선점이 밀생한다. 잎자루는 길이 1~5mm이고 털이 있다. 꽃은 8~10월에 연한 적자색으로 피며 머리모양꽃차례는 줄기와 가지의 끝부분에서 산방상 또는 복산방상으로 모여 달린다. 총포는 좁은 원통상 종모양이다. 총포편은 3~4줄로 배열되고 끝이 뾰족하거나 둔하다. 대롱꽃의 꽃부리는 길이 3.5~5mm이고 연한 적자색(−적자색)이다. 열매(수과)는 길이 3~4.5mm의 타원상 거꾸러진 원뿔형이고 5개의 능각이 있으며 샘털이 있다. 관모는 길이 3.5~5mm이고 백색−오백색이다.

참고 잎이 3개로 깊게 또는 완전히 갈라지며 줄기와 잎 양면에 거친 털이 있고 잎 뒷면에 선점이 밀생하는 것이 특징이다. 골등골나물에 비해 대형(특히 높이, 줄기)이며 머리모양꽃차례가 비교적 엉성하게 모여 달리며 흔히 잎가장자리에 결각상으로 큰 톱니가 있다. 골등골나물과 향등골나물(*E. makinoi*)의 자연 교잡종으로 추정한다.

❶ 2019. 8. 24. 전남 구례군 ❷ 머리모양꽃차례. 골등골나물에 비해 약간 엉성하게 모여 달린다. ❸ 총포. 총포편은 3~4줄로 배열되며 끝이 둔하거나 약간 뾰족하다. 샘털과 짧은 털이 혼생한다. ❹ 줄기잎. 밑부분에서 3개로 깊게(거의 완전히) 갈라지며, 흔히 잎겨드랑이에서 짧은 가지가 잘 발달한다. ❺ 잎 앞면. 짧은 거친 털이 흩어져 있다. ❻ 잎 뒷면. 선점이 밀생하며 맥 위에 거친 털이 많다. ❼ 줄기. 굽은 털이 밀생한다. ❽ 2023. 7. 24. 전남 고흥군 ❾ 동가기준표본(1907. 9. 1. 일본 규슈 구마모토현에서 채집)

735

제주등골나물(신칭)

Eupatorium chinense L. var. *chinense*

국화과

국내분포/자생지 제주 및 전남(완도군)의 산야(주로 산지의 풀밭)에 드물게 자람

형태 다년초. 땅속줄기는 짧다. 줄기는 높이 70~100cm이고 곧추 자라며 굽은 털이 많다. 윗부분에서 가지가 갈라진다. 잎은 마주나며 길이 5~15cm의 피침상 장타원형−장타원상 난형 또는 난형이다. 끝은 뾰족하거나 둔하고 밑부분은 둥글거나 쐐기모양이며 가장자리에는 불규칙한 뾰족한 톱니가 있다. 잎맥은 3~7쌍이 깃털모양(우상)으로 뻗는다. 양면(특히 뒷면 맥 위)에 짧고 굽은 털이 있고 뒷면에 선점이 밀생한다. 잎자루는 길이 2~4mm이다. 꽃은 8~10월에 거의 백색(−연한 적자색)으로 피며 머리모양꽃차례는 줄기와 가지의 끝부분에서 산방상 또는 복산방상으로 모여 달린다. 총포는 길이 4~6mm의 좁은 원통상 종모양이다. 총포편은 3~4줄로 배열되고 끝이 둔하거나 둥글며 바깥면에 털과 샘털이 약간 있다. 대롱꽃의 꽃부리는 길이 5mm 정도이고 백색(−연한 적자색)이다. 열매(수과)는 길이 3~4mm의 타원상 거꾸러진 원뿔형이고 5개의 능각이 있으며 털이나 샘털이 있다. 관모는 길이 5mm 정도이고 백색−오백색이다.

참고 등골나물과 매우 유사하다. 등골나물에 비해 줄기와 잎(특히 뒷면)에 털이 더 밀생하는 편이며 잎자루가 거의 없거나 매우 짧은 것이 특징이다.

❶2023. 9. 20. 제주 제주시 ❷꽃차례. 머리모양꽃차례가 비교적 촘촘하게 달리는 편이다. 흔히 꽃은 백색이다. ❸총포. 총포편은 3~4줄로 배열되며 끝이 둔하거나 둥글다. ❹대롱꽃. 제주등골나물과 등골나물은 골등골나물이나 향등골나물에 비해 씨방(열매)이 비교적 긴 편이다. ❺열매. 길이 3~4mm이다. ❻잎 앞면. 거친 털이 많다. ❼❽잎 뒷면. 샘털이 밀생하며 맥 위에 거친 털이 많다. ❾줄기와 잎자루. 굽은 털이 많다. 잎자루는 매우 짧다. ❿2022. 10. 15. 제주 제주시

등골나물

Eupatorium chinense var. *oppositifolium* (Koidz.) Murata & H.Koyama
Eupatorium makinoi var. *oppositifolium* (Koidz.) T.Kawahara & Yahara

국화과

국내분포/자생지 제주를 제외한 전국의 산야

형태 다년초. 땅속줄기는 짧다. 줄기는 높이 70~150cm이고 곧추 자라며 굽은 털이 많다. 잎은 마주나며 길이 6~17cm의 피침형-장타원상 난형이다. 밑부분은 둥글거나 쐐기모양이며 가장자리에는 불규칙한 뾰족한 톱니가 있다. 양면에 짧고 굽은 털이 있고 특히 맥 위에 더 많으며 뒷면에 선점이 밀생한다. 잎자루는 길이 3~30mm이다. 꽃은 8~10월에 거의 백색(–연한 적자색)으로 핀다. 총포는 길이 4~7mm의 좁은 원통상 종모양이다. 총포편은 3~4줄로 배열되고 끝이 둔하거나 둥글며 바깥면에 털이 약간 있다. 대롱꽃은 길이 3.5~5mm이고 백색(–연한 적자색)이다. 열매(수과)는 길이 3.5~4.5mm의 타원상 거꾸러진 원뿔형이고 5개의 능각이 있다.

참고 향등골나물에 비해 전체적으로 대형이고 잎이 갈라지지 않으며 꽃이 흔히 백색이고 관모, 열매 등이 약간 더 길다. 등골나물은 제주등골나물과 향등골나물의 자연 교잡에 의해 형성된 분류군으로 추정되며, 빈번한 역교배로 인해 모종과 연속적인 변이를 보이는 경우가 흔하다. 국내 내륙의 산지에서 자라는 등골나물은 총포, 꽃, 열매 등 생식기관들의 형질이 향등골나물보다는 제주등골나물과 더 유사하다. 제주등골나물의 종내 분류군 또는 교잡종으로 처리하는 것이 타당하다. 등골나물, 제주등골나물 그리고 향등골나물은 중국, 일본, 한국에 모두 분포하지만 각 나라별로 변이의 분포 양상이 달라 학명 적용에서 차이가 있는 것으로 판단된다.

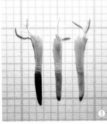

❶2022. 9. 17. 강원 평창군 ❷꽃차례. 머리모양꽃차례는 비교적 촘촘하게 달린다. 5개의 대롱꽃으로 이루어진다. ❸❹총포. 길이 4~7mm이다. 총포편은 3~4줄로 배열되며 끝은 둔하거나 둥글다. ❺대롱꽃. 관모는 꽃부리와 길이가 거의 같다. ❻열매. 길이 3.5~4.5mm로 자생 등골나물류 중 긴 편이다. ❼줄기잎. 갈라지지 않으며 잎자루는 흔히 뚜렷하게 긴 편이지만 짧은 개체들도 간혹 관찰된다. ❽잎 뒷면. 선점이 밀생한다. 양면에 털이 많은 편이다. ❾줄기. 굽은 털이 많다.

연복초

Adoxa moschatellina L.

연복초과

국내분포/자생지 전국의 산지

형태 다년초. 줄기는 높이 5~15cm이고 털이 없다. 작은잎은 길이 1~2cm이고 깃털모양(또는 3개)으로 중간 정도까지 갈라진다. 줄기잎은 1쌍이고 마주나며 3출엽이다. 꽃은 3~5월에 연한 황록색으로 피며 취산꽃차례에서 4~6개씩 머리모양으로 모여 달린다. 꽃받침열편은 2~4개이며 길이 1.5~3mm의 장타원형-난형이다. 꽃부리는 지름 4~7mm이며 열편은 4~5(~6)개이고 길이 2~3mm의 넓은 난형-원형이다. 암술대는 4~5개이고 암술머리는 둥글다.

참고 2가지 형태의 꽃이 머리모양으로 모여 달리는 것이 특징이다.

❶ 2004. 4. 15. 경기 포천시 국립수목원 ❷ 꽃(정단부). 가장 위쪽에서 피는 꽃은 꽃받침열편 2개, 꽃부리열편 4(~5)개, 수술 8(~10)개이다. ❸ 꽃(측면부). 꽃차례의 측면에 피는 꽃은 꽃받침열편 4개, 꽃부리열편 5(~6)개, 수술 10(~12)개이다. ❹ 열매(핵과상). 지름 4~5mm의 약간 각진 편구형이다. ❺ 뿌리잎. 1~2회 3출겹잎이다.

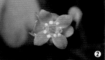

금마타리

Patrinia saniculifolia Hemsl.

인동과

국내분포/자생지 지리산 이북의 산지

형태 다년초. 줄기는 높이 20~50cm이다. 뿌리잎은 꽃이 필 무렵에도 시들지 않는다. 길이 2~5(~7)cm의 신장형-원형이며 밑부분은 심장형이고 가장자리에 톱니가 있다. 줄기잎은 흔히 2개이고 마주나며 가장자리는 깃털모양으로 깊게 갈라진다. 꽃은 5~7월에 황색으로 피며 산방상 취산꽃차례에 모여 달린다. 꽃부리는 지름 4.5~7.5mm의 깔때기모양이다. 수술대는 길이 2~4.2mm이고 털이 없다. 열매(수과)는 길이 4~5.8mm의 타원형이다.

참고 뿌리잎이 손모양으로 얕게 갈라지며 꽃부리의 밑부분에 거(약간 볼록함)가 있는 것이 특징이다.

❶ 2021. 6. 29. 경기 가평군 화악산 ❷ 꽃. 꽃부리통부의 안쪽 면에는 긴 털이 밀생하며 수술은 4개이다. ❸ 열매. 날개모양의 작은 포가 붙어 있다. 작은포는 길이 7~10mm의 난형-원형이고 윗부분에서 얕게 갈라진다. ❹ 잎 뒷면. 털이 없다.

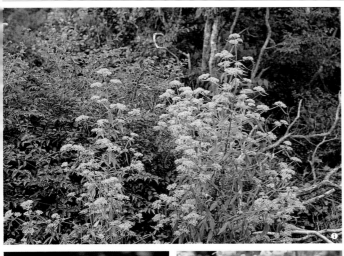

긴뚝갈

Patrinia monandra C.B.Clarke

인동과

국내분포/자생지 제주 및 인천, 전북, 전남 등 산야

형태 2년초 또는 다년초. 줄기는 높이 60~200cm이고 굽은 털이 있다. 뿌리잎은 모여나며 꽃이 필 무렵 시든다. 잎은 마주나며 4~15cm의 피침형-장타원형이고 흔히 깃털모양으로 깊게 갈라진다. 열편은 1~2(~3)쌍이고 가장자리에 톱니가 있다. 양면에 털이 있다. 잎자루는 길이 1.5cm 이하이다. 꽃은 8~10월에 거의 백색-연한 황록색-연한 황색으로 피며 줄기와 가지 끝부분의 산방상(또는 원뿔상) 취산꽃차례에 모여 달린다. 포엽은 길이 3~8.5cm의 선상 피침형-피침형이고 끝이 뾰족하다. 꽃받침은 작고 5개로 갈라진다. 꽃부리는 지름 4~5mm의 깔때기모양이며 통부는 길이 1.2~1.8mm이다. 꽃부리열편은 길이 0.8~2mm의 타원상 난형-난상 원형이고 끝은 둥글거나 둔하다. 수술은 1(~3)개이며 수술대는 길이 1.5~3.3mm이다. 암술대는 길이 1.7~2.8mm이고 암술머리는 머리모양으로 둥글다. 열매(수과)는 길이 2~3mm의 난형-난상 구형이며 날개모양의 작은포가 붙어 있다. 작은포는 지름 5~8mm의 난형-거의 원형이다.

참고 국내 자생지는 변산반도 및 보길도, 완도, 위도, 소청도 등 주로 서남해 도서지역이며, 전국 도로변의 녹화된 절개지 사면에서 최근 귀화된 개체들이 드물게 관찰된다(확산 추세). 꽃이 연한 황색이고 수술이 흔히 1~3개이며 열매의 작은포(날개모양)가 거의 원형이고 대형인 것이 특징이다. 국명은 포엽이 다른 분류군에 비해 긴 특징에서 유래되었다.

❶ 2002. 9. 12. 전남 완도군 보길도(적자봉) ❷ 꽃차례. 산방상(또는 원뿔상) 취산꽃차례이다. ❸ 꽃. 긴뚝갈의 가장 큰 특징은 수술이 1(~3)개인 것이다. 학명(종소명)의 *monandra*도 이를 의미한다. ❹❺ 열매. 가장자리에 날개모양으로 변한 작은포가 붙어 있다. 작은포는 난형-거의 원형이고 그 물맥이 발달한다. ❻ 줄기잎. 깃털모양으로 깊게 갈라진다. 양면에 털이 있다. ❼ 뿌리잎(1년생). 국내에서는 대부분이 2년생이지만 드물게 짧게 사는 다년초인 개체도 있다. ❽ 2002. 9. 12. 전남 완도군 보길도. 포(포엽)가 선상 피침형-피침형으로 가늘고 길다.

돌마타리

Patrinia rupestris (Pall.) Juss.

인동과

국내분포/자생지 경북, 충북 이북 산지의 바위지대(주로 석회암지대)

형태 다년초이다. 줄기는 높이 20~80cm이고 털이 약간 있거나 거의 없다. 뿌리잎은 모여나며 꽃이 필 무렵 시든다. 길이 3~8cm의 장타원형-난형이고 가장자리가 흔히 깃털모양으로 갈라진다. 줄기잎은 마주나며 길이 3~11cm의 장타원형-타원형이고 가장자리는 깃털모양으로 갈라진다. 열편은 3~6쌍이며 길이 1~2cm의 선형-좁은 피침형이고 가장자리에 톱니가 있다. 잎자루는 없거나 매우 짧다. 꽃은 7~10월에 황색으로 피며 줄기 끝부분과 윗부분의 잎겨드랑이에서 나온 산방상 취산꽃차례에 모여 달린다. 포엽은 길이 1.5~3.2cm의 선형-피침형이고 잎모양이다. 꽃받침은 작고 열편은 불분명하게 5개로 갈라진다. 꽃부리는 지름 4~5.6mm의 깔때기모양이며 통부는 길이 1~1.8mm이고 밑부분은 주머니모양이다. 꽃부리열편은 길이 1.8~2.2mm의 타원형-난상 타원형이고 끝은 둥글다. 수술은 4개이며 수술대는 길이 3~4mm이고 털이 약간 있다. 암술대는 길이 2.2~3.3mm이고 암술머리는 머리모양으로 둥글다. 열매(수과)는 길이 2.5~3.3mm의 장타원형-난형이고 날개모양의 작은포가 붙어 있다. 작은포는 길이 3~6mm의 장타원형-난형 또는 도란형이고 윗부분이 얕게 갈라진다.

참고 마타리에 비해 키가 작으며 열매에 날개모양의 작은포가 붙어 있는 것이 특징이다.

❶2023. 7. 20. 강원 정선군 ❷꽃. 황색이고 수술은 4개이며 꽃부리통부의 안쪽 면에 긴 털이 약간 있다. ❸열매. 작은포가 붙어 있다. 작은포는 날개모양이고 윗부분에서 얕게 갈라진다. ❹줄기잎. 깃털모양으로 갈라진다. ❺뿌리잎. 꽃이 필 무렵 시든다. ❻2017. 8. 23. 강원 삼척시

마타리
Patrinia scabiosifolia Link

마타리과

국내분포/자생지 전국의 산야

형태 다년초. 줄기는 높이 50~150cm
이다. 뿌리잎은 꽃이 필 무렵 시든
다. 줄기잎은 마주나며 길이 5~15cm
의 장타원형-난형이고 가장자리는
깃털모양으로 갈라진다. 잎자루는 길
이 1~2cm이다. 꽃은 8~10월에 황색
으로 피며 산방상 취산꽃차례에 모여
달린다. 포엽은 길이 4~12mm의 선
형-피침형이고 끝이 뾰족하다. 꽃부
리는 지름 3~5mm의 깔때기모양이
다. 수술은 4개이며 수술대는 길이 2
~3.5mm이고 털이 약간 있다. 열매(수
과)는 길이 3~4mm의 타원형이고 작
은포는 날개모양이 아니다.

참고 꽃이 황색이고 열매 주변에 작
은포가 없는 것이 특징이다.

❶ 2007. 8. 31. 경북 의성군 ❷ 꽃. 수술은 4
개이고 꽃부리통부의 안쪽 면에 긴 털이 밀
생한다. ❸ 열매. 작은포가 날개모양으로 발
달하지 않는다. ❹ 잎. 깃털모양으로 깊게 갈
라지며 가장자리에 뾰족한 톱니가 있다.

뚝갈
Patrinia villosa (Thunb.) Juss.

마타리과

국내분포/자생지 전국의 산야

형태 다년초. 줄기는 높이 60~100cm
이고 굽은 털이 밀생한다. 줄기잎은
마주나며 길이 5~15cm의 피침형-난
형이고 가장자리는 깃털모양으로 갈
라진다. 꽃은 8~10월에 백색으로 피
며 산방상 취산꽃차례에 모여 달린
다. 꽃줄기와 꽃자루에 털이 밀생한
다. 꽃부리는 지름 3~4.5mm의 깔때
기모양이다. 수술대는 길이 3~4mm
이고 털이 없다. 열매(수과)는 길이 2~
3.3mm의 타원형-난형이고 작은포가
붙어 있다. 작은포는 길이 5~7.2mm
의 난형-거의 원형이다.

참고 꽃이 백색이고 꽃줄기에 털이
있으며 열매 주변에 날개모양의 작은
포가 발달하는 것이 특징이다.

❶ 2021. 9. 2. 강원 화천군 광덕산 ❷ 꽃. 백
색으로 피며 수술은 4개이다. ❸ 열매. 작은
포가 날개모양으로 발달하지만 긴뚝갈에 비
하면 작은 편이다. ❹ 뿌리잎. 양면에 털이 밀
생한다.

넓은잎쥐오줌풀

Valeriana dageletiana Nakai ex F.Maek.

인동과

국내분포/자생지 경북 울릉도의 산야, 한반도 고유종

형태 다년초. 줄기는 높이 40~80cm이고 곧추 자라며 털이 없거나 마디부에 약간 있다. 뿌리잎은 꽃이 필 무렵에 시든다. 줄기 아랫부분의 잎은 마주나며 길이 10~20cm의 타원형-넓은 난형이고 깃털모양으로 갈라진다. 열편은 1~2(~3)쌍이며 길이 4~12cm의 피침형-피침상 장타원형이다. 끝은 뾰족하거나 길게 뾰족하며 가장자리에는 뾰족한 톱니가 있다. 양면에 털이 없다. 잎자루는 길이 3~12cm이다. 꽃은 5~6월에 백색-연한 적자색으로 피며 줄기의 끝부분과 윗부분의 잎겨드랑이에서 나온 산방상(또는 머리모양) 취산꽃차례에 모여 달린다. 포는 길이 1.5~3cm의 선형-피침형이고 끝이 뾰족하거나 길게 뾰족하며 털이 없다. 꽃줄기와 꽃차례의 축, 꽃자루에 털이 없거나 약간 있다. 꽃부리는 지름 3~4.5mm의 깔때기모양이며 통부는 길이 3~5mm이다. 꽃부리통부의 안쪽 면에 털이 있다. 꽃부리열편은 5개이며 길이 1~2mm의 장타원형-타원형이다. 수술은 3개이며 수술대는 길이 3.5~5mm이다. 열매(수과)는 길이 3~5mm의 장타원상 난형이고 털이 없다. 관모는 길이 3~7mm이고 밑부분이 합생한다.

참고 쥐오줌풀에 비해 줄기(마디 제외)와 잎 양면에 털이 없는 것이 특징이다.

❶ 2022. 6. 5. 경북 울릉군 울릉도 ❷❸꽃차례. 꽃은 백색-연한 적자색이다. 수술은 3개이고 암술머리는 2~3(~4)개로 갈라진다. ❹꽃차례 측면. 꽃차례와 꽃자루에 샘털이 없거나 약간 있다. ❺꽃. 꽃부리통부는 길이 3~5mm이고 열편은 장타원형-타원형이다. ❻열매. 능각이 있는 장타원상 난형이며 끝부분에 밑부분이 합생한 깃털모양의 관모가 있다. ❼뿌리잎. 털이 없고 잎자루가 길다. ❽자생 모습. 2022. 6. 3. 경북 울릉군 울릉도 ❾2021. 5. 18. 경북 울릉군 울릉도

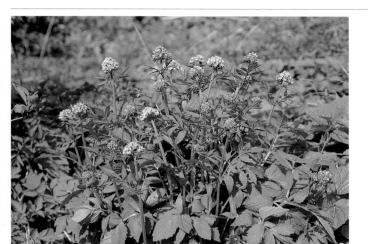

쥐오줌풀

Valeriana fauriei Briq.

인동과

국내분포/자생지 전국의 습한 풀밭, 습지 주변 또는 계곡가 습한 곳

형태 다년초. 줄기는 높이 50~100cm 이고 곧추 자라며 상반부에 털이 약간 있거나 밀생한다. 줄기잎은 마주나며 위로 갈수록 작아진다. 길이 7~19cm의 타원형-난형이며 가장자리는 깃털모양으로 깊게 갈라진다. 열편은 3~5(~7)쌍이며 피침형-장타원상 피침형이고 끝이 뾰족하거나 길게 뾰족하다. 줄기 아래쪽의 잎자루는 길이 3~10cm이고 털이 있다. 꽃은 6~7월에 (거의 백색-)연한 자색-적자색으로 피며 줄기의 끝부분과 윗부분의 잎겨드랑이에서 나온 산방상(또는 머리모양) 취산꽃차례에 모여 달린다. 포는 길이 5~25mm의 선형-피침형이고 끝이 뾰족하거나 길게 뾰족하며 털이 약간 있다. 꽃줄기와 꽃차례의 축, 꽃자루에 털이 없거나 약간 있다. 꽃부리는 지름 2.5~4mm의 깔때기모양이며 통부는 길이 3.5~5mm이고 안쪽 면에 털이 있다. 꽃부리열편은 5개이며 길이 1~2mm의 타원형-타원상 난형이고 끝은 둥글다. 수술은 3개이며 수술대는 길이 3.5~5.2mm이다. 열매(수과)는 길이 3~4mm의 장타원상 난형이고 털이 있거나 거의 없다. 관모는 10~20개이며 길이 3~7mm이고 밑부분은 합생한다.

참고 설령쥐오줌풀에 비해 줄기 윗부분, 꽃차례, 꽃자루 등에 샘털이 거의 없으며 꽃차례가 흔히 산방상인 것이 특징이다. 학자에 따라서는 유라시아에 넓게 분포하는 *V. officinalis* L.와 동일종 또는 종내 분류군으로 처리한다.

❶2002. 5. 24. 강원 평창군 오대산 ❷꽃차례. 줄기 끝부분과 윗부분의 잎겨드랑이에서 나온 산방상(또는 머리모양) 취산꽃차례에 모여 달린다. ❸꽃차례 측면. 꽃차례와 꽃자루에 샘털이 없거나 약간 있다. ❹꽃. 꽃부리 통부의 안쪽 면에 털이 있다. 수술은 3개이다. ❺❻열매. 장타원상 난형이고 끝부분에 밑부분이 합생한 깃털모양의 관모가 있다. ❼줄기잎. 마주나며 깃털모양으로 갈라진다. ❽뿌리잎. 양면에 털이 약간 있다. ❾2023. 6. 1. 강원 태백시 금대봉

설령쥐오줌풀

Valeriana amurensis P.A.Smirn. ex
Kom.

인동과

국내분포/자생지 강원 이북 산지의
습한 풀밭, 숲가장자리 등
형태 다년초. 줄기는 높이 50~100cm
이며 상반부에 샘털이 있다. 줄기잎
은 마주나며 길이 6~15cm의 장타원
상 피침형−난형이고 가장자리는 깃
털모양으로 갈라진다. 양면에 털이
있다. 꽃은 6~7월에 연한 자색−적자
색으로 핀다. 꽃부리는 지름 2~3mm
의 깔때기모양이며 통부는 길이 3~
5mm이고 안쪽 면에 털이 있다. 수
술은 3개이며 수술대는 길이 3.5~
5.2mm이다. 열매(수과)는 길이 2.5~
3.5mm의 장타원상 난형이다.
참고 쥐오줌풀에 비해 줄기 윗부분,
꽃차례, 꽃자루 등에 샘털이 있는 것
이 특징이다.

❶2024. 7. 1. 중국 지린성 ❷꽃. 형태는 쥐
오줌풀과 거의 같다. 수술은 3개이다. ❸꽃
차례. 꽃차례 축, 가지, 포 등에 샘털이 많다.
❹❺열매. 장타원상 난형이며 능각이 발달한
다. 관모는 밑부분이 합생한다.

솔체꽃

Scabiosa comosa Fisch. ex Roem. &
Schult.

인동과

국내분포/자생지 거의 전국의 건조
한 산지(특히 석회암지대) 풀밭이나 바
위지대
형태 다년초. 줄기는 높이 30~80cm
이다. 줄기잎은 마주나며 길이 8~
15cm의 장타원형이고 가장자리는 깃
털모양으로 깊게 갈라진다. 꽃은 8~
10월에 연한 자색−연한 청자색으로
피며 지름 3~5cm의 머리모양의 꽃차
례에 모여 달린다. 총포편은 1~2줄로
배열된다. 수술은 4개이며 암술대는
길이 1cm 정도이다. 열매(수과)는 길
이 3mm 정도의 장타원형이다.
참고 높이 20cm 이하이고 가지가 갈
라지지 않는 것을 구름체꽃으로 구분
하기도 한다.

❶2020. 9. 6. 강원 영월군 ❷꽃차례. 꽃은
2가지 형태이다. 주변화는 꽃부리가 대형이
고 4개로 갈라지며 중심부의 꽃부리는 소형
이고 5개로 갈라진다. ❸열매. 소총포편과
합생하며 윗부분에 가시모양의 꽃받침열편
이 남아 있다. 샘털이 흩어져 있다. ❹구름체
꽃 타입. 2011. 8. 12. 강원 인제군 설악산

독활

Aralia cordata var. *continentalis*
(Kitag.) Y.C.Chu

두릅나무과

국내분포/자생지 전국의 산지

형태 다년초. 줄기는 높이 1~1.5m이고 털이 밀생한다. 잎은 2회 깃털모양의 겹잎이며 길이 50~100cm의 삼각상 난형이다. 최종 중앙의 작은잎은 길이 5~20cm의 난상 타원형–난형이며 밑부분은 둥글거나 심장형이다. 꽃은 8~9월에 피며 산형꽃차례에 모여 달린다. 꽃자루는 길이 5~6(~10)mm이며 털이 있다. 열매(핵과)는 지름 3~4mm의 구형이다.

참고 땅두릅(var. *cordata* Thunb.)은 독활에 비해 작은잎이 동형성(최종 중앙 작은잎과 옆쪽 작은잎의 모양이 비슷함)이고 꽃차례가 비교적 성기며 꽃자루가 길이 1~1.2cm로 긴 것이 특징이다. 독활과 땅두릅은 구분하기 모호한 경우가 많다.

❶2022. 8. 20. 경북 울릉군 울릉도 ❷꽃차례. 수술이 먼저 성숙한다. ❸꽃차례(암술기). 암술대는 3~5개이다. ❹열매. 암자색–거의 흑색으로 익는다. 자루에 털이 밀생한다.

인삼

Panax ginseng C.A.Mey.

두릅나무과

국내분포/자생지 제주를 제외한 거의 전국의 산지 숲속에 드물게 자람

형태 다년초. 줄기는 높이 30~60cm이며 털이 없다. 잎은 작은잎 3~7개로 이루어진 손바닥모양의 겹잎이며 줄기의 끝에서 돌려난다. 최종 중앙의 작은잎은 길이 5~12cm의 타원형–난형 또는 도란형이며 끝이 길게 뾰족하고 가장자리에 뾰족한 겹톱니가 있다. 꽃은 4~6월에 연녹색으로 피며 산형꽃차례에 모여 달린다. 꽃자루는 길이 6~15mm이고 털이 없다. 암술대는 2개이다. 열매(핵과)는 지름 4~6mm의 거의 구형이며 적색으로 익는다.

참고 세계적으로 우리나라와 중국(동북 3성 일부), 러시아(동부)에만 자라는 희귀식물이다.

❶2023. 7. 4. 경기 남양주시 ❷꽃. 산형꽃차례에 10~50개씩 모여 달린다. ❸열매(핵). 길이 5.5mm 정도의 납작한 거의 원형이다. 표면은 울퉁불퉁하다. ❹잎. 가장자리에 뾰족한 톱니가 있으며 앞면에 잔털이 있다.

큰잎피막이

Hydrocotyle javanica Thunb.
Hydrocotyle nepalensis Hook.

산형과

국내분포/자생지 제주의 저지대 숲속

형태 다년초. 줄기는 길이 10~30cm
이고 땅 위에 누우며 구부러진 털이
있다. 잎은 길이 2~4.5cm의 신장형–
신장상 원형이며 밑부분은 심장형이
고 가장자리는 5~7(~9)개로 얕게 갈
라진다. 표면의 맥 위에 짧은 털이 약
간 있다. 줄기의 잎자루는 길이 3~
15cm이고 밑으로 향한 짧은 털이 많
다. 꽃은 8~11월에 백록색–연녹색으
로 피며 산형꽃차례에 모여 달린다.
꽃잎은 타원상 난형–삼각형이다. 수
술은 5개이다. 열매(분과)는 길이 1~
1.3mm의 반원형이다.

참고 꽃차례가 마디에서 (1~)2~5개씩
모여나며 잎이 대형(너비 3.5~5.5cm)인
것이 특징이다.

❶2018. 10. 11. 제주 제주시 ❷꽃. 10개 정
도가 산형꽃차례에 모여 달린다. ❸❹열매
(분과). 원형–편원형이며 분과의 측면에 1
개의 능선(1차늑)이 있다. ❺잎 뒷면. 짧은
털이 산생한다.

제주피막이

Hydrocotyle yabei Makino

산형과

국내분포/자생지 제주의 숲속(해발고
도 1,000m 이하)

형태 다년초. 줄기는 길이 10~30cm
이고 땅 위에 누우며 털이 없다. 잎은
길이 3~15mm의 오각상 원형–원형이
며 밑부분은 심장형이고 가장자리는
5~7(~9)개로 갈라진다. 잎자루는 길
이 1.5~4cm이고 털이 거의 없다. 꽃
은 7~9월에 백록색–연녹색으로 피며
산형꽃차례에 모여 달린다. 꽃자루는
거의 없다. 꽃잎은 장타원상 난형–난
형이다. 열매(분과)는 길이 1~1.5mm의
반원형이고 측면에 1개의 능선(1차늑)
이 있다.

참고 하록성이며 잎가장자리는 1/4~
1/3 지점까지 갈라지며 소수(3~5개)의
꽃이 산형꽃차례에 모여 달리는 것이
특징이다.

❶2022. 8. 31. 제주 서귀포시 ❷꽃. 수술은
5개이고 암술대는 2개이다. ❸열매(분열과).
편원형–원형이고 털이 없다. ❹잎. 피막이에
비해 약간 더 깊게 갈라지는 편이다. ❺잎 뒷
면. 양면 모두 광택이 나며 털이 거의 없다.

왜방풍

Aegopodium alpestre Ledeb.

산형과

국내분포/자생지 지리산 이북의 해발 고도가 비교적 높은(1,200m 이상) 산지

형태 다년초. 줄기는 높이 25~80cm 이고 곧추서며 털이 없고 속이 비어 있다. 뿌리잎은 2~3회 3출겹잎상의 깃털모양겹잎이며 길이 6~12cm이고 외곽은 삼각형~넓은 삼각형이다. 중앙의 작은잎은 길이 1.2~4cm의 좁은 난형이고 가장자리는 얕게 또는 결각 상으로 갈라진다. 줄기잎은 위쪽으로 갈수록 작아진다. 줄기 아랫부분의 잎자루는 길이 5~9cm이다. 수꽃양성화한그루이다. 꽃은 6~7월에 백색 으로 피며 복산형꽃차례에 모여 달린 다. 총포편은 흔히 없거나 드물게 1개 가 있다. 작은꽃줄기(소산경)는 8~18개 이며 길이 1~4cm이고 짧은 털이 약간 있다. 소총포편은 없다. 꽃자루(소화경)는 길이 2~9mm이고 털이 없거나 약간 있다. 꽃은 지름 1.5~2.5mm 이며 15~30개가 작은산형꽃차례에 모여 달린다. 작은산형꽃차례의 가장 자리에는 양성화가 달리고 중앙부에 는 수꽃이 달린다. 꽃잎은 도란형이 고 크기가 서로 다르며 끝은 흔히 2개로 갈라진다. 수술은 5개이고 암술 대는 2개이다. 열매(분과)는 길이 2.5~ 3.5mm의 좁은 장타원형이다.

참고 뿌리잎(줄기 밑부분의 잎 포함)은 1~3개이고 2~3회 3출겹잎 또는 2~3 회 깃털모양겹잎이며 개화기까지 남아 있는 것이 특징이다.

❶2023. 6. 1. 강원 태백시 함백산 ❷꽃차례. 작은산형꽃차례는 8~18개 정도이다. ❸꽃. 작은산형차례의 중심부에 있는 꽃들은 수꽃 이다. ❹꽃차례 측면. 흔히 총포편은 없으 며 작은꽃자루(특히 아랫부분)에 털이 있다. ❺작은산형꽃차례의 측면. 소총포편이 없으 며 꽃자루에서 흔히 털이 있다. ❻열매. 분과 는 장타원상이며 밋밋하다. 가는(희미한) 능 선이 있다. 암술대가 길게 남아 있다. ❼분과 의 단면. 유관은 불명확하다. ❽뿌리잎. 털이 없다.

지리강활

Angelica cincta H.Boissieu
Angelica amurensis Schischk.

산형과

국내분포/자생지 지리산 이북의 해발고도가 비교적 높은 산지

형태 다년초. 줄기는 높이 60~120cm이고 굵으며 털이 없고 속이 비어 있다. 뿌리잎은 2~3회 3출겹잎상의 깃털모양겹잎이며 길이 25~45cm이고 외곽은 삼각형-넓은 난형이다. 중앙의 작은잎은 길이 10~12cm의 마름모형 또는 넓은 난형이고 3개로 갈라진다. 끝은 뾰족하거나 길게 뾰족하고 가장자리에 뾰족한 톱니가 있다. 줄기잎은 위쪽으로 갈수록 작아진다. 꽃은 7~8월에 백색으로 피며 복산형꽃차례에 모여 달린다. 총포편은 없거나 1개이다. 작은꽃줄기(소산경)는 20~45개이며 길이 1.2~9cm이고 짧은 털이 밀생한다. 소총포편은 6~8개이고 길이 4~6cm의 선상 피침형이다. 꽃자루(소화경)는 길이 2~16mm이고 짧은 털이 밀생한다. 꽃은 지름 2mm 정도이고 34~44개가 작은산형꽃차례에 모여 달린다. 꽃잎은 도란형 또는 난형이며 끝부분은 안쪽으로 구부러지고 가장자리는 뒤로 약간 젖혀진다. 수술은 5개이고 꽃밥은 자색-암자색이며 암술대는 2개이다. 열매(분과)는 길이 3.4~5.8mm의 타원상-거의 원형이며 털이 없다.

참고 구릿대에 비해 흔히 엽축의 마디가 적자색-적갈색이고 잎집이 약간 부풀며 분과의 유관이 (8~)20~25개인 것이 특징이다.

❶ 2011. 8. 12. 강원 태백시 금대봉 ❷ 꽃차례. 작은산형꽃차례는 23~43개이고 꽃이 조밀하게 달린다. 꽃잎의 끝은 흔히 2개로 갈라진다. ❸ 작은산형꽃차례의 측면. 소총포편은 6~8개이며 선상 피침형이다. 작은꽃줄기와 꽃자루에 잔털이 밀생한다. ❹ 꽃차례 측면. 총포편은 흔히 없지만 간혹 줄기잎의 잎집모양으로 1개가 달리기도 한다. ❺❻ 열매. 분과의 등쪽에는 3개의 뚜렷한 능선이 있고 가장자리(측면 능선)에 좁은 날개가 있다. ❼ 분과의 단면. 유관은 (8~)20~25개이며 늑간에 3~4개씩, 접합면에 4~6(~8)개가 있다(중국식물지 기재와 다름). 면밀한 비교·검토가 요구된다. ❽❾ 뿌리잎. 2~3회 3출겹잎상의 깃털모양겹잎이다. 마디 부분이 흔히 적자색-적갈색인 것이 특징이다.

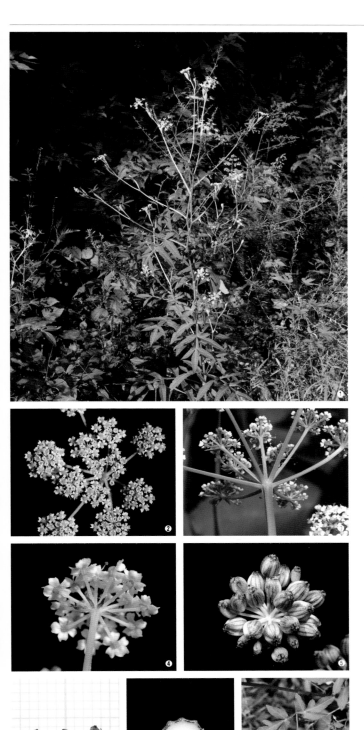

처녀바디

Angelica cartilaginomarginata
(Makino ex Y.Yabe) Nakai

산형과

국내분포/자생지 전국의 산야

형태 다년초. 줄기는 높이 50~150cm
이고 굵으며 털이 없고 속이 차 있다.
뿌리잎은 1~2회 깃털모양겹잎이며
흔히 꽃이 필 무렵에는 시든다. 줄기
잎은 길이 8~20cm이고 외곽은 타원
형-난형이다. 중앙의 작은잎은 길이
3.5~4.5mm의 마름모형이고 3개로
갈라지며 끝은 뾰족하고 가장자리에
는 뾰족한 톱니가 있다. 줄기잎은 위
쪽으로 갈수록 작아진다. 꽃은 7~10
월에 백색으로 피며 복산형꽃차례에
모여 달린다. 총포편은 없다. 작은꽃
줄기(소산경)는 (5~)10~18개이며 길이
1~5cm이고 향축면(윗면)에 짧은 털이
약간 있다. 소총포편은 2~6개이고 길
이 1~2cm의 피침형이다. 꽃자루(소화
경)는 길이 5~70mm이고 짧은 털이
약간 있다. 꽃은 지름 2.5~4mm이고
20~26개가 작은산형꽃차례에 모여
달린다. 꽃잎은 도란형이며 끝부분은
안쪽으로 구부러지고 가장자리는 뒤
로 약간 젖혀진다. 수술은 5개이고 꽃
밥은 자색~암자색이며 암술대는 2개
이다. 열매(분과)는 길이 3mm의 넓은
타원형-타원상 난형이며 털이 없다.

참고 꽃이 백색이며 잎이 1~2회 깃털
모양겹잎이고 엽축에 날개가 있는 것
이 특징이다.

❷ 2018. 8. 19. 강원 영월군 ❸ 꽃차례의 측
면. 총포편은 없다. ❹ 작은산형꽃차례. 소총
포편은 2~6개이다. ❺ 열매(분열과). 약간 눌
린 난상 구형이다. ❻ 열매(분과). 넓은 타원
형-타원상 난형이며 등쪽에 3개의 돌출한
능선이 있고 양쪽 측면에 각각 1개씩의 능
선(능각)이 있다. ❼ 분과의 단면. 유관은 8~
10(~16)개이며 늑간에 1~2(~3)개씩, 접합면
에 4(~8)개가 있다. ❽ 줄기잎. 1~2회 깃털모
양겹잎이며 엽축에는 열편과 이어지는 잎모
양의 날개가 있다.

749

잔잎바디

Angelica czernaevia (Fisch. & C.A.Mey.) Kitag.

산형과

국내분포/자생지 강원 이북의 산야 (남한지역에서는 주로 석회암지대)

형태 다년초. 줄기는 높이 60~150cm 이고 굵으며 털이 없고 속이 비어 있다. 뿌리잎은 2~3회 3출겹잎상 깃털모양겹잎이며 흔히 꽃이 필 무렵에는 시든다. 줄기잎은 길이 10~25cm이고 외곽은 장타원상 난형~삼각상 난형이다. 중앙의 작은잎은 길이 3.5~4.5cm의 장타원상 난형~넓은 난형이고 3개로 갈라지며 끝은 길게 뾰족하고 가장자리에는 뾰족한 겹톱니가 있다. 줄기잎은 위쪽으로 갈수록 작아진다. 꽃은 8~9월에 백색으로 피며 복산형꽃차례에 모여 달린다. 총포편은 없다. 작은꽃줄기(소산경)는 12~25(~30)개이며 길이 1~4.5cm이고 향축면(윗면)에 짧은 털이 밀생한다. 소총포편은 (0~)1~6개이고 길이 2.5~15mm의 선형이다. 꽃자루(소화경)는 길이 2~9mm이고 향축면에 짧은 털이 있다. 꽃은 지름 2.5~4mm이고 22~30개가 작은산형꽃차례에 모여 달린다. 꽃잎은 도란형이며 끝부분은 안쪽으로 약간 구부러진다. 수술은 5개이고 꽃밥은 황백색이며 암술대는 2개이다. 열매(분과)는 길이 3~4mm의 반구형이며 털이 없다.

참고 2~3회 3출겹잎상 깃털모양겹잎이고 최종 중앙열편이 피침상 장타원형으로 좁으며 열매(분과)의 등쪽에 굵은 능선이 있는 것이 특징이다.

❶2018. 8. 18. 강원 영월군 ❷꽃차례. 꽃잎의 크기는 서로 다르다(작은산형꽃차례의 중심부에서 바깥쪽에 있는 꽃잎이 더 대형이다). ❸꽃차례 측면. 총포편은 없다. 작은꽃줄기 향축면(복면)에 짧은 털이 밀생한다. ❹작은산형꽃차례. 선형의 소총포편이 있다. 꽃자루에도 털이 줄지어 나 있다. ❺열매(분과분열과). 등쪽에 3개의 비교적 굵은 능선이 있다. 측면의 능선(능각)은 좁은 날개모양이다. ❻열매(분과). 지름 3~4mm의 반구형이다. ❼분과의 단면. 반원형이다. 유관은 18~24개이며 늑간에 3~4개씩, 접합면에 6(~8)개가 있다. ❽줄기잎. 2~3회 3출겹잎상 깃털모양겹잎이며 최종 열편은 피침형~피침상 장타원형이고 가장자리에 뾰족한 겹톱니가 있다.

바디나물

Angelica decursiva (Miq.) Franch. & Sav.

산형과

국내분포/자생지 전국의 산야

형태 다년초. 줄기는 높이 60~150cm 이고 굵으며 털이 없고 속이 비어 있다. 뿌리잎은 1~2회 3출겹잎상 깃털모양겹잎이며 흔히 꽃이 필 무렵에는 시든다. 줄기잎은 길이 15~20cm이고 외곽이 삼각상 난형이다. 중앙의 작은잎은 길이 9~17cm의 난형~넓은 난형이고 3(~5)개로 갈라지며 끝은 뾰족하고 가장자리에는 뾰족한 톱니가 촘촘하게 나 있다. 줄기잎은 위쪽으로 갈수록 작아진다. 꽃은 8~9월에 (백색~)적갈색으로 피며 복산형꽃차례에 모여 달린다. 총포편은 1~3개이다. 작은꽃줄기(소산경)는 10~15(~22)개이며 길이 1~4.5cm이고 항축면(윗면)에 짧은 털이 밀생한다. 소총포편은 3~8개이고 길이 4~5.5mm의 선상 피침형이다. 꽃자루(소화경)는 길이 1~4mm이고 짧은 털이 약간 있다. 꽃은 지름 1.5~1.8mm이고 28~32개가 작은산형꽃차례에 모여 달린다. 꽃잎은 도란형이며 끝부분은 안쪽으로 약간 구부러진다. 수술은 5개이고 꽃밥은 암자색이다. 암술대는 2개이고 맞닿아 있다. 열매(분과)는 길이 4~6.8mm의 반구형이며 털이 없다.

참고 꽃이 (백색~)적갈색이며 잎이 1~2회 3출겹잎상 깃털모양겹잎이고 엽축에 날개가 있는 것이 특징이다.

❶ 2002. 8. 18. 경북 김천시 우두령 ❷ 꽃차례. 윗부분은 거의 편평하거나 약간 볼록하다. 꽃은 흔히 적갈색이다. ❸ 꽃차례 측면. 총포편은 1~3개이며 줄기잎의 잎집모양이다. 작은꽃줄기에 짧은 털이 밀생한다. ❹ 작은산형꽃차례. 소총포편은 3~8개이다. 꽃자루는 굵은 편이며 짧은 털이 산생한다. ❺ 열매(분열과). 털이 없다. 등쪽에 능선(능각, 늑)은 거의 돌출하지 않고 연한 갈색~적갈색의 맥과 같다. ❻ 분과의 단면. 신장상 타원형(비스듬한 타원형)이다. 유관은 8~18개이며 늑간에 1~2(~3)개씩, 접합면에 4(~6)개가 있다. ❼ 줄기잎. 2~3회 3출겹잎상이며 엽축에 열편과 이어지는 잎모양의 날개가 있다.

당귀

Angelica gigas Nakai

산형과

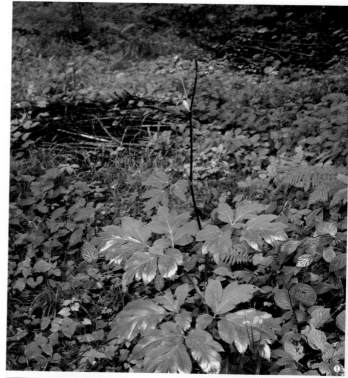

국내분포/자생지 제주를 제외한 전국(특히 중부지방)의 깊은 산지

형태 다년초. 줄기는 높이 70~150cm이고 굵으며 털이 없고 속이 비어 있다. 뿌리잎은 2~3회 3출겹잎상 깃털모양겹잎이며 흔히 꽃이 필 무렵에는 시든다. 줄기잎은 1~2회 3출겹잎상 깃털모양겹잎이며 길이 20~35cm이고 외곽은 삼각상 난형~넓은 난형이다. 중앙의 작은잎은 길이 10~20cm의 마름모상 난형~넓은 난형이고 3(~5)개로 갈라진다. 끝은 뾰족하고 가장자리에는 뾰족한 톱니가 있다. 줄기잎은 위쪽으로 갈수록 작아진다. 꽃은 8~10월에 적자색~적갈색으로 피며 복산형꽃차례에 모여 달린다. 총포편은 (0~)1~2개이다. 작은꽃줄기(소산경)는 18~45개이며 길이 1.5~4.5cm이고 향축면(윗면)에 짧은 털이 밀생한다. 소총포편은 2~6개이고 길이 2~10mm의 선상 피침형~피침형이다. 꽃자루(소화경)는 길이 2~6mm이고 짧은 털이 밀생한다. 꽃은 지름 1.2~1.6mm이고 27~35개가 작은산형꽃차례에 모여 달린다. 꽃잎은 도란상 장타원형~도란형이며 끝부분은 안쪽으로 약간 구부러진다. 수술은 5개이고 꽃밥은 암자색이며 암술대는 2개이다. 열매(분과)는 길이 4.5~7mm의 장타원형~타원형이며 털이 없다.

참고 꽃이 적자색~적갈색이고 반구형의 꽃차례에 모여 달리며 줄기잎이 1~2회 3출겹잎상 깃털모양겹잎이고 엽축에 날개가 없는 것이 특징이다.

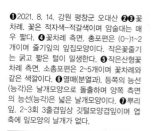

❶2021. 8. 14. 강원 평창군 오대산 ❷❸꽃차례. 꽃은 적자색~적갈색이며 암술대는 매우 짧다. ❹꽃차례 측면. 총포편은 (0~)1~2개이며 줄기잎의 잎집모양이다. 작은꽃줄기는 굵고 짧은 털이 밀생한다. ❺작은산형꽃차례 측면. 소총포편은 2~5개이며 꽃차례와 같은 색깔이다. ❻열매(분열과). 등쪽의 능선(능각)은 날개모양으로 돌출하며 양쪽 측면의 능선(능각)은 넓은 날개모양이다. ❼뿌리잎. 2~3회 3출겹잎상 깃털모양겹잎이며 엽축에 잎모양의 날개가 없다.

궁궁이

Angelica polymorpha Maxim.

산형과

국내분포/자생지 제주를 제외한 전국(특히 중부지방)의 깊은 산지

형태 다년초. 줄기는 높이 40~100cm이고 굵으며 털이 없고 속이 비어 있다. 뿌리잎은 3~4회 3출겹잎상 깃털모양겹잎이며 흔히 꽃이 필 무렵에는 시든다. 줄기잎은 2~3회 3출겹잎상 깃털모양겹잎이며 길이 13~30cm이고 외곽은 삼각상 난형-넓은 난형이다. 중앙의 작은잎은 길이 4.5~8cm의 장타원형-난형이고 흔히 3개로 갈라진다. 끝은 뾰족하고 가장자리는 불규칙하게 갈라진다. 줄기잎은 위쪽으로 갈수록 작아진다. 꽃은 8~10월에 백색으로 피며 복산형꽃차례에 모여 달린다. 총포편은 없거나 1개이다. 작은꽃줄기(소산경)는 (20~)30~40개이며 길이 1.8~7cm이고 향축면(윗면)에 짧은 털이 밀생한다. 소총포편은 5~10개이고 길이 5~17mm의 선형이다. 꽃자루(소화경)는 길이 3~20mm이고 짧은 털이 밀생한다. 꽃은 지름 2.5~4mm이고 20~70개가 작은산형꽃차례에 모여 달린다. 꽃잎은 장타원형상 도란형-도란형이며 끝부분은 안쪽으로 약간 구부러진다. 수술은 5개이고 꽃밥은 백색이며 암술대는 2개이다. 열매(분과)는 길이 4.5~7mm의 넓은 타원형이며 털이 없다.

참고 꽃이 백색이며 줄기잎이 2~3회 3출겹잎상 깃털모양겹잎이고 작은잎의 열편은 흔히 결각상으로 갈라지는 것이 특징이다.

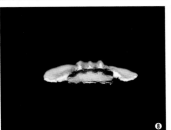

❶ 2021. 9. 2. 강원 화천군 광덕산 ❷ 꽃차례. 산방상 산형꽃차례이며 작은산형꽃차례가 (20~)30~40개로 많은 편이다. ❸ 꽃차례 측면. 총포편은 없거나 1개가 있다. 총포편은 선형이고 가장자리에 털이 밀생한다. ❹ 작은산형꽃차례. 소총포편은 5~10개이며 실모양이다. 소총포편과 꽃자루에 짧은 털이 밀생한다. 다른 종에 비해 꽃받침조각이 비교적 뚜렷한 편이다. ❺ 꽃. 꽃잎의 끝부분은 짧게 뾰족하거나 길게 뾰족하며 흔히 안쪽으로 구부러진다. ❻ 열매(분열과). 넓은 타원형이다. 등쪽의 능선은 3개이고 굵으며 능선 사이는 뚜렷하고 골이 진다. ❼ 열매(분과). 양쪽 측면에 능선(능각)은 넓은 날개모양이다. ❽ 분과의 단면. 좁은 장타원형이다. 유관은 6~8개이며 능간에 1개씩. 접합면에 2~4개가 있다. ❾ 줄기잎. 작은잎의 열편은 흔히 결각상으로 갈라지고 가장자리에 불규칙한 톱니가 있다. 엽축은 마디 부분에서 무릎 관절처럼 약하게 또는 강하게 구부러진다.

강활

Angelica reflexa B.Y.Lee

산형과

국내분포/자생지 경북 이북의 산지
(특히 계곡부), 한반도 고유종

형태 다년초. 줄기는 높이 80~120cm
이고 굵으며 털이 없고 속이 비어 있
다. 뿌리잎은 2~3회 3출겹잎상 깃털
모양겹잎이며 흔히 꽃이 필 무렵에
는 시든다. 줄기잎은 2~3회 3출겹잎
상 깃털모양겹잎이며 길이 25~35cm
이고 외곽이 삼각형-넓은 난형이다.
중앙의 작은잎은 길이 5~10cm의 삼
각형-난형이고 흔히 3개로 깊게 갈
라진다. 끝은 길게 뾰족하고 가장자
리에는 뾰족한 톱니가 있다. 줄기잎
은 위쪽으로 갈수록 작아진다. 꽃은
8~10월에 백색으로 피며 복산형꽃
차례에 모여 달린다. 총포편은 없거
나 1개이다. 작은꽃줄기(소산경)는 흔
히 (16~)20~40개이며 길이 2~6.2cm
이고 향축면(윗면)에 짧은 털이 밀생
한다. 소총포편은 5~12개이고 길이 8
~14mm의 선형이다. 꽃자루(소화경)는
길이 4~16mm이고 짧은 털이 밀생한
다. 꽃은 지름 1.5~2.5mm이고 15~40
개가 작은산형꽃차례에 모여 달린다.
꽃잎은 도란형이며 끝부분은 안쪽으
로 강하게 구부러진다. 수술은 5개이
고 꽃밥은 백색이며 암술대는 2개이
다. 열매(분과)는 길이 5~7mm의 장타
원형이며 털이 없거나 약간 있다.

참고 꽃이 백색이며 잎이 2회 3출겹
잎상 깃털모양겹잎이고 엽축의 마
디 부분이 무릎 관절처럼 강하게 구
부러지는 것이 특징이다. 왜천궁(*A.
genuflexa* Nutt. ex Torr. & A.Gray)은 강
활과 매우 유사하지만 잎 뒷면 맥 위
와 열매에 털이 있고 분과의 접합면
에 4개의 유관이 있는 것이 특징이다.

❶2020. 8. 18. 강원 정선군 ❷꽃차례. 작은
산형꽃차례는 흔히 20~40개이다. ❸꽃차례
측면. 총포편은 없거나 1개이다. ❹작은산형
꽃차례. 소총포편은 5~12개이며 선형이고 짧
은 털이 밀생한다. ❺꽃. 꽃잎의 끝부분은
길게 또는 꼬리처럼 길게 뾰족하고 안쪽으
로 강하게 구부러진다. 수술대는 매우 길다.
❻열매(분과열과). 넓은 타원형이다. 등쪽에 돌
출한 3개의 능선이 있고 능선 사이는 뚜렷
하고 골이 진다. ❼열매(분과). 양쪽 측면에
능선(능각)은 넓은 날개모양이다. ❽분과의
단면. 신장상(일그러진) 타원형이다. 유관은
6(~7)개이며 늑간에 1개씩, 접합면에 2(~3)개
가 있다. ❾줄기잎. 엽축은 마디 부분에서 무
릎 관절처럼 강하게 구부러진다.

부전바디

Angelica nakaiana (Kitag.) Pimenov
Coelopleurum nakaianum (Kitag.)
Kitag.

산형과

국내분포/자생지 북부지방의 해발고도가 높은 지대의 풀밭

형태 2년초 또는 다년초. 줄기는 높이 20~50cm이며 얕은 세로 홈이 있고 마디에 거친 털이 있다. 뿌리잎은 2~3회 깃털모양겹잎이며 꽃이 필 무렵에 시든다. 줄기잎은 2~3회 깃털모양겹잎이며 길이 20~40cm이고 외곽은 오각상 난형이다. 최종 중앙의 작은잎은 길이 5~10cm의 삼각상 난형-넓은 난형이고 3개 또는 결각상으로 갈라지며 가장자리에는 뾰족한 곁톱니가 불규칙하게 나 있다. 표면 맥 위에 털이 약간 있고 뒷면에는 털이 없거나 약간 있다. 양면에서 약간 광택이 난다. 꽃은 7~8월에 백색으로 피며 지름 5~9cm의 복산형꽃차례에 모여 달린다. 총포편은 없거나 1개이며 일찍 떨어진다. 작은꽃줄기(소산경)는 (12~)20~40개이며 길이 2.5~4cm이고 향축면(복면)에 짧은 털이 약간 있다. 소총포편은 (6~)8~12개이며 길이 8~15mm의 선형이고 꽃자루보다 약간 더 길다. 꽃자루(소화경)는 길이 5~10mm이고 향축면(윗면)에 짧은 털이 약간 있다. 꽃은 지름 2~3mm이고 25~40개가 작은산형꽃차례에 모여 달린다. 꽃잎은 도란형-넓은 도란형이며 끝이 길게 뾰족하고 안쪽으로 강하게 구부러진다. 수술은 5개이고 꽃밥은 자색-암자색이며 암술대는 2개이다. 열매(분과)는 길이 3.5~5mm의 타원형-타원상 난형이고 등쪽에 3개의 능선(능각, 늑)이 있다. 유관은 늑간에 1~3개씩, 접합면에 3~4개 있다.

참고 전체 식물체의 크기에 비해 잎이 대형이며 2~3회 깃털모양으로 갈라지고 앞면의 맥이 뚜렷하게 함몰하는 것이 특징이다.

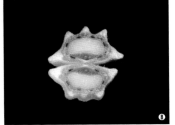

❶ 2019. 7. 4. 중국 지린성 압록강 유역(상류) ❷ 꽃차례. 작은산형꽃차례는 20~40개 정도가 빽빽하게 모여 달린다. ❸ 꽃차례 측면. 총포편은 흔히 없다. 꽃줄기에 미세한 잔털이 많다. ❹ 작은산형꽃차례. 다수의 꽃이 모여 달리며 소총포편은 8~12개로 매우 많다. ❺ 열매. 등쪽에 능선은 3개이고 돌출한다. ❻ 줄기잎. 2~3회 깃털모양겹잎이며 표면의 맥이 뚜렷하게 골이 진다. ❼ 잎 뒷면. 맥은 뚜렷하게 돌출하며 털이 거의 없다. ❽ 분과의 단면. 유관은 늑간에 1~3개씩, 접합면에 3~4개가 있다.

등대시호

Bupleurum euphorbioides Nakai

산형과

국내분포/자생지 지리산 이북의 해발 고도가 비교적 높은 산지의 바위지대
형태 다년초. 줄기는 높이 10~30cm 이고 털이 없다. 줄기잎은 길이 5~ 10cm의 피침형~타원상 난형이며 밑 부분은 줄기를 감싼다. 털이 없다. 꽃 은 7~8월에 황색으로 피며 복산형꽃 차례에 모여 달린다. 총포편은 2~5개 이며 길이 1~2cm의 난형이다. 작은 꽃줄기는 5~12개이며 소총포편은 5~ 7개이고 난형상이다. 꽃자루는 길이 2~3mm이다.
참고 키가 작고 뿌리잎이 피침형 또 는 도피침형이며 줄기잎이 줄기를 감 싸는 것이 특징이다.

❶2006. 7. 8. 강원 인제군 설악산 ❷꽃차 례. 총포편은 난형상이며 잎모양이다. ❸작 은산형꽃차례. 소총포편은 꽃자루보다 더 길 며 난형~넓은 난형이고 끝이 뾰족하거나 급 하게 뾰족하다. 꽃잎은 뒤로 강하게 젖혀 진다. ❹열매(분열과). 털이 없이 평활하다. ❺분과의 단면. 유관은 16~24개이며 늑간에 3(~5)개씩, 접합면에 4(~6)개이다.

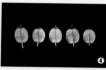
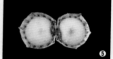

시호

Bupleurum komarovianum Lincz.

산형과

국내분포/자생지 전국의 건조한 풀밭
형태 다년초. 줄기는 높이 60~100cm 이고 털이 없다. 줄기잎은 길이 8~ 18cm이며 밑부분은 차츰 좁아지고 줄기를 감싸지 않는다. 꽃은 7~8월에 황색으로 피며 복산형꽃차례에 모여 달린다. 총포편은 (0~)1~6개이며 길이 3~5mm의 선형~선상 피침형이다. 작 은꽃줄기는 6~13개이며 소총포편은 5~6개이고 선상 피침형~피침형이다. 꽃자루는 길이 2~3mm이다. 꽃은 지 름 1.2~1.8mm이다.
참고 참시호에 비해 줄기잎이 피침 형~장타원형 또는 도피침형~도란상 장타원형인 것이 특징이다

❶2002. 7. 24. 대구 수성구 용지봉 ❷열매 (분열과). 분과는 좁은 장타원형이며 표면은 평활하다. ❸분과의 단면. 유관은 18~28개이 며 늑간에 3(~5)개씩, 접합면에 6(~8)개이다. ❹줄기잎. 피침상 또는 도피침상이고 세로 맥이 뚜렷하다.

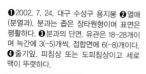

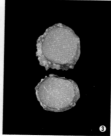

참시호

Bupleurum scorzonerifolium Willd.,

산형과

국내분포/자생지 제주 및 전남, 경북 이북의 건조한 풀밭

형태 다년초. 줄기는 높이 40~80cm 이고 녹색이며 털이 없다. 뿌리잎은 길이 9~15cm의 선상 피침형-피침형 이며 꽃이 필 무렵에 시든다. 줄기잎 은 길이 10~16cm의 선형-선상 피침 형이다. 끝은 뾰족하거나 길게 뾰족 하며 밑부분은 차츰 좁아지고 줄기 를 감싸지 않는다. 양면에 털이 없으 며 세로맥은 3~7개이고 뚜렷하다. 꽃 은 7~8월에 황색으로 피며 복산형꽃 차례에 모여 달린다. 총포편은 1~3개 이며 길이 3~12mm의 선형-선상 피 침형이고 흔히 일찍 떨어진다. 작은 꽃줄기(소산경)는 3~10개이며 길이 1~ 4cm이고 털이 없다. 소총포편은 5~ 6개이고 길이 1.5~3mm의 선상 피침 형-피침형이다. 꽃자루(소화경)는 길 이 1.5~2.5mm이고 털이 없다. 꽃은 지름 2~3mm이고 4~11개가 작은산형 꽃차례에 모여 달린다. 꽃잎은 도란 상 타원형이다. 수술은 5개이고 꽃밥 은 황색이며 암술대는 2개이다. 열매 (분과)는 길이 2~3.5mm의 좁은 장타 원형이며 표면은 평활하다.

참고 시호에 비해 줄기잎이 선형-선 상 피침형이고 잎맥이 3~7개인 것이 특징이다.

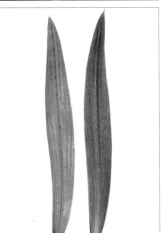

❶ 2020. 9. 6. 강원 정선군 ❷ 꽃차례. 작은 산형꽃차례가 엉성하게 모여 달린다. ❸ 작은 산형꽃차례. 소총포편은 선상 피침형-피침 형이다. 꽃잎은 뒤로 강하게 젖혀진다. ❹ 열 매(분열과). 분과는 좁은 장타원형이고 표면 은 평활하다. ❺ 줄기잎. 선형-선상 피침형이 며 흔히 회녹색이다. ❻ 줄기잎(앞뒷면). 잎맥 은 3~7개이며 뚜렷하다. 양면에 털이 없다. ❼ 2019. 7. 9. 중국 지린성

섬시호

Bupleurum latissimum Nakai

산형과

국내분포/자생지 경북 울릉도의 해
안 가까운 산지의 바위지대. 한반도
고유종

형태 다년초. 줄기는 높이 50~85cm
이고 녹색이며 털이 없다. 뿌리잎은
꽃이 필 무렵에 남아 있으며 길이 7~
18cm의 난형-넓은 난형이고 밑부분
은 심장형이다. 표면은 녹색-회녹색
이며 뒷면은 회녹색이고 털이 없다.
줄기잎은 길이 4.5~11cm의 장타원
형-난형이다. 끝은 뾰족하거나 둔하
며 밑부분은 귀모양이고 줄기를 완전
히 감싼다. 양면에 털이 없다. 꽃은 7
~8월에 황색으로 피며 복산형꽃차례
에 모여 달린다. 총포편은 3~5개이며
길이 7~25mm의 난형-넓은 난형이
다. 작은꽃줄기(소산경)는 9~15개이며
길이 1.5~4.8cm이고 털이 없다. 소총
포편은 (3~)5개이고 길이 4~8mm의
타원상 난형-난형 또는 넓은 도란형
이다. 꽃자루(소화경)는 길이 4~7mm
이고 털이 없다. 꽃은 지름 2~2.5mm
이고 8~20개가 작은산형꽃차례에 모
여 달린다. 꽃잎은 도란형이고 끝이
뾰족하다. 수술은 5개이고 꽃밥은 황
색이며 암술대는 2개이다. 열매(분과)
는 길이 5~6mm의 좁은 장타원형이
며 표면은 평활하다.

참고 뿌리잎이 난형상이고 양면 또는
뒷면이 회녹색이며 잎의 밑부분이 얕
은 심장형 또는 심장형인 것이 특징
이다.

❶ 2005. 5. 5. 경북 울릉군 울릉도 ❷ 꽃차
례. 작은산형꽃차례가 엉성하게 모여 달린
다. ❸ 총포편. 난형상이며 밑부분은 심장형
이다. ❹❺ 열매(분열과). 분과는 좁은 장타원
형이고 양쪽 측면에 능선이 1개씩(1차늑) 있
다. ❻ 줄기잎. 밑부분은 줄기를 완전히 감싼
다. ❼ 뿌리잎. 난형이며 밑부분은 심장형이
다. 꽃이 필 무렵에도 남아 있다. ❽ 2009. 6.
10. 인천 서구(식재)

개시호

Bupleurum longeradiatum Turcz.

산형과

국내분포/자생지 제주(한라산) 및 지리산 이북의 산지

형태 다년초. 줄기는 높이 50~100cm이고 녹색이며 털이 없다. 뿌리잎은 꽃이 필 무렵에 남아 있으며 길이 9~15cm의 피침상 장타원형-난형이고 밑부분은 차츰 좁아진다. 양면은 털이 없다. 줄기잎은 길이 5~12cm의 피침형-피침상 장타원형이다. 끝은 뾰족하거나 둔하며 밑부분은 귀모양이고 줄기를 완전히 감싼다. 양면에 털이 없다. 꽃은 7~9월에 황색으로 피며 복산형꽃차례에 모여 달린다. 총포편은 1~5개이며 길이 2~6mm의 선상 피침형-난상 장타원형이다. 작은꽃줄기(소산경)는 6~12개이며 길이 8~38mm이고 털이 없다. 소총포는 3~6개이고 길이 4~8mm의 선상 피침형-난상 장타원형이다. 꽃자루(소화경)는 길이 2~10mm이고 털이 없다. 꽃은 지름 1.5~2.5mm이고 8~15개가 작은산형꽃차례에 모여 달린다. 꽃잎은 도란상 장타원형-도란형이고 끝이 뾰족하다. 수술은 5개이고 꽃밥은 황색이며 암술대는 2개이다. 열매(분과)는 길이 4~4.7mm의 좁은 장타원형이며 표면은 평활하다.

참고 섬시호에 비해 잎의 폭이 좁고 뿌리잎의 밑부분이 심장형이 아니며 총포편과 소총포편이 선상 피침형-난상 장타원형인 것이 특징이다.

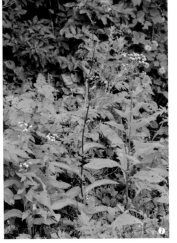

❶2005. 8. 15. 강원 태백시 태백산 ❷꽃차례. 작은산형꽃차례는 6~12개이고 엉성하게 달린다. 털이 없다. ❸작은산형꽃차례. 소총포는 선상 피침형-난상 장타원형이며 꽃자루보다 짧다. ❹총포. 총포편은 1~5개이며 피침형-난상 장타원형이다. 작은꽃줄기에 털이 없다. ❺열매(분열과). 분과는 비스듬한 좁은 장타원형이며 표면은 평활하다. ❻줄기잎. 피침형-장타원상 난형이며 줄기를 완전히 감싼다. ❼2020. 8. 22. 강원 정선군 함백산

전호

Anthriscus sylvestris (L.) Hoffm.

산형과

국내분포/자생지 지리산 이북의 산야
형태 다년초. 줄기는 높이 80~120cm
이고 굵으며 털은 없거나 밑부분에
퍼진 털이 있고 속이 비어 있다. 뿌리
잎은 2~3회 깃털모양겹잎이며 개화
기에 남아 있다. 줄기잎은 2~3회 깃
털모양겹잎이며 길이 13~25cm이고
외곽이 삼각상 난형이다. 최종 열편
은 길이 1~4cm의 피침형–피침상 장
타원형이며 끝은 길게 뾰족하고 가
장자리는 깊게 갈라진다. 양면에 털
이 없거나 뒷면 맥 위에 짧은 털이 있
다. 수꽃양성화한그루이다. 꽃은 4~
6월에 백색으로 피며 복산형꽃차례
에 모여 달린다. 총포편은 없다. 작은
꽃줄기(소산경)는 6~12개이며 길이 1~
3.5cm이고 털이 없다. 소총포편은 5
~8개이고 길이 3~9mm의 피침형–장
타원상 난형이다. 꽃자루(소화경)는 길
이 2.5~13mm이고 향축면(윗면)의 밑
부분에 짧은 털이 있다. 꽃은 지름 2~
4mm이고 8~20개가 작은산형꽃차례
에 모여 달린다. 꽃잎은 도란상 타원
형–도란형이다. 수술은 5개이고 꽃밥
은 백색이며 암술대는 2개이다. 열매
(분과)는 길이 5~8mm의 피침상 원통
형이며 표면은 평활하고 광택이 난다.
참고 유럽전호(*A. caucalis* M.Bieb.)에
비해 분과가 피침상 원통형이고 표면
이 평활한 것이 특징이다.

❶2017. 5. 27. 강원 태백시 태백산 ❷꽃차
례. 작은산형꽃차례에 흔히 수꽃과 양성화가
혼생하는 수꽃양성화한그루이다. 꽃잎은 크
기가 서로 다르다. ❸꽃차례의 측면. 총포편
은 없다. ❹작은산형꽃차례. 소총포편은 피
침형–장타원상 난형이고 가장자리에 털모양
의 톱니가 있다. ❺열매(분과). 표면은 털
이나 돌출한 능각이 없이 평활하다. ❻분과
의 단면. 유관은 6개이다. 늑간에 1개씩, 접
합면에 2개가 있다. ❼줄기잎. 2~3회 깃털모
양겹잎이며 열편의 가장자리는 깊게 갈라진
다. ❽2014. 4. 17. 경북 울릉군 울릉도

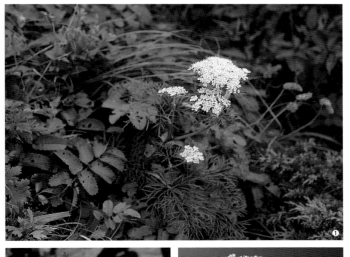

고본

Conioselinum tenuissimum (Nakai)
Pimenov & Kljuykov
Angelica tenuissima Nakai

산형과

국내분포/자생지 전국의 산지

형태 다년초. 줄기는 높이 30~70cm
이며 털이 없다. 뿌리잎은 2~3회 깃
털모양겹잎이며 꽃이 필 무렵에 시든
다. 양면에 털이 없다. 줄기잎은 2~3
회 깃털모양겹잎이며 길이 8~20cm
이고 외곽은 삼각형이다. 최종 열편
은 너비 1~2.5mm의 선형이며 끝은
뾰족하고 양면에 털이 없다. 잎집은
부풀고 세로 맥이 있으며 털이 없다.
꽃은 8~10월에 백색으로 피며 복산
형꽃차례에 모여 달린다. 총포편은 1
~2개이며 길이 1.4~3.2cm의 선형–
선상 피침형이다. 작은꽃줄기(소산경)
는 8~18개이며 길이 7~23mm이고 향
축면(윗면)에 짧은 털이 산생 또는 밀
생한다. 소총포는 5~8개이며 길이 7
~12mm의 선형이고 간혹 끝이 2개로
갈라진다. 꽃자루(소화경)는 길이 4~
10mm이고 향축면에 짧은 털이 줄지
어 난다. 꽃은 지름 1.5~3mm이고 20
~35개가 작은산형꽃차례에 모여 달
린다. 꽃잎은 도란형–넓은 도란형이
며 끝이 길게 뾰족하고 안쪽으로 강
하게 구부러진다. 수술은 5개이고 꽃
밥은 암자색이며 암술대는 2개이다.
열매(분과)는 길이 3~4mm의 타원형
이고 등쪽에 (2~)3개의 굵은 날개모양
의 능선이 발달한다. 양쪽 가장자리
의 능선도 굵은 날개모양이다.

참고 개회향에 비해 전체적으로 대형
(특히 잎의 최종 열편이 너비 1~2.5mm)이
고 잎집이 부풀며 총포편과 소총포편
이 흔히 선형이고 잎모양이 아닌 것
이 특징이다.

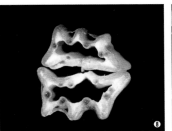

❶2005. 8. 27. 강원 인제군 설악산 ❷꽃차
례. 개회향에 비해 대형이고 작은산형꽃차례
에 꽃이 더 많이 달린다. ❸꽃차례 측면. 총
포편은 선형–선상 피침형이다. ❹작은산형
꽃차례. 소총포편은 선형이고 꽃자루와 길이
가 비슷하거나 약간 짧다. 꽃자루는 길이 4~
10mm이다. ❺꽃. 암술대는 수분 후 신장하
여 길이 1.5~2mm까지 신장한다. 꽃잎의 끝
은 길게 뾰족하고 안쪽으로 강하게 구부러
진다. ❻❼열매(분열과). 분과 등쪽의 능선과
측면 쪽의 능선이 모양이 거의 비슷하다. 측
면쪽 능선이 약간 더 넓다. ❽분과의 단면.
유관은 6~8개이며 늑간에 1개씩. 접합면에 2
~4개가 있다. ❾줄기잎. 최종 열편은 너비 1
~2.5mm의 선형이다.

산궁궁이(참고본)

Conioselinum smithii (H.Wolff)
Pimenov & Kljuykov
Ligusticum jeholense (Nakai &
Kitag.) Nakai & Kitag.

산형과

국내분포/자생지 강원(정선군. 태백시
등) 이북의 산지

형태 다년초. 줄기는 높이 30~80cm
이며 털이 없다. 뿌리잎은 2~3회 깃
털모양겹잎이며 꽃이 필 무렵에 시든
다. 줄기잎은 2~3회 3출겹잎상 깃털
모양겹잎이며 길이 10~20cm이고 외
곽이 넓은 난형이다. 최종 중앙열편
은 길이 2~3cm의 장타원상 난형–난
형이고 가장자리는 깃털모양으로 깊
게 갈라진다. 표면에는 흔히 털이 없
고 뒷면 맥 위에 털이 약간 있거나 없
다. 잎집은 부풀고 세로 맥이 있으며
털이 없다. 꽃은 8~9월에 백색으로
피며 지름 3~7cm의 복산형꽃차례에
모여 달린다. 총포편은 1~2개이고 선
형이며 일찍 떨어진다. 작은꽃줄기(소
산경)는 8~16(~19)개이며 길이 2~3cm
이고 향축면(윗면)에 짧은 털이 산생
또는 밀생한다. 소총포편은 5~10개이
고 선형이며 꽃자루와 길이가 비슷하
거나 보다 길다. 꽃자루(소화경)는 길
이 4~8mm이고 짧은 털이 많다. 꽃
은 지름 1.5~3mm이고 10~25개가 작
은산형꽃차례에 모여 달린다. 꽃잎은
도란형이며 끝이 길게 뾰족하고 안쪽
으로 강하게 구부러진다. 수술은 5개
이고 꽃밥은 황갈색–암자색이며 암
술대는 2개이다. 열매(분과)는 길이 3
~4mm의 타원형이고 등쪽에 (2~)3개
의 굵은 날개모양의 능선이 발달한
다. 양쪽 가장자리의 능선도 굵고 좁
은 날개모양이다.

참고 천궁에 비해 총포편이 1~2개이
고 일찍 떨어지며 암술대가 길게 신
장하고 뒤로 강하게 젖혀지는 것이
특징이다.

❶2020. 9. 6. 강원 태백시 금대봉 ❷꽃차
례. 작은산형꽃차례는 8~16개이다. ❸꽃차
례 측면. 총포편에 털이 있고 가장자리는 막
질이다. ❹작은산형꽃차례. 소총포와 꽃자
루에 잔털이 밀생한다. 소총포편은 선형이
고 꽃자루와 길이가 비슷하거나 약간 짧다.
❺꽃. 수술이 길며 꽃밥은 황갈색–암자색이
다. ❻❼열매(분과열과). 암술대는 수분 후 계
속 신장하여 길이 2~2.5mm가 되며 뒤로 강
하게 젖혀진다. 분과 등쪽의 능선과 측면 쪽
의 능선은 모양이 비슷하다. ❽분과의 단면.
유관은 흔히 6개이며 늑간에 1(~2)개씩, 접
합면에 2(~4)개가 있다. ❾줄기잎. 작은잎의
가장자리는 불규칙하게 깊게 갈라지며 열편
은 장타원상 난형–난형이다.

천궁

Conioselinum officinale (Makino)
K.Ohashi & H.Ohashi
Cnidium officinale Makino

산형과

국내분포/자생지 전국에서 재배(원산지 불분명)

형태 다년초. 줄기는 높이 30~70cm이고 털이 없으며 속은 비어 있다. 뿌리잎은 2회 깃털모양겹잎이며 꽃이 필 무렵에 시든다. 줄기잎은 2~3회 깃털모양겹잎이며 길이 8~15cm이고 외곽은 삼각상 난형–난형이다. 최종 중앙열편은 길이 1.5~2.5cm의 장타원상 마름모형–난형이고 가장자리는 깊게 갈라진다. 양면에 털이 없다. 꽃은 8~9월에 백색으로 피며 복산형꽃차례에 모여 달린다. 총포편은 2~6개이며 길이 7~25mm의 선형–선상 피침형이다. 작은꽃줄기(소산경)는 10~15개이며 길이 2.5~4.5cm이고 향축면(윗면)에 돌기모양의 짧은 털이 있다. 소총포편은 5~8개이고 길이 5~15mm의 선형이다. 꽃자루(소화경)는 길이 8~15mm이고 향축면에 짧은 털이 줄지어 난다. 꽃은 지름 1.5~2.5mm이고 10~20개가 작은산형꽃차례에 모여 달린다. 꽃잎은 도란형–넓은 도란형이며 끝이 뾰족하고 안쪽으로 강하게 구부러진다. 수술은 5개이며 암술대는 2개이다. 열매(분과)는 잘 맺히지 않는다.

참고 총포편과 소총포편이 비교적 길고 뚜렷하게 많이 달리는 것이 특징이다.

❶ 2021. 9. 14. 강원 정선군(식재) ❷ 꽃차례. 작은산형꽃차례는 10~15개가 모여 달린다. ❸ 꽃차례의 측면. 총포편과 소총포편은 선형–선상 피침형이다. ❹ 작은산형꽃차례. 소총포편과 꽃자루에 털이 있다. 소총포편은 5~8개이다. ❺ 줄기잎. 작은잎의 가장자리는 불규칙하게 깊게 갈라지며 열편은 산궁궁이에 비해 약간 더 넓다. ❻ 2021. 9. 14. 강원 정선군(식재)

파드득나물

Cryptotaenia japonica Hassk.

산형과

국내분포/자생지 전국의 산지

형태 다년초. 줄기는 높이 30~65cm
이고 털이 없으며 속은 비어 있다. 가
지가 많이 갈라진다. 뿌리잎은 1~3개
이며 3출겹잎이고 꽃이 필 무렵에도
남아 있다. 줄기잎은 3출겹잎이며 길
이 7~11cm이고 외곽이 삼각상 난형-
난형이다. 중앙의 작은잎은 길이 5~
10cm의 장타원상 마름모형 또는 마
름모상 난형이다. 끝은 둔하거나 뾰
족하고 밑부분은 쐐기형이며 가장자
리에는 뾰족한 겹톱니가 있다. 양면
에 털이 없다. 꽃은 6~7월에 백색으
로 피며 복산형꽃차례에 모여 달린
다. 총포편은 없거나 1개이며 길이
1.3~4mm의 피침형이다. 작은꽃줄기
(소산경)는 2~7개이며 길이 1~3.4cm
이고 곧추서거나 비스듬히 선다. 소
총포는 4~5개이고 길이 2.5~3.5mm
의 선상 피침형-피침형이다. 꽃자루
(소화경)는 길이 2~24mm이고 길이
가 서로 다르며 털이 없다. 꽃은 지름
1.5~2.2mm이고 3~6개가 작은산형꽃
차례에 모여 달린다. 꽃잎은 타원상
난형-난형이며 끝이 뾰족하다. 수술
은 5개이며 암술대는 2개이다. 열매
(분과)는 길이 4~5mm의 좁은 장타원
형-장타원형이고 등쪽의 능선은 3개
이다.

참고 전체에 털이 없고 잎이 3출겹잎이
이며 작은꽃줄기 및 꽃자루의 개수가
적고 서로 길이가 다른 것이 특징이다.

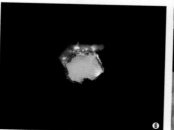

❶ 2003. 7. 21. 경기 포천시 국립수목원
❷ 꽃차례. 작은꽃줄기(소산경)는 서로 길이
가 다르다. 꽃자루도 서로 길이가 다르다(차
이가 많이 남). ❸ 열매(분열과). 건조되지 않
았을 때는 등쪽의 능선이 희미하며 평활하
다. 광택이 난다. ❹ 열매(분과). 등쪽의 능선
은 3개이며 뚜렷하게 돌출하지 않는다. ❺ 뿌
리잎. 3출겹잎이며 가장자리에 뾰족한 겹톱
니가 촘촘하게 나 있다. ❻ 분열과의 단면. 거
의 원형이다. 유관은 14~24개이며 늑간에 2
~3개씩, 접합면에 6~12개가 있다. ❼ 잎 뒷
면. 털이 없고 광택이 약간 난다.

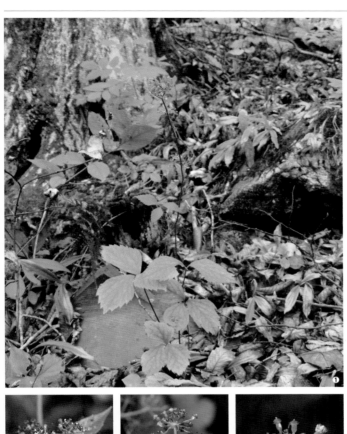

큰참나물

Halosciastrum melanotilingia
(H.Boissieu) Pimenov & V.N.Tikhom.
Cymopterus melanotilingia
(H.Boissieu) C.Y.Yoon

산형과

국내분포/자생지 경남(밀양시, 양산시 등) 및 지리산 이북의 산지, 한반도 준고유종

형태 다년초. 줄기는 높이 40~80cm이고 털이 거의 없으며 속은 차 있다. 뿌리잎은 3출겹잎이며 꽃이 필 무렵에도 남아 있다. 줄기잎은 3출겹잎이며 길이 8~12cm이고 외곽은 삼각형-넓은 난형이다. 중앙의 작은잎은 길이 5~9cm의 마름모형 또는 마름모상 난형이다. 끝은 뾰족하거나 길게 뾰족하고 밑부분은 차츰 좁아지며 가장자리에는 뾰족한 톱니가 성기게 나 있다. 양면 맥 위에 짧은 털이 있다. 꽃은 7~9월에 녹자색-적갈색으로 피며 복산형꽃차례에 모여 달린다. 총포편은 1~6개이며 길이 3~15mm의 선형-선상 피침형이다. 작은꽃줄기(소산경)는 4~8개이며 길이 4~12mm이다. 소총포편은 5~8개이고 길이 1.5~5mm의 선형이다. 꽃자루(소화경)는 길이 2~4mm이고 털이 없다. 꽃은 지름 2.5~3mm이고 6~14개가 작은산형꽃차례에 모여 달린다. 꽃받침조각은 길이 0.5~0.6mm의 좁은 삼각형이다. 꽃잎은 타원상 난형-난형이며 끝이 뾰족하고 앞쪽으로 강하게 구부러진다. 수술은 5개이고 꽃밥은 암자색이며 암술대는 2개이다. 열매(분과)는 길이 5~6.2mm의 타원형이며 등쪽의 능선은 1~2개이고 날개모양이다. 양쪽 측면의 능선도 등쪽의 능선과 비슷한 날개모양이다.

참고 2개의 분과가 서로 형태가 다르며 등쪽의 능선이 1개 또는 2개이고 날개모양인 것이 특징이다.

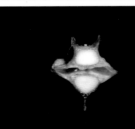

❶2018. 10. 9. 경남 밀양시 ❷꽃차례. 작은산형꽃차례는 4~8개 정도로 적게 달리며 작은꽃줄기가 짧은 편이고 능각이 진다. ❸꽃차례 측면. 총포편은 1~6개이며 선형-선상 피침형이다. ❹작은산형꽃차례. 소총포편은 선형이다. 꽃받침조각이 뚜렷하다. ❺열매(분과). 등쪽에 1~2개의 날개모양의 능선이 있다. 양쪽 측면의 능선도 날개모양이다. ❻분과의 단면. 2개의 분과는 서로 단면의 모양이 다르다(등쪽의 능선 수가 서로 다름). 유관은 24~32개이다. 늑간에 4~6개씩, 접합면에 8개가 있다. ❼잎줄기잎. 3출겹잎이고 종이질이며 단단한 종이질이다. 가장자리에 뾰족한 톱니가 불규칙하게 나 있다. ❽잎 뒷면. 잎가장자리와 맥 위에 짧은 털이 있다.

섬바디

Dystaenia takesimana (Nakai) Kitag.

산형과

국내분포/자생지 경북 울릉도의 산야, 한반도 고유종

형태 다년초. 줄기는 높이 50~150(~200)cm이고 굵으며 털이 없다. 뿌리잎은 2~3회 깃털모양겹잎이며 꽃이 필 무렵에도 남아 있다. 줄기 중간부의 잎은 2~3회 깃털모양겹잎이며 길이 12~20cm이고 외곽은 삼각형–넓은 난형이다. 중앙의 작은잎은 길이 4~6cm의 타원상 난형–난형이고 3~5개로 깊게 갈라지며 열편의 가장자리에는 결각상 또는 불규칙한 톱니가 있다. 양면에 털이 없고 표면에 광택이 약간 난다. 꽃은 6~9월에 백색으로 피며 복산형꽃차례에 모여 달린다. 총포편은 흔히 없으며 간혹 1~3개이고 길이 7~15mm의 선형–선상 피침형이다. 작은꽃줄기(소산경)는 20~30(~40)개이며 길이 3~5.5cm이고 짧은 털이 있다. 소총포편은 6~10개이고 길이 3~13mm의 선형이다. 꽃자루(소화경)는 길이 3~12mm이고 짧은 털이 있다. 꽃은 지름 2~3.5mm이고 25~40(~50)개가 작은산형꽃차례에 모여 달린다. 꽃받침조각은 피침형–삼각형이다. 꽃잎은 도란형–넓은 도란형이며 끝이 뾰족하고 앞쪽으로 강하게 구부러진다. 수술은 5개이고 꽃밥은 연한 자색–연한 적자색이며 암술대는 2개이다. 열매(분과)는 길이 4.7~7mm의 장타원형–타원형이며 등쪽의 능선은 3개이고 날개모양이다. 양쪽 측면의 능선은 등쪽의 능선보다 약간 더 넓은 날개모양이다.

참고 당귀속(*Angelica*)의 식물들에 비해 꽃받침조각이 뚜렷하며 분과 양쪽 측면의 능선이 약간 두터운 코르크질인 것이 특징이다.

❶ 2021. 6. 31. 경북 울릉군 울릉도 ❷ 꽃. 꽃잎의 끝부분은 급하게 뾰족하며 안쪽으로 강하게 구부러진다. ❸ 꽃차례 측면. 흔히 총포편은 없다. ❹ 작은산형꽃차례. 소총포편은 6~10개이고 선형이며 꽃자루와 길이가 비슷하다. ❺ 열매(분열과). 분과의 등쪽에 능선은 굵은 날개모양이다. 양쪽 측면의 날개(능선)은 등쪽의 날개보다 약간 더 넓다. ❻ 분과의 단면. 유관은 12~22개이다. 늑간에 2~4개씩, 접합면에 4~6개가 있다. ❼❽ 뿌리잎. 2~3회 깃털모양겹잎이며 털이 없고 광택이 약간 난다. 열편의 가장자리는 불규칙하게 갈라지며 뾰족한 톱니가 있다. ❾ 자생 모습. 2021. 6. 31. 경북 울릉군 울릉도

어수리

Heracleum moellendorffii Hance
var. *moellendorffii*

산형과

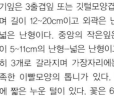

국내분포/자생지 전국의 산지

형태 다년초. 줄기는 높이 60~150cm
이다. 뿌리잎은 1~2회 깃털모양겹잎
이며 꽃이 필 무렵에도 남아 있다. 줄
기잎은 3출겹잎 또는 깃털모양겹잎이
며 길이 12~20cm이고 외곽은 난형-
넓은 난형이다. 중앙의 작은잎은 길
이 5~11cm의 난형-넓은 난형이고 흔
히 3개로 갈라지며 가장자리에는 뾰
족한 이빨모양의 톱니가 있다. 양면
에 짧은 누운 털이 있다. 꽃은 6~9월
에 백색으로 피며 복산형꽃차례에 모
여 달린다. 총포편은 3~5개이고 길
이 7~18mm의 선형-선상 피침형이며
간혹 일찍 떨어진다. 작은꽃줄기(소산
경)는 15~30개이고 길이 2.2~6.5cm
이며 짧은 털이 밀생하거나 산생하
고 긴 퍼진 털이 혼생하기도 한다. 소
총포편은 5~10개이고 길이 4~13mm
의 선형이다. 꽃자루(소화경)는 길이 2
~23mm이고 짧은 털이 밀생한다. 꽃
은 지름 4~17mm이고 20~40개가 작
은산형꽃차례에 모여 달린다. 꽃잎은
도란형-넓은 도란형이며 끝이 2개로
깊게 갈라진다. 수술은 5개이고 꽃밥
은 적갈색-암자색 또는 황색이다. 열
매(분과)는 길이 6~9mm의 도란상 타
원형-도란상 넓은 타원형이다.

참고 꽃잎이 비교적 대형이고 끝부
분이 깊게 갈라지며 서로 크기와 모
양의 차이가 많이 나는 점과 분과
가 도란상 타원형-도란상 넓은 타원
형이고 양쪽 측면의 능선이 굵은 날
개모양인 것이 특징이다. 최종 열편
이 너비 1~3.5cm의 선상 피침형-
피침형인 것을 좁은잎어수리[var.
subbipinnatum (Franch.) Kitag.]로 구
분하기도 한다.

❶2022. 8. 14. 강원 평창군 대관령 ❷꽃차
례. 외곽의 작은산형꽃차례의 가장자리 꽃이
특히 대형이다. ❸꽃차례 측면. 총포는 3~5
개이며 간혹 갈라지기도 한다. ❹작은산형
꽃차례. 소총포편은 5~10개이며 흔히 잔털
이 많다. 작은꽃줄기, 꽃자루, 소총포편, 열
매 등의 긴 털 유무는 변이가 있다. ❺꽃. 꽃
잎은 꽃차례의 중심에서 먼 쪽의 꽃잎이 대
형이다. 끝이 깊게 2개로 갈라진다. ❻열매
(분열과). 분과는 대형이고 납작한 편이며 안
쪽의 능선은 뚜렷하게 돌출하지 않는다. ❼~
❾좁은잎어수리 타입 ❼2019. 7. 7. 중국 지
린성 백두산 ❽작은산형꽃차례. 어수리와 유
사하며 꽃잎의 열편의 너비가 더 좁은 편이
다. ❾줄기잎. 열편의 폭이 좁다.

털기름나물

Libanotis coreana (H.Wolff) Kitag.
Seseli coreanum H.Wolff

산형과

국내분포/자생지 제주(한라산) 및 강원 이북의 산지

형태 다년초. 줄기는 높이 20~100cm이고 털이 밀생하며 속이 차 있다. 뿌리잎은 3회 깃털모양겹잎이며 꽃이 필 무렵에 시든다. 줄기잎은 2~3회 깃털모양겹잎이며 길이 5~20cm이고 외곽은 난형-넓은 난형이다. 중앙의 작은잎은 길이 1~3cm의 난형-넓은 난형이고 흔히 깃털모양으로 깊게 갈라진다. 잎자루, 엽축, 양면 맥 위와 가장자리에 털이 많다. 꽃은 7~9월에 백색으로 피며 복산형꽃차례에 모여 달린다. 총포편은 없거나 2~5개이며 길이 2~10mm의 선형-선상 피침형이고 간혹 일찍 떨어진다. 작은꽃줄기(소산경)는 8~12개이고 길이 4~20mm이며 향축면(윗면)에 짧은 털이 밀생한다. 소총포편은 6~8개이고 길이 2~9mm의 선형이다. 꽃자루(소화경)는 길이 2~5mm이고 짧은 털이 많다. 꽃은 지름 1.8~2.2mm이고 10~20개가 작은산형꽃차례에 모여 달린다. 꽃잎은 도란형-넓은 도란형이며 끝은 뾰족하고 앞쪽으로 강하게 구부러진다. 수술은 5개이고 꽃밥은 백색-황백색이며 암술대는 2개이다. 열매(분과)는 길이 2~3mm의 장타원형이며 등쪽에 3개의 뚜렷한 능선이 있고 돌기모양의 털이 밀생한다.

참고 가는잎방풍에 비해 가장 아래쪽의 작은잎자루가 비교적 뚜렷하며 소총포편에 중앙맥이 없거나 희미한 것이 특징이다.

❶❷❸❹❿강원 삼척시 자생 개체 ❶2021. 8. 15. 강원 삼척시 ❷꽃차례 측면. 총포편은 2~5개이며 간혹 없는 경우도 있다. ❸작은산형꽃차례. 소총포편은 6~8개이고 선형이다. 꽃받침조각은 길이 0.3~0.5mm의 선상 피침형-피침형으로 뚜렷한 편이다. ❹열매(분과). 분과의 표면에 돌기모양의 털이 밀생한다. ❺줄기잎. 하반부 작은잎의 자루는 뚜렷하다(비교적 긴 편). 잎과 엽축에 퍼진 털이 많다. ❻❼❽❾❿⓫⓬제주 한라산 자생 개체 ❻2021. 7. 29. 제주 서귀포시 한라산 ❼꽃차례. 작은산형꽃차례는 8~12개이며 꽃은 10~20개씩 모여 달린다. ❽꽃차례 측면. 꽃차례 전체에 퍼진 털이 많다. 총포편과 소총포편은 선형-선상 피침형이다. ❾줄기잎. 내륙의 개체에 비해 작은 편이다. ❿열매(강원). 분과의 등쪽에 3개의 능선이 있으며 돌기모양의 털이 밀생한다. ⓫열매(제주). 내륙개체의 열매와 크기, 모양이 비슷하다. ⓬분과의 단면. 유관은 18~22개이며 능간에 3~4개씩 있고 접합면에는 6~8개가 있다.

가는잎방풍

Libanotis seseloides (Fisch. & C.A.Mey. ex Turcz.) Turcz.

산형과

국내분포/자생지 강원 이북의 산지 (국내에서는 주로 석회암지대)

형태 다년초. 줄기는 높이 30~100cm 이고 털이 밀생하며 속이 차 있다. 뿌리잎은 2~3회 깃털모양겹잎이며 꽃이 필 무렵에 시든다. 줄기잎은 2~3회 깃털모양겹잎이며 길이 15~30cm 이고 외곽은 삼각상 난형-넓은 난형이다. 중앙의 작은잎은 길이 2~4.5cm의 난형-넓은 난형이고 흔히 깃털모양으로 깊게 갈라진다. 잎자루, 엽축, 양면 맥 위와 가장자리에 털이 많다. 꽃은 8~9월에 백색으로 피며 복산형꽃차례에 모여 달린다. 총포편은 5~10개이며 길이 3~10mm의 선형-선상 피침형이다. 작은꽃줄기 (소산경)는 8~20개이고 길이 1~3cm 이며 향축면(윗면)에 짧은 털이 밀생한다. 소총포편은 8~14개이고 길이 2~5mm의 선형이다. 꽃자루(소화경)는 길이 2.5~5mm이고 향축면에 짧은 털이 많다. 꽃은 지름 1.8~2.2mm이고 20~30개가 작은산형꽃차례에 모여 달린다. 꽃잎은 도란형-넓은 도란형이며 끝은 뾰족하고 앞쪽으로 강하게 구부러진다. 수술은 5개이고 꽃밥은 백색-황백색이며 암술대는 2개이다. 열매(분과)는 길이 2.5~3.5mm의 장타원형이며 등쪽에 3개의 능선이 있고 돌기모양의 털이 밀생한다.

참고 털기름나물에 비해 가장 아래쪽 작은잎의 자루가 짧은 편이며 총포편과 소총포편이 많고 중앙맥이 뚜렷하다.

❶2005. 8. 21. 강원 삼척시 덕항산 ❷꽃차례. 작은산형꽃차례는 10~20개이다. ❸꽃차례 측면. 총포편은 5~10개이며 중앙맥이 뚜렷하다. ❹작은산형꽃차례. 소총포편은 8~14개이다. ❺열매(분열과). 분과의 표면에 돌기모양의 털이 밀생한다. ❻분열과의 단면. 유관은 18~22개이며 늑간에 3~4개씩 있고 접합면에는 5~8개가 있다. ❼뿌리잎. 작은잎의 자루 또는 열편의 자루는 없거나 매우 짧다. ❽작은잎의 열편. 끝부분은 돌기모양으로 뾰족하다. ❾작은잎 열편의 뒷면. 맥 위와 가장자리에 짧은 털 또는 퍼진 털이 많다. ❿줄기. 털이 밀생한다.

개회향

Rupiphila tachiroei (Franch. & Sav.)
Pimenov & Lavrova

산형과

국내분포/자생지 제주(한라산), 경남
및 강원 이북 산지의 바위지대

형태 다년초. 줄기는 높이 10~30cm
이다. 줄기잎은 길이 3.5~8cm이며 2
~3회 깃털모양으로 완전히 갈라진다.
꽃은 7~8월에 백색으로 핀다. 총포편
은 2~7개이며 작은꽃줄기와 길이가
비슷하고 선형-잎모양이다. 작은꽃
줄기(소산경)는 5~10개이며 소총포편
은 5~8개이다. 꽃잎은 도란형이며 끝
은 꼬리처럼 길게 뾰족하고 앞쪽으로
강하게 구부러진다. 열매(분과)는 길이
2.5~4mm의 장타원형이며 등쪽에 3
개의 돌출한 능선이 있다.

참고 고본에 비해 꽃받침조각이 뚜
렷하게 숙존하고 잎의 열편이 너비
1mm 이하로 좁은 것이 특징이다.

❶2020. 8. 18. 강원 강릉시 ❷꽃차례. 지
름 2~4cm로 작은 편이다. 꽃잎의 밑부분은
자루모양이다. ❸작은산형꽃차례. 총포편과
소총포편이 분지하며 잎(열편)모양과 닮았
다. ❹뿌리잎. 열편은 선형이고 너비는 0.5~
1mm이다.

가는바디

Ostericum maximowiczii (F.Schmidt)
Kitag.

산형과

국내분포/자생지 강원(대암산) 이북의
산야(주로 습한 곳)

형태 다년초. 줄기는 높이 40~100cm
이다. 줄기잎은 2~3회 3출겹잎상 깃
털모양겹잎이며 길이 6~16cm이다.
꽃은 7~8월에 백색으로 핀다. 소총포
편은 5~10개이고 길이 4~9mm의 선
상 피침형-선형이다. 꽃은 지름 2.8
~3.2mm이고 15~25개씩 작은산형꽃
차례에 모여 달린다. 꽃잎은 도란형
이며 끝은 뾰족하고 앞쪽으로 강하
게 구부러진다. 열매(분과)는 길이 3.5
~4mm의 장타원형이며 등쪽에 3개의
돌출한 능선이 있다.

참고 잎의 최종 열편이 선형-장타원
상 피침형이고 흔히 밋밋하며 총포가
1~3개인 것이 특징이다.

❶2008. 8. 12. 강원 인제군 대암산 ❷꽃차
례. 작은산형꽃차례는 10~17개이다. ❸꽃차
례의 측면. 총포는 1~3개이고 흔히 일찍 떨
어진다. ❹열매(분과). 양쪽 측면의 능각은
넓은 날개모양이다. ❺뿌리잎. 최종 열편은
선형-장타원상 피침형이고 흔히 밋밋하다.

신감채

Ostericum grosseserratum (Maxim.) Kitag.

산형과

국내분포/자생지 전국의 산야

형태 다년초. 줄기는 높이 50~120cm 이며 털이 없고 속이 비어 있다. 뿌리 잎은 꽃이 필 무렵에 시든다. 줄기잎 은 2~3회 3출겹잎상 깃털모양겹잎이 며 길이 14~30cm이고 외곽은 삼각상 난형-넓은 난형이다. 중앙의 열편은 길이 2.5~4cm의 마름모형-난형이 고 가장자리는 결각상으로 깊게 갈라 지거나 깃털모양으로 깊게 갈라진다. 끝은 뾰족하거나 길게 뾰족하고 밑부 분은 좁은 쐐기형-넓은 쐐기형으로 차츰 좁아진다. 꽃은 7~9월에 백색으 로 피며 지름 3~10cm의 복산형꽃차 례에 모여 달린다. 총포편은 4~8개이 며 길이 5~15mm의 선형-선상 피침 형이다. 작은꽃줄기(소산경)는 10~16 개이고 길이 1.5~3.5cm이며 능각에 털이 있다. 소총포편은 6~12개이고 길이 2~5mm의 송곳모양-선형이다. 꽃자루(소화경)는 길이 2~7mm이고 능 각에 짧은 털이 많다. 꽃은 지름 2.8 ~3.2mm이고 12~30개가 작은산형꽃 차례에 모여 달린다. 꽃잎은 도란형- 넓은 도란형이며 끝은 뾰족하고 앞쪽 으로 강하게 구부러진다. 수술은 5개 이고 꽃밥은 백색-연한 황백색이며 암술대는 2개이다. 열매(분과)는 길이 3.5~5mm의 타원형이다. 등쪽 3개의 능선은 날개모양이고 양쪽 측면의 능 선은 넓은 날개모양이다.

❶2018. 8. 18. 강원 영월군 ❷꽃차례. 작은 산형꽃차례는 10~16개가 엉성하게 모여 달 린다. ❸꽃차례 측면. 총포편은 4~8개이고 선형-선상 피침형이다. ❹작은산형꽃차례. 소총포편은 6~12개이고 송곳모양-선형이다. 꽃받침조각이 삼각상으로 뚜렷하다. ❺❻열 매(분열과). 등쪽의 능선은 날개모양으로 발 달한다. 양쪽 측면의 능선은 등쪽의 날개보 다 훨씬 넓은 날개모양이다. ❼분과의 단면. 유관은 6(~8)개이며 능간에 1개씩, 접합면 에 2(~4)개가 있다. ❽줄기잎. 열편은 마름모 형-난형이며 가장자리는 결각상의 톱니 또 는 깃털모양으로 갈라진다. ❾뿌리잎. 2~3 회 3출겹잎상 깃털모양겹잎이다. ❿2020. 7. 30. 경북 안동시

묏미나리

Ostericum sieboldii (Miq.) Nakai

산형과

국내분포/자생지 전국의 산야의 다소 습한 곳(주로 하천가 또는 숲가장자리)

형태 다년초. 줄기는 높이 50~120cm이고 털이 없거나 짧은 털이 약간 있으며 속이 비어 있다. 줄기잎은 2~3회 3출겹잎상 깃털모양겹잎이며 길이 18~30cm이고 외곽은 삼각상 난형–넓은 난형이다. 중앙의 열편은 길이 2.5~4cm의 마름모형–넓은 난형이고 흔히 2~3개로 갈라지며 가장자리에는 비교적 얕은 큰 톱니가 성기게 나 있다. 꽃은 8~10월에 백색으로 피며 지름 4~8cm의 복산형꽃차례에 모여 달린다. 총포편은 1~2(~3)개이며 길이 5~12mm의 피침형–잎집모양이다. 작은꽃줄기(소산경)는 7~13개이고 길이 1.5~4cm이며 능각에 짧은 털이 있다. 소총포편은 6~10개이고 길이 3~6mm의 선형–선상 피침형이다. 꽃자루(소화경)는 길이 3~10mm이고 능각에 짧은 털이 많다. 꽃은 지름 2.5~3mm이고 10~30개가 작은산형꽃차례에 모여 달린다. 꽃잎은 도란형–넓은 도란형이며 끝은 뾰족하고 앞쪽으로 강하게 구부러진다. 수술은 5개이고 꽃밥은 연한 황백색 또는 적자색–암자색이며 암술대는 2개이다. 열매(분과)는 길이 3.5~5mm의 장타원형–타원형이다. 등쪽에 3개의 능선은 날개모양이고 양쪽 측면의 능선은 넓은 날개모양이다.

참고 신감채에 비해 총포편이 1~2(~3)개이고 흔히 피침형–잎집모양이며 꽃차례의 밑부분에 잎집이 발달한 잎이 달리는 것이 특징이다.

❶ 2020. 9. 13. 강원 태백시 금대봉 ❷ 꽃차례. 작은산형꽃차례는 5~10개 정도가 비교적 조밀하게 모여 달린다. ❸ 꽃차례 측면. 총포편은 1~2개이고 피침형 또는 잎집모양이며 가장자리는 막질이다. ❹ 꽃줄기. 꽃줄기(꽃차례)의 밑부분에는 잎집이 큰 잎(흔히 잎집이 잎몸보다 더 길거나 길이가 비슷함)이 달리는 것이 신감채와 다른 점이다. ❺ 작은산형꽃차례. 소총포편은 6~8개이고 털이 없다. 꽃받침조각이 뚜렷하다. ❻ 열매(분열과). 등쪽의 능선은 날개모양으로 발달한다. ❼ 열매(분과). 양쪽 측면의 능선은 등쪽의 날개보다 훨씬 넓은 날개모양이다. ❽ 분과의 단면. 유관은 8~20개이며 능간에 1~3개씩, 접합면에 4~6(~8)개 있다. ❾ 분과 비교. 신감채(위)에 비해 약간 작으며 양쪽 측면의 능선(날개)도 보다 좁은 편이다. ❿ 줄기잎. 신감채에 비해 열편 가장자리는 얕은 톱니모양이다. ⓫ 2020. 9. 12. 강원 평창군

갈기기름나물

Peucedanum chujaense K.Kim,
S.H.Oh, Chan S.Kim & C.W.Park

산형과

국내분포/자생지 서남해 도서(거문도, 추자도, 홍도 등)의 산지 바위지대 및 풀밭, 한반도 고유종

형태 다년초. 줄기는 높이 30~70cm 이며 가지가 많이 갈라진다. 밑부분 에 묵은 잎자루가 섬유질상으로 남 아 있다. 뿌리잎은 2~3회 깃털모양 겹잎이며 꽃이 필 무렵에도 남아 있 다. 줄기잎은 길이 7~10cm이고 외곽 은 삼각상 난형–난형이다. 중앙의 열 편은 길이 3~6cm의 난형–넓은 난형 이며 3개 또는 깃털모양으로 깊게 갈 라진다. 꽃은 8~10월에 백색으로 피 며 지름 4~8cm의 복산형꽃차례에 모 여 달린다. 총포편은 1~4개이며 길이 4~8mm의 선형–선상 피침형이고 간 혹 일찍 떨어진다. 작은꽃줄기(소산경) 는 10~18개이고 길이 4~21mm이며 향축면(배면)에 짧은 털이 산생 또는 밀생한다. 소총포편은 4~8개이고 길 이 2~3.2mm의 선형–피침형이다. 꽃 자루(소화경)는 길이 2~5mm이고 향 축면에 짧은 털이 약간 있다. 꽃은 지 름 2.5~3.2mm이고 20~30개가 작은 산형꽃차례에 모여 달린다. 꽃받침조 각은 길이 0.4~1mm의 좁은 삼각형이 다. 꽃잎은 도란형이며 끝은 길게 뾰 족하고 앞쪽으로 강하게 구부러진다. 수술은 5개이고 꽃밥은 연한 자색– 자색이며 암술대는 2개이다. 열매(분 과)는 길이 3.2~4.2mm의 타원형이다.

참고 섬기름나물[*Kitagawia litoralis* (Vorosch. & Gorovoj) Pimenov]에 비해 2회 깃털모양겹잎이며 꽃받침조각이 비교적 뚜렷하고 분과의 단면이 장타 원형인 것이 특징이다.

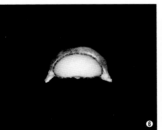

❶2023. 9. 25. 전남 신안군 가거도 ❷꽃차 례. 작은산형꽃차례는 10~18개이고 조밀하 게 모여 달린다. 꽃잎이 끝부분은 안쪽으로 강하게 구부러진다. ❸꽃차례 측면. 총포편 은 1~4개이고 선형–선상 피침형이다. 꽃받 침조각이 뚜렷한 편이다. ❹열매(분열과). 등 쪽에 3개의 실모양의 능선이 있으며 양쪽 측 면의 능선은 좁은 날개모양이다. ❺열매(분 과). 건조되면(다 익으면) 등쪽의 능선이 뚜 렷해진다. ❻분과의 단면. 유관은 20~28개 이며 늑간에 3(~4)개씩, 접합면에 8~12개가 있다. ❼줄기잎. 1~2회 3출겹잎상 깃털모양 겹잎이며 두터운 종이질이고 앞면에 광택이 약간 난다. ❽뿌리잎. (1~)2~3회 3출겹잎상 깃털모양겹잎이다. ❾2020. 9. 22. 전남 신 안군 홍도

백운기름나물

Peucedanum hakusanensis Nakai

산형과

국내분포/자생지 경남(고성군 등), 전남(백운산 등) 산지의 바위지대 및 건조한 풀밭, 한반도 고유종

형태 다년초. 줄기는 높이 30~80cm이며 털이 없고 가지가 많이 갈라진다. 밑부분에 묵은 잎자루가 섬유질상으로 남아 있다. 뿌리잎은 2회 3출겹잎상 깃털모양겹잎이며 꽃이 필 무렵에도 남아 있다. 줄기잎은 길이 8~20cm이고 외곽은 삼각형-난형이다. 최종 열편은 너비 1~1.3mm 선형-피침형이다. 양면에 털이 없다. 꽃은 8~9월에 백색으로 피며 지름 3~8cm의 복산형꽃차례에 모여 달린다. 총포편은 흔히 없으며 드물게 1~2개이고 길이 3.2~6.5mm의 선형이다. 작은꽃줄기(소산경)는 10~20개이고 길이 1.2~2.8cm이며 향축면(윗면)에 짧은 털이 있다. 소총포편은 6~8(~9)개이며 길이 2.5~5mm의 선형-피침형이다. 꽃자루(소화경)는 길이 2.5~5.5mm이고 향축면에 짧은 털이 약간 있다. 꽃은 지름 2~2.5mm이고 10~25개가 작은 산형꽃차례에 모여 달린다. 꽃받침조각은 길이 0.2~0.3mm의 좁은 삼각형-삼각형이다. 꽃잎은 도란형-넓은 도란형이며 끝은 길게 뾰족하고 앞쪽으로 강하게 구부러진다. 수술은 5개이고 꽃밥은 백색-연한 황백색이며 암술대는 2개이다. 열매(분과)는 길이 3.7~4mm의 타원형이다.

참고 잎이 2회 3출겹잎상 깃털모양겹잎이고 최종 작은열편이 선형-피침형이며 꽃받침조각이 좁은 삼각형-삼각형인 것이 특징이다.

❶ 2023. 9. 10. 전남 광양시 백운산 ❷ 꽃차례. 10~20개의 작은산형꽃차례가 모여 달린다. ❸ 꽃차례 측면. 총포편은 흔히 없으며 소총포편은 6~8개이다. ❹ 열매(분열과) 등쪽에 3개의 실모양의 능선이 있으며 양쪽 측면의 능선은 좁은 날개모양이다. ❺ 줄기잎. 2회 3출겹잎상 깃털모양겹잎이고 최종 작은 열편은 선형-피침형이다. ❻ 잎 뒷면. 양면에 털이 없다. ❼ 2017. 8. 13. 경남 남해도 금산

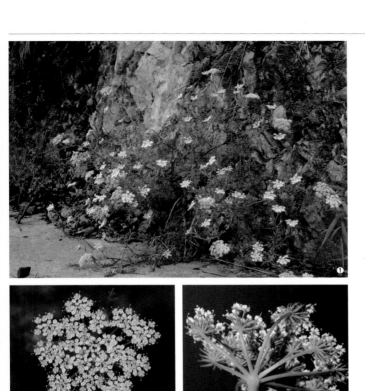

동강기름나물

Peucedanum tongkangense K.Kim, H.J.Suh & J.H.Song

산형과

국내분포/자생지 강원(영월군, 정선군, 평창군)의 석회암지대, 한반도 고유종
형태 다년초. 줄기는 높이 60~100cm 이고 털이 없으며 가지가 많이 갈라진다. 밑부분에 묵은 잎자루가 섬유질상으로 남아 있다. 뿌리잎은 2회 3출겹잎상 깃털모양겹잎이다. 줄기 하반부의 잎은 길이 8~30cm이고 외곽은 삼각형–난형이다. 최종 열편은 너비 2.8~4.3mm의 선형–장타원상 피침형이다. 꽃은 8~9월에 백색으로 핀다. 총포편은 없거나 1개이며 길이 7~20mm의 피침형이다. 작은꽃줄기는 15~20개이고 길이 1~2.5cm이며 향축면에 짧은 털이 약간 있다. 소총포편은 5~12개이며 길이 2.5~7mm의 선형–선상 피침형이다. 꽃자루는 길이 1.5~5mm이고 향축면에 짧은 털이 약간 있다. 꽃은 지름 2.4~3.2mm 이고 10~25개가 작은산형꽃차례에 모여 달린다. 꽃받침조각은 길이 0.2~0.4mm의 좁은 삼각형이다. 꽃잎은 도란형–넓은 도란형이며 끝은 길게 뾰족하고 앞쪽으로 강하게 구부러진다. 열매(분과)는 길이 3.8~4.4mm의 장타원형이다. 유관은 13~16개이며 늑간에 3개씩, 접합면에 4개가 있다.
참고 가는기름나물(*Kitagawia komarovii* Pimenov)은 키가 비교적 크고 뿌리잎이 길이 18~26cm로 대형이며 최종 열편이 선형이고 끝부분이 가시처럼 뾰족한 것이 특징이다. 최근에 분자계통학적 연구결과를 반영하여 기름나물류를 *Kitagawia*속으로 처리하는 추세이다. 백운기름나물을 비롯하여 갈기기름나물, 동강기름나물, 미로기름나물도 모두 *Kitagawia*속에 포함될 것으로 추정된다(학명 재조합 필요).

❶2020. 9. 6. 강원 영월군 ❷꽃차례. 15~20개의 작은산형꽃차례가 조밀하게 모여 달린다. ❸꽃차례 측면. 총포편은 흔히 없거나 1개이다. 소총포편은 5~12개이다. ❹열매(분열과). 등쪽에 3개의 실모양의 능선이 있으며 양쪽 측면의 능선은 좁은 날개모양이다. ❺뿌리잎. 옆쪽의 작은잎은 뚜렷한 자루가 있다. 광택이 난다. ❻~❾가는기름나물 ❻꽃차례 측면. 총포편은 다수이며 길이 8~12mm의 선형–피침형이다. ❼작은산형꽃차례. 소총포편은 7~9개이다. ❽줄기 아랫부분의 잎. 대형이며 최종 열편이 선형이고 끝부분이 가시처럼 뾰족하다. 옆쪽의 작은잎은 자루가 없이 엽축에 붙는다. ❾2024. 7. 25. 중국 지린성 압록강 유역

미로기름나물

Peucedanum miroense K.Kim,
H.J.Suh & J.H.Song

산형과

국내분포/자생지 강원(삼척시)의 산지
바위지대, 한반도 고유종.

형태 다년초. 줄기는 높이 35~50cm
이고 털이 없으며 가지가 많이 갈라
진다. 밑부분에 묵은 잎자루가 섬유
질상으로 남아 있다. 뿌리잎은 2회
깃털모양겹잎이며 꽃이 필 무렵에 시
든다. 줄기 하반부의 잎은 길이 6~
18cm이고 외곽은 삼각형~넓은 난형
이다. 최종 열편은 너비 1.8~3.5mm
의 선형~피침상 장타원형이다. 꽃
은 9~10월에 백색으로 피며 지름 4~
7cm의 복산형꽃차례에 모여 달린다.
총포편은 1~2개이며 길이 9~12mm
의 피침형이고 간혹 일찍 떨어진다.
작은꽃줄기는 12~16개이고 길이 1~
2.7cm이며 향축면에 짧은 털이 약
간 있다. 소총포편은 6~10개이며 길
이 2.5~6.7mm의 선형이다. 꽃자루는
길이 1.5~7mm이고 향축면에 짧은 털
이 약간 있다. 꽃은 지름 1.8~2.5mm
이고 12~25개가 작은산형꽃차례에
모여 달린다. 꽃받침조각은 길이 0.2
~0.5mm의 좁은 삼각형이다. 꽃잎은
도란형~넓은 도란형이며 끝은 길게
뾰족하고 앞쪽으로 강하게 구부러진
다. 수술은 5개이고 꽃밥은 연한 자
색~자색이며 암술대는 2개이다. 열매
(분과)는 길이 3.5~4.5mm의 장타원형
이다.

참고 식물체는 높이 35~50cm이고
잎이 2~3회 깃털모양겹잎이며 최종
열편이 너비 1.8~3.5mm의 선형~피
침상 장타원형인 것이 특징이다.

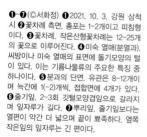

❶~❼(ⓒ서화정) ❶2021. 10. 3. 강원 삼척
시 ❷꽃차례 측면. 총포는 1~2개이고 피침
형이다. ❸꽃차례. 작은산형꽃차례는 12~25개
의 꽃으로 이루어진다. ❹미숙 열매(분열과).
씨방이나 미숙 열매의 표면에 돌기모양의 털
이 있다. 이는 기름나물류의 주요한 특징 중
하나이다. ❺분과의 단면. 유관은 8~12개이
며 늑간에 1(~2)개씩, 접합면에 4개가 있다.
❻줄기잎. 2~3회 깃털모양겹잎으로 갈라지
며 잎자루가 길다. ❼뿌리잎. 줄기잎보다는
열편이 약간 더 넓으며 끝이 뾰족하다. 옆쪽
작은잎의 잎자루는 긴 편이다.

기름나물

Kitagawia terebinthacea (Fisch. ex
Spreng.) Pimenov
Peucedanum terebinthaceum
(Fisch. ex Trevir.) Ledeb.; P.
terebinthaceum var. *deltoideum*
(Makino ex K.Yabe) Makino

산형과

국내분포/자생지 전국의 산지(주로 건
조한 풀밭이나 바위지대)

형태 다년초. 줄기는 높이 30~100cm
이고 털이 없으며 가지가 많이 갈라
진다. 밑부분에 묵은 잎자루가 섬유
질상으로 남아 있다. 뿌리잎은 2회
깃털모양겹잎이며 꽃이 필 무렵에도
시들지 않고 남아 있다. 줄기잎은 길
이 8~18cm이고 외곽은 삼각형-넓은
난형이다. 최종 열편은 너비 5~15mm
의 피침형-피침상 장타원형이다. 꽃
은 8~10월에 백색으로 피며 지름 3~
8cm의 복산형꽃차례에 모여 달린다.
총포편은 없거나 1(~2)개이며 길이 3~
10mm의 피침형이고 간혹 일찍 떨어
진다. 작은꽃줄기는 10~22개이고 길
이 5~30mm이며 향축면에 짧은 털
이 산생 또는 밀생한다. 소총포편은
6~12개이며 길이 2~5mm의 선형이
다. 꽃자루는 길이 2~6mm이고 향축
면에 짧은 털이 약간 있다. 꽃은 지름
2~2.8mm이고 20~35개가 작은산형
꽃차례에 모여 달린다. 꽃받침조각은
길이 0.4~0.7mm의 삼각상 피침형-
좁은 삼각형이다. 수술은 5개이며 암
술대는 2개이다. 열매(분과)는 길이 3
~4mm의 장타원형이다.

참고 중앙의 작은잎이 삼각상이고 밑
부분이 편평하고 열편이 보다 넓은
것을 산기름나물(var. *deltoideum*)로 구
분하기도 하지만, 최근 기름나물에
통합·처리하는 추세이다.

❶ 2012. 9. 13. 강원 평창군 ❷ 꽃차례. 10~
22개의 작은산형꽃차례가 조밀하게 모여 달
린다. ❸ 꽃차례 측면. 총포편은 없거나 1(~
2)개이다. ❹ 작은산형꽃차례. 소총포편은 6
~12개이며 선형-선상 피침형이다. 꽃받침열
편은 뚜렷하게 긴 편이다. ❺ 열매(분열과).
등쪽에 3개의 능선(능각)이 있으며 갈색의
줄무늬는 유관이 내비친 것이다. ❻ 분과의
단면. 유관은 6개이며 늑간에 1개씩이고 접
합면에 2개이다. ❼ 잎. 중앙의 작은잎은 넓
은 난형이고 밑부분은 쐐기모양-넓은 쐐기
모양이다. 산기름나물과 구분할 경우 원변종
에 해당되는 형태이다. ❽❾ 열편 가장자리가
깊게 갈라지는 타입 ❽ 2019. 7. 4. 중국 지린
성 압록강 유역 ❾ 잎. 열편의 가장자리가 깊
게 갈라진다. ❿⓫ 산기름나물 타입. 중남부
지방에서 가장 흔한 형태이다. ❿ 잎. 중앙의
작은잎이 삼각형(외곽선)이고 밑부분이 편평
하다. ⓫ 2016. 8. 17. 강원 강릉시

긴사상자

Osmorhiza aristata (Thunb.) Rydb.

산형과

국내분포/자생지 전국의 산지(남부지방에서 비교적 흔함)

형태 다년초. 줄기는 높이 30~80cm이고 퍼진 털이 있다. 뿌리잎은 2회 깃털모양겹잎이며 꽃이 필 무렵에도 시들지 않고 남아 있다. 줄기 하반부의 잎은 길이 8~13cm이고 외곽은 삼각상 난형~넓은 난형이다. 최종 열편은 길이 2~8mm의 장타원형~타원상 난형이다. 수꽃양성화한그루이다. 꽃은 3~5월에 백색으로 피며 복산형꽃차례에 엉성하게 모여 달린다. 총포편은 1~4개이며 길이 5~10mm의 피침형이고 가장자리에 털이 있다. 작은꽃줄기는 3~6개이고 길이 3.5~5.5cm이며 털이 없거나 밑부분에 퍼진 털이 약간 있다. 소총포편은 2~5개이며 길이 2.5~6mm의 피침형~난상 장타원형이다. 꽃자루는 길이 7~30mm이다. 수꽃의 꽃자루는 양성화의 꽃자루보다 짧다. 꽃은 지름 1.5~3mm이고 (3~)5~12개가 작은산형꽃차례에 모여 달린다. 꽃잎은 도란형이며 끝은 뾰족하고 앞쪽으로 강하게 구부러진다. 수술은 5개이고 꽃밥은 백색~연한 황백색이며 암술대는 2개이다. 열매(분과)는 길이 1~2cm의 선상 원통형이고 표면에 위쪽을 향하는 단단한 털이 있다.

참고 줄기 윗부분과 잎자루, 꽃줄기 등에 퍼진 털이 많으며 분과의 밑부분이 꼬리처럼 길게 신장되고 표면에 눕듯이 구부러진 털이 있는 것이 특징이다.

❶ 2020. 3. 29. 전남 진도군 진도 ❷ 꽃차례. 작은산형꽃차례는 6~8개가 엉성하게 모여 달린다. 중앙부에 수꽃이 달리고 가장자리에 양성화가 달린다. ❸ 꽃차례 측면. 꽃줄기에 퍼진 긴 털이 밀생한다. 총포는 1~4개이고 피침형이다. ❹ 열매(분열과). 분과는 선상 원통형이고 밑부분은 자루모양으로 가늘고 길게 신장한다. ❺ 뿌리잎. 꽃이 필 때까지 시들지 않고 남아 있다. 전체(특히 엽축과 잎가장자리)에 퍼진 털이 산생한다. ❻ 2016. 4. 20. 전남 진도군 진도

참나물

Spuriopimpinella brachycarpa
(Kom.) Kitag.
Pimpinella brachycarpa (Kom.)
Nakai

산형과

국내분포/자생지 전국의 산지

형태 다년초. 줄기는 높이 30~80cm
이고 털이 없거나 짧은 털이 약간 있
다. 뿌리잎은 1~2회 3출겹잎이며 꽃
이 필 무렵에 시든다. 중앙의 작은잎
은 길이 4.5~9cm의 장타원형-타원
상 난형이고 가장자리에 톱니가 있
다. 수꽃양성화한그루이다. 꽃은 7~
9월에 백색으로 피며 지름 2.5~6cm
의 복산형꽃차례에 모여 달린다. 총
포편은 흔히 없으며 드물게 1(~3)개이
며 길이 5~13mm의 피침형이고 가장
자리는 막질이다. 작은꽃줄기는 6~15
개이고 길이 2~4.5cm이며 향축면(윗
면)에 짧은 털이 있다. 소총포편은 2
~6(~8)개이며 길이 2~5mm의 선형이
다. 꽃자루는 길이 2~8mm이다. 꽃은
지름 1.6~2.2mm이고 10~20개가 작
은산형꽃차례에 모여 달린다. 꽃받침
조각은 길이 0.5~0.8mm의 피침형-
좁은 삼각형이다. 열매(분과)는 길이
(2~)3~4(~5)mm의 반구형이며 표면은
밋밋하고 광택이 난다.

참고 일부 섬지역(가거도, 울릉도)에서
는 식물체의 크기 및 분과의 크기가
대형인 개체들도 있다. 최근 분자계
통학적 연구결과를 반영하여 다수의
학자들이 *Spuriopimpinella*속으로 처
리하고 있다. 또한 넓은 종개념을 적
용하여 한라참나물을 포함하여 가
는참나물(*S. koreana*), 그늘참나물(*S.
brachycarpa* var. *uchiyamana*)을 모두
참나물에 통합·처리하는 추세이다.

❶ 2020. 8. 30. 강원 정선군 함백산 ❷ 꽃차
례. 작은산형꽃차례는 6~15개이며 비교적 엉
성하게 모여 달린다. ❸ 꽃차례 측면. 총포편
은 없거나 1(~3)개씩 달린다. ❹ 작은산형꽃
차례. 소총포편은 흔히 2~6개이다. 하나의
작은산형꽃차례에 2가지 종류(씨방의 크기
가 다름)의 꽃이 함께 달린다. 중심부에 수꽃
이 달리고 가장자리에 양성화가 달린다. 꽃
받침조각이 뚜렷하다. ❺ 열매(분열과). 1~2
개의 분과로 이루어진다. 등쪽에 능선은 불
분명(건조되면 실모양)하고 표면은 밋밋하며
광택이 난다. ❻ 분과(안면도). 흔히 길이 3
~4mm의 반구형이다. ❼ 분과(가거도). 길이
4~5mm의 반구형이다. 식물체도 대형이다.
❽ 분과의 단면. 거의 구형이다. 유관은 12~
22개이며 늑간에 2~4개씩이고 접합면에 4~6
개이다. ❾ 줄기잎. 흔히 3출엽이며 드물게 옆
쪽 작은잎이 2개로 갈라지기도 한다. ❿ 엽형
변이. 동일 개체군에서 채집한 잎이다. 엽형
은 변이가 심하여 식별형질이 되지 못한다.

한라참나물

Pimpinella brachycarpa var.
hallaisanensis W.T.Lee & C.G.Jang

산형과

국내분포/자생지 제주의 산지, 고유종

형태 다년초. 줄기는 높이 20~40cm
이고 털이 없다. 줄기잎은 3출겹잎이
며 길이 4~6cm이고 외곽은 난형-오
각형이다. 수꽃양성화한그루이다. 꽃
은 7~9월에 백색으로 피며 복산형꽃
차례에 모여 달린다. 소총포편은 2~
6(~8)개이며 길이 2~5mm의 선형이
다. 꽃은 지름 1.5~2mm이고 6~20개
가 작은산형꽃차례에 모여 달린다. 열
매(분과)는 길이 2~3.5mm의 반구형이
며 표면은 밋밋하고 광택이 난다.

참고 참나물에 비해 소형이며 뿌리잎
이 남아 있는 것이 특징이다. 제주도
환경에 적응하여 변화된 참나물의 지
역 변이로서 변종 또는 동일 종으로
처리하는 것이 타당하다.

❶2021. 8. 31. 제주 제주시 한라산 ❷꽃차
례 측면. 총포편은 없거나 1~2개이며 흔히
일찍 떨어진다. ❸열매(분열과). 참나물과 거
의 동일하다. ❹분과의 단면. 참나물과 거의
동일하다. ❺엽형 변이. 크기와 갈라지는 정
도에는 변이가 심하다.

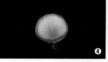

왜우산풀

Pleurospermum uralense Hoffm.

산형과

국내분포/자생지 제주를 제외한 거
의 전국(주로 지리산 이북)의 산지

형태 다년초. 줄기는 높이 1~1.5m이
고 굵으며 털이 없거나 짧은 털이 약
간 있다. 줄기 하반부의 잎은 2회 깃
털모양겹잎이며 길이 17~30cm이고
외곽은 삼각형이다. 수꽃양성화한그
루이다. 꽃은 6~7월에 백색으로 피며
복산형꽃차례에 모여 달린다. 꽃은
지름 5~6mm이고 20~40개가 작은산
형꽃차례에 모여 달린다. 열매(분과)는
길이 6~9mm의 난형-넓은 난형이다.
유관은 6개이다.

참고 꽃차례가 대형이고 윗면이 편평
하며 총포편이 잎모양이고 깃털모양
으로 갈라지는 것이 특징이다.

❶2003. 6. 22. 전북 무주군 덕유산 ❷꽃차
례 ❸작은산형꽃차례. 소총포편은 6~14개이
고 뒤로 약간 젖혀진다. 작은꽃줄기, 꽃자루,
씨방의 능선(능각)에 돌기모양의 잔털이 많
다. ❹열매(분열과). 분과의 등쪽의 능선은
굵은 날개모양이며 표면에 돌기모양의 잔털
이 산생한다. ❺줄기잎. 2회 깃털모양겹잎이
며 작은잎의 자루가 길다.

반디미나리

Pternopetalum tanakae (Franch. & Sav.) Hand.-Mazz.

산형과

국내분포/자생지 제주 한라산의 숲속

형태 다년초. 줄기는 높이 10~25cm 이고 털이 없다. 뿌리잎은 2~3회 3 출겹잎상 깃털모양겹잎이며 길이 3 ~5cm이고 외곽은 삼각상 난형이다. 꽃은 5~6월에 백색으로 피며 복산형 꽃차례에 모여 달린다. 총포편은 없 거나 드물게 1개이다. 소총포편은 1~ 3개이고 길이 0.5~2mm의 선형-피 침형이다. 꽃은 지름 2mm 정도이고 1~3개씩 모여 달린다. 열매(분과)는 길 이 2~2.5mm의 장타원형이다. 유관은 6(~16)개이다.

참고 식물체가 소형이며 작은산형꽃 차례에 꽃이 소수(1~3개)가 달리며 꽃 자루가 매우 짧은 것이 특징이다.

❶2023. 5. 16. 제주 제주시 한라산 ❷꽃차 례. 총포편은 1개이고 작은꽃줄기는 10~20 개이다. ❸꽃. 꽃잎은 난형이고 끝이 안쪽으 로 구부러지지 않는다. ❹열매(분열과). 분과 등쪽의 능선은 실모양이고 뚜렷하게 돌출하 지 않는다. ❺뿌리잎. 3출겹잎상 깃털모양겹 잎이며 짧은 털이 약간 있다.

참반디

Sanicula chinensis Bunge

산형과

국내분포/자생지 전국의 산지

형태 다년초. 줄기는 높이 40~90cm 이고 털이 없다. 줄기잎은 3출겹잎이 며 중앙열편은 길이 5~9cm의 장타원 형-도란상 장타원형이다. 꽃은 6~7 월에 백색-백록색으로 지름 2mm 정 도이고 6~10개씩 산형꽃차례에 모여 달린다. 총포편은 잎모양이다. 소총 포편은 길이 2~3mm의 선형이다. 꽃 받침조각은 길이 1.5mm 정도의 피침 형-좁은 삼각형이다. 열매(분과)는 길 이 4~5mm의 장타원형-타원형이다. 유관은 5개이다.

참고 줄기잎이 발달하며 줄기의 윗부 분에서 가지가 갈라지는 것이 특징이 다.

❶2023. 6. 28. 경기 가평군 명지산 ❷꽃차 례. 1회 산형꽃차례이며 소수의 꽃이 달리며 그중 3~4개는 양성화이고 나머지는 수꽃이 다. ❸열매(분열과). 분과의 자루는 합착되어 불분명하다. 분과의 등쪽에 끝부분이 갈고리 모양인 큰 돌기(혹)가 밀생한다. ❹분과의 단 면. 유관은 5개이다. ❺뿌리잎. 개화기에도 남아 있다. 3출겹잎이다.

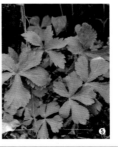

붉은참반디

Sanicula rubriflora F.Schmidt ex Maxim.

산형과

국내분포/자생지 덕유산 이북의 깊은 산지

형태 다년초. 줄기는 높이 25~50cm이다. 줄기잎은 3출겹잎이며 중앙열편은 길이 4~8cm의 장타원상 도란형이다. 꽃은 4~6월에 적갈색으로 피며 지름 2.5~3mm이고 15~25개씩 모여 달린다. 총포편은 5~7개이며 피침형 또는 도피침형이다. 꽃받침조각은 피침형~좁은 삼각형이다. 열매(분과)는 길이 4~5mm의 장타원형~타원형이다. 유관은 5개이다.

참고 줄기잎이 마주나듯이 줄기의 끝부분에서 모여 나며 꽃이 적갈색이고 산형꽃차례는 1개(가지 끝) 또는 3개씩(줄기 끝) 모여 달리는 것이 특징이다.

❶2001. 5. 27. 강원 태백시 금대봉 ❷꽃차례. 꽃이 적갈색이며 대부분(10~20개 정도)이 수꽃이고 양성화는 흔히 3개이다. ❸열매(분열과). 등쪽에 끝이 갈고리모양인 가시가 있는 혹이 밀생하며 갈고리 같은 가시는 위쪽 돌기의 것이 훨씬 길다. ❹뿌리잎. 3출겹잎이다. 잎맥은 함몰한다.

애기참반디

Sanicula tuberculata Maxim.

산형과

국내분포/자생지 강원, 경기, 경남, 경북, 전남 등의 산지

형태 다년초. 줄기는 높이 15~25cm이다. 줄기잎은 2~3개로 깊게 갈라지거나 3출겹잎이며 중앙열편은 길이 2.5~5cm의 주걱형~장타원상 도란형이고 윗부분은 (2~)3개로 얕게 갈라진다. 꽃은 4~5월에 피며 20~30개씩 산형꽃차례에 모여 달린다. 총포편은 3~6개이며 피침형 또는 도피침형이다. 열매(분과)는 길이 4~5mm의 장타원형~타원형이다. 유관은 5개이다.

참고 줄기잎은 마주나듯이 줄기 끝부분에서 모여 나며 꽃이 백색~황록색이고 열매 등쪽의 돌기가 뿔모양인 것이 특징이다.

❶2019. 5. 23. 전남 신안군 가거도 ❷꽃차례. 꽃이 거의 백색~황록색이며 대부분(20~25개 정도)이 수꽃이고 양성화는 중앙부에서 3개 정도만 달린다. ❸열매(분열과). 분과 등쪽의 돌기의 끝이 뿔모양(갈고리모양의 가시가 아님)이다. ❹뿌리잎. 3~8장이다. 잎맥은 돌출한다.

덕우기름나물

Sillaphyton podagraria (H.Boissieu) Pimenov
Peucedanum insolens Kitag.

산형과

국내분포/자생지 강원, 경북, 충북의 산지(주로 석회암지대), 한반도 고유종

형태 다년초. 줄기는 높이 70~120cm 이며 밑부분에 섬유질상 묵은 잎의 흔적이 없다. 뿌리잎은 3~4회 3출 겹잎이며 결실기까지도 시들지 않는다. 길이 15~30cm의 난형-넓은 난형이고 양면에 털이 없다. 중앙의 작은잎은 길이 2.5~6.5cm의 장타원상 난형-난형이다. 밑부분은 쐐기형-넓은 쐐기형이거나 드물게 편평하며 가장자리에는 뾰족한 겹톱니가 촘촘하게 나 있다. 줄기잎은 없거나 매우 축소되어 1(~3)개가 달린다. 수꽃양성화 한그루이다. 꽃은 7~8월에 백색으로 피며 지름 5~13cm의 복산형꽃차례에 모여 달린다. 총포편은 없거나 1(~3)개이며 길이 6~10mm의 송곳모양-선형이다. 작은꽃줄기는 8~14개이고 길이 2~5.5cm이다. 꽃은 지름 2~3.2mm이고 10~20개가 작은산형꽃차례에 모여 달린다. 꽃받침조각은 길이 0.2~0.5mm의 좁은 삼각형이다. 열매(분과)는 길이 6~9mm의 넓은 타원형-타원상 난형이다.

참고 뿌리잎이 3~4회 3출겹잎이고 1개가 크게 발달하며 줄기잎이 없거나 1(~3)개이고 매우 작은 것이 특징이다. 전 세계에서 1속 1종(Monotypic genus)인 한반도 고유속 식물이다. 유전적으로는 중국의 고유속인 *Arcuatopteru* M.L.Sheh & R.H.Shan 와 가장 가깝다. 주로 석회암지대에 분포하지만 봉화군, 울진군, 의성군 등에서는 화강암지대나 퇴적암(이암 또는 역암)지대에서 관찰된다.

❶2021. 8. 15. 강원 삼척시 ❷꽃차례. 작은 산형꽃차례는 8~14개이고 엉성하게 모여 달린다. ❸❹작은산형꽃차례. 소총포편은 (2~)4~9개이고 간혹 일찍 떨어진다. 꽃받침조각은 삼각상이고 뚜렷하다. 화주판이 원뿔형이다. ❺열매(분열과). 넓은 타원형-타원상 난형(~거의 원형)이며 양쪽 측면의 능선은 비교적 넓은 날개모양이다. 등쪽의 능선(능각, 늑)은 실모양이고 뚜렷하지 않다. ❻분과의 단면. 좁은 장타원형이다. 유관은 6~16개이며 늑간에 1~3개씩, 접합면에 2~4개 있다. ❼뿌리잎. 3~4회 3출겹잎이며 1개만 크게 발달하는 것이 특징이다. ❽2005. 8. 17. 강원 삼척시 덕항산

세잎개발나물

Sium serra (Franch. & Sav.) Kitag.
Sium ternifolium B.Y.Lee & S.C.Ko

산형과

국내분포/자생지 전북(지리산), 강원(치악산 등)의 습한 계곡부

형태 다년초. 줄기는 높이 30~70cm이고 털이 없으며 윗부분에서 가지가 갈라진다. 뿌리잎은 3출겹잎이며 꽃이 필 무렵에 시들거나 드물게 남아 있다. 줄기 하반부의 잎은 3출겹잎 또는 깃털모양겹잎이며 길이 7~10cm이다. 중앙의 작은잎은 길이 4~6.5cm의 피침형–장타원상 난형이다. 끝은 꼬리처럼 길게 뾰족하고 밑부분은 차츰 좁아지며 가장자리에는 바늘모양의 뾰족한 톱니가 있다. 꽃은 7~8월에 백색으로 피며 복산형꽃차례에 모여 달린다. 총포편은 없거나 1개이며 길이 2.3~3mm의 선형이다. 작은꽃줄기는 2~5개이고 길이 1~2cm이다. 소총포편은 1~3개이고 길이 1~2mm의 선형이다. 꽃자루는 길이 2~7(~12)mm이고 가늘다. 꽃은 지름 1.5~2mm이고 2~10개가 작은산형꽃차례에 모여 달린다. 꽃받침조각은 길이 0.2mm 정도의 좁은 삼각형이다. 꽃잎은 길이 0.5~1mm의 도란형이며 끝은 뾰족하고 안쪽으로 강하게 구부러진다. 열매(분과)는 길이 6~9mm의 넓은 타원형–타원상 난형이다.

참고 잎이 3출겹잎 또는 5장의 작은잎으로 구성된 깃털모양겹잎이며 작은꽃줄기가 2~5개이고 매우 가는 것이 특징이다.

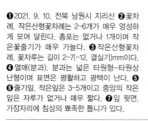

❶2021. 9. 10. 전북 남원시 지리산 ❷꽃차례. 작은산형꽃차례는 2~6개가 매우 엉성하게 모여 달린다. 총포는 없거나 1개이며 작은꽃줄기가 매우 가늘다. ❸작은산형꽃차례. 꽃자루는 길이 2~7(~12, 결실기)mm이다. ❹열매(분과). 분과는 넓은 타원형–타원상 난형이며 표면은 평활하고 광택이 난다. ❺❻줄기잎. 작은잎은 3~5개이고 중앙의 작은잎은 자루가 없거나 매우 짧다. ❼잎 뒷면. 가장자리에 침상의 뾰족한 톱니가 있다.

대마참나물

Tilingia tsusimensis (Y.Yabe) Kitag.
Ligusticum tsusimense Y.Yabe

산형과

국내분포/자생지 경북(금오산 등), 경남(남해군 등), 충북(각호산, 속리산 등) 이남의 산지, 한반도 준고유종

형태 다년초. 줄기는 높이 25~40cm이고 털이 없으며 윗부분에서 가지가 갈라진다. 뿌리잎은 3출겹잎이며 꽃이 필 무렵에도 남아 있다. 줄기 하반부의 잎은 3출겹잎이며 길이 3~10cm이다. 중앙의 작은잎은 길이 5~7cm의 마름모상 난형~난형이다. 끝은 뾰족하거나 길게 뾰족하고 밑부분은 넓은 쐐기형이거나 편평하며 가장자리는 흔히 2~3개로 불규칙하게 갈라지고 큰 톱니가 성기게 있다. 양면과 가장자리에 짧은 털이 있다. 수꽃양성화한그루이다. 꽃은 8~10월에 백색으로 피며 지름 1.5~3.5cm의 복산형꽃차례에 모여 달린다. 총포편은 없거나 1개이며 흔히 일찍 떨어진다. 작은꽃줄기는 5~12개이며 길이 1~2.5cm이고 향축면(윗면)에 짧은 털이 산생또는 밀생한다. 소총포편은 4~5개이고 길이 3~6mm의 선형이다. 꽃자루는 길이 2~5mm이다. 꽃은 지름 1.5~2.5mm이고 (4~)6~16개가 작은산형꽃차례에 모여 달린다. 꽃받침조각은 매우 작으며 삼각형~난형이다. 꽃잎은 도란형이며 끝은 길게 뾰족하고 안쪽으로 강하게 구부러진다. 수술은 5개이고 꽃밥은 황백색이며 암술대는 2개이다. 열매(분과)는 길이 2.5~3.5mm의 타원형~타원상 난형이며 등쪽의 능선은 실모양이다.

참고 잎이 3출겹잎이고 작은잎에 자루가 없으며 분과 등쪽의 능선이 실모양(날개모양이 아님)인 것이 특징이다.

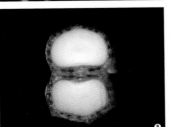

❶2015. 10. 7. 경북 구미시 금오산 ❷꽃차례. 작은산형꽃차례는 5~12개이다. 작은꽃줄기에 잔털이 있다. ❸❹꽃차례 측면. 총포는 없거나 1개이며 일찍 떨어진다. ❺작은산형꽃차례. 소총포편은 4~5개이고 선형이고 꽃자루와 길이가 비슷하거나 약간 더 길다. ❻❼열매(분열과). 분과는 타원형~타원상 난형이며 등쪽의 능선은 실모양이고 뚜렷하게 돌출한다. ❽분과의 단면. 유관은 16~17개이며 늑간에 (2~)3개씩, 접합면에 4~5개가 있다. ❾뿌리잎. 3출겹잎이며 가장자리는 불규칙하게 갈라진다.

용어 설명

가수술 꽃밥이 발달하지 않는 불임성의 수술로서
흔히 꽃잎모양과 닮은 형태를 보인다.
가시 표피 또는 나무껍질 일부가 변해 끝이
뾰족하게 된 구조
가종피 씨의 껍질이 육질로 된 것
가죽질 두껍고 가죽 같은 느낌을 주는 것
가턱잎(헛턱잎) 잎 아래에 붙어 있는 가짜 잎
거(꽃뿔) 꽃받침이나 꽃부리의 일부가 길고 가늘게
뒤쪽으로 벋어난 돌출부로서, 대개 속이 비어
있거나 꿀샘이 있다.
겨울눈 전년도에 생겨 겨울을 지내고 봄에 잎이나
꽃으로 자랄 눈
격막 유관속식물의 물관이나 체관의 경계를 이루는
세포막의 부분
견과 딱딱한 껍질에 싸여 있고, 보통 1개의 씨가
들어 있는 열매로 다 익어도 열리지 않는 것
결각(열편) 잎가장자리가 들쑥날쑥한 모양
겹잎(복엽) 하나의 잎몸이 갈라져 2개 이상의
작은잎으로 구성된 잎
겹톱니 잎가장자리의 큰 톱니 안에 작은 톱니가
있는 것
곁꽃잎 난초과와 제비꽃과 식물의 꽃잎 가운데
옆으로 벌어지는 두 개의 꽃잎
곤봉모양 곤봉처럼 생긴 것으로, 끝으로 갈수록
폭이 넓어지는 것
골돌과 하나의 심피에서 발달하며 다 익으면 1개의
봉선으로 터진다.
과낭(과포) 사초속(Carex)에서 나타나며, 씨 또는
성숙 전 암술을 감싸고 있는 주머니 같은 포
과병(열매자루) 열매의 자루
과피 열매의 껍질. 겉열매껍질, 가운데열매껍질,
안쪽열매껍질로 나누기도 한다.
관모 국화과 식물 등의 열매 위쪽 끝부분에 나온
털의 뭉치 또는 씨방 위쪽에 달리는 털모양의 돌기
구형(원모양) 잎의 윤곽이 원형이거나 거의 원형인 것
그물맥 잎의 주맥에서 갈라져 나와 그물모양으로
퍼지는 맥
기산꽃차례 꽃대축 끝에 1개의 꽃이 있고 양측에
가지가 갈라지며, (다시 비슷한 모양으로) 1차 가지
축의 끝에 1개의 꽃이 있고 양측에 2차 가지나 꽃이
붙는 꽃차례
기주식물 기생식물이 양분을 흡수하는 식물
긴 타원형 길이가 너비의 2~4배 정도로 길고, 양쪽
가장자리가 평평한 모양
깃모양맥 주맥에서 나온 측맥이 새의 깃털모양으로
갈라지는 것
까락(까끄라기) 호영이나 포영의 주맥이 신장되어
가늘고 길게 발달한 구조물
까락모양 잎끝에 까락이나 센털을 가진 모양
꼬리모양 잎끝에 꼬리처럼 생긴 부속체가 있는 모양
꽃덮이(화피) 꽃받침과 꽃잎의 구별이 명확하지
않은 꽃에서 꽃잎과 꽃받침을 함께 지칭하는 것
꽃목 꽃부리나 꽃받침에서 대롱부가 시작하는 입구
꽃받침 꽃의 가장 밖에서 꽃잎을 싸고 있는 꽃받침
조각들의 총칭
꽃받침열편 통꽃받침에서 하나의 열편
꽃받침잎(꽃받침조각) 꽃받침을 이루는 하나하나의
열편
꽃받침통부 통꽃받침에서 서로 붙어 통을 이루는 부분
꽃밥(약) 수술대 끝에 달린 꽃가루를 담고 있는
주머니 같은 기관
꽃부리 하나의 꽃에서 꽃잎을 총칭
꽃술대(자웅예합체) 수술과 암술이 융합한 복합체
또는 수술대가 융합한 구조
꽃잎 꽃부리의 한 조각
꽃자루(소화경) 꽃차례에서 1개의 꽃을 달고 있는
자루
꽃줄기(화경) 꽃자루를 하나 또는 여럿 달고 있는 줄기
꽃차례 꽃대축에 꽃이 배열되어 있는 상태
꽃턱(꽃받기, 화탁) 꽃잎, 수술, 암술 등 꽃의
구성요소들이 붙는 꽃자루의 끝부분
꿀샘 꿀을 분비하는 조직이나 기관

나란히맥 측맥이 주맥과 평행한 것
나선상 나사가 꼬인 것처럼 말린 모양 또는 돌려서
난 모양

난형 잎의 아래쪽으로 갈수록 상대적으로 넓어지는
모양
내영 벼과(화본과)에서 낱꽃을 이루는 속껍질
내화피편 내꽃덮이의 한 조각

다년초 3년 이상을 사는 식물
다육질(다육성) 물기가 많은 육질성의 상태
단각과 짧은 장각과로서 길이가 너비의 3배 이하다.
단성화 암술과 수술 중 한 가지만 있는 꽃으로
암꽃과 수꽃으로 나뉜다.
단엽(홑잎) 잎몸이 하나인 잎
단주화 암술대마디가 짧은 것으로 꽃밥이 같은 높이로
되어 있지 않은 것이 많으며, 꽃밥은 높게 나타난다.
대롱꽃(통상화) 국화과 꽃을 구성하고 있는 두
종류의 꽃 중에서 중앙에 있는 대롱모양의 꽃
덧꽃받침(부악) 꽃받침의 바깥쪽에 잇대어 난 포엽
덧꽃부리(부화관) 꽃잎과 수술 사이에 있는 꽃잎
같은 구조
덩굴손 식물체를 지지하기 위해 다른 물건을 감을
수 있도록 줄기나 잎이 변한 부분
덩이뿌리 뿌리의 일부가 비대해 덩어리모양으로 된
뿌리
덩이줄기(괴경) 눈과 마디를 갖는 땅속줄기가
비대해진 것
도란형 잎의 위쪽으로 갈수록 상대적으로 폭이
넓어지는 것으로 선 달걀모양
도피침형 피침형이 뒤집힌 모양으로, 끝에서
밑부분을 향해 좁아지는 모양
돌려나기 3장 이상의 잎 또는 다른 기관들이 하나의
마디에 달리는 상태
등꽃받침조각(배악편) 난초과 식물에서 꽃받침조각
3개 중 등쪽(위쪽)으로 달리는 꽃받침조각
땅속줄기(근경) 수평으로 자라는 땅속줄기

렌즈형 볼록렌즈처럼 두 개의 볼록한 면을 지닌
원반형 상태
로제트 뿌리잎이 지면상에 방사상으로 퍼진 상태

마디(관절) 줄기에서 잎이나 가지가 나오는 부위
마주나기 잎 또는 다른 기관이 한 마디에 2개씩 서로
마주나는 것
막질 얇고 부드러우며, 유연한 반투명으로 막과
같은 상태
맥 잎 또는 다른 기관에 있는 한 가닥의 굵은 관다발
머리모양(두상)꽃차례 꽃자루가 없거나 짧은 꽃이
줄기 끝에 모여 밀생한 꽃차례
머리모양 빽빽하게 모여 머리모양으로 둥근 것
모여나기 빽빽하게 모여 자라는 상태
물결모양 잎가장자리가 물결처럼 기복이 심한 모양
밀생 여럿이 촘촘히 모여서 나는 것

바늘모양 가늘고 길며 끝이 뾰족한 바늘 같은 모양
바퀴모양 평평하고 둥글게 원반처럼 배열한 모양
반구형 구형을 반으로 자른 모양
방사대칭 중심축을 중심으로 여러 방향으로 대칭을
이루는 모양
방추형 중앙부가 굵고 양끝으로 향하며 가늘어지는
모양
방패모양 잎자루가 잎몸 뒷면의 중앙부 또는 중앙부
가까이에 달린 모양
배상꽃차례 컵 같은 총포 속에 1개의 암꽃과 여러
개의 수꽃이 들어 있는 꽃차례
벌레잡이주머니 잎이나 잎의 일부가 곤충 포획을
목적으로 변형된 것
복산형꽃차례 산형꽃차례가 분지되어 있는 꽃차례
부생식물 다른 생물의 죽은 조직을 분해해서
유기물을 얻는 식물로 엽록소가 없다.
부엽 수생식물로서 수면에 떠 있는 잎
부채모양 넓은 부채와 같은 형상
분과 분열과에서 떨어져 나가는 각각의 작은 열매
분열과 중축에 2개 또는 여러 개의 분과가 달려
있다가 성숙하면 1개의 씨가 들어 있는 분과가 각각
떨어져 나간다.
불염포 꽃차례를 둘러싸는 커다란 총포
불임성 수술이 꽃가루를 만들지 못하거나 암술이
씨를 맺지 못하는 것

비늘조각(인편) 편평한 막질의 얇은 조각

비늘줄기 육질성의 비늘조각이 겹겹이 싸여 덩어리를 이룬 땅속줄기

뿌리골무 뿌리의 정단분열조직(頂端分裂組織)을 둘러싸고 있는 골무모양의 세포덩어리

뿌리잎 지표면에 가까운 줄기의 아래쪽에 달린 잎

뿔 뿔모양 부속체로 점점 가늘어지는 돌출물

삭과 1개 이상의 심피로 구성되며 열매가 다 익으면 벌어진다.

산형꽃차례 정단부가 편평하거나 볼록하고 꽃자루가 한 지점에 모여 달려 우산살의 모양을 하는 꽃차례

삼릉형 세 개의 각이 있는 모양

3출겹잎 한 지점에서 3개의 작은잎이 나온 겹잎

3출맥 한 점에서 3개의 주맥이 뻗어나간 것

상록성 겨울에도 녹색 잎을 갖고 떨어지지 않는 것

샘털(선모) 표피세포의 변형으로 끝에 분비샘이 발달한 털

선점 투명하거나 반투명한 작은 점의 형태로 유적(油滴)을 분비하는 선

선체(분비선) 끈적한 분비물을 내는 조직이나 기관

선털(개출모) 잎이나 줄기 표면에 직각으로 곧게 선 털

선형 좁고 길어 가장자리가 거의 평평하게 된 모양

소견과 성숙한 씨방의 한 부분으로 1개의 씨가 들어 있다. 작고 딱딱하며 다 익은 후에도 열리지 않는다.

소수(작은이삭) 벼과, 사초과의 수상화서를 구성하고 있는 각각의 작은 화서로 작은꽃들이 모여 있는 이삭모양의 것

소포엽(작은포) 보통의 포보다 작은 포이며, 낱꽃 밑에 있다.

소화(낱꽃) 주로 국화과나 벼과의 꽃에서 하나의 꽃을 지칭

소화축(낱꽃축) 벼과, 사초과 식물에서 작은이삭의 중축(中軸)

솜털 면모 같은 털이나 가늘고 부드러운 털이 짜인 것처럼 빽빽하게 나 있는 털

수과 1개의 씨방실에 1개의 씨를 가지며, 씨는 씨방벽의 한곳에만 붙어 있고, 다 익어도 열리지 않는다.

수꽃 단성의 꽃으로 수술만 있고 암술이 없거나 퇴화된 꽃

수꽃양성화한그루 수꽃과 양성화가 같은 그루에서 피는 꽃 또는 나무

수분 꽃밥에 있는 꽃가루가 암술머리로 옮겨지는 것

수상꽃차례 가늘고 긴 꽃대축에 꽃자루가 없는 작은 꽃이 조밀하게 달린 꽃차례

수생식물 수중생활에 적응해 생활사 중 어느 한 시기를 수중에서 생육하게 되는 식물. 수생생활에 적응하기 위해 잎, 줄기 등에 통기조직이 발달하는 것이 특징이다.

수술 수술대와 꽃밥으로 구성된 웅성 생식기관

수술대(화사) 수술에서 꽃밥을 달고 있는 실 같은 자루

수염뿌리 외떡잎식물의 뿌리로 원뿌리와 곁뿌리가 같은 굵기로 수염처럼 나오는 뿌리

수중잎(수중엽) 수생식물이 물속에서 생활하기에 적합하도록 뿌리처럼 발달한 잎

숙존성(숙존) 꽃받침, 암술대 등의 부위가 열매가 익은 뒤까지 남아 있는 것

식충식물 곤충 등을 잡아 소화해 양분의 일부를 얻는 식물

심피 밑씨를 생산하는 대포자잎으로 단심피암술과 복심피암술이 있다.

쐐기모양 잎밑이 쐐기모양으로 기부를 향해 점점 좁아져 뾰족하게 된 모양

씨 밑씨가 성숙한 것

씨방 밑씨를 포함한 암술의 아랫부분이 부풀어 오른 곳

아래쪽꽃잎(용골판) 나비모양꽃부리에서 가장 밑에 있는 꽃잎 2장으로 서로 맞닿아 1장으로 보이며 용골모양이다.

아랫입술꽃잎 입술모양꽃부리에서 아래쪽 꽃잎

암꽃 단성의 꽃으로 암술만 있고 수술이 없거나 퇴화된 꽃

암꽃수꽃양성화한그루(잡성동주) 수꽃과 암꽃,

양성화가 같은 그루에서 피는 꽃 또는 나무
암수딴그루 암꽃과 수꽃이 서로 다른 그루에 따로
달려 있는 것
암수한그루 암꽃과 수꽃이 한 그루에 달려 있는 것
암술 암술머리, 암술대, 씨방으로 이루어진 자성
생식기관
암술꽃턱 암술군(群)이 위치한 꽃턱의 융기물
암술머리 꽃가루를 받는 부분이며, 암술의 가장
위에 있다.
약실 꽃가루가 들어 있는 주머니
양성화 수술과 암술이 함께 있는 꽃
어긋나기 마디마다 1개의 잎 또는 다른 기관이
줄기를 돌아가면서 배열한 상태
열매 씨방과 씨방 이외의 기관이 함께 성숙한 것을
통칭
엽상체 뿌리, 줄기, 잎과 같은 기관으로 분화되지
않은 식물체
엽설(잎혀) 국화과에서 혀꽃의 편평한 부분 또는
잎의 기부에서 돌출한 혀모양의 작은 잎, 사초과나
벼과에서 잎몸과 잎집의 경계면 안쪽에서 발달하는
막질 부속체 또는 털
엽초 부분적으로 또는 완전하게 줄기를 감싸는 잎의
기부
엽축 겹잎에서 작은잎이 달리는 중심축
옆쪽꽃받침(곁꽃받침) 난초과 식물에서 꽃받침조각
3개 중 측면(옆쪽)으로 달리는 꽃받침조각
옆쪽꽃잎(익판) 콩과 식물에서 나비모양꽃부리를
구성하는 꽃잎 중 하나로, 좌우 양측에 1개씩 2개가
있으며 기판과 용골판 사이에 있다.
외화피편 외꽃덮이의 한 조각
원반모양(원반형) 원반처럼 생긴 형태
원뿔꽃차례(원추꽃차례) 총상꽃차례가 분지하여
전체적으로 원뿔모양을 이룬 꽃차례
위쪽꽃잎(기판) 나비모양꽃부리에서 위쪽에 있는
가장 큰 꽃잎
윗입술꽃잎 입술모양꽃부리의 꽃부리 중 윗부분의
꽃잎
유관 미나리과(산형과) 열매의 심피벽에서 보이는

정유(精油)가 분포하는 관
유두상돌기 표면에 젖꼭지모양의 작은 돌기물이나
융기물이 있는 모양
유액 유관에 있는 백색 또는 황갈색의 액
유조직 식물의 기본조직 대부분을 차지하고 있는
유세포로 된 조직
육수꽃차례 육질의 꽃대축에 꽃자루가 없는
작은꽃이 모여 있는 꽃차례
2년초 2년을 사는 식물(싹이 튼 이듬해에 자라 꽃과
열매를 맺은 뒤 말라 죽는 풀)
인산꽃차례 사초과 또는 골풀속에 속하는 일부
식물의 꽃차례로서 중앙의 꽃보다 측면의 꽃이 더
높게 위치하는 산방상 또는 취산상 꽃차례
인편엽(비늘잎) 편평한 비늘조각 모양의 작은 잎
1년초 1년을 사는 식물
임성 생식 기능이 있으며 결실이 되는 것
입술꽃잎 난초과 식물에서 입술모양의 꽃잎
입술모양꽃부리 좌우 상칭인 꽃에서 입술처럼 생긴
꽃잎을 가진 꽃부리로, 윗입술꽃잎과
아랫입술꽃잎이 있다.
잎겨드랑이 줄기와 잎자루 사이에 형성된 위쪽
모서리 부분
잎맥 잎몸에 있는 관다발
잎몸(엽신) 잎에서 잎자루와 턱잎을 제외한 넓은
부분
잎자루 잎몸과 줄기를 연결하는 부분

작은잎 겹잎을 구성하는 작은 잎
작은총포 산형과 식물의 복산형꽃차례에서 각각의
소산형화에 있는 총포
장각과 배추과(십자화과)의 열매로서 익으면 두
개의 열개선을 따라 터지며 박격벽이 숙존하고
길이가 너비의 3배 이상이다.
장과 1개의 암술에서 발생한 것으로 여러 개의 씨가
들어 있는 육질인 열매
장주화 암술머리 형태의 일종이며 암술이 긴 것으로
짧은 수술대에는 꽃밥이 붙어 있다.
절간(마디사이) 줄기에서 마디 2개의 사이

점액질 미끌거리지만 달라붙지는 않는 것
제1포영 벼과의 작은이삭에서 낱꽃을 감싸서
보호하는 껍질로, 제2포영 아래에 있는 껍질
제2포영 벼과의 작은이삭에서 낱꽃을 감싸서
보호하고 있는 껍질로, 제1포영 위에 있는 껍질
종이질 종이 같은 상태
종피 씨의 껍질로서 밑씨(배주)의 주피가 변한 것
주걱모양 주걱과 같은 모양으로 둥근 잎몸이 점차
기부 쪽으로 좁아지는 것
주아(살눈) 모체의 일부분에서 나온 기관으로
새로운 개체를 만드는 것
줄기잎 줄기에서 나는 잎
중앙맥 일반적으로 잎의 중앙부에 있는 가장 큰 맥
집합과 여러 개의 꽃이 밀집한 꽃차례가 성숙해
하나의 열매가 된 것

차상(叉狀) Y자형으로 갈라지는 모양
창모양 기부열편이 화살촉의 밑부분과 같은 모양인
바깥쪽으로 벌어지는 모양
총상꽃차례 꽃대축이 길게 자라고 꽃자루도
발달하지만 분지하지 않는 꽃차례
총포 꽃차례를 둘러싸고 있는 총포편의 집합체
총포편 총포를 구성하는 각각의 비늘조각
취산꽃차례 정단에 있는 꽃밑에 작은 꽃자루가 나와
그 끝에 꽃이 달리는 꽃차례
측맥 중앙맥에서 갈라져 나온 맥

칼모양 칼과 같은 모양
캘러스(기반) 소수 또는 소화(호영)의
아랫부분이며, 여기서 난 털을
캘러스털(기모)이라고 한다.

턱잎 잎자루의 기부에 쌍으로 달리는 잎과 같은
부속체
톱니 잎가장자리가 톱니처럼 잘게 갈라지며, 모두
잎끝을 향하고 있다.
통모양 원통처럼 생긴 형태

판연(현부) 통꽃에서 통부와 꽃목을 제외한
부분으로서 흔히 옆으로 펼쳐진 꽃잎모양의 열편
편평하다 표면이 평탄하거나 매끄럽다
폐쇄화 개화하지 않고 제꽃가루받이(자가수분)
하는 꽃
포(포엽) 꽃의 기부에 있는 잎과 같은 구조
포과 작은 주머니모양의 열매로 열매껍질은 얇은
막질이며 1개의 씨를 지닌다.
포영 벼과의 소수(작은이삭)에서 소화를 감싸고
있는 포(苞)로서 흔히 2개(제1포영과 제2포영)로
이루어진다.
피침형 창모양으로 밑에서 3분의 1 정도 되는
부분의 폭이 가장 넓은 것

합생 같은 기관끼리 완전히 또는 부분적으로 붙어
있어 쉽게 분리되지 않는 것
핵과 다육성 열매로 1개의 씨를 단단한
안쪽열매껍질이 둘러싸고 있는 것
헛뿌리 물관과 체관이 들어 있지 않은 뿌리모양의
구조
헛수술(가수술) 생식성이 없는 수술로 꽃가루를
만들지 않는다.
헛잎 잎처럼 보이지만 관다발을 가지지 않는 것
혀꽃(설상화) 국화과 꽃을 구성하고 있는 두 종류의
꽃 중에서 가장자리에 있는 혀모양의 꽃
협과 1개의 심피가 성숙하며 다 익으면 2개의
열개선을 따라 벌어지는 열매
호영 벼과에서 낱꽃을 이루는 겉껍질
화분괴 꽃가루가 뭉쳐진 덩어리로, 꽃가루받이를 할
때 덩어리째 운반된다.
화수(花穗) 수상꽃차례, 총상꽃차례 등과 같이
꽃차례의 축이나 가지에서 꽃 또는 소수가
이삭모양으로 모여 달리는 것
화피편(꽃덮이조각) 꽃덮이의 한 조각

참고문헌

곽명해(2001), 「한국산 여뀌속 *Persicaria*절(마디풀과)의 분류학적 연구」, 서울대학교 석사학위 논문.

구자춘·김무열(2008), 「큰참나물(*Cymopterus melanotilingia*, 산형과)의 분류학적 재검토」, 『한국식물분류학회지』 38: 345~358.

국립생물자원관(2013), 『한반도 고유종-식물편』, 두현.

국립생물자원관(2018), 『서해5도의 생물다양성』, 국립생물자원관.

국립생물자원관(2019), 『국가생물종목록 I. 식물·균류·조류·원핵생물』, 디자인집.

국립수목원(2010), 『알기 쉽게 정리한 식물용어』, 국립수목원.

국립수목원(2011), 『한국식물 도해도감 1. 벼과』(개정증보판), 국립수목원.

국립수목원(2020), 『국가표준식물목록 자생식물』, 국립수목원.

김경아(2016), 「잔대속(*Adenophora*) 식물의 계통분류학적 연구」, 강원대학교 박사학위 논문.

김기중·김영동·김주환·박선주·박종욱·선병윤·유기억·최병희·김상태(2008), 「APG 분류체계에 따른 한국 관속식물상의 계통학적 분류」, 『한국식물분류학회지』 38: 187~222.

김무열(2004), 「한국산 상사화속(*Lycoris*, 수선화과)의 분류학적 재검토」, 『한국식물분류학회지』 34: 9~26.

김무열·소순구·서은경·박혜림·한경숙·허권(2007), 「대마참나물(*Tilingia tsusimensis*, 산형과)의 분류학적 재검토」, 『한국식물분류학회지』 37: 529~543.

김윤식·김상호(1989), 「한국산 새우난초속의 분류학적 연구」, 『한국식물분류학회지』 19: 273~287.

김재영(2017), 「한국산 갯쑥부쟁이 복합체의 분류학적 연구」, 안동대학교 석사학위 논문.

김종환·김무열(2013) 「사초과 하늘지기속의 한국 미기록종: 바위하늘지기(*Fimbristylis hookeriana* Boeckeler)」, 『한국식물분류학회지』 43: 296~299.

김진석·이병천·정재민·박재홍(2004), 「긴뚝갈(마타리과): 국내 미기록종」, 『한국식물분류학회』 34: 167~172.

김진석·정재민·이병천·박재홍(2006), 「한반도 풍혈지의 종조성과 식물지리학적 중요성」, 『한국식물분류학회지』 36: 61~89.

김진석·이강협·김상용·박재홍(2008), 「수염현호색(현호색과): 국내 미기록 식물」, 『한국식물분류학회지』 38: 531~537.

김진석·정재민·이웅·박재홍(2011), 「푸른몽울풀(쐐기풀과): 국내 미기록 식물」, 『한국식물분류학회지』 41: 361~364.

김찬수·문명옥·고정군(2009), 「우리나라 미기록 식물: 영아리난초(난초과)」, 『한국식물분류학회지』 39: 229~232.

나혜련·현진오(2016), 「우리나라 미기록 자생식물: 영암풀(꼭두선이과)」, 『한국식물분류학회지』 46: 420~423.

남기흠·김종환·김중현·김선유·장진·정규영(2014), 「사초속 청사초절(사초과)의 한국 미기록종: 큰청사초(*Carex chungii* Z.P.Wang), 바늘청사초(*Carex tsushimensis* (Ohwi) Ohwi), 흰밀사초(*Carex multifolia* Ohwi)」, 『한국식물분류학회지』 44: 33~38.

남기흠(2017), 「한국산 사초속 청사초절(사초과)의 계통분류학적 연구」, 안동대학교 박사학위 논문.

남보미(2017), 「한국산 박주가리아과(광의의 협죽도과)의 계통분류학적 연구」, 안동대학교 박사학위 논문.

박명순(2012), 「한국산 쑥속(국화과)의 계통분류학적 연구」, 안동대학교 박사학위 논문.

박민수(2022), 「동아시아산 곰취속(국화과)의 분류학적 연구」, 공주대학교 박사학위 논문.

박성준·박선주(2008), 「한국산 꿩의다리속(*Thalictrum* L.) 식물의 형태학적 연구」, 『한국식물분류학회지』 38: 433~458.

박진희·김진석·서화정·유수창·유정남(2024), 「자생 미기록종 돌나물과 서산돌나물(*Sedum tricarpum*) 분포 보고」, 『한국식물분류학회지』 54: 299~303.

소순구·김무열(2008), 「한국산 족도리풀속(*Asarum*, 쥐방울덩굴과)의 분류학적 연구」, 『한국식물분류학회지』 38: 121~149.

소지현·정미숙·정영순·이남숙(2013), 「한국 미기록 식물: 아기쌍잎난초(난과)」, 『한국식물분류학회지』 43: 161~164.

양선규(2016), 「한국산 현호색속(현호색과) 계통분류학적 연구」, 충북대학교 박사학위 논문.

이강협·선은미·김별아·임형탁(2014), 「긴쑥부쟁이(국화과): 우리나라 미기록식물」, 『한국식물분류학회지』 44: 188~190.

이남숙·박한별(1993), 「한국 두루미꽃속(백합과)의 형태학적 연구」, 『한국식물분류학회지』 23: 201~216.

이남숙(2011), 『한국의 난과 식물도감』, 이화여자대학교출판부.

이로영(2012), 「한국산 물레나물속(물레나물과)의 분류학적 연구」, 충북대학교 석사학위 논문.

이상룡·허경인·이상태·유만희·김용성·이준선·김승철(2013), 「외부형태와 종자의 미세구조에 의한 한국산 바늘꽃족(바늘꽃과)의 분류학적 연구」, 『한국식물분류학회지』 43: 208~222.

이상준(2019), 「비무장지대(DMZ: Demilitarized Zone) 및 접경지역의 식물상을 기반으로 한 중요생물다양성지역(KBAs) 설정방안 연구」, 영남대학교 박사학위 논문.

이영노(2000) 「한국산 향유속 식물」, 『한국식물연구원보』 1: 48~54.

이영노(2016) 「억새속(*Miscanthus*)의 1신종과 2신변종」, 『한국식물연구원보』 6: 11~23.

이영노·이경아(2000), 「한국산 연화바위솔속 식물」, 『한국식물연구원보』 1: 31~47.

이우철(1996), 『한국기준식물도감』, 아카데미서적.

이재현·정선·나채선·정규영(2023), 「외부형태학적 형질에 의한 한국산 며느리밥풀속(*Melampyrum* L.)의 분류학적 재검토」, 『한국자원식물학회지』 36: 122~132.

이진실·최병희(2006), 「한국산 해오라비난초속(*Habenaria*)의 분류와 분포」, 『한국식물분류학회지』 36: 109~127.

이진웅(2021), 「백두대간 보호지역의 관속식물상」, 군산대학교 박사학위 논문.

이창복(1980), 『대한식물도감』, 향문사.

임록재(1996~2000), 『조선식물지: 2판 10권호』, 과학기술출판사.

임효선·오병운(2019), 「한국산 족도리풀속(*Asarum*)의 외부형태학적 형질에 의한 분류」, 『한국자원식물학회지』 32: 344~354.

장창기(2002), 「한국산 둥굴레속(*Polygonatum*, Ruscaceae)의 분류학적 재검토」, 『한국식물분류학회지』 32: 417~447.

장창석(2016), 「동북아시아산 골풀속(골풀과)의 계통분류학적 연구」, 충북대학교 박사학위 논문.

장현도(2016), 「동북아시아 현삼속(현삼과)의 분류학적 연구」, 충북대학교 박사학위 논문.

정규영·장계선·정재민·최혁재·백원기·현진오(2017), 「한반도 특산식물 목록」, 『한국식물분류학회지』 47: 264~288.

정금선(2011), 「한국·일본산 갈퀴덩굴속(*Galium* L.)의 계통분류 및 계통지리학적 연구」, 경북대학교 박사학위 논문.

정금선·박재홍(2012), 「분계분석을 이용한 한국산 갈퀴덩굴(*Galium* L.) 식물의 외부형태학적 연구」, 『한국식물분류학회지』 42: 1~12.

정대희·정규영(2015), 「한국산 마속(마과)의

외부형태형질에 의한 분류학적 연구」,
『한국식물분류학회지』 45: 380~390.

정수영·정규영(2008), 「한국산 포아풀속의 소수
형태에 의한 분류학적 연구」,
『한국식물분류학회지』 38: 377~502.

정수영·지성진·양종철·박수현·이유미(2012),
「한국 미기록 벼과식물: 성긴포아풀」,
『한국식물분류학회지』 44: 76~79.

정태현·도봉섭·이덕봉·이휘재(1937),
『조선식물향명집』, 조선박물연구회

조양훈·김종환·박수현(2016), 『벼과·사초과
생태도감』, 지오북.

조원범·최병희(2011), 「한라산 고유 한라송이풀의
분류학적 위치」, 『한국식물분류학회지』 41:
130~137.

조현·김무열(2017), 「한국산 비비추속(Hosta
Tratt.) 식물의 분류학적 연구」,
『한국식물분류학회지』 47: 27~45.

조현·김무열(2019), 「한국산 개별꽃속의 분류학적
연구」, 『한국식물분류학회지』 49: 145~178.

최경수·박선주(2012), 「한국산
피막이속(Hydrocotyle L.) 식물의 분자계통학적
연구」, 『한국자원식물학회지』 25: 490~497.

최인수·김소영·최병희(2015), 「한국산 황기속의
분류학적 재검토」, 『한국식물분류학회지』 45:
227~238.

최혁재(2009), 「한국 및 중국 동북부산
부추속(부추과)의 계통분류학적 연구」,
충북대학교 박사학위 논문.

최혁재·오병운·장창기(2003), 「부추속(부추과)
미기록 식물 1종: 강부추」,
『한국식물분류학회지』 33: 295~301.

한국식물지편집위원회(2018), 『한국속식물지』,
홍릉과학출판사

허경인(2008), 「한국산 광의의 양지꽃속(Potentilla
s.l.)의 계통분류학적 연구(장미과)」,
성균관대학교 박사학위 논문.

홍행화·임형탁(2007), 「무등취(국화과): 우리나라

미기록식물」, 『한국식물분류학회지』 37:
197~202.

홍행화·임형탁·장길훈·고경남·이영일·정종권·김
종선(2009), 「신안새우난초(난초과): 한반도
미기록종」, 『한국식물분류학회지』 39:
292~295.

홍행화·김종선·장길훈·임형탁(2010),
「다도새우난초(난초과): 새우난초속의 한반도
미기록종」, 『한국식물분류학회지』 40:
183~185.

황용·김무열(2012), 「한국산
원추리(Hemerocallis)의 분류학적 연구」,
『한국식물분류학회지』 42: 294~306.

APG IV(2016), "An update of the Angiosperm Phylogeny Group classification for the orders and families of flowering plants: APG IV", *Botanical Journal of the Linnean Society* 181: 1~20.

Barberá P., A. Quintanar, P.M. Peterson, R.J. Soreng, K. Romaschenko, C. Aedo(2019), "New combinations, new names, typifications, and a new section, sect. Hispanica, in *Koeleria* (Poeae, Poaceae)", *Phytoneuron* 46: 1~13.

Barberá P., R.J. Soreng, P.M. Peterson, K. Romaschenko, A. Quintanar, C. Aedo(2020), "Molecular phylogenetic analysis resolves *Trisetum* (Poaceae: Pooideae: Koeleriinae) polyphyletic: Evidence for a new genus, *Sibirotrisetum* and resurrection of Acrospelion", *Journal of Systematics and Evolution* 58: 517~526.

Cantino P.D., S.J. Wagstaf, R.G. Olmstead(1999), "*Caryopteris* (Lamiaceae) and the Conflict between Phylogenetic and Pragmatic Considerations in Botanical Nomenclature", *Systematic Botany* 23: 369~386.

Choi C., K. Han, J. Lee, S. So, Y. Hwang, M. Kim(2012), "A New species of *Elsholtzia* (Lamiaceae): *E. byeonsanensis* M. Kim", *Korean Journal of Plant Taxonomists* 42: 197~201.

Choi I.S., S.Y. Kim, B.H. Choi(2015), "A taxonomic revision of *Astragalus* L. (Fabaceae) in Korea", *Korean Journal of Plant Taxonomists* 45: 227~238.

Choi H.J., C.G. Jang, S.C. Ko, B.U. Oh(2004), "Two new taxa of *Allium* (Alliaceae) from Korea: A. *koreanum* H.J.Choi et B.U.Oh and A. *thunbergii* var. *teretjfolium* H.J.Choi et B.U.Oh", *Korean Journal of Plant Taxonomists* 34: 75~85.

Choi H.J., B.U. Oh(2011), "A partial revision of *Allium* (Amaryllidaceae) in Korea and north-eastern China", *Botanical Journal of the Linnean Society* 167: 153~211.

Choi H.J. (2015), "Portrayal of *Allium spurium* G. Don (Amaryllidaceae) from the border area of China and North Korea: a putative unrecorded species in the Korean Peninsula", *Botanica Pacifica* 4: 1~3.

Choi H.J., S. Yang, J.C. Yang, N. Friesen(2019), "*Allium ulleungense* (Amaryllidaceae), a new species endemic to Ulleungdo Island, Korea", *Korean Journal of Plant Taxonomists* 49: 294~299.

Choi S.S., J. Kim, M.J. Kim, C.H. Kim(2021), "Taxonomic entities of two Korean plant taxa: *Vicia bifolia* (Fabaceae) and *Cyperus compressus* (Cyperaceae)", *Korean Journal of Plant Taxonomists* 51: 363~371.

Chung G.Y., H.D. Jang, K.S. Chang, H.J. Choi, Y.S. Kim, H.J. Kim, D.C. Son(2023), "A checklist of endemic plants on the Korean Peninsula II, Korea", *Korean Journal Plant Taxonomy* 53: 79~101.

Chung J.M., J.K. Shin, E.M. Sun, H.W. Kim(2017), "A new species of *Epilobium* (Onagraceae) from Ulleungdo Island, Korea, *Epilobium ulleungensis*", *Korean Journal of Plant Taxonomists* 47: 100~105.

Flora of China Editorial Committee(eds.)(1994+), *Flora of China* 10+ Vols., Missouri Botanical Garden Press, Ltd., St. Louis.

Flora of Korea Editorial Committee(eds.)(2007), The Genera of Vascular Plants of Korea, Academy Publishing Co., Seoul.

Flora of North America Editorial Committee(eds.) (1993+), *Flora of North America North of*

Mexico 7+ Vols., New York and Oxford.

Gao Y.(2021), "Proposal to conserve the name *Lilium dauricum* against *L. pensylvanicum*", *TAXON* 70: 1139~1140.

Gardiner L.M., A. Kocyan, M. Motes, D.L. Roberts, B.C. Emerson(2013), "Molecular phylogenetics of *Vanda* and related genera (Orchidaceae)", *Botanical Journal of the Linnean Society*, 173: 549~572.

Gu H., P. C. Hoch(1997), "Systematics of *Kalimeris* (Asteraceae: Astereae)", *Annals of the Missouri Botanical Garden* 84: 762~814.

Han S.M., H.G Won, C.E. Lim(2019), "*Halenia coreana* (Gentianaceae), a new species from Korea: Evidence from morphological and molecular data", *Phytotaxa* 403: 86~98.

Heo T.I, J.H. Kim, Y.B. Ku, J.S. Kim(2021), "*Miscanthus wangpicheonensis* T.I.Heo & J.S.Kim (Poaceae): A New species from Korea", *Journal of Species Research* 57~62.

Hyun J.O., J. Jung H.R. Na, B. Han, K. Kang, M.K. Lee, Y. Choi, W. Cho(2023), "New records and distribution of three taxa in Korea: *Leuzea chinensis* (Asteraceae), *Symplocos nakaharae* (Symplocaceae), and *Epilobium parviflorum* (Onagraceae)", *Korean Journal Plant Taxonomy* 53: 69~77.

Im H.T., H.H. Hong, C.I. Choi(1997), "*Saussurea chabyoungsanica* Im (Compositae), a new species from Mt. Chabyoung-san, Korea", *Journal of Plant Biology* 40: 288~290.

Iwatsuki K., T. Yamazaki, D. E. Boufford, H. Ohba(eds.)(1993+), *Flora of Japan* 3+ Vols., Kodansha, Tokyo.

Jang H.D., K.K. Jeong, M.J. Nam, J.H. Song, H.K. Moon, H.J. Choi(2022), "*Mosla dadoensis* (Lamiaceae), a new species from the southern islands of South Korea", *Phytokeys*

208: 185~199.

Jang J.E., J.S. Park, J.Y. Jung, D.K. Kim, S. Yang, H.J. Choi(2021), "Notes on *Allium* section *Rhizirideum* (Amaryllidaceae) in South Korea and northeastern China: with a new species from Ulleungdo Island", *PhytoKeys* 176: 1~19.

Ji S.J., Y.Y. Kim, B.U. Oh(2008), "The first record of *Gentianopsis* (Gentianaceae) in Korea: *G. contorta* (Royle) Ma", *Korean Journal Plant Taxonomy* 38: 523~529.

Jin W.T., X.H. Jin, A. Schuiteman, D.Z. Li, X.G. Xiang, W.C. Huang, J.W. Li, L.Q. Huang(2014), "Molecular systematics of subtribe Orchidinae and Asian taxa of Habenariinae (Orchideae, Orchidaceae) based on plastid matK, rbcL and nuclear ITS", *Molecular Phylogenetics and Evolution* 77: 41~53.

Jo H, B. Ghimire, Y.H. Ha, K.H. Lee., S.C. Son(2020), "*Tofieldia ulleungensis* (Tofieldiaceae): A new species, endemic to Ulleungdo Island, Korea", *Korean Journal Plant Taxonomy* 50: 343~350.

Kaplan Z.(2001), "Taxonomic and nomenclatural notes on Luzula subg. Pterodes", *Preslia* 73: 59~71.

Kim K., C.S. Kim, S.H. Oh, C.W. Park(2019), "A new species of *Peucedanum* (Apiaceae) from Korea", *Phytotaxa* 393: 75~83.

Kim K., H.J. Suh, J.H. Song(2022), "Two new endemic species, *Peucedanum miroense* and *P. tongkangense* (Apiaceae), from Korea", *Phytokeys* 210: 35~52.

Kim H.W., K.J. Kim(2015), "Two white-flowered *Draba* (Brassicaceae) species from Korean flora", *Korean Journal Plant Taxonomy* 45: 12~16.

Kim J.H., J.S. Kim, C.W. Hyun, B. Choi(2022), "A new record of *Carex foraminata* (Cyperaceae) in Korean flora", Korean Journal Plant Taxonomy 52: 246~250.

Kim Y.M., J. Lee, H.J. Choi(2021), "*Allium stenodon* (=A. baekdusanense), a neglected member among the Korean flora", *Korean Journal Plant Taxonomy* 51: 141~146.

Kirschner J., Z. Kaplan(2001), "Taxonomic and nomenclatural notes on *Luzula* and *Juncus* (Juncaceae)", *Taxon* 50: 1107~1108.

Kozhevnikov, A. E., Z. V. Kozhevnikova, M. Kwak, B. Y. Lee(2015), *Illustrated flora of the southwest Primorye (Russian far east)*, National Institute of Biological Resources.

Kadota Y.(2016), "A Revision of the Genus *Trollius* (Ranunculaceae) in Japan", *Journal of Japanese Botany* 91 suppl.: 178~200.

Lee B.Y., S.C. Ko(2009), "*Sium ternifolium* (Apiaceae), a new species from Korea", *Korean Journal of Plant Taxonomy* 39: 130~134.

Lee B.Y., M. Kwak, J.E. Han, E.H. Jung, G.H. Nam(2013), "Ganghwal is a new species, *Angelica reflexa*", *Journal of Species Research* 2: 245~248.

Lee D.H., J.S. Park, B.H. Choi(2016), "A taxonomic review of Korean *Leontopodium* R. Br. ex Cassini (Asteraceae)", *Korean Journal Plant Taxonomy* 46: 149~162.

Lee J., S.H. Oh, D.C. Son, D.K. Kim(2020), "Neotypification of *Aconitum puchonroenicum* (Ranunculaceae) from the Korean Peninsula", *Phytotaxa* 477: 99~101.

Lee J., D.C. Son(2023), "Taxonomic revision of the *Liparis makinoana* complex (Orchidaceae; Epidendroideae; Malaxidae) in Korea", *Korean Journal Plant Taxonomy* 53: 110~125.

Lee J.S., S.H. Kim, Y. Kim, Y. Kwon, J. Yang, M.S. Cho, H.B. Kim, S. Lee, M. Maki, S.C. Kim(2021), "*Symplocarpus koreanus* (Araceae; Orontioideae), a new species based on morphological and molecular data", *Korean Journal Plant Taxonomy* 51: 1~9.

Lee W.T., H.T. Im(2007), "*Saussurea grandicapitula* W.Lee et H.T.Im (Compositae), a New Species from the Taebaek Mountains, Korea", *Korean Journal of Plant Taxonomy* 37: 387~393.

Lee Y.N.(1998), "New taxa on Korean flora(6)", *Korean Journal of Plant Taxonomy* 28: 25~39.

Lei J.Q., C.K. Liu, J. Cai, M. Price, S.D. Zhou, X.J. He(2022), "Evidence from Phylogenomics and Morphology Provide Insights into the Phylogeny, Plastome Evolution, and Taxonomy of *Kitagawia*", *Plants* 2022, 11, 3275.

Li M.H., O. Gruss, Z.J. Liu(2016), "Nomenclature changes in *Phalaenopsis* subgen. *Hygrochilus* (Orchidaceae; Epidendroideae; Vandeae) based on DNA evidence, *Phytotaxa* 275: 55~61.

Lidén, M.(1996), "New taxa of tuberous *Corydalis* (Fumariaceae)", *Willdenowia* 29: 23~35.

Maekawa F.(1937), "Divisiones et plantae novae generis *Hostae*", *Journal of Japanese Botany* (in Japanese) 13: 898~905.

Murata G., H. Koyama(1982), "On *Eupatorium* of Japan", *Acta Phytotaxonomica et Geobotanica* (in Japanese) 33: 282~302.

Nakai T.(1938), "Notes on Some Saxifragaceous Plant from East Asia", *Journal of Japanese Botany* (in Japanese) 14: 223~234.

Nam G.H., H.D. Jang, B.Y. Lee, G.Y.

Chung(2020), "*Carex brevispicula*
(Cyperaceae), a new species from Korea",
Korean Journal Plant Taxonomy 50:
395~402.

Oda J., T. Masaki, H. Nagamasu(2010), "The
Status of the Name *Carex sikokiana* Franch. &
Sav. and a New Variety, *C. alterniflora* var.
rubrovaginata (Cyperaceae)", *Acta
Phytotaxonomica et Geobotanica* 60:
151~158.

Oda J., T. Masaki, H. Nagamasu(2017), "*Carex
tokuii* (Sect. Mitratae, Cyperaceae), a New
Species from Japan and Korea", *Journal of
Japanese Botany* 92: 148~156.

Oh S.H., H.J. Suh, S.W. Seo, K.S. Chung, T.
Yukaya(2022), "A New Species of *Goodyera*
(Orchidaceae: Orchidoideae) from Korea and
Japan", *Journal of Plant Biology* 65:
357~363.

Ohashi H., J. Murata, K. Iwatsuki(2008), *New
Makino's Illustrated Flora of Japan* (in
Japanese), The Hokuryukan Co., Ltd., Tokyo.

Ohashi K., H. Ohashi(2023), "Transfer of *Cnidium
officinale* to *Conioselinum* (Umbelliferae/
Apiaceae)", *Journal of Plant Biology* 98:
29~36.

Pimenov M.G., E.V. Kljuykov, T.A.
Ostroumova(2003), "A Revision of
Conioselinum Hoffm. (Umbelliferae) in the
Old World", *Willdenowia* 33: 353~377.

Pimenov M.G., T.A. Ostroumova, G.V.
Degtjareva, T.H. Samigullin(2016),
"*Sillaphyton*, a new genus of the
Umbelliferae, endemic to the Korean
Peninsula", *Botanica Pacifica* 5: 31~41.

Pimenov M.G(2017), "Updated checklist of
Chinese Umbelliferae: nomenclature,
synonymy, typification, distribution",
Turczaninowia 20: 106~239.

Ren T., D. Xie, C. Peng, L. Gui, M. Price, S. Zhou,
X. He(2022), "Molecular evolution and
phylogenetic relationships of *Ligusticum*
(Apiaceae) inferred from the whole plastome
sequences, *BMC Ecology and Evolution* 22:
1~14.

Satake Y.(1970), "A new species of *Ploygonatum*
– Bracteatae", *Journal of Japanese Botany* (in
Japanese) 45: 1~5.

Schuster T.M., J.L. Reveal, M.J. Bayly, K.A.
Kron(2012), "An updated molecular
phylogeny of Polygonoideae (Polygonaceae):
Relationships of *Oxygonum*, *Pteroxygonum*,
and *Rumex*, and a new circumscription of
Koenigia", *Taxon* 64: 1188~1208.

Sun E.M., S.A Yun, S.C. Kim, G.Y. Chung, M.J.
Nam, H.T. Im(2021), "*Saussurea albifolia*
M.J.Nam & H.T.Im (Compositae), a new
species from the Baekdudaegan Area,
Korea", *Journal of Species Research* 10:
159~163.

Sun E.M., S.A Yun, S.C. Kim, J.M. Chung, H.T.
Im(2022) "*Saussurea namhaedoana*
(Compositae), a new species from
Namhaedo Island, Korea", *Korean Journal of
Plant Taxonomy* 52: 97~101.

Seo S.W., M.S. Chung, Y.S. Chung, C.E. Lim, S.H.
Oh(2020), "*Lecanorchis japonica* var. *insularis*
(Orchidaceae: Vanilloideae), a new variety
from Jejudo Island, Korea", *Korean Journal
Plant Taxonomy* 50: 413~418.

Serebryanyi M.M.(2019), "Towards a taxonomic
revision of the genus *Trollius* (Ranunculaceae)
in the Asian part of Russia. I. *Trollius
chinensis*: taxonomic and geographical
reconsiderations", *Novitates Systematicae
Plantarum Vascularium* 50: 101~114.

So S., H. Jo, M. Kim(2014), "A new species of Potentilla (Rosaceae): *P. gageodoensis* M. Kim", *Korean Journal of Plant Taxonomy* 44: 175~177.

Soejima A., M. Igari(2007), "Nomenclatural changes in *Kalimeris*: towards a revision of Asian *Aster* and Allied Genera", Acta Phytotaxonomica et Geobotanica 58: 97~99.

Soják J.(1992), "Notes on *Potentilla* XIII. Further new taxa from Asia", *Preslia* 64: 211~222.

Soreng R.J, P.M. Peterson, K. Romaschenko, G. Davidse, J.K. Teisher, L.G. Clark, P. Barbera, L. Gillespie, F.O. Zuloaga(2017), "A worldwide phylogenetic classification of the Poaceae (Gramineae) II: An update and a comparison of two 2015 classifications", *Journal of Systematics and Evolution* 55: 259~290.

Suh H.J., J.H. Kim, J.E. Choi, W. Lee, J.S. Kim, S. Kim(2020), "A new distribution record of *Sedum kiangnanense* (Crassulaceae) in Korea", *Korean Journal of Plant Taxonomy* 50: 247~251.

Takashima M., J. Hasegawa, T. Yukawa(2016), "*Oreorchis coreana* (Orchidaceae), A New Addition to the Flora of Japan", *Acta Phytotaxonomica et Geobotanica* 67: 61~66.

Tamura M.N.(2008), "Biosystematic Studies on the genus *Polygonatum*(Asparagaceae) V. Taxonomic Revision of Specie in Japan", *Acta Phytotaxonomica et Geobotanica* 59: 15~29.

Tamura M.N., N.S. Lee, T. Katsuyama, S. Fuse(2013), "Biosystematic Studies on the Family Tofieldiaceae IV. Taxonomy of *Tofieldia coccinea* in Japan and Korea Including a New Variety", *Acta Phytotaxonomica et Geobotanica* 64: 29~40.

Tanaka N.(2017), "A synopsis of the genus *Chamaelirium* (Melanthiaceae) with a new infrageneric classification including *Chionographis*", *Taiwania* 62: 157~167.

Tang Y., T. Yukawa, R.M Bateman, H. Jiang, H. Peng(2015), "Phylogeny and classification of the East Asian *Amitostigma alliance* (Orchidaceae: Orchideae) based on six DNA markers", *BMC Evolutionary Biology* 15: 96.

Tsutsumi C., T. Yukawa(2008), "Taxonomic Status of *Lipairs japonica* and *L. makinoana* (Orchidaceae): A Preliminary Report", *Bulletin of National Museum of Nature and Science, Series B, Botany* 34: 89~94.

Tsutsumi C., T. Yukawa, M. Kato(2019), "Taxonomic Reappraisal of *Liparis japonica* and *L. makinoana* (Orchidaceae)", Bulletin of National Museum of Nature and Science, Series B, Botany 45: 107~118.

Wang Z.X., S.R. Downie, J.B. Tan, C.Y. Liao, Y. Yu, X.J. He(2014), "Molecular phylogenetics of *Pimpinella* and allied genera (Apiaceae), with emphasis on Chinese native species, inferred from nrDNA ITS and cpDNA intron sequence data", *Nordic Journal of Botany* 32: 642~657.

Yamazaki T.(2002), "On *Tofielda nuda* Maxim. and *T. coccinea* Richardson", *Journal of Japanese Botany* (in Japanese) 77: 299~303.

Yamazaki T.(2003), "Intraspecific Taxa in *Primula farinosa* L. subsp. *modesta* (Bisset & Moore) Pax", *Journal of Japanese Botany* (in Japanese) 78: 295~299.

Yim E.Y., M.H. Kim, G. Song(2011), "*Sciaphila nana* Blume (Triuridaceae): Unrecorded species from Korean flora", *Korean Journal of Plant Taxonomy* 41: 242~245.

Yim E.Y., H.J. Hyun, C.U. Kim, C.S. Kim(2017), "*Sciaphila secundiflora* Thwaites ex Benth.

(Triuridaceae): An unrecorded species from
Korean flora", *Korean Journal of Plant
Taxonomy* 47: 196~198.

Yukawa T.(2016), "Taxonomic Notes on the
Orchidaceae of Japan and Adjacent
Regions", *Bulletin of National Museum of
Nature and Science, Series B, Botany* 42: 108.

A

A. amurense f. serratum 33
A. odoratum subsp.
  nipponicum 235
A. racemosa 651
A. verticillata var. abbreviata
  648
A. schantungensis 316
ACANTHACEAE 602
Achillea alpina var.
  longiligulata 721
Achillea alpina L. subsp.
  pulchra 721
Achillea alpina L. var.
  discoidea 721
Achillea alpina L. 721
Achillea ptarmica var.
  acuminata 722
Achnatherum coreanum 228
Achnatherum pekinense 227
Aconitum alboviolaceum 305
Aconitum austrokoreens 295
Aconitum barbatum var.
  hispidum 303
Aconitum barbatum 303
Aconitum carmichaelii var.
  truppelianum 296
Aconitum carmichaelii 296
Aconitum chiisanense 297
Aconitum ciliare 298
Aconitum coreanum 299
Aconitum jaluense 300
Aconitum japonicum subsp.
  napiforme 301
Aconitum kirinense 303
Aconitum kusnezoffii 302
Aconitum longecassidatum
  307

Aconitum monanthum 302
Aconitum proliferum 300
Aconitum pseudolaeve 306
Aconitum puchonroenicum
  304
Aconitum quelpaertense 305
Aconitum seoulense 300
Aconitum
  tschangbaischanense 296
Aconitum umbrosum 304
Aconitum volubile var.
  pubescens 298
Aconogonon ajanense 510
Aconogonon alpinum 508
Aconogonon divaricatum
  508
Aconogonon limosum 510
Aconogonon microcarpum
  509
Aconogonon mollifolium 509
Actaea asiatica 308
Actaea dahurica 310
Actaea erythrocarpa 308
Actaea heracleifolia 312
Adenocaulon himalaicum
  656
Adenophora curvidens 651
Adenophora divaricata 650
Adenophora erecta 647
Adenophora kayasanensis
  651
Adenophora koreana 649
Adenophora obovata 652
Adenophora pereskiifolia 651
Adenophora polyantha 652
Adenophora remotiflora 646
Adenophora taquetii 652
Adenophora tashiroi 652

Adenophora triphylla f.
  hirsuta 648
Adenophora triphylla var.
  abbreviata 648
Adenophora triphylla var.
  japonica 648
Adenophora triphylla var.
  triphylla 648
Adenophora verticillata 648
Adenostemma lavenia 731
Adenostemma madurense
  731
Adlumia asiatica 274
Adonis amurensis 313
Adonis multiflora 314
Adonis pseudoamurensis 314
Adoxa moschatellina 738
ADOXACEAE 738
Aegopodium alpestre 747
Agastache rugosa 619
Agrimonia coreana 429
Agrimonia gorovoii 430
Agrimonia nipponica 429
Agrimonia pilosa 430
Agrostis flaccida 237
Agrostis scabra 236
Ainsliaea acerifolia var.
  subapoda 656
Ainsliaea acerifolia 656
Ainsliaea apiculata 657
Ajuga spectabilis 603
Aletris fauriei 43
Aletris foliata 43
Aletris spicata 43
Allium anisopodium 131
Allium condensatum 137
Allium dumebuchum 132
Allium koreanum 137

Allium linearifolium 139

Allium macrostemon 129

Allium maximowiczii 138

Allium microdictyon 130

Allium minus 135

Allium monanthum 129

Allium spirale 133

Allium splendens 136

Allium spurium 134

Allium stenodon 136

Allium taquetii 139

Allium tenuissimum 131

Allium thunbergii var.
 deltoides 140

Allium thunbergii var.
 teretifolium 140

Allium thunbergii 140

Allium ulleungense 130

Amana edulis 67

AMARYLLIDACEAE 129

Anaphalis margaritacea 726

Anaphalis sinica var. morii
 726

Anaphalis sinica var. sinica
 725

Androsace cortusifolia 544

Androsace filiformis 545

Androsace lehmanniana 544

Androsace septentrionalis
 545

Anemarrhena asphodeloides
 148

Anemonastrum shikokianum
 316

Anemone amurensis 320

Anemone baicalensis 317

Anemone chosenicola 316

Anemone dichotoma 315

Anemone flaccida 317

Anemone koraiensis 319

Anemone narcissiflora subsp.
 crinita 315

Anemone pendulisepala 320

Anemone raddeana 322

Anemone reflexa 321

Anemone shikokiana 316

Anemone stolonifera var.
 quelpaertensis 318

Anemone stolonifera 318

Anemone umbrosa 321

Angelica amurensis 748

Angelica
 cartilaginomarginata 749

Angelica cincta 748

Angelica czernaevia 750

Angelica decursiva 751

Angelica genuflexa 754

Angelica gigas 752

Angelica nakaiana 755

Angelica polymorpha 753

Angelica reflexa 754

Angelica tenuissima 761

Antennaria dioica 726

Anthoxanthum alpinum 235

Anthoxanthum monticola
 236

Anthoxanthum nipponicum
 235

Anthoxanthum odoratum
 subsp. furumii 235

Anthoxanthum odoratum
 235

Anthriscus caucalis 760

Anthriscus sylvestris 760

Anticlea sibirica 51

APIACEAE 746

APOCYNACEAE 580

Aquilegia buergeriana var.
 oxysepala 323

Aquilegia flabellata var.
 pumila 323

Arabidopsis halleri subsp.
 gemmifera 495

Arabidopsis halleri 495

Arabidopsis lyrata subsp.
 kamchatica 496

Arabis gemmifera 495

Arabis pendula 502

Arabis serrata 496

Arabis takesimana 497

ARACEAE 33

Aralia cordata var.
 continentalis 745

Aralia cordata 745

ARALIACEAE 745

Arisaema amurense var.
 robustum 33

Arisaema amurense 33

Arisaema heterophyllum 37

Arisaema japonicum 35

Arisaema negishii 37

Arisaema peninsulae 34

Arisaema ringens 36

Arisaema serratum 34

Arisaema takesimense 35

Arisaema thunbergii subsp.
 geomundoense 37

Arisaema thunbergii subsp.
 urashima 37

Arisaema thunbergii 37

ARISTOLOCHIACEAE 29

Artemisia brachyphylla 716

Artemisia japonica var.
 angustissima 713

Artemisia japonica var.
  hallaisanensis 714
Artemisia keiskeana 715
Artemisia stolonifera 716
Artemisia subulata 715
Artemisia viridissima 714
Aruncus dioicus var.
  aethusifolius 411
Aruncus dioicus var.
  kamtschaticus 410
Aruncus sylvester 410
Arundinaria munsuensis 220
Asarum chungbuensis 29
Asarum heterotropoides var.
  mandshuricum 31
Asarum heterotropoides 31
Asarum koreanum 29
Asarum maculatum 31
Asarum misandrum 32
Asarum patens 32
Asarum sieboldii var.
  cornutum 30
Asarum sieboldii 30
Asarum sieboldii maculatum
  31
ASPARAGACEAE 144
Asparagus oligoclonos 147
Asparagus schoberioides 147
Asperula odoratum 569
ASPHODELACEAE 123
Aster ageratoides 708
Aster fastigiatus 709
Aster hayatae 707
Aster hispidus var.
  leptocladus 705
Aster hispidus 704
Aster indicus 706
Aster meyendorffii 704

Aster mongolicus 706
Aster scaber 709
Aster tataricus 708
Aster verticillatus 710
ASTERACEAE 657
Astilbe chinensis 352, 353
Astilbe koreana 351
Astilbe uljinensis 352, 353
Astilboides tabularis 354
Astragalus mongholicus var.
  nakaianus 403
Astragalus mongholicus 403
Astragalus schelichowii 404
Astragalus uliginosus 404
Asyneuma japonicum 653
Atractylodes ovata 659
Auchiyama 300

B

BALSAMINACEAE 540
Belamcanda chinensis 119
BERBERIDACEAE 292
Bistorta alopecuroides 512
Bistorta ochotensis 513
Bistorta officinalis subsp.
  japonica 512
Bistorta officinalis subsp.
  pacifica 511
Bistorta officinalis 511
Bistorta suffulta 513
Bistorta vivipara 514
Bletilla striata 98
BORAGINACEAE 584
Boschniakia rossica 631
Bothriochloa ischaemum 260
Bothriospermum secundum
  585
Bothriospermum zeylanicum

585
Brachybotrys paridiformis
  584
Brachyelytrum japonicum 226
Brachypodium sylvaticum 231
BRASSICACEAE 494
Bulbophyllum drymoglossum
  98
Bulbophyllum inconspicuum
  99
Bupleurum euphorbioides
  756
Bupleurum komarovianum
  756
Bupleurum latissimum 758
Bupleurum longeradiatum
  759
Bupleurum scorzonerifolium
  757
Burmannia championii 44
Burmannia cryptopetala 44
BURMANNIACEAE 44

C

C. brachytricha var. ciliata
  238
C. hallaisanense 359
C. wandoensis 282
Calamagrostis arundinacea
  238
Calamagrostis brachytricha
  238
Calamagrostis purpurea 239
Calanthe aristulifera 112
Calanthe bicolor 113
Calanthe citrina 114
Calanthe discolor 113
Calanthe insularis 114

Calanthe puberula 112
Calanthe reflexa 112
Calanthe sieboldii 114
Calanthe striata 113
Callistephus chinensis 710
Caltha natans 324
Caltha palustris 324
Calypso bulbosa var. speciosa
    108
Calypso bulbosa 108
Campanula glomerata var.
    dahurica 653
Campanula punctata 654
Campanula takesimana 654
CAMPANULACEAE 643
Capillipedium parviflorum
    261
CAPRIFOLIACEAE 738
Cardamine amaraeformis 498
Cardamine arakiana 499
Cardamine changbaiana 499
Cardamine glechomifolia 499
Cardamine impatiens 500
Cardamine komarovii 500
Cardamine koreana 501
Cardamine leucantha 501
Cardamine nipponica 499
Cardamine resedifolia var.
    morii 499
Cardamine resedifolia 499
Cardamine tanakae 502
Carex acerescens 179
Carex alopecuroides var.
    chlorostachya 194
Carex alopecuroides 194
Carex alterniflora var.
    rubrovaginata 218
Carex aphanolepis 196

Carex arnellii 189
Carex atrata 191
Carex augustinowiczii 193
Carex autumnalis 181
Carex blepharicarpa 185
Carex blinii 206
Carex bostrychostigma 180
Carex brevispicula 209
Carex brunnea var. nakiri 182
Carex brunnea 181
Carex callitrichos var. nana
    201
Carex candolleana 214
Carex capillaris 197
Carex ciliatomarginata 174
Carex conica 219
Carex doniana 194
Carex egena 187
Carex erythrobasis 200
Carex fernaldiana 215
Carex filipes var. oligostachys
    187
Carex filipes 186
Carex foraminata 208
Carex fusanensis 203
Carex genkaiensis 210
Carex hakonensis 176
Carex hancockiana 190
Carex holotricha 200
Carex hondoensis 189
Carex hypochlora 216
Carex jaluensis 197
Carex japonica 195
Carex kamagariensis 212
Carex kujuzana 186
Carex lanceolata 201
Carex lasiolepis 200
Carex latisquamea 190

Carex lenta var. sendaica 183
Carex lenta 182
Carex ligulata 199
Carex lithophila 179
Carex longerostrata var.
    pallida 205
Carex longerostrata 204
Carex macrandrolepis 204
Carex macroglossa 185
Carex matsumurae 207
Carex mitrata var. aristata 213
Carex mitrata 213
Carex mollicula 196
Carex myosuroides 173
Carex nodaena 205
Carex nodaena 205
Carex okamotoi 174
Carex onoei 177
Carex pediformis 202
Carex peiktusani 192
Carex pilosa var. auriculata
    188
Carex pilosa 188
Carex pisiformis 218
Carex planiculmis 195
Carex poculisquama 199
Carex polyschoena 215
Carex quadriflora 203
Carex remotiuscula 178
Carex rhizopoda 178
Carex sabynensis var.
    leiosperma 217
Carex sabynensis var. rostrata
    217
Carex sabynensis 216
Carex sendaica 183
Carex siderosticta 175
Carex sikokiana 218

Carex siroumensis 184
Carex splendentissima 175
Carex subebracteata 217
Carex subumbellata 214
Carex teinogyna 184
Carex tenuiformis var.
   neofilipes 198
Carex tenuiformis 198
Carex tokuii 211
Carex toyoshimae 207
Carex tsushimensis 212
Carex tuminensis 193
Carex uda 177
Carex ussuriensis 180
Carex xiphium 206
Carpesium abrotanoides 727
Carpesium cernuum 727
Carpesium divaricatum 728
Carpesium glossophyllum
   729
Carpesium macrocephalum
   730
Carpesium rosulatum 730
Carpesium triste 729
CARYOPHYLLACEAE 520
Catolobus pendulus 502
Caulophyllum robustum 292
CELASTRACEAE 442
Cephalanthera erecta var.
   oblanceolata 90
Cephalanthera erecta 90
Cephalanthera falcata 92
Cephalanthera longibracteata
   92
Cephalanthera longifolia 91
Cephalanthera subaphylla 90
Cerastium baischanense 520
Chamaegastrodia shikokiana

75
Chamaelirium japonicum
   subsp. yakusimense var.
   koreanum 51
Chamaelirium japonicum 51
Chamaerhodos erecta 411
Chamerion angustifolium
   487
Chimaphila japonica 556
CHLORANTHACEAE 28
Chloranthus fortunei 28
Chloranthus quadrifolius 28
Chrysanthemum coreanum
   720
Chrysanthemum
   naktongensis 718
Chrysanthemum oreastrum
   720
Chrysanthemum zawadskii
   var. latilobum 718
Chrysanthemum zawadskii
   var. lucidum 719
Chrysanthemum zawadskii
   719
Chrysosplenium
   aureobracteatum 360
Chrysosplenium barbatum
   359
Chrysosplenium epigealum
   361
Chrysosplenium flagelliferum
   355
Chrysosplenium flaviflorum
   362
Chrysosplenium grayanum
   355
Chrysosplenium japonicum
   356

Chrysosplenium
   macrospermum 358
Chrysosplenium pilosum var.
   barbatum 359
Chrysosplenium pilosum var.
   valdepilosum 364
Chrysosplenium
   pseudofauriei 358
Chrysosplenium
   ramosissimum 363
Chrysosplenium ramosum
   357
Chrysosplenium serreanum
   357
Chrysosplenium sinicum 358
Chrysosplenium valdepilosum
   364
Cimicifuga austrokoreana
   309
Cimicifuga bifida 311
Cimicifuga biternata 313
Cimicifuga dahurica 310
Cimicifuga heracleifolia var.
   bifida 311
Cimicifuga heracleifolia var.
   heracleifolia 312
Cimicifuga japonica 313
Cimicifuga simplex 309
Cinna latifolia 250
Circaea alpina subsp.
   caulescens 488
Circaea alpina 488
Circaea canadensis subsp.
   quadrisulcata 490
Circaea canadensis 490
Circaea cordata 489
Circaea erubescens 490
Circaea mollis 489

Cirsium chanroenicum 664
Cirsium diamanticum 663
Cirsium nipponicum 662
Cirsium rhinoceros 662
Cirsium schantarense 663
Cirsium setidens 664
Cirsium toraiense 665
Cirsium vlassovianum 665
Clausia trichosepala 504
Cleistogenes hackelii var.
 nakaii 265
Cleistogenes hackelii 265
Clinopodium micranthum var.
 fauriei 617
Clinopodium micranthum 617
Clinopodium multicaule 618
Clintonia udensis 57
CLUSIACEAE 443
Cnidium officinale 763
Codonopsis lanceolata 644
Codonopsis minima 644
Codonopsis pilosula 646
Codonopsis ussuriensis 645
Coelopleurum nakaianum
 755
COLCHICACEAE 48
COMMELINACEAE 166
Conioselinum officinale 763
Conioselinum smithii 762
Conioselinum tenuissimum
 761
Convallaria keiskei 148
Convallaria majalis var.
 manshurica 148
Corallorhiza trifida 108
Coreanomecon
 hylomeconoides 290
Corydalis alata 275

Corydalis albipetala 276
Corydalis bonghwaensis 277
Corydalis bungeana 274
Corydalis caudata 284
Corydalis cornupetala 279
Corydalis decumbens 287
Corydalis filistipes 280
Corydalis fumariifolia 281
Corydalis gigantea 287
Corydalis grandicalyx 284
Corydalis hallaisanensis 279
Corydalis hirtipes 277
Corydalis humilis 285
Corydalis maculata 286
Corydalis namdoensis 278
Corydalis ochotensis 289
Corydalis ohii 283
Corydalis pauciovulata 289
Corydalis raddeana 288
Corydalis remota 282
Corydalis repens 276
Corydalis turtschaninovii 282
CRASSULACEAE 371
Cremastra appendiculata var.
 variabilis 109
Cremastra appendiculata 109
Cremastra unguiculata 109
Crepidiastrum × muratagenii
 686
Crepidiastrum
 chelidoniifolium 685
Crepidiastrum denticulatum
 686
Crepidiastrum hallaisanense
 687
Crepidiastrum koidzumianum
 685
Crepis coreana 684

Cryptotaenia japonica 764
CUCURBITACEAE 440
Cymbidium ensifolium 105
Cymbidium goeringii 106
Cymbidium kanran 106
Cymbidium lancifolium 107
Cymbidium macrorhizon 107
Cymopterus melanotilingia
 765
Cynanchum acuminatifolium
 580
Cynanchum inamoenum 581
Cynanchum thesioides 583
Cynanchum wilfordii 584
CYPERACEAE 172
Cypripedium × ventricosum
 74
Cypripedium calceolus 73
Cypripedium guttatum 72
Cypripedium japonicum 73
Cypripedium macranthos 74
Cyrtosia septentrionalis 69

D

Dactylorhiza viride var.
 coreanum 80
Dactylorhiza viridis 80
Delphinium maackianum 325
Dendranthema ×
 jeongseonsis 717
Dendranthema zawadskii 719
Dendrobium moniliforme 99
Deyeuxia pyramidalis 238
Dianthus barbatus var.
 asiaticus 521
Dianthus chinensis 521
Dianthus longicalyx 522
Dianthus superbus var.

alpestris 522
Dianthus superbus 522
Diarrhena fauriei 229
Diarrhena japonica 230
Diarrhena koryoensis 229
Diarrhena mandshurica 231
Diarthron linifolium 493
Dictamnus dasycarpus 493
Dimeria ornithopoda var.
    subrobusta 255
Dimeria ornithopoda 255
Dioscorea coreana 45
Dioscorea tenuipes 46
Dioscorea tokoro 45
DIOSCOREACEAE 45
Disporum sessile 48
Disporum smilacinum 49
Disporum uniflorum 48
Disporum viridescens 49
Dontostemon dentatus 503
Draba mongolica 506
Draba ussuriensis 506
Dracocephalum argunense
    620
Dracocephalum rupestre 620
Dumasia truncata 399
Dystaenia takesimana 766

E

Echinops davuricus 658
Echinops latifolius 658
Echinops setifer 657
Elatostema densiflorum 431
Elatostema japonicum 431
Elatostema laetevirens 431
Elatostema umbellatum 431
Elsholtzia angustifolia 613
Elsholtzia byeonsanensis 615

Elsholtzia minima 616
Elsholtzia serotina 616
Elsholtzia splendens var.
    hallasanensis 614
Elsholtzia splendens 614
Elymus sibiricus 251
Enemion raddeanum 325
Epilobium × ulleungensis 492
Epilobium amurense subsp.
    cephalostigma 491
Epilobium amurense 491
Epilobium fastigiatoramosum
    492
Epilobium platystigmatosum
    491
Epimedium grandiflorum var.
    koreanum 293
Epimedium koreanum 293
Epipactis papillosa 93
Epipogium aphyllum 97
Eranthis byunsanensis 327
Eranthis pungdoensis 327
Eranthis stellata 326
Eremogone juncea 520
ERICACEAE 554
Erigeron alpicola 711
Erysimum amurense 504
Erythronium japonicum 57
Eulalia speciosa 256
Eupatorium × arakianum 732
Eupatorium chinense var.
    oppositifolium 737
Eupatorium chinense 736
Eupatorium japonicum 732
Eupatorium lindleyanum 733
Eupatorium makinoi var.
    oppositifolium 737
Eupatorium makinoi 734

Eupatorium tripartitum 735
Euphorbia ebracteolata var.
    coreana 481
Euphorbia ebracteolata 481
Euphorbia fauriei 480
Euphorbia fischeriana 482
Euphorbia lasiocaula var.
    maritima 480
Euphorbia lasiocaula 479
Euphorbia pekinensis var.
    fauriei 480
Euphorbia pekinensis 479
Euphorbia sieboldiana 483
EUPHORBIACEAE 479
Euphrasia coreana 642
Euphrasia maximowiczii 642
Eutrema japonicum 505
Exallage chrysotricha 560

F

F. yezoensis 425
FABACEAE 390
Fallopia ciliinervis 518
Fallopia koreana 518
Fallopia multiflora 518
Festuca extremiorientalis 240
Festuca japonica 239
Festuca ovina var. coreana
    241
Festuca ovina var.
    koreanoalpina 241
Festuca ovina 241
Festuca parvigluma 240
Filifolium sibiricum 713
Filipendula formosa 424
Filipendula glaberrima 425
Filipendula koreana 425
Filipendula multijuga 425

Filipendula palmata 426

Fimbristylis hookeriana 219

Fragaria mandshurica 413

Fragaria nipponica subsp.
  chejuensis 413

Fragaria nipponica 413

Fragaria orientalis 413

Fritillaria usuriensis 60

G

G. maximowicziana 76

Gagea japonica 58

Gagea nakaiana 58

Gagea terraccianoana 58

Galearis camtschatica 81

Galearis cyclochila 82

Galium boreale 567

Galium bungei var.
  setuliflorum 563

Galium bungei var.
  trachyspermum 562

Galium dahuricum 566

Galium hoffmeisteri 565

Galium japonicum 565

Galium kamtschaticum var.
  yakusimense 561

Galium kamtschaticum 561

Galium kikumugura 562

Galium kinuta 567

Galium koreanum 563

Galium maximowiczii 570

Galium odoratum 569

Galium paradoxum 564

Galium platygalium 570

Galium pogonanthum 562

Galium pseudoasprellum 566

Galium trifloriforme var.
  nipponicum 565

Galium trifloriforme 564

Galium triflorum 565

Galium verum var. asiaticum
  568

Galium verum var. hallaensis
  568

Galium verum var. nikkoense
  568

Galium verum var.
  trachycarpum 568

Galium verum var.
  trachyphyllum 568

Galium verum 568

Gastrochilus japonicus 115

Gastrochilus matsuran 115

Gastrodia elata 96

Gastrodia pubilabiata 96

Gentiana algida 572

Gentiana chosenica 573

Gentiana scabra 572

Gentiana takahashii 573

Gentiana thunbergii var.
  minor 573

Gentiana thunbergii 573

Gentiana triflora 571

Gentiana wootchuliana 573

Gentiana zollingeri 574

GENTIANACEAE 571

Gentianopsis contorta 574

GERANIACEAE 484

Geranium dahuricum 484

Geranium koreanum 485

Geranium krameri 486

Geranium platyanthum 484

Geranium shikokianum var.
  quelpaertense 486

Geranium shikokianum 486

Geranium taebaek 485

Geranium tripartitum 487

Geranium wlassovianum 485

Geum aleppicum 412

Geum japonicum 412

Goodyera biflora 75

Goodyera brachystegia 77

Goodyera crassifolia 76

Goodyera foliosa var. laevis
  76

Goodyera henryi 76

Goodyera maximowicziana
  76

Goodyera repens 77

Goodyera rosulacea 77

Goodyera schlechtendaliana
  78

Goodyera velutina 79

Gymnadenia conopsea 82

Gymnospermium
  microrrhynchum 294

Gynostemma pentaphyllum
  440

Gypsophila oldhamiana 523

Gypsophila pacifica 523

H

Habenaria crassilabia 83

Habenaria flagellifera 84

Habenaria iyoensis 83

Hackelia deflexa 587

Halenia coreana 571

Halenia corniculata 571

Halosciastrum melanotilingia
  765

Hanabusaya asiatica 655

Hanabusaya latisepala 655

Hedysarum vicioides subsp.
  japonicum 405

Hedysarum vicioides 405
Heloniopsis koreana 50
Heloniopsis tubiflora 50
Hemerocallis citrina 128
Hemerocallis coreana 128
Hemerocallis fulva f. kwanso
    124
Hemerocallis fulva 124
Hemerocallis hakuunensis
    125
Hemerocallis hongdoensis
    126
Hemerocallis lilioasphodelus
    123
Hemerocallis middendorffii
    127
Hemerocallis minor 127
Hemerocallis taeanensis 124
Hemipilia cucullata 85
Hemipilia gracilis 84
Hemipilia joo-iokiana 85
Hepatica asiatica 328
Hepatica insularis 328
Hepatica maxima 329
Hepatica nobilis var. asiatica
    328
Hepatica nobilis var. japonica
    328
Heracleum moellendorffii var.
    subbipinnatum 767
Heracleum moellendorffii
    767
Herminium lanceum 86
Herminium monorchis 86
Hieracium umbellatum 684
Hosta capitata 144
Hosta clausa 144
Hosta ensata 144

Hosta jonesii 145
Hosta minor var. venusta 146
Hosta minor 146
Hosta yingeri 145
HYDRANGEACEAE 540
Hydrocotyle javanica 746
Hydrocotyle nepalensis 746
Hydrocotyle yabei 746
Hylodesmum laxum 400
Hylodesmum oldhamii 400
Hylodesmum podocarpum
    subsp. fallax 402
Hylodesmum podocarpum
    subsp. oxyphyllum var.
    mandshuricum 402
Hylodesmum podocarpum
    subsp. oxyphyllum 401
Hylodesmum podocarpum
    401
Hylomecon japonica 291
Hylotelephium
    erythrostictum 371
Hylotelephium spectabile 373
Hylotelephium ussuriense 371
Hylotelephium verticillatum
    374
Hylotelephium viridescens
    372
Hylotelephium viviparum 374
Hypericum ascyron 443
Hypericum attenuatum 444
Hypericum erectum var.
    caespitosum 445
Hypericum erectum 445
Hypopitys monotropa 554
HYPOXIDACEAE 118
Hypoxis aurea 118
Hystrix coreana 251

Hystrix duthiei subsp.
    longe-aristata 250

I
Impatiens furcillata 542
Impatiens kojeensis 542
Impatiens noli-tangere var.
    pallescens 541
Impatiens noli-tangere 541
Impatiens textorii 540
Inula salicina 731
IRIDACEAE 118
Iris dichotoma 118
Iris domestica 119
Iris koreana 120
Iris minutoaurea 119
Iris odaesanensis 120
Iris rossii var. latifolia 121
Iris rossii 121
Iris ruthenica 122
Iris uniflora 122
Isachne nipponensis 263
Isodon excisus 629
Isodon inflexus 626
Isodon japonicus 627
Isodon serra 628
Isopyrum manshuricum 330

J
JUNCACEAE 167
Juncus castaneus subsp.
    triceps 167
Juncus maximowiczii 167
Juncus potaninii 167

K
Kirengeshoma koreana 540
Kirengeshoma palmata 540

Kitagawia komarovii 775
Kitagawia litoralis 773
Kitagawia terebinthacea 777
Kobresia myosuroides 173
Koeleria macrantha 234
Koeleria spicata 232

L

Lactuca hallaisanense 687
Lactuca raddeana 688
Lactuca triangulata 688
LAMIACEAE 603
Lamium album var. barbatum 625
Lamium album var. takesimense 625
Lamium album 625
Lamprocapnos spectabilis 290
Laportea bulbifera 432
Laportea cuspidata 432
Lappula deflexa 587
Lappula squarrosa 587
Lathraea japonica 631
Lathyrus davidii 397
Lathyrus humilis 397
Lathyrus komarovii 398
Lathyrus vaniotii 398
Lecanorchis japonica var. hokurikuensis 70
Lecanorchis japonica var. kiiensis 70
Lecanorchis japonica 70
Lecanorchis kiusiana 71
Lecanorchis suginoana 71
Leibnitzia anandria 690
Leontopodium coreanum var. coreanum 723

Leontopodium coreanum var. hallaisanense 723
Leontopodium leiolepis 724
Leontopodium leontopodioides 724
Leonurus macranthus 622
Leuzea chinensis 660
Leuzea uniflora 661
Libanotis coreana 768
Libanotis seseloides 769
Ligularia euodon 698
Ligularia fischeri 698
Ligularia intermedia 699
Ligularia jamesii 701
Ligularia mongolica 701
Ligularia schmidtii 701
Ligularia splendens 698
Ligularia stenocephala 700
Ligusticum jeholense 762
Ligusticum tsusimense 785
LILIACEAE 57
Lilium amabile 60
Lilium callosum var. flaviflorum 61
Lilium callosum 61
Lilium cernuum 62
Lilium concolor var. megalanthum 63
Lilium concolor var. pulchellum 63
Lilium concolor 63
Lilium dauricum 66
Lilium distichum 65
Lilium hansonii 64
Lilium pensylvanicum 66
Lilium pumilum 62
Lilium tsingtauense 65
LINACEAE 479

Linum stelleroides 479
Liparis auriculata Blume 100
Liparis koreojaponica 101
Liparis krameri 100
Liparis kumokiri 102
Liparis makinoana 103
Liparis nervosa 104
Liparis suzumushi 103
Liriope muscari 149
Liriope spicata 149
Lithospermum erythrorhizon 586
Lithospermum zollingeri 586
Lloydia serotina 59
Lloydia triflora 59
Lophatherum gracile 252
Lophatherum sinense 252
Luzula arcuata subsp. unalaschkensis 168
Luzula nipponica 170
Luzula odaesanensis 169
Luzula oligantha 170
Luzula pallescens 168
Luzula plumosa subsp. dilatata 169
Luzula plumosa 169
Luzula rufescens 171
Lychnis cognata 524
Lychnis fulgens 524
Lychnis wilfordii 525
Lycoris × chejuensis 143
Lycoris × flavescens 142
Lycoris chinensis var. sinuolata 141
Lycoris chinensis 141
Lycoris sanguinea var. koreana 142
Lycoris uydoensis 143

Lysimachia acroadenia 546
Lysimachia barystachys 548
Lysimachia clethroides 548
Lysimachia coreana 549
Lysimachia davurica 549
Lysimachia europaea 553
Lysimachia pentapetala 547

M

Maianthemum bicolor 151
Maianthemum bifolium 153
Maianthemum dahuricum
    152
Maianthemum dilatatum 154
Maianthemum japonicum
    152
Maianthemum robustum 153
Malaxis monophyllos 104
Matsumurella chinensis 622
MAZACEAE 630
Mazus stachydifolius 630
Medicago ruthenica 406
Meehania urticifolia 619
Megaleranthis saniculifolia
    330
Melampyrum koreanum 634
Melampyrum roseum var.
    japonicum 636
Melampyrum roseum var.
    ovalifolium 635
Melampyrum roseum var.
    roseum 635
Melampyrum roseum var.
    setaceum 637
Melampyrum setaceum var.
    nakaianum 638
Melampyrum setaceum var.
    setaceum 637

MELANTHIACEAE 50
Melica nutans var. grandiflora
    225
Melica nutans 225
Melica onoei 226
Mercurialis leiocarpa 483
Metanarthecium luteoviride
    44
Meterostachys sikokianus 374
Micranthes laciniata 365
Micranthes manchuriensis
    var. octopetala 366
Micranthes manchuriensis
    366
Micranthes nelsoniana 365
Micranthes oblongifolia 366
Microstegium japonicum 255
Microstegium vimineum var.
    polystachyum 254
Microstegium vimineum 254
Milium effusum 249
Minuartia arctica 525
Minuartia laricina 526
Minuartia verna var.
    leptophylla 526
Minuartia verna 526
Miscanthus changii 258
Miscanthus latissimus 257
Miscanthus longiberbis 258
Mitchella undulata 560
Mitella nuda 369
Moehringia lateriflora 527
Moneses uniflora 555
Monochasma sheareri 633
Monotropa hypopity 554
Monotropa uniflora 554
Monotropastrum humile 555
Mosla chinensis 611

Mosla dadoensis 612
Mosla japonica 613
Muhlenbergia curviaristata
    var. nipponica 273
Muhlenbergia curviaristata
    272
Muhlenbergia hakonensis
    268
Muhlenbergia huegelii 269
Muhlenbergia japonica 270
Muhlenbergia ramosa 271
Myosotis alpestris 588
Myosotis sylvatica 588

N

Nabalus ochroleucus 689
Nabalus tatarinowii 689
Nanocmide japonica 434
NARTHECIACEAE 43
Neofinetia falcata 117
    Neolindleya camtschatica
    81
Neomolinia fauriei 229
Neomolinia japonica 230
Neottia acuminata 93
Neottia japonica 95
Neottia kiusiana 94
Neottia papilligera 94
Neottia puberula 95
Nervilia nipponica 97

O

O. japonicus var. umbrosus
    150
Oberonia japonica 105
Odontochilus nakaianus 79
ONAGRACEAE 487
Ophiopogon jaburan 151

Ophiopogon japonicus var.
  caespitosus 150
Ophiopogon japonicus 150
Oplismenus undulatifolius
  var. microphyllus 253
Oplismenus undulatifolius
  253
ORCHIDACEAE 69
Oreorchis coreana 110
Oreorchis patens 110
OROBANCHACEAE 631
Orobanche pycmostachya
  632
Orostachys cartilaginea 376
Orostachys chongsunensis
  375
Orostachys japonica 376
Orostachys latielliptica 377
Orostachys margaritifolia 377
Orostachys minuta 375
Orthilia secunda 556
Osmorhiza aristata 778
Ostericum grosseserratum
  771
Ostericum maximowiczii 770
Ostericum sieboldii 772
OXALIDACEAE 442
Oxalis acetosella 442
Oxalis obtriangulata 443
Oxyria digyna 517
Oxytropis anertii 405
Oxytropis racemosa 405

P

P. terebinthaceum var.
  deltoideum 777
Paeonia japonica 348
Paeonia lactiflora var.

trichocarpa 350
Paeonia lactiflora 350
Paeonia obovata 349
PAEONIACEAE 348
Panax ginseng 745
Papaver radicatum var.
  pseudoradicatum 291
Papaver radicatum 291
PAPAVERACEAE 274
Parasenecio adenostyloides
  692
Parasenecio auriculatus var.
  kamtschatica 692
Parasenecio auriculatus 692
Parasenecio firmus 695
Parasenecio hastatus 693
Parasenecio komarovianus
  694
Parasenecio praetermissus
  692
Parasenecio
  pseudotamingasa 695
Parietaria debilis 433
Parietaria micrantha 433
Paris verticillata 54
Parnassia alpicola 442
Parnassia palustris 442
Patis coreana var. kengii 228
Patis coreana 228
Patrinia monandra 739
Patrinia rupestris 740
Patrinia saniculifolia 738
Patrinia scabiosifolia 741
Patrinia villosa 741
Pedicularis ishidoyana 639
Pedicularis mandshurica 639
Pedicularis resupinata 640
Pedicularis spicata 641

Pedicularis verticillata 641
Pelatantheria scolopendrifolia
  116
Peracarpa carnosa 643
Peristrophe japonica 602
Peristylus densus 84
Peristylus iyoensis 83
Persicaria breviochreata 514
Persicaria debilis 515
Persicaria dissitiflora 515
Persicaria filiformis 516
Persicaria nepalensis 516
Persicaria posumbu 517
Petasites rubellus 690
Peucedanum chujaense 773
Peucedanum hakusanensis
  774
Peucedanum insolens 783
Peucedanum miroense 776
Peucedanum terebinthaceum
  777
Peucedanum tongkangense
  775
Phacellanthus tubiflorus 632
Phaenosperma globosa 224
Phalaenopsis japonica 117
Phedimus aizoon var.
  floribundus 379
Phedimus aizoon var.
  latifolius 378
Phedimus aizoon 378
Phedimus daeamensis 381
Phedimus ellacombeanus 379
Phedimus kamtschaticus 381
Phedimus latiovalifolius 380
Phedimus middendorffianus
  383
Phedimus selskianus 381

Phedimus takesimensis 382
Phleum alpinum 249
Phlomis maximowiczii 624
Phlomoides koraiensis 623
Phlomoides maximowiczii 624
Phlomoides umbrosa 623
Phryma leptostachya var. oblongifolia 630
PHRYMACEAE 630
Physaliastrum echinatum 591
Picris hieracioides subsp. japonica 684
Pilea hamaoi 435
Pilea japonica 438
Pilea oligantha 437
Pilea peploides 434
Pilea pumila var. hamaoi 435
Pilea pumila 435
Pilea taquetii 436
Pimpinella brachycarpa var. hallaisanensis 780
Pimpinella brachycarpa 779
Pinellia tripartita 38
Plagiorhegma dubium 292
Platanthera densa subsp. orientalis 87
Platanthera fuscescens 89
Platanthera japonica 87
Platanthera mandarinorum subsp. mandarinorum var. neglecta 88
Platanthera mandarinorum subsp. ophrydioides 88
Platanthera mandarinorum 88
Platanthera metabifolia 87
Platanthera minor 88

Platanthera ussuriensis 89
Platycodon grandiflorus 643
Pleurospermum uralense 780
Poa acroleuca var. submoniliformis 242
Poa acroleuca 242
Poa alta 247
Poa hisauchii 242
Poa kumgansanii 245
Poa nemoralis 246
Poa sibirica 243
Poa sichotensis 247
Poa sphondylodes 246
Poa takeshimana 248
Poa tuberifera 243
Poa ullungdoensis 248
Poa urssulensis var. kanboensis 247
Poa urssulensis 247
Poa ussuriensis 244
Poa versicolor 247
POACEAE 220
POLEMONIACEAE 543
Polemonium caeruleum var. acutiflorum 543
Polemonium caeruleum 543
Polemonium chinense 543
Polemonium racemosum 543
Pollia japonica 166
Polygala japonica 407
Polygala sibirica 408
Polygala tatarinowii 409
Polygala tenuifolia 408
POLYGALACEAE 407
POLYGONACEAE 508
Polygonatum × desoulavyi 163
Polygonatum × domonense

163
Polygonatum acuminatifolium 160
Polygonatum cryptanthum × Polygonatum thunbergii 165
Polygonatum cryptanthum 162
Polygonatum falcatum 159
Polygonatum humile 155
Polygonatum inflatum 161
Polygonatum involucratum × Polygonatum thunbergii 164
Polygonatum involucratum 161
Polygonatum lasianthum 160
Polygonatum odoratum var. pluriflorum 156
Polygonatum odoratum var. thunbergii 157
Polygonatum odoratum 156
Polygonatum robustum 158
Polygonatum thunbergii 157
Polygonum bistorta 511
Potentilla ancistrifolia var. dickinsii 415
Potentilla ancistrifolia 416
Potentilla baekdusanensis 421
Potentilla centigrana 419
Potentilla chinensis 417
Potentilla coreana 421
Potentilla cryptotaeniae 419
Potentilla dickinsii var. glabrata 415
Potentilla dickinsii 415
Potentilla discolor 418

Potentilla fragarioides var.
major 420
Potentilla fragarioides 420
Potentilla freyniana 422
Potentilla gageodoensis 420
Potentilla koreana 423
Potentilla longifolia 417
Potentilla nivea 418
Potentilla rosulifera 422
Potentilla rugulosa 416
Potentilla squamosa 423
Potentilla stolonifera var.
quelpaertensis 421
Potentilla stolonifera 421
Potentilla viscosa 417
Potentilla yokusaiana 422
Prenanthes tatarinowii 689
Primula farinosa subsp.
modesta var.
hannasanensis 552
Primula farinosa subsp.
modesta var. koreana 552
Primula farinosa 551
Primula jesoana var.
hallaisanensis 550
Primula jesoana var.
pubescens 550
Primula jesoana 550
Primula loeseneri 550
Primula sachalinensis 551
Primula sieboldii 551
PRIMULACEAE 544
Prunella × intermedia 621
Prunella laciniata 621
Prunella vulgaris subsp.
aleutica 621
Prunella vulgaris subsp.
asiatica 621

Prunella vulgaris 621
Pseudognaphalium
hypoleucum 722
Pseudolysimachion dauricum
596
Pseudolysimachion kiusianum
var. diamantiacum 594
Pseudolysimachion kiusianum
594
Pseudolysimachion linariifoliu
595
Pseudolysimachion
longifolium 596
Pseudolysimachion
nakaianum 598
Pseudolysimachion
pyrethrinum var.
gasanensis 597
Pseudolysimachion
pyrethrinum 597
Pseudolysimachion rotundum
595
Pseudosasa japonica 220
Pseudostellaria davidii 527
Pseudostellaria heterophylla
530
Pseudostellaria japonica 528
Pseudostellaria okamotoi var.
longipedicellata 533
Pseudostellaria okamotoi 532
Pseudostellaria palibiniana
var. gageodoensi 532
Pseudostellaria palibiniana
531
Pseudostellaria setulosa 529
Pseudostellaria sylvatica 528
Pternopetalum tanakae 781
Pterygocalyx volubilis 575

Pyrola asarifolia subsp.
incarnata 557
Pyrola dahurica 558
Pyrola incarnata 557
Pyrola japonica 558
Pyrola minor 559
Pyrola renifolia 559

R

Rabdosia excisa 629
RANUNCULACEAE 295
Ranunculus acris subsp.
nipponicus 333
Ranunculus crucilobus 331
Ranunculus franchetii 331
Ranunculus grandis 332
Ranunculus japonicus 333
Ranunculus paishanensis 333
Rhaponticum chinense 660
Rhaponticum uniflorum 661
Rhodiola angusta 388
Rhodiola rosea 388
Rodgersia podophylla 370
ROSACEAE 410
RUBIACEAE 560
Rumex gmelinii 519
Rumex longifolius 519
Rupiphila tachiroei 770
RUTACEAE 493

S

S. palmatopinnatifidus 682
Salvia chanryoenica 610
Salvia japonica 610
Sanguisorba hakusanensis
427
Sanguisorba officinalis 428
Sanguisorba stipulata 428

Sanicula chinensis 781
Sanicula rubriflora 782
Sanicula tuberculata 782
Sasa borealis 221
Sasa kurilensis 222
Sasa quelpaertensis 223
Sasa tsuboiana 223
Saussurea albifolia 676
Saussurea amurensis 674
Saussurea calcicola 675
Saussurea chabyoungsanica 674
Saussurea diamantica 668
Saussurea gracilis 677
Saussurea grandicapitula 681
Saussurea grandifolia 678
Saussurea insularis 676
Saussurea japonica 666
Saussurea macrolepis 680
Saussurea maximowiczii 667
Saussurea mongolica 673
Saussurea namhaedoana 677
Saussurea neoserrata 670
Saussurea nipponica subsp. higomontana 679
Saussurea odontolepis 672
Saussurea pectinata 671
Saussurea petiolata 680
Saussurea polylepis 679
Saussurea pseudogracilis 677
Saussurea pulchella 667
Saussurea seoulensis 669
Saussurea tanakae 670
Saussurea tenerifolia 678
Saussurea tomentosa 668
Saussurea triangulata 681
Saussurea ussuriensis var. laxiodontolepis 671

Saussurea ussuriensis 671
Saxifraga cernua 369
Saxifraga cortusifolia 367
Saxifraga fortunei var. koraiensis 368
Saxifraga fortunei var. pilosissima 368
Saxifraga fortunei 368
SAXIFRAGACEAE 351
Scabiosa comosa 744
Schizachne purpurascens subsp. callosa 227
Schizachyrium brevifolium 262
Schizopepon bryoniifolius 440
Sciaphila nana 47
Sciaphila secundiflora 47
Scirpus maximowiczii 173
Scopolia japonica 592
Scopolia parviflora 592
Scorzonera albicaulis 683
Scorzonera austriaca 683
Scrophularia buergeriana 599
Scrophularia cephalantha 599
Scrophularia kakudensis 600
Scrophularia koraiensis 600
Scrophularia maximowiczii 601
SCROPHULARIACEAE 593
Scutellaria baicalensis 609
Scutellaria indica var. tsusimensis 606
Scutellaria indica 606
Scutellaria insignis 608
Scutellaria laeteviolacea 607
Scutellaria moniliorhiza 608
Scutellaria orthocalyx 609

Scutellaria pekinensis var. maxima 607
Scutellaria pekinensis var. transitra 607
Scutellaria pekinensis var. ussuriensis 607
Scutellaria tuberifera 605
Sedum kiangnanense 385
Sedum latiovalifolium 380
Sedum lepidopodum 387
Sedum middendorffianum 383
Sedum polytrichoides subsp. yabeanum 387
Sedum polytrichoides 387
Sedum takesimense 382
Sedum tosaense 384
Sedum tricarpum 386
Semiaquilegia adoxoides 334
Semiaquilegia quelpaertensis 334
Senecio argunensis 696
Senecio cannabifolius 696
Senecio nemorensis 697
Serratula coronata subsp. insularis 659
Serratula coronata 659
Seseli coreanum 768
Setaria chondrachne 253
Sibbaldia procumbens 414
Sibirotrisetum bifidum 232
Sibirotrisetum sibiricum 233
Silene capitata 533
Silene fasciculata 534
Silene foliosa 535
Silene jenisseensis 534
Silene koreana 536
Silene repens 537

Silene seoulensis 538
Silene takeshimensis 535
Silene yanoei 538
Sillaphyton podagraria 783
Siphonostegia chinensis 633
Sisymbrium luteum 505
Sium serra 784
Sium ternifolium 784
SMILACACEAE 56
Smilax nipponica 56
Smilax riparia 56
SOLANACEAE 591
Solidago dahurica 711
Solidago japonica 712
Solidago virgaurea subsp.
    asiatica 712
Solidago virgaurea subsp.
    gigantea 712
Solidago virgaurea 712
Sorghum nitidum 259
Sporobolus fertilis 264
Sporobolus pilifer 264
Spuriopimpinella brachycarpa
    var. uchiyamana 779
Spuriopimpinella brachycarpa
    779
Spuriopimpinella koreana
    779
Stellaria sessiliflora 539
Stellera chamaejasme 494
Stellera rosea 494
Stevenia maximowiczii 498
Stipa coreana 228
Streptolirion volubile 166
Streptopus amplexifolium 68
Streptopus koreanus 68
Streptopus ovalis 68
Strobilanthes oliganthus 602

Swertia dichotoma 577
Swertia japonica 577
Swertia pseudochinensis 578
Swertia tetrapetala 579
Swertia wilfordii 578
Symplocarpus koreanus 38
Symplocarpus nipponicus 39
Syneilesis aconitifolia 691
Syneilesis palmata 691
Synurus deltoides 682
Synurus excelsus 682

T

Tephroseris birubonensis 703
Tephroseris flammea 702
Tephroseris kirilowii 703
Tephroseris koreana 702
Tephroseris phaeantha 703
Teucrium japonicum 604
Teucrium veronicoides 605
Teucrium viscidum var.
    miquelianum 604
Teucrium viscidum 604
Thalictrum actaeifolium var.
    brevistylum 335
Thalictrum actaeifolium 335
Thalictrum acutifolium 339
Thalictrum aquilegiifolium
    var. sibiricu 342
Thalictrum aquilegiifolium
    342
Thalictrum baicalense 341
Thalictrum ichangense var.
    coreanum 337
Thalictrum ichangense 337
Thalictrum minus var.
    hypoleucum 344
Thalictrum minus 344

Thalictrum petaloideum 340
Thalictrum punctatum 338
Thalictrum rochebruneanum
    var. grandisepalum 336
Thalictrum rochebrunnianum
    336
Thalictrum sparsiflorum 343
Thalictrum tuberiferum 339
Thalictrum uchiyamae 338
Thrixspermum japonicum 116
THYMELAEACEAE 493
Thyrocarpus glochidiatus 588
Tiarella polyphylla 370
Tilingia tsusimensis 785
Tipularia japonica 111
Tofieldia coccinea var. kondoi
    40
Tofieldia coccinea 40
Tofieldia ulleungensis 41
Tofieldia yoshiiana var.
    kanwonensis 42
Tofieldia yoshiiana var.
    koreana 42
TOFIELDIACEAE 40
Trichophorum alpinum 172
Trichophorum dioicum 172
Trichosanthes cucumeroides
    441
Tricyrtis macropoda 67
Trientalis europaea var.
    arctica 553
Trientalis europaea 553
Trifolium lupinaster 390
Trigonotis coreana 590
Trigonotis icumae 589
Trigonotis radicans var.
    sericea 590
Trigonotis radicans 589

Trillium camschatcense 55
Trillium tschonoskii 55
Tripogon chinensis 267
Tripogon longe-aristatus 266
Tripora divaricata 603
Tripterospermum japonicum
    576
Trisetum sibiricum 233
Trisetum spicatum subsp.
    alaskanum 232
Trisetum spicatum 232
TRIURIDACEAE 47
Trollius chinensis 345
Trollius japonicus 346
Trollius macropetalus 345
Trollius shinanensis 346
Tubocapsicum anomalum
    591
Tulipa edulis 67
Turczaninovia fastigiata 709

U
Urtica angustifolia var.
    sikokiana 438
Urtica angustifolia 438
Urtica laetevirens var. robusta
    439
Urtica laetevirens 439
Urtica thunbergiana 438
URTICACEAE 431

V
V. brachysepala 454
V. maackii var. parviflorum 52
V. takesimana 449
Valeriana amurensis 744
Valeriana dageletiana 742
Valeriana fauriei 743

Valeriana officinalis 743
Vanda falcata 117
Veratrum maackii var.
    japonicum 52
Veratrum maackii 52
Veratrum nigrum 53
Veratrum oxysepalum 54
Veratrum versicolor 53
Veronica kiusiana 594
Veronica pyrethrina 597
Veronica serpyllifolia subsp.
    humifus 593
Veronica serpyllifolia 593
Veronica stelleri var.
    longistyla 593
Veronicastrum sibiricum 598
Vicia anguste-pinnata 391
Vicia bifolia 395
Vicia chosenensis 390
Vicia nipponica 391
Vicia ramuliflora 394
Vicia sexajuga 393
Vicia subrotunda 390
Vicia unijuga f. angustifolia
    396
Vicia unijuga var.
    kaussanensis 396
Vicia unijuga 396
Vicia venosa var. albiflora 394
Vicia venosa var. cuspidata
    393
Vicia venosa 392
Vincetoxicum
    acuminatifolium 580
Vincetoxicum atratum 582
Vincetoxicum inamoenum
    581
Vincetoxicum mukdenense

    582
Vincetoxicum pycmostelma
    582
Vincetoxicum sibiricum 583
Viola × chejuensis 473
Viola × jindoensis 474
Viola × martinii 473
Viola × palatina 474
Viola × takahashii 459
Viola × taradakensis 474
Viola × wansanensis 475
Viola × woosanensis 472
Viola acuminata f. glaberrima
    447
Viola acuminata 447
Viola albida var.
    chaerophylloides × V.
    tokubuchiana var.
    takedana 475
Viola albida var. takahashii
    459
Viola albida 457
Viola biflora 446
Viola boissieuana 462
Viola breviflora 464
Viola chaerophylloides var.
    sieboldiana 458
Viola chaerophylloides 458
Viola collina 456
Viola crassa 446
Viola dactyloides 458
Viola dageletiana 449
Viola diamantiaca 470
Viola dissecta 458
Viola eizanensis 458
Viola epipsiloides 455
Viola grypoceras var. exilis
    448

Viola grypoceras 448

Viola hirtipes 467

Viola hondoensis 455

Viola ishidoyana 466

Viola kamibayashii 467

Viola kapsanensis 463

Viola keiskei × *V. tokubuchiana* var. *takedana* 478

Viola keiskei 465

Viola koraiensis 450

Viola kusanoana 449

Viola mandshurica × *V. betonicifolia* var. *albescens* 478

Viola mirabilis var. *subglabra* Ledeb 454

Viola mirabilis 454

Viola mongolica 464

Viola muehldorfii 446

Viola obtusa 452

Viola orientalis 446

Viola ovato-oblonga 451

Viola pacifica 464

Viola pekinensis 463

Viola phalacrocarpa 466

Viola rossii 471

Viola sacchalinensis 450

Viola selkirkii 460

Viola seoulensis × *V. albida* var. *chaerophylloides* 476

Viola seoulensis × *V. keiskei* 476

Viola tenuicornis 468

Viola thibaudieri 453

Viola tokubuchiana var. *takedana* 461

Viola tokubuchiana 461

Viola ulleungdoensis 459

Viola variegata × *V. yedoensis* 477

Viola variegata 468

Viola violacea 469

Viola websteri 453

Viola yazawana 472

Viola yedoensis × *V. lactiflora* 477

VIOLACEAE 446

W

Waldsteinia ternata 414

Z

Zigadenus sibiricus 51

가거개별꽃 532
가거양지꽃 420
가거줄사초 181
가는괴불주머니 288
가는기름나물 775
가는기린초 378
가는다리장구채 534
가는대나물 523
가는민바늘꽃 491
가는밀사초 207
가는바디 770
가는범꼬리 512
가는산부추 136
가는잎개별꽃 528
가는잎그늘사초 201
가는잎방풍 769
가는잎산들깨 611
가는잎쐐기풀 438
가는잎쑥 715
가는잎향유 613
가는장구채 537
가는장대 503
가는줄돌쩌귀 298
가는참나물 779
가는흰사초 194
가래바람꽃 315
가새잎꼬리풀 597
가시꽈리 591
가시여뀌 515
가야단풍취 656
가야산잔대 651
가을사초 181
가지과 591
가지괭이눈 357
가지꽃고비 543
가지더부살이 632
가지취꼬리새 271
가지청사초 215

가지털괭이눈 363
각시두메부추 134
각시둥굴레 155
각시마 46
각시붓꽃 121
각시서덜취 680
각시제비꽃 462
각시족도리풀 32
각시취 667
각시투구꽃 302
각호용둥굴레 163
간도제비꽃 458
갈고리네잎갈퀴 566
갈기기름나물 773
갈래골등골나물 735
갈래꿀풀 621
갈매기란 87
갈사초 199
갈퀴아재비 570
갈퀴현호색 284
감동사초 191
감자난초 110
갑산제비꽃 463
갑산포아풀 244
강계큰물통이 437
강활 754
개갈퀴 570
개감수 483
개감채 59
개곽향 604
개구리발톱 334
개담배 701
개대황 519
개도둑놈의갈고리 401
개맥문동 149
개머위 690
개물통이 433
개미취 708

개바늘사초 177
개벼룩 527
개별꽃 530
개병풍 354
개보리 251
개복수초 314
개선갈퀴 564
개승마 313
개시호 759
개쑥부쟁이 704
개쑴배 689
개아마 479
개억새 256
개제비란 80
개족도리풀 31
개종용 631
개찌버리사초 195
개탑꽃 617
개털이슬 488
개황기 404
개회향 770
갯돌나물 387
갯바랭이 255
갯쑥부쟁이 704
갯잠자리피 267
갯장대 497
갯취 701
갯톱풀 721
거문천남성 37
거센털꽃마리 589
검산초롱꽃 655
검은개선갈퀴 565
검정겨이삭 237
게박쥐나물 692
겨사초 213
경성사초 179
경성제비꽃 464
계방나비나물 396

고깔제비꽃 471
고려개보리 251
고려엉겅퀴 664
고로보이짚신나물 430
고본 761
고산구슬붕이 573
고산물망초 588
고산봄맞이 544
고추나물 445
고추냉이 505
곤달비 700
골등골나물 733
골무꽃 606
골사초 196
골잎원추리 123
골풀과 167
곰취 698
과꽃 710
과남풀 571
곽향 605
관모포아풀 247
관악잔대 652
광대수염 625
광릉갈퀴 393
광릉골무꽃 608
광릉요강꽃 73
광릉용수염 229
괭이눈 355
괭이밥과 442
교래잠자리피 266
구내풀 242
구름골풀 167
구름국화 711
구름꽃다지 506
구름꿩의밥 170
구름떡쑥 726
구름범의귀 365
구름병아리난초 85

구름송이풀 641
구름제비꽃 446
구름제비란 88
구름패랭이꽃 522
구멍사초 208
구상난풀 554
구슬골무꽃 608
구실바위취 366
구와꼬리풀 596
구와취 671
구절초 718
국화갈퀴 562
국화과 656
국화방망이 702
국화수리취 682
궁궁이 753
귀박쥐나물 692
그늘별꽃 538
그늘사초 201
그늘실사초 198
그늘참나물 779
그늘흰사초 195
금강봄맞이 544
금강분취 668
금강산엉겅퀴 663
금강솜방망이 703
금강애기나리 68
금강제비꽃 470
금강초롱꽃 655
금강포아풀 245
금꿩의다리 336
금난초 92
금낭화 290
금떡쑥 722
금마타리 738
금매화 346
금방망이 697
금붓꽃 119

금새우난초 113
금새우난초 114
금오족도리풀 32
금자란 115
기는괭이눈 361
기름나물 777
기린초 381
기생꽃 553
긴개별꽃 528
긴개싱아 510
긴겨이삭 236
긴꼬리쐐기풀 438
긴꽃대황기 404
긴꽃며느리밥풀 634
긴담배풀 728
긴도둑놈의갈고리 402
긴뚝갈 739
긴목포사초 210
긴사상자 778
긴산꼬리풀 596
긴쑥부쟁이 705
긴영주풀 47
긴잎갈퀴 567
긴잎나비나물 396
긴잎제비꽃 451
긴털바람꽃 315
긴화살여뀌 514
길뚝사초 180
길오징이나물 458
길제비꽃 458
김의난초 91
김의털 241
김의털아재비 240
까락겨사초 213
까락사초 179
까실쑥부쟁이 708
까치고들빼기 685
까치수염 548

깔끔좁쌀풀 642
깽깽이풀 292
껄껄이풀 684
껍질용수염 231
꼬랑사초 203
꼬리풀 595
꼬마냉이 502
꼬마은난초 90
꼬인용담 574
꼭두서니과 560
꼭지연잎꿩의다리 337
꽃고비 543
꽃고비과 543
꽃꿩의다리 340
꽃며느리밥풀 635
꽃받이 585
꽃술패랭이꽃 522
꽃잔대 649
꽃장포 42
꽃장포과 40
꽃쥐손이 484
꽃향유 614
꽃황새냉이 498
꿀풀 621
꿀풀과 603
꿩의다리 342
꿩의다리아재비 292
꿩의바람꽃 322
꿩의비름 371
끈끈이딱지 417
끈끈이장구채 536
끈적쥐꼬리풀 43

ㄴ

나나벌이난초 100
나도개감채 59
나도개미자리 525
나도겨이삭 249
나도그늘사초 198
나도기름새 261
나도딸기광이 250
나도물통이 434
나도바람꽃 325
나도바랭이새 254
나도범의귀 369
나도생강 166
나도수영 517
나도수정초 555
나도승마 540
나도씨눈난초 86
나도양지꽃 414
나도여로 51
나도옥잠화 57
나도잔디 274
나도잠자리난초 89
나도제비란 82
나도풍란 117
나도하수오 518
나도황기 405
나래박쥐나물 692
나래사초 187
나래새 227
나래완두 391
나리난초 103
나비나물 396
나제승마 309
낚시사초 187
낚시제비꽃 448
난사초 200
난장이바위솔 374
난장이붓꽃 122
난장이현호색 285

난초과 69
날개하늘나리 66
날개현호색 275
남구절초 718
남도현호색 278
남바람꽃 317
남방꿩의다리 339
남방바람꽃 317
남산기린초 379
남산민둥제비꽃 475
남산제비꽃 458
남해분취 677
낭독 482
냉초 598
너도개미자리 526
너도바람꽃 326
너도양지꽃 414
너도제비란 85
넓은잎각시붓꽃 121
넓은잎갯돌나물 387
넓은잎그늘사초 202
넓은잎기린초 379
넓은잎꼬리풀 594
넓은잎노랑투구꽃 303
넓은잎범꼬리 511
넓은잎외잎쑥 716
넓은잎잠자리난초 89
넓은잎제비꽃 454
넓은잎피사초 206
넓은잔대 650
넓은쥐오줌풀 742
네귀쓴풀 579
네잎갈퀴 562
네잎갈퀴나물 391
노란별수선과 118
노란장대 505
노랑갈퀴 390
노랑개자리 406

노랑땅나리 61
노랑무늬붓꽃 120
노랑물봉선 541
노랑별수선 118
노랑복주머니란 73
노랑부추 137
노랑붓꽃 120
노랑원추리 128
노랑제비꽃 446
노랑제주무엽란 71
노랑투구꽃 303
노루귀 328
노루발 558
노루삼 308
노루오줌 352, 353
노박덩굴과 442
녹빛사초 203
녹빛실사초 218
녹화죽백란 107
놋젓가락나물 298
누른괭이눈 362
누린내풀 603
누운기장대풀 263
누운제비꽃 455
누운현호색 276
눈개승마 410
눈갯쑥부쟁이 707
눈괴불주머니 289
눈두렁사초 181
눈범꼬리 513
눈빛승마 310
느러진장대 502
는쟁이냉이 500

ㄷ
다도사철란 76
다도새우난초 114
다도해비비추 145
다도해산들깨 612
다북고추나물 445
다북떡쑥 725
단양대극 479
단풍제비꽃 459
단풍취 656
단풍터리풀 426
달구지풀 390
달래 129
닭의장풀과 166
담배풀 727
담상이삭풀 226
당개지치 584
당귀 752
당분취 670
당삽주 659
당양지꽃 416
닻꽃 571
대극 479
대극과 479
대나물 523
대마참나물 785
대반하 38
대사초 175
대새풀 265
대성쓴풀 577
대청부채 118
대청지치 588
대흥란 107
더덕 644
덕우기름나물 783
덩굴개별꽃 527
덩굴곽향 604
덩굴꽃마리 589
덩굴닭의장풀 166

덩굴용담 576
도깨비부채 370
도깨비엉겅퀴 663
도꼬로마 45
도둑놈의갈고리 401
도라지 643
도랭이피 234
독활 745
돌기무엽란 70
돌꽃 388
돌나물과 371
돌마타리 740
돌바늘꽃 491
돌부추 137
돌양지꽃 415
돌외 440
동강고랭이 172
동강기름나물 775
동강제비꽃 464
동근배암차즈기 610
동래엉겅퀴 665
동의나물 324
동자꽃 524
두루미꽃 153
두루미천남성 36
두릅나무과 745
두메갈퀴 564
두메고들빼기 688
두메김의털 241
두메꿀풀 621
두메꿩의밥 170
두메냉이 499
두메담배풀 729
두메대극 480
두메미역취 711
두메부추 132
두메분취 668
두메애기풀 408

두메양귀비 291
두메자운 405
두메청사초 214
두메취 681
두메층층이 617
두메투구풀 593
두잎감자난초 110
두잎약난초 109
둥굴레 156
둥근산부추 140
둥근이질풀 485
둥근잎꿩의비름 371
둥근잎천남성 33
둥근털제비꽃 456
들떡쑥 724
들바람꽃 320
들지치 587
등골나물 737
등대시호 756
딱지꽃 417
땃딸기 413
땅나리 61
땅두릅 745
떡잎골무꽃 606
뚝갈 741
뚝지치 587

ㄹ

로젯사철란 77

ㅁ

마과 45
마디포아풀 242
마디풀과 508
마타리 741
만삼 646
만주미나리아재비 332
만주바람꽃 330
만주송이풀 639
만주잔대 651
말나리 65
말털이슬 490
맑은대쑥 715
매미꽃 290
매발톱 323
매자나무과 292
매화노루발 556
맥문동 149
맥문아재비 151
먹쇠채 683
멸가치 656
명천봄맞이 545
모데미풀 330
모시대 646
모시물통이 435
목포사초 210
목포용둥굴레 162
몽울토현삼 599
뫼제비꽃 460
묏마나리 772
묏장대 496
묏풀사초 197
무늬족도리풀 29
무늬천남성 37
무등취 679
무산사초 189
무엽란 70
문수조릿대 220
물레나물 443

물레나물과 443
물매화 442
물머위 731
물봉선 540
물양지꽃 419
물엉겅퀴 662
물통이 434
미나리냉이 501
미나리아재비 333
미나리아재비과 295
미로기름나물 776
미색물봉선 541
미역취 712
미치광이풀 592
민눈양지꽃 422
민둥갈퀴 567
민둥뫼제비꽃 461
민바랭이새 255
민바위솔 376
민박쥐나물 693
민백미꽃 580
민솜대 152
민숲개밀 231
민쑥부쟁이 706
민은난초 90
민졸방제비꽃 447
밀나물 56

ㅂ

바늘꽃과 487
바늘분취 674
바늘사초 177
바늘엉겅퀴 662
바늘청사초 212
바디나물 751
바람꽃 316
바랭이새 260
바위구절초 720
바위떡풀 368
바위미나리아재비 331
바위사초 179
바위솔 376
바위솜나물 703
바위장대 496
바위채송화 387
바위하늘지기 219
뱌이칼꿩의다리 341
바이칼바람꽃 317
박과 440
박새 54
반들대사초 175
반들잎곰취 698
반디미나리 781
반디지치 586
발톱꿩의다리 343
방아풀 627
방울꽃 602
방울난초 84
방울비짜루 147
방울제비꽃 464
방패꽃 593
배초향 619
배추과 495
백두사초 192
백두산구슬봉이 573
백두산떡쑥 726
백두산미나리아재비
333
백두산실골풀 167
백두산양지꽃 421
백두산점나도나물 520
백두산피사초 205
백미꽃 582
백부자 299
백선 493
백양꽃 142
백운기름나물 774
백운란 79
백운산원추리 125
백운취 676
백작약 348
백합과 57
뱀무 412
버들금불초 731
버들분취 667
버들취 674
버어먼초 44
버어먼초과 44
벌깨냉이 499
벌깨덩굴 619
벌깨풀 620
벌등골나물 732
범꼬리 512
범부채 119
범의귀과 351
벼과 220
벼룩이울타리 520
변산바람꽃 327
변산향유 615
별꿩의밥 171
병아리난초 84
병아리풀 409
병풍쌈 695
보리사초 185
보춘화 106

복수초 313
복주머니란 74
복천물통이 431
봄구슬붕이 573
봉래꼬리풀 594
봉선화과 540
봉화현호색 277
부리실청사초 217
부산사초 203
부전바디 755
부전투구꽃 304
부전패모 60
부지깽이나물 504
북방산비장이 659
북분취 673
북사초 193
북수백산파 136
북투구꽃 303
분취 669
분홍노루발 557
분홍바늘꽃 487
분홍장구채 533
붉노랑상사화 142
붉은노루삼 308
붉은대극 481
붉은사철란 75
붉은참반디 782
붉은털이슬 490
붉은하늘타리 441
붓꽃과 118
비로봉쑥 716
비비추난초 111
비자란 116
비진도콩 399
비짜루 147
비짜루과 144
빗살서덜취 672
뻐꾹나리 67

뻐꾹채 661
뿌리대사초 178
뾰족도리풀 30

ㅅ

사슬괭이눈 356
사창분취 675
사철란 78
사철쑥 713
사초과 172
사향제비꽃 452
산갈퀴 562
산갈퀴아재비 570
산개갈퀴 570
산골무꽃 607
산골취 670
산괭이눈 356
산구절초 719
산궁궁이 762
산기름나물 777
산기장 224
산꼬리풀 595
산꿩의다리 339
산달래 129
산둥굴레 157
산들깨 613
산떡쑥 726
산마늘 130
산목포용둥굴레 163
산목포용둥굴레 164
산묵새 239
산물머위 731
산물통이 438
산마나리아재비 333
산바위싱아 510
산박하 626
산부추 140
산비장이 659
산새밥 168
산새콩 398
산새풀 239
산속단 623
산솜다리 724

산솜방망이 702
산솜바귀 688
산여뀌 516
산오이풀 427
산외 440
산용담 572
산용동굴레 163
산용둥굴레 164
산자고 67
산작약 349
산잠자리피 232
산장대 495
산제비란 88
산조아재비 249
산쥐손이 484
산짚신나물 429
산쪽풀 483
산톱풀 721
산파 138
산해박 582
산향모 236
산형과 746
산호란 108
삼도하수오 518
삼수개미자리 526
삼잎방망이 696
삼지구엽초 293
삽주 659
삿갓나물 54
새끼꿩의비름 374
새끼노루귀 328
새끼노루발 556
새둥지란 94
새며느리밥풀 638
새밥 171
새우난초 113
서덜취 678
서산돌나물 386

서울남산제비꽃 476
서울잔털제비꽃 476
석곡 99
석죽과 520
선갈퀴 569
선괭이눈 358
선괴불주머니 289
선모시대 647
선밀나물 56
선백미꽃 581
선부추 139
선연리초 398
선이질풀 486
선주름잎 630
선쥐꼬리새 268
선투구꽃 304
선포아풀 246
선현호색 283
설령골풀 167
설령사초 214
설령쥐오줌풀 744
설악분취 680
설앵초 552
섬곽향 604
섬광대수염 625
섬기름나물 773
섬기린초 382
섬까치수염 546
섬꼬리풀 598
섬꿩의비름 372
섬남성 35
섬노루귀 329
섬말나리 64
섬바디 766
섬바위장대 496
섬사철란 76
섬시호 758
섬쐐기풀 439

섬쑥 714
섬양지꽃 415
섬잔대 652
섬장대 497
섬제비꽃 449
섬조릿대 222
섬쥐손이 486
섬천남성 37
섬초롱꽃 654
섬포아풀 248
섬현호색 280
성긴포아풀 243
세모산부추 140
세바람꽃 318
세복수초 314
세뿔여뀌 515
세뿔투구꽃 295
세잎개발나물 784
세잎꿩의비름 374
세잎승마 311
세잎양지꽃 422
소경불알 645
소란 105
소엽맥문동 150
소황금 609
속단 623
속단아재비 622
손바닥난초 82
손잎제비꽃 458
솔나리 62
솔나물 568
솔붓꽃 122
솔체꽃 744
솜나물 690
솜다리 723
솜방망이 703
솜양지꽃 418
송이바꽃 296

송이풀 640
송장풀 622
쇠뿔현호색 279
쇠서나물 684
쇠채 683
쇠털이슬 489
쇠풀 262
수국과 540
수리취 682
수선화과 129
수수새 259
수염개밀 250
수염대새풀 265
수염며느리밥풀 636
수염패랭이꽃 521
수염현호색 284
수원잔대 652
수정난풀 554
숙은꽃장포 40
숙은노루오줌 351
숙은처녀치마 50
술패랭이꽃 522
숲개밀 231
숲개별꽃 529
숲바람꽃 321
승마 312
시베리아괭이눈 357
시베리아잠자리피 233
시베리아포아풀 243
시호 756
신감채 771
신안새우난초 112
실꽃풀 51
실맥문동 150
실바꽃 296
실부추 131
실비녀골풀 167
실사초 215

실새풀 238
실쑥 713
실제비쑥 713
실청사초 216
실포아풀 242
실피사초 205
싱아 508
싸라기사초 180
싸리냉이 500
싹눈바꽃 300
쌀새 226
쌍잎난초 95
쐐기풀 432, 439
쐐기풀과 431
쑥방망이 696
쑥부쟁이 706
쓴풀 577
씨눈난초 86
씨눈바위취 369
씨범꼬리 514

아기쌍잎난초 95
아마과 479
아마풀 493
아욱제비꽃 455
안면용둥굴레 163
앉은좁쌀풀 642
알꽈리 591
알록제비꽃 468
알록호제비꽃 477
알며느리밥풀 635
애기괭이눈 355
애기괭이밥 442
애기구와꼬리풀 597
애기금강제비꽃 472
애기금매화 346
애기기린초 383
애기나리 49
애기나리과 48
애기나비나물 396
애기담배풀 730
애기더덕 644
애기도둑놈의갈고리 402
애기며느리밥풀 637
애기무엽란 93
애기물매화 442
애기바늘사초 176
애기방울난초 83
애기버어먼초 44
애기봄맞이 545
애기사철란 77
애기사초 219
애기솔나물 568
애기송이풀 639
애기실부추 131
애기쐐기풀 439
애기앉은부채 39
애기염주사초 185

애기완두 397
애기우산나물 691
애기원추리 127
애기주름조개풀 253
애기중의무릇 58
애기참반디 782
애기천마 75
애기포아풀 247
애기풀 407
애기향유 616
애기황새풀 172
애기흰사초 196
앵초 551
앵초과 544
약난초 109
얇은개싱아 509
얇은잎분취 678
양귀비과 274
양반풀 583
양지꽃 420
어리곤달비 699
어리병풍 695
어수리 767
억새아재비 258
얼레지 57
얼치기복주머니란 74
얼치기복주머니란 74
여뀌잎제비꽃 453
여로 52
여로과 50
여름새우난초 112
여우꼬리사초 185
여우꼬리풀 43
여우오줌 730
연노랑괭이눈 360
연리갈퀴 392
연복초 738
연복초과 738

연영초 55
연잎꿩의다리 337
열당과 631
영덕취 660
영도산박하 626
영아리난초 97
영아자 653
영암풀 560
영주갈고리 400
영주풀 47
영주풀과 47
오대산새밥 169
오랑캐장구채 537
오리나무더부살이 631
오리방풀 629
오이풀 428
옥녀꽃대 28
옥잠난초 102
올릉미역취 712
옹굿나물 709
완도용동굴레 163
완도용동굴레 165
완산제비꽃 475
왕골무꽃 607
왕그늘사초 202
왕김의털아재비 240
왕둥굴레 158
왕밀사초 207
왕쌀새 225
왕씀배 689
왕원추리 124
왕제비꽃 453
왜개싱아 508
왜광대수염 625
왜미나리아재비 331
왜방풍 747
왜승마 313
왜우산풀 780

왜쫄방제비꽃 450
왜지치 588
왜천궁 754
외대잔대 651
외잎쑥 714
용담 572
용담과 571
용동굴레 161
용머리 620
용수염 230
우단쥐손이 485
우단현삼 601
우산나물 691
우산물통이 431
우산제비꽃 472
우수리꽃다지 506
운향과 493
울릉국화 719
울릉꽃장포 41
울릉바늘꽃 492
울릉산마늘 130
울릉장구채 535
울릉제비꽃 459
울릉포아풀 248
울진노루오줌 353
원지 408
원지과 407
원추리 124
원추리과 123
위도상사화 143
유럽꿀풀 621
유럽은방울꽃 148
유럽전호 760
유령란 97
윤판나물 48
윤판나물아재비 48
으름난초 69
은꿩의다리 335

은난초 90
은대난초 92
은방울꽃 148
은분취 677
은양지꽃 418
이고들빼기 686
이대 220
이삭단엽란 104
이삭바꽃 302
이삭송이풀 641
이삭여뀌 516
인동과 738
인삼 745
인천제비꽃 478
일본사초 189
일월비비추 144
입술망초 602
잎꽃돌나물 385

ㅈ
자란 98
자란초 603
자병취 674
자주꽃방망이 653
자주꿩의다리 338
자주방아풀 628
자주솜대 151
자주쓴풀 578
자주잎제비꽃 469
자주족도리풀 29
작약 350
작약과 348
작은낚시사초 186
작은봄구슬붕이 573
잔나비나물 395
잔대 648
잔디바랭이 255
잔잎바디 750
잔털민둥뫼제비꽃 478
잔털제비꽃 465
잠자리피 232
장군대사초 199
장대냉이 498
장대여뀌 517
장미과 410
장백제비꽃 446
장성사초 186
장수억새 257
장억새 258
전호 760
절국대 633
절굿대 657
점박이천남성 34
점현호색 286
정선국화 717
정선바위솔 375
정영엉겅퀴 664
제비고깔 325

제비꽃과 446
제비난초 87
제비동자꽃 525
제비란 87
제주골무꽃 605
제주나래새 228
제주나리난초 103
제주등골나물 736
제주무엽란 71
제주방울란 83
제주상사화 143
제주양지꽃 421
제주용수염 230
제주제비꽃 473
제주조릿대 223
제주큰물통이 436
제주피막이 746
제주황기 403
조릿대 221
조릿대풀 252
조밥나물 684
조선바람꽃 316
조선현호색 282
조아재비 253
족도리풀 30
졸방제비꽃 447
좀개불알풀 593
좀꿩의다리 344
좀꿩의밥 168
좀낚시제비꽃 448
좀낭아초 411
좀담배풀 727
좀딱취 657
좀딸기 419
좀목포사초 209
좀바늘사초 173
좀바위솔 375
좀부추 135

좀비비추 146
좀설앵초 551
좀쥐손이 487
좀짚신나물 429
좀층층잔대 648
좀향유 616
좀현호색 287
좁쌀풀 549
좁은잎덩굴용담 575
좁은잎돌꽃 388
좁은잎어수리 767
종둥굴레 160
주걱노루발 559
주걱비름 384
주걱비비추 144
주름잎과 630
주름제비란 81
주름조개풀 253
주름청사초 211
죽대 160
죽대아재비 68
죽백란 107
줄꽃주머니 274
줄바꽃 305
줄사초 182
줄현호색 274
중삿갓사초 193
중의무릇 58
쥐꼬리망초과 602
쥐꼬리새 270
쥐꼬리새풀 264
쥐꼬리풀 43
쥐꼬리풀과 43
쥐방울덩굴과 29
쥐손이풀과 484
쥐오줌풀 743
쥐털이슬 488
지네발란 116

지리강활 748
지리고들빼기 685
지리대사초 174
지리바꽃 297
지리사초 193
지리산개별꽃 532
지리실청사초 217
지리터리풀 424
지모 148
지치 586
지치과 584
진노랑상사화 141
진달래과 554
진도사초 206
진도제비꽃 474
진범 306
진주바위솔 377
진황정 159
짚신나물 430

★
차걸이란 105
참갈퀴덩굴 563
참개싱아 509
참고본 762
참기생꽃 553
참김의털 241
참꽃마리 590
참꽃받이 585
참나래새 228
참나물 779
참닻꽃 571
참두메부추 133
참바위취 366
참반디 781
참배암차즈기 610
참범꼬리 511
참비비추 144
참삿갓사초 197
참시호 757
참여로 53
참작약 350
참졸방제비꽃 450
참좁쌀풀 549
참취 709
참터리풀 425
창덕제비꽃 474
채고추나물 444
처녀바디 749
처녀치마 50
처진물봉선 542
천궁 763
천남성 33
천남성과 33
천마 96
천마괭이눈 364
천일담배풀 729
천지괭이눈 358
청닭의난초 93

청미래덩굴과 56
청쌀새 225
청피사초 204
초롱꽃 654
초롱꽃과 643
촛대승마 309
추분취 710
층실사초 178
층층잔대 648
치자풀 633
칠보치마 44

ㅋ

칼잎용담 571
콩과 390
콩짜개란 98
콩팥노루발 559
큰각시취 666
큰개구리발톱 334
큰개별꽃 531
큰개현삼 600
큰괭이밥 443
큰괴불주머니 287
큰구슬붕이 574
큰구와꼬리풀 597
큰금매화 345
큰기린초 378
큰까치고들빼기 685
큰까치수염 548
큰꼬리풀 595
큰꽃옥잠난초 101
큰꿩의다리 344
큰꿩의비름 373
큰네잎갈퀴 394
큰도둑놈의갈고리 400
큰두루미꽃 154
큰물통이 435
큰바람꽃 315
큰박쥐나물 694
큰뱀무 412
큰산좁쌀풀 642
큰속단 624
큰솔나리 62
큰솜대 153
큰수리취 682
큰쐐기풀 432
큰애기나리 49
큰앵초 550
큰연영초 55
큰오이풀 428
큰원추리 127

큰잎갈퀴 566
큰잎산꿩의다리 338
큰잎쓴풀 578
큰잎피막이 746
큰장대 504
큰절굿대 658
큰제비고깔 325
큰조롱 584
큰조아재비 249
큰졸방제비꽃 449
큰쥐꼬리새 269
큰참나물 765
큰천남성 36
큰청사초 212
큰톱풀 722
큰하늘나리 63
키다리난초 102

ㅌ

탐라란 115
탐라바위취 367
탐라현호색 279
탑꽃 618
태백개별꽃 533
태백기린초 380
태백바람꽃 320
태백이질풀 485
태백제비꽃 457
태백취 681
태안원추리 124
터리풀 425
털기름나물 768
털기린초 381
털대사초 174
털대제비꽃 446
털동자꽃 524
털두매자운 405
털둥근갈퀴 561
털바위떡풀 368
털복주머니란 72
털사철란 79
털사초 188
털솔나물 568
털양지꽃 423
털이슬 489
털잎꿩의다리 344
털잎사초 190
털잎솔나물 568
털잔대 648
털제비꽃 466
털조릿대풀 252
털족도리풀 31
털중나리 60
털쥐손이 484
털큰앵초 550
털현호색 277
토대황 519

토현삼 600
톱바위취 365
톱잔대 651
톱풀 721
투구꽃 300
통둥굴레 161

ㅍ

파드득나물 764
파란여로 52
파리풀 630
파리풀과 630
팥꽃나무과 493
패랭이꽃 521
패모 60
포아풀 246
포천바위솔 377
포천제비꽃 473
포태사초 184
포태제비란 80
포태향기풀 235
폭이사초 184
푸른마 45
푸른몽울풀 431
푸른선포아풀 247
풀솜대 152
풍도둥굴레 156
풍란 117
풍선난초 108
피나물 291
피뿌리풀 494
피사초 204

ㅎ

하늘나리 63
하늘말나리 65
하늘매발톱 323
하늘산제비란 88
하수오 518
한계령풀 294
한국앉은부채 38
한라개승마 411
한라고들빼기 687
한라구절초 720
한라꽃장포 40
한라꽃향유 614
한라노루오줌 352
한라돌쩌귀 301
한라부추 139
한라비비추 146
한라사초 200
한라새둥지란 94
한라새우난초 113
한라설앵초 552
한라솜다리 723
한라옥잠난초 100
한라잠자리란 88
한라장구채 534
한라쥐꼬리새 272
한라참나물 780
한라천마 96
한라털둥근갈퀴 561
한라투구꽃 305
한란 106
함백취 676
해변대극 480
해산사초 190
향기풀 235
향등골나물 734
헐떡이풀 370
현삼 599
현삼과 593

현호색 281
협죽도과 580
호골무꽃 607
호노루발 558
호대황 519
호바늘꽃 491
호범꼬리 513
호산장구채 535
호오리새 227
호자덩굴 560
호흰젖제비꽃 477
혹난초 99
혹쐐기풀 432
홀꽃노루발 555
홀아비꽃대 28
홀아비꽃대과 28
홀아비바람꽃 319
홍노도라지 643
홍노줄사초 183
홍도고들빼기 686
홍도까치수염 547
홍도서덜취 679
홍도원추리 126
화살곰취 701
화엄제비꽃 475
활량나물 397
황금 609
황금무엽란 70
황기 403
황새고랭이 173
황새냉이 500
황종용 632
회령바늘꽃 492
회리바람꽃 321
흑난초 104
흑산도비비추 145
흰그늘용담 573
흰꽃동의나물 324

흰땃딸기 413
흰사초 194
흰솔나물 568
흰여로 53
흰잎엉겅퀴 665
흰진범 307
흰털괭이눈 359
흰털제비꽃 467
흰현호색 276